U0311357

NONLINEAR PHYSICAL SCIENCE
非线性物理科学

NONLINEAR PHYSICAL SCIENCE

Nonlinear Physical Science focuses on recent advances of fundamental theories and principles, analytical and symbolic approaches, as well as computational techniques in nonlinear physical science and nonlinear mathematics with engineering applications.

Topics of interest in *Nonlinear Physical Science* include but are not limited to:

- New findings and discoveries in nonlinear physics and mathematics
- Nonlinearity, complexity and mathematical structures in nonlinear physics
- Nonlinear phenomena and observations in nature and engineering
- Computational methods and theories in complex systems
- Lie group analysis, new theories and principles in mathematical modeling
- Stability, bifurcation, chaos and fractals in physical science and engineering
- Discontinuity, synchronization and natural complexity in physical sciences
- Nonlinear chemical and biological physics

SERIES EDITORS

Albert C. J. Luo
Department of Mechanical and Mechatronics Engineering
Southern Illinois University Edwardsville
IL 62026-1805 USA
Email: aluo@siue.edu

Dimitri Volchenkov
Department of Mathematics and Statistics
Texas Tech University
1108 Memorial Circle, Lubbock
TX 79409 USA
Email: dr.volchenkov@gmail.com

INTERNATIONAL ADVISORY BOARD

不连续动力系统

Discontinuous Dynamical Systems

罗朝俊　著

闵富红　李欣业　译

中国教育出版传媒集团

高等教育出版社 · 北京

图书在版编目（CIP）数据

不连续动力系统 / 罗朝俊著；闵富红，李欣业译
. -- 北京：高等教育出版社，2024.8
ISBN 978-7-04-058436-3

Ⅰ.①不… Ⅱ.①罗… ②闵… ③李… Ⅲ.①连续动
力系统 Ⅳ.① O192

中国版本图书馆 CIP 数据核字（2022）第 046679 号

不连续动力系统
BULIANXU DONGLI XITONG

| 策划编辑 | 吴晓丽 | 责任编辑 | 吴晓丽 | 封面设计 | 杨立新 | 版式设计 | 张 杰 |
| 责任校对 | 刘丽娴 | 责任印制 | 沈心怡 | | | | |

出版发行	高等教育出版社	网　址	http://www.hep.edu.cn
社　址	北京市西城区德外大街 4 号		http://www.hep.com.cn
邮政编码	100120	网上订购	http://www.hepmall.com.cn
印　刷	涿州市星河印刷有限公司		http://www.hepmall.com
开　本	787mm×1092mm　1/16		http://www.hepmall.cn
印　张	41.5		
字　数	820 千字	版　次	2024 年 8 月第 1 版
购书热线	010-58581118	印　次	2024 年 8 月第 1 次印刷
咨询电话	400-810-0598	定　价	199.00 元

本书如有缺页、倒页、脱页等质量问题，请到所购图书销售部门联系调换
版权所有　侵权必究
物 料 号　58436-00

献给遨空万里的无名英雄

序　言

　　本书主要介绍不连续动力系统中的基本理论,包括流的切换性、奇异性与吸引性. 关于不连续向量场的动力学和奇异性的最早研究论著,于 2006 年由爱思唯尔出版. 自从引入 G-函数后,不连续系统的动力学理论和奇异性理论得到了进一步的发展和完善. 2009 年,作者出版了《动态域上的不连续动力学系统》,书中附有许多实际应用的例子. 在以前的理论中,针对不连续动力系统的奇异性与切换性的讨论主要在单个边界情况下展开,很少涉及解决含有两个或者多个边界相交的情况. 本书将系统介绍不连续动力系统中的流障碍理论. 运用传输定律,讨论边界上折回流理论、棱上动力学以及系统间相互作用.

　　本书主要讨论指定边界或者棱流的切换性问题. 主要分为两部分:第一部分是关于不连续动力系统的奇异性、流障碍及其动力学,其内容分布在第二章到第五章. 第二部分是研究棱上动力学和系统间相互作用,其内容分布在第六章到第九章. 第一章阐述了本书研究不连续动力系统的目的和意义. 第二章讨论了在两个不同动力系统分界面处流的基本穿越和奇异性. 基于上述流的性质,在第三章中研究了边界上流的穿越性与切换性的一般理论. 第四章首次系统地给出了不连续动力系统的流障碍向量场理论,其为不连续动力系统的控制研究提供了理论基础. 第五章讨论了不连续动力系统中传输定律和多值向量场问题. 在上述章节中,不连续系统中的奇异性和动力学性质是基于单个边界讨论的. 但是,对于两个或者多个边界相交的棱,棱流的切换性与奇异性非常重要,并不同于边界上流的奇异性和切换性. 因而,在第二部分中,讨论不连续动力系统中的棱上动力学与奇异性. 第六章讨论了棱上域流的切换性与奇异性. 为了帮助读者理解不连续动力系统的棱上和顶点动力学, 在第七章中讨论了 n 维不连续动力系统中 $n-2$ 维棱的 $n-1$ 维边界上流的切换性与吸引性. 为了延伸指定棱上域流和边界流的奇异性与切换性理论, 在第八章中讨论了低维棱上棱流的切换性与吸引性. 基于第六章到第八章中的不连续动力系统理论, 第九章介绍了两个动力系统间相互作用理论. 两个不同动力系统间相互作用是作为分界面来考虑的, 并且这样的分界面是时变的. 作为两个动力系统相互作用的应用, 最后讨论了系统的同步问题. 本书不可能毫无遗漏地囊括关于不连续动力系统的全部理论, 甚至可能会有些描述不准确的地方, 恳请读者批评指正, 以便改进.

感谢我的学生 Brandon M. Rapp, Brandon C. Gegg, Patrick Zwiegart Jr., Tingting Mao 以及 Fuhong Min, 是他们将新理论运用到实际系统中, 并完成了数值仿真. 最后, 我还要感谢我的妻子 Sherry X. Huang 和可爱的孩子们 Yanyi Luo, Robin Ruo-Bing Luo 及 Robert Zong-Yuan Luo, 感谢他们在著书过程中给予的宽容、理解和支持.

罗朝俊

美国南伊利诺伊大学爱德华分校

2011 年 1 月

目　　录

第一章 引 言

在现实世界中, 不连续动力系统是处处存在的, 不过人们往往更习惯采用 [1]
连续系统模型来近似描述不连续动力系统. 然而, 连续系统模型不能很好地
对不连续系统进行描述, 会使问题变得更复杂和不精确. 在现实世界中, 不连
续系统动力学是绝对的, 而连续系统模型是相对的. 也就是说, 动力系统的连
续性模型描述的不连续性模型是不连续性问题的一个近似. 因而只有运用不
连续的数学模型, 才能更好地描述工程中的实际系统, 并给予充分和真实的预
测. 对于任意的不连续动力系统, 含有许多在不同域内或者不同时间间隔内的
连续子系统, 这些子系统的动力学性质不同于那些彼此相连的连续子系统的
性质. 因此, 不连续的动力系统可以分成两大类: 第一类, 在两个相邻的时间
区间内, 动力系统不同. 当其中一个动力系统到达切换时间时, 该系统就转换
成另一个动力系统. 对于这种情形, 称之为切换系统. 第二类, 在相空间, 存在
许多不同的域. 在任何两个相邻的域内, 可以定义不同的动力系统. 因此, 当
子系统的流到达边界时, 边界处的传输定律或转换律需要给出. 从而使不连
续动力系统的一般理论得到发展. 本章将简要给出不连续动力系统理论的最
新发展, 以及本书写作的目的和意义, 最后将给出全书的布局以及各章的内容
概要.

1.1 简 要 回 顾

相空间 $\mathscr{R}^{n+m}$ 上的一个光滑动力系统为 [2]
$$\dot{\mathbf{x}} = \mathbf{f}(\mathbf{x}, \mathbf{u}, t), \tag{1.1}$$

其中 $\mathbf{f} \in \mathscr{R}^n$ 为向量函数, $\mathbf{x} \in \mathscr{R}^n$ 为状态向量, $\mathbf{u} \in \mathscr{R}^m$ 为输入向量. 在给定的初始状态 $\mathbf{x}(t_0)$ 和输入向量 $\mathbf{u}(t)$ 作用下, 连续动力系统解存在的充分条件是向量函数 $\mathbf{f}(\mathbf{x}, \mathbf{u}, t)$ 在给定域 $\Omega \subset \mathscr{R}^n$ 内连续. 然而, 此条件并不能保证解的唯一性. 因此, 以下的 Lipschitz 条件并不能用来确定方程 (1.1) 所代表的系统的解的存在性和唯一性

$$\|\mathbf{f}(\mathbf{x}, \mathbf{u}, t) - \mathbf{f}(\mathbf{y}, \mathbf{u}, t)\| \leqslant K\|\mathbf{x} - \mathbf{y}\|, \tag{1.2}$$

其中 $\mathbf{x}, \mathbf{y} \in \Omega \subset \mathscr{R}^n$, $t \in I \subset \mathscr{R}$, K 为常数, 符号 $\|\cdot\|$ 表示向量范数. 迄今, 被广泛地应用到工程中的大多数理论都是建立在 Lipschitz 条件之上的 (例如, Poincaré, 1892; Birkhoff, 1927). 当动力系统的动力学行为受到工程需求和某些限制条件的约束时, 动力系统不能满足 Lipschitz 条件. 因而, 传统的连续动力学理论不能使用. 人们习惯于采用连续动力系统理论解决不连续动力系统的问题, 这样会使问题变得更复杂更难解决. 在解决实际动力学问题时, Lipschitz 条件是很强的, 许多动力系统是不能满足的. 可见, 基于 Lipschitz 条件建立的动力系统理论不能很好地用于解决不连续动力系统的问题. 因而, 需要进一步发展不连续动力系统理论.

　　人们早期发现的不连续动力系统出现在机械工程中 (例如, Den Hartog, 1930, 1931). 此类动力系统中的不连续性是由摩擦力引起的. 1949 年 Levinson 使用分段线性模型研究了周期激励下的 van der Pol 方程, 发现了无穷多个不受扰动影响的周期运动解. 1960 年 Levitan 研究了周期外力驱动下的摩擦诱发振子, 并分析了其周期运动. 1964 年 Filippov 研究了一个库仑摩擦振子的运动, 并提出了一个基于右边不连续的微分方程理论. 为了研究不连续边界上的滑模运动, 通过集值分析引入微分包含的概念, 并讨论不连续微分方程解的存在性和唯一性.

　　不连续微分方程的详细讨论可参见文献 Filippov (1988). 在工程上和控制系统中不连续性广泛存在, Aizerman 和 Pyatnitskii (1974a, b) 拓展了
[3] Filippov 理论, 并概述了不连续动力系统的一般理论. 由此, 1976 年 Utkin 根据不连续性发展了受控动力系统的方法, 例如滑模控制法. 1978 年, Utkin 讨论了滑模方法和相应的变结构系统, 从而于 1981 年发展了变结构滑模系统理论. 1988 年 DeCarlo 等对滑模控制进行了新的发展. 2000 年 Leine 等基于 Filippov 理论研究了非线性不连续动力系统的分岔. 关于非光滑动力系统更多的经典分岔分析方法参见文献 Zhusubaliyev 和 Mosekilde(2003). 然而, Filippov 理论主要集中于研究非光滑动力系统解的存在性和唯一性, 而对分界引起的局部奇异性没有研究. 具有这类不连续性的微分方程理论很难应用于解决复杂的实际问题. Luo (2005a) 提出了可以用于解决不连续动力系统奇异性的一般理论. 为了确定不连续动力系统中源和汇的运动, Luo (2005b) 引入了虚流、汇流和源流的概念, 详细内容参见文献 Luo (2006, 2008a). Luo 和 Gegg (2006a) 采用局部奇异性理论 Luo (2005a), 研究了干摩擦线性振子, 提

出了速度边界上发生运动切换的力乘积判据 (参见文献 Luo 和 Gegg, 2006b). 2007 年 Lu 从数学上证明了该类摩擦振子周期运动的存在性. Luo 和 Gegg (2006c, d) 研究了时变摩擦振子的动力学. Luo 和 Thapa (2008) 提出了一种由两个振子组成的刹车系统的新模型, 其是通过带有摩擦力的接触表面连接在一起的. 基于这种模型, 他们研究了周期激励作用下的刹车系统的非线性动力学行为. 此后, Luo (2008b) 通过引入 G-函数研究不连续边界上流的切换性. 本书中将要给出不连续动力系统中的棱上动力学和流障碍.

1.2 内容安排

本书主要讨论边界和棱流的切换性. 主要内容包括两个部分: 首先, 在第二章到第五章讨论不连续动力系统边界上的奇异性、流障碍和动力学性质. 其次, 在第六章到第九章, 介绍棱上动力学和系统间的相互作用.

第二章介绍不连续动力系统中边界上流的穿越性质. 引入可接近子域和不可接近子域的概念, 并给出相关定义. 在两个相邻可接近子域的边界上, 讨 [4] 论了流的穿越运动与擦边运动, 并给出边界上穿越流和擦边流出现的充要条件. 引入 L 函数并用于边界上流穿越条件的分析.

第三章介绍不连续动力系统边界上流发生穿越的一般理论. 引入 G-函数并用于描述穿越流. 基于 G-函数, 讨论流从一个域到相邻域的穿越. 利用实流和虚流的概念, 详细讨论了汇流、半汇流、源流和半源流. 在不连续动力系统中, 流经过边界时要么发生穿越要么不能穿越. 因而, 需要讨论穿越流与不可穿越流的切换分岔. 为了更好地理解穿越流的概念, 将研究一个含有抛物线边界的不连续动力系统.

第四章首次提出不连续动力系统中的流障碍理论. 基于障碍向量场, 引入流障碍的概念, 并讨论含有障碍的边界上流的穿越性. 同时, 讨论边界上的来流和去流障碍, 以及汇流和源流障碍. 当汇流形成时, 需要考虑汇流边界上的流障碍, 其独立于相应域的向量场. 同时, 提出不连续动力系统流障碍边界上汇流形成和消失的充要条件, 并以周期激励的摩擦振子为例进行详细分析. 为动力系统控制提供相应数学理论.

第五章研究不连续动力系统中的传输定律和多值向量场. 讨论边界上的擦边运动、奇异集、虚流和实流等. 由于流障碍的存在, 不可进入边界和边界通道也会出现. 此外, 需要对域和边界进行分类, 并对源域和汇域、源边界和汇边界给予相应的说明. 在不连续动力系统是 C^0 不连续的, 且存在流障碍、孤立域和边界通道时, 需要发展传输定律使得流能继续下去. 同时, 在单个域中引入多值向量场. 根据最简单的传输定律或切换规则, 将讨论边界上的折回流和延伸流. 这里以一个受控的分段线性系统为例进行阐述. 对边界两侧的向量场和折回流, 我们将给予详细地说明.

[5]　　　第六章讨论域流对于指定棱的切换性和吸引性, 以及域、边界、棱及顶点上的动力系统. 通过相应的边界, 讨论域流对于指定棱的来、去流特征及擦边性. 根据某一特定切换条件, 讨论了边界流从一个可接近域到另一个可接近域的切换性和穿越性, 介绍了不连续动力系统中的凸棱和凹棱. 根据在凸棱上对有限边界的延伸引入了镜像域. 也讨论了流在凹棱上的横截擦边穿越. 介绍了等度量面以及域流对于边界的吸引域. 此外, 也介绍了等度量棱和域流对于指定棱的吸引性.

　　　为了研究 n 维不连续动力系统在棱和顶点上的动力学问题, 第七章将讨论 $n-1$ 维边界流对于 $n-2$ 维棱的切换性和吸引性. 首先, 介绍边界流对于棱的基本性质, 边界流对于 $n-2$ 维棱的来、去及擦边性. 再讨论在某一切换条件下, 边界流从一个可接近域到另一个可接近域的切换性和穿越性, 还需要研究边界流与域流的切换性和穿越性. 最后根据边界流的等度量棱, 讨论边界流对于 $n-2$ 维棱的吸引性与折回性.

　　　第八章根据域流和边界流的切换性与吸引性理论, 讨论了棱流对于低维棱的切换性与吸引性. 首先介绍棱流对于指定棱的基本性质以及对于指定棱的来、去流特征与擦边性. 同样讨论在某一切换条件下, 棱流从一个可接近棱到达另一个可接近棱 (或边界或域) 的切换性与穿越性. 类似地, 引入棱流的等度量棱, 讨论棱流对于低维棱的吸引性以及棱流对于指定低维棱的折回性质. 最后, 以两个自由度摩擦振子中的流的切换性为例说明棱上的动力学问题.

　　　第九章将第六章到第八章的理论应用到动力系统间的相互作用. 首先, 引入两个动力系统间相互作用的基本概念. 将这种相互作用的约束条件看作一个时变边界. 也就是说, 两个动力系统中的一个域和边界受到另一个动力系统
[6] 的约束. 根据棱流到指定棱的切换性和吸引性理论, 给出这种相互作用的充要条件. 最后, 研究了两个完全不同的动力系统同步问题.

参 考 文 献

Aizerman, M.A., Pyatnitskii, E.S., 1974a, Foundation of a theory of discontinuous systems. 1, *Automatic and Remote Control*, **35**, 1066–1079.

Aizerman, M.A., Pyatnitskii, E.S., 1974b, Foundation of a theory of discontinuous systems. 2, *Automatic and Remote Control*, **35**, 1241–1262.

Birkhoff, C.D., 1927, On the periodic motions of dynamical systems, *Acta Mathematica*, **50**, 359–379.

Den Hartog, J.P., 1930, Forced vibration with combined viscous and Coulomb damping, *Phil, Magazine*, **VII** (9), 801–817.

Den Hartog, J.P., 1931, Forced vibrations with Coulomb and viscous damping, *Transactions of the American Society of Mechanical Engineers*, **53**, 107–115.

DeCarlo, R.A., Zak, S.H. and Matthews, G.P., 1988, Variable structure control of nonlinear multivariable systems: A tutorial, *Proceedings of the IEEE*, **76**, 212–232.

Filippov, A.F., 1964, Differential equations with discontinuous right-hand side, *American Mathematical Society Translations, Series 2*, **42**, 199–231.

Filippov, A.F., 1988, *Differential Equations with Discontinuous Right-hand Sides*, Dordrecht: Kluwer Academic Publishers.

Leine, R.I., van Campen, D.H. and van de Vrande, B.L., 2000, Bifurcations in nonlinear discontinuous systems, *Nonlinear Dynamics*, **23**, 105–164.

Levinson, N., 1949, A second order differential equation with singular solutions, *Annals of Mathematics*, **50**, 127–153.

Levitan, E.S., 1960, Forced oscillation of a spring-mass system having combined coulomb and viscous damping, *Journal of the Acoustical Society of America*, **32**, 1265–1269.

Lu, C., 2007, Existence of slip and stick periodic motions in a non-smooth dynamical system, *Chaos, Solitons and Fractals*, **35**, 949–959.

Luo, A.C.J., 2005a, A theory for non-smooth dynamical systems on connectable domains, *Communication in Nonlinear Science and Numerical Simulation*, **10**, 1–55.

Luo, A.C.J., 2005b, Imaginary, sink and source flows in the vicinity of the separatrix of non-smooth dynamic system, *Journal of Sound and Vibration*, **285**, 443–456.

Luo, A.C.J., 2006, *Singularity and Dynamics on Discontinuous Vector Fields*, Amsterdam: Elsevier.

Luo, A.C.J., 2008a, *Global Transversality, Resonance and Chaotic Dynamics*, Singapore: World Scientific.

Luo, A.C.J., 2008b, A theory for flow swtichability in discontinuous dynamical systems, *Nonlinear Analysis: Hybrid Systems*, **2**, 1030–1061.

Luo, A.C.J. and Gegg, B.C., 2006a, On the mechanism of stick and non-stick periodic motion in a forced oscillator including dry-friction, *ASME Journal of Vibration and Acoustics*, **128**, 97–105.

Luo, A.C.J. and Gegg, B.C., 2006b, Stick and non-stick periodic motions in a periodically forced, linear oscillator with dry friction, *Journal of Sound and Vibration*, **291**, 132–168.

Luo, A.C.J. and Gegg, B.C., 2006c, Periodic motions in a periodically forced oscillator moving on an oscillating belt with dry friction, *ASME Journal of Computational and Nonlinear Dynamics*, **1**, 212–220.

Luo, A.C.J. and Gegg, B.C., 2006d, Dynamics of a periodically excited oscillator with dry friction on a sinusoidally time-varying, traveling surface, *International Journal of Bifurcation and Chaos*, **16**, 3539–3566.

[7] Luo, A.C.J. and Thapa, S., 2008, Periodic motions in a simplified brake dynamical system with a periodic excitation, *Communication in Nonlinear Science and Numerical Simulation*, **14**, 2389–2412.

Poincaré, H., 1892, *Les Méthodes Nouvelles de la Mécanique Céleste*, Vol. 1, Paris: Gauthier-Villars.

Utkin, V. I., 1976, Variable structure systems with sliding modes, *IEEE Transactions on Automatic Control*, **AC-22**, 212–222.

Utkin, V.I., 1978, *Sliding Modes and Their Application in Variable Structure Systems*, Moscow: Mir.

Utkin, V.I., 1981, *Sliding Regimes in Optimization and Control Problem*, Moscow: Nauka.

Zhusubaliyev, Z. and Mosekilde, E., 2003, *Bifurcations and Chaos in Piecewise-Smooth Dynamical Systems*, Singapore: World Scientific.

第二章 流的穿越性

本章主要讨论流在两个不同动力系统分界上的穿越问题. 作为不连续动 [9] 力系统理论的基础, 首先介绍可接近子域和不可接近子域的概念. 在可接近域内, 相应的动力系统被定义, 并讨论边界处流的定向性和边界的奇异集. 将讨论对于两个邻近的可接近域的分界, 流的穿越性、相切性 (擦边性) 及其充要条件. 此外, 为了分析的方便, 引入流的 L 函数, 并讨论对于边界而言, 流的穿越性及切换分岔条件. 最后, 以一个干摩擦振子为例, 说明理论的应用.

2.1 域的可接近性

对于任何不连续动力系统, 在不同域内具有不同的向量场. 在相邻域内, 不同的向量场导致了流在边界上不连续或非光滑. 为了研究不连续动力系统的动力学性质, 考虑一个定义在域 $\mho \subset \mathscr{R}^n$ 上的不连续动力系统, 该域由若干个子域 $\Omega_\alpha (\alpha \in I, I = \{1, 2, \cdots, N\})$ 组成, 在每个子域中可以定义不同的向量场. 对于存在向量场的子区间, 称之为可接近域, 否则称为不可接近域. 因而, 域的可接近性为不连续动力系统提供了一个设计的可能性. 域的可接近性的定义如下:

定义 2.1 在与某一个不连续动力系统相关的域的某个子域内, 如果至 [10] 少存在一个特定的连续向量场, 那么该子域称为可接近域.

定义 2.2 在与某一个不连续动力系统相关的域的某个子域内, 如果不能定义任何向量场, 那么该子域称为不可接近域.

既然在不连续动力系统中存在可接近域和不可接近域, 那么域可以分为

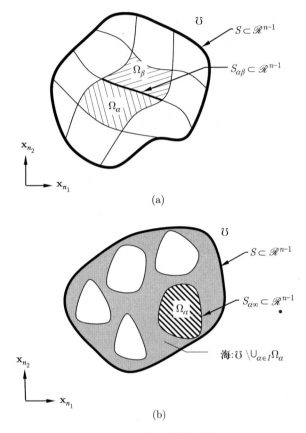

(a)

(b)

图 2.1　相空间 (a) 连通域, (b) 非连通域 $(n_1 + n_2 = n)$

连通域与非连通域. 连通域的定义为:

定义 2.3　如果在全域内所有可接近域都能相连, 没有任何不可接近域, 那么该域称为连通域.

类似地, 非连通域的定义如下.

定义 2.4　如果全域的可接近子域被不可接近域隔开, 那么该域称为一个非连通域.

对于任意的不连续动力系统, 由于在每个可接近子域内具有不同的向量场, 那么在这些可接近域 $\alpha \neq \beta$ 内就会具有完全不同的动力学行为, 并且会引起不连续动力系统在域内全局流的复杂性. 两个相连的可接近域边界对两个域内流的连续性起着桥梁作用. 任何可连通域的边界设为 $S \subseteq \mathscr{R}^r (r = n - 1)$, 则每个子域的边界为 $S_{\alpha\beta} \subset \mathscr{R}^r (\alpha, \beta \in I)$. 一个 n 维相空间内的可连通域如图 2.1(a) 所示, 可以用 n_1 维的子向量 $\mathbf{x}_{n_1}$ 和 n_2 维的子向量 $\mathbf{x}_{n_2} (n_1 + n_2 = n)$

来描述. 阴影区域 Ω_α 和 Ω_β 是特定的子域, 其余区域为白色. 粗的黑色实线代表域的原始边界. 对于非连通域, 至少存在一个不可接近子域, 使得不同的可接近域被其隔离开来. 所有不可接近域的集合亦称为 "不可接近的海", 其是可接近域对于整个定义域的补集, 即 $\Omega_0 = \mho \setminus \cup_{\alpha \in I} \Omega_\alpha$. 可接近子域也可称为 "岛". 为了说明这些概念, 图 2.1(b) 中给出了一个非连通域. 粗实线是所讨论域的边界, 灰色区域是不可接近的海. 白色区域为可接近域 (或称为 "岛"). 阴影区域代表一个具体的可接近子域.

从一个可接近域到达另一个可接近域, 运动的连续性需要满足特定传输 [11] 定律, 这将在本书的稍后章节讨论. 从一个可接近域到达另一个可接近域时, 流的穿越性问题也将在本章讨论.

2.2   不连续动力系统

考虑一个定义在域 $\mho \subset \mathscr{R}^n$ 上的动力系统, 该系统由 N 个子系统组成. 整个域由 N 个可接近子域 $\Omega_\alpha (\alpha \in I)$ 和所有不可接近子域的全体 Ω_0 组成, 即所有可接近域 $\cup_{\alpha \in I} \Omega_\alpha$ 和所有不可接近域 Ω_0 组成全域 $\mho = \cup_{\alpha \in I} \Omega_\alpha \cup \Omega_0$, 如图 2.1 所示. 其由 n_1 维子向量 $\mathbf{x}_{n_1}$ 和 n_2 维子向量 $\mathbf{x}_{n_2}(n_1 + n_2 = n)$ 描述. 在图 2.1(a) 中不可接近域为 $\Omega_0 = \varnothing$. 在图 2.1(b) 中, 不可接近域的全体称为海, 它是所有可接近域的补集, 即 $\Omega_0 = \mho \setminus \cup_{\alpha \in I} \Omega_\alpha$. 在第 α 个开子域 Ω_α 内, 存在一个 C^{r_α} $(r_\alpha \geqslant 1)$ 连续的系统

$$\dot{\mathbf{x}}^{(\alpha)} \equiv \mathbf{F}^{(\alpha)}(\mathbf{x}^{(\alpha)}, t, \mathbf{p}_\alpha) \in \mathscr{R}^n, \quad \mathbf{x}^{(\alpha)} = (x_1^{(\alpha)}, x_2^{(\alpha)}, \cdots, x_n^{(\alpha)})^{\mathrm{T}} \in \Omega_\alpha, \quad (2.1)$$

其中 t 为时间, $\dot{\mathbf{x}} = d\mathbf{x}/dt, \alpha \in I$. 在可接近域 Ω_α 上, 状态向量 $\mathbf{x} \in \Omega_\alpha$, 向量场 $\mathbf{F}^{(\alpha)}(\mathbf{x}, t, \mathbf{p}_\alpha)$ 是 $C^{r_\alpha}(r_\alpha \geqslant 1)$ 连续的, 且参数向量为 $\mathbf{p}_\alpha = (p_\alpha^{(1)}, p_\alpha^{(2)}, \cdots, p_\alpha^{(l)})^{\mathrm{T}} \in \mathscr{R}^l$. 在方程 (2.1) 中, $\mathbf{x}^{(\alpha)}(t) = \mathbf{\Phi}^{(\alpha)}(\mathbf{x}^{(\alpha)}(t_0), t, \mathbf{p}_\alpha)$ 为系统的连续流, 并且是 C^{r+1} 连续的, 初始值为 $\mathbf{x}^{(\alpha)}(t_0) = \mathbf{\Phi}^{(\alpha)}(\mathbf{x}^{(\alpha)}(t_0), t_0, \mathbf{p}_\alpha)$.

对于不连续动力系统, 有下列假设:

H2.1 两个相邻子系统间流的切换是时间连续的.

H2.2 对于一个无界的可接近域 Ω_α, 存在一个有界的域 $D_\alpha \subset \Omega_\alpha$, 其相应的向量场和流是有界的, 即在域 D_α 上,

$$\|\mathbf{F}^{(\alpha)}\| \leqslant K_1 \text{ (常数) 和 } \|\mathbf{\Phi}^{(\alpha)}\| \leqslant K_2 \text{ (常数)}, \ t \in [0, \infty). \quad (2.2)$$

H2.3 对于一个有界的可接近域 Ω_α, 存在一个有界的域 $D_\alpha \subset \Omega_\alpha$, 其相应的向量场有界, 但流可能是无界的, 即在域 D_α 上,

$$\|\mathbf{F}^{(\alpha)}\| \leqslant K_1 \text{ (常数) 和 } \|\mathbf{\Phi}^{(\alpha)}\| \leqslant \infty, \quad t \in [0, \infty). \quad (2.3)$$

2.3　流的穿越性

由于在不同的可接近子域内, 动力系统不同. 为了研究流的连续性, 需要讨论两个子域间流的相互关系. 对于一个子域 Ω_α, 假定存在 k_α 个相连子域和 k_α 个 $(k_\alpha \leqslant N-1)$ 边界. 任意两个相连子域的边界由两个相互作用的子域形成, 即 $(\partial\Omega_{ij} = \overline{\Omega}_i \cap \overline{\Omega}_j)(i,j \in I, j \neq i)$, 如图 2.2 所示.

定义 2.5　在 n 维相空间中, 边界定义为

$$S_{ij} \equiv \partial\Omega_{ij} = \overline{\Omega}_i \cap \overline{\Omega}_j$$

$$= \{\mathbf{x}|\varphi_{ij}(\mathbf{x},t,\boldsymbol{\lambda}) = 0, \ \varphi_{ij} \text{ 是 } C^r \text{ 连续的 } (r \geqslant 1)\} \subset \mathscr{R}^{n-1}. \qquad (2.4)$$

定义 2.6　如果边界 $\partial\Omega_{ij}$ 是空集 (即 $\partial\Omega_{ij} = \varnothing$), 则两个子域 Ω_i 和 Ω_j 不相连.

根据定义, $\partial\Omega_{ij} = \partial\Omega_{ji}$, 边界 $\partial\Omega_{ij}$ 上的流可由下式确定

$$\dot{\mathbf{x}}^{(0)} = \mathbf{F}^{(0)}(\mathbf{x}^{(0)},t) \text{ 且 } \varphi_{ij}(\mathbf{x}^{(0)},t,\boldsymbol{\lambda}) = 0, \qquad (2.5)$$

其中 $\mathbf{x}^{(0)} = (x_1^{(0)}, x_2^{(0)}, \cdots, x_n^{(0)})^{\mathrm{T}}$. 在特定初始条件下, 根据 $\varphi_{ij}(\mathbf{x}^{(0)},t,\boldsymbol{\lambda}) = \varphi_{ij}(\mathbf{x}_0^{(0)},t_0,\boldsymbol{\lambda}) = 0$ 可以得到不同的边界流.

定义 2.7　如果存在两个或更多子域闭集的交, 即

$$\Gamma_{\alpha_1\alpha_2\cdots\alpha_k} \equiv \cap_{\alpha=\alpha_1}^{\alpha_k}\overline{\Omega}_\alpha \subset \mathscr{R}^r \quad (r = 0,1,\cdots,n-2) \qquad (2.6)$$

是非空集合, 且 $\alpha_k \in I$ 和 $k \geqslant 3$, 那么子域的交集称为奇异集.

当 $r = 0$ 时, 奇异集变为奇异点, 或称为角点. 换句话说, 任何角点是 n 维相空间中, n 个线性独立的 $n-1$ 维边界面的交. 当 $r = 1$ 时, 奇异集变为曲线, 可看作对于 $n-1$ 维边界的 1 维奇异棱. 类似地, 任何 1 维奇异棱是 n 维相空间中, $n-1$ 个线性独立的 $n-1$ 维边界面的交. 当 $r \in \{2,3,\cdots,n-2\}$ 时, 奇异集变为 $n-1$ 维不连续边界上的 r 维奇异面. 三个闭域 $\{\overline{\Omega}_i, \overline{\Omega}_j, \overline{\Omega}_k\}$

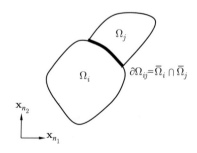

图 2.2　两个相邻子域 Ω_i 和 Ω_j 及其边界 $\partial\Omega_{ij}$

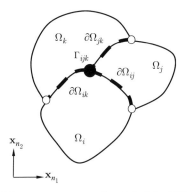

图 2.3 三个闭域 $\{\overline{\Omega}_i, \overline{\Omega}_j, \overline{\Omega}_k\}(i, j, k \in I)$ 相互作用的奇异集. 圆圈表示交点, 最大的实心圆圈表示奇异集 Γ_{ijk}. $\partial\Omega_{ij}$, $\partial\Omega_{jk}$ 和 $\partial\Omega_{ik}$ 为三个不连续的边界

$(i, j, k \in I)$ 的奇异集如图 2.3 所示. 圆圈表示交集, 最大的实心圆圈代表奇异集 Γ_{ijk}, 相应的不连续边界为 $\partial\Omega_{ij}$, $\partial\Omega_{jk}$ 和 $\partial\Omega_{ik}$. 奇异集具有双曲线或抛物线行为, 取决于分界的性质, 可参见文献 Luo (2005, 2006). 奇异集上流的定义类似于方程 (2.5), 是一个受边界约束的动力系统, 详细讨论如下.

定义 2.8 对于方程 (2.1) 中的不连续动力系统, 在两个相邻的域 Ω_α $(\alpha = i, j)$ 的边界上, 在 t_m 时刻存在一点 $\mathbf{x}(t_m) \equiv \mathbf{x}_m \in \partial\Omega_{ij}$. 对于任意小的 $\varepsilon > 0$, 存在两个时间区间 $[t_{m-\varepsilon}, t_m)$ 和 $(t_m, t_{m+\varepsilon}]$. 假定 $\mathbf{x}^{(i)}(t_{m-}) = \mathbf{x}_m = \mathbf{x}^{(j)}(t_{m+})$, 如果在边界 $\partial\Omega_{ij}$ 邻域的两个流 $\mathbf{x}^{(\alpha)}(t)(\alpha = i, j)$ 满足下列性质

$$
\left.\begin{aligned}
\mathbf{n}_{\partial\Omega_{ij}}^{\mathrm{T}} \cdot [\mathbf{x}^{(i)}(t_{m-}) - \mathbf{x}^{(i)}(t_{m-\varepsilon})] > 0, \\
\mathbf{n}_{\partial\Omega_{ij}}^{\mathrm{T}} \cdot [\mathbf{x}^{(j)}(t_{m+\varepsilon}) - \mathbf{x}^{(j)}(t_{m+})] > 0,
\end{aligned}\right\} \mathbf{n}_{\partial\Omega_{ij}} \to \Omega_j,
$$

[15]

或

$$
\left.\begin{aligned}
\mathbf{n}_{\partial\Omega_{ij}}^{\mathrm{T}} \cdot [\mathbf{x}^{(i)}(t_{m-}) - \mathbf{x}^{(i)}(t_{m-\varepsilon})] < 0, \\
\mathbf{n}_{\partial\Omega_{ij}}^{\mathrm{T}} \cdot [\mathbf{x}^{(j)}(t_{m+\varepsilon}) - \mathbf{x}^{(j)}(t_{m+})] < 0,
\end{aligned}\right\} \mathbf{n}_{\partial\Omega_{ij}} \to \Omega_i,
$$

(2.7)

那么两个流 $\mathbf{x}^{(\alpha)}(t)(\alpha = i, j)$ 的合成流是一个从域 Ω_i 到域 Ω_j 在边界 $\partial\Omega_{ij}$ 上的点 $(\mathbf{x}_m, t_m)$ 处的半穿越流. 其中边界 $\partial\Omega_{ij}$ 的法向量为

$$
\mathbf{n}_{\partial\Omega_{ij}} = \nabla\varphi_{ij}|_{\mathbf{x}=\mathbf{x}_m} = \left(\frac{\partial\varphi_{ij}}{\partial x_1}, \frac{\partial\varphi_{ij}}{\partial x_2}, \cdots, \frac{\partial\varphi_{ij}}{\partial x_n}\right)^{\mathrm{T}}\bigg|_{\mathbf{x}=\mathbf{x}_m}. \tag{2.8}
$$

在方程 (2.7) 中, 使用了标号 $t_{m\pm\varepsilon} = t_m \pm \varepsilon$ 和 $t_{m\pm} = t_m \pm 0$. 其中 $\mathbf{n}_{\partial\Omega_{ij}} \to \Omega_j$ 表示在点 $(\mathbf{x}_m, t_m)$ 处边界上的法向量指向域 Ω_j. 此外, 从域 Ω_i 到域 Ω_j 上的半穿越流 $\mathbf{x}^{(\alpha)}(t)$ $(\alpha = i, j)$ 的边界 $\partial\Omega_{ij}$ 称为半穿越边界, 用 $\overrightarrow{\partial\Omega}_{ij}$ 表示. 从几何意义上看, 边界上半穿越流可以解释为: 考虑方程 (2.1) 中

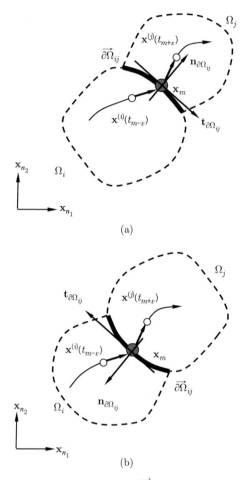

图 2.4　一个流从域 Ω_i 到 Ω_j 流经半穿越边界 $\overrightarrow{\partial\Omega}_{ij}$: (a) $\mathbf{n}_{\partial\Omega_{ij}} \to \Omega_j$; (b) $\mathbf{n}_{\partial\Omega_{ij}} \to \Omega_i$. $\mathbf{x}^{(i)}(t_{m-\varepsilon})$, $\mathbf{x}^{(j)}(t_{m+\varepsilon})$ 和 $\mathbf{x}_m$ 分别是域 Ω_i, Ω_j 和边界 $\partial\Omega_{ij}$ 上的点. 向量 $\mathbf{n}_{\partial\Omega_{ij}}$ 和 $\mathbf{t}_{\partial\Omega_{ij}}$ 分别表示边界的法向量和切向量

不连续动力系统的流 $\mathbf{x}^{(i)}(t)$ 穿越从域 Ω_i 到域 Ω_j 的边界 $\partial\Omega_{ij}$, 假定在 t_m 时刻, 流 $\mathbf{x}^{(i)}(t)$ 到达边界 $\partial\Omega_{ij}$, 在时刻 t_m 存在一个很小的邻域 $(t_{m-\varepsilon}, t_{m+\varepsilon})$, 对于任意小的 $\varepsilon > 0$. 在流 $\mathbf{x}^{(i)}(t)$ 到达边界 $\partial\Omega_{ij}$ 之前, 点 $\mathbf{x}^{(i)}(t_{m-\varepsilon})$ 位于域 Ω_i 内. 当 $\varepsilon \to 0$ 时, 时间增量 $\Delta t \equiv \varepsilon \to 0$. 边界上点 $\mathbf{x}_m$ 是当 $\varepsilon \to 0$ 时 $\mathbf{x}^{(i)}(t_{m-\varepsilon})$ 的极限, 而且该点必须满足边界约束条件 $\varphi_{ij}(\mathbf{x}, t) = 0$. 当流 $\mathbf{x}^{(i)}(t)$ 穿越边界上点 $\mathbf{x}_m$ 后, 流 $\mathbf{x}^{(i)}(t)$ 被切换为域 Ω_j 内的流 $\mathbf{x}^{(j)}(t)$. $\mathbf{x}^{(j)}(t_{m+\varepsilon})$ 是边界邻域上的点, 点 $\mathbf{x}_m$ 也是当 $\varepsilon \to 0$ 时, $\mathbf{x}^{(j)}(t_{m+\varepsilon})$ 的极限. 来流和去流分别表示为 $\mathbf{x}^{(i)}(t_m) - \mathbf{x}^{(i)}(t_{m-\varepsilon})$ 和 $\mathbf{x}^{(j)}(t_{m+\varepsilon}) - \mathbf{x}^{(j)}(t_m)$. 流能否穿越边界取决于边界邻域上的来流和去流的性质. 流穿越从域 Ω_i 到域 Ω_j 边界 $\partial\Omega_{ij}$ 的过程如图 2.4 所示. 两个向量 $\mathbf{n}_{\partial\Omega_{ij}}$ 和 $\mathbf{t}_{\partial\Omega_{ij}}$ 分别表示边界 $\partial\Omega_{ij}$

上的法向量和切向量, 由 $\varphi_{ij}(\mathbf{x},t)=0$ 决定. 当域 Ω_i 内的来流 $\mathbf{x}^{(i)}(t)$ 到达半 [16] 穿越边界 $\overrightarrow{\partial\Omega}_{ij}$ 时, 来流 $\mathbf{x}^{(i)}(t)$ 也可能与半穿越边界 $\overrightarrow{\partial\Omega}_{ij}$ 相切或反弹回去. 然而, 一旦穿越 $\overrightarrow{\partial\Omega}_{ij}$, 域 Ω_j 内去流 $\mathbf{x}^{(j)}(t)$ 离开半穿越边界 $\overrightarrow{\partial\Omega}_{ij}$, 该流不能穿越边界 $\overrightarrow{\partial\Omega}_{ij}$, 但是它可以与边界相切并离开. 因此, 边界上的擦边流或相切流是非常重要的, 在本章中将要详细讨论. 在接下来讨论中, 边界上不存在任何控制律或传输定律. $\mathbf{t}_{\partial\Omega_{ij}} \times \mathbf{n}_{\partial\Omega_{ij}}$ 的方向是按照右手规则确定的.

定理 2.1 对于方程 (2.1) 中的不连续动力系统, 在两个相邻域 Ω_α ($\alpha =$ [17] i,j) 的边界上, 在 t_m 时刻存在一点 $\mathbf{x}(t_m) \equiv \mathbf{x}_m \in \partial\Omega_{ij}$. 对于任意小的 $\varepsilon > 0$, 存在两个时间区间 $[t_{m-\varepsilon}, t_m)$ 和 $(t_m, t_{m+\varepsilon}]$. 假定 $\mathbf{x}^{(i)}(t_{m-}) = \mathbf{x}_m = \mathbf{x}^{(j)}(t_{m+})$. 流 $\mathbf{x}^{(i)}(t)$ 和 $\mathbf{x}^{(j)}(t)$ 分别是 $C_{[t_{m-\varepsilon}, t_m)}^{r_i}$ 和 $C_{(t_m, t_{m+\varepsilon}]}^{r_j}$ ($r_\alpha \geqslant 2$, $\alpha = i,j$) 连续的, 且 $\|d^{r_\alpha}\mathbf{x}^{(\alpha)}/dt^{r_\alpha}\| < \infty$ ($\alpha = i,j$). 在边界 $\partial\Omega_{ij}$ 上点 $(\mathbf{x}_m, t_m)$ 处, 流 $\mathbf{x}^{(i)}(t)$ 和 $\mathbf{x}^{(j)}(t)$ 是从域 Ω_i 到域 Ω_j 的半穿越流, 当且仅当

$$
\left.\begin{array}{l}
\mathbf{n}_{\partial\Omega_{ij}}^{\mathrm{T}} \cdot \dot{\mathbf{x}}^{(i)}(t_{m-}) > 0, \\
\mathbf{n}_{\partial\Omega_{ij}}^{\mathrm{T}} \cdot \dot{\mathbf{x}}^{(j)}(t_{m+}) > 0, \\
\text{或}
\end{array}\right\} \quad \mathbf{n}_{\partial\Omega_{ij}} \to \Omega_j
$$

$$
\left.\begin{array}{l}
\mathbf{n}_{\partial\Omega_{ij}}^{\mathrm{T}} \cdot \dot{\mathbf{x}}^{(i)}(t_{m-}) < 0, \\
\mathbf{n}_{\partial\Omega_{ij}}^{\mathrm{T}} \cdot \dot{\mathbf{x}}^{(j)}(t_{m+}) < 0,
\end{array}\right\} \quad \mathbf{n}_{\partial\Omega_{ij}} \to \Omega_i. \tag{2.9}
$$

证明 考虑点 $\mathbf{x}_m \in \partial\Omega_{ij}$, 并且法方向为 $\mathbf{n}_{\partial\Omega_{ij}} \to \Omega_j$. 假定 $\mathbf{x}^{(i)}(t_{m-}) = \mathbf{x}_m$ 以及 $\mathbf{x}_m = \mathbf{x}^{(j)}(t_{m+})$. 两个流 $\mathbf{x}^{(i)}(t)$ 和 $\mathbf{x}^{(j)}(t)$ 分别是 $C_{[t_{m-\varepsilon}, t_m)}^r$ 和 $C_{(t_m, t_{m+\varepsilon}]}^r$ 时间连续的 ($r \geqslant 2$). 当 $0 < \varepsilon << 1$ 时, 有 $\|\ddot{\mathbf{x}}^{(\alpha)}(t)\| < \infty$ ($\alpha \in \{i,j\}$). 设 $a \in [t_{m-\varepsilon}, t_{m-})$ 和 $b \in (t_{m+}, t_{m+\varepsilon}]$. 在 $t_{m\pm\varepsilon} = t_m \pm \varepsilon$ 时刻, 将 $\mathbf{x}^{(\alpha)}(t_{m\pm\varepsilon})$ 对于 $\mathbf{x}^{(\alpha)}(a)$ 和 $\mathbf{x}^{(\alpha)}(b)$ ($\alpha \in \{i,j\}$) 分别进行如下的泰勒级数展开

$$\mathbf{x}^{(i)}(t_{m-\varepsilon}) \equiv \mathbf{x}^{(i)}(t_{m-} - \varepsilon) = \mathbf{x}^{(i)}(a) + \dot{\mathbf{x}}^{(i)}(a)(t_{m-} - \varepsilon - a) + o(t_{m-} - \varepsilon - a);$$

$$\mathbf{x}^{(j)}(t_{m+\varepsilon}) \equiv \mathbf{x}^{(j)}(t_{m+} + \varepsilon) = \mathbf{x}^{(j)}(b) + \dot{\mathbf{x}}^{(j)}(b)(t_{m+} + \varepsilon - b) + o(t_{m+} + \varepsilon - b).$$

令 $a \to t_{m-}$ 和 $b \to t_{m+}$, 则对以上方程取极限为

$$\mathbf{x}^{(i)}(t_{m-\varepsilon}) \equiv \mathbf{x}^{(i)}(t_{m-} - \varepsilon) = \mathbf{x}^{(i)}(t_{m-}) - \dot{\mathbf{x}}^{(i)}(t_{m-})\varepsilon + o(\varepsilon);$$

$$\mathbf{x}^{(j)}(t_{m+\varepsilon}) \equiv \mathbf{x}^{(j)}(t_{m+} + \varepsilon) = \mathbf{x}^{(j)}(t_{m+}) + \dot{\mathbf{x}}^{(j)}(t_{m+})\varepsilon + o(\varepsilon).$$

由于 $0 < \varepsilon << 1$, 那么可以忽略方程中的 ε^2 及其高阶无穷小. 因而, 根据方程 (2.9) 第一式, 推导出如下的关系

$$\mathbf{n}_{\partial\Omega_{ij}}^{\mathrm{T}} \cdot [\mathbf{x}^{(i)}(t_{m-}) - \mathbf{x}^{(i)}(t_{m-\varepsilon})] = \mathbf{n}_{\partial\Omega_{ij}}^{\mathrm{T}} \cdot \dot{\mathbf{x}}^{(i)}(t_{m-})\varepsilon > 0,$$

$$\mathbf{n}_{\partial\Omega_{ij}}^{\mathrm{T}} \cdot [\mathbf{x}^{(j)}(t_{m+\varepsilon}) - \mathbf{x}^{(j)}(t_{m+})] = \mathbf{n}_{\partial\Omega_{ij}}^{\mathrm{T}} \cdot \dot{\mathbf{x}}^{(j)}(t_{m+})\varepsilon > 0.$$

根据 2.8 的定义, 在不等式方程 (2.9) 的第一种情况下, 边界 $\partial\Omega_{ij}$ 上点 $(\mathbf{x}_m, t_m)$ 处的流是一个从域 Ω_i 到 Ω_j 的半穿越流, 其法方向为 $\mathbf{n}_{\partial\Omega_{ij}} \to \Omega_j$. 类似地, 在不等式方程 (2.9) 的第二种情况下, 边界 $\partial\Omega_{ij}$ 上点 $(\mathbf{x}_m, t_m)$ 处的流是一个对于边界 $\partial\Omega_{ij}$ 的半穿越流, 其法方向为 $\mathbf{n}_{\partial\Omega_{ij}} \to \Omega_i$. ∎

定理 2.2 对于方程 (2.1) 中的不连续动力系统, 在两个相邻域 Ω_α ($\alpha = i, j$) 的边界上, 在 t_m 时刻存在一点 $\mathbf{x}(t_m) \equiv \mathbf{x}_m \in \partial\Omega_{ij}$. 对于任意小的 $\varepsilon > 0$, 存在两个时间区间 $[t_{m-\varepsilon}, t_m)$ 和 $(t_m, t_{m+\varepsilon})$. 假定 $\mathbf{x}^{(i)}(t_{m-}) = \mathbf{x}_m = \mathbf{x}^{(j)}(t_{m+})$. 向量场流 $\mathbf{F}^{(i)}(\mathbf{x}, t, \mathbf{p}_i)$ 和 $\mathbf{F}^{(j)}(\mathbf{x}, t, \mathbf{p}_j)$ 分别是 $C_{[t_{m-\varepsilon}, t_m)}^{r_i}$ 和 $C_{(t_m, t_{m+\varepsilon})}^{r_j}$ ($r_\alpha \geqslant 2$, $\alpha = i, j$) 连续的, 且 $\|d^{r_\alpha}\mathbf{x}^{(\alpha)}/dt^{r_\alpha}\| < \infty$ ($\alpha = i, j$). 在边界 $\partial\Omega_{ij}$ 上点 $(\mathbf{x}_m, t_m)$ 处, 流 $\mathbf{x}^{(i)}(t)$ 和 $\mathbf{x}^{(j)}(t)$ 的合成流是一个从域 Ω_i 到 Ω_j 的半穿越流, 当且仅当

$$\left.\begin{array}{l} \mathbf{n}_{\partial\Omega_{ij}}^{\mathrm{T}} \cdot \mathbf{F}^{(i)}(t_{m-}) > 0, \\ \mathbf{n}_{\partial\Omega_{ij}}^{\mathrm{T}} \cdot \mathbf{F}^{(j)}(t_{m+}) > 0, \end{array}\right\} \quad \mathbf{n}_{\partial\Omega_{ij}} \to \Omega_j$$

$$\text{或} \tag{2.10}$$

$$\left.\begin{array}{l} \mathbf{n}_{\partial\Omega_{ij}}^{\mathrm{T}} \cdot \mathbf{F}^{(i)}(t_{m-}) < 0, \\ \mathbf{n}_{\partial\Omega_{ij}}^{\mathrm{T}} \cdot \mathbf{F}^{(j)}(t_{m+}) < 0, \end{array}\right\} \quad \mathbf{n}_{\partial\Omega_{ij}} \to \Omega_i,$$

其中 $\mathbf{F}^{(i)}(t_{m-}) \equiv \mathbf{F}^{(i)}(\mathbf{x}_m, t_{m-}, \mathbf{p}_i)$, $\mathbf{F}^{(j)}(t_{m+}) \equiv \mathbf{F}^{(j)}(\mathbf{x}_m, t_{m+}, \mathbf{p}_j)$.

证明 设 $\mathbf{x}_m \in \partial\Omega_{ij}$, 并且满足 $\mathbf{x}^{(i)}(t_{m-}) = \mathbf{x}_m = \mathbf{x}^{(j)}(t_{m+})$. 法方向为 $\mathbf{n}_{\partial\Omega_{ij}} \to \Omega_j$. 根据方程 (2.1), 那么方程 (2.10) 中的第一个不等式为

$$\mathbf{n}_{\partial\Omega_{ij}}^{\mathrm{T}} \cdot \dot{\mathbf{x}}^{(i)}(t_{m-}) = \mathbf{n}_{\partial\Omega_{ij}}^{\mathrm{T}} \cdot \mathbf{F}^{(i)}(t_{m-}) > 0,$$

$$\mathbf{n}_{\partial\Omega_{ij}}^{\mathrm{T}} \cdot \dot{\mathbf{x}}^{(j)}(t_{m+}) = \mathbf{n}_{\partial\Omega_{ij}}^{\mathrm{T}} \cdot \mathbf{F}^{(j)}(t_{m+}) > 0.$$

根据定理 2.1 和定义 2.8, 当法方向 $\mathbf{n}_{\partial\Omega_{ij}} \to \Omega_j$ 时, 经过边界 $\partial\Omega_{ij}$ 点 $(\mathbf{x}_m, t_m)$ 处的合成流是半穿越流. 同样地, 在满足方程 (2.10) 的第二个不等式的条件下, 法方向当 $\mathbf{n}_{\partial\Omega_{ij}} \to \Omega_i$ 时, 经过边界 $\partial\Omega_{ij}$ 点 $(\mathbf{x}_m, t_m)$ 处的合成流也是半穿越流. ∎

定义 2.9 对于方程 (2.1) 中的不连续动力系统, 在两个相邻域 Ω_α ($\alpha = i, j$) 的边界上, 在 t_m 时刻存在一点 $\mathbf{x}(t_m) \equiv \mathbf{x}_m \in \partial\Omega_{ij}$. 对于任意小的 $\varepsilon > 0$, 存在时间区间 $[t_{m-\varepsilon}, t_m)$. 假定 $\mathbf{x}^{(\alpha)}(t_{m-}) = \mathbf{x}_m$. 如果在边界 $\partial\Omega_{ij}$ 邻域的两

个流 $\mathbf{x}^{(i)}(t)$ 和 $\mathbf{x}^{(j)}(t)$ 满足下列性质 [19]

$$
\left.
\begin{aligned}
\mathbf{n}_{\partial\Omega_{ij}}^{\mathrm{T}} \cdot [\mathbf{x}^{(i)}(t_{m-}) - \mathbf{x}^{(i)}(t_{m-\varepsilon})] > 0, \\
\mathbf{n}_{\partial\Omega_{ij}}^{\mathrm{T}} \cdot [\mathbf{x}^{(j)}(t_{m-}) - \mathbf{x}^{(j)}(t_{m-\varepsilon})] < 0,
\end{aligned}
\right\} \quad \mathbf{n}_{\partial\Omega_{ij}} \to \Omega_j
$$

或 (2.11)

$$
\left.
\begin{aligned}
\mathbf{n}_{\partial\Omega_{ij}}^{\mathrm{T}} \cdot [\mathbf{x}^{(i)}(t_{m-}) - \mathbf{x}^{(i)}(t_{m-\varepsilon})] < 0, \\
\mathbf{n}_{\partial\Omega_{ij}}^{\mathrm{T}} \cdot [\mathbf{x}^{(j)}(t_{m-}) - \mathbf{x}^{(j)}(t_{m-\varepsilon})] > 0,
\end{aligned}
\right\} \quad \mathbf{n}_{\partial\Omega_{ij}} \to \Omega_i,
$$

那么两个流 $\mathbf{x}^{(i)}(t)$ 和 $\mathbf{x}^{(j)}(t)$ 称为边界 $\partial\Omega_{ij}$ 上点 $(\mathbf{x}_m, t_m)$ 处的第一类不可穿越流, 或者称为边界 $\partial\Omega_{ij}$ 上点 $(\mathbf{x}_m, t_m)$ 的汇流.

定义 2.10 对于方程 (2.1) 中的不连续动力系统, 在两个相邻域 Ω_α $(\alpha = i, j)$ 的边界上, 在 t_m 时刻存在一点 $\mathbf{x}(t_m) \equiv \mathbf{x}_m \in \partial\Omega_{ij}$. 对于任意小的 $\varepsilon > 0$, 存在时间区间 $(t_m, t_{m+\varepsilon})$. 假定 $\mathbf{x}^{(\alpha)}(t_{m+}) = \mathbf{x}_m$. 如果在边界 $\partial\Omega_{ij}$ 邻域两个流 $\mathbf{x}^{(i)}(t)$ 和 $\mathbf{x}^{(j)}(t)$ 满足下列性质

$$
\left.
\begin{aligned}
\mathbf{n}_{\partial\Omega_{ij}}^{\mathrm{T}} \cdot [\mathbf{x}^{(i)}(t_{m+\varepsilon}) - \mathbf{x}^{(i)}(t_{m+})] < 0, \\
\mathbf{n}_{\partial\Omega_{ij}}^{\mathrm{T}} \cdot [\mathbf{x}^{(j)}(t_{m+\varepsilon}) - \mathbf{x}^{(j)}(t_{m+})] > 0,
\end{aligned}
\right\} \quad \mathbf{n}_{\partial\Omega_{ij}} \to \Omega_j
$$

或 (2.12)

$$
\left.
\begin{aligned}
\mathbf{n}_{\partial\Omega_{ij}}^{\mathrm{T}} \cdot [\mathbf{x}^{(i)}(t_{m+\varepsilon}) - \mathbf{x}^{(i)}(t_{m+})] > 0, \\
\mathbf{n}_{\partial\Omega_{ij}}^{\mathrm{T}} \cdot [\mathbf{x}^{(j)}(t_{m+\varepsilon}) - \mathbf{x}^{(j)}(t_{m+})] < 0,
\end{aligned}
\right\} \quad \mathbf{n}_{\partial\Omega_{ij}} \to \Omega_i,
$$

那么两个流 $\mathbf{x}^{(i)}(t)$ 和 $\mathbf{x}^{(j)}(t)$ 称为边界 $\partial\Omega_{ij}$ 上点 $(\mathbf{x}_m, t_m)$ 处的第二类不可穿越流, 或者称为边界 $\partial\Omega_{ij}$ 上点 $(\mathbf{x}_m, t_m)$ 的源流.

点 $(\mathbf{x}_m, t_m)$ 处, 两个汇流 $\mathbf{x}^{(i)}(t)$ 和 $\mathbf{x}^{(j)}(t)$ 的边界 $\partial\Omega_{ij}$ 称为第一类不可穿越边界, 用 $\widetilde{\partial\Omega_{ij}}$ 表示, 或者称为域 Ω_i 和 Ω_j 间的汇流边界. 点 $(\mathbf{x}_m, t_m)$ 处两个源流 $\mathbf{x}^{(i)}(t)$ 和 $\mathbf{x}^{(j)}(t)$ 的边界 $\partial\Omega_{ij}$ 称为第二类不可穿越边界, 用 $\widehat{\partial\Omega_{ij}}$ 表示, 或者称为域 Ω_i 和 Ω_j 间的源流边界. 边界 $\partial\Omega_{ij}$ 上的汇流与源流如图 2.5(a) 和 2.5(b) 所示, 图中标注了边界邻域的流. 当域 Ω_α 内流 $\mathbf{x}^{(\alpha)}(t)(\alpha = i, j)$ 到达第一类不可穿越边界 $\widetilde{\partial\Omega_{ij}}$ 时, 流与边界要么擦边要么发生滑模. 对于第二类不可穿越边界 $\widehat{\partial\Omega_{ij}}$, 域 Ω_α 内流与边界要么擦边要么反弹. 本章只讨论流与不可穿越边界的擦边情况.

定理 2.3 对于方程 (2.1) 中的不连续动力系统, 在两个相邻域 Ω_α $(\alpha = [20]$ $i, j)$ 的边界上, 在 t_m 时刻存在一点 $\mathbf{x}(t_m) \equiv \mathbf{x}_m \in \partial\Omega_{ij}$. 对于任意小的 $\varepsilon > 0$, 存在时间区间 $[t_{m-\varepsilon}, t_m)$. 假定 $\mathbf{x}^{(\alpha)}(t_{m-}) = \mathbf{x}_m$. 流 $\mathbf{x}^{(\alpha)}(t)$ 是 $C_{[t_{m-\varepsilon}, t_m)}^{r_\alpha} (r_\alpha \geqslant$

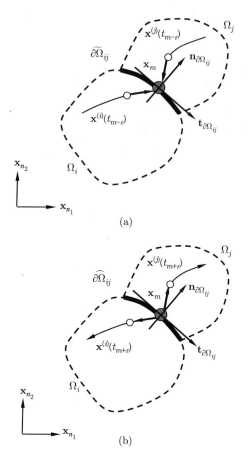

图 2.5　边界 $\partial\Omega_{ij}$ 上的不可穿越流: (a) 边界 $\widetilde{\partial\Omega}_{ij}$ 上的汇流 (或称为第一类不可穿越流), (b) 边界 $\widehat{\partial\Omega}_{ij}$ 上的源流 (或称为第二类不可穿越流), 其中 $\mathbf{x}_m \equiv (\mathbf{x}_{n_1}(t_m), \mathbf{x}_{n_2}(t_m))^{\mathrm{T}}$, $\mathbf{x}^{(\alpha)}(t_{m\pm\varepsilon}) \equiv (\mathbf{x}_{n_1}^{(\alpha)}(t_{m\pm\varepsilon}), \mathbf{x}_{n_2}^{(\alpha)}(t_{m\pm\varepsilon}))^{\mathrm{T}}$, $\alpha = \{i,j\}$, $t_{m\pm\varepsilon} = t_m \pm \varepsilon$, $\varepsilon > 0$ 且任意小

2) 连续的, 且 $\|d^{r_\alpha}\mathbf{x}^{(\alpha)}/dt^{r_\alpha}\| < \infty$. 在边界 $\partial\Omega_{ij}$ 上点 $(\mathbf{x}_m, t_m)$ 处, 两个流 $\mathbf{x}^{(i)}(t)$ 和 $\mathbf{x}^{(j)}(t)$ 是第一类不可穿越流 (汇流), 当且仅当

[21]

$$
\left.\begin{aligned}
\mathbf{n}_{\partial\Omega_{ij}}^{\mathrm{T}} \cdot \dot{\mathbf{x}}^{(i)}(t_{m-}) > 0, \\
\mathbf{n}_{\partial\Omega_{ij}}^{\mathrm{T}} \cdot \dot{\mathbf{x}}^{(j)}(t_{m-}) < 0,
\end{aligned}\right\} \quad \mathbf{n}_{\partial\Omega_{ij}} \to \Omega_j
$$

或

$$
\left.\begin{aligned}
\mathbf{n}_{\partial\Omega_{ij}}^{\mathrm{T}} \cdot \dot{\mathbf{x}}^{(i)}(t_{m-}) < 0, \\
\mathbf{n}_{\partial\Omega_{ij}}^{\mathrm{T}} \cdot \dot{\mathbf{x}}^{(j)}(t_{m-}) > 0,
\end{aligned}\right\} \quad \mathbf{n}_{\partial\Omega_{ij}} \to \Omega_i.
$$

(2.13)

证明 证明参见定理 2.1. ∎

定理 2.4 对于方程 (2.1) 中的不连续动力系统, 在两个相邻域 Ω_α ($\alpha = i, j$) 边界上, 在 t_m 时刻存在一点 $\mathbf{x}(t_m) \equiv \mathbf{x}_m \in \partial\Omega_{ij}$. 对于任意小的 $\varepsilon > 0$, 存在时间区间 $[t_{m-\varepsilon}, t_m)$. 假定 $\mathbf{x}^{(\alpha)}(t_{m-}) = \mathbf{x}_m$. 向量场 $\mathbf{F}^{(\alpha)}(\mathbf{x}, t, \mathbf{p}_\alpha)$ 是 $C^{r_\alpha}_{[t_{m-\varepsilon}, t_m)}$ 连续的, 且 $\|d^{r_\alpha+1}\mathbf{x}^{(\alpha)}/dt^{r_\alpha+1}\| < \infty$ ($r_\alpha \geqslant 1$). 在边界 $\partial\Omega_{ij}$ 上点 $(\mathbf{x}_m, t_m)$ 处, 两个流 $\mathbf{x}^{(i)}(t)$ 和 $\mathbf{x}^{(j)}(t)$ 是第一类不可穿越流 (汇流), 当且仅当

$$\left.\begin{array}{l} \mathbf{n}^{\mathrm{T}}_{\partial\Omega_{ij}} \cdot \mathbf{F}^{(i)}(t_{m-}) > 0, \\ \mathbf{n}^{\mathrm{T}}_{\partial\Omega_{ij}} \cdot \mathbf{F}^{(j)}(t_{m-}) < 0, \end{array}\right\} \quad \mathbf{n}_{\partial\Omega_{ij}} \to \Omega_j$$

或

$$\left.\begin{array}{l} \mathbf{n}^{\mathrm{T}}_{\partial\Omega_{ij}} \cdot \mathbf{F}^{(i)}(t_{m-}) < 0, \\ \mathbf{n}^{\mathrm{T}}_{\partial\Omega_{ij}} \cdot \mathbf{F}^{(j)}(t_{m-}) > 0, \end{array}\right\} \quad \mathbf{n}_{\partial\Omega_{ij}} \to \Omega_i. \tag{2.14}$$

其中 $\mathbf{F}^{(\alpha)}(t_{m-}) \triangleq \mathbf{F}^{(\alpha)}(\mathbf{x}, t_{m-}, \mathbf{p}_\alpha)(\alpha \in \{i, j\})$.

证明 证明参见定理 2.2. ∎

定理 2.5 对于方程 (2.1) 中的不连续动力系统, 在两个相邻域 Ω_α ($\alpha = i, j$) 边界上, 在 t_m 时刻存在一点 $\mathbf{x}(t_m) \equiv \mathbf{x}_m \in \partial\Omega_{ij}$. 对于任意小的 $\varepsilon > 0$, 存在时间区间 $(t_m, t_{m+\varepsilon}]$. 假定 $\mathbf{x}^{(\alpha)}(t_{m+}) = \mathbf{x}_m$. 流 $\mathbf{x}^{(\alpha)}(t)$ 是 $C^{r_\alpha}_{(t_m, t_{m+\varepsilon}]}$ ($r_\alpha \geqslant 2$) 连续的, 且 $\|d^{r_\alpha}\mathbf{x}^{(\alpha)}/dt^{r_\alpha}\| < \infty$. 在边界 $\partial\Omega_{ij}$ 上点 $(\mathbf{x}_m, t_m)$ 处, 两个流 $\mathbf{x}^{(i)}(t)$ 和 $\mathbf{x}^{(j)}(t)$ 是第二类不可穿越流 (源流), 当且仅当

$$\left.\begin{array}{l} \mathbf{n}^{\mathrm{T}}_{\partial\Omega_{ij}} \cdot \dot{\mathbf{x}}^{(i)}(t_{m+}) < 0, \\ \mathbf{n}^{\mathrm{T}}_{\partial\Omega_{ij}} \cdot \dot{\mathbf{x}}^{(j)}(t_{m+}) > 0, \end{array}\right\} \quad \mathbf{n}_{\partial\Omega_{ij}} \to \Omega_j$$

或

$$\left.\begin{array}{l} \mathbf{n}^{\mathrm{T}}_{\partial\Omega_{ij}} \cdot \dot{\mathbf{x}}^{(i)}(t_{m+}) > 0, \\ \mathbf{n}^{\mathrm{T}}_{\partial\Omega_{ij}} \cdot \dot{\mathbf{x}}^{(j)}(t_{m+}) < 0, \end{array}\right\} \quad \mathbf{n}_{\partial\Omega_{ij}} \to \Omega_i. \tag{2.15}$$

[22]

证明 证明参见定理 2.1. ∎

定理 2.6 对于方程 (2.1) 中的不连续动力系统, 在两个相邻域 Ω_α ($\alpha = i, j$) 边界上, 在 t_m 时刻存在一点 $\mathbf{x}(t_m) \equiv \mathbf{x}_m \in \partial\Omega_{ij}$. 对于任意小的 $\varepsilon > 0$, 存在时间区间 $(t_m, t_{m+\varepsilon}]$. 假定 $\mathbf{x}^{(\alpha)}(t_{m+}) = \mathbf{x}_m$. 向量场 $\mathbf{F}^{(\alpha)}(\mathbf{x}, t, \mathbf{p}_\alpha)$ 是 $C^{r_\alpha}_{(t_m, t_{m+\varepsilon}]}$ 连续的, 且 $\|d^{r_\alpha+1}\mathbf{x}^{(\alpha)}/dt^{r_\alpha+1}\| < \infty$ ($r_\alpha \geqslant 1$). 在边界 $\partial\Omega_{ij}$ 上点

$(\mathbf{x}_m, t_m)$ 处, 两个流 $\mathbf{x}^{(i)}(t)$ 和 $\mathbf{x}^{(j)}(t)$ 是第二类不可穿越流 (源流), 当且仅当

$$
\left.\begin{aligned}
\mathbf{n}_{\partial\Omega_{ij}}^{\mathrm{T}} \cdot \mathbf{F}^{(i)}(t_{m+}) < 0, \\
\mathbf{n}_{\partial\Omega_{ij}}^{\mathrm{T}} \cdot \mathbf{F}^{(j)}(t_{m+}) > 0,
\end{aligned}\right\} \quad \mathbf{n}_{\partial\Omega_{ij}} \to \Omega_j
$$

或 \hfill (2.16)

$$
\left.\begin{aligned}
\mathbf{n}_{\partial\Omega_{ij}}^{\mathrm{T}} \cdot \mathbf{F}^{(i)}(t_{m+}) > 0, \\
\mathbf{n}_{\partial\Omega_{ij}}^{\mathrm{T}} \cdot \mathbf{F}^{(j)}(t_{m+}) < 0,
\end{aligned}\right\} \quad \mathbf{n}_{\partial\Omega_{ij}} \to \Omega_i
$$

其中 $\mathbf{F}^{(\alpha)}(t_{m+}) \triangleq \mathbf{F}^{(\alpha)}(\mathbf{x}, t_{m+}, \mathbf{p}_\alpha)(\alpha = i, j)$.

证明 证明参见定理 2.2. ∎

2.4 擦 边 流

这部分将要讨论流的局部奇异性以及擦边流, 并给出相应的充要条件.

定义 2.11 对于方程 (2.1) 中的不连续动力系统, 在两个相邻域 Ω_α $(\alpha = i, j)$ 边界上, 在 t_m 时刻存在一点 $\mathbf{x}(t_m) \equiv \mathbf{x}_m \in \partial\Omega_{ij}$. 对于任意小的 $\varepsilon > 0$, 存在两个时间区间 $[t_{m-\varepsilon}, t_m)$ 和 $(t_m, t_{m+\varepsilon}]$. 假定 $\mathbf{x}^{(\alpha)}(t_{m\pm}) = \mathbf{x}_m(\alpha \in \{i, j\})$. 流 $\mathbf{x}^{(\alpha)}(t)$ 是 $C^{r_\alpha}_{[t_{m-\varepsilon}, t_m)}$ 或 $C^{r_\alpha}_{(t_m, t_{m+\varepsilon}]}$ 连续的 $(r_\alpha \geqslant 2)$. 如果满足下列性质

[23] $$ \mathbf{n}_{\partial\Omega_{ij}}^{\mathrm{T}} \cdot \dot{\mathbf{x}}^{(\alpha)}(t_{m-}) = 0 \text{ 或 } \mathbf{n}_{\partial\Omega_{ij}}^{\mathrm{T}} \cdot \dot{\mathbf{x}}^{(\alpha)}(t_{m+}) = 0, \tag{2.17} $$

那么边界 $\partial\Omega_{ij}$ 上的点 $(\mathbf{x}_m, t_m)$ 是流 $\mathbf{x}^{(\alpha)}(t)$ 的临界点.

定理 2.7 对于方程 (2.1) 中的不连续动力系统, 在两个相邻域 $\Omega_\alpha(\alpha = i, j)$ 边界上, 在 t_m 时刻存在一点 $\mathbf{x}(t_m) \equiv \mathbf{x}_m \in \partial\Omega_{ij}$. 对于任意小的 $\varepsilon > 0$, 存在两个时间区间 $[t_{m-\varepsilon}, t_m)$ 和 $(t_m, t_{m+\varepsilon}]$. 假定 $\mathbf{x}^{(\alpha)}(t_{m\pm}) = \mathbf{x}_m(\alpha \in \{i, j\})$. 流 $\mathbf{x}^{(\alpha)}(t)$ 是 $C^{r_\alpha}_{[t_{m-\varepsilon}, t_m)}$ 或者 $C^{r_\alpha}_{(t_m, t_{m+\varepsilon}]}$ 连续的 $(r_\alpha \geqslant 2)$. 向量场 $\mathbf{F}^{(\alpha)}(\mathbf{x}, t, \mathbf{p}_\alpha)$ 是 $C^{r_\alpha-1}_{[t_{m-\varepsilon}, t_m)}$ 或者 $C^{r_\alpha-1}_{(t_m, t_{m+\varepsilon}]}$ 连续的, 且 $\|d^{r_\alpha+1}\mathbf{x}^{(\alpha)}/dt^{r_\alpha+1}\| < \infty$. 在边界 $\partial\Omega_{ij}$ 上点 $(\mathbf{x}_m, t_m)$ 处是流 $\mathbf{x}^{(\alpha)}(t)$ 的临界点, 当且仅当

$$ \mathbf{n}_{\partial\Omega_{ij}}^{\mathrm{T}} \cdot \mathbf{F}^{(\alpha)}(t_{m-}) = 0 \text{ 或 } \mathbf{n}_{\partial\Omega_{ij}}^{\mathrm{T}} \cdot \mathbf{F}^{(\alpha)}(t_{m+}) = 0, \tag{2.18} $$

其中 $\mathbf{F}^{(\alpha)}(t_{m\pm}) = \mathbf{F}^{(\alpha)}(\mathbf{x}, t_{m\pm}, \mathbf{p}_\alpha)$.

证明 根据方程 (2.1) 和定义 2.11 可以证明. ∎

在域 $\Omega_\alpha(\alpha \in \{i, j\})$ 内, 对于边界 $\partial\Omega_{ij}$ 的来流与去流 $\mathbf{x}^{(\alpha)}(t_{m\pm})$ 在

$\mathbf{x}(t_m) \equiv \mathbf{x}_m \in \partial\Omega_{ij}$ 处的切向量, 与边界的法向量垂直, 所以来流与边界相切.

定义 2.12 对于方程 (2.1) 中的不连续动力系统, 在两个相邻域 Ω_α $(\alpha = i,j)$ 边界上, 在 t_m 时刻存在一点 $\mathbf{x}(t_m) \equiv \mathbf{x}_m \in \partial\Omega_{ij}$. 对于任意小的 $\varepsilon > 0$, 存在两个时间区间 $[t_{m-\varepsilon}, t_m)$ 和 $(t_m, t_{m+\varepsilon}]$. 假定 $\mathbf{x}^{(\alpha)}(t_{m\pm}) = \mathbf{x}_m(\alpha \in \{i,j\})$. 流 $\mathbf{x}^{(\alpha)}(t)$ 是 $C^{r_\alpha}_{[t_{m-\varepsilon}, t_m)}$ 或 $C^{r_\alpha}_{(t_m, t_{m+\varepsilon}]}$ 连续的 $(r_\alpha \geqslant 1)$. 如果满足下列性质

$$\mathbf{n}^{\mathrm{T}}_{\partial\Omega_{ij}} \cdot \dot{\mathbf{x}}^{(\alpha)}(t_{m\pm}) = 0, \tag{2.19}$$

$$\left.\begin{array}{l} \mathbf{n}^{\mathrm{T}}_{\partial\Omega_{ij}} \cdot [\mathbf{x}^{(\alpha)}(t_{m-}) - \mathbf{x}^{(\alpha)}(t_{m-\varepsilon})] > 0, \\ \mathbf{n}^{\mathrm{T}}_{\partial\Omega_{ij}} \cdot [\mathbf{x}^{(\alpha)}(t_{m+\varepsilon}) - \mathbf{x}^{(\alpha)}(t_{m+})] < 0, \end{array}\right\} \mathbf{n}_{\partial\Omega_{ij}} \to \Omega_\beta \tag{2.20}$$

或

$$\left.\begin{array}{l} \mathbf{n}^{\mathrm{T}}_{\partial\Omega_{ij}} \cdot [\mathbf{x}^{(\alpha)}(t_{m-}) - \mathbf{x}^{(\alpha)}(t_{m-\varepsilon})] < 0, \\ \mathbf{n}^{\mathrm{T}}_{\partial\Omega_{ij}} \cdot [\mathbf{x}^{(\alpha)}(t_{m+\varepsilon}) - \mathbf{x}^{(\alpha)}(t_{m+})] > 0, \end{array}\right\} \mathbf{n}_{\partial\Omega_{ij}} \to \Omega_\alpha, \tag{2.21}$$

其中 $\alpha, \beta \in \{i,j\}, \beta \neq \alpha$. 那么在边界 $\partial\Omega_{ij}$ 上的点 $(\mathbf{x}_m, t_m)$ 处, 域 Ω_α 内的流 $\mathbf{x}^{(\alpha)}(t)$ 与边界相切.

由于法向量 $\mathbf{n}_{\partial\Omega_{ij}}$ 与切平面相垂直, 那么不需要任何切换律, 根据方程 [24] (2.19) 得到以下关系式

$$\dot{\mathbf{x}}^{(\alpha)}(t_{m-}) = \dot{\mathbf{x}}^{(\alpha)}(t_{m+}) \text{ 和 } \dot{\mathbf{x}}^{(\alpha)}(t_{m\pm}) \neq \dot{\mathbf{x}}^{(0)}(t_m). \tag{2.22}$$

以上方程表明边界 $\partial\Omega_{ij}$ 上的流 $\mathbf{x}^{(\alpha)}$ 至少是 C^1 连续的. 为了解释以上定义, 如图 2.6 所示, 域 Ω_i 内流与边界 $\partial\Omega_{ij}$ 相切, 法向量为 $\mathbf{n}_{\partial\Omega_{ij}} \to \Omega_j$. 灰色圆圈表示流与边界相切前后的两点 $\mathbf{x}^{(i)}_{m\pm\varepsilon} = \mathbf{x}^{(i)}(t_m \pm \varepsilon)$. 最大的圆圈表示边界 $\partial\Omega_{ij}$ 上的切点 $\mathbf{x}_m$. 这个切向流又称为擦边流.

定理 2.8 对于方程 (2.1) 中的不连续动力系统, 在两个相邻域 $\Omega_\alpha (\alpha = i,j)$ 的边界 $\partial\Omega_{ij}$ 上, 在 t_m 时刻存在一点 $\mathbf{x}(t_m) \equiv \mathbf{x}_m \in \partial\Omega_{ij}$. 对于任意小的 $\varepsilon > 0$, 存在两个时间区间 $[t_{m-\varepsilon}, t_m)$ 和 $(t_m, t_{m+\varepsilon}]$. 假定 $\mathbf{x}^{(\alpha)}(t_{m\pm}) = \mathbf{x}_m(\alpha \in \{i,j\})$. 流 $\mathbf{x}^{(\alpha)}(t)$ 是 $C^{r_\alpha}_{[t_{m-\varepsilon}, t_m)}$ 或者 $C^{r_\alpha}_{(t_m, t_{m+\varepsilon}]}$ 连续的 $(r_\alpha \geqslant 2)$, 且 $\|d^{r_\alpha}\mathbf{x}^{(\alpha)}/dt^{r_\alpha}\| < \infty$. 域 Ω_α 内流 $\mathbf{x}^{(\alpha)}(t)$ 与边界 $\partial\Omega_{ij}$ 在点 $(\mathbf{x}_m, t_m)$ 相切, 当且仅当

$$\mathbf{n}^{\mathrm{T}}_{\partial\Omega_{ij}} \cdot \dot{\mathbf{x}}^{(\alpha)}(t_{m\pm}) = 0; \tag{2.23}$$

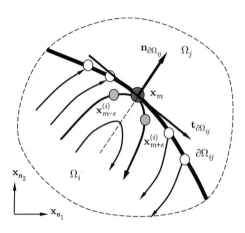

图 2.6　域 Ω_i 内与边界 $\partial\Omega_{ij}$ 相切的流. 灰色圆圈表示流与边界相切前后的两点 $\mathbf{x}_{m-\varepsilon}^{(i)}$ 和 $\mathbf{x}_{m+\varepsilon}^{(i)}$. 最大的圆圈表示边界 $\partial\Omega_{ij}$ 上的切点 $\mathbf{x}_m$

[25]
$$
\left.\begin{aligned}
\mathbf{n}_{\partial\Omega_{ij}}^{\mathrm{T}}\cdot\dot{\mathbf{x}}^{(\alpha)}(t_{m-\varepsilon}) > 0, \\
\mathbf{n}_{\partial\Omega_{ij}}^{\mathrm{T}}\cdot\dot{\mathbf{x}}^{(\alpha)}(t_{m+\varepsilon}) < 0,
\end{aligned}\right\} \mathbf{n}_{\partial\Omega_{ij}} \to \Omega_\beta
$$

$$
或 \tag{2.24}
$$

$$
\left.\begin{aligned}
\mathbf{n}_{\partial\Omega_{ij}}^{\mathrm{T}}\cdot\dot{\mathbf{x}}^{(\alpha)}(t_{m-\varepsilon}) < 0, \\
\mathbf{n}_{\partial\Omega_{ij}}^{\mathrm{T}}\cdot\dot{\mathbf{x}}^{(\alpha)}(t_{m+\varepsilon}) > 0,
\end{aligned}\right\} \mathbf{n}_{\partial\Omega_{ij}} \to \Omega_\alpha,
$$

其中 $\alpha, \beta \in \{i, j\}, \beta \neq \alpha$.

证明　首先考虑方程

$$
\begin{aligned}
\mathbf{x}^{(\alpha)}(t_{m\pm}) &\equiv \mathbf{x}^{(\alpha)}(t_{m\pm} \pm \varepsilon \mp \varepsilon) = \mathbf{x}^{(\alpha)}(t_{m\pm} \pm \varepsilon) \mp \varepsilon\dot{\mathbf{x}}^{(\alpha)}(t_{m\pm} \pm \varepsilon) + o(\varepsilon) \\
&= \mathbf{x}^{(\alpha)}(t_{m\pm\varepsilon}) \mp \varepsilon\dot{\mathbf{x}}^{(\alpha)}(t_{m\pm\varepsilon}) + o(\varepsilon).
\end{aligned}
$$

对于任意小的 $0 < \varepsilon << 1$, 方程中 ε 的高阶项可以忽视. 因此

$$
\begin{aligned}
\mathbf{n}_{\partial\Omega_{ij}}^{\mathrm{T}}\cdot[\mathbf{x}^{(\alpha)}(t_{m-}) - \mathbf{x}^{(\alpha)}(t_{m-\varepsilon})] = \varepsilon\mathbf{n}_{\partial\Omega_{ij}}^{\mathrm{T}}\cdot\dot{\mathbf{x}}^{(\alpha)}(t_{m-\varepsilon}), \\
\mathbf{n}_{\partial\Omega_{ij}}^{\mathrm{T}}\cdot[\mathbf{x}^{(\alpha)}(t_{m+\varepsilon}) - \mathbf{x}^{(\alpha)}(t_{m+})] = \varepsilon\mathbf{n}_{\partial\Omega_{ij}}^{\mathrm{T}}\cdot\dot{\mathbf{x}}^{(\alpha)}(t_{m+\varepsilon}).
\end{aligned}
$$

根据方程 (2.24), 第一种情况为

$$
\mathbf{n}_{\partial\Omega_{ij}}^{\mathrm{T}}\cdot\dot{\mathbf{x}}^{(\alpha)}(t_{m-\varepsilon}) > 0 \text{ 和 } \mathbf{n}_{\partial\Omega_{ij}}^{\mathrm{T}}\cdot\dot{\mathbf{x}}^{(\alpha)}(t_{m+\varepsilon}) < 0.
$$

由此, 对边界 $\partial\Omega_{ij}$, 方程 (2.20) 成立, 且法向量方向为 $\mathbf{n}_{\partial\Omega_{ij}} \to \Omega_\beta(\beta \neq \alpha)$.

然而, 第二种情况为

$$\mathbf{n}_{\partial\Omega_{ij}}^{\mathrm{T}} \cdot \dot{\mathbf{x}}^{(\alpha)}(t_{m-\varepsilon}) < 0 \text{ 和 } \mathbf{n}_{\partial\Omega_{ij}}^{\mathrm{T}} \cdot \dot{\mathbf{x}}^{(\alpha)}(t_{m+\varepsilon}) > 0.$$

由此, 对边界 $\partial\Omega_{ij}$, 方程 (2.21) 成立, 且法向量方向为 $\mathbf{n}_{\partial\Omega_{ij}} \to \Omega_\alpha(\beta \neq \alpha)$. 因此, 根据定义 2.12, 在域 Ω_α 内, 流 $\mathbf{x}^{(\alpha)}(t)$ 在时间区间 $t \in [t_{m-\varepsilon}, t_{m+\varepsilon}]$ 内与边界 $\partial\Omega_{ij}$ 相切. ∎

注意以上定理同样适用于曲面边界.

定理 2.9 对于方程 (2.1) 中的不连续动力系统, 在相邻域 Ω_α $(\alpha = i, j)$ 边界上, 在 t_m 时刻存在一点 $\mathbf{x}(t_m) \equiv \mathbf{x}_m \in \partial\Omega_{ij}$. 对于任意小的 $\varepsilon > 0$, 存在两个时间区间 $[t_{m-\varepsilon}, t_m)$ 和 $(t_m, t_{m+\varepsilon})$. 假定 $\mathbf{x}^{(\alpha)}(t_{m\pm}) = \mathbf{x}_m(\alpha \in \{i, j\})$. 向量场 $\mathbf{F}^{(\alpha)}(\mathbf{x}, t, \mathbf{p}_\alpha)$ 是 $C_{[t_{m-\varepsilon}, t_m)}^{r_\alpha}$ 和 $C_{(t_m, t_{m+\varepsilon}]}^{r_\alpha}$ 连续的 ($r_\alpha \geqslant 1$), 且 $\|d^{r_\alpha}\mathbf{x}^{(\alpha)}/dt^{r_\alpha}\| < \infty$. 域 Ω_α 内流 $\mathbf{x}^{(\alpha)}(t)$ 与边界 $\partial\Omega_{ij}$ 在点 $(\mathbf{x}_m, t_m)$ 相切, 当且仅当

$$\mathbf{n}_{\partial\Omega_{ij}}^{\mathrm{T}} \cdot \mathbf{F}^{(\alpha)}(t_{m\pm}) = 0; \tag{2.25} \text{ [26]}$$

$$\left.\begin{array}{l} \mathbf{n}_{\partial\Omega_{ij}}^{\mathrm{T}} \cdot \mathbf{F}^{(\alpha)}(t_{m-\varepsilon}) > 0, \\ \mathbf{n}_{\partial\Omega_{ij}}^{\mathrm{T}} \cdot \mathbf{F}^{(\alpha)}(t_{m+\varepsilon}) < 0, \end{array}\right\} \mathbf{n}_{\partial\Omega_{ij}} \to \Omega_\beta$$

或 $$\tag{2.26}$$

$$\left.\begin{array}{l} \mathbf{n}_{\partial\Omega_{ij}}^{\mathrm{T}} \cdot \mathbf{F}^{(\alpha)}(t_{m-\varepsilon}) < 0, \\ \mathbf{n}_{\partial\Omega_{ij}}^{\mathrm{T}} \cdot \mathbf{F}^{(\alpha)}(t_{m+\varepsilon}) > 0, \end{array}\right\} \mathbf{n}_{\partial\Omega_{ij}} \to \Omega_\alpha,$$

其中 $\alpha, \beta \in \{i, j\}, \beta \neq \alpha$.

证明 根据方程 (2.1) 和定理 2.8, 定理 2.9 可证. ∎

为了简单起见, 考虑状态空间中 $n-1$ 维平面作为不连续动力系统中的分离边界, 并讨论 $n-1$ 维边界面的切面. 因为 $n-1$ 维边界面的法向量 $\mathbf{n}_{\partial\Omega_{ij}}$ 不随位置而变化, 所以流与边界面相切的条件, 可以帮助理解不连续动力系统中一般分界上的擦边流. 下面章节将要讨论 $n-1$ 维的曲面分界面.

定理 2.10 对于方程 (2.1) 中的不连续动力系统, 在两个相邻域 Ω_α $(\alpha = i, j)$ 的 $n-1$ 维的平面边界 $\partial\Omega_{ij}$ 上, t_m 时刻存在一点 $\mathbf{x}(t_m) \equiv \mathbf{x}_m \in \partial\Omega_{ij}$. 对于任意小的 $\varepsilon > 0$, 存在两个时间区间 $[t_{m-\varepsilon}, t_m)$ 和 $(t_m, t_{m+\varepsilon})$. 假定 $\mathbf{x}^{(\alpha)}(t_{m\pm}) = \mathbf{x}_m(\alpha \in \{i, j\})$. 流 $\mathbf{x}^{(\alpha)}(t)$ 是 $C_{[t_{m-\varepsilon}, t_m)}^{r_\alpha}$ 和 $C_{(t_m, t_{m+\varepsilon}]}^{r_\alpha}$ 连续的 ($r_\alpha \geqslant 3$), 且 $\|d^{r_\alpha}\mathbf{x}^{(\alpha)}/dt^{r_\alpha}\| < \infty$. 域 Ω_α 内流 $\mathbf{x}^{(\alpha)}(t)$ 与 $n-1$ 维边界 $\partial\Omega_{ij}$ 在点 $(\mathbf{x}_m, t_m)$ 相切, 当且仅当

$$\mathbf{n}_{\partial\Omega_{ij}}^{\mathrm{T}} \cdot \dot{\mathbf{x}}^{(\alpha)}(t_{m\pm}) = 0; \tag{2.27}$$

$$\mathbf{n}_{\partial\Omega_{ij}}^{\mathrm{T}} \cdot \ddot{\mathbf{x}}^{(\alpha)}(t_{m\pm}) < 0, \mathbf{n}_{\partial\Omega_{ij}} \to \Omega_\beta$$

或　　　　　　　　　　　　　　　　　　　(2.28)

$$\mathbf{n}_{\partial\Omega_{ij}}^{\mathrm{T}} \cdot \ddot{\mathbf{x}}^{(\alpha)}(t_{m\pm}) > 0, \mathbf{n}_{\partial\Omega_{ij}} \to \Omega_\alpha,$$

其中 $\alpha, \beta \in \{i, j\}, \beta \neq \alpha$.

证明　由于方程 (2.27) 与方程 (2.19) 相同, 因而 (2.19) 中的第一式满足. 根据定义 2.12, 首先考虑平面边界 $\partial\Omega_{ij}$, 法线方向为 $\mathbf{n}_{\partial\Omega_{ij}} \to \Omega_\beta(\alpha, \beta \in \{i, j\},$ 但 $\beta \neq \alpha)$. 假定 $\mathbf{x}^{(\alpha)}(t_{m\pm}) = \mathbf{x}_m(\alpha \in \{i, j\})$, 流 $\mathbf{x}^{(\alpha)}(t)$ 是 $C_{[t_{m-\varepsilon}, t_m)}^{r_\alpha}$ 和 $C_{(t_m, t_{m+\varepsilon}]}^{r_\alpha}$ 连续的 $(r_\alpha \geqslant 3)$. 设时间 $a \in [t_{m-\varepsilon}, t_m) \cup (t_m, t_{m+\varepsilon}]$, 对 $\mathbf{x}^{(\alpha)}(t_{m\pm\varepsilon})$ 在点 $\mathbf{x}^{(\alpha)}(a)$ 进行如下的泰勒级数展开

$$\mathbf{x}^{(\alpha)}(t_{m\pm\varepsilon}) \equiv \mathbf{x}^{(\alpha)}(t_{m\pm} - \varepsilon) = \mathbf{x}^{(\alpha)}(a) + \dot{\mathbf{x}}^{(\alpha)}(a)(t_{m\pm} \pm \varepsilon - a)$$
$$+ \frac{1}{2!}\ddot{\mathbf{x}}^{(\alpha)}(a)(t_{m\pm} \pm \varepsilon - a)^2 + o((t_{m\pm} \pm \varepsilon - a)^2).$$

当 $a \to t_{m\pm}$ 时, 对以上方程取极限, 得到

$$\mathbf{x}^{(\alpha)}(t_{m\pm\varepsilon}) \equiv \mathbf{x}^{(\alpha)}(t_m \pm \varepsilon) = \mathbf{x}^{(\alpha)}(t_{m\pm}) \pm \dot{\mathbf{x}}^{(\alpha)}(t_{m\pm})\varepsilon + \frac{1}{2!}\ddot{\mathbf{x}}^{(\alpha)}(t_{m\pm})\varepsilon^2 + o(\varepsilon^2).$$

忽略 ε^3 项及后面的高阶项, 再对以上方程左右两边左乘 $\mathbf{n}_{\partial\Omega_{ij}}^{\mathrm{T}}$, 则有

$$\mathbf{n}_{\partial\Omega_{ij}}^{\mathrm{T}} \cdot [\mathbf{x}^{(\alpha)}(t_{m-}) - \mathbf{x}^{(\alpha)}(t_{m-\varepsilon})] = \mathbf{n}_{\partial\Omega_{ij}}^{\mathrm{T}} \cdot \dot{\mathbf{x}}^{(\alpha)}(t_{m-})\varepsilon - \frac{1}{2!}\mathbf{n}_{\partial\Omega_{ij}}^{\mathrm{T}} \cdot \ddot{\mathbf{x}}^{(\alpha)}(t_{m-})\varepsilon^2,$$

$$\mathbf{n}_{\partial\Omega_{ij}}^{\mathrm{T}} \cdot [\mathbf{x}^{(\alpha)}(t_{m+\varepsilon}) - \mathbf{x}^{(\alpha)}(t_{m+})] = \mathbf{n}_{\partial\Omega_{ij}}^{\mathrm{T}} \cdot \dot{\mathbf{x}}^{(\alpha)}(t_{m+})\varepsilon + \frac{1}{2!}\mathbf{n}_{\partial\Omega_{ij}}^{\mathrm{T}} \cdot \ddot{\mathbf{x}}^{(\alpha)}(t_{m+})\varepsilon^2.$$

根据方程 (2.27), 化简以上方程

$$\mathbf{n}_{\partial\Omega_{ij}}^{\mathrm{T}} \cdot [\mathbf{x}^{(\alpha)}(t_{m-}) - \mathbf{x}^{(\alpha)}(t_{m-\varepsilon})] = -\frac{1}{2!}\mathbf{n}_{\partial\Omega_{ij}}^{\mathrm{T}} \cdot \ddot{\mathbf{x}}^{(\alpha)}(t_{m-})\varepsilon^2,$$

$$\mathbf{n}_{\partial\Omega_{ij}}^{\mathrm{T}} \cdot [\mathbf{x}^{(\alpha)}(t_{m+\varepsilon}) - \mathbf{x}^{(\alpha)}(t_{m+})] = \frac{1}{2!}\mathbf{n}_{\partial\Omega_{ij}}^{\mathrm{T}} \cdot \ddot{\mathbf{x}}^{(\alpha)}(t_{m+})\varepsilon^2.$$

对于平面边界 $\partial\Omega_{ij}$, 法方向为 $\mathbf{n}_{\partial\Omega_{ij}} \to \Omega_\beta$, 利用方程 (2.28) 的第一个不等式, 则上面两个方程满足如下条件

$$\mathbf{n}_{\partial\Omega_{ij}}^{\mathrm{T}} \cdot [\mathbf{x}^{(\alpha)}(t_{m-}) - \mathbf{x}^{(\alpha)}(t_{m-\varepsilon})] = -\frac{1}{2!}\mathbf{n}_{\partial\Omega_{ij}}^{\mathrm{T}} \cdot \ddot{\mathbf{x}}^{(\alpha)}(t_{m-})\varepsilon^2 > 0,$$

$$\mathbf{n}_{\partial\Omega_{ij}}^{\mathrm{T}} \cdot [\mathbf{x}^{(\alpha)}(t_{m+\varepsilon}) - \mathbf{x}^{(\alpha)}(t_{m+})] = \frac{1}{2!}\mathbf{n}_{\partial\Omega_{ij}}^{\mathrm{T}} \cdot \ddot{\mathbf{x}}^{(\alpha)}(t_{m+})\varepsilon^2 < 0.$$

根据定义 2.12, 得到式 (2.28) 的第一个不等式. 类似地, 利用式 (2.28) 的第二

个不等式, 对于平面边界 $\partial\Omega_{ij}$, 若法线方向为 $\mathbf{n}_{\partial\Omega_{ij}} \to \Omega_\alpha$, 得到

$$\mathbf{n}_{\partial\Omega_{ij}}^{\mathrm{T}} \cdot [\mathbf{x}^{(\alpha)}(t_{m-}) - \mathbf{x}^{(\alpha)}(t_{m-\varepsilon})] = -\frac{1}{2!}\mathbf{n}_{\partial\Omega_{ij}}^{\mathrm{T}} \cdot \ddot{\mathbf{x}}^{(\alpha)}(t_{m-})\varepsilon^2 < 0,$$

$$\mathbf{n}_{\partial\Omega_{ij}}^{\mathrm{T}} \cdot [\mathbf{x}^{(\alpha)}(t_{m+\varepsilon}) - \mathbf{x}^{(\alpha)}(t_{m+})] = \frac{1}{2!}\mathbf{n}_{\partial\Omega_{ij}}^{\mathrm{T}} \cdot \ddot{\mathbf{x}}^{(\alpha)}(t_{m+})\varepsilon^2 > 0.$$

因此, 在方程 (2.28) 条件下, 域 Ω_α 内流 $\mathbf{x}^{(\alpha)}(t)$ 与平面边界 $\partial\Omega_{ij}$ 相切, 反之, 同样成立. ■

定理 2.11 对于方程 (2.1) 中的不连续动力系统, 在两个相邻域 Ω_α $(\alpha = i, j)$ 的 $n-1$ 维平面边界 $\partial\Omega_{ij}$ 上, t_m 时刻存在一点 $\mathbf{x}(t_m) \equiv \mathbf{x}_m \in \partial\Omega_{ij}$. 对于任意小的 $\varepsilon > 0$, 存在两个时间区间 $[t_{m-\varepsilon}, t_m)$ 和 $(t_m, t_{m+\varepsilon}]$. 假定 [28] $\mathbf{x}^{(\alpha)}(t_{m\pm}) = \mathbf{x}_m (\alpha \in \{i, j\})$. 向量场 $\mathbf{F}^{(\alpha)}(\mathbf{x}, t, \boldsymbol{\mu}_\alpha)$ 是 $C^{r_\alpha}_{[t_{m-\varepsilon}, t_m)}$ 和 $C^{r_\alpha}_{(t_m, t_{m+\varepsilon}]}$ 连续的 $(r_\alpha \geqslant 2)$, 且 $\|d^{r_\alpha}\mathbf{x}^{(\alpha)}/dt^{r_\alpha}\| < \infty$. 域 Ω_α 内流 $\mathbf{x}^{(\alpha)}(t)$ 与平面边界 $\partial\Omega_{ij}$ 在点 $(\mathbf{x}_m, t_m)$ 相切, 当且仅当

$$\mathbf{n}_{\partial\Omega_{ij}}^{\mathrm{T}} \cdot \mathbf{F}^{(\alpha)}(t_{m\pm}) = 0; \tag{2.29}$$

$$\mathbf{n}_{\partial\Omega_{ij}}^{\mathrm{T}} \cdot D\mathbf{F}^{(\alpha)}(t_{m\pm}) < 0, \mathbf{n}_{\partial\Omega_{ij}} \to \Omega_\beta$$
$$\text{或} \tag{2.30}$$
$$\mathbf{n}_{\partial\Omega_{ij}}^{\mathrm{T}} \cdot D\mathbf{F}^{(\alpha)}(t_{m\pm}) > 0, \mathbf{n}_{\partial\Omega_{ij}} \to \Omega_\alpha,$$

其中 $\alpha, \beta \in \{i, j\}, \alpha \neq \beta$, 全微分为

$$D\mathbf{F}^{(\alpha)}(t_{m\pm}) = \left\{ \left[\frac{\partial F_p^{(\alpha)}(\mathbf{x}, t, \mathbf{p}_\alpha)}{\partial x_q}\right]_{n \times n} \mathbf{F}^{(\alpha)}(t_{m\pm}) + \frac{\partial \mathbf{F}^{(\alpha)}(\mathbf{x}, t, \mathbf{p}_\alpha)}{\partial t} \right\}\Bigg|_{(\mathbf{x}_m, t_{m\pm})}, \tag{2.31}$$

其中 $p, q \in \{1, 2, \cdots, n\}$.

证明 根据方程 (2.1) 和 (2.29), 方程 (2.19) 中的第一个条件满足. 对方程 (2.1) 求关于时间的导数

$$\ddot{\mathbf{x}} \equiv D\mathbf{F}^{(\alpha)}(\mathbf{x}, t, \mathbf{p}_\alpha) = \left[\frac{\partial F_p^{(\alpha)}(\mathbf{x}, t, \mathbf{p}_\alpha)}{\partial x_q}\right]_{n \times n} \dot{\mathbf{x}} + \frac{\partial}{\partial t}\mathbf{F}^{(\alpha)}(\mathbf{x}, t, \mathbf{p}_\alpha).$$

当 $t = t_{m\pm}$ 和 $\mathbf{x} = \mathbf{x}_m$ 时, 对以上方程左乘法向量 $\mathbf{n}_{\partial\Omega_{ij}}^{\mathrm{T}}$, 得到

$$\mathbf{n}_{\partial\Omega_{ij}}^{\mathrm{T}} \cdot \ddot{\mathbf{x}}(t_{m\pm})$$
$$= \mathbf{n}_{\partial\Omega_{ij}}^{\mathrm{T}} \cdot \left\{ \left[\frac{\partial F_p^{(\alpha)}(\mathbf{x}, t, \mathbf{p}_\alpha)}{\partial x_q}\right]_{n \times n} \mathbf{F}^{(\alpha)}(t_{m\pm}) + \frac{\partial \mathbf{F}^{(\alpha)}(\mathbf{x}, t, \mathbf{p}_\alpha)}{\partial t} \right\}\Bigg|_{(\mathbf{x}_m, t_{m\pm})},$$

其中 $\mathbf{F}^{(\alpha)}(\mathbf{x}_m, t_{m\pm}, \mathbf{p}_\alpha) \triangleq \mathbf{F}^{(\alpha)}(t_{m\pm})$. 利用方程 (2.30) 和以上方程可以推导出方程 (2.28). 根据定理 2.10, 域 Ω_α 的流 $\mathbf{x}^{(\alpha)}(t)$ 与边界面 $\partial\Omega_{ij}$ 在点 $(\mathbf{x}_m, t_m)$ 相切, 反之亦然. ∎

定义 2.13 对于方程 (2.1) 中的不连续动力系统, 在两个相邻域 Ω_α ($\alpha = i, j$) 的 $n-1$ 维平面边界 $\partial\Omega_{ij}$ 上, t_m 时刻存在一点 $\mathbf{x}(t_m) \equiv \mathbf{x}_m \in \partial\Omega_{ij}$. 对于任意小的 $\varepsilon > 0$, 存在两个时间区间 $[t_{m-\varepsilon}, t_m)$ 和 $(t_m, t_{m+\varepsilon}]$. 假定 $\mathbf{x}^{(\alpha)}(t_{m\pm}) = \mathbf{x}_m (\alpha \in \{i, j\})$. 流 $\mathbf{x}^{(\alpha)}(t)$ 是 $C^{r_\alpha}_{[t_{m-\varepsilon}, t_m)}$ 或 $C^{r_\alpha}_{(t_m, t_{m+\varepsilon})}$ 连续的 ($r_\alpha \geqslant 2l_\alpha$). 如果满足下列性质

$$\mathbf{n}^{\mathrm{T}}_{\partial\Omega_{ij}} \cdot \frac{d^{k_\alpha}\mathbf{x}^{(\alpha)}(t)}{dt^{k_\alpha}}\bigg|_{t=t_{m\pm}} = 0, \ k_\alpha = 1, 2, \cdots, 2l_\alpha - 1; \tag{2.32}$$

$$\mathbf{n}^{\mathrm{T}}_{\partial\Omega_{ij}} \cdot \frac{d^{2l_\alpha}\mathbf{x}^{(\alpha)}(t)}{dt^{2l_\alpha}}\bigg|_{t=t_{m\pm}} \neq 0; \tag{2.33}$$

$$\left.\begin{array}{l}\mathbf{n}^{\mathrm{T}}_{\partial\Omega_{ij}} \cdot [\mathbf{x}^{(\alpha)}(t_{m-}) - \mathbf{x}^{(\alpha)}(t_{m-\varepsilon})] > 0, \\ \mathbf{n}^{\mathrm{T}}_{\partial\Omega_{ij}} \cdot [\mathbf{x}^{(\alpha)}(t_{m+\varepsilon}) - \mathbf{x}^{(\alpha)}(t_{m+})] < 0, \end{array}\right\} \mathbf{n}_{\partial\Omega_{ij}} \to \Omega_\beta \tag{2.34}$$

或

$$\left.\begin{array}{l}\mathbf{n}^{\mathrm{T}}_{\partial\Omega_{ij}} \cdot [\mathbf{x}^{(\alpha)}(t_{m-}) - \mathbf{x}^{(\alpha)}(t_{m-\varepsilon})] < 0, \\ \mathbf{n}^{\mathrm{T}}_{\partial\Omega_{ij}} \cdot [\mathbf{x}^{(\alpha)}(t_{m+\varepsilon}) - \mathbf{x}^{(\alpha)}(t_{m+})] > 0, \end{array}\right\} \mathbf{n}_{\partial\Omega_{ij}} \to \Omega_\alpha; \tag{2.35}$$

那么域 Ω_α 内的流 $\mathbf{x}^{(\alpha)}(t)$ 与平面边界 $\partial\Omega_{ij}$ 在点 $(\mathbf{x}_m, t_m)$ 处为 $2l_\alpha - 1$ 阶相切的, 其中 $\alpha, \beta \in \{i, j\}, \beta \neq \alpha$.

定理 2.12 对于方程 (2.1) 中的不连续动力系统, 在两个相邻域 Ω_α ($\alpha = i, j$) 的 $n-1$ 维平面边界 $\partial\Omega_{ij}$ 上, t_m 时刻存在一点 $\mathbf{x}(t_m) \equiv \mathbf{x}_m \in \partial\Omega_{ij}$. 对于任意小的 $\varepsilon > 0$, 存在两个时间区间 $[t_{m-\varepsilon}, t_m)$ 和 $(t_m, t_{m+\varepsilon}]$. 假定 $\mathbf{x}^{(\alpha)}(t_{m\pm}) = \mathbf{x}_m (\alpha \in \{i, j\})$. 流 $\mathbf{x}^{(\alpha)}(t)$ 是 $C^{r_\alpha}_{[t_{m-\varepsilon}, t_m)}$ 或 $C^{r_\alpha}_{(t_m, t_{m+\varepsilon})}$ 连续的 ($r_\alpha \geqslant 2l_\alpha + 1$). 且 $\|d^{r_\alpha}\mathbf{x}^{(\alpha)}/dt^{r_\alpha}\| < \infty$. 如果域 Ω_α 内流 $\mathbf{x}^{(\alpha)}(t)$ 与 $2l_\alpha - 1$ 阶的平面边界 $\partial\Omega_{ij}$ 上在点 $(\mathbf{x}_m, t_m)$ 处相切, 当且仅当

$$\mathbf{n}^{\mathrm{T}}_{\partial\Omega_{ij}} \cdot \frac{d^{k_\alpha}\mathbf{x}^{(\alpha)}(t)}{dt^{k_\alpha}}\bigg|_{t=t_{m\pm}} = 0, \ k_\alpha = 1, 2, \cdots, 2l_\alpha - 1; \tag{2.36}$$

$$\mathbf{n}^{\mathrm{T}}_{\partial\Omega_{ij}} \cdot \frac{d^{2l_\alpha}\mathbf{x}^{(\alpha)}(t)}{dt^{2l_\alpha}}\bigg|_{t=t_{m\pm}} \neq 0; \tag{2.37}$$

$$\mathbf{n}_{\partial\Omega_{ij}}^{\mathrm{T}} \cdot \left. \frac{d^{2l_\alpha}\mathbf{x}^{(\alpha)}(t)}{dt^{2l_\alpha}} \right|_{t=t_{m\pm}} < 0, \ \mathbf{n}_{\partial\Omega_{ij}} \to \Omega_\beta$$

或 $\qquad\qquad\qquad\qquad\qquad\qquad\qquad\qquad\qquad\qquad$ (2.38)

$$\mathbf{n}_{\partial\Omega_{ij}}^{\mathrm{T}} \cdot \left. \frac{d^{2l_\alpha}\mathbf{x}^{(\alpha)}(t)}{dt^{2l_\alpha}} \right|_{t=t_{m\pm}} > 0, \ \mathbf{n}_{\partial\Omega_{ij}} \to \Omega_\alpha,$$

其中 $\beta \in \{i,j\}, \beta \neq \alpha$.

证明　根据方程 (2.36) 和 (2.37), 可以得到定义 2.13 中的前两个条件. 首先考虑平面边界 $\partial\Omega_{ij}$, 法方向为 $\mathbf{n}_{\partial\Omega_{ij}} \to \Omega_\beta(\beta \neq \alpha)$. 设时间参数 $a \in [t_{m-\varepsilon}, t_m)$ 或者 $a \in (t_m, t_{m+\varepsilon}]$, 应用泰勒级数对 $\mathbf{x}^{(\alpha)}(t_{m\pm\varepsilon})$ 在 $\mathbf{x}^{(\alpha)}(a)$ 处展 [30] 开到 $2l_\alpha$ 项

$$\mathbf{x}^{(\alpha)}(t_{m\pm\varepsilon}) \equiv \mathbf{x}^{(\alpha)}(t_{m\pm} \pm \varepsilon)$$

$$= \mathbf{x}^{(\alpha)}(a) + \sum_{k_\alpha=1}^{2l_\alpha-1} \frac{1}{k_\alpha!} \left. \frac{d^{k_\alpha}\mathbf{x}^{(\alpha)}(t)}{dt^{k_\alpha}} \right|_{t=a} (t_{m\pm} \pm \varepsilon - a)^{k_\alpha}$$

$$+ \frac{1}{(2l_\alpha)!} \left. \frac{d^{2l_\alpha}\mathbf{x}^{(\alpha)}(t)}{dt^{2l_\alpha}} \right|_{t=a} (t_{m\pm} \pm \varepsilon - a)^{2l_\alpha} + o((t_{m\pm} \pm \varepsilon - a)^{2l_\alpha}).$$

当 $a \to t_{m\pm}$ 时, 以上方程变成

$$\mathbf{x}^{(\alpha)}(t_{m\pm\varepsilon}) \equiv \mathbf{x}^{(\alpha)}(t_{m\pm} \pm \varepsilon)$$

$$= \mathbf{x}^{(\alpha)}(t_{m\pm}) + \sum_{k_\alpha=1}^{2l_\alpha-1} \frac{1}{k_\alpha!} \left. \frac{d^{k_\alpha}\mathbf{x}^{(\alpha)}(t)}{dt^{k_\alpha}} \right|_{t=t_{m\pm}} (\pm\varepsilon)^{k_\alpha}$$

$$+ \frac{1}{(2l_\alpha)!} \left. \frac{d^{2l_\alpha}\mathbf{x}^{(\alpha)}(t)}{dt^{2l_\alpha}} \right|_{t=t_{m\pm}} \varepsilon^{2l_\alpha} + o(\varepsilon^{2l_\alpha}).$$

利用方程 (2.36) 和 (2.37), 对以上方程进行变形, 左乘法向量 $\mathbf{n}_{\partial\Omega_{ij}}^{\mathrm{T}}$ 并化简, 得到

$$\mathbf{n}_{\partial\Omega_{ij}}^{\mathrm{T}} \cdot [\mathbf{x}^{(\alpha)}(t_{m-}) - \mathbf{x}^{(\alpha)}(t_{m-\varepsilon})] = -\frac{1}{(2l_\alpha)!} \mathbf{n}_{\partial\Omega_{ij}}^{\mathrm{T}} \cdot \left. \frac{d^{2l_\alpha}\mathbf{x}^{(\alpha)}(t)}{dt^{2l_\alpha}} \right|_{t=t_{m-}} \varepsilon^{2l_\alpha},$$

$$\mathbf{n}_{\partial\Omega_{ij}}^{\mathrm{T}} \cdot [\mathbf{x}^{(\alpha)}(t_{m+\varepsilon}) - \mathbf{x}^{(\alpha)}(t_{m+})] = \frac{1}{(2l_\alpha)!} \mathbf{n}_{\partial\Omega_{ij}}^{\mathrm{T}} \cdot \left. \frac{d^{2l_\alpha}\mathbf{x}^{(\alpha)}(t)}{dt^{2l_\alpha}} \right|_{t=t_{m+}} \varepsilon^{2l_\alpha}.$$

显然, 当方程 (2.38) 成立时, 方程 (2.34) 中的条件满足了, 反之亦然. 因此, 域 Ω_α 内的流 $\mathbf{x}^{(\alpha)}(t)$ 与平面边界 $\partial\Omega_{ij}$ 为 $2l_\alpha - 1$ 阶相切的, 法向量 $\mathbf{n}_{\partial\Omega_{ij}} \to \Omega_\beta$. 类似地, 当方程 (2.38) 成立时, 域 Ω_α 内的流 $\mathbf{x}^{(\alpha)}(t)$ 与边界 $\partial\Omega_{ij}$

在点 $(\mathbf{x}_m, t_m)$ 处 $2l_\alpha - 1$ 阶相切, 法向量 $\mathbf{n}_{\partial\Omega_{ij}} \to \Omega_\alpha$. 定理证毕. ∎

定理 2.13 对于方程 (2.1) 中的不连续动力系统, 在两个相邻域 Ω_α $(\alpha = i, j)$ 的 $n-1$ 维平面边界 $\partial\Omega_{ij}$ 上, t_m 时刻存在一点 $\mathbf{x}(t_m) \equiv \mathbf{x}_m \in \partial\Omega_{ij}$. 对于任意小的 $\varepsilon > 0$, 存在两个时间区间 $[t_{m-\varepsilon}, t_m)$ 和 $(t_m, t_{m+\varepsilon}]$. 假定 $\mathbf{x}^{(\alpha)}(t_{m\pm}) = \mathbf{x}_m(\alpha \in \{i, j\})$. 向量场 $\mathbf{F}^{(\alpha)}(\mathbf{x}, t, \mathbf{p}_\alpha)$ 是 $C^{r_\alpha}_{[t_{m-\varepsilon}, t_m)}$ 和 $C^{r_\alpha}_{(t_m, t_{m+\varepsilon}]}$ 连续的 $(r_\alpha \geqslant 2l_\alpha)$. 且 $\|d^{r_\alpha}\mathbf{x}^{(\alpha)}/dt^{r_\alpha}\| < \infty$. 那么域 Ω_α 内的流 $\mathbf{x}^{(\alpha)}(t)$ 与平面边界 $\partial\Omega_{ij}$ 在点 $(\mathbf{x}_m, t_m)$ 处 $2l_\alpha - 1$ 阶相切, 当且仅当

[31]

$$\mathbf{n}^{\mathrm{T}}_{\partial\Omega_{ij}} \cdot D^{k_\alpha-1}\mathbf{F}^{(\alpha)}(t_{m\pm}) = 0, \ k_\alpha = 1, 2, \cdots, 2l_\alpha - 1; \tag{2.39}$$

$$\mathbf{n}^{\mathrm{T}}_{\partial\Omega_{ij}} \cdot D^{2l_\alpha-1}\mathbf{F}^{(\alpha)}(t_{m\pm}) \neq 0; \tag{2.40}$$

$$\mathbf{n}^{\mathrm{T}}_{\partial\Omega_{ij}} \cdot D^{2l_\alpha-1}\mathbf{F}^{(\alpha)}(t_{m\pm}) < 0, \partial\Omega_{ij} \to \Omega_\beta$$

$$或 \tag{2.41}$$

$$\mathbf{n}^{\mathrm{T}}_{\partial\Omega_{ij}} \cdot D^{2l_\alpha-1}\mathbf{F}^{(\alpha)}(t_{m\pm}) > 0, \partial\Omega_{ij} \to \Omega_\alpha,$$

其中全导数表达式为

$$D^{k_\alpha-1}\mathbf{F}^{(\alpha)}(t_m) = D^{k_\alpha-2}\left\{\left[\frac{\partial F_p^{(\alpha)}(\mathbf{x}, t, \mathbf{p}_\alpha)}{\partial x_q}\right]_{n\times n} \dot{\mathbf{x}} + \frac{\partial\mathbf{F}^{(\alpha)}(\mathbf{x}, t, \mathbf{p}_\alpha)}{\partial t}\right\}\bigg|_{(\mathbf{x}_m, t_m)}, \tag{2.42}$$

其中 $p, q \in \{1, 2, \cdots, n\}, k_\alpha \in \{2, 3, \cdots, 2l_\alpha\}, \beta \in \{i, j\}, \alpha \neq \beta$.

证明 对方程 (2.1) 求关于时间的 k_α 阶导数

$$\frac{d^{k_\alpha}\mathbf{x}^{(\alpha)}(t)}{dt^{k_\alpha}}\bigg|_{(\mathbf{x}_m, t_m)}$$

$$= \frac{d^{k_\alpha-1}\dot{\mathbf{x}}^{(\alpha)}(t)}{dt^{k_\alpha-1}}\bigg|_{(\mathbf{x}_m, t_m)} = \frac{d^{k_\alpha-1}\mathbf{F}^{(\alpha)}(\mathbf{x}, t, \mathbf{p}_\alpha)}{dt^{k_\alpha-1}}\bigg|_{(\mathbf{x}_m, t_m)}$$

$$\equiv D^{k_\alpha-1}\mathbf{F}^{(\alpha)}(t_m)$$

$$= D^{k_\alpha-2}\left\{\left[\frac{\partial F_p^{(\alpha)}(\mathbf{x}, t, \mathbf{p}_\alpha)}{\partial x_q}\right]_{n\times n} \dot{\mathbf{x}} + \frac{\partial\mathbf{F}^{(\alpha)}(\mathbf{x}, t, \mathbf{p}_\alpha)}{\partial t}\right\}\bigg|_{(\mathbf{x}_m, t_m)}.$$

利用方程 (2.39) 到方程 (2.42) 中的条件, 根据定理 2.12, 域 Ω_α 中的流 $\mathbf{x}^{(\alpha)}(t)$ 与平面边界 $\partial\Omega_{ij}$ 在点 $(\mathbf{x}_m, t_m)$ 处 $2l_\alpha - 1$ 阶相切. 证毕. ∎

2.5 穿越流的切换分岔

这部分讨论边界上穿越流和不可穿越流之间的切换分岔, 以及边界上汇流与源流之间的切换分岔. 首先定义切换分岔, 引入流的 L 函数, 并给出切换分岔的充要条件.

定义 2.14 对于方程 (2.1) 中的不连续动力系统, 在两个相邻域 Ω_α $(\alpha = i, j)$ 的边界上, 在 t_m 时刻存在一点 $\mathbf{x}(t_m) = \mathbf{x}_m \in [\mathbf{x}_{m_1}, \mathbf{x}_{m_2}] \subset \overrightarrow{\partial\Omega}_{ij}$. 对于任意小的 $\varepsilon > 0$, 存在两个时间区间 $[t_{m-\varepsilon}, t_m)$ 和 $(t_m, t_{m+\varepsilon}]$. 假定 $\mathbf{x}^{(i)}(t_{m-}) = \mathbf{x}_m = \mathbf{x}^{(j)}(t_{m\pm})$. 流 $\mathbf{x}^{(i)}(t)$ 和 $\mathbf{x}^{(j)}(t)$ 分别是 $C^{r_i}_{[t_{m-\varepsilon}, t_m)}$ 和 [32] $C^{r_j}_{[t_{m-\varepsilon}, t_{m+\varepsilon}]}$ 连续的 $(r_\alpha \geqslant 1, \alpha = i, j)$. 如果满足下列性质

$$\mathbf{n}^{\mathrm{T}}_{\partial\Omega_{ij}} \cdot \dot{\mathbf{x}}^{(j)}(t_{m\pm}) = 0 \text{ 和 } \mathbf{n}^{\mathrm{T}}_{\partial\Omega_{ij}} \cdot \dot{\mathbf{x}}^{(i)}(t_{m-}) \neq 0; \tag{2.43}$$

$$\left.\begin{array}{l} \mathbf{n}^{\mathrm{T}}_{\partial\Omega_{ij}} \cdot [\mathbf{x}^{(i)}(t_{m-}) - \mathbf{x}^{(i)}(t_{m-\varepsilon})] > 0, \\ \mathbf{n}^{\mathrm{T}}_{\partial\Omega_{ij}} \cdot [\mathbf{x}^{(j)}(t_{m-}) - \mathbf{x}^{(j)}(t_{m-\varepsilon})] < 0, \\ \mathbf{n}^{\mathrm{T}}_{\partial\Omega_{ij}} \cdot [\mathbf{x}^{(j)}(t_{m+\varepsilon}) - \mathbf{x}^{(j)}(t_{m+})] > 0, \end{array}\right\} \mathbf{n}_{\Omega_{ij}} \to \Omega_j \tag{2.44}$$

或

$$\left.\begin{array}{l} \mathbf{n}^{\mathrm{T}}_{\partial\Omega_{ij}} \cdot [\mathbf{x}^{(i)}(t_{m-}) - \mathbf{x}^{(i)}(t_{m-\varepsilon})] < 0, \\ \mathbf{n}^{\mathrm{T}}_{\partial\Omega_{ij}} \cdot [\mathbf{x}^{(j)}(t_{m-}) - \mathbf{x}^{(j)}(t_{m-\varepsilon})] > 0, \\ \mathbf{n}^{\mathrm{T}}_{\partial\Omega_{ij}} \cdot [\mathbf{x}^{(j)}(t_{m+\varepsilon}) - \mathbf{x}^{(j)}(t_{m+})] < 0, \end{array}\right\} \mathbf{n}_{\Omega_{ij}} \to \Omega_i; \tag{2.45}$$

那么流 $\mathbf{x}^{(j)}(t)$ 在边界 $\overrightarrow{\partial\Omega}_{ij}$ 上点 $(\mathbf{x}_m, t_m)$ 处的相切分岔, 称为从半穿越流到不可穿越流的第一类切换分岔, 又称为从 $\overrightarrow{\partial\Omega}_{ij}$ 到 $\widetilde{\partial\Omega}_{ij}$ 的滑模分岔 (汇分岔).

定义 2.15 对于方程 (2.1) 中的不连续动力系统, 在邻域 Ω_α $(\alpha = i, j)$ 的边界上, 在 t_m 时刻存在一点 $\mathbf{x}(t_m) = \mathbf{x}_m \in [\mathbf{x}_{m_1}, \mathbf{x}_{m_2}] \subset \overrightarrow{\partial\Omega}_{ij}$. 对于任意小的 $\varepsilon > 0$, 存在两个时间区间 $[t_{m-\varepsilon}, t_m)$ 和 $(t_m, t_{m+\varepsilon}]$, 且 $\mathbf{x}^{(i)}(t_{m\mp}) = \mathbf{x}_m = \mathbf{x}^{(j)}(t_{m+})$. 流 $\mathbf{x}^{(i)}(t)$ 和 $\mathbf{x}^{(j)}(t)$ 分别是 $C^{r_i}_{[t_{m-\varepsilon}, t_{m+\varepsilon}]}$ 和 $C^{r_j}_{(t_m, t_{m+\varepsilon}]}$ 连续的 $(r_\alpha \geqslant 1, \alpha = i, j)$. 如果满足下列性质

$$\mathbf{n}^{\mathrm{T}}_{\partial\Omega_{ij}} \cdot \dot{\mathbf{x}}^{(i)}(t_{m\mp}) = 0 \text{ 和 } \mathbf{n}^{\mathrm{T}}_{\partial\Omega_{ij}} \cdot \dot{\mathbf{x}}^{(j)}(t_{m+}) \neq 0; \tag{2.46}$$

$$\left.\begin{array}{l} \mathbf{n}^{\mathrm{T}}_{\partial\Omega_{ij}} \cdot [\mathbf{x}^{(i)}(t_{m-}) - \mathbf{x}^{(i)}(t_{m-\varepsilon})] > 0, \\ \mathbf{n}^{\mathrm{T}}_{\partial\Omega_{ij}} \cdot [\mathbf{x}^{(i)}(t_{m+\varepsilon}) - \mathbf{x}^{(i)}(t_{m+})] < 0, \\ \mathbf{n}^{\mathrm{T}}_{\partial\Omega_{ij}} \cdot [\mathbf{x}^{(j)}(t_{m+\varepsilon}) - \mathbf{x}^{(j)}(t_{m+})] > 0, \end{array}\right\} \mathbf{n}_{\Omega_{ij}} \to \Omega_j \tag{2.47}$$

或

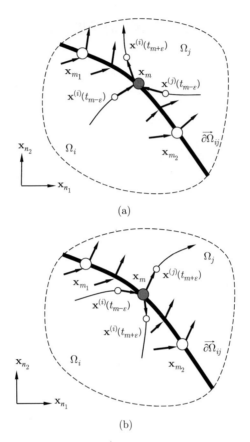

(a)

(b)

图 2.7　(a) 滑模分岔和 (b) 半穿越边界 $\overrightarrow{\partial\Omega}_{ij}$ 上的源分岔. 4 个点 $\mathbf{x}^{(\alpha)}(t_{m\pm\varepsilon})(\alpha \in \{i,j\})$ 位于域 Ω_α 内, 点 $\mathbf{x}_m$ 位于边界 $\partial\Omega_{ij}$ 上

$$\left.\begin{array}{l}\mathbf{n}_{\partial\Omega_{ij}}^{\mathrm{T}} \cdot [\mathbf{x}^{(i)}(t_{m-}) - \mathbf{x}^{(i)}(t_{m-\varepsilon})] < 0,\\[2mm] \mathbf{n}_{\partial\Omega_{ij}}^{\mathrm{T}} \cdot [\mathbf{x}^{(i)}(t_{m+\varepsilon}) - \mathbf{x}^{(i)}(t_{m+})] > 0,\\[2mm] \mathbf{n}_{\partial\Omega_{ij}}^{\mathrm{T}} \cdot [\mathbf{x}^{(j)}(t_{m+\varepsilon}) - \mathbf{x}^{(j)}(t_{m+})] < 0,\end{array}\right\} \mathbf{n}_{\Omega_{ij}} \to \Omega_i; \qquad (2.48)$$

那么流 $\mathbf{x}^{(i)}(t)$ 在边界 $\overrightarrow{\partial\Omega}_{ij}$ 上点 $(\mathbf{x}_m, t_m)$ 处的相切分岔, 称为从穿越流到不可穿越流的第二类切换分岔, 又称为从 $\overrightarrow{\partial\Omega}_{ij}$ 到 $\widetilde{\partial\Omega}_{ij}$ 的源分岔.

[33]　　　根据以上定义, 从半穿越边界到不可穿越边界上的第一类和第二类切换分岔如图 2.7 所示. 边界上的源分岔 (或者汇分岔) 需要来流 (或者去流) 与边界发生切分岔. 类似地, 从边界 $\overrightarrow{\partial\Omega}_{ij}$ 到边界 $\overleftarrow{\partial\Omega}_{ij}$ 的穿越流的切换分岔定义如下.

　　　定义 2.16　对于方程 (2.1) 中的不连续动力系统, 在两个相邻域 Ω_α $(\alpha = i,j)$ 的边界上, 在 t_m 时刻存在一点 $\mathbf{x}(t_m) = \mathbf{x}_m \in [\mathbf{x}_{m_1}, \mathbf{x}_{m_2}] \subset$

$\overrightarrow{\partial\Omega}_{ij}$. 对于任意小的 $\varepsilon > 0$, 存在两个时间区间 $[t_{m-\varepsilon}, t_m)$ 和 $(t_m, t_{m+\varepsilon}]$, [34] 且 $\mathbf{x}^{(i)}(t_{m\mp}) = \mathbf{x}_m = \mathbf{x}^{(j)}(t_{m\pm})$. 流 $\mathbf{x}^{(\alpha)}(t)(\alpha = i, j)$ 是 $C^{r_\alpha}_{[t_{m-\varepsilon}, t_{m+\varepsilon}]}$ 连续的 $(r_\alpha \geqslant 1)$. 如果满足下列性质

$$\mathbf{n}^{\mathrm{T}}_{\partial\Omega_{ij}} \cdot \dot{\mathbf{x}}^{(\alpha)}(t_{m\pm}) = 0, \quad \alpha = i, j; \tag{2.49}$$

$$\left.\begin{aligned} \mathbf{n}^{\mathrm{T}}_{\partial\Omega_{ij}} \cdot [\mathbf{x}^{(i)}(t_{m-}) - \mathbf{x}^{(i)}(t_{m-\varepsilon})] &> 0, \\ \mathbf{n}^{\mathrm{T}}_{\partial\Omega_{ij}} \cdot [\mathbf{x}^{(i)}(t_{m+\varepsilon}) - \mathbf{x}^{(i)}(t_{m+})] &< 0, \\ \mathbf{n}^{\mathrm{T}}_{\partial\Omega_{ij}} \cdot [\mathbf{x}^{(j)}(t_{m-}) - \mathbf{x}^{(j)}(t_{m-\varepsilon})] &< 0, \\ \mathbf{n}^{\mathrm{T}}_{\partial\Omega_{ij}} \cdot [\mathbf{x}^{(j)}(t_{m+\varepsilon}) - \mathbf{x}^{(j)}(t_{m+})] &> 0, \end{aligned}\right\} \mathbf{n}_{\partial\Omega_{ij}} \to \Omega_j \tag{2.50}$$

或

$$\left.\begin{aligned} \mathbf{n}^{\mathrm{T}}_{\partial\Omega_{ij}} \cdot [\mathbf{x}^{(i)}(t_{m-}) - \mathbf{x}^{(i)}(t_{m-\varepsilon})] &< 0, \\ \mathbf{n}^{\mathrm{T}}_{\partial\Omega_{ij}} \cdot [\mathbf{x}^{(i)}(t_{m+\varepsilon}) - \mathbf{x}^{(i)}(t_{m+})] &> 0, \\ \mathbf{n}^{\mathrm{T}}_{\partial\Omega_{ij}} \cdot [\mathbf{x}^{(j)}(t_{m-}) - \mathbf{x}^{(j)}(t_{m-\varepsilon})] &> 0, \\ \mathbf{n}^{\mathrm{T}}_{\partial\Omega_{ij}} \cdot [\mathbf{x}^{(j)}(t_{m+\varepsilon}) - \mathbf{x}^{(j)}(t_{m+})] &< 0, \end{aligned}\right\} \mathbf{n}_{\partial\Omega_{ij}} \to \Omega_i; \tag{2.51}$$

那么流 $\mathbf{x}^{(i)}(t)$ 和 $\mathbf{x}^{(j)}(t)$ 在边界 $\overrightarrow{\partial\Omega}_{ij}$ 上点 $(\mathbf{x}_m, t_m)$ 处的切换分岔称为流从 $\overrightarrow{\partial\Omega}_{ij}$ 到 $\overleftarrow{\partial\Omega}_{ij}$ 的切换分岔.

以上定义给出半穿越流到边界 $\overrightarrow{\partial\Omega}_{ij}$ 的三种可能的切换分岔. 相应的定理可以给出充要条件. 证明参见定理 2.8—定理 2.10.

定理 2.14 对于方程 (2.1) 中的不连续动力系统, 在两个相邻域 Ω_α $(\alpha = i, j)$ 的边界上, 在 t_m 时刻存在一点 $\mathbf{x}(t_m) = \mathbf{x}_m \in [\mathbf{x}_{m_1}, \mathbf{x}_{m_2}] \subset \overrightarrow{\partial\Omega}_{ij}$. 对于任意小的 $\varepsilon > 0$, 存在两个时间区间 $[t_{m-\varepsilon}, t_m)$ 和 $(t_m, t_{m+\varepsilon}]$, 且 $\mathbf{x}^{(i)}(t_{m-}) = \mathbf{x}_m = \mathbf{x}^{(j)}(t_{m\pm})$. 流 $\mathbf{x}^{(i)}(t)$ 和 $\mathbf{x}^{(j)}(t)$ 分别是 $C^{r_i}_{[t_{m-\varepsilon}, t_m)}$ 和 $C^{r_j}_{[t_{m-\varepsilon}, t_{m+\varepsilon}]}$ 连续的 $(r_\alpha \geqslant 1, \alpha = i, j)$. 从边界 $\overrightarrow{\partial\Omega}_{ij}$ 到边界 $\widetilde{\partial\Omega}_{ij}$ 上在点 $(\mathbf{x}_m, t_m)$ 处的流 $\mathbf{x}^{(i)}(t) \cup \mathbf{x}^{(j)}(t)$ 出现滑模分岔, 当且仅当

$$\mathbf{n}^{\mathrm{T}}_{\partial\Omega_{ij}} \cdot \mathbf{F}^{(j)}(t_{m\pm}) = 0 \text{ 和 } \mathbf{n}^{\mathrm{T}}_{\partial\Omega_{ij}} \cdot \mathbf{F}^{(i)}(t_{m-}) \neq 0; \tag{2.52}$$

$$\begin{aligned} &\mathbf{n}^{\mathrm{T}}_{\partial\Omega_{ij}} \cdot \mathbf{F}^{(i)}(t_{m-}) > 0, \mathbf{n}_{\partial\Omega_{ij}} \to \Omega_j \\ &\text{或} \\ &\mathbf{n}^{\mathrm{T}}_{\partial\Omega_{ij}} \cdot \mathbf{F}^{(i)}(t_{m-}) < 0, \mathbf{n}_{\partial\Omega_{ij}} \to \Omega_i; \end{aligned} \tag{2.53}$$

$$\left.\begin{aligned} \mathbf{n}^{\mathrm{T}}_{\partial\Omega_{ij}} \cdot \mathbf{F}^{(j)}(t_{m-\varepsilon}) &< 0, \\ \mathbf{n}^{\mathrm{T}}_{\partial\Omega_{ij}} \cdot \mathbf{F}^{(j)}(t_{m+\varepsilon}) &> 0, \end{aligned}\right\} \mathbf{n}_{\partial\Omega_{ij}} \to \Omega_j \qquad \text{[35]}$$

或 (2.54)

$$
\left.\begin{array}{l}
\mathbf{n}_{\partial \Omega_{ij}}^{\mathrm{T}} \cdot \mathbf{F}^{(j)}(t_{m-\varepsilon}) > 0, \\
\mathbf{n}_{\partial \Omega_{ij}}^{\mathrm{T}} \cdot \mathbf{F}^{(j)}(t_{m+\varepsilon}) < 0,
\end{array}\right\} \mathbf{n}_{\partial \Omega_{ij}} \to \Omega_i.
$$

证明 参见定理 2.8 和定理 2.9 的证明过程, 可以很容易证明. ∎

定理 2.15 对于方程 (2.1) 中的不连续动力系统, 在两个相邻域 Ω_α $(\alpha = i, j)$ 的 $n-1$ 维平面边界 $\partial \Omega_{ij}$ 上, 在 t_m 时刻存在一点 $\mathbf{x}(t_m) = \mathbf{x}_m \in [\mathbf{x}_{m_1}, \mathbf{x}_{m_2}] \subset \overrightarrow{\partial \Omega}_{ij}$. 对于任意小的 $\varepsilon > 0$, 存在两个时间区间 $[t_{m-\varepsilon}, t_m)$ 和 $(t_m, t_{m+\varepsilon}]$, 且 $\mathbf{x}^{(i)}(t_{m-}) = \mathbf{x}_m = \mathbf{x}^{(j)}(t_{m\pm})$. 流 $\mathbf{x}^{(i)}(t)$ 和 $\mathbf{x}^{(j)}(t)$ 分别是 $C_{[t_{m-\varepsilon}, t_m)}^{r_i}$ 和 $C_{[t_{m-\varepsilon}, t_{m+\varepsilon}]}^{r_j}$ 连续的 $(r_\alpha \geqslant 2, \alpha = i, j)$. 从平面边界 $\overrightarrow{\partial \Omega}_{ij}$ 到平面边界 $\widetilde{\partial \Omega}_{ij}$ 上在点 $(\mathbf{x}_m, t_m)$ 处的流 $\mathbf{x}^{(i)}(t) \cup \mathbf{x}^{(j)}(t)$ 出现滑模分岔, 当且仅当

$$
\mathbf{n}_{\partial \Omega_{ij}}^{\mathrm{T}} \cdot \mathbf{F}^{(j)}(t_{m\pm}) = 0 \text{ 和 } \mathbf{n}_{\partial \Omega_{ij}}^{\mathrm{T}} \cdot \mathbf{F}^{(i)}(t_{m-}) \neq 0; \tag{2.55}
$$

$$
\left.\begin{array}{l}
\mathbf{n}_{\partial \Omega_{ij}}^{\mathrm{T}} \cdot \mathbf{F}^{(i)}(t_{m-}) > 0, \\
\mathbf{n}_{\partial \Omega_{ij}}^{\mathrm{T}} \cdot D\mathbf{F}^{(j)}(t_{m\pm}) > 0,
\end{array}\right\} \mathbf{n}_{\partial \Omega_{ij}} \to \Omega_j,
$$

或 (2.56)

$$
\left.\begin{array}{l}
\mathbf{n}_{\partial \Omega_{ij}}^{\mathrm{T}} \cdot \mathbf{F}^{(i)}(t_{m-}) < 0, \\
\mathbf{n}_{\partial \Omega_{ij}}^{\mathrm{T}} \cdot D\mathbf{F}^{(j)}(t_{m\pm}) < 0,
\end{array}\right\} \mathbf{n}_{\partial \Omega_{ij}} \to \Omega_i.
$$

证明 参见定理 2.10 和定理 2.11 的证明过程, 可以很容易证明. ∎

定理 2.16 对于方程 (2.1) 中的不连续动力系统, 在两个相邻域 Ω_α $(\alpha = i, j)$ 的边界上, 在 t_m 时刻存在一点 $\mathbf{x}(t_m) = \mathbf{x}_m \in [\mathbf{x}_{m_1}, \mathbf{x}_{m_2}] \subset \overrightarrow{\partial \Omega}_{ij}$. 对于任意小的 $\varepsilon > 0$, 存在两个时间区间 $[t_{m-\varepsilon}, t_m)$ 和 $(t_m, t_{m+\varepsilon}]$, 且 $\mathbf{x}^{(i)}(t_{m\mp}) = \mathbf{x}_m = \mathbf{x}^{(j)}(t_{m+})$. 流 $\mathbf{x}^{(i)}(t)$ 和 $\mathbf{x}^{(j)}(t)$ 分别是 $C_{[t_{m-\varepsilon}, t_{m+\varepsilon}]}^{r_i}$ 和 $C_{(t_m, t_{m+\varepsilon}]}^{r_j}$ 连续的 $(r_\alpha \geqslant 1, \alpha = i, j)$. 从边界 $\overrightarrow{\partial \Omega}_{ij}$ 到边界 $\widetilde{\partial \Omega}_{ij}$ 上在点 $(\mathbf{x}_m, t_m)$ 处的流 $\mathbf{x}^{(i)}(t) \cup \mathbf{x}^{(j)}(t)$ 出现源分岔, 当且仅当

[36]

$$
\mathbf{n}_{\partial \Omega_{ij}}^{\mathrm{T}} \cdot \mathbf{F}^{(i)}(t_{m\mp}) = 0 \text{ 和 } \mathbf{n}_{\partial \Omega_{ij}}^{\mathrm{T}} \cdot \mathbf{F}^{(j)}(t_{m+}) \neq 0; \tag{2.57}
$$

$$
\mathbf{n}_{\partial \Omega_{ij}}^{\mathrm{T}} \cdot \mathbf{F}^{(j)}(t_{m+}) > 0, \mathbf{n}_{\partial \Omega_{ij}} \to \Omega_j
$$

或 (2.58)

$$
\mathbf{n}_{\partial \Omega_{ij}}^{\mathrm{T}} \cdot \mathbf{F}^{(j)}(t_{m+}) < 0, \mathbf{n}_{\partial \Omega_{ij}} \to \Omega_i;
$$

$$\left.\begin{array}{l} \mathbf{n}_{\partial\Omega_{ij}}^{\mathrm{T}} \cdot \mathbf{F}^{(i)}(t_{m-\varepsilon}) > 0, \\ \mathbf{n}_{\partial\Omega_{ij}}^{\mathrm{T}} \cdot \mathbf{F}^{(i)}(t_{m+\varepsilon}) < 0, \end{array}\right\} \mathbf{n}_{\partial\Omega_{ij}} \to \Omega_j$$

或 $\qquad\qquad\qquad\qquad\qquad\qquad\qquad\qquad\qquad (2.59)$

$$\left.\begin{array}{l} \mathbf{n}_{\partial\Omega_{ij}}^{\mathrm{T}} \cdot \mathbf{F}^{(i)}(t_{m-\varepsilon}) < 0, \\ \mathbf{n}_{\partial\Omega_{ij}}^{\mathrm{T}} \cdot \mathbf{F}^{(i)}(t_{m+\varepsilon}) > 0, \end{array}\right\} \mathbf{n}_{\partial\Omega_{ij}} \to \Omega_i.$$

证明 参见定理 2.8 和定理 2.9 的证明过程, 可以很容易证明. ■

定理 2.17 对于方程 (2.1) 中的不连续动力系统, 在两个相邻域 Ω_α $(\alpha = i,j)$ 的 $n-1$ 维平面边界 $\partial\Omega_{ij}$ 上, 在 t_m 时刻存在一点 $\mathbf{x}(t_m) = \mathbf{x}_m \in [\mathbf{x}_{m_1}, \mathbf{x}_{m_2}] \subset \overrightarrow{\partial\Omega}_{ij}$. 对于任意小的 $\varepsilon > 0$, 存在两个时间区间 $[t_{m-\varepsilon}, t_m)$ 和 $(t_m, t_{m+\varepsilon}]$, 且 $\mathbf{x}^{(i)}(t_{m\pm}) = \mathbf{x}_m = \mathbf{x}^{(j)}(t_{m+})$. 流 $\mathbf{x}^{(i)}(t)$ 和 $\mathbf{x}^{(j)}(t)$ 分别是 $C^{r_i}_{[t_{m-\varepsilon}, t_{m+\varepsilon}]}$ 和 $C^{r_j}_{(t_m, t_{m+\varepsilon}]}$ 连续的 $(r_\alpha \geqslant 2, \alpha = i,j)$. 从平面边界 $\overrightarrow{\partial\Omega}_{ij}$ 到平面边界 $\partial\Omega_{ij}$ 上在点 $(\mathbf{x}_m, t_m)$ 处的流 $\mathbf{x}^{(i)}(t) \cup \mathbf{x}^{(j)}(t)$ 出现源分岔, 当且仅当

$$\mathbf{n}_{\partial\Omega_{ij}}^{\mathrm{T}} \cdot \mathbf{F}^{(i)}(t_{m\pm}) = 0 \text{ 和 } \mathbf{n}_{\partial\Omega_{ij}}^{\mathrm{T}} \cdot \mathbf{F}^{(j)}(t_{m+}) \neq 0; \qquad (2.60)$$

$$\left.\begin{array}{l} \mathbf{n}_{\partial\Omega_{ij}}^{\mathrm{T}} \cdot \mathbf{F}^{(j)}(t_{m+}) > 0, \\ \mathbf{n}_{\partial\Omega_{ij}}^{\mathrm{T}} \cdot D\mathbf{F}^{(i)}(t_{m\mp}) < 0, \end{array}\right\} \mathbf{n}_{\partial\Omega_{ij}} \to \Omega_j$$

或 $\qquad\qquad\qquad\qquad\qquad\qquad\qquad\qquad\qquad (2.61)$

$$\left.\begin{array}{l} \mathbf{n}_{\partial\Omega_{ij}}^{\mathrm{T}} \cdot \mathbf{F}^{(j)}(t_{m+}) < 0, \\ \mathbf{n}_{\partial\Omega_{ij}}^{\mathrm{T}} \cdot D\mathbf{F}^{(i)}(t_{m\mp}) > 0, \end{array}\right\} \mathbf{n}_{\partial\Omega_{ij}} \to \Omega_i.$$

证明 参见定理 2.10 和定理 2.11 的证明过程, 可以很容易证明. ■

定理 2.18 对于方程 (2.1) 中的不连续动力系统, 在两个相邻域 Ω_α $(\alpha = i,j)$ 的边界上, 在 t_m 时刻存在一点 $\mathbf{x}(t_m) = \mathbf{x}_m \in [\mathbf{x}_{m_1}, \mathbf{x}_{m_2}] \subset \overrightarrow{\partial\Omega}_{ij}$. 对于任意小的 $\varepsilon > 0$, 存在两个时间区间 $[t_{m-\varepsilon}, t_m)$ 和 $(t_m, t_{m+\varepsilon}]$, 且 $\mathbf{x}^{(i)}(t_{m\mp}) = \mathbf{x}_m = \mathbf{x}^{(j)}(t_{m\pm})$. 流 $\mathbf{x}^{(\alpha)}(t)$ 是 $C^{r_\alpha}_{[t_{m-\varepsilon}, t_{m+\varepsilon}]}$ 连续的 $(r_\alpha \geqslant 1, \alpha = i,j)$. 从边界 $\overrightarrow{\partial\Omega}_{ij}$ 到边界 $\overleftarrow{\partial\Omega}_{ij}$ 上在点 $(\mathbf{x}_m, t_m)$ 处的流 $\mathbf{x}^{(i)}(t) \cup \mathbf{x}^{(j)}(t)$ 出现 [37] 切换分岔, 当且仅当

$$\mathbf{n}_{\partial\Omega_{ij}}^{\mathrm{T}} \cdot \mathbf{F}^{(i)}(t_{m\mp}) = 0 \text{ 和 } \mathbf{n}_{\partial\Omega_{ij}}^{\mathrm{T}} \cdot \mathbf{F}^{(j)}(t_{m\pm}) = 0; \qquad (2.62)$$

$$\left.\begin{array}{l} \mathbf{n}_{\partial\Omega_{ij}}^{\mathrm{T}} \cdot \mathbf{F}^{(\alpha)}(t_{m-\varepsilon}) > 0, \\ \mathbf{n}_{\partial\Omega_{ij}}^{\mathrm{T}} \cdot \mathbf{F}^{(\alpha)}(t_{m+\varepsilon}) < 0, \end{array}\right\} \mathbf{n}_{\partial\Omega_{ij}} \to \Omega_\beta$$

或 (2.63)

$$\left.\begin{array}{l} \mathbf{n}_{\partial\Omega_{ij}}^{\mathrm{T}} \cdot \mathbf{F}^{(\alpha)}(t_{m-\varepsilon}) < 0, \\ \mathbf{n}_{\partial\Omega_{ij}}^{\mathrm{T}} \cdot \mathbf{F}^{(\alpha)}(t_{m+\varepsilon}) > 0, \end{array}\right\} \mathbf{n}_{\partial\Omega_{ij}} \to \Omega_\alpha,$$

其中 $\alpha, \beta = i, j, \beta \neq \alpha$,

证明 参见定理 2.8 和定理 2.9 的证明过程, 可以很容易证明以上定理. ■

定理 2.19 对于方程 (2.1) 中的不连续动力系统, 在两个相邻域 Ω_α $(\alpha = i, j)$ 的 $n-1$ 维平面边界 $\partial\Omega_{ij}$ 上, 在 t_m 时刻存在一点 $\mathbf{x}(t_m) = \mathbf{x}_m \in [\mathbf{x}_{m_1}, \mathbf{x}_{m_2}] \subset \overrightarrow{\partial\Omega}_{ij}$. 对于任意小的 $\varepsilon > 0$, 存在两个时间区间 $[t_{m-\varepsilon}, t_m)$ 和 $(t_m, t_{m+\varepsilon}]$, 且 $\mathbf{x}^{(i)}(t_{m\mp}) = \mathbf{x}_m = \mathbf{x}^{(j)}(t_{m\pm})$. 流 $\mathbf{x}^{(\alpha)}(t)$ 是 $C^{r_\alpha}_{[t_{m-\varepsilon}, t_{m+\varepsilon}]}$ 连续的 $(r_\alpha \geqslant 2, \alpha = i, j)$. 从平面边界 $\overrightarrow{\partial\Omega}_{ij}$ 到平面边界 $\overleftarrow{\partial\Omega}_{ij}$ 上在点 $(\mathbf{x}_m, t_m)$ 处的流 $\mathbf{x}^{(i)}(t) \cup \mathbf{x}^{(j)}(t)$ 出现切换分岔, 当且仅当

$$\mathbf{n}_{\partial\Omega_{ij}}^{\mathrm{T}} \cdot \mathbf{F}^{(i)}(t_{m\mp}) = 0 \text{ 和 } \mathbf{n}_{\partial\Omega_{ij}}^{\mathrm{T}} \cdot \mathbf{F}^{(j)}(t_{m\pm}) = 0; \quad (2.64)$$

$$\left.\begin{array}{l} \mathbf{n}_{\partial\Omega_{ij}}^{\mathrm{T}} \cdot D\mathbf{F}^{(i)}(t_{m\mp}) < 0, \\ \mathbf{n}_{\partial\Omega_{ij}}^{\mathrm{T}} \cdot D\mathbf{F}^{(j)}(t_{m\pm}) > 0, \end{array}\right\} \mathbf{n}_{\partial\Omega_{ij}} \to \Omega_j$$

或 (2.65)

$$\left.\begin{array}{l} \mathbf{n}_{\partial\Omega_{ij}}^{\mathrm{T}} \cdot D\mathbf{F}^{(i)}(t_{m\mp}) > 0, \\ \mathbf{n}_{\partial\Omega_{ij}}^{\mathrm{T}} \cdot D\mathbf{F}^{(j)}(t_{m\pm}) < 0, \end{array}\right\} \mathbf{n}_{\partial\Omega_{ij}} \to \Omega_i.$$

证明 参见定理 2.10 和定理 2.11 的证明过程, 可以很容易证明. ■

定义 2.17 对于方程 (2.1) 中的不连续动力系统, t_m 时刻存在一点 $\mathbf{x}(t_m) = \mathbf{x}_m \in [\mathbf{x}_{m_1}, \mathbf{x}_{m_2}] \subset \partial\Omega_{ij}$, 且 $\mathbf{x}^{(\alpha)}(t_{m\pm}) = \mathbf{x}_m (\alpha \in \{i, j\})$. 边界 $\partial\Omega_{ij}$ 上的 $L_{\alpha\beta}$ 函数定义为

$$[38] \quad L_{\alpha\beta}(\mathbf{x}_m, t_m, \mathbf{p}_\alpha, \mathbf{p}_\beta) = [\mathbf{n}_{\partial\Omega_{\alpha\beta}}^{\mathrm{T}} \cdot \mathbf{F}^{(\alpha)}(t_{m\mp})] \times [\mathbf{n}_{\partial\Omega_{\alpha\beta}}^{\mathrm{T}} \cdot \mathbf{F}^{(\beta)}(t_{m\pm})], \quad (2.66)$$

其中 $\beta \in \{i, j\}, \beta \neq \alpha$.

根据前面定义, 边界 $\partial\Omega_{\alpha\beta}$ 上穿越流与非穿越流 (包括汇流和源流) 分别要求 L 函数满足

$$L_{\alpha\beta}(\mathbf{x}_m, t_m, \mathbf{p}_\alpha, \mathbf{p}_\beta) > 0, \overrightarrow{\partial\Omega}_{\alpha\beta};$$
$$L_{\alpha\beta}(\mathbf{x}_m, t_m, \mathbf{p}_\alpha, \mathbf{p}_\beta) < 0, \overline{\partial\Omega}_{\alpha\beta} = \widetilde{\partial\Omega}_{\alpha\beta} \cup \widehat{\partial\Omega}_{\alpha\beta}. \tag{2.67}$$

当边界 $\partial\Omega_{\alpha\beta}$ 上点 $(\mathbf{x}_m, t_m)$ 处流发生切换分岔时, 要求

$$L_{\alpha\beta}(\mathbf{x}_m, t_m, \mathbf{p}_\alpha, \mathbf{p}_\beta) = 0. \tag{2.68}$$

若定义 $L_{\alpha\beta}$ 函数在边界 $\partial\Omega_{\alpha\beta}$ 的邻域, 则

$$L_{\alpha\alpha}(\mathbf{x}_{m\pm\varepsilon}, t_{m\pm\varepsilon}, \mathbf{p}_\alpha) = [\mathbf{n}_{\partial\Omega_{\alpha\beta}}^{\mathrm{T}} \cdot \mathbf{F}^{(\alpha)}(t_{m-\varepsilon})] \times [\mathbf{n}_{\partial\Omega_{\alpha\beta}}^{\mathrm{T}} \cdot \mathbf{F}^{(\alpha)}(t_{m+\varepsilon})]. \tag{2.69}$$

如果 $L_{\alpha\alpha}(\mathbf{x}_{m\pm\varepsilon}, t_{m\pm\varepsilon}, \mathbf{p}_\alpha) < 0$ 和 $\mathbf{n}_{\partial\Omega_{\alpha\beta}}^{\mathrm{T}} \cdot \mathbf{F}^{(\alpha)}(t_{m-}) = 0$, 那么在点 $(\mathbf{x}_m, t_m)$ 处的流 $\mathbf{x}^{(\alpha)}(t)$ 与边界 $\partial\Omega_{\alpha\beta}$ 相切. 图 2.8 描述了边界 $\partial\Omega_{\alpha\beta}$ 上两点 $\mathbf{x}_{m_1}$ 和 $\mathbf{x}_{m_2}$ 之间的 $L_{\alpha\beta}$ 函数随着参数向量 $\mathbf{p}_{\alpha\beta}$ 的变化曲线, 其中 $\mathbf{p}_{\alpha\beta}$ 在 $\mathbf{p}_{\alpha\beta}^{(1)}$ 和 $\mathbf{p}_{\alpha\beta}^{(2)}$ 之间变化. 对于在 $\mathbf{p}_{\alpha\beta}^{(1)}$ 和 $\mathbf{p}_{\alpha\beta}^{(2)}$ 之间的某一特定参数值 $\mathbf{p}_{\alpha\beta}^{(cr)}$, 流在边界上点 $\mathbf{x}_m$ 处发生分岔, 从边界 $\overrightarrow{\partial\Omega}_{ij}$ 切换到边界 $\widetilde{\partial\Omega}_{ij}$. 点 $\mathbf{x}_{k_1}, \mathbf{x}_{k_2}$ 分别表示边界 $\partial\Omega_{\alpha\beta}$ 上汇流的出现与消失点. 虚线和实线分别表示 $L_{\alpha\beta} < 0$ 和 $L_{\alpha\beta} \geqslant 0$. 当参数向量 $\mathbf{p}_{\alpha\beta}$ 从 $\mathbf{p}_{\alpha\beta}^{(1)} \to \mathbf{p}_{\alpha\beta}^{(cr)}$ 变化时, 边界上流 $\mathbf{x} \in (\mathbf{x}_{m_1}, \mathbf{x}_{m_2})$ 的 $L_{\alpha\beta}$ 函数为正, 即 $L_{\alpha\beta} > 0$. 因而, 边界 $\partial\Omega_{\alpha\beta}$ 是半穿越的. 当参数向量 $\mathbf{p}_{\alpha\beta}$ 从 $\mathbf{p}_{\alpha\beta}^{(cr)} \to \mathbf{p}_{\alpha\beta}^{(2)}$ 变化时, $L_{\alpha\beta} > 0$ 存在两个区间 $\mathbf{x} \in [\mathbf{x}_{m_1}, \mathbf{x}_{k_1}) \cup (\mathbf{x}_{k_2}, \mathbf{x}_{m_2}]$, 而 [39] $L_{\alpha\beta} < 0$ 存在一个区间 $\mathbf{x} \in (\mathbf{x}_{k_1}, \mathbf{x}_{k_2})$. 根据方程 (2.67), 边界 $\partial\Omega_{\alpha\beta}$ 上的流在 $\mathbf{x} \in (\mathbf{x}_{k_1}, \mathbf{x}_{k_2})$ 处为不可穿越流. 当参数向量 $\mathbf{p}_{\alpha\beta}$ 变化范围为 $\mathbf{p}_{\alpha\beta}^{(1)} \to \mathbf{p}_{\alpha\beta}^{(2)}$ 时, 边界 $\partial\Omega_{\alpha\beta}$ 上点 $(\mathbf{x}_m, \mathbf{p}_{\alpha\beta}^{(cr)})$ 为不可穿越流的出现点. 然而, 当参数向量 $\mathbf{p}_{\alpha\beta}$ 变化范围为 $\mathbf{p}_{\alpha\beta}^{(2)} \to \mathbf{p}_{\alpha\beta}^{(1)}$ 时, 该点为不可穿越流的消失点. 对于三个临界点 $\{\mathbf{x}_m, \mathbf{x}_{k_1}, \mathbf{x}_{k_2}\}$, 流的 $L_{\alpha\beta}$ 为零, 即 $L_{\alpha\beta} = 0$. 对于图 2.8(a) 中的 $L_{\alpha\beta}$ 函数, 相应向量场在边界 $\partial\Omega_{\alpha\beta}$ 上随着系统参数的变化绘于图 2.8(b) 中. $\mathbf{F}^{(\alpha)}(t_{m-})$ 和 $\mathbf{F}^{(\beta)}(t_{m\pm})$ 分别表示域 Ω_α 和 Ω_β 内向量场的极限. 当 $L_{\alpha\beta} < 0$ 时, 边界 $\partial\Omega_{\alpha\beta}$ 上不可穿越流是一个汇流. 临界点 $\{\mathbf{x}_{k_1}, \mathbf{x}_{k_2}\}$ 与点 $\mathbf{x}_m$ 具有相同的性质, 即 $L_{\alpha\beta}(\mathbf{x}_m) = 0, L_{\alpha\alpha}(\mathbf{x}_{m\pm\varepsilon}) < 0$ 或者 $L_{\beta\beta}(\mathbf{x}_{m\pm\varepsilon}) > 0$.

但是, 如果两个临界点具有不同性质, 则两点之间会发生滑模流, 该内容将在后面讨论. 在点 $\mathbf{x}_{k_1}$ 处, 流的 $L_{\alpha\beta}$ 函数满足 $L_{\alpha\beta}(\mathbf{x}_{k_1}) = 0$ 和 $L_{\alpha\alpha}(\mathbf{x}_{k_1\pm\varepsilon}) < 0$, 但是在点 $\mathbf{x}_{k_2}$ 处, 满足 $L_{\alpha\beta}(\mathbf{x}_{k_2}) = 0$ 和 $L_{\beta\beta}(\mathbf{x}_{k_2\pm\varepsilon}) < 0$. 此时, 利用流的 $L_{\alpha\beta}$ 函数, 可以重新叙述定理 2.14, 定理 2.16 和定理 2.18.

定理 2.20 对于方程 (2.1) 中的不连续动力系统, 在两个相邻域 Ω_α $(\alpha = i, j)$ 的边界上, 在 t_m 时刻存在一点 $\mathbf{x}(t_m) = \mathbf{x}_m \in [\mathbf{x}_{m_1}, \mathbf{x}_{m_2}] \subset \overrightarrow{\partial\Omega}_{ij}$. 对于任意小的 $\varepsilon > 0$, 存在两个时间区间 $[t_{m-\varepsilon}, t_m)$ 和 $(t_m, t_{m+\varepsilon}]$, 且 $\mathbf{x}^{(i)}(t_{m-}) = \mathbf{x}_m = \mathbf{x}^{(j)}(t_{m\pm})$. 流 $\mathbf{x}^{(i)}(t)$ 和 $\mathbf{x}^{(j)}(t)$ 分别是 $C_{[t_{m-\varepsilon}, t_m)}^{r_i}$ 和

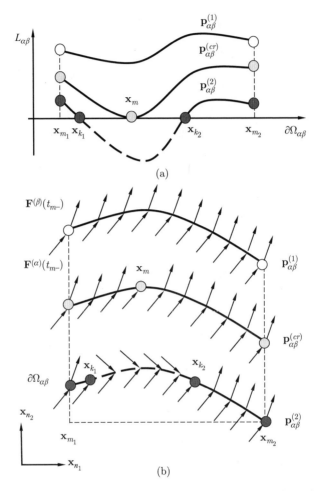

图 2.8　(a) 流的 $L_{\alpha\beta}$ 函数, (b) 边界 $\partial\Omega_{\alpha\beta}$ 上两点 $\mathbf{x}_{m_1}$ 和 $\mathbf{x}_{m_2}$ 之间的向量场. $\mathbf{p}_{\alpha\beta}^{(cr)}$ 上点 $\mathbf{x}_m$ 是切换分岔的关键点. 点 $\mathbf{x}_{k_1}$ 和 $\mathbf{x}_{k_2}$ 分别是边界 $\overrightarrow{\partial\Omega}_{\alpha\beta}$ 上不可穿越流的出现与消失点. 虚线和实线分别表示 $L_{\alpha\beta} < 0$ 和 $L_{\alpha\beta} \geqslant 0$

$C_{[t_{m-\varepsilon},t_{m+\varepsilon}]}^{r_j}$ 连续的 $(r_\alpha \geqslant 2, \alpha = i,j)$. 从边界 $\overrightarrow{\partial\Omega}_{ij}$ 到边界 $\widetilde{\partial\Omega}_{ij}$ 上在点 $(\mathbf{x}_m, t_m)$ 处的流 $\mathbf{x}^{(i)}(t) \cup \mathbf{x}^{(j)}(t)$ 出现滑模分岔, 当且仅当

$$L_{ij}(\mathbf{x}_m, t_m, \mathbf{p}_i, \mathbf{p}_j) = 0, \tag{2.70}$$

$$\mathbf{n}_{\partial\Omega_{ij}}^{\mathrm{T}} \cdot \mathbf{F}^{(i)}(t_{m-}) \neq 0 \text{ 和 } L_{jj}(\mathbf{x}_{m\pm\varepsilon}, t_{m\pm\varepsilon}, \mathbf{p}_j) < 0. \tag{2.71}$$

　　证明　应用定义 2.17 和定理 2.14 中的 L_{ij} 函数, 可以很容易证明.　■

定理 2.21 对于方程 (2.1) 中的不连续动力系统, 在两个相邻域 Ω_α [40] $(\alpha = i, j)$ 的边界上, 在 t_m 时刻存在一点 $\mathbf{x}(t_m) = \mathbf{x}_m \in [\mathbf{x}_{m_1}, \mathbf{x}_{m_2}] \subset \overrightarrow{\partial\Omega}_{ij}$. 对于任意小的 $\varepsilon > 0$, 存在两个时间区间 $[t_{m-\varepsilon}, t_m)$ 和 $(t_m, t_{m+\varepsilon}]$, 且 $\mathbf{x}^{(i)}(t_{m\mp}) = \mathbf{x}_m = \mathbf{x}^{(j)}(t_{m+})$. 流 $\mathbf{x}^{(i)}(t)$ 和 $\mathbf{x}^{(j)}(t)$ 分别是 $C^{r_i}_{[t_{m-\varepsilon}, t_{m+\varepsilon}]}$ 和 $C^{r_j}_{(t_m, t_{m+\varepsilon}]}$ 连续的 $(r_\alpha \geqslant 2, \alpha = i, j)$. 从边界 $\overrightarrow{\partial\Omega}_{ij}$ 到边界 $\widehat{\partial\Omega}_{ij}$ 上在点 [41] $(\mathbf{x}_m, t_m)$ 处的流 $\mathbf{x}^{(i)}(t) \cup \mathbf{x}^{(j)}(t)$ 出现源分岔, 当且仅当

$$L_{ij}(\mathbf{x}_m, t_m, \mathbf{p}_i, \mathbf{p}_j) = 0, \qquad (2.72)$$

$$\mathbf{n}^{\mathrm{T}}_{\partial\Omega_{ij}} \cdot \mathbf{F}^{(j)}(t_{m+}) \neq 0 \text{ 和 } L_{ii}(\mathbf{x}_{m\mp\varepsilon}, t_{m\mp\varepsilon}, \mathbf{p}_i) < 0. \qquad (2.73)$$

证明 应用定义 2.17 和定理 2.16 中的 L_{ij} 函数, 可以很容易证明. ∎

定理 2.22 对于方程 (2.1) 中的不连续动力系统, 在两个相邻域 Ω_α $(\alpha = i, j)$ 的边界上, 在 t_m 时刻存在一点 $\mathbf{x}(t_m) = \mathbf{x}_m \in [\mathbf{x}_{m_1}, \mathbf{x}_{m_2}] \subset \overrightarrow{\partial\Omega}_{ij}$. 对于任意小的 $\varepsilon > 0$, 存在两个时间区间 $[t_{m-\varepsilon}, t_m)$ 和 $(t_m, t_{m+\varepsilon}]$, 且 $\mathbf{x}^{(i)}(t_{m\mp}) = \mathbf{x}_m = \mathbf{x}^{(j)}(t_{m\pm})$. 流 $\mathbf{x}^{(\alpha)}(t)(\alpha = i, j)$ 是 $C^{r_\alpha}_{[t_{m-\varepsilon}, t_{m+\varepsilon}]}$ 连续的 $(r_\alpha \geqslant 2)$. 流 $\mathbf{x}^{(i)}(t) \cup \mathbf{x}^{(j)}(t)$ 在点 $(\mathbf{x}_m, t_m)$ 处出现从边界 $\overrightarrow{\partial\Omega}_{ij}$ 到边界 $\overleftarrow{\partial\Omega}_{ij}$ 的切换分岔, 当且仅当

$$L_{ij}(\mathbf{x}_m, t_m, \mathbf{p}_i, \mathbf{p}_j) = 0, \qquad (2.74)$$

$$\mathbf{n}^{\mathrm{T}}_{\partial\Omega_{ij}} \cdot \mathbf{F}^{(\alpha)}(t_{m\pm}) = 0 \text{ 和 } L_{\alpha\alpha}(\mathbf{x}_{m\pm\varepsilon}, t_{m\pm\varepsilon}, \mathbf{p}_\alpha) < 0(\alpha = i, j). \qquad (2.75)$$

证明 应用定义 2.17 和定理 2.18 中的 L_{ij} 函数, 可以很容易证明. ∎

注意 关于 $n - 1$ 维边界面 $\partial\Omega_{ij}$ 的情况, 可以用定理 2.15, 定理 2.17, 定理 2.19 中的方程 (2.56), (2.61), (2.65), 分别代替定理 2.20—定理 2.22 中的方程 (2.71), (2.73) 与 (2.75) 中的第二式.

对于 $\overrightarrow{\partial\Omega}_{ij}$ 边界上点 $\mathbf{x}(t_m) \equiv \mathbf{x}_m \in [\mathbf{x}_{m_1}, \mathbf{x}_{m_2}] \subset \overrightarrow{\partial\Omega}_{ij}$ 处的穿越流, 考虑当 $t_m \in [t_{m_1}, t_{m_2}]$ 和 $\mathbf{x}_m \in [\mathbf{x}_{m_1}, \mathbf{x}_{m_2}]$ 时, 流的 L 函数为正, 即 $L_{ij}(\mathbf{x}_m, t_m, \mathbf{p}_i, \mathbf{p}_j) > 0$. 为了确定切换分岔, 需要引入局部 $L_{ij}(\mathbf{x}_m, t_m, \mathbf{p}_i, \mathbf{p}_j)$ 函数的最小值. 因为在 t_m 时刻的向量函数为 $\mathbf{x}_m$, 那么 $L_{ij}(\mathbf{x}_m, t_m, \mathbf{p}_i, \mathbf{p}_j)$ 函数的导数为

$$DL_{ij}(\mathbf{x}_m, t_m, \mathbf{p}_i, \mathbf{p}_j) = \nabla L_{ij}(\mathbf{x}_m, t_m, \mathbf{p}_i, \mathbf{p}_j) \cdot \mathbf{F}^{(0)}_{ij}(\mathbf{x}_m, t_m)$$ [42]

$$+ \frac{\partial L_{ij}(\mathbf{x}_m, t_m, \mathbf{p}_i, \mathbf{p}_j)}{\partial t_m}, \qquad (2.76)$$

$$D^k L_{ij}(\mathbf{x}_m, t_m, \mathbf{p}_i, \mathbf{p}_j) = D^{k-1}(DL_{ij}(\mathbf{x}_m, t_m, \mathbf{p}_i, \mathbf{p}_j)), k = 1, 2, \cdots. \quad (2.77)$$

于是, $L_{ij}(\mathbf{x}_m, t_m, \mathbf{p}_i, \mathbf{p}_j)$ 的局部最小值由下式决定

$$D^k L_{ij}(\mathbf{x}_m, t_m, \mathbf{p}_i, \mathbf{p}_j) = 0, \quad k = 1, 2, \cdots, 2l - 1, \quad (2.78)$$

$$D^{2l} L_{ij}(\mathbf{x}_m, t_m, \mathbf{p}_i, \mathbf{p}_j) > 0. \quad (2.79)$$

定义 2.18　对于方程 (2.1) 中的不连续动力系统, 在两个相邻域 Ω_α $(\alpha = i, j)$ 的边界上, 在 t_m 时刻存在一点 $\mathbf{x}(t_m) = \mathbf{x}_m \in [\mathbf{x}_{m_1}, \mathbf{x}_{m_2}] \subset \overrightarrow{\partial\Omega}_{ij}$. 对于任意小的 $\varepsilon > 0$, 存在两个时间区间 $[t_{m-\varepsilon}, t_m)$ 和 $(t_m, t_{m+\varepsilon})$, 且 $\mathbf{x}^{(i)}(t_{m\mp}) = \mathbf{x}_m = \mathbf{x}^{(j)}(t_{m\pm})$. 流 $\mathbf{x}^{(\alpha)}(t)(\alpha = i, j)$ 是 $C^{r_\alpha}_{[t_{m-\varepsilon}, t_{m+\varepsilon}]}$ 连续的 $(r_\alpha \geqslant 2l)$. $L_{ij}(\mathbf{x}_m, t_m, \mathbf{p}_i, \mathbf{p}_j)$ 的局部最小值定义为

$$_{\min}L_{ij}(t_m)$$

$$= \left\{ L_{ij}(\mathbf{x}_m, t_m, \mathbf{p}_i, \mathbf{p}_j) \left|
\begin{array}{l}
\forall t_m \in [t_{m_1}, t_{m_2}], \exists \mathbf{x}_m \in [\mathbf{x}_{m_1}, \mathbf{x}_{m_2}], \\
D^k L_{ij}(\mathbf{x}_m, t_m, \mathbf{p}_i, \mathbf{p}_j) = 0, \quad k = 1, 2, \cdots, 2l - 1, \\
D^{2l} L_{ij}(\mathbf{x}_m, t_m, \mathbf{p}_i, \mathbf{p}_j) > 0.
\end{array}
\right. \right\}$$

$$(2.80)$$

根据以上 $L_{ij}(\mathbf{x}_m, t_m, \mathbf{p}_i, \mathbf{p}_j)$ 的局部最小值, 可以确定相应的全局最小值.

定义 2.19　对于方程 (2.1) 中的不连续动力系统, 在两个相邻域 Ω_α $(\alpha = i, j)$ 的边界上, 在 t_m 时刻存在一点 $\mathbf{x}(t_m) = \mathbf{x}_m \in [\mathbf{x}_{m_1}, \mathbf{x}_{m_2}] \subset \overrightarrow{\partial\Omega}_{ij}$. 对于任意小的 $\varepsilon > 0$, 存在两个时间区间 $[t_{m-\varepsilon}, t_m)$ 和 $(t_m, t_{m+\varepsilon})$, 且 $\mathbf{x}^{(i)}(t_{m\mp}) = \mathbf{x}^{(j)}(t_{m\pm})$. 流 $\mathbf{x}^{(\alpha)}(t)(\alpha = i, j)$ 是 $C^{r_\alpha}_{[t_{m-\varepsilon}, t_{m+\varepsilon}]}$ 连续的 $(r_\alpha \geqslant 2l)$. 那么 $L_{ij}(\mathbf{x}_m, t_m, \mathbf{p}_i, \mathbf{p}_j)$ 的全局最小值定义为

$$_{G\min}L_{ij}(t_m) = \min_{t_m \in [t_{m_1}, t_{m_2}]} \left\{ \begin{array}{l} _{\min}L_{ij}(t_m), L_{ij}(\mathbf{x}_{m_1}, t_{m_1}, \mathbf{p}_i, \mathbf{p}_j), \\ L_{ij}(\mathbf{x}_{m_2}, t_{m_2}, \mathbf{p}_i, \mathbf{p}_j) \end{array} \right\}. \quad (2.81)$$

[43]　　根据以上定义, 可以通过 $L_{ij}(\mathbf{x}_m, t_m, \mathbf{p}_i, \mathbf{p}_j)$ 的全局最小值来描述定理 2.20—定理 2.22. 同理, 可以获得以下给出切换分岔条件的推论.

推论 2.1　对于方程 (2.1) 中的不连续动力系统, 在两个相邻域 Ω_α $(\alpha = i, j)$ 的边界上, 在 t_m 时刻存在一点 $\mathbf{x}(t_m) = \mathbf{x}_m \in [\mathbf{x}_{m_1}, \mathbf{x}_{m_2}] \subset \overrightarrow{\partial\Omega}_{ij}$. 对于任意小的 $\varepsilon > 0$, 存在两个时间区间 $[t_{m-\varepsilon}, t_m)$ 和 $(t_m, t_{m+\varepsilon})$, 且 $\mathbf{x}^{(i)}(t_{m-}) = \mathbf{x}_m = \mathbf{x}^{(j)}(t_{m\pm})$. 流 $\mathbf{x}^{(i)}(t)$ 和 $\mathbf{x}^{(j)}(t)$ 分别是 $C^{r_i}_{[t_{m-\varepsilon}, t_m)}$ 和 $C^{r_j}_{[t_{m-\varepsilon}, t_{m+\varepsilon}]}$ 连续的 $(r_\alpha \geqslant 2l, \alpha = i, j)$. 在边界 $\overrightarrow{\partial\Omega}_{ij}$ 上点 $(\mathbf{x}_m, t_m)$ 处, 流 $\mathbf{x}^{(i)}(t) \cup \mathbf{x}^{(j)}(t)$ 发生

滑模分岔的充要条件为

$$_{G\min} L_{ij}(t_m) = 0,$$ (2.82)

$$\mathbf{n}_{\partial\Omega_{ij}}^{\mathrm{T}} \cdot \mathbf{F}^{(i)}(t_{m-}) \neq 0 \ \text{和} \ L_{jj}(\mathbf{x}_{m\pm\varepsilon}, t_{m\pm\varepsilon}, \mathbf{p}_j) < 0.$$ (2.83)

证明 将定理 2.20 中的 $L_{ij}(\mathbf{x}_m, t_m, \mathbf{p}_i, \mathbf{p}_j)$ 用其全局最小值代替, 即可得上述推论. ∎

推论 2.2 对于方程 (2.1) 中的不连续动力系统, 在两个相邻域 Ω_α $(\alpha = i, j)$ 的边界上, 在 t_m 时刻存在一点 $\mathbf{x}(t_m) = \mathbf{x}_m \in [\mathbf{x}_{m_1}, \mathbf{x}_{m_2}] \subset \partial\overrightarrow{\Omega}_{ij}$. 对于任意小的 $\varepsilon > 0$, 存在两个时间区间 $[t_{m-\varepsilon}, t_m)$ 和 $(t_m, t_{m+\varepsilon}]$, 且 $\mathbf{x}^{(i)}(t_{m\mp}) = \mathbf{x}_m = \mathbf{x}^{(j)}(t_{m+})$. 流 $\mathbf{x}^{(i)}(t)$ 和 $\mathbf{x}^{(j)}(t)$ 分别是 $C_{[t_{m-\varepsilon}, t_{m+\varepsilon}]}^{r_i}$ 和 $C_{(t_m, t_{m+\varepsilon}]}^{r_j}$ 连续的 $(r_\alpha \geqslant 2l, \alpha = i, j)$. 在边界 $\partial\overrightarrow{\Omega}_{ij}$ 上点 $(\mathbf{x}_m, t_m)$ 处, 流 $\mathbf{x}^{(i)}(t) \cup \mathbf{x}^{(j)}(t)$ 发生源分岔的充要条件为

$$_{G\min} L_{ij}(t_m) = 0,$$ (2.84)

$$\mathbf{n}_{\partial\Omega_{ij}}^{\mathrm{T}} \cdot \mathbf{F}^{(j)}(t_{m+}) \neq 0 \ \text{和} \ L_{ii}(\mathbf{x}_{m\pm\varepsilon}, t_{m\pm\varepsilon}, \mathbf{p}_i) < 0.$$ (2.85)

证明 将定理 2.21 中的 $L_{ij}(\mathbf{x}_m, t_m, \mathbf{p}_i, \mathbf{p}_j)$ 用其全局最小值代替, 即可得上述推论. ∎

推论 2.3 对于方程 (2.1) 中的不连续动力系统, 在两个相邻域 Ω_α $(\alpha = i, j)$ 的边界上, 在 t_m 时刻存在一点 $\mathbf{x}(t_m) = \mathbf{x}_m \in [\mathbf{x}_{m_1}, \mathbf{x}_{m_2}] \subset \partial\overrightarrow{\Omega}_{ij}$. 对于任意小的 $\varepsilon > 0$, 存在两个时间区间 $[t_{m-\varepsilon}, t_m)$ 和 $(t_m, t_{m+\varepsilon}]$, 且 $\mathbf{x}^{(i)}(t_{m\mp}) = \mathbf{x}_m = \mathbf{x}^{(j)}(t_{m\pm})$. 流 $\mathbf{x}^{(\alpha)}(t)$ 是 $C_{[t_{m-\varepsilon}, t_{m+\varepsilon}]}^{r_\alpha}$ 连续的 $(r_\alpha \geqslant 2l, \alpha = i, j)$. 在边界 $\partial\overrightarrow{\Omega}_{ij}$ 上点 $(\mathbf{x}_m, t_m)$ 处, 流 $\mathbf{x}^{(i)}(t) \cup \mathbf{x}^{(j)}(t)$ 发生切换分岔的充要条件为 [44]

$$_{G\min} L_{ij}(t_m) = 0,$$ (2.86)

$$\mathbf{n}_{\partial\Omega_{ij}}^{\mathrm{T}} \cdot \mathbf{F}^{(\alpha)}(t_{m\pm}) = 0 \ \text{和} \ L_{\alpha\alpha}(\mathbf{x}_{m\pm\varepsilon}, t_{m\pm\varepsilon}, \mathbf{p}_\alpha) < 0, \ \alpha = i, j.$$ (2.87)

证明 将定理 2.21 中的 $L_{ij}(\mathbf{x}_m, t_m, \mathbf{p}_i, \mathbf{p}_j)$ 用其全局最小值代替, 即可得上述推论. ∎

2.6 不可穿越流的切换分岔

下面将要讨论边界上滑模流和源流的出现与消失. 尤其是, 边界上滑模流和源流的裂碎最有价值. 这类分岔仍然是一种切换分岔. 不可穿越边界上流的

裂碎分岔的定义, 与从半穿越边界到不可穿越边界的切换分岔定义类似. 从逻辑的角度来看, 边界上从不可穿越流到穿越流的裂碎分岔发生的充要条件, 与从穿越流到不可穿越流发生的滑模和源分岔类似. 为了更清晰地描述裂碎分岔现象, 先介绍相应的定义和定理.

定义 2.20　对于方程 (2.1) 中的不连续动力系统, 在两个相邻域 Ω_α $(\alpha = i, j)$ 的边界上, 在 t_m 时刻存在一点 $\mathbf{x}(t_m) = \mathbf{x}_m \in [\mathbf{x}_{m_1}, \mathbf{x}_{m_2}] \subset \widetilde{\partial\Omega}_{ij}$. 对于任意小的 $\varepsilon > 0$, 存在两个时间区间 $[t_{m-\varepsilon}, t_m)$ 和 $(t_m, t_{m+\varepsilon}]$, 且 $\mathbf{x}^{(i)}(t_{m-}) = \mathbf{x}_m = \mathbf{x}^{(j)}(t_{m\mp})$. 流 $\mathbf{x}^{(i)}(t)$ 和 $\mathbf{x}^{(j)}(t)$ 分别是 $C^{r_i}_{[t_{m-\varepsilon}, t_m)}$ 和 $C^{r_j}_{[t_{m-\varepsilon}, t_{m+\varepsilon}]}$ 连续的 $(r_\alpha \geqslant 1, \alpha = i, j)$. 如果满足下列性质

$$\mathbf{n}^{\mathrm{T}}_{\partial\Omega_{ij}} \cdot \dot{\mathbf{x}}^{(j)}(t_{m\mp}) = 0 \text{ 和 } \mathbf{n}^{\mathrm{T}}_{\partial\Omega_{ij}} \cdot \dot{\mathbf{x}}^{(i)}(t_{m-}) \neq 0; \tag{2.88}$$

[45]

$$\left.\begin{aligned}
\mathbf{n}^{\mathrm{T}}_{\partial\Omega_{ij}} \cdot [\mathbf{x}^{(i)}(t_{m-}) - \mathbf{x}^{(i)}(t_{m-\varepsilon})] > 0, \\
\mathbf{n}^{\mathrm{T}}_{\partial\Omega_{ij}} \cdot [\mathbf{x}^{(j)}(t_{m-}) - \mathbf{x}^{(j)}(t_{m-\varepsilon})] < 0, \\
\mathbf{n}^{\mathrm{T}}_{\partial\Omega_{ij}} \cdot [\mathbf{x}^{(j)}(t_{m+\varepsilon}) - \mathbf{x}^{(j)}(t_{m+})] > 0,
\end{aligned}\right\} \mathbf{n}_{\partial\Omega_{ij}} \to \Omega_j \tag{2.89}$$

或

$$\left.\begin{aligned}
\mathbf{n}^{\mathrm{T}}_{\partial\Omega_{ij}} \cdot [\mathbf{x}^{(i)}(t_{m-}) - \mathbf{x}^{(i)}(t_{m-\varepsilon})] < 0, \\
\mathbf{n}^{\mathrm{T}}_{\partial\Omega_{ij}} \cdot [\mathbf{x}^{(j)}(t_{m-}) - \mathbf{x}^{(j)}(t_{m-\varepsilon})] > 0, \\
\mathbf{n}^{\mathrm{T}}_{\partial\Omega_{ij}} \cdot [\mathbf{x}^{(j)}(t_{m+\varepsilon}) - \mathbf{x}^{(j)}(t_{m+})] < 0,
\end{aligned}\right\} \mathbf{n}_{\partial\Omega_{ij}} \to \Omega_i; \tag{2.90}$$

在边界 $\widetilde{\partial\Omega}_{ij}$ 上点 $(\mathbf{x}_m, t_m)$ 处, 流 $\mathbf{x}^{(j)}(t)$ 发生的横截分岔, 称为从边界 $\widetilde{\partial\Omega}_{ij}$ 到 $\overrightarrow{\partial\Omega}_{ij}$ 上的不可穿越流的第一类切换分岔, 或者简称为滑模裂碎分岔.

定义 2.21　对于方程 (2.1) 中的不连续动力系统, 在两个相邻域 Ω_α $(\alpha = i, j)$ 的边界上, 在 t_m 时刻存在一点 $\mathbf{x}(t_m) = \mathbf{x}_m \in [\mathbf{x}_{m_1}, \mathbf{x}_{m_2}] \subset \widetilde{\partial\Omega}_{ij}$. 对于任意小的 $\varepsilon > 0$, 存在两个时间区间 $[t_{m-\varepsilon}, t_m)$ 和 $(t_m, t_{m+\varepsilon}]$, 且 $\mathbf{x}^{(i)}(t_{m\pm}) = \mathbf{x}_m = \mathbf{x}^{(j)}(t_{m+})$. 流 $\mathbf{x}^{(i)}(t)$ 和 $\mathbf{x}^{(j)}(t)$ 分别是 $C^{r_i}_{[t_{m-\varepsilon}, t_{m+\varepsilon}]}$ 和 $C^{r_j}_{(t_m, t_{m+\varepsilon}]}$ 连续的 $(r_\alpha \geqslant 1, \alpha = i, j)$. 如果满足下列性质

$$\mathbf{n}^{\mathrm{T}}_{\partial\Omega_{ij}} \cdot \dot{\mathbf{x}}^{(i)}(t_{m\pm}) = 0 \text{ 和 } \mathbf{n}^{\mathrm{T}}_{\partial\Omega_{ij}} \cdot \dot{\mathbf{x}}^{(j)}(t_{m+}) \neq 0; \tag{2.91}$$

$$\left.\begin{aligned}
\mathbf{n}^{\mathrm{T}}_{\partial\Omega_{ij}} \cdot [\mathbf{x}^{(i)}(t_{m-}) - \mathbf{x}^{(i)}(t_{m-\varepsilon})] > 0, \\
\mathbf{n}^{\mathrm{T}}_{\partial\Omega_{ij}} \cdot [\mathbf{x}^{(i)}(t_{m+\varepsilon}) - \mathbf{x}^{(i)}(t_{m+})] < 0, \\
\mathbf{n}^{\mathrm{T}}_{\partial\Omega_{ij}} \cdot [\mathbf{x}^{(j)}(t_{m+\varepsilon}) - \mathbf{x}^{(j)}(t_{m+})] > 0,
\end{aligned}\right\} \mathbf{n}_{\partial\Omega_{ij}} \to \Omega_j \tag{2.92}$$

或

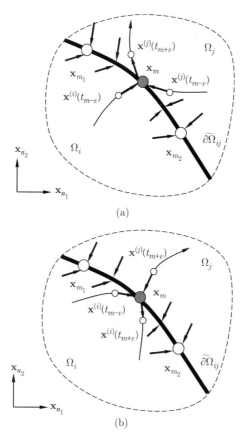

图 2.9 汇流边界 $\widetilde{\partial\Omega}_{ij}$ 上滑模裂碎分岔: (a) 域 Ω_j 内, (b) 域 Ω_i 内. 点 $\mathbf{x}^{(\alpha)}(t_{m\pm\varepsilon})$ 和 $\mathbf{x}^{(\beta)}(t_{m-\varepsilon})$ 位于相应的域内, 点 $\mathbf{x}_m$ 位于边界 $\partial\Omega_{ij}$ 上, $\alpha,\beta \in \{i,j\}$, $\alpha \neq \beta$, $n_1 + n_2 = n$

$$\left.\begin{aligned}
\mathbf{n}_{\partial\Omega_{ij}}^{\mathrm{T}} \cdot [\mathbf{x}^{(i)}(t_{m-}) - \mathbf{x}^{(i)}(t_{m-\varepsilon})] &< 0, \\
\mathbf{n}_{\partial\Omega_{ij}}^{\mathrm{T}} \cdot [\mathbf{x}^{(i)}(t_{m+\varepsilon}) - \mathbf{x}^{(i)}(t_{m+})] &> 0, \\
\mathbf{n}_{\partial\Omega_{ij}}^{\mathrm{T}} \cdot [\mathbf{x}^{(j)}(t_{m+\varepsilon}) - \mathbf{x}^{(j)}(t_{m+})] &< 0,
\end{aligned}\right\} \mathbf{n}_{\partial\Omega_{ij}} \to \Omega_i; \qquad (2.93)$$

在边界 $\widetilde{\partial\Omega}_{ij}$ 上点 $(\mathbf{x}_m, t_m)$ 处, 流 $\mathbf{x}^{(i)}(t)$ 和 $\mathbf{x}^{(j)}(t)$ 发生的横截分岔, 称为从边界 $\widetilde{\partial\Omega}_{ij}$ 到 $\overrightarrow{\partial\Omega}_{ij}$ 上的第二类不可穿越流的切换分岔, 或者简称为源裂碎分岔.

根据上述定义, 对于边界上的不可穿越的裂碎分岔, 分别在图 2.9 和图 2.10 中描述了汇流边界与源流边界附近的向量场. 从汇流或源流到半穿越流的切换有两种可能. 因此, 将定义 2.20 和定义 2.21 中的条件进行了相应的改变. 在边界上不可穿越流发生裂碎分岔前, 当 $t \in [t_{m-\varepsilon}, t_{m-})$ 或者

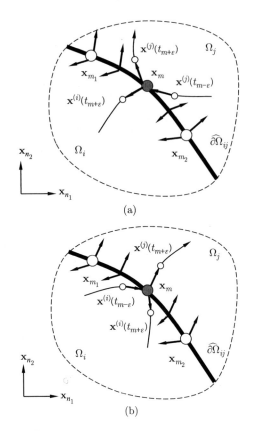

图 2.10　对于源流边界 $\widehat{\partial\Omega}_{ij}$ 的源裂碎分岔: (a) 域 Ω_j 内, (b) 域 Ω_i 内. 点 $\mathbf{x}^{(\alpha)}(t_{m\pm\varepsilon})$ 和 $\mathbf{x}^{(\beta)}(t_{m+\varepsilon})$ 位于相应的域内, 点 $\mathbf{x}_m$ 位于边界 $\partial\Omega_{ij}$ 上, $\alpha,\beta \in \{i,j\}, \alpha \neq \beta, n_1 + n_2 = n$

[46]　$t \in (t_{m+}, t_{m+\varepsilon}]$ 时, 流 $\mathbf{x}^{(\alpha)}(t)(\alpha \in \{i,j\})$ 在汇流边界或源流边界上. 此时, 只有滑模流出现在这种边界上. 在裂碎分岔出现后, 边界上的滑模流至少分成滑模和半穿越两种运动, 这种现象称为边界上滑模流的裂碎, 这可以帮助理解边界上的滑模动力学. 此外, 如果在不可穿越边界两边, 流存在局部的奇异性, 那么第一类不可穿越流切换成第二类不可穿越流, 反之亦然. 这种切换的奇异性与边界上两个半穿越流之间的切换相似, 定义如下.

[47]　　　**定义 2.22**　对于方程 (2.1) 中的不连续动力系统, 在两个相邻域 Ω_α $(\alpha = i,j)$ 的边界上, 在 t_m 时刻存在一点 $\mathbf{x}(t_m) = \mathbf{x}_m \in [\mathbf{x}_{m_1}, \mathbf{x}_{m_2}] \subset \widetilde{\partial\Omega}_{ij}$ (或者 $\widehat{\partial\Omega}_{ij}$). 对于任意小的 $\varepsilon > 0$, 存在两个时间区间 $[t_{m-\varepsilon}, t_m)$ 和 $(t_m, t_{m+\varepsilon}]$, 且 $\mathbf{x}^{(\alpha)}(t_{m\pm}) = \mathbf{x}_m$. 流 $\mathbf{x}^{(\alpha)}(t)$ $(\alpha = i,j)$ 是 $C^{r_\alpha}_{[t_{m-\varepsilon}, t_{m+\varepsilon}]}$ 连续的 $(r_\alpha \geqslant 1)$. 如果满足下列性质

$$\mathbf{n}_{\partial\Omega_{ij}}^{\mathrm{T}} \cdot \dot{\mathbf{x}}^{(\alpha)}(t_{m\pm}) = 0, \alpha = i, j; \tag{2.94} [48]$$

$$\left.\begin{aligned} \mathbf{n}_{\partial\Omega_{ij}}^{\mathrm{T}} \cdot [\mathbf{x}^{(i)}(t_{m-}) - \mathbf{x}^{(i)}(t_{m-\varepsilon})] &> 0, \\ \mathbf{n}_{\partial\Omega_{ij}}^{\mathrm{T}} \cdot [\mathbf{x}^{(i)}(t_{m+\varepsilon}) - \mathbf{x}^{(i)}(t_{m+})] &< 0, \\ \mathbf{n}_{\partial\Omega_{ij}}^{\mathrm{T}} \cdot [\mathbf{x}^{(j)}(t_{m-}) - \mathbf{x}^{(j)}(t_{m-\varepsilon})] &< 0, \\ \mathbf{n}_{\partial\Omega_{ij}}^{\mathrm{T}} \cdot [\mathbf{x}^{(j)}(t_{m+\varepsilon}) - \mathbf{x}^{(j)}(t_{m+})] &> 0, \end{aligned}\right\} \mathbf{n}_{\partial\Omega_{ij}} \to \Omega_j \tag{2.95}$$

或

$$\left.\begin{aligned} \mathbf{n}_{\partial\Omega_{ij}}^{\mathrm{T}} \cdot [\mathbf{x}^{(i)}(t_{m-}) - \mathbf{x}^{(i)}(t_{m-\varepsilon})] &< 0, \\ \mathbf{n}_{\partial\Omega_{ij}}^{\mathrm{T}} \cdot [\mathbf{x}^{(i)}(t_{m+\varepsilon}) - \mathbf{x}^{(i)}(t_{m+})] &> 0, \\ \mathbf{n}_{\partial\Omega_{ij}}^{\mathrm{T}} \cdot [\mathbf{x}^{(j)}(t_{m-}) - \mathbf{x}^{(j)}(t_{m-\varepsilon})] &> 0, \\ \mathbf{n}_{\partial\Omega_{ij}}^{\mathrm{T}} \cdot [\mathbf{x}^{(j)}(t_{m+\varepsilon}) - \mathbf{x}^{(j)}(t_{m+})] &< 0, \end{aligned}\right\} \mathbf{n}_{\partial\Omega_{ij}} \to \Omega_i; \tag{2.96}$$

在边界 $\widetilde{\partial\Omega}_{ij}$ (或者 $\widehat{\partial\Omega}_{ij}$) 上点 $(\mathbf{x}_m, t_m)$ 处, 流 $\mathbf{x}^{(i)}(t)$ 和 $\mathbf{x}^{(j)}(t)$ 发生的擦边分岔, 称为从边界 $\widehat{\partial\Omega}_{ij}$ 到 $\widetilde{\partial\Omega}_{ij}$ (或者从边界 $\widehat{\partial\Omega}_{ij}$ 到 $\widetilde{\partial\Omega}_{ij}$) 上不可穿越流的切换分岔.

定理 2.23 对于方程 (2.1) 中的不连续动力系统, 在两个相邻域 Ω_α ($\alpha = i, j$) 的边界上, 在 t_m 时刻存在一点 $\mathbf{x}(t_m) = \mathbf{x}_m \in [\mathbf{x}_{m_1}, \mathbf{x}_{m_2}] \subset \widetilde{\partial\Omega}_{ij}$. 对于任意小的 $\varepsilon > 0$, 存在两个时间区间 $[t_{m-\varepsilon}, t_m)$ 和 $(t_m, t_{m+\varepsilon}]$, 且 $\mathbf{x}^{(i)}(t_{m-}) = \mathbf{x}_m = \mathbf{x}^{(j)}(t_{m\mp})$. 流 $\mathbf{x}^{(i)}(t)$ 和 $\mathbf{x}^{(j)}(t)$ 分别是 $C_{[t_{m-\varepsilon}, t_m)}^{r_i}$ 和 $C_{[t_{m-\varepsilon}, t_{m+\varepsilon}]}^{r_j}$ 连续的 $(r_\alpha \geqslant 1, \alpha = i, j)$. 边界上点 $(\mathbf{x}_m, t_m)$ 处, 流 $\mathbf{x}^{(i)}(t) \cup \mathbf{x}^{(j)}(t)$ 从 $\widehat{\partial\Omega}_{ij}$ 到 $\overrightarrow{\partial\Omega}_{ij}$ 发生滑模裂碎分岔, 当且仅当

$$\mathbf{n}_{\partial\Omega_{ij}}^{\mathrm{T}} \cdot \mathbf{F}^{(j)}(t_{m\mp}) = 0 \text{ 和 } \mathbf{n}_{\partial\Omega_{ij}}^{\mathrm{T}} \cdot \mathbf{F}^{(i)}(t_{m-}) \neq 0; \tag{2.97}$$

$$\mathbf{n}_{\partial\Omega_{ij}}^{\mathrm{T}} \cdot \mathbf{F}^{(i)}(t_{m-}) > 0, \mathbf{n}_{\partial\Omega_{ij}} \to \Omega_j$$

或

$$\mathbf{n}_{\partial\Omega_{ij}}^{\mathrm{T}} \cdot \mathbf{F}^{(i)}(t_{m-}) < 0, \mathbf{n}_{\partial\Omega_{ij}} \to \Omega_i; \tag{2.98}$$

$$\left.\begin{aligned} \mathbf{n}_{\partial\Omega_{ij}}^{\mathrm{T}} \cdot \mathbf{F}^{(j)}(t_{m-\varepsilon}) &< 0, \\ \mathbf{n}_{\partial\Omega_{ij}}^{\mathrm{T}} \cdot \mathbf{F}^{(j)}(t_{m+\varepsilon}) &> 0, \end{aligned}\right\} \mathbf{n}_{\partial\Omega_{ij}} \to \Omega_j$$

或

$$\left.\begin{aligned} \mathbf{n}_{\partial\Omega_{ij}}^{\mathrm{T}} \cdot \mathbf{F}^{(j)}(t_{m-\varepsilon}) &> 0, \\ \mathbf{n}_{\partial\Omega_{ij}}^{\mathrm{T}} \cdot \mathbf{F}^{(j)}(t_{m+\varepsilon}) &< 0, \end{aligned}\right\} \mathbf{n}_{\partial\Omega_{ij}} \to \Omega_i. \tag{2.99}$$

证明 参照定理 2.8 和定理 2.9 的证明过程, 可以证明以上定理. ∎

定理 2.24 对于方程 (2.1) 中的不连续动力系统, 在两个相邻域 Ω_α [49] $(\alpha = i, j)$ 的 $n-1$ 维平面边界 $\partial\Omega_{ij}$ 上, 在 t_m 时刻存在一点 $\mathbf{x}(t_m) = \mathbf{x}_m \in [\mathbf{x}_{m_1}, \mathbf{x}_{m_2}] \subset \widetilde{\partial\Omega}_{ij}$. 对于任意小的 $\varepsilon > 0$, 存在两个时间区间 $[t_{m-\varepsilon}, t_m)$ 和 $(t_m, t_{m+\varepsilon}]$, 且 $\mathbf{x}^{(i)}(t_{m-}) = \mathbf{x}_m = \mathbf{x}^{(j)}(t_{m\mp})$. 流 $\mathbf{x}^{(i)}(t)$ 和 $\mathbf{x}^{(j)}(t)$ 分别是 $C^{r_i}_{[t_{m-\varepsilon}, t_m)}$ 和 $C^{r_j}_{[t_{m-\varepsilon}, t_{m+\varepsilon}]}$ 连续的 $(r_\alpha \geqslant 2, \alpha = i, j)$. 边界上点 $(\mathbf{x}_m, t_m)$ 处, 流 $\mathbf{x}^{(i)}(t) \cup \mathbf{x}^{(j)}(t)$ 从平面边界 $\widetilde{\partial\Omega}_{ij}$ 到平面边界 $\overrightarrow{\partial\Omega}_{ij}$ 发生滑模裂碎分岔, 当且仅当

$$\mathbf{n}^{\mathrm{T}}_{\partial\Omega_{ij}} \cdot \mathbf{F}^{(j)}(t_{m\mp}) = 0 \text{ 和 } \mathbf{n}^{\mathrm{T}}_{\partial\Omega_{ij}} \cdot \mathbf{F}^{(i)}(t_{m-}) \neq 0; \tag{2.100}$$

$$\left.\begin{array}{l} \mathbf{n}^{\mathrm{T}}_{\partial\Omega_{ij}} \cdot \mathbf{F}^{(i)}(t_{m-}) > 0, \\ \mathbf{n}^{\mathrm{T}}_{\partial\Omega_{ij}} \cdot D\mathbf{F}^{(j)}(t_{m\mp}) < 0, \end{array}\right\} \mathbf{n}_{\partial\Omega_{ij}} \to \Omega_j$$

$$或 \tag{2.101}$$

$$\left.\begin{array}{l} \mathbf{n}^{\mathrm{T}}_{\partial\Omega_{ij}} \cdot \mathbf{F}^{(i)}(t_{m-}) < 0, \\ \mathbf{n}^{\mathrm{T}}_{\partial\Omega_{ij}} \cdot D\mathbf{F}^{(j)}(t_{m\mp}) > 0, \end{array}\right\} \mathbf{n}_{\partial\Omega_{ij}} \to \Omega_i.$$

证明 参照定理 2.10 和定理 2.11 的证明过程, 可以证明以上定理. ∎

定理 2.25 对于方程 (2.1) 中的不连续动力系统, 在两个相邻域 Ω_α $(\alpha = i, j)$ 的边界上, 在 t_m 时刻存在一点 $\mathbf{x}(t_m) = \mathbf{x}_m \in [\mathbf{x}_{m_1}, \mathbf{x}_{m_2}] \subset \widehat{\partial\Omega}_{ij}$. 对于任意小的 $\varepsilon > 0$, 存在两个时间区间 $[t_{m-\varepsilon}, t_m)$ 和 $(t_m, t_{m+\varepsilon}]$, 且 $\mathbf{x}^{(i)}(t_{m\pm}) = \mathbf{x}_m = \mathbf{x}^{(j)}(t_{m+})$. 流 $\mathbf{x}^{(i)}(t)$ 和 $\mathbf{x}^{(j)}(t)$ 分别是 $C^{r_i}_{[t_{m-\varepsilon}, t_{m+\varepsilon}]}$ 和 $C^{r_j}_{(t_m, t_{m+\varepsilon}]}$ 连续的 $(r_\alpha \geqslant 1, \alpha = i, j)$. 边界 $\widehat{\partial\Omega}_{ij}$ 上点 $(\mathbf{x}_m, t_m)$ 处, 流 $\mathbf{x}^{(i)}(t) \cup \mathbf{x}^{(j)}(t)$ 发生源裂碎分岔, 当且仅当

$$\mathbf{n}^{\mathrm{T}}_{\partial\Omega_{ij}} \cdot \mathbf{F}^{(i)}(t_{m\pm}) = 0 \text{ 和 } \mathbf{n}^{\mathrm{T}}_{\partial\Omega_{ij}} \cdot \mathbf{F}^{(j)}(t_{m+}) \neq 0; \tag{2.102}$$

$$\mathbf{n}^{\mathrm{T}}_{\partial\Omega_{ij}} \cdot \mathbf{F}^{(j)}(t_{m+}) > 0, \mathbf{n}_{\partial\Omega_{ij}} \to \Omega_j$$

$$或 \tag{2.103}$$

$$\mathbf{n}^{\mathrm{T}}_{\partial\Omega_{ij}} \cdot \mathbf{F}^{(j)}(t_{m+}) < 0, \mathbf{n}_{\partial\Omega_{ij}} \to \Omega_i;$$

$$\left.\begin{array}{l} \mathbf{n}^{\mathrm{T}}_{\partial\Omega_{ij}} \cdot \mathbf{F}^{(i)}(t_{m-\varepsilon}) > 0, \\ \mathbf{n}^{\mathrm{T}}_{\partial\Omega_{ij}} \cdot \mathbf{F}^{(i)}(t_{m+\varepsilon}) < 0, \end{array}\right\} \mathbf{n}_{\partial\Omega_{ij}} \to \Omega_j$$

$$或 \tag{2.104}$$

$$\left.\begin{array}{l} \mathbf{n}^{\mathrm{T}}_{\partial\Omega_{ij}} \cdot \mathbf{F}^{(i)}(t_{m-\varepsilon}) < 0, \\ \mathbf{n}^{\mathrm{T}}_{\partial\Omega_{ij}} \cdot \mathbf{F}^{(i)}(t_{m+\varepsilon}) > 0, \end{array}\right\} \mathbf{n}_{\partial\Omega_{ij}} \to \Omega_i.$$

证明 参照定理 2.8 和定理 2.9 的证明过程, 可以证明以上定理. ■

定理 2.26 对于方程 (2.1) 中的不连续动力系统, 在两个相邻域 Ω_α $(\alpha = i, j)$ 间的 $n-1$ 维平面边界 $\partial\Omega_{ij}$ 上, 在 t_m 时刻存在一点 $\mathbf{x}(t_m) = \mathbf{x}_m \in [\mathbf{x}_{m_1}, \mathbf{x}_{m_2}] \subset \widehat{\partial\Omega}_{ij}$. 对于任意小的 $\varepsilon > 0$, 存在两个时间区间 $[t_{m-\varepsilon}, t_m)$ 和 $(t_m, t_{m+\varepsilon}]$, 且 $\mathbf{x}^{(i)}(t_{m\pm}) = \mathbf{x}_m = \mathbf{x}^{(j)}(t_{m+})$. 流 $\mathbf{x}^{(i)}(t)$ 和 $\mathbf{x}^{(j)}(t)$ 分别 是 $C^{r_i}_{[t_{m-\varepsilon}, t_{m+\varepsilon}]}$ 和 $C^{r_j}_{(t_m, t_{m+\varepsilon})}$ 连续的 $(r_\alpha \geqslant 2, \alpha = i, j)$. 点 $(\mathbf{x}_m, t_m)$ 处, 流 $\mathbf{x}^{(i)}(t) \cup \mathbf{x}^{(j)}(t)$ 从平面边界 $\widehat{\partial\Omega}_{ij}$ 到平面边界 $\overrightarrow{\partial\Omega}_{ij}$ 发生源裂碎分岔, 当且仅 当

$$\mathbf{n}_{\partial\Omega_{ij}}^{\mathrm{T}} \cdot \mathbf{F}^{(i)}(t_{m\pm}) = 0 \text{ 和 } \mathbf{n}_{\partial\Omega_{ij}}^{\mathrm{T}} \cdot \mathbf{F}^{(j)}(t_{m+}) \neq 0; \qquad (2.105)$$

$$\left.\begin{array}{l} \mathbf{n}_{\partial\Omega_{ij}}^{\mathrm{T}} \cdot \mathbf{F}^{(j)}(t_{m+}) > 0, \\ \mathbf{n}_{\partial\Omega_{ij}}^{\mathrm{T}} \cdot D\mathbf{F}^{(i)}(t_{m\pm}) < 0, \end{array}\right\} \mathbf{n}_{\partial\Omega_{ij}} \to \Omega_j$$

或 $\qquad\qquad\qquad\qquad\qquad\qquad\qquad\qquad (2.106)$

$$\left.\begin{array}{l} \mathbf{n}_{\partial\Omega_{ij}}^{\mathrm{T}} \cdot \mathbf{F}^{(j)}(t_{m+}) < 0, \\ \mathbf{n}_{\partial\Omega_{ij}}^{\mathrm{T}} \cdot D\mathbf{F}^{(i)}(t_{m\pm}) > 0, \end{array}\right\} \mathbf{n}_{\partial\Omega_{ij}} \to \Omega_i.$$

证明 参照定理 2.10 和定理 2.11 的证明过程, 可以证明以上定理. ■ [50]

定理 2.27 对于方程 (2.1) 中的不连续动力系统, 在两个相邻域 Ω_α $(\alpha = i, j)$ 的边界上, 在 t_m 时刻存在一点 $\mathbf{x}(t_m) = \mathbf{x}_m \in [\mathbf{x}_{m_1}, \mathbf{x}_{m_2}] \subset \widehat{\partial\Omega}_{ij}$ (或者 $\widetilde{\partial\Omega}_{ij}$). 对于任意小的 $\varepsilon > 0$, 存在两个时间区间 $[t_{m-\varepsilon}, t_m)$ 和 $(t_m, t_{m+\varepsilon}]$, 且 $\mathbf{x}^{(i)}(t_{m\pm}) = \mathbf{x}_m = \mathbf{x}^{(j)}(t_{m\pm})$. 流 $\mathbf{x}^{(\alpha)}(t)(\alpha = i, j)$ 是 $C^{r_\alpha}_{[t_{m-\varepsilon}, t_{m+\varepsilon}]}$ 连续的 $(r_\alpha \geqslant 1)$. 边界上点 $(\mathbf{x}_m, t_m)$ 处, 流从边界 $\widehat{\partial\Omega}_{ij}$ 到 $\widetilde{\partial\Omega}_{ij}$ (或者从 $\widetilde{\partial\Omega}_{ij}$ 到 $\widehat{\partial\Omega}_{ij}$) 发生切换分岔, 当且仅当

$$\mathbf{n}_{\partial\Omega_{ij}}^{\mathrm{T}} \cdot \mathbf{F}^{(\alpha)}(t_{m\pm}) = 0; \qquad (2.107)$$

$$\left.\begin{array}{l} \mathbf{n}_{\partial\Omega_{ij}}^{\mathrm{T}} \cdot \mathbf{F}^{(\alpha)}(t_{m-\varepsilon}) > 0, \\ \mathbf{n}_{\partial\Omega_{ij}}^{\mathrm{T}} \cdot \mathbf{F}^{(\alpha)}(t_{m+\varepsilon}) < 0, \end{array}\right\} \mathbf{n}_{\partial\Omega_{ij}} \to \Omega_\beta$$

或 $\qquad\qquad\qquad\qquad\qquad\qquad\qquad\qquad (2.108)$

$$\left.\begin{array}{l} \mathbf{n}_{\partial\Omega_{ij}}^{\mathrm{T}} \cdot \mathbf{F}^{(\alpha)}(t_{m-\varepsilon}) < 0, \\ \mathbf{n}_{\partial\Omega_{ij}}^{\mathrm{T}} \cdot \mathbf{F}^{(\alpha)}(t_{m+\varepsilon}) > 0, \end{array}\right\} \mathbf{n}_{\partial\Omega_{ij}} \to \Omega_\alpha,$$

其中 $\alpha, \beta = i, j, \alpha \neq \beta$.

[51]   **证明** 参照定理 2.8 和定理 2.9 的证明过程, 可以证明以上定理. ∎

定理 2.28 对于方程 (2.1) 中的不连续动力系统, 在两个相邻域 Ω_α $(\alpha = i, j)$ 的 $n - 1$ 维平面边界 $\partial\Omega_{ij}$ 上, 在 t_m 时刻存在一点 $\mathbf{x}(t_m) = \mathbf{x}_m \in [\mathbf{x}_{m_1}, \mathbf{x}_{m_2}] \subset \overleftarrow{\partial\Omega_{ij}}$ (或者 $\overrightarrow{\partial\Omega_{ij}}$). 对于任意小的 $\varepsilon > 0$, 存在两个时间区间 $[t_{m-\varepsilon}, t_m]$ 和 $(t_m, t_{m+\varepsilon}]$, 且 $\mathbf{x}^{(\alpha)}(t_{m\pm}) = \mathbf{x}_m$. 流 $\mathbf{x}^{(\alpha)}(t)(\alpha = i, j)$ 是 $C^{r_\alpha}_{[t_{m-\varepsilon}, t_{m+\varepsilon}]}$ 连续的 $(r_\alpha \geqslant 2)$. 边界上点 $(\mathbf{x}_m, t_m)$ 处, 流从边界 $\overleftarrow{\partial\Omega_{ij}}$ 到 $\overrightarrow{\partial\Omega_{ij}}$ (或者从 $\overrightarrow{\partial\Omega_{ij}}$ 到 $\overleftarrow{\partial\Omega_{ij}}$) 发生切换分岔, 当且仅当

$$\mathbf{n}^{\mathrm{T}}_{\partial\Omega_{ij}} \cdot \mathbf{F}^{(\alpha)}(t_{m\pm}) = 0, \alpha = i, j; \tag{2.109}$$

$$\left.\begin{array}{l} \mathbf{n}^{\mathrm{T}}_{\partial\Omega_{ij}} \cdot D\mathbf{F}^{(i)}(t_{m\pm}) < 0, \\ \mathbf{n}^{\mathrm{T}}_{\partial\Omega_{ij}} \cdot D\mathbf{F}^{(j)}(t_{m\pm}) > 0, \end{array}\right\} \mathbf{n}_{\partial\Omega_{ij}} \to \Omega_j$$

或 $\tag{2.110}$

$$\left.\begin{array}{l} \mathbf{n}^{\mathrm{T}}_{\partial\Omega_{ij}} \cdot D\mathbf{F}^{(i)}(t_{m\pm}) > 0, \\ \mathbf{n}^{\mathrm{T}}_{\partial\Omega_{ij}} \cdot D\mathbf{F}^{(j)}(t_{m\pm}) < 0, \end{array}\right\} \mathbf{n}_{\partial\Omega_{ij}} \to \Omega_i.$$

证明 参照定理 2.10 和定理 2.11 的证明过程, 可以证明以上定理. ∎

同样地, 可利用随着参数 $\mathbf{p}_{ij} \in \{\boldsymbol{\mu}_\alpha\}_{\alpha \in \{i,j\}}$ 变化时的 $L_{\alpha\beta}$ 函数, 讨论从边界 $\overleftarrow{\partial\Omega_{\alpha\beta}}$ 到边界 $\overrightarrow{\partial\Omega_{\alpha\beta}}$ 上不可穿越流的切换, 到达边界上的不可穿越流满足 $L_{\alpha\beta} < 0$. 图 2.11 中描述了汇流边界 $\widetilde{\partial\Omega_{\alpha\beta}}$ 上两个点 $\mathbf{x}_{m_1}$ 和 $\mathbf{x}_{m_2}$ 间流 $L_{\alpha\beta}$ 函数随着参数 $\mathbf{p}_{\alpha\beta}$ 的变化情况, 其中参数变化范围为 $\mathbf{p}^{(1)}_{\alpha\beta}$ 到 $\mathbf{p}^{(2)}_{\alpha\beta}$. $L_{\alpha\beta}$ 函数绘于图 2.11(a) 中, 在边界 $\partial\Omega_{\alpha\beta}$ 上, 相应的向量场随着参数的变化如图 2.11(b) 所示. $\mathbf{F}^{(\alpha)}(t_{m-})$ 和 $\mathbf{F}^{(\beta)}(t_{m-})$ 分别表示域 Ω_α 和 Ω_β 内边界 $\partial\Omega_{\alpha\beta}$ 上向量场的极限. 在汇流边界时, 不可穿越流满足 $L_{\alpha\beta} < 0$, 其中 $\mathbf{p}^{(cr)}_{\alpha\beta}$ 是 $\mathbf{p}^{(1)}_{\alpha\beta}$ 与 $\mathbf{p}^{(2)}_{\alpha\beta}$ 之间的临界值. 在该特定值, 可发现汇流边界上点 $\mathbf{x}_m$ 处出现滑模裂碎分岔. 两点 $\mathbf{x}_{k_1}$ 和 $\mathbf{x}_{k_2}$ 分别是边界 $\partial\Omega_{\alpha\beta}$ 上穿越流的出现与消失点. 虚线和实线分别表示 $L_{\alpha\beta} > 0$ 和 $L_{\alpha\beta} \leqslant 0$. 当参数 $\mathbf{p}_{\alpha\beta}$ 从 $\mathbf{p}^{(1)}_{\alpha\beta} \to \mathbf{p}^{(cr)}_{\alpha\beta}$ 变化时, 边界上点在 $\mathbf{x} \in (\mathbf{x}_{m_1}, \mathbf{x}_{m_2})$ 区间, 流的 $L_{\alpha\beta}$ 函数为负值, 即 $L_{\alpha\beta} < 0$. 因此, 边界 $\partial\Omega_{\alpha\beta}$ 不可穿越. 当参数 $\mathbf{p}_{\alpha\beta}$ 从 $\mathbf{p}^{(cr)}_{\alpha\beta} \to \mathbf{p}^{(2)}_{\alpha\beta}$ 变化时, 当 $\mathbf{x} \in [\mathbf{x}_{m_1}, \mathbf{x}_{k_1}] \cup (\mathbf{x}_{k_2}, \mathbf{x}_{m_2}]$ 时, $L_{\alpha\beta} < 0$; 当 $\mathbf{x} \in (\mathbf{x}_{k_1}, \mathbf{x}_{k_2})$ 时, $L_{\alpha\beta} > 0$. 根据方程 (2.67), 当 $L_{\alpha\beta} > 0$ 时, 流在边界上点 $\mathbf{x} \in (\mathbf{x}_{k_1}, \mathbf{x}_{k_2})$ 区间内为半穿越流. 当参数 $\mathbf{p}_{\alpha\beta}$ 从 $\mathbf{p}^{(1)}_{\alpha\beta} \to \mathbf{p}^{(2)}_{\alpha\beta}$

[52] 变化时, 边界 $\partial\Omega_{\alpha\beta}$ 上点 $(\mathbf{x}_m, \mathbf{p}^{(cr)}_{\alpha\beta})$ 是半穿越流的出现点. 边界上的滑模流裂碎. 然而, 当参数 $\mathbf{p}_{\alpha\beta}$ 从 $\mathbf{p}^{(2)}_{\alpha\beta} \to \mathbf{p}^{(1)}_{\alpha\beta}$ 变化时, 在该点滑模裂碎消失. 在三个

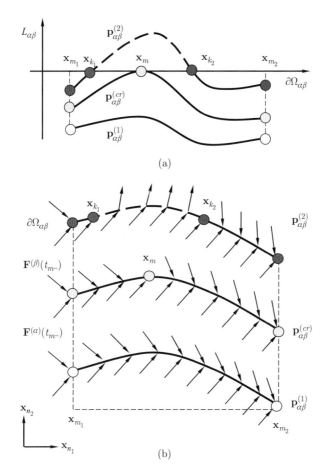

图 2.11 (a) 流的 L 函数 $L_{\alpha\beta}$, (b) 边界 $\widetilde{\partial\Omega}_{\alpha\beta}$ 上两点 $\mathbf{x}_{m_1}$ 和 $\mathbf{x}_{m_2}$ 之间的向量场. 参数为 $\mathbf{p}_{\alpha\beta}^{(cr)}$ 时, 点 $\mathbf{x}_m$ 是切换分岔的临界点. 点 $\mathbf{x}_{k_1}$ 和 $\mathbf{x}_{k_2}$ 分别是边界 $\widetilde{\partial\Omega}_{\alpha\beta}$ 上穿越流的开始点与消失点. 虚线和实线分别表示 $L_{\alpha\beta} > 0$ 和 $L_{\alpha\beta} \leqslant 0$ $(n_1 + n_2 = n)$

临界点 $\{\mathbf{x}_m, \mathbf{x}_{k_1}, \mathbf{x}_{k_2}\}$ 处, $L_{\alpha\beta} = 0$. 在临界点 $\{\mathbf{x}_{k_1}, \mathbf{x}_{k_2}\}$ 处流的性质与在临界点 $\mathbf{x}_m$ 处流的性质一样. 如果两个临界点处的性质不同, 那么在两个不同性质的临界点间出现的滑模流将在后面讨论. 根据流的 $L_{\alpha\beta}$ 函数, 滑模流裂碎分岔的判据与定理 2.23、定理 2.25 和定理 2.27 相似. 因此, 将给出基于 $L_{\alpha\beta}$ 函数的分岔条件.

定理 2.29 对于方程 (2.1) 中的不连续动力系统, 在两个相邻域 Ω_α $(\alpha = i, j)$ 的边界上, 在 t_m 时刻存在一点 $\mathbf{x}(t_m) = \mathbf{x}_m \in [\mathbf{x}_{m_1}, \mathbf{x}_{m_2}] \subset \widetilde{\partial\Omega}_{ij}$. 对于任意小的 $\varepsilon > 0$, 存在两个时间区间 $[t_{m-\varepsilon}, t_m)$ 和 $(t_m, t_{m+\varepsilon}]$, 且 $\mathbf{x}^{(i)}(t_{m-}) = \mathbf{x}_m = \mathbf{x}^{(j)}(t_{m\mp})$. 流 $\mathbf{x}^{(i)}(t)$ 和 $\mathbf{x}^{(j)}(t)$ 分别是 $C_{[t_{m-\varepsilon}, t_m)}^{r_i}$ 和

$C^{r_j}_{[t_{m-\varepsilon},t_{m+\varepsilon}]}$ 连续的 $(r_\alpha \geqslant 2, \alpha = i,j)$. 边界 $\widetilde{\partial\Omega}_{ij}$ 上点 $(\mathbf{x}_m, t_m)$ 处, 流发生滑模裂碎分岔, 当且仅当

$$L_{ij}(\mathbf{x}_m, t_m, \mathbf{p}_i, \mathbf{p}_j) = 0, \tag{2.111}$$

$$\mathbf{n}^{\mathrm{T}}_{\partial\Omega_{ij}} \cdot \mathbf{F}^{(i)}(t_{m-}) \neq 0 \text{ 和 } L_{jj}(\mathbf{x}_{m\mp\varepsilon}, t_{m\mp\varepsilon}, \mathbf{p}_j) < 0. \tag{2.112}$$

证明　应用定义 2.17 和定理 2.13 中的 L 函数, 可以证明以上定理. ■

[53]　　　**定理 2.30**　对于方程 (2.1) 中的不连续动力系统, 在两个相邻域 Ω_α $(\alpha = i,j)$ 的边界上, 在 t_m 时刻存在一点 $\mathbf{x}(t_m) = \mathbf{x}_m \in [\mathbf{x}_{m_1}, \mathbf{x}_{m_2}] \subset$ $\widehat{\partial\Omega}_{ij}$. 对于任意小的 $\varepsilon > 0$, 存在两个时间区间 $[t_{m-\varepsilon}, t_m)$ 和 $(t_m, t_{m+\varepsilon}]$, 且 $\mathbf{x}^{(i)}(t_{m\pm}) = \mathbf{x}_m = \mathbf{x}^{(j)}(t_{m+})$. 流 $\mathbf{x}^{(i)}(t)$ 和 $\mathbf{x}^{(j)}(t)$ 分别是 $C^{r_i}_{[t_{m-\varepsilon}, t_{m+\varepsilon}]}$
[54] 和 $C^{r_j}_{(t_m, t_{m+\varepsilon}]}$ 连续的 $(r_\alpha \geqslant 2, \alpha = i,j)$. 边界 $\widehat{\partial\Omega}_{ij}$ 上点 $(\mathbf{x}_m, t_m)$ 处, 流 $\mathbf{x}^{(i)}(t) \cup \mathbf{x}^{(j)}(t)$ 发生源裂碎分岔, 当且仅当

$$L_{ij}(\mathbf{x}_m, t_m, \mathbf{p}_i, \mathbf{p}_j) = 0, \tag{2.113}$$

$$\mathbf{n}^{\mathrm{T}}_{\partial\Omega_{ij}} \cdot \mathbf{F}^{(j)}(t_{m+}) \neq 0 \text{ 和 } L_{jj}(\mathbf{x}_{m\pm\varepsilon}, t_{m\pm\varepsilon}, \mathbf{p}_j) < 0. \tag{2.114}$$

证明　应用定义 2.17 和定理 2.15 中流的 L_{ij} 和 L_{jj} 函数, 可以证明以上定理. ■

定理 2.31　对于方程 (2.1) 中的不连续动力系统, 在两个相邻域 Ω_α $(\alpha = i,j)$ 的边界上, 在 t_m 时刻存在一点 $\mathbf{x}(t_m) = \mathbf{x}_m \in [\mathbf{x}_{m_1}, \mathbf{x}_{m_2}] \subset$ $\widetilde{\partial\Omega}_{ij}$ (或者 $\widehat{\partial\Omega}_{ij}$). 对于任意小的 $\varepsilon > 0$, 存在两个时间区间 $[t_{m-\varepsilon}, t_m)$ 和 $(t_m, t_{m+\varepsilon}]$, 且 $\mathbf{x}^{(i)}(t_{m\pm}) = \mathbf{x}_m = \mathbf{x}^{(j)}(t_{m\pm})$. 流 $\mathbf{x}^{(\alpha)}(t)(\alpha = i,j)$ 是 $C^{r_\alpha}_{[t_{m-\varepsilon}, t_{m+\varepsilon}]}$ 连续的 $(r_\alpha \geqslant 2, \alpha = i,j)$. 在点 $(\mathbf{x}_m, t_m)$ 处, 从边界 $\partial\Omega_{ij}$ 到边界 $\widetilde{\partial\Omega}_{ij}$ (或者从边界 $\widetilde{\partial\Omega}_{ij}$ 到边界 $\widehat{\partial\Omega}_{ij}$), 流发生切换分岔, 当且仅当

$$L_{ij}(\mathbf{x}_m, t_m, \mathbf{p}_i, \mathbf{p}_j) = 0, \tag{2.115}$$

$$\mathbf{n}^{\mathrm{T}}_{\partial\Omega_{ij}} \cdot \mathbf{F}^{(\alpha)}(t_{m\pm}) = 0 \text{ 和 } L_{\alpha\alpha}(\mathbf{x}_{m\varepsilon}, t_{m\pm\varepsilon}, \mathbf{p}_\alpha) < 0, \alpha = i,j. \tag{2.116}$$

证明　应用定义 2.17 和定理 2.27 中流的 L_{ij} 和 $L_{\alpha\alpha}$ 函数, 可以证明以上定理. ■

考虑点 $\mathbf{x}(t_m) = \mathbf{x}_m \in [\mathbf{x}_{m_1}, \mathbf{x}_{m_2}] \subset \widetilde{\partial\Omega}_{ij}$ (或者 $\widehat{\partial\Omega}_{ij}$) 处的不可穿越流, 当时间 $t_m \in [t_{m_1}, t_{m_2}]$ 且 $\mathbf{x}_m \in [\mathbf{x}_{m_1}, \mathbf{x}_{m_2}]$ 时, $L_{ij}(\mathbf{x}_m, t_m, \mathbf{p}_i, \mathbf{p}_j) < 0$. 为了确定切换分岔, 需要确定 $L_{ij}(\mathbf{x}_m, t_m, \mathbf{p}_i, \mathbf{p}_j)$ 的局部最大值. 基于方程 (2.78)

和方程 (2.79), $L_{ij}(\mathbf{x}_m, t_m, \mathbf{p}_i, \mathbf{p}_j)$ 的局部最大值由以下方程确定

$$D^k L_{ij}(\mathbf{x}_m, t_m, \mathbf{p}_i, \mathbf{p}_j) = 0, \quad k = 1, 2, \cdots, 2l - 1, \tag{2.117}$$

$$D^{2l} L_{ij}(\mathbf{x}_m, t_m, \mathbf{p}_i, \mathbf{p}_j) < 0. \tag{2.118}$$

定义 2.23 对于方程 (2.1) 中的不连续动力系统, 在两个相邻域 Ω_α ($\alpha = i, j$) 的边界上, 在 t_m 时刻存在一点 $\mathbf{x}(t_m) = \mathbf{x}_m \in [\mathbf{x}_{m_1}, \mathbf{x}_{m_2}] \subset \widehat{\partial\Omega}_{ij}$ (或者 $\widehat{\partial\Omega}_{ij}$). 对于任意小的 $\varepsilon > 0$, 存在两个时间区间 $[t_{m-\varepsilon}, t_m)$ 和 $(t_m, t_{m+\varepsilon}]$, 且 $\mathbf{x}^{(i)}(t_{m\pm}) = \mathbf{x}_m = \mathbf{x}^{(j)}(t_{m\mp})$. 流 $\mathbf{x}^{(i)}(t)$ 和 $\mathbf{x}^{(j)}(t)$ 是 $C^{r_\alpha}_{[t_{m-\varepsilon}, t_{m+\varepsilon}]}$ [55] 连续的 $(r_\alpha \geqslant 2l, \alpha = i, j)$. $L_{ij}(\mathbf{x}_m, t_m, \mathbf{p}_i, \mathbf{p}_j)$ 的局部最大集定义为

$$\begin{aligned} &{}_{\max} L_{ij}(t_m) \\ &= \left\{ L_{ij}(\mathbf{x}_m, t_m, \mathbf{p}_i, \mathbf{p}_j) \,\middle|\, \begin{array}{l} \forall t_m \in [t_{m_1}, t_{m_2}], \exists \mathbf{x}_m \in [\mathbf{x}_{m_1}, \mathbf{x}_{m_2}], \\ D^k L_{ij}(\mathbf{x}_m, t_m, \mathbf{p}_i, \mathbf{p}_j) = 0, \quad k = 1, 2, \cdots, 2l - 1, \\ D^{2l} L_{ij}(\mathbf{x}_m, t_m, \mathbf{p}_i, \mathbf{p}_j) < 0. \end{array} \right\} \end{aligned}$$
$$\tag{2.119}$$

根据局部最大集 $L_{ij}(\mathbf{x}_m, t_m, \mathbf{p}_i, \mathbf{p}_j)$ 的定义, 其相应的全局最大集定义如下.

定义 2.24 对于方程 (2.1) 中的不连续动力系统, 在两个相邻域 Ω_α ($\alpha = i, j$) 的边界上, 在 t_m 时刻存在一点 $\mathbf{x}(t_m) = \mathbf{x}_m \in [\mathbf{x}_{m_1}, \mathbf{x}_{m_2}] \subset \widehat{\partial\Omega}_{ij}$ (或者 $\widehat{\partial\Omega}_{ij}$). 对于任意小的 $\varepsilon > 0$, 存在两个时间区间 $[t_{m-\varepsilon}, t_m)$ 和 $(t_m, t_{m+\varepsilon}]$, 且 $\mathbf{x}^{(i)}(t_{m\pm}) = \mathbf{x}_m = \mathbf{x}^{(j)}(t_{m\mp})$. 流 $\mathbf{x}^{(i)}(t)$ 和 $\mathbf{x}^{(j)}(t)$ 是 $C^{r_\alpha}_{[t_{m-\varepsilon}, t_{m+\varepsilon}]}$ 连续的 $(r_\alpha \geqslant 2l, \alpha = i, j)$. $L_{ij}(\mathbf{x}_m, t_m, \mathbf{p}_i, \mathbf{p}_j)$ 的全局最大集定义为

$$_{G\max} L_{ij}(t_m) = \max_{t_m \in [t_{m_1}, t_{m_2}]} \left\{ \begin{array}{l} {}_{\max} L_{ij}(t_m), L_{ij}(\mathbf{x}_{m_1}, t_{m_1}, \mathbf{p}_i, \mathbf{p}_j), \\ L_{ij}(\mathbf{x}_{m_2}, t_{m_2}, \mathbf{p}_i, \mathbf{p}_j) \end{array} \right\}. \tag{2.120}$$

由以上定义可知, 可以通过 $L_{ij}(\mathbf{x}_m, t_m, \mathbf{p}_i, \mathbf{p}_j)$ 的全局最大值来阐述定理 2.23, 定理 2.25 和定理 2.27. 因此, 下面的推论给出了滑模裂碎的条件.

推论 2.4 对于方程 (2.1) 中的不连续动力系统, 在两个相邻域 Ω_α ($\alpha = i, j$) 的边界上, 在 t_m 时刻存在一点 $\mathbf{x}(t_m) = \mathbf{x}_m \in [\mathbf{x}_{m_1}, \mathbf{x}_{m_2}] \subset \widehat{\partial\Omega}_{ij}$. 对于任意小的 $\varepsilon > 0$, 存在两个时间区间 $[t_{m-\varepsilon}, t_m)$ 和 $(t_m, t_{m+\varepsilon}]$, 且 $\mathbf{x}^{(i)}(t_{m-}) = \mathbf{x}_m = \mathbf{x}^{(j)}(t_{m\pm})$. 流 $\mathbf{x}^{(i)}(t)$ 和 $\mathbf{x}^{(j)}(t)$ 分别是 $C^{r_i}_{[t_{m-\varepsilon}, t_m)}$ 和 $C^{r_j}_{[t_{m-\varepsilon}, t_{m+\varepsilon}]}$ 连续的 $(r_\alpha \geqslant 2l, \alpha = i, j)$. 边界 $\widehat{\partial\Omega}_{ij}$ 上点 $(\mathbf{x}_m, t_m)$ 处, 流 $\mathbf{x}^{(i)}(t) \cup \mathbf{x}^{(j)}(t)$ 发生滑模裂碎分岔, 当且仅当

$$_{G\max} L_{ij}(t_m) = 0, \tag{2.121}$$

$$\mathbf{n}_{\partial\Omega_{ij}}^{\mathrm{T}} \cdot \mathbf{F}^{(i)}(t_{m-}) \neq 0 \text{ 和 } L_{jj}(\mathbf{x}_{m\pm\varepsilon}, t_{m\pm\varepsilon}, \mathbf{p}_j) < 0. \tag{2.122}$$

[56]　　　**证明**　将定理 2.29 中的 $L_{ij}(\mathbf{x}_m, t_m, \mathbf{p}_i, \mathbf{p}_j)$ 用其全局最大值 $_G\max L_{ij}(t_m)$ 代替即可得到上述推论.　■

　　　推论 2.5　对于方程 (2.1) 中的不连续动力系统, 在两个相邻域 Ω_α ($\alpha = i, j$) 的边界上, 在 t_m 时刻存在一点 $\mathbf{x}(t_m) = \mathbf{x}_m \in [\mathbf{x}_{m_1}, \mathbf{x}_{m_2}] \subset \widehat{\partial\Omega}_{ij}$. 对于任意小的 $\varepsilon > 0$, 存在两个时间区间 $[t_{m-\varepsilon}, t_m)$ 和 $(t_m, t_{m+\varepsilon}]$, 且 $\mathbf{x}^{(i)}(t_{m\pm}) = \mathbf{x}_m = \mathbf{x}^{(j)}(t_{m+})$. 流 $\mathbf{x}^{(i)}(t)$ 和 $\mathbf{x}^{(j)}(t)$ 分别是 $C_{[t_{m-\varepsilon}, t_{m+\varepsilon}]}^{r_i}$ 和 $C_{(t_m, t_{m+\varepsilon}]}^{r_j}$ 连续的 $(r_\alpha \geqslant 2l, \alpha = i, j)$. 边界 $\widehat{\partial\Omega}_{ij}$ 上点 $(\mathbf{x}_m, t_m)$ 处, 流 $\mathbf{x}^{(i)}(t) \cup \mathbf{x}^{(j)}(t)$ 发生源裂碎分岔, 当且仅当

$$_G\max L_{ij}(t_m) = 0, \tag{2.123}$$

$$\mathbf{n}_{\partial\Omega_{ij}}^{\mathrm{T}} \cdot \mathbf{F}^{(i)}(t_{m+}) \neq 0 \text{ 和 } L_{jj}(\mathbf{x}_{m\pm\varepsilon}, t_{m\pm\varepsilon}, \mathbf{p}_j) < 0. \tag{2.124}$$

　　　证明　将定理 2.30 中的 $L_{ij}(\mathbf{x}_m, t_m, \mathbf{p}_i, \mathbf{p}_j)$ 用其全局最大值 $_G\max L_{ij}(t_m)$ 代替即可得到上述推论.　■

　　　推论 2.6　对于方程 (2.1) 中的不连续动力系统, 在两个相邻域 Ω_α ($\alpha = i, j$) 的边界上, 在 t_m 时刻存在一点 $\mathbf{x}(t_m) = \mathbf{x}_m \in [\mathbf{x}_{m_1}, \mathbf{x}_{m_2}] \subset \widehat{\partial\Omega}_{ij}$ (或者 $\widetilde{\partial\Omega}_{ij}$). 对于任意小的 $\varepsilon > 0$, 存在两个时间区间 $[t_{m-\varepsilon}, t_m)$ 和 $(t_m, t_{m+\varepsilon}]$, 且 $\mathbf{x}^{(i)}(t_{m\pm}) = \mathbf{x}_m = \mathbf{x}^{(j)}(t_{m\pm})$. 流 $\mathbf{x}^{(\alpha)}(t)(\alpha = i, j)$ 是 $C_{[t_{m-\varepsilon}, t_{m+\varepsilon}]}^{r_\alpha}$ 连续的 $(r_\alpha \geqslant 2l, \alpha = i, j)$. 在点 $(\mathbf{x}_m, t_m)$ 处, 从边界 $\widetilde{\partial\Omega}_{ij}$ 到边界 $\widehat{\partial\Omega}_{ij}$ (或者从边界 $\widehat{\partial\Omega}_{ij}$ 到边界 $\widetilde{\partial\Omega}_{ij}$) 流发生切换分岔, 当且仅当

$$_G\max L_{ij}(t_m) = 0, \tag{2.125}$$

$$\mathbf{n}_{\partial\Omega_{ij}}^{\mathrm{T}} \cdot \mathbf{F}^{(\alpha)}(t_{m\pm}) = 0 \text{ 和 } L_{\alpha\alpha}(\mathbf{x}_{m\pm\varepsilon}, t_{m\pm\varepsilon}, \mathbf{p}_\alpha) < 0, \alpha = i, j. \tag{2.126}$$

　　　证明　将定理 2.31 中的 $L_{ij}(\mathbf{x}_m, t_m, \mathbf{p}_i, \mathbf{p}_j)$ 用其全局最大值 $_G\max L_{ij}(t_m)$ 代替即可得到上述推论.　■

2.7　应用: 摩擦振子

　　　为了更好地理解上述理论, 考虑一个由质量块 m、弹性系数为 k 的弹簧和黏性系数为 r 的阻尼器组成的受到周期激励的摩擦振子, 如图 2.12(a) 所示

[57]　(参见文献 Luo 和 Gegg (2006a, b, c; 2007)). 对于这个问题, 将要讨论擦边流和滑模流. 这个振子位于恒定速度为 V 的水平传送带上. 质量块的绝对坐标

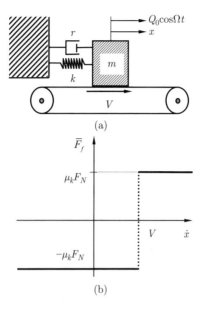

图 2.12   (a) 机械模型的原理图, (b) 摩擦力

系是 (x,t). 作用在质量块上的周期性外力为 $Q_0 \cos \Omega t$, 其中 Q_0 和 Ω 分别是激励幅值和频率. 由于质量块与传送带接触时存在摩擦力, 那么质量块可以沿着传送带表面运动, 或者停留在传送带表面与传送带一起运动. 当存在非黏合运动和黏合运动时, 如图 2.12(b) 所示的动摩擦力的描述为

$$\overline{F}_f\left(\dot{x}\right) \begin{cases} = \mu_k F_N, & \dot{x} \in [V, \infty), \\ \in [-\mu_k F_N, \mu_k F_N], & \dot{x} = V, \\ = -\mu_k F_N, & \dot{x} \in (-\infty, V], \end{cases} \tag{2.127}$$

其中 $\dot{x} \triangleq dx/dt$, μ_k 是摩擦系数, F_N 是接触表面上法向力. 对于图 2.12 中的模型, 法向力 $F_N = mg$, 其中 g 是重力加速度.

当质量块与传送带具有相同的速度时, 作用在质量块 x 方向的单位质量上的非摩擦力为

$$F_s = A_0 \cos \Omega t - 2dV - cx, \quad \dot{x} = V, \tag{2.128}$$

其中 $A_0 = Q_0/m, d = r/2m$ 和 $c = k/m$. 当发生黏合运动时, 该力不能克服摩擦力 (即 $|F_s| \leqslant F_f$ 和 $F_f = \mu_k F_N/m$). 因此, 质量块与传送带之间没有相对运动, 也就没有加速度存在, 即

$$\ddot{x} = 0, \quad \dot{x} = V. \tag{2.129}$$

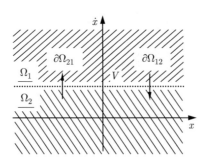

图 2.13　相平面中的域与边界

如果 $|F_s| > F_f$, 非摩擦力将克服静摩擦力, 并且非黏合运动出现. 对于非黏合运动, 作用在质量块上的总力为

$$F = A_0 \cos \Omega t - F_f \mathrm{sgn}(\dot{x} - V) - 2d\dot{x} - cx, \quad \dot{x} \neq V, \tag{2.130}$$

其中 $\mathrm{sgn}(\cdot)$ 代表符号函数. 因此, 具有摩擦力振子的非黏合运动方程为

$$\ddot{x} + 2d\dot{x} + cx = A_0 \cos \Omega t - F_f \mathrm{sgn}(\dot{x} - V), \quad \dot{x} \neq V. \tag{2.131}$$

　　由于摩擦力依赖于相对速度的方向, 把相平面划分为两个区域, 并且利用两个连续的动力系统分别描述了两个域中的运动, 如图 2.13 所示. 两个域用 $\Omega_\alpha (\alpha \in \{1, 2\})$ 表示, 引入如下的状态向量和向量场

$$\mathbf{x} \overset{\triangle}{=} (x, \dot{x})^{\mathrm{T}} \equiv (x, y)^{\mathrm{T}} \text{ 和 } \mathbf{F} \overset{\triangle}{=} (y, F)^{\mathrm{T}}. \tag{2.132}$$

相应的域和边界的数学描述为

[58]
$$\begin{aligned}
\Omega_1 &= \{(x, y) | y \in (V, \infty)\}, \\
\Omega_2 &= \{(x, y) | y \in (-\infty, V)\}, \\
\partial\Omega_{12} &= \{(x, y) | \varphi_{12}(x, y) \equiv y - V = 0\}, \\
\partial\Omega_{21} &= \{(x, y) | \varphi_{21}(x, y) \equiv y - V = 0\}.
\end{aligned} \tag{2.133}$$

边界 $\partial\Omega_{\alpha\beta}$ 表示运动从域 Ω_α 指向 $\Omega_\beta (\alpha, \beta \in \{1, 2\}, \alpha \neq \beta)$, 那么方程 (2.129) 和 (2.130) 中的运动方程可以表示为

[59]
$$\dot{\mathbf{x}} = \mathbf{F}^{(\alpha)}(\mathbf{x}, t), \text{ 在 } \Omega_\alpha (\alpha \in \{1, 2\}) \text{ 内}, \tag{2.134}$$

其中

$$\mathbf{F}^{(\alpha)}(\mathbf{x}, t) = (y, F_\alpha(\mathbf{x}, \Omega t))^{\mathrm{T}}, \tag{2.135}$$

$$F_\alpha(\mathbf{x}, \Omega t) = A_0 \cos \Omega t - b_\alpha - 2d_\alpha y - c_\alpha x. \tag{2.136}$$

对于图 2.12 中的模型, 参数为 $b_1 = \mu g, b_2 = -\mu g, d_\alpha = d$ 和 $c_\alpha = c$.

2.7.1 擦边现象

根据定理 2.11, 由于边界是一条直线, 边界上发生擦边运动的条件为

$$\mathbf{n}_{\partial\Omega_{\alpha\beta}}^{\mathrm{T}} \cdot \mathbf{F}^{(\alpha)}(\mathbf{x}_m, t_{m\pm}) = 0, \alpha \in \{1, 2\},$$
$$(-1)^\alpha \mathbf{n}_{\partial\Omega_{\alpha\beta}}^{\mathrm{T}} \cdot D\mathbf{F}^{(\alpha)}(\mathbf{x}_m, t_{m\pm}) < 0, \tag{2.137}$$

其中

$$D\mathbf{F}^{(\alpha)}(\mathbf{x}, t) = (F_\alpha(\mathbf{x}, t), \nabla F_\alpha(\mathbf{x}, t) \cdot \mathbf{F}^{(\alpha)}(\mathbf{x}, t) + \frac{\partial F_\alpha(\mathbf{x}, t)}{\partial t})^{\mathrm{T}}, \tag{2.138}$$

其中 $\nabla = (\partial/\partial x, \partial/\partial y)^{\mathrm{T}}$ 是哈密顿算子. t_m 表示在速度边界上的运动时刻. $t_{m\pm} = t_m \pm 0$ 表示域内的响应, 而不是在边界上的响应. 根据方程 (2.133) 中的第三个和第四个方程, 得到边界的法向量为

$$\mathbf{n}_{\partial\Omega_{12}} = \mathbf{n}_{\partial\Omega_{21}} = (0, 1)^{\mathrm{T}}. \tag{2.139}$$

因此

$$\mathbf{n}_{\partial\Omega_{\alpha\beta}}^{\mathrm{T}} \cdot \mathbf{F}^{(\alpha)}(\mathbf{x}, t) = F_\alpha(\mathbf{x}, \Omega t),$$
$$\mathbf{n}_{\partial\Omega_{\alpha\beta}}^{\mathrm{T}} \cdot D\mathbf{F}^{(\alpha)}(\mathbf{x}, t) = \nabla F_\alpha(\mathbf{x}, \Omega t) \cdot \mathbf{F}^{(\alpha)}(\mathbf{x}, t) + \frac{\partial F_\alpha(\mathbf{x}, \Omega t)}{\partial t} \tag{2.140}$$
$$= DF_\alpha.$$

根据定理 2.9, 利用方程 (2.139) 和 (2.140), 获得发生擦边运动的充要条件为

$$F_\alpha(\mathbf{x}_m, \Omega t_{m\pm}) = 0, F_\alpha(\mathbf{x}_m, \Omega t_{m-\varepsilon}) \times F_\alpha(\mathbf{x}_m, \Omega t_{m+\varepsilon}) < 0. \tag{2.141}$$

或者, 更精确地为

$$F_\alpha(\mathbf{x}_m, \Omega t_{m\pm}) = 0, \alpha \in \{1, 2\},$$
$$(-1)^\alpha F_\alpha(\mathbf{x}_m, \Omega t_{m-\varepsilon}) > 0 \text{ 和 } (-1)^\alpha F_\alpha(\mathbf{x}_m, \Omega t_{m+\varepsilon}) < 0. \tag{2.142}$$

[60]

然而, 根据定理 2.11, 得到擦边的充分必要条件为

$$F_\alpha(\mathbf{x}_m, \Omega t_{m\pm}) = 0, \quad \alpha \in \{1, 2\},$$
$$(-1)^\alpha \left[\nabla F_\alpha(\mathbf{x}_m, \Omega t_{m\pm}) \cdot \mathbf{F}^{(\alpha)}(t_{m\pm}) + \frac{\partial F_\alpha(\mathbf{x}_m, \Omega t_{m\pm})}{\partial t} \right] < 0. \tag{2.143}$$

在图 2.14(a) 和 (b) 中, 描述了在域 $\Omega_\alpha (\alpha = 1, 2)$ 内的擦边运动, 给出了擦边的条件. 其中带有箭头的虚线和实线分别表示域 Ω_1 和 Ω_2 内的向量场, 向量场 $\mathbf{F}^{(\alpha)}(t)$ 则表示了方程 (2.142) 中擦边运动的条件. 该条件除了要求 $F_\alpha(\mathbf{x}_m, t_{m\pm}) = 0$, 还需要在域 Ω_1 内向量场满足 $F_1(\mathbf{x}_m, \Omega t_{m-\varepsilon}) < 0$ 和 $F_1(\mathbf{x}_m, \Omega t_{m+\varepsilon}) > 0$, 在域 Ω_2 内向量场满足 $F_2(\mathbf{x}_m, \Omega t_{m-\varepsilon}) > 0$ 和 $F_2(\mathbf{x}_m, \Omega t_{m+\varepsilon}) < 0$. 详细讨论参见文献 Luo 和 Gegg (2006a, b).

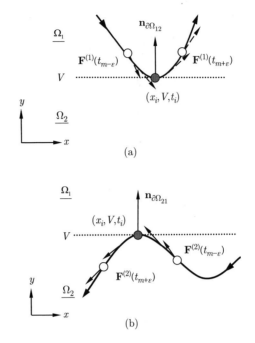

图 2.14　域 $\Omega_\alpha(\alpha = 1, 2)$ 内发生擦边运动的向量场 $(V > 0)$

根据方程 (2.129), 给定初始条件 (t_i, x_i, V), 得到滑模运动为

$$x = V \times (t - t_i) + x_i. \tag{2.144}$$

对于黏合运动, 在两个域 Ω_α 中有一个很小的 δ 邻域 $(\delta \to 0)$, 将方程 (2.144) 代入方程 (2.136) 可以得到相应的力为

$$F_\alpha(\mathbf{x}_m, \Omega t_{m-}) = -2d_\alpha V - c_\alpha[V \times (t_m - t_i) + x_i] + A_0 \cos \Omega t_m - b_\alpha. \tag{2.145}$$

对于非黏合运动, 在速度边界 $\dot{x}_i = V$ 上选取初始条件, 文献 Luo 和 Gegg (2006a, b) 中的基本解将用来构造映射.

在相平面中, 在域 Ω_α 内, 始于和止于速度边界 (即从边界 $\partial\Omega_{\beta\alpha}$ 到边界 $\partial\Omega_{\alpha\beta}$) 的相轨迹如图 2.15 所示. 在域 Ω_α 内, 映射 P_α 的起点和终点分别为 (x_i, V, t_i) 和 (x_{i+1}, V, t_{i+1}). P_0 为黏合映射. 切换平面的定义如下

$$
\begin{aligned}
\Xi^0 &= \left\{ (x_i, \Omega t_i) | \dot{x}_i(t_i) = V \right\}, \\
\Xi^1 &= \left\{ (x_i, \Omega t_i) | \dot{x}_i(t_i) = V^+ \right\}, \\
\Xi^2 &= \left\{ (x_i, \Omega t_i) | \dot{x}_i(t_i) = V^- \right\};
\end{aligned}
\tag{2.146}
$$

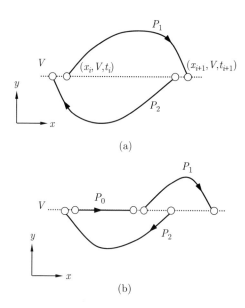

图 2.15 常规映射 (P_1 和 P_2) 和黏合映射 P_0

其中 $V^- = \lim_{\delta \to 0}(V - \delta)$ 和 $V^+ = \lim_{\delta \to 0}(V + \delta)$, 并且 δ 为任意小的正数. 因此, [62] 定义三个基本映射为

$$P_1 : \Xi^1 \to \Xi^1, P_2 : \Xi^2 \to \Xi^2, P_0 : \Xi^0 \to \Xi^0. \tag{2.147}$$

根据前面两个方程, 对应的映射关系为

$$\begin{aligned}
P_0 &: (x_i, V, t_i) \to (x_{i+1}, V, t_{i+1}), \\
P_1 &: (x_i, V^+, t_i) \to (x_{i+1}, V^+, t_{i+1}), \\
P_2 &: (x_i, V^-, t_i) \to (x_{i+1}, V^-, t_{i+1}).
\end{aligned} \tag{2.148}$$

映射 P_0 的控制方程 ($\alpha \in \{1, 2\}$) 为

$$\begin{aligned}
&-x_{i+1} + V \times (t_{i+1} - t_i) + x_i = 0, \\
&2d_\alpha V + c_\alpha[V \times (t_{i+1} - t_i) + x_i] - A_0 \cos \Omega t_{i+1} + b_\alpha = 0.
\end{aligned} \tag{2.149}$$

映射 P_0 描述了黏合运动的起点和终点, 黏合运动的消失条件为 $F_\alpha(x_{i+1}, V, \Omega t_{i+1}) = 0$. 本节将不运用黏合映射讨论擦边流, 这里将其作为基本映射. 在 2.8 节中, 将运用黏合映射讨论滑模运动. 因为两个域 $\Omega_\alpha(\alpha = 1, 2)$ 是无界的, 根据假设 (H2.1)—(H2.3), 在不连续动力系统中相应域内的流是有界的. 因此, 对于振子的非黏合运动, 在两个域 $\Omega_\alpha(\alpha \in \{1, 2\})$ 内有三种可能的稳定运动. 根据三种运动的位移和速度响应获得映射 $P_\alpha(\alpha \in \{1, 2\})$ 的控制方程,

参见文献 Luo 和 Gegg (2006a, b). 因此, 每个映射 $P_\alpha(\alpha \in \{0, 1, 2\})$ 的控制方程为

$$f_1^{(\alpha)}(x_i, \Omega t_i, x_{i+1}, \Omega t_{i+1}) = 0;$$
$$f_2^{(\alpha)}(x_i, \Omega t_i, x_{i+1}, \Omega t_{i+1}) = 0. \tag{2.150}$$

若两个非黏合运动映射在最终状态 (x_{i+1}, V, t_{i+1}) 处发生擦边, 根据方程 (2.143) 得到基于映射的擦边条件, 即

$$F_\alpha(x_{i+1}, V, \Omega t_{i+1}) = 0, \alpha \in \{1, 2\},$$
$$(-1)^\alpha \left[\nabla F_\alpha(\mathbf{x}_{i+1}, \Omega t_{i+1}) \cdot \mathbf{F}^{(\alpha)}(t_{i+1}) + \frac{\partial F_\alpha(\mathbf{x}_{i+1}, \Omega t_{i+1})}{\partial t} \right] < 0. \tag{2.151}$$

根据方程 (2.136), 擦边条件变为

$$\left. \begin{array}{l} A_0 \cos \Omega t_{i+1} - b_\alpha - 2 d_\alpha V - c_\alpha x_{i+1} = 0, \\ (-1)^\alpha \left[-c_\alpha V - A_0 \Omega \sin \Omega t_{i+1} \right] < 0, \end{array} \right\} \quad \alpha \in \{1, 2\}. \tag{2.152}$$

[63]　　　为了确保初始切换集是可穿越的, 可穿越运动要求映射 $P_\alpha(\alpha \in \{1, 2\})$ 的初始切换集满足下面的条件 (参见文献 Luo 和 Gegg, 2006a, b)

$$F_1(x_i, V^+, \Omega t_i) < 0 \text{ 和 } F_2(x_i, V^-, \Omega t_i) < 0, \Omega_1 \to \Omega_2;$$
$$F_1(x_i, V^+, \Omega t_i) > 0 \text{ 和 } F_2(x_i, V^-, \Omega t_i) > 0, \Omega_2 \to \Omega_1. \tag{2.153}$$

　　为了使映射 $P_\alpha(\alpha = 1, 2)$ 的运动存在, 在边界上的初始切换力的乘积 $F_1 \times F_2$ 应该是负数. 这些条件的具体讨论可见文献 Luo 和 Gegg (2006c). 对于方程 (2.153) 中的条件, 保证了对于映射 $P_\alpha(\alpha \in \{1, 2\})$ 的初始切换运动在不连续边界 $(y_i = V)$ 上可以穿越. 为了保证非黏合映射的存在, 利用初始切换力乘积来描述. 方程 (2.141) 描述了映射 $P_\alpha(\alpha \in \{1, 2\})$ 最终切换集的力的条件. 利用方程 (2.143), 等效的擦边条件给出了方程 (2.152) 中的不等式.

　　可以利用相平面中响应的时间历程和轨迹说明振子的运动, 从而阐明擦边运动的解析预测. 擦边运动完全依赖于不连续动力系统中力的响应. 在这个摩擦诱发的振子中, 运用力的响应说明擦边运动的力的判据. 用大的空心圆圈和实心圆圈分别表示映射 $P_\alpha(\alpha \in \{1, 2\})$ 的起点和终点. 用小圆圈表示从域 Ω_α 到 $\Omega_\beta(\alpha, \beta \in \{1, 2\}, \alpha \neq \beta)$ 的切换点. 在图 2.16 中, 相轨迹、沿着位移的力分布、速度的时间历程和沿着速度的力分布, 用来说明映射 P_1 的擦边运动. 选取的参数为 $\Omega = 8, V = 1, b_1 = -b_2 = 3$, 初始条件为 $(x_i, y_i) = (-1, 1)$ 和 $(\Omega t_i \approx 1.3617, 1.6958, 1.4830)$, 并且 $(A_0 = 15, 18, 21)$. 在相平面中, 三个擦边运动的轨迹与边界相切 (即 $y = V$), 如图 2.16(a) 所示. 在图 2.16(b) 中, 粗实线和细实线分别表示力 $F_1(t)$ 和 $F_2(t)$. 根据沿着位移的力分布, 可见力 $F_1(t)$ 的符号有一个由负到正的变化, 这表明了方程 (2.141) 中的擦边运动满

足条件. 在从域 Ω_1 到域 Ω_2 的切换点处, 力 $F_1(t)$ 和 $F_2(t)$ 有一个符号变化相同的跳跃, 并且满足方程 (2.142). 在图 2.16(c) 表示的速度时间历程图中, 速度曲线与速度分离边界是相切的. 在图 2.16(d) 描述了沿着速度的力分布, 力 $F_1(t)$ 在擦边点处为零, 并观察到力从域 Ω_1 到域 Ω_2 存在一个跳跃.

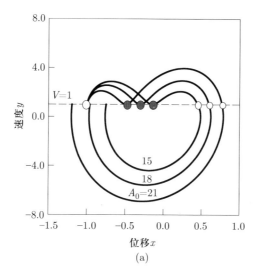

(a)

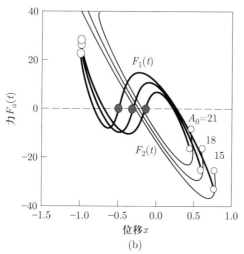

(b)

图 2.16 映射 P_1 的擦边运动, $A_0 = 15, 18, 21$: (a) 相轨迹, (b) 沿着位移的力分布, (c) 速度的时间历程, (d) 沿着速度的力分布. ($\Omega = 8, V = 1, d_1 = 1, d_2 = 0, b_1 = -b_2 = 3, c_1 = c_2 = 30$) 初始条件为 $(x_i, y_i) = (-1, 1)$ 和 $\Omega t_i \approx 1.3617, 1.6958, 1.4830$

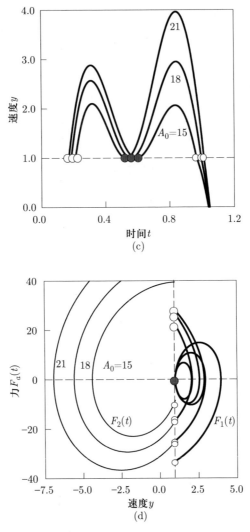

图 2.16 (续)　映射 P_1 的擦边运动, $A_0 = 15, 18, 21$: (a) 相轨迹, (b) 沿着位移的力分布, (c) 速度的时间历程, (d) 沿着速度的力分布. ($\Omega = 8, V = 1, d_1 = 1, d_2 = 0, b_1 = -b_2 = 3, c_1 = c_2 = 30$) 初始条件为 $(x_i, y_i) = (-1, 1)$ 和 $\Omega t_i \approx 1.3617, 1.6958, 1.4830$

2.7.2　滑模运动

[66]　　对于滑模运动, 式 (2.129) 和 (2.131) 中的运动方程可以表示为

$$\dot{\mathbf{x}} = \mathbf{F}^{(\lambda)}(\mathbf{x}, t), \quad \lambda \in \{0, \alpha\}, \tag{2.154}$$

其中

$$
\left.\begin{aligned}
&\mathbf{F}^{(\alpha)}(\mathbf{x}, t) = (y, F_\alpha(\mathbf{x}, \Omega t))^{\mathrm{T}}, \text{ 在域 } \Omega_\alpha(\alpha \in \{1,2\}) \text{ 内}; \\
&\mathbf{F}^{(0)}_{\alpha\beta}(\mathbf{x}, t) = (V, 0)^{\mathrm{T}}, \text{ 在汇流边界 } \widetilde{\partial\Omega}_{\alpha\beta}(\alpha, \beta \in \{1,2\}, \alpha \neq \beta) \text{ 上}, \\
&\mathbf{F}^{(0)}_{\alpha\beta}(\mathbf{x}, t) \in \left[\mathbf{F}^{(\alpha)}(\mathbf{x}, t), \mathbf{F}^{(\beta)}(\mathbf{x}, t)\right], \text{ 在半穿越边界 } \overrightarrow{\partial\Omega}_{\alpha\beta} \text{ 上},
\end{aligned}\right\} \quad (2.155)
$$

其中 $F_\alpha(\mathbf{x}, \Omega t)$ 由方程 (2.136) 给出. 对于汇流边界 $\widetilde{\partial\Omega}_{\alpha\beta}$, 滑模运动的临界初始状态和最终状态分别为 $(\Omega t_c, x_c, V)$ 和 $(\Omega t_f, x_f, V)$. 考虑滑模运动的起点和终点分别设为 $(\Omega t_i, x_i, V)$ 和 $(\Omega t_{i+1}, x_{i+1}, V) \triangleq (\Omega t_f, x_f, V)$. 根据定理 2.4, 当 $t_m \in [t_i, t_{i+1}] \subseteq [t_c, t_f]$ 时, 在边界上存在滑模运动的条件为

$$
\left.\begin{aligned}
\mathbf{n}^{\mathrm{T}}_{\partial\Omega_{\alpha\beta}} \cdot \mathbf{F}^{(\alpha)}(\mathbf{x}_m, t_{m-}) < 0, \\
\mathbf{n}^{\mathrm{T}}_{\partial\Omega_{\alpha\beta}} \cdot \mathbf{F}^{(\beta)}(\mathbf{x}_m, t_{m-}) > 0,
\end{aligned}\right\} \mathbf{n}_{\partial\Omega_{\alpha\beta}} \to \Omega_\alpha
$$

或 $\qquad\qquad\qquad\qquad\qquad\qquad\qquad\qquad\qquad\qquad\qquad (2.156)$

$$
\left.\begin{aligned}
\mathbf{n}^{\mathrm{T}}_{\partial\Omega_{\alpha\beta}} \cdot \mathbf{F}^{(\alpha)}(\mathbf{x}_m, t_{m-}) > 0, \\
\mathbf{n}^{\mathrm{T}}_{\partial\Omega_{\alpha\beta}} \cdot \mathbf{F}^{(\beta)}(\mathbf{x}_m, t_{m-}) < 0,
\end{aligned}\right\} \mathbf{n}_{\partial\Omega_{\alpha\beta}} \to \Omega_\beta.
$$

或表示为

$$
[\mathbf{n}^{\mathrm{T}}_{\partial\Omega_{\alpha\beta}} \cdot \mathbf{F}^{(\alpha)}(\mathbf{x}_m, t_{m-})] \times [\mathbf{n}^{\mathrm{T}}_{\partial\Omega_{\alpha\beta}} \cdot \mathbf{F}^{(\beta)}(\mathbf{x}_m, t_{m-})] < 0. \qquad (2.157)
$$

当半穿越边界 $\overrightarrow{\partial\Omega}_{\alpha\beta}$ 为非零时, 穿越运动的初始状态和最终状态分别为 $(\Omega t_s, x_s, V)$ 和 $(\Omega t_e, x_e, V)$. 根据定理 2.2, 当 $t_m \in (t_s, t_e)$ 时, 存在非滑模运动 (或者称为边界上的穿越运动, 参见文献 Luo (2005, 2006)) 的条件为

$$
\left.\begin{aligned}
\mathbf{n}^{\mathrm{T}}_{\partial\Omega_{\alpha\beta}} \cdot \mathbf{F}^{(\alpha)}(\mathbf{x}_m, t_{m-}) < 0, \\
\mathbf{n}^{\mathrm{T}}_{\partial\Omega_{\alpha\beta}} \cdot \mathbf{F}^{(\beta)}(\mathbf{x}_m, t_{m+}) < 0,
\end{aligned}\right\} \mathbf{n}_{\partial\Omega_{\alpha\beta}} \to \Omega_\alpha
$$

或 $\qquad\qquad\qquad\qquad\qquad\qquad\qquad\qquad\qquad\qquad\qquad (2.158)$

$$
\left.\begin{aligned}
\mathbf{n}^{\mathrm{T}}_{\partial\Omega_{\alpha\beta}} \cdot \mathbf{F}^{(\alpha)}(\mathbf{x}_m, t_{m-}) > 0, \\
\mathbf{n}^{\mathrm{T}}_{\partial\Omega_{\alpha\beta}} \cdot \mathbf{F}^{(\beta)}(\mathbf{x}_m, t_{m+}) > 0,
\end{aligned}\right\} \mathbf{n}_{\partial\Omega_{\alpha\beta}} \to \Omega_\beta.
$$

或表示为

$$
[\mathbf{n}^{\mathrm{T}}_{\partial\Omega_{\alpha\beta}} \cdot \mathbf{F}^{(\alpha)}(\mathbf{x}_m, t_{m-})] \times [\mathbf{n}^{\mathrm{T}}_{\partial\Omega_{\alpha\beta}} \cdot \mathbf{F}^{(\beta)}(\mathbf{x}_m, t_{m+})] > 0. \qquad (2.159) \quad [67]
$$

当流从半穿越边界 $\overrightarrow{\partial\Omega}_{\alpha\beta}$ 到汇流边界 $\widetilde{\partial\Omega}_{\alpha\beta}$ 发生切换时, 令 $t_e = t_c, t_f = t_s$. 假设初始状态是滑模运动的切换状态. 根据定理 2.15, 当 $t_m = t_c$ 时, 滑模运

动从 $\overrightarrow{\partial \widetilde{\Omega}}_{\alpha\beta}$ 到 $\widetilde{\partial\Omega}_{\alpha\beta}$ 的切换条件为

$$
\begin{aligned}
&\mathbf{n}_{\partial\Omega_{\alpha\beta}}^{\mathrm{T}} \cdot \mathbf{F}^{(\alpha)}\left(\mathbf{x}_m, t_{m-}\right) < 0, \quad \mathbf{n}_{\partial\Omega_{\alpha\beta}} \to \Omega_\alpha \\
&\text{或} \\
&\mathbf{n}_{\partial\Omega_{\alpha\beta}}^{\mathrm{T}} \cdot \mathbf{F}^{(\alpha)}\left(\mathbf{x}_m, t_{m-}\right) > 0, \quad \mathbf{n}_{\partial\Omega_{\alpha\beta}} \to \Omega_\beta; \\
&\mathbf{n}_{\partial\Omega_{\alpha\beta}}^{\mathrm{T}} \cdot \mathbf{F}^{(\beta)}\left(\mathbf{x}_m, t_{m\pm}\right) = 0; \\
&\mathbf{n}_{\partial\Omega_{\alpha\beta}}^{\mathrm{T}} \cdot D\mathbf{F}^{(\beta)}\left(\mathbf{x}_m, t_{m\pm}\right) > 0, \quad \mathbf{n}_{\partial\Omega_{\alpha\beta}} \to \Omega_\beta, \\
&\mathbf{n}_{\partial\Omega_{\alpha\beta}}^{\mathrm{T}} \cdot D\mathbf{F}^{(\beta)}\left(\mathbf{x}_m, t_{m\pm}\right) < 0, \quad \mathbf{n}_{\partial\Omega_{\alpha\beta}} \to \Omega_\alpha.
\end{aligned} \tag{2.160}
$$

根据定理 2.24, 当 $t_m = t_f$ 时, 滑模运动从 $\widetilde{\partial\Omega}_{\alpha\beta}$ 到 $\overrightarrow{\partial\widetilde{\Omega}}_{\alpha\beta}$ 消失, 并且进入域 Ω_β 的条件为

$$
\begin{aligned}
&\mathbf{n}_{\partial\Omega_{\alpha\beta}}^{\mathrm{T}} \cdot \mathbf{F}^{(\alpha)}\left(\mathbf{x}_m, t_{m-}\right) < 0, \quad \mathbf{n}_{\partial\Omega_{\alpha\beta}} \to \Omega_\alpha \\
&\text{或} \\
&\mathbf{n}_{\partial\Omega_{\alpha\beta}}^{\mathrm{T}} \cdot \mathbf{F}^{(\alpha)}\left(\mathbf{x}_m, t_{m-}\right) > 0, \quad \mathbf{n}_{\partial\Omega_{\alpha\beta}} \to \Omega_\beta; \\
&\mathbf{n}_{\partial\Omega_{\alpha\beta}}^{\mathrm{T}} \cdot \mathbf{F}^{(\beta)}\left(\mathbf{x}_m, t_{m\mp}\right) = 0; \\
&\mathbf{n}_{\partial\Omega_{\alpha\beta}}^{\mathrm{T}} \cdot D\mathbf{F}^{(\beta)}\left(\mathbf{x}_m, t_{m\mp}\right) > 0, \quad \mathbf{n}_{\partial\Omega_{\alpha\beta}} \to \Omega_\beta, \\
&\mathbf{n}_{\partial\Omega_{\alpha\beta}}^{\mathrm{T}} \cdot D\mathbf{F}^{(\beta)}\left(\mathbf{x}_m, t_{m\mp}\right) < 0, \quad \mathbf{n}_{\partial\Omega_{\alpha\beta}} \to \Omega_\alpha.
\end{aligned} \tag{2.161}
$$

根据方程 (2.160) 和 (2.161), 滑模运动与可穿越运动之间的切换条件归纳为

$$
\begin{aligned}
&\left[\mathbf{n}_{\partial\Omega_{\alpha\beta}}^{\mathrm{T}} \cdot \mathbf{F}^{(\alpha)}\left(\mathbf{x}_m, t_{m-}\right)\right] \times \left[\mathbf{n}_{\partial\Omega_{\alpha\beta}}^{\mathrm{T}} \cdot \mathbf{F}^{(\beta)}\left(\mathbf{x}_m, t_{m\pm}\right)\right] = 0. \\
&\mathbf{n}_{\partial\Omega_{\alpha\beta}}^{\mathrm{T}} \cdot D\mathbf{F}^{(\beta)}\left(\mathbf{x}_m, t_{m\pm}\right) > 0, \quad \mathbf{n}_{\partial\Omega_{\alpha\beta}} \to \Omega_\beta, \\
&\mathbf{n}_{\partial\Omega_{\alpha\beta}}^{\mathrm{T}} \cdot D\mathbf{F}^{(\beta)}\left(\mathbf{x}_m, t_{m\pm}\right) < 0, \quad \mathbf{n}_{\partial\Omega_{\alpha\beta}} \to \Omega_\alpha.
\end{aligned} \tag{2.162}
$$

在方程 (2.139) 中给出了边界 $\partial\Omega_{12}$ 和 $\partial\Omega_{21}$ 的法向量. 因此, 向量场与边界上的法向量的点积为

$$
\mathbf{n}_{\partial\Omega_{\alpha\beta}}^{\mathrm{T}} \cdot \mathbf{F}^{(\alpha)}(\mathbf{x}, t) = \mathbf{n}_{\partial\Omega_{\beta\alpha}}^{\mathrm{T}} \cdot \mathbf{F}^{(\alpha)}(\mathbf{x}, t) = F_\alpha(\mathbf{x}, \Omega t). \tag{2.163}
$$

其中 $F_\alpha(\mathbf{x}, \Omega t)$ 是方程 (2.154) 中振子的力. 为了详细地了解滑模运动的力特性, 在方程 (2.156) 和 (2.158) 中滑模运动和非滑模运动的条件可以重新定义为

$$
F_1\left(\mathbf{x}_m, \Omega t_{m-}\right) < 0 \text{ 和 } F_2\left(\mathbf{x}_m, \Omega t_{m-}\right) > 0, \text{ 在边界 } \widetilde{\partial\Omega}_{12} \text{ 上}; \tag{2.164}
$$

[68] 并且

$$
\begin{aligned}
&F_1\left(\mathbf{x}_m, \Omega t_{m-}\right) < 0 \text{ 和 } F_2\left(\mathbf{x}_m, \Omega t_{m+}\right) < 0, \text{ 在边界 } \overrightarrow{\partial\Omega}_{12} \text{ 上}; \\
&F_2\left(\mathbf{x}_m, \Omega t_{m-}\right) > 0 \text{ 和 } F_1\left(\mathbf{x}_m, \Omega t_{m+}\right) > 0, \text{ 在边界 } \overrightarrow{\partial\Omega}_{21} \text{ 上}.
\end{aligned} \tag{2.165}
$$

对于方程 (2.156) 中的滑模运动, 方程 (2.160) 和 (2.161) 分别给出了 $t_m = t_c$ 和 $t_m = t_f$ 时刻的切换条件

$$F_1(\mathbf{x}_m, \Omega t_{m-}) < 0, F_2(\mathbf{x}_m, \Omega t_{m\pm}) = 0 \text{ 和 } DF_2(\mathbf{x}_m, t_{m\pm}) < 0,$$

其中 $\overrightarrow{\partial\Omega}_{12} \to \widetilde{\partial\Omega}_{12}$,

$$F_2(\mathbf{x}_m, \Omega t_{m-}) > 0, F_1(\mathbf{x}_m, \Omega t_{m\pm}) = 0 \text{ 和 } DF_1(\mathbf{x}_m, t_{m\pm}) > 0,$$

其中 $\overrightarrow{\partial\Omega}_{21} \to \widetilde{\partial\Omega}_{21}$,

$$(2.166)$$

并且

$$F_1(\mathbf{x}_m, \Omega t_{m-}) < 0, F_2(\mathbf{x}_m, \Omega t_{m\mp}) = 0 \text{ 和 } DF_2(\mathbf{x}_m, t_{m\mp}) < 0, \quad \widetilde{\partial\Omega}_{12} \to \Omega_2,$$

$$F_2(\mathbf{x}_m, \Omega t_{m-}) > 0, F_1(\mathbf{x}_m, \Omega t_{m\mp}) = 0 \text{ 和 } DF_1(\mathbf{x}_m, t_{m\mp}) > 0, \quad \widetilde{\partial\Omega}_{12} \to \Omega_1.$$

$$(2.167)$$

向量场的描述和滑模运动的分类如图 2.17 所示. 在图 2.17(a) 中, 通过向量场 $\mathbf{F}^{(1)}(\mathbf{x}, t)$ 和 $\mathbf{F}^{(2)}(\mathbf{x}, t)$ 描述了滑模运动的切换条件. $F_2(t_{m-}) = 0$ 给出了沿着速度边界滑模 (或者黏合) 运动的结束条件. 然而, 滑模运动的起始点可能不是从可穿越运动边界到滑模运动边界的切换点. 当流达到边界并且满足方程 (2.164) 的条件时, 则沿着边界的滑模运动将形成. 根据方程 (2.166) 和 (2.167) 中的切换条件, 有四种可能的滑模运动 (I) — (IV), 如图 2.17(b) 所示. 在方程 (2.166) 中的切换条件是滑模运动形成的临界条件. 在特定的速度, 边界上滑模运动出现、发展和消失的切换条件依赖于振子上的总力. 由于总力是来自于弹簧或阻尼器的线性或者非线性连续力, 这样的切换条件可以应用到具有非线性、连续弹性和黏滞阻尼力的动力系统中, 并且是 C^0 不连续的.

在方程 (2.147) 中的三个基本映射取决于方程 (2.148) 中的代数表达式. 对于非滑模映射, 两个方程都是已知的. 由于在方程 (2.150) 中含有四个未知数, 故不能给出滑模运动的唯一解. 一旦给定初始状态, 滑模运动的最终状态就会被确定. 考虑两个切换状态 $(\Omega t_c, x_c, V)$ 和 $(\Omega t_f, x_f, V)$ 分别作为临界的初始条件和最终条件. 在时间区间 $[t_i, t_{i+1}] \subseteq [t_c, t_f]$ 内发生滑模运动时, 要求满足 $(\Omega t_{i+1}, x_{i+1}, V) \triangleq (\Omega t_f, x_f, V)$. 根据方程 (2.163) 和 (2.166), 当 [69] $t_i \in (t_c, t_f)$ 时, 在边界 $\widetilde{\partial\Omega}_{\alpha\beta}$ 上滑模运动的初始条件满足

$$L_{12}(t_i) = F_1(x_i, V, \Omega t_i) \times F_2(x_i, V, \Omega t_i) < 0. \tag{2.168}$$

根据方程 (2.156), 方程 (2.168) 中的 L 函数表示力乘积. 在方程 (2.162) 或者 (2.168) 中, 在临界时刻 $t_i = t_c$, 滑模运动的切换条件也给出了最初力乘积条件, 即

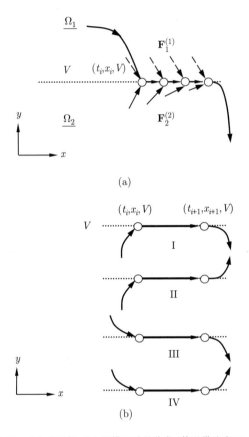

图 2.17　(a) 向量场, (b) 滑模运动的分类 (传送带速度 $V > 0$)

$$
\left.\begin{array}{l}
L_{12}\left(t_c\right) = F_1\left(x_c, V, \Omega t_c\right) \times F_2\left(x_c, V, \Omega t_c\right) = 0, \\[4pt]
DF_2\left(\mathbf{x}_c, t_{c\pm}\right) < 0, \quad \overrightarrow{\partial\Omega}_{12} \to \widetilde{\partial\Omega}_{12}, \\[4pt]
DF_1\left(\mathbf{x}_c, t_{c\pm}\right) > 0, \quad \overrightarrow{\partial\Omega}_{21} \to \widetilde{\partial\Omega}_{21}.
\end{array}\right\} \tag{2.169}
$$

[70] 如果初始条件满足方程 (2.169), 称滑模运动为临界滑模运动. 在方程 (2.161) 或者 (2.167) 中, 在 $t_{i+1} = t_f$ 时刻, 滑模运动的条件给出了最终的力乘积条件, 即

$$
L_{12}\left(t_{i+1}\right) = F_1\left(x_{i+1}, V, \Omega t_{i+1}\right) \times F_2\left(x_{i+1}, V, \Omega t_{i+1}\right) = 0.
$$
$$
DF_2\left(\mathbf{x}_{i+1}, t_{(i+1)\mp}\right) < 0, \partial\Omega_{12} \to \Omega_2
$$
$$
\text{或} \quad DF_1\left(\mathbf{x}_{i+1}, t_{(i+1)\mp}\right) > 0, \partial\Omega_{12} \to \Omega_1. \tag{2.170}
$$

根据方程 (2.170), 可以看出边界上的力乘积对摩擦振子有非常重要的意义. 当 $t_m \in \left(t_i, t_{i+1}\right)$ 时, 力乘积改变符号, 摩擦诱发振子的滑模运动将消失.

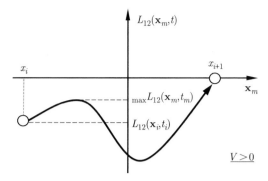

图 2.18　在给定参数条件下滑模运动的力乘积描述 (传送带速度 $V > 0$). $\max L_{12}(\mathbf{x}_m, t_m)$ 和 $L_{12}(\mathbf{x}_i, t_i)$ 分别表示局部最大值和初始力乘积. x_i 和 x_{i+1} 分别表示滑模运动起点和消失点的切换位移

因此, 需要进一步讨论滑模运动力乘积的特性. 为了更好地解释滑模运动中力的机理, 图 2.18 描述了滑模运动中力乘积的起点 $(\Omega t_i, x_i, V)$ 和终点 $(\Omega t_{i+1}, x_{i+1}, V)$, 其中传送带速度 $V > 0$, x_i 和 x_{i+1} 分别表示滑模运动起点和终点的切换位移.

根据 L 函数, 对于域 Ω_1 和 Ω_2 的力乘积局部最大值定义为

$$
\max L_{12}(t_m) = \left\{ L_{12}(\mathbf{x}_m, t_m) \left| \begin{array}{l} \forall t_m \in (t_i, t_{i+1}), \exists \mathbf{x}_m \in (\mathbf{x}_i, \mathbf{x}_{i+1}), \\ DL_{12}(\mathbf{x}, t)|_{(\mathbf{x}_m, t_m)} = 0, \\ D^2 L_{12}(\mathbf{x}, t)|_{(\mathbf{x}_m, t_m)} < 0, \end{array} \right. \right\} \tag{2.171}
$$

且力乘积的全局最大值定义为

$$
\operatorname{Gmax} L_{12}(t_k) = \max_{t_k \in (t_i, t_{i+1})} \{ L_{12}(\mathbf{x}_i, t_i), \max L_{12}(\mathbf{x}_m, t_m) \}. \tag{2.172}
$$

对于滑模运动, 运用链式法则和 $dx/dt = V$, 得到

$$
\max L_{12}(x_m) = \left\{ L_{12}(x_m) \left| \begin{array}{l} \forall x_m \in (x_i, x_{i+1}), \exists t_m = \dfrac{x_m - x_i}{V} \in [t_i, t_{i+1}], \\ \dfrac{d}{dx} L_{12}(x)|_{x=x_m} = 0, \quad \dfrac{d^2}{dx^2} L_{12}(x)|_{x=x_m} < 0, \end{array} \right. \right\} \tag{2.173}
$$

$$
\operatorname{Gmax} L_{12}(x_m) = \max_{x_m \in (x_i, x_{i+1})} \{ L_{12}(x_i), \max L_{12}(x_m) \}. \tag{2.174}
$$

当任何一个力乘积的最大值大于零时, 滑模运动都将消失. 更进一步地说, 滑模运动将裂碎, 相应的临界条件为

$$
\max L_{12}(t_k) = 0 \text{ 或 } \operatorname{Gmax} L_{12}(x_k) = 0, \quad t_k \in (t_i, t_{i+1}), \tag{2.175}
$$

上述条件为滑模裂碎的力乘积全局最大值条件.

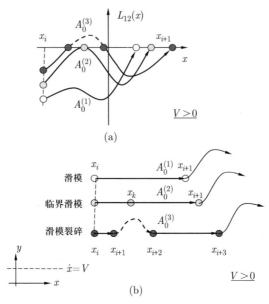

图 2.19　(a) 力乘积, (b) 在给定参数条件下的滑模运动、临界滑模运动和滑模裂碎运动 (传送带速度 $V > 0$ 并且 $A_0^{(1)} < A_0^{(2)} < A_0^{(3)}$). 边界上滑模运动从终点消失并且进入域 Ω_1 内

[71]　　　为了简单起见, 亦可称为滑模裂碎条件. 在裂碎后, 考虑两个滑模运动上的起始点到终止点分别为从 $(\Omega t_i, x_i, V)$ 到 $(\Omega t_{i+1}, x_{i+1}, V)$ 和从 $(\Omega t_{i+2}, x_{i+2}, V)$ 到 $(\Omega t_{i+3}, x_{i+3}, V)$. 当 $t_i < t_{i+1} \leqslant t_{i+2} < t_{i+3}$ 时, 根据方程 (2.159), 两个裂碎运动之间的非滑模运动的条件为

$$L_{12}(t_m) > 0, \quad t_m \in (t_{i+1}, t_{i+2}). \tag{2.176}$$

滑模运动裂碎的逆过程是两个相邻滑模运动的汇合. 如果两个滑模运动汇合到一起, 那么在两个滑模运动的交点处, 方程 (2.175) 中力乘积达到全局最大值. 若观察两个滑模运动的力乘积的变化, 可以发现力乘积的峰值与方程 (2.176) 相似. 在两个滑模运动汇合之前, 考虑裂碎的滑模运动, 且 $(\Omega t_{i+1}, x_{i+1}, V) \neq (\Omega t_{i+2}, x_{i+2}, V)$. 将式 (2.170) 和 (2.171) 中的定义扩展到滑模运动的起点和终点, 两个相邻滑模运动的汇合条件为

$$
\begin{aligned}
&{}_{\max}L_{12}(t_k) = 0 \text{ 或 } {}_{G\max}L_{12}(x_k) = 0, \quad k \in \{i+1, i+2\}, \\
&(\Omega t_{i+1}, x_{i+1}, V) = (\Omega t_{i+2}, x_{i+2}, V).
\end{aligned}
\tag{2.177}
$$

　　　为了解释上述裂碎及滑模运动汇合的条件, 图 2.19 描述了滑模运动的力乘积特征及其相平面. 根据给定速度参数 $V > 0$ 以及激励幅值的大小 $A_0^{(1)} < A_0^{(2)} < A_0^{(3)}$, 图中展示了滑模运动、临界滑模运动以及滑模裂碎运动. 滑模运动从边界消失进入域 Ω_1 内, 位移 x_i 和 x_{i+1} 分别表示滑模运动开始和消失的

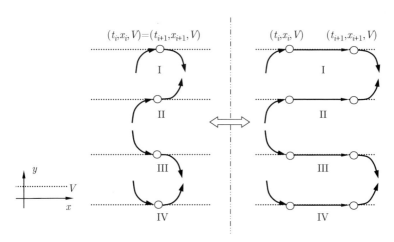

图 2.20　滑模运动的四个起点和相平面中相应的滑模运动 (传送带速度 $V > 0$)

切换点. 点 $x_k \in (x_i, x_{i+1})$ 表示滑模运动裂碎或者汇合的临界点. 在裂碎之后 (或者汇合之前), 临界点 x_k 裂碎成两个新点 x_{i+1} 和 x_{i+2}. 然而, 在裂碎 (或者汇合) 之后, x_{i+1} (或者 x_{i+3}) 将会转变成 x_{i+3} (或者 x_{i+1}). 假设力乘积的 [72] 峰值随着激励幅值增加而增加, 那么从滑模运动变成滑模裂碎运动时, 幅值变化为 $A_0^{(1)} \xrightarrow{\text{增加}} A_0^{(3)}$. 虚线和细实线代表非滑模运动. 很明显, 如方程 (2.176) 所示, 对于滑模裂碎中的非滑模部分, 在 $t_m \in U_n = \left(t_j^n, t_{j+1}^n\right) \subset (t_i, t_{i+1})$ 时刻, 需要满足条件 $L_{12}(t_m) > 0$, 其中 $L_{12}(t_k) = 0, t_k = \{t_j^n, t_{j+1}^n\}$. 然而, 对于滑模部分, 当 $t \in (t_i, t_{i+1}) \setminus \cup_n U_n$ 时, 力乘积保持 $L_{12}(t) < 0$. 否则, 假设两个滑模运动在潜在汇合点的力乘积峰值, 随着激励幅值的下降而下降, 那么当幅值 $A_0^{(1)} \xrightarrow{\text{降低}} A_0^{(3)}$ 时, 可以观察到两个滑模运动的汇合. 不论滑模运动的汇合或者裂碎发生在哪里, 原来的滑模运动都将被破坏. 因此, 滑模运动的裂碎和汇合条件统称为滑模运动的消失条件.

考虑在非零度量边界 $\widetilde{\partial\Omega}_{\alpha\beta}$ 上的滑模运动, 起点和终点分别为 $(\Omega t_i, x_i, V)$ 和 $(\Omega t_{i+1}, x_{i+1}, V)$. 定义 $\delta = \sqrt{\delta_{x_i}^2 + \delta_{t_i}^2}$, $\delta_{x_i} = x_{i+1} - x_i$ 和 $\delta_{t_i} = \Omega t_{i+1} - \Omega t_i \geqslant 0$. 当 $\delta \to 0$ 时, 假设起点和终点满足力乘积的初始和最终条件, 那么力乘积条件定义为滑模运动的出现条件:

$$
\begin{aligned}
L_{12}(t_m) &= 0, \quad m \in \{i, i+1\}, \\
(\Omega t_{i+1}, x_{i+1}, V) &= \lim_{\delta \to 0}(\Omega t_i + \delta_{t_i}, x_i + \delta_{x_i}, V).
\end{aligned}
\tag{2.178}
$$

上述条件也可称为力乘积的出现条件.

根据方程 (2.166) 和 (2.167), 出现的条件有四种可能, 如图 2.20 所示. 四种情况分别为: $F_2(t_i) = F_2(t_{i+1}) = 0$ (情况 I), $F_2(t_i) = F_1(t_{i+1}) = 0$ (情况 II), $F_1(t_i) = F_2(t_{i+1}) = 0$ (情况 III) 和 $F_1(t_i) = F_1(t_{i+1}) = 0$ (情况 IV). 当

$\delta \neq 0$ 时, 存在四种滑模运动. 情况 I 和 IV 的滑模运动出现条件与擦边运动条件相同.

詳细的讨论参见文献 Luo 和 Gegg [2006c]. 滑模运动的两个出现点也可为擦边运动的出现点. 基于情况 II 和 III, 其他出现条件是滑模运动的拐点. 在这一部分, 给出了沿着速度边界滑模运动出现、形成和消失的力乘积判据. 这样的判据可以适用于非线性连续弹簧、黏性阻尼器组成的振子, 并且含有 C^0 不连续的非线性摩擦力的情况. 图 2.21 描述了滑模运动的数值仿真.

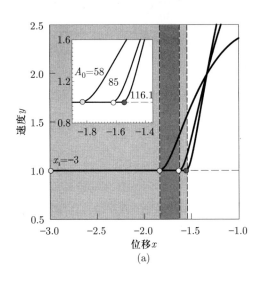

(a)

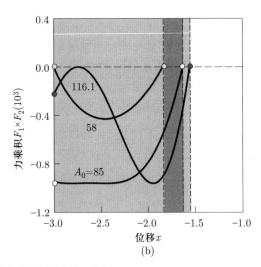

(b)

图 2.21　滑模运动从边界上消失并且进入域 Ω_1 ($A_0 = 58.0, 85.0, 116.1$): (a) 相平面, (b) 力乘积与位移, (c) 速度的时间历程, (d) 力乘积的时间历程. ($V = 1, \Omega = 1, d_1 = 1, d_2 = 0, b_1 = -b_2 = 30, c_1 = c_2 = 30, x_i = -3, \Omega t_i = \pi$)

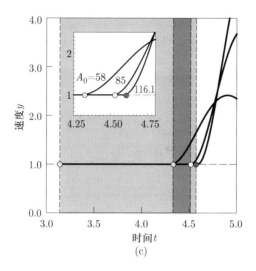

(c)

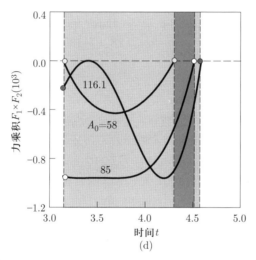

(d)

图 2.21 (续) 滑模运动从边界上消失并且进入域 Ω_1 ($A_0 = 58.0, 85.0, 116.1$): (a) 相平面, (b) 力乘积与位移, (c) 速度的时间历程, (d) 力乘积的时间历程. ($V = 1, \Omega = 1, d_1 = 1, d_2 = 0, b_1 = -b_2 = 30, c_1 = c_2 = 30, x_i = -3, \Omega t_i = \pi$)

选取参数 $V = 1, \Omega = 1, d_1 = 1, d_2 = 0, b_1 = -b_2 = 30, c_1 = c_2 = 30$, 初 [76] 始条件为 $x_i = -3, y_i = 1$ 和 $\Omega t_i = \pi$. 当激励幅值为 $A_0 = \{58.0, 85.0, 116.1\}$ 时, 相应的滑模运动的轨迹如图 2.21(a) 所示. 图 2.21(b) 描述了滑模运动力 的乘积与位移的关系, 可以看出滑模运动满足 $F_1 \times F_2 \leqslant 0$. 当 $A_0 = 58.0$ 时, 初始力乘积为零, 这意味着 $A_{0\min} \approx 58.0$. 如果 $A_0 < A_{0\min}$, 不能观察到滑模 运动. 当 $A_0 \approx 116.1$ 时, 力乘积最大值与零线相切, 则说明 $A_{0\max} \approx 116.1$ 是

存在滑模运动时幅值的最大值. 如果 $A_0 > A_{0\,\max}$, 滑模运动将被裂碎成两部分. 因此, 在上述参数条件下, 当激励幅值为 $A_{0\,\min} \leqslant A_0 \leqslant A_{0\,\max}$ 时, 滑模运动从起点 $(x_i, y_i, \Omega t_i) = (-3, 1, \pi)$ 开始一直存在. 此外, 在图 2.21(c) 和 (d) 分别描述了速度和力乘积的时间历程. 有趣的是, 力乘积和位移的关系曲线与力乘积的时间历程相似. 对于传送带的速度为非零常数的情况, 方程 (2.171) 和 (2.173) 中定义的等效性通过数值仿真得到了证实.

参 考 文 献

Luo, A.C.J., 2005, A theory for non-smooth dynamic systems on the connectable domains, *Communications in Nonlinear Science and Numerical Simulation*, **10**, 1–55.

Luo, A.C.J., 2006, *Singularity and Dynamics on Discontinuous Vector Fields*, Amsterdam: Elsevier.

Luo, A.C.J. and Gegg, B.C., 2006a, On the mechanism of stick and non-stick, periodic motions in a forced linear oscillator including dry friction, *ASME Journal of Vibration and Acoustics*, **128**, 97–105.

Luo, A.C.J. and Gegg, B.C., 2006b, Stick and non-stick, periodic motions of a periodically forced, linear oscillator with dry friction, *Journal of Sound and Vibration*, **291**, 132–168.

Luo, A.C.J. and Gegg, B.C., 2006c, Grazing phenomena in a periodically forced, friction-induced, linear oscillator, *Communications in Nonlinear Science and Numerical Simulation*, **11**, 777–802.

Luo, A.C.J. and Gegg, B.C., 2007, An analytical prediction of sliding motions along discontinuous boundary in non-smooth dynamical systems, *Nonlinear Dynamics*, **49**, 401–424.

第三章　奇异性与流的穿越性

本章将讨论不连续动力系统中流在特定边界上的可穿越性理论. 引入实流与虚流的概念, 基于 G-函数, 描述不连续动力系统中流在边界上可穿越性理论, 并讨论流从一个域到相邻域的穿越. 利用实流与虚流的概念, 详细介绍边界上出现的汇流、半汇流、源流与半源流. 在不连续动力系统中, 流能穿越边界或不能穿越边界都是可能的. 因此, 本章将介绍所有的可穿越流与不可穿越流之间的切换分岔. 为了更好地理解流的穿越概念, 本章将讨论一个具有抛物线边界的不连续动力系统作为例证.

3.1　实流与虚流

考虑一个定义在域 $\mho \subset \mathscr{R}^n$ 上的 n 维动力系统, 并且该系统由 N 个子系统组成 (参见文献 Luo (2005a, b; 2006)). 整个区域被划分成 N 个可接近的子域 $\Omega_i(i \in I, I = \{1, 2, \cdots, N\})$, 所有可接近子域的集合可以描述为 $\cup_{i \in I} \Omega_i$, 那么整个域描述为 $\mho = \cup_{i \in I} \Omega_i \cup \Omega_0$, 如图 2.1 所示. Ω_0 表示不可接近域. 对于一个可接近域 Ω_i, 其向量场定义为 $\mathbf{F}^{(i)}(\mathbf{x}_i^{(i)}, t, \mathbf{p}_i)$. 方程 (2.1) 中的动力系统刚好满足上述条件, 那么该系统中对应的流称为可接近域 Ω_i 中的实流, 定义如下:

定义 3.1　在第 i 个开子域 Ω_i 内, C^{r_i+1} 连续流 $\mathbf{x}_i^{(i)}(t) = \mathbf{\Phi}^{(i)}(\mathbf{x}_i^{(i)}(t_0), t, \mathbf{p}_i)$ 称为实流, 并由域 Ω_i 内一个如下的 C^{r_i} 连续系统 $(r_i \geqslant 1)$ 决定,

$$\dot{\mathbf{x}}_i^{(i)} = \mathbf{F}^{(i)}(\mathbf{x}_i^{(i)}, t, \mathbf{p}_i) \in \mathscr{R}^n, \quad \mathbf{x}_i^{(i)} = (x_{i1}^{(i)}, x_{i2}^{(i)}, \cdots, x_{in}^{(i)})^{\mathrm{T}} \in \Omega_i, \quad (3.1)$$

其中初始条件为

$$\mathbf{x}_i^{(i)}(t_0) = \mathbf{\Phi}^{(i)}(\mathbf{x}_i^{(i)}(t_0), t_0, \mathbf{p}_i). \tag{3.2}$$

在定义 3.1 中, t 为时间, x 为状态向量且 $\dot{\mathbf{x}}_i^{(i)} = d\mathbf{x}_i^{(i)}/dt$. 在域 Ω_i 内, 向量场为 $\mathbf{F}^{(i)}(\mathbf{x}_i^{(i)}, t, \mathbf{p}_i) \equiv \mathbf{F}_i^{(i)}(t)$, 且参数向量 $\mathbf{p}_i = (p_i^{(1)}, p_i^{(2)}, \cdots, p_i^{(l)})^{\mathrm{T}} \in \mathscr{R}^l$ 是 C^{r_i} 连续的 $(r_i \geqslant 1)$. $\mathbf{\Phi}^{(i)}(\mathbf{x}_i^{(i)}(t), t_0, \mathbf{p}_i) \equiv \mathbf{\Phi}_i^{(i)}(t)$, 其中 $\mathbf{x}_i^{(i)}(t)$ 是指在第 i 个域 Ω_i 内的流, 且由域 Ω_i 中的动力系统所确定. 域 Ω_i 内的实流 $\mathbf{x}_i^{(i)}(t)$ 由定义在域 Ω_i 内的动力系统所确定. 然而, 域 Ω_i 内另一流 $\mathbf{x}_i^{(j)}(t)$ 是由定义在第 j 个域 Ω_j 内的动力系统所确定, 有趣的是: 在域 Ω_i 内, 如果实流 $\mathbf{\Phi}_j^{(j)}(t)$ 中不存在虚流 $\mathbf{\Phi}_i^{(j)}(t)$, 那么其被称为实流 $\mathbf{\Phi}_j^{(j)}(t)$ 的不可延伸域; 反之, 称为可延伸域. 定义如下:

定义 3.2　假设域 Ω_j 内实流 $\mathbf{\Phi}_j^{(j)}(t)$ 的向量场为 $\mathbf{F}^{(j)}(\mathbf{x}_j^{(j)}, t, \mathbf{p}_j)$, 如果域 Ω_j 内的向量场 $\mathbf{F}^{(j)}(\mathbf{x}_j^{(j)}, t, \mathbf{p}_j)$ 不能在域 Ω_i 内定义 (即 $\mathbf{F}^{(j)}(\mathbf{x}_i^{(j)}, t, \mathbf{p}_j)$), 那么实流 $\mathbf{\Phi}_j^{(j)}(t)$ 在域 Ω_i 内不可延伸. 此时, 域 Ω_i 被称为实流 $\mathbf{\Phi}_{ij}^{(j)}(t)$ 的不可延伸域.

定义 3.3　假设域 Ω_j 内实流 $\mathbf{\Phi}_j^{(j)}(t)$ 的向量场为 $\mathbf{F}^{(j)}(\mathbf{x}_j^{(j)}, t, \mathbf{p}_j)$, 如果域 Ω_j 内的向量场 $\mathbf{F}^{(j)}(\mathbf{x}_j^{(j)}, t, \mathbf{p}_j)$ 可以在域 Ω_i 内定义 (例如, $\mathbf{F}^{(j)}(\mathbf{x}_i^{(j)}, t, \mathbf{p}_j)$), 那么实流 $\mathbf{\Phi}_j^{(j)}(t)$ 在域 Ω_i 内可以延伸. 此时, 域 Ω_i 被称为实流 $\mathbf{\Phi}_{ij}^{(j)}(t)$ 的可延伸域.

类似于 Luo (2005a, b), 对于方程 (3.1) 中的不连续动力系统, 有下列假设条件:

H3.1: 两个相邻子系统之间流切换的时间连续.

H3.2: 对于一个无界的可接近域 Ω_i, 存在一个开域 $D_i \subset \Omega_i$, 在域 D_i 内其相应的向量场和流是有界的, 即

$$\|\mathbf{F}_i^{(i)}\| \leqslant K_1 \ (\text{常数}) \ \text{和} \ \|\mathbf{\Phi}_i^{(i)}\| \leqslant K_2 \ (\text{常数}), \ \text{在域} \ D_i\text{内}, t \in [0, \infty). \tag{3.3}$$

H3.3: 对于一个有界的可接近域 Ω_i, 存在一个开域 $D_i \subseteq \Omega_i$, 其相应的向量场在域 D_i 上是有界的, 但是相应的流可能是无界的, 即

$$\|\mathbf{F}_i^{(i)}\| \leqslant K_1 \ (\text{常数}) \ \text{和} \ \|\mathbf{\Phi}_i^{(i)}\| < \infty, \ \text{在域} \ D_i \ \text{内}, t \in [0, \infty). \tag{3.4}$$

H3.4: 域 Ω_i 内的实流 $\mathbf{\Phi}_i^{(i)}(t)$ 和向量场 $\mathbf{F}_i^{(i)}$ 可通过边界 $\partial\Omega_{ij}$ 延伸到邻域 Ω_j 内.

正如之前所述, 域 Ω_i 内流 $\mathbf{x}_i^{(j)}$ 是由定义在第 j 个子域 Ω_j 的一个动力系统控制的. 因为这种流不由自身域内的动力系统所确定, 所以被称作虚流. 为

[79]

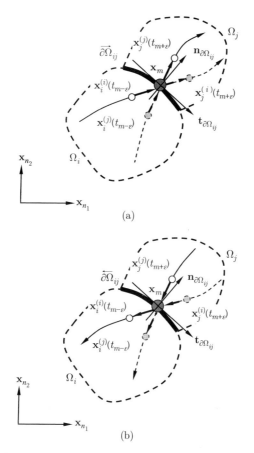

图 3.1 边界 $\partial\Omega_{ij}$ 邻域内的实流与虚流: (a) 从 Ω_i 到 Ω_j, (b) 从 Ω_j 到 Ω_i. $\mathbf{x}_m$ 为 t_m 时刻边界上的点, 实流与虚流分别用实线和虚线表示

了更加深刻地理解不连续动力系统的动力学特性, 在这里有必要再介绍一下虚流. 若第 i 个域 Ω_i 内的第 j 个虚流, 是由定义在第 j 个子域 Ω_j 中的动力系统所控制的, 那么这两个子域既可以相邻也可以不相邻. 因此, 虚流的数学定义为:

定义 3.4　在第 i 个开子域 Ω_i 内, 如果流 $\mathbf{x}_i^{(j)}(t)$ 由第 j 个开子域 Ω_j 内的 C^{r_j} 连续的向量场确定, 那么 $C^{r_j+1}(r_j \geqslant 1)$ 的连续流 $\mathbf{x}_i^{(j)}(t)$ 被称为第 i 个开子域 Ω_i 内的虚流, 即

$$\dot{\mathbf{x}}_i^{(j)} = \mathbf{F}^{(j)}(\mathbf{x}_i^{(j)}, t, \mathbf{p}_j) \in \mathscr{R}^n, \mathbf{x}_i^{(j)} = (x_{i1}^{(j)}, x_{i2}^{(j)}, \cdots, x_{in}^{(j)})^{\mathrm{T}} \in \Omega_i, \quad (3.5)$$

且初始条件为

$$\mathbf{x}_i^{(j)}(t_0) = \mathbf{\Phi}^{(j)}(\mathbf{x}_i^{(j)}(t_0), t_0, \mathbf{p}_j). \quad (3.6)$$

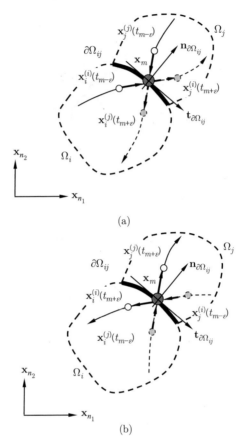

图 3.2　边界 $\partial\Omega_{ij}$ 邻域内的实流与虚流: (a) 汇流, (b) 源流. $\mathbf{x}_m$ 为 t_m 时刻边界上的点, 实流与虚流分别用实线与虚线表示

对于虚流 $\boldsymbol{\Phi}_i^{(j)}(t)$ 及其向量场 $\mathbf{F}_i^{(j)}$, 没有必要满足域 Ω_i 中的假设条件 H3.1—H3.4. 然而, 如果它们是域 Ω_j 内实流及其向量场的延伸, 那么该虚流及其向量场在边界附近应该满足上述假设.

　　两个相邻子域内的实流及虚流分别如图 3.1 和图 3.2 所示, 图中描绘了半穿越流、边界上的汇流和源流. 在 t_m 时刻, $\mathbf{x}_m \in \partial\Omega_{ij}$ 且 $\mathbf{x}_\alpha^{(\alpha)}(t_m) = \mathbf{x}_m = \mathbf{x}_\beta^{(\alpha)}(t_m)$, 其中 $\alpha,\beta = i,j$ 且 $\alpha \neq \beta$. 实线和虚线分别表示实流 $\mathbf{x}_\alpha^{(\alpha)}(t)$ 与虚流 $\mathbf{x}_\alpha^{(\beta)}(t)$. 在 $\mathbf{x}_m \in \partial\Omega_{ij}$ 邻域内, 对于任意小的 $\varepsilon > 0, \mathbf{x}_\alpha^{(\alpha)}(t_{m\pm\varepsilon})$ 和 $\mathbf{x}_\alpha^{(\beta)}(t_{m\pm\varepsilon})$ 分别为 $t_{m\pm\varepsilon} = t_m \pm \varepsilon$ 时的实流与虚流. 当 $\varepsilon \to 0$ 时, $\mathbf{x}_\alpha^{(\alpha)}(t_{m\pm\varepsilon})$ 与 $\mathbf{x}_\alpha^{(\beta)}(t_{m\pm\varepsilon})$ 无限接近于点 $\mathbf{x}_m$ (即 $\mathbf{x}_\alpha^{(\alpha)}(t_{m\pm\varepsilon}) \to \mathbf{x}_m$ 和 $\mathbf{x}_\alpha^{(\beta)}(t_{m\pm\varepsilon}) \to \mathbf{x}_m$).

　　根据以上定义, 在两个子域 Ω_i, Ω_j 内以及边界 $\partial\Omega_{ij}$ 上, $\mathbf{x}_\alpha^{(\alpha)}(t) \cup \mathbf{x}_\beta^{(\alpha)}(t)$ 形成了一个连续流. 引入虚流及其向量场的概念后, 连续动力系统的理论同样

适用于研究其动力学行为. 随着时间或者参数的变化, 特定边界上的实流和虚流就会发生切换. 本章中将介绍奇异性与流的可穿越性理论. 在第二章中, 由于没有引入虚流和奇异性的概念, 所以只介绍了流穿越的三种基本形式. 虚流在边界上的穿越问题与第二章中介绍的实流穿越问题的描述是完全类似的. 对于实流和虚流而言, 在方程 (2.4) 中的边界是相同的. 在边界 $\partial\Omega_{ij}$ 上, 约束 [82] 函数为 $\varphi_{ij}(\mathbf{x}, t, \boldsymbol{\lambda}) = 0$, 其动力系统如方程 (2.5), 即

$$\dot{\mathbf{x}}^{(0)} = \mathbf{F}^{(0)}(\mathbf{x}^{(0)}, t, \boldsymbol{\lambda}) \text{ 且 } \varphi_{ij}(\mathbf{x}^{(0)}, t, \boldsymbol{\lambda}) = 0, \tag{3.7}$$

其中 $\mathbf{x}^{(0)} = (x_1^{(0)}, x_2^{(0)}, \cdots, x_n^{(0)})^{\mathrm{T}}$. 流 $\mathbf{x}^{(0)}(t) = \boldsymbol{\Phi}^{(0)}(\mathbf{x}^{(0)}(t_0), t, \boldsymbol{\lambda})$ 是 C^{r_0+1} 连续的, 初始条件为 $\mathbf{x}^{(0)}(t_0) = \boldsymbol{\Phi}^{(0)}(\mathbf{x}^{(0)}(t_0), t_0, \boldsymbol{\lambda})$.

3.2 *G*-函数与向量场分解

在讨论不连续动力系统中特定边界上的流穿越理论之前, 首先引入 *G*-函数的概念, 便于度量不连续动力系统在边界法向量上的动力学行为. 与定义实流的 *G*-函数类似, 同样 *G*-函数也适用于虚流. 为了简单起见, 考虑两个无限小的时间区间 $[t - \varepsilon, t)$ 和 $(t, t + \varepsilon]$, 在域 $\Omega_\alpha(\alpha = i, j)$ 内和边界 $\partial\Omega_{ij}$ 上存在两个流, 其分别由方程 (2.1) 和 (2.5) 确定. 根据 Luo (2008a, b) 的定义, 在三个不同时刻, 两个流的向量差分别为 $\mathbf{x}_{t-\varepsilon}^{(\alpha)} - \mathbf{x}_{t-\varepsilon}^{(0)}$, $\mathbf{x}_t^{(\alpha)} - \mathbf{x}_t^{(0)}$ 和 $\mathbf{x}_{t+\varepsilon}^{(\alpha)} - \mathbf{x}_{t+\varepsilon}^{(0)}$. 相应于流 $\mathbf{x}^{(0)}(t)$, 边界的法向量分别为 $^{t-\varepsilon}\mathbf{n}_{\partial\Omega_{ij}}$, $^t\mathbf{n}_{\partial\Omega_{ij}}$ 和 $^{t+\varepsilon}\mathbf{n}_{\partial\Omega_{ij}}$, 切向量分别为 $^{t-\varepsilon}\mathbf{t}_{\partial\Omega_{ij}}$, $^t\mathbf{t}_{\partial\Omega_{ij}}$ 和 $^{t+\varepsilon}\mathbf{t}_{\partial\Omega_{ij}}$. 根据边界 $\partial\Omega_{ij}$ 的法向量, 两个域流和边界流的位移向量差与法向量的点积为

$$\begin{aligned}
d_{t-\varepsilon}^{(\alpha)} &= {}^{t-\varepsilon}\mathbf{n}_{\partial\Omega_{ij}}^{\mathrm{T}} \cdot (\mathbf{x}_{t-\varepsilon}^{(\alpha)} - \mathbf{x}_{t-\varepsilon}^{(0)}), \\
d_t^{(\alpha)} &= {}^t\mathbf{n}_{\partial\Omega_{ij}}^{\mathrm{T}} \cdot (\mathbf{x}_t^{(\alpha)} - \mathbf{x}_t^{(0)}), \\
d_{t+\varepsilon}^{(\alpha)} &= {}^{t+\varepsilon}\mathbf{n}_{\partial\Omega_{ij}}^{\mathrm{T}} \cdot (\mathbf{x}_{t+\varepsilon}^{(\alpha)} - \mathbf{x}_{t+\varepsilon}^{(0)}),
\end{aligned} \tag{3.8}$$

其中在边界 $\partial\Omega_{ij}$ 上, 点 $\mathbf{x}^{(0)}(t)$ 处的法向量为

$$\begin{aligned}
{}^t\mathbf{n}_{\partial\Omega_{ij}} &\equiv \mathbf{n}_{\partial\Omega_{ij}}(\mathbf{x}^{(0)}, t, \boldsymbol{\lambda}) = \nabla\varphi_{ij}(\mathbf{x}^{(0)}, t, \boldsymbol{\lambda}) \\
&= (\frac{\partial\varphi_{ij}}{\partial x_1^{(0)}}, \frac{\partial\varphi_{ij}}{\partial x_2^{(0)}}, \cdots, \frac{\partial\varphi_{ij}}{\partial x_n^{(0)}})^{\mathrm{T}}.
\end{aligned} \tag{3.9}$$

在时刻 t, 法线方向分量是两个流在边界面法线方向上两个投影点之间距离. [83]

定义 3.5 对于方程 (2.1) 中的不连续动力系统, 假设在域 $\Omega_\alpha(\alpha \in \{i, j\})$ 内, 流为 $\mathbf{x}^{(\alpha)}(t) = \boldsymbol{\Phi}(t_0, \mathbf{x}_0^{(\alpha)}, \mathbf{p}_\alpha, t)$, 且初始条件为 $(t_0, \mathbf{x}_0^{(\alpha)})$. 在边界 $\partial\Omega_{ij}$ 上, 有光滑流 $\mathbf{x}^{(0)}(t) = \boldsymbol{\Phi}(t_0, \mathbf{x}_0^{(0)}, \boldsymbol{\lambda}, t)$, 初始条件为 $(t_0, \mathbf{x}_0^{(0)})$. 对于任意小的

$\varepsilon > 0$, 存在两个时间区间 $[t - \varepsilon, t)$ 或 $(t, t + \varepsilon]$, 域流 $\mathbf{x}^{(\alpha)}$ 对于边界流 $\mathbf{x}^{(0)}$ 在边界 $\partial\Omega_{ij}$ 法线方向上的 G-函数 $G^{(\alpha)}_{\partial\Omega_{ij}}$ 定义为

$$
\begin{aligned}
& G^{(\alpha)}_{\partial\Omega_{ij}}(\mathbf{x}^{(0)}_t, t_-, \mathbf{x}^{(\alpha)}_{t_-}, \mathbf{p}_\alpha, \boldsymbol{\lambda}) \\
& = \lim_{\varepsilon \to 0} \frac{1}{\varepsilon} [{}^t\mathbf{n}^{\mathrm{T}}_{\partial\Omega_{ij}} \cdot (\mathbf{x}^{(\alpha)}_{t_-} - \mathbf{x}^{(0)}_t) - {}^{t-\varepsilon}\mathbf{n}^{\mathrm{T}}_{\partial\Omega_{ij}} \cdot (\mathbf{x}^{(\alpha)}_{t-\varepsilon} - \mathbf{x}^{(0)}_{t-\varepsilon})], \\
& G^{(\alpha)}_{\partial\Omega_{ij}}(\mathbf{x}^{(0)}_t, t_+, \mathbf{x}^{(\alpha)}_{t_+}, \mathbf{p}_\alpha, \boldsymbol{\lambda}) \\
& = \lim_{\varepsilon \to 0} \frac{1}{\varepsilon} [{}^{t+\varepsilon}\mathbf{n}^{\mathrm{T}}_{\partial\Omega_{ij}} \cdot (\mathbf{x}^{(\alpha)}_{t+\varepsilon} - \mathbf{x}^{(0)}_{t+\varepsilon}) - {}^t\mathbf{n}^{\mathrm{T}}_{\partial\Omega_{ij}} \cdot (\mathbf{x}^{(\alpha)}_{t_+} - \mathbf{x}^{(0)}_t)].
\end{aligned}
\tag{3.10}
$$

由于域流 $\mathbf{x}^{(\alpha)}_{t_\pm}$ 和边界流 $\mathbf{x}^{(0)}_t$ 分别是方程 (2.1) 和 (2.5) 的解, 且导数存在. 因此, 运用泰勒级数对方程 (3.10) 进行展开, 变为

$$
\begin{aligned}
& G^{(\alpha)}_{\partial\Omega_{ij}}(\mathbf{x}^{(0)}_t, t_{t\pm}, \mathbf{x}^{(\alpha)}_{t\pm}, \mathbf{p}_\alpha, \boldsymbol{\lambda}) \\
& = D_0\, {}^t\mathbf{n}^{\mathrm{T}}_{\partial\Omega_{ij}} \cdot (\mathbf{x}^{(\alpha)}_{t\pm} - \mathbf{x}^{(0)}_t) + {}^t\mathbf{n}^{\mathrm{T}}_{\partial\Omega_{ij}} \cdot (\dot{\mathbf{x}}^{(\alpha)}_{t\pm} - \dot{\mathbf{x}}^{(0)}_t),
\end{aligned}
\tag{3.11}
$$

其中全导数定义为

$$
D_0(\cdot) \equiv \frac{\partial(\cdot)}{\partial\mathbf{x}^{(0)}}\dot{\mathbf{x}}^{(0)} + \frac{\partial(\cdot)}{\partial t} \text{ 和 } D_\alpha(\cdot) \equiv \frac{\partial(\cdot)}{\partial\mathbf{x}^{(\alpha)}}\dot{\mathbf{x}}^{(\alpha)} + \frac{\partial(\cdot)}{\partial t}.
\tag{3.12}
$$

将方程 (2.1) 和 (2.5) 代入方程 (3.11) 中, 则 G-函数变为

$$
\begin{aligned}
& G^{(\alpha)}_{\partial\Omega_{ij}}(\mathbf{x}^{(0)}_t, t_\pm, \mathbf{x}^{(\alpha)}_{t\pm}, \mathbf{p}_\alpha, \boldsymbol{\lambda}) \\
& = D_0\, {}^t\mathbf{n}^{\mathrm{T}}_{\partial\Omega_{ij}} \cdot (\mathbf{x}^{(\alpha)}_{t\pm} - \mathbf{x}^{(0)}_t) + {}^t\mathbf{n}^{\mathrm{T}}_{\partial\Omega_{ij}} \cdot [\mathbf{F}^{(\alpha)}(\mathbf{x}^{(\alpha)}_{t\pm}, t_\pm, \mathbf{p}_\alpha) - \mathbf{F}^{(0)}(\mathbf{x}^{(0)}_t, t, \boldsymbol{\lambda})].
\end{aligned}
\tag{3.13}
$$

假设流 $\mathbf{x}^{(\alpha)}(t)$ 在 t_m 时刻接触边界, 即 $\mathbf{x}^{(\alpha)}_m = \mathbf{x}^{(0)}_m$. 由于流 $\mathbf{x}^{(\alpha)}(t)$ 零阶接触了其分离边界, 即 $\mathbf{x}^{(\alpha)}(t_{m\pm}) = \mathbf{x}_m = \mathbf{x}^{(0)}(t_m)$, 所以相应的零阶 G-函数定义为

[84]
$$
\begin{aligned}
& G^{(\alpha)}_{\partial\Omega_{ij}}(\mathbf{x}_m, t_{m\pm}, \mathbf{p}_\alpha, \boldsymbol{\lambda}) \\
& \equiv \mathbf{n}^{\mathrm{T}}_{\partial\Omega_{ij}}(\mathbf{x}^{(0)}, t, \boldsymbol{\lambda}) \cdot [\dot{\mathbf{x}}^{(\alpha)}(t) - \dot{\mathbf{x}}^{(0)}(t)]\big|_{(\mathbf{x}^{(0)}_m, \mathbf{x}^{(\alpha)}_{m\pm}, t_{m\pm})} \\
& = \left[\mathbf{n}^{\mathrm{T}}_{\partial\Omega_{ij}}(\mathbf{x}^{(0)}, t, \boldsymbol{\lambda}) \cdot \dot{\mathbf{x}}^{(\alpha)}(t) + \frac{\partial\varphi_{ij}(\mathbf{x}^{(0)}, t, \boldsymbol{\lambda})}{\partial t} \right]\bigg|_{(\mathbf{x}^{(0)}_m, \mathbf{x}^{(\alpha)}_{m\pm}, t_{m\pm})} \\
& = \left[\nabla\varphi_{ij}(\mathbf{x}^{(0)}, t, \boldsymbol{\lambda}) \cdot \dot{\mathbf{x}}^{(\alpha)}(t) + \frac{\partial\varphi_{ij}(\mathbf{x}^{(0)}, t, \boldsymbol{\lambda})}{\partial t} \right]\bigg|_{(\mathbf{x}^{(0)}_m, \mathbf{x}^{(\alpha)}_{m\pm}, t_{m\pm})}.
\end{aligned}
\tag{3.14}
$$

将方程 (2.1) 和 (2.5) 代入, 方程 (3.14) 变成

$$G_{\partial\Omega_{ij}}^{(\alpha)}(\mathbf{x}_m, t_{m\pm}, \mathbf{p}_\alpha, \boldsymbol{\lambda})$$

$$= \mathbf{n}_{\partial\Omega_{ij}}^{\mathrm{T}}(\mathbf{x}^{(0)}, t, \boldsymbol{\lambda}) \cdot [\mathbf{F}(\mathbf{x}^{(\alpha)}, t, \mathbf{p}_\alpha) - \mathbf{F}^{(0)}(\mathbf{x}^{(0)}, t, \boldsymbol{\lambda})]\big|_{(\mathbf{x}_m^{(0)}, \mathbf{x}_{m\pm}^{(\alpha)}, t_m\pm)}$$

$$= \left[\mathbf{n}_{\partial\Omega_{ij}}^{\mathrm{T}}(\mathbf{x}^{(0)}, t, \boldsymbol{\lambda}) \cdot \mathbf{F}(\mathbf{x}^{(\alpha)}, t, \mathbf{p}_\alpha) + \frac{\partial\varphi_{ij}(\mathbf{x}^{(0)}, t, \boldsymbol{\lambda})}{\partial t} \right]\Bigg|_{(\mathbf{x}_m^{(0)}, \mathbf{x}_{m\pm}^{(\alpha)}, t_m\pm)}$$

$$= \left[\nabla\varphi_{ij}(\mathbf{x}^{(0)}, t, \boldsymbol{\lambda}) \cdot \mathbf{F}(\mathbf{x}^{(\alpha)}, t, \mathbf{p}_\alpha) + \frac{\partial\varphi_{ij}(\mathbf{x}^{(0)}, t, \boldsymbol{\lambda})}{\partial t} \right]\Bigg|_{(\mathbf{x}_m^{(0)}, \mathbf{x}_{m\pm}^{(\alpha)}, t_m\pm)}, \quad (3.15)$$

其中 $G_{\partial\Omega_{ij}}^{(\alpha)}(\mathbf{x}_m, t_{m\pm}, \mathbf{p}_\alpha, \boldsymbol{\lambda})$ 是位移向量差与法向量 $\mathbf{n}_{\partial\Omega_{ij}}(\mathbf{x}_m, t_m, \boldsymbol{\lambda})$ 内积的时间变化率, $t_{m\pm} \equiv t_m \pm 0$ 表示其在域内而不在边界上. 假如一个不连续系统的流横跨了边界 $\partial\Omega_{ij}$, 则 $G_{\partial\Omega_{ij}}^{(i)} \neq G_{\partial\Omega_{ij}}^{(j)}$. 然而, 在无边界的情况下, 动力系统变成连续的, 故 $G_{\partial\Omega_{ij}}^{(i)} = G_{\partial\Omega_{ij}}^{(j)}$. 由于对应的虚流是边界上实流的延伸, 则实流及其相应的虚流是连续的. 因而, 边界 $\partial\Omega_{ij}$ 上实流与虚流的 G-函数是相同的.

定义 3.6 对于方程 (2.1) 中的不连续动力系统, 假设在域 $\Omega_\alpha (\alpha \in \{i, j\})$ 内, 流为 $\mathbf{x}^{(\alpha)} = \boldsymbol{\Phi}(t_0, \mathbf{x}_0^{(\alpha)}, \mathbf{p}_\alpha, t)$, 且初始条件为 $(t_0, \mathbf{x}_0^{(\alpha)})$. 在边界 $\partial\Omega_{ij}$ 上, 存在充分光滑的边界流 $\mathbf{x}^{(0)} = \boldsymbol{\Phi}(t_0, \mathbf{x}_0^{(0)}, \boldsymbol{\lambda}, t)$, 初始条件为 $(t_0, \mathbf{x}_0^{(0)})$. 对于任意小的 $\varepsilon > 0$, 在两个时间区间 $[t-\varepsilon, t)$ 或 $(t, t+\varepsilon]$ 上, 存在流 $\mathbf{x}^{(\alpha)}(\alpha \in \{i, j\})$. 对于时间 t, 向量场 $\mathbf{F}^{(\alpha)}(\mathbf{x}^{(\alpha)}, t, \mathbf{p}_\alpha)$ 与 $\mathbf{F}^{(0)}(\mathbf{x}^{(0)}, t, \boldsymbol{\lambda})$ 均是 $C_{[t-\varepsilon, t+\varepsilon]}^{r_\alpha}(r_\alpha \geqslant k)$ 连续的, 且满足 $\|d^{r_\alpha+1}\mathbf{x}_t^{(\alpha)}/dt^{r_\alpha+1}\| < \infty$ 和 $\|d^{r_\alpha+1}\mathbf{x}_t^{(0)}/dt^{r_\alpha+1}\| < \infty$. 域流 $\mathbf{x}^{(\alpha)}$ 对于边界流 $\mathbf{x}^{(0)}$, 在边界 $\partial\Omega_{ij}$ 法线方向上的第 k 阶 G-函数 $G_{\partial\Omega_{ij}}^{(\alpha)}$ 定义为

$$G_{\partial\Omega_{ij}}^{(k,\alpha)}(\mathbf{x}_t^{(0)}, t_-, \mathbf{x}_{t_-}^{(\alpha)}, \mathbf{p}_\alpha, \boldsymbol{\lambda}) \qquad [85]$$

$$= (k+1)! \lim_{\varepsilon\to 0} \frac{(-1)^{k+2}}{\varepsilon^{k+1}} [{}^t\mathbf{n}_{\partial\Omega_{ij}}^{\mathrm{T}} \cdot (\mathbf{x}_{t_-}^{(\alpha)} - \mathbf{x}_t^{(0)}) - {}^{t-\varepsilon}\mathbf{n}_{\partial\Omega_{ij}}^{\mathrm{T}} \cdot (\mathbf{x}_{t-\varepsilon}^{(\alpha)} - \mathbf{x}_{t-\varepsilon}^{(0)})$$

$$+ \sum_{s=0}^{k-1} \frac{1}{(s+1)!} G_{\partial\Omega_{ij}}^{(s,\alpha)}(\mathbf{x}_t^{(0)}, t, \mathbf{x}_{t_-}^{(\alpha)}, \mathbf{p}_\alpha, \boldsymbol{\lambda})(-\varepsilon)^{s+1}],$$

$$G_{\partial\Omega_{ij}}^{(k,\alpha)}(\mathbf{x}_t^{(0)}, t_+, \mathbf{x}_{t_-}^{(\alpha)}, \mathbf{p}_\alpha, \boldsymbol{\lambda})$$

$$= (k+1)! \lim_{\varepsilon\to 0} \frac{1}{\varepsilon^{k+1}} [{}^{t+\varepsilon}\mathbf{n}_{\partial\Omega_{ij}}^{\mathrm{T}} \cdot (\mathbf{x}_{t+\varepsilon}^{(\alpha)} - \mathbf{x}_{t+\varepsilon}^{(0)}) - {}^t\mathbf{n}_{\partial\Omega_{ij}}^{\mathrm{T}} \cdot (\mathbf{x}_{t_+}^{(\alpha)} - \mathbf{x}_t^{(0)})$$

$$- \sum_{s=0}^{k-1} \frac{1}{(s+1)!} G_{\partial\Omega_{ij}}^{(s,\alpha)}(\mathbf{x}_t^{(0)}, t, \mathbf{x}_{t_+}^{(\alpha)}, \mathbf{p}_\alpha, \boldsymbol{\lambda})\varepsilon^{s+1}]. \qquad (3.16)$$

对上述方程进行泰勒级数展开, 方程 (3.16) 变为

$$G_{\partial\Omega_{ij}}^{(k,\alpha)}(\mathbf{x}_t^{(0)}, t_\pm, \mathbf{x}_{t\pm}^{(\alpha)}, \mathbf{p}_\alpha, \boldsymbol{\lambda})$$

$$= \sum_{s=0}^{k+1} C_{k+1}^s D_0^{k+1-s} {}^t\mathbf{n}_{\partial\Omega_{ij}}^{\mathrm{T}} \cdot \left(\frac{d^s\mathbf{x}^{(\alpha)}}{dt^s} - \frac{d^s\mathbf{x}^{(0)}}{dt^s} \right)\bigg|_{(\mathbf{x}_t^{(0)}, \mathbf{x}_{t\pm}^{(\alpha)}, t_\pm)}. \tag{3.17}$$

同样, 将方程 (2.1) 和 (2.5) 代入方程 (3.16), 边界 $\partial\Omega_{ij}$ 上流 $\mathbf{x}_t^{(\alpha)}$ 的第 k 阶 G-函数可由下式计算得到

$$G_{\partial\Omega_{ij}}^{(k,\alpha)}(\mathbf{x}_t^{(0)}, t_\pm, \mathbf{x}_{t\pm}^{(\alpha)}, \mathbf{p}_\alpha, \boldsymbol{\lambda})$$

$$= \sum_{s=1}^{k+1} C_{k+1}^s D_0^{k+1-s} {}^t\mathbf{n}_{\partial\Omega_{ij}}^{\mathrm{T}} \cdot [D_\alpha^{s-1}\mathbf{F}^{(\alpha)}(\mathbf{x}^{(\alpha)}, t, \mathbf{p}_\alpha)$$

$$- D_0^{s-1}\mathbf{F}^{(0)}(\mathbf{x}^{(0)}, t, \boldsymbol{\lambda})]\big|_{(\mathbf{x}_t^{(0)}, \mathbf{x}_{t\pm}^{(\alpha)}, t_\pm)} + D_0^{k+1} {}^t\mathbf{n}_{\partial\Omega_{ij}}^{\mathrm{T}} \cdot (\mathbf{x}_{t\pm}^{(\alpha)} - \mathbf{x}_t^{(0)}), \tag{3.18}$$

其中

$$C_{k+1}^s = \frac{(k+1)!}{s!(k+1-s)!} \tag{3.19}$$

并且 $C_{k+1}^0 = 1$, $s! = 1 \times 2 \times \cdots \times s$. G-函数 $G_{\partial\Omega_{ij}}^{(k,\alpha)}$ 是 $G_{\partial\Omega_{ij}}^{(k-1,\alpha)}$ 对时间的变化率, 如果流在 t_m 时刻与边界 $\partial\Omega_{ij}$ 接触 (即 $\mathbf{x}_{m\pm}^{(\alpha)} = \mathbf{x}_m^{(0)}$), 且令边界法向量 ${}^t\mathbf{n}_{\partial\Omega_{ij}}^{\mathrm{T}} \equiv \mathbf{n}_{\partial\Omega_{ij}}^{\mathrm{T}}$, 那么 k 阶 G-函数变为

$$G_{\partial\Omega_{ij}}^{(k,\alpha)}(\mathbf{x}_m, t_{m\pm}, \mathbf{p}_\alpha, \boldsymbol{\lambda})$$

$$= \sum_{r=1}^{k+1} C_{k+1}^r D_0^{k+1-r}\mathbf{n}_{\partial\Omega_{ij}}^{\mathrm{T}} \cdot \left[\frac{d^r\mathbf{x}^{(\alpha)}}{dt^r} - \frac{d^r\mathbf{x}^{(0)}}{dt^r} \right]\bigg|_{(\mathbf{x}_m^{(0)}, \mathbf{x}_{m\pm}^{(\alpha)}, t_{m\pm})}$$

$$= \sum_{r=1}^{k+1} C_{k+1}^r D_0^{k+1-r}\mathbf{n}_{\partial\Omega_{ij}}^{\mathrm{T}} \cdot [D_\alpha^{r-1}\mathbf{F}(\mathbf{x}^{(\alpha)}, t, \mathbf{p}_\alpha) - D_0^{r-1}\mathbf{F}^{(0)}(\mathbf{x}^{(0)}, t, \boldsymbol{\lambda})]|_{(\mathbf{x}_m^{(0)}, \mathbf{x}_{m\pm}^{(\alpha)}, t_{m\pm})}.$$

$$\tag{3.20}$$

当 $k = 0$ 时, 得到下式

$$G_{\partial\Omega_{ij}}^{(k,\alpha)}(\mathbf{x}_m, t_{m\pm}, \mathbf{p}_\alpha, \boldsymbol{\lambda}) = G_{\partial\Omega_{ij}}^{(\alpha)}(\mathbf{x}_m, t_{m\pm}, \mathbf{p}_\alpha, \boldsymbol{\lambda}). \tag{3.21}$$

[86] 因此有 $\mathbf{n}_{\partial\Omega_{ij}}(\mathbf{x}^{(0)}) \equiv \mathbf{n}_{\partial\Omega_{ij}}(\mathbf{x}^{(0)}, t, \boldsymbol{\lambda})$.

　　G-函数用来度量边界上向量场对时间的变化率. 为了度量边界面的变化和确定其切换的复杂性, 需要讨论边界面上各点处切平面上的切向分量. 边界上各点的向量场都可以分解为切线方向和法线方向分量. 在边界 $\partial\Omega_{ij}$ 上,

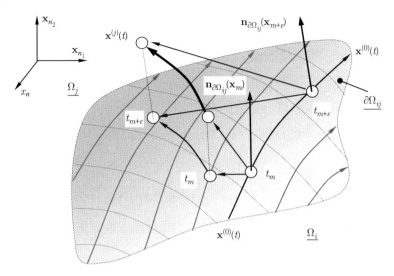

图 3.3 在时间区间 $(t_m, t_{m+\varepsilon}]$ 上, 实流 $\mathbf{x}^{(j)}(t)$ 的一个无穷小量. 向量场的切向分量被描述为边界 $\partial\Omega_{ij}$ 上 t_m 与 $t_{m+\varepsilon}$ 时刻, 参考流 $\mathbf{x}^{(0)}(t)$ 的切平面. 边界 $\partial\Omega_{ij}$ 的法向量为 $\mathbf{n}_{\partial\Omega_{ij}}(n_1 + n_2 + 1 = n)$

假设流 $\mathbf{x}^{(0)}(t)$ 上某点 $\mathbf{x}_m^{(0)}$, 在时刻 t_m 处采用法向量 $\mathbf{n}_{\partial\Omega_{ij}}(t_m)$ 来衡量流 $\mathbf{x}^{(\alpha)}(t)$. 当 $t_{m+\varepsilon} = t_m + \varepsilon$ 时, 域流 $\mathbf{x}^{(\alpha)}(t)$ 从 $\mathbf{x}^{(\alpha)}(t_m)$ 变成 $\mathbf{x}^{(\alpha)}(t_{m+\varepsilon})$, 边界流 $\mathbf{x}^{(0)}(t)$ 从 $\mathbf{x}^{(0)}(t_m)$ 变成 $\mathbf{x}^{(0)}(t_{m+\varepsilon})$. 由于边界面不光滑, 所以表述不光滑边界面上 $\mathbf{x}^{(\alpha)}(t_{m+\varepsilon})$ 的特征是基于点 $\mathbf{x}_{m+\varepsilon}^{(0)}$ 处的切平面而完成的 (此处的法向量为 $\mathbf{n}_{\partial\Omega_{ij}}(t_{m+\varepsilon})$), 如图 3.3 所示. 一般来说, 向量场在边界 $\partial\Omega_{ij}$ 上的投影可以定义如下.

定义 3.7 对于方程 (2.1) 中的不连续动力系统, 假设在域 $\Omega_\alpha(\alpha \in \{i,j\})$ 内, 存在流 $\mathbf{x}^{(\alpha)}(t) = \boldsymbol{\Phi}(t_0, \mathbf{x}_0^{(\alpha)}, \mathbf{p}_\alpha, t)$ 且初始条件为 $(t_0, \mathbf{x}_0^{(\alpha)})$. 在边界 $\partial\Omega_{ij}$ 上, 存在光滑的边界流 $\mathbf{x}^{(0)}(t) = \boldsymbol{\Phi}(t_0, \mathbf{x}_0^{(0)}, \boldsymbol{\lambda}, t)$, 初始条件为 $(t_0, \mathbf{x}_0^{(0)})$. 对于任意小的 $\varepsilon > 0$, 存在两个时间区间 $[t-\varepsilon, t)$ 或 $(t, t+\varepsilon]$. 在 t 时刻, 边界 $\partial\Omega_{ij}$ 上切平面的投影向量场定义为

$$
\begin{aligned}
{}^t\mathbf{F}^{(\alpha)}(\mathbf{x}^{(0)}, t_+) &= \lim_{\varepsilon \to 0} \frac{1}{\varepsilon}[\mathbf{H}^{(\alpha)}(\mathbf{x}^{(0)}, t+\varepsilon) - \mathbf{H}^{(\alpha)}(\mathbf{x}^{(0)}, t)], \\
{}^t\mathbf{F}^{(\alpha)}(\mathbf{x}^{(0)}, t_-) &= \lim_{\varepsilon \to 0} \frac{1}{\varepsilon}[\mathbf{H}^{(\alpha)}(\mathbf{x}^{(0)}, t) - \mathbf{H}^{(\alpha)}(\mathbf{x}^{(0)}, t-\varepsilon)]
\end{aligned}
\tag{3.22}
$$

在点 $\mathbf{x}^{(0)}(t)$ 处, 切平面上向量 $\mathbf{x}^{(\alpha)}(t) - \mathbf{x}^{(0)}(t)$ 的投影为

$$
\mathbf{H}^{(\alpha)}(\mathbf{x}^{(0)}, t) \equiv \mathbf{x}^{(\alpha)}(t) - \mathbf{x}^{(0)}(t) - \{\mathbf{N}_{\partial\Omega_{ij}}^{\mathrm{T}}(t) \cdot [\mathbf{x}^{(\alpha)}(t) - \mathbf{x}^{(0)}(t)]\}\mathbf{N}_{\partial\Omega_{ij}}(t),
\tag{3.23}
$$

并且点 $\mathbf{x}^{(0)}(t)$ 处的单位法向量 $\mathbf{N}_{\partial\Omega_{ij}}(t)$ 为

$$\mathbf{N}_{\partial\Omega_{ij}}(t) = \frac{\mathbf{n}_{\partial\Omega_{ij}}(t)}{\|\mathbf{n}_{\partial\Omega_{ij}}(t)\|}. \tag{3.24}$$

根据上述定义, 可得 ${}^t\dot{\mathbf{x}}^{(\alpha)}(t) = {}^t\mathbf{F}^{(\alpha)}(\mathbf{x}^{(0)}, t)$, 即

[87]
$$\begin{aligned}
{}^t\dot{\mathbf{x}}^{(\alpha)}(t) = {}&\dot{\mathbf{x}}^{(\alpha)}(t) - \{\mathbf{N}^{\mathrm{T}}_{\partial\Omega_{ij}}(t) \cdot [\mathbf{x}^{(\alpha)}(t) - \mathbf{x}^{(0)}(t)]\} D\mathbf{N}_{\partial\Omega_{ij}}(t) \\
&- \{D\mathbf{N}^{\mathrm{T}}_{\partial\Omega_{ij}}(t) \cdot [\mathbf{x}^{(\alpha)}(t) - \mathbf{x}^{(0)}(t)]\}\mathbf{N}_{\partial\Omega_{ij}}(t) \\
&- \{\mathbf{N}^{\mathrm{T}}_{\partial\Omega_{ij}}(t) \cdot [\dot{\mathbf{x}}^{(\alpha)}(t) - \dot{\mathbf{x}}^{(0)}(t)]\}\mathbf{N}_{\partial\Omega_{ij}}(t).
\end{aligned} \tag{3.25}$$

如果在时刻 $t = t_m$ 处, 流 $\mathbf{x}^{(\alpha)}(t)$ 及 $\mathbf{x}^{(0)}(t)$ 相接触 (即 $\mathbf{x}^{(\alpha)}(t_m) = \mathbf{x}^{(0)}(t_m)$), 方程 (3.25) 变为

$$ {}^t\dot{\mathbf{x}}^{(\alpha)}(t_{m\pm}) = \dot{\mathbf{x}}^{(\alpha)}(t_{m\pm}) - \{\mathbf{N}^{\mathrm{T}}_{\partial\Omega_{ij}}(t_m) \cdot [\dot{\mathbf{x}}^{(\alpha)}(t_{m\pm}) - \dot{\mathbf{x}}^{(0)}(t_m)]\}\mathbf{N}_{\partial\Omega_{ij}}(t_m). \tag{3.26}$$

代入方程 (3.1), 上述方程变为

$$ {}^t\dot{\mathbf{x}}^{(\alpha)}(t_{m\pm}) = {}^t\mathbf{F}^{(\alpha)}(t_{m\pm}) \equiv \mathbf{F}^{(\alpha)}(t_{m\pm}) - \{\mathbf{N}^{\mathrm{T}}_{\partial\Omega_{ij}}(t_m) \cdot \mathbf{F}^{(\alpha)}(t_{m\pm})\}\mathbf{N}_{\partial\Omega_{ij}}(t_m), \tag{3.27}$$

以上表示在边界面相接触点处的向量场 $\mathbf{F}^{(\alpha)}(t_{m\pm})$ 的切向分量. 如果向量场 $\mathbf{F}^{(\alpha)}(t_{m\pm})$ 不在边界面上, 那么切向分量应该由方程 (3.25) 决定. 为了从参考流 $\mathbf{x}^{(0)} = \mathbf{\Phi}(t_0, \mathbf{x}_0^{(0)}, \mathbf{\lambda}, t)$ 中得出流 $\mathbf{x}^{(\alpha)} = \mathbf{\Phi}(t_0, \mathbf{x}_0^{(\alpha)}, \mathbf{p}_\alpha, t)$ 的导数, 下面定义了一个衡量从 $\dot{\mathbf{x}}^{(0)}$ 到 $\dot{\mathbf{x}}^{(\alpha)}$ 方向的导数.

[88]　　**定义 3.8**　对于方程 (2.1) 中的不连续动力系统, 假设在域 $\Omega_\alpha(\alpha \in \{i, j\})$ 内, 存在流 $\mathbf{x}^{(\alpha)}(t) = \mathbf{\Phi}(t_0, \mathbf{x}_0^{(\alpha)}, \mathbf{p}_\alpha, t)$, 且初始条件为 $(t_0, \mathbf{x}_0^{(\alpha)})$. 在边界 $\partial\Omega_{ij}$ 上, 存在光滑的边界流 $\mathbf{x}^{(0)}(t) = \mathbf{\Phi}(t_0, \mathbf{x}_0^{(0)}, \mathbf{\lambda}, t)$ 且初始条件为 $(t_0, \mathbf{x}_0^{(0)})$. 对于任意小的 $\varepsilon > 0$, 存在两个时间区间 $[t - \varepsilon, t)$ 或 $(t, t + \varepsilon]$. 在 t 时刻, 从 $\dot{\mathbf{x}}^{(0)}$ 到 $\dot{\mathbf{x}}^{(\alpha)}$ 方向的导数定义为

$$ {}^t H^{(\alpha,0)}(\mathbf{x}^{(0)}, t_\pm) = (\dot{\mathbf{x}}^{(0)})^{\mathrm{T}} \cdot {}^t\dot{\mathbf{x}}^{(\alpha)} = [\mathbf{F}^{(0)}(\mathbf{x}^{(0)}, t_\pm)]^{\mathrm{T}} \cdot {}^t\mathbf{F}^{(\alpha)}(\mathbf{x}^{(0)}, t_\pm), $$

$$ H^{(\alpha,0)}(\mathbf{x}^{(0)}, t_\pm) = (\dot{\mathbf{x}}^{(0)})^{\mathrm{T}} \cdot \dot{\mathbf{x}}^{(\alpha)} = [\mathbf{F}^{(0)}(\mathbf{x}^{(0)}, t_\pm)]^{\mathrm{T}} \cdot \mathbf{F}^{(\alpha)}(\mathbf{x}^{(\alpha)}, t_\pm), \tag{3.28}$$

$$ H^{(\alpha,\beta)}(\mathbf{x}^{(0)}, t_\pm) = (\dot{\mathbf{x}}^{(\alpha)})^{\mathrm{T}} \cdot \dot{\mathbf{x}}^{(\beta)} = [\mathbf{F}^{(\alpha)}(\mathbf{x}^{(\alpha)}, t_\pm)]^{\mathrm{T}} \cdot \mathbf{F}^{(\beta)}(\mathbf{x}^{(\beta)}, t_\pm). $$

根据上述定义和方程 (3.25), 可得

$$ {}^t H^{(\alpha,0)}(\mathbf{x}_t^{(0)}, t) = (\dot{\mathbf{x}}_t^{(0)})^{\mathrm{T}} \cdot {}^t\mathbf{F}^{(\alpha)}(\mathbf{x}_t^{(0)}, t) $$

$$= (\dot{\mathbf{x}}_t^{(0)})^{\mathrm{T}} \cdot \dot{\mathbf{x}}^{(\alpha)}(t) - \{\mathbf{N}_{\partial\Omega_{ij}}^{\mathrm{T}}(t) \cdot [\mathbf{x}^{(\alpha)}(t) - \mathbf{x}^{(0)}(t)]\}$$

$$\times \{(\dot{\mathbf{x}}_t^{(0)})^{\mathrm{T}} \cdot D\mathbf{N}_{\partial\Omega_{ij}}(t)\}$$

$$= H^{(\alpha)}(\mathbf{x}_t^{(0)}, t) - \{\mathbf{N}_{\partial\Omega_{ij}}^{\mathrm{T}}(t) \cdot [\mathbf{x}^{(\alpha)}(t) - \mathbf{x}^{(0)}(t)]\}$$

$$\times \{(\dot{\mathbf{x}}_t^{(0)})^{\mathrm{T}} \cdot D\mathbf{N}_{\partial\Omega_{ij}}(t)\}. \tag{3.29}$$

如果 $\mathbf{x}^{(\alpha)}(t)$ 和 $\mathbf{x}^{(0)}(t)$ 在 $t = t_m$ 时刻相接触，则方程变为

$$^tH^{(\alpha,0)}(\mathbf{x}_m^{(0)}, t_{m\pm}) = (\dot{\mathbf{x}}_m^{(0)})^{\mathrm{T}} \cdot {}^t\dot{\mathbf{x}}^{(\alpha)}(t_{m\pm}) = (\dot{\mathbf{x}}_m^{(0)})^{\mathrm{T}} \cdot {}^t\mathbf{F}^{(\alpha)}(\mathbf{x}_{m\pm}^{(\alpha)}, t_{m\pm})$$

$$= (\dot{\mathbf{x}}_m^{(0)})^{\mathrm{T}} \cdot \dot{\mathbf{x}}^{(\alpha)}(t_{m\pm}) = (\dot{\mathbf{x}}_m^{(0)})^{\mathrm{T}} \cdot \mathbf{F}^{(\alpha)}(\mathbf{x}_{m\pm}^{(\alpha)}, t_{m\pm})$$

$$= H^{(\alpha,0)}(\mathbf{x}_m^{(0)}, t_{m\pm}). \tag{3.30}$$

可以发现，方向导数的量值对于边界表面上的接触点是一样的. 根据方程 (3.28)，以上方程变为

$$^tH^{(\alpha,0)}(\mathbf{x}^{(0)}, t_{\pm}) = (\dot{\mathbf{x}}^{(0)})^{\mathrm{T}} \cdot {}^t\dot{\mathbf{x}}^{(\alpha)} = (\|\dot{\mathbf{x}}^{(0)}\|)(\|{}^t\dot{\mathbf{x}}^{(\alpha)}\|)\cos\theta_{(\alpha,0)}^t$$

$$= [\mathbf{F}^{(0)}(\mathbf{x}^{(0)}, t_{\pm})]^{\mathrm{T}} \cdot {}^t\mathbf{F}^{(\alpha)}(\mathbf{x}^{(0)}, t_{\pm})$$

$$= \|\mathbf{F}^{(0)}\| \cdot \|{}^t\mathbf{F}^{(\alpha)}\|\cos\theta_{(\alpha,0)}^t,$$

$$H^{(\alpha,0)}(\mathbf{x}^{(0)}, t_{\pm}) = (\dot{\mathbf{x}}^{(0)})^{\mathrm{T}} \cdot \dot{\mathbf{x}}^{(\alpha)} = (\|\dot{\mathbf{x}}^{(0)}\|)(\|\dot{\mathbf{x}}^{(\alpha)}\|)\cos\theta_{(\alpha,0)}$$

$$= [\mathbf{F}^{(0)}(\mathbf{x}^{(0)}, t_{\pm})]^{\mathrm{T}} \cdot \mathbf{F}^{(\alpha)}(\mathbf{x}^{(\alpha)}, t_{\pm})$$

$$= \|\mathbf{F}^{(0)}\| \cdot \|\mathbf{F}^{(\alpha)}\|\cos\theta_{(\alpha,0)}, \tag{3.31}$$

$$H^{(\alpha,\beta)}(\mathbf{x}^{(0)}, t_{\pm}) = (\dot{\mathbf{x}}^{(\alpha)})^{\mathrm{T}} \cdot \dot{\mathbf{x}}^{(\beta)} = (\|\dot{\mathbf{x}}^{(\alpha)}\|)(\|\dot{\mathbf{x}}^{(\beta)}\|)\cos\theta_{(\alpha,\beta)}$$

$$= [\mathbf{F}^{(\alpha)}(\mathbf{x}^{(\alpha)}, t_{\pm})]^{\mathrm{T}} \cdot \mathbf{F}^{(\beta)}(\mathbf{x}^{(\beta)}, t_{\pm})$$

$$= \|\mathbf{F}^{(\alpha)}\| \cdot \|\mathbf{F}^{(\beta)}\|\cos\theta_{(\alpha,\beta)}.$$

如果 $^tH^{(\alpha,0)}(\mathbf{x}^{(0)}, t_{\pm}) > 0$ (即 $\cos\theta_{(\alpha,0)}^t > 0$)，向量场 $\mathbf{F}^{(0)}(\mathbf{x}^{(0)}, t_{\pm})$ 及 [89] $^t\mathbf{F}^{(\alpha)}(\mathbf{x}^{(0)}, t_{\pm})$ 有着相同的方向但并不相同；如果 $^tH^{(\alpha,0)}(\mathbf{x}^{(0)}, t_{\pm}) < 0$ (即 $\cos\theta_{(\alpha,0)}^t < 0$)，向量场 $\mathbf{F}^{(0)}(\mathbf{x}^{(0)}, t_{\pm})$ 及 $^t\mathbf{F}^{(\alpha)}(\mathbf{x}^{(0)}, t_{\pm})$ 互为反方向；如果 $^tH^{(\alpha,0)}(\mathbf{x}^{(0)}, t_{\pm}) = 0$ (即 $\cos\theta_{(\alpha,0)}^t = 0$)，向量场 $\mathbf{F}^{(0)}(\mathbf{x}^{(0)}, t_{\pm})$ 及 $^t\mathbf{F}^{(\alpha)}(\mathbf{x}^{(0)}, t_{\pm})$ 互相垂直. 对于相应的向量场而言，函数 $H^{(\alpha,0)}(\mathbf{x}^{(0)}, t_{\pm})$ 和 $H^{(\alpha,\beta)}(\mathbf{x}^{(0)}, t_{\pm})$ 具有与 $^tH^{(\alpha,0)}(\mathbf{x}^{(0)}, t_{\pm})$ 相同的属性. 为了更好地理解边界上流切换的特性，域 $\Omega_\alpha(\alpha \in \{i, j\})$ 内的流 $\mathbf{x}^{(\alpha)}(t)$ 在边界 $\partial\Omega_{ij}$ 上的投影定义为：

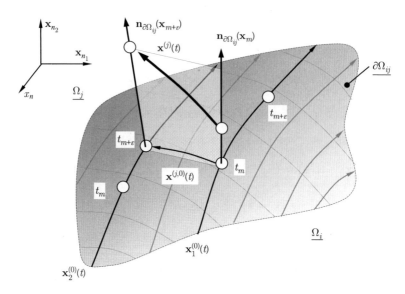

图 3.4　在区间 $(t_m, t_{m+\varepsilon})$ 上，实流 $\mathbf{x}^{(j)}(t)$ 在边界上轨迹的投影. 在 t 时刻，流 $\mathbf{x}^{(j)}(t)$ 与向量 $\mathbf{x}^{(0)}(t)$ 有相同法向量. 两个点 $\mathbf{x}^{(j)}(t_m)$ 与 $\mathbf{x}^{(j)}(t_{m+\varepsilon})$ 在边界 $\partial\Omega_{ij}$ 上的投影分别为点 $\mathbf{x}_1^{(0)}(t_m)$ 和 $\mathbf{x}_2^{(0)}(t_{m+\varepsilon})$，且有两个不同的流 $\mathbf{x}_1^{(0)}(t)$ 和 $\mathbf{x}_2^{(0)}(t)$. 边界上法向量为 $\mathbf{n}_{\partial\Omega_{ij}}(n_1 + n_2 + 1 = n)$

定义 3.9　对于方程 (2.1) 中的不连续动力系统，在域 $\Omega_\alpha(\alpha \in \{i, j\})$ 内，存在流 $\mathbf{x}^{(\alpha)}(t) = \mathbf{\Phi}(t_0, \mathbf{x}_0^{(\alpha)}, \mathbf{p}, t)$ 且初始条件为 $(t_0, \mathbf{x}_0^{(\alpha)})$. 对于任意时刻 t，如果边界 $\partial\Omega_{ij}$ 处存在一个点 $\mathbf{x}^{(0)}(t)$ 使得 $\mathbf{x}^{(0)}(t)$ 与 $\mathbf{x}^{(\alpha)}(t)$ 的法向量 $\mathbf{n}_{\partial\Omega_{ij}}(\mathbf{x}^{(0)}(t))$ 相同，那么边界 $\partial\Omega_{ij}$ 上流 $\mathbf{x}^{(\alpha)}(t)$ 的所有投影点 $\mathbf{x}^{(0)}(t)$ 的轨迹被称作边界 $\partial\Omega_{ij}$ 上流 $\mathbf{x}^{(\alpha)}(t)$ 的轨迹的投影，简称 $\mathbf{x}^{(\alpha,0)}(t)$.

图 3.4 中描述了边界 $\partial\Omega_{ij}$ 上流 $\mathbf{x}^{(\alpha)}(t)(\alpha \in \{i, j\})$ 的轨迹的投影. 在 t 时刻，流 $\mathbf{x}^{(j)}(t)$ 与流 $\mathbf{x}^{(0)}(t)$ 的法向量相同. 点 $\mathbf{x}^{(j)}(t_m)$ 与 $\mathbf{x}^{(j)}(t_{m+\varepsilon})$ 在边界面上的投影点 $\mathbf{x}_1^{(0)}(t_m)$ 与 $\mathbf{x}_2^{(0)}(t_{m+\varepsilon})$，分别对应于两个不同的流 $\mathbf{x}_1^{(0)}(t)$ 与 $\mathbf{x}_2^{(0)}(t)$，其中 $\mathbf{n}_{\partial\Omega_{ij}}$ 为法向量. 流 $\mathbf{x}_1^{(0)}(t_m)$ 随着时刻 t_m 变化时的投影点，在边界 $\partial\Omega_{ij}$ 上形成了一条轨迹. 因此，将两个域内流 $\mathbf{x}^{(\alpha)}(t)$ 的投影轨迹与边界 $\partial\Omega_{ij}$ 上的流 $\mathbf{x}^{(0)}(t)$ 进行比较，可以理解不连续动力系统中两个向量切换的动力学特性. 图 3.5(a) 中描述了两个实流 $\mathbf{x}^{(\alpha)}(t)(\alpha = i, j)$ 在边界 $\partial\Omega_{ij}$ 上的投影. 图 3.5(b) 中描述了虚流 $\mathbf{x}_\alpha^{(\beta)}(t)$ 轨迹的投影，非常形象地展示了边界上向量场的导数. 在流投影到边界 $\partial\Omega_{ij}$ 之后，将边界上的流前后切换与边界流进行比较，可以用来探究切换点的邻域内流的特征.

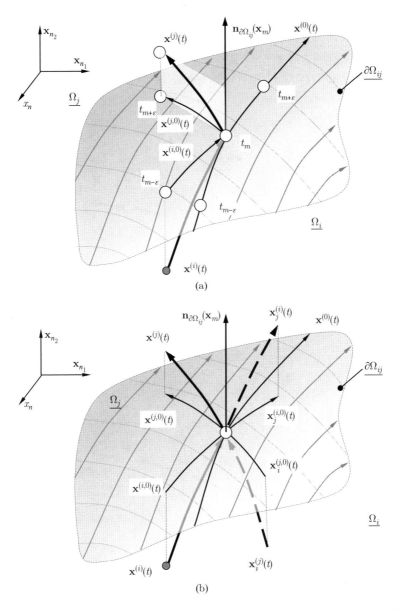

图 3.5 实流与虚流在边界面上的投影: (a) 实流 (b) 实流与虚流. 域 Ω_i 与 Ω_j 内的实流 $\mathbf{x}^{(i)}(t)$ 与 $\mathbf{x}^{(j)}(t)$ 分别用细实线表示. 域 Ω_i 与 Ω_j 内的虚流 $\mathbf{x}_i^{(j)}(t)$ 与 $\mathbf{x}_j^{(i)}(t)$ 分别用虚线表示, 并且分别由域 Ω_i 与 Ω_j 内的向量场确定. $\mathbf{x}^{(0)}(t)$ 表示边界流, $\mathbf{n}_{\partial\Omega_{ij}}$ 为边界的法向量. 空心小圆圈表示边界上的切换点, 实心小圆圈表示起始点 $(n_1 + n_2 + 1 = n)$

3.3　可　穿　越　流

[90]　　　将不连续动力系统与连续动力系统相比较, 可知由于 $G^{(i)}_{\partial\Omega_{ij}} \neq G^{(j)}_{\partial\Omega_{ij}}$, 则不连续动力系统在边界 $\partial\Omega_{ij}$ 上拥有许多可穿越流. 图 3.6 中讨论了具体边界上的穿越流. $\mathbf{x}^{(i)}(t)$ 与 $\mathbf{x}^{(j)}(t)$ 分别代表域 Ω_i 与 Ω_j 内的实流, 并由细实线

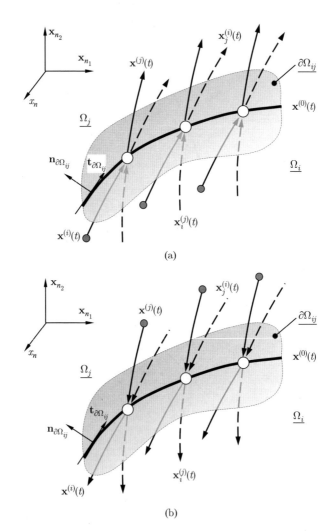

(a)

(b)

图 3.6　可穿越流: (a) 从域 Ω_i 到 Ω_j 的 $(2k_i : 2k_j)$ 型可穿越流, (b) 从域 Ω_j 到 Ω_i 的 $(2k_j : 2k_i)$ 型可穿越流. 域 Ω_i 和 Ω_j 内的实流 $\mathbf{x}^{(i)}(t)$ 和 $\mathbf{x}^{(j)}(t)$ 分别用细实线表示. 域 Ω_i 和 Ω_j 上的虚流 $\mathbf{x}^{(j)}_i(t)$ 和 $\mathbf{x}^{(i)}_j(t)$ 用虚线表示, 并分别受域 Ω_i 与 Ω_j 内的向量场控制. $\mathbf{x}^{(0)}(t)$ 表示边界流, $\mathbf{n}_{\partial\Omega_{ij}}$ 与 $\mathbf{t}_{\partial\Omega_{ij}}$ 分别为法向量与切向量. 空心小圆圈表示边界上的切换点, 实心小圆圈表示起始点 $(n_1 + n_2 + 1 = n)$

表示. $\mathbf{x}_i^{(j)}(t)$ 与 $\mathbf{x}_j^{(i)}(t)$ 分别代表域 Ω_i 与 Ω_j 内的虚流, 分别由域 Ω_j 与 Ω_i 内的向量场控制, 并由虚线表示. 空心的小圆圈表示切换点, 实心的小圆圈表示起始点. 实流与虚流的详细介绍参见文献 Luo (2005b, 2008b). $\mathbf{x}^{(0)}(t)$ 表示边界流, $\mathbf{n}_{\partial\Omega_{ij}}$ 与 $\mathbf{t}_{\partial\Omega_{ij}}$ 分别表示边界上的法向量与切向量. 边界上的可穿越流定义为:

定义 3.10 对于方程 (2.1) 中的不连续动力系统, 在两个相邻域 Ω_α [93] $(\alpha = i, j)$ 的边界上, 在 t_m 时刻存在一点 $\mathbf{x}^{(0)}(t_m) \equiv \mathbf{x}_m \in \partial\Omega_{ij}$. 对于任意小的 $\varepsilon > 0$, 存在两个时间区间 $[t_{m-\varepsilon}, t_m)$ 和 $(t_m, t_{m+\varepsilon}]$. 假定 $\mathbf{x}^{(i)}(t_{m-}) = \mathbf{x}_m = \mathbf{x}^{(j)}(t_{m+})$, 如果

$$\left.\begin{array}{l} \mathbf{n}_{\partial\Omega_{ij}}^{\mathrm{T}}(\mathbf{x}_{m-\varepsilon}^{(0)}) \cdot [\mathbf{x}_{m-\varepsilon}^{(0)} - \mathbf{x}_{m-\varepsilon}^{(i)}] > 0, \\ \mathbf{n}_{\partial\Omega_{ij}}^{\mathrm{T}}(\mathbf{x}_{m+\varepsilon}^{(0)}) \cdot [\mathbf{x}_{m+\varepsilon}^{(j)} - \mathbf{x}_{m+\varepsilon}^{(0)}] > 0, \end{array}\right\} \mathbf{n}_{\partial\Omega_{ij}} \to \Omega_j$$

或 (3.32)

$$\left.\begin{array}{l} \mathbf{n}_{\partial\Omega_{ij}}^{\mathrm{T}}(\mathbf{x}_{m-\varepsilon}^{(0)}) \cdot [\mathbf{x}_{m-\varepsilon}^{(0)} - \mathbf{x}_{m-\varepsilon}^{(i)}] < 0, \\ \mathbf{n}_{\partial\Omega_{ij}}^{\mathrm{T}}(\mathbf{x}_{m+\varepsilon}^{(0)}) \cdot [\mathbf{x}_{m+\varepsilon}^{(j)} - \mathbf{x}_{m+\varepsilon}^{(0)}] < 0, \end{array}\right\} \mathbf{n}_{\partial\Omega_{ij}} \to \Omega_i,$$

那么对于边界 $\partial\Omega_{ij}$, 流 $\mathbf{x}^{(i)}(t)$ 与 $\mathbf{x}^{(j)}(t)$ 从域 Ω_i 到 Ω_j 是半穿越的.

由于在点 $(t_m, \mathbf{x}_m)$ 处, 域 Ω_i 和 Ω_j 内流的性质不同, 且在边界 $\partial\Omega_{ij}$ 上 $G_{\partial\Omega_{ij}}^{(i)} \neq G_{\partial\Omega_{ij}}^{(j)}$. 与第二章类似, 从域 Ω_i 到 Ω_j, 边界 $\partial\Omega_{ij}$ 上的可穿越流的充要条件定义如下:

定理 3.1 对于方程 (2.1) 中的不连续动力系统, 在两个相邻域 Ω_α ($\alpha = i, j$) 的边界上, 在 t_m 时刻存在一点 $\mathbf{x}^{(0)}(t_m) \equiv \mathbf{x}_m \in \partial\Omega_{ij}$. 对于任意小的 $\varepsilon > 0$, 存在时间区间 $[t_{m-\varepsilon}, t_m)$, $(t_m, t_{m+\varepsilon}]$. 假定 $\mathbf{x}^{(i)}(t_{m-}) = \mathbf{x}_m = \mathbf{x}^{(j)}(t_{m+})$. 对于时间 t, 流 $\mathbf{x}^{(i)}(t)$ 和 $\mathbf{x}^{(j)}(t)$ 分别为 $C_{[t_{m-\varepsilon}, t_m)}^{r_i}$ 与 $C_{(t_m, t_{m+\varepsilon}]}^{r_j}$ 连续的, 且 $\|d^{r_\alpha+1}\mathbf{x}^{(\alpha)}/dt^{r_\alpha+1}\| < \infty$ ($r_\alpha \geqslant 1, \alpha = i, j$). 从域 Ω_i 到 Ω_j 的流 $\mathbf{x}^{(i)}(t)$ 和 $\mathbf{x}^{(j)}(t)$ 对于边界 $\partial\Omega_{ij}$ 为半穿越的, 当且仅当

$$\left.\begin{array}{l} G_{\partial\Omega_{ij}}^{(i)}(\mathbf{x}_m, t_{m-}, \mathbf{p}_i, \boldsymbol{\lambda}) > 0, \\ G_{\partial\Omega_{ij}}^{(j)}(\mathbf{x}_m, t_{m+}, \mathbf{p}_j, \boldsymbol{\lambda}) > 0, \end{array}\right\} \mathbf{n}_{\partial\Omega_{ij}} \to \Omega_j$$

或 (3.33)

$$\left.\begin{array}{l} G_{\partial\Omega_{ij}}^{(i)}(\mathbf{x}_m, t_{m-}, \mathbf{p}_i, \boldsymbol{\lambda}) < 0, \\ G_{\partial\Omega_{ij}}^{(j)}(\mathbf{x}_m, t_{m+}, \mathbf{p}_j, \boldsymbol{\lambda}) < 0, \end{array}\right\} \mathbf{n}_{\partial\Omega_{ij}} \to \Omega_i.$$

证明　对于点 $\mathbf{x}_m \in \partial\Omega_{ij}$, 假定 $\mathbf{x}^{(i)}(t_{m-}) = \mathbf{x}_m = \mathbf{x}^{(j)}(t_{m+})$. 对于时间 t, 流 $\mathbf{x}^{(i)}(t)$ 和 $\mathbf{x}^{(j)}(t)$ 分别为 $C^{r_i}_{[t_{m-\varepsilon}, t_m)}$ 与 $C^{r_j}_{(t_m, t_{m+\varepsilon}]}$ 连续的 $(r_\alpha \geqslant 1, \alpha = i, j)$. 当 $0 < \varepsilon \ll 1$ 时, 满足 $\|\ddot{\mathbf{x}}^{(\alpha)}(t)\| < \infty$. 令 $a \in [t_{m-\varepsilon}, t_{m-}]$ 或 $a \in (t_{m+}, t_{m+\varepsilon}]$. 对 $\mathbf{x}^{(\alpha)}(t_{m\pm\varepsilon})$ 在 $\mathbf{x}^{(\alpha)}(a)$ 处运用泰勒级数展开, 并且 $t_{m\pm\varepsilon} = t_m \pm \varepsilon(\alpha \in \{i, j\})$,

$$\mathbf{x}^{(\alpha)}_{m\pm\varepsilon} \equiv \mathbf{x}^{(\alpha)}(t_{m\pm} \pm \varepsilon)$$

$$= \mathbf{x}^{(\alpha)}(a) + \dot{\mathbf{x}}^{(\alpha)}(a)(t_{m\pm} \pm \varepsilon - a) + o(t_{m\pm} \pm \varepsilon - a),$$

当 $a \to t_{m\pm}$ 时, 对上述方程求极限

$$\mathbf{x}^{(\alpha)}_{m\pm\varepsilon} \equiv \mathbf{x}^{(\alpha)}(t_{m\pm} \pm \varepsilon) = \mathbf{x}^{(\alpha)}(t_{m\pm}) + \dot{\mathbf{x}}^{(\alpha)}(t_{m\pm})(\pm\varepsilon) + o(\pm\varepsilon),$$

将方程 (2.1) 代入, 可得

$$\mathbf{x}^{(\alpha)}_{m\pm\varepsilon} = \mathbf{x}^{(\alpha)}(t_{m\pm}) + \mathbf{F}^{(\alpha)}(t_{m\pm})(\pm\varepsilon) + o(\pm\varepsilon),$$

同样地, 边界流表示为

$$\mathbf{x}^{(0)}_{m\pm\varepsilon} \equiv \mathbf{x}^{(0)}(t_{m\pm} \pm \varepsilon) = \mathbf{x}^{(0)}(t_{m\pm}) + \dot{\mathbf{x}}^{(0)}(t_{m\pm})(\pm\varepsilon) + o(\pm\varepsilon),$$

$$= \mathbf{x}^{(0)}(t_{m\pm}) + \mathbf{F}^{(0)}(t_{m\pm})(\pm\varepsilon) + o(\pm\varepsilon),$$

$$\mathbf{n}_{\partial\Omega_{ij}}(\mathbf{x}^{(0)}_m) = \mathbf{n}_{\partial\Omega_{ij}}(\mathbf{x}^{(0)}_m) + D_0 \mathbf{n}_{\partial\Omega_{ij}}(\mathbf{x}^{(0)}_m)(\pm\varepsilon) + o(\pm\varepsilon).$$

忽略 ε^2 项以及 ε 高次项, 将上述方程左乘 $\mathbf{n}^{\mathrm{T}}_{\partial\Omega_{ij}}$ 进行变形后, 得到

$$\mathbf{n}^{\mathrm{T}}_{\partial\Omega_{ij}}(\mathbf{x}^{(0)}_{m-\varepsilon}) \cdot [\mathbf{x}^{(i)}_{m-\varepsilon} - \mathbf{x}^{(0)}_{m-\varepsilon}]$$

$$= \mathbf{n}^{\mathrm{T}}_{\partial\Omega_{ij}}(\mathbf{x}^{(0)}_m) \cdot [\mathbf{x}^{(i)}_{m-} - \mathbf{x}^{(0)}_m] - \varepsilon G^{(i)}_{\partial\Omega_{ij}}(\mathbf{x}_m, t_m, \mathbf{p}_i, \boldsymbol{\lambda}),$$

$$\mathbf{n}^{\mathrm{T}}_{\partial\Omega_{ij}}(\mathbf{x}^{(0)}_{m+\varepsilon}) \cdot [\mathbf{x}^{(j)}_{m+\varepsilon} - \mathbf{x}^{(0)}_{m+\varepsilon}]$$

$$= \mathbf{n}^{\mathrm{T}}_{\partial\Omega_{ij}}(\mathbf{x}^{(0)}_m) \cdot [\mathbf{x}^{(j)}_{m+} - \mathbf{x}^{(0)}_m] + \varepsilon G^{(j)}_{\partial\Omega_{ij}}(\mathbf{x}_m, t_m, \mathbf{p}_j, \boldsymbol{\lambda}).$$

由于 $\mathbf{x}^{(\alpha)}_{m\pm} = \mathbf{x}^{(0)}_m = \mathbf{x}_m$, 上述方程变为

$$\mathbf{n}^{\mathrm{T}}_{\partial\Omega_{ij}}(\mathbf{x}^{(0)}_{m-\varepsilon}) \cdot [\mathbf{x}^{(0)}_{m-\varepsilon} - \mathbf{x}^{(i)}_{m-\varepsilon}] = \varepsilon G^{(i)}_{\partial\Omega_{ij}}(\mathbf{x}_m, t_{m-}, \mathbf{p}_i, \boldsymbol{\lambda}),$$

$$\mathbf{n}^{\mathrm{T}}_{\partial\Omega_{ij}}(\mathbf{x}^{(0)}_{m+\varepsilon}) \cdot [\mathbf{x}^{(j)}_{m+\varepsilon} - \mathbf{x}^{(0)}_{m+\varepsilon}] = \varepsilon G^{(j)}_{\partial\Omega_{ij}}(\mathbf{x}_m, t_{m+}, \mathbf{p}_j, \boldsymbol{\lambda}).$$

结合方程 (3.33), 可以推导出方程 (3.32). 反之, 利用方程 (3.32), 也可以得到方程 (3.33), 由此得证. ∎

如果边界 $\partial\Omega_{ij}$ 不随时间变化, 代入方程 (3.14), 由于流与边界之间零阶接触, 上述定理则与定理 2.1 及定理 2.2 (参见文献 Luo, 2005a, 2006) 一致. 在第二章中, 只讨论了边界上基本的穿越流. 在文献 Luo (2005a, 2006) 中讨论了边界上高阶奇异的半穿越流. 然而, 该理论仅适用于平面边界或者流与边界出现高阶接触的情况. 对于一般情况, 可以采用 3.2 节中的 G-函数来描述边界上 $(2k_i : 2k_j)$ 型的半穿越流以及 $(2k_i : 2k_j - 1)$ 型的半穿越流. 在没有切换定律及传输定律的边界, 这两个半汇流可以通过 $(2k_i : m_j)$ 型 $(k_i, m_j \in \mathbf{N})$ 半穿越流描述.

定义 3.11　对于方程 (2.1) 中的不连续动力系统, 在两个相邻域 $\Omega_\alpha (\alpha = i, j)$ 的边界上, 在 t_m 时刻存在一点 $\mathbf{x}^{(0)}(t_m) \equiv \mathbf{x}_m \in \partial\Omega_{ij}$. 对于任意小的 $\varepsilon > 0$, 存在两个时间区间 $[t_{m-\varepsilon}, t_m)$ 和 $(t_m, t_{m+\varepsilon}]$. 假定 $\mathbf{x}^{(i)}(t_{m-}) = \mathbf{x}_m = \mathbf{x}^{(j)}(t_{m+})$, 对于时间 t, 域流 $\mathbf{x}^{(i)}(t)$ 为 $C_{[t_{m-\varepsilon}, t_m)}^{r_i}$ 连续的, 且 $\|d^{r_i+1}\mathbf{x}^{(i)}/dt^{r_i+1}\| < \infty$ $(r_i \geqslant 2k_i + 1)$. 域流 $\mathbf{x}^{(j)}(t)$ 为 $C_{(t_m, t_{m+\varepsilon}]}^{r_j}$ 连续的, 且 $\|d^{r_j+1}\mathbf{x}^{(j)}/dt^{r_j+1}\| < \infty$ $(r_j \geqslant m_j + 1)$. 如果 [95]

$$
\begin{aligned}
&G_{\partial\Omega_{ij}}^{(s,i)}(\mathbf{x}_m, t_{m-}, \mathbf{p}_i, \boldsymbol{\lambda}) = 0, \quad s = 0, 1, \cdots, 2k_i - 1, \\
&G_{\partial\Omega_{ij}}^{(2k_i,i)}(\mathbf{x}_m, t_{m-}, \mathbf{p}_i, \boldsymbol{\lambda}) \neq 0,
\end{aligned}
\tag{3.34}
$$

$$
\begin{aligned}
&G_{\partial\Omega_{ij}}^{(s,j)}(\mathbf{x}_m, t_{m+}, \mathbf{p}_j, \boldsymbol{\lambda}) = 0, \quad s = 0, 1, \cdots, m_j - 1, \\
&G_{\partial\Omega_{ij}}^{(m_j,j)}(\mathbf{x}_m, t_{m+}, \mathbf{p}_j, \boldsymbol{\lambda}) \neq 0,
\end{aligned}
\tag{3.35}
$$

$$
\left.
\begin{aligned}
\mathbf{n}_{\partial\Omega_{ij}}^{\mathrm{T}}(\mathbf{x}_{m-\varepsilon}^{(0)}) \cdot [\mathbf{x}_{m-\varepsilon}^{(0)} - \mathbf{x}_{m-\varepsilon}^{(i)}] > 0, \\
\mathbf{n}_{\partial\Omega_{ij}}^{\mathrm{T}}(\mathbf{x}_{m+\varepsilon}^{(0)}) \cdot [\mathbf{x}_{m+\varepsilon}^{(j)} - \mathbf{x}_{m+\varepsilon}^{(0)}] > 0,
\end{aligned}
\right\} \mathbf{n}_{\partial\Omega_{ij}} \to \Omega_j
$$

或

$$
\left.
\begin{aligned}
\mathbf{n}_{\partial\Omega_{ij}}^{\mathrm{T}}(\mathbf{x}_{m-\varepsilon}^{(0)}) \cdot [\mathbf{x}_{m-\varepsilon}^{(0)} - \mathbf{x}_{m-\varepsilon}^{(i)}] < 0, \\
\mathbf{n}_{\partial\Omega_{ij}}^{\mathrm{T}}(\mathbf{x}_{m+\varepsilon}^{(0)}) \cdot [\mathbf{x}_{m+\varepsilon}^{(j)} - \mathbf{x}_{m+\varepsilon}^{(0)}] < 0,
\end{aligned}
\right\} \mathbf{n}_{\partial\Omega_{ij}} \to \Omega_i,
\tag{3.36}
$$

那么从域 Ω_i 至 Ω_j 的第 $2k_i$ 阶流 $\mathbf{x}^{(i)}(t)$ 与第 m_j 阶流 $\mathbf{x}^{(j)}(t)$, 对于边界 $\partial\Omega_{ij}$ 称为 $(2k_i : m_j)$ 型半穿越流.

在图 3.6 中, 描述了当 $m_j = 2k_j$ 时的 $(2k_i : 2k_j)$ 型可穿越流. 图 3.7(a) 中描述了当 $m_j = 2k_j - 1$ 时, 从域 Ω_i 到 Ω_j 的 $(2k_i : 2k_j - 1)$ 型可穿越流. 在域 Ω_j 内, 存在第 $2k_j - 1$ 阶擦边流, 点虚线表示 $t \in [t_{m-\varepsilon}, t_m)$ 时的擦边流. 在域 Ω_i 内, 流的起始点为 $(t_{m-\varepsilon}, \mathbf{x}_{m-\varepsilon}^{(i)})$. 当流到达边界 $\partial\Omega_{ij}$ 上的点 $(t_m, \mathbf{x}_m)$ 处, 就会立刻跟随着域 Ω_j 内的切向流运动. 与图 3.7(a) 中一致, 图 3.7(b) 表示从域 Ω_j 到 Ω_i 内的 $(2k_j : 2k_i - 1)$ 型可穿越流. 因此, 新的半穿越流将成为

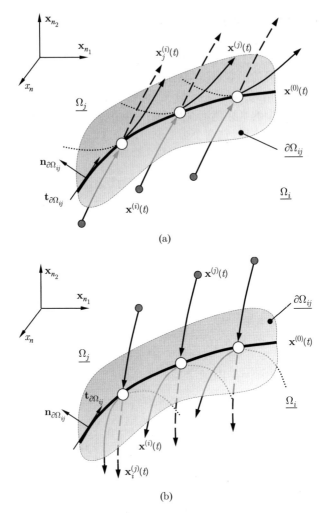

图 3.7　可穿越流: (a) 从域 Ω_i 到 Ω_j 内 $(2k_i : 2k_j - 1)$ 型可穿越流, (b) 从域 Ω_j 到 Ω_i 内 $(2k_j : 2k_i - 1)$ 型可穿越流. 在域 Ω_i 和 Ω_j 内的实流 $\mathbf{x}^{(i)}(t)$ 与 $\mathbf{x}^{(j)}(t)$ 用细实线表示. 在域 Ω_i 和 Ω_j 内的虚流 $\mathbf{x}_i^{(j)}(t)$ 与 $\mathbf{x}_j^{(i)}(t)$ 用虚线表示, 并分别受域 Ω_j 和 Ω_i 内的向量场控制. $\mathbf{x}^{(0)}(t)$ 表示边界流. $\mathbf{n}_{\partial\Omega_{ij}}$ 与 $\mathbf{t}_{\partial\Omega_{ij}}$ 分别表示边界上的法向量和切向量. 在 t_{m+} 时刻以前, 点画线表示切向流. 空心小圆圈表示边界上的切换点, 实心小圆圈表示起始点 $(n_1 + n_2 + 1 = n)$

后横截流或切向流, 参见文献 Luo (2005a, 2006). 从 $(2k_i : m_j)$ 型可穿越流的定义来看, 相应的充分必要条件可由如下定理表示.

　　定理 3.2　对于方程 (2.1) 中的不连续动力系统, 在两个相邻域 Ω_α $(\alpha = i, j)$ 的边界上, 在 t_m 时刻存在一点 $\mathbf{x}^{(0)}(t_m) \equiv \mathbf{x}_m \in \partial\Omega_{ij}$. 对于任意小的 $\varepsilon > 0$, 存在时间区间 $[t_{m-\varepsilon}, t_m)$ 和 $(t_m, t_{m+\varepsilon}]$. 假定 $\mathbf{x}^{(i)}(t_{m-}) = \mathbf{x}_m =$

[96]

$\mathbf{x}^{(j)}(t_{m+})$. 对于时间 t, 流 $\mathbf{x}^{(i)}(t)$ 为 $C^{r_i}_{[t_{m-\varepsilon}, t_m)}$ 连续的且 $\|d^{r_i+1}\mathbf{x}^{(i)}/dt^{r_i+1}\|$ $< \infty$ $(r_i \geqslant 2k_i+1)$, 流 $\mathbf{x}^{(j)}(t)$ 为 $C^{r_j}_{(t_m, t_{m+\varepsilon}]}$ 连续的且 $\|d^{r_j+1}\mathbf{x}^{(j)}/dt^{r_j+1}\| < \infty$ $(r_j \geqslant m_j + 1)$. 从域 Ω_i 到 Ω_j 内的第 $2k_i$ 阶流 $\mathbf{x}^{(i)}(t)$ 和第 m_j 阶流 $\mathbf{x}^{(j)}(t)$, 对于边界 $\partial\Omega_{ij}$ 为 $(2k_i : m_j)$ 型半穿越流, 当且仅当

$$G^{(s,i)}_{\partial\Omega_{ij}}(\mathbf{x}_m, t_{m-}, \mathbf{p}_i, \boldsymbol{\lambda}) = 0, \quad s = 0, 1, \cdots, 2k_i - 1; \tag{3.37}$$

$$G^{(s,j)}_{\partial\Omega_{ij}}(\mathbf{x}_m, t_{m+}, \mathbf{p}_j, \boldsymbol{\lambda}) = 0, \quad s = 0, 1, \cdots, m_j - 1; \tag{3.38}$$

$$\left.\begin{aligned} G^{(2k_i,i)}_{\partial\Omega_{ij}}(\mathbf{x}_m, t_{m-}, \mathbf{p}_i, \boldsymbol{\lambda}) > 0, \\ G^{(m_j,j)}_{\partial\Omega_{ij}}(\mathbf{x}_m, t_{m+}, \mathbf{p}_j, \boldsymbol{\lambda}) > 0, \end{aligned}\right\} \mathbf{n}_{\partial\Omega_{ij}} \to \Omega_j$$

$$或 \tag{3.39}$$

$$\left.\begin{aligned} G^{(2k_i,i)}_{\partial\Omega_{ij}}(\mathbf{x}_m, t_{m-}, \mathbf{p}_i, \boldsymbol{\lambda}) < 0, \\ G^{(m_j,j)}_{\partial\Omega_{ij}}(\mathbf{x}_m, t_{m+}, \mathbf{p}_j, \boldsymbol{\lambda}) < 0, \end{aligned}\right\} \mathbf{n}_{\partial\Omega_{ij}} \to \Omega_i.$$

证明 对于点 $\mathbf{x}_m \in \partial\Omega_{ij}$, 假定 $\mathbf{x}^{(i)}(t_{m-}) = \mathbf{x}_m = \mathbf{x}^{(j)}(t_{m+})$, 在 t 时刻, 流 $\mathbf{x}^{(i)}(t)$ 为 $C^{r_i}_{[t_{m-\varepsilon}, t_m)}$ 连续的 $(r_i \geqslant 2k_i + 1)$, 且 $\|d^{r_i+1}\mathbf{x}^{(i)}/dt^{r_i+1}\| < \infty$. 在同一时刻, 流 $\mathbf{x}^{(j)}(t)$ 为 $C^{r_j}_{(t_m, t_{m+\varepsilon}]}$ 连续的, 且 $\|d^{r_j+1}\mathbf{x}^{(j)}/dt^{r_j+1}\| < \infty$ $(r_j \geqslant m_j + 1)$. 方程 (3.37) 和 (3.38) 与方程 (3.34) 和 (3.35) 中的第一式一致. 方程 (3.39) 则体现了方程 (3.34) 与 (3.35) 的第二式. 对于 $a \in [t_{m-\varepsilon}, t_{m-})$ 或 $b \in (t_{m+}, t_{m+\varepsilon}]$, 在点 $\mathbf{x}^{(i)}(a)$ 和 $\mathbf{x}^{(j)}(b)$ 处, 分别对 $\mathbf{x}^{(i)}(t_{m-\varepsilon})$ 和 $\mathbf{x}^{(j)}(t_{m+\varepsilon})$ 进行泰勒级数展开, 直到含 ε^{2k_i+1} 和 ε^{m_j+1} 的项.

$$\mathbf{x}^{(i)}_{m-\varepsilon} \equiv \mathbf{x}^{(i)}(t_{m-} - \varepsilon)$$

$$= \mathbf{x}^{(i)}(a) + \sum_{s=1}^{2k_i} \frac{1}{s!} \left.\frac{d^s\mathbf{x}^{(i)}}{dt^s}\right|_{t=a} (t_{m-} - \varepsilon - a)^s + \frac{1}{(2k_i+1)!} \left.\frac{d^{2k_i+1}\mathbf{x}^{(i)}}{dt^{2k_i+1}}\right|_{t=a}$$

$$\times (t_{m-} - \varepsilon - a)^{2k_i+1} + o((t_{m-} - \varepsilon - a)^{2k_i+1}),$$

$$\mathbf{x}^{(j)}_{m+\varepsilon} \equiv \mathbf{x}^{(j)}(t_{m+} + \varepsilon)$$

$$= \mathbf{x}^{(j)}(b) + \sum_{s=1}^{m_j} \frac{1}{s!} \left.\frac{d^s\mathbf{x}^{(j)}}{dt^s}\right|_{t=b} (t_{m+} + \varepsilon - b)^s + \frac{1}{(m_j+1)!} \left.\frac{d^{m_j+1}\mathbf{x}^{(i)}}{dt^{m_j+1}}\right|_{t=b}$$

$$\times (t_{m+} + \varepsilon - b)^{m_j+1} + o((t_{m+} + \varepsilon - b)^{m_j+1}),$$

当 $a \to t_{m-}$ 和 $b \to t_{m+}$ 时, 对上述等式求极限, 可得 [98]

$$\mathbf{x}_{m-\varepsilon}^{(i)} \equiv \mathbf{x}^{(i)}(t_{m-} - \varepsilon)$$

$$= \mathbf{x}^{(i)}(t_{m-}) + \sum_{s=1}^{2k_i} \frac{1}{s!} \frac{d^s \mathbf{x}^{(i)}}{dt^s}\bigg|_{t=t_{m-}} (-\varepsilon)^s$$

$$+ \frac{1}{(2k_i+1)!} \frac{d^{2k_i+1} \mathbf{x}^{(i)}}{dt^{2k_i+1}}\bigg|_{t=t_{m-}} (-\varepsilon)^{2k_i+1} + o((-\varepsilon)^{2k_i+1})$$

$$= \mathbf{x}^{(i)}(t_{m-}) + \sum_{s=1}^{2k_i} \frac{1}{s!} D_i^s \mathbf{F}^{(i)}(t_{m-})(-\varepsilon)^s$$

$$+ \frac{1}{(2k_i+1)!} D_i^{2k_i+1} \mathbf{F}^{(i)}(t_{m-})(-\varepsilon)^{2k_i+1} + o((-\varepsilon)^{2k_i+1}),$$

$$\mathbf{x}_{m+\varepsilon}^{(j)} \equiv \mathbf{x}^{(j)}(t_{m+} + \varepsilon)$$

$$= \mathbf{x}^{(j)}(t_{m+}) + \sum_{s=1}^{m_j} \frac{1}{s!} \frac{d^s \mathbf{x}^{(j)}}{dt^s}\bigg|_{t=t_{m+}} \varepsilon^s$$

$$+ \frac{1}{m_j!} \frac{d^{m_j+1} \mathbf{x}^{(j)}}{dt^{m_j+1}}\bigg|_{t=t_{m+}} \varepsilon^{m_j+1} + o(\varepsilon^{m_j+1})$$

$$= \mathbf{x}^{(j)}(t_{m+}) + \sum_{s=1}^{m_j} \frac{1}{s!} D_j^s \mathbf{F}^{(j)}(t_{m+})\varepsilon^s$$

$$+ \frac{1}{m_j!} D_j^{m_j+1} \mathbf{F}^{(j)}(t_{m+})\varepsilon^{m_j+1} + o(\varepsilon^{m_j+1}),$$

同理,

$$\mathbf{x}_{m-\varepsilon}^{(0)} \equiv \mathbf{x}^{(0)}(t_m - \varepsilon)$$

$$= \mathbf{x}^{(0)}(t_m) + \sum_{s=1}^{2k_i} \frac{1}{s!} \frac{d^s \mathbf{x}^{(0)}}{dt^s}\bigg|_{t=t_m} (-\varepsilon)^s$$

$$+ \frac{1}{(2k_i+1)!} \frac{d^{2k_i+1} \mathbf{x}^{(0)}}{dt^{2k_i+1}}\bigg|_{t=t_m} (-\varepsilon)^{2k_i+1} + o((-\varepsilon)^{2k_i+1})$$

$$= \mathbf{x}^{(0)}(t_m) + \sum_{s=1}^{2k_i} \frac{1}{s!} D_0^{s-1} \mathbf{F}^{(0)}(t_m)(-\varepsilon)^s$$

$$+ \frac{1}{(2k_i+1)!} D_0^{2k_i} \mathbf{F}^{(0)}(t_m)(-\varepsilon)^{2k_i+1} + o((-\varepsilon)^{2k_i+1}),$$

$$\mathbf{x}_{m+\varepsilon}^{(0)} \equiv \mathbf{x}^{(0)}(t_m + \varepsilon)$$

$$= \mathbf{x}^{(0)}(t_m) + \sum_{s=1}^{m_j} \frac{1}{s!} \frac{d^s \mathbf{x}^{(0)}}{dt^s}\bigg|_{t=t_m} \varepsilon^s$$

$$+ \frac{1}{(m_j+1)!} \frac{d^{m_j+1}\mathbf{x}^{(0)}}{dt^{m_j+1}}\bigg|_{t=t_m} \varepsilon^{m_j+1} + o(\varepsilon^{m_j+1})$$

$$= \mathbf{x}^{(0)}(t_m) + \sum_{s=1}^{m_j} \frac{1}{s!} D_0^{s-1}\mathbf{F}^{(0)}(t_m)\varepsilon^s$$

$$+ \frac{1}{(m_j+1)!} D_0^{m_j}\mathbf{F}^{(0)}(t_m)\varepsilon^{m_j+1} + o(\varepsilon^{m_j+1}),$$

$$\mathbf{n}_{\partial\Omega_{ij}}(\mathbf{x}_{m-\varepsilon}^{(0)}) = \mathbf{n}_{\partial\Omega_{ij}}(\mathbf{x}_m^{(0)}) + \sum_{s=1}^{2k_i} \frac{1}{s!} D_0^s \mathbf{n}_{\partial\Omega_{ij}}(\mathbf{x}_m^{(0)})(-\varepsilon)^s$$

$$+ \frac{1}{(2k_i+1)!} D_0^{2k_i+1}\mathbf{n}_{\partial\Omega_{ij}}(\mathbf{x}_m^{(0)})(-\varepsilon)^{2k_i+1} + o((-\varepsilon)^{2k_i+1}),$$

$$\mathbf{n}_{\partial\Omega_{ij}}(\mathbf{x}_{m+\varepsilon}^{(0)}) = \mathbf{n}_{\partial\Omega_{ij}}(\mathbf{x}_m^{(0)}) + \sum_{s=1}^{m_j} \frac{1}{s!} D_0^s \mathbf{n}_{\partial\Omega_{ij}}(\mathbf{x}_m^{(0)})\varepsilon^s$$

$$+ \frac{1}{(m_j+1)!} D_0^{m_j+1}\mathbf{n}_{\partial\Omega_{ij}}(\mathbf{x}_m^{(0)})\varepsilon^{m_j+1} + o(\varepsilon^{m_j+1}).$$

忽略 ε^{2k_i+2} 和 ε^{m_j+2} 项以及高阶项, 将方程左乘 $\mathbf{n}_{\partial\Omega_{ij}}^{\mathrm{T}}$ 后变为

$$\mathbf{n}_{\partial\Omega_{ij}}^{\mathrm{T}}(\mathbf{x}_{m-\varepsilon}^{(0)}) \cdot [\mathbf{x}_{m-\varepsilon}^{(i)} - \mathbf{x}_{m-\varepsilon}^{(0)}] = \mathbf{n}_{\partial\Omega_{ij}}^{\mathrm{T}}(\mathbf{x}_m^{(0)}) \cdot [\mathbf{x}_{m-}^{(i)} - \mathbf{x}_m^{(0)}]$$

$$+ \sum_{s=0}^{2k_i} \frac{1}{s!}(-\varepsilon)^s G_{\partial\Omega_{ij}}^{(s-1,i)}(\mathbf{x}_m, t_{m-}, \mathbf{p}_i, \boldsymbol{\lambda})$$

$$+ \frac{1}{(2k_i+1)!}(-\varepsilon)^{2k_i+1} G_{\partial\Omega_{ij}}^{(2k_i,i)}(\mathbf{x}_m, t_{m-}, \mathbf{p}_i, \boldsymbol{\lambda}),$$

$$\mathbf{n}_{\partial\Omega_{ij}}^{\mathrm{T}}(\mathbf{x}_{m+\varepsilon}^{(0)}) \cdot [\mathbf{x}_{m+\varepsilon}^{(j)} - \mathbf{x}_{m+\varepsilon}^{(0)}] = \mathbf{n}_{\partial\Omega_{ij}}^{\mathrm{T}}(\mathbf{x}_m^{(0)}) \cdot [\mathbf{x}_{m+}^{(j)} - \mathbf{x}_m^{(0)}] \qquad \text{[99]}$$

$$+ \sum_{s=1}^{m_j} \frac{1}{s!}\varepsilon^s G_{\partial\Omega_{ij}}^{(s-1,j)}(\mathbf{x}_m, t_{m+}, \mathbf{p}_j, \boldsymbol{\lambda})$$

$$+ \frac{1}{m_j!}\varepsilon^{m_j+1} G_{\partial\Omega_{ij}}^{(m_j,j)}(\mathbf{x}_m, t_{m+}, \mathbf{p}_j, \boldsymbol{\lambda}).$$

由于 $\mathbf{x}_{m\pm}^{(\alpha)} = \mathbf{x}_m^{(0)} = \mathbf{x}_m$, 代入方程 (3.35) 和 (3.36), 可得

$$\mathbf{n}_{\partial\Omega_{ij}}^{\mathrm{T}}(\mathbf{x}_{m-\varepsilon}^{(0)}) \cdot [\mathbf{x}_{m-\varepsilon}^{(0)} - \mathbf{x}_{m-\varepsilon}^{(i)}] = (-1)^{2k_i+2}\frac{1}{(2k_i+1)!}\varepsilon^{2k_i+1} G_{\partial\Omega_{ij}}^{(2k_i,i)}(\mathbf{x}_m, t_{m-}, \mathbf{p}_i, \boldsymbol{\lambda}),$$

$$\mathbf{n}_{\partial\Omega_{ij}}^{\mathrm{T}}(\mathbf{x}_{m+\varepsilon}^{(0)}) \cdot [\mathbf{x}_{m+\varepsilon}^{(j)} - \mathbf{x}_{m+\varepsilon}^{(0)}] = \frac{1}{(m_j+1)!}\varepsilon^{m_j+1} G_{\partial\Omega_{ij}}^{(m_j,j)}(\mathbf{x}_m, t_{m+}, \mathbf{p}_j, \boldsymbol{\lambda}).$$

根据方程 (3.39), 就可得到方程 (3.36); 反之, 由方程 (3.36) 也可以推导出方

程 (3.39). 证明完毕!   ■

3.4   不可穿越流

本书介绍对于指定边界的不可穿越流, 详见 Luo (2008b, c). 最早有关这个问题的讨论可以参见文献 Luo (2005a, 2006). 为了更好地理解不可穿越流的概念, 图 3.8 描述了 $(2k_i : 2k_j)$ 型不可穿越流. 由于边界上的流要么接近要么离开边界, 不可穿越流通常称作完全不可穿越流. 如果流只在边界的一边接近或者离开边界, 那么在边界另一边的流不存在或者无需定义, 这种情况称为边界上的半不可穿越流. 在图 3.8(a) 和 3.8(b) 中, 分别给出了第一类完全不可穿越流 (又称汇流) 和第二类完全不可穿越流 (又称源流).

有关边界上半汇流与半源流的问题将会在本章后面讲到. 对于一个连续系统, 汇流与源流在平衡点处仅为一个点. 然而, 对于不连续动力系统, 汇流与源流是边界上的域, 这使得系统的动力学特性更加丰富. 我们将第二章中的汇流的概念稍做修改, 定义如下.

定义 3.12   对于方程 (2.1) 中的不连续动力系统, 在 t_m 时刻, 两相邻域 $\Omega_\alpha(\alpha = i, j)$ 边界上存在点 $\mathbf{x}^{(0)}(t_m) \equiv \mathbf{x}_m \in \partial\Omega_{ij}$. 对于任意小的 $\varepsilon > 0$, 存在时间区间 $[t_{m-\varepsilon}, t_m)$. 假定 $\mathbf{x}^{(\alpha)}(t_{m-}) = \mathbf{x}_m$. 如果

[101]

$$\left.\begin{array}{l} \mathbf{n}_{\partial\Omega_{ij}}^{\mathrm{T}}(\mathbf{x}_{m-\varepsilon}^{(0)}) \cdot [\mathbf{x}_{m-\varepsilon}^{(0)} - \mathbf{x}_{m-\varepsilon}^{(i)}] > 0, \\ \mathbf{n}_{\partial\Omega_{ij}}^{\mathrm{T}}(\mathbf{x}_{m-\varepsilon}^{(0)}) \cdot [\mathbf{x}_{m-\varepsilon}^{(0)} - \mathbf{x}_{m-\varepsilon}^{(j)}] < 0, \end{array}\right\} \mathbf{n}_{\partial\Omega_{ij}} \to \Omega_j$$

或   (3.40)

$$\left.\begin{array}{l} \mathbf{n}_{\partial\Omega_{ij}}^{\mathrm{T}}(\mathbf{x}_{m-\varepsilon}^{(0)}) \cdot [\mathbf{x}_{m-\varepsilon}^{(0)} - \mathbf{x}_{m-\varepsilon}^{(i)}] < 0, \\ \mathbf{n}_{\partial\Omega_{ij}}^{\mathrm{T}}(\mathbf{x}_{m-\varepsilon}^{(0)}) \cdot [\mathbf{x}_{m-\varepsilon}^{(0)} - \mathbf{x}_{m-\varepsilon}^{(j)}] > 0, \end{array}\right\} \mathbf{n}_{\partial\Omega_{ij}} \to \Omega_i,$$

那么流 $\mathbf{x}^{(i)}(t)$ 和 $\mathbf{x}^{(j)}(t)$ 为边界 $\partial\Omega_{ij}$ 上的第一类不可穿越流 (或称作汇流).

从上述定义来看, 方程 (2.1) 中汇流的充要条件可以由下面的定理得到.

定理 3.3   对于方程 (2.1) 中的不连续动力系统, 在两个相邻域 Ω_α ($\alpha = i, j$) 的边界上, 在 t_m 时刻存在一点 $\mathbf{x}^{(0)}(t_m) \equiv \mathbf{x}_m \in \partial\Omega_{ij}$. 对于任意小的 $\varepsilon > 0$, 存在时间区间 $[t_{m-\varepsilon}, t_m)$. 假定 $\mathbf{x}^{(\alpha)}(t_{m-}) = \mathbf{x}_m$. 对于时间 t, 流 $\mathbf{x}^{(\alpha)}(t)$ 为 $C_{[t_{m-\varepsilon}, t_m)}^{r_\alpha}$ 连续的 ($r_\alpha \geqslant 1, \alpha = i, j$) 且 $\|d^{r_\alpha+1}\mathbf{x}^{(\alpha)}/dt^{r_\alpha+1}\| < \infty$.

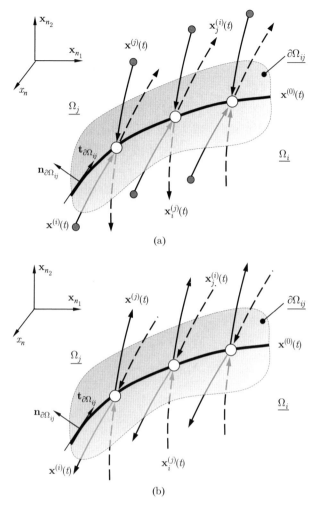

图 3.8　$(2k_i : 2k_j)$ 型不可穿越流: (a) 第一类完全不可穿越流 (汇流), (b) 第二类完全不可穿越流 (源流). 域 Ω_i 和 Ω_j 内的实流 $\mathbf{x}^{(i)}(t)$ 和 $\mathbf{x}^{(j)}(t)$ 用实线表示. 域 Ω_i 和 Ω_j 内的虚流 $\mathbf{x}_i^{(j)}(t)$ 和 $\mathbf{x}_j^{(i)}(t)$ 用虚线表示, 且分别受域 Ω_i 和 Ω_j 内的向量场控制. $\mathbf{x}^{(0)}(t)$ 表示边界流, $\mathbf{n}_{\partial\Omega_{ij}}$ 为边界法向量, $\mathbf{t}_{\partial\Omega_{ij}}$ 为边界切向量. 空心小圆圈表示边界上汇流与源流, 实心小圆圈表示起始点 $(n_1 + n_2 + 1 = n)$

流 $\mathbf{x}^{(i)}(t)$ 和 $\mathbf{x}^{(j)}(t)$ 为边界 $\partial\Omega_{ij}$ 上的第一类不可穿越流 (或汇流), 当且仅当

$$\left.\begin{array}{l} G_{\partial\Omega_{ij}}^{(i)}(\mathbf{x}_m, t_{m-}, \mathbf{p}_i, \boldsymbol{\lambda}) > 0, \\[2mm] G_{\partial\Omega_{ij}}^{(j)}(\mathbf{x}_m, t_{m-}, \mathbf{p}_j, \boldsymbol{\lambda}) < 0, \end{array}\right\} \mathbf{n}_{\partial\Omega_{ij}} \to \Omega_j$$

或 　　　　　　　　　　　　　　　　　　　　　　　　　　　　　　(3.41)

$$\left.\begin{array}{l} G^{(i)}_{\partial\Omega_{ij}}(\mathbf{x}_m, t_{m-}, \mathbf{p}_i, \boldsymbol{\lambda}) < 0, \\ G^{(j)}_{\partial\Omega_{ij}}(\mathbf{x}_m, t_{m-}, \mathbf{p}_j, \boldsymbol{\lambda}) > 0, \end{array}\right\} \mathbf{n}_{\partial\Omega_{ij}} \to \Omega_i.$$

证明　证明同定理 3.1.　　　　　　　　　　　　　　　　■

如果边界 $\partial\Omega_{ij}$ 不随时间变化, 根据方程 (3.14), 由于流与边界为零阶接触, 定理 3.3 与定理 2.3 相同 (详见文献 Luo, 2005a, 2006). 但是, 在这两个文献中, 具有 $(2k_i : 2k_j)$ 型高阶奇异性的不可穿越流理论 ($k_\alpha \in \mathbf{N}, \alpha = i, j$) 仅适用于平面边界, 以及边界 $\partial\Omega_{ij}$ 与域 $\Omega_\alpha (\alpha = i, j)$ 内的流 $\mathbf{x}^{(\alpha)}$ 是 $2k_\alpha$ 阶接触的情况, 这将会在后面讨论. 正如文献 Luo (2008b, c) 中所述, 这里将要讨论边界上 $(2k_i : 2k_j)$ 型高阶奇异的不可穿越流的一般理论.

[102]　　**定义 3.13**　对于方程 (2.1) 中的不连续动力系统, 在两个相邻域 Ω_α $(\alpha = i, j)$ 的边界上, 在 t_m 时刻存在一点 $\mathbf{x}^{(0)}(t_m) \equiv \mathbf{x}_m \in \partial\Omega_{ij}$. 对于任意小的 $\varepsilon > 0$, 存在时间区间 $[t_{m-\varepsilon}, t_m)$. 假定 $\mathbf{x}^{(\alpha)}(t_{m-}) = \mathbf{x}_m$. 对于时间 t, 流 $\mathbf{x}^{(\alpha)}(t)$ 为 $C^{r_\alpha}_{[t_{m-\varepsilon}, t_m)}$ 连续的 $(r_\alpha \geqslant 2k_\alpha + 1, \alpha = i, j)$ 且 $\|d^{r_\alpha+1}\mathbf{x}^{(\alpha)}/dt^{r_\alpha+1}\| < \infty$. 如果

$$\left.\begin{array}{l} G^{(s_\alpha, \alpha)}_{\partial\Omega_{ij}}(\mathbf{x}_m, t_{m-}, \mathbf{p}_\alpha, \boldsymbol{\lambda}) = 0, s_\alpha = 0, 1, \cdots, 2k_\alpha - 1, \\ G^{(2k_\alpha, \alpha)}_{\partial\Omega_{ij}}(\mathbf{x}_m, t_{m-}, \mathbf{p}_\alpha, \boldsymbol{\lambda}) \neq 0 (\alpha = i, j); \end{array}\right\} \tag{3.42}$$

$$\left.\begin{array}{l} \mathbf{n}^{\mathrm{T}}_{\partial\Omega_{ij}}(\mathbf{x}^{(0)}_{m-\varepsilon}) \cdot [\mathbf{x}^{(0)}_{m-\varepsilon} - \mathbf{x}^{(i)}_{m-\varepsilon}] > 0, \\ \mathbf{n}^{\mathrm{T}}_{\partial\Omega_{ij}}(\mathbf{x}^{(0)}_{m-\varepsilon}) \cdot [\mathbf{x}^{(0)}_{m-\varepsilon} - \mathbf{x}^{(j)}_{m-\varepsilon}] < 0, \end{array}\right\} \mathbf{n}_{\partial\Omega_{ij}} \to \Omega_j$$

或　　　　　　　　　　　　　　　　　　　　　　　　　　　　　　　　(3.43)

$$\left.\begin{array}{l} \mathbf{n}^{\mathrm{T}}_{\partial\Omega_{ij}}(\mathbf{x}^{(0)}_{m-\varepsilon}) \cdot [\mathbf{x}^{(0)}_{m-\varepsilon} - \mathbf{x}^{(i)}_{m-\varepsilon}] < 0, \\ \mathbf{n}^{\mathrm{T}}_{\partial\Omega_{ij}}(\mathbf{x}^{(0)}_{m-\varepsilon}) \cdot [\mathbf{x}^{(0)}_{m-\varepsilon} - \mathbf{x}^{(j)}_{m-\varepsilon}] > 0, \end{array}\right\} \mathbf{n}_{\partial\Omega_{ij}} \to \Omega_i,$$

那么第 $2k_i$ 阶流 $\mathbf{x}^{(i)}(t)$ 与第 $2k_j$ 阶流 $\mathbf{x}^{(j)}(t)$ 为边界 $\partial\Omega_{ij}$ 上的第一类 $(2k_i : 2k_j)$ 型不可穿越流 (或者称作 $(2k_i : 2k_j)$ 型汇流).

定理 3.4　对于方程 (2.1) 中的不连续动力系统, 在两个相邻域 Ω_α $(\alpha = i, j)$ 的边界上, 在 t_m 时刻存在一点 $\mathbf{x}^{(0)}(t_m) \equiv \mathbf{x}_m \in \partial\Omega_{ij}$. 对于任意小的 $\varepsilon > 0$, 存在时间区间 $[t_{m-\varepsilon}, t_m)$. 假定 $\mathbf{x}^{(\alpha)}(t_{m-}) = \mathbf{x}_m$. 对于时间 t, 流 $\mathbf{x}^{(\alpha)}(t)$ 为 $C^{r_\alpha}_{[t_{m-\varepsilon}, t_m)}$ 连续的 $(r_\alpha \geqslant 2k_\alpha + 1, \alpha = i, j)$ 且 $\|d^{r_\alpha+1}\mathbf{x}^{(\alpha)}/dt^{r_\alpha+1}\| < \infty$. 第 $2k_i$ 阶流 $\mathbf{x}^{(i)}(t)$ 与第 $2k_j$ 阶流 $\mathbf{x}^{(j)}(t)$ 为边界 $\partial\Omega_{ij}$ 上的第一类 $(2k_i : 2k_j)$ 型不可穿越流 (或者称作 $(2k_i : 2k_j)$ 型汇流), 当且仅当

$$G_{\partial\Omega_{ij}}^{(s_\alpha,\alpha)}(\mathbf{x}_m,t_{m-},\mathbf{p}_\alpha,\boldsymbol{\lambda}) = 0, \quad s_\alpha = 0,1,\cdots,2k_\alpha - 1, \ \alpha = i,j; \quad (3.44)$$

$$\left.\begin{array}{l} G_{\partial\Omega_{ij}}^{(2k_i,i)}(\mathbf{x}_m,t_{m-},\mathbf{p}_i,\boldsymbol{\lambda}) > 0, \\ G_{\partial\Omega_{ij}}^{(2k_j,j)}(\mathbf{x}_m,t_{m-},\mathbf{p}_j,\boldsymbol{\lambda}) < 0, \end{array}\right\} \mathbf{n}_{\partial\Omega_{ij}} \to \Omega_j$$

或 $\qquad\qquad\qquad\qquad\qquad\qquad\qquad\qquad\qquad\qquad (3.45)$

$$\left.\begin{array}{l} G_{\partial\Omega_{ij}}^{(2k_i,i)}(\mathbf{x}_m,t_{m-},\mathbf{p}_i,\boldsymbol{\lambda}) < 0, \\ G_{\partial\Omega_{ij}}^{(2k_j,j)}(\mathbf{x}_m,t_{m-},\mathbf{p}_j,\boldsymbol{\lambda}) > 0, \end{array}\right\} \mathbf{n}_{\partial\Omega_{ij}} \to \Omega_i.$$

证明 同定理 3.2. ■

定义 3.14 对于方程 (2.1) 中的不连续动力系统, 在两个相邻域 Ω_α [103] $(\alpha = i,j)$ 的边界上, 在 t_m 时刻存在一点 $\mathbf{x}^{(0)}(t_m) \equiv \mathbf{x}_m \in \partial\Omega_{ij}$. 对于任意小的 $\varepsilon > 0$, 存在时间区间 $(t_m,t_{m+\varepsilon}]$. 假定 $\mathbf{x}^{(\alpha)}(t_{m+}) = \mathbf{x}_m$, 如果

$$\left.\begin{array}{l} \mathbf{n}_{\partial\Omega_{ij}}^{\mathrm{T}}(\mathbf{x}_{m+\varepsilon}^{(0)}) \cdot [\mathbf{x}_{m+\varepsilon}^{(i)} - \mathbf{x}_{m+\varepsilon}^{(0)}] < 0, \\ \mathbf{n}_{\partial\Omega_{ij}}^{\mathrm{T}}(\mathbf{x}_{m+\varepsilon}^{(0)}) \cdot [\mathbf{x}_{m+\varepsilon}^{(j)} - \mathbf{x}_{m+\varepsilon}^{(0)}] > 0, \end{array}\right\} \mathbf{n}_{\partial\Omega_{ij}} \to \Omega_j$$

或 $\qquad\qquad\qquad\qquad\qquad\qquad\qquad\qquad\qquad\qquad (3.46)$

$$\left.\begin{array}{l} \mathbf{n}_{\partial\Omega_{ij}}^{\mathrm{T}}(\mathbf{x}_{m+\varepsilon}^{(0)}) \cdot [\mathbf{x}_{m+\varepsilon}^{(i)} - \mathbf{x}_{m+\varepsilon}^{(0)}] > 0, \\ \mathbf{n}_{\partial\Omega_{ij}}^{\mathrm{T}}(\mathbf{x}_{m+\varepsilon}^{(0)}) \cdot [\mathbf{x}_{m+\varepsilon}^{(j)} - \mathbf{x}_{m+\varepsilon}^{(0)}] < 0, \end{array}\right\} \mathbf{n}_{\partial\Omega_{ij}} \to \Omega_i,$$

那么流 $\mathbf{x}^{(i)}(t)$ 和 $\mathbf{x}^{(j)}(t)$ 为边界 $\partial\Omega_{ij}$ 上的第二类不可穿越流 (或者称作源流).

定理 3.5 对于方程 (2.1) 中的不连续动力系统, 在两个相邻域 Ω_α ($\alpha = i,j$) 的边界上, 在 t_m 时刻存在一点 $\mathbf{x}^{(0)}(t_m) \equiv \mathbf{x}_m \in \partial\Omega_{ij}$. 对于任意小的 $\varepsilon > 0$, 存在时间区间 $(t_m,t_{m+\varepsilon}]$. 假定 $\mathbf{x}^{(\alpha)}(t_{m+}) = \mathbf{x}_m$. 对于时间 t, 流 $\mathbf{x}^{(\alpha)}(t)$ 为 $C_{(t_m,t_{m+\varepsilon}]}^{r_\alpha}$ 连续的 ($r_\alpha \geqslant 1$) 且 $\|d^{r_\alpha+1}\mathbf{x}^{(\alpha)}/dt^{r_\alpha+1}\| < \infty$. 流 $\mathbf{x}^{(i)}(t)$ 和 $\mathbf{x}^{(j)}(t)$ 为边界 $\partial\Omega_{ij}$ 上的第二类不可穿越流 (或源流), 当且仅当

$$\left.\begin{array}{l} G_{\partial\Omega_{ij}}^{(i)}(\mathbf{x}_m,t_{m+},\mathbf{p}_i,\boldsymbol{\lambda}) < 0, \\ G_{\partial\Omega_{ij}}^{(j)}(\mathbf{x}_m,t_{m+},\mathbf{p}_j,\boldsymbol{\lambda}) > 0, \end{array}\right\} \mathbf{n}_{\partial\Omega_{ij}} \to \Omega_j$$

或 $\qquad\qquad\qquad\qquad\qquad\qquad\qquad\qquad\qquad\qquad (3.47)$

$$\left.\begin{array}{l} G_{\partial\Omega_{ij}}^{(i)}(\mathbf{x}_m,t_{m+},\mathbf{p}_i,\boldsymbol{\lambda}) > 0, \\ G_{\partial\Omega_{ij}}^{(j)}(\mathbf{x}_m,t_{m+},\mathbf{p}_j,\boldsymbol{\lambda}) < 0, \end{array}\right\} \mathbf{n}_{\partial\Omega_{ij}} \to \Omega_i.$$

证明　同定理 3.1.　　　　　　　　　　　　　　　　　　　　　　　　■

定义 3.15　对于方程 (2.1) 中的不连续动力系统, 在两个相邻域 Ω_α $(\alpha = i, j)$ 的边界上, 在 t_m 时刻存在一点 $\mathbf{x}^{(0)}(t_m) \equiv \mathbf{x}_m \in \partial\Omega_{ij}$. 对于任意小的 $\varepsilon > 0$, 存在时间区间 $(t_m, t_{m+\varepsilon}]$. 假定 $\mathbf{x}^{(\alpha)}(t_{m+}) = \mathbf{x}_m$. 对于时间 t, 流 $\mathbf{x}^{(\alpha)}(t)$ 为 $C^{r_\alpha}_{(t_m, t_{m+\varepsilon}]}$ 连续的 $(r_\alpha \geq m_\alpha + 1, \alpha = i, j)$ 且 $\|d^{r_\alpha+1}\mathbf{x}^{(\alpha)}/dt^{r_\alpha+1}\| < \infty$. 如果

[104]
$$\left.\begin{aligned}
G^{(s_i, i)}_{\partial\Omega_{ij}}(\mathbf{x}_m, t_{m+}, \mathbf{p}_i, \boldsymbol{\lambda}) = 0, \quad s_i = 0, 1, \cdots, m_i - 1, \\
G^{(2k_i, i)}_{\partial\Omega_{ij}}(\mathbf{x}_m, t_{m+}, \mathbf{p}_i, \boldsymbol{\lambda}) \neq 0,
\end{aligned}\right\} \tag{3.48}$$

$$\left.\begin{aligned}
G^{(s_j, j)}_{\partial\Omega_{ij}}(\mathbf{x}_m, t_{m+}, \mathbf{p}_j, \boldsymbol{\lambda}) = 0, \quad s_j = 0, 1, \cdots, m_j - 1, \\
G^{(2k_j, j)}_{\partial\Omega_{ij}}(\mathbf{x}_m, t_{m+}, \mathbf{p}_j, \boldsymbol{\lambda}) \neq 0,
\end{aligned}\right\} \tag{3.49}$$

$$\left.\begin{aligned}
\mathbf{n}^{\mathrm{T}}_{\partial\Omega_{ij}}(\mathbf{x}^{(0)}_{m+\varepsilon}) \cdot [\mathbf{x}^{(i)}_{m+\varepsilon} - \mathbf{x}^{(0)}_{m+\varepsilon}] < 0, \\
\mathbf{n}^{\mathrm{T}}_{\partial\Omega_{ij}}(\mathbf{x}^{(0)}_{m+\varepsilon}) \cdot [\mathbf{x}^{(j)}_{m+\varepsilon} - \mathbf{x}^{(0)}_{m+\varepsilon}] > 0,
\end{aligned}\right\} \mathbf{n}_{\partial\Omega_{ij}} \to \Omega_j$$

或
$$\tag{3.50}$$
$$\left.\begin{aligned}
\mathbf{n}^{\mathrm{T}}_{\partial\Omega_{ij}}(\mathbf{x}^{(0)}_{m+\varepsilon}) \cdot [\mathbf{x}^{(i)}_{m+\varepsilon} - \mathbf{x}^{(0)}_{m+\varepsilon}] > 0, \\
\mathbf{n}^{\mathrm{T}}_{\partial\Omega_{ij}}(\mathbf{x}^{(0)}_{m+\varepsilon}) \cdot [\mathbf{x}^{(j)}_{m+\varepsilon} - \mathbf{x}^{(0)}_{m+\varepsilon}] < 0,
\end{aligned}\right\} \mathbf{n}_{\partial\Omega_{ij}} \to \Omega_i,$$

那么第 m_i 阶流 $\mathbf{x}^{(i)}(t)$ 与第 m_j 阶流 $\mathbf{x}^{(j)}(t)$ 为边界 $\partial\Omega_{ij}$ 上的第二类 $(m_i : m_j)$ 型不可穿越流 (或者称作 $(m_i : m_j)$ 型源流).

　　当 $m_\alpha = 2k_\alpha (\alpha = i, j)$ 时, 可以得到 $(2k_i : 2k_j)$ 型源流, 其对应于 $(2k_i : 2k_j)$ 型汇流. 由于源流起源于边界, 故如果 $m_\alpha = 2k_\alpha - 1, m_\beta = 2k_\beta (\alpha, \beta \in \{i, j\}$ 且 $\beta \neq \alpha)$, 或 $m_\beta = 2k_\beta - 1 (\beta \in \{i, j\})$, 必然存在其他三个源流, 即 $(2k_i : 2k_j - 1)$ 型源流、$(2k_i - 1 : 2k_j)$ 型源流以及 $(2k_i - 1 : 2k_j - 1)$ 型源流. 但是, 无法形成相对应的汇流. 下面将讨论像这样的与切向流有关的源流, 即这样的源流会进入到哪个域的问题. 如果源流确实存在于边界, 那么它将持续处于边界上. 然而, 如果该流受到来自任何一个域中的一点扰动 (例如, 域 Ω_α 内的扰动, $\alpha \in \{i, j\}$), 那么流及其相对应的 m_α 阶流将会进入域 Ω_α 内. 事实上, 受扰的源流与另一个域内边界上奇异流的阶数无关. 可以说, 源流的运动行为对边界邻域内的微小扰动比较敏感. 这样的性质与连续动力系统中的鞍点或者源点类似. 然而, 边界上的汇流若受到微小的扰动后依然能够保持稳定, 这就意味着不论微小扰动是来自边界上还是两个域内的任一域, 该汇流始终在边界上. 为更好地解释源流, 图 3.9 和图 3.10 绘出了四个源流.

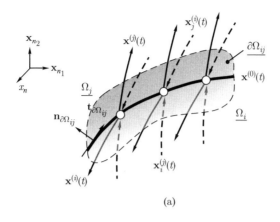

(a)

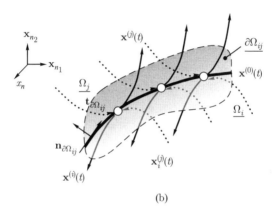

(b)

图 3.9   源流: (a) $(2k_i : 2k_j)$ 型源流, (b) $(2k_i - 1 : 2k_j - 1)$ 型源流. 在域 Ω_i 和 Ω_j 内的实流 $\mathbf{x}^{(i)}(t)$ 与 $\mathbf{x}^{(j)}(t)$ 由细实线表示. 在域 Ω_i 和 Ω_j 内的虚流 $\mathbf{x}_i^{(j)}(t)$ 与 $\mathbf{x}_j^{(i)}(t)$ 用虚线表示, 并分别受域 Ω_j 和 Ω_i 内的向量场控制. $\mathbf{x}^{(0)}(t)$ 表示边界流. $\mathbf{n}_{\partial\Omega_{ij}}$ 及 $\mathbf{t}_{\partial\Omega_{ij}}$ 分别表示边界上的法向量和切向量. 空心小圆圈表示边界上的汇流和源流 $(n_1 + n_2 + 1 = n)$

实流与虚流分别用实线和虚线表示. 点虚线表示与源流相关的来流. 图 3.9 中描述了 $(2k_i : 2k_j)$ 型源流和 $(2k_i - 1 : 2k_j - 1)$ 型源流. 实际上, 源流没有任何来流, 除非该源流本身就在边界上. 对于 $(2k_i : 2k_j)$ 型源流, 来流为虚流. 对于 $(2k_i - 1 : 2k_j - 1)$ 型源流, 虚流的入流仍然在相同的域内. 与 $(2k_i : 2k_j)$ 型汇流一样, $(2k_i : 2k_j)$ 型源流也没有对边界的擦边属性. 但是, $(2k_i - 1 : 2k_j - 1)$ [105]

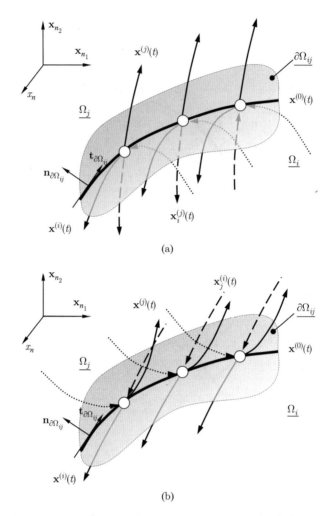

图 3.10　源流: (a) $(2k_i - 1 : 2k_j)$ 型源流, (b) $(2k_i : 2k_j - 1)$ 型源流. 在域 Ω_i 和 Ω_j 内的实流 $\mathbf{x}^{(i)}(t)$ 与 $\mathbf{x}^{(j)}(t)$ 由细实线表示. 在域 Ω_i 和 Ω_j 内的虚流 $\mathbf{x}_i^{(j)}(t)$ 与 $\mathbf{x}_j^{(i)}(t)$ 用虚线表示, 并分别受域 Ω_j 和 Ω_i 内的向量场控制. $\mathbf{x}^{(0)}(t)$ 表示边界流. $\mathbf{n}_{\partial\Omega_{ij}}$ 及 $\mathbf{t}_{\partial\Omega_{ij}}$ 分别表示边界上的法向量和切向量. 空心小圆圈表示边界上的汇流和源流 $(n_1 + n_2 + 1 = n)$

型源流拥有擦边属性. 因为擦边源流对于边界上流的可穿越性并不重要, 所以本节不讨论擦边源流的性质. 图 3.10 中描述了 $(2k_i - 1 : 2k_j)$ 型源流与 $(2k_i : 2k_j - 1)$ 型源流.

　　根据前面的定义, 方程 (2.1) 中 $(m_i : m_j)$ 型源流的充分必要条件如下.

定理 3.6 对于方程 (2.1) 中的不连续动力系统, 在两个相邻域 Ω_α ($\alpha = i, j$) 的边界上, 在 t_m 时刻存在一点 $\mathbf{x}^{(0)}(t_m) \equiv \mathbf{x}_m \in \partial\Omega_{ij}$. 对于任意小的 $\varepsilon > 0$, 存在时间区间 $(t_m, t_{m+\varepsilon})$. 假定 $\mathbf{x}^{(\alpha)}(t_{m+}) = \mathbf{x}_m$. 对于时间 t, 流 $\mathbf{x}^{(\alpha)}(t)$ 为 $C^{r_\alpha}_{(t_m, t_{m+\varepsilon})}$ 连续的 ($r_\alpha \geqslant m_\alpha + 1, \alpha = i, j$) 且 $\|d^{r_\alpha+1}\mathbf{x}^{(\alpha)}/dt^{r_\alpha+1}\| < \infty$. 第 m_i 阶流 $\mathbf{x}^{(i)}(t)$ 和第 m_j 阶流 $\mathbf{x}^{(j)}(t)$ 为边界 $\partial\Omega_{ij}$ 上的第二类 $(m_i : m_j)$ 型不可穿越流 (或 $(m_i : m_j)$ 型源流), 当且仅当

$$G^{(s_i,i)}_{\partial\Omega_{ij}}(\mathbf{x}_m, t_{m+}, \mathbf{p}_i, \boldsymbol{\lambda}) = 0, s_i = 0, 1, \cdots, m_i - 1; \quad (3.51)$$

$$G^{(s_j,j)}_{\partial\Omega_{ij}}(\mathbf{x}_m, t_{m+}, \mathbf{p}_j, \boldsymbol{\lambda}) = 0, s_j = 0, 1, \cdots, m_j - 1; \quad (3.52)$$

$$\left.\begin{array}{l} G^{(m_i,i)}_{\partial\Omega_{ij}}(\mathbf{x}_m, t_{m+}, \mathbf{p}_i, \boldsymbol{\lambda}) < 0, \\[2mm] G^{(m_j,j)}_{\partial\Omega_{ij}}(\mathbf{x}_m, t_{m+}, \mathbf{p}_j, \boldsymbol{\lambda}) > 0, \end{array}\right\} \mathbf{n}_{\partial\Omega_{ij}} \to \Omega_j$$

或 $\qquad\qquad\qquad\qquad\qquad\qquad\qquad\qquad\qquad\qquad\qquad (3.53)$

$$\left.\begin{array}{l} G^{(m_i,i)}_{\partial\Omega_{ij}}(\mathbf{x}_m, t_{m+}, \mathbf{p}_i, \boldsymbol{\lambda}) > 0, \\[2mm] G^{(m_j,j)}_{\partial\Omega_{ij}}(\mathbf{x}_m, t_{m+}, \mathbf{p}_j, \boldsymbol{\lambda}) < 0, \end{array}\right\} \mathbf{n}_{\partial\Omega_{ij}} \to \Omega_i.$$

证明 同定理 3.2. ∎

下面讨论对于边界的半不可穿越流. 第一类半不可穿越流称为半汇流. 图 3.11(a) 给出域 Ω_i 内的半汇流. 仅 $\mathbf{x}^{(i)}(t)$ 在时间 $t \in [t_{m-\varepsilon}, t_m)$ 内为实流, 在时间区间 $t \in [t_{m-\varepsilon}, t_{m+\varepsilon}]$ 内的虚流 $\mathbf{x}^{(i)}_j(t)$ 和在时间区间 $t \in (t_m, t_{m+\varepsilon}]$ 内的虚流 $\mathbf{x}^{(j)}_i(t)$ 用虚线表示. 对于同样的边界 $\partial\Omega_{ij}$, 域 Ω_j 内的半汇流如图 3.11(b) 所示. 在时间区间 $t \in [t_{m-\varepsilon}, \varepsilon)$ 的来流 $\mathbf{x}^{(j)}(t)$ 是实流. 其严格的数学定义如下.

定义 3.16 对于方程 (2.1) 中的不连续动力系统, 在两个相邻域 Ω_α [109] ($\alpha = i, j$) 的边界上, 在 t_m 时刻存在一点 $\mathbf{x}^{(0)}(t_m) \equiv \mathbf{x}_m \in \partial\Omega_{ij}$. 对于任意小的 $\varepsilon > 0$, 存在两个时间区间 $[t_{m-\varepsilon}, t_m)$ 和 $[t_{m-\varepsilon}, t_{m+\varepsilon}]$. 假定 $\mathbf{x}^{(i)}(t_{m-}) = \mathbf{x}_m = \mathbf{x}^{(j)}_i(t_{m\pm})$. 对于时间 t, 流 $\mathbf{x}^{(i)}(t)$ 为 $C^{r_i}_{[t_{m-\varepsilon}, t_m)}$ 连续的 ($r_i \geqslant 2k_i + 1$) 且 $\|d^{r_i+1}\mathbf{x}^{(i)}/dt^{r_i+1}\| < \infty$. 虚流 $\mathbf{x}^{(j)}_i(t)$ 为 $C^{r_j}_{[t_{m-\varepsilon}, t_{m+\varepsilon}]}$ 连续的 ($r_j \geqslant 2k_j$), 且 $\|d^{r_j+1}\mathbf{x}^{(j)}_i/dt^{r_j+1}\| < \infty$. 如果

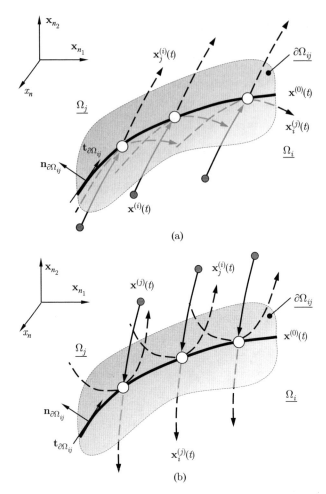

图 3.11　半汇流: (a) 在域 Ω_i 内的 $(2k_i : 2k_j - 1)$ 型半汇流, (b) 在域 Ω_j 内的 $(2k_j : 2k_i - 1)$ 型半汇流. 在域 Ω_i 和 Ω_j 内的实流 $\mathbf{x}^{(i)}(t)$ 与 $\mathbf{x}^{(j)}(t)$ 由细实线表示. 在域 Ω_i 和 Ω_j 内的虚流 $\mathbf{x}_i^{(j)}(t)$ 与 $\mathbf{x}_j^{(i)}(t)$ 用虚线表示, 并分别受域 Ω_j, Ω_i 内的向量场控制. $\mathbf{x}^{(0)}(t)$ 表示边界流. $\mathbf{n}_{\partial\Omega_{ij}}$ 及 $\mathbf{t}_{\partial\Omega_{ij}}$ 分别表示边界上的法向量和切向量. 空心小圆圈表示边界上的汇流, 实心小圆圈表示起始点 $(n_1 + n_2 + 1 = n)$

$$G_{\partial\Omega_{ij}}^{(s_i, i)}(\mathbf{x}_m, t_{m-}, \mathbf{p}_i, \boldsymbol{\lambda}) = 0, \quad s_i = 0, 1, \cdots, 2k_i - 1,$$
$$G_{\partial\Omega_{ij}}^{(2k_i, i)}(\mathbf{x}_m, t_{m-}, \mathbf{p}_i, \boldsymbol{\lambda}) \neq 0; \tag{3.54}$$

$$G_{\partial\Omega_{ij}}^{(s_j, j)}(\mathbf{x}_m, t_{m\pm}, \mathbf{p}_j, \boldsymbol{\lambda}) = 0, \quad s_j = 0, 1, \cdots, 2k_j - 2,$$
$$G_{\partial\Omega_{ij}}^{(2k_j - 1, j)}(\mathbf{x}_m, t_{m\pm}, \mathbf{p}_j, \boldsymbol{\lambda}) \neq 0; \tag{3.55}$$

$$\mathbf{n}_{\partial\Omega_{ij}}^{\mathrm{T}}(\mathbf{x}_{m-\varepsilon}^{(0)}) \cdot [\mathbf{x}_{m-\varepsilon}^{(0)} - \mathbf{x}_{m-\varepsilon}^{(i)}] > 0, \mathbf{n}_{\partial\Omega_{ij}} \to \Omega_j$$

或 $\qquad\qquad\qquad\qquad\qquad\qquad\qquad\qquad\qquad$ (3.56)

$$\mathbf{n}_{\partial\Omega_{ij}}^{\mathrm{T}}(\mathbf{x}_{m-\varepsilon}^{(0)}) \cdot [\mathbf{x}_{m-\varepsilon}^{(0)} - \mathbf{x}_{m-\varepsilon}^{(i)}] < 0, \mathbf{n}_{\partial\Omega_{ij}} \to \Omega_i;$$

$$\left.\begin{array}{l} \mathbf{n}_{\partial\Omega_{ij}}^{\mathrm{T}}(\mathbf{x}_{m-\varepsilon}^{(0)}) \cdot [\mathbf{x}_{m-\varepsilon}^{(0)} - \mathbf{x}_{i(m-\varepsilon)}^{(j)}] > 0, \\ \mathbf{n}_{\partial\Omega_{ij}}^{\mathrm{T}}(\mathbf{x}_{m+\varepsilon}^{(0)}) \cdot [\mathbf{x}_{i(m+\varepsilon)}^{(j)} - \mathbf{x}_{m+\varepsilon}^{(0)}] < 0, \end{array}\right\} \mathbf{n}_{\partial\Omega_{ij}} \to \Omega_j$$

或 $\qquad\qquad\qquad\qquad\qquad\qquad\qquad\qquad\qquad$ (3.57)

$$\left.\begin{array}{l} \mathbf{n}_{\partial\Omega_{ij}}^{\mathrm{T}}(\mathbf{x}_{m-\varepsilon}^{(0)}) \cdot [\mathbf{x}_{m-\varepsilon}^{(0)} - \mathbf{x}_{i(m-\varepsilon)}^{(j)}] < 0, \\ \mathbf{n}_{\partial\Omega_{ij}}^{\mathrm{T}}(\mathbf{x}_{m+\varepsilon}^{(0)}) \cdot [\mathbf{x}_{i(m+\varepsilon)}^{(j)} - \mathbf{x}_{m+\varepsilon}^{(0)}] > 0, \end{array}\right\} \mathbf{n}_{\partial\Omega_{ij}} \to \Omega_i,$$

那么边界 $\partial\Omega_{ij}$ 上第 $2k_i$ 阶流 $\mathbf{x}^{(i)}(t)$ 与第 $2k_j - 1$ 阶流 $\mathbf{x}^{(j)}(t)$ 为域 Ω_i 中第一类 $(2k_i : 2k_j - 1)$ 型半不可穿越流 (或者称作 $(2k_i : 2k_j - 1)$ 型半汇流).

定理 3.7 对于方程 (2.1) 中的不连续动力系统, 在两个相邻域 Ω_α $(\alpha = i, j)$ 的边界上, 在 t_m 时刻存在一点 $\mathbf{x}^{(0)}(t_m) \equiv \mathbf{x}_m \in \partial\Omega_{ij}$. 对于任意小的 $\varepsilon > 0$, 存在时间区间 $[t_{m-\varepsilon}, t_m)$ 和 $[t_{m-\varepsilon}, t_{m+\varepsilon}]$. 假定 $\mathbf{x}^{(i)}(t_{m-}) = \mathbf{x}_m = \mathbf{x}_i^{(j)}(t_{m\pm})$. 对于时间 t, 流 $\mathbf{x}^{(i)}(t)$ 为 $C_{[t_{m-\varepsilon}, t_m)}^{r_i}$ 连续的 $(r_i \geqslant 2k_i + 1)$, 且 $\|d^{r_i+1}\mathbf{x}^{(i)}/dt^{r_i+1}\| < \infty$. 虚流 $\mathbf{x}_i^{(j)}(t)$ 为 $C_{[t_{m-\varepsilon}, t_{m+\varepsilon}]}^{r_j}$ 连续的 $(r_j \geqslant 2k_j)$ 且 $\|d^{r_j+1}\mathbf{x}_i^{(j)}/dt^{r_j+1}\| < \infty$. 边界 $\partial\Omega_{ij}$ 上第 $2k_i$ 阶流 $\mathbf{x}^{(i)}(t)$ 与第 $2k_j - 1$ 阶流 $\mathbf{x}^{(j)}(t)$ 为域 Ω_i 中第一类 $(2k_i : 2k_j - 1)$ 型半不可穿越流 (或者称作 $(2k_i : 2k_j - 1)$ 型半汇流), 当且仅当

$$G_{\partial\Omega_{ij}}^{(s_i,i)}(\mathbf{x}_m, t_{m-}, \mathbf{p}_i, \boldsymbol{\lambda}) = 0, \quad s_i = 0, 1, \cdots, 2k_i - 1; \qquad (3.58) \quad \text{[110]}$$

$$G_{\partial\Omega_{ij}}^{(s_j,j)}(\mathbf{x}_m, t_{m\pm}, \mathbf{p}_j, \boldsymbol{\lambda}) = 0, \quad s_j = 0, 1, \cdots, 2k_j - 2; \qquad (3.59)$$

$$\left.\begin{array}{l} G_{\partial\Omega_{ij}}^{(2k_i,i)}(\mathbf{x}_m, t_{m-}, \mathbf{p}_i, \boldsymbol{\lambda}) > 0, \\ G_{\partial\Omega_{ij}}^{(2k_j-1,j)}(\mathbf{x}_m, t_{m\pm}, \mathbf{p}_j, \boldsymbol{\lambda}) < 0, \end{array}\right\} \mathbf{n}_{\partial\Omega_{ij}} \to \Omega_j$$

或 $\qquad\qquad\qquad\qquad\qquad\qquad\qquad\qquad\qquad$ (3.60)

$$\left.\begin{array}{l} G_{\partial\Omega_{ij}}^{(2k_i,i)}(\mathbf{x}_m, t_{m-}, \mathbf{p}_i, \boldsymbol{\lambda}) < 0, \\ G_{\partial\Omega_{ij}}^{(2k_j-1,j)}(\mathbf{x}_m, t_{m\pm}, \mathbf{p}_j, \boldsymbol{\lambda}) > 0, \end{array}\right\} \mathbf{n}_{\partial\Omega_{ij}} \to \Omega_i.$$

证明 同定理 3.2. ■

上面讨论了第二类半不可穿越流, 为了更好地理解这个概念, 图 3.12 和 3.13 给出了半不可穿越流的直观描述. 第二类半不可穿越流又称作半源流, 图

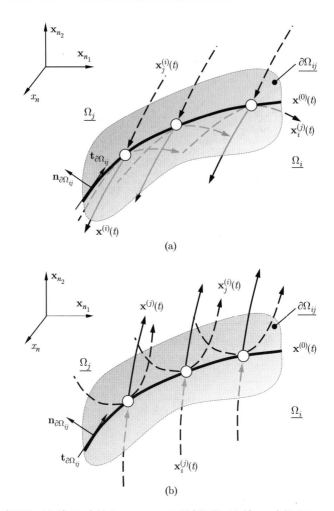

图 3.12　半源流: (a) 域 Ω_i 内的 $(2k_i : 2k_j - 1)$ 型半源流, (b) 域 Ω_j 内的 $(2k_i - 1 : 2k_j)$ 型半源流. 域 Ω_i 与 Ω_j 内的实流 $\mathbf{x}^{(i)}(t)$ 和 $\mathbf{x}^{(j)}(t)$ 都用细实线表示. 域 Ω_i 与 Ω_j 内的虚流 $\mathbf{x}_i^{(j)}(t)$ 和 $\mathbf{x}_j^{(i)}(t)$ 用虚线表示, 且分别受域 Ω_i 和 Ω_j 内的向量场控制. $\mathbf{x}^{(0)}(t)$ 表示边界流. $\mathbf{n}_{\partial\Omega_{ij}}$ 及 $\mathbf{t}_{\partial\Omega_{ij}}$ 分别表示边界上的法向量和切向量. 空心小圆圈表示边界上的源流 $(n_1 + n_2 + 1 = n)$

3.12(a) 给出了域 Ω_i 内的半源流. $\mathbf{x}^{(i)}(t)$ 在时间区间 $t \in (t_m, t_{m+\varepsilon}]$ 内是实流. 在 $t \in [t_{m-\varepsilon}, t_{m+\varepsilon}]$ 内的虚流 $\mathbf{x}_i^{(j)}(t)$ 用虚线表示. 对于相同的边界 $\partial\Omega_{ij}$, 在图 3.12(b) 中绘出了域 Ω_j 内的半源流. 去流在时间区间 $t \in (t_m, t_{m+\varepsilon}]$ 内为实流. 类似地, 域 Ω_i 和 Ω_j 内的 $(2k_i - 1 : 2k_j - 1)$ 型半源流分别如图 3.13(a) 与 3.13(b) 所示.

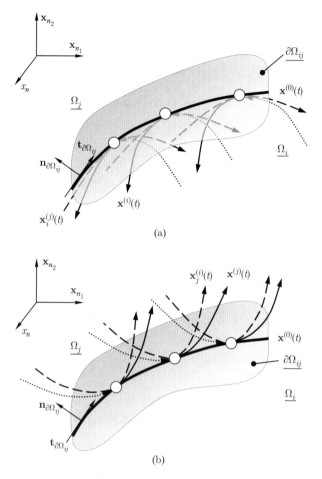

图 3.13　$(2k_i - 1 : 2k_j - 1)$ 型半源流: (a) 域 Ω_i 内的半源流, (b) 域 Ω_j 内的半源流. 域 Ω_i 和 Ω_j 内的实流 $\mathbf{x}^{(i)}(t)$ 和 $\mathbf{x}^{(j)}(t)$ 用实线表示. 域 Ω_i 和 Ω_j 内的虚流 $\mathbf{x}_i^{(j)}(t)$ 和 $\mathbf{x}_j^{(i)}(t)$ 用虚线表示, 且分别受域 Ω_i 和 Ω_j 内的向量场控制. $\mathbf{x}^{(0)}(t)$ 表示边界流, $\mathbf{n}_{\partial\Omega_{ij}}$ 为边界法向量, $\mathbf{t}_{\partial\Omega_{ij}}$ 为边界切向量. 空心小圆圈表示边界上的源流 $(n_1 + n_2 + 1 = n)$

定义 3.17　对于方程 (2.1) 中的不连续动力系统, 在两个相邻域 Ω_α $(\alpha = i, j)$ 的边界上, 在 t_m 时刻存在一点 $\mathbf{x}^{(0)}(t_m) \equiv \mathbf{x}_m \in \partial\Omega_{ij}$. 对于任意小的 $\varepsilon > 0$, 存在两个时间区间 $[t_{m-\varepsilon}, t_m)$ 和 $[t_{m-\varepsilon}, t_{m+\varepsilon}]$. 假定 $\mathbf{x}^{(\alpha)}(t_{m+}) = \mathbf{x}_m = \mathbf{x}_\alpha^{(\beta)}(t_{m\pm})$, 对于时间 t, 流 $\mathbf{x}^{(\alpha)}(t)$ 为 $C_{[t_{m-\varepsilon}, t_m)}^{r_\alpha}$ 连续的 $(r_\alpha \geqslant m_\alpha + 1)$ 且 $\|d^{r_\alpha+1}\mathbf{x}^{(\alpha)}/dt^{r_\alpha+1}\| < \infty$. 虚流 $\mathbf{x}_\alpha^{(\beta)}(t)$ 为 $C_{[t_{m-\varepsilon}, t_{m+\varepsilon}]}^{r_\beta}$ 连续的且 $\|d^{r_\beta+1}\mathbf{x}_\alpha^{(\beta)}/dt^{r_\beta+1}\| < \infty$ $(r_\beta \geqslant 2k_\beta, \beta = i, j$ 且 $\beta \neq \alpha)$, 如果

$$G_{\partial\Omega_{ij}}^{(s_\alpha,\alpha)}(\mathbf{x}_m, t_{m+}, \mathbf{p}_\alpha, \boldsymbol{\lambda}) = 0, s_\alpha = 0, 1, \cdots, m_\alpha - 1,$$

$$G_{\partial\Omega_{ij}}^{(2k_\alpha,\alpha)}(\mathbf{x}_m, t_{m+}, \mathbf{p}_\alpha, \boldsymbol{\lambda}) \neq 0; \tag{3.61}$$

[113]

$$G_{\partial\Omega_{ij}}^{(s_\beta,\beta)}(\mathbf{x}_m, t_{m\pm}, \mathbf{p}_\beta, \boldsymbol{\lambda}) = 0, s_\beta = 0, 1, \cdots, 2k_\beta - 2,$$

$$G_{\partial\Omega_{ij}}^{(2k_\beta-1,\beta)}(\mathbf{x}_m, t_{m\pm}, \mathbf{p}_\beta, \boldsymbol{\lambda}) \neq 0; \tag{3.62}$$

$$\mathbf{n}_{\partial\Omega_{ij}}^{\mathrm{T}}(\mathbf{x}_{m+\varepsilon}^{(0)}) \cdot [\mathbf{x}_{m+\varepsilon}^{(\alpha)} - \mathbf{x}_{m+\varepsilon}^{(0)}] < 0, \ \mathbf{n}_{\partial\Omega_{ij}} \to \Omega_\beta,$$

或

$$\mathbf{n}_{\partial\Omega_{ij}}^{\mathrm{T}}(\mathbf{x}_{m+\varepsilon}^{(0)}) \cdot [\mathbf{x}_{m+\varepsilon}^{(\alpha)} - \mathbf{x}_{m+\varepsilon}^{(0)}] > 0, \ \mathbf{n}_{\partial\Omega_{ij}} \to \Omega_\alpha; \tag{3.63}$$

$$\left.\begin{array}{l} \mathbf{n}_{\partial\Omega_{ij}}^{\mathrm{T}}(\mathbf{x}_{m-\varepsilon}^{(0)}) \cdot [\mathbf{x}_{m-\varepsilon}^{(0)} - \mathbf{x}_{\alpha(m-\varepsilon)}^{(\beta)}] > 0, \\ \mathbf{n}_{\partial\Omega_{ij}}^{\mathrm{T}}(\mathbf{x}_{m+\varepsilon}^{(0)}) \cdot [\mathbf{x}_{\alpha(m+\varepsilon)}^{(\beta)} - \mathbf{x}_{m+\varepsilon}^{(0)}] < 0, \end{array}\right\} \mathbf{n}_{\partial\Omega_{ij}} \to \Omega_\beta$$

或

$$\left.\begin{array}{l} \mathbf{n}_{\partial\Omega_{ij}}^{\mathrm{T}}(\mathbf{x}_{m-\varepsilon}^{(0)}) \cdot [\mathbf{x}_{m-\varepsilon}^{(0)} - \mathbf{x}_{\alpha(m-\varepsilon)}^{(\beta)}] < 0, \\ \mathbf{n}_{\partial\Omega_{ij}}^{\mathrm{T}}(\mathbf{x}_{m+\varepsilon}^{(0)}) \cdot [\mathbf{x}_{\alpha(m+\varepsilon)}^{(\beta)} - \mathbf{x}_{m+\varepsilon}^{(0)}] > 0, \end{array}\right\} \mathbf{n}_{\partial\Omega_{ij}} \to \Omega_\alpha; \tag{3.64}$$

那么对于边界 $\partial\Omega_{ij}$ 来说，第 m_α 阶流 $\mathbf{x}^{(\alpha)}(t)$ 与第 $2k_\beta - 1$ 阶流 $\mathbf{x}_\alpha^{(\beta)}(t)$ 为域 Ω_α 内的第二类 $(m_\alpha : 2k_\beta - 1)$ 型半不可穿越流 (或者称作 $(m_\alpha : 2k_\beta - 1)$ 型半源流).

根据上述定义，第二类 $(m_\alpha : 2k_\beta - 1)$ 型半不可穿越流 (或 $(m_\alpha : 2k_\beta - 1)$ 型半源流) 的充分必要条件如定理 3.8 所述.

定理 3.8　对于方程 (2.1) 中的不连续动力系统, 在两个相邻域 Ω_α $(\alpha = i, j)$ 的边界上, 在 t_m 时刻存在一点 $\mathbf{x}^{(0)}(t_m) \equiv \mathbf{x}_m \in \partial\Omega_{ij}$. 对于任意小的 $\varepsilon > 0$, 存在两个时间区间 $[t_{m-\varepsilon}, t_m)$ 和 $[t_{m-\varepsilon}, t_{m+\varepsilon}]$. 假定 $\mathbf{x}^{(\alpha)}(t_{m+}) = \mathbf{x}_m = \mathbf{x}_\alpha^{(\beta)}(t_{m\pm})$, 对于时间 t, 流 $\mathbf{x}^{(\alpha)}(t)$ 为 $C_{[t_{m-\varepsilon}, t_m]}^{r_\alpha}$ 连续的 $(r_\alpha \geqslant m_\alpha + 1)$ 且 $\|d^{r_\alpha+1}\mathbf{x}^{(\alpha)}/dt^{r_\alpha+1}\| < \infty$. 虚流 $\mathbf{x}_\alpha^{(\beta)}(t)$ 为 $C_{[t_{m-\varepsilon}, t_{m+\varepsilon}]}^{r_\beta}$ 连续的且 $\|d^{r_\beta+1}\mathbf{x}_\alpha^{(\beta)}/dt^{r_\beta+1}\| < \infty$ $(r_\beta \geqslant 2k_\beta, \beta = i, j$ 且 $\beta \neq \alpha)$. 对于边界 $\partial\Omega_{ij}$ 而言, 第 m_α 阶流 $\mathbf{x}^{(\alpha)}(t)$ 与第 $2k_\beta - 1$ 阶流 $\mathbf{x}_\alpha^{(\beta)}(t)$ 为域 Ω_α 内的第二类 $(m_\alpha : 2k_\beta - 1)$ 型半不可穿越流 (或者称作 $(m_\alpha : 2k_\beta - 1)$ 型半源流), 当且仅当

$$G_{\partial\Omega_{ij}}^{(s_\alpha,\alpha)}(\mathbf{x}_m, t_{m+}, \mathbf{p}_\alpha, \boldsymbol{\lambda}) = 0, s_\alpha = 0, 1, \cdots, m_\alpha - 1; \tag{3.65}$$

$$G_{\partial\Omega_{ij}}^{(s_\beta,\beta)}(\mathbf{x}_m, t_{m\pm}, \mathbf{p}_\beta, \boldsymbol{\lambda}) = 0, s_\beta = 0, 1, \cdots, 2k_\beta - 2; \tag{3.66}$$

$$\left.\begin{array}{l} G^{(m_\alpha,\alpha)}_{\partial\Omega_{ij}}(\mathbf{x}_m,t_{m+},\mathbf{p}_\alpha,\boldsymbol{\lambda}) < 0, \\ G^{(2k_\beta-1,\beta)}_{\partial\Omega_{ij}}(\mathbf{x}_m,t_{m\pm},\mathbf{p}_\beta,\boldsymbol{\lambda}) < 0, \end{array}\right\} \mathbf{n}_{\partial\Omega_{ij}} \to \Omega_\beta$$

或 $\qquad\qquad\qquad\qquad\qquad\qquad\qquad\qquad\qquad\qquad\qquad\qquad$ (3.67)

$$\left.\begin{array}{l} G^{(m_\alpha,\alpha)}_{\partial\Omega_{ij}}(\mathbf{x}_m,t_{m+},\mathbf{p}_\alpha,\boldsymbol{\lambda}) > 0, \\ G^{(2k_\beta-1,\beta)}_{\partial\Omega_{ij}}(\mathbf{x}_m,t_{m\pm},\mathbf{p}_\beta,\boldsymbol{\lambda}) > 0, \end{array}\right\} \mathbf{n}_{\partial\Omega_{ij}} \to \Omega_\alpha.$$

证明 同定理 3.2. ∎ [114]

3.5 擦 边 流

此处将对不连续动力系统中流的擦边性进行更一般化的介绍. 在第二章中, 由于 $n-1$ 维平面边界的法向量 $\mathbf{n}_{\partial\Omega_{ij}}$ 不随接触面位置的变化而变化, 所以对于边界的擦边流仅对平面边界适用. 但是, $n-1$ 维曲面边界的法向量 $\mathbf{n}_{\partial\Omega_{ij}}$ 会随着接触面位置的变化而变化. 因此, 第二章对于边界的擦边性理论要做进一步的推广, 并包含虚流与边界相切的情况.

定义 3.18 对于方程 (2.1) 中的不连续动力系统, 在两个相邻域 Ω_α $(\alpha = i, j)$ 的边界上, 在 t_m 时刻存在一点 $\mathbf{x}^{(0)}(t_m) \equiv \mathbf{x}_m \in \partial\Omega_{ij}$. 对于任意小的 $\varepsilon > 0$, 存在时间区间 $[t_{m-\varepsilon}, t_{m+\varepsilon}]$. 假定 $\mathbf{x}^{(\alpha)}(t_{m\pm}) = \mathbf{x}_m(\alpha \in \{i, j\})$, 对于时间 t, 流 $\mathbf{x}^{(\alpha)}(t)$ 为 $C^{r_\alpha}_{[t_{m-\varepsilon}, t_{m+\varepsilon}]}$ 连续的 $(r_\alpha \geqslant 2)$. 如果

$$G^{(0,\alpha)}_{\partial\Omega_{ij}}(\mathbf{x}_m,t_m,\mathbf{p}_\alpha,\boldsymbol{\lambda}) = 0 \text{ 而且 } G^{(1,\alpha)}_{\partial\Omega_{ij}}(\mathbf{x}_m,t_m,\mathbf{p}_\alpha,\boldsymbol{\lambda}) \neq 0;$$ (3.68)

$$\left.\begin{array}{l} \mathbf{n}^{\mathrm{T}}_{\partial\Omega_{ij}}(\mathbf{x}^{(0)}_{m-\varepsilon}) \cdot [\mathbf{x}^{(0)}_{m-\varepsilon} - \mathbf{x}^{(\alpha)}_{m-\varepsilon}] > 0, \\ \mathbf{n}^{\mathrm{T}}_{\partial\Omega_{ij}}(\mathbf{x}^{(0)}_{m+\varepsilon}) \cdot [\mathbf{x}^{(\alpha)}_{m+\varepsilon} - \mathbf{x}^{(0)}_{m+\varepsilon}] < 0, \end{array}\right\} \mathbf{n}_{\partial\Omega_{ij}} \to \Omega_\beta$$

或 $\qquad\qquad\qquad\qquad\qquad\qquad\qquad\qquad\qquad\qquad\qquad\qquad$ (3.69)

$$\left.\begin{array}{l} \mathbf{n}^{\mathrm{T}}_{\partial\Omega_{ij}}(\mathbf{x}^{(0)}_{m-\varepsilon}) \cdot [\mathbf{x}^{(0)}_{m-\varepsilon} - \mathbf{x}^{(\alpha)}_{m-\varepsilon}] < 0, \\ \mathbf{n}^{\mathrm{T}}_{\partial\Omega_{ij}}(\mathbf{x}^{(0)}_{m+\varepsilon}) \cdot [\mathbf{x}^{(\alpha)}_{m+\varepsilon} - \mathbf{x}^{(0)}_{m+\varepsilon}] > 0, \end{array}\right\} \mathbf{n}_{\partial\Omega_{ij}} \to \Omega_\alpha;$$

那么域 Ω_i 内的流 $\mathbf{x}^{(\alpha)}(t)$ 对于边界 $\partial\Omega_{ij}$ 是相切的 (擦边的).

定理 3.9 对于方程 (2.1) 中的不连续动力系统, 在两个相邻域 Ω_α $(\alpha = i, j)$ 的边界上, 在 t_m 时刻存在一点 $\mathbf{x}^{(0)}(t_m) \equiv \mathbf{x}_m \in \partial\Omega_{ij}$. 对于任意小的 $\varepsilon > 0$, 存在时间区间 $[t_{m-\varepsilon}, t_{m+\varepsilon}]$. 假定 $\mathbf{x}^{(\alpha)}(t_{m\pm}) = \mathbf{x}_m(\alpha \in \{i, j\})$, 对于时间 t, 流 $\mathbf{x}^{(\alpha)}(t)$ 为 $C^{r_\alpha}_{[t_{m-\varepsilon}, t_{m+\varepsilon}]}$ 连续的 $(r_\alpha \geqslant 2)$ 且 $\|d^{r_\alpha+1}\mathbf{x}^{(\alpha)}/dt^{r_\alpha+1}\| < \infty$.

域 Ω_i 内的流 $\mathbf{x}^{(\alpha)}(t)$ 为边界 $\partial\Omega_{ij}$ 上的擦边流, 当且仅当

$$G^{(0,\alpha)}_{\partial\Omega_{ij}}(\mathbf{x}_m, t_m, \mathbf{p}_\alpha, \boldsymbol{\lambda}) = 0, \alpha \in \{i, j\}; \tag{3.70}$$

[115]

$$G^{(1,\alpha)}_{\partial\Omega_{ij}}(\mathbf{x}_m, t_m, \mathbf{p}_\alpha, \boldsymbol{\lambda}) < 0, \mathbf{n}_{\partial\Omega_{ij}} \to \Omega_\beta$$

或

$$G^{(1,\alpha)}_{\partial\Omega_{ij}}(\mathbf{x}_m, t_m, \mathbf{p}_\alpha, \boldsymbol{\lambda}) > 0, \mathbf{n}_{\partial\Omega_{ij}} \to \Omega_\alpha. \tag{3.71}$$

证明   由于方程 (3.70) 与方程 (3.68) 相同, 因此方程 (3.68) 中的条件得到满足, 反之亦然. 假定 $\mathbf{x}^{(\alpha)}(t_{m\pm}) = \mathbf{x}_m$ $(\alpha \in \{i, j\})$. 对于时间 t, $\mathbf{x}^{(\alpha)}(t)$ 为 $C^{r_\alpha}_{[t_{m-\varepsilon}, t_{m+\varepsilon}]}$ 连续的 $(r_\alpha \geqslant 2)$, 且 $\|d^{r_\alpha}\mathbf{x}^{(\alpha)}/dt^{r_\alpha}\| < \infty$ $(\alpha \in \{i, j\})$. 当 $a \in [t_{m-\varepsilon}, t_m)$ 或者 $a \in (t_m, t_{m+\varepsilon}]$ 时, 流 $\mathbf{x}^{(\alpha)}(t_{m\pm\varepsilon})$ 在 $\mathbf{x}^{(\alpha)}(a)$ 的泰勒级数展开式为

$$\begin{aligned}
\mathbf{x}^{(\alpha)}_{m\pm\varepsilon} &\equiv \mathbf{x}^{(\alpha)}(t_{m\pm} \pm \varepsilon) \\
&= \mathbf{x}^{(\alpha)}\big|_{t-a} + \dot{\mathbf{x}}^{(\alpha)}\big|_{t-a}(t_{m\pm} \pm \varepsilon - a) + \frac{1}{2!}\ddot{\mathbf{x}}^{(\alpha)}\big|_{t-a}(t_{m\pm} \pm \varepsilon - a)^2 \\
&\quad + o((t_{m\pm} \pm \varepsilon - a)^2).
\end{aligned}$$

当 $a \to t_{m\pm}$ 时, 对上述方程取极限, 得到

$$\mathbf{x}^{(\alpha)}_{m\pm\varepsilon} \equiv \mathbf{x}^{(\alpha)}(t_m \pm \varepsilon) = \mathbf{x}^{(\alpha)}_{m\pm} \pm \dot{\mathbf{x}}^{(\alpha)}_{m\pm}\varepsilon + \frac{1}{2!}\ddot{\mathbf{x}}^{(\alpha)}_{m\pm}\varepsilon^2 + o(\varepsilon^2).$$

同样地, 可以得到

$$\mathbf{x}^{(0)}_{m\pm\varepsilon} \equiv \mathbf{x}^{(0)}(t_m \pm \varepsilon) = \mathbf{x}^{(0)}_m \pm \dot{\mathbf{x}}^{(0)}_m\varepsilon + \frac{1}{2!}\ddot{\mathbf{x}}^{(0)}_m\varepsilon^2 + o(\varepsilon^2),$$

$$\mathbf{n}_{\partial\Omega_{ij}}(\mathbf{x}^{(0)}_{m\pm\varepsilon}) \equiv \mathbf{n}_{\partial\Omega_{ij}}\big|_{\mathbf{x}^{(0)}_m} \pm D_0\mathbf{n}_{\partial\Omega_{ij}}\big|_{\mathbf{x}^{(0)}_m}\varepsilon + \frac{1}{2!}D_0^2\mathbf{n}_{\partial\Omega_{ij}}\big|_{\mathbf{x}^{(0)}_m}\varepsilon^2 + o(\varepsilon^2).$$

忽略 ε^3 项及高阶项, 将上述方程左乘 $\mathbf{n}^{\mathrm{T}}_{\partial\Omega_{ij}}$ 后可得到

$$\begin{aligned}
&\mathbf{n}^{\mathrm{T}}_{\partial\Omega_{ij}}(\mathbf{x}^{(0)}_{m\pm\varepsilon}) \cdot [\mathbf{x}^{(\alpha)}_{m\pm\varepsilon} - \mathbf{x}^{(0)}_{m\pm\varepsilon}] \\
&= \mathbf{n}^{\mathrm{T}}_{\partial\Omega_{ij}}(\mathbf{x}^{(0)}_m) \cdot [\mathbf{x}^{(\alpha)}_{m\pm} - \mathbf{x}^{(0)}_m] \pm \varepsilon G^{(0,\alpha)}_{\partial\Omega_{ij}}(\mathbf{x}^{(0)}_m, \mathbf{x}^{(\alpha)}_{m\pm}, t_m, \mathbf{p}_\alpha, \boldsymbol{\lambda}) \\
&\quad + \frac{1}{2!}\varepsilon^2 G^{(1,\alpha)}_{\partial\Omega_{ij}}(\mathbf{x}^{(0)}_m, \mathbf{x}^{(\alpha)}_{m\pm}, t_m, \mathbf{p}_\alpha, \boldsymbol{\lambda}).
\end{aligned}$$

由于 $\mathbf{x}^{(\alpha)}_{m\pm} = \mathbf{x}^{(0)}_m = \mathbf{x}_m$, $G^{(0,\alpha)}_{\partial\Omega_{ij}}(\mathbf{x}^{(0)}_m, \mathbf{x}^{(\alpha)}_{m\pm}, t_m, \mathbf{p}_\alpha, \boldsymbol{\lambda}) \equiv G^{(0,\alpha)}_{\partial\Omega_{ij}}(\mathbf{x}_m, t_m, \mathbf{p}_\alpha, \boldsymbol{\lambda}) = 0$, 上述方程变为

$$\mathbf{n}^{\mathrm{T}}_{\partial\Omega_{ij}}(\mathbf{x}^{(0)}_{m-\varepsilon}) \cdot [\mathbf{x}^{(0)}_{m-\varepsilon} - \mathbf{x}^{(\alpha)}_{m-\varepsilon}] = -\frac{1}{2!}\varepsilon^2 G^{(1,\alpha)}_{\partial\Omega_{ij}}(\mathbf{x}_m, t_m, \mathbf{p}_\alpha, \boldsymbol{\lambda}),$$

$$\mathbf{n}^{\mathrm{T}}_{\partial\Omega_{ij}}(\mathbf{x}^{(0)}_{m+\varepsilon}) \cdot [\mathbf{x}^{(\alpha)}_{m+\varepsilon} - \mathbf{x}^{(0)}_{m+\varepsilon}] = \frac{1}{2!}\varepsilon^2 G^{(1,\alpha)}_{\partial\Omega_{ij}}(\mathbf{x}_m, t_m, \mathbf{p}_\alpha, \boldsymbol{\lambda}).$$

根据方程 (3.71) 可得到方程 (3.69). 反之, 由方程 (3.69) 可得方程 (3.71). 证明完毕! ∎

根据方程 (3.17) 与 (3.18), 可得

$$G_{\partial\Omega_{ij}}^{(1,\alpha)}(\mathbf{x}_m^{(0)}, t_{m\pm}, \mathbf{x}_{m\pm}^{(\alpha)}, \mathbf{p}_\alpha, \boldsymbol{\lambda})$$ [116]
$$= D_0^2 \mathbf{n}_{\partial\Omega_{ij}}^{\mathrm{T}} \cdot (\mathbf{x}^{(\alpha)} - \mathbf{x}^{(0)}) + 2D_0 \mathbf{n}_{\partial\Omega_{ij}}^{\mathrm{T}} \cdot (\dot{\mathbf{x}}^{(\alpha)} - \dot{\mathbf{x}}^{(0)})$$
$$+ \mathbf{n}_{\partial\Omega_{ij}}^{\mathrm{T}} \cdot (\ddot{\mathbf{x}}^{(\alpha)} - \ddot{\mathbf{x}}^{(0)})|_{(\mathbf{x}_m^{(0)}, t_{m\pm}, \mathbf{x}_{m\pm}^{(\alpha)})}$$
$$= D_0^2 \mathbf{n}_{\partial\Omega_{ij}}^{\mathrm{T}} \cdot (\mathbf{x}^{(\alpha)} - \mathbf{x}^{(0)}) + 2D_0 \mathbf{n}_{\partial\Omega_{ij}}^{\mathrm{T}} \cdot (\mathbf{F}^{(\alpha)} - \mathbf{F}^{(0)})$$
$$+ \mathbf{n}_{\partial\Omega_{ij}}^{\mathrm{T}} \cdot (D\mathbf{F}^{(\alpha)} - D_0\mathbf{F}^{(0)})|_{(\mathbf{x}_m^{(0)}, t_{m\pm}, \mathbf{x}_{m\pm}^{(\alpha)})}. \tag{3.72}$$

对于一阶接触点 $(\mathbf{x}_m^{(0)}, t_{m\pm}, \mathbf{x}_{m\pm}^{(\alpha)})$, 根据文献 Kreyszig (1968) 和 Luo (2008a, c), 下述方程满足

$$\mathbf{x}_m^{(0)} = \mathbf{x}_{m\pm}^{(\alpha)}, \dot{\mathbf{x}}_m^{(0)} = \dot{\mathbf{x}}_{m\pm}^{(\alpha)},$$
$$\mathbf{F}^{(\alpha)} = \mathbf{F}^{(0)}|_{(\mathbf{x}_m^{(0)}, t_{m\pm}, \mathbf{x}_{m\pm}^{(\alpha)})}. \tag{3.73}$$

由此可得

$$G_{\partial\Omega_{ij}}^{(1,\alpha)}(\mathbf{x}_m^{(0)}, t_{m\pm}, \mathbf{x}_{m\pm}^{(\alpha)}, \mathbf{p}_\alpha, \boldsymbol{\lambda}) = \mathbf{n}_{\partial\Omega_{ij}}^{\mathrm{T}} \cdot (\ddot{\mathbf{x}}^{(\alpha)} - \ddot{\mathbf{x}}^{(0)})|_{(\mathbf{x}_m^{(0)}, t_{m\pm}, \mathbf{x}_{m\pm}^{(\alpha)})}$$
$$= \mathbf{n}_{\partial\Omega_{ij}}^{\mathrm{T}} \cdot (D_\alpha\mathbf{F}^{(\alpha)} - D_0\mathbf{F}^{(0)})|_{(\mathbf{x}_m^{(0)}, t_{m\pm}, \mathbf{x}_{m\pm}^{(\alpha)})}. \tag{3.74}$$

对于 n 维平面边界, $\mathbf{n}_{\partial\Omega_{ij}}$ 为常数, 那么其导数为

$$D_0\mathbf{n}_{\partial\Omega_{ij}} = D_0^2\mathbf{n}_{\partial\Omega_{ij}} = 0. \tag{3.75}$$

由于 $\mathbf{n}_{\partial\Omega_{ij}}^{\mathrm{T}} \cdot \dot{\mathbf{x}}^{(0)} = 0$, 相应的导数变为

$$(D_0\mathbf{n}_{\partial\Omega_{ij}}^{\mathrm{T}} \cdot \dot{\mathbf{x}}^{(0)} + \mathbf{n}_{\partial\Omega_{ij}}^{\mathrm{T}} \cdot \ddot{\mathbf{x}}^{(0)}) = 0. \tag{3.76}$$

由此可得

$$\mathbf{n}_{\partial\Omega_{ij}}^{\mathrm{T}} \cdot \ddot{\mathbf{x}}^{(0)} = \mathbf{n}_{\partial\Omega_{ij}}^{\mathrm{T}} \cdot D_0\mathbf{F}^{(0)} = 0. \tag{3.77}$$

最后方程 (3.74) 变为

$$G_{\partial\Omega_{ij}}^{(1,\alpha)}(\mathbf{x}_m^{(0)}, t_{m\pm}, \mathbf{x}_{m\pm}^{(\alpha)}, \mathbf{p}_\alpha, \boldsymbol{\lambda}) = \mathbf{n}_{\partial\Omega_{ij}}^{\mathrm{T}} \cdot \ddot{\mathbf{x}}^{(\alpha)}|_{(\mathbf{x}_m^{(0)}, t_{m\pm}, \mathbf{x}_{m\pm}^{(\alpha)})}$$
$$= \mathbf{n}_{\partial\Omega_{ij}}^{\mathrm{T}} \cdot D_\alpha\mathbf{F}^{(\alpha)}|_{(\mathbf{x}_m^{(0)}, t_{m\pm}, \mathbf{x}_{m\pm}^{(\alpha)})}, \tag{3.78}$$

零阶 G-函数为

$$G_{\partial\Omega_{ij}}^{(0,\alpha)}(\mathbf{x}_m^{(0)}, t_{m\pm}, \mathbf{x}_{m\pm}^{(\alpha)}, \mathbf{p}_\alpha, \boldsymbol{\lambda}) = \mathbf{n}_{\partial\Omega_{ij}}^{\mathrm{T}} \cdot \dot{\mathbf{x}}^{(\alpha)}\big|_{(\mathbf{x}_m^{(0)}, t_{m\pm}, \mathbf{x}_{m\pm}^{(\alpha)})}$$

$$= \mathbf{n}_{\partial\Omega_{ij}}^{\mathrm{T}} \cdot \mathbf{F}^{(\alpha)}\big|_{(\mathbf{x}_m^{(0)}, t_{m\pm}, \mathbf{x}_{m\pm}^{(\alpha)})}. \tag{3.79}$$

因此, 定义 3.18 给出了边界上擦边流的一般定义. 与定理 2.9 和定理 2.10 相比, 定理 3.9 给出了更一般的擦边条件. 第二章的理论只是本章的一个特例.

定义 3.19　对于方程 (2.1) 中的不连续动力系统, 在两个相邻域 Ω_α ($\alpha = i, j$) 的边界上, 在 t_m 时刻存在一点 $\mathbf{x}^{(0)}(t_m) \equiv \mathbf{x}_m \in \partial\Omega_{ij}$. 对于任意小的 $\varepsilon > 0$, 存在时间区间 $[t_{m-\varepsilon}, t_{m+\varepsilon}]$. 假定 $\mathbf{x}^{(\alpha)}(t_{m\pm}) = \mathbf{x}_m (\alpha \in \{i, j\})$. 对于时间 t, 流 $\mathbf{x}^{(\alpha)}(t)$ 为 $C_{[t_{m-\varepsilon}, t_{m+\varepsilon}]}^{r_\alpha}$ 连续的 ($r_\alpha \geqslant k_\alpha + 1$) 且 $\|d^{r_\alpha+1}\mathbf{x}^{(\alpha)}/dt^{r_\alpha+1}\| < \infty$. 如果

$$\begin{aligned} G_{\partial\Omega_{ij}}^{(s_\alpha,\alpha)}(\mathbf{x}_m, t_m, \mathbf{p}_\alpha, \boldsymbol{\lambda}) &= 0, \quad s_\alpha = 0, 1, \cdots, 2k_\alpha - 2, \\ G_{\partial\Omega_{ij}}^{(2k_\alpha-1,\alpha)}(\mathbf{x}_m, t_m, \mathbf{p}_\alpha, \boldsymbol{\lambda}) &\neq 0; \end{aligned} \tag{3.80}$$

$$\left.\begin{aligned} \mathbf{n}_{\partial\Omega_{ij}}^{\mathrm{T}}(\mathbf{x}_{m-\varepsilon}^{(0)}) \cdot [\mathbf{x}_{m-\varepsilon}^{(0)} - \mathbf{x}_{m-\varepsilon}^{(\alpha)}] > 0, \\ \mathbf{n}_{\partial\Omega_{ij}}^{\mathrm{T}}(\mathbf{x}_{m+\varepsilon}^{(0)}) \cdot [\mathbf{x}_{m+\varepsilon}^{(\alpha)} - \mathbf{x}_{m+\varepsilon}^{(0)}] < 0, \end{aligned}\right\} \mathbf{n}_{\partial\Omega_{ij}} \to \Omega_\beta$$

或 $\tag{3.81}$

$$\left.\begin{aligned} \mathbf{n}_{\partial\Omega_{ij}}^{\mathrm{T}}(\mathbf{x}_{m-\varepsilon}^{(0)}) \cdot [\mathbf{x}_{m-\varepsilon}^{(0)} - \mathbf{x}_{m-\varepsilon}^{(\alpha)}] < 0, \\ \mathbf{n}_{\partial\Omega_{ij}}^{\mathrm{T}}(\mathbf{x}_{m+\varepsilon}^{(0)}) \cdot [\mathbf{x}_{m+\varepsilon}^{(\alpha)} - \mathbf{x}_{m+\varepsilon}^{(0)}] > 0, \end{aligned}\right\} \mathbf{n}_{\partial\Omega_{ij}} \to \Omega_\alpha;$$

那么域 Ω_α 内的流 $\mathbf{x}^{(\alpha)}(t)$ 对于边界 $\partial\Omega_{ij}$ 是 $2k_\alpha - 1$ 阶擦边流.

定理 3.10　对于方程 (2.1) 中的不连续动力系统, 在两个相邻域 Ω_α ($\alpha = i, j$) 的边界上, 在 t_m 时刻存在一点 $\mathbf{x}^{(0)}(t_m) \equiv \mathbf{x}_m \in \partial\Omega_{ij}$. 对于任意小的 $\varepsilon > 0$, 存在时间区间 $[t_{m-\varepsilon}, t_{m+\varepsilon}]$. 假定 $\mathbf{x}^{(\alpha)}(t_{m\pm}) = \mathbf{x}_m$ ($\alpha \in \{i, j\}$). 对于时间 t, 流 $\mathbf{x}^{(\alpha)}(t)$ 为 $C_{[t_{m-\varepsilon}, t_{m+\varepsilon}]}^{r_\alpha}$ 连续的 ($r_\alpha \geqslant k_\alpha + 1$) 且 $\|d^{r_\alpha+1}\mathbf{x}^{(\alpha)}/dt^{r_\alpha+1}\| < \infty$. 在域 Ω_α 内, $\mathbf{x}^{(\alpha)}(t)$ 对于边界 $\partial\Omega_{ij}$ 是 $2k_\alpha - 1$ 阶擦边流. 当且仅当

$$G_{\partial\Omega_{ij}}^{(s_\alpha,\alpha)}(\mathbf{x}_m, t_m, \mathbf{p}_\alpha, \boldsymbol{\lambda}) = 0, \quad s_\alpha = 0, 1, \cdots, 2k_\alpha - 2; \tag{3.82}$$

$$G_{\partial\Omega_{ij}}^{(2k_\alpha-1,\alpha)}(\mathbf{x}_m, t_m, \mathbf{p}_\alpha, \boldsymbol{\lambda}) < 0, \mathbf{n}_{\partial\Omega_{ij}} \to \Omega_\beta$$

或 $\tag{3.83}$

$$G_{\partial\Omega_{ij}}^{(2k_\alpha-1,\alpha)}(\mathbf{x}_m, t_m, \mathbf{p}_\alpha, \boldsymbol{\lambda}) > 0, \mathbf{n}_{\partial\Omega_{ij}} \to \Omega_\alpha.$$

证明　由于方程 (3.82) 与方程 (3.80) 相同, 因此方程 (3.80) 中的条件满足, 反之亦然. 假定 $\mathbf{x}^{(\alpha)}(t_{m\pm}) = \mathbf{x}_m (\alpha \in \{i, j\})$. 对于时间 t, $\mathbf{x}^{(\alpha)}(t)$ 为 $C_{[t_{m-\varepsilon}, t_{m+\varepsilon}]}^{r_\alpha}$ 连续的 ($r_\alpha \geqslant 2k_\alpha + 1$), 且 $\|d^{r_\alpha}\mathbf{x}^{(\alpha)}/dt^{r_\alpha}\| < \infty$ ($\alpha \in \{i, j\}$). 当

$a \in [t_{m-\varepsilon}, t_m)$ 或者 $a \in (t_m, t_{m+\varepsilon}]$ 时, 流 $\mathbf{x}^{(\alpha)}(t_{m\pm\varepsilon})$ 在 $\mathbf{x}^{(\alpha)}(a)$ 的 $2k_\alpha + 1$ [118] 阶泰勒级数展开式为

$$
\begin{aligned}
\mathbf{x}_{m\pm\varepsilon}^{(\alpha)} &\equiv \mathbf{x}^{(\alpha)}(t_{m\pm} \pm \varepsilon) \\
&= \mathbf{x}^{(\alpha)}(a) + \sum_{s_\alpha=1}^{2k_\alpha-1} \frac{1}{s_\alpha!} \frac{d^{s_\alpha}\mathbf{x}^{(\alpha)}}{dt^{s_\alpha}}\bigg|_{t=a} (t_{m\pm} \pm \varepsilon - a)^{s_\alpha} \\
&\quad + \frac{1}{(2k_\alpha)!} \frac{d^{2k_\alpha}\mathbf{x}^{(\alpha)}}{dt^{2k_\alpha}}\bigg|_{t=a} \\
&\quad \times (t_{m\pm} \pm \varepsilon - a)^{2k_\alpha} + o\big((t_{m\pm} \pm \varepsilon - a)^{2k_\alpha}\big).
\end{aligned}
$$

当 $a \to t_{m\pm}$ 时, 对上述方程取极限

$$
\begin{aligned}
\mathbf{x}_{m\pm\varepsilon}^{(\alpha)} &\equiv \mathbf{x}^{(\alpha)}(t_m \pm \varepsilon) \\
&= \mathbf{x}_{m\pm}^{(\alpha)} + \sum_{s_\alpha=1}^{2k_\alpha-1} \frac{1}{s_\alpha!} \frac{d^{s_\alpha}\mathbf{x}^{(\alpha)}}{dt^{s_\alpha}}\bigg|_{\mathbf{x}_{m\pm}^{(\alpha)}} (\pm\varepsilon)^{s_\alpha} \\
&\quad + \frac{1}{(2k_\alpha)!} \frac{d^{2k_\alpha}\mathbf{x}^{(\alpha)}}{dt^{2k_\alpha}}\bigg|_{\mathbf{x}_{m\pm}^{(\alpha)}} (\pm\varepsilon)^{2k_\alpha} + o(\varepsilon^{2k_\alpha}).
\end{aligned}
$$

同理可得

$$
\begin{aligned}
\mathbf{x}_{m\pm\varepsilon}^{(0)} &\equiv \mathbf{x}^{(0)}(t_m \pm \varepsilon) \\
&= \mathbf{x}_m^{(0)} + \sum_{s_\alpha=1}^{2k_\alpha-1} \frac{1}{s_\alpha!} \frac{d^{s_\alpha}\mathbf{x}^{(0)}}{dt^{s_\alpha}}\bigg|_{\mathbf{x}_m^{(0)}} (\pm\varepsilon)^{s_\alpha} \\
&\quad + \frac{1}{(2k_\alpha)!} \frac{d^{2k_\alpha}\mathbf{x}^{(0)}}{dt^{2k_\alpha}}\bigg|_{\mathbf{x}_m^{(0)}} \varepsilon^{2k_\alpha} + o(\varepsilon^{2k_\alpha}), \\
\mathbf{n}_{\partial\Omega_{ij}}(\mathbf{x}_{m\pm\varepsilon}^{(0)}) &\equiv \mathbf{n}_{\partial\Omega_{ij}}(\mathbf{x}^{(0)}(t_{m\pm\varepsilon})) \\
&= \mathbf{n}_{\partial\Omega_{ij}}(\mathbf{x}_m^{(0)}) + \sum_{s_\alpha=1}^{2k_\alpha-1} \frac{1}{s_\alpha!} D_{\mathbf{x}^{(0)}}^{s_\alpha} \mathbf{n}_{\partial\Omega_{ij}}\bigg|_{\mathbf{x}_m^{(0)}} (\pm\varepsilon)^{s_\alpha} \\
&\quad + \frac{1}{(2k_\alpha)!} D_{\mathbf{x}^{(0)}}^{2k_\alpha} \mathbf{n}_{\partial\Omega_{ij}}\bigg|_{\mathbf{x}_m^{(0)}} \varepsilon^{2k_\alpha} + o(\varepsilon^{2k_\alpha}).
\end{aligned}
$$

忽略 $\varepsilon^{2k_\alpha-1}$ 项及更高阶项, 将上述方程左乘 $\mathbf{n}_{\partial\Omega_{ij}}^{\mathrm{T}}$ 后得到

$$
\begin{aligned}
&\mathbf{n}_{\partial\Omega_{ij}}^{\mathrm{T}}(\mathbf{x}_{m\pm\varepsilon}^{(0)}) \cdot [\mathbf{x}_{m\pm\varepsilon}^{(\alpha)} - \mathbf{x}_{m\pm\varepsilon}^{(0)}] \\
&= \mathbf{n}_{\partial\Omega_{ij}}^{\mathrm{T}}(\mathbf{x}_m^{(0)}) \cdot [\mathbf{x}_{m\pm}^{(\alpha)} - \mathbf{x}_m^{(0)}] \\
&\quad + \sum_{s_\alpha=1}^{2k_\alpha-1} \frac{1}{s_\alpha!} (\pm\varepsilon)^{s_\alpha} G_{\partial\Omega_{ij}}^{(s_\alpha-1,\alpha)}(\mathbf{x}_m^{(0)}, \mathbf{x}_{m\pm}^{(\alpha)}, t_m, \mathbf{p}_\alpha, \boldsymbol{\lambda})
\end{aligned}
$$

$$+ \frac{1}{(2k_\alpha)!} \varepsilon^{2k_\alpha} G_{\partial\Omega_{ij}}^{(2k_\alpha-1,\alpha)}(\mathbf{x}_m^{(0)}, \mathbf{x}_{m\pm}^{(\alpha)}, t_m, \mathbf{p}_\alpha, \boldsymbol{\lambda}).$$

由于 $\mathbf{x}_{m\pm}^{(\alpha)} = \mathbf{x}_m^{(0)} = \mathbf{x}_m$, 且 $G_{\partial\Omega_{ij}}^{(s_\alpha,\alpha)}(\mathbf{x}_m^{(0)}, \mathbf{x}_m^{(\alpha)}, t_m, \mathbf{p}_\alpha, \boldsymbol{\lambda}) \equiv G_{\partial\Omega_{ij}}^{(s_\alpha,\alpha)}(\mathbf{x}_m, t_m, \mathbf{p}_\alpha,$ $\boldsymbol{\lambda}) = 0$, 其中 $s_\alpha = 0, 1, \cdots, 2k_\alpha - 2$, 上述方程变为

$$\mathbf{n}_{\partial\Omega_{ij}}^{\mathrm{T}}(\mathbf{x}_{m-\varepsilon}^{(0)}) \cdot [\mathbf{x}_{m-\varepsilon}^{(0)} - \mathbf{x}_{m-\varepsilon}^{(\alpha)}] = -\frac{1}{(2k_\alpha)!} \varepsilon^{2k_\alpha} G_{\partial\Omega_{ij}}^{(2k_\alpha-1,\alpha)}(\mathbf{x}_m, t_m, \mathbf{p}_\alpha, \boldsymbol{\lambda}),$$

$$\mathbf{n}_{\partial\Omega_{ij}}^{\mathrm{T}}(\mathbf{x}_{m+\varepsilon}^{(0)}) \cdot [\mathbf{x}_{m+\varepsilon}^{(\alpha)} - \mathbf{x}_{m+\varepsilon}^{(0)}] = \frac{1}{(2k_\alpha)!} \varepsilon^{2k_\alpha} G_{\partial\Omega_{ij}}^{(2k_\alpha-1,\alpha)}(\mathbf{x}_m, t_m, \mathbf{p}_\alpha, \boldsymbol{\lambda}).$$

由方程 (3.81) 可得方程 (3.83); 反之, 由方程 (3.83) 可得方程 (3.81). 证明完毕! ■

[119]　　　从定义 3.19 前的类似讨论可以看出, 对于第 k 阶接触点 $(\mathbf{x}_m^{(0)}, t_{m\pm}, \mathbf{x}_{m\pm}^{(\alpha)})$, 根据文献 Kreyszig (1968) 和 Luo (2008a, b), 下列方程满足

$$\mathbf{x}_m^{(0)} = \mathbf{x}_{m\pm}^{(\alpha)} \text{ 且 } \frac{d^{s_\alpha} \mathbf{x}^{(0)}}{dt^{s_\alpha}}\bigg|_{(\mathbf{x}_m^{(0)}, t_{m\pm}, \mathbf{x}_{m\pm}^{(\alpha)})} = \frac{d^{s_\alpha} \mathbf{x}^{(\alpha)}}{dt^{s_\alpha}}\bigg|_{(\mathbf{x}_m^{(0)}, t_{m\pm}, \mathbf{x}_{m\pm}^{(\alpha)})},$$

$$D_\alpha^{s_\alpha-1} \mathbf{F}^{(\alpha)} = D_0^{s_\alpha-1} \mathbf{F}^{(0)}\bigg|_{(\mathbf{x}_m^{(0)}, t_{m\pm}, \mathbf{x}_{m\pm}^{(\alpha)})}, \quad s_\alpha = 1, 2, \cdots, k_\alpha. \tag{3.84}$$

第 k_α 阶 G-函数变为

$$G_{\partial\Omega_{ij}}^{(k_\alpha,\alpha)}(\mathbf{x}_m^{(0)}, t_{m\pm}, \mathbf{x}_{m\pm}^{(\alpha)}, \mathbf{p}_\alpha, \boldsymbol{\lambda})$$

$$= \mathbf{n}_{\partial\Omega_{ij}}^{\mathrm{T}} \cdot \left(\frac{d^{k_\alpha} \mathbf{x}^{(\alpha)}}{dt^{k_\alpha}} - \frac{d^{k_\alpha} \mathbf{x}^{(0)}}{dt^{k_\alpha}} \right)\bigg|_{(\mathbf{x}_m^{(0)}, t_{m\pm}, \mathbf{x}_{m\pm}^{(\alpha)})}$$

$$= \mathbf{n}_{\partial\Omega_{ij}}^{\mathrm{T}} \cdot (D_\alpha^{k_\alpha-1} \mathbf{F}^{(\alpha)} - D_0^{k_\alpha-1} \mathbf{F}^{(0)})\big|_{(\mathbf{x}_m^{(0)}, t_{m\pm}, \mathbf{x}_{m\pm}^{(\alpha)})}. \tag{3.85}$$

对于 n 维平面边界, $\mathbf{n}_{\partial\Omega_{ij}}$ 是连续的, 所以

$$D_0^{s_\alpha} \mathbf{n}_{\partial\Omega_{ij}} = 0, \quad s_\alpha = 1, 2, \cdots, k_\alpha. \tag{3.86}$$

由于 $\mathbf{n}_{\partial\Omega_{ij}}^{\mathrm{T}} \cdot \dot{\mathbf{x}}^{(0)} = 0$, 并且方程 (3.86) 成立, 相应的导数变为

$$\mathbf{n}_{\partial\Omega_{ij}}^{\mathrm{T}} \cdot \frac{d^{s_\alpha} \mathbf{x}^{(0)}}{dt^{s_\alpha}} = \mathbf{n}_{\partial\Omega_{ij}}^{\mathrm{T}} \cdot D_0^{s_\alpha-1} \mathbf{F}^{(0)} = 0, \quad s_\alpha = 1, 2, \cdots, k_\alpha, \tag{3.87}$$

可得

$$G_{\partial\Omega_{ij}}^{(k_\alpha,\alpha)}(\mathbf{x}_m^{(0)}, t_{m\pm}, \mathbf{x}_{m\pm}^{(\alpha)}, \mathbf{p}_\alpha, \boldsymbol{\lambda})$$

$$= \mathbf{n}_{\partial\Omega_{ij}}^{\mathrm{T}} \cdot \frac{d^{k_\alpha} \mathbf{x}^{(\alpha)}}{dt^{k_\alpha}}\bigg|_{(\mathbf{x}_m^{(0)}, t_{m\pm}, \mathbf{x}_{m\pm}^{(\alpha)})} = \mathbf{n}_{\partial\Omega_{ij}}^{\mathrm{T}} \cdot D_\alpha^{k_\alpha-1} \mathbf{F}^{(\alpha)}\bigg|_{(\mathbf{x}_m^{(0)}, t_{m\pm}, \mathbf{x}_{m\pm}^{(\alpha)})}. \tag{3.88}$$

因此, 定义 3.19 给出了对于边界的高阶奇异擦边流的一般定义. 与定理 2.11 及定理 2.12 相比, 定理 3.10 给出了一般的擦边条件. 第二章中的定理仅为本章定理之特例. 此外, 文献 Luo (2005a, 2006) 中的理论适用于边界为平面及高阶接触的情况. 对于边界的流的擦边分岔由 G-函数 $G_{\partial\Omega_{ij}}^{(2k_\alpha-1,\alpha)}(\mathbf{x}_m, t_m, \mathbf{p}_\alpha, \boldsymbol{\lambda})$ 决定, 换句话说, 流与边界 $\partial\Omega_{ij}$ 相切的条件为 $G_{\partial\Omega_{ij}}^{(s_\alpha,\alpha)}(\mathbf{x}_m, t_m, \mathbf{p}_\alpha, \boldsymbol{\lambda}) = 0$ ($s_\alpha = 0, 1, \cdots, 2k_\alpha-2$), 以及 $G_{\partial\Omega_{ij}}^{(2k_\alpha-1,\alpha)}(\mathbf{x}_m, t_m, \mathbf{p}_\alpha, \boldsymbol{\lambda}) < 0$ (或 $G_{\partial\Omega_{ij}}^{(2k_\alpha-1,\alpha)}(\mathbf{x}_m, t_m, \mathbf{p}_\alpha, \boldsymbol{\lambda}) > 0$), 且 $\mathbf{n}_{\partial\Omega_{ij}} \to \Omega_j$ (或 $\mathbf{n}_{\partial\Omega_{ij}} \to \Omega_i$). 为了发展可穿越流、不可穿越流和擦边流的统一理论, 这里引入虚流擦边性的概念. 为了区别实擦边流与虚擦边流, 实流对于边界的擦边性重述如下.

定义 3.20 对于方程 (2.1) 中的不连续动力系统, 在两个相邻域 Ω_α [120] ($\alpha = i, j$) 的边界上, 在 t_m 时刻存在一点 $\mathbf{x}^{(0)}(t_m) \equiv \mathbf{x}_m \in \partial\Omega_{ij}$. 对于任意小的 $\varepsilon > 0$, 存在两个时间区间 $[t_{m-\varepsilon}, t_m)$ 和 $[t_{m-\varepsilon}, t_{m+\varepsilon}]$. 假定 $\mathbf{x}^{(i)}(t_{m+}) = \mathbf{x}_m = \mathbf{x}_i^{(j)}(t_{m\pm})$. 对于时间 t, 流 $\mathbf{x}^{(i)}(t)$ 为 $C_{[t_{m-\varepsilon}, t_{m+\varepsilon}]}^{r_i}$ 连续的 ($r_i \geqslant 2k_i$) 且 $\|d^{r_i+1}\mathbf{x}^{(i)}/dt^{r_i+1}\| < \infty$. 流 $\mathbf{x}^{(j)}(t)$ 为 $C_{[t_{m-\varepsilon}, t_m)}^{r_j}$ 连续的或 $C_{(t_m, t_{m+\varepsilon}]}^{r_j}$ 连续的且 $\|d^{r_j+1}\mathbf{x}^{(j)}/dt^{r_j+1}\| < \infty$ ($r_j \geqslant 2k_j + 1$). 如果

$$G_{\partial\Omega_{ij}}^{(s_i,i)}(\mathbf{x}_m, t_{m\pm}, \mathbf{p}_i, \boldsymbol{\lambda}) = 0, \quad s_i = 0, 1, \cdots, 2k_i - 2,$$
$$G_{\partial\Omega_{ij}}^{(2k_i-1,i)}(\mathbf{x}_m, t_{m\pm}, \mathbf{p}_i, \boldsymbol{\lambda}) \neq 0; \tag{3.89}$$

$$G_{\partial\Omega_{ij}}^{(s_j,j)}(\mathbf{x}_m, t_{m\pm}, \mathbf{p}_j, \boldsymbol{\lambda}) = 0, \quad s_j = 0, 1, \cdots, 2k_j - 1,$$
$$G_{\partial\Omega_{ij}}^{(2k_j,j)}(\mathbf{x}_m, t_{m\pm}, \mathbf{p}_j, \boldsymbol{\lambda}) \neq 0; \tag{3.90}$$

$$\left.\begin{array}{l} \mathbf{n}_{\partial\Omega_{ij}}^{\mathrm{T}}(\mathbf{x}_{m-\varepsilon}^{(0)}) \cdot [\mathbf{x}_{m-\varepsilon}^{(0)} - \mathbf{x}_{m-\varepsilon}^{(i)}] > 0, \\ \mathbf{n}_{\partial\Omega_{ij}}^{\mathrm{T}}(\mathbf{x}_{m+\varepsilon}^{(0)}) \cdot [\mathbf{x}_{m+\varepsilon}^{(i)} - \mathbf{x}_{m+\varepsilon}^{(0)}] < 0, \end{array}\right\} \mathbf{n}_{\partial\Omega_{ij}} \to \Omega_j$$

或

$$\left.\begin{array}{l} \mathbf{n}_{\partial\Omega_{ij}}^{\mathrm{T}}(\mathbf{x}_{m-\varepsilon}^{(0)}) \cdot [\mathbf{x}_{m-\varepsilon}^{(0)} - \mathbf{x}_{m-\varepsilon}^{(i)}] < 0, \\ \mathbf{n}_{\partial\Omega_{ij}}^{\mathrm{T}}(\mathbf{x}_{m+\varepsilon}^{(0)}) \cdot [\mathbf{x}_{m+\varepsilon}^{(i)} - \mathbf{x}_{m+\varepsilon}^{(0)}] > 0, \end{array}\right\} \mathbf{n}_{\partial\Omega_{ij}} \to \Omega_i; \tag{3.91}$$

$$\left.\begin{array}{l} \mathbf{n}_{\partial\Omega_{ij}}^{\mathrm{T}}(\mathbf{x}_{m-\varepsilon}^{(0)}) \cdot [\mathbf{x}_{m-\varepsilon}^{(0)} - \mathbf{x}_{m-\varepsilon}^{(j)}] < 0, \\ \mathbf{n}_{\partial\Omega_{ij}}^{\mathrm{T}}(\mathbf{x}_{m+\varepsilon}^{(0)}) \cdot [\mathbf{x}_{m+\varepsilon}^{(j)} - \mathbf{x}_{m+\varepsilon}^{(0)}] > 0, \end{array}\right\} \mathbf{n}_{\partial\Omega_{ij}} \to \Omega_j$$

或

$$\left.\begin{array}{l} \mathbf{n}_{\partial\Omega_{ij}}^{\mathrm{T}}(\mathbf{x}_{m-\varepsilon}^{(0)}) \cdot [\mathbf{x}_{m-\varepsilon}^{(0)} - \mathbf{x}_{m-\varepsilon}^{(j)}] > 0, \\ \mathbf{n}_{\partial\Omega_{ij}}^{\mathrm{T}}(\mathbf{x}_{m+\varepsilon}^{(0)}) \cdot [\mathbf{x}_{m+\varepsilon}^{(j)} - \mathbf{x}_{m+\varepsilon}^{(0)}] < 0, \end{array}\right\} \mathbf{n}_{\partial\Omega_{ij}} \to \Omega_i; \tag{3.92}$$

那么在域 Ω_i 内的 $2k_i - 1$ 阶流 $\mathbf{x}^{(i)}(t)$ 与第 $2k_j$ 阶流 $\mathbf{x}^{(j)}(t)$ 对于边界 $\partial\Omega_{ij}$ 是 $(2k_i - 1 : 2k_j)$ 型擦边流.

为了解释上述定义, 图 3.14 绘出了域 Ω_i 内的 $(2k_i - 1 : 2k_j)$ 型擦边流. 图 3.14(a) 给出了域 Ω_j 内边界 $\partial\Omega_{ij}$ 上的源流. 图 3.14(b) 给出了域 Ω_j 内边界 $\partial\Omega_{ij}$ 上的汇流. 图 3.15 绘出了域 Ω_j 内的 $(2k_j - 1 : 2k_i)$ 型擦边流. 图 3.15(a) 给出了在域 Ω_i 内边界 $\partial\Omega_{ij}$ 上的源流. 3.15(b) 给出了在域 Ω_j 内边

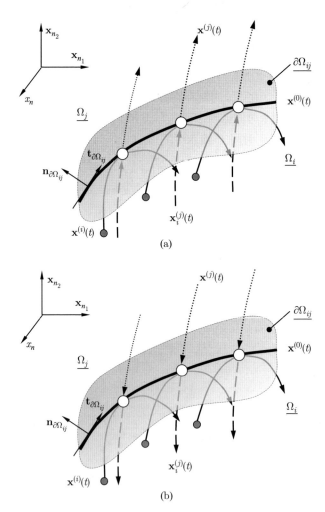

图 3.14　域 Ω_i 内 $(2k_i - 1 : 2k_j)$ 型擦边流: (a) 域 Ω_j 内边界 $\partial\Omega_{ij}$ 上的源流, (b) 域 Ω_j 内边界 $\partial\Omega_{ij}$ 上的汇流. 域 Ω_i 和 Ω_j 内的实流 $\mathbf{x}^{(i)}(t)$ 和 $\mathbf{x}^{(j)}(t)$ 分别用细线和点画线表示. 域 Ω_i 内的虚流 $\mathbf{x}_i^{(j)}(t)$ 用虚线表示, 并受域 Ω_j 内的向量场控制. $\mathbf{x}^{(0)}(t)$ 表示边界流, $\mathbf{n}_{\partial\Omega_{ij}}$ 为边界法向量, $\mathbf{t}_{\partial\Omega_{ij}}$ 为边界切向量. 空心小圆圈表示边界上的擦边点, 实心小圆圈表示起始点 $(n_1 + n_2 + 1 = n)$

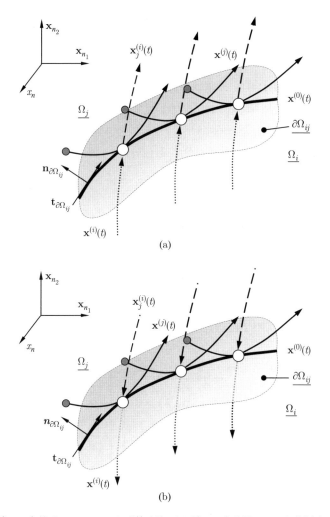

图 3.15　域 Ω_j 内的 $(2k_j - 1 : 2k_i)$ 型擦边流: (a) 域 Ω_i 内边界 $\partial\Omega_{ij}$ 上的源流, (b) 拥有域 Ω_j 内边界 $\partial\Omega_{ij}$ 上的汇流. 域 Ω_i 和 Ω_j 内的实流 $\mathbf{x}^{(i)}(t)$ 和 $\mathbf{x}^{(j)}(t)$ 分别用点画线和细实线表示. 域 Ω_j 内的虚流 $\mathbf{x}_j^{(i)}(t)$ 用虚线表示, 并受域 Ω_i 内的向量场控制. $\mathbf{x}^{(0)}(t)$ 表示边界流, $\mathbf{n}_{\partial\Omega_{ij}}$ 为边界法向量, $\mathbf{t}_{\partial\Omega_{ij}}$ 为边界切向量. 空心小圆圈表示边界上的擦边点, 实心小圆圈表示起始点 $(n_1 + n_2 + 1 = n)$

界 $\partial\Omega_{ij}$ 上的汇流. 汇流与源流分别由点画线表示, 擦边流由实线表示. 虚流用虚线表示. 如果起始点在图 3.14(b) 中的流 $\mathbf{x}^{(j)}(t)$ 上 (或是图 3.15(a) 中的流 $\mathbf{x}^{(j)}(t)$ 上), 那么就形成了从域 Ω_j 到 Ω_i (或者从域 Ω_j 到 Ω_i) 的可穿越流. 这样的可穿越流拥有穿越后高阶奇异性. 从上述定义中, 可以得到如下擦边流 [121] 的充要条件.

定理 3.11　对于方程 (2.1) 中的不连续动力系统, 在两个相邻域 Ω_α ($\alpha = i, j$) 的边界上, 在 t_m 时刻存在一点 $\mathbf{x}^{(0)}(t_m) \equiv \mathbf{x}_m \in \partial\Omega_{ij}$. 对于任意小的 $\varepsilon > 0$, 存在两个时间区间 $[t_{m-\varepsilon}, t_m)$ 和 $[t_{m-\varepsilon}, t_{m+\varepsilon}]$. 假定 $\mathbf{x}^{(i)}(t_{m+}) = \mathbf{x}_m = \mathbf{x}_i^{(j)}(t_{m\pm})$, 对于时间 t, 流 $\mathbf{x}^{(i)}(t)$ 为 $C_{[t_{m-\varepsilon}, t_{m+\varepsilon}]}^{r_i}$ 连续的 ($r_i \geqslant 2k_i + 1$) 且 $\|d^{r_i+1}\mathbf{x}^{(i)}/dt^{r_i+1}\| < \infty$. 流 $\mathbf{x}^{(j)}(t)$ 为 $C_{[t_{m-\varepsilon}, t_m)}^{r_j}$ 连续的或者 $C_{(t_m, t_{m+\varepsilon}]}^{r_j}$ 连续的 ($r_j \geqslant 2k_j$) 且 $\|d^{r_j+1}\mathbf{x}^{(j)}/dt^{r_j+1}\| < \infty$. 在域 Ω_i 内的 $2k_i - 1$ 阶流 $\mathbf{x}^{(i)}(t)$ 与 $2k_j$ 阶流 $\mathbf{x}^{(j)}(t)$ 对于 $\partial\Omega_{ij}$ 是 $(2k_i - 1 : 2k_j)$ 型擦边流, 当且仅当

$$G_{\partial\Omega_{ij}}^{(s_i, i)}(\mathbf{x}_m, t_{m\pm}, \mathbf{p}_i, \boldsymbol{\lambda}) = 0, \quad s_i = 0, 1, \cdots, 2k_i - 2; \tag{3.93}$$

$$G_{\partial\Omega_{ij}}^{(s_j, j)}(\mathbf{x}_m, t_{m\pm}, \mathbf{p}_j, \boldsymbol{\lambda}) = 0, \quad s_j = 0, 1, \cdots, 2k_j - 1; \tag{3.94}$$

$$\left.\begin{aligned}
&G_{\partial\Omega_{ij}}^{(2k_i-1, i)}(\mathbf{x}_m, t_{m\pm}, \mathbf{p}_i, \boldsymbol{\lambda}) < 0, \\
&G_{\partial\Omega_{ij}}^{(2k_j, j)}(\mathbf{x}_m, t_{m-}, \mathbf{p}_j, \boldsymbol{\lambda}) < 0 \\
&\quad\text{或} \\
&G_{\partial\Omega_{ij}}^{(2k_j, j)}(\mathbf{x}_m, t_{m+}, \mathbf{p}_j, \boldsymbol{\lambda}) > 0,
\end{aligned}\right\} \mathbf{n}_{\partial\Omega_{ij}} \to \Omega_j$$

$$\text{或} \tag{3.95}$$

$$\left.\begin{aligned}
&G_{\partial\Omega_{ij}}^{(2k_i-1, i)}(\mathbf{x}_m, t_{m\pm}, \mathbf{p}_i, \boldsymbol{\lambda}) > 0, \\
&G_{\partial\Omega_{ij}}^{(2k_j, j)}(\mathbf{x}_m, t_{m-}, \mathbf{p}_j, \boldsymbol{\lambda}) > 0 \\
&\quad\text{或} \\
&G_{\partial\Omega_{ij}}^{(2k_j, j)}(\mathbf{x}_m, t_{m+}, \mathbf{p}_j, \boldsymbol{\lambda}) < 0,
\end{aligned}\right\} \mathbf{n}_{\partial\Omega_{ij}} \to \Omega_i.$$

证明　同定理 3.2.　　　　　　　　　　　　　　　　　　　　　■

定义 3.21　对于方程 (2.1) 中的不连续动力系统, 在两个相邻域 Ω_α ($\alpha = i, j$) 的边界上, 在 t_m 时刻存在一点 $\mathbf{x}^{(0)}(t_m) \equiv \mathbf{x}_m \in \partial\Omega_{ij}$. 对于任意小的 $\varepsilon > 0$, 存在时间区间 $[t_{m-\varepsilon}, t_{m+\varepsilon}]$. 假定 $\mathbf{x}^{(\alpha)}(t_{m\pm}) = \mathbf{x}_m = \mathbf{x}_\alpha^{(\beta)}(t_{m\pm})$($\alpha, \beta \in \{i, j\}$, $\beta \neq \alpha$). 对于时间 t, 流 $\mathbf{x}^{(\alpha)}(t)$ 为 $C_{[t_{m-\varepsilon}, t_{m+\varepsilon}]}^{r_\alpha}$ 连续的 ($r_\alpha \geqslant 2k_\alpha$) 且 $\|d^{r_\alpha+1}\mathbf{x}^{(\alpha)}/dt^{r_\alpha+1}\| < \infty$. 虚流 $\mathbf{x}_\alpha^{(\beta)}(t)$ 为 $C_{[t_{m-\varepsilon}, t_{m+\varepsilon}]}^{r_\beta}$ 连续的, 且 $\|d^{r_\beta+1}\mathbf{x}_\alpha^{(\beta)}/dt^{r_\beta+1}\| < \infty$ ($r_\beta \geqslant 2k_\beta$). 如果

[124]

$$\begin{aligned}
&G_{\partial\Omega_{\alpha\beta}}^{(s_\alpha, \alpha)}(\mathbf{x}_m, t_{m\pm}, \mathbf{p}_\alpha, \boldsymbol{\lambda}) = 0, \quad s_\alpha = 0, 1, \cdots, 2k_\alpha - 2, \\
&G_{\partial\Omega_{\alpha\beta}}^{(2k_\alpha-1, \alpha)}(\mathbf{x}_m, t_{m\pm}, \mathbf{p}_\alpha, \boldsymbol{\lambda}) \neq 0;
\end{aligned} \tag{3.96}$$

$$G_{\partial\Omega_{\alpha\beta}}^{(s_\beta,\beta)}(\mathbf{x}_m, t_{m\pm}, \mathbf{p}_\beta, \boldsymbol{\lambda}) = 0, \quad s_\beta = 0, 1, \cdots, 2k_\beta - 2,$$

$$G_{\partial\Omega_{\alpha\beta}}^{(2k_\beta-1,\beta)}(\mathbf{x}_m, t_{m\pm}, \mathbf{p}_\beta, \boldsymbol{\lambda}) \neq 0; \tag{3.97}$$

$$\left.\begin{array}{c}\left.\begin{array}{c}\mathbf{n}_{\partial\Omega_{ij}}^{\mathrm{T}}(\mathbf{x}_{m-\varepsilon}^{(0)}) \cdot [\mathbf{x}_{m-\varepsilon}^{(0)} - \mathbf{x}_{m-\varepsilon}^{(\alpha)}] > 0, \\[2mm] \mathbf{n}_{\partial\Omega_{ij}}^{\mathrm{T}}(\mathbf{x}_{m+\varepsilon}^{(0)}) \cdot [\mathbf{x}_{m+\varepsilon}^{(\alpha)} - \mathbf{x}_{m+\varepsilon}^{(0)}] < 0,\end{array}\right\} \mathbf{n}_{\partial\Omega_{\alpha\beta}} \to \Omega_\beta \\[4mm] \text{或} \\[4mm] \left.\begin{array}{c}\mathbf{n}_{\partial\Omega_{ij}}^{\mathrm{T}}(\mathbf{x}_{m-\varepsilon}^{(0)}) \cdot [\mathbf{x}_{m-\varepsilon}^{(0)} - \mathbf{x}_{m-\varepsilon}^{(\alpha)}] < 0, \\[2mm] \mathbf{n}_{\partial\Omega_{ij}}^{\mathrm{T}}(\mathbf{x}_{m+\varepsilon}^{(0)}) \cdot [\mathbf{x}_{m+\varepsilon}^{(\alpha)} - \mathbf{x}_{m+\varepsilon}^{(0)}] > 0,\end{array}\right\} \mathbf{n}_{\partial\Omega_{\alpha\beta}} \to \Omega_\alpha;\end{array}\right\} \tag{3.98}$$

$$\left.\begin{array}{c}\left.\begin{array}{c}\mathbf{n}_{\partial\Omega_{ij}}^{\mathrm{T}}(\mathbf{x}_{m-\varepsilon}^{(0)}) \cdot [\mathbf{x}_{m-\varepsilon}^{(0)} - \mathbf{x}_{\alpha(m-\varepsilon)}^{(\beta)}] > 0, \\[2mm] \mathbf{n}_{\partial\Omega_{ij}}^{\mathrm{T}}(\mathbf{x}_{m+\varepsilon}^{(0)}) \cdot [\mathbf{x}_{\alpha(m+\varepsilon)}^{(\beta)} - \mathbf{x}_{m+\varepsilon}^{(0)}] < 0,\end{array}\right\} \mathbf{n}_{\partial\Omega_{\alpha\beta}} \to \Omega_\beta \\[4mm] \text{或} \\[4mm] \left.\begin{array}{c}\mathbf{n}_{\partial\Omega_{ij}}^{\mathrm{T}}(\mathbf{x}_{m-\varepsilon}^{(0)}) \cdot [\mathbf{x}_{m-\varepsilon}^{(0)} - \mathbf{x}_{\alpha(m-\varepsilon)}^{(\beta)}] < 0, \\[2mm] \mathbf{n}_{\partial\Omega_{ij}}^{\mathrm{T}}(\mathbf{x}_{m+\varepsilon}^{(0)}) \cdot [\mathbf{x}_{\alpha(m+\varepsilon)}^{(\beta)} - \mathbf{x}_{m+\varepsilon}^{(0)}] > 0,\end{array}\right\} \mathbf{n}_{\partial\Omega_{\alpha\beta}} \to \Omega_\alpha.\end{array}\right\} \tag{3.99}$$

那么在域 Ω_i 内, 对于边界 $\partial\Omega_{ij}$ 的 $2k_\alpha - 1$ 阶流 $\mathbf{x}^{(\alpha)}(t)$ 与第 $2k_\beta - 1$ 阶流 $\mathbf{x}_\alpha^{(\beta)}(t)$ 是 $(2k_\alpha - 1 : 2k_\beta - 1)$ 型擦边流.

图 3.16 给出了域 Ω_α 和 $\Omega_\beta(\alpha, \beta \in \{i, j\}, \alpha \neq \beta)$ 内 $(2k_i - 1 : 2k_j - 1)$ 型实擦边流及其相应的虚擦边流. 实擦边流由实线表示, 虚擦边流由虚线表示. 擦边流的充要条件如下.

定理 3.12 对于方程 (2.1) 中的不连续动力系统, 在两个相邻域 Ω_α $(\alpha = i, j)$ 的边界上, 在 t_m 时刻存在一点 $\mathbf{x}^{(0)}(t_m) \equiv \mathbf{x}_m \in \partial\Omega_{ij}$. 对于任意小的 $\varepsilon > 0$, 存在时间区间 $[t_{m-\varepsilon}, t_{m+\varepsilon}]$. 假定 $\mathbf{x}^{(\alpha)}(t_{m\pm}) = \mathbf{x}_m = \mathbf{x}_\alpha^{(\beta)}(t_{m\pm})(\alpha, \beta \in \{i, j\}, \beta \neq \alpha)$, 对于时间 t, 流 $\mathbf{x}^{(\alpha)}(t)$ 为 $C_{[t_{m-\varepsilon}, t_{m+\varepsilon}]}^{r_\alpha}$ 连续的 $(r_\alpha \geqslant 2k_\alpha)$ 且 $\|d^{r_\alpha+1}\mathbf{x}^{(\alpha)}/dt^{r_\alpha+1}\| < \infty$. 流 $\mathbf{x}^{(j)}(t)$ 为 $C_{(t_{m-\varepsilon}, t_m]}^{r_j}$ 连续的或者 $C_{(t_m, t_{m+\varepsilon}]}^{r_j}$ 连续的 $(r_j \geqslant 2k_j)$ 且 $\|d^{r_j+1}\mathbf{x}^{(j)}/dt^{r_j+1}\| < \infty$. 虚流 $\mathbf{x}_\alpha^{(\beta)}(t)$ 为 $C_{[t_{m-\varepsilon}, t_{m+\varepsilon}]}^{r_\beta}$ 连续的, 且 $\|d^{r_\beta+1}\mathbf{x}_\alpha^{(\beta)}/dt^{r_\beta+1}\| < \infty$ $(r_\beta \geqslant 2k_\beta)$. 对于边界 $\partial\Omega_{ij}$ 的 $2k_\alpha - 1$ 阶流 $\mathbf{x}^{(\alpha)}(t)$ 与 $2k_\beta - 1$ 阶流 $\mathbf{x}_\alpha^{(\beta)}(t)$ 在域 Ω_α 内是 $(2k_\alpha - 1 : 2k_\beta - 1)$ 型擦边流, 当且仅当

$$G_{\partial\Omega_{\alpha\beta}}^{(s_\alpha,\alpha)}(\mathbf{x}_m, t_{m\pm}, \mathbf{p}_\alpha, \boldsymbol{\lambda}) = 0, \quad s_\alpha = 0, 1, \cdots, 2k_\alpha - 2; \tag{3.100}$$

$$G_{\partial\Omega_{\alpha\beta}}^{(s_\beta,\beta)}(\mathbf{x}_m, t_{m\pm}, \mathbf{p}_\beta, \boldsymbol{\lambda}) = 0, \quad s_\beta = 0, 1, \cdots, 2k_\beta - 2; \tag{3.101}$$

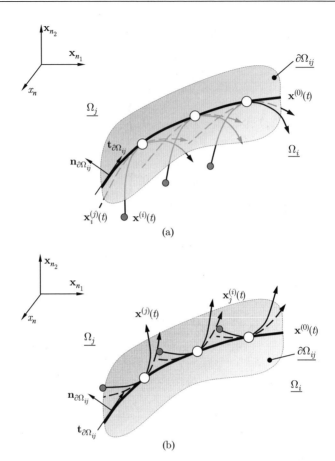

图 3.16　$(2k_i - 1 : 2k_j - 1)$ 型实擦边流和虚擦边流: (a) 域 Ω_i 内的 $(2k_i - 1 : 2k_j - 1)$ 型擦边流; (b) 域 Ω_j 内的 $(2k_i - 1 : 2k_j - 1)$ 型擦边流. 域 Ω_i 和 Ω_j 内的实流 $\mathbf{x}^{(i)}(t)$ 和 $\mathbf{x}^{(j)}(t)$ 用细实线表示. 域 Ω_j 内的虚流 $\mathbf{x}_i^{(j)}(t)$ 和 $\mathbf{x}_j^{(i)}(t)$ 用虚线表示, 且受域 Ω_j 和 Ω_i 内的向量场控制. $\mathbf{x}^{(0)}(t)$ 表示边界流, $\mathbf{n}_{\partial\Omega_{ij}}$ 为边界法向量, $\mathbf{t}_{\partial\Omega_{ij}}$ 为边界切向量. 空心小圆圈表示边界上的擦边点, 实心小圆圈表示起始点 $(n_1 + n_2 + 1 = n)$

[125]

$$
\left.
\begin{aligned}
G_{\partial\Omega_{\alpha\beta}}^{(2k_\alpha - 1,\alpha)}(\mathbf{x}_m, t_{m\pm}, \mathbf{p}_\alpha, \boldsymbol{\lambda}) < 0, \\
G_{\partial\Omega_{\alpha\beta}}^{(2k_\beta - 1,\beta)}(\mathbf{x}_m, t_{m\pm}, \mathbf{p}_\beta, \boldsymbol{\lambda}) < 0,
\end{aligned}
\right\} \mathbf{n}_{\partial\Omega_{\alpha\beta}} \to \Omega_\beta
$$

或　　　　　　　　　　　　　　　　　　　　　　　　　　　　　　(3.102)

$$
\left.
\begin{aligned}
G_{\partial\Omega_{\alpha\beta}}^{(2k_\alpha - 1,\alpha)}(\mathbf{x}_m, t_{m\pm}, \mathbf{p}_\alpha, \boldsymbol{\lambda}) > 0, \\
G_{\partial\Omega_{\alpha\beta}}^{(2k_\beta - 1,\beta)}(\mathbf{x}_m, t_{m\pm}, \mathbf{p}_\beta, \boldsymbol{\lambda}) > 0,
\end{aligned}
\right\} \mathbf{n}_{\partial\Omega_{\alpha\beta}} \to \Omega_\alpha.
$$

证明　同定理 3.2.　　　　　　　　　　　　　　　　　　　　　■

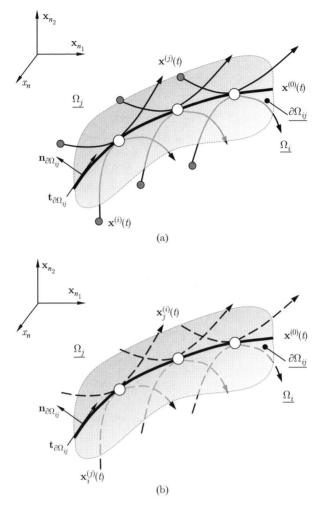

图 3.17   (a) 域 Ω_i 和 Ω_j 内的 $(2k_i - 1 : 2k_j - 1)$ 型双擦边流; (b) 域 Ω_i 和 Ω_j 内的 $(2k_i - 1 : 2k_j - 1)$ 阶双擦边虚流. 域 Ω_i 和 Ω_j 内的实流 $\mathbf{x}_i^{(j)}(t)$ 和 $\mathbf{x}_j^{(i)}(t)$ 用细实线表示. 域 Ω_i 和 Ω_j 内的虚流 $\mathbf{x}_i^{(j)}(t)$ 和 $\mathbf{x}_j^{(i)}(t)$ 用虚线表示, 且分别受域 Ω_j 和 Ω_i 内的向量场控制. $\mathbf{x}^{(0)}(t)$ 表示边界流, $\mathbf{n}_{\partial\Omega_{ij}}$ 为边界法向量, $\mathbf{t}_{\partial\Omega_{ij}}$ 为边界切向量. 空心小圆圈表示边界上的擦边点, 实心小圆圈表示起始点 $(n_1 + n_2 + 1 = n)$

在图 3.17(a) 中描述了由实线表示的 $(2k_i - 1 : 2k_j - 1)$ 型双擦边流. 双擦边流是由两个域内的两个实流对同一边界所形成的. 图 3.17(b) 用虚线表示了 $(2k_i - 1 : 2k_j - 1)$ 型不可接近擦边流, 其是对于边界上的两个虚擦边流形成的. 两个域中没有流可以接近边界. 下面给出双擦边流的充分必要条件.

定义 3.22   对于方程 (2.1) 中的不连续动力系统, 在两个相邻域 Ω_α $(\alpha = i, j)$ 的边界上, 在 t_m 时刻存在一点 $\mathbf{x}^{(0)}(t_m) \equiv \mathbf{x}_m \in \partial\Omega_{ij}$. 对于

任意小的 $\varepsilon > 0$, 存在时间区间 $[t_{m-\varepsilon}, t_{m+\varepsilon}]$. 假定 $\mathbf{x}^{(\alpha)}(t_{m\pm}) = \mathbf{x}_m = \mathbf{x}_\alpha^{(\beta)}(t_{m\pm})(\alpha, \beta \in \{i, j\}, \beta \neq \alpha)$. 对于时间 t, 流 $\mathbf{x}^{(\alpha)}(t)$ 为 $C_{[t_{m-\varepsilon}, t_{m+\varepsilon}]}^{r_\alpha}$ 连续的 $(r_\alpha \geqslant 2k_\alpha)$ 且 $\|d^{r_\alpha+1}\mathbf{x}^{(\alpha)}/dt^{r_\alpha+1}\| < \infty$. 流 $\mathbf{x}^{(\beta)}(t)$ 为 $C_{[t_{m-\varepsilon}, t_{m+\varepsilon}]}^{r_\beta}$ 连续的 $(r_\beta \geqslant 2k_\beta)$ 且 $\|d^{r_\beta+1}\mathbf{x}^{(\beta)}/dt^{r_\beta+1}\| < \infty$. 如果

$$\left.\begin{aligned} & G_{\partial\Omega_{\alpha\beta}}^{(s_\alpha,\alpha)}(\mathbf{x}_m, t_{m\pm}, \mathbf{p}_\alpha, \boldsymbol{\lambda}) = 0, \quad s_\alpha = 0, 1, \cdots, 2k_\alpha - 2, \\ & G_{\partial\Omega_{\alpha\beta}}^{(2k_\alpha-1,\alpha)}(\mathbf{x}_m, t_{m\pm}, \mathbf{p}_\alpha, \boldsymbol{\lambda}) \neq 0; \end{aligned}\right\} \tag{3.103}$$

$$\left.\begin{aligned} & G_{\partial\Omega_{\alpha\beta}}^{(s_\beta,\beta)}(\mathbf{x}_m, t_{m\pm}, \mathbf{p}_\beta, \boldsymbol{\lambda}) = 0, \quad s_\beta = 0, 1, \cdots, 2k_\beta - 2, \\ & G_{\partial\Omega_{\alpha\beta}}^{(2k_\beta-1,\beta)}(\mathbf{x}_m, t_{m\pm}, \mathbf{p}_\beta, \boldsymbol{\lambda}) \neq 0; \end{aligned}\right\} \tag{3.104}$$

$$\left.\begin{aligned} & \left.\begin{aligned} & \mathbf{n}_{\partial\Omega_{ij}}^{\mathrm{T}}(\mathbf{x}_{m-\varepsilon}^{(0)}) \cdot [\mathbf{x}_{m-\varepsilon}^{(0)} - \mathbf{x}_{m-\varepsilon}^{(\alpha)}] > 0, \\ & \mathbf{n}_{\partial\Omega_{ij}}^{\mathrm{T}}(\mathbf{x}_{m+\varepsilon}^{(0)}) \cdot [\mathbf{x}_{m+\varepsilon}^{(\alpha)} - \mathbf{x}_{m+\varepsilon}^{(0)}] < 0, \end{aligned}\right\} \mathbf{n}_{\partial\Omega_{\alpha\beta}} \to \Omega_\beta \\ & \text{或} \\ & \left.\begin{aligned} & \mathbf{n}_{\partial\Omega_{ij}}^{\mathrm{T}}(\mathbf{x}_{m-\varepsilon}^{(0)}) \cdot [\mathbf{x}_{m-\varepsilon}^{(0)} - \mathbf{x}_{m-\varepsilon}^{(\alpha)}] < 0, \\ & \mathbf{n}_{\partial\Omega_{ij}}^{\mathrm{T}}(\mathbf{x}_{m+\varepsilon}^{(0)}) \cdot [\mathbf{x}_{m+\varepsilon}^{(\alpha)} - \mathbf{x}_{m+\varepsilon}^{(0)}] > 0, \end{aligned}\right\} \mathbf{n}_{\partial\Omega_{\alpha\beta}} \to \Omega_\alpha; \end{aligned}\right\} \tag{3.105}$$

$$\left.\begin{aligned} & \left.\begin{aligned} & \mathbf{n}_{\partial\Omega_{ij}}^{\mathrm{T}}(\mathbf{x}_{m-\varepsilon}^{(0)}) \cdot [\mathbf{x}_{m-\varepsilon}^{(0)} - \mathbf{x}_{m-\varepsilon}^{(\beta)}] < 0, \\ & \mathbf{n}_{\partial\Omega_{ij}}^{\mathrm{T}}(\mathbf{x}_{m+\varepsilon}^{(0)}) \cdot [\mathbf{x}_{m+\varepsilon}^{(\beta)} - \mathbf{x}_{m+\varepsilon}^{(0)}] > 0, \end{aligned}\right\} \mathbf{n}_{\partial\Omega_{\alpha\beta}} \to \Omega_\beta \\ & \text{或} \\ & \left.\begin{aligned} & \mathbf{n}_{\partial\Omega_{ij}}^{\mathrm{T}}(\mathbf{x}_{m-\varepsilon}^{(0)}) \cdot [\mathbf{x}_{m-\varepsilon}^{(0)} - \mathbf{x}_{m-\varepsilon}^{(\beta)}] > 0, \\ & \mathbf{n}_{\partial\Omega_{ij}}^{\mathrm{T}}(\mathbf{x}_{m+\varepsilon}^{(0)}) \cdot [\mathbf{x}_{m+\varepsilon}^{(\beta)} - \mathbf{x}_{m+\varepsilon}^{(0)}] < 0, \end{aligned}\right\} \mathbf{n}_{\partial\Omega_{\alpha\beta}} \to \Omega_\alpha. \end{aligned}\right\} \tag{3.106}$$

[127] 那么对于边界 $\partial\Omega_{\alpha\beta}$ 的 $2k_\alpha - 1$ 阶流 $\mathbf{x}^{(\alpha)}(t)$ 和 $2k_\beta - 1$ 阶流 $\mathbf{x}^{(\beta)}(t)$ 是 $(2k_\alpha - 1 : 2k_\beta - 1)$ 型双擦边流.

定理 3.13 对于方程 (2.1) 中的不连续动力系统, 在两个相邻域 $\Omega_\alpha(\alpha = i, j)$ 的边界上, 在 t_m 时刻存在一点 $\mathbf{x}^{(0)}(t_m) \equiv \mathbf{x}_m \in \partial\Omega_{ij}$. 对于任意小的 $\varepsilon > 0$, 存在时间区间 $[t_{m-\varepsilon}, t_{m+\varepsilon}]$. 假定 $\mathbf{x}^{(\alpha)}(t_{m\pm}) = \mathbf{x}_m = \mathbf{x}_\alpha^{(\beta)}(t_{m\pm})(\alpha, \beta \in \{i, j\}, \beta \neq \alpha$, 对于时间 t, 流 $\mathbf{x}^{(\alpha)}(t)$ 为 $C_{[t_{m-\varepsilon}, t_{m+\varepsilon}]}^{r_\alpha}$ 连续的 $(r_\alpha \geqslant 2k_\alpha)$ 且 $\|d^{r_\alpha+1}\mathbf{x}^{(\alpha)}/dt^{r_\alpha+1}\| < \infty$. 流 $\mathbf{x}^{(\beta)}(t)$ 为 $C_{[t_{m-\varepsilon}, t_{m+\varepsilon}]}^{r_\beta}$ 连续的 $(r_\beta \geqslant 2k_\beta)$ 且 $\|d^{r_\beta+1}\mathbf{x}^{(\beta)}/dt^{r_\beta+1}\| < \infty$. 对于边界 $\partial\Omega_{\alpha\beta}$ 的 $2k_\alpha - 1$ 阶流 $\mathbf{x}^{(\alpha)}(t)$ 和 $2k_\beta - 1$ 阶流 $\mathbf{x}^{(\beta)}(t)$ 是 $(2k_\alpha - 1 : 2k_\beta - 1)$ 型双擦边流, 当且仅当

$$G_{\partial\Omega_{\alpha\beta}}^{(s_\alpha,\alpha)}(\mathbf{x}_m, t_{m\pm}, \mathbf{p}_\alpha, \boldsymbol{\lambda}) = 0, \quad s_\alpha = 0, 1, \cdots, 2k_\alpha - 2; \tag{3.107}$$

$$G_{\partial\Omega_{\alpha\beta}}^{(s_\beta,\beta)}(\mathbf{x}_m, t_{m\pm}, \mathbf{p}_\beta, \boldsymbol{\lambda}) = 0, \quad s_\beta = 0, 1, \cdots, 2k_\beta - 2; \tag{3.108}$$

$$\left.\begin{array}{l} G_{\partial\Omega_{\alpha\beta}}^{(2k_\alpha-1,\alpha)}(\mathbf{x}_m, t_{m\pm}, \mathbf{p}_\alpha, \boldsymbol{\lambda}) < 0, \\ G_{\partial\Omega_{\alpha\beta}}^{(2k_\beta-1,\beta)}(\mathbf{x}_m, t_{m\pm}, \mathbf{p}_\beta, \boldsymbol{\lambda}) > 0, \end{array}\right\} \mathbf{n}_{\partial\Omega_{\alpha\beta}} \to \Omega_\beta$$

或 $\tag{3.109}$

$$\left.\begin{array}{l} G_{\partial\Omega_{\alpha\beta}}^{(2k_\alpha-1,\alpha)}(\mathbf{x}_m, t_{m\pm}, \mathbf{p}_\alpha, \boldsymbol{\lambda}) > 0, \\ G_{\partial\Omega_{\alpha\beta}}^{(2k_\beta-1,\beta)}(\mathbf{x}_m, t_{m\pm}, \mathbf{p}_\beta, \boldsymbol{\lambda}) < 0, \end{array}\right\} \mathbf{n}_{\partial\Omega_{\alpha\beta}} \to \Omega_\alpha.$$

证明 同定理 3.2. ∎

定义 3.23 对于方程 (2.1) 中的不连续动力系统, 在两个相邻域 Ω_α $(\alpha = i, j)$ 的边界上, 在 t_m 时刻存在一点 $\mathbf{x}^{(0)}(t_m) \equiv \mathbf{x}_m \in \partial\Omega_{ij}$. 对于任意小的 $\varepsilon > 0$, 存在时间区间 $[t_{m-\varepsilon}, t_{m+\varepsilon}]$. 假定 $\mathbf{x}^{(\alpha)}(t_{m\pm}) = \mathbf{x}_m = \mathbf{x}_\alpha^{(\beta)}(t_{m\pm})(\alpha, \beta \in \{i, j\}, \beta \neq \alpha)$, 对于时间 t, 虚流 $\mathbf{x}_\beta^{(\alpha)}(t)$ 为 $C_{[t_{m-\varepsilon}, t_{m+\varepsilon}]}^{r_\alpha}$ 连续的 $(r_\alpha \geqslant 2k_\alpha)$ 且 $\|d^{r_\alpha+1}\mathbf{x}_\beta^{(\alpha)}/dt^{r_\alpha+1}\| < \infty$. 虚流 $\mathbf{x}_\alpha^{(\beta)}(t)$ 为 $C_{[t_{m-\varepsilon}, t_{m+\varepsilon}]}^{r_\beta}$ 连续的 $(r_\beta \geqslant 2k_\beta)$ 且 $\|d^{r_\beta+1}\mathbf{x}_\alpha^{(\beta)}/dt^{r_\beta+1}\| < \infty$. 如果

$$\left.\begin{array}{l} G_{\partial\Omega_{\alpha\beta}}^{(s_\alpha,\alpha)}(\mathbf{x}_m, t_{m\pm}, \mathbf{p}_\alpha, \boldsymbol{\lambda}) = 0, \quad s_\alpha = 0, 1, \cdots, 2k_\alpha - 2, \\ G_{\partial\Omega_{\alpha\beta}}^{(2k_\alpha-1,\alpha)}(\mathbf{x}_m, t_{m\pm}, \mathbf{p}_\alpha, \boldsymbol{\lambda}) \neq 0; \end{array}\right\} \tag{3.110}$$

[128]

$$\left.\begin{array}{l} G_{\partial\Omega_{\alpha\beta}}^{(s_\beta,\beta)}(\mathbf{x}_m, t_{m\pm}, \mathbf{p}_\beta, \boldsymbol{\lambda}) = 0, \quad s_\beta = 0, 1, \cdots, 2k_\beta - 2, \\ G_{\partial\Omega_{\alpha\beta}}^{(2k_\beta-1,\beta)}(\mathbf{x}_m, t_{m\pm}, \mathbf{p}_\beta, \boldsymbol{\lambda}) \neq 0; \end{array}\right\} \tag{3.111}$$

$$\left.\begin{array}{l} \mathbf{n}_{\partial\Omega_{ij}}^{\mathrm{T}}(\mathbf{x}_{m-\varepsilon}^{(0)}) \cdot [\mathbf{x}_{m-\varepsilon}^{(0)} - \mathbf{x}_{\beta(m-\varepsilon)}^{(\alpha)}] < 0, \\ \mathbf{n}_{\partial\Omega_{ij}}^{\mathrm{T}}(\mathbf{x}_{m+\varepsilon}^{(0)}) \cdot [\mathbf{x}_{\beta(m+\varepsilon)}^{(\alpha)} - \mathbf{x}_{m+\varepsilon}^{(0)}] > 0, \end{array}\right\} \mathbf{n}_{\partial\Omega_{\alpha\beta}} \to \Omega_\beta$$

或 $\tag{3.112}$

$$\left.\begin{array}{l} \mathbf{n}_{\partial\Omega_{ij}}^{\mathrm{T}}(\mathbf{x}_{m-\varepsilon}^{(0)}) \cdot [\mathbf{x}_{m-\varepsilon}^{(0)} - \mathbf{x}_{\beta(m-\varepsilon)}^{(\alpha)}] > 0, \\ \mathbf{n}_{\partial\Omega_{ij}}^{\mathrm{T}}(\mathbf{x}_{m+\varepsilon}^{(0)}) \cdot [\mathbf{x}_{\beta(m+\varepsilon)}^{(\alpha)} - \mathbf{x}_{m+\varepsilon}^{(0)}] < 0, \end{array}\right\} \mathbf{n}_{\partial\Omega_{\alpha\beta}} \to \Omega_\alpha;$$

$$\left.\begin{array}{l} \mathbf{n}_{\partial\Omega_{ij}}^{\mathrm{T}}(\mathbf{x}_{m-\varepsilon}^{(0)}) \cdot [\mathbf{x}_{m-\varepsilon}^{(0)} - \mathbf{x}_{\alpha(m-\varepsilon)}^{(\beta)}] > 0, \\ \mathbf{n}_{\partial\Omega_{ij}}^{\mathrm{T}}(\mathbf{x}_{m+\varepsilon}^{(0)}) \cdot [\mathbf{x}_{\alpha(m+\varepsilon)}^{(\beta)} - \mathbf{x}_{m+\varepsilon}^{(0)}] < 0, \end{array}\right\} \mathbf{n}_{\partial\Omega_{\alpha\beta}} \to \Omega_\beta$$

或 $\tag{3.113}$

$$\left.\begin{array}{l} \mathbf{n}_{\partial\Omega_{ij}}^{\mathrm{T}}(\mathbf{x}_{m-\varepsilon}^{(0)}) \cdot [\mathbf{x}_{m-\varepsilon}^{(0)} - \mathbf{x}_{\alpha(m-\varepsilon)}^{(\beta)}] < 0, \\ \mathbf{n}_{\partial\Omega_{ij}}^{\mathrm{T}}(\mathbf{x}_{m+\varepsilon}^{(0)}) \cdot [\mathbf{x}_{\alpha(m+\varepsilon)}^{(\beta)} - \mathbf{x}_{m+\varepsilon}^{(0)}] > 0, \end{array}\right\} \mathbf{n}_{\partial\Omega_{\alpha\beta}} \to \Omega_\alpha.$$

对于边界 $\partial\Omega_{ij}$ 的 $2k_\alpha - 1$ 阶虚流 $\mathbf{x}_\beta^{(\alpha)}(t)$ 和 $2k_\beta - 1$ 阶虚流 $\mathbf{x}_\alpha^{(\beta)}(t)$ 是 $(2k_\alpha - 1 : 2k_\beta - 1)$ 型双不可接近擦边流.

此 $(2k_\alpha - 1 : 2k_\beta - 1)$ 型双不可接近擦边流如图 3.17(b) 中的虚线所示, 其由对于边界的两个虚擦边流组成. 在这两个域中, 没有任何流能穿越边界. 下面给出擦边流的充分与必要条件.

定理 3.14 对于方程 (2.1) 中的不连续动力系统, 在两个相邻域 Ω_α $(\alpha = i, j)$ 的边界上, 在 t_m 时刻存在一点 $\mathbf{x}^{(0)}(t_m) \equiv \mathbf{x}_m \in \partial\Omega_{ij}$. 对于任意小的 $\varepsilon > 0$, 存在时间区间 $[t_{m-\varepsilon}, t_{m+\varepsilon}]$. 假定 $\mathbf{x}_\beta^{(\alpha)}(t_{m\pm}) = \mathbf{x}_m = \mathbf{x}_\alpha^{(\beta)}(t_{m\pm})(\alpha, \beta \in \{i, j\}, \beta \neq \alpha)$, 对于时间 t, 虚流 $\mathbf{x}_\beta^{(\alpha)}(t)$ 为 $C_{[t_{m-\varepsilon}, t_{m+\varepsilon}]}^{r_\alpha}$ 连续的 $(r_\alpha \geqslant 2k_\alpha)$ 且 $\|d^{r_\alpha+1}\mathbf{x}_\beta^{(\alpha)}/dt^{r_\alpha+1}\| < \infty$. 虚流 $\mathbf{x}_\alpha^{(\beta)}(t)$ 为 $C_{[t_{m-\varepsilon}, t_{m+\varepsilon}]}^{r_\beta}$ 连续的 $(r_\beta \geqslant 2k_\beta)$ 且 $\|d^{r_\beta+1}\mathbf{x}_\alpha^{(\beta)}/dt^{r_\beta+1}\| < \infty$. 如果

$$G_{\partial\Omega_{\alpha\beta}}^{(s_\alpha, \alpha)}(\mathbf{x}_m, t_{m\pm}, \mathbf{p}_\alpha, \boldsymbol{\lambda}) = 0, \quad s_\alpha = 0, 1, \cdots, 2k_\alpha - 2; \tag{3.114}$$

[129]
$$G_{\partial\Omega_{\alpha\beta}}^{(s_\beta, \beta)}(\mathbf{x}_m, t_{m\pm}, \mathbf{p}_\beta, \boldsymbol{\lambda}) = 0, \quad s_\beta = 0, 1, \cdots, 2k_\beta - 2; \tag{3.115}$$

$$\left.\begin{array}{l} G_{\partial\Omega_{\alpha\beta}}^{(2k_\alpha - 1, \alpha)}(\mathbf{x}_m, t_{m\pm}, \mathbf{p}_\alpha, \boldsymbol{\lambda}) > 0, \\ G_{\partial\Omega_{\alpha\beta}}^{(2k_\beta - 1, \beta)}(\mathbf{x}_m, t_{m\pm}, \mathbf{p}_\beta, \boldsymbol{\lambda}) < 0, \end{array}\right\} \mathbf{n}_{\partial\Omega_{\alpha\beta}} \to \Omega_\beta$$

或 $\tag{3.116}$

$$\left.\begin{array}{l} G_{\partial\Omega_{\alpha\beta}}^{(2k_\alpha - 1, \alpha)}(\mathbf{x}_m, t_{m\pm}, \mathbf{p}_\alpha, \boldsymbol{\lambda}) < 0, \\ G_{\partial\Omega_{\alpha\beta}}^{(2k_\beta - 1, \beta)}(\mathbf{x}_m, t_{m\pm}, \mathbf{p}_\beta, \boldsymbol{\lambda}) > 0, \end{array}\right\} \mathbf{n}_{\partial\Omega_{\alpha\beta}} \to \Omega_\alpha.$$

那么对于边界 $\partial\Omega_{ij}$ 的 $2k_\alpha - 1$ 阶虚流 $\mathbf{x}_\beta^{(\alpha)}(t)$ 和 $2k_\beta - 1$ 阶虚流 $\mathbf{x}_\alpha^{(\beta)}(t)$ 是 $(2k_\alpha - 1 : 2k_\beta - 1)$ 型双擦边流.

证明 同定理 3.2. ∎

3.6 流的切换分岔

下面讨论从可穿越流到不可穿越流的切换分岔, 以及不可穿越流到可穿越流的滑模裂碎分岔. 这部分将进一步讨论在第二章介绍过的一些概念 (亦可见文献 Luo, 2008b, c). 在讨论切换分岔之前, 首先定义边界 $\partial\Omega_{ij}$ 上的 $(m_i : m_j)$ 型 G-函数积.

定义 3.24 对于方程 (2.1) 中的不连续动力系统, 在两个相邻域 Ω_α $(\alpha = i, j)$ 的边界上, 在 t_m 时刻存在一点 $\mathbf{x}^{(0)}(t_m) \equiv \mathbf{x}_m \in \partial\Omega_{ij}$. 对于任意小

的 $\varepsilon > 0$, 存在时间区间 $[t_{m-\varepsilon}, t_{m+\varepsilon}]$. 假定 $\mathbf{x}^{(i)}(t_{m\pm}) = \mathbf{x}_m = \mathbf{x}^{(j)}(t_{m\mp})(\alpha, \beta \in \{i, j\}$ 且 $\beta \neq \alpha)$. 对于时间 t, 流 $\mathbf{x}^{(i)}(t)$ 是 $C^{r_i}_{[t_{m-\varepsilon}, t_{m+\varepsilon}]}$ 连续的 ($r_i \geqslant m_i + 1$) 且 $\|d^{r_i+1}\mathbf{x}^{(i)}/dt^{r_i+1}\| < \infty$ ($r_i \geqslant m_i + 1$). 流 $\mathbf{x}^{(j)}(t)$ 是 $C^{r_j}_{[t_{m-\varepsilon}, t_{m+\varepsilon}]}$ 连续的 ($r_j \geqslant m_j + 1$) 且 $\|d^{r_j+1}\mathbf{x}^{(j)}/dt^{r_j+1}\| < \infty$. 在边界 $\partial\Omega_{ij}$ 上, $(m_i : m_j)$ 阶 G-函数的积定义为

$$L_{ij}^{(m_i:m_j)}(t_m) \equiv L_{ij}^{(m_i:m_j)}(\mathbf{x}_m, t_m, \mathbf{p}_i, \mathbf{p}_j, \boldsymbol{\lambda})$$
$$= G_{\partial\Omega_{ij}}^{(m_i,i)}(\mathbf{x}_m, t_{m-}, \mathbf{p}_i, \boldsymbol{\lambda}) \times G_{\partial\Omega_{ij}}^{(m_j,j)}(\mathbf{x}_m, t_{m+}, \mathbf{p}_j, \boldsymbol{\lambda}), \quad (3.117)$$

当 $m_i = m_j = 0$ 时, 有 $L_{ij}^{(0:0)} = L_{ij}$, 于是

$$L_{ij}(t_m) \equiv L_{ij}(\mathbf{x}_m, t_m, \mathbf{p}_i, \mathbf{p}_j, \boldsymbol{\lambda})$$
$$= G_{\partial\Omega_{ij}}^{(i)}(\mathbf{x}_m, t_{m-}, \mathbf{p}_i, \boldsymbol{\lambda}) \times G_{\partial\Omega_{ij}}^{(j)}(\mathbf{x}_m, t_{m+}, \mathbf{p}_j, \boldsymbol{\lambda}). \quad (3.118)$$

根据前面的定义, 在边界 $\partial\Omega_{\alpha\beta}$ 上, 全穿越流、汇流和源流 G-函数的积具有下列性质:

$$L_{\alpha\beta}^{(2k_\alpha:2k_\beta)}(t_m) > 0, \text{ 在 } \overrightarrow{\partial\Omega}_{\alpha\beta} \text{ 上}; \qquad\qquad \text{[131]}$$
$$L_{\alpha\beta}^{(2k_\alpha:2k_\beta)}(t_m) < 0, \text{ 在 } \overline{\partial\Omega}_{\alpha\beta} = \widetilde{\partial\Omega}_{\alpha\beta} \cup \widehat{\partial\Omega}_{\alpha\beta}. \quad (3.119)$$

在边界 $\partial\Omega_{\alpha\beta}$ 上点 $(t_m, \mathbf{x}_m)$ 处, 如果流发生切换分岔, 需要满足如下条件:

$$L_{\alpha\beta}^{(2k_\alpha:2k_\beta)}(t_m) = 0. \quad (3.120)$$

对于可穿越流 $\mathbf{x}(t_m) \equiv \mathbf{x}_m \in [\mathbf{x}_{m_1}, \mathbf{x}_{m_2}] \subset \overrightarrow{\partial\Omega}_{ij}$. 在边界上, 当 $t_m \in [t_{m_1}, t_{m_2}]$ 和 $\mathbf{x}_m \in [\mathbf{x}_{m_1}, \mathbf{x}_{m_2}]$ 时, G-函数的积都是正的 ($L_{ij}^{(2k_i:2k_j)}(t_m) > 0$). 为了确定切换分岔, 需要确定 G-函数积的全局最小值. 由于 $\mathbf{x}_m$ 是时间 t_m 的函数, 于是 $L_{ij}^{(2k_i:2k_j)}(t_m)$ 的全导数为

$$DL_{ij}^{(2k_i:2k_j)} = \nabla L_{ij}^{(2k_i:2k_j)}(\mathbf{x}_m, t_m, \mathbf{p}_i, \mathbf{p}_j, \boldsymbol{\lambda}) \cdot \mathbf{F}_{ij}^{(0)}(\mathbf{x}_m, t_m)$$
$$+ \frac{\partial}{\partial t_m} L_{ij}^{(2k_i:2k_j)}(\mathbf{x}_m, t_m, \mathbf{p}_i, \mathbf{p}_j, \boldsymbol{\lambda}),$$
$$D^r L_{ij}^{(2k_i:2k_j)} = D^{r-1}\{DL_{ij}^{(2k_i:2k_j)}(\mathbf{x}_m, t_m, \mathbf{p}_i, \mathbf{p}_j, \boldsymbol{\lambda})\}, \quad (3.121)$$

其中 $r = 1, 2, \cdots$. 因此, $L_{ij}^{(2k_i:2k_j)}(t_m)$ 的全局最小值由下述方程确定:

$$D^r L_{ij}^{(2k_i:2k_j)}(t_m) = 0 \ (r = 1, 2, \cdots, 2l - 1), \quad (3.122)$$
$$D^{2l} L_{ij}^{(2k_i:2k_j)}(t_m) > 0. \quad (3.123)$$

定义 3.25 对于方程 (2.1) 中的不连续动力系统, 在两个相邻域 Ω_α

($\alpha = i, j$) 的边界上, 在 t_m 时刻存在一点 $\mathbf{x}^{(0)}(t_m) \equiv \mathbf{x}_m \in \partial\Omega_{ij}$. 对于任意小的 $\varepsilon > 0$, 存在两个时间区间 $[t_{m-\varepsilon}, t_m)$ 和 $(t_m, t_{m+\varepsilon}]$. 假定 $\mathbf{x}^{(i)}(t_{m\pm}) = \mathbf{x}_m = \mathbf{x}^{(j)}(t_{m\mp})(\alpha, \beta \in \{i, j\}$ 且 $\beta \neq \alpha)$. 对于时间 t, 流 $\mathbf{x}^{(i)}(t)$ 是 $C^{r_i}_{[t_{m-\varepsilon}, t_{m+\varepsilon}]}$ 连续的 $(r_i \geqslant 2k_i + 1)$ 且 $\|d^{r_i+1}\mathbf{x}^{(i)}/dt^{r_i+1}\| < \infty$, 流 $\mathbf{x}^{(j)}(t)$ 是 $C^{r_j}_{(t_m, t_{m+\varepsilon}]}$ 连续的 $(r_j \geqslant 2k_j + 1)$ 且 $\|d^{r_j+1}\mathbf{x}^{(j)}/dt^{r_j+1}\| < \infty$. 那么 $(2k_i : 2k_j)$ 阶 G-函数积 (即 $L_{ij}^{(2k_i:2k_j)}(t_m)$) 的局部最小值集的定义为

$$\min L_{ij}^{(2k_i:2k_j)}(t_m) = \left\{ L_{ij}^{(2k_i:2k_j)}(t_m) \;\middle|\; \begin{array}{l} t_m \in [t_{m_1}, t_{m_2}], \mathbf{x}_m \in [\mathbf{x}_{m_1}, \mathbf{x}_{m_2}], \\ D^r L_{ij}^{(2k_i:2k_j)} = 0, r = \{1, 2, \cdots, 2l-1\}, \\ D^{2l} L_{ij}^{(2k_i:2k_j)} > 0. \end{array} \right\}$$
(3.124)

[132]　　根据 $L_{ij}^{(2k_i:2k_j)}(t_m)$ 的局部最小值集, 可以定义如下其全局最小值.

定义 3.26　对于方程 (2.1) 中的不连续动力系统, 在两个相邻域 Ω_α ($\alpha = i, j$) 的边界上, 在 t_m 时刻存在一点 $\mathbf{x}^{(0)}(t_m) \equiv \mathbf{x}_m \in \partial\Omega_{ij}$. 对于任意小的 $\varepsilon > 0$, 存在两个时间区间 $[t_{m-\varepsilon}, t_m)$ 和 $(t_m, t_{m+\varepsilon}]$. 假定 $\mathbf{x}^{(i)}(t_{m\pm}) = \mathbf{x}_m = \mathbf{x}^{(j)}(t_{m\mp})$, 对于时间 t, 流 $\mathbf{x}^{(i)}(t)$ 是 $C^{r_i}_{[t_{m-\varepsilon}, t_{m+\varepsilon}]}$ 连续的 $(r_i \geqslant 2k_i + 1)$ 且 $\|d^{r_i+1}\mathbf{x}^{(i)}/dt^{r_i+1}\| < \infty$, 流 $\mathbf{x}^{(j)}(t)$ 是 $C^{r_j}_{(t_m, t_{m+\varepsilon}]}$ 连续的 $(r_j \geqslant 2k_j + 1)$ 且 $\|d^{r_j+1}\mathbf{x}^{(j)}/dt^{r_j+1}\| < \infty$. 那么 $(2k_i : 2k_j)$ 型 G-函数积 (即 $L_{ij}^{(2k_i:2k_j)}(t_m)$) 的全局最小值为

$$G\min L_{ij}^{(2k_i:2k_j)}(t_m)$$
$$= \min_{t_m \in [t_{m_1}, t_{m_2}]} \left\{ \min L_{ij}^{(2k_i:2k_j)}(t_m), L_{ij}^{(2k_i:2k_j)}(t_{m_1}), L_{ij}^{(2k_i:2k_j)}(t_{m_2}) \right\}.$$
(3.125)

为了研究参数 $\mathbf{q} \in \{\mathbf{p}_i, \mathbf{p}_j, \boldsymbol{\lambda}\}$ 变化时的切换分岔, 方程 (3.121) 中的 $D^r L_{ij}^{(2k_i:2k_j)}$ 可用 $d^r L_{ij}^{(2k_i:2k_j)}/d\mathbf{q}^r$ 表示. 类似地, 我们可以定义 $(2k_i : 2k_j)$ 型 G-函数积 ($L_{ij}^{(2k_i:2k_j)}(t_m)$) 的最大值.

定义 3.27　对于方程 (2.1) 中的不连续动力系统, 在两个相邻域 Ω_α ($\alpha = i, j$) 的边界上, 在 t_m 时刻存在一点 $\mathbf{x}^{(0)}(t_m) \equiv \mathbf{x}_m \in \partial\Omega_{ij}$. 对于任意小的 $\varepsilon > 0$, 存在两个时间区间 $[t_{m-\varepsilon}, t_m)$ 和 $(t_m, t_{m+\varepsilon}]$. 假定 $\mathbf{x}^{(\alpha)}(t_{m\pm}) = \mathbf{x}_m(\alpha \in \{i, j\})$. 对于时间 t, 流 $\mathbf{x}^{(i)}(t)$ 是 $C^{r_i}_{[t_{m-\varepsilon}, t_m)}$ 连续的或 $C^{r_i}_{[t_{m-\varepsilon}, t_{m+\varepsilon}]}$ 连续的 $(r_i \geqslant 2k_i + 1)$ 且 $\|d^{r_i+1}\mathbf{x}^{(i)}/dt^{r_i+1}\| < \infty$. 流 $\mathbf{x}^{(j)}(t)$ 为 $C^{r_j}_{[t_{m-\varepsilon}, t_{m+\varepsilon}]}$ 或 $C^{r_j}_{(t_m, t_{m+\varepsilon}]}$ 连续的 $(r_j \geqslant 2k_j + 1)$ 且 $\|d^{r_j+1}\mathbf{x}^{(j)}/dt^{r_j+1}\| < \infty$. 定义 $(2k_i : 2k_j)$ 型 G-函数积 (即 $L_{ij}^{(2k_i:2k_j)}(t_m)$) 的局部最大值集为

$$\max L_{ij}^{(2k_i:2k_j)}(t_m) = \left\{ L_{ij}^{(2k_i:2k_j)}(t_m) \left| \begin{array}{l} t_m \in [t_{m_1}, t_{m_2}], \mathbf{x}_m \in [\mathbf{x}_{m_1}, \mathbf{x}_{m_2}], \\ D^r L_{ij}^{(2k_i:2k_j)} = 0, r = \{1, 2, \cdots, 2l\}, \\ D^{2l+1} L_{ij}^{(2k_i:2k_j)} < 0. \end{array} \right. \right\}$$

$$(3.126)$$

根据 $L_{ij}^{(2k_i:2k_j)}(t_m)$ 的局部最大值集, 可以定义 $L_{ij}^{(2k_i:2k_j)}(t_m)$ 的全局最大值.

定义 3.28　对于方程 (2.1) 中的不连续动力系统, 在两个相邻域 Ω_α [133] $(\alpha = i, j)$ 的边界上, 在 t_m 时刻存在一点. 对于任意小的 $\varepsilon > 0$, 存在两个时间区间 $[t_{m-\varepsilon}, t_m)$ 或 $(t_m, t_{m+\varepsilon}]$. 假定 $\mathbf{x}^{(\alpha)}(t_{m\pm}) = \mathbf{x}_m (\alpha \in \{i, j\})$, 对于时间 t, 流 $\mathbf{x}^{(i)}(t)$ 是 $C_{[t_{m-\varepsilon}, t_m)}^{r_i}$ 连续的或 $C_{[t_{m-\varepsilon}, t_{m+\varepsilon}]}^{r_i}$ 连续的 $(r_i \geqslant 2k_i + 1)$ 且 $\|d^{r_i+1}\mathbf{x}^{(i)}/dt^{r_i+1}\| < \infty$. 流 $\mathbf{x}^{(j)}(t)$ 是 $C_{[t_{m-\varepsilon}, t_{m+\varepsilon}]}^{r_j}$ 或 $C_{(t_m, t_{m+\varepsilon}]}^{r_j}$ 连续的 $(r_j \geqslant 2k_j + 1)$ 且 $\|d^{r_j+1}\mathbf{x}^{(j)}/dt^{r_j+1}\| < \infty$. 定义 $(2k_i : 2k_j)$ 型 G-函数积 (即 $L_{ij}^{(2k_i:2k_j)}(t_m)$) 的全局最大值为

$$_{G\max}L_{ij}^{(2k_i:2k_j)}(t_m)$$
$$= \max_{t_m \in [t_{m_1}, t_{m_2}]} \{ \max L_{ij}^{(2k_i:2k_j)}(t_m), L_{ij}^{(2k_i:2k_j)}(t_{m_1}), L_{ij}^{(2k_i:2k_j)}(t_{m_2}) \}. \quad (3.127)$$

定义 3.29　对于方程 (2.1) 中的不连续动力系统, 在两个相邻域 Ω_α $(\alpha = i, j)$ 的边界上, 在 t_m 时刻存在一点 $\mathbf{x}^{(0)}(t_m) \equiv \mathbf{x}_m \in \partial\Omega_{ij}$. 对于任意小的 $\varepsilon > 0$, 存在两个时间区间 $[t_{m-\varepsilon}, t_m)$ 和 $(t_m, t_{m+\varepsilon}]$. 假定 $\mathbf{x}^{(i)}(t_{m-}) = \mathbf{x}_m = \mathbf{x}^{(j)}(t_{m\pm})$, 对于时间 t, 流 $\mathbf{x}^{(i)}(t)$ 和 $\mathbf{x}^{(j)}(t)$ 分别是 $C_{[t_{m-\varepsilon}, t_m)}^{r_i}$ 与 $C_{[t_{m-\varepsilon}, t_{m+\varepsilon}]}^{r_j} (r_\alpha \geqslant 2, \alpha = i, j)$ 连续的且 $\|d^{r_\alpha+1}\mathbf{x}^{(\alpha)}/dt^{r_\alpha+1}\| < \infty$. 如果

$$\begin{aligned} G_{\partial\Omega_{ij}}^{(j)}(\mathbf{x}_m, t_{m\pm}, \mathbf{p}_j, \boldsymbol{\lambda}) &= 0, \\ G_{\partial\Omega_{ij}}^{(i)}(\mathbf{x}_m, t_{m-}, \mathbf{p}_i, \boldsymbol{\lambda}) &\neq 0, \\ G_{\partial\Omega_{ij}}^{(1,j)}(\mathbf{x}_m, t_{m\pm}, \mathbf{p}_j, \boldsymbol{\lambda}) &\neq 0; \end{aligned} \quad (3.128)$$

$$\left. \begin{aligned} \mathbf{n}_{\partial\Omega_{ij}}^{\mathrm{T}}(\mathbf{x}_{m-\varepsilon}^{(0)}) \cdot [\mathbf{x}_{m-\varepsilon}^{(0)} - \mathbf{x}_{m-\varepsilon}^{(i)}] &> 0, \\ \mathbf{n}_{\partial\Omega_{ij}}^{\mathrm{T}}(\mathbf{x}_{m-\varepsilon}^{(0)}) \cdot [\mathbf{x}_{m-\varepsilon}^{(0)} - \mathbf{x}_{m-\varepsilon}^{(j)}] &< 0, \\ \mathbf{n}_{\partial\Omega_{ij}}^{\mathrm{T}}(\mathbf{x}_{m+\varepsilon}^{(0)}) \cdot [\mathbf{x}_{m+\varepsilon}^{(0)} - \mathbf{x}_{m+\varepsilon}^{(j)}] &> 0, \end{aligned} \right\} \mathbf{n}_{\partial\Omega_{ij}} \to \Omega_j$$

或 $\qquad\qquad\qquad\qquad\qquad\qquad\qquad\qquad\qquad\qquad\qquad (3.129)$

$$\left. \begin{aligned} \mathbf{n}_{\partial\Omega_{ij}}^{\mathrm{T}}(\mathbf{x}_{m-\varepsilon}^{(0)}) \cdot [\mathbf{x}_{m-\varepsilon}^{(0)} - \mathbf{x}_{m-\varepsilon}^{(i)}] &< 0, \\ \mathbf{n}_{\partial\Omega_{ij}}^{\mathrm{T}}(\mathbf{x}_{m-\varepsilon}^{(0)}) \cdot [\mathbf{x}_{m-\varepsilon}^{(0)} - \mathbf{x}_{m-\varepsilon}^{(j)}] &> 0, \\ \mathbf{n}_{\partial\Omega_{ij}}^{\mathrm{T}}(\mathbf{x}_{m+\varepsilon}^{(0)}) \cdot [\mathbf{x}_{m+\varepsilon}^{(0)} - \mathbf{x}_{m+\varepsilon}^{(j)}] &< 0, \end{aligned} \right\} \mathbf{n}_{\partial\Omega_{ij}} \to \Omega_i.$$

在边界 $\overrightarrow{\partial\Omega_{ij}}$ 上的点 $(\mathbf{x}_m, t_m)$ 处, 流 $\mathbf{x}^{(j)}(t)$ 的擦边分岔定义为第一类不可穿越流的切换分岔 (或滑模分岔).

定理 3.15　对于方程 (2.1) 中的不连续动力系统, 在两个相邻域 Ω_α
$(\alpha = i, j)$ 的边界上, 在 t_m 时刻存在一点 $\mathbf{x}^{(0)}(t_m) \equiv \mathbf{x}_m \in \partial\Omega_{ij}$. 对于任意小的 $\varepsilon > 0$, 存在两个时间区间 $[t_{m-\varepsilon}, t_m)$ 和 $(t_m, t_{m+\varepsilon})$. 假定 $\mathbf{x}^{(i)}(t_{m-}) = \mathbf{x}_m = \mathbf{x}^{(j)}(t_{m\pm})$, 对于时间 t, 流 $\mathbf{x}^{(i)}(t)$ 和 $\mathbf{x}^{(j)}(t)$ 分别是 $C^{r_i}_{[t_{m-\varepsilon}, t_m)}$ 和 $C^{r_j}_{[t_{m-\varepsilon}, t_{m+\varepsilon}]}$ 连续的且 $\|d^{r_\alpha+1}\mathbf{x}^{(\alpha)}/dt^{r_\alpha+1}\| < \infty$ $(r_\alpha \geqslant 3, \alpha = i, j)$. 在边界 $\overrightarrow{\partial\Omega_{ij}}$ 上的点 $(\mathbf{x}_m, t_m)$ 处, 可穿越流 $\mathbf{x}^{(i)}(t)$ 和 $\mathbf{x}^{(j)}(t)$ 发生滑模擦边分岔且切换为第一类不可穿越流, 当且仅当

$$\left.\begin{aligned} G^{(j)}_{\partial\Omega_{ij}}(\mathbf{x}_m, t_{m\pm}, \mathbf{p}_j, \boldsymbol{\lambda}) &= 0, \\ L_{ij}(\mathbf{x}_m, t_m, \mathbf{p}_i, \mathbf{p}_j, \boldsymbol{\lambda}) &= 0, \\ {}_{G\min}L_{ij}(t_m) &= 0; \end{aligned}\right\} \tag{3.130}$$

$$\left.\begin{aligned} G^{(i)}_{\partial\Omega_{ij}}(\mathbf{x}_m, t_{m-}, \mathbf{p}_i, \boldsymbol{\lambda}) > 0, \mathbf{n}_{\partial\Omega_{ij}} \to \Omega_j, \\ G^{(i)}_{\partial\Omega_{ij}}(\mathbf{x}_m, t_{m-}, \mathbf{p}_i, \boldsymbol{\lambda}) < 0, \mathbf{n}_{\partial\Omega_{ij}} \to \Omega_i; \end{aligned}\right\} \tag{3.131a}$$

$$\left.\begin{aligned} G^{(1,j)}_{\partial\Omega_{ij}}(\mathbf{x}_m, t_{m\pm}, \mathbf{p}_j, \boldsymbol{\lambda}) > 0, \mathbf{n}_{\partial\Omega_{ij}} \to \Omega_j, \\ G^{(1,j)}_{\partial\Omega_{ij}}(\mathbf{x}_m, t_{m\pm}, \mathbf{p}_j, \boldsymbol{\lambda}) < 0, \mathbf{n}_{\partial\Omega_{ij}} \to \Omega_i. \end{aligned}\right\} \tag{3.131b}$$

证明　同定理 3.1 和定理 3.2. ∎

定义 3.30　对于方程 (2.1) 中的不连续动力系统, 在两个相邻域 Ω_α $(\alpha = i, j)$ 的边界上, 在 t_m 时刻存在一点 $\mathbf{x}^{(0)}(t_m) \equiv \mathbf{x}_m \in \partial\Omega_{ij}$. 对于任意小的 $\varepsilon > 0$, 存在两个时间区间 $[t_{m-\varepsilon}, t_m)$ 和 $(t_m, t_{m+\varepsilon})$. 假定 $\mathbf{x}^{(i)}(t_{m-}) = \mathbf{x}_m = \mathbf{x}^{(j)}(t_{m\pm})$. 对于时间 t, 流 $\mathbf{x}^{(i)}(t)$ 是 $C^{r_i}_{[t_{m-\varepsilon}, t_m)}$ 连续的 $(r_i \geqslant 2k_i + 1)$ 且 $\|d^{r_i+1}\mathbf{x}^{(i)}/dt^{r_i+1}\| < \infty$. 流 $\mathbf{x}^{(j)}(t)$ 是 $C^{r_j}_{[t_{m-\varepsilon}, t_{m+\varepsilon}]}$ 连续的 $(r_j \geqslant 2k_j + 1)$ 且 $\|d^{r_j+1}\mathbf{x}^{(j)}/dt^{r_j+1}\| < \infty$. 如果

$$\begin{aligned} G^{(s_j,j)}_{\partial\Omega_{ij}}(\mathbf{x}_m, t_{m\pm}, \mathbf{p}_j, \boldsymbol{\lambda}) &= 0, \quad s_j = 0, 1, \cdots, 2k_j, \\ G^{(s_i,i)}_{\partial\Omega_{ij}}(\mathbf{x}_m, t_{m-}, \mathbf{p}_i, \boldsymbol{\lambda}) &= 0, \quad s_i = 0, 1, \cdots, 2k_i - 1, \\ G^{(2k_i,i)}_{\partial\Omega_{ij}}(\mathbf{x}_m, t_{m-}, \mathbf{p}_i, \boldsymbol{\lambda}) &\neq 0, \\ G^{(2k_j+1,j)}_{\partial\Omega_{ij}}(\mathbf{x}_m, t_{m\pm}, \mathbf{p}_j, \boldsymbol{\lambda}) &\neq 0; \end{aligned} \tag{3.132}$$

$$
\left.
\begin{aligned}
&\mathbf{n}_{\partial\Omega_{ij}}^{\mathrm{T}}(\mathbf{x}_{m-\varepsilon}^{(0)}) \cdot [\mathbf{x}_{m-\varepsilon}^{(0)} - \mathbf{x}_{m-\varepsilon}^{(j)}] < 0, \\
&\mathbf{n}_{\partial\Omega_{ij}}^{\mathrm{T}}(\mathbf{x}_{m+\varepsilon}^{(0)}) \cdot [\mathbf{x}_{m+\varepsilon}^{(j)} - \mathbf{x}_{m+\varepsilon}^{(0)}] > 0, \\
&\mathbf{n}_{\partial\Omega_{ij}}^{\mathrm{T}}(\mathbf{x}_{m-\varepsilon}^{(0)}) \cdot [\mathbf{x}_{m-\varepsilon}^{(0)} - \mathbf{x}_{m-\varepsilon}^{(i)}] > 0,
\end{aligned}
\right\} \mathbf{n}_{\partial\Omega_{ij}} \to \Omega_j
$$

或 (3.133) [135]

$$
\left.
\begin{aligned}
&\mathbf{n}_{\partial\Omega_{ij}}^{\mathrm{T}}(\mathbf{x}_{m-\varepsilon}^{(0)}) \cdot [\mathbf{x}_{m-\varepsilon}^{(0)} - \mathbf{x}_{m-\varepsilon}^{(j)}] > 0, \\
&\mathbf{n}_{\partial\Omega_{ij}}^{\mathrm{T}}(\mathbf{x}_{m+\varepsilon}^{(0)}) \cdot [\mathbf{x}_{m+\varepsilon}^{(j)} - \mathbf{x}_{m+\varepsilon}^{(0)}] < 0, \\
&\mathbf{n}_{\partial\Omega_{ij}}^{\mathrm{T}}(\mathbf{x}_{m-\varepsilon}^{(0)}) \cdot [\mathbf{x}_{m-\varepsilon}^{(0)} - \mathbf{x}_{m-\varepsilon}^{(i)}] < 0,
\end{aligned}
\right\} \mathbf{n}_{\partial\Omega_{ij}} \to \Omega_i.
$$

那么在边界 $\overrightarrow{\partial\Omega}_{ij}$ 上点 $(\mathbf{x}_m, t_m)$ 处, $(2k_i : 2k_j)$ 型的可穿越流 $\mathbf{x}^{(i)}(t)$ 与 $\mathbf{x}^{(j)}(t)$ 的分岔被称作第一类 $(2k_i : 2k_j)$ 型不可穿越流的切换分岔 (或 $(2k_i : 2k_j)$ 型滑模分岔).

定理 3.16 对于方程 (2.1) 中的不连续动力系统, 在两个相邻域 Ω_α $(\alpha = i, j)$ 的边界上, 在 t_m 时刻存在一点 $\mathbf{x}^{(0)}(t_m) \equiv \mathbf{x}_m \in \partial\Omega_{ij}$. 对于任意小的 $\varepsilon > 0$, 存在两个时间区间 $[t_{m-\varepsilon}, t_m)$ 和 $(t_m, t_{m+\varepsilon}]$. 假定 $\mathbf{x}^{(i)}(t_{m-}) = \mathbf{x}_m = \mathbf{x}^{(j)}(t_{m\pm})$, 对于时间 t, 流 $\mathbf{x}^{(i)}(t)$ 是 $C_{[t_{m-\varepsilon}, t_m)}^{r_i}$ 连续的 $(r_i \geqslant 2k_i + 1)$ 且 $\|d^{r_i+1}\mathbf{x}^{(i)}/dt^{r_i+1}\| < \infty$. 流 $\mathbf{x}^{(j)}(t)$ 是 $C_{[t_{m-\varepsilon}, t_{m+\varepsilon}]}^{r_j}$ 连续的 $(r_j \geqslant 2k_j + 1)$ 且 $\|d^{r_j+1}\mathbf{x}^{(j)}/dt^{r_j+1}\| < \infty$. 在边界 $\overrightarrow{\partial\Omega}_{ij}$ 上点 $(\mathbf{x}_m, t_m)$ 处, $(2k_i : 2k_j)$ 型的可穿越流 $\mathbf{x}^{(i)}(t)$ 与 $\mathbf{x}^{(j)}(t)$ 的滑模分岔切换成 $(2k_i : 2k_j)$ 型的第一类不可穿越流的切换分岔 (或 $(2k_i : 2k_j)$ 型滑模分岔), 当且仅当

$$
\left.
\begin{aligned}
&G_{\partial\Omega_{ij}}^{(s_j,j)}(\mathbf{x}_m, t_{m\pm}, \mathbf{p}_j, \boldsymbol{\lambda}) = 0, \quad s_j = 0, 1, \cdots, 2k_j - 1, \\
&G_{\partial\Omega_{ij}}^{(s_i,i)}(\mathbf{x}_m, t_{m-}, \mathbf{p}_i, \boldsymbol{\lambda}) = 0, \quad s_i = 0, 1, \cdots, 2k_i - 1;
\end{aligned}
\right\} \tag{3.134}
$$

$$
\left.
\begin{aligned}
&G_{\partial\Omega_{ij}}^{(2k_j,j)}(\mathbf{x}_m, t_{m\pm}, \mathbf{p}_j, \boldsymbol{\lambda}) = 0, \\
&L_{ij}^{(2k_i:2k_j)}(\mathbf{x}_m, t_m, \mathbf{p}_i, \mathbf{p}_j, \boldsymbol{\lambda}) = 0, \\
&_G\min L_{ij}^{(2k_i:2k_j)}(t_m) = 0;
\end{aligned}
\right\} \tag{3.135}
$$

$$
\left.
\begin{aligned}
&G_{\partial\Omega_{ij}}^{(2k_i,i)}(\mathbf{x}_m, t_{m-}, \mathbf{p}_i, \boldsymbol{\lambda}) > 0, \mathbf{n}_{\partial\Omega_{ij}} \to \Omega_j, \\
&G_{\partial\Omega_{ij}}^{(2k_i,i)}(\mathbf{x}_m, t_{m-}, \mathbf{p}_i, \boldsymbol{\lambda}) < 0, \mathbf{n}_{\partial\Omega_{ij}} \to \Omega_i;
\end{aligned}
\right\}
$$

$$
\left.
\begin{aligned}
&G_{\partial\Omega_{ij}}^{(2k_j+1,j)}(\mathbf{x}_m, t_{m\pm}, \mathbf{p}_j, \boldsymbol{\lambda}) > 0, \mathbf{n}_{\partial\Omega_{ij}} \to \Omega_j, \\
&G_{\partial\Omega_{ij}}^{(2k_j+1,j)}(\mathbf{x}_m, t_{m\pm}, \mathbf{p}_j, \boldsymbol{\lambda}) < 0, \mathbf{n}_{\partial\Omega_{ij}} \to \Omega_i.
\end{aligned}
\right\} \tag{3.136}
$$

证明 同定理 3.1 和定理 3.2. ∎

[136]　　**定义 3.31**　对于方程 (2.1) 中的不连续动力系统, 在两个相邻域 Ω_α $(\alpha = i, j)$ 的边界上, 在 t_m 时刻存在一点 $\mathbf{x}^{(0)}(t_m) \equiv \mathbf{x}_m \in \partial\Omega_{ij}$. 对于任意小的 $\varepsilon > 0$, 存在两个时间区间 $[t_{m-\varepsilon}, t_m)$ 和 $(t_m, t_{m+\varepsilon}]$. 假定 $\mathbf{x}^{(i)}(t_{m\mp}) = \mathbf{x}_m = \mathbf{x}^{(j)}(t_{m+})$, 对于时间 t, 流 $\mathbf{x}^{(i)}(t)$ 和流 $\mathbf{x}^{(j)}(t)$ 分别是 $C^{r_i}_{[t_{m-\varepsilon}, t_{m+\varepsilon}]}$ 和 $C^{r_j}_{[t_{m-\varepsilon}, t_m)}$ 连续的 $(r_\alpha \geqslant 2, \alpha = i, j)$ 且 $\|d^{r_\alpha+1}\mathbf{x}^{(\alpha)}/dt^{r_\alpha+1}\| < \infty$. 如果

$$G^{(j)}_{\partial\Omega_{ij}}(\mathbf{x}_m, t_{m+}, \mathbf{p}_j, \boldsymbol{\lambda}) \neq 0, \left.\begin{matrix} \\ \\ \\ \end{matrix}\right\}$$
$$G^{(i)}_{\partial\Omega_{ij}}(\mathbf{x}_m, t_{m\mp}, \mathbf{p}_i, \boldsymbol{\lambda}) = 0, \qquad\qquad (3.137)$$
$$G^{(1,i)}_{\partial\Omega_{ij}}(\mathbf{x}_m, t_{m\mp}, \mathbf{p}_i, \boldsymbol{\lambda}) \neq 0;$$

$$\left.\begin{aligned} \mathbf{n}^{\mathrm{T}}_{\partial\Omega_{ij}}(\mathbf{x}^{(0)}_{m-\varepsilon}) \cdot [\mathbf{x}^{(0)}_{m-\varepsilon} - \mathbf{x}^{(i)}_{m-\varepsilon}] > 0, \\ \mathbf{n}^{\mathrm{T}}_{\partial\Omega_{ij}}(\mathbf{x}^{(0)}_{m+\varepsilon}) \cdot [\mathbf{x}^{(i)}_{m+\varepsilon} - \mathbf{x}^{(0)}_{m+\varepsilon}] < 0, \\ \mathbf{n}^{\mathrm{T}}_{\partial\Omega_{ij}}(\mathbf{x}^{(0)}_{m+\varepsilon}) \cdot [\mathbf{x}^{(j)}_{m+\varepsilon} - \mathbf{x}^{(0)}_{m+\varepsilon}] > 0, \end{aligned}\right\} \mathbf{n}_{\partial\Omega_{ij}} \to \Omega_j$$

或 $\qquad\qquad\qquad\qquad\qquad\qquad\qquad\qquad\qquad\qquad (3.138)$

$$\left.\begin{aligned} \mathbf{n}^{\mathrm{T}}_{\partial\Omega_{ij}}(\mathbf{x}^{(0)}_{m-\varepsilon}) \cdot [\mathbf{x}^{(0)}_{m-\varepsilon} - \mathbf{x}^{(i)}_{m-\varepsilon}] < 0, \\ \mathbf{n}^{\mathrm{T}}_{\partial\Omega_{ij}}(\mathbf{x}^{(0)}_{m+\varepsilon}) \cdot [\mathbf{x}^{(i)}_{m+\varepsilon} - \mathbf{x}^{(0)}_{m+\varepsilon}] > 0, \\ \mathbf{n}^{\mathrm{T}}_{\partial\Omega_{ij}}(\mathbf{x}^{(0)}_{m+\varepsilon}) \cdot [\mathbf{x}^{(j)}_{m+\varepsilon} - \mathbf{x}^{(0)}_{m+\varepsilon}] < 0, \end{aligned}\right\} \mathbf{n}_{\partial\Omega_{ij}} \to \Omega_i.$$

那么在边界 $\overrightarrow{\partial\Omega_{ij}}$ 上点 $(\mathbf{x}_m, t_m)$ 处, 流 $\mathbf{x}^{(i)}(t)$ 的擦边分岔称为第二类不可穿越流的切换分岔 (或源分岔).

　　定理 3.17　对于方程 (2.1) 中的不连续动力系统, 在两个相邻域 Ω_α $(\alpha = i, j)$ 的边界上, 在 t_m 时刻存在一点 $\mathbf{x}^{(0)}(t_m) \equiv \mathbf{x}_m \in \partial\Omega_{ij}$. 对于任意小的 $\varepsilon > 0$, 存在两个时间区间 $[t_{m-\varepsilon}, t_m)$ 和 $(t_m, t_{m+\varepsilon}]$. 假定 $\mathbf{x}^{(i)}(t_{m\mp}) = \mathbf{x}_m = \mathbf{x}^{(j)}(t_{m+})$. 对于时间 t, 流 $\mathbf{x}^{(i)}(t)$ 和流 $\mathbf{x}^{(j)}(t)$ 分别是 $C^{r_i}_{[t_{m-\varepsilon}, t_{m+\varepsilon}]}$ 和 $C^{r_j}_{(t_m, t_{m+\varepsilon}]}$ 连续的 $(r_\alpha \geqslant 2, \alpha = i, j)$ 且 $\|d^{r_\alpha+1}\mathbf{x}^{(\alpha)}/dt^{r_\alpha+1}\| < \infty$. 在边界 $\overrightarrow{\partial\Omega_{ij}}$ 上点 $(\mathbf{x}_m, t_m)$ 处, 可穿越流 $\mathbf{x}^{(i)}(t)$ 和 $\mathbf{x}^{(j)}(t)$ 的源分岔切换成边界 $\overrightarrow{\partial\Omega_{ij}}$ 上的第二类不可穿越流的分岔, 当且仅当

$$G^{(i)}_{\partial\Omega_{ij}}(\mathbf{x}_m, t_{m\mp}, \mathbf{p}_i, \boldsymbol{\lambda}) = 0,$$

或

$$L_{ij}(\mathbf{x}_m, t_m, \mathbf{p}_i, \mathbf{p}_j, \boldsymbol{\lambda}) = 0, \qquad\qquad (3.139)$$

或

$${}_{G\min}L_{ij}(t_m) = 0;$$

$$
\left.
\begin{aligned}
G^{(j)}_{\partial\Omega_{ij}}(\mathbf{x}_m, t_{m+}, \mathbf{p}_j, \boldsymbol{\lambda}) > 0, \\
G^{(1,i)}_{\partial\Omega_{ij}}(\mathbf{x}_m, t_{m\mp}, \mathbf{p}_i, \boldsymbol{\lambda}) < 0,
\end{aligned}
\right\} \mathbf{n}_{\partial\Omega_{ij}} \to \Omega_j
$$

[137]

$$
\left.
\begin{aligned}
G^{(j)}_{\partial\Omega_{ij}}(\mathbf{x}_m, t_{m+}, \mathbf{p}_j, \boldsymbol{\lambda}) < 0, \\
G^{(1,i)}_{\partial\Omega_{ij}}(\mathbf{x}_m, t_{m\mp}, \mathbf{p}_i, \boldsymbol{\lambda}) > 0,
\end{aligned}
\right\} \mathbf{n}_{\partial\Omega_{ij}} \to \Omega_i.
$$

(3.140)

证明　同定理 3.1 和定理 3.2. ∎

定义 3.32　对于方程 (2.1) 中的不连续动力系统, 在两个相邻域 Ω_α $(\alpha = i, j)$ 的边界上, 在 t_m 时刻存在一点 $\mathbf{x}^{(0)}(t_m) \equiv \mathbf{x}_m \in \partial\Omega_{ij}$. 对于任意小的 $\varepsilon > 0$, 存在两个时间区间 $[t_{m-\varepsilon}, t_m)$ 和 $(t_m, t_{m+\varepsilon}]$. 假定 $\mathbf{x}^{(i)}(t_{m\mp}) = \mathbf{x}_m = \mathbf{x}^{(j)}(t_{m+})$. 对于时间 t, 流 $\mathbf{x}^{(i)}(t)$ 是 $C^{r_i}_{[t_{m-\varepsilon}, t_{m+\varepsilon}]}$ 连续的 $(r_i \geqslant 2k_j + 2)$ 且 $\|d^{r_i+1}\mathbf{x}^{(i)}/dt^{r_i+1}\| < \infty$. 流 $\mathbf{x}^{(j)}(t)$ 为 $C^{r_j}_{(t_m, t_{m+\varepsilon}]}$ 连续的且 $\|d^{r_j+1}\mathbf{x}^{(j)}/dt^{r_j+1}\| < \infty$ $(r_j \geqslant 2k_j + 1)$. 如果

$$
\begin{aligned}
&G^{(r,i)}_{\partial\Omega_{ij}}(\mathbf{x}_m, t_{m\mp}, \mathbf{p}_i, \boldsymbol{\lambda}) = 0, \quad r = 0, 1, \cdots, 2k_i; \\
&G^{(r,j)}_{\partial\Omega_{ij}}(\mathbf{x}_m, t_{m+}, \mathbf{p}_j, \boldsymbol{\lambda}) = 0, \quad r = 0, 1, \cdots, 2k_j - 1; \\
&G^{(2k_j,j)}_{\partial\Omega_{ij}}(\mathbf{x}_m, t_{m+}, \mathbf{p}_j, \boldsymbol{\lambda}) \neq 0; \\
&G^{(2k_i+1,i)}_{\partial\Omega_{ij}}(\mathbf{x}_m, t_{m\mp}, \mathbf{p}_i, \boldsymbol{\lambda}) \neq 0;
\end{aligned}
$$

(3.141)

$$
\left.
\begin{aligned}
\mathbf{n}^{\mathrm{T}}_{\partial\Omega_{ij}}(\mathbf{x}^{(0)}_{m-\varepsilon}) \cdot [\mathbf{x}^{(0)}_{m-\varepsilon} - \mathbf{x}^{(i)}_{m-\varepsilon}] > 0, \\
\mathbf{n}^{\mathrm{T}}_{\partial\Omega_{ij}}(\mathbf{x}^{(0)}_{m+\varepsilon}) \cdot [\mathbf{x}^{(i)}_{m+\varepsilon} - \mathbf{x}^{(0)}_{m+\varepsilon}] < 0, \\
\mathbf{n}^{\mathrm{T}}_{\partial\Omega_{ij}}(\mathbf{x}^{(0)}_{m+\varepsilon}) \cdot [\mathbf{x}^{(j)}_{m+\varepsilon} - \mathbf{x}^{(0)}_{m+\varepsilon}] > 0,
\end{aligned}
\right\} \mathbf{n}_{\partial\Omega_{ij}} \to \Omega_j
$$

或

(3.142)

$$
\left.
\begin{aligned}
\mathbf{n}^{\mathrm{T}}_{\partial\Omega_{ij}}(\mathbf{x}^{(0)}_{m-\varepsilon}) \cdot [\mathbf{x}^{(0)}_{m-\varepsilon} - \mathbf{x}^{(i)}_{m-\varepsilon}] < 0, \\
\mathbf{n}^{\mathrm{T}}_{\partial\Omega_{ij}}(\mathbf{x}^{(0)}_{m+\varepsilon}) \cdot [\mathbf{x}^{(i)}_{m+\varepsilon} - \mathbf{x}^{(0)}_{m+\varepsilon}] > 0, \\
\mathbf{n}^{\mathrm{T}}_{\partial\Omega_{ij}}(\mathbf{x}^{(0)}_{m+\varepsilon}) \cdot [\mathbf{x}^{(j)}_{m+\varepsilon} - \mathbf{x}^{(0)}_{m+\varepsilon}] < 0,
\end{aligned}
\right\} \mathbf{n}_{\partial\Omega_{ij}} \to \Omega_i.
$$

那么在边界 $\overrightarrow{\partial\Omega}_{ij}$ 上点 $(\mathbf{x}_m, t_m)$ 处, 流 $\mathbf{x}^{(i)}(t)$ 与 $\mathbf{x}^{(j)}(t)$ 的 $(2k_i : 2k_j)$ 型可穿越流的擦边分岔称作第二类 $(2k_i : 2k_j)$ 型不可穿越流的切换分岔 (或 $(2k_i : 2k_j)$ 型源流的分岔).

定理 3.18 对于方程 (2.1) 中的不连续动力系统, 在两个相邻域 Ω_α
[138] $(\alpha = i, j)$ 的边界上, 在 t_m 时刻存在一点 $\mathbf{x}^{(0)}(t_m) \equiv \mathbf{x}_m \in \partial\Omega_{ij}$. 对于任意小
的 $\varepsilon > 0$, 存在两个时间区间 $[t_{m-\varepsilon}, t_m)$ 和 $(t_m, t_{m+\varepsilon}]$. 假定 $\mathbf{x}^{(i)}(t_{m-}) = \mathbf{x}_m = \mathbf{x}^{(j)}(t_{m\pm})$. 对于时间 t, 流 $\mathbf{x}^{(i)}(t)$ 为 $C^{r_i}_{[t_{m-\varepsilon}, t_{m+\varepsilon}]}$ 连续的 $(r_i \geqslant 2k_i + 2)$ 且
$\|d^{r_i+1}\mathbf{x}^{(i)}/dt^{r_i+1}\| < \infty$. 流 $\mathbf{x}^{(j)}(t)$ 为 $C^{r_j}_{(t_m, t_{m+\varepsilon}]}$ 连续的且 $\|d^{r_j+1}\mathbf{x}^{(j)}/dt^{r_j+1}\|$
$< \infty$ $(r_j \geqslant 2k_j + 1)$. 在边界 $\overrightarrow{\partial\Omega}_{ij}$ 上点 $(\mathbf{x}_m, t_m)$ 处, $(2k_i : 2k_j)$ 型可穿越流
$\mathbf{x}^{(i)}(t)$ 和 $\mathbf{x}^{(j)}(t)$ 的源分岔切换成 $(2k_i : 2k_j)$ 型第二类不可穿越流的分岔 (或
$(2k_i : 2k_j)$ 型源分岔), 当且仅当

$$G^{(r,j)}_{\partial\Omega_{ij}}(\mathbf{x}_m, t_{m+}, \mathbf{p}_j, \boldsymbol{\lambda}) = 0, \quad r = 0, 1, \cdots, 2k_j - 1,$$
$$G^{(r,i)}_{\partial\Omega_{ij}}(\mathbf{x}_m, t_{m\mp}, \mathbf{p}_i, \boldsymbol{\lambda}) = 0, \quad r = 0, 1, \cdots, 2k_i - 1; \tag{3.143}$$

$$\left.\begin{array}{l} G^{(2k_i,i)}_{\partial\Omega_{ij}}(\mathbf{x}_m, t_{m\mp}, \mathbf{p}_i, \boldsymbol{\lambda}) = 0, \\ L^{(2k_i:2k_j)}_{ij}(\mathbf{x}_m, t_m, \mathbf{p}_i, \mathbf{p}_j, \boldsymbol{\lambda}) = 0, \\ {}_{G\min}L^{(2k_i:2k_j)}_{ij}(t_m) = 0; \end{array}\right\} \tag{3.144}$$

$$\left.\begin{array}{l} G^{(2k_j,j)}_{\partial\Omega_{ij}}(\mathbf{x}_m, t_{m+}, \mathbf{p}_j, \boldsymbol{\lambda}) > 0, \\ G^{(2k_i+1,i)}_{\partial\Omega_{ij}}(\mathbf{x}_m, t_{m\mp}, \mathbf{p}_i, \boldsymbol{\lambda}) < 0, \end{array}\right\} \mathbf{n}_{\Omega_{ij}} \to \Omega_j$$

$$\left.\begin{array}{l} G^{(2k_j,j)}_{\partial\Omega_{ij}}(\mathbf{x}_m, t_{m+}, \mathbf{p}_j, \boldsymbol{\lambda}) < 0, \\ G^{(2k_i+1,i)}_{\partial\Omega_{ij}}(\mathbf{x}_m, t_{m\mp}, \mathbf{p}_i, \boldsymbol{\lambda}) > 0, \end{array}\right\} \mathbf{n}_{\Omega_{ij}} \to \Omega_i. \tag{3.145}$$

证明 同定理 3.1 及定理 3.2. ∎

定义 3.33 对于方程 (2.1) 中的不连续动力系统, 在两个相邻域 Ω_α
$(\alpha = i, j)$ 的边界上, 在 t_m 时刻存在一点 $\mathbf{x}^{(0)}(t_m) \equiv \mathbf{x}_m \in \partial\Omega_{ij}$. 对于任
意小的 $\varepsilon > 0$, 存在两个时间区间 $[t_{m-\varepsilon}, t_m)$ 和 $(t_m, t_{m+\varepsilon}]$. 假定 $\mathbf{x}^{(i)}(t_{m\mp}) = \mathbf{x}_m = \mathbf{x}^{(j)}(t_{m\pm})$. 对于时间 t, 流 $\mathbf{x}^{(i)}(t)$ 及 $\mathbf{x}^{(j)}(t)$ 分别是 $C^{r_i}_{[t_{m-\varepsilon}, t_{m+\varepsilon}]}$ 和
$C^{r_j}_{[t_{m-\varepsilon}, t_{m+\varepsilon}]}$ 连续的 $(r_\alpha \geqslant 2, \alpha = i, j)$ 且 $\|d^{r_\alpha+1}\mathbf{x}^{(\alpha)}/dt^{r_\alpha+1}\| < \infty$. 如果

[139]
$$G^{(i)}_{\partial\Omega_{ij}}(\mathbf{x}_m, t_{m\mp}, \mathbf{p}_i, \boldsymbol{\lambda}) = 0, G^{(j)}_{\partial\Omega_{ij}}(\mathbf{x}_m, t_{m\pm}, \mathbf{p}_j, \boldsymbol{\lambda}) = 0,$$
$$G^{(1,i)}_{\partial\Omega_{ij}}(\mathbf{x}_m, t_{m\mp}, \mathbf{p}_i, \boldsymbol{\lambda}) \neq 0, G^{(1,j)}_{\partial\Omega_{ij}}(\mathbf{x}_m, t_{m\pm}, \mathbf{p}_j, \boldsymbol{\lambda}) \neq 0; \tag{3.146}$$

$$
\left.\begin{aligned}
\mathbf{n}_{\partial\Omega_{ij}}^{\mathrm{T}}(\mathbf{x}_{m-\varepsilon}^{(0)}) \cdot [\mathbf{x}_{m-\varepsilon}^{(0)} - \mathbf{x}_{m-\varepsilon}^{(i)}] > 0, \\
\mathbf{n}_{\partial\Omega_{ij}}^{\mathrm{T}}(\mathbf{x}_{m+\varepsilon}^{(0)}) \cdot [\mathbf{x}_{m+\varepsilon}^{(i)} - \mathbf{x}_{m+\varepsilon}^{(0)}] < 0, \\
\mathbf{n}_{\partial\Omega_{ij}}^{\mathrm{T}}(\mathbf{x}_{m-\varepsilon}^{(0)}) \cdot [\mathbf{x}_{m-\varepsilon}^{(0)} - \mathbf{x}_{m-\varepsilon}^{(j)}] < 0, \\
\mathbf{n}_{\partial\Omega_{ij}}^{\mathrm{T}}(\mathbf{x}_{m+\varepsilon}^{(0)}) \cdot [\mathbf{x}_{m+\varepsilon}^{(j)} - \mathbf{x}_{m+\varepsilon}^{(0)}] > 0,
\end{aligned}\right\} \mathbf{n}_{\partial\Omega_{ij}} \to \Omega_j
$$

或 $\qquad\qquad\qquad\qquad\qquad\qquad\qquad\qquad\qquad$ (3.147)

$$
\left.\begin{aligned}
\mathbf{n}_{\partial\Omega_{ij}}^{\mathrm{T}}(\mathbf{x}_{m-\varepsilon}^{(0)}) \cdot [\mathbf{x}_{m-\varepsilon}^{(0)} - \mathbf{x}_{m-\varepsilon}^{(i)}] < 0, \\
\mathbf{n}_{\partial\Omega_{ij}}^{\mathrm{T}}(\mathbf{x}_{m+\varepsilon}^{(0)}) \cdot [\mathbf{x}_{m+\varepsilon}^{(i)} - \mathbf{x}_{m+\varepsilon}^{(0)}] > 0, \\
\mathbf{n}_{\partial\Omega_{ij}}^{\mathrm{T}}(\mathbf{x}_{m-\varepsilon}^{(0)}) \cdot [\mathbf{x}_{m-\varepsilon}^{(0)} - \mathbf{x}_{m-\varepsilon}^{(j)}] > 0, \\
\mathbf{n}_{\partial\Omega_{ij}}^{\mathrm{T}}(\mathbf{x}_{m+\varepsilon}^{(0)}) \cdot [\mathbf{x}_{m+\varepsilon}^{(j)} - \mathbf{x}_{m+\varepsilon}^{(0)}] < 0,
\end{aligned}\right\} \mathbf{n}_{\partial\Omega_{ij}} \to \Omega_i.
$$

那么在边界 $\overrightarrow{\partial\Omega}_{ij}$ 上点 $(\mathbf{x}_m, t_m)$ 处, 流 $\mathbf{x}^{(i)}(t)$ 与 $\mathbf{x}^{(j)}(t)$ 的擦边分岔称作从边界 $\overrightarrow{\partial\Omega}_{ij}$ 到 $\overleftarrow{\partial\Omega}_{ij}$ 上的切换分岔.

定理 3.19 对于方程 (2.1) 中的不连续动力系统, 在两个相邻域 Ω_α $(\alpha = i, j)$ 的边界上, 在 t_m 时刻存在一点 $\mathbf{x}^{(i)}(t_{m\mp}) = \mathbf{x}_m = \mathbf{x}^{(j)}(t_{m\pm})$. 对于任意小的 $\varepsilon > 0$, 存在两个时间区间 $[t_{m-\varepsilon}, t_m)$ 和 $(t_m, t_{m+\varepsilon}]$. 假定 $\mathbf{x}^{(i)}(t_{m\mp}) = \mathbf{x}_m = \mathbf{x}^{(j)}(t_{m\pm})$. 对于时间 t, 流 $\mathbf{x}^{(i)}(t)$ 及 $\mathbf{x}^{(j)}(t)$ 分别是 $C_{[t_{m-\varepsilon}, t_{m+\varepsilon}]}^{r_i}$ 和 $C_{[t_{m-\varepsilon}, t_{m+\varepsilon}]}^{r_j}$ 连续的 $(r_\alpha \geqslant 3, \alpha = i, j)$ 且 $\|d^{r_\alpha+1}\mathbf{x}^{(\alpha)}/dt^{r_\alpha+1}\| < \infty$. 在边界 $\overrightarrow{\partial\Omega}_{ij}$ 上点 $(\mathbf{x}_m, t_m)$ 处, 流 $\mathbf{x}^{(i)}(t)$ 与 $\mathbf{x}^{(j)}(t)$ 的擦边分岔称作从边界 $\overrightarrow{\partial\Omega}_{ij}$ 到 $\overleftarrow{\partial\Omega}_{ij}$ 上的切换分岔, 当且仅当

$$
G_{\partial\Omega_{ij}}^{(i)}(\mathbf{x}_m, t_{m\mp}, \mathbf{p}_i, \boldsymbol{\lambda}) = 0 \text{ 和 } G_{\partial\Omega_{ij}}^{(j)}(\mathbf{x}_m, t_{m\pm}, \mathbf{p}_j, \boldsymbol{\lambda}) = 0,
$$
$$
L_{ij}(\mathbf{x}_{m_2}, t_{m_2}, \mathbf{p}_i, \mathbf{p}_j, \boldsymbol{\lambda}) = 0, \qquad\qquad (3.148)
$$
$$
_G\min L_{ij}(t_m) = 0;
$$

$$
\left.\begin{aligned}
G_{\partial\Omega_{ij}}^{(1,i)}(\mathbf{x}_m, t_{m\mp}, \mathbf{p}_i, \boldsymbol{\lambda}) < 0, \\
G_{\partial\Omega_{ij}}^{(1,j)}(\mathbf{x}_m, t_{m\pm}, \mathbf{p}_j, \boldsymbol{\lambda}) > 0,
\end{aligned}\right\} \mathbf{n}_{\Omega_{ij}} \to \Omega_j
$$
$$
\qquad\qquad\qquad\qquad\qquad\qquad\qquad\qquad\qquad (3.149)
$$
$$
\left.\begin{aligned}
G_{\partial\Omega_{ij}}^{(1,i)}(\mathbf{x}_m, t_{m\mp}, \mathbf{p}_i, \boldsymbol{\lambda}) > 0, \\
G_{\partial\Omega_{ij}}^{(1,j)}(\mathbf{x}_m, t_{m\pm}, \mathbf{p}_j, \boldsymbol{\lambda}) < 0,
\end{aligned}\right\} \mathbf{n}_{\Omega_{ij}} \to \Omega_i.
$$

证明 同定理 3.1 和定理 3.2. ∎

[140]　　　　**定义 3.34**　对于方程 (2.1) 中的不连续动力系统, 在两个相邻域 Ω_α $(\alpha = i, j)$ 的边界上, 在 t_m 时刻存在一点 $\mathbf{x}^{(0)}(t_m) \equiv \mathbf{x}_m \in \partial\Omega_{ij}$. 对于任意小的 $\varepsilon > 0$, 存在时间区间 $[t_{m-\varepsilon}, t_{m+\varepsilon}]$. 假定 $\mathbf{x}^{(i)}(t_{m\mp}) = \mathbf{x}_m = \mathbf{x}^{(j)}(t_{m\pm})$, 对于时间 t, 流 $\mathbf{x}^{(\alpha)}(t)$ 是 $C^{r_\alpha}_{[t_{m-\varepsilon}, t_{m+\varepsilon}]}$ 连续的 $(r_\alpha \geqslant 2k_\alpha + 1, \alpha = i, j)$ 且 $\|d^{r_\alpha+1}\mathbf{x}^{(\alpha)}/dt^{r_\alpha+1}\| < \infty$. 如果

$$\begin{aligned}
G^{(s,i)}_{\partial\Omega_{ij}}(\mathbf{x}_m, t_{m\mp}, \mathbf{p}_i, \boldsymbol{\lambda}) &= 0, \quad s = 0, 1, \cdots, 2k_i, \\
G^{(s,j)}_{\partial\Omega_{ij}}(\mathbf{x}_m, t_{m\pm}, \mathbf{p}_j, \boldsymbol{\lambda}) &= 0, \quad s = 0, 1, \cdots, 2k_j, \\
G^{(2k_i+1,i)}_{\partial\Omega_{ij}}(\mathbf{x}_m, t_{m\mp}, \mathbf{p}_i, \boldsymbol{\lambda}) &\neq 0, \\
G^{(2k_j+1,j)}_{\partial\Omega_{ij}}(\mathbf{x}_m, t_{m\pm}, \mathbf{p}_j, \boldsymbol{\lambda}) &\neq 0;
\end{aligned} \tag{3.150}$$

$$\left.\begin{aligned}
\mathbf{n}^{\mathrm{T}}_{\partial\Omega_{ij}}(\mathbf{x}^{(0)}_{m-\varepsilon}) \cdot [\mathbf{x}^{(0)}_{m-\varepsilon} - \mathbf{x}^{(i)}_{m-\varepsilon}] &> 0, \\
\mathbf{n}^{\mathrm{T}}_{\partial\Omega_{ij}}(\mathbf{x}^{(0)}_{m+\varepsilon}) \cdot [\mathbf{x}^{(0)}_{m+\varepsilon} - \mathbf{x}^{(i)}_{m+\varepsilon}] &< 0, \\
\mathbf{n}^{\mathrm{T}}_{\partial\Omega_{ij}}(\mathbf{x}^{(0)}_{m-\varepsilon}) \cdot [\mathbf{x}^{(0)}_{m-\varepsilon} - \mathbf{x}^{(j)}_{m-\varepsilon}] &> 0, \\
\mathbf{n}^{\mathrm{T}}_{\partial\Omega_{ij}}(\mathbf{x}^{(0)}_{m+\varepsilon}) \cdot [\mathbf{x}^{(j)}_{m+\varepsilon} - \mathbf{x}^{(0)}_{m+\varepsilon}] &> 0,
\end{aligned}\right\} \mathbf{n}_{\partial\Omega_{ij}} \to \Omega_j$$

或 $\tag{3.151}$

$$\left.\begin{aligned}
\mathbf{n}^{\mathrm{T}}_{\partial\Omega_{ij}}(\mathbf{x}^{(0)}_{m-\varepsilon}) \cdot [\mathbf{x}^{(0)}_{m-\varepsilon} - \mathbf{x}^{(i)}_{m-\varepsilon}] &< 0, \\
\mathbf{n}^{\mathrm{T}}_{\partial\Omega_{ij}}(\mathbf{x}^{(0)}_{m+\varepsilon}) \cdot [\mathbf{x}^{(i)}_{m+\varepsilon} - \mathbf{x}^{(0)}_{m+\varepsilon}] &> 0, \\
\mathbf{n}^{\mathrm{T}}_{\partial\Omega_{ij}}(\mathbf{x}^{(0)}_{m-\varepsilon}) \cdot [\mathbf{x}^{(0)}_{m-\varepsilon} - \mathbf{x}^{(j)}_{m-\varepsilon}] &< 0, \\
\mathbf{n}^{\mathrm{T}}_{\partial\Omega_{ij}}(\mathbf{x}^{(0)}_{m+\varepsilon}) \cdot [\mathbf{x}^{(j)}_{m+\varepsilon} - \mathbf{x}^{(0)}_{m+\varepsilon}] &< 0,
\end{aligned}\right\} \mathbf{n}_{\partial\Omega_{ij}} \to \Omega_i.$$

那么在边界 $\overrightarrow{\partial\Omega}_{ij}$ 上点 $(\mathbf{x}_m, t_m)$ 处, $(2k_i : 2k_j)$ 型可穿越流 $\mathbf{x}^{(i)}(t)$ 与 $\mathbf{x}^{(j)}(t)$ 的擦边分岔称为从边界 $\overrightarrow{\partial\Omega}_{ij}$ 到 $\overleftarrow{\partial\Omega}_{ij}$ 的 $(2k_j : 2k_i)$ 型可穿越流的切换分岔.

　　　　定理 3.20　对于方程 (2.1) 中的不连续动力系统, 在两个相邻域 Ω_α $(\alpha = i, j)$ 的边界上, 在 t_m 时刻存在一点 $\mathbf{x}^{(0)}(t_m) \equiv \mathbf{x}_m \in \partial\Omega_{ij}$, 对于任意小的 $\varepsilon > 0$, 存在两个时间区间 $[t_{m-\varepsilon}, t_m), (t_m, t_{m+\varepsilon}]$. 假定 $\mathbf{x}^{(i)}(t_{m\mp}) = \mathbf{x}_m = \mathbf{x}^{(j)}(t_{m\pm})$, 对于时间 t, 流 $\mathbf{x}^{(i)}(t)$ 为 $C^{r_i}_{[t_{m-\varepsilon}, t_{m+\varepsilon}]}$ 连续的 $(r_i \geqslant 2k_i + 1)$, 且 $\|d^{r_i+1}\mathbf{x}^{(i)}/dt^{r_i+1}\| < \infty$; 流 $\mathbf{x}^{(j)}(t)$ 为 $C^{r_j}_{[t_{m-\varepsilon}, t_{m+\varepsilon}]}$ 连续的, 且 $\|d^{r_j+1}\mathbf{x}^{(j)}/dt^{r_j+1}\| < \infty$ $(r_j \geqslant 2k_j + 2)$. 在边界 $\overrightarrow{\partial\Omega}_{ij}$ 上点 $(\mathbf{x}_m, t_m)$ 处, 流 $\mathbf{x}^{(i)}(t)$ 与 $\mathbf{x}^{(j)}(t)$ 的 $(2k_i : 2k_j)$ 型可穿越流的擦边分岔称为边界 $\overrightarrow{\partial\Omega}_{ij}$ 到 $\overleftarrow{\partial\Omega}_{ij}$ 的第
[141]　二类 $(2k_i : 2k_j)$ 型不可穿越流的切换分岔 (或者从边界 $\overrightarrow{\partial\Omega}_{ij}$ 到 $\overleftarrow{\partial\Omega}_{ij}$ 上的 $(2k_j : 2k_i)$ 型可穿越流分岔), 当且仅当

$$\left.\begin{array}{l} G_{\partial\Omega_{ij}}^{(s,j)}(\mathbf{x}_m, t_{m\pm}, \mathbf{p}_j, \boldsymbol{\lambda}) = 0, \quad s = 0, 1, \cdots, 2k_j - 1, \\ G_{\partial\Omega_{ij}}^{(s,i)}(\mathbf{x}_m, t_{m\mp}, \mathbf{p}_i, \boldsymbol{\lambda}) = 0, \quad s = 0, 1, \cdots, 2k_i - 1; \end{array}\right\} \quad (3.152)$$

$$\left.\begin{array}{l} G_{\partial\Omega_{ij}}^{(2k_i,i)}(\mathbf{x}_m, t_{m\mp}, \mathbf{p}_i, \boldsymbol{\lambda}) = 0, \quad G_{\partial\Omega_{ij}}^{(2k_j,j)}(\mathbf{x}_m, t_{m\pm}, \mathbf{p}_j, \boldsymbol{\lambda}) = 0 \\ \text{或} \\ L_{ij}^{(2k_i:2k_j)}(\mathbf{x}_m, t_m, \mathbf{p}_i, \mathbf{p}_j, \boldsymbol{\lambda}) = 0, \quad {}_{G\min}L_{ij}^{(2k_i:2k_j)}(t_m) = 0; \end{array}\right\} \quad (3.153)$$

$$\left.\begin{array}{l} \left.\begin{array}{l} G_{\partial\Omega_{ij}}^{(2k_i+1,i)}(\mathbf{x}_m, t_{m\mp}, \mathbf{p}_i, \boldsymbol{\lambda}) < 0, \\ G_{\partial\Omega_{ij}}^{(2k_j+1,j)}(\mathbf{x}_m, t_{m\pm}, \mathbf{p}_j, \boldsymbol{\lambda}) > 0, \end{array}\right\} \mathbf{n}_{\partial\Omega_{ij}} \to \Omega_j, \\ \left.\begin{array}{l} G_{\partial\Omega_{ij}}^{(2k_i+1,i)}(\mathbf{x}_m, t_{m\mp}, \mathbf{p}_i, \boldsymbol{\lambda}) > 0, \\ G_{\partial\Omega_{ij}}^{(2k_j+1,j)}(\mathbf{x}_m, t_{m\pm}, \mathbf{p}_j, \boldsymbol{\lambda}) < 0, \end{array}\right\} \mathbf{n}_{\partial\Omega_{ij}} \to \Omega_i. \end{array}\right\} \quad (3.154)$$

证明 同定理 3.1 和定理 3.2. ∎

根据定义 3.27—3.34, 滑模裂碎分岔和源分岔可以类似地定义.

定义 3.35 对于方程 (2.1) 中的不连续动力系统, 在两个相邻域 Ω_α ($\alpha = i, j$) 的边界上, 在 t_m 时刻存在一点 $\mathbf{x}^{(0)}(t_m) \equiv \mathbf{x}_m \in \partial\Omega_{ij}$.

(i) 如果满足方程 (3.128) 和 (3.129), 那么在边界 $\widetilde{\partial\Omega}_{ij}$ 上的点 $(\mathbf{x}_m, t_m)$ 处, 流 $\mathbf{x}^{(j)}(t)$ 的擦边分岔称为第一类不可穿越流的裂碎分岔, 又称滑模裂碎分岔.

(ii) 如果满足方程 (3.132) 和 (3.133), 那么在边界 $\widetilde{\partial\Omega}_{ij}$ 上的点 $(\mathbf{x}_m, t_m)$ 处, $2k_i$ 阶流 $\mathbf{x}^{(i)}(t)$ 与 $2k_j$ 阶流 $\mathbf{x}^{(j)}(t)$ 的擦边分岔, 定义为第一类 $(2k_i : 2k_j)$ 型不可穿越流的裂碎分岔, 又称 $(2k_i : 2k_j)$ 型滑模裂碎分岔.

如果方程 (3.130), (3.131a) 和 (3.131b) 中的 ${}_{G\min}L_{ij}(t_m)$ 用 ${}_{G\max}L_{ij}(t_m)$ [142] 取代, 那么可以得到第一类不可穿越流裂碎分岔的充要条件. 相似地, 将方程 (3.134)—(3.136) 中的 ${}_{G\min}L_{ij}^{(2k_i:2k_j)}(t_m)$ 用 ${}_{G\max}L_{ij}^{(2k_i:2k_j)}(t_m)$ 替代, 则可获得 $(2k_i : 2k_j)$ 型第一类不可穿越流裂碎分岔的充要条件.

定义 3.36 对于方程 (2.1) 中的不连续动力系统, 在两个相邻域 Ω_α ($\alpha = i, j$) 的边界上, 在 t_m 时刻存在一点 $\mathbf{x}^{(0)}(t_m) \equiv \mathbf{x}_m \in \partial\Omega_{ij}$.

(i) 如果满足方程 (3.137) 和 (3.138), 那么在边界 $\widehat{\partial\Omega}_{ij}$ 上的点 $(\mathbf{x}_m, t_m)$ 处, 流 $\mathbf{x}^{(j)}(t)$ 的擦边分岔称为第二类不可穿越流的裂碎分岔 (又称源流裂碎分岔).

(ii) 如果满足方程 (3.141) 和 (3.142), 那么在边界 $\widehat{\partial\Omega}_{ij}$ 上的点 $(\mathbf{x}_m, t_m)$ 处, $2k_i$ 阶流 $\mathbf{x}^{(i)}(t)$ 与 $2k_j$ 阶流 $\mathbf{x}^{(j)}(t)$ 的擦边分岔称为第二类 $(2k_i : 2k_j)$ 型

不可穿越流的裂碎分岔, 又称 $(2k_i : 2k_j)$ 型滑模裂碎分岔.

如果方程 (3.139) 和 (3.140) 中的 $_{G\min}L_{ij}(t_m)$ 用 $_{G\max}L_{ij}(t_m)$ 代替, 那么可以得到第二类不可穿越流裂碎分岔的充要条件. 类似地, 将方程 (3.143)—(3.145) 中的 $_{G\min}L_{ij}^{(2k_i:2k_j)}(t_m)$ 用 $_{G\max}L_{ij}^{(2k_i:2k_j)}(t_m)$ 替代, 则可获得 $(2k_i : 2k_j)$ 型第二类不可穿越流裂碎分岔的充要条件.

定义 3.37　对于方程 (2.1) 中的不连续动力系统, 在两个相邻域 Ω_α $(\alpha = i, j)$ 的边界上, 在 t_m 时刻存在一点 $\mathbf{x}^{(0)}(t_m) \equiv \mathbf{x}_m \in \partial\Omega_{ij}$.

(i) 如果满足方程 (3.146) 和 (3.147), 那么在边界 $\widetilde{\partial\Omega}_{ij}$ (或者 $\widehat{\partial\Omega}_{ij}$) 上的点 $(\mathbf{x}_m, t_m)$ 处, 流 $\mathbf{x}^{(i)}(t)$ 和 $\mathbf{x}^{(j)}(t)$ 的擦边分岔称为从 $\widetilde{\partial\Omega}_{ij}$ 到 $\widehat{\partial\Omega}_{ij}$ (或从 $\widehat{\partial\Omega}_{ij}$ 到 $\widetilde{\partial\Omega}_{ij}$) 的不可穿越流的切换分岔.

[143] (ii) 如果满足方程 (3.150) 和 (3.151), 那么在边界 $\widetilde{\partial\Omega}_{ij}$ (或 $\widehat{\partial\Omega}_{ij}$) 上的点 $(\mathbf{x}_m, t_m)$ 处, $2k_i$ 阶流 $\mathbf{x}^{(i)}(t)$ 与 $2k_j$ 阶流 $\mathbf{x}^{(j)}(t)$ 的擦边分岔称为从 $\widetilde{\partial\Omega}_{ij}$ 到 $\widehat{\partial\Omega}_{ij}$ (或从 $\widehat{\partial\Omega}_{ij}$ 到 $\widetilde{\partial\Omega}_{ij}$) 的 $(2k_i : 2k_j)$ 型不可穿越流的切换分岔.

如果将方程 (3.148) 和 (3.149) 中的 $_{G\min}L_{ij}(t_m)$ 用 $_{G\max}L_{ij}(t_m)$ 替换, 那么可得到从 $\widetilde{\partial\Omega}_{ij}$ 到 $\widehat{\partial\Omega}_{ij}$ (或从 $\widehat{\partial\Omega}_{ij}$ 到 $\widetilde{\partial\Omega}_{ij}$) 的不可穿越流切换分岔的充要条件. 将方程 (3.152)—(3.154) 中的 $_{G\min}L_{ij}^{(2k_i:2k_j)}(t_m)$ 用 $_{G\max}L_{ij}^{(2k_i:2k_j)}(t_m)$ 替换, 那么可得从 $\widetilde{\partial\Omega}_{ij}$ 到 $\widehat{\partial\Omega}_{ij}$ (或从 $\widehat{\partial\Omega}_{ij}$ 到 $\widetilde{\partial\Omega}_{ij}$) 的第二类 $(2k_i : 2k_j)$ 型不可穿越流的切换分岔条件. 上述 $(2k_\alpha : 2k_\beta)$ 型流的切换分岔条件总结详见表 3.1. 为简便起见, 采用如下符号表示.

$$L_{\alpha\beta}^{(m_\alpha:m_\beta)} \equiv L_{\alpha\beta}^{(m_\alpha:m_\beta)}(\mathbf{x}_m, t_m, \mathbf{p}_\alpha, \mathbf{p}_\beta, \boldsymbol{\lambda}), \tag{3.155}$$

$$G_{\pm}^{(m_\alpha,\alpha)} \equiv G_{\partial\Omega_{\alpha\beta}}^{(m_\alpha,\alpha)}(\mathbf{x}_m, t_{m\pm}, \mathbf{p}_\alpha, \boldsymbol{\lambda}),$$

$$G_{-}^{(m_\alpha,\alpha)} \equiv G_{\partial\Omega_{\alpha\beta}}^{(m_\alpha,\alpha)}(\mathbf{x}_m, t_{m-}, \mathbf{p}_\alpha, \boldsymbol{\lambda}), \tag{3.156}$$

$$G_{+}^{(m_\alpha,\alpha)} \equiv G_{\partial\Omega_{\alpha\beta}}^{(m_\alpha,\alpha)}(\mathbf{x}_m, t_{m+}, \mathbf{p}_\alpha, \boldsymbol{\lambda}).$$

因为已经介绍了虚流的概念, $(2k_\alpha : 2k_\beta - 1)$ 型、$(2k_\alpha - 1 : 2k_\beta)$ 型以及 $(2k_\alpha - 1 : 2k_\beta - 1)$ 型流的切换分岔讨论, 参照 $(2k_\alpha : 2k_\beta)$ 型流的切换分岔的定义, 则相应地可以得到它们切换分岔的充要条件. $(2k_\alpha : 2k_\beta - 1)$ 型、$(2k_\alpha - 1 : 2k_\beta)$ 型以及 $(2k_\alpha - 1 : 2k_\beta - 1)$ 型流的切换分岔条件总结在表 3.2—表 3.6 中. 这些表中给出了可穿越流与半不可穿越流之间、可穿越流与单擦边流之间的切换分岔. 此外, 还给出了半不可穿越流到单擦边流、双擦边流及双不可接近流之间的切换分岔. 所有的这些条件将有利于帮助我们理解不连续动力系统的复杂性.

表 3.1 $(2k_\alpha : 2k_\beta)$ 型切换分岔的充要条件

左	中	右
$(2k_\alpha : 2k_\beta)$ 型可穿越流 $G_-^{(2k_\beta)} > 0, G_+^{(2k_\beta)} > 0$ $L_{\alpha\beta}^{(2k_\alpha:2k_\beta)} > 0$	$G_+^{(2k_\beta)} = 0, L_{\alpha\beta}^{(2k_\alpha:2k_\beta)} = 0$ $G_-^{(2k_\beta)} = 0, L_{\alpha\beta}^{(2k_\alpha:2k_\beta)} = 0$ $G_\pm^{(2k_\beta+1)} > 0, \mathbf{n}_{\partial\Omega_{\alpha\beta}} \to \Omega_\beta;$ $G_\pm^{(2k_\beta+1)} < 0, \mathbf{n}_{\partial\Omega_{\alpha\beta}} \to \Omega_\alpha$	$(2k_\alpha : 2k_\beta)$ 型完全汇流 $G_-^{(2k_\beta)} > 0, G_-^{(2k_\beta)} < 0$ $L_{\alpha\beta}^{(2k_\alpha:2k_\beta)} < 0$
$(2k_\alpha : 2k_\beta)$ 型可穿越流 $G_-^{(2k_\beta)} > 0, G_+^{(2k_\beta)} > 0$ $L_{\alpha\beta}^{(2k_\alpha:2k_\beta)} > 0$	$G_-^{(2k_\beta)} = 0, L_{\alpha\beta}^{(2k_\alpha:2k_\beta)} = 0$ $G_+^{(2k_\beta)} = 0, L_{\alpha\beta}^{(2k_\alpha:2k_\beta)} = 0$ $G_\pm^{(2k_\alpha+1)} < 0, \mathbf{n}_{\partial\Omega_{\alpha\beta}} \to \Omega_\beta;$ $G_\pm^{(2k_\alpha+1)} > 0, \mathbf{n}_{\partial\Omega_{\alpha\beta}} \to \Omega_\alpha$	$(2k_\alpha : 2k_\beta)$ 型完全源流 $G_+^{(2k_\beta)} > 0, G_-^{(2k_\beta)} < 0$ $L_{\alpha\beta}^{(2k_\alpha:2k_\beta)} < 0$
$(2k_\alpha : 2k_\beta)$ 型可穿越流 $G_-^{(2k_\beta)} > 0, G_+^{(2k_\beta)} > 0$ $L_{\alpha\beta}^{(2k_\alpha:2k_\beta)} > 0$	$G_-^{(2k_\alpha)} = 0, G_+^{(2k_\beta)} = 0; L_{\alpha\beta}^{(2k_\alpha:2k_\beta)} = 0$ $G_+^{(2k_\alpha)} = 0, G_-^{(2k_\beta)} = 0; L_{\alpha\beta}^{(2k_\alpha:2k_\beta)} = 0$ $G_\pm^{(2k_\alpha+1)} < 0, G_\pm^{(2k_\beta+1)} > 0, \mathbf{n}_{\partial\Omega_{\alpha\beta}} \to \Omega_\beta;$ $G_\pm^{(2k_\alpha+1)} > 0, G_\pm^{(2k_\beta+1)} < 0, \mathbf{n}_{\partial\Omega_{\alpha\beta}} \to \Omega_\alpha$	$(2k_\alpha : 2k_\beta)$ 型可穿越流 $G_+^{(2k_\alpha)} > 0, G_-^{(2k_\beta)} > 0$ $L_{\alpha\beta}^{(2k_\alpha:2k_\beta)} > 0$
$(2k_\alpha : 2k_\beta)$ 型完全汇流 $G_-^{(2k_\beta)} > 0, G_-^{(2k_\beta)} < 0$ $L_{\alpha\beta}^{(2k_\alpha:2k_\beta)} < 0$	$G_-^{(2k_\alpha)} = 0, G_+^{(2k_\beta)} = 0; L_{\alpha\beta}^{(2k_\alpha:2k_\beta)} = 0$ $G_+^{(2k_\alpha)} = 0, G_-^{(2k_\beta)} = 0; L_{\alpha\beta}^{(2k_\alpha:2k_\beta)} = 0$ $G_\pm^{(2k_\alpha+1)} < 0, G_\pm^{(2k_\beta+1)} > 0, \mathbf{n}_{\partial\Omega_{\alpha\beta}} \to \Omega_\beta;$ $G_\pm^{(2k_\alpha+1)} > 0, G_\pm^{(2k_\beta+1)} < 0, \mathbf{n}_{\partial\Omega_{\alpha\beta}} \to \Omega_\alpha$	$(2k_\alpha : 2k_\beta)$ 型完全源流 $G_+^{(2k_\alpha)} > 0, G_-^{(2k_\beta)} < 0$ $L_{\alpha\beta}^{(2k_\alpha:2k_\beta)} < 0$

表 3.2　$(2k_\alpha : 2k_\beta - 1)$ 型切换分岔的充要条件 (1)

$(2k_\alpha : 2k_\beta - 1)$ 型可穿越流		$(2k_\alpha : 2k_\beta - 1)$ 型切换		$(2k_\alpha : 2k_\beta - 1)$ 型半汇流	

左侧类型	条件	右侧类型
$(2k_\alpha : 2k_\beta - 1)$ 型可穿越流 $\quad G_-^{(2k_\alpha)} > 0,\ G_+^{(2k_\beta-1)} > 0$ $\quad L_{\alpha\beta}^{(2k_\alpha:2k_\beta-1)} > 0$	$G_+^{(2k_\beta-1)} = 0,\ G_\pm^{(2k_\beta)} < 0$ $\overline{G_\pm^{(2k_\beta-1)} = 0,\ G_\pm^{(2k_\beta)} > 0}$ $L_{\alpha\beta}^{(2k_\alpha:2k_\beta-1)} = 0$	$(2k_\alpha : 2k_\beta - 1)$ 型半汇流 $\quad G_-^{(2k_\alpha)} > 0,\ G_\pm^{(2k_\beta-1)} < 0$ $\quad L_{\alpha\beta}^{(2k_\alpha:2k_\beta-1)} < 0$
$(2k_\alpha : 2k_\beta - 1)$ 型可穿越流 $\quad G_-^{(2k_\alpha)} > 0,\ G_+^{(2k_\beta-1)} > 0$ $\quad L_{\alpha\beta}^{(2k_\alpha:2k_\beta-1)} > 0$	$G_-^{(2k_\alpha)} = 0,\ G_+^{(2k_\beta-1)} = 0,\ G_+^{(2k_\beta)} < 0$ $\overline{G_+^{(2k_\alpha)} = 0,\ G_-^{(2k_\beta-1)} = 0,\ G_+^{(2k_\beta)} > 0}$ $L_{\alpha\beta}^{(2k_\alpha:2k_\beta-1)} = 0,\ G_\pm^{(2k_\alpha+1)} < 0$	$(2k_\alpha : 2k_\beta - 1)$ 型半源流 $\quad G_+^{(2k_\alpha)} < 0,\ G_\pm^{(2k_\beta-1)} < 0$ $\quad L_{\alpha\beta}^{(2k_\alpha:2k_\beta-1)} < 0$
$(2k_\alpha : 2k_\beta - 1)$ 型可穿越流 $\quad G_-^{(2k_\alpha)} > 0,\ G_+^{(2k_\beta-1)} > 0$ $\quad L_{\alpha\beta}^{(2k_\alpha:2k_\beta-1)} > 0$	$\overline{G_-^{(2k_\alpha)} = 0}$ $\overline{G_+^{(2k_\alpha)} = 0}$ $L_{\alpha\beta}^{(2k_\alpha:2k_\beta-1)} = 0,\ G_\pm^{(2k_\alpha+1)} > 0$	$(2k_\alpha : 2k_\beta - 1)$ 型擦边流 $\quad G_+^{(2k_\alpha)} < 0,\ G_\pm^{(2k_\beta-1)} > 0$ $\quad L_{\alpha\beta}^{(2k_\alpha:2k_\beta-1)} > 0$
$(2k_\alpha : 2k_\beta - 1)$ 型半汇流 $\quad G_-^{(2k_\alpha)} > 0,\ G_\pm^{(2k_\beta-1)} < 0$ $\quad L_{\alpha\beta}^{(2k_\alpha:2k_\beta-1)} < 0$	$G_-^{(2k_\alpha)} = 0$ $\overline{G_+^{(2k_\alpha)} = 0}$ $L_{\alpha\beta}^{(2k_\alpha:2k_\beta)} = 0,\ G_\pm^{(2k_\alpha+1)} < 0$	$(2k_\alpha : 2k_\beta - 1)$ 型半源流 $\quad G_+^{(2k_\alpha)} < 0,\ G_\pm^{(2k_\beta-1)} < 0$ $\quad L_{\alpha\beta}^{(2k_\alpha:2k_\beta-1)} < 0$

表 3.3 $(2k_\alpha : 2k_\beta - 1)$ 型切换分岔的充要条件 (2)

$(2k_\alpha : 2k_\beta - 1)$ 型可穿越流	中间条件	$(2k_\alpha : 2k_\beta - 1)$ 型半汇流
$G_-^{(2k_\alpha)} < 0, G_+^{(2k_\beta-1)} < 0$ $L_{\alpha\beta}^{(2k_\alpha:2k_\beta-1)} > 0$	$G_-^{(2k_\beta-1)} = 0, G_+^{(2k_\beta)} > 0$ $G_\pm^{(2k_\beta-1)} = 0, G_+^{(2k_\beta)} < 0$ $L_{\alpha\beta}^{(2k_\alpha:2k_\beta-1)} = 0$	$G_-^{(2k_\beta-1)} < 0, G_\pm^{(2k_\beta-1)} > 0$ $L_{\alpha\beta}^{(2k_\alpha:2k_\beta-1)} < 0$
$(2k_\alpha : 2k_\beta - 1)$ 型可穿越流 $G_-^{(2k_\alpha)} < 0, G_+^{(2k_\beta-1)} < 0$ $L_{\alpha\beta}^{(2k_\alpha:2k_\beta-1)} > 0$	$G_-^{(2k_\alpha)} = 0, G_+^{(2k_\beta)-1} = 0, G_+^{(2k_\beta)} > 0$ $G_+^{(2k_\alpha)} = 0, G_\pm^{(2k_\beta)-1} = 0, G_+^{(2k_\beta)} < 0$ $L_{\alpha\beta}^{(2k_\alpha:2k_\beta-1)} = 0$	$(2k_\alpha : 2k_\beta - 1)$ 型半源流 $G_+^{(2k_\beta-1)} > 0, G_\pm^{(2k_\beta-1)} > 0$ $L_{\alpha\beta}^{(2k_\alpha:2k_\beta-1)} > 0$
$(2k_\alpha : 2k_\beta - 1)$ 型可穿越流 $G_-^{(2k_\alpha)} < 0, G_+^{(2k_\beta-1)} < 0$ $L_{\alpha\beta}^{(2k_\alpha:2k_\beta-1)} > 0$	$G_-^{(2k_\alpha)} = 0$ $G_+^{(2k_\alpha)} = 0$ $L_{\alpha\beta}^{(2k_\alpha:2k_\beta-1)} = 0, G_\pm^{(2k_\alpha+1)} > 0$	$(2k_\alpha : 2k_\beta - 1)$ 型擦边流 $G_+^{(2k_\beta-1)} > 0, G_\pm^{(2k_\beta-1)} < 0$ $L_{\alpha\beta}^{(2k_\alpha:2k_\beta-1)} < 0$
$(2k_\alpha : 2k_\beta - 1)$ 型半汇流 $G_-^{(2k_\alpha)} < 0, G_+^{(2k_\beta-1)} > 0$ $L_{\alpha\beta}^{(2k_\alpha:2k_\beta-1)} < 0$	$G_-^{(2k_\alpha)} = 0, G_-^{2k_\beta} = 0$ $G_+^{(2k_\alpha)} = 0, G_+^{2k_\beta} = 0$ $L_{\alpha\beta}^{(2k_\alpha:2k_\beta-1)} = 0, G_\pm^{(2k_\alpha+1)} > 0$	$(2k_\alpha : 2k_\beta - 1)$ 型半源流 $G_+^{(2k_\beta-1)} > 0, G_\pm^{(2k_\beta-1)} > 0$ $L_{\alpha\beta}^{(2k_\alpha:2k_\beta-1)} > 0$

表 3.4　$(2k_\alpha - 1 : 2k_\beta)$ 型切换分岔的充要条件 (1)

$(2k_\alpha - 1 : 2k_\beta)$ 型擦边流 $G_\pm^{(2k_\alpha-1)} < 0, G_+^{(2k_\beta)} > 0$ $L_{\alpha\beta}^{(2k_\alpha-1:2k_\beta)} < 0$	$G_+^{(2k_\beta)} = 0, G_\pm^{(2k_\beta+1)} < 0$ $G_\pm^{(2k_\beta-1)} = 0, G_-^{(2k_\beta+1)} > 0$ $L_{\alpha\beta}^{(2k_\alpha-1:2k_\beta)} = 0$	$(2k_\alpha - 1 : 2k_\beta)$ 型擦边流 $G_\pm^{(2k_\alpha-1)} < 0, G_-^{(2k_\beta)} < 0$ $L_{\alpha\beta}^{(2k_\alpha-1:2k_\beta)} > 0$
$(2k_\alpha - 1 : 2k_\beta)$ 型擦边流 $G_\pm^{(2k_\alpha-1)} < 0, G_+^{(2k_\beta)} > 0$ $L_{\alpha\beta}^{(2k_\alpha-1:2k_\beta)} < 0$	$G_\pm^{(2k_\alpha)-1} = 0, G_+^{(2k_\beta)} = 0; G_+^{2k_\alpha} > 0, G_\pm^{(2k_\beta+1)} < 0$ $G_\pm^{(2k_\alpha)-1} = 0, G_-^{(2k_\beta)} = 0; G_-^{2k_\alpha} < 0, G_\pm^{(2k_\beta+1)} > 0$ $L_{\alpha\beta}^{(2k_\alpha-1:2k_\beta)} = 0$	$(2k_\alpha - 1 : 2k_\beta)$ 型半汇流 $G_\pm^{(2k_\alpha-1)} > 0, G_-^{(2k_\beta)} < 0$ $L_{\alpha\beta}^{(2k_\alpha-1:2k_\beta)} < 0$
$(2k_\alpha - 1 : 2k_\beta)$ 型擦边流 $G_\pm^{(2k_\alpha-1)} < 0, G_+^{(2k_\beta)} > 0$ $L_{\alpha\beta}^{(2k_\alpha-1:2k_\beta)} < 0$	$G_\pm^{(2k_\alpha-1)} = 0, G_+^{(2k_\beta)} > 0$ $G_\pm^{(2k_\alpha-1)} = 0, G_-^{(2k_\beta)} < 0$ $L_{\alpha\beta}^{(2k_\alpha-1:2k_\beta)} = 0$	$(2k_\alpha - 1 : 2k_\beta)$ 型半源流 $G_\pm^{(2k_\alpha-1)} > 0, G_+^{(2k_\beta)} > 0$ $L_{\alpha\beta}^{(2k_\alpha-1:2k_\beta)} > 0$
$(2k_\alpha - 1 : 2k_\beta)$ 型半汇流 $G_\pm^{(2k_\alpha-1)} > 0, G_-^{(2k_\beta)} < 0$ $L_{\alpha\beta}^{(2k_\alpha-1:2k_\beta)} < 0$	$G_-^{(2k_\beta)} = 0; G_\pm^{(2k_\beta+1)} > 0$ $G_+^{(2k_\beta)} = 0; G_\pm^{(2k_\beta+1)} < 0$ $L_{\alpha\beta}^{(2k_\alpha:2k_\beta)} = 0$	$(2k_\alpha - 1 : 2k_\beta)$ 型半源流 $G_\pm^{(2k_\alpha-1)} > 0, G_+^{(2k_\beta)} > 0$ $L_{\alpha\beta}^{(2k_\alpha-1:2k_\beta)} > 0$

表 3.5 $(2k_\alpha - 1 : 2k_\beta)$ 型切换分岔的充要条件(2)

$(2k_\alpha - 1 : 2k_\beta)$ 型擦边流 $G_\pm^{(2k_\alpha-1)} > 0, G_-^{(2k_\beta)} > 0$ $L_{\alpha\beta}^{(2k_\alpha-1:2k_\beta)} > 0$	$G_\pm^{(2k_\alpha-1)} = 0, G_+^{(2k_\beta)} = 0; G_+^{(2k_\beta+1)} < 0$ $G_\pm^{(2k_\alpha-1)} = 0, G_-^{(2k_\beta)} = 0; G_\pm^{(2k_\beta+1)} > 0$ $L_{\alpha\beta}^{(2k_\alpha-1:2k_\beta)} = 0$	$(2k_\alpha - 1 : 2k_\beta)$ 型擦边流 $G_\pm^{(2k_\alpha-1)} > 0, G_+^{(2k_\beta)} < 0$ $L_{\alpha\beta}^{(2k_\alpha-1:2k_\beta)} < 0$
$(2k_\alpha - 1 : 2k_\beta)$ 型擦边流 $G_\pm^{(2k_\alpha-1)} > 0, G_+^{(2k_\beta)} > 0$ $L_{\alpha\beta}^{(2k_\alpha-1:2k_\beta)} > 0$	$G_\pm^{(2k_\alpha-1)} = 0, G_+^{(2k_\beta)} = 0; G_+^{(2k_\beta+1)} < 0$ $G_\pm^{(2k_\alpha-1)} = 0, G_-^{(2k_\beta)} = 0; G_\pm^{(2k_\beta+1)} > 0$ $L_{\alpha\beta}^{(2k_\alpha:2k_\beta-1)} = 0$	$(2k_\alpha - 1 : 2k_\beta)$ 型半源流 $G_\pm^{(2k_\alpha-1)} > 0, G_+^{(2k_\beta)} > 0$ $L_{\alpha\beta}^{(2k_\alpha-1:2k_\beta)} < 0$
$(2k_\alpha - 1 : 2k_\beta)$ 型擦边流 $G_\pm^{(2k_\alpha-1)} > 0, G_-^{(2k_\beta)} > 0$ $L_{\alpha\beta}^{(2k_\alpha-1:2k_\beta)} > 0$	$G_\pm^{(2k_\alpha-1)} = 0, G_+^{(2k_\alpha)} < 0$ $G_\pm^{(2k_\alpha-1)} = 0, G_-^{(2k_\alpha)} > 0$ $L_{\alpha\beta}^{(2k_\alpha:2k_\beta)} = 0$	$(2k_\alpha - 1 : 2k_\beta)$ 型半汇流 $G_\pm^{(2k_\alpha-1)} < 0, G_-^{(2k_\beta)} > 0$ $L_{\alpha\beta}^{(2k_\alpha-1:2k_\beta)} > 0$
$(2k_\alpha - 1 : 2k_\beta)$ 型半源流 $G_\pm^{(2k_\alpha-1)} < 0, G_+^{(2k_\beta)} < 0$ $L_{\alpha\beta}^{(2k_\alpha-1:2k_\beta)} > 0$	$G_-^{(2k_\beta)} = 0; G_\pm^{(2k_\beta+1)} > 0$ $G_+^{(2k_\beta)} = 0; G_\pm^{(2k_\beta+1)} < 0$ $L_{\alpha\beta}^{(2k_\alpha:2k_\beta)} = 0$	$(2k_\alpha - 1 : 2k_\beta)$ 型半汇流 $G_\pm^{(2k_\alpha-1)} < 0, G_-^{(2k_\beta)} > 0$ $L_{\alpha\beta}^{(2k_\alpha-1:2k_\beta)} < 0$

表 3.6　$(2k_i - 1 : 2k_j - 1)$ 型切换分岔的充要条件

$(2k_i - 1 : 2k_j - 1)$ 型双擦边流	条件	$(2k_i - 1 : 2k_j - 1)$ 型双不可接近流
$G_\pm^{(2k_i-1)} < 0, G_\pm^{(2k_j-1)} > 0$ $L_{ij}^{(2k_i-1:2k_j-1)} < 0$	$G_\pm^{(2k_i-1)} = 0, G_\pm^{(2k_j)} > 0;\ G_\pm^{(2k_j-1)} = 0, G_\pm^{(2k_j)} < 0$ $G_\pm^{(2k_i-1)} = 0, G_\pm^{(2k_i)} < 0;\ G_\pm^{(2k_j-1)} = 0, G_\pm^{(2k_j)} > 0$ $L_{ij}^{(2k_i-1:2k_j-1)} = 0$	$G_\pm^{(2k_i-1)} > 0, G_\pm^{(2k_j-1)} < 0$ $L_{ij}^{(2k_i-1:2k_j-1)} < 0$
$(2k_i - 1 : 2k_j - 1)$ 型双擦边流 $G_\pm^{(2k_i-1)} < 0, G_\pm^{(2k_j-1)} > 0$ $L_{ij}^{(2k_i-1:2k_j-1)} < 0$	$G_\pm^{(2k_i-1)} = 0, G_\pm^{(2k_j)} < 0$ $G_\pm^{(2k_j-1)} = 0, G_\pm^{(2k_j)} > 0$ $L_{ij}^{(2k_i-1:2k_j-1)} = 0$	$(2k_i - 1 : 2k_j - 1)$ 型单擦边流在域 Ω_j 内 $G_\pm^{(2k_i-1)} < 0, G_\pm^{(2k_j-1)} > 0$ $L_{ij}^{(2k_i-1:2k_j-1)} > 0$
$(2k_i - 1 : 2k_j - 1)$ 型双擦边流 $G_\pm^{(2k_i-1)} < 0, G_\pm^{(2k_j-1)} > 0$ $L_{ij}^{(2k_i-1:2k_j-1)} < 0$	$G_\pm^{(2k_i-1)} = 0, G_\pm^{2k_i} > 0$ $G_\pm^{(2k_j-1)} = 0, G_\pm^{2k_j} < 0$ $L_{ij}^{(2k_i-1:2k_j-1)} = 0$	$(2k_i - 1 : 2k_j - 1)$ 型单擦边流在域 Ω_j 内 $G_\pm^{(2k_i-1)} > 0, G_\pm^{(2k_j-1)} > 0$ $L_{ij}^{(2k_i-1:2k_j-1)} > 0$
$(2k_i - 1 : 2k_j - 1)$ 型单擦边流在域 Ω_i 内 $G_\pm^{(2k_i-1)} < 0, G_\pm^{(2k_j-1)} > 0$ $L_{ij}^{(2k_i-1:2k_j-1)} > 0$	$G_\pm^{2k_i-1} = 0, G_\pm^{(2k_i)} > 0;\ G_\pm^{(2k_j-1)} = 0, G_\pm^{(2k_j)} < 0$ $G_\pm^{(2k_i-1)} = 0, G_\pm^{(2k_i)} < 0;\ G_\pm^{(2k_j-1)} = 0, G_\pm^{(2k_j)} > 0$ $L_{ij}^{(2k_i-1:2k_j-1)} = 0$	$(2k_i - 1 : 2k_j - 1)$ 型单擦边流在域 Ω_j 内 $G_\pm^{(2k_i-1)} > 0, G_\pm^{(2k_j-1)} > 0$ $L_{ij}^{(2k_i-1:2k_j-1)} > 0$

3.7 第一积分不变量增量

考虑域 Ω_i 内方程 (2.1) 中的向量场, 设其为 [150]

$$\dot{\mathbf{x}}^{(i)} = \mathbf{F}^{(i)}(\mathbf{x}^{(i)}, t, \mathbf{p}_i) \equiv \mathbf{f}^{(i)}(\mathbf{x}^{(i)}, \boldsymbol{\mu}_i) + \mathbf{g}(\mathbf{x}^{(i)}, t, \boldsymbol{\pi}_i), \mathbf{x}^{(i)} \in \Omega_i. \tag{3.157}$$

在域 Ω_i 内, 与时间无关且可积的动力系统为

$$\dot{\overline{\mathbf{x}}}^{(i)} = \mathbf{f}^{(i)}(\overline{\mathbf{x}}^{(i)}, \boldsymbol{\mu}_i), \overline{\mathbf{x}}^{(i)} \in \Omega_i. \tag{3.158}$$

参见文献 Luo (2008a), 第一积分不变量增量为

$$F^{(i)}(\overline{\mathbf{x}}^{(i)}, \boldsymbol{\mu}_i) = E^{(i)}. \tag{3.159}$$

一旦确定在某个子域内的第一积分不变量增量, 那么在对应的子域内的流也就确定了. 图 3.18 直观地展现了域 Ω_i 内的流 $\mathbf{x}^{(i)}(t)$ 和域 Ω_j 内的流 $\mathbf{x}^{(j)}(t)$, 并用黑色实线表示. $\overline{\mathbf{x}}^{(i)}(t)$ 和 $\overline{\mathbf{x}}^{(j)}(t)$ 由浅色实线表示, 分别表示域 Ω_i 和 Ω_j 内的可积流. 空心小圆圈表示切换点, 实心小圆圈表示起始点和终止点. 由于每个域内的动力系统是连续的, 可以计算出每个域中第一积分不变量增量, 详见文献 Luo (2008a).

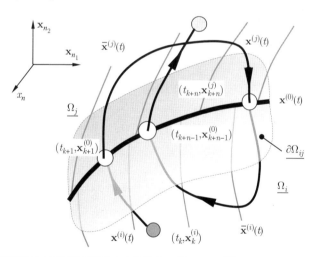

图 3.18 由不同的域内不同的积分流来度量的流. $\mathbf{x}^{(i)}(t)$ 及 $\mathbf{x}^{(j)}(t)$ 用黑色实线表示, 分别表示 Ω_i 和 Ω_j 内的流. $\overline{\mathbf{x}}^{(i)}(t)$ 和 $\overline{\mathbf{x}}^{(j)}(t)$ 用浅色实线表示, 分别表示域 Ω_i 和 Ω_j 内的可积流. 空心小圆圈表示切换点, 实心小圆圈表示起始点和终止点

定义 3.38 在时间区间 $t \in [t_k, t_{k+1}]$ 上, 域 Ω_α 内第一积分不变的增 [151] 量定义为

$$L^{(\alpha)}(t_k, t_{k+1}) \equiv \int_{t_k}^{t_{k+1}} \nabla F(\mathbf{x}^{(\alpha)}, \boldsymbol{\mu}_\alpha) \cdot \mathbf{g}(\mathbf{x}^{(\alpha)}, t, \boldsymbol{\pi}_\alpha) dt. \tag{3.160}$$

对于时间 $t \in [t_k, \infty)$, 如果可积流 $\mathbf{x}^{(\alpha)}(t)$ 在域 Ω_α 内, 那么首次积分量在时间区间 $[t_k, t]$ 上为

$$L^{(\alpha)}(t_k, t) \equiv \int_{t_k}^{t} \nabla F(\mathbf{x}^{(\alpha)}, \boldsymbol{\mu}_\alpha) \cdot \mathbf{g}(\mathbf{x}^{(\alpha)}, t, \boldsymbol{\pi}_\alpha) dt. \tag{3.161}$$

然而, 对于不连续系统, 流存在于有限域 $\Omega_\alpha (\alpha \in \{\alpha_1, \alpha_2, \cdots, \alpha_n\})$ 内. 在域 Ω_{α_1} 内, 流起始于时间 t_k, 结束于时间 t_{k+n}. 对于时间 t_{k+i}, 存在两个点 $(t_{k+i}, \mathbf{x}_{k+i}^{(\alpha_i)})$ 和 $(t_{k+i}, \mathbf{x}_{k+i+1}^{(\alpha_{i+1})})$, 并且

$$F^{(\alpha_i)}(\mathbf{x}_{k+i}^{(\alpha_i)}, \boldsymbol{\mu}_{\alpha_i}) = E_{k+i}^{(\alpha_i)} \text{ 和 } F^{(\alpha_{i+1})}(\mathbf{x}_{k+i}^{(\alpha_{i+1})}, \boldsymbol{\mu}_{\alpha_{i+1}}) = E_{k+i}^{(\alpha_{i+1})}. \tag{3.162}$$

在 t_{k+i} 时刻, 第一积分不变量的切换增量由下式决定

$$\Delta E_{k+i}^{\alpha_i \uparrow \alpha_{i+1}} = E_{k+i}^{(\alpha_{i+1})} - E_{k+i}^{(\alpha_i)}. \tag{3.163}$$

该增量是由系统的不连续性导致的. 如果不连续动力系统在域 Ω_{α_i} 和 $\Omega_{\alpha_{i+1}}$ 内具有相同的可积向量场, 即 $\mathbf{x}_{k+i}^{(\alpha_i)} = \mathbf{x}_{k+i+1}^{(\alpha_{i+1})}$, 那么 $\Delta E_{k+i}^{\alpha_i \uparrow \alpha_{i+1}} = 0$. 总的积分增量为

$$\begin{aligned} L^{(\alpha_1 \cdots \alpha_n)}(t_k, t_{k+n}) &= \sum_{i=0}^{n-1} [L^{(\alpha_i)}(t_{k+i}, t_{k+i+1}) + \Delta E_{k+i}^{\alpha_i \uparrow \alpha_{i+1}}] \\ &\quad + L^{(\alpha_n)}(t_{k+n-1}, t_{k+n}) \\ &= \sum_{i=0}^{n-1} [L^{(\alpha_i)}(t_{k+i}, t_{k+i+1}) + (E_{k+i}^{(\alpha_{i+1})} - E_{k+i}^{(\alpha_i)})] \\ &\quad + L^{(\alpha_n)}(t_{k+n-1}, t_{k+n}). \end{aligned} \tag{3.164}$$

对于 $i = 1, 2, \cdots, n$, 有

$$L^{(\alpha_i)}(t_{k+i-1}, t_{k+i}) \equiv \int_{t_{k+i-1}}^{t_{k+i}} \nabla F(\mathbf{x}^{(\alpha_i)}, \boldsymbol{\mu}_{\alpha_i}) \cdot \mathbf{g}(\mathbf{x}^{(\alpha_i)}, t, \boldsymbol{\pi}_{\alpha_i}) dt. \tag{3.165}$$

如果在时间区间 $t \in [t_k, t_{k+n}]$ 内流是周期的, 那么总的首次积分增量应该为零, 即

$$L^{(\alpha_1 \cdots \alpha_n)}(t_k, t_{k+n}) = 0. \tag{3.166}$$

对于混沌运动, $L^{(\alpha_1 \cdots \alpha_n)}(t_k, t_{k+n}) \neq 0$ 可以用来迭代, 从而进一步研究不连续动力系统中的混沌运动.

对于一个两维受扰的哈密顿系统, 方程 (3.165) 变为

$$L^{(\alpha_i)}(t_{k+i}, t_{k+i+1}) \equiv \int_{t_{k+i}}^{t_{k+i+1}} \nabla F(\mathbf{x}^{(\alpha_i)}, \boldsymbol{\mu}_{\alpha_i}) \cdot \mathbf{g}(\mathbf{x}^{(\alpha_i)}, t, \boldsymbol{\pi}_{\alpha_i}) dt$$

$$= \int_{t_{k+i}}^{t_{k+i+1}} [f_2(\mathbf{x}^{(\alpha_i)}, \boldsymbol{\mu}_{\alpha_i}) \cdot g_1(\mathbf{x}^{(\alpha_i)}, t, \boldsymbol{\pi}_{\alpha_i}) \qquad [152]$$

$$- f_1(\mathbf{x}^{(\alpha_i)}, \boldsymbol{\mu}_{\alpha_i}) \cdot g_2(\mathbf{x}^{(\alpha_i)}, t, \boldsymbol{\pi}_{\alpha_i})] dt. \qquad (3.167)$$

将方程 (3.167) 代入方程 (3.164) 之中, 可得到 $L^{(\alpha_1 \cdots \alpha_n)}(t_k, t_{k+n})$ 函数. 另外, 在不连续动力系统中, 对于指定的庞加莱表面, 也可以计算像这样的 L 函数 而不是 Melnikov 函数.

3.8　　应　　用

为了更加深入地理解不连续动力系统中任意边界上的复杂流, 下面我们 讨论含有任意曲线边界的系统. 考虑一个由质量、弹簧和阻尼系统组成的振 荡器, 力学模型如图 3.19 所示. 主要讨论带有抛物线边界的不连续系统的切 换动力学特性, 详见文献 Luo 和 Rapp (2010). 在域 Ω_α 内, 质量 m 与弹性系 数为 $k_\alpha (\alpha = 1, 2)$ 的硬弹簧和黏性系数为 $r_\alpha (\alpha = 1, 2)$ 的可切换阻尼器相连. 作用在质量块上的周期性外力为

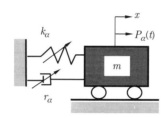

图 3.19　含有抛物线边界的不连续动力系统

$$P_\alpha = Q_0 \cos(\Omega t + \phi) + U_\alpha, \quad \alpha = 1, 2, \qquad (3.168)$$

其中 Q_0 为激励幅值, Ω 是激励频率, U_α 是恒定外力. 坐标系统由 (x, t) 定义, t 表示时间, x 表示质量的位移. 此不连续动力系统的控制规律如下

$$ax^2 + b\dot{x} = c, \qquad (3.169)$$

其中 $\dot{x} = dx/dt$, 参数 a, b, c 是常量.

由质量–弹簧–阻尼器组成的不连续动力系统的运动方程为 [153]

$$\ddot{x} + 2d_\alpha \dot{x} + c_\alpha x = A_0 \cos(\Omega t + \phi) + b_\alpha, \qquad (3.170)$$

其中

$$c_\alpha = \frac{k_\alpha}{m}, d_\alpha = \frac{r_\alpha}{2m}, b_\alpha = \frac{U_\alpha}{m}, A_0 = \frac{Q_0}{m}. \qquad (3.171)$$

3.8.1   滑模与擦边条件

为了研究分界上流的切换与滑模的解析条件, 首先介绍运动方程的向量形式. 在相平面中, 状态向量和向量场定义为:

$$\mathbf{x} \triangleq (x, \dot{x})^{\mathrm{T}} \equiv (x, y)^{\mathrm{T}} \text{ 和 } \mathbf{F} \triangleq (y, F)^{\mathrm{T}}. \tag{3.172}$$

根据方程 (3.169), 该控制律使得系统存在不连续性. 为了分析该类系统, 定义两个子域为

$$\begin{aligned}
\Omega_1 &= \{(x, y) | ax^2 + by > c\}, \\
\Omega_2 &= \{(x, y) | ax^2 + by < c\}.
\end{aligned} \tag{3.173}$$

分界是由两个子域的交集定义的, 即

$$\partial\Omega_{12} = \partial\Omega_{21} = \overline{\Omega}_1 \cap \overline{\Omega}_2$$

$$= \{(x, y) | \varphi_{12}(x, y) \equiv ax^2 + by - c = 0\}. \tag{3.174}$$

子域和边界如图 3.20 所示. 其中虚线表示边界, 由方程 (3.169) 控制. 阴影部分表示两个子域. 横跨边界的箭头表示了流的方向. 如果流在相平面中某个域 $\Omega_\alpha (\alpha = 1, 2)$ 内, 那么域内的向量场是连续的. 然而, 如果流从一个域 $\Omega_\alpha (\alpha \in \{1, 2\})$ 穿越边界 $\partial\Omega_{\alpha\beta}$, 切换到另一个域 $\Omega_\beta (\beta = \{1, 2\}, \beta \neq \alpha)$ 中, 那么相应的向量场也将随之改变. 由于存在不连续性, 在某些特定条件下流是不能越过边界的. 此时, 流只能沿着边界滑动, 称作滑模流. 如果 $a < 0$ 且 $c < 0$ (或者 $a > 0$ 且 $c > 0$), 那么有两个平衡点, 即 $(\pm\sqrt{c/a}, 0)$. 一个稳定的平衡点用实心小圆圈表示, 另一个不稳定的平衡点用空心小圆圈表示, 如图 3.20(a) 和 3.20(c) 所示. 如果 $a < 0$ 且 $c > 0$ (或者 $a > 0$ 且 $c < 0$), 那么不存在平衡点, 如图 3.20(b) 和 3.20(d) 所示. 边界上平衡点的性质由下式决定

[154]

$$\dot{x} = y, \quad \dot{y} = -\frac{2a}{b}xy. \tag{3.175}$$

根据边界方程可得到平衡点, 相应的边界流如图 3.20 所示.

不连续系统的运动方程为

$$\dot{\mathbf{x}} = \mathbf{F}^{(\lambda)}(\mathbf{x}, t), \quad \lambda \in \{0, \alpha\}, \tag{3.176}$$

$$\left.\begin{aligned}
\mathbf{F}^{(\alpha)}(\mathbf{x}, t) &= (y, F_\alpha(\mathbf{x}, t))^{\mathrm{T}}, \text{ 在域 } \Omega_\alpha (\alpha \in \{1, 2\}) \text{ 内}, \\
\mathbf{F}^{(0)}(\mathbf{x}, t) &= (y, -\frac{2a}{b}xy)^{\mathrm{T}}, \text{ 对于 } \partial\Omega_{\alpha\beta} \text{ 上的滑模运动 } (\alpha, \beta \in \{1, 2\}), \\
\mathbf{F}^{(0)}(\mathbf{x}, t) &= [\mathbf{F}^{(\alpha)}(\mathbf{x}, t), \mathbf{F}^{(\beta)}(\mathbf{x}, t)], \text{ 对于 } \partial\Omega_{\alpha\beta} \text{ 上的非滑模运动},
\end{aligned}\right\} \tag{3.177}$$

[155]

$$F_\alpha(\mathbf{x}, t) = -2d_\alpha y - c_\alpha x + A_0 \cos(\Omega t + \phi) + b_\alpha. \tag{3.178}$$

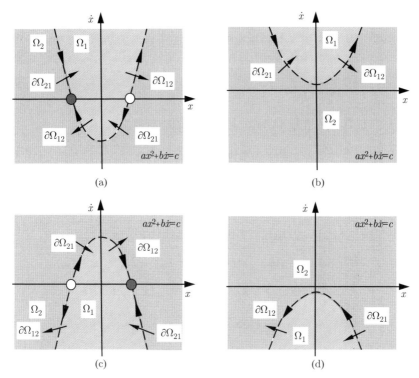

图 3.20 含静态平衡点的子域和抛物线边界: (a) $a < 0, b > 0, c < 0$; (b) $a < 0, b > 0, c > 0$; (c) $a > 0, b > 0, c > 0$; (d) $a > 0, b > 0, c < 0$

根据定理 3.3, 如果边界 $\partial\Omega_{\alpha\beta}$ 上法向量 $\mathbf{n}_{\partial\Omega_{\alpha\beta}}$ 指向域 $\Omega_\alpha(\mathbf{n}_{\partial\Omega_{\alpha\beta}} \to \Omega_\alpha)$, 那么边界上滑模运动的充要条件为

$$
\begin{aligned}
G^{(0,\alpha)}(\mathbf{x}_m, t_{m-}) = \mathbf{n}_{\partial\Omega_{\alpha\beta}}^{\mathrm{T}} \cdot \mathbf{F}^{(\alpha)}(\mathbf{x}_m, t_{m-}) < 0, \\
G^{(0,\beta)}(\mathbf{x}_m, t_{m-}) = \mathbf{n}_{\partial\Omega_{\alpha\beta}}^{\mathrm{T}} \cdot \mathbf{F}^{(\beta)}(\mathbf{x}_m, t_{m-}) > 0,
\end{aligned}
\tag{3.179}
$$

其中 $\alpha, \beta \in \{1, 2\}$ 且 $\alpha \neq \beta$,

$$
\mathbf{n}_{\partial\Omega_{\alpha\beta}} = \nabla\varphi_{\alpha\beta} = (\partial_x\varphi_{\alpha\beta}, \partial_y\varphi_{\alpha\beta})_{(x_m, y_m)}^{\mathrm{T}}.
\tag{3.180}
$$

而且 $\partial_x = \partial/\partial x, \partial_y = \partial/\partial y$.

对于 $\mathbf{n}_{\partial\Omega_{\alpha\beta}} \to \Omega_\alpha$, 由定理 3.1 得到边界 $\partial\Omega_{\alpha\beta}$ 上切换运动的条件为

$$
\left.
\begin{aligned}
G^{(0,\alpha)}(\mathbf{x}_m, t_{m-}) = \mathbf{n}_{\partial\Omega_{\alpha\beta}}^{\mathrm{T}} \cdot \mathbf{F}^{(\alpha)}(\mathbf{x}_m, t_{m-}) < 0, \\
G^{(0,\beta)}(\mathbf{x}_m, t_{m+}) = \mathbf{n}_{\partial\Omega_{\alpha\beta}}^{\mathrm{T}} \cdot \mathbf{F}^{(\beta)}(\mathbf{x}_m, t_{m+}) < 0,
\end{aligned}
\right\} \Omega_\alpha \to \Omega_\beta;
$$
$$
\left.
\begin{aligned}
G^{(0,\alpha)}(\mathbf{x}_m, t_{m-}) = \mathbf{n}_{\partial\Omega_{\alpha\beta}}^{\mathrm{T}} \cdot \mathbf{F}^{(\beta)}(\mathbf{x}_m, t_{m-}) > 0, \\
G^{(0,\beta)}(\mathbf{x}_m, t_{m+}) = \mathbf{n}_{\partial\Omega_{\alpha\beta}}^{\mathrm{T}} \cdot \mathbf{F}^{(\alpha)}(\mathbf{x}_m, t_{m+}) > 0,
\end{aligned}
\right\} \Omega_\beta \to \Omega_\alpha.
\tag{3.181}
$$

注意, t_m 表示运动在边界上的切换时间, $t_{m\pm} = t_m \pm 0$ 反映运动在域内而不是在边界上. 根据定理 3.9, 得到在分界 $\partial\Omega_{\alpha\beta}$ 上擦边运动的条件为

$$G^{(0,\alpha)}(\mathbf{x}_m, t_{m\pm}) = \mathbf{n}_{\partial\Omega_{\alpha\beta}}^{\mathrm{T}} \cdot \mathbf{F}^{(\alpha)}(\mathbf{x}_m, t_{m\pm}) = 0,$$
$$(-1)^\alpha G^{(1,\alpha)}(\mathbf{x}_m, t_{m\pm}) < 0, \alpha \in \{1, 2\}. \tag{3.182}$$

将方程 (3.174) 代入方程 (3.180), 得到边界的法向量为

$$\mathbf{n}_{\partial\Omega_{12}} = \mathbf{n}_{\partial\Omega_{21}} = (2ax, b)^{\mathrm{T}}. \tag{3.183}$$

由方程 (3.183) 可知, 法向量总是指向域 Ω_1, 并且

$$G^{(0,\alpha)}(\mathbf{x}_m, t_{m\pm}) = \mathbf{n}_{\partial\Omega_{\alpha\beta}}^{\mathrm{T}} \cdot \mathbf{F}^{(\alpha)}(\mathbf{x}_m, t_{m\pm}) = 2ax_m y_m + bF_\alpha(\mathbf{x}_m, t_{m\pm}),$$

$$G^{(1,\alpha)}(\mathbf{x}_m, t_{m\pm}) = 2D\mathbf{n}_{\partial\Omega_{\alpha\beta}}^{\mathrm{T}} \cdot [\mathbf{F}^{(\alpha)}(\mathbf{x}_m, t_m) - \mathbf{F}^{(0)}(\mathbf{x}_m, t_m)]$$

$$+ \mathbf{n}_{\partial\Omega_{\alpha\beta}}^{\mathrm{T}} \cdot [D\mathbf{F}^{(\alpha)}(\mathbf{x}_m, t_m) - D\mathbf{F}^{(0)}(\mathbf{x}_m, t_m)]$$

$$= 2ax_m F_\alpha(\mathbf{x}_m, t_m) + b[\nabla F_\alpha(\mathbf{x}, t) \cdot \mathbf{F}^{(\alpha)}(\mathbf{x}, t)$$

$$+ \frac{\partial}{\partial t} F_\alpha(\mathbf{x}, t)]_{(\mathbf{x}_m, t_m)} + 2ay_m^2, \tag{3.184}$$

[156] 其中

$$D\mathbf{n}_{\partial\Omega_{\alpha\beta}} = (2ay, 0)^{\mathrm{T}},$$

$$D\mathbf{F}^{(0)}(\mathbf{x}, t) = (-\frac{2a}{b} xy, -\frac{2a}{b} y^2 + (\frac{2a}{b})^2 x^2 y)^{\mathrm{T}}, \tag{3.185}$$

$$D\mathbf{F}^{(\alpha)}(\mathbf{x}, t) = (F_\alpha(\mathbf{x}, t), \nabla F_\alpha(\mathbf{x}, t) \cdot \mathbf{F}^{(\alpha)}(\mathbf{x}, t) + \frac{\partial}{\partial t} F_\alpha(\mathbf{x}, t))^{\mathrm{T}}.$$

零阶 G-函数为向量场与边界上法向量的乘积. 一阶 G-函数为零阶 G-函数的时间变化率. 根据方程 (3.179) 和 (3.185), 边界上滑模运动的条件为:

$$G^{(0,1)}(\mathbf{x}_m, t_{m-}) < 0 \ \text{和} \ G^{(0,2)}(\mathbf{x}_m, t_{m-}) > 0. \tag{3.186}$$

根据方程 (3.181) 和 (3.185), 边界上穿越运动的切换条件为:

$$G^{(0,1)}(\mathbf{x}_m, t_{m-}) < 0 \ \text{和} \ G^{(0,2)}(\mathbf{x}_m, t_{m+}) < 0, \Omega_1 \to \Omega_2;$$
$$G^{(0,1)}(\mathbf{x}_m, t_{m+}) > 0 \ \text{和} \ G^{(0,2)}(\mathbf{x}_m, t_{m-}) > 0, \Omega_2 \to \Omega_1. \tag{3.187}$$

根据定理 3.2, 边界上滑模运动的消失条件为:

$$\left. \begin{array}{l} (-1)^\alpha G^{(0,\alpha)}(\mathbf{x}_m, t_{m-}) > 0, \\ G^{(0,\beta)}(\mathbf{x}_m, t_{m\mp}) = 0, \\ (-1)^\beta G^{(1,\beta)}(\mathbf{x}_m, t_{m\mp}) < 0, \end{array} \right\} \Omega_\alpha \to \partial\Omega_{\alpha\beta}, \tag{3.188}$$

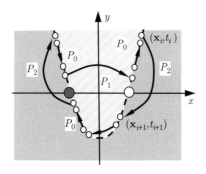

图 3.21 基本映射 $a < 0, b > 0, c < 0$

其中 $\alpha, \beta \in \{1, 2\}$ 且 $\alpha \neq \beta$.

根据定理 3.4, 边界上滑模运动出现的条件为:

$$
\left.\begin{aligned}
(-1)^{\alpha} G^{(0,\alpha)}(\mathbf{x}_m, t_{m-}) &> 0, \\
G^{(0,\beta)}(\mathbf{x}_m, t_{m\pm}) &= 0, \\
(-1)^{\beta} G^{(1,\beta)}(\mathbf{x}_m, t_{m\pm}) &< 0,
\end{aligned}\right\} \quad \Omega_{\alpha} \to \partial\Omega_{\alpha\beta}, \tag{3.189}
$$

其中 $\alpha, \beta \in \{1, 2\}$ 且 $\alpha \neq \beta$.

3.8.2 周期运动

这部分首先介绍切换平面与其基本映射, 并利用映射结构确定周期运动. 对于分界上的滑模运动, 假定滑模运动在时刻 t_{i+1} 处消失. 当 $t_m \in [t_i, t_{i+1}]$ 时, 滑模运动方程的解就在边界上, 并由位移 x_m 和速度 y_m 表示. 通过方程 (3.169), 就可得到该解. 相应的滑模运动的 $G^{(0,\alpha)}$-函数为 [157]

$$
G^{(0,\alpha)}(\mathbf{x}_m, t_{m-}) = 2a x_m y_m + b[-2d_{\alpha} y_m - c_{\alpha} x_m + A_0 \cos(\Omega t_{m-} + \phi) + b_{\alpha}]. \tag{3.190}
$$

对于非滑模运动, 如果将初始值选在分界上, 那么域 Ω_{α} 内的方程 (3.170) 的解析解可以得到 (详见文献 Luo 和 Rapp, 2010). 基本解将用于所有映射结构. 为了构建基本映射, 需要引入相平面中的切换平面, 如图 3.21 所示. 在域 Ω_{α} 上, 轨迹的起点和终点都在切换边界上, 即从 $\partial\Omega_{\beta\alpha}$ 到 $\partial\Omega_{\alpha\beta}$. 设在域 Ω_{α} 内, 映射 P_{α} 的起始点和终止点分别是 $(\mathbf{x}_i, t_i)$ 和 $(\mathbf{x}_{i+1}, t_{i+1})$. 映射 P_0 表示滑模映射. 在分离边界上其相应的切换集定义为:

$$
\begin{aligned}
\Xi^0 &= \{(x_i, y_i, \Omega t_i) \big| \varphi_{\alpha\beta}(x_i, y_i) = c\}, \\
\Xi^1 &= \{(x_i, y_i, \Omega t_i) \big| \varphi_{\alpha\beta}(x_i, y_i) = c^+\}, \\
\Xi^2 &= \{(x_i, y_i, \Omega t_i) \big| \varphi_{\alpha\beta}(x_i, y_i) = c^-\},
\end{aligned} \tag{3.191}
$$

其中对任意小的 $\delta > 0, c^- = \lim_{\delta \to 0}(c - \delta)$ 和 $c^+ = \lim_{\delta \to 0}(c + \delta)$. 因此, 定义如下三个映射:

$$P_0 : \Xi^0 \to \Xi^0, P_1 : \Xi^1 \to \Xi^1, P_2 : \Xi^2 \to \Xi^2. \tag{3.192}$$

[158]

$$
\begin{aligned}
&P_0 : (x_i, y_i, t_i) \to (x_{i+1}, y_{i+1}, t_{i+1}), \\
&P_1 : (x_i^+, y_i^+, t_i) \to (x_{i+1}^+, y_{i+1}^+, t_{i+1}), \\
&P_2 : (x_i^-, y_i^-, t_i) \to (x_{i+1}^-, y_{i+1}^-, t_{i+1}).
\end{aligned}
\tag{3.193}
$$

应用方程 (3.169), 映射 $P_0(\alpha \in \{1, 2\})$ 的控制方程可由滑模运动的解得到, 并且

$$G^{(0,\alpha)}(\mathbf{x}_{i+1}, t_{i+1}) = 0,$$

$$G^{(0,1)}(\mathbf{x}, t) \times G^{(0,2)}(\mathbf{x}, t) \leqslant 0, t \in [t_i, t_{i+1}) \text{ 和 } \mathbf{x} \in [x_i, x_{i+1}). \tag{3.194}$$

从这个问题可知, 两个域 $\Omega_\alpha(\alpha \in \{1, 2\})$ 是无界的. 根据假设 (H3.1)—(H3.4), 在域 $\Omega_\alpha(\alpha \in \{1, 2\})$ 中, 仅存在三种可能的有界运动, 从而得到映射 $P_\alpha(\alpha \in \{1, 2\})$ 的控制方程. 根据式 (3.169), 每个映射 $P_\lambda(\lambda \in \{0, 1, 2\})$ 的控制方程可以表示为

$$
\begin{aligned}
f_1^{(\lambda)}(x_i, \Omega t_i, x_{i+1}, \Omega t_{i+1}) = 0, \\
f_2^{(\lambda)}(x_i, \Omega t_i, x_{i+1}, \Omega t_{i+1}) = 0.
\end{aligned}
\tag{3.195}
$$

对于含有滑模运动的周期运动, 其一般映射结构为

$$
\begin{aligned}
P &= \underbrace{P_{(2^{k_{m2}} 1^{k_{m1}} 0^{k_{m0}}) \cdots (2^{k_{12}} 1^{k_{11}} 0^{k_{10}})}}_{m \text{ 项}} \\
&= \underbrace{(P_2^{(k_{m2})} \circ P_1^{(k_{m1})} \circ P_0^{(k_{m0})}) \circ \cdots \circ (P_2^{(k_{12})} \circ P_1^{(k_{11})} \circ P_0^{(k_{10})})}_{m \text{ 项}},
\end{aligned}
\tag{3.196}
$$

其中 $k_{l\lambda} \in \{0, 1\}$, $l \in \{1, 2, \cdots, m\}$, $\lambda \in \{0, 1, 2\}$. $P_\lambda^{(k)} = P_\lambda \circ P_\lambda^{(k-1)}$, $P_\lambda^{(0)} = 1$. 注意, 在方程 (3.196) 中的总映射 P 上, P_λ 映射的顺序可随着顺时针方向或者逆时针方向旋转, 并且不会改变系统的周期运动. 对于这类周期运动, 仅仅是初始条件不同. 考虑参数 $m = 1, r_1 = 2, r_2 = 5, U_1 = U_2 = 1$, $\phi = 0, a = -5, b = 1, c = -15$ 进行数值仿真, 我们给出了相平面中的运动轨迹、力沿着位移分布、位移和力的时间历程. 其中实线和虚线分别表示实流和虚流的力.

在图 3.22 和图 3.23 中, 给出了一个简单的周期运动, 所选择的参数为 $k_1 = 60, k_2 = 175$, $\Omega = 6.84$, $Q_0 = 119$. 图 3.22(a) 中给出了周期运动 $P = P_1 \circ P_2$ 的相轨迹, 边界用虚线表示. 边界上的起始点为 $x_0 \approx 2.8185$, $y_0 \approx 24.7197(\Omega t_0 \approx 0.8281)$, 并用灰色小圆圈标志, 其他切换点用空心小圆圈

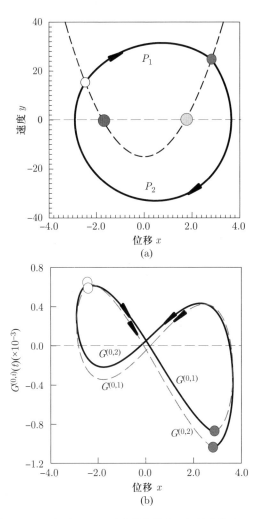

图 3.22 周期运动 P_{12}: (a) 相平面, (b) 法向量与位移. 初始条件为 $\Omega t_0 \approx 0.8281$, $x_0 \approx 2.8185$, $y_0 \approx 24.7197$. 灰色虚线代表虚流的 G-函数 ($m = 1$, $r_1 = 2$, $k_1 = 60$, $r_2 = 5$, $k_2 = 175$, $U_1 = 1$, $U_2 = 1$, $Q_0 = 119$, $\Omega = 6.84$, $\varphi = 0$, $a = -5$, $b = 1$, $c = -15$)

标志. 两个大的圆圈表示两个平衡点. 图 3.22(b) 给出了边界上向量场和法向量内积的 G-函数. 在起始点上, 由于 $G^{(0,1)} < 0$ 和 $G^{(0,2)} < 0$, 周期运动将会进入域 Ω_2. 一旦域 Ω_2 内的流到达边界, 则有 $G^{(0,1)} > 0$ 和 $G^{(0,2)} > 0$. 由解析条件来看, 流将会进入域 Ω_1. 域 Ω_1 内的流接近边界上的起始点, 这将形成周期运动. 图 3.23(a) 表示了位移的时间历程, 并标出了相应的映射. 图 3.23(b) 给出了周期流的实流与虚流的 G-函数, 并分别用实线与虚线表示. 从 G-函数可以清楚地观察出边界上运动的可切换条件. [159]

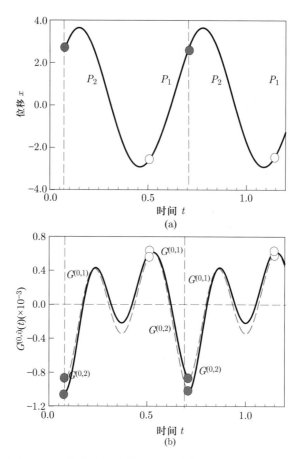

图 3.23　周期运动 P_{12}: (a) 位移的时间历程, (b) G-函数时间历程. 初始条件为 $\Omega t_0 \approx 0.8281$, $x_0 \approx 2.8185$, $y_0 \approx 24.7197$. 灰色虚线代表虚流的 G-函数 ($m = 1$, $r_1 = 2$, $k_1 = 60$, $r_2 = 5$, $k_2 = 175$, $U_1 = 1$, $U_2 = 1$, $Q_0 = 119$, $\Omega = 6.84$, $\varphi = 0$, $a = -5$, $b = 1$, $c = -15$)

　　含有滑模运动的周期运动 $P = P_{102}$, 如图 3.24 和图 3.25 所示, 其中 $k_1 = 60$, $k_2 = 175$, $\Omega = 6.84$, $Q_0 = 119$. 图 3.24(a) 中给出了相平面图中的周期运动, 且边界用虚线表示. 起始点为 $x_0 \approx 2.3997$, $y_0 \approx 13.6261$($\Omega t_0 \approx 6.2743$), 并用灰色圆圈表示, 其他切换点用空心圆圈表示. 两个大的圆圈表示两个平衡点. 周期运动从边界开始, 并进入域 Ω_2. 然后, 流到达边界并滑模到稳定的平衡点. 经过平衡点, 流进入域 Ω_1 并最终返回起始点. 图 3.24(b) 给出了 G-函数与位移的关系. 在起始点处, 由于 $G^{(0,1)} < 0$ 且 $G^{(0,2)} < 0$, 周期运动进入域 Ω_2. 边界上这样的一个流的可切换条件与图 3.22 相同. 然而, 当周期运动发生滑模时, G-函数需要满足 $G^{(0,1)} < 0$ 且 $G^{(0,2)} > 0$, 这可由图中直接地观察出

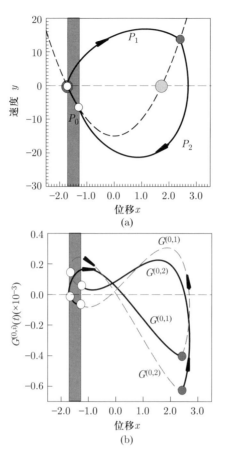

图 3.24 周期运动 P_{102}: (a) 相平面, (b) 法向量场与位移. 初始条件为 $\Omega t_0 \approx 6.2743$, $x_0 \approx$ 2.3997, $y_0 \approx 13.6261$. 灰色虚线代表虚流的 G-函数 ($m = 1$, $r_1 = 2$, $k_1 = 60$, $r_2 = 5$, $k_2 = 175$, $U_1 = 1$, $U_2 = 1$, $Q_0 = 119$, $\Omega = 6.84$, $\varphi = 0$, $a = -5$, $b = 1$, $c = -15$)

来. 当流沿着边界滑动到达平衡点时, 相应的条件为 $G^{(0,1)} \leqslant 0$ 和 $G^{(0,2)} > 0$. 当 $G^{(0,1)} = 0$ 和 $G^{(0,2)} > 0$, 表明滑模运动消失. 图 3.25(a) 给出了位移的时间历程, 并标出相应的映射. 随着时间的变化, 当 $G^{(0,1)} < 0$ 和 $G^{(0,2)} > 0$ 中的任意一个改变了符号, 流将进入一个新的域. 图 3.25(b) 给出了周期运动的实流与虚流的 G-函数, 并且分别用实线和虚线表示. 通过 G-函数, 可以清晰地观察到流的可切换条件. 如果读者还对其他的例子感兴趣, 可以参见文献 Luo (2008b, d) 中弹簧振子分界线上的全局横截流.

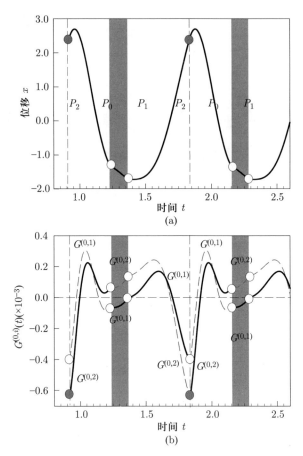

图 3.25　周期运动 P_{102}: (a) 位移时间历程, (b) G-函数时间历程. 初始条件 $\Omega t_0 \approx 6.2743$, $x_0 \approx 2.3997$, $y_0 \approx 13.6261$. 灰色虚线代表虚流的 G-函数 ($m = 1$, $r_1 = 2$, $k_1 = 60$, $r_2 = 5$, $k_2 = 175$, $U_1 = 1$, $U_2 = 1$, $Q_0 = 119$, $\Omega = 6.84$, $\varphi = 0$, $a = -5$, $b = 1$, $c = -15$)

3.9　结　束　语

[164]　　　　本章系统地讲述了含有特定边界的不连续动力系统中可穿越流的一般理论. 在不连续动力系统中, G-函数作为一个重要量被引入. 基于 G-函数, 讨论了流从一个域到相邻域的穿越性. 利用边界上实流和虚流的概念, 讨论了全流和半流、汇流和源流, 同时分析了可穿越流与不可穿越流的切换分岔.

参 考 文 献

Kreyszig, E., 1968, *Introduction to Differential Geometry and Riemannian Geometry*, Toronto: University of Toronto Press.

Luo, A.C.J., 2005a, A theory for non-smooth dynamic systems on the connectable domains, *Communications in Nonlinear Science and Numerical Simulation*, **10**, 1–55.

Luo, A.C.J., 2005b, Imaginary, sink and source flows in the vicinity of the separatrix of non-smooth dynamical systems, *Journal of Sound and Vibration*, **285**, 443–456.

Luo, A.C.J., 2006, *Singularity and Dynamics on Discontinuous Vector Fields*, Amsterdam: Elsevier.

Luo, A.C.J., 2008a, On the differential geometry of flows in nonlinear dynamic systems, ASME *Journal of Computational and Nonlinear Dynamics*, 021104–1~10.

Luo, A.C.J., 2008b, *Global Transversality, Resonance and Chaotic Dynamics*, Singapore: World Scientific.

Luo, A.C.J., 2008c, A theory for flow switchability in discontinuous dynamical systems, *Nonlinear Analysis: Hybrid Systems*, **2**(4), 1030–1061.

Luo, A.C.J., 2008d, Global tangency and transversality of periodic flows and chaos in a periodically forced, damped Duffing oscillator, *International Journal of Bifurcations and Chaos*, **18**, 1–49.

Luo, A.C.J. and Rapp, B.M., 2010, On motions and switchability in a periodically forced, discontinuous system with a parabolic boundary, *Nonlinear Analysis: Real World Applications*, **11**, 2624–2633.

第四章　流障碍与流的切换性

本章首次系统地提出了不连续动力系统的流障碍理论, 这有助于帮助读
者重新思考现有关于动力系统的稳定性和控制理论. 将引入不连续动力系统
中流障碍及障碍向量场的概念, 并且讨论流对流障碍边界的可穿越性. 由于在
边界上存在流障碍, 这种分界上流的可切换性将相应地改变. 首先讨论在可穿
越流中的来流障碍和去流障碍, 并得到流能够通过含有流障碍边界的充要条
件. 汇流和源流的流障碍也将讨论. 若汇流形成, 则需要考虑汇流中的边界流
障碍, 此时的边界障碍独立于对应域内的向量场. 此外, 当汇流中的边界流消
失, 向量场应该满足相应的条件. 因此, 对于边界上含有流障碍的不连续动力
系统, 将要讨论汇流形成和消失的充分必要条件. 为了更好地理解在实际问题
中的流障碍, 给出了一个周期力作用下的摩擦振子模型作为实例. 本章提出的
流障碍理论, 将为进一步发展控制理论和稳定性理论提供基础.

4.1　可穿越流的流障碍

在第二章和第三章中, 讨论了边界上流的可穿越性取决于边界两侧的向
量场. 如果一个流从域 Ω_i 穿过边界 $\partial\Omega_{ij}$ 到达域 Ω_j 内, 三个向量场将形成三
个动力系统, 即

$$
\begin{aligned}
&\dot{\mathbf{x}}^{(\alpha)} = \mathbf{F}^{(\alpha)}(\mathbf{x}^{(\alpha)}, t, \mathbf{p}_\alpha), \text{ 在 } \Omega_\alpha(\alpha = i, j) \text{ 内}, \\
&\dot{\mathbf{x}}^{(0)} = \mathbf{F}^{(0)}(\mathbf{x}^{(0)}, t, \boldsymbol{\lambda}), \phi_{ij}(\mathbf{x}^{(0)}, t, \boldsymbol{\lambda}) = 0 \in \partial\Omega_{ij}.
\end{aligned}
\tag{4.1}
$$

为了便于讨论, 引入如下符号函数

$$\hbar_\alpha = \begin{cases} +1, & \mathbf{n}_{\partial\Omega_{\alpha\beta}} \to \Omega_\beta, \\ -1, & \mathbf{n}_{\partial\Omega_{\alpha\beta}} \to \Omega_\alpha. \end{cases} \tag{4.2}$$

由定理 3.1 可知, 若没有流障碍, 流在边界上穿越的充分必要条件, 即

$$\hbar_\alpha G^{(\alpha)}_{\partial\Omega_{ij}}(\mathbf{x}_m, t_{m-}, \mathbf{p}_\alpha, \boldsymbol{\lambda}) > 0 \text{ 并且 } \hbar_\alpha G^{(\beta)}_{\partial\Omega_{ij}}(\mathbf{x}_m, t_{m+}, \mathbf{p}_\beta, \boldsymbol{\lambda}) > 0. \tag{4.3}$$

若边界上存在流障碍, 在式 (4.3) 条件下边界的来流可能不会通过边界. 为了研究含有流障碍的边界上流的性质, 同第二章一样, 引入含有流障碍的 G-函数, 相应的定义如下:

定义 4.1　对于方程 (4.1) 中的不连续动力系统, t_m 时刻在两个相邻域 $\Omega_\alpha(\alpha = i, j)$ 的边界上存在一点 $\mathbf{x}^{(0)}(t_m) \equiv \mathbf{x}_m \in \partial\Omega_{ij}$. 在边界 $\partial\Omega_{ij}$ 上存在一个向量场 $\mathbf{F}^{(\rho \succ \gamma)}(\mathbf{x}^{(\lambda)}, t, \boldsymbol{\pi}, q^{(\lambda)})$, $q^{(\lambda)} \in [q_1^{(\lambda)}, q_2^{(\lambda)}](\rho, \gamma \in \{0, i, j\}$, $\lambda \in \{i, j\}$, $\rho \neq 0$ 并且 $\rho \neq \gamma$). 对点 $\mathbf{x}^{(\rho)}(t_m) = \mathbf{x}_m$, 向量场的 G-函数定义为

$$G^{(\rho \succ \gamma)}_{\partial\Omega_{ij}}(\mathbf{x}_m, t_{m\pm}, \boldsymbol{\pi}_\lambda, \boldsymbol{\lambda}, q^{(\lambda)})$$
$$\equiv \mathbf{n}^{\mathrm{T}}_{\partial\Omega_{ij}}(\mathbf{x}^{(0)}, t, \boldsymbol{\lambda}) \cdot [\mathbf{F}^{(\rho \succ \gamma)}(\mathbf{x}^{(\lambda)}, t, \boldsymbol{\pi}_\lambda, q^{(\lambda)}) - \mathbf{F}^{(0)}(\mathbf{x}^{(0)}, t, \boldsymbol{\lambda})]\Big|_{(\mathbf{x}_m^{(\lambda)}, \mathbf{x}_m^{(0)}, t_{m\pm})}. \tag{4.4}$$

对于 $k_\lambda = 0, 1, 2, \cdots$, 向量场 $\mathbf{F}^{(\rho \succ \gamma)}(\mathbf{x}^{(\lambda)}, t, \boldsymbol{\pi}_\lambda, q^{(\lambda)})$ 的高阶 G-函数定义为

$$G^{(k_\lambda, \rho \succ \gamma)}_{\partial\Omega_{ij}}(\mathbf{x}_m, t_{m\pm}, \boldsymbol{\pi}_\lambda, \boldsymbol{\lambda}, q^{(\lambda)})$$
$$= \sum_{r=1}^{k_\lambda+1} C^r_{k_\lambda+1} D_0^{k_\lambda+1-r} \mathbf{n}^{\mathrm{T}}_{\partial\Omega_{ij}}(\mathbf{x}^{(0)}, t, \boldsymbol{\lambda}) \cdot [D_\lambda^{r-1} \mathbf{F}^{(\rho \succ \gamma)}(\mathbf{x}^{(\lambda)}, t, \boldsymbol{\pi}_\lambda, q^{(\lambda)})$$
$$- D_0^{r-1} \mathbf{F}^{(0)}(\mathbf{x}^{(0)}, t, \boldsymbol{\lambda})]\Big|_{(\mathbf{x}_m^{(\lambda)}, \mathbf{x}_m^{(0)}, t_{m\pm})}. \tag{4.5}$$

为了简单起见, 采用下列符号.

$$\begin{aligned} G^{(k_\alpha, \alpha)}_{\partial\Omega_{ij}}(\mathbf{x}_m, t_{m\pm}) &\equiv G^{(k_\alpha, \alpha)}_{\partial\Omega_{ij}}(\mathbf{x}_m, t_{m\pm}, \mathbf{p}_\alpha, \boldsymbol{\lambda}), \\ G^{(k_\alpha, \rho \succ \gamma)}_{\partial\Omega_{ij}}(\mathbf{x}_m, q^{(\lambda)}) &\equiv G^{(k_\alpha, \rho \succ \gamma)}_{\partial\Omega_{ij}}(\mathbf{x}_m, t_{m\pm}, \boldsymbol{\pi}_\lambda, \boldsymbol{\lambda}, q^{(\lambda)}). \end{aligned} \tag{4.6}$$

4.1.1　来流障碍

[167]　　　　本节讨论边界上半可穿越流中的来流障碍, 通过边界上的来流介绍边界上流障碍的基本概念.

定义 4.2　对于方程 (4.1) 中的不连续动力系统, t_m 时刻在两个相邻域 $\Omega_\alpha(\alpha = i, j)$ 的边界上存在一点 $\mathbf{x}^{(0)}(t_m) \equiv \mathbf{x}_m \in \partial\Omega_{ij}$. 假定在边界 $\partial\Omega_{ij}$ 上存在一个向量场 $\mathbf{F}^{(\alpha \succ \beta)}(\mathbf{x}^{(\alpha)}, t, \boldsymbol{\pi}_\alpha, q^{(\alpha)})$, 对 $q^{(\alpha)} \in [q_1^{(\alpha)}, q_2^{(\alpha)}](\alpha, \beta \in \{i, j\}$

并且 $\beta \neq \alpha$), 此时

$$\hbar_\alpha G_{\partial\Omega_{ij}}^{(\alpha\succ\beta)}(\mathbf{x}_m, q^{(\alpha)}) \in [\hbar_\alpha G_{\partial\Omega_{ij}}^{(\alpha\succ\beta)}(\mathbf{x}_m, q_1^{(\alpha)}), \hbar_\alpha G_{\partial\Omega_{ij}}^{(\alpha\succ\beta)}(\mathbf{x}_m, q_2^{(\alpha)})]$$

$$\subset [0, +\infty). \tag{4.7}$$

在半可穿越流中的来流和去流满足下述条件

$$\hbar_\alpha G_{\partial\Omega_{ij}}^{(\alpha)}(\mathbf{x}_m, t_{m-}) > 0 \text{ 并且 } \hbar_\alpha G_{\partial\Omega_{ij}}^{(\beta)}(\mathbf{x}_m, t_{m+}) > 0. \tag{4.8}$$

那么称向量场 $\mathbf{F}^{(\alpha\succ\beta)}(\mathbf{x}^{(\alpha)}, t, \boldsymbol{\pi}_\alpha, q^{(\alpha)})$ 为在边界 α 一侧的半可穿越流的来流障碍向量场. 向量场 $\mathbf{F}^{(\alpha\succ\beta)}(\mathbf{x}^{(\alpha)}, t, \boldsymbol{\pi}_\alpha, q_\sigma^{(\alpha)})(\sigma = 1, 2)$ 的临界值为在 α 一侧的来流障碍向量场的上、下极限.

(i) 如果

$$\mathbf{x}^{(\alpha)}(t_{m-}) = \mathbf{x}^{(\alpha\succ\beta)}(t_{m\pm}, q^{(\alpha)}) = \mathbf{x}_m,$$
$$\hbar_\alpha G_{\partial\Omega_{ij}}^{(\alpha)}(\mathbf{x}_m, t_{m-}) \in (\hbar_\alpha G_{\partial\Omega_{ij}}^{(\alpha\succ\beta)}(\mathbf{x}_m, q_1^{(\alpha)}), \hbar_\alpha G_{\partial\Omega_{ij}}^{(\alpha\succ\beta)}(\mathbf{x}_m, q_2^{(\alpha)})). \tag{4.9}$$

那么在 $q^{(\alpha)} \in (q_1^{(\alpha)}, q_2^{(\alpha)})$ 处, 来流 $\mathbf{x}^{(\alpha)}$ 不能切换成去流 $\mathbf{x}^{(\beta)}$.

(ii) 如果

$$\mathbf{x}^{(\alpha)}(t_{m-}) = \mathbf{x}^{(\alpha\succ\beta)}(t_{m\pm}, q_\sigma^{(\alpha)}) = \mathbf{x}_m,$$
$$G_{\partial\Omega_{ij}}^{(s_\alpha, \alpha)}(\mathbf{x}_m, t_{m-}) = G_{\partial\Omega_{ij}}^{(s_\alpha, \alpha\succ\beta)}(\mathbf{x}_m, q_\sigma^{(\alpha)}) \neq 0, \quad s_\alpha = 0, 1, 2, \cdots, l_\alpha - 1;$$
$$(-1)^\sigma \hbar_\alpha \mathbf{n}_{\partial\Omega_{ij}}^{\mathrm{T}}(\mathbf{x}^{(0)}(t_{m+\varepsilon})) \cdot [\mathbf{x}^{(\alpha)}(t_{m+\varepsilon}) - \mathbf{x}^{(\alpha\succ\beta)}(t_{m+\varepsilon}, q_\sigma^{(\alpha)})] < 0. \tag{4.10}$$

那么在流障碍的临界点 (即, $q^{(\alpha)} = q_\sigma^{(\alpha)}$, $\sigma \in \{1, 2\}$) 处, 来流 $\mathbf{x}^{(\alpha)}$ 不能切换为去流 $\mathbf{x}^{(\beta)}$.

(iii) 如果

$$\mathbf{x}^{(\alpha)}(t_{m-}) = \mathbf{x}^{(\alpha\succ\beta)}(t_{m\pm}, q_\sigma^{(\alpha)}) = \mathbf{x}_m,$$
$$G_{\partial\Omega_{ij}}^{(s_\alpha, \alpha)}(\mathbf{x}_m, t_{m-}) = G_{\partial\Omega_{ij}}^{(s_\alpha, \alpha\succ\beta)}(\mathbf{x}_m, q_\sigma^{(\alpha)}) \neq 0, \quad s_\alpha = 0, 1, 2, \cdots, l_\alpha - 1;$$
$$(-1)^\sigma \hbar_\alpha \mathbf{n}_{\partial\Omega_{ij}}^{\mathrm{T}}(\mathbf{x}^{(0)}(t_{m+\varepsilon})) \cdot [\mathbf{x}^{(\alpha)}(t_{m+\varepsilon}) - \mathbf{x}^{(\alpha\succ\beta)}(t_{m+\varepsilon}, q_\sigma^{(\alpha)})] > 0. \tag{4.11}$$

[168]

那么在流障碍的临界点 (即, $q^{(\alpha)} = q_\sigma^{(\alpha)}$, $\sigma \in \{1, 2\}$) 处, 来流 $\mathbf{x}^{(\alpha)}$ 能切换成去流 $\mathbf{x}^{(\beta)}$.

定义 4.3 对于方程 (4.1) 中的不连续动力系统, t_m 时刻在两个相邻域 $\Omega_\alpha(\alpha = i, j)$ 的边界上存在一点 $\mathbf{x}^{(0)}(t_m) \equiv \mathbf{x}_m \in \partial\Omega_{ij}$. 假定在边界 $\partial\Omega_{ij}$ 上存在一个向量场 $\mathbf{F}^{(\alpha\succ\beta)}(\mathbf{x}^{(\alpha)}, t, \boldsymbol{\pi}_\alpha, q^{(\alpha)})$, $q^{(\alpha)} \in [q_1^{(\alpha)}, q_2^{(\alpha)}]$, G-函数满足

$$G_{\partial\Omega_{ij}}^{(s_\alpha,\alpha\succ\beta)}(\mathbf{x}_m,q^{(\alpha)})=0,\quad s_\alpha=0,1,\cdots,2k_\alpha-1;$$

$$G_{\partial\Omega_{ij}}^{(2k_\alpha,\alpha\succ\beta)}(\mathbf{x}_m,q^{(\alpha)})\in[\hbar_\alpha G_{\partial\Omega_{ij}}^{(2k_\alpha,\alpha\succ\beta)}(\mathbf{x}_m,q_1^{(\alpha)}),\hbar_\alpha G_{\partial\Omega_{ij}}^{(2k_\alpha,\alpha\succ\beta)}(\mathbf{x}_m,q_2^{(\alpha)})]$$

$$\subset[0,\infty)$$

$$(4.12)$$

$(\alpha,\beta\in\{i,j\}$ 且 $\alpha\neq\beta)$. 而且 $(2k_\alpha:m_\beta)$ 型半可穿越流中的来流和去流满足

$$G_{\partial\Omega_{ij}}^{(s_\alpha,\alpha)}(\mathbf{x}_m,t_{m-})=0,\quad s_\alpha=0,1,\cdots,2k_\alpha-1,$$

$$G_{\partial\Omega_{ij}}^{(s_\beta,\beta)}(\mathbf{x}_m,t_{m+})=0,\quad s_\beta=0,1,\cdots,m_\beta-1,$$

$$\hbar_\alpha G_{\partial\Omega_{ij}}^{(2k_\alpha,\alpha)}(\mathbf{x}_m,t_{m-})>0 \text{ 并且 } \hbar_\alpha G_{\partial\Omega_{ij}}^{(m_\beta,\beta)}(\mathbf{x}_m,t_{m+})>0.$$

$$(4.13)$$

那么, 若满足上述条件, 称向量场 $\mathbf{F}^{(\alpha\succ\beta)}(\mathbf{x}^{(\alpha)},t,\boldsymbol{\pi}_\alpha,q^{(\alpha)})$ 为在边界 α 一侧的 $(2k_\alpha:m_\beta)$ 型半可穿越流中的来流障碍. 向量场 $\mathbf{F}^{(\alpha\succ\beta)}(\mathbf{x}^{(\alpha)},t,\boldsymbol{\pi}_\alpha,q_\sigma^{(\alpha)})(\sigma=1,2)$ 的临界值为边界 α 一侧上的 $(2k_\alpha:m_\beta)$ 型半可穿越流中的来流障碍向量场的上、下极限.

(i) 如果

$$\mathbf{x}^{(\alpha)}(t_{m-})=\mathbf{x}^{(\alpha\succ\beta)}(t_{m\pm},q^{(\alpha)})=\mathbf{x}_m,$$

$$G_{\partial\Omega_{ij}}^{(2k_\alpha,\alpha)}(\mathbf{x}_m,t_{m-})\in(\hbar_\alpha G_{\partial\Omega_{ij}}^{(2k_\alpha,\alpha\succ\beta)}(\mathbf{x}_m,q_1^{(\alpha)}),\hbar_\alpha G_{\partial\Omega_{ij}}^{(2k_\alpha,\alpha\succ\beta)}(\mathbf{x}_m,q_2^{(\alpha)})).$$

$$(4.14)$$

那么来流 $\mathbf{x}^{(\alpha)}$ 不能切换成去流 $\mathbf{x}^{(\beta)}$.

(ii) 如果

$$\mathbf{x}^{(\alpha)}(t_{m-})=\mathbf{x}^{(\alpha\succ\beta)}(t_{m\pm},q_\sigma^{(\alpha)})=\mathbf{x}_m,$$

$$G_{\partial\Omega_{ij}}^{(s_\alpha,\alpha)}(\mathbf{x}_m,t_{m-})=G_{\partial\Omega_{ij}}^{(s_\alpha,\alpha\succ\beta)}(\mathbf{x}_m,q_\sigma^{(\alpha)})\neq0,\quad s_\alpha=2k_\alpha,2k_\alpha+1,\cdots,l_\alpha-1;$$

$$(-1)^\sigma\hbar_\alpha\mathbf{n}_{\partial\Omega_{ij}}^{\mathrm{T}}(\mathbf{x}^{(0)}(t_{m+\varepsilon}))\cdot[\mathbf{x}^{(\alpha)}(t_{m+\varepsilon})-\mathbf{x}^{(\alpha\succ\beta)}(t_{m+\varepsilon},q_\sigma^{(\alpha)})]<0.\quad(4.15)$$

那么在流障碍临界点 (即, $q^{(\alpha)}=q_\sigma^{(\alpha)}$, $\sigma\in\{1,2\}$) 处, 来流 $\mathbf{x}^{(\alpha)}$ 不能切换成去流 $\mathbf{x}^{(\beta)}$.

(iii) 如果

$$\mathbf{x}^{(\alpha)}(t_{m-})=\mathbf{x}^{(\alpha\succ\beta)}(t_{m\pm},q_\sigma^{(\alpha)})=\mathbf{x}_m,$$

$$G_{\partial\Omega_{ij}}^{(s_\alpha,\alpha)}(\mathbf{x}_m,t_{m-})=G_{\partial\Omega_{ij}}^{(s_\alpha,\alpha\succ\beta)}(\mathbf{x}_m,q_\sigma^{(\alpha)})\neq0,\quad s_\alpha=2k_\alpha,2k_\alpha+1,\cdots,l_\alpha-1;$$

$$(-1)^\sigma\hbar_\alpha\mathbf{n}_{\partial\Omega_{ij}}^{\mathrm{T}}(\mathbf{x}^{(0)}(t_{m+\varepsilon}))\cdot[\mathbf{x}^{(\alpha)}(t_{m+\varepsilon})-\mathbf{x}^{(\alpha\succ\beta)}(t_{m+\varepsilon},q_\sigma^{(\alpha)})]>0.\quad(4.16)$$

那么在流障碍临界点 (即, $q^{(\alpha)}=q_\sigma^{(\alpha)}$, $\sigma\in\{1,2\}$) 处, 来流 $\mathbf{x}^{(\alpha)}$ 能切换成去流 $\mathbf{x}^{(\beta)}$.

[169]

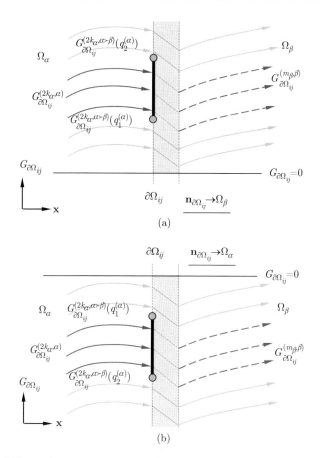

图 4.1 在边界 α 一侧 $(2k_\alpha : m_\beta)$ 型半可穿越流的来流障碍的 G-函数: (a) $\mathbf{n}_{\partial\Omega_{ij}} \to \Omega_\beta$, (b) $\mathbf{n}_{\partial\Omega_{ij}} \to \Omega_\alpha$. 虚线表示去流 $\mathbf{x}^{(\beta)}$ 对于来流障碍的 G-函数. 粗线表示来流障碍的 G-函数. $G_{\partial\Omega_{ij}}^{(2k_\alpha, \alpha \succ \beta)}(q_1^{(\alpha)})$ 和 $G_{\partial\Omega_{ij}}^{(2k_\alpha, \alpha \succ \beta)}(q_2^{(\alpha)})$ 分别表示来流障碍的下、上极限 $(k_\alpha, m_\beta \in \{0, 1, 2, \cdots\})$

为了解释上述概念, 图 4.1 中描述了在边界 α 一侧来流障碍的 G-函数. 对于 α 一侧的来流障碍, 去流 $\mathbf{x}^{(\beta)}$ 的 G-函数用虚线表示. 边界 $\partial\Omega_{ij}$ 上粗线表示来流障碍的 G-函数. 对于 $\mathbf{n}_{\partial\Omega_{ij}} \to \Omega_\beta$, 符号函数 $\hbar_\alpha = +1$. 如果没有任何流障碍, 且 $G_{\partial\Omega_{ij}}^{(2k_\alpha, \alpha)} > 0$, $G_{\partial\Omega_{ij}}^{(m_\beta, \beta)} > 0$, 那么从域 Ω_α 到域 Ω_β 的来流能切换为去流. 如果在边界 $\partial\Omega_{ij}$ 上存在一个来流障碍, 其上下极限分别为 $G_{\partial\Omega_{ij}}^{(2k_\alpha, \alpha \succ \beta)}(q_1^{(\alpha)}) > 0$, $G_{\partial\Omega_{ij}}^{(2k_\alpha, \alpha \succ \beta)}(q_2^{(\alpha)}) > 0$, 那么对于 $G_{\partial\Omega_{ij}}^{(2k_\alpha, \alpha)} \in [G_{\partial\Omega_{ij}}^{(2k_\alpha, \alpha \succ \beta)}(q_1^{(\alpha)}), G_{\partial\Omega_{ij}}^{(2k_\alpha, \alpha \succ \beta)}(q_2^{(\alpha)})]$, 在 $(2k_\alpha : m_\beta)$ 型半可穿越流中的来流不能切换为域 Ω_β 内的去流. 当 $G_{\partial\Omega_{ij}}^{(2k_\alpha, \alpha)} > 0$ 的来流到达含有流障碍的边界 $\partial\Omega_{ij}$ 时, 若能从域 Ω_α 切换到域 Ω_β, 当且

仅当 $G_{\partial\Omega_{ij}}^{(2k_\alpha,\alpha)} \notin [G_{\partial\Omega_{ij}}^{(2k_\alpha,\alpha\succ\beta)}(q_1^{(\alpha)}), G_{\partial\Omega_{ij}}^{(2k_\alpha,\alpha\succ\beta)}(q_2^{(\alpha)})]$. 对于这种情况, 流障碍如图 4.1(a) 所示. 事实上, 对于来流障碍的下极限值, G-函数可能小于零 (即 $G_{\partial\Omega_{ij}}^{(2k_\alpha,\alpha\succ\beta)}(q_1^{(\alpha)}) < 0$). 然而, 当 $G_{\partial\Omega_{ij}}^{(2k_\alpha,\alpha)} < 0$ 时, 来流变为源流 $\mathbf{x}^{(\alpha)}$, 其不能通过边界. 因此, 对于 $\mathbf{n}_{\partial\Omega_{ij}} \to \Omega_\beta$, $G_{\partial\Omega_{ij}}^{(2k_\alpha,\alpha\succ\beta)}(q_1^{(\alpha)}) < 0$ 的来流障碍的下极限并不重要, 所以可以把 $G_{\partial\Omega_{ij}}^{(2k_\alpha,\alpha\succ\beta)}(q_1^{(\alpha)}) = 0$ 的来流障碍的下限作为最小极限. 然而, 最大来流障碍的 G-函数可能趋于无穷 (即, $G_{\partial\Omega_{ij}}^{(2k_\alpha,\alpha\succ\beta)}(q_2^{(\alpha)}) \to +\infty$). 对于 $\mathbf{n}_{\partial\Omega_{ij}} \to \Omega_\alpha$, 边界 α 一侧的来流障碍可以类似讨论, 如图 4.1(b) 所示. 来流障碍的上、下限的 G-函数可能分别是零和负无穷. 对于 $\mathbf{n}_{\partial\Omega_{ij}} \to \Omega_\alpha$, $G_{\partial\Omega_{ij}}^{(2k_\alpha,\alpha\succ\beta)}(q_1^{(\alpha)}) > 0$ 的下限意义不大, 可以通过简单地定义具有正或负的 G-函数极限的来流障碍, 来阻挡从边界两边的来流. 此外, 来流障碍 G-函数会随着边界位置的变化而变化.

[170]　　　在边界上的某些子集中, 可能不存在流障碍. 在这样的边界上, 来流障碍可能是一种部分的来流障碍. 如果来流障碍存在于整个边界, 那么称为全边界上的流障碍. 详细的定义如下:

定义 4.4　对于方程 (4.1) 中的不连续动力系统, t_m 时刻在两个相邻域 $\Omega_\alpha(\alpha = i, j)$ 的边界上, 存在一点 $\mathbf{x}^{(0)}(t_m) \equiv \mathbf{x}_m \in \partial\Omega_{ij}$. 假定在 $(2k_\alpha : m_\beta)$ 型半可穿越流中, 有一个在边界 α 一侧的来流障碍向量场 $\mathbf{F}^{(\alpha\succ\beta)}(\mathbf{x}^{(\alpha)}, t, \boldsymbol{\pi}_\alpha, q^{(\alpha)})(q^{(\alpha)} \in [q_1^{(\alpha)}, q_2^{(\alpha)}], \alpha, \beta \in \{i, j\}$ 并且 $\alpha \neq \beta)$.

[171]　　　(i) 如果 $\mathbf{x}_m \in S \subset \partial\Omega_{ij}$, 那么在边界 α 一侧的 $(2k_\alpha : m_\beta)$ 型半可穿越流中的来流障碍是部分的.

　　　(ii) 如果 $\mathbf{x}_m \in S = \partial\Omega_{ij}$, 那么在边界 α 一侧的 $(2k_\alpha : m_\beta)$ 型半可穿越流中的来流障碍是全部的.

　　对于 $k_\alpha = m_\beta = 0$, 上述定义适用于基本的流障碍. 在边界 $\partial\Omega_{ij}$ 的 α 一侧, 部分的和全部的流障碍如图 4.2 所示. 部分的来流障碍只存在于边界子集 $S \subset \partial\Omega_{ij}$ 上. 在其他子集合 $(\partial\Omega_{ij}\backslash S)$ 中, 来流障碍不存在. 若域 Ω_α 内的来流到达这些子集 $(\partial\Omega_{ij}\backslash S)$, 半可穿越流中的来流能切换为边界 β 一侧的去流. 若来流障碍在 $S = \partial\Omega_{ij}$ 上处处存在, 这种流障碍称为全部的流障碍. 任何来流障碍都具有上、下限. 正如前面的讨论, 来流障碍的最低极限为 $G_{\partial\Omega_{ij}}^{(2k_\alpha,\alpha\succ\beta)}(q_1^{(\alpha)}) = 0$. 如果 $G_{\partial\Omega_{ij}}^{(2k_\alpha,\alpha\succ\beta)}(q_2^{(\alpha)})$ 是有限的, 具有最低极限的来流障碍是具有上限的流障碍. 如果来流障碍上限的 G-函数是无限的, 但是 $G_{\partial\Omega_{ij}}^{(2k_\alpha,\alpha\succ\beta)}(q_1^{(\alpha)}) \neq 0$, 那么来流障碍是具有下限的流障碍. 当这样的流障碍在

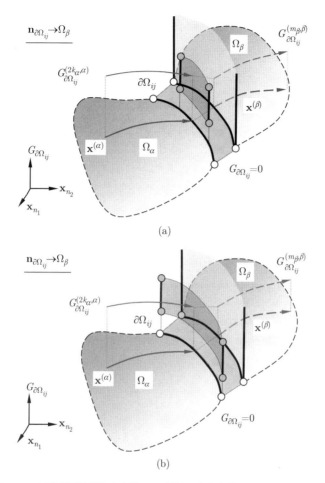

图 4.2 $(2k_\alpha : m_\beta)$ 型半可穿越流中边界 α 一侧的一个来流障碍: (a) 部分的流障碍和 (b) 全部的流障碍. 在边界 $\partial\Omega_{ij}$ 上, 暗灰色的表面表示边界上的流障碍. 上方带有箭头的曲线中的实线和虚线分别表示流在域 Ω_α 和域 Ω_β 内的 G-函数. 下方曲线表示半可穿越流. 暗灰色表面背面的垂直面表示 "没有障碍向量场" $(k_\alpha, m_\beta \in \{0, 1, 2, \cdots\})$

$S \subseteq \partial\Omega_{ij}$ 上存在时, 图 4.3 和图 4.4 分别描述了部分的来流障碍和全部的来流障碍带有上限和下限的情况. 对 $\mathbf{x}_m \in \partial\Omega_{ij}$, 如果 $G_{\partial\Omega_{ij}}^{(2k_\alpha, \alpha \succ \beta)}(q_1^{(\alpha)}) = 0$, $G_{\partial\Omega_{ij}}^{(2k_\alpha, \alpha \succ \beta)}(q_2^{(\alpha)}) \to +\infty$, 来流 $\mathbf{x}^{(\alpha)}$ 在边界上的这点处不能穿越边界, 此点处的来流障碍称为绝对流障碍. 当然, 如果整个边界都具有这样的绝对流障碍, 来流障碍就形成一个流障碍墙. 如果边界上有许多部分的来流障碍, 那么其会形成来流障碍栅栏. 对于 $q^{(\alpha)} \in (q_1^{(\alpha)}, q_2^{(\alpha)})$, 如果在 $S \subset \partial\Omega_{ij}$ 上不能定义流

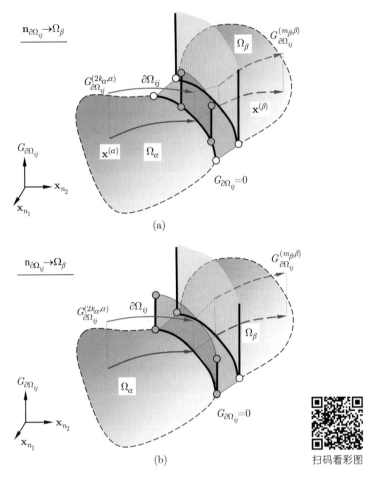

图 4.3　在 $(2k_\alpha : m_\beta)$ 型半可穿越流中边界 α 一侧具有上限的来流障碍: (a) 部分的流障碍, (b) 全部的流障碍. 在边界 $\partial\Omega_{ij}$ 上, 深暗灰色的表面表示边界上的流障碍面. 上方带有箭头的实线和虚线分别表示流在域 Ω_α 和域 Ω_β 内的 G-函数. 下方的曲线表示半可穿越流. 淡绿色表面后面的竖向面表示 "没有流障碍" $(k_\alpha, m_\beta \in \{0, 1, 2, \cdots\})$

障碍的 G-函数, 在这样没有流障碍存在的部分可形成流障碍窗口, 下面给出详细的定义.

定义 4.5　对于方程 (4.1) 中的不连续动力系统, t_m 时刻在两个相邻域 $\Omega_\alpha(\alpha = i, j)$ 的边界上存在一点 $\mathbf{x}^{(0)}(t_m) \equiv \mathbf{x}_m \in \partial\Omega_{ij}$. 假定在 $(2k_\alpha : m_\beta)$ 阶半可穿越流中, 在边界 α 一侧存在一个来流障碍向量场 $\mathbf{F}^{(\alpha \succ \beta)}(\mathbf{x}^{(\alpha)}, t, \boldsymbol{\pi}_\alpha, q^{(\alpha)}), q^{(\alpha)} \in [q_1^{(\alpha)}, q_2^{(\alpha)}](\alpha, \beta \in \{i, j\}$ 并且 $\alpha \neq \beta)$.

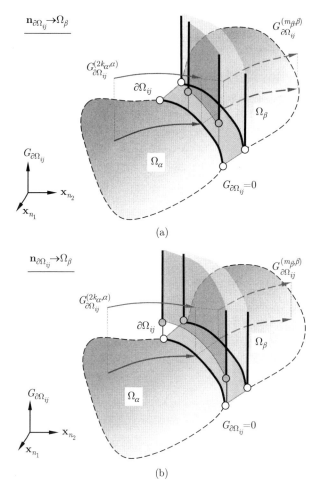

图 4.4 边界 α 一侧的 $(2k_\alpha : m_\beta)$ 型半可穿越流中的无穷大来流障碍: (a) 部分的流障碍和 (b) 全部的流障碍. 深暗灰色的表面表示边界 $\partial\Omega_{ij}$ 上的流障碍面. 上方带有箭头的实线和虚线分别表示流在域 Ω_α 和域 Ω_β 内的 G-函数. 下方的曲线表示半可穿越流. 淡绿色表面后面的竖向面表示 "没有流障碍" $(k_\alpha, m_\beta \in \{0, 1, 2, \cdots\})$

(i) 对于 $\mathbf{x}_m \in S \subseteq \partial\Omega_{ij}$, 如果满足 [172]

$$\hbar_\alpha G_{\partial\Omega_{ij}}^{(2k_\alpha,\alpha\succ\beta)}(\mathbf{x}_m, q_1^{(\alpha)}) = 0_- \text{ 并且 } \hbar_\alpha G_{\partial\Omega_{ij}}^{(2k_\alpha,\alpha\succ\beta)}(\mathbf{x}_m, q_2^{(\alpha)}) \neq \infty. \quad (4.17)$$

那么 $(2k_\alpha : m_\beta)$ 型半可穿越流中来流障碍具有上限.

(ii) 对于 $\mathbf{x}_m \in S \subseteq \partial\Omega_{ij}$, 如果满足

$$\hbar_\alpha G_{\partial\Omega_{ij}}^{(2k_\alpha,\alpha\succ\beta)}(\mathbf{x}_m, q_1^{(\alpha)}) \neq 0_- \text{ 并且 } \hbar_\alpha G_{\partial\Omega_{ij}}^{(2k_\alpha,\alpha\succ\beta)}(\mathbf{x}_m, q_2^{(\alpha)}) \to +\infty. \quad (4.18)$$

那么 $(2k_\alpha : m_\beta)$ 型半可穿越流中的来流障碍具有下限.

[173] 　　　　(iii) 对于 $\mathbf{x}_m \in S \subseteq \partial\Omega_{ij}$, 如果满足

$$\hbar_\alpha G_{\partial\Omega_{ij}}^{(2k_\alpha,\alpha\succ\beta)}(\mathbf{x}_m, q_1^{(\alpha)}) = 0_- \text{ 和 } \hbar_\alpha G_{\partial\Omega_{ij}}^{(2k_\alpha,\alpha\succ\beta)}(\mathbf{x}_m, q_2^{(\alpha)}) \to \infty. \quad (4.19)$$

那么 $(2k_\alpha : m_\beta)$ 型半可穿越流中的来流障碍是绝对的.

　　　　(iv) 如果在 $\mathbf{x}_m \in S = \partial\Omega_{ij}$ 处绝对流障碍存在, 那么在 $(2k_\alpha : m_\beta)$ 型半可穿越流中的来流障碍为边界 α 一侧的流障碍墙.

[174] 　　　　(v) 如果在 $S_{k_1} \subset \partial\Omega_{ij}$ 存在流障碍, 在 $S_{k_2} \subset \partial\Omega_{ij}$ ($k_1, k_2 \in \{1, 2, \cdots\}$) 处不存在流障碍, 且 $S_{k_1} \cap S_{k_2} = \varnothing$, 那么 $(2k_\alpha : m_\beta)$ 型半可穿越流中的来流障碍称为边界 α 一侧的流障碍栅栏.

　　　定义 4.6　对于方程 (4.1) 中的不连续动力系统, t_m 时刻在两个相邻域 $\Omega_\alpha(\alpha = i, j)$ 的边界上存在一点 $\mathbf{x}^{(0)}(t_m) \equiv \mathbf{x}_m \in \partial\Omega_{ij}$. $(2k_\alpha : m_\beta)$ 型半可
[175] 穿越流中的来流和去流满足方程 (4.13). 对于 $\mathbf{x}_m \in S \subseteq \partial\Omega_{ij}$, 在边界 α 一侧存在许多流障碍向量场 $\mathbf{F}^{(\alpha\succ\beta)}(\mathbf{x}^{(\alpha)}, t, \boldsymbol{\pi}_\alpha, q^{(\alpha)})$, $q^{(\alpha)} \in [q_{2n-1}^{(\alpha)}, q_{2n}^{(\alpha)}]$ ($n = 1, 2, \cdots$) 且 $\sigma = 2n - 1, 2n$, 满足

$$\hbar_\alpha G_{\partial\Omega_{ij}}^{(s_\alpha,\alpha\succ\beta)}(\mathbf{x}_m, q_\sigma^{(\alpha)}) = 0, \quad s_\alpha = 0, 1, 2, \cdots, 2k_\alpha - 1;$$

$$\hbar_\alpha G_{\partial\Omega_{ij}}^{(2k_\alpha,\alpha\succ\beta)}(\mathbf{x}_m, q^{(\alpha)}) \in [\hbar_\alpha G_{\partial\Omega_{ij}}^{(2k_\alpha,\alpha\succ\beta)}(\mathbf{x}_m, q_{2n-1}^{(\alpha)}), \hbar_\alpha G_{\partial\Omega_{ij}}^{(2k_\alpha,\alpha\succ\beta)}(\mathbf{x}_m, q_{2n}^{(\alpha)})]$$

$$\subset [0, \infty). \quad (4.20)$$

对于 $q^{(\alpha)} \in (q_{2n}^{(\alpha)}, q_{2n+1}^{(\alpha)})$ ($n = 1, 2, \cdots$), 在边界 $S \subseteq \partial\Omega_{ij}$ 上不存在流障碍. 因而, 对于 $\sigma = 2n, 2n + 1$, 来流 $\mathbf{x}^{(\alpha)}$ 能切换为去流 $\mathbf{x}^{(\beta)}$, 满足

$$\hbar_\alpha G_{\partial\Omega_{ij}}^{(s_\alpha,\alpha\succ\beta)}(\mathbf{x}_m, q_\sigma^{(\alpha)}) = 0, \quad s_\alpha = 0, 1, 2, \cdots, 2k_\alpha - 1;$$

$$\hbar_\alpha G_{\partial\Omega_{ij}}^{(2k_\alpha,\alpha)}(\mathbf{x}_m, t_{m-}) \in (\hbar_\alpha G_{\partial\Omega_{ij}}^{(2k_\alpha,\alpha\succ\beta)}(\mathbf{x}_m, q_{2n}^{(\alpha)}), \hbar_\alpha G_{\partial\Omega_{ij}}^{(2k_\alpha,\alpha\succ\beta)}(\mathbf{x}_m, q_{2n+1}^{(\alpha)}))$$

$$\subset [0, \infty). \quad (4.21)$$

对于所有 $\mathbf{x}_m \in S \subseteq \partial\Omega_{ij}$ 且 $q^{(\alpha)} \in (q_{2n-2}^{(\alpha)}, q_{2n-1}^{(\alpha)})$ 的 G-函数区间, 称为边界 α 一侧的 $(2k_\alpha : m_\beta)$ 型半可穿越流中的来流障碍窗口.

　　　定义 4.7　对于方程 (4.1) 中的不连续动力系统, t_m 时刻在两个相邻域 $\Omega_\alpha(\alpha = i, j)$ 的边界上存在一点 $\mathbf{x}^{(0)}(t_m) \equiv \mathbf{x}_m \in \partial\Omega_{ij}$. 假定在边界 α 一侧上, $(2k_\alpha : m_\beta)$ 型半可穿越流中有来流障碍向量场 $\mathbf{F}^{(\alpha\succ\beta)}(\mathbf{x}^{(\alpha)}, t, \boldsymbol{\pi}_\alpha, q^{(\alpha)})$, $q^{(\alpha)} \in [q_1^{(\alpha)}, q_2^{(\alpha)}]$ ($\alpha, \beta \in \{i, j\}$ 并且 $\alpha \neq \beta$).

　　　　(i) 如果来流障碍不依赖于时间 $t \in [0, \infty)$, 那么在 $(2k_\alpha : m_\beta)$ 型半可穿越流中的来流障碍在 α 一侧是永久的.

　　　　(ii) 如果来流障碍连续地依赖于时间 $t \in [0, \infty)$, 那么在 $(2k_\alpha : m_\beta)$ 型半可穿越流中的来流障碍在 α 一侧上是瞬时的.

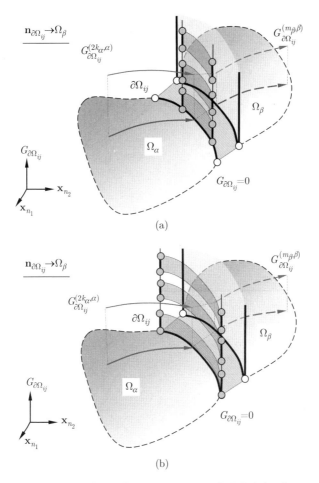

图 4.5 在 $(2k_\alpha : m_\beta)$ 型半可穿越流中边界 $\partial\Omega_{ij}$ 的 α 一侧的来流障碍窗口: (a) 部分的流障碍, (b) 全部的流障碍. 暗灰色的表面表示流障碍表面. 上方带有箭头的实线和虚线分别表示流在域 Ω_α 和域 Ω_β 内的 G-函数. 下方的曲线表示半可穿越流. 淡绿色表面后面的竖向面表示 "没有流障碍" ($k_\alpha, m_\beta \in \{0, 1, 2, \cdots\}$)

(iii) 如果流障碍存在于时间 $t \in [t_k, t_{k+1}](k \in \mathbf{Z})$, 那么在 $(2k_\alpha : m_\beta)$ 型半可穿越流中的来流障碍在 α 一侧上是间歇出现的.

(iv) 如果流障碍不依赖于时间 $t \in [t_k, t_{k+1}](k \in \mathbf{Z})$, 那么在 $(2k_\alpha : m_\beta)$ 型半可穿越流中的来流障碍在该时间段内在 α 一侧是静态的, 并随着时间窗口的变化是间歇出现的.

根据之前的定义, 在图 4.5 中描述了流障碍窗口. 在窗口区域, 流可以切换. 类似地, 讨论了在边界上永久的和瞬时的流障碍窗口. 进一步地, 对于流障碍墙, 在图 4.6 中描述了门的概念.

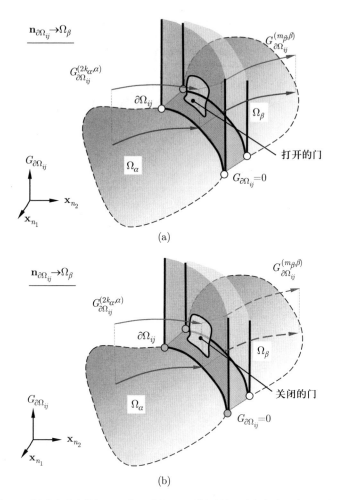

图 4.6　在 α 一侧流障碍墙的门: (a) 打开的门, (b) 关闭的门. 暗灰色表面表示流障碍面. 上方带有箭头的实线和虚线分别表示流在域 Ω_α 和域 Ω_β 内的 G-函数. 下方的曲线表示半可穿越流. 淡绿色表面后面的竖向面表示 "没有流障碍" ($k_\alpha, m_\beta \in \{0, 1, 2, \cdots\}$)

定义 4.8　对于方程 (4.1) 中的不连续动力系统, t_m 时刻在两个相邻域 Ω_α ($\alpha = i, j$) 的边界上存在一点 $\mathbf{x}^{(0)}(t_m) \equiv \mathbf{x}_m \in \partial\Omega_{ij}$. 假定在边界 α 一侧存在一个来流障碍向量场 $\mathbf{F}^{(\alpha \succ \beta)}(\mathbf{x}^{(\alpha)}, t, \boldsymbol{\pi}_\alpha, q^{(\alpha)})$, $\mathbf{x}_m \in S \subseteq \partial\Omega_{ij}$ 且 $q^{(\alpha)} \in [q_{2n-1}^{(\alpha)}, q_{2n}^{(\alpha)}]$ ($n = 1, 2, \cdots$). 对于 $S \subset \partial\Omega_{ij}$ 且 $q^{(\alpha)} \in (q_{2n-2}^{(\alpha)}, q_{2n-1}^{(\alpha)}]$, 在 $(2k_\alpha : m_\beta)$ 型半可穿越流中, 有一个来流障碍窗口.

(i) 如果窗口不依赖于时间 $t \in [0, +\infty)$, 那么在 $(2k_\alpha : m_\beta)$ 型半可穿越流中的流障碍窗口在 α 一侧上是永久不变的.

(ii) 如果窗口连续不断地依赖于时间 $t \in [0, \infty)$, 那么在 $(2k_\alpha : m_\beta)$ 型半可穿越流中的流障碍窗口在 α 一侧上是瞬时的.

(iii) 如果窗口仅存在于时间 $t \in [t_k, t_{k+1}]$ $(k \in \mathbf{Z})$，那么在 $(2k_\alpha : m_\beta)$ 型半可穿越流中的流障碍窗口在 α 一侧是间歇出现的.

(iv) 如果窗口不依赖于时间 $t \in [t_k, t_{k+1}]$ $(k \in \mathbf{Z})$，那么在 $(2k_\alpha : m_\beta)$ 型半可穿越流中的流障碍窗口在该时间段内在 α 一侧是静态的, 并随着时间窗口的变化是间歇出现的. [178]

定义 4.9 对于方程 (4.1) 中的不连续动力系统, t_m 时刻在两个相邻域 Ω_α $(\alpha = i, j)$ 的边界上存在一点 $\mathbf{x}^{(0)}(t_m) \equiv \mathbf{x}_m \in \partial\Omega_{ij}$. 假定在 $S = \partial\Omega_{ij}$ 上一个来流障碍墙 $\mathbf{F}^{(\alpha \succ \beta)}(\mathbf{x}^{(\alpha)}, t, \boldsymbol{\pi}_\alpha, q^{(\alpha)})$, 存在于 $(2k_\alpha : m_\beta)$ 型半可穿越流中, 且 $q^{(\alpha)} \in [0, \infty)$. 对 $q^{(\alpha)} \in [q_1^{(\alpha)}, q_2^{(\alpha)}]$, $t \in [t_k, t_{k+1}]$ $(k \in \mathbf{Z})$, 在 $S \subset \partial\Omega_{ij}$ 上存在一个来流障碍的间歇出现的静态窗口.

(i) 如果窗口和流障碍存在, 那么在 $(2k_\alpha : m_\beta)$ 型半可穿越流中的流障碍窗口, 被称为在边界 α 一侧的流障碍墙的门.

(ii) 如果在时间 $t \in [t_k, t_{k+1}]$ 时窗口存在, 那么在 $(2k_\alpha : m_\beta)$ 型半可穿越流中, 来流障碍墙的门是打开的.

(iii) 如果在时间 $t \in [t_k, t_{k+1}]$ 时流障碍存在, 那么在 $(2k_\alpha : m_\beta)$ 型半可穿越流中, 来流障碍墙的门是关闭的.

(iv) 如果在时间 $t \in [t_k, \infty)$ 时窗口存在, 那么在 $(2k_\alpha : m_\beta)$ 型半可穿越流中, 来流障碍墙的门一直是打开的.

(v) 如果在时间 $t \in [t_k, \infty)$ 时流障碍存在, 那么在 $(2k_\alpha : m_\beta)$ 型半可穿越流中, 来流障碍墙的门一直是关闭的.

对于边界 $\partial\Omega_{ij}$ 上的可穿越流, 如果一个流障碍存在, 且 $S \subseteq \partial\Omega_{ij}$, 那么流不能通过下列条件下的边界.

$$\hbar_\alpha G_{\partial\Omega_{ij}}^{(2k_\alpha, \alpha)}(\mathbf{x}_m, t_{m-}) \in (\hbar_\alpha G_{\partial\Omega_{ij}}^{(2k_\alpha, \alpha \succ \beta)}(\mathbf{x}_m, q_1^{(\alpha)}), \hbar_\alpha G_{\partial\Omega_{ij}}^{(2k_\alpha, \alpha \succ \beta)}(\mathbf{x}_m, q_2^{(\alpha)})),$$
(4.22)

其中 $\mathbf{x}_m \in S \subseteq \partial\Omega_{ij}$. 在这种情况下, 边界 α 一侧上的动力系统受边界 $\partial\Omega_{ij}$ 约束, 即

$$\text{在 } \Omega_\alpha \ (\alpha = i, j) \text{ 中, } \dot{\mathbf{x}}^{(\alpha)} = \mathbf{F}^{(\alpha)}(\mathbf{x}^{(\alpha)}, t, \boldsymbol{\mu}_\alpha),$$
$$\text{并且在边界 } \partial\Omega_{ij} \text{ 上, } \varphi_{ij}(\mathbf{x}^{(\alpha)}, t, \boldsymbol{\lambda}) = 0.$$
(4.23)

在边界 α 一侧动力系统的向量场由域 Ω_α 内的向量场决定. 因为来流障碍存在于边界 $\partial\Omega_{ij}$ 的 α 一侧, 因此此来流将一直沿着边界 α 一侧, 直到方程 (4.22) 中的条件不再满足. 如果方程 (4.13) 中向量场的切分量在边界上为零, 那么来流将一直停留在边界上的特定点, 直到能跨过流障碍. 边界 α 一侧在这点的 [179] 来流称为 "滞流". 对于这种情况, 可能存在某种传输定律, 其可以传送到相同域内、其他的可接近域内, 或者在其他边界上的不同向量场.

定理 4.1　对于方程 (4.1) 中的不连续动力系统, t_m 时刻在两个相邻域 $\Omega_\alpha\ (\alpha = i, j)$ 的边界上存在一点 $\mathbf{x}^{(0)}(t_m) \equiv \mathbf{x}_m \in \partial\Omega_{ij}$. 假定可穿越流中的一个来流障碍向量场 $\mathbf{F}^{(\alpha\succ\beta)}(\mathbf{x}^{(\alpha)}, t, \boldsymbol{\pi}_\alpha, q^{(\alpha)})(q^{(\alpha)} \in [q_1^{(\alpha)}, q_2^{(\alpha)}])$ 存在于边界 $\partial\Omega_{ij}$ 上 (对 $\mathbf{x}_m \in S \subseteq \partial\Omega_{ij}$)

$$\hbar_\alpha G_{\partial\Omega_{ij}}^{(\alpha\succ\beta)}(\mathbf{x}_m, q^{(\alpha)}) \in [\hbar_\alpha G_{\partial\Omega_{ij}}^{(\alpha\succ\beta)}(\mathbf{x}_m, q_1^{(\alpha)}), \hbar_\alpha G_{\partial\Omega_{ij}}^{(\alpha\succ\beta)}(\mathbf{x}_m, q_2^{(\alpha)})]$$

$$\subset [0, \infty). \tag{4.24}$$

那么半可穿越流中的来流和去流满足:

$$\hbar_\alpha G_{\partial\Omega_{ij}}^{(\alpha)}(\mathbf{x}_m, t_{m-}) > 0 \text{ 并且 } \hbar_\alpha G_{\partial\Omega_{ij}}^{(\beta)}(\mathbf{x}_m, t_{m+}) > 0. \tag{4.25}$$

(i) 对于 $q^{(\alpha)} \in (q_1^{(\alpha)}, q_2^{(\alpha)})$, 半可穿越流中的来流不能通过边界 $\partial\Omega_{ij}$ 的 α 一侧的流障碍, 当且仅当

$$\hbar_\alpha G_{\partial\Omega_{ij}}^{(\alpha)}(\mathbf{x}_m, t_{m-}) \in (\hbar_\alpha G_{\partial\Omega_{ij}}^{(\alpha\succ\beta)}(\mathbf{x}_m, q_1^{(\alpha)}), \hbar_\alpha G_{\partial\Omega_{ij}}^{(\alpha\succ\beta)}(\mathbf{x}_m, q_2^{(\alpha)})). \tag{4.26}$$

(ii) 对于 $q^{(\alpha)} = q_\sigma^{(\alpha)}(\sigma \in \{1, 2\})$, 半可穿越流中的来流不能通过边界 α 一侧的流障碍, 当且仅当

$$\hbar_\alpha G_{\partial\Omega_{ij}}^{(s_\alpha, \alpha)}(\mathbf{x}_m, t_{m-}) = \hbar_\alpha G_{\partial\Omega_{ij}}^{(s_\alpha, \alpha\succ\beta)}(\mathbf{x}_m, q_\sigma^{(\alpha)}) \neq 0,$$

$$s_\alpha = 0, 1, \cdots, l_\alpha - 1; \tag{4.27}$$

$$(-1)^\sigma \hbar_\alpha [G_{\partial\Omega_{ij}}^{(l_\alpha, \alpha)}(\mathbf{x}_m, t_{m-}) - G_{\partial\Omega_{ij}}^{(l_\alpha, \alpha\succ\beta)}(\mathbf{x}_m, q_\sigma^{(\alpha)})] < 0.$$

(iii) 对于 $q^{(\alpha)} = q_\sigma^{(\alpha)}(\sigma \in \{1, 2\})$, 半可穿越流中的来流能通过边界 α 一侧的流障碍, 当且仅当

$$\hbar_\alpha G_{\partial\Omega_{ij}}^{(s_\alpha, \alpha)}(\mathbf{x}_m, t_{m-}) = \hbar_\alpha G_{\partial\Omega_{ij}}^{(s_\alpha, \alpha\succ\beta)}(\mathbf{x}_m, q_\sigma^{(\alpha)}) \in (0, \infty),$$

$$s_\alpha = 0, 1, \cdots, l_\alpha - 1; \tag{4.28}$$

$$(-1)^\sigma \hbar_\alpha [G_{\partial\Omega_{ij}}^{(l_\alpha, \alpha)}(\mathbf{x}_m, t_{m-}) - G_{\partial\Omega_{ij}}^{(l_\alpha, \alpha\succ\beta)}(\mathbf{x}_m, q_\sigma^{(\alpha)})] > 0.$$

证明　(i) 根据定义 4.2, 可以获得方程 (4.26) 中的条件, 反之亦然.

(ii) 由流障碍决定的一个辅助流 $\mathbf{x}^{(\alpha\succ\beta)}(t)$, 作为一个虚流引入. 由于 $\mathbf{x}^{(\alpha\succ\beta)}(t_{m\pm}) = \mathbf{x}^{(0)}(t_{m\pm})$ 和 $\mathbf{x}^{(\alpha)}(t_{m\pm}) = \mathbf{x}^{(0)}(t_{m\pm})$, 根据 G-函数的定义得

[180]

$$\mathbf{n}_{\partial\Omega_{ij}}^{\mathrm{T}}(\mathbf{x}^{(0)}(t_{m+\varepsilon})) \cdot [\mathbf{x}^{(\alpha\succ\beta)}(t_{m+\varepsilon}, q_\sigma^{(\alpha)}) - \mathbf{x}^{(0)}(t_{m+\varepsilon}, q_\sigma^{(\alpha)})]$$

$$= \sum_{s_\alpha=0}^{l_\alpha-1}(\frac{1}{(s_\alpha+1)!} G_{\partial\Omega_{ij}}^{(s_\alpha, \alpha\succ\beta)}(\mathbf{x}_m, q_\sigma^{(\alpha)})\varepsilon^{s_\alpha+1}$$

$$+ \frac{1}{(l_\alpha+1)!} G^{(l_\alpha,\alpha \succ \beta)}_{\partial \Omega_{ij}}(\mathbf{x}_m, q^{(\alpha)}_\sigma) \varepsilon^{l+1}) + o(\varepsilon^{l_\alpha+1}),$$

$$\mathbf{n}^{\mathrm{T}}_{\partial \Omega_{ij}}(\mathbf{x}^{(0)}(t_{m+\varepsilon})) \cdot [\mathbf{x}^{(\alpha)}(t_{m+\varepsilon}) - \mathbf{x}^{(0)}(t_{m+\varepsilon})]$$

$$= \sum_{s_\alpha=0}^{l_\alpha-1} (\frac{1}{(s_\alpha+1)!} G^{(s_\alpha,\alpha)}_{\partial \Omega_{ij}}(\mathbf{x}_m, t_{m+}) \varepsilon^{s_\alpha+1}$$

$$+ \frac{1}{(l_\alpha+1)!} G^{(l_\alpha,\alpha)}_{\partial \Omega_{ij}}(\mathbf{x}_m, t_{m+}) \varepsilon^{l+1}) + o(\varepsilon^{l_\alpha+1}).$$

根据

$$\mathbf{x}^{(\alpha \succ \beta)}(t_{m\pm}) = \mathbf{x}^{(\alpha)}(t_{m\pm}),$$

$$G^{(\alpha \succ \beta)}_{\partial \Omega_{ij}}(\mathbf{x}_m, t_{m\pm}, q^{(\alpha)}_\sigma) = G^{(\alpha)}_{\partial \Omega_{ij}}(\mathbf{x}_m, t_{m\pm}) \neq 0;$$

可得

$$\mathbf{n}^{\mathrm{T}}_{\partial \Omega_{ij}}(\mathbf{x}^{(0)}(t_{m+\varepsilon})) \cdot [\mathbf{x}^{(\alpha)}(t_{m+\varepsilon}) - \mathbf{x}^{(\alpha \succ \beta)}(t_{m+\varepsilon}, q^{(\alpha)}_\sigma)]$$

$$= \frac{1}{(l_\alpha+1)!} [G^{(l_\alpha,\alpha)}_{\partial \Omega_{ij}}(\mathbf{x}_m, t_{m+}) - G^{(l_\alpha,\alpha \succ \beta)}_{\partial \Omega_{ij}}(\mathbf{x}_m, t_{m+}, q^{(\alpha)}_\sigma)] \varepsilon^{l_\alpha+1}.$$

一个不能通过流障碍的来流定义如下. 对于来流障碍的上限 (即 $\sigma = 2$), 满足

$$\mathbf{n}^{\mathrm{T}}_{\partial \Omega_{ij}}(\mathbf{x}^{(0)}(t_{m+\varepsilon})) \cdot [\mathbf{x}^{(\alpha)}(t_{m+\varepsilon}) - \mathbf{x}^{(\alpha \succ \beta)}(t_{m+\varepsilon}, q^{(\alpha)}_\sigma)] < 0, \mathbf{n}_{\partial \Omega_{ij}} \to \Omega_\beta,$$

$$\mathbf{n}^{\mathrm{T}}_{\partial \Omega_{ij}}(\mathbf{x}^{(0)}(t_{m+\varepsilon})) \cdot [\mathbf{x}^{(\alpha)}(t_{m+\varepsilon}) - \mathbf{x}^{(\alpha \succ \beta)}(t_{m+\varepsilon}, q^{(\alpha)}_\sigma)] > 0, \mathbf{n}_{\partial \Omega_{ij}} \to \Omega_\alpha,$$

并且对于来流障碍的下限 (即 $\sigma = 1$), 满足

$$\mathbf{n}^{\mathrm{T}}_{\partial \Omega_{ij}}(\mathbf{x}^{(0)}(t_{m+\varepsilon})) \cdot [\mathbf{x}^{(\alpha)}(t_{m+\varepsilon}) - \mathbf{x}^{(\alpha \succ \beta)}(t_{m+\varepsilon}, q^{(\alpha)}_\sigma)] > 0, \mathbf{n}_{\partial \Omega_{ij}} \to \Omega_\beta,$$

$$\mathbf{n}^{\mathrm{T}}_{\partial \Omega_{ij}}(\mathbf{x}^{(0)}(t_{m+\varepsilon})) \cdot [\mathbf{x}^{(\alpha)}(t_{m+\varepsilon}) - \mathbf{x}^{(\alpha \succ \beta)}(t_{m+\varepsilon}, q^{(\alpha)}_\sigma)] < 0, \mathbf{n}_{\partial \Omega_{ij}} \to \Omega_\alpha.$$

根据方程 (4.2), 如果一个流不能跨过半可穿越流障碍, 则可得方程 (4.27) 中的条件, 反之亦然.

(iii) 一个能通过流障碍的来流定义如下. 对于来流障碍向量场的上限 (即 $\sigma = 2$), 满足

$$\mathbf{n}^{\mathrm{T}}_{\partial \Omega_{ij}}(\mathbf{x}^{(0)}(t_{m+\varepsilon})) \cdot [\mathbf{x}^{(\alpha)}(t_{m+\varepsilon}) - \mathbf{x}^{(\alpha \succ \beta)}(t_{m+\varepsilon}, q^{(\alpha)}_\sigma)] > 0, \mathbf{n}_{\partial \Omega_{ij}} \to \Omega_\beta,$$

$$\mathbf{n}^{\mathrm{T}}_{\partial \Omega_{ij}}(\mathbf{x}^{(0)}(t_{m+\varepsilon})) \cdot [\mathbf{x}^{(\alpha)}(t_{m+\varepsilon}) - \mathbf{x}^{(\alpha \succ \beta)}(t_{m+\varepsilon}, q^{(\alpha)}_\sigma)] < 0, \mathbf{n}_{\partial \Omega_{ij}} \to \Omega_\alpha,$$

并且对于来流障碍的下限 (即 $\sigma = 1$), 满足

$$\mathbf{n}^{\mathrm{T}}_{\partial \Omega_{ij}}(\mathbf{x}^{(0)}(t_{m+\varepsilon})) \cdot [\mathbf{x}^{(\alpha)}(t_{m+\varepsilon}) - \mathbf{x}^{(\alpha \succ \beta)}(t_{m+\varepsilon}, q^{(\alpha)}_\sigma)] < 0, \mathbf{n}_{\partial \Omega_{ij}} \to \Omega_\beta,$$

$$\mathbf{n}^{\mathrm{T}}_{\partial \Omega_{ij}}(\mathbf{x}^{(0)}(t_{m+\varepsilon})) \cdot [\mathbf{x}^{(\alpha)}(t_{m+\varepsilon}) - \mathbf{x}^{(\alpha \succ \beta)}(t_{m+\varepsilon}, q^{(\alpha)}_\sigma)] > 0, \mathbf{n}_{\partial \Omega_{ij}} \to \Omega_\alpha.$$

如果一个流能跨过半可穿越流障碍, 则可得方程 (4.28) 中的条件, 反之亦然.∎

[181]　　　**定理 4.2**　对于方程 (4.1) 中的不连续动力系统, t_m 时刻在两个相邻域 Ω_α $(\alpha = i, j)$ 的边界上存在一点 $\mathbf{x}^{(0)}(t_m) \equiv \mathbf{x}_m \in \partial\Omega_{ij}$. 假定 $(2k_\alpha : m_\beta)$ 型可穿越流中的一个来流障碍向量场 $\mathbf{F}^{(\alpha \succ \beta)}(\mathbf{x}^{(\alpha)}, t, \boldsymbol{\pi}_\alpha, q^{(\alpha)})$ $(q^{(\alpha)} \in [q_1^{(\alpha)}, q_2^{(\alpha)}])$ 存在于边界 $\partial\Omega_{ij}$ 上 (对 $\mathbf{x}_m \in S \subseteq \partial\Omega_{ij}$):

$$G_{\partial\Omega_{ij}}^{(s_\alpha, \alpha \succ \beta)}(\mathbf{x}_m, q^{(\alpha)}) = 0, \quad s_\alpha = 0, 1, \cdots, 2k_\alpha - 1;$$

$$\hbar_\alpha G_{\partial\Omega_{ij}}^{(2k_\alpha, \alpha \succ \beta)}(\mathbf{x}_m, q^{(\alpha)}) \in [\hbar_\alpha G_{\partial\Omega_{ij}}^{(2k_\alpha, \alpha \succ \beta)}(\mathbf{x}_m, q_1^{(\alpha)}), \hbar_\alpha G_{\partial\Omega_{ij}}^{(2k_\alpha, \alpha \succ \beta)}(\mathbf{x}_m, q_2^{(\alpha)})]$$

$$\subset [0, \infty). \tag{4.29}$$

$(2k_\alpha : m_\beta)$ 型半可穿越流中的来流和去流满足:

$$G_{\partial\Omega_{ij}}^{(s_\alpha, \alpha)}(\mathbf{x}_m, t_{m-}) = 0, \quad s_\alpha = 0, 1, \cdots, 2k_\alpha - 1;$$

$$G_{\partial\Omega_{ij}}^{(s_\beta, \beta)}(\mathbf{x}_m, t_{m+}) = 0, \quad s_\beta = 0, 1, \cdots, m_\beta - 1; \tag{4.30}$$

$$\hbar_\alpha G_{\partial\Omega_{ij}}^{(2k_\alpha, \alpha)}(\mathbf{x}_m, t_{m-}) > 0 \text{ 并且 } \hbar_\alpha G_{\partial\Omega_{ij}}^{(m_\beta, \beta)}(\mathbf{x}_m, t_{m+}) > 0.$$

　　(i) 对于 $q^{(\alpha)} \in (q_1^{(\alpha)}, q_2^{(\alpha)})$, $(2k_\alpha : m_\beta)$ 型半可穿越流中的来流不能通过边界 α 一侧的流障碍, 当且仅当

$$\hbar_\alpha G_{\partial\Omega_{ij}}^{(2k_\alpha, \alpha)}(\mathbf{x}_m, t_{m-}) \in (\hbar_\alpha G_{\partial\Omega_{ij}}^{(2k_\alpha, \alpha \succ \beta)}(\mathbf{x}_m, q_1^{(\alpha)}), \hbar_\alpha G_{\partial\Omega_{ij}}^{(2k_\alpha, \alpha \succ \beta)}(\mathbf{x}_m, q_2^{(\alpha)})). \tag{4.31}$$

　　(ii) 对于 $q^{(\alpha)} = q_\sigma^{(\alpha)}(\sigma \in \{1, 2\})$, $(2k_\alpha : m_\beta)$ 型半可穿越流中的来流不能通过边界 α 一侧的流障碍, 当且仅当

$$\hbar_\alpha G_{\partial\Omega_{ij}}^{(s_\alpha, \alpha)}(\mathbf{x}_m, t_{m-}) = \hbar_\alpha G_{\partial\Omega_{ij}}^{(s_\alpha, \alpha \succ \beta)}(\mathbf{x}_m, q_\sigma^{(\alpha)}) \in (0, \infty),$$

$$s_\alpha = 2k_\alpha, 2k_\alpha + 1, \cdots, l_\alpha - 1; \tag{4.32}$$

$$(-1)^\sigma \hbar_\alpha [G_{\partial\Omega_{ij}}^{(l_\alpha, \alpha)}(\mathbf{x}_m, t_{m-}) - G_{\partial\Omega_{ij}}^{(l_\alpha, \alpha \succ \beta)}(\mathbf{x}_m, q_\sigma^{(\alpha)})] < 0.$$

　　(iii) 对于 $q^{(\alpha)} = q_\sigma^{(\alpha)}(\sigma \in \{1, 2\})$, $(2k_\alpha : m_\beta)$ 型半可穿越流中的来流能通过边界 α 一侧的流障碍, 当且仅当

$$\hbar_\alpha G_{\partial\Omega_{ij}}^{(s_\alpha, \alpha)}(\mathbf{x}_m, t_{m-}) = \hbar_\alpha G_{\partial\Omega_{ij}}^{(s_\alpha, \alpha \succ \beta)}(\mathbf{x}_m, q_\sigma^{(\alpha)}) \in (0, \infty),$$

$$s_\alpha = 2k_\alpha, 2k_\alpha + 1, \cdots, l_\alpha - 1; \tag{4.33}$$

$$(-1)^\sigma \hbar_\alpha [G_{\partial\Omega_{ij}}^{(l_\alpha, \alpha)}(\mathbf{x}_m, t_{m-}) - G_{\partial\Omega_{ij}}^{(l_\alpha, \alpha \succ \beta)}(\mathbf{x}_m, q_\sigma^{(\alpha)})] > 0.$$

证明 (i) 根据定义 4.3, 可以得到方程 (4.31) 中的条件, 反之亦然.

(ii) 为了证明这个定理, 引入流障碍决定的一个辅助流 $\mathbf{x}^{(\alpha \succ \beta)}(t)$, 它是一个虚流. 因为 $\mathbf{x}^{(\alpha \succ \beta)}(t_{m\pm}) = \mathbf{x}^{(0)}(t_{m\pm})$ 和 $\mathbf{x}^{(\alpha)}(t_{m\pm}) = \mathbf{x}^{(0)}(t_{m\pm})$, 定义如下 G-函数

$$\mathbf{n}_{\partial\Omega_{ij}}^{\mathrm{T}}(\mathbf{x}^{(0)}(t_{m+\varepsilon})) \cdot [\mathbf{x}^{(\alpha\succ\beta)}(t_{m+\varepsilon}, q_\sigma^{(\alpha)}) - \mathbf{x}^{(0)}(t_{m+\varepsilon}, q_\sigma^{(\alpha)})]$$ [182]

$$= \sum_{s_\alpha=0}^{l_\alpha-1} \frac{1}{(s_\alpha+1)!} G_{\partial\Omega_{ij}}^{(s_\alpha,\alpha\succ\beta)}(\mathbf{x}_m, q_\sigma^{(\alpha)}) \varepsilon^{s_\alpha+1}$$

$$+ \sum_{s_\alpha=2k_\alpha}^{l_\alpha-1} \frac{1}{(s_\alpha+1)!} G_{\partial\Omega_{ij}}^{(s_\alpha,\alpha\succ\beta)}(\mathbf{x}_m, q_\sigma^{(\alpha)}) \varepsilon^{s_\alpha+1}$$

$$+ \frac{1}{(l_\alpha+1)!} G_{\partial\Omega_{ij}}^{(l_\alpha,\alpha\succ\beta)}(\mathbf{x}_m, q_\sigma^{(\alpha)}) \varepsilon^{l+1} + o(\varepsilon^{l+1}),$$

$$\mathbf{n}_{\partial\Omega_{ij}}^{\mathrm{T}}(\mathbf{x}^{(0)}(t_{m+\varepsilon})) \cdot [\mathbf{x}^{(\alpha)}(t_{m+\varepsilon}) - \mathbf{x}^{(0)}(t_{m+\varepsilon})]$$

$$= \sum_{s_\alpha=0}^{2k_\alpha-1} \frac{1}{(s_\alpha+1)!} G_{\partial\Omega_{ij}}^{(s_\alpha,\alpha)}(\mathbf{x}_m, t_{m+}) \varepsilon^{s_\alpha+1}$$

$$+ \sum_{s_\alpha=2k_\alpha}^{l_\alpha-1} \frac{1}{(s_\alpha+1)!} G_{\partial\Omega_{ij}}^{(s_\alpha,\alpha)}(\mathbf{x}_m, t_{m+}) \varepsilon^{s_\alpha+1}$$

$$+ \frac{1}{(l_\alpha+1)!} G_{\partial\Omega_{ij}}^{(l_\alpha,\alpha)}(\mathbf{x}_m, t_{m+}) \varepsilon^{l+1} + o(\varepsilon^{l+1}).$$

由于

$$\mathbf{x}^{(\alpha\succ\beta)}(t_{m\pm}) = \mathbf{x}^{(\alpha)}(t_{m\pm}),$$

$$G_{\partial\Omega_{ij}}^{(s_\alpha,\alpha\succ\beta)}(\mathbf{x}_m, q_\sigma^{(\alpha)}) = G_{\partial\Omega_{ij}}^{(s_\alpha,\alpha)}(\mathbf{x}_m, t_{m\pm}) = 0, \quad s_\alpha = 0, 1, \cdots, 2k_\alpha-1,$$

$$G_{\partial\Omega_{ij}}^{(s_\alpha,\alpha)}(\mathbf{x}_m, t_{m\pm}) = G_{\partial\Omega_{ij}}^{(s_\alpha,\alpha\succ\beta)}(\mathbf{x}_m, q_\sigma^{(\alpha)}) \neq 0, \quad s_\alpha = 2k_\alpha, 2k_\alpha+1, \cdots, l_\alpha-1.$$

得到

$$\mathbf{n}_{\partial\Omega_{ij}}^{\mathrm{T}}(\mathbf{x}^{(0)}(t_{m+\varepsilon})) \cdot [\mathbf{x}^{(\alpha)}(t_{m+\varepsilon}) - \mathbf{x}^{(\alpha\succ\beta)}(t_{m+\varepsilon})]$$

$$= \frac{1}{(l_\alpha+1)!} [G_{\partial\Omega_{ij}}^{(l_\alpha,\alpha)}(\mathbf{x}_m, t_{m+}) - G_{\partial\Omega_{ij}}^{(l_\alpha,\alpha\succ\beta)}(\mathbf{x}_m, q_\sigma^{(\alpha)})] \varepsilon^{l_\alpha+1}.$$

从定义可知, 来流 $\mathbf{x}^{(\alpha)}(t)$ 不能通过来流障碍的条件如下. 对于流障碍的上限 (即 $\sigma = 2$), 满足

$$\mathbf{n}_{\partial\Omega_{ij}}^{\mathrm{T}}(\mathbf{x}^{(0)}(t_{m+\varepsilon})) \cdot [\mathbf{x}^{(\alpha)}(t_{m+\varepsilon}) - \mathbf{x}^{(\alpha\succ\beta)}(t_{m+\varepsilon})] < 0, \mathbf{n}_{\partial\Omega_{ij}} \to \Omega_\beta,$$

$$\mathbf{n}_{\partial\Omega_{ij}}^{\mathrm{T}}(\mathbf{x}^{(0)}(t_{m+\varepsilon})) \cdot [\mathbf{x}^{(\alpha)}(t_{m+\varepsilon}) - \mathbf{x}^{(\alpha\succ\beta)}(t_{m+\varepsilon})] > 0, \mathbf{n}_{\partial\Omega_{ij}} \to \Omega_\alpha,$$

并且对于来流障碍的下限 (即 $\sigma = 1$), 满足

$$\mathbf{n}_{\partial\Omega_{ij}}^{\mathrm{T}}(\mathbf{x}^{(0)}(t_{m+\varepsilon})) \cdot [\mathbf{x}^{(\alpha)}(t_{m+\varepsilon}) - \mathbf{x}^{(\alpha\succ\beta)}(t_{m+\varepsilon})] > 0, \mathbf{n}_{\partial\Omega_{ij}} \to \Omega_\beta,$$

$$\mathbf{n}_{\partial\Omega_{ij}}^{\mathrm{T}}(\mathbf{x}^{(0)}(t_{m+\varepsilon})) \cdot [\mathbf{x}^{(\alpha)}(t_{m+\varepsilon}) - \mathbf{x}^{(\alpha\succ\beta)}(t_{m+\varepsilon})] < 0, \mathbf{n}_{\partial\Omega_{ij}} \to \Omega_\alpha.$$

根据方程 (4.2), 如果来流在边界 α 一侧在 $(2k_\alpha : m_\beta)$ 型半可穿越流中流障碍的临界点不能跨过流障碍, 则可得方程 (4.32) 中的条件, 反之亦然.

(iii) 依照 (ii) 中的类似方法, 对于来流 $\mathbf{x}^{(\alpha)}(t)$ 能通过流障碍的定义如下. 对于流障碍的上限 (即 $\sigma = 2$), 满足

$$\mathbf{n}_{\partial\Omega_{ij}}^{\mathrm{T}}(\mathbf{x}^{(0)}(t_{m+\varepsilon})) \cdot [\mathbf{x}^{(\alpha)}(t_{m+\varepsilon}) - \mathbf{x}^{(\alpha\succ\beta)}(t_{m+\varepsilon})] > 0, \mathbf{n}_{\partial\Omega_{ij}} \to \Omega_\beta,$$

$$\mathbf{n}_{\partial\Omega_{ij}}^{\mathrm{T}}(\mathbf{x}^{(0)}(t_{m+\varepsilon})) \cdot [\mathbf{x}^{(\alpha)}(t_{m+\varepsilon}) - \mathbf{x}^{(\alpha\succ\beta)}(t_{m+\varepsilon})] < 0, \mathbf{n}_{\partial\Omega_{ij}} \to \Omega_\alpha,$$

[183] 并且, 对于来流障碍的下限 (即 $\sigma = 1$), 满足

$$\mathbf{n}_{\partial\Omega_{ij}}^{\mathrm{T}}(\mathbf{x}^{(0)}(t_{m+\varepsilon})) \cdot [\mathbf{x}^{(\alpha)}(t_{m+\varepsilon}) - \mathbf{x}^{(\alpha\succ\beta)}(t_{m+\varepsilon})] < 0, \mathbf{n}_{\partial\Omega_{ij}} \to \Omega_\beta,$$

$$\mathbf{n}_{\partial\Omega_{ij}}^{\mathrm{T}}(\mathbf{x}^{(0)}(t_{m+\varepsilon})) \cdot [\mathbf{x}^{(\alpha)}(t_{m+\varepsilon}) - \mathbf{x}^{(\alpha\succ\beta)}(t_{m+\varepsilon})] > 0, \mathbf{n}_{\partial\Omega_{ij}} \to \Omega_\alpha.$$

根据方程 (4.2), 如果来流在边界 α 一侧在 $(2k_\alpha : m_\beta)$ 型半可穿越流中流障碍的临界点能跨过流障碍, 则可得方程 (4.33) 中的条件, 反之亦然. ∎

4.1.2　去流障碍

对于边界上的半可穿越流中的去流, 与来流一样, 在边界上存在一个去流障碍.

定义 4.10　对于方程 (4.1) 中的不连续动力系统, t_m 时刻在两个相邻域 Ω_α ($\alpha = i, j$) 的边界上存在一点 $\mathbf{x}^{(0)}(t_m) \equiv \mathbf{x}_m \in \partial\Omega_{ij}$. 边界 $\partial\Omega_{ij}$ 上存在一个向量场 $\mathbf{F}^{(\alpha\succ\beta)}(\mathbf{x}^{(\beta)}, t, \boldsymbol{\pi}_\beta, q^{(\beta)})$, $q^{(\beta)} \in [q_1^{(\beta)}, q_2^{(\beta)}]$ 并且

$$\hbar_\alpha G_{\partial\Omega_{ij}}^{(\alpha\succ\beta)}(\mathbf{x}_m, q^{(\beta)}) \in [\hbar_\alpha G_{\partial\Omega_{ij}}^{(\alpha\succ\beta)}(\mathbf{x}_m, q_1^{(\beta)}), \hbar_\alpha G_{\partial\Omega_{ij}}^{(\alpha\succ\beta)}(\mathbf{x}_m, q_2^{(\beta)})]$$

$$\subset [0, +\infty) \tag{4.34}$$

$(\alpha, \beta \in \{i, j\}$ 并且 $\alpha \neq \beta$). 在半可穿越流中, 来流和去流满足

$$\hbar_\alpha G_{\partial\Omega_{ij}}^{(\alpha)}(\mathbf{x}_m, t_{m-}) > 0 \text{ 并且 } \hbar_\alpha G_{\partial\Omega_{ij}}^{(\beta)}(\mathbf{x}_m, t_{m+}) > 0. \tag{4.35}$$

如果满足上述条件, 向量场 $\mathbf{F}^{(\alpha \succ \beta)}(\mathbf{x}^{(\beta)}, t, \boldsymbol{\pi}_\beta, q^{(\beta)})$ 为边界 β 一侧的半可穿越流中的去流障碍向量场. 向量场 $\mathbf{F}^{(\alpha \succ \beta)}(\mathbf{x}^{(\beta)}, t, \boldsymbol{\pi}_\beta, q_\sigma^{(\beta)})(\sigma = 1, 2)$ 的临界值为在边界 β 一侧的去流障碍向量场的上、下限.

(i) 对于 $q^{(\beta)} \in (q_1^{(\beta)}, q_2^{(\beta)})$, 如果满足

$$x^{(\beta)}(t_{m+}) = x^{(\alpha \succ \beta)}(t_{m\pm}, q^{(\beta)}) = \mathbf{x}_m,$$

$$\hbar_\alpha G_{\partial\Omega_{ij}}^{(\beta)}(\mathbf{x}_m, t_{m+}) \in (\hbar_\alpha G_{\partial\Omega_{ij}}^{(\alpha \succ \beta)}(\mathbf{x}_m, q_1^{(\beta)}), \hbar_\alpha G_{\partial\Omega_{ij}}^{(\alpha \succ \beta)}(\mathbf{x}_m, q_2^{(\beta)})). \quad (4.36)$$

去流 $\mathbf{x}^{(\beta)}$ 不能进入域 Ω_β 内.

(ii) 在流障碍的临界点 (即, $q^{(\beta)} = q_\sigma^{(\beta)}$, $\sigma \in \{1, 2\}$) 处, 如果满足 [184]

$$\mathbf{x}^{(\beta)}(t_{m+}) = \mathbf{x}^{(\alpha \succ \beta)}(t_{m\pm}, q_\sigma^{(\beta)}) = \mathbf{x}_m,$$

$$G_{\partial\Omega_{ij}}^{(\beta)}(\mathbf{x}_m, t_{m+}) = G_{\partial\Omega_{ij}}^{(\alpha \succ \beta)}(\mathbf{x}_m, q_\sigma^{(\beta)}) \neq 0,$$

$$(-1)^\sigma \hbar_\alpha \mathbf{n}_{\partial\Omega_{ij}}^{\mathrm{T}}(\mathbf{x}^{(0)}(t_{m+\varepsilon})) \cdot [\mathbf{x}^{(\beta)}(t_{m+\varepsilon}) - \mathbf{x}^{(\alpha \succ \beta)}(t_{m+\varepsilon}, q_\sigma^{(\beta)})] < 0. \quad (4.37)$$

去流 $\mathbf{x}^{(\beta)}$ 不能进入域 Ω_β 内.

(iii) 在流障碍的临界点 (即, $q^{(\beta)} = q_\sigma^{(\beta)}$, $\sigma \in \{1, 2\}$) 处, 如果满足

$$\mathbf{x}^{(\beta)}(t_{m+}) = \mathbf{x}^{(\alpha \succ \beta)}(t_{m\pm}, q_\sigma^{(\beta)}) = \mathbf{x}_m,$$

$$G_{\partial\Omega_{ij}}^{(\beta)}(\mathbf{x}_m, t_{m+}) = G_{\partial\Omega_{ij}}^{(\alpha \succ \beta)}(\mathbf{x}_m, q_\sigma^{(\beta)}) \neq 0,$$

$$(-1)^\sigma \hbar_\alpha \mathbf{n}_{\partial\Omega_{ij}}^{\mathrm{T}}(\mathbf{x}^{(0)}(t_{m+\varepsilon})) \cdot [\mathbf{x}^{(\beta)}(t_{m+\varepsilon}) - \mathbf{x}^{(\alpha \succ \beta)}(t_{m+\varepsilon}, q_\sigma^{(\beta)})] > 0. \quad (4.38)$$

去流 $\mathbf{x}^{(\beta)}$ 能够进入域 Ω_β 内.

定义 4.11 对于方程 (4.1) 中的不连续动力系统, t_m 时刻在两个相邻域 $\Omega_\alpha (\alpha = i, j)$ 的边界上, 存在一点 $\mathbf{x}^{(0)}(t_m) \equiv \mathbf{x}_m \in \partial\Omega_{ij}$. 在边界 $\partial\Omega_{ij}$ 上, 存在一个向量场 $\mathbf{F}^{(\alpha \succ \beta)}(\mathbf{x}^{(\beta)}, t, \boldsymbol{\pi}_\beta, q^{(\beta)})$ 且 $q^{(\beta)} \in [q_1^{(\beta)}, q_2^{(\beta)}]$. 并且

$$G_{\partial\Omega_{ij}}^{(s_\beta, \alpha \succ \beta)}(\mathbf{x}_m, q^{(\beta)}) = 0, \quad s_\beta = 0, 1, \cdots, m_\beta - 1;$$

$$\hbar_\alpha G_{\partial\Omega_{ij}}^{(m_\beta, \alpha \succ \beta)}(\mathbf{x}_m, q^{(\beta)}) \in [\hbar_\alpha G_{\partial\Omega_{ij}}^{(m_\beta, \alpha \succ \beta)}(\mathbf{x}_m, q_1^{(\beta)}), \hbar_\alpha G_{\partial\Omega_{ij}}^{(m_\beta, \alpha \succ \beta)}(\mathbf{x}_m, q_2^{(\beta)})]$$

$$\subset [0, \infty) \quad (4.39)$$

$(\alpha, \beta \in \{i, j\}$ 且 $\alpha \neq \beta)$. $(2k_\alpha : m_\beta)$ 型半可穿越流的来流和去流满足

$$G_{\partial\Omega_{ij}}^{(s_\alpha, \alpha)}(\mathbf{x}_m, t_{m-}) = 0, \quad s_\alpha = 0, 1, \cdots, 2k_\alpha - 1;$$

$$G_{\partial\Omega_{ij}}^{(s_\beta, \beta)}(\mathbf{x}_m, t_{m+}) = 0, \quad s_\beta = 0, 1, \cdots, m_\beta - 1; \quad (4.40)$$

$$\hbar_\alpha G_{\partial\Omega_{ij}}^{(2k_\alpha, \alpha)}(\mathbf{x}_m, t_{m-}) > 0 \text{ 并且 } \hbar_\alpha G_{\partial\Omega_{ij}}^{(m_\beta, \beta)}(\mathbf{x}_m, t_{m+}) > 0.$$

若上述条件满足, 向量场 $\mathbf{F}^{(\alpha \succ \beta)}(\mathbf{x}^{(\beta)}, t, \boldsymbol{\pi}_\beta, q^{(\beta)})$ 为 $(2k_\alpha : m_\beta)$ 型半可穿越流中 β 一侧的去流障碍向量场. 向量场 $\mathbf{F}^{(\alpha \succ \beta)}(\mathbf{x}^{(\beta)}, t, \boldsymbol{\pi}_\beta, q_\sigma^{(\beta)})(\sigma = 1, 2)$ 的临界值为在 β 一侧的去流障碍向量场的上、下限.

(i) 对于 $q^{(\beta)} \in (q_1^{(\beta)}, q_2^{(\beta)})$, 如果满足

$$\mathbf{x}^{(\beta)}(t_{m+}) = \mathbf{x}^{(\alpha \succ \beta)}(t_{m\pm}, q^{(\beta)}) = \mathbf{x}_m,$$

$$G_{\partial\Omega_{ij}}^{(m_\beta, \beta)}(\mathbf{x}_m, t_{m-}) \in (\hbar_\alpha G_{\partial\Omega_{ij}}^{(m_\beta, \alpha \succ \beta)}(\mathbf{x}_m, q_1^{(\beta)}), \hbar_\alpha G_{\partial\Omega_{ij}}^{(m_\beta, \alpha \succ \beta)}(\mathbf{x}_m, q_2^{(\beta)})).$$
$$(4.41)$$

去流 $\mathbf{x}^{(\beta)}$ 不能进入域 Ω_β 内.

[185] (ii) 在流障碍的临界点 (即 $q^{(\beta)} = q_\sigma^{(\beta)}$, $\sigma \in \{1, 2\}$) 处, 如果满足

$$\mathbf{x}^{(\beta)}(t_{m+}) = \mathbf{x}^{(\alpha \succ \beta)}(t_{m\pm}, q_\sigma^{(\beta)}) = \mathbf{x}_m,$$

$$G_{\partial\Omega_{ij}}^{(s_\beta, \beta)}(\mathbf{x}_m, t_{m+}) = G_{\partial\Omega_{ij}}^{(s_\beta, \alpha \succ \beta)}(\mathbf{x}_m, q_\sigma^{(\beta)}) \neq 0, \quad s_\beta = m_\beta, m_\beta + 1, \cdots, l_\beta;$$

$$(-1)^\sigma \hbar_\alpha \mathbf{n}_{\partial\Omega_{ij}}^{\mathrm{T}}(\mathbf{x}^{(0)}(t_{m+\varepsilon})) \cdot [\mathbf{x}^{(\beta)}(t_{m+\varepsilon}) - \mathbf{x}^{(\alpha \succ \beta)}(t_{m+\varepsilon}, q_\sigma^{(\beta)})] < 0.$$
$$(4.42)$$

去流 $\mathbf{x}^{(\beta)}$ 不能进入域 Ω_β 内.

(iii) 在流障碍的临界点 (即 $q^{(\beta)} = q_\sigma^{(\beta)}$, $\sigma \in \{1, 2\}$) 处, 如果满足

$$\mathbf{x}^{(\beta)}(t_{m+}) = \mathbf{x}^{(\alpha \succ \beta)}(t_{m\pm}, q_\sigma^{(\beta)}) = \mathbf{x}_m,$$

$$G_{\partial\Omega_{ij}}^{(s_\beta, \beta)}(\mathbf{x}_m, t_{m+}) = G_{\partial\Omega_{ij}}^{(s_\beta, \alpha \succ \beta)}(\mathbf{x}_m, q_\sigma^{(\beta)}) \neq 0, \quad s_\beta = m_\beta, m_\beta + 1, \cdots, l_\beta;$$

$$(-1)^\sigma \hbar_\alpha \mathbf{n}_{\partial\Omega_{ij}}^{\mathrm{T}}(\mathbf{x}^{(0)}(t_{m+\varepsilon})) \cdot [\mathbf{x}^{(\beta)}(t_{m+\varepsilon}) - \mathbf{x}^{(\alpha \succ \beta)}(t_{m+\varepsilon}, q_\sigma^{(\beta)})] > 0.$$
$$(4.43)$$

去流 $\mathbf{x}^{(\beta)}$ 能进入域 Ω_β 内.

为了解释边界 β 一侧的流障碍, 在图 4.7 中描述了相对应的 G-函数. 对于去流障碍, 用虚线表示了 β 流的 G-函数. 边界上的粗线表示流障碍的 G-函数. 对于 $\mathbf{n}_{\partial\Omega_{ij}} \to \Omega_\beta$, 符号函数 $\hbar_\alpha = +1$. 假定在边界 $\partial\Omega_{ij}$ 上有一个去流障碍, 去流障碍的上下限分别为 $G_{\partial\Omega_{ij}}^{(m_\beta, \alpha \succ \beta)}(q_2^{(\beta)}) > 0$ 和 $G_{\partial\Omega_{ij}}^{(m_\beta, \alpha \succ \beta)}(q_1^{(\beta)}) > 0$. 当 $G_{\partial\Omega_{ij}}^{(m_\beta, \beta)} \in [G_{\partial\Omega_{ij}}^{(m_\beta, \alpha \succ \beta)}(q_1^{(\beta)}), G_{\partial\Omega_{ij}}^{(m_\beta, \alpha \succ \beta)}(q_2^{(\beta)})]$ 时, 去流不能离开边界 $\partial\Omega_{ij}$. 由于在边界 α 一侧没有流障碍存在, 当 $G_{\partial\Omega_{ij}}^{(\alpha)} > 0$ 时, α 流能到达边界 $\partial\Omega_{ij}$ 的 β 一侧. 如果 $G_{\partial\Omega_{ij}}^{(m_\beta, \beta)} \notin [G_{\partial\Omega_{ij}}^{(m_\beta, \alpha \succ \beta)}(q_1^{(\beta)}), G_{\partial\Omega_{ij}}^{(m_\beta, \alpha \succ \beta)}(q_2^{(\beta)})]$, 去流能离开边界, 如图 4.7(a) 所示. 类似地, 对于 $\mathbf{n}_{\partial\Omega_{ij}} \to \Omega_\alpha$, 去流所对应的 G-函数如图 4.7(b) 所示. 同样, 在 β 一侧的部分的流障碍和全部的流障碍的定义参见 4.1.1 节.

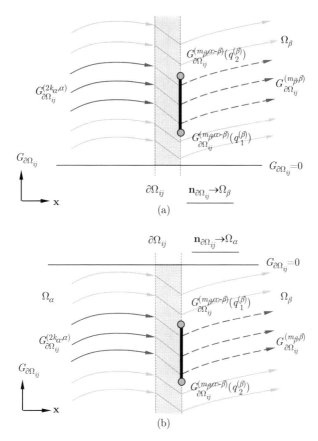

图 4.7　在边界 β 一侧 $(2k_\alpha : m_\beta)$ 型半可穿越流中的去流障碍的 G-函数: (a) $\mathbf{n}_{\partial\Omega_{ij}} \to \Omega_\beta$ 和 (b) $\mathbf{n}_{\partial\Omega_{ij}} \to \Omega_\alpha$, 虚线表示 β 流对于去流障碍的 G-函数. 粗线表示流障碍的 G-函数. $G^{(2k_\alpha, \alpha \succ \beta)}_{\partial\Omega_{ij}}(q_1^{(\alpha)})$ 和 $G^{(2k_\alpha, \alpha \succ \beta)}_{\partial\Omega_{ij}}(q_2^{(\alpha)})$ 分别是来流障碍的下限和上限 $(k_\alpha, m_\beta \in \{0, 1, 2, \cdots\})$

定义 4.12　对于方程 (4.1) 中的不连续动力系统, t_m 时刻在两个相邻域 $\Omega_\alpha(\alpha = i, j)$ 的边界上, 存在一点 $\mathbf{x}^{(0)}(t_m) \equiv \mathbf{x}_m \in \partial\Omega_{ij}$. 对于边界 $\partial\Omega_{ij}$ 上的 $q^{(\beta)} \in [q_1^{(\beta)}, q_2^{(\beta)}]$, 假定 $(2k_\alpha : m_\beta)$ 型可穿越流中 β 一侧存在一个去流障碍向量场 $\mathbf{F}^{(\alpha \succ \beta)}(\mathbf{x}^{(\beta)}, t, \boldsymbol{\pi}_\beta, q^{(\beta)})$ $(\alpha, \beta \in \{i, j\}$ 且 $\alpha \neq \beta)$.

(i) 如果 $\mathbf{x}_m \in S \subset \partial\Omega_{ij}$, 在 β 一侧 $(2k_\alpha : m_\beta)$ 型可穿越流中的去流障碍是部分的.

(ii) 如果 $\mathbf{x}_m \in S = \partial\Omega_{ij}$, 在 β 一侧 $(2k_\alpha : m_\beta)$ 型可穿越流中的去流障碍是全部的. [186]

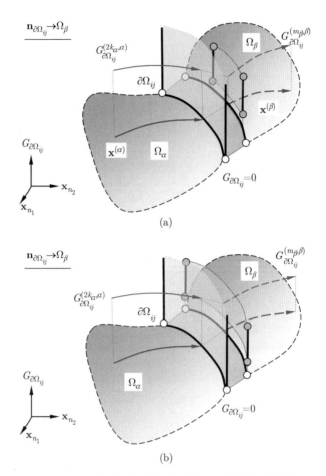

图 4.8　$\partial\Omega_{ij}$ 上 $(2k_\alpha : m_\beta)$ 型可穿越流的去流障碍: (a) 部分去流障碍, (b) 全部去流障碍 $(k_\alpha, m_\beta \in \{0, 1, 2, \cdots\})$

　　　　在图 4.8 中, 描述了边界 $\partial\Omega_{ij}$ 的 β 一侧部分和全部的去流障碍. 部分的流障碍只存在于边界子集合 (即 $S \subset \partial\Omega_{ij}$). 在其他子集 $\partial\Omega_{ij}\backslash S$ 中, 去流障碍不存在, 并且这些子集中的去流能够进入域 Ω_β 内, 如图 4.8(a) 所示. 如果在 [187] $S = \partial\Omega_{ij}$ 处存在去流障碍, 那么称这种流障碍为全部的流障碍, 如图 4.8(b) 所示. 在边界上, 流障碍具有上、下限. 关于 β 一侧去流障碍的其他讨论, 类似于 α 一侧来流的讨论. 例如, 半可穿越流中在 β 一侧去流的无穷流障碍、障碍栅栏、流障碍窗口和流障碍墙的门.

　　　　对于边界 $\partial\Omega_{ij}$ 上的一个半可穿越流, 如果在边界的 β 一侧的子集 $S \subseteq$ [188] $\partial\Omega_{ij}$ 上存在去流障碍, 那么在下列条件下, 流仍然不能通过边界,

$$\hbar_\alpha G_{\partial\Omega_{ij}}^{(m_\beta,\beta)}(\mathbf{x}_m, t_{m+}) \in (\hbar_\alpha G_{\partial\Omega_{ij}}^{(m_\beta,\alpha\succ\beta)}(\mathbf{x}_m, q_1^{(\beta)}), \hbar_\alpha G_{\partial\Omega_{ij}}^{(m_\beta,\alpha\succ\beta)}(\mathbf{x}_m, q_2^{(\beta)})),$$

$$(4.44)$$

其中 $\mathbf{x}_m \in S \subseteq \partial\Omega_{ij}$. 对于这种情况, 沿着边界在 β 域内的动力系统受到边界的约束, 即

$$\dot{\mathbf{x}}^{(\beta)} = \mathbf{F}^{(\beta)}(\mathbf{x}^{(\beta)}, t, \boldsymbol{\mu}_\beta), \ 在 \ \Omega_\beta(\beta \in \{i, j\}) \ 内,$$
$$并且在 \ \partial\Omega_{ij} \ 上, \varphi_{ij}(\mathbf{x}^{(\beta)}, t, \boldsymbol{\lambda}) = 0.$$

$$(4.45)$$

以上给出了域 Ω_β 内的向量场. 由于边界 $\partial\Omega_{ij}$ 的 β 一侧存在流障碍, 流将一直在边界 β 一侧, 直到方程 (4.44) 的条件不再满足. 当然, 如果在方程 (4.45) 中向量场在边界上的切向分量为零, 系统将停留在边界上的特定点处, 直到法线方向的向量场能越过流障碍, 这种流称为 $\partial\Omega_{ij}$ 边界 β 一侧的 "滞流".

定理 4.3 对于方程 (4.1) 中的不连续动力系统, t_m 时刻在两个相邻域 $\Omega_\alpha(\alpha = i, j)$ 的边界上存在一点 $\mathbf{x}^{(0)}(t_m) \equiv \mathbf{x}_m \in \partial\Omega_{ij}$. 对于 $\mathbf{x}_m \in S \subseteq \partial\Omega_{ij}$, 假定边界 $\partial\Omega_{ij}$ 上存在一个半可穿越流障碍向量场 $\mathbf{F}^{(\alpha\succ\beta)}(\mathbf{x}^{(\beta)}, t, \boldsymbol{\pi}_\beta, q^{(\beta)})$, $q^{(\beta)} \in [q_1^{(\beta)}, q_2^{(\beta)}]$ 并且

$$\hbar_\alpha G_{\partial\Omega_{ij}}^{(\alpha\succ\beta)}(\mathbf{x}_m, q^{(\beta)}) \in [\hbar_\alpha G_{\partial\Omega_{ij}}^{(\alpha\succ\beta)}(\mathbf{x}_m, q_1^{(\beta)}), \hbar_\alpha G_{\partial\Omega_{ij}}^{(\alpha\succ\beta)}(\mathbf{x}_m, q_2^{(\beta)})]$$

$$\subset [0, \infty) \tag{4.46}$$

$(\alpha, \beta \in \{i, j\}$ 且 $\alpha \neq \beta)$. 半可穿越流满足

$$\hbar_\alpha G_{\partial\Omega_{ij}}^{(\alpha)}(\mathbf{x}_m, t_{m-}) > 0 \ 且 \ \hbar_\alpha G_{\partial\Omega_{ij}}^{(\beta)}(\mathbf{x}_m, t_{m+}) > 0. \tag{4.47}$$

(i) 对于 $q^{(\beta)} \in (q_1^{(\beta)}, q_2^{(\beta)})$, β 一侧的半可穿越流中的去流不能通过流障碍, 当且仅当

$$\hbar_\alpha G_{\partial\Omega_{ij}}^{(\beta)}(\mathbf{x}_m, t_{m+}) \in (\hbar_\alpha G_{\partial\Omega_{ij}}^{(\alpha\succ\beta)}(\mathbf{x}_m, q_1^{(\beta)}), \hbar_\alpha G_{\partial\Omega_{ij}}^{(\alpha\succ\beta)}(\mathbf{x}_m, q_2^{(\beta)})). \tag{4.48}$$

(ii) 对于 $q^{(\beta)} = q_\sigma^{(\beta)}$ $(\sigma \in \{1, 2\})$, β 一侧的半可穿越流中的去流不能进入域 Ω_β 内, 当且仅当

$$\hbar_\alpha G_{\partial\Omega_{ij}}^{(s_\beta,\beta)}(\mathbf{x}_m, t_{m+}) = \hbar_\alpha G_{\partial\Omega_{ij}}^{(s_\beta,\alpha\succ\beta)}(\mathbf{x}_m, q_\sigma^{(\beta)}) \in (0, \infty),$$

$$s_\beta = 0, 1, \cdots, l_\beta - 1; \tag{4.49}$$

$$(-1)^\sigma \hbar_\alpha [G_{\partial\Omega_{ij}}^{(l_\beta,\beta)}(\mathbf{x}_m, t_{m+}) - G_{\partial\Omega_{ij}}^{(l_\beta,\alpha\succ\beta)}(\mathbf{x}_m, q_\sigma^{(\beta)})] < 0.$$

[189]   (iii) 对于 $q^{(\beta)} = q_\sigma^{(\beta)}$ ($\sigma \in \{1,2\}$), β 一侧的半可穿越流中的去流能进入域 Ω_β 内, 当且仅当

$$\hbar_\alpha G_{\partial\Omega_{ij}}^{(s_\beta,\beta)}(\mathbf{x}_m, t_{m+}) = \hbar_\alpha G_{\partial\Omega_{ij}}^{(s_\beta,\alpha\succ\beta)}(\mathbf{x}_m, q_\sigma^{(\beta)}) \in (0,\infty),$$

$$s_\beta = 0, 1, \cdots, l_\beta - 1; \tag{4.50}$$

$$(-1)^\sigma \hbar_\alpha [G_{\partial\Omega_{ij}}^{(l_\beta,\beta)}(\mathbf{x}_m, t_{m+}) - G_{\partial\Omega_{ij}}^{(l_\beta,\alpha\succ\beta)}(\mathbf{x}_m, q_\sigma^{(\beta)})] > 0.$$

此定理的证明类似于定理 4.1 的证明.

定理 4.4   对于方程 (4.1) 中的不连续动力系统, t_m 时刻在两个相邻域 Ω_α ($\alpha = i, j$) 的边界上存在一点 $\mathbf{x}^{(0)}(t_m) \equiv \mathbf{x}_m \in \partial\Omega_{ij}$. 对于 $\mathbf{x}_m \in S \subseteq \partial\Omega_{ij}$, 假定在边界 $\partial\Omega_{ij}$ 上, 存在一个 $(2k_\alpha : m_\beta)$ 型半穿越流障碍向量场 $\mathbf{F}^{(\alpha\succ\beta)}(\mathbf{x}^{(\beta)}, t, \boldsymbol{\pi}_\beta, q^{(\beta)})$, $q^{(\beta)} \in [q_1^{(\beta)}, q_2^{(\beta)}]$ 并且

$$G_{\partial\Omega_{ij}}^{(s_\beta,\alpha\succ\beta)}(\mathbf{x}_m, q^{(\beta)}) = 0, \quad s_\beta = 0, 1, \cdots, m_\beta - 1;$$

$$\hbar_\alpha G_{\partial\Omega_{ij}}^{(m_\beta,\alpha\succ\beta)}(\mathbf{x}_m, q^{(\beta)}) \in [\hbar_\alpha G_{\partial\Omega_{ij}}^{(m_\beta,\alpha\succ\beta)}(\mathbf{x}_m, q_1^{(\beta)}), \hbar_\alpha G_{\partial\Omega_{ij}}^{(m_\beta,\alpha\succ\beta)}(\mathbf{x}_m, q_2^{(\beta)})]$$

$$\subset [0,\infty) \tag{4.51}$$

($\alpha, \beta \in \{i,j\}$ 且 $\alpha \neq \beta$). 在 $(2k_\alpha : m_\beta)$ 型半可穿越流中的来流和去流满足

$$G_{\partial\Omega_{ij}}^{(s_\alpha,\alpha)}(\mathbf{x}_m, t_{m-}, \mathbf{p}_\alpha, \boldsymbol{\lambda}) = 0, \quad s_\alpha = 0, 1, \cdots, 2k_\alpha - 1;$$

$$G_{\partial\Omega_{ij}}^{(s_\beta,\beta)}(\mathbf{x}_m, t_{m+}, \mathbf{p}_\beta, \boldsymbol{\lambda}) = 0, \quad s_\beta = 0, 1, \cdots, m_\beta - 1; \tag{4.52}$$

$$\hbar_\alpha G_{\partial\Omega_{ij}}^{(2k_\alpha,\alpha)}(\mathbf{x}_m, t_{m-}) > 0, \hbar_\alpha G_{\partial\Omega_{ij}}^{(m_\beta,\beta)}(\mathbf{x}_m, t_{m+}) > 0.$$

(i) 对于 $q^{(\beta)} \in (q_1^{(\beta)}, q_2^{(\beta)})$, 在 β 一侧 $(2k_\alpha : m_\beta)$ 型半可穿越流中的去流, 不能通过流障碍, 当且仅当

$$\hbar_\alpha G_{\partial\Omega_{ij}}^{(m_\beta,\beta)}(\mathbf{x}_m, t_{m+}) \in (\hbar_\alpha G_{\partial\Omega_{ij}}^{(m_\beta,\alpha\succ\beta)}(\mathbf{x}_m, q_1^{(\beta)}), \hbar_\alpha G_{\partial\Omega_{ij}}^{(m_\beta,\alpha\succ\beta)}(\mathbf{x}_m, q_2^{(\beta)})).$$

$$\tag{4.53}$$

(ii) 对于 $q^{(\beta)} = q_\sigma^{(\beta)}$ ($\sigma \in \{1,2\}$), 在 β 一侧 $(2k_\alpha : m_\beta)$ 型半可穿越流中的去流, 不能进入域 Ω_β 内, 当且仅当

$$\hbar_\alpha G_{\partial\Omega_{ij}}^{(s_\beta,\beta)}(\mathbf{x}_m, t_{m+}) = \hbar_\alpha G_{\partial\Omega_{ij}}^{(s_\beta,\alpha\succ\beta)}(\mathbf{x}_m, q_\sigma^{(\beta)}) \in (0,\infty),$$

$$s_\beta = m_\beta, m_\beta + 1, \cdots, l_\beta - 1; \tag{4.54}$$

$$(-1)^\sigma \hbar_\alpha [G_{\partial\Omega_{ij}}^{(l_\beta,\beta)}(\mathbf{x}_m, t_{m+}) - G_{\partial\Omega_{ij}}^{(l_\beta,\alpha\succ\beta)}(\mathbf{x}_m, q_\sigma^{(\beta)})] < 0.$$

(iii) 对于 $q^{(\beta)} = q_\sigma^{(\beta)}(\sigma \in \{1,2\})$, 在 β 一侧 $(2k_\alpha : m_\beta)$ 型半可穿越流中 [190] 的去流能进入域 Ω_β 内, 当且仅当

$$\hbar_\alpha G_{\partial\Omega_{ij}}^{(s_\beta,\beta)}(\mathbf{x}_m, t_{m+}) = \hbar_\alpha G_{\partial\Omega_{ij}}^{(s_\beta,\alpha\succ\beta)}(\mathbf{x}_m, q_\sigma^{(\beta)}) \in (0,\infty),$$

$$s_\beta = m_\beta, m_\beta + 1, \cdots, l_\beta - 1; \tag{4.55}$$

$$(-1)^\sigma \hbar_\alpha [G_{\partial\Omega_{ij}}^{(l_\beta,\beta)}(\mathbf{x}_m, t_{m+}) - G_{\partial\Omega_{ij}}^{(l_\beta,\alpha\succ\beta)}(\mathbf{x}_m, q_\sigma^{(\beta)})] > 0.$$

证明 此定理的证明类似于定理 4.2 的证明. ∎

4.1.3 具有两个流障碍的可穿越流

在前两节中, 分别讨论了半可穿越流的来流障碍和去流障碍. 事实上, 对于半可穿越流, 来流障碍和去流障碍能够同时存在. 具有两个流障碍的半可穿越流, 其可切换性变得更复杂, 将在下面讨论.

定义 4.13 对于方程 (4.1) 中的不连续动力系统, t_m 时刻在两个相邻域 Ω_α $(\alpha = i, j)$ 的边界上存在一点 $\mathbf{x}^{(0)}(t_m) \equiv \mathbf{x}_m \in \partial\Omega_{ij}$. 在边界 $\partial\Omega_{ij}$ 的 α 一侧来流 $\mathbf{x}^{(\alpha)}$, 假定存在一个流障碍向量场 $\mathbf{F}^{(\alpha\succ\beta)}(\mathbf{x}^{(\alpha)}, t, \boldsymbol{\pi}_\alpha, q^{(\alpha)})$, $q^{(\alpha)} \in [q_1^{(\alpha)}, q_2^{(\alpha)}]$, 并且

$$G_{\partial\Omega_{ij}}^{(\alpha\succ\beta)}(\mathbf{x}_m, q^{(\alpha)}) \in [\hbar_\alpha G_{\partial\Omega_{ij}}^{(\alpha\succ\beta)}(\mathbf{x}_m, q_1^{(\alpha)}), \hbar_\alpha G_{\partial\Omega_{ij}}^{(\alpha\succ\beta)}(\mathbf{x}_m, q_2^{(\alpha)})]$$

$$\subset [0, +\infty), \tag{4.56}$$

对于边界 $\partial\Omega_{ij}$ 的 β 一侧, 去流 $\mathbf{x}^{(\beta)}$ 也存在流障碍向量场 $\mathbf{F}^{(\alpha\succ\beta)}(\mathbf{x}^{(\beta)}, t, \boldsymbol{\pi}_\beta, q^{(\beta)})$, $q^{(\beta)} \in [q_1^{(\beta)}, q_2^{(\beta)}]$, 并且

$$G_{\partial\Omega_{ij}}^{(\alpha\succ\beta)}(\mathbf{x}_m, q^{(\beta)}) \in [\hbar_\alpha G_{\partial\Omega_{ij}}^{(\alpha\succ\beta)}(\mathbf{x}_m, q_1^{(\beta)}), \hbar_\alpha G_{\partial\Omega_{ij}}^{(\alpha\succ\beta)}(\mathbf{x}_m, q_2^{(\beta)})]$$

$$\subset [0, +\infty) \tag{4.57}$$

$(\alpha, \beta \in \{i, j\}$ 且 $\alpha \neq \beta)$. 在半可穿越流中, 来流和去流满足

$$\hbar_\alpha G_{\partial\Omega_{ij}}^{(\alpha)}(\mathbf{x}_m, t_{m-}) > 0 \text{ 且 } \hbar_\alpha G_{\partial\Omega_{ij}}^{(\beta)}(\mathbf{x}_m, t_{m+}) > 0. \tag{4.58}$$

(i) 如果满足

$$\hbar_\alpha G_{\partial\Omega_{ij}}^{(\alpha)}(\mathbf{x}_m, t_{m-}) \in (\hbar_\alpha G_{\partial\Omega_{ij}}^{(\alpha\succ\beta)}(\mathbf{x}_m, q_1^{(\alpha)}), \hbar_\alpha G_{\partial\Omega_{ij}}^{(\alpha\succ\beta)}(\mathbf{x}_m, q_2^{(\alpha)})) \tag{4.59}$$ [191]

或

$$\hbar_\alpha G_{\partial\Omega_{ij}}^{(\beta)}(\mathbf{x}_m, t_{m+}) \in (\hbar_\alpha G_{\partial\Omega_{ij}}^{(\alpha\succ\beta)}(\mathbf{x}_m, q_1^{(\beta)}), \hbar_\alpha G_{\partial\Omega_{ij}}^{(\alpha\succ\beta)}(\mathbf{x}_m, q_2^{(\beta)})) \tag{4.60}$$

来流 $\mathbf{x}^{(\alpha)}$ 不能切换成去流 $\mathbf{x}^{(\beta)}$, 从而在边界 $\partial\Omega_{ij}$ 处不能形成一个半可穿越流.

(ii) 对于 $\sigma_\alpha, \sigma_\beta \in \{1,2\}$, 如果满足

$$
\left.
\begin{aligned}
&\mathbf{x}^{(\alpha)}(t_{m+}) = \mathbf{x}^{(\alpha \succ \beta)}(t_{m\pm}, q^{(\alpha)}_{\sigma_\alpha}) = \mathbf{x}_m, \\
&G^{(s_\alpha, \alpha)}_{\partial\Omega_{ij}}(\mathbf{x}_m, t_{m+}) = G^{(s_\alpha, \alpha \succ \beta)}_{\partial\Omega_{ij}}(\mathbf{x}_m, q^{(\alpha)}_{\sigma_\alpha}) \neq 0, \quad s_\alpha = 0, 1, 2, \cdots, l_\alpha - 1, \\
&(-1)^{\sigma_\alpha} \hbar_\alpha \mathbf{n}^{\mathrm{T}}_{\partial\Omega_{ij}}(\mathbf{x}^{(0)}(t_{m+\varepsilon})) \cdot [\mathbf{x}^{(\alpha)}(t_{m+\varepsilon}) - \mathbf{x}^{(\alpha \succ \beta)}(t_{m+\varepsilon}, q^{(\alpha)}_{\sigma_\alpha})] < 0;
\end{aligned}
\right\}
$$
$$(4.61)$$

或

$$
\left.
\begin{aligned}
&\mathbf{x}^{(\beta)}(t_{m+}) = \mathbf{x}^{(\alpha \succ \beta)}(t_{m\pm}, q^{(\beta)}_{\sigma_\beta}) = \mathbf{x}_m, \\
&G^{(s_\beta, \beta)}_{\partial\Omega_{ij}}(\mathbf{x}_m, t_{m+}) = G^{(s_\beta, \alpha \succ \beta)}_{\partial\Omega_{ij}}(\mathbf{x}_m, q^{(\beta)}_{\sigma_\beta}) \neq 0, \quad s_\beta = 0, 1, 2, \cdots, l_\beta - 1, \\
&(-1)^{\sigma_\beta} \hbar_\alpha \mathbf{n}^{\mathrm{T}}_{\partial\Omega_{ij}}(\mathbf{x}^{(0)}(t_{m+\varepsilon})) \cdot [\mathbf{x}^{(\beta)}(t_{m+\varepsilon}) - \mathbf{x}^{(\alpha \succ \beta)}(t_{m+\varepsilon}, q^{(\beta)}_{\sigma_\beta})] < 0.
\end{aligned}
\right\}
$$
$$(4.62)$$

来流 $\mathbf{x}^{(\alpha)}$ 不能切换成去流 $\mathbf{x}^{(\beta)}$, 从而在边界 $\partial\Omega_{ij}$ 处不能形成一个半可穿越流.

(iii) 对于 $\sigma_\alpha, \sigma_\beta \in \{1, 2\}$, 如果满足

$$
\left.
\begin{aligned}
&\mathbf{x}^{(\alpha)}(t_{m+}) = \mathbf{x}^{(\alpha \succ \beta)}(t_{m\pm}, q^{(\alpha)}_{\sigma_\alpha}) = \mathbf{x}_m, \\
&G^{(s_\alpha, \alpha)}_{\partial\Omega_{ij}}(\mathbf{x}_m, t_{m+}) = G^{(s_\alpha, \alpha \succ \beta)}_{\partial\Omega_{ij}}(\mathbf{x}_m, q^{(\alpha)}_{\sigma_\alpha}) \neq 0, \quad s_\alpha = 0, 1, 2, \cdots, l_\alpha - 1, \\
&(-1)^{\sigma_\alpha} \hbar_\alpha \mathbf{n}^{\mathrm{T}}_{\partial\Omega_{ij}}(\mathbf{x}^{(0)}(t_{m+\varepsilon})) \cdot [\mathbf{x}^{(\alpha)}(t_{m+\varepsilon}) - \mathbf{x}^{(\alpha \succ \beta)}(t_{m+\varepsilon}, q^{(\alpha)}_{\sigma_\alpha})] > 0;
\end{aligned}
\right\}
$$
$$(4.63)$$

并且

$$
\left.
\begin{aligned}
&\mathbf{x}^{(\beta)}(t_{m+}) = \mathbf{x}^{(\alpha \succ \beta)}(t_{m\pm}, q^{(\beta)}_{\sigma_\beta}) = \mathbf{x}_m, \\
&G^{(s_\beta, \beta)}_{\partial\Omega_{ij}}(\mathbf{x}_m, t_{m+}) = G^{(s_\beta, \alpha \succ \beta)}_{\partial\Omega_{ij}}(\mathbf{x}_m, q^{(\beta)}_{\sigma_\beta}) \neq 0, \quad s_\beta = 0, 1, 2, \cdots, l_\beta - 1, \\
&(-1)^{\sigma_\beta} \hbar_\alpha \mathbf{n}^{\mathrm{T}}_{\partial\Omega_{ij}}(\mathbf{x}^{(0)}(t_{m+\varepsilon})) \cdot [\mathbf{x}^{(\beta)}(t_{m+\varepsilon}) - \mathbf{x}^{(\alpha \succ \beta)}(t_{m+\varepsilon}, q^{(\beta)}_{\sigma_\beta})] > 0.
\end{aligned}
\right\}
$$
$$(4.64)$$

来流 $\mathbf{x}^{(\alpha)}$ 能切换成去流 $\mathbf{x}^{(\beta)}$, 从而在边界 $\partial\Omega_{ij}$ 处能够形成一个半可穿越流.

定义 4.14 对于方程 (4.1) 中的不连续动力系统, t_m 时刻在两个相邻域 Ω_α $(\alpha = i, j)$ 的边界上存在一点 $\mathbf{x}^{(0)}(t_m) \equiv \mathbf{x}_m \in \partial\Omega_{ij}$. 对于边界 $\partial\Omega_{ij}$ 的 α 一侧上的来流 $\mathbf{x}^{(\alpha)}$, 假定存在流障碍向量场 $\mathbf{F}^{(\alpha \succ \beta)}(\mathbf{x}^{(\alpha)}, t, \boldsymbol{\pi}_\alpha, q^{(\alpha)})$, $q^{(\alpha)} \in [q_1^{(\alpha)}, q_2^{(\alpha)}]$, 并且

$$G_{\partial\Omega_{ij}}^{(s_\alpha, \alpha \succ \beta)}(\mathbf{x}_m, q^{(\alpha)}) = 0, \quad s_\alpha = 0, 1, \cdots, 2k_\alpha - 1;$$

$$G_{\partial\Omega_{ij}}^{(2k_\alpha, \alpha \succ \beta)}(\mathbf{x}_m, q^{(\alpha)}) \in [\hbar_\alpha G_{\partial\Omega_{ij}}^{(2k_\alpha, \alpha \succ \beta)}(\mathbf{x}_m, q_1^{(\alpha)}), \hbar_\alpha G_{\partial\Omega_{ij}}^{(2k_\alpha, \alpha \succ \beta)}(\mathbf{x}_m, q_2^{(\alpha)})]$$

$$\subset [0, +\infty), \tag{4.65}$$

对于边界 $\partial\Omega_{ij}$ 的 β 一侧, 去流 $\mathbf{x}^{(\beta)}$ 也存在流障碍向量场 $\mathbf{F}^{(\alpha \succ \beta)}(\mathbf{x}^{(\beta)}, t, \boldsymbol{\pi}_\beta,$ [192] $q^{(\beta)})$, $q^{(\beta)} \in [q_1^{(\beta)}, q_2^{(\beta)}]$, 并且

$$G_{\partial\Omega_{ij}}^{(s_\beta, \alpha \succ \beta)}(\mathbf{x}_m, q^{(\beta)}) = 0, \quad s_\beta = 0, 1, \cdots, m_\beta - 1;$$

$$G_{\partial\Omega_{ij}}^{(m_\beta, \alpha \succ \beta)}(\mathbf{x}_m, q^{(\beta)}) \in [\hbar_\alpha G_{\partial\Omega_{ij}}^{(m_\beta, \alpha \succ \beta)}(\mathbf{x}_m, q_1^{(\beta)}), \hbar_\alpha G_{\partial\Omega_{ij}}^{(m_\beta, \alpha \succ \beta)}(\mathbf{x}_m, q_2^{(\beta)})]$$

$$\subset [0, +\infty) \tag{4.66}$$

$(\alpha, \beta \in \{i, j\}$ 并且 $\alpha \neq \beta)$. $(2k_\alpha : m_\beta)$ 型半可穿越流中的来流和去流满足

$$G_{\partial\Omega_{ij}}^{(s_\alpha, \alpha)}(\mathbf{x}_m, t_{m-}) = 0, \quad s_\alpha = 0, 1, \cdots, 2k_\alpha - 1,$$

$$G_{\partial\Omega_{ij}}^{(s_\beta, \beta)}(\mathbf{x}_m, t_{m+}) = 0, \quad s_\beta = 0, 1, \cdots, m_\beta - 1; \tag{4.67}$$

$$\hbar_\alpha G_{\partial\Omega_{ij}}^{(2k_\alpha, \alpha)}(\mathbf{x}_m, t_{m-}) > 0 \text{ 并且 } \hbar_\alpha G_{\partial\Omega_{ij}}^{(m_\beta, \beta)}(\mathbf{x}_m, t_{m+}) > 0.$$

(i) 如果

$$\hbar_\alpha G_{\partial\Omega_{ij}}^{(2k_\alpha, \alpha)}(\mathbf{x}_m, t_{m-}) \in (\hbar_\alpha G_{\partial\Omega_{ij}}^{(2k_\alpha, \alpha \succ \beta)}(\mathbf{x}_m, q_1^{(\alpha)}), \hbar_\alpha G_{\partial\Omega_{ij}}^{(2k_\alpha, \alpha \succ \beta)}(\mathbf{x}_m, q_2^{(\alpha)}));$$

$$\tag{4.68}$$

或

$$\hbar_\alpha G_{\partial\Omega_{ij}}^{(m_\beta, \beta)}(\mathbf{x}_m, t_{m+}) \in (\hbar_\alpha G_{\partial\Omega_{ij}}^{(m_\beta, \alpha \succ \beta)}(\mathbf{x}_m, q_1^{(\beta)}), \hbar_\alpha G_{\partial\Omega_{ij}}^{(m_\beta, \alpha \succ \beta)}(\mathbf{x}_m, q_2^{(\beta)})).$$

$$\tag{4.69}$$

来流 $\mathbf{x}^{(\alpha)}$ 不能切换成去流 $\mathbf{x}^{(\beta)}$, 从而在边界上不能形成 $(2k_\alpha : m_\beta)$ 型半可穿越流.

(ii) 对于 $\sigma_\alpha, \sigma_\beta \in \{1, 2\}$, 如果

$$
\left.
\begin{aligned}
&\mathbf{x}^{(\alpha)}(t_{m+}) = \mathbf{x}^{(\alpha \succ \beta)}(t_{m\pm}, q_{\sigma_\alpha}^{(\alpha)}) = \mathbf{x}_m, \\
&G_{\partial\Omega_{ij}}^{(s_\alpha,\alpha)}(\mathbf{x}_m, t_{m+}) = G_{\partial\Omega_{ij}}^{(s_\alpha,\alpha \succ \beta)}(\mathbf{x}_m, q_{\sigma_\alpha}^{(\alpha)}) \neq 0, \\
&\quad s_\alpha = 2k_\alpha, 2k_\alpha+1, \cdots, l_\alpha-1, \\
&(-1)^{\sigma_\alpha} \hbar_\alpha \mathbf{n}_{\partial\Omega_{ij}}^{\mathrm{T}}(\mathbf{x}^{(0)}(t_{m+\varepsilon})) \cdot [\mathbf{x}^{(\alpha)}(t_{m+\varepsilon}) - \mathbf{x}^{(\alpha \succ \beta)}(t_{m+\varepsilon}, q_{\sigma_\alpha}^{(\alpha)})] < 0;
\end{aligned}
\right\}
\tag{4.70}
$$

或

$$
\left.
\begin{aligned}
&\mathbf{x}^{(\beta)}(t_{m+}) = \mathbf{x}^{(\alpha \succ \beta)}(t_{m\pm}, q_{\sigma_\beta}^{(\beta)}) = \mathbf{x}_m, \\
&G_{\partial\Omega_{ij}}^{(s_\beta,\beta)}(\mathbf{x}_m, t_{m+}) = G_{\partial\Omega_{ij}}^{(s_\beta,\alpha \succ \beta)}(\mathbf{x}_m, q_{\sigma_\beta}^{(\beta)}) \neq 0, \\
&\quad s_\beta = m_\beta, m_\beta+1, \cdots, l_\beta-1, \\
&(-1)^{\sigma_\beta} \hbar_\alpha \mathbf{n}_{\partial\Omega_{ij}}^{\mathrm{T}}(\mathbf{x}^{(0)}(t_{m+\varepsilon})) \cdot [\mathbf{x}^{(\beta)}(t_{m+\varepsilon}) - \mathbf{x}^{(\alpha \succ \beta)}(t_{m+\varepsilon}, q_{\sigma_\beta}^{(\beta)})] < 0.
\end{aligned}
\right\}
\tag{4.71}
$$

来流 $\mathbf{x}^{(\alpha)}$ 不能切换成去流 $\mathbf{x}^{(\beta)}$, 从而在边界上不能形成 $(2k_\alpha : m_\beta)$ 型半可穿越流.

[193]　　　(iii) 如果对于 $\sigma_\alpha, \sigma_\beta \in \{1, 2\}$,

$$
\left.
\begin{aligned}
&\mathbf{x}^{(\alpha)}(t_{m+}) = \mathbf{x}^{(\alpha \succ \beta)}(t_{m\pm}, q_{\sigma_\alpha}^{(\alpha)}) = \mathbf{x}_m, \\
&G_{\partial\Omega_{ij}}^{(s_\alpha,\alpha)}(\mathbf{x}_m, t_{m+}) = G_{\partial\Omega_{ij}}^{(s_\alpha,\alpha \succ \beta)}(\mathbf{x}_m, q_{\sigma_\alpha}^{(\alpha)}) \neq 0, \\
&\quad s_\alpha = 2k_\alpha, 2k_\alpha+1, \cdots, l_\alpha-1, \\
&(-1)^{\sigma_\alpha} \hbar_\alpha \mathbf{n}_{\partial\Omega_{ij}}^{\mathrm{T}}(\mathbf{x}^{(0)}(t_{m+\varepsilon})) \cdot [\mathbf{x}^{(\alpha)}(t_{m+\varepsilon}) - \mathbf{x}^{(\alpha \succ \beta)}(t_{m+\varepsilon}, q_{\sigma_\alpha}^{(\alpha)})] > 0;
\end{aligned}
\right\}
\tag{4.72}
$$

并且

$$
\left.
\begin{aligned}
&\mathbf{x}^{(\beta)}(t_{m+}) = \mathbf{x}^{(\alpha \succ \beta)}(t_{m\pm}, q_{\sigma_\beta}^{(\beta)}) = \mathbf{x}_m, \\
&G_{\partial\Omega_{ij}}^{(s_\beta,\beta)}(\mathbf{x}_m, t_{m+}) = G_{\partial\Omega_{ij}}^{(s_\beta,\alpha \succ \beta)}(\mathbf{x}_m, q_{\sigma_\beta}^{(\beta)}) \neq 0, \\
&\quad s_\beta = m_\beta, m_\beta+1, \cdots, l_\beta-1, \\
&(-1)^{\sigma_\beta} \hbar_\alpha \mathbf{n}_{\partial\Omega_{ij}}^{\mathrm{T}}(\mathbf{x}^{(0)}(t_{m+\varepsilon})) \cdot [\mathbf{x}^{(\beta)}(t_{m+\varepsilon}) - \mathbf{x}^{(\alpha \succ \beta)}(t_{m+\varepsilon}, q_{\sigma_\beta}^{(\beta)})] > 0,
\end{aligned}
\right\}
\tag{4.73}
$$

来流 $\mathbf{x}^{(\alpha)}$ 能切换成去流 $\mathbf{x}^{(\beta)}$, 从而在边界 $\partial\Omega_{ij}$ 处能形成 $(2k_\alpha : m_\beta)$ 型半可穿越流.

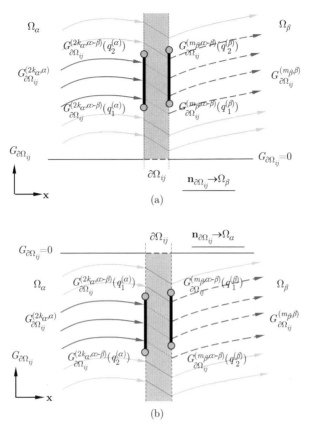

图 4.9 $(2k_\alpha : m_\beta)$ 型半可穿越流中的边界两侧来流和去流障碍的 G-函数: (a) $\mathbf{n}_{\partial\Omega_{ij}} \to \Omega_\beta$ 和 (b) $\mathbf{n}_{\partial\Omega_{ij}} \to \Omega_\alpha$. 虚线表示关于流障碍的 G-函数. 粗线表示在边界 $\partial\Omega_{ij}$ 的 α 一侧 和 β 一侧的流障碍的 G-函数. $G_{\partial\Omega_{ij}}^{(2k_\alpha,\alpha\succ\beta)}(q_1^{(\alpha)})$ 和 $G_{\partial\Omega_{ij}}^{(2k_\alpha,\alpha\succ\beta)}(q_2^{(\alpha)})$ 分别是 α 一侧来流障碍的下限和上限, $G_{\partial\Omega_{ij}}^{(2k_\alpha,\alpha\succ\beta)}(q_1^{(\alpha)})$ 和 $G_{\partial\Omega_{ij}}^{(2k_\alpha,\alpha\succ\beta)}(q_2^{(\alpha)})$ 分别是 β 一侧去流的下限和上限 $(k_\alpha, m_\beta \in \{0, 1, 2, \cdots\})$

　　为了解释以上半可穿越流中的来流和去流障碍的定义, 边界 $\partial\Omega_{ij}$ 两侧的流障碍通过 G-函数描述于图 4.9 中. 红色曲线表示在每个域 Ω_α 内流相对应流障碍的 G-函数. 粗线表示在边界两侧上流障碍的 G-函数. 阴影区域为放大的边界流 $\mathbf{x}^{(0)}$. 对于在边界上的来流和去流, 为了更直观地说明含有流障碍的半可穿越流. 图 4.10 中描述了边界 $\partial\Omega_{ij}$ 两侧的 $(2k_\alpha : m_\beta)$ 型半可穿越流的部分的和全部的流障碍. 对于 $\mathbf{x}_m \in S \subseteq \partial\Omega_{ij}$, 两个不同颜色的表面分别表示边界 $\partial\Omega_{ij}$ 的 α 一侧和 β 一侧边界处的流障碍. 两个流障碍可能是相同的. 实线和虚线分别表示边界处的来流和去流.

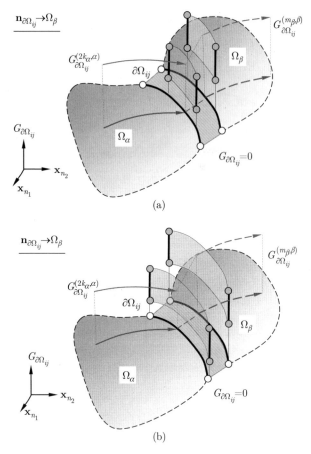

图 4.10　$(2k_\alpha : m_\beta)$ 型半可穿越流中边界 $\partial\Omega_{ij}$ 两侧的来流和去流障碍: (a) 部分的流障碍和 (b) 全部的流障碍. 浅色和深色阴影表面分别表示边界 $\partial\Omega_{ij}$ 上的两个流障碍. 黑色曲线表示对于流障碍的 G-函数, 灰色曲线表示半可穿越流 $(m_\alpha, m_\beta \in \{0, 1, 2, \cdots\})$

定理 4.5　对于方程 (4.1) 中的不连续动力系统, t_m 时刻在两个相邻域 $\Omega_\alpha(\alpha = i, j)$ 的边界上存在一点 $\mathbf{x}^{(0)}(t_m) \equiv \mathbf{x}_m \in \partial\Omega_{ij}$. 对于边界 $\partial\Omega_{ij}$ 的 α 一侧上的来流 $\mathbf{x}^{(\alpha)}$, 假定存在一个流障碍向量场 $\mathbf{F}^{(\alpha \succ \beta)}(\mathbf{x}^{(\alpha)}, t, \boldsymbol{\pi}_\alpha, q^{(\alpha)})$, $q^{(\alpha)} \in [q_1^{(\alpha)}, q_2^{(\alpha)}]$, 并且

$$G_{\partial\Omega_{ij}}^{(\alpha \succ \beta)}(\mathbf{x}_m, q^{(\alpha)}) \in [\hbar_\alpha G_{\partial\Omega_{ij}}^{(\alpha \succ \beta)}(\mathbf{x}_m, q_1^{(\alpha)}), \hbar_\alpha G_{\partial\Omega_{ij}}^{(\alpha \succ \beta)}(\mathbf{x}_m, q_2^{(\alpha)})]$$

$$\subset [0, +\infty), \tag{4.74}$$

对于边界 $\partial\Omega_{ij}$ 的 β 一侧去流 $\mathbf{x}^{(\beta)}$ 也存在流障碍向量场 $\mathbf{F}^{(\alpha \succ \beta)}(\mathbf{x}^{(\beta)}, t, \boldsymbol{\pi}_\beta, q^{(\beta)})$, $q^{(\beta)} \in [q_1^{(\beta)}, q_2^{(\beta)}]$, 并且

$$G_{\partial\Omega_{ij}}^{(\alpha\succ\beta)}(\mathbf{x}_m, q^{(\beta)}) \in [\hbar_\alpha G_{\partial\Omega_{ij}}^{(\alpha\succ\beta)}(\mathbf{x}_m, q_1^{(\beta)}), \hbar_\alpha G_{\partial\Omega_{ij}}^{(\alpha\succ\beta)}(\mathbf{x}_m, q_2^{(\beta)})] \qquad [194]$$

$$\subset [0, +\infty). \tag{4.75}$$

半可穿越流中的来流和去流满足

$$\hbar_\alpha G_{\partial\Omega_{ij}}^{(\alpha)}(\mathbf{x}_m, t_{m-}) > 0 \ \text{并且} \ \hbar_\alpha G_{\partial\Omega_{ij}}^{(\beta)}(\mathbf{x}_m, t_{m+}) > 0. \tag{4.76}$$

(i) 当且仅当 [195]

$$\hbar_\alpha G_{\partial\Omega_{ij}}^{(\alpha)}(\mathbf{x}_m, t_{m-}) \in (\hbar_\alpha G_{\partial\Omega_{ij}}^{(\alpha\succ\beta)}(\mathbf{x}_m, q_1^{(\alpha)}), \hbar_\alpha G_{\partial\Omega_{ij}}^{(\alpha\succ\beta)}(\mathbf{x}_m, q_2^{(\alpha)})), \tag{4.77}$$

或者

$$\hbar_\alpha G_{\partial\Omega_{ij}}^{(\beta)}(\mathbf{x}_m, t_{m+}) \in (\hbar_\alpha G_{\partial\Omega_{ij}}^{(\alpha\succ\beta)}(\mathbf{x}_m, q_1^{(\beta)}), \hbar_\alpha G_{\partial\Omega_{ij}}^{(\alpha\succ\beta)}(\mathbf{x}_m, q_2^{(\beta)})). \tag{4.78} [196]$$

来流 $\mathbf{x}^{(\alpha)}$ 不能切换成去流 $\mathbf{x}^{(\beta)}$，从而在边界处不能形成一个半可穿越流.

(ii) 对于 $\sigma_\alpha, \sigma_\beta \in \{1, 2\}$，当且仅当

$$\left.\begin{array}{l} \hbar_\alpha G_{\partial\Omega_{ij}}^{(s_\alpha,\alpha)}(\mathbf{x}_m, t_{m-}) = \hbar_\alpha G_{\partial\Omega_{ij}}^{(s_\alpha,\alpha\succ\beta)}(\mathbf{x}_m, q_{\sigma_\alpha}^{(\alpha)}) \in (0, \infty), \\ s_\alpha = 0, 1, \cdots, l_\alpha - 1, \\ (-1)^{\sigma_\alpha} \hbar_\alpha[G_{\partial\Omega_{ij}}^{(l_\alpha,\alpha)}(\mathbf{x}_m, t_{m-}) - G_{\partial\Omega_{ij}}^{(l_\alpha,\alpha\succ\beta)}(\mathbf{x}_m, q_{\sigma_\alpha}^{(\alpha)})] < 0; \end{array}\right\} \tag{4.79}$$

或

$$\left.\begin{array}{l} \hbar_\alpha G_{\partial\Omega_{ij}}^{(s_\beta,\beta)}(\mathbf{x}_m, t_{m+}) = \hbar_\alpha G_{\partial\Omega_{ij}}^{(s_\beta,\alpha\succ\beta)}(\mathbf{x}_m, q_{\sigma_\beta}^{(\beta)}) \in (0, \infty), \\ s_\beta = 0, 1, \cdots, l_\beta - 1, \\ (-1)^{\sigma_\beta} \hbar_\alpha[G_{\partial\Omega_{ij}}^{(l_\beta,\beta)}(\mathbf{x}_m, t_{m+}) - G_{\partial\Omega_{ij}}^{(l_\beta,\alpha\succ\beta)}(\mathbf{x}_m, q_{\sigma_\beta}^{(\beta)})] < 0. \end{array}\right\} \tag{4.80}$$

来流 $\mathbf{x}^{(\alpha)}$ 不能切换成去流 $\mathbf{x}^{(\beta)}$，从而在边界处不能形成一个半可穿越流.

(iii) 对于 $\sigma_\alpha, \sigma_\beta \in \{1, 2\}$，当且仅当

$$\left.\begin{array}{l} \hbar_\alpha G_{\partial\Omega_{ij}}^{(s_\alpha,\alpha)}(\mathbf{x}_m, t_{m-}) = \hbar_\alpha G_{\partial\Omega_{ij}}^{(s_\alpha,\alpha\succ\beta)}(\mathbf{x}_m, q_{\sigma_\alpha}^{(\alpha)}) \in (0, \infty), \\ s_\alpha = 0, 1, \cdots, l_\alpha - 1, \\ (-1)^{\sigma_\alpha} \hbar_\alpha[G_{\partial\Omega_{ij}}^{(l_\alpha,\alpha)}(\mathbf{x}_m, t_{m-}) - G_{\partial\Omega_{ij}}^{(l_\alpha,\alpha\succ\beta)}(\mathbf{x}_m, q_{\sigma_\alpha}^{(\alpha)})] > 0; \end{array}\right\} \tag{4.81}$$

并且

$$\left.\begin{array}{l} \hbar_\alpha G_{\partial\Omega_{ij}}^{(s_\beta,\beta)}(\mathbf{x}_m, t_{m+}) = \hbar_\alpha G_{\partial\Omega_{ij}}^{(s_\beta,\alpha\succ\beta)}(\mathbf{x}_m, q_{\sigma_\beta}^{(\beta)}) \in (0, \infty), \\ s_\beta = 0, 1, \cdots, l_\beta - 1, \\ (-1)^{\sigma_\beta} \hbar_\alpha[G_{\partial\Omega_{ij}}^{(l_\beta,\beta)}(\mathbf{x}_m, t_{m+}) - G_{\partial\Omega_{ij}}^{(l_\beta,\alpha\succ\beta)}(\mathbf{x}_m, q_{\sigma_\beta}^{(\beta)})] > 0. \end{array}\right\} \tag{4.82}$$

来流 $\mathbf{x}^{(\alpha)}$ 能切换成去流 $\mathbf{x}^{(\beta)}$，从而在边界处能形成一个半可穿越流.

(iv) 当且仅当

$$\hbar_\alpha G^{(\alpha)}_{\partial\Omega_{ij}}(\mathbf{x}_m, t_{m-}) \notin [\hbar_\alpha G^{(\alpha\succ\beta)}_{\partial\Omega_{ij}}(\mathbf{x}_m, q_1^{(\alpha)}), \hbar_\alpha G^{(\alpha\succ\beta)}_{\partial\Omega_{ij}}(\mathbf{x}_m, q_2^{(\alpha)})], \qquad (4.83)$$

并且

$$\hbar_\alpha G^{(\beta)}_{\partial\Omega_{ij}}(\mathbf{x}_m, t_{m+}) \notin [\hbar_\alpha G^{(\alpha\succ\beta)}_{\partial\Omega_{ij}}(\mathbf{x}_m, q_1^{(\beta)}), \hbar_\alpha G^{(\alpha\succ\beta)}_{\partial\Omega_{ij}}(\mathbf{x}_m, q_2^{(\beta)})]. \qquad (4.84)$$

来流 $\mathbf{x}^{(\alpha)}$ 能切换成去流 $\mathbf{x}^{(\beta)}$, 从而在边界 $\partial\Omega_{ij}$ 处能形成一个半可穿越流

证明 类似于定理 4.1 的证明. ∎

定理 4.6 对于方程 (4.1) 中的不连续动力系统, t_m 时刻在两个相邻域 $\Omega_\alpha(\alpha = i, j)$ 的边界上存在一点 $\mathbf{x}^{(0)}(t_m) \equiv \mathbf{x}_m \in \partial\Omega_{ij}$. 对于边界 $\partial\Omega_{ij}$ [197] 的 α 一侧的来流 $\mathbf{x}^{(\alpha)}$, 假定存在一个流障碍向量场 $\mathbf{F}^{(\alpha\succ\beta)}(\mathbf{x}^{(\alpha)}, t, \boldsymbol{\pi}_\alpha, q^{(\alpha)})$, $q^{(\alpha)} \in [q_1^{(\alpha)}, q_2^{(\alpha)}]$, 并且

$$G^{(s_\alpha, \alpha\succ\beta)}_{\partial\Omega_{ij}}(\mathbf{x}_m, q^{(\alpha)}) = 0, \quad s_\alpha = 0, 1, \cdots, 2k_\alpha - 1,$$
$$G^{(2k_\alpha, \alpha\succ\beta)}_{\partial\Omega_{ij}}(\mathbf{x}_m, q^{(\alpha)}) \in [\hbar_\alpha G^{(2k_\alpha, \alpha\succ\beta)}_{\partial\Omega_{ij}}(\mathbf{x}_m, q_1^{(\alpha)}), \hbar_\alpha G^{(2k_\alpha, \alpha\succ\beta)}_{\partial\Omega_{ij}}(\mathbf{x}_m, q_2^{(\alpha)})]$$
$$\subset [0, +\infty), \qquad (4.85)$$

对于边界 $\partial\Omega_{ij}$ 的 β 一侧去流 $\mathbf{x}^{(\beta)}$, 假定也存在流障碍向量场 $\mathbf{F}^{(\alpha\succ\beta)}(\mathbf{x}^{(\beta)}, t, \boldsymbol{\pi}_\beta, q^{(\beta)})$, $q^{(\beta)} \in [q_1^{(\beta)}, q_2^{(\beta)}]$, 并且

$$G^{(s_\beta, \alpha\succ\beta)}_{\partial\Omega_{ij}}(\mathbf{x}_m, q^{(\beta)}) = 0, \quad s_\beta = 0, 1, \cdots, m_\beta - 1,$$
$$G^{(m_\beta, \alpha\succ\beta)}_{\partial\Omega_{ij}}(\mathbf{x}_m, q^{(\beta)}) \in [\hbar_\alpha G^{(m_\beta, \alpha\succ\beta)}_{\partial\Omega_{ij}}(\mathbf{x}_m, q_1^{(\beta)}), \hbar_\alpha G^{(m_\beta, \alpha\succ\beta)}_{\partial\Omega_{ij}}(\mathbf{x}_m, q_2^{(\beta)})]$$
$$\subset [0, +\infty) \qquad (4.86)$$

$(\alpha, \beta \in \{i, j\}$ 且 $\alpha \neq \beta)$. 在 $(2k_\alpha : m_\beta)$ 型半可穿越流中的来流和去流满足

$$G^{(s_\alpha, \alpha)}_{\partial\Omega_{ij}}(\mathbf{x}_m, t_{m-}) = 0, \quad s_\alpha = 0, 1, \cdots, 2k_\alpha - 1,$$
$$G^{(s_\beta, \beta)}_{\partial\Omega_{ij}}(\mathbf{x}_m, t_{m+}) = 0, \quad s_\beta = 0, 1, \cdots, m_\beta - 1, \qquad (4.87)$$
$$\hbar_\alpha G^{(2k_\alpha, \alpha)}_{\partial\Omega_{ij}}(\mathbf{x}_m, t_{m-}) > 0 \text{ 并且 } \hbar_\alpha G^{(m_\beta, \beta)}_{\partial\Omega_{ij}}(\mathbf{x}_m, t_{m+}) > 0.$$

(i) 当且仅当

$$\hbar_\alpha G^{(2k_\alpha, \alpha)}_{\partial\Omega_{ij}}(\mathbf{x}_m, t_{m-}) \in (\hbar_\alpha G^{(2k_\alpha, \alpha\succ\beta)}_{\partial\Omega_{ij}}(\mathbf{x}_m, q_1^{(\alpha)}), \hbar_\alpha G^{(2k_\alpha, \alpha\succ\beta)}_{\partial\Omega_{ij}}(\mathbf{x}_m, q_2^{(\alpha)})),$$
$$(4.88)$$

或

$$\hbar_\alpha G_{\partial\Omega_{ij}}^{(m_\beta,\beta)}(\mathbf{x}_m,t_{m+}) \in (\hbar_\alpha G_{\partial\Omega_{ij}}^{(m_\beta,\alpha\succ\beta)}(\mathbf{x}_m,q_1^{(\beta)}), \hbar_\alpha G_{\partial\Omega_{ij}}^{(m_\beta,\alpha\succ\beta)}(\mathbf{x}_m,q_2^{(\beta)})).$$

$$(4.89)$$

来流 $\mathbf{x}^{(\alpha)}$ 不能切换成去流 $\mathbf{x}^{(\beta)}$, 从而不能形成 $(2k_\alpha : m_\beta)$ 型半可穿越流.

(ii) 对于 $\sigma_\alpha, \sigma_\beta \in \{1,2\}$, 当且仅当

$$\left.\begin{aligned} &G_{\partial\Omega_{ij}}^{(s_\alpha,\alpha)}(\mathbf{x}_m,t_{m-}) = G_{\partial\Omega_{ij}}^{(s_\alpha,\alpha\succ\beta)}(\mathbf{x}_m,q_{\sigma_\alpha}^{(\alpha)}) \neq 0, \\ &s_\alpha = 2k_\alpha, 2k_\alpha+1,\cdots,l_\alpha-1; \\ &(-1)^{\sigma_\alpha}\hbar_\alpha[G_{\partial\Omega_{ij}}^{(l_\alpha,\alpha)}(\mathbf{x}_m,t_{m-}) - G_{\partial\Omega_{ij}}^{(l_\alpha,\alpha\succ\beta)}(\mathbf{x}_m,q_{\sigma_\alpha}^{(\alpha)})] < 0 \end{aligned}\right\}$$

$$(4.90)$$

或

$$\left.\begin{aligned} &G_{\partial\Omega_{ij}}^{(s_\beta,\beta)}(\mathbf{x}_m,t_{m+}) = G_{\partial\Omega_{ij}}^{(s_\beta,\alpha\succ\beta)}(\mathbf{x}_m,q_{\sigma_\beta}^{(\beta)}) \neq 0, \\ &s_\alpha = m_\beta, m_\beta+1,\cdots,l_\beta-1; \\ &(-1)^{\sigma_\beta}\hbar_\alpha[G_{\partial\Omega_{ij}}^{(l_\beta,\beta)}(\mathbf{x}_m,t_{m+}) - G_{\partial\Omega_{ij}}^{(l_\beta,\alpha\succ\beta)}(\mathbf{x}_m,q_{\sigma_\beta}^{(\beta)})] < 0. \end{aligned}\right\}$$

[198]

$$(4.91)$$

来流 $\mathbf{x}^{(\alpha)}$ 不能切换成去流 $\mathbf{x}^{(\beta)}$, 从而在边界不能形成 $(2k_\alpha : m_\beta)$ 型半可穿越流.

(iii) 对于 $\sigma_\alpha, \sigma_\beta \in \{1,2\}$, 当且仅当

$$\left.\begin{aligned} &G_{\partial\Omega_{ij}}^{(s_\alpha,\alpha)}(\mathbf{x}_m,t_{m-}) = G_{\partial\Omega_{ij}}^{(s_\alpha,\alpha\succ\beta)}(\mathbf{x}_m,q_{\sigma_\alpha}^{(\alpha)}) \neq 0, \\ &s_\alpha = 2k_\alpha, 2k_\alpha+1,\cdots,l_\alpha-1, \\ &(-1)^{\sigma_\alpha}\hbar_\alpha[G_{\partial\Omega_{ij}}^{(l_\alpha,\alpha)}(\mathbf{x}_m,t_{m-}) - G_{\partial\Omega_{ij}}^{(l_\alpha,\alpha\succ\beta)}(\mathbf{x}_m,q_{\sigma_\alpha}^{(\alpha)})] > 0; \end{aligned}\right\}$$

$$(4.92)$$

并且

$$\left.\begin{aligned} &G_{\partial\Omega_{ij}}^{(s_\beta,\beta)}(\mathbf{x}_m,t_{m+}) = G_{\partial\Omega_{ij}}^{(s_\beta,\alpha\succ\beta)}(\mathbf{x}_m,q_{\sigma_\beta}^{(\beta)}) \neq 0, \\ &s_\alpha = m_\beta, m_\beta+1,\cdots,l_\beta-1, \\ &(-1)^{\sigma_\beta}\hbar_\alpha[G_{\partial\Omega_{ij}}^{(l_\beta,\beta)}(\mathbf{x}_m,t_{m+}) - G_{\partial\Omega_{ij}}^{(l_\beta,\alpha\succ\beta)}(\mathbf{x}_m,q_{\sigma_\beta}^{(\beta)})] > 0. \end{aligned}\right\}$$

$$(4.93)$$

来流 $\mathbf{x}^{(\alpha)}$ 能切换成去流 $\mathbf{x}^{(\beta)}$, 从而在边界 $\partial\Omega_{ij}$ 处能形成 $(2k_\alpha : m_\beta)$ 型半可穿越流.

(iv) 当且仅当

$$G_{\partial\Omega_{ij}}^{(2k_\alpha,\alpha)}(\mathbf{x}_m,t_{m-}) \notin [\hbar_\alpha G_{\partial\Omega_{ij}}^{(2k_\alpha,\alpha\succ\beta)}(\mathbf{x}_m,q_1^{(\alpha)}), \hbar_\alpha G_{\partial\Omega_{ij}}^{(2k_\alpha,\alpha\succ\beta)}(\mathbf{x}_m,q_2^{(\alpha)})],$$

$$(4.94)$$

并且

$$G_{\partial\Omega_{ij}}^{(m_\beta,\beta)}(\mathbf{x}_m,t_{m+}) \notin [\hbar_\alpha G_{\partial\Omega_{ij}}^{(m_\beta,\alpha\succ\beta)}(\mathbf{x}_m,q_1^{(\beta)}), \hbar_\alpha G_{\partial\Omega_{ij}}^{(m_\beta,\alpha\succ\beta)}(\mathbf{x}_m,q_2^{(\beta)})].$$

$$(4.95)$$

来流 $\mathbf{x}^{(\alpha)}$ 能切换成去流 $\mathbf{x}^{(\beta)}$，从而边界 $\partial\Omega_{ij}$ 处能形成 $(2k_\alpha : m_\beta)$ 型半可穿越流.

证明　类似于定理 4.2 的证明.　　　　　　　　　　　　　　　　　　■

定理 4.5 和定理 4.6 表明，边界上的来流和去流能通过相应的流障碍，从而在边界形成半可穿越流. 定理 4.5 和定理 4.6 给出了来流能够转变为去流的条件. 图 4.11 中描述了去流通过相应的流障碍的条件. 在临界点处，去流通过流障碍并且进入域 Ω_β 内. 类似地，为了更好地理解分界上半可穿越流中的流障碍，对其他情况也将进行阐述.

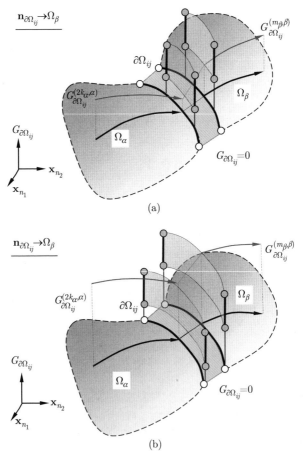

图 4.11　边界 $\partial\Omega_{ij}$ 上穿过去流障碍的流: (a) 部分的流障碍和 (b) 全部的流障碍. 两个竖向面分别为边界 $\partial\Omega_{ij}$ 的 α 一侧和 β 一侧的流障碍. 在边界 $\partial\Omega_{ij}$ 上，两个竖向面表示两个流障碍. 对于流障碍，上方带有箭头的曲线表示 G-函数. 下方带有箭头的曲线表示半可穿越流 $(m_\alpha, m_\beta \in \{0,1,2,\cdots\})$

4.2 汇流的流障碍

由定理 3.3 可知, 在没有任何障碍向量场的情况下, 汇流沿着边界运动的 [199] 充要条件为

$$\hbar_\alpha G^{(\alpha)}_{\partial\Omega_{ij}}(\mathbf{x}_m, t_{m-}, \mathbf{p}_\alpha, \boldsymbol{\lambda}) > 0 \text{ 且 } \hbar_\alpha G^{(\beta)}_{\partial\Omega_{ij}}(\mathbf{x}_m, t_{m-}, \mathbf{p}_\beta, \boldsymbol{\lambda}) < 0. \qquad (4.96)$$

为了研究具有障碍向量场的边界上汇流的性质, 本节内容将讨论边界上 [200] 的汇流障碍向量场.

定义 4.15 对于方程 (4.1) 中的不连续动力系统, t_m 时刻在两个相邻域 Ω_α $(\alpha = i, j)$ 的边界上, 存在一点 $\mathbf{x}^{(0)}(t_m) \equiv \mathbf{x}_m \in \partial\Omega_{ij}$. 假定边界 $\partial\Omega_{ij}$ 上 有一个向量场 $\mathbf{F}^{(\alpha \succ 0)}(\mathbf{x}^{(\alpha)}, t, \boldsymbol{\pi}_\alpha, q^{(\alpha)})$, $q^{(\alpha)} \in [q_1^{(\alpha)}, q_2^{(\alpha)}]$, 并且

$$\hbar_\alpha G^{(\alpha \succ 0)}_{\partial\Omega_{ij}}(\mathbf{x}_m, q^{(\alpha)}) \in [\hbar_\alpha G^{(\alpha \succ 0)}_{\partial\Omega_{ij}}(\mathbf{x}_m, q_1^{(\alpha)}), \hbar_\alpha G^{(\alpha \succ 0)}_{\partial\Omega_{ij}}(\mathbf{x}_m, q_2^{(\alpha)})]$$

$$\subset [0, \infty). \qquad (4.97)$$

汇流中, 两个可能的来流满足

$$\hbar_\alpha G^{(\alpha)}_{\partial\Omega_{ij}}(\mathbf{x}_m, t_{m-}) > 0 \text{ 且 } \hbar_\alpha G^{(\beta)}_{\partial\Omega_{ij}}(\mathbf{x}_m, t_{m-}) < 0 \qquad (4.98)$$

$(\alpha, \beta \in \{i, j\}$ 且 $\alpha \neq \beta)$. 如果上述条件满足, 向量场 $\mathbf{F}^{(\alpha \succ 0)}(\mathbf{x}^{(\alpha)}, t, \boldsymbol{\pi}_\alpha, q^{(\alpha)})$ 为边界 α 一侧汇流中的来流障碍向量场. 向量场 $\mathbf{F}^{(\alpha \succ 0)}(\mathbf{x}^{(\alpha)}, t, \boldsymbol{\pi}_\alpha, q_\sigma^{(\alpha)})(\sigma = 1, 2)$ 的临界值为在 α 一侧的来流障碍向量场的上下限.

(i) 如果

$$\mathbf{x}^{(\alpha)}(t_{m-}) = \mathbf{x}^{(\alpha \succ 0)}(t_{m\pm}, q^{(\alpha)}) = \mathbf{x}_m,$$

$$\hbar_\alpha G^{(\alpha)}_{\partial\Omega_{ij}}(\mathbf{x}_m, t_{m-}) \in (\hbar_\alpha G^{(\alpha \succ 0)}_{\partial\Omega_{ij}}(\mathbf{x}_m, q_1^{(\alpha)}), \hbar_\alpha G^{(\alpha \succ 0)}_{\partial\Omega_{ij}}(\mathbf{x}_m, q_2^{(\alpha)})), \qquad (4.99)$$

其中 $q^{(\alpha)} \in (q_1^{(\alpha)}, q_2^{(\alpha)})$, 来流 $\mathbf{x}^{(\alpha)}$ 不能切换成边界流 $\mathbf{x}^{(0)}$.

(ii) 在流障碍的临界点 (即 $q^{(\alpha)} = q_\sigma^{(\alpha)}$, $\sigma \in \{1, 2\}$) 处, 来流 $\mathbf{x}^{(\alpha)}$ 不能切换成边界流 $\mathbf{x}^{(0)}$, 如果

$$\mathbf{x}^{(\alpha)}(t_{m-}) = \mathbf{x}^{(\alpha \succ 0)}(t_{m\pm}, q_\sigma^{(\alpha)}) = \mathbf{x}_m,$$

$$G^{(s_\alpha, \alpha)}_{\partial\Omega_{ij}}(\mathbf{x}_m, t_{m-}) = G^{(s_\alpha, \alpha \succ 0)}_{\partial\Omega_{ij}}(\mathbf{x}_m, q_\sigma^{(\alpha)}) \neq 0, s_\alpha = 0, 1, 2, \cdots, l_\alpha - 1;$$

$$(-1)^\sigma \hbar_\alpha \mathbf{n}^{\mathrm{T}}_{\partial\Omega_{ij}}(\mathbf{x}^{(0)}(t_{m+\varepsilon})) \cdot [\mathbf{x}^{(\alpha)}(t_{m+\varepsilon}) - \mathbf{x}^{(\alpha \succ 0)}(t_{m+\varepsilon}, q_\sigma^{(\alpha)})] < 0. \quad (4.100)$$

(iii) 在流障碍的临界点 (即 $q^{(\alpha)} = q_\sigma^{(\alpha)}$, $\sigma \in \{1, 2\}$) 处, 来流 $\mathbf{x}^{(\alpha)}$ 能切换成边界流 $\mathbf{x}^{(0)}$, 如果

$$\mathbf{x}^{(\alpha)}(t_{m-}) = \mathbf{x}^{(\alpha \succ 0)}(t_{m\pm}, q_\sigma^{(\alpha)}) = \mathbf{x}_m,$$

$$G_{\partial\Omega_{ij}}^{(s_\alpha,\alpha)}(\mathbf{x}_m, t_{m-}) = G_{\partial\Omega_{ij}}^{(s_\alpha,\alpha\succ 0)}(\mathbf{x}_m, q_\sigma^{(\alpha)}) \neq 0, \quad s_\alpha = 0, 1, 2, \cdots, l_\alpha - 1;$$

$$(-1)^\sigma \hbar_\alpha \mathbf{n}_{\partial\Omega_{ij}}^{\mathrm{T}}(\mathbf{x}^{(0)}(t_{m+\varepsilon})) \cdot [\mathbf{x}^{(\alpha)}(t_{m+\varepsilon}) - \mathbf{x}^{(\alpha\succ 0)}(t_{m+\varepsilon}, q_\sigma^{(\alpha)})] > 0. \quad (4.101)$$

定义 4.16 对于方程 (4.1) 中的不连续动力系统, t_m 时刻在两个相邻域 Ω_α $(\alpha = i, j)$ 的边界上存在一点 $\mathbf{x}^{(0)}(t_m) \equiv \mathbf{x}_m \in \partial\Omega_{ij}$. 假定在边界 $\partial\Omega_{ij}$ 上有一个向量场 $\mathbf{F}^{(\alpha\succ 0)}(\mathbf{x}^{(\alpha)}, t, \boldsymbol{\pi}_\alpha, q^{(\alpha)})$, $q^{(\alpha)} \in [q_1^{(\alpha)}, q_2^{(\alpha)}]$, 并且 G-函数满足

$$G_{\partial\Omega_{ij}}^{(s_\alpha,\alpha\succ 0)}(\mathbf{x}_m, q^{(\alpha)}) = 0, \quad s_\alpha = 0, 1, \cdots, 2k_\alpha - 1;$$

$$G_{\partial\Omega_{ij}}^{(2k_\alpha,\alpha\succ 0)}(\mathbf{x}_m, q^{(\alpha)}) \in [\hbar_\alpha G_{\partial\Omega_{ij}}^{(2k_\alpha,\alpha\succ 0)}(\mathbf{x}_m, q_1^{(\alpha)}), \hbar_\alpha G_{\partial\Omega_{ij}}^{(2k_\alpha,\alpha\succ 0)}(\mathbf{x}_m, q_2^{(\alpha)})]$$

$$\subset [0, \infty). \quad (4.102)$$

$(2k_\alpha : 2k_\beta)$ 型汇流中的两个来流满足

$$G_{\partial\Omega_{ij}}^{(s_\alpha,\alpha)}(\mathbf{x}_m, t_{m-}) = 0, \quad s_\alpha = 0, 1, \cdots, 2k_\alpha - 1;$$

$$G_{\partial\Omega_{ij}}^{(s_\beta,\beta)}(\mathbf{x}_m, t_{m-}) = 0, \quad s_\beta = 0, 1, \cdots, 2k_\beta - 1;$$

$$\hbar_\alpha G_{\partial\Omega_{ij}}^{(2k_\alpha,\alpha)}(\mathbf{x}_m, t_{m-}) > 0 \text{ 且 } \hbar_\alpha G_{\partial\Omega_{ij}}^{(2k_\beta,\beta)}(\mathbf{x}_m, t_{m-}) < 0 \quad (4.103)$$

$(\alpha, \beta \in \{i, j\}$ 并且 $\alpha \neq \beta)$. 如果满足上述条件, 向量场 $\mathbf{F}^{(\alpha\succ 0)}(\mathbf{x}^{(\alpha)}, t, \boldsymbol{\pi}_\alpha, q^{(\alpha)})$ 为在边界 α 一侧的 $(2k_\alpha : 2k_\beta)$ 型汇流中的来流障碍. 边界 $\partial\Omega_{ij}$ 上向量场 $\mathbf{F}^{(\alpha\succ 0)}(\mathbf{x}^{(\alpha)}, t, \boldsymbol{\pi}_\alpha, q_\sigma^{(\alpha)})(\sigma = 1, 2)$ 的临界值为 α 一侧的来流障碍的上下限.

(i) 如果满足

$$\hbar_\alpha G_{\partial\Omega_{ij}}^{(2k_\alpha,\alpha)}(\mathbf{x}_m, t_{m-}) \in (\hbar_\alpha G_{\partial\Omega_{ij}}^{(2k_\alpha,\alpha\succ 0)}(\mathbf{x}_m, q_1^{(\alpha)}), \hbar_\alpha G_{\partial\Omega_{ij}}^{(2k_\alpha,\alpha\succ 0)}(\mathbf{x}_m, q_2^{(\alpha)})),$$
$$(4.104)$$

那么 $(2k_\alpha : 2k_\beta)$ 型汇流中的来流 $\mathbf{x}^{(\alpha)}$ 不能切换成边界流 $\mathbf{x}^{(0)}$.

(ii) 在流障碍临界点 (即 $q^{(\alpha)} = q_\sigma^{(\alpha)}$, $\sigma \in \{1, 2\}$) 处, 来流 $\mathbf{x}^{(\alpha)}$ 不能切换成边界流 $\mathbf{x}^{(0)}$, 如果满足

$$\mathbf{x}^{(\alpha)}(t_{m-}) = \mathbf{x}^{(\alpha\succ 0)}(t_{m\pm}, q_\sigma^{(\alpha)}) = \mathbf{x}_m,$$
$$G_{\partial\Omega_{ij}}^{(s_\alpha,\alpha)}(\mathbf{x}_m, t_{m-}) = G_{\partial\Omega_{ij}}^{(s_\alpha,\alpha\succ 0)}(\mathbf{x}_m, q_\sigma^{(\alpha)}) \neq 0,$$
$$s_\alpha = 2k_\alpha, 2k_\alpha + 1, \cdots, l_\alpha - 1; \quad (4.105)$$
$$(-1)^\sigma \hbar_\alpha \mathbf{n}_{\partial\Omega_{ij}}^{\mathrm{T}}(\mathbf{x}^{(0)}(t_{m+\varepsilon})) \cdot [\mathbf{x}^{(\alpha)}(t_{m+\varepsilon}) - \mathbf{x}^{(\alpha\succ 0)}(t_{m+\varepsilon}, q_\sigma^{(\alpha)})] < 0.$$

(iii) 在流障碍临界点 (即 $q^{(\alpha)} = q_\sigma^{(\alpha)}$, $\sigma \in \{1, 2\}$) 处, 来流 $\mathbf{x}^{(\alpha)}$ 能切换成边界流 $\mathbf{x}^{(0)}$, 如果满足

$$\mathbf{x}^{(\alpha)}(t_{m-}) = \mathbf{x}^{(\alpha \succ 0)}(t_{m\pm}, q_\sigma^{(\alpha)}) = \mathbf{x}_m,$$
$$G_{\partial\Omega_{ij}}^{(s_\alpha,\alpha)}(\mathbf{x}_m, t_{m-}) = G_{\partial\Omega_{ij}}^{(s_\alpha,\alpha \succ 0)}(\mathbf{x}_m, q_\sigma^{(\alpha)}) \neq 0,$$
$$s_\alpha = 2k_\alpha, 2k_\alpha + 1, \cdots, l_\alpha - 1; \tag{4.106}$$
$$(-1)^\sigma \hbar_\alpha \mathbf{n}_{\partial\Omega_{ij}}^{\mathrm{T}}(\mathbf{x}^{(0)}(t_{m+\varepsilon})) \cdot [\mathbf{x}^{(\alpha)}(t_{m+\varepsilon}) - \mathbf{x}^{(\alpha \succ 0)}(t_{m+\varepsilon}, q_\sigma^{(\alpha)})] > 0.$$

为了解释边界上汇流中的来流障碍, 在图 4.12 中通过 G-函数描述了边界 [202] $\partial\Omega_{ij}$ 两侧的汇流障碍. 黑色曲线表示每个域 Ω_α $(\alpha = i, j)$ 内的流所对应流障碍的 G-函数. 粗线表示边界两侧的流障碍的 G-函数. 灰色曲线表示没有任何流障碍的 G-函数, 并且用实细线连接相应的 G-函数. 为了显示流障碍, 将边界 $\partial\Omega_{ij}$ 的 α 一侧 G-函数作为参照. 由于汇流要求在边界两侧流的 G-函数应该异号, 因而通过 $-G_{\partial\Omega_{ij}}^{(\beta)}$ 描述了边界 $\partial\Omega_{ij}$ 的 β 一侧的 G-函数. 阴影区域为放大的边界流 $\mathbf{x}^{(0)}$.

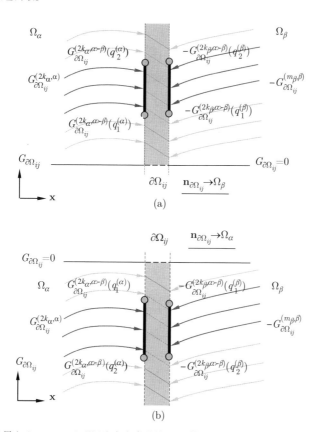

图 4.12 边界上 $(2k_\alpha : 2k_\beta)$ 型汇流中流障碍的 G-函数: (a) $\mathbf{n}_{\partial\Omega_{ij}} \rightarrow \Omega_\beta$ 和 (b) $\mathbf{n}_{\partial\Omega_{ij}} \rightarrow \Omega_\alpha$. 黑色曲线表示对于流障碍的 G-函数. 粗线表示边界 $\partial\Omega_{ij}$ 的 α 一侧和 β 一侧流障碍的 G-函数. $G_{\partial\Omega_{ij}}^{(2k_\alpha,\alpha \succ 0)}(q_1^{(\alpha)})$ 和 $G_{\partial\Omega_{ij}}^{(2k_\alpha,\alpha \succ 0)}(q_2^{(\alpha)})$ 分别表示流障碍的下极限和上极限 $(k_\alpha \in \{0, 1, 2, \cdots\}, \alpha = i, j)$, β 一侧的情况类似

　　定义 4.17　对于方程 (4.1) 中的不连续动力系统, t_m 时刻在两个相邻域 Ω_α $(\alpha = i, j)$ 的边界上, 存在一点 $\mathbf{x}^{(0)}(t_m) \equiv \mathbf{x}_m \in \partial\Omega_{ij}$. 在边界 $\partial\Omega_{ij}$ 的 α 一侧 $(2k_\alpha : 2k_\beta)$ 型汇流中, 假定存在一个来流障碍向量场 $\mathbf{F}^{(\alpha \succ 0)}(\mathbf{x}^{(\alpha)}, t, \boldsymbol{\pi}_\alpha, q)$, $q^{(\alpha)} \in [q_1^{(\alpha)}, q_2^{(\alpha)}]$ $(k_\alpha, k_\beta = 0, 1, 2, \cdots)$.

　　(i) 如果 $\mathbf{x}_m \in S \subset \partial\Omega_{ij}$, 那么 $(2k_\alpha : 2k_\beta)$ 型汇流中的来流障碍是部分的.

　　(ii) 如果 $\mathbf{x}_m \in S = \partial\Omega_{ij}$, 那么 $(2k_\alpha : 2k_\beta)$ 型汇流中的来流障碍是全部的.

　　用类似的方法, 对于 $\mathbf{x}_m \in S \subseteq \partial\Omega_{ij}$, 在边界 $\partial\Omega_{ij}$ 的 α 一侧和 β 一侧分别用两种不同颜色的表面, 表示边界 $\partial\Omega_{ij}$ 两侧部分和全部的 $(2k_\alpha : 2k_\beta)$ 型汇流障碍如图 4.13 所示. 为了清晰地显示流障碍, 以边界 $\partial\Omega_{ij}$ 的 α 一侧的 G-函数作为参照, 用 $-G_{\partial\Omega_{ij}}^{(\beta)}$ 表示边界 $\partial\Omega_{ij}$ 的 β 一侧的 G-函数. 无穷大的 $(2k_\alpha : 2k_\beta)$ 型汇流流障碍图 4.14 所示.

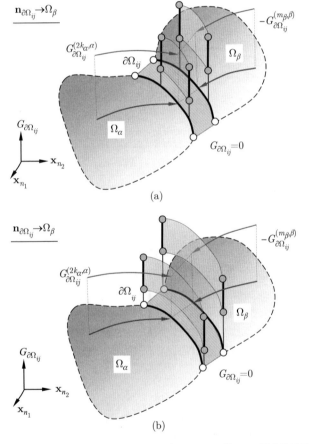

图 4.13　边界 $\partial\Omega_{ij}$ 上 $(2k_\alpha : 2k_\beta)$ 型汇流中流障碍的 G-函数: (a) 部分的流障碍和 (b) 全部的流障碍. 上方带有箭头的曲线表示对于流障碍的 G-函数. 两个竖向面表示流障碍面. 阴影区域是放大的边界. 下方带有箭头的曲线表示来流 $(k_\alpha, k_\beta \in \{0, 1, 2, \cdots\})$

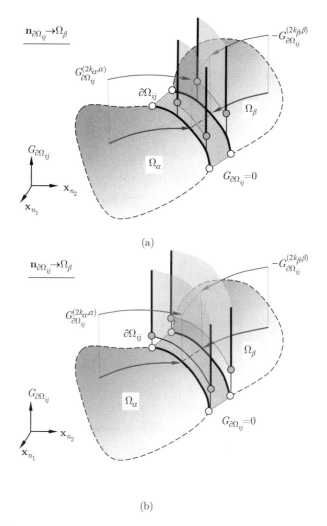

图 4.14 边界 $\partial\Omega_{ij}$ 上含有下边界的无穷大 $(2k_\alpha : 2k_\beta)$ 型汇流中流障碍的 G-函数: (a) 部分的流障碍和 (b) 全部的流障碍. 上方带有箭头的曲线表示对于流障碍的 G-函数. 两个竖向面表示流障碍面. 阴影区域是放大的边界. 下方带有箭头的曲线表示来流 $(k_\alpha, k_\beta \in \{0, 1, 2, \cdots\})$

定义 4.18 对于方程 (4.1) 中的不连续动力系统, t_m 时刻在两个相邻域 Ω_α $(\alpha = i, j)$ 的边界上存在一点 $\mathbf{x}^{(0)}(t_m) \equiv \mathbf{x}_m \in \partial\Omega_{ij}$. 在边界 α 一侧 $(2k_\alpha : 2k_\beta)$ 型汇流中 $(k_\alpha, k_\beta \in \{0, 1, 2, \cdots\})$, 有一个来流障碍向量场 $\mathbf{F}^{(\alpha \succ 0)}(\mathbf{x}^{(\alpha)}, t, \boldsymbol{\pi}_\alpha, q^{(\alpha)})$, $q^{(\alpha)} \in [q_1^{(\alpha)}, q_2^{(\alpha)}]$.

(i) 对于 $\mathbf{x}_m \in S \subseteq \partial\Omega_{ij}$, 如果满足

$$\hbar_\alpha G_{\partial\Omega_{ij}}^{(2k_\alpha, \alpha \succ 0)}(\mathbf{x}_m, q_1^{(\alpha)}) = 0 \text{ 且 } G_{\partial\Omega_{ij}}^{(2k_\alpha, \alpha \succ 0)}(\mathbf{x}_m, q_2^{(\alpha)}) \neq \infty, \tag{4.107}$$

那么 $(2k_\alpha : 2k_\beta)$ 型汇流中的来流障碍具有上限.

(ii) 对于 $\mathbf{x}_m \in S \subseteq \partial\Omega_{ij}$, 如果满足

$$\hbar_\alpha G_{\partial\Omega_{ij}}^{(2k_\alpha, \alpha\succ 0)}(\mathbf{x}_m, q_1^{(\alpha)}) \neq 0 \text{ 且 } \hbar_\alpha G_{\partial\Omega_{ij}}^{(2k_\alpha, \alpha\succ 0)}(\mathbf{x}_m, q_2^{(\alpha)}) \to +\infty, \qquad (4.108)$$

那么 $(2k_\alpha : 2k_\beta)$ 型汇流中的来流障碍具有下限.

(iii) 对于 $\mathbf{x}_m \in S \subseteq \partial\Omega_{ij}$, 如果满足

$$\hbar_\alpha G_{\partial\Omega_{ij}}^{(2k_\alpha, \alpha\succ 0)}(\mathbf{x}_m, q_1^{(\alpha)}) = 0 \text{ 并且 } \hbar_\alpha G_{\partial\Omega_{ij}}^{(2k_\alpha, \alpha\succ 0)}(\mathbf{x}_m, q_2^{(\alpha)}) \to +\infty, \qquad (4.109)$$

那么 $(2k_\alpha : 2k_\beta)$ 型汇流中的来流障碍是绝对的.

(iv) 如果在 $\mathbf{x}_m \in S = \partial\Omega_{ij}$ 处存在绝对流障碍, 那么 $(2k_\alpha : 2k_\beta)$ 型汇流中的来流障碍称为在 α 一侧的流障碍墙.

[204]　　　(v) 如果在 $S_{k_1} \subset \partial\Omega_{ij}$ 存在流障碍, 那么 $(2k_\alpha : 2k_\beta)$ 型汇流中的来流障碍称为在 α 一侧的流障碍栅栏, 并且在 $S_{k_2} \subset \partial\Omega_{ij}$ $(k_1, k_2 \in \{1, 2, \cdots\})$ 处不存在流障碍, 其中 $S_{k_1} \cap S_{k_2} = \varnothing$.

定义 4.19　对于方程 (4.1) 中的不连续动力系统, t_m 时刻在两个相邻域 Ω_α $(\alpha = i, j)$ 的边界上存在一点 $\mathbf{x}^{(0)}(t_m) \equiv \mathbf{x}_m \in \partial\Omega_{ij}$. 汇流中两个可能的来流满足方程 (4.103). 对于 $\mathbf{x}_m \in S \subseteq \partial\Omega_{ij}$ 和 $q^{(\alpha)} \in [q_{2n-1}^{(\alpha)}, q_{2n}^{(\alpha)}]$ $(n = 1, 2, \cdots)$, 假定 $(2k_\alpha : 2k_\beta)$ 型汇流中 α 一侧, 存在一个来流障碍, 并且

[205] $\hbar_\alpha G_{\partial\Omega_{ij}}^{(s_\alpha, \alpha\succ 0)}(\mathbf{x}_m, q^{(\alpha)}) = 0, \quad s_\alpha = 0, 1, 2, \cdots, 2k_\alpha - 1;$

$$\hbar_\alpha G_{\partial\Omega_{ij}}^{(2k_\alpha, \alpha\succ 0)}(\mathbf{x}_m, q^{(\alpha)}) \in [\hbar_\alpha G_{\partial\Omega_{ij}}^{(2k_\alpha, \alpha\succ 0)}(\mathbf{x}_m, q_{2n-1}^{(\alpha)}), \hbar_\alpha G_{\partial\Omega_{ij}}^{(2k_\alpha, \alpha\succ 0)}(\mathbf{x}_m, q_{2n}^{(\alpha)})].$$

$$(4.110)$$

对于 $q^{(\alpha)} \in (q_{2n}^{(\alpha)}, q_{2n+1}^{(\alpha)})$, 没有流障碍在 $\mathbf{x}_m \in S \subseteq \partial\Omega_{ij}$ 处定义. 因此, 流
[206] $\mathbf{x}^{(\alpha)}$ 能切换成流 $\mathbf{x}^{(0)}$.

$\hbar_\alpha G_{\partial\Omega_{ij}}^{(s_\alpha, \alpha)}(\mathbf{x}_m, q_\sigma^{(\alpha)}) = 0, \quad s_\alpha = 0, 1, 2, \cdots, 2k_\alpha - 1, \sigma = 2n, 2n+1;$

$$\hbar_\alpha G_{\partial\Omega_{ij}}^{(2k_\alpha, \alpha)}(\mathbf{x}_m, t_{m-}) \in (\hbar_\alpha G_{\partial\Omega_{ij}}^{(2k_\alpha, \alpha\succ 0)}(\mathbf{x}_m, q_{2n}^{(\alpha)}), \hbar_\alpha G_{\partial\Omega_{ij}}^{(2k_\alpha, \alpha\succ 0)}(\mathbf{x}_m, q_{2n+1}^{(\alpha)})).$$

$$(4.111)$$

对于所有 $\mathbf{x}_m \in S \subseteq \partial\Omega_{ij}$, G-函数区间称为 α 一侧 $(2k_\alpha : m_\beta)$ 型汇流中的来流障碍窗口, 并且 $q^{(\alpha)} \in (q_{2n-2}^{(\alpha)}, q_{2n-1}^{(\alpha)})$.

定义 4.20　对于方程 (4.1) 中的不连续动力系统, t_m 时刻在两个相邻域 Ω_α $(\alpha = i, j)$ 的边界上存在一点 $\mathbf{x}^{(0)}(t_m) \equiv \mathbf{x}_m \in \partial\Omega_{ij}$. 在边界 $\partial\Omega_{ij}$ 的 α 一侧 $(2k_\alpha : 2k_\beta)$ 型汇流中 $(k_\alpha, k_\beta \in \{0, 1, 2, \cdots\})$, 假定有一个来流障碍向量场 $\mathbf{F}^{(\alpha\succ 0)}(\mathbf{x}^{(\alpha)}, t, \boldsymbol{\pi}_\alpha, q^{(\alpha)})$, $q^{(\alpha)} \in [q_1^{(\alpha)}, q_2^{(\alpha)}]$.

(i) 如果流障碍不依赖于时间 $t \in [0, \infty)$, 那么 $(2k_\alpha : 2k_\beta)$ 型汇流中的来流障碍在 α 一侧是永久的.

(ii) 如果流障碍连续不断地依赖于时间 $t \in [0, \infty)$, 那么 $(2k_\alpha : 2k_\beta)$ 型汇流中的来流障碍在 α 一侧是瞬时的.

(iii) 如果流障碍存在于时间 $t \in [t_k, t_{k+1}]$ ($k \in \mathbf{Z}$), 那么 $(2k_\alpha : 2k_\beta)$ 型汇流中的来流障碍在 α 一侧是间歇出现的.

(iv) 如果流障碍不依赖于时间 $t \in [t_k, t_{k+1}]$ ($k \in \mathbf{Z}$), 那么 $(2k_\alpha : 2k_\beta)$ 型汇流中的来流障碍在该时间段内在 α 一侧是静态的, 并随着时间窗口的变化是间歇出现的.

类似地, 可以讨论在边界上汇流障碍的永久和瞬时窗口. 进一步地, 也可以描述在边界上汇流障碍墙的门的概念.

定义 4.21 对于方程 (4.1) 中的不连续动力系统, t_m 时刻在两个相邻域 Ω_α ($\alpha = i, j$) 的边界上存在一点 $\mathbf{x}^{(0)}(t_m) \equiv \mathbf{x}_m \in \partial\Omega_{ij}$. 在边界 α 一侧上 ($k_\alpha, k_\beta \in \{0, 1, 2, \cdots\}$, $n = 1, 2, \cdots$), 有一个来流障碍 $\mathbf{F}^{(\alpha \succ 0)}(\mathbf{x}^{(\alpha)}, t, \boldsymbol{\pi}_\alpha, q^{(\alpha)})$ ($q^{(\alpha)} \in [q_{2n-1}^{(\alpha)}, q_{2n}^{(\alpha)}]$). 对于 $S \subset \partial\Omega_{ij}$, 假定有一个障碍向量场窗口.

(i) 如果窗口不依赖于时间 $t \in [0, +\infty)$, 那么称 $(2k_\alpha : 2k_\beta)$ 型汇流中的流障碍窗口在 α 一侧是永久的.

(ii) 如果窗口连续不断地依赖于时间 $t \in [0, \infty)$, 那么称 $(2k_\alpha : 2k_\beta)$ 型汇流中的流障碍窗口在 α 一侧是瞬时的.

(iii) 如果窗口仅存在于时间 $t \in [t_k, t_{k+1}]$ ($k \in \mathbf{Z}$), 那么称 $(2k_\alpha : 2k_\beta)$ 型汇流中的流障碍窗口在 α 一侧是间歇出现的. [207]

(iv) 如果窗口不依赖于时间 $t \in [t_k, t_{k+1}]$ ($k \in \mathbf{Z}$), 那么称 $(2k_\alpha : 2k_\beta)$ 型汇流中的流障碍窗口在该时间段内在 α 一侧是静态的, 并随着时间窗口的变化是间歇出现的.

定义 4.22 对于方程 (4.1) 中的不连续动力系统, t_m 时刻在两个相邻域 Ω_α ($\alpha = i, j$) 的边界上, 存在一点 $\mathbf{x}^{(0)}(t_m) \equiv \mathbf{x}_m \in \partial\Omega_{ij}$. 在边界 α 一侧上 $(2k_\alpha : 2k_\beta)$ 型 ($k_\alpha, k_\beta \in \{0, 1, 2, \cdots\}$) 汇流中, 有一个来流障碍向量场 $\mathbf{F}^{(\alpha \succ 0)}(\mathbf{x}^{(\alpha)}, t, \boldsymbol{\pi}_\alpha, q^{(\alpha)})$($q^{(\alpha)} \in [q_1^{(\alpha)}, q_2^{(\alpha)}]$). 对于 $S = \partial\Omega_{ij}$, 假定在边界 α 一侧有一个流障碍墙, 并且一个来流障碍上有一个间歇出现的静态窗口 ($q^{(\alpha)} \in [q_1^{(\alpha)}, q_2^{(\alpha)}]$, $t \in [t_k, t_{k+1}]$, $k \in \mathbf{Z}$).

(i) 如果窗口和流障碍不同时存在, 那么称 $(2k_\alpha : 2k_\beta)$ 型汇流中的流障碍窗口为在 α 一侧的流障碍墙的一个门.

(ii) 如果当时间 $t \in [t_k, t_{k+1}]$ ($k \in \mathbf{Z}$) 时窗口存在, 那么称 $(2k_\alpha : 2k_\beta)$ 型汇流中的来流障碍的门在 α 一侧是打开的.

(iii) 如果当时间 $t \in [t_k, t_{k+1}]$ ($k \in \mathbf{Z}$) 时流障碍存在, 那么称 $(2k_\alpha : 2k_\beta)$ 型汇流中的来流障碍的门在 α 一侧是关闭的.

(iv) 如果当时间 $t \in [t_k, \infty)$ 时窗口存在, 那么称 $(2k_\alpha : 2k_\beta)$ 型汇流中的来流障碍墙的门在 α 一侧是一直打开的.

(v) 如果当时间 $t \in [t_k, \infty)$ 时流障碍存在, 那么称 $(2k_\alpha : 2k_\beta)$ 型汇流中的来流障碍墙的门在 α 一侧是一直关闭的.

根据之前的定义, 在汇流中来流障碍的窗口绘于图 4.15 中. 在窗口区域, 流 $\mathbf{x}^{(\alpha)}$ 能切换成边界流 $\mathbf{x}^{(0)}$. 边界 $\partial\Omega_{ij}$ 上 $(2k_\alpha : 2k_\beta)$ 型汇流中的流障碍门如图 4.16 所示. 在图 4.16(a) 中, 汇流障碍的门是打开的, 并且来流 $\mathbf{x}^{(\alpha)}$ (或 $\mathbf{x}^{(\beta)}$) 能切换成流 $\mathbf{x}^{(0)}$. 然而, 在图 4.16(b) 中, 汇流障碍的门是关闭的. 在 α

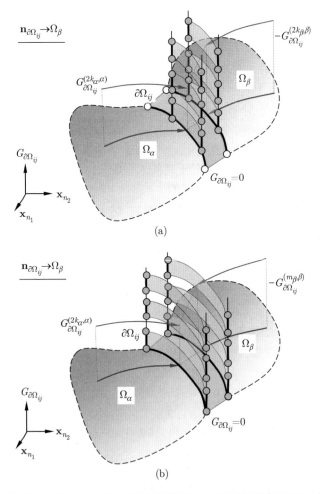

图 4.15　边界 $\partial\Omega_{ij}$ 上的 $(2k_\alpha : 2k_\beta)$ 型汇流障碍窗口: (a) 部分的流障碍和 (b) 全部的流障碍. 上方带有箭头的曲线表示对于流障碍的 G-函数. 两个竖向面表示流障碍. 阴影区域是放大的边界. 下方带有箭头的曲线表示来流 $(k_\alpha, k_\beta \in \{0, 1, 2, \cdots\})$

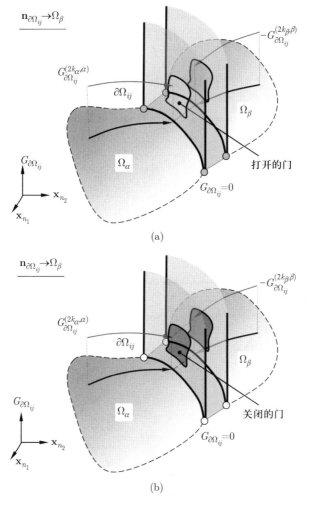

图 4.16　边界 $\partial\Omega_{ij}$ 上绝对的 $(2k_\alpha : 2k_\beta)$ 型汇流障碍的门: (a) 打开的门 (b) 关闭的门. 上方带有箭头的曲线表示对于流障碍的 G-函数. 两个竖向面表示流障碍面. 阴影区域是放大的边界. 下方带有箭头的曲线表示来流 $(k_\alpha, k_\beta \in \{0, 1, 2, \cdots\})$

一侧没有任何流能穿过这个门切换成流 $\mathbf{x}^{(0)}$.

对于边界 $\partial\Omega_{ij}$ 上的汇流, 如果在边界 α 一侧子集 $S \subseteq \partial\Omega_{ij}$ 上存在汇流障碍, 对 $\mathbf{x}_m \in S \subseteq \partial\Omega_{ij}$, 若满足下述条件

$$\hbar_\alpha G_{\partial\Omega_{ij}}^{(2k_\alpha,\alpha)}(\mathbf{x}_m) \in (\hbar_\alpha G_{\partial\Omega_{ij}}^{(2k_\alpha,\alpha\succ 0)}(\mathbf{x}_m, q_1^{(\alpha)}), \hbar_\alpha G_{\partial\Omega_{ij}}^{(2k_\alpha,\alpha\succ 0)}(\mathbf{x}_m, q_2^{(\alpha)})), \qquad [208]$$

$$(4.112)$$

那么在边界上不能形成汇流.

动力系统将受到方程 (4.23) 中边界的约束. 因为在边界 $\partial\Omega_{ij}$ 的 α 一侧存在来流障碍, 那么来流将一直沿着边界直到方程 (4.112) 中的条件不再满足. 下面将给出在流障碍下流可切换的充要条件.

[209]   **定理 4.7**   对于方程 (4.1) 中的不连续动力系统, t_m 时刻在两个相邻域 Ω_α $(\alpha = i, j)$ 的边界上存在一点 $\mathbf{x}^{(0)}(t_m) \equiv \mathbf{x}_m \in \partial\Omega_{ij}$. 对于 $\mathbf{x}_m \in S \subseteq \partial\Omega_{ij}$, 在边界 $\partial\Omega_{ij}$ 的 α 一侧上有一个流障碍向量场 $\mathbf{F}^{(\alpha \succ 0)}(\mathbf{x}^{(\alpha)}, t, \boldsymbol{\pi}_\alpha, q^{(\alpha)})$, $q^{(\alpha)} \in [q_1^{(\alpha)}, q_2^{(\alpha)}]$, 并且

[210]
$$\hbar_\alpha G_{\partial\Omega_{ij}}^{(\alpha \succ 0)}(\mathbf{x}_m, q^{(\alpha)}) \in [\hbar_\alpha G_{\partial\Omega_{ij}}^{(\alpha \succ 0)}(\mathbf{x}_m, q_1^{(\alpha)}), \hbar_\alpha G_{\partial\Omega_{ij}}^{(\alpha \succ 0)}(\mathbf{x}_m, q_2^{(\alpha)})]$$
$$\subset [0, \infty). \tag{4.113}$$

在边界上汇流中两个可能的来流满足

$$\hbar_\alpha G_{\partial\Omega_{ij}}^{(\alpha)}(\mathbf{x}_m, t_{m-}) > 0 \text{ 并且 } \hbar_\alpha G_{\partial\Omega_{ij}}^{(\beta)}(\mathbf{x}_m, t_{m-}) < 0. \tag{4.114}$$

(i) 当且仅当

$$\hbar_\alpha G_{\partial\Omega_{ij}}^{(\alpha)}(\mathbf{x}_m, t_{m-}) \in (\hbar_\alpha G_{\partial\Omega_{ij}}^{(\alpha \succ 0)}(\mathbf{x}_m, q_1^\alpha), \hbar_\alpha G_{\partial\Omega_{ij}}^{(\alpha \succ 0)}(\mathbf{x}_m, q_2^\alpha)) \tag{4.115}$$

时, 来流 $\mathbf{x}^{(\alpha)}$ 不能切换成边界流 $\mathbf{x}^{(0)}$, 从而不能形成一个汇流.

(ii) 当且仅当

$$\hbar_\alpha G_{\partial\Omega_{ij}}^{(s_\alpha, \alpha)}(\mathbf{x}_m, t_{m-}) = \hbar_\alpha G_{\partial\Omega_{ij}}^{(s_\alpha, \alpha \succ 0)}(\mathbf{x}_m, q_\sigma^{(\alpha)}) \neq 0,$$
$$s_\alpha = 0, 1, \cdots, l_\alpha - 1; \tag{4.116}$$
$$(-1)^\sigma \hbar_\alpha [G_{\partial\Omega_{ij}}^{(l_\alpha, \alpha)}(\mathbf{x}_m, t_{m-}) - G_{\partial\Omega_{ij}}^{(l_\alpha, \alpha \succ 0)}(\mathbf{x}_m, q_\sigma^{(\alpha)})] < 0$$

时, 来流 $\mathbf{x}^{(\alpha)}$ 不能切换成边界流 $\mathbf{x}^{(0)}$, 从而不能在 $q^{(\alpha)} = q_\sigma^{(\alpha)}(\sigma \in \{1, 2\})$ 形成一个汇流.

(iii) 当且仅当

$$\hbar_\alpha G_{\partial\Omega_{ij}}^{(s_\alpha, \alpha)}(\mathbf{x}_m, t_{m-}) = \hbar_\alpha G_{\partial\Omega_{ij}}^{(s_\alpha, \alpha \succ 0)}(\mathbf{x}_m, q_\sigma^{(\alpha)}) \in (0, \infty),$$
$$s_\alpha = 0, 1, \cdots, l_\alpha - 1; \tag{4.117}$$
$$(-1)^\sigma \hbar_\alpha [G_{\partial\Omega_{ij}}^{(l_\alpha, \alpha)}(\mathbf{x}_m, t_{m-}) - G_{\partial\Omega_{ij}}^{(l_\alpha, \alpha \succ 0)}(\mathbf{x}_m, q_\sigma^{(\alpha)})] > 0$$

时, 来流 $\mathbf{x}^{(\alpha)}$ 能切换成边界流 $\mathbf{x}^{(0)}$, 从而能在 $q^{(\alpha)} = q_\sigma^{(\alpha)}(\sigma \in \{1, 2\})$ 形成一个汇流.

    证明   类似于定理 4.1 的证明.   ■

    定理 4.8   对于方程 (4.1) 中的不连续动力系统, t_m 时刻在两个相邻域 Ω_α $(\alpha = i, j)$ 的边界上存在一点 $\mathbf{x}^{(0)}(t_m) \equiv \mathbf{x}_m \in \partial\Omega_{ij}$. 假定在边界 $\partial\Omega_{ij}$

的 α 一侧有一个 $(2k_\alpha : 2k_\beta)$ 型汇流障碍向量场 $\mathbf{F}^{(\alpha \succ 0)}(\mathbf{x}^{(\alpha)}, t, \boldsymbol{\pi}_\alpha, q^{(\alpha)})$, $q^{(\alpha)} \in [q_1^{(\alpha)}, q_2^{(\alpha)}]$, 并且

$$G_{\partial\Omega_{ij}}^{(s_\alpha, \alpha \succ 0)}(\mathbf{x}_m, q^{(\alpha)}) = 0, \quad s_\alpha = 0, 1, \cdots, 2k_\alpha - 1;$$

$$\hbar_\alpha G_{\partial\Omega_{ij}}^{(2k_\alpha, \alpha \succ 0)}(\mathbf{x}_m, q^{(\alpha)}) \in [\hbar_\alpha G_{\partial\Omega_{ij}}^{(2k_\alpha, \alpha \succ 0)}(\mathbf{x}_m, q_1^{(\alpha)}), \hbar_\alpha G_{\partial\Omega_{ij}}^{(2k_\alpha, \alpha \succ 0)}(\mathbf{x}_m, q_2^{(\alpha)})]$$

$$\subset [0, \infty). \tag{4.118}$$

$(2k_\alpha : 2k_\beta)$ 型汇流中的来流和去流满足

$$G_{\partial\Omega_{ij}}^{(s_\alpha, \alpha)}(\mathbf{x}_m, t_{m-}, \mathbf{p}_\alpha, \boldsymbol{\lambda}) = 0, \quad s_\alpha = 0, 1, \cdots, 2k_\alpha - 1;$$

$$G_{\partial\Omega_{ij}}^{(s_\beta, \beta)}(\mathbf{x}_m, t_{m-}, \mathbf{p}_\beta, \boldsymbol{\lambda}) = 0, \quad s_\beta = 0, 1, \cdots, 2k_\beta - 1; \qquad \text{[211]}$$

$$\hbar_\alpha G_{\partial\Omega_{ij}}^{(2k_\alpha, \alpha)}(\mathbf{x}_m, t_{m-}) > 0 \text{ 并且 } \hbar_\alpha G_{\partial\Omega_{ij}}^{(2k_\beta, \beta)}(\mathbf{x}_m, t_{m-}) < 0. \tag{4.119}$$

(i) 当且仅当

$$\hbar_\alpha G_{\partial\Omega_{ij}}^{(2k_\alpha, \alpha)}(\mathbf{x}_m, t_{m-}) \in (\hbar_\alpha G_{\partial\Omega_{ij}}^{(2k_\alpha, \alpha \succ 0)}(\mathbf{x}_m, q_1^{(\alpha)}), \hbar_\alpha G_{\partial\Omega_{ij}}^{(2k_\alpha, \alpha \succ 0)}(\mathbf{x}_m, q_2^{(\alpha)}))$$

$$\tag{4.120}$$

时, 来流 $\mathbf{x}^{(\alpha)}$ 不能切换成边界流 $\mathbf{x}^{(0)}$, 从而不能形成一个 $(2k_\alpha : 2k_\beta)$ 型汇流.

(ii) 当且仅当

$$\hbar_\alpha G_{\partial\Omega_{ij}}^{(s_\alpha, \alpha)}(\mathbf{x}_m, t_{m-}) = \hbar_\alpha G_{\partial\Omega_{ij}}^{(s_\alpha, \alpha \succ 0)}(\mathbf{x}_m, q_\sigma^{(\alpha)}) \in (0, \infty),$$

$$s_\alpha = 2k_\alpha, 2k_\alpha + 1, \cdots, l_\alpha - 1; \tag{4.121}$$

$$(-1)^\sigma \hbar_\alpha [G_{\partial\Omega_{ij}}^{(l_\alpha, \alpha)}(\mathbf{x}_m, t_{m-}) - G_{\partial\Omega_{ij}}^{(l_\alpha, \alpha \succ 0)}(\mathbf{x}_m, q_\sigma^{(\alpha)})] < 0$$

时, 来流 $\mathbf{x}^{(\alpha)}$ 不能切换成边界流 $\mathbf{x}^{(0)}$, 从而不能在 $q^{(\alpha)} = q_\sigma^{(\alpha)}(\sigma \in \{1, 2\})$ 形成一个 $(2k_\alpha : 2k_\beta)$ 型汇流.

(iii) 当且仅当

$$\hbar_\alpha G_{\partial\Omega_{ij}}^{(s_\alpha, \alpha)}(\mathbf{x}_m, t_{m-}) = \hbar_\alpha G_{\partial\Omega_{ij}}^{(s_\alpha, \alpha \succ 0)}(\mathbf{x}_m, q_\sigma^{(\alpha)}) \in (0, \infty),$$

$$s_\alpha = 2k_\alpha, 2k_\alpha + 1, \cdots, l_\alpha - 1; \tag{4.122}$$

$$(-1)^\sigma \hbar_\alpha [G_{\partial\Omega_{ij}}^{(l_\alpha, \alpha)}(\mathbf{x}_m, t_{m-}) - G_{\partial\Omega_{ij}}^{(l_\alpha, \alpha \succ 0)}(\mathbf{x}_m, q_\sigma^{(\alpha)})] > 0$$

时, 来流 $\mathbf{x}^{(\alpha)}$ 能切换成边界流 $\mathbf{x}^{(0)}$, 从而能在 $q^{(\alpha)} = q_\sigma^{(\alpha)}(\sigma \in \{1, 2\})$ 形成一个 $(2k_\alpha : 2k_\beta)$ 型汇流.

证明 类似于定理 4.2 的证明. ∎

4.3　源流的流障碍

根据定理 3.5, 在没有任何流障碍的情况下, 源流的充要条件为

$$\hbar_\alpha G_{\partial\Omega_{ij}}^{(\alpha)}(\mathbf{x}_m, t_{m+}, \mathbf{p}_\alpha, \boldsymbol{\lambda}) < 0 \ \text{且} \ \hbar_\alpha G_{\partial\Omega_{ij}}^{(\beta)}(\mathbf{x}_m, t_{m+}, \mathbf{p}_\beta, \boldsymbol{\lambda}) > 0. \quad (4.123)$$

对于源流, 边界流 $\mathbf{x}^{(0)}$ 的控制方程为

$$\dot{\mathbf{x}}^{(0)} = \mathbf{F}^{(0)}(\mathbf{x}^{(0)}, t, \boldsymbol{\lambda}), \phi_{ij}(\mathbf{x}^{(0)}, t, \boldsymbol{\lambda}) = 0, \quad (4.124)$$

边界 $\partial\Omega_{ij}$ 上边界流 $\mathbf{x}^{(0)}$ 的 G-函数为零, 即

$$G_{\partial\Omega_{ij}}(\mathbf{x}_m, t_m) \equiv 0, \ \text{在边界} \ \partial\Omega_{ij} \ \text{上}. \quad (4.125)$$

4.3.1　边界流障碍

[212]　　为了避免边界流离开边界形成源流, 需要讨论边界流的流障碍.

定义 4.23　对于方程 (4.1) 中的不连续动力系统, t_m 时刻在两个相邻域 $\Omega_\alpha \ (\alpha = i, j)$ 的边界上, 存在一点 $\mathbf{x}^{(0)}(t_m) \equiv \mathbf{x}_m \in \partial\Omega_{ij}$. 假定边界 $\partial\Omega_{ij}$ 上有一个向量场 $\mathbf{F}^{(0\succ 0_\alpha)}(\mathbf{x}^{(\alpha)}, t, \boldsymbol{\pi}_\alpha, q^{(\alpha)})$, $q \in [q_1, q_2]$, 并且

$$0 \in [\hbar_\alpha G_{\partial\Omega_{ij}}^{(0\succ 0_\alpha)}(\mathbf{x}_m, q_2^{(\alpha)}), \hbar_\alpha G_{\partial\Omega_{ij}}^{(0\succ 0_\alpha)}(\mathbf{x}_m, q_1^{(\alpha)})] \subset \mathscr{R}. \quad (4.126)$$

在源流中两个可能的去流满足

$$\hbar_\alpha G_{\partial\Omega_{ij}}^{(\alpha)}(\mathbf{x}_m, t_{m+}) < 0 \ \text{且} \ \hbar_\alpha G_{\partial\Omega_{ij}}^{(\beta)}(\mathbf{x}_m, t_{m+}) > 0 \quad (4.127)$$

($\alpha, \beta \in \{i, j\}$ 且 $\alpha \neq \beta$). 如果满足上述条件, 向量场 $\mathbf{F}^{(0\succ 0_\alpha)}(\mathbf{x}^{(\alpha)}, t, \boldsymbol{\pi}_\alpha, q^{(\alpha)})$ 称为边界 α 一侧源流中的边界流障碍向量场. 边界上的向量场 $\mathbf{F}^{(0\succ 0_\alpha)}(\mathbf{x}^{(\alpha)}, t, \boldsymbol{\pi}_\alpha, q_\sigma^{(\alpha)})$ ($\sigma = 1, 2$) 的两个临界值为 α 一侧的边界流障碍向量场的上下限.

(i) 如果满足

$$\begin{aligned} &\mathbf{x}^{(0)}(t_m) = \mathbf{x}^{(0\succ 0_\alpha)}(t_{m\pm}, q_\sigma^{(\alpha)}) = \mathbf{x}_m, \sigma = 1, 2; \\ &\hbar_\alpha G_{\partial\Omega_{ij}}^{(0\succ 0_\alpha)}(\mathbf{x}_m, q_1^{(\alpha)}) > 0 \ \text{且} \ \hbar_\alpha G_{\partial\Omega_{ij}}^{(0\succ 0_\alpha)}(\mathbf{x}_m, q_2^{(\alpha)}) < 0. \end{aligned} \quad (4.128)$$

那么在 α 一侧边界流 $\mathbf{x}^{(0)}$ 不能切换成去流 $\mathbf{x}^{(\alpha)}$.

(ii) 如果满足

$$\begin{aligned} &\mathbf{x}^{(0)}(t_m) = \mathbf{x}^{(0\succ 0_\alpha)}(t_{m\pm}, q_\sigma^{(\alpha)}) = \mathbf{x}_m, \\ &\hbar_\alpha G_{\partial\Omega_{ij}}^{(0\succ 0_\alpha)}(\mathbf{x}_m, q_2^{(\alpha)}) < 0 \ \text{且} \\ &\hbar_\alpha G_{\partial\Omega_{ij}}^{(s_\alpha, 0\succ 0_\alpha)}(\mathbf{x}_m, q_1^{(\alpha)}) = 0, \quad s_\alpha = 0, 1, 2, \cdots, l_\alpha - 1; \\ &\hbar_\alpha \mathbf{n}_{\partial\Omega_{ij}}^{\mathrm{T}}(\mathbf{x}^{(0)}(t_{m+\varepsilon})) \cdot [\mathbf{x}^{(0\succ 0_\alpha)}(t_{m+\varepsilon}, q_1^{(\alpha)}) - \mathbf{x}^{(0)}(t_{m+\varepsilon})] > 0. \end{aligned} \quad (4.129)$$

那么在 α 一侧边界流 $\mathbf{x}^{(0)}$ 不能切换成去流 $\mathbf{x}^{(\alpha)}$.

(iii) 如果满足

$$
\begin{aligned}
&\mathbf{x}^{(0)}(t_m) = \mathbf{x}^{(0 \succ 0_\alpha)}(t_{m\pm}, q_\sigma^{(\alpha)}) = \mathbf{x}_m, \sigma = 1, 2; \\
&\hbar_\alpha G_{\partial\Omega_{ij}}^{(0 \succ 0_\alpha)}(\mathbf{x}_m, q_2^{(\alpha)}) < 0 \ \text{且} \\
&\hbar_\alpha G_{\partial\Omega_{ij}}^{(s_\alpha, 0 \succ 0_\alpha)}(\mathbf{x}_m, q_1^{(\alpha)}) = 0, \quad s_\alpha = 0, 1, 2, \cdots, l_\alpha - 1; \\
&\hbar_\alpha \mathbf{n}_{\partial\Omega_{ij}}^{\mathrm{T}}(\mathbf{x}^{(0)}(t_{m+\varepsilon})) \cdot [\mathbf{x}^{(0 \succ 0_\alpha)}(t_{m+\varepsilon}, q_1^{(\alpha)}) - \mathbf{x}^{(0)}(t_{m+\varepsilon})] < 0.
\end{aligned}
\tag{4.130}
$$

[213]

那么在 α 一侧边界流 $\mathbf{x}^{(0)}$ 能切换成去流 $\mathbf{x}^{(\alpha)}$.

定义 4.24 对于方程 (4.1) 中的不连续动力系统, t_m 时刻在两个相邻域 Ω_α ($\alpha = i, j$) 的边界上, 存在一点 $\mathbf{x}^{(0)}(t_m) \equiv \mathbf{x}_m \in \partial\Omega_{ij}$. 假定在边界 $\partial\Omega_{ij}$ 上有一个向量场 $\mathbf{F}^{(0 \succ 0_\alpha)}(\mathbf{x}^{(\alpha)}, t, \boldsymbol{\pi}_\alpha, q^{(\alpha)})$, $q^{(\alpha)} \in [q_1^{(\alpha)}, q_2^{(\alpha)}]$, 并且 G-函数满足

$$
\begin{aligned}
&G_{\partial\Omega_{ij}}^{(s_\alpha, 0 \succ 0_\alpha)}(\mathbf{x}_m, q^{(\alpha)}) = 0, \quad s_\alpha = 0, 1, \cdots, m_\alpha - 1; \\
&0 \in [\hbar_\alpha G_{\partial\Omega_{ij}}^{(m_\alpha, 0 \succ 0_\alpha)}(\mathbf{x}_m, q_2^{(\alpha)}), \hbar_\alpha G_{\partial\Omega_{ij}}^{(m_\alpha, 0 \succ 0_\alpha)}(\mathbf{x}_m, q_1^{(\alpha)})] \subset \mathscr{R}.
\end{aligned}
\tag{4.131}
$$

(m_α, m_β) 型源流中的两个可能的去流满足

$$
\begin{aligned}
&G_{\partial\Omega_{ij}}^{(s_\alpha, \alpha)}(\mathbf{x}_m, t_{m+}) = 0, \quad s_\alpha = 0, 1, \cdots, m_\alpha - 1; \\
&G_{\partial\Omega_{ij}}^{(s_\beta, \beta)}(\mathbf{x}_m, t_{m+}) = 0, \quad s_\beta = 0, 1, \cdots, m_\beta - 1;
\end{aligned}
\tag{4.132a}
$$

$$
\hbar_\alpha G_{\partial\Omega_{ij}}^{(m_\alpha, \alpha)}(\mathbf{x}_m, t_{m+}) < 0 \ \text{且} \ \hbar_\alpha G_{\partial\Omega_{ij}}^{(m_\beta, \beta)}(\mathbf{x}_m, t_{m+}) > 0
\tag{4.132b}
$$

$(\alpha, \beta \in \{i, j\}$ 且 $\alpha \neq \beta)$. 如果上述条件满足, 向量场 $\mathbf{F}^{(0 \succ 0_\alpha)}(\mathbf{x}^{(\alpha)}, t, \boldsymbol{\pi}_\alpha, q^{(\alpha)})$ 为边界 α 一侧源流中的边界流障碍. 边界上的向量场 $\mathbf{F}^{(0 \succ 0_\alpha)}(\mathbf{x}^{(\alpha)}, t, \boldsymbol{\pi}_\alpha, q_\sigma^{(\alpha)})$ ($\sigma = 1, 2$) 的两个临界值为在 α 一侧的边界流障碍向量场的上下限.

(i) 如果满足

$$
\begin{aligned}
&\mathbf{x}^{(0)}(t_m) = \mathbf{x}^{(0 \succ 0_\alpha)}(t_{m\pm}, q_\sigma^{(\alpha)}) = \mathbf{x}_m, \sigma = 1, 2; \\
&\hbar_\alpha G_{\partial\Omega_{ij}}^{(m_\alpha, 0 \succ 0_\alpha)}(\mathbf{x}_m, q_1^{(\alpha)}) > 0 \ \text{且} \ \hbar_\alpha G_{\partial\Omega_{ij}}^{(m_\alpha, 0 \succ 0_\alpha)}(\mathbf{x}_m, q_2^{(\alpha)}) < 0,
\end{aligned}
\tag{4.133}
$$

那么边界流 $\mathbf{x}^{(0)}$ 不能切换成 m_α 阶去流 $\mathbf{x}^{(\alpha)}$.

(ii) 如果满足

$$
\begin{aligned}
&\mathbf{x}^{(0)}(t_m) = \mathbf{x}^{(0 \succ 0_\alpha)}(t_{m\pm}, q_\sigma^{(\alpha)}) = \mathbf{x}_m, \sigma = 1, 2; \\
&\hbar_\alpha G_{\partial\Omega_{ij}}^{(m_\alpha, 0 \succ 0_\alpha)}(\mathbf{x}_m, q_2^{(\alpha)}) < 0 \ \text{且} \\
&\hbar_\alpha G_{\partial\Omega_{ij}}^{(s_\alpha, 0 \succ 0_\alpha)}(\mathbf{x}_m, q_1^{(\alpha)}) = 0, \quad s_\alpha = m_\alpha, m_\alpha + 1, \cdots, l_\alpha - 1; \\
&\hbar_\alpha \mathbf{n}_{\partial\Omega_{ij}}^{\mathrm{T}}(\mathbf{x}^{(0)}(t_{m+\varepsilon})) \cdot [\mathbf{x}^{(0 \succ 0_\alpha)}(t_{m+\varepsilon}, q_1^{(\alpha)}) - \mathbf{x}^{(0)}(t_{m+\varepsilon})] > 0,
\end{aligned}
\tag{4.134}
$$

那么边界流 $\mathbf{x}^{(0)}$ 不能切换成 m_α 阶去流 $\mathbf{x}^{(\alpha)}$.

(iii) 如果满足

[214]

$$
\begin{aligned}
&\mathbf{x}^{(0)}(t_m) = \mathbf{x}^{(0 \succ 0_\alpha)}(t_{m\pm}, q_\sigma^{(\alpha)}) = \mathbf{x}_m, \sigma = 1, 2; \\
&\hbar_\alpha G_{\partial\Omega_{ij}}^{(m_\alpha, 0 \succ 0_\alpha)}(\mathbf{x}_m, q_2^{(\alpha)}) < 0 \ \text{且} \\
&\hbar_\alpha G_{\partial\Omega_{ij}}^{(s_\alpha, 0 \succ 0_\alpha)}(\mathbf{x}_m, q_1^{(\alpha)}) = 0, \quad s_\alpha = m_\alpha, m_\alpha + 1, \cdots, l_\alpha - 1; \\
&\hbar_\alpha \mathbf{n}_{\partial\Omega_{ij}}^{\mathrm{T}}(\mathbf{x}^{(0)}(t_{m+\varepsilon})) \cdot [\mathbf{x}^{(0 \succ 0_\alpha)}(t_{m+\varepsilon}, q_1^{(\alpha)}) - \mathbf{x}^{(0)}(t_{m+\varepsilon})] < 0,
\end{aligned}
\tag{4.135}
$$

那么边界流 $\mathbf{x}^{(0)}$ 能切换成 m_α 阶去流 $\mathbf{x}^{(\alpha)}$.

为了解释边界流障碍, 在图 4.17 中描述了边界 $\partial\Omega_{ij}$ 两侧的流障碍的 G-函数. 灰色虚线表示在每个域 Ω_α 内关于边界的流的 G-函数. 粗线表示边界两侧流障碍的 G-函数. 为了显示边界上的流障碍, 将边界 $\partial\Omega_{ij}$ 的 β 一侧 G-函数作为参照. 阴影区域为放大的边界流 $\mathbf{x}^{(0)}$. 由于边界流的 G-函数为零 (即 $G_{\partial\Omega_{ij}}^{(0 \succ 0_\alpha)} = 0$), 边界流障碍的下、上限应该分别是负的、正的. 这样的流障碍不依赖于流 $\mathbf{x}^{(\alpha)}(\alpha \in \{i, j\})$. 然而, 障碍向量场一旦消失, 边界流 $\mathbf{x}^{(0)}$ 切换成去流 $\mathbf{x}^{(\alpha)}$ 且受到 $G_{\partial\Omega_{ij}}^{(m_\alpha, \alpha)}$ 控制. 对于 $\mathbf{n}_{\partial\Omega_{ij}} \to \Omega_\beta$, 符号函数 $\hbar_\alpha = 1$. 根据方程 (4.132), 去流 $\mathbf{x}^{(\alpha)}$ 的 G-函数 $G_{\partial\Omega_{ij}}^{(m_\alpha, \alpha)}$ 应该是负的 (即 $G_{\partial\Omega_{ij}}^{(m_\alpha, \alpha)} < 0$). 如果 G-函数是正的 (即 $G_{\partial\Omega_{ij}}^{(m_\alpha, \alpha)} > 0$), 那么去流将变为域 Ω_α 内的来流, 且在 α 一侧去流 $\mathbf{x}^{(\alpha)}$ 不能形成. 类似地, 根据方程 (4.132), 去流 $\mathbf{x}^{(\beta)}$ 的 G-函数 $G_{\partial\Omega_{ij}}^{(m_\beta, \beta)}$ 是正的 (即 $G_{\partial\Omega_{ij}}^{(m_\beta, \beta)} > 0$), 从而形成 β 一侧上源流. 否则, 域 Ω_β 内去流不能形成. 在图 4.17(a) 中描述了边界流障碍的这些特征. 对于 $\mathbf{n}_{\partial\Omega_{ij}} \to \Omega_\beta$, 符号函数 $\hbar_\alpha = -1$. 去流 $\mathbf{x}^{(\alpha)}$ 的 G-函数 $G_{\partial\Omega_{ij}}^{(m_\alpha, \alpha)}$ 是正的 (即 $G_{\partial\Omega_{ij}}^{(m_\alpha, \alpha)} > 0$), 并且去流 $\mathbf{x}^{(\beta)}$ 的 G-函数 $G_{\partial\Omega_{ij}}^{(m_\beta, \beta)}$ 变成负的 (即 $G_{\partial\Omega_{ij}}^{(m_\beta, \beta)} < 0$), 从而能够形成一个趋近边界的源流. 图 4.17(b) 描述了这种情况下流障碍的 G-函数.

定义 4.25 对于方程 (4.1) 中的不连续动力系统, t_m 时刻在两个相邻域 Ω_α $(\alpha = i, j)$ 的边界上存在一点 $\mathbf{x}^{(0)}(t_m) \equiv \mathbf{x}_m \in \partial\Omega_{ij}$. 在边界 $\partial\Omega_{ij}$ ($\alpha \neq \beta$, $m_\alpha, m_\beta \in \{0, 1, 2, \cdots\}$) 的 α 一侧 $(m_\alpha : m_\beta)$ 型源流中, 假定存在一个边界流

[215] 障碍向量场 $\mathbf{F}^{(0 \succ 0_\alpha)}(\mathbf{x}^{(\alpha)}, t, \boldsymbol{\pi}_\alpha, q)$ $(k_\alpha, k_\beta = 0, 1, 2, \cdots)$, $q^{(\alpha)} \in [q_1^{(\alpha)}, q_2^{(\alpha)}]$.

(i) 如果 $\mathbf{x}_m \in S \subset \partial\Omega_{ij}$, 在 α 一侧 $(m_\alpha : m_\beta)$ 型源流中, 那么称边界流障碍是部分的.

(ii) 如果 $\mathbf{x}_m \in S = \partial\Omega_{ij}$, 在 α 一侧 $(m_\alpha : m_\beta)$ 型源流中, 那么称边界流障碍是全部的.

定义 4.26 对于方程 (4.1) 中的不连续动力系统, t_m 时刻在两个相邻域

[216] Ω_α $(\alpha = i, j)$ 的边界上存在一点 $\mathbf{x}^{(0)}(t_m) \equiv \mathbf{x}_m \in \partial\Omega_{ij}$. 在边界 $\partial\Omega_{ij}$ ($\alpha \neq$

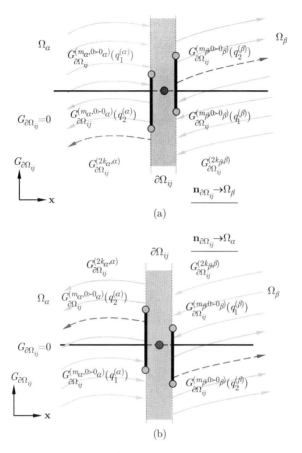

图 4.17　$(m_\alpha : m_\beta)$ 型汇流中边界流障碍的 G-函数: (a) $\mathbf{n}_{\partial\Omega_{ij}} \to \Omega_\beta$ 和 (b) $\mathbf{n}_{\partial\Omega_{ij}} \to \Omega_\alpha$. 灰色虚线表示对于流障碍的 G-函数. 粗线表示在边界 $\partial\Omega_{ij}$ 的 α 一侧和 β 一侧流障碍的 G-函数. $G^{(m_\alpha,0\succ0_\alpha)}_{\partial\Omega_{ij}}(q_1^{(\alpha)})$ 和 $G^{(m_\alpha,0\succ0_\alpha)}_{\partial\Omega_{ij}}(q_2^{(\alpha)})$ 分别表示对于流障碍的下限和上限 $(k_\alpha \in \{0,1,2,\cdots\}, \alpha = i,j)$, β 一侧也可类似地得到

$\beta, m_\alpha, m_\beta \in \{0,1,2,\cdots\})$ 的 α 一侧 $(m_\alpha : m_\beta)$ 型源流中, 假定存在一个边界流障碍向量场 $\mathbf{F}^{(0\succ0_\alpha)}(\mathbf{x}^{(\alpha)}, t, \boldsymbol{\pi}_\alpha, q^{(\alpha)})$ $(k_\alpha, k_\beta = 0,1,2,\cdots)$, $q^{(\alpha)} \in [q_1^{(\alpha)}, q_2^{(\alpha)}]$.

(i) 对于 $\mathbf{x}_m \in S \subseteq \partial\Omega_{ij}$, 如果满足

$$\hbar_\alpha G^{(m_\alpha,0\succ0_\alpha)}_{\partial\Omega_{ij}}(\mathbf{x}_m, q_1^{(\alpha)}) \to +\infty \text{ 且 } \hbar_\alpha G^{(m_\alpha,0\succ0_\alpha)}_{\partial\Omega_{ij}}(\mathbf{x}_m, q_2^{(\alpha)}) < 0, \quad (4.136)$$

那么称在 α 一侧的 $(m_\alpha : m_\beta)$ 型源流中, 边界流障碍具有下限.

(ii) 对于 $\mathbf{x}_m \in S \subseteq \partial\Omega_{ij}$, 如果满足

$$\hbar_\alpha G^{(m_\alpha,0\succ0_\alpha)}_{\partial\Omega_{ij}}(\mathbf{x}_m, q_1^{(\alpha)}) > 0 \text{ 且 } \hbar_\alpha G^{(m_\alpha,0\succ0_\alpha)}_{\partial\Omega_{ij}}(\mathbf{x}_m, q_2^{(\alpha)}) \to -\infty, \quad (4.137)$$

那么称在 α 一侧的 $(m_\alpha : m_\beta)$ 型源流中, 边界流障碍具有上限.

(iii) 对于 $\mathbf{x}_m \in S \subseteq \partial\Omega_{ij}$, 如果满足

$$G_{\partial\Omega_{ij}}^{(m_\alpha,0\succ 0_\alpha)}(\mathbf{x}_m,q_1^{(\alpha)}) \to +\infty \ \text{且} \ \hbar_\alpha G_{\partial\Omega_{ij}}^{(m_\alpha,0\succ 0_\alpha)}(\mathbf{x}_m,q_2^{(\alpha)}) \to -\infty, \quad (4.138)$$

那么称在 α 一侧的 $(m_\alpha:m_\beta)$ 型源流中, 边界流障碍是绝对的.

(iv) 对于 $\mathbf{x}_m \in S = \partial\Omega_{ij}$, 如果存在绝对边界流障碍, 那么称在 α 一侧的 $(m_\alpha:m_\beta)$ 型源流中, 边界流障碍为完整的边界流障碍墙.

(v) 在边界 $\partial\Omega_{ij}$ 的 α 一侧, 如果有许多部分的流障碍和许多非流障碍, 那么称 α 一侧的 $(m_\alpha:m_\beta)$ 型源流中边界流障碍为边界流障碍栅栏.

用类似的方法, 在图 4.18 中描述了边界 $\partial\Omega_{ij}$ 两侧 $(m_\alpha:m_\beta)$ 型源流中的部分的和全部的边界流障碍, 其中 $\mathbf{x}_m \in S \subseteq \partial\Omega_{ij}$, 并且在边界 α 一侧和

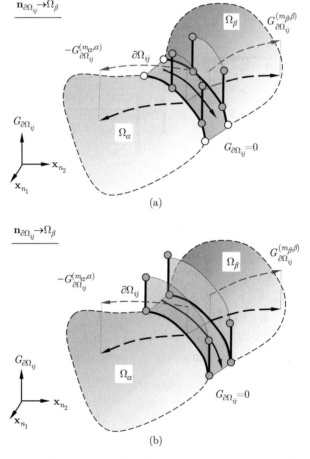

图 4.18　边界 $\partial\Omega_{ij}$ 两侧 $(m_\alpha:m_\beta)$ 型源流中的边界流障碍: (a) 部分的流障碍和 (b) 全部的流障碍. 灰色曲线表示对于流障碍的 G-函数. 灰色和黑色表面表示流障碍面. 阴影区域是放大的边界. 黑色曲线表示来流 $(m_\alpha,m_\beta \in \{0,1,2,\cdots\})$

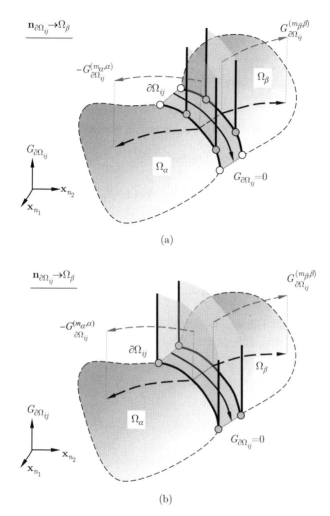

图 4.19 边界 $\partial\Omega_{ij}$ 上具有下边界的无穷大边界流障碍: (a) 部分的流障碍和 (b) 全部的流障碍. 上方带有箭头的曲线表示对于流障碍的 G-函数. 两个竖向面表示流障碍面. 阴影区域是放大的边界. 下方带有箭头的曲线表示来流

β 一侧, 使用了两种不同颜色的表面表示边界流障碍. 将边界 $\partial\Omega_{ij}$ 的 β 一侧 G-函数作为参照, 那么用 $-G^{(\beta)}_{\partial\Omega_{ij}}$ 表示边界 $\partial\Omega_{ij}$ 的 α 一侧的 G-函数. $(m_\alpha : m_\beta)$ 型源流中的无穷大边界流障碍如图 4.19 所示.

定义 4.27 对于方程 (4.1) 中的不连续动力系统, t_m 时刻在两个相邻域 Ω_α ($\alpha = i, j$) 的边界上, 存在一点 $\mathbf{x}^{(0)}(t_m) \equiv \mathbf{x}_m \in \partial\Omega_{ij}$. $(m_\alpha : m_\beta)$ 型源流中的两个可能的去流满足方程 (4.132). 在边界 α 一侧 $(m_\alpha : m_\beta)$ 型源流中, 有一个边界流障碍向量场 $\mathbf{F}^{(0 \succ 0_\alpha)}(\mathbf{x}^{(\alpha)}, t, \boldsymbol{\pi}_\alpha, q^{(\alpha)})$ ($m_\alpha, m_\beta \in \{0, 1, 2, \cdots\}$), 并且

$$\hbar_\alpha G_{\partial\Omega_{ij}}^{(s_\alpha, 0 \succ 0_\alpha)}(\mathbf{x}_m, q^{(\alpha)}) = 0, \quad s_\alpha = 0, 1, 2, \cdots, m_\alpha - 1;$$
$$0 \in [\hbar_\alpha G_{\partial\Omega_{ij}}^{(m_\alpha, 0 \succ 0_\alpha)}(\mathbf{x}_m, q_{2n-1}^{(\alpha)}), \hbar_\alpha G_{\partial\Omega_{ij}}^{(m_\alpha, 0 \succ 0_\alpha)}(\mathbf{x}_m, q_{2n}^{(\alpha)})] \subset \mathscr{R}, \tag{4.139}$$

其中 $\mathbf{x}_m \in S \subseteq \partial\Omega_{ij}$, $q^{(\alpha)} \in [q_{2n-1}^{(\alpha)}, q_{2n}^{(\alpha)}]$ ($n = 1, 2, \cdots$). 对于 $q^{(\alpha)} \in (q_{2n}^{(\alpha)}, q_{2n+1}^{(\alpha)})$, 在 $\mathbf{x}_m \in S \subseteq \partial\Omega_{ij}$ 处没有定义流障碍. 因此, 当满足

$$0 \in (\hbar G_{\partial\Omega_{ij}}^{(m_\alpha, 0 \succ 0_\alpha)}(\mathbf{x}_m, q_{2n}^{(\alpha)}), \hbar G_{\partial\Omega_{ij}}^{(m_\alpha, 0 \succ 0_\alpha)}(\mathbf{x}_m, q_{2n+1}^{(\alpha)})) \subset \mathscr{R} \tag{4.140}$$

时, 边界流 $\mathbf{x}^{(0)}$ 能切换成去流 $\mathbf{x}^{(\alpha)}$. 当 $\mathbf{x}_m \in S \subseteq \partial\Omega_{ij}$ 且 $q^{(\alpha)} \in (q_{2n}^{(\alpha)}, q_{2n+1}^{(\alpha)})$ 时, G-函数区间称为边界 α 一侧 $(m_\alpha : m_\beta)$ 型源流中边界流障碍上的窗口.

定义 4.28 对于方程 (4.1) 中的不连续动力系统, t_m 时刻在两个相邻域 Ω_α ($\alpha = i, j$) 的边界上存在一点 $\mathbf{x}^{(0)}(t_m) \equiv \mathbf{x}_m \in \partial\Omega_{ij}$. $(m_\alpha : m_\beta)$ 型源流中的两个去流满足方程 (4.132). 假定在边界 α 一侧 $(m_\alpha : m_\beta)$ 型源流中, 存在一个边界流障碍向量场 $\mathbf{F}^{(0 \succ 0_\alpha)}(\mathbf{x}^{(\alpha)}, t, \boldsymbol{\pi}_\alpha, q^{(\alpha)})$, $q^{(\alpha)} \in [q_1^{(\alpha)}, q_2^{(\alpha)}]$ 且 $(m_\alpha, m_\beta \in \{0, 1, 2, \cdots\})$.

(i) 如果流障碍不依赖于时间 $t \in [0, \infty)$, 那么称 (m_α, m_β) 型源流中的边界流障碍在 α 一侧是永久的.

(ii) 如果流障碍连续不断地依赖于时间 $t \in [0, \infty)$, 那么称 (m_α, m_β) 型源流中的边界流障碍在 α 一侧是瞬时的.

(iii) 如果流障碍存在于时间 $t \in [t_k, t_{k+1}]$ ($k \in \mathbf{Z}$), 那么称 $(2k_\alpha : m_\beta)$ 型源流中的边界流障碍在 α 一侧是间歇出现的.

(iv) 如果流障碍不依赖于时间 $t \in [t_k, t_{k+1}]$ ($k \in \mathbf{Z}$), 那么称 $(2k_\alpha : m_\beta)$ 型源流中的边界流障碍在该时间段内在 α 一侧是静态的, 并随着时间窗口的变化是间歇出现的.

类似地, 可以讨论边界上 $(m_\alpha : m_\beta)$ 型源流中, 边界流障碍的永久和瞬时窗口, 以及边界上的流障碍墙的门.

定义 4.29 对于方程 (4.1) 中的不连续动力系统, t_m 时刻在两个相邻域 Ω_α ($\alpha = i, j$) 的边界上, 存在一点 $\mathbf{x}^{(0)}(t_m) \equiv \mathbf{x}_m \in \partial\Omega_{ij}$. $(m_\alpha : m_\beta)$

型源流中的两个去流满足方程 (4.132). 在边界 α 一侧 $(m_\alpha : m_\beta)$ 型源流中, 有一个边界流障碍向量场 $\mathbf{F}^{(0 \succ 0_\alpha)}(\mathbf{x}^{(\alpha)}, t, \boldsymbol{\pi}_\alpha, q^{(\alpha)})(q^{(\alpha)} \in [q_{2n-1}^{(\alpha)}, q_{2n}^{(\alpha)}]$, 且 $m_\alpha, m_\beta \in \{0, 1, 2, \cdots\}, n = 1, 2, \cdots$. 对于 $S \subset \partial\Omega_{ij}, q^{(\alpha)} \in [q_{2n}^{(\alpha)}, q_{2n+1}^{(\alpha)}]$, 假定有一个流障碍窗口.

(i) 如果窗口不依赖于时间 $t \in [0, +\infty)$, 那么 $(m_\alpha : m_\beta)$ 型源流中的边界流障碍窗口在 α 一侧是永久的.

(ii) 如果窗口连续不断地依赖于时间 $t \in [0, \infty)$, 那么 $(m_\alpha : m_\beta)$ 型源流中的边界流障碍窗口在 α 一侧是瞬时的.

(iii) 如果窗口存在于时间 $t \in [t_k, t_{k+1}]$ $(k \in \mathbf{Z})$, 那么 $(m_\alpha : m_\beta)$ 型源流中的边界流障碍窗口在 α 一侧是间歇出现的.

(iv) 如果窗口不依赖于时间 $t \in [t_k, t_{k+1}]$ $(k \in \mathbf{Z})$, 那么 $(m_\alpha : m_\beta)$ 型源流中的边界流障碍窗口在该时间段内在 α 一侧是静态的, 并随着时间窗口的变化是间歇出现的.

定义 4.30 对于方程 (4.1) 中的不连续动力系统, t_m 时刻在两个相邻 [220] 域 Ω_α $(\alpha = i, j)$ 的边界上, 存在一点 $\mathbf{x}^{(0)}(t_m) \equiv \mathbf{x}_m \in \partial\Omega_{ij}$. 在边界 α 一侧 $(m_\alpha : m_\beta)$ 型源流中 $(m_\alpha, m_\beta \in \{0, 1, 2, \cdots\})$, 有一个边界流障碍向量场 $\mathbf{F}^{(0 \succ 0_\alpha)}(\mathbf{x}^{(\alpha)}, t, \boldsymbol{\pi}_\alpha, q^{(\alpha)})$ $(q^{(\alpha)} \in [q_1^{(\alpha)}, q_2^{(\alpha)}])$. 假定在整个边界 $\partial\Omega_{ij}$ 的 α 一侧存在一个流障碍墙, 并且对 $q^{(\alpha)} \in [q_1^{(\alpha)}, q_2^{(\alpha)}]$ 和 $t \in [t_k, t_{k+1}]$ $(k \in \mathbf{Z})$, 在 $S \subset \partial\Omega_{ij}$ 上有一个间歇出现的静态边界流障碍窗口.

(i) 如果窗口和流障碍交替存在, 那么称边界流障碍窗口为边界 α 一侧边界流障碍墙的门.

(ii) 对于时间 $t \in [t_k, t_{k+1}]$, 如果窗口存在, 那么称 $(m_\alpha : m_\beta)$ 型源流中边界流障碍的门在 α 一侧是打开的.

(iii) 对于时间 $t \in [t_{k+1}, t_{k+2}]$, 如果流障碍存在, 那么称 $(m_\alpha : m_\beta)$ 型源流中的边界流障碍的门在 α 一侧是关闭的.

(iv) 对于时间 $t \in [t_k, \infty)$, 如果窗口存在, 那么称 $(m_\alpha : m_\beta)$ 型源流中的边界流障碍的门在 α 一侧是一直打开的.

(v) 对于时间 $t \in [t_{k+1}, \infty)$, 如果流障碍存在, 那么称 $(m_\alpha : m_\beta)$ 型源流中的边界流障碍的门在 α 一侧是一直关闭的.

根据之前的定义, 在图 4.20 中描述了 $(m_\alpha : m_\beta)$ 型源流中边界流障碍的窗口. 在窗口区域, 源流满足第二章和第三章所述的条件. 边界 $\partial\Omega_{ij}$ 上的边界流障碍的门如图 4.21 所示. 在图 4.21(a) 中, 边界流障碍的门是打开的, 意味

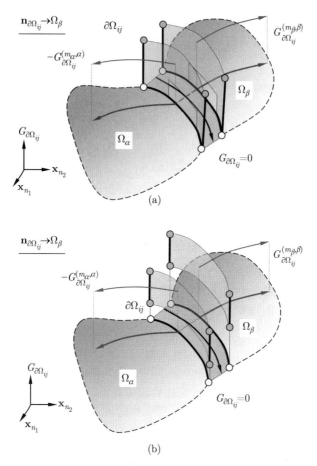

图 4.20　边界 $\partial\Omega_{ij}$ 的两侧 $(m_\alpha : m_\beta)$ 型源流中的边界流障碍的窗口: (a) 部分的流障碍和 (b) 全部的流障碍. 上方带有箭头的曲线表示对于流障碍的 G-函数. 阴影区域是放大的边界. 下方带有箭头的曲线表示来流 $(m_\alpha, m_\beta \in \{0, 1, 2, \cdots\})$

着边界流 $\mathbf{x}^{(0)}$ 能切换成流 $\mathbf{x}^{(\alpha)}$. 然而, 在图 4.21(b) 中源流障碍的门是关闭的, 并且边界流 $\mathbf{x}^{(0)}$ 不能从边界 α 一侧切换到域 Ω_α 内.

对于边界 $\partial\Omega_{ij}$ 上的源流, 如果在边界子集 $S \subseteq \partial\Omega_{ij}$ 的 α 一侧存在边界流障碍, 并且满足

$$0 \in (\hbar_\alpha G_{\partial\Omega_{ij}}^{(m_\alpha, 0 \succ 0_\alpha)}(\mathbf{x}_m, q_2^{(\alpha)}), \hbar_\alpha G_{\partial\Omega_{ij}}^{(m_\alpha, 0 \succ 0_\alpha)}(\mathbf{x}_m, q_1^{(\alpha)})), \tag{4.141}$$

其中 $\mathbf{x}_m \in S \subseteq \partial\Omega_{ij}$, 那么边界流 $\mathbf{x}^{(0)}$ 不能从 α $(\alpha = i, j)$ 一侧离开边界.

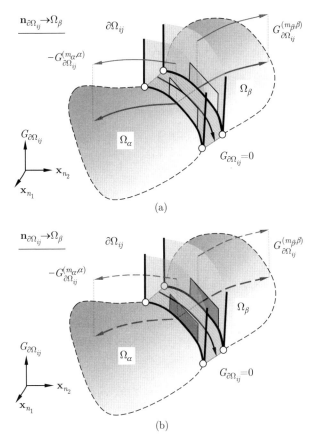

图 4.21　边界 $\partial\Omega_{ij}$ 上 $(m_\alpha : m_\beta)$ 型源流中绝对边界流障碍的门: (a) 打开的门 (b) 关闭的门, 上方带有箭头的曲线表示对于流障碍的 G-函数. 两个竖向面表示流障碍面. 阴影区域是放大的边界. 下方带有箭头的曲线表示来流 $(m_\alpha, m_\beta \in \{0, 1, 2, \cdots\})$

　　如果边界两侧存在满足方程 (4.141) 的两个边界流障碍, 那么动力系统被约束到边界上, 其控制方程为 (4.124).

　　定理 4.9　对于方程 (4.1) 中的不连续动力系统, t_m 时刻在两个相邻域 [221] Ω_α $(\alpha = i, j)$ 的边界上存在一点 $\mathbf{x}^{(0)}(t_m) \equiv \mathbf{x}_m \in \partial\Omega_{ij}$. 对于 $\mathbf{x}_m \in S \subseteq \partial\Omega_{ij}$, 在边界 $\partial\Omega_{ij}$ 的 α 一侧有一个源障碍向量场 $\mathbf{F}^{(0 \succ 0_\alpha)}(\mathbf{x}^{(\alpha)}, t, \boldsymbol{\pi}_\alpha, q^{(\alpha)})$, $q^{(\alpha)} \in [q_1^{(\alpha)}, q_2^{(\alpha)}]$ 并且

$$0 \in (\hbar_\alpha G_{\partial\Omega_{ij}}^{(0 \succ 0_\alpha)}(\mathbf{x}_m, q_2^{(\alpha)}), \hbar_\alpha G_{\partial\Omega_{ij}}^{(0 \succ 0_\alpha)}(\mathbf{x}_m, q_1^{(\alpha)})) \subset \mathscr{R}. \tag{4.142}$$

源流中的两个去流满足

[222]
$$\hbar_\alpha G_{\partial\Omega_{ij}}^{(\alpha)}(\mathbf{x}_m, t_{m+}) < 0 \text{ 且 } \hbar_\alpha G_{\partial\Omega_{ij}}^{(\beta)}(\mathbf{x}_m, t_{m+}) > 0. \tag{4.143}$$

(i) 在 α 一侧的源流中, 一个边界流 $\mathbf{x}^{(0)}$ 不能切换成去流 $\mathbf{x}^{(\alpha)}$, 当且仅当

$$\hbar_\alpha G_{\partial\Omega_{ij}}^{(0 \succ 0_\alpha)}(\mathbf{x}_m, q_1^{(\alpha)}) > 0 \text{ 且 } \hbar_\alpha G_{\partial\Omega_{ij}}^{(0 \succ 0_\alpha)}(\mathbf{x}_m, q_2^{(\alpha)}) < 0. \tag{4.144}$$

(ii) 在 α 一侧的源流中, 一个边界流 $\mathbf{x}^{(0)}$ 不能切换成去流 $\mathbf{x}^{(\alpha)}$, 当且仅当

[223]
$$\hbar_\alpha G_{\partial\Omega_{ij}}^{(s_\alpha, 0 \succ 0_\alpha)}(\mathbf{x}_m, q_1^{(\alpha)}) = 0, \quad s_\alpha = 0, 1, 2, \cdots, l_\alpha - 1,$$
$$\hbar_\alpha G_{\partial\Omega_{ij}}^{(l_\alpha, 0 \succ 0_\alpha)}(\mathbf{x}_m, q_1^{(\alpha)}) > 0 \text{ 且 } \hbar_\alpha G_{\partial\Omega_{ij}}^{(0 \succ 0_\alpha)}(\mathbf{x}_m, q_2^{(\alpha)}) < 0. \tag{4.145}$$

(iii) 在 α 一侧的源流中, 一个边界流 $\mathbf{x}^{(0)}$ 能切换成去流 $\mathbf{x}^{(\alpha)}$, 当且仅当

$$\hbar_\alpha G_{\partial\Omega_{ij}}^{(s_\alpha, 0 \succ 0_\alpha)}(\mathbf{x}_m, q_1^{(\alpha)}) = 0, \quad s_\alpha = 0, 1, 2, \cdots, l_\alpha - 1,$$
$$\hbar_\alpha G_{\partial\Omega_{ij}}^{(l_\alpha, 0 \succ 0_\alpha)}(\mathbf{x}_m, q_1^{(\alpha)}) < 0 \text{ 且 } \hbar_\alpha G_{\partial\Omega_{ij}}^{(0 \succ 0_\alpha)}(\mathbf{x}_m, q_2^{(\alpha)}) < 0. \tag{4.146}$$

证明　(i) 根据定义 4.23, 可以得到方程 (4.144) 中的充要条件.

(ii) 通过一个虚构的流 $\mathbf{x}^{(0 \succ 0_\alpha)}(t)$, 引入边界流障碍的一个辅助流. 对于 $\mathbf{x}^{(0 \succ 0_\alpha)}(t_{m\pm}) = \mathbf{x}^{(0)}(t_{m\pm})$ 和 $\mathbf{x}^{(\alpha)}(t_{m\pm}) = \mathbf{x}^{(0)}(t_{m\pm})$, G-函数定义如下

$$\mathbf{n}_{\partial\Omega_{ij}}^{\mathrm{T}}(\mathbf{x}^{(0)}(t_{m+\varepsilon})) \cdot [\mathbf{x}^{(0 \succ 0_\alpha)}(t_{m+\varepsilon}, q_1^{(\alpha)}) - \mathbf{x}^{(0)}(t_{m+\varepsilon}, q_1^{(\alpha)})]$$

$$= \sum_{s_\alpha = 0}^{l_\alpha - 1} \frac{1}{s_\alpha!} G_{\partial\Omega_{ij}}^{(s_\alpha, 0 \succ 0_\alpha)}(\mathbf{x}_m, t_{m+}, q_1^{(\alpha)}) \varepsilon^{s_\alpha + 1}$$

$$+ \frac{1}{(l_\alpha + 1)!} G_{\partial\Omega_{ij}}^{(l_\alpha, 0 \succ 0_\alpha)}(\mathbf{x}_m, t_{m+}, q_1^{(\alpha)}) \varepsilon^{l_\alpha + 1} + o(\varepsilon^{l_\alpha + 1}).$$

由

$$G_{\partial\Omega_{ij}}^{(s_\alpha, 0 \succ 0_\alpha)}(\mathbf{x}_m, t_{m\pm}, q_1^{(\alpha)}) = 0, \quad s_\alpha = 0, 1, 2, \cdots, l_\alpha - 1,$$
$$G_{\partial\Omega_{ij}}^{(l_\alpha, 0 \succ 0_\alpha)}(\mathbf{x}_m, t_{m\pm}, q_1^{(\alpha)}) \neq 0$$

得到

$$\mathbf{n}_{\partial\Omega_{ij}}^{\mathrm{T}}(\mathbf{x}^{(0)}(t_{m+\varepsilon})) \cdot [\mathbf{x}^{(0)}(t_{m+\varepsilon}) - \mathbf{x}^{(0 \succ 0_\alpha)}(t_{m+\varepsilon}, q_1^{(\alpha)})]$$

$$= -\frac{1}{(l_\alpha + 1)!} G_{\partial\Omega_{ij}}^{(l_\alpha, 0 \succ 0_\alpha)}(\mathbf{x}_m, t_{m+}, q_1^{(\alpha)}) \varepsilon^{l_\alpha + 1}.$$

由定义可知, 边界流 $\mathbf{x}^{(0)}$ 不能通过边界流障碍的条件为

$$\mathbf{n}_{\partial\Omega_{ij}}^{\mathrm{T}}(\mathbf{x}^{(0)}(t_{m+\varepsilon})) \cdot [\mathbf{x}^{(0\succ 0_\alpha)}(t_{m+\varepsilon}, q_1^{(\alpha)}) - \mathbf{x}^{(0)}(t_{m+\varepsilon})] > 0, \mathbf{n}_{\partial\Omega_{ij}} \to \Omega_\beta,$$

$$\mathbf{n}_{\partial\Omega_{ij}}^{\mathrm{T}}(\mathbf{x}^{(0)}(t_{m+\varepsilon})) \cdot [\mathbf{x}^{(0\succ 0_\alpha)}(t_{m+\varepsilon}, q_1^{(\alpha)}) - \mathbf{x}^{(0)}(t_{m+\varepsilon})] < 0, \mathbf{n}_{\partial\Omega_{ij}} \to \Omega_\alpha.$$

从对 $\hbar_\alpha$ 的定义得到

当 $\mathbf{n}_{\partial\Omega_{ij}} \to \Omega_\beta$ 时, $\hbar_\alpha = 1$ 和当 $\mathbf{n}_{\partial\Omega_{ij}} \to \Omega_\alpha$ 时, $\hbar_\alpha = -1.$

如果在 α 一侧的源流中的一个边界流 $\mathbf{x}^{(0)}$ 不能切换成去流 $\mathbf{x}^{(\alpha)}$, 那么得到方程 (4.145) 中的条件, 反之亦然.

(iii) 以类似的方法, 由定义可知, 边界流 $\mathbf{x}^{(0)}$ 能通过边界流障碍的条件为 [224]

$$\mathbf{n}_{\partial\Omega_{ij}}^{\mathrm{T}}(\mathbf{x}^{(0)}(t_{m+\varepsilon})) \cdot [\mathbf{x}^{(0\succ 0_\alpha)}(t_{m+\varepsilon}, q_1^{(\alpha)}) - \mathbf{x}^{(0)}(t_{m+\varepsilon})] < 0, \mathbf{n}_{\partial\Omega_{ij}} \to \Omega_\beta,$$

$$\mathbf{n}_{\partial\Omega_{ij}}^{\mathrm{T}}(\mathbf{x}^{(0)}(t_{m+\varepsilon})) \cdot [\mathbf{x}^{(0\succ 0_\alpha)}(t_{m+\varepsilon}, q_1^{(\alpha)}) - \mathbf{x}^{(0)}(t_{m+\varepsilon})] > 0, \mathbf{n}_{\alpha\Omega_{ij}} \to \Omega_\alpha.$$

如果在 α 一侧的源流中的一个边界流 $\mathbf{x}^{(0)}$ 能切换成去流 $\mathbf{x}^{(\alpha)}$, 那么得到方程 (4.146) 中的条件, 反之亦然. 定理得证. ∎

对于具有高级奇异性的边界流障碍下面给出了边界流的可切换性条件.

定理 4.10 对于方程 (4.1) 中的不连续动力系统, t_m 时刻在两个相邻域 Ω_α ($\alpha = i, j$) 的边界上存在一点 $\mathbf{x}^{(0)}(t_m) \equiv \mathbf{x}_m \in \partial\Omega_{ij}$. 假定在边界 $\partial\Omega_{ij}$ 的 α 一侧 ($m_\alpha : m_\beta$) 型源流中, 存在一个边界流障碍向量场 $\mathbf{F}^{(0\succ 0_\alpha)}(\mathbf{x}^{(\alpha)}, t, \boldsymbol{\pi}_\alpha, q^{(\alpha)})$, $q^{(\alpha)} \in [q_1^{(\alpha)}, q_2^{(\alpha)}]$, 并且

$$G_{\partial\Omega_{ij}}^{(s_\alpha, 0\succ 0_\alpha)}(\mathbf{x}_m, q_\sigma^{(\alpha)}) = 0, \quad s_\alpha = 0, 1, \cdots, m_\alpha - 1;$$

$$0 \in (\hbar_\alpha G_{\partial\Omega_{ij}}^{(m_\alpha, 0\succ 0_\alpha)}(\mathbf{x}_m, q_2^{(\alpha)}), \hbar_\alpha G_{\partial\Omega_{ij}}^{(m_\alpha, 0\succ 0_\alpha)}(\mathbf{x}_m, q_1^{(\alpha)})) \subset \mathscr{R}. \tag{4.147}$$

在 ($m_\alpha : m_\beta$) 型源流中, 两个可能的去流满足

$$G_{\partial\Omega_{ij}}^{(s_\alpha, \alpha)}(\mathbf{x}_m, t_{m+}) = 0, \quad s_\alpha = 0, 1, \cdots, m_\alpha - 1;$$

$$G_{\partial\Omega_{ij}}^{(s_\beta, \beta)}(\mathbf{x}_m, t_{m+}) = 0, \quad s_\beta = 0, 1, \cdots, m_\beta - 1; \tag{4.148}$$

$$\hbar_\alpha G_{\partial\Omega_{ij}}^{(m_\alpha, \alpha)}(\mathbf{x}_m, t_{m+}) < 0 \text{ 且, } \hbar_\alpha G_{\partial\Omega_{ij}}^{(m_\beta, \beta)}(\mathbf{x}_m, t_{m+}) > 0.$$

(i) 在边界 α 一侧 ($m_\alpha : m_\beta$) 型源流中, 一个边界流 $\mathbf{x}^{(0)}$ 不能切换成去流 $\mathbf{x}^{(\alpha)}$, 当且仅当

$$\hbar_\alpha G_{\partial\Omega_{ij}}^{(m_\alpha,0\succ 0_\alpha)}(\mathbf{x}_m,q_1^{(\alpha)}) > 0 \text{ 且 } \hbar_\alpha G_{\partial\Omega_{ij}}^{(m_\alpha,0\succ 0_\alpha)}(\mathbf{x}_m,q_2^{(\alpha)}) < 0, \qquad (4.149)$$

(ii) 在 α 一侧 $(m_\alpha : m_\beta)$ 型源流中, 一个边界流 $\mathbf{x}^{(0)}$ 不能切换成去流 $\mathbf{x}^{(\alpha)}$, 当且仅当

$$
\begin{aligned}
&G_{\partial\Omega_{ij}}^{(s_\alpha,0\succ 0_\alpha)}(\mathbf{x}_m,q_1^{(\alpha)}) = 0, \quad s_\alpha = m_\alpha, m_\alpha+1,\cdots,l_\alpha-1; \\
&\hbar_\alpha G_{\partial\Omega_{ij}}^{(l_\alpha,0\succ 0_\alpha)}(\mathbf{x}_m,q_1^{(\alpha)}) > 0 \text{ 且 } \hbar_\alpha G_{\partial\Omega_{ij}}^{(m_\alpha,0\succ 0_\alpha)}(\mathbf{x}_m,q_2^{(\alpha)}) < 0.
\end{aligned}
\qquad (4.150)
$$

(iii) 在 α 一侧 $(m_\alpha : m_\beta)$ 型源流中, 一个边界流 $\mathbf{x}^{(0)}$ 能切换成去流 $\mathbf{x}^{(\alpha)}$, 当且仅当

[225]
$$
\begin{aligned}
&G_{\partial\Omega_{ij}}^{(s_\alpha,0\succ 0_\alpha)}(\mathbf{x}_m,q_1^{(\alpha)}) = 0, \quad s_\alpha = m_\alpha, m_\alpha+1,\cdots,l_\alpha-1; \\
&\hbar_\alpha G_{\partial\Omega_{ij}}^{(l_\alpha,0\succ 0_\alpha)}(\mathbf{x}_m,q_1^{(\alpha)}) < 0 \text{ 且 } \hbar_\alpha G_{\partial\Omega_{ij}}^{(m_\alpha,0\succ 0_\alpha)}(\mathbf{x}_m,q_2^{(\alpha)}) < 0.
\end{aligned}
\qquad (4.151)
$$

证明　(i) 根据定义 4.24, 得到了方程 (4.148) 的充要条件.

(ii) 通过一个虚构的流 $\mathbf{x}^{(0\succ 0_\alpha)}(t)$, 引入边界流障碍的一个辅助流. 对于 $\mathbf{x}^{(0\succ 0_\alpha)}(t_{m\pm}) = \mathbf{x}^{(0)}(t_{m\pm})$, G-函数的定义为

$$
\begin{aligned}
&\mathbf{n}_{\partial\Omega_{ij}}^{\mathrm{T}}(\mathbf{x}^{(0)}(t_{m+\varepsilon})) \cdot [\mathbf{x}^{(0\succ 0_\alpha)}(t_{m+\varepsilon}) - \mathbf{x}^{(0)}(t_{m+\varepsilon})] \\
&= \sum_{s_\alpha=0}^{m_\alpha-1} G_{\partial\Omega_{ij}}^{(s_\alpha,0\succ 0_\alpha)}(\mathbf{x}_m,t_{m+},q_1^{(\alpha)})\varepsilon^{s_\alpha+1} \\
&\quad + \sum_{s_\alpha=m_\alpha}^{l_\alpha-1} \frac{1}{s_\alpha!} G_{\partial\Omega_{ij}}^{(s_\alpha,0\succ 0_\alpha)}(\mathbf{x}_m,t_{m+},q_1^{(\alpha)})\varepsilon^{s_\alpha+1} \\
&\quad + \frac{1}{(l_\alpha+1)!} G_{\partial\Omega_{ij}}^{(l_\alpha,0\succ 0_\alpha)}(\mathbf{x}_m,t_{m+},q_1^{(\alpha)})\varepsilon^{l_\alpha+1} + o(\varepsilon^{l_\alpha+1}).
\end{aligned}
$$

由于

$$
\begin{aligned}
&G_{\partial\Omega_{ij}}^{(s_\alpha,0\succ 0_\alpha)}(\mathbf{x}_m,t_{m\pm},q_1^{(\alpha)}) = 0, \quad s_\alpha = 0,1,\cdots,m_\alpha-1; \\
&G_{\partial\Omega_{ij}}^{(s_\alpha,0\succ 0_\alpha)}(\mathbf{x}_m,q_1^{(\alpha)}) = 0, \quad s_\alpha = m_\alpha, m_\alpha+1,\cdots,l_\alpha-1,
\end{aligned}
$$

得到

$$
\begin{aligned}
&\mathbf{n}_{\partial\Omega_{ij}}^{\mathrm{T}}(\mathbf{x}^{(0)}(t_{m+})) \cdot [\mathbf{x}^{(0)}(t_{m+\varepsilon}) - \mathbf{x}^{(0\succ 0_\alpha)}(t_{m+\varepsilon})] \\
&= -\frac{1}{(l_\alpha+1)!} G_{\partial\Omega_{ij}}^{(l_\alpha,0\succ 0_\alpha)}(\mathbf{x}_m,q_1^{(\alpha)})\varepsilon^{l_\alpha+1}.
\end{aligned}
$$

由定义可知, 边界流 $\mathbf{x}^{(0)}(t)$ 不能通过边界流障碍的条件为

$$\mathbf{n}_{\partial\Omega_{ij}}^{\mathrm{T}}(\mathbf{x}^{(0)}(t_{m+\varepsilon})) \cdot [\mathbf{x}^{(0)}(t_{m+\varepsilon}) - \mathbf{x}^{(0\succ 0_\alpha)}(t_{m+\varepsilon})] < 0, \mathbf{n}_{\partial\Omega_{ij}} \to \Omega_\beta,$$

$$\mathbf{n}_{\partial\Omega_{ij}}^{\mathrm{T}}(\mathbf{x}^{(0)}(t_{m+\varepsilon})) \cdot [\mathbf{x}^{(0)}(t_{m+\varepsilon}) - \mathbf{x}^{(0\succ 0_\alpha)}(t_{m+\varepsilon})] > 0, \mathbf{n}_{\partial\Omega_{ij}} \to \Omega_\alpha.$$

根据对 $\hbar_\alpha$ 的定义得到,

$$\text{当 } \mathbf{n}_{\partial\Omega_{ij}} \to \Omega_\beta \text{ 时, } \hbar_\alpha = 1 \text{ 和当 } \mathbf{n}_{\partial\Omega_{ij}} \to \Omega_\alpha \text{ 时, } \hbar_\alpha = -1$$

最后, 得到方程 (4.150). 另一方面, 在方程 (4.150) 的条件下, 在 α 一侧 $(m_\alpha : m_\beta)$ 型源流中一个边界流 $\mathbf{x}^{(0)}$ 不能切换成去流 $\mathbf{x}^{(\alpha)}$

(iii) 以类似的方法, 由定义可知, 边界流 $\mathbf{x}^{(0)}(t)$ 能通过边界流障碍的条件为

$$\mathbf{n}_{\partial\Omega_{ij}}^{\mathrm{T}}(\mathbf{x}^{(0)}(t_{m+\varepsilon})) \cdot [\mathbf{x}^{(0)}(t_{m+\varepsilon}) - \mathbf{x}^{(0\succ 0_\alpha)}(t_{m+\varepsilon})] > 0, \mathbf{n}_{\partial\Omega_{ij}} \to \Omega_\beta,$$ [226]

$$\mathbf{n}_{\partial\Omega_{ij}}^{\mathrm{T}}(\mathbf{x}^{(0)}(t_{m+\varepsilon})) \cdot [\mathbf{x}^{(0)}(t_{m+\varepsilon}) - \mathbf{x}^{(0\succ 0_\alpha)}(t_{m+\varepsilon})] < 0, \mathbf{n}_{\partial\Omega_{ij}} \to \Omega_\alpha.$$

如果在 α 一侧 $(m_\alpha : m_\beta)$ 型源流中一个边界流 $\mathbf{x}^{(0)}$ 能切换成去流 $\mathbf{x}^{(\alpha)}$, 那么可以得到方程 (4.151) 的条件, 反之亦然. 定理得证. ∎

4.3.2 去流障碍

与 $(2k_\alpha : 2k_\beta)$ 型汇流中的来流相似, 可以描述 $(m_\alpha : m_\beta)$ 型源流中的去流. 下面内容将讨论源流中的去流障碍.

定义 4.31 对于方程 (4.1) 中的不连续动力系统, t_m 时刻在两个相邻域 Ω_α $(\alpha = i, j)$ 的边界上存在一点 $\mathbf{x}^{(0)}(t_m) \equiv \mathbf{x}_m \in \partial\Omega_{ij}$. 在边界 $\partial\Omega_{ij}$ 上有一个向量场 $\mathbf{F}^{(0\succ 0_\alpha)}(\mathbf{x}^{(\alpha)}, t, \boldsymbol{\pi}_\alpha, q^{(\alpha)})$, $q \in [q_1, q_2]$, 并且

$$\hbar_\alpha G_{\partial\Omega_{ij}}^{(0\succ\alpha)}(\mathbf{x}_m, q^{(\alpha)}) \in [\hbar_\alpha G_{\partial\Omega_{ij}}^{(0\succ\alpha)}(\mathbf{x}_m, q_2^{(\alpha)}), \hbar_\alpha G_{\partial\Omega_{ij}}^{(0\succ\alpha)}(\mathbf{x}_m, q_1^{(\alpha)})]$$

$$\subset (-\infty, 0]. \tag{4.152}$$

在源流中两个可能的去流满足

$$\hbar_\alpha G_{\partial\Omega_{ij}}^{(\alpha)}(\mathbf{x}_m, t_{m+}) < 0 \text{ 且 } \hbar_\alpha G_{\partial\Omega_{ij}}^{(\beta)}(\mathbf{x}_m, t_{m+}) > 0 \tag{4.153}$$

$(\alpha, \beta \in \{i, j\}$ 且 $\alpha \neq \beta)$. 如果满足上述条件, 向量场 $\mathbf{F}^{(0\succ\alpha)}(\mathbf{x}^{(\alpha)}, t, \boldsymbol{\pi}_\alpha, q^{(\alpha)})$ 称为在边界 α 一侧源流中的去流障碍. 边界上的向量场 $\mathbf{F}^{(0\succ\alpha)}(\mathbf{x}^{(\alpha)}, t, \boldsymbol{\pi}_\alpha, q_\sigma^{(\alpha)})$ $(\sigma = 1, 2)$ 的两个临界值为 α 一侧去流障碍的上下限.

(i) 如果满足

$$\mathbf{x}^{(\alpha)}(t_{m+}) = \mathbf{x}^{(0\succ\alpha)}(t_{m\pm}, q^{(\alpha)}) = \mathbf{x}_m,$$

$$\hbar_\alpha G^{(\alpha)}_{\partial\Omega_{ij}}(\mathbf{x}_m, t_{m+}) \in (\hbar_\alpha G^{(0\succ\alpha)}_{\partial\Omega_{ij}}(\mathbf{x}_m, q_2^{(\alpha)}), \hbar_\alpha G^{(0\succ\alpha)}_{\partial\Omega_{ij}}(\mathbf{x}_m, q_1^{(\alpha)})). \tag{4.154}$$

边界 α 一侧去流 $\mathbf{x}^{(\alpha)}$ 不能离开边界.

(ii) 如果满足

[227]　$\mathbf{x}^{(\alpha)}(t_{m+}) = \mathbf{x}^{(0\succ\alpha)}(t_{m\pm}, q_\sigma^{(\alpha)}) = \mathbf{x}_m,$

$$G^{(s_\alpha,\alpha)}_{\partial\Omega_{ij}}(\mathbf{x}_m, t_{m+}) = G^{(s_\alpha,0\succ\alpha)}_{\partial\Omega_{ij}}(\mathbf{x}_m, q_\sigma^{(\alpha)}) \neq 0, \quad s_\alpha = 0, 1, 2, \cdots, l_\alpha; \tag{4.155}$$

$$(-1)^\sigma \hbar_\alpha \mathbf{n}^{\mathrm{T}}_{\partial\Omega_{ij}}(\mathbf{x}^{(0)}(t_{m+\varepsilon})) \cdot [\mathbf{x}^{(\alpha)}(t_{m+\varepsilon}) - \mathbf{x}^{(0\succ\alpha)}(t_{m+\varepsilon}, q_\sigma^{(\alpha)})] > 0.$$

在 α 一侧的临界点处 (即 $q^{(\alpha)} = q_\sigma^{(\alpha)}$, $\sigma \in \{1,2\}$), 去流 $\mathbf{x}^{(\alpha)}$ 不能离开边界.

(iii) 如果满足

$$\mathbf{x}^{(\alpha)}(t_{m+}) = \mathbf{x}^{(0\succ\alpha)}(t_{m\pm}, q_\sigma^{(\alpha)}) = \mathbf{x}_m,$$

$$G^{(s_\alpha,\alpha)}_{\partial\Omega_{ij}}(\mathbf{x}_m, t_{m+}) = G^{(s_\alpha,0\succ\alpha)}_{\partial\Omega_{ij}}(\mathbf{x}_m, q_\sigma^{(\alpha)}) \neq 0, \quad s_\alpha = 0, 1, 2, \cdots, l_\alpha; \tag{4.156}$$

$$(-1)^\sigma \hbar_\alpha \mathbf{n}^{\mathrm{T}}_{\partial\Omega_{ij}}(\mathbf{x}^{(0)}(t_{m+\varepsilon})) \cdot [\mathbf{x}^{(\alpha)}(t_{m+\varepsilon}) - \mathbf{x}^{(0\succ\alpha)}(t_{m+\varepsilon}, q_\sigma^{(\alpha)})] < 0.$$

在 α 一侧的临界点处 (即 $q^{(\alpha)} = q_\sigma^{(\alpha)}$, $\sigma \in \{1,2\}$), 去流 $\mathbf{x}^{(\alpha)}$ 能够离开边界.

定义 4.32　对于方程 (4.1) 中的不连续动力系统, t_m 时刻在两个相邻域 Ω_α $(\alpha = i, j)$ 的边界上存在一点 $\mathbf{x}^{(0)}(t_m) \equiv \mathbf{x}_m \in \partial\Omega_{ij}$. 在边界 $\partial\Omega_{ij}$ 上存在一个向量场 $\mathbf{F}^{(0\succ\alpha)}(\mathbf{x}^{(\alpha)}, t, \boldsymbol{\pi}_\alpha, q^{(\alpha)})$, $q \in [q_1, q_2]$, 并且

$$G^{(s_\alpha,0\succ\alpha)}_{\partial\Omega_{ij}}(\mathbf{x}_m, q^{(\alpha)}) = 0, \quad s_\alpha = 0, 1, \cdots, m_\alpha - 1;$$

$$G^{(m_\alpha,0\succ\alpha)}_{\partial\Omega_{ij}}(\mathbf{x}_m, q^{(\alpha)}) \in [\hbar_\alpha G^{(m_\alpha,0\succ\alpha)}_{\partial\Omega_{ij}}(\mathbf{x}_m, q_2^{(\alpha)}), \hbar_\alpha G^{(m_\alpha,0\succ\alpha)}_{\partial\Omega_{ij}}(\mathbf{x}_m, q_1^{(\alpha)})]$$

$$\subset (-\infty, 0] \tag{4.157}$$

$(\alpha, \beta \in \{i, j\}$ 且 $\alpha \neq \beta)$. 在 $(m_\alpha : m_\beta)$ 型源流中的去流满足

$$G^{(s_\alpha,\alpha)}_{\partial\Omega_{ij}}(\mathbf{x}_m, t_{m+}) = 0, \quad s_\alpha = 0, 1, \cdots, m_\alpha - 1;$$

$$G^{(s_\beta,\beta)}_{\partial\Omega_{ij}}(\mathbf{x}_m, t_{m+}) = 0, \quad s_\beta = 0, 1, \cdots, m_\beta - 1; \tag{4.158}$$

$$\hbar_\alpha G^{(m_\alpha,\alpha)}_{\partial\Omega_{ij}}(\mathbf{x}_m, t_{m+}) < 0 \text{ 且 } \hbar_\alpha G^{(m_\beta,\beta)}_{\partial\Omega_{ij}}(\mathbf{x}_m, t_{m+}) > 0.$$

如果满足上述条件, 向量场 $\mathbf{F}^{(0\succ\alpha)}(\mathbf{x}^{(\alpha)}, t, \boldsymbol{\pi}_\alpha, q^{(\alpha)})$ 为边界 α 一侧 $(m_\alpha : m_\beta)$ 型源流中的去流障碍. 向量场 $\mathbf{F}^{(0\succ\alpha)}(\mathbf{x}^{(\alpha)}, t, \boldsymbol{\pi}_\alpha, q_\sigma^{(\alpha)})$ $(\sigma = 1, 2)$ 的两个临界值为 α 一侧 $(m_\alpha : m_\beta)$ 型源流中的去流障碍的上下限.

(i) 如果满足

$$\mathbf{x}^{(\alpha)}(t_{m+}) = \mathbf{x}^{(0\succ\alpha)}(t_{m\pm}, q^{(\alpha)}) = \mathbf{x}_m,$$

$$G_{\partial\Omega_{ij}}^{(m_\alpha,\alpha)}(\mathbf{x}_m, t_{m+}) \in (\hbar_\alpha G_{\partial\Omega_{ij}}^{(m_\alpha,0\succ\alpha)}(\mathbf{x}_m, q_2^{(\alpha)}), \hbar_\alpha G_{\partial\Omega_{ij}}^{(m_\alpha,0\succ\alpha)}(\mathbf{x}_m, q_1^{(\alpha)})).$$

[228]

$$(4.159)$$

在 α 一侧 $(m_\alpha : m_\beta)$ 型源流中, 去流 $\mathbf{x}^{(\alpha)}$ 不能离开边界.

(ii) 如果满足

$$\mathbf{x}^{(\alpha)}(t_{m+}) = \mathbf{x}^{(0\succ\alpha)}(t_{m\pm}, q_\sigma^{(\alpha)}) = \mathbf{x}_m,$$

$$G_{\partial\Omega_{ij}}^{(s_\alpha,\alpha)}(\mathbf{x}_m, t_{m+}) = G_{\partial\Omega_{ij}}^{(s_\alpha,0\succ\alpha)}(\mathbf{x}_m, q_\sigma^{(\alpha)}) \neq 0,$$

$$s_\alpha = m_\alpha, m_\alpha + 1, \cdots, l_\alpha;$$

$$(-1)^\sigma \hbar_\alpha \mathbf{n}_{\partial\Omega_{ij}}^{\mathrm{T}}(\mathbf{x}^{(0)}(t_{m+\varepsilon})) \cdot [\mathbf{x}^{(\alpha)}(t_{m+\varepsilon}) - \mathbf{x}^{(0\succ\alpha)}(t_{m+\varepsilon}, q_\sigma^{(\alpha)})] > 0. \quad (4.160)$$

在 α 一侧临界点处 (即 $q^{(\alpha)} = q_\sigma^{(\alpha)}$, $\sigma \in \{1, 2\}$), $(m_\alpha : m_\beta)$ 型源流中的去流 $\mathbf{x}^{(\alpha)}$ 不能离开边界.

(iii) 如果满足

$$\mathbf{x}^{(\alpha)}(t_{m+}) = \mathbf{x}^{(0\succ\alpha)}(t_{m\pm}, q_\sigma^{(\alpha)}) = \mathbf{x}_m,$$

$$G_{\partial\Omega_{ij}}^{(s_\alpha,\alpha)}(\mathbf{x}_m, t_{m+}) = G_{\partial\Omega_{ij}}^{(s_\alpha,0\succ\alpha)}(\mathbf{x}_m, q_\sigma^{(\alpha)}) \neq 0,$$

$$s_\alpha = m_\alpha, m_\alpha + 1, \cdots, l_\alpha;$$

$$(-1)^\sigma \hbar_\alpha \mathbf{n}_{\partial\Omega_{ij}}^{\mathrm{T}}(\mathbf{x}^{(0)}(t_{m+\varepsilon})) \cdot [\mathbf{x}^{(\alpha)}(t_{m+\varepsilon}) - \mathbf{x}^{(0\succ\alpha)}(t_{m+\varepsilon}, q_\sigma^{(\alpha)})] < 0. \quad (4.161)$$

在 α 一侧临界点处 (即 $q^{(\alpha)} = q_\sigma^{(\alpha)}$, $\sigma \in \{1, 2\}$), $(m_\alpha : m_\beta)$ 型源流中的去流 $\mathbf{x}^{(\alpha)}$ 能够离开边界.

为了解释源流中的去流障碍, 在图 4.22 中通过 G-函数描述了边界 $\partial\Omega_{ij}$ 两侧的去流障碍. 黑色曲线表示关于每个域 Ω_α ($\alpha \in \{i, j\}$) 内流障碍的 G-函数. 粗线表示边界两侧流障碍的 G-函数. 为了显示流障碍, 将边界 $\partial\Omega_{ij}$ 的 β 一侧的 G-函数作为参照 ($\beta \in \{i, j\}, \beta \neq \alpha$). 由于源流要求在边界两侧流的 G-函数符号相反, 因此用 $-G_{\partial\Omega_{ij}}^{(\alpha)}$ 描述边界 $\partial\Omega_{ij}$ 的 α 一侧的 G-函数. 阴影 区域为放大的边界流 $\mathbf{x}^{(0)}$.

定义 4.33 对于方程 (4.1) 中的不连续动力系统, t_m 时刻在两个相邻 域 Ω_α ($\alpha = i, j$) 的边界上, 存在一点 $\mathbf{x}^{(0)}(t_m) \equiv \mathbf{x}_m \in \partial\Omega_{ij}$. 假定边界 α 一侧 $(m_\alpha : m_\beta)$ ($m_\alpha, m_\beta = 0, 1, \cdots$) 型源流中, 有一个去流障碍向量场 $\mathbf{F}^{(0\succ\alpha)}(\mathbf{x}^{(\alpha)}, t, \boldsymbol{\pi}_\alpha, q)$, $q^{(\alpha)} \in [q_1^{(\alpha)}, q_2^{(\alpha)}]$.

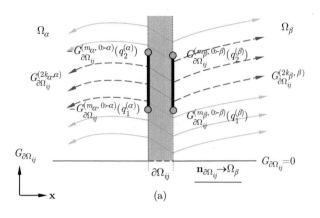

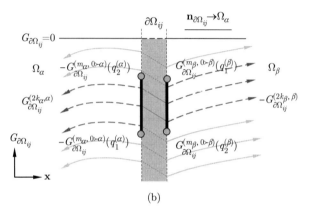

图 4.22 $(m_\alpha : m_\beta)$ 型源流中的去流障碍的 G-函数: (a) $\mathbf{n}_{\partial\Omega_{ij}} \to \Omega_\beta$ 和 (b) $\mathbf{n}_{\partial\Omega_{ij}} \to \Omega_\alpha$. 黑色虚线表示对于流障碍的 G-函数. 粗实线表示边界 $\partial\Omega_{ij}$ 的 α 一侧和 β 一侧对于流障碍的 G-函数. $G^{(2k_\alpha, 0 \succ \alpha)}_{\partial\Omega_{ij}}(q_1^{(\alpha)})$ 和 $G^{(2k_\alpha, 0 \succ \alpha)}_{\partial\Omega_{ij}}(q_2^{(\alpha)})$ 分别表示对于流障碍的下极限和上极限 $(k_\alpha \in \{0, 1, 2, \cdots\}, \alpha = i, j)$, β 一侧可类似地讨论

(i) 如果 $\mathbf{x}_m \in S \subset \partial\Omega_{ij}$, 那么称在 α 一侧的 $(m_\alpha : m_\beta)$ 型源流中的去流障碍是部分的.

(ii) 如果 $\mathbf{x}_m \in S = \partial\Omega_{ij}$, 那么称在 α 一侧的 $(m_\alpha : m_\beta)$ 型源流中的去流障碍是全部的.

[229] **定义 4.34** 对于方程 (4.1) 中的不连续动力系统, t_m 时刻在两个相邻域 Ω_α $(\alpha = i, j)$ 的边界上存在一点 $\mathbf{x}^{(0)}(t_m) \equiv \mathbf{x}_m \in \partial\Omega_{ij}$. 在边界 α 一侧 $(m_\alpha : m_\beta)$ $(m_\alpha, m_\beta \in \{0, 1, 2, \cdots\})$ 型源流中, 有一个去流障碍向量场 $\mathbf{F}^{(0 \succ \alpha)}(\mathbf{x}^{(\alpha)}, t, \boldsymbol{\pi}_\alpha, q^{(\alpha)})$, $q^{(\alpha)} \in [q_1^{(\alpha)}, q_2^{(\alpha)}]$.

(i) 对于 $\mathbf{x}_m \in S \subseteq \partial\Omega_{ij}$, 如果满足

$$\hbar_\alpha G_{\partial\Omega_{ij}}^{(2k_\alpha,0\succ\alpha)}(\mathbf{x}_m,q_1^{(\alpha)})=0_+ \text{ 且 } \hbar_\alpha G_{\partial\Omega_{ij}}^{(2k_\alpha,0\succ\alpha)}(\mathbf{x}_m,q_2^{(\alpha)})\neq-\infty \quad (4.162)$$

那么称在 α 一侧 $(m_\alpha:m_\beta)$ 型源流中的去流障碍具有上限.

(ii) 对于 $\mathbf{x}_m \in S \subseteq \partial\Omega_{ij}$, 如果满足 [230]

$$\hbar_\alpha G_{\partial\Omega_{ij}}^{(m_\alpha,0\succ\alpha)}(\mathbf{x}_m,q_1^{(\alpha)})<0 \text{ 且 } \hbar_\alpha G_{\partial\Omega_{ij}}^{(m_\alpha,0\succ\alpha)}(\mathbf{x}_m,q_2^{(\alpha)})\to-\infty. \quad (4.163)$$

那么称在 α 一侧 $(m_\alpha:m_\beta)$ 型源流中的去流障碍具有下限.

(iii) 对于 $\mathbf{x}_m \in S \subseteq \partial\Omega_{ij}$, 如果满足

$$\hbar_\alpha G_{\partial\Omega_{ij}}^{(m_\alpha,0\succ\alpha)}(\mathbf{x}_m,q_1^{(\alpha)})=0_+ \text{ 且 } \hbar_\alpha G_{\partial\Omega_{ij}}^{(m_\alpha,0\succ\alpha)}(\mathbf{x}_m,q_2^{(\alpha)})\to-\infty. \quad (4.164)$$

那么称在 α 一侧 $(m_\alpha:m_\beta)$ 型源流中的去流障碍是绝对的.

(iv) 对于 $\mathbf{x}_m \in S = \partial\Omega_{ij}$, 如果绝对的去流障碍存在, 那么称在 α 一侧 $(m_\alpha:m_\beta)$ 型源流中的去流障碍为去流障碍墙.

(v) 如果边界 $\partial\Omega_{ij}$ 的 α 一侧有许多部分的流障碍和许多非流障碍, 那么称在边界 α 一侧 $(m_\alpha:m_\beta)$ 型源流中的流障碍为去流障碍栅栏.

定义 4.35　对于方程 (4.1) 中的不连续动力系统, t_m 时刻在两个相邻域 Ω_α $(\alpha=i,j)$ 的边界上存在一点 $\mathbf{x}^{(0)}(t_m)\equiv\mathbf{x}_m\in\partial\Omega_{ij}$. $(m_\alpha:m_\beta)$ 型源流中的去流满足方程 (4.158). 假定在边界 α 一侧 $(m_\alpha:m_\beta)$ 型源流中, 有一个去流障碍 $\mathbf{F}^{(0\succ\alpha)}(\mathbf{x}^{(\alpha)},t,\boldsymbol{\pi}_\alpha,q^{(\alpha)})$ $(m_\alpha,m_\beta\in\{0,1,2,\cdots\})$, 并且

$$\hbar_\alpha G_{\partial\Omega_{ij}}^{(s_\alpha,0\succ\alpha)}(\mathbf{x}_m,q^{(\alpha)})=0, \quad s_\alpha=0,1,2,\cdots;$$
$$\hbar_\alpha G_{\partial\Omega_{ij}}^{(m_\alpha,0\succ\alpha)}(\mathbf{x}_m,q^{(\alpha)})\in[\hbar_\alpha G_{\partial\Omega_{ij}}^{(m_\alpha,0\succ\alpha)}(\mathbf{x}_m,q_{2n-1}^{(\alpha)}),\hbar_\alpha G_{\partial\Omega_{ij}}^{(m_\alpha,0\succ\alpha)}(\mathbf{x}_m,q_{2n}^{(\alpha)})],$$
$$(4.165)$$

其中 $\mathbf{x}_m \in S \subseteq \partial\Omega_{ij}$ 和 $q^{(\alpha)}\in[q_{2n-1}^{(\alpha)},q_{2n}^{(\alpha)}]$ $(n=1,2,\cdots)$. 对于 $q^{(\alpha)}\in(q_{2n}^{(\alpha)},q_{2n+1}^{(\alpha)})$, 在 $\mathbf{x}_m\in S\subseteq\partial\Omega_{ij}$ 处没有去流障碍. 因此, 如果满足

$$\hbar_\alpha G_{\partial\Omega_{ij}}^{(s_\alpha,0\succ\alpha)}(\mathbf{x}_m,q_\sigma^{(\alpha)})=0, \quad s_\alpha=0,1,2,\cdots;$$
$$\hbar G_{\partial\Omega_{ij}}^{(m_\alpha,\alpha)}(\mathbf{x}_m,t_{m+})\in(\hbar_\alpha G_{\partial\Omega_{ij}}^{(m_\alpha,0\succ\alpha)}(\mathbf{x}_m,q_{2n}^{(\alpha)}),\hbar_\alpha G_{\partial\Omega_{ij}}^{(m_\alpha,0\succ\alpha)}(\mathbf{x}_m,q_{2n+1}^{(\alpha)})).$$
$$(4.166)$$

那么称 α 一侧去流 $\mathbf{x}^{(\alpha)}$ 能直接地离开边界, 其中 $\sigma=2n,2n+1$. 对所有 $\mathbf{x}_m\in S\subseteq\partial\Omega_{ij}$, $q^{(\alpha)}\in(q_{2n}^{(\alpha)},q_{2n+1}^{(\alpha)})$, G-函数区间称为边界 α 一侧 $(m_\alpha:m_\beta)$ [231] 型源流中的去流障碍的窗口.

以类似的方法, 在图 4.23 中描述了边界 $\partial\Omega_{ij}$ 两侧 $(m_\alpha:m_\beta)$ 型源流中部分的和全部的去流障碍, $\mathbf{x}_m\in S\subseteq\partial\Omega_{ij}$, 并且在边界的 α 一侧和 β 一侧用两种不同颜色的表面表示. 两个去流障碍是不同的. 为了可以清晰地表示, 用

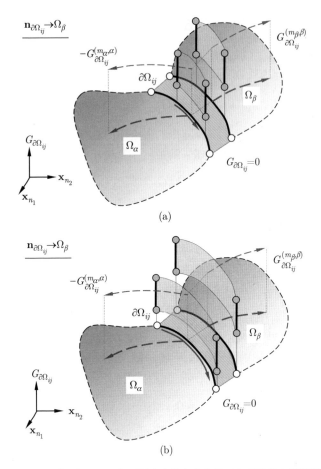

图 4.23　边界 $\partial\Omega_{ij}$ 两侧 $(m_\alpha : m_\beta)$ 型源流中的去流障碍: (a) 部分的去流障碍 (b) 全部的去
流障碍. 上方带有箭头的曲线表示对于流障碍的 G-函数. 两个竖向面表示流障碍面. 阴
影区域是放大的边界. 下方带有箭头的曲线表示来流 $(m_\alpha, m_\beta \in \{0, 1, 2, \cdots\})$

边界 $\partial\Omega_{ij}$ 的 β 一侧的 G-函数作为参照, 用 $-G^{(\beta)}_{\partial\Omega_{ij}}$ 表示边界 $\partial\Omega_{ij}$ 的 α 一
侧的 G-函数. $(m_\alpha : m_\beta)$ 型源流中的无穷大去流障碍如图 4.24 所示.

[232]　　**定义 4.36**　对于方程 (4.1) 中的不连续动力系统, t_m 时刻在两个相邻
域 Ω_α $(\alpha = i, j)$ 的边界上存在一点 $\mathbf{x}^{(0)}(t_m) \equiv \mathbf{x}_m \in \partial\Omega_{ij}$. $(m_\alpha : m_\beta)$ 型
源流中的去流满足方程 (4.158). 假定边界 α 一侧 $(m_\alpha : m_\beta)$ $(m_\alpha, m_\beta \in$
$\{0, 1, 2, \cdots\})$ 型源流中, 有一个去流障碍向量场 $\mathbf{F}^{(0 \succ \alpha)}(\mathbf{x}^{(\alpha)}, t, \boldsymbol{\pi}_\alpha, q^{(\alpha)})$,
$q^{(\alpha)} \in [q_1^{(\alpha)}, q_2^{(\alpha)}]$.

[233]　　(i) 如果流障碍不依赖于时间 $t \in [0, \infty)$, 那么称 (m_α, m_β) 型源流中的去
流障碍在 α 一侧是永久的.

　　(ii) 如果流障碍连续不断地依赖于时间 $t \in [0, \infty)$, 那么称 $(m_\alpha : m_\beta)$ 型

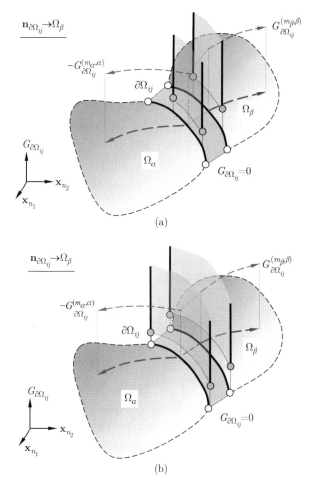

图 4.24 在边界 $\partial\Omega_{ij}$ 上, 具有下边界的 $(m_\alpha : m_\beta)$ 型源流中的无穷大去流障碍: (a) 部分的去流障碍和 (b) 全部的去流障碍. 上方带有箭头的曲线表示对于流障碍的 G-函数. 两个竖向面表示流障碍面. 阴影区域是放大的边界. 下方带有箭头的曲线表示来流 $(m_\alpha, m_\beta \in \{0, 1, 2, \cdots\})$

源流中的去流障碍在 α 一侧是瞬时的.

(iii) 如果流障碍仅存在于时间 $t \in [t_k, t_{k+1}]$ $(k \in \mathbf{Z})$, 那么称 $(m_\alpha : m_\beta)$ 型源流中的去流障碍在 α 一侧是间歇出现的.

(iv) 如果流障碍不依赖于时间 $t \in [t_k, t_{k+1}]$ $(k \in \mathbf{Z})$, 那么称 $(m_\alpha : m_\beta)$ 型源流中的去流障碍在该时间段内在 α 一侧是静态的, 并随着时间窗口的变化是间歇出现的.

类似地, 可以讨论边界上源流中去流障碍的永久和瞬时窗口. 进一步, 还可定义边界上去流障碍墙的门的概念.

定义 4.37　对于方程 (4.1) 中的不连续动力系统, t_m 时刻在两个相邻域 Ω_α $(\alpha = i, j)$ 的边界上存在一点 $\mathbf{x}^{(0)}(t_m) \equiv \mathbf{x}_m \in \partial\Omega_{ij}$. $(m_\alpha : m_\beta)$ 型源流中的去流满足方程 (4.158). 假定在边界 α 一侧 $(m_\alpha : m_\beta)$ $(m_\alpha, m_\beta \in \{0, 1, 2, \cdots\})$ 型源流中, 有一个去流障碍向量场 $\mathbf{F}^{(0 \succ \alpha)}(\mathbf{x}^{(\alpha)}, t, \boldsymbol{\pi}_\alpha, q^{(\alpha)})$, $q^{(\alpha)} \in [q_{2n-1}^{(\alpha)}, q_{2n}^{(\alpha)}], n = 1, 2, \cdots$, 并且存在去流障碍窗口 $S \subset \partial\Omega_{ij}$ 和 $q^{(\alpha)} \in [q_{2n}^{(\alpha)}, q_{2n+1}^{(\alpha)}]$.

(i) 如果窗口不依赖于时间 $t \in [0, +\infty)$, 那么称 $(m_\alpha : m_\beta)$ 型源流中的去流障碍窗口在 α 一侧是永久的.

(ii) 如果窗口连续不断地依赖于时间 $t \in [0, \infty)$, 那么称 $(m_\alpha : m_\beta)$ 型源流中的去流障碍窗口在 α 一侧是瞬时的.

(iii) 如果窗口仅存在于时间 $t \in [t_k, t_{k+1}]$ $(k \in \mathbf{Z})$, 那么称 $(m_\alpha : m_\beta)$ 型源流中的去流障碍窗口在 α 一侧是间歇出现的.

(iv) 如果窗口不依赖于时间 $t \in [t_k, t_{k+1}]$ $(k \in \mathbf{Z})$, 那么称 $(m_\alpha : m_\beta)$ 型源流中的去流障碍窗口在该时间段内在 α 一侧是静态的, 并随着时间窗口的变化是间歇出现的.

定义 4.38　对于方程 (4.1) 中的不连续动力系统, t_m 时刻在两个相邻域 Ω_α $(\alpha = i, j)$ 的边界上存在一点 $\mathbf{x}^{(0)}(t_m) \equiv \mathbf{x}_m \in \partial\Omega_{ij}$. 在边界 α 一侧上第 $(m_\alpha : m_\beta)$ 型 $(m_\alpha, m_\beta \in \{0, 1, 2, \cdots\})$ 源流中, 有一个去流障碍向量场 $\mathbf{F}^{(\alpha \succ 0)}(\mathbf{x}^{(\alpha)}, t, \boldsymbol{\pi}_\alpha, q^{(\alpha)})$, $q^{(\alpha)} \in [q_1^{(\alpha)}, q_2^{(\alpha)}]$. 假定在边界 α 一侧源流中存在一个去流障碍墙, 并且在 $S \subset \partial\Omega_{ij}$ 上, 对 $q^{(\alpha)} \in [q_1^{(\alpha)}, q_2^{(\alpha)}]$, $t \in [t_k, t_{k+1}]$ [234] $(k \in \mathbf{Z})$, 去流障碍上有一个间歇出现的静态窗口.

(i) 如果窗口和流障碍交替存在, 那么去流障碍的窗口为边界 α 一侧 $(m_\alpha : m_\beta)$ 型源流中的去流障碍墙的门.

(ii) 对于时间 $t \in [t_k, t_{k+1}]$, 如果窗口存在, 那么称 $(m_\alpha : m_\beta)$ 型源流中去流障碍的门在 α 一侧是打开的.

(iii) 对于时间 $t \in [t_{k+1}, t_{k+2}]$, 如果流障碍存在, 那么称 $(m_\alpha : m_\beta)$ 型源流中的去流障碍的门在 α 一侧是关闭的.

(iv) 对于时间 $t \in [t_k, \infty)$, 如果窗口存在, 那么称 $(m_\alpha : m_\beta)$ 型源流中的去流障碍墙的门在 α 一侧是一直打开的.

(v) 对于时间 $t \in [t_{k+1}, \infty)$, 如果流障碍存在, 那么称 $(m_\alpha : m_\beta)$ 型源流中的去流障碍墙的门在 α 一侧是一直关闭的.

根据上述定义, 在图 4.25 中描述了源流中的去流障碍的窗口. 在窗口区域, 源流应该满足第二章和第三章中的条件. 边界 $\partial\Omega_{ij}$ 上 $(m_\alpha : m_\beta)$ 型源流中的去流障碍的门如图 4.26 所示. 在图 4.26(a) 中, 流障碍的门是打开的, 因此去流 $\mathbf{x}^{(\alpha)}$ 能离开边界. 然而, 在图 4.21(b) 中, 去流障碍的门是关闭的, 因此去流 $\mathbf{x}^{(\alpha)}$ 不能离开边界.

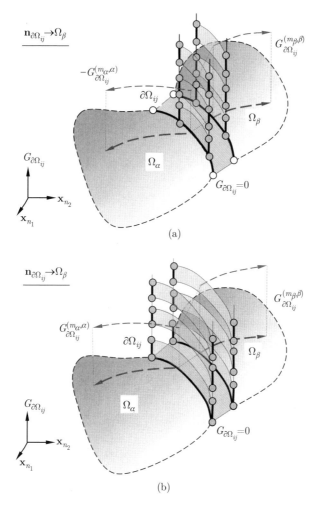

图 4.25 边界 $\partial\Omega_{ij}$ 上 $(m_\alpha : m_\beta)$ 型源流中的去流障碍的窗口: (a) 部分的去流障碍和 (b) 全部的去流障碍. 上方带有箭头的曲线表示对于流障碍的 G-函数. 两个竖向面表示流障碍面. 阴影区域是放大的边界. 下方带有箭头的曲线表示来流 $(m_\alpha, m_\beta \in \{0, 1, 2, \cdots\})$

如果在边界 α 一侧的源流中存在去流障碍并且子集为 $S \subseteq \partial\Omega_{ij}$, 那么去流 $\mathbf{x}^{(\alpha)}$ 不能离开边界, 若对于 $\mathbf{x}_m \in S \subseteq \partial\Omega_{ij}$

$$\hbar_\alpha G_{\partial\Omega_{ij}}^{(m_\alpha,\alpha)}(\mathbf{x}_m) \in (\hbar_\alpha G_{\partial\Omega_{ij}}^{(m_\alpha,0\succ\alpha)}(\mathbf{x}_m, q_2^{(\alpha)}), \hbar_\alpha G_{\partial\Omega_{ij}}^{(m_\alpha,0\succ\alpha)}(\mathbf{x}_m, q_1^{(\alpha)})). \quad (4.167)$$

在这种情况下, 边界 α 一侧的动力系统受到边界 $\partial\Omega_{ij}$ 的约束, 即

$$\dot{\mathbf{x}}^{(\alpha)} = \mathbf{F}^{(\alpha)}(\mathbf{x}^{(\alpha)}, t, \boldsymbol{\mu}_\alpha), \text{ 在 } \Omega_\alpha(\alpha = i, j) \text{ 内,}$$

$$\text{且 } \varphi_{ij}(\mathbf{x}^{(\alpha)}, t, \lambda) = 0, \text{ 在边界 } \partial\Omega_{ij} \text{ 上.} \quad (4.168)$$

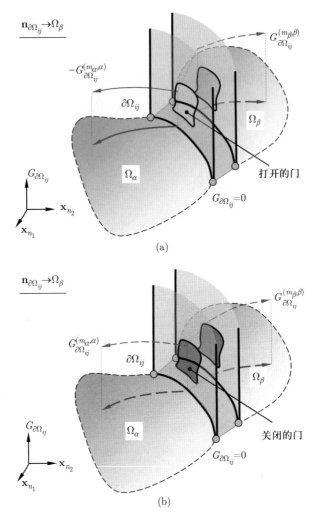

图 4.26　边界 $\partial\Omega_{ij}$ 上绝对的 $(m_\alpha : m_\beta)$ 型源流中去流障碍的门: (a) 打开的门 (b) 关闭的门. 上方带有箭头的曲线表示对于流障碍的 G-函数. 两个竖向面表示流障碍面. 阴影区域 是放大的边界. 下方带有箭头的曲线表示来流 $(m_\alpha, m_\beta \in \{0, 1, 2, \cdots\})$

　　定理 4.11　对于方程 (4.1) 中的不连续动力系统, t_m 时刻在两个相邻 域 Ω_α $(\alpha = i, j)$ 的边界上存在一点 $\mathbf{x}^{(0)}(t_m) \equiv \mathbf{x}_m \in \partial\Omega_{ij}$. 对于 $\mathbf{x}_m \in S \subseteq \partial\Omega_{ij}$, 在边界 $\partial\Omega_{ij}$ 的 α 一侧的源流中, 有一个去流障碍向量场 $\mathbf{F}^{(0\succ\alpha)}(\mathbf{x}^{(\alpha)}, t, \boldsymbol{\pi}_\alpha, q^{(\alpha)})$, $q^{(\alpha)} \in [q_1^{(\alpha)}, q_2^{(\alpha)}]$, 且

[235]
$$\hbar_\alpha G_{\partial\Omega_{ij}}^{(0\succ\alpha)}(\mathbf{x}_m, q^{(\alpha)}) \in [\hbar_\alpha G_{\partial\Omega_{ij}}^{(0\succ\alpha)}(\mathbf{x}_m, q_2^{(\alpha)}), \hbar_\alpha G_{\partial\Omega_{ij}}^{(0\succ\alpha)}(\mathbf{x}_m, q_1^{(\alpha)})]$$

$$\subset (-\infty, 0]. \tag{4.169}$$

在源流中两个可能的去流满足

$$\hbar_\alpha G^{(\alpha)}_{\partial\Omega_{ij}}(\mathbf{x}_m, t_{m+}) < 0 \text{ 且 } \hbar_\alpha G^{(\beta)}_{\partial\Omega_{ij}}(\mathbf{x}_m, t_{m+}) > 0. \tag{4.170}$$

(i) 在域 Ω_α 内去流 $\mathbf{x}^{(\alpha)}$ 不能离开边界 $\partial\Omega_{ij}$, 当且仅当 [236]

$$\hbar_\alpha G^{(\alpha)}_{\partial\Omega_{ij}}(\mathbf{x}_m, t_{m+}) \in (\hbar_\alpha G^{(0\succ\alpha)}_{\partial\Omega_{ij}}(\mathbf{x}_m, q_2), \hbar_\alpha G^{(0\succ\alpha)}_{\partial\Omega_{ij}}(\mathbf{x}_m, q_1)). \tag{4.171}$$

(ii) 在临界点 $q^{(\alpha)}_\sigma$ $(\sigma \in \{1,2\})$ 处, 在域 Ω_α 内去流 $\mathbf{x}^{(\alpha)}$ 不能离开边界 $\partial\Omega_{ij}$, 当且仅当

$$G^{(s_\alpha,\alpha)}_{\partial\Omega_{ij}}(\mathbf{x}_m, t_{m+}) = G^{(s_\alpha,0\succ\alpha)}_{\partial\Omega_{ij}}(\mathbf{x}_m, t_{m+}, q^{(\alpha)}_\sigma) \neq 0,$$ [237]

$$s_\alpha = 0, 1, \cdots, l_\alpha - 1; \tag{4.172}$$

$$(-1)^\sigma \hbar_\alpha [G^{(l_\alpha,\alpha)}_{\partial\Omega_{ij}}(\mathbf{x}_m, t_{m+}) - G^{(l_\alpha,0\succ\alpha)}_{\partial\Omega_{ij}}(\mathbf{x}_m, t_{m+}, q^{(\alpha)}_\sigma)] > 0.$$

(iii) 在临界点 $q^{(\alpha)}_\sigma$ $(\sigma \in \{1,2\})$ 处, 在域 Ω_α 内去流能够离开边界 $\partial\Omega_{ij}$, 当且仅当

$$G^{(s_\alpha,\alpha)}_{\partial\Omega_{ij}}(\mathbf{x}_m, t_{m+}) = G^{(s_\alpha,0\succ\alpha)}_{\partial\Omega_{ij}}(\mathbf{x}_m, t_{m+}, q^{(\alpha)}_\sigma) \neq 0,$$

$$s_\alpha = 0, 1, \cdots, l_\alpha - 1; \tag{4.173}$$

$$(-1)^\sigma \hbar_\alpha [G^{(l_\alpha,\alpha)}_{\partial\Omega_{ij}}(\mathbf{x}_m, t_{m+}) - G^{(l_\alpha,0\succ\alpha)}_{\partial\Omega_{ij}}(\mathbf{x}_m, t_{m+}, q^{(\alpha)}_\sigma)] < 0.$$

证明 类似于定理 4.1 的证明. ∎

定理 4.12 对于方程 (4.1) 中的不连续动力系统, t_m 时刻在两个相邻域 Ω_α $(\alpha = i, j)$ 的边界上存在一点 $\mathbf{x}^{(0)}(t_m) \equiv \mathbf{x}_m \in \partial\Omega_{ij}$. 假定在边界 $\partial\Omega_{ij}$ 的 α 一侧 $(m_\alpha : m_\beta)$ 型源流中, 有一个去流障碍向量场 $\mathbf{F}^{(0\succ\alpha)}(\mathbf{x}^{(\alpha)}, t, \boldsymbol{\pi}_\alpha, q^{(\alpha)})$, $q^{(\alpha)} \in [q^{(\alpha)}_1, q^{(\alpha)}_2]$, 并且

$$G^{(s_\alpha,0\succ\alpha)}_{\partial\Omega_{ij}}(\mathbf{x}_m, q^{(\alpha)}) = 0, \quad s_\alpha = 0, 1, \cdots, m_\alpha - 1; \tag{4.174}$$

$$\hbar_\alpha G^{(m_\alpha,0\succ\alpha)}_{\partial\Omega_{ij}}(\mathbf{x}_m, q^{(\alpha)}) \in [\hbar_\alpha G^{(m_\alpha,0\succ\alpha)}_{\partial\Omega_{ij}}(\mathbf{x}_m, q^{(\alpha)}_2), \hbar_\alpha G^{(m_\alpha,0\succ\alpha)}_{\partial\Omega_{ij}}(\mathbf{x}_m, q^{(\alpha)}_1)]$$

$$\subset (-\infty, 0]. \tag{4.175}$$

在 $(m_\alpha : m_\beta)$ 型源流中的去流满足

$$G^{(s_\alpha,\alpha)}_{\partial\Omega_{ij}}(\mathbf{x}_m, t_{m+}, \mathbf{p}_\alpha, \lambda) = 0, \quad s_\alpha = 0, 1, \cdots, m_\alpha - 1;$$

$$G^{(s_\beta,\beta)}_{\partial\Omega_{ij}}(\mathbf{x}_m, t_{m+}, \mathbf{p}_\beta, \lambda) = 0, \quad s_\beta = 0, 1, \cdots, m_\beta - 1; \tag{4.176}$$

$$\hbar_\alpha G^{(m_\alpha,\alpha)}_{\partial\Omega_{ij}}(\mathbf{x}_m, t_{m+}) < 0 \text{ 且 } \hbar_\alpha G^{(m_\beta,\beta)}_{\partial\Omega_{ij}}(\mathbf{x}_m, t_{m+}) > 0.$$

(i) 在临界点 $q^{(\alpha)}_\sigma$ $(\sigma \in \{1,2\})$ 处, 在域 Ω_α 内去流 $\mathbf{x}^{(\alpha)}$ 不能离开边界

$\partial\Omega_{ij}$, 当且仅当

$$\hbar_\alpha G^{(m_\alpha,\alpha)}_{\partial\Omega_{ij}}(\mathbf{x}_m, t_{m+}) \in (\hbar_\alpha G^{(m_\alpha,0\succ\alpha)}_{\partial\Omega_{ij}}(\mathbf{x}_m, q_2^{(\alpha)}), \hbar_\alpha G^{(m_\alpha,0\succ\alpha)}_{\partial\Omega_{ij}}(\mathbf{x}_m, q_1^{(\alpha)})).$$

$$(4.177)$$

(ii) 在域 Ω_α 内去流 $\mathbf{x}^{(\alpha)}$ 不能离开边界 $\partial\Omega_{ij}$, 当且仅当

$$G^{(s_\alpha,\alpha)}_{\partial\Omega_{ij}}(\mathbf{x}_m, t_{m+}) = G^{(s_\alpha,0\succ\alpha)}_{\partial\Omega_{ij}}(\mathbf{x}_m, q_\sigma^{(\alpha)}) \neq 0,$$

$$s_\alpha = m_\alpha, m_\alpha + 1, \cdots, l_\alpha - 1; \qquad\qquad (4.178)$$

$$(-1)^\sigma \hbar_\alpha[G^{(l_\alpha,\alpha)}_{\partial\Omega_{ij}}(\mathbf{x}_m, t_{m+}) - G^{(l_\alpha,0\succ\alpha)}_{\partial\Omega_{ij}}(\mathbf{x}_m, q_\sigma^{(\alpha)})] > 0.$$

[238]   (iii) 在临界点 $q_\sigma^{(\alpha)}$ ($\sigma \in \{1, 2\}$) 处, 在域 Ω_α 内去流 $\mathbf{x}^{(\alpha)}$ 能够离开边界 $\partial\Omega_{ij}$, 当且仅当

$$G^{(s_\alpha,\alpha)}_{\partial\Omega_{ij}}(\mathbf{x}_m, t_{m+}) = G^{(s_\alpha,0\succ\alpha)}_{\partial\Omega_{ij}}(\mathbf{x}_m, q_\sigma^{(\alpha)}) \neq 0,$$

$$s_\alpha = m_\alpha, m_\alpha + 1, \cdots, l_\alpha - 1; \qquad\qquad (4.179)$$

$$(-1)^\sigma \hbar_\alpha[G^{(l_\alpha,\alpha)}_{\partial\Omega_{ij}}(\mathbf{x}_m, t_{m+}) - G^{(l_\alpha,0\succ\alpha)}_{\partial\Omega_{ij}}(\mathbf{x}_m, q_\sigma^{(\alpha)})] < 0.$$

证明 类似于定理 4.2 的证明.   ∎

4.4   具有流障碍的汇流

当没有流障碍时, 在方程 (4.96) 条件下能够形成汇流. 如果在汇流中存在来流障碍, 将阻止来流形成汇流, 并且相应流的可切换性在 4.2 节已讨论. 一旦在边界上形成汇流, 如果满足方程 (4.96), 边界流将受到方程 (4.124) 的控制. 如果源流中的边界流在边界上消失, 所对应的条件满足方程 (4.123). 然而, 如果存在边界流障碍, 那么源流中的边界流将不依赖方程 (4.123) 中的条件. 边界流障碍将控制边界流的存在. 下面的内容将进一步讨论具有流障碍的汇流的存在性.

定理 4.13   对于方程 (4.1) 中的不连续动力系统, t_m 时刻在两个相邻域 Ω_α ($\alpha = i, j$) 的边界上存在一点 $\mathbf{x}^{(0)}(t_m) \equiv \mathbf{x}_m \in \partial\Omega_{ij}$. 对于 $\mathbf{x}_m \in S \subseteq \partial\Omega_{ij}$, 在边界 $\partial\Omega_{ij}$ 的 α 一侧有一个障碍向量场 $\mathbf{F}^{(\alpha\succ0)}(\mathbf{x}^{(\alpha)}, t, \boldsymbol{\pi}_\alpha, q^{(\alpha)})$, $q^{(\alpha)} \in [q_1^{(\alpha)}, q_2^{(\alpha)}]$ 并且

$$\hbar_\alpha G^{(\alpha\succ0)}_{\partial\Omega_{ij}}(\mathbf{x}_m, q^{(\alpha)}) \in [\hbar_\alpha G^{(\alpha\succ0)}_{\partial\Omega_{ij}}(\mathbf{x}_m, q_1^{(\alpha)}), \hbar_\alpha G^{(\alpha\succ0)}_{\partial\Omega_{ij}}(\mathbf{x}_m, q_2^{(\alpha)})]$$

$$\subset [0, +\infty); \qquad\qquad (4.180)$$

在边界 $\partial\Omega_{ij}$ 的 β 一侧也有一个障碍向量场 $\mathbf{F}^{(\beta\succ0)}(\mathbf{x}^{(\beta)},t,\boldsymbol{\pi}_\alpha,q^{(\beta)})$, $q^{(\beta)} \in [q_1^{(\beta)},q_2^{(\beta)}]$ 并且

$$\hbar_\alpha G_{\partial\Omega_{ij}}^{(\beta\succ0)}(\mathbf{x}_m,q^{(\beta)}) \in [\hbar_\alpha G_{\partial\Omega_{ij}}^{(\beta\succ0)}(\mathbf{x}_m,q_2^{(\beta)}),\hbar_\alpha G_{\partial\Omega_{ij}}^{(\beta\succ0)}(\mathbf{x}_m,q_1^{(\beta)})]$$

$$\subset (-\infty,0]. \tag{4.181}$$

在汇流中两个可能的来流满足

$$\hbar_\alpha G_{\partial\Omega_{ij}}^{(\alpha)}(\mathbf{x}_m,t_{m-}) > 0 \text{ 且 } \hbar_\alpha G_{\partial\Omega_{\overline{v}}}^{(\beta)}(\mathbf{x}_m,t_{m-}) < 0. \tag{4.182}$$ [239]

对于 $\sigma_\alpha,\sigma_\beta \in \{1,2\}$, 一个来流 $\mathbf{x}^{(\alpha)}$ 和 $\mathbf{x}^{(\beta)}$ 能够切换成边界流 $\mathbf{x}^{(0)}$, 从而在边界 $\partial\Omega_{ij}$ 上能形成一个汇流, 当且仅当

$$\left.\begin{array}{l} \hbar_\alpha G_{\partial\Omega_{ij}}^{(\alpha)}(\mathbf{x}_m,t_{m-}) \notin [\hbar_\alpha G_{\partial\Omega_{ij}}^{(\alpha\succ0)}(\mathbf{x}_m,q_1^{(\alpha)}),\hbar_\alpha G_{\partial\Omega_{ij}}^{(\alpha\succ0)}(\mathbf{x}_m,q_2^{(\alpha)})], \\ \text{或} \\ G_{\partial\Omega_{ij}}^{(s_\alpha,\alpha)}(\mathbf{x}_m,t_{m-}) = G_{\partial\Omega_{ij}}^{(s_\alpha,\alpha\succ0)}(\mathbf{x}_m,q_{\sigma_\alpha}^{(\alpha)}) \neq 0, \\ s_\alpha = 0,1,\cdots,l_\alpha-1 \\ \text{且 } (-1)^{\sigma_\alpha}[\hbar_\alpha G_{\partial\Omega_{ij}}^{(l_\alpha,\alpha)}(\mathbf{x}_m,t_{m-}) - \hbar_\alpha G_{\partial\Omega_{ij}}^{(l_\alpha,\alpha\succ0)}(\mathbf{x}_m,q_{\sigma_\alpha}^{(\alpha)})] > 0; \end{array}\right\} \tag{4.183}$$

$$\left.\begin{array}{l} \hbar_\alpha G_{\partial\Omega_{ij}}^{(\beta)}(\mathbf{x}_m,t_{m-}) \notin [\hbar_\alpha G_{\partial\Omega_{ij}}^{(\beta\succ0)}(\mathbf{x}_m,q_2^{(\beta)}),\hbar_\alpha G_{\partial\Omega_{ij}}^{(\beta\succ0)}(\mathbf{x}_m,q_1^{(\beta)})], \\ \text{或} \\ G_{\partial\Omega_{ij}}^{(s_\beta,\beta)}(\mathbf{x}_m,t_{m-}) = G_{\partial\Omega_{ij}}^{(s_\beta,\beta\succ0)}(\mathbf{x}_m,q_{\sigma_\beta}^{(\beta)}) \neq 0, \\ s_\alpha = 0,1,\cdots,l_\beta-1 \\ \text{且 } (-1)^{\sigma_\beta}[\hbar_\alpha G_{\partial\Omega_{ij}}^{(l_\beta,\beta)}(\mathbf{x}_m,t_{m-}) - \hbar_\alpha G_{\partial\Omega_{ij}}^{(l_\beta,\beta\succ0)}(\mathbf{x}_m,q_{\sigma_\beta}^{(\beta)})] < 0. \end{array}\right\} \tag{4.184}$$

证明 根据定义该定理可以被证明. ∎

定理 4.14 对于方程 (4.1) 中的不连续动力系统, t_m 时刻在两个相邻域 Ω_α ($\alpha = i,j$) 的边界上存在一点 $\mathbf{x}^{(0)}(t_m) \equiv \mathbf{x}_m \in \partial\Omega_{ij}$. 对于 $\mathbf{x}_m \in S \subseteq \partial\Omega_{ij}$, 在边界 $\partial\Omega_{ij}$ 的 α 一侧上, 有一个障碍向量场 $\mathbf{F}^{(\alpha\succ0)}(\mathbf{x}^{(\alpha)},t,\boldsymbol{\pi}_\alpha,q^{(\alpha)})$, $q^{(\alpha)} \in [q_1^{(\alpha)},q_2^{(\alpha)}]$, 且 G-函数为

$$G_{\partial\Omega_{ij}}^{(s_\alpha,\alpha\succ0)}(\mathbf{x}_m,q_\sigma^{(\alpha)}) = 0, \quad s_\alpha = 0,1,2,\cdots,2k_\alpha-1;$$

$$\hbar_\alpha G_{\partial\Omega_{ij}}^{(2k_\alpha,\alpha\succ0)}(\mathbf{x}_m,q^{(\alpha)}) \in [\hbar_\alpha G_{\partial\Omega_{ij}}^{(2k_\alpha,\alpha\succ0)}(\mathbf{x}_m,q_1^{(\alpha)}),\hbar_\alpha G_{\partial\Omega_{ij}}^{(2k_\alpha,\alpha\succ0)}(\mathbf{x}_m,q_2^{(\alpha)})]$$

$$\subset [0,+\infty); \tag{4.185}$$

在边界 $\partial\Omega_{ij}$ 的 β 一侧也有一个障碍向量场 $\mathbf{F}^{(\beta\succ0)}(\mathbf{x}^{(\beta)},\,t,\,\boldsymbol{\pi}_\alpha,\,q^{(\beta)})$, $q^{(\beta)}\in$ $[q_1^{(\beta)},\,q_2^{(\beta)}]$ 并且

$$G_{\partial\Omega_{ij}}^{(s_\beta,\beta\succ0)}(\mathbf{x}_m,q_\sigma^{(\beta)})=0,\quad s_\beta=0,1,2,\cdots,2k_\beta-1;$$

$$\hbar_\alpha G_{\partial\Omega_{ij}}^{(2k_\beta,\beta\succ0)}(\mathbf{x}_m,q^{(\beta)})\in[\hbar_\alpha G_{\partial\Omega_{ij}}^{(2k_\beta,\beta\succ0)}(\mathbf{x}_m,q_2^{(\beta)}),\hbar_\alpha G_{\partial\Omega_{ij}}^{(2k_\beta,\beta\succ0)}(\mathbf{x}_m,q_1^{(\beta)})]$$

$$\subset(-\infty,0].\tag{4.186}$$

在 $(2k_\alpha:2k_\beta)$ 型汇流中的来流满足

$$G_{\partial\Omega_{ij}}^{(s_\alpha,\alpha)}(\mathbf{x}_m,t_{m-})=0,\quad s_\alpha=0,1,2,\cdots,2k_\alpha-1;$$

$$G_{\partial\Omega_{ij}}^{(s_\beta,\beta)}(\mathbf{x}_m,t_{m-})=0,\quad s_\beta=0,1,2,\cdots,2k_\beta-1;$$

[240]
$$\hbar_\alpha G_{\partial\Omega_{ij}}^{(2k_\alpha,\alpha)}(\mathbf{x}_m,t_{m-})>0\text{ 且 }\hbar_\alpha G_{\partial\Omega_{ij}}^{(2k_\beta,\beta)}(\mathbf{x}_m,t_{m-})<0.\tag{4.187}$$

对于 $\sigma_\alpha,\sigma_\beta\in\{1,2\}$, 一个来流 $\mathbf{x}^{(\alpha)}$ 和 $\mathbf{x}^{(\beta)}$ 能够切换成边界流 $\mathbf{x}^{(0)}$, 从而在边界 $\partial\Omega_{ij}$ 上能形成一个 $(2k_\alpha:2k_\beta)$ 型汇流, 当且仅当

$$\left.\begin{aligned}&\hbar_\alpha G_{\partial\Omega_{ij}}^{(2k_\alpha,\alpha)}(\mathbf{x}_m,t_{m-})\notin[\hbar_\alpha G_{\partial\Omega_{ij}}^{(2k_\alpha,\alpha\succ0)}(\mathbf{x}_m,q_1^{(\alpha)}),\hbar_\alpha G_{\partial\Omega_{ij}}^{(2k_\alpha,\alpha\succ0)}(\mathbf{x}_m,q_2^{(\alpha)})];\\&\text{或}\\&G_{\partial\Omega_{ij}}^{(s_\alpha,\alpha)}(\mathbf{x}_m,t_{m-})=G_{\partial\Omega_{ij}}^{(s_\alpha,\alpha\succ0)}(\mathbf{x}_m,q_{\sigma_\alpha}^{(\alpha)})\neq0,\\&s_\alpha=2k_\alpha,2k_\alpha+1,\cdots,l_\alpha-1;\\&(-1)^{\sigma_\alpha}[\hbar_\alpha G_{\partial\Omega_{ij}}^{(l_\alpha,\alpha)}(\mathbf{x}_m,t_{m-})-\hbar_\alpha G_{\partial\Omega_{ij}}^{(l_\alpha,\alpha\succ0)}(\mathbf{x}_m,q_{\sigma_\alpha}^{(\alpha)})]>0.\end{aligned}\right\}$$
$$\tag{4.188}$$

$$\left.\begin{aligned}&\hbar_\alpha G_{\partial\Omega_{ij}}^{(2k_\beta,\beta)}(\mathbf{x}_m,t_{m-})\notin[\hbar_\alpha G_{\partial\Omega_{ij}}^{(2k_\beta,\beta\succ0)}(\mathbf{x}_m,q_2^{(\beta)}),\hbar_\alpha G_{\partial\Omega_{ij}}^{(2k_\beta,\beta\succ0)}(\mathbf{x}_m,q_1^{(\beta)})];\\&\text{或}\\&G_{\partial\Omega_{ij}}^{(s_\beta,\beta)}(\mathbf{x}_m,t_{m-})=G_{\partial\Omega_{ij}}^{(s_\beta,\beta\succ0)}(\mathbf{x}_m,q_{\sigma_\beta}^{(\beta)})\neq0,\\&s_\beta=2k_\beta,2k_\beta+1,\cdots,l_\beta-1;\\&(-1)^{\sigma_\beta}[\hbar_\alpha G_{\partial\Omega_{ij}}^{(l_\beta,\beta)}(\mathbf{x}_m,t_{m-})-\hbar_\alpha G_{\partial\Omega_{ij}}^{(l_\beta,\beta\succ0)}(\mathbf{x}_m,q_{\sigma_\beta}^{(\beta)})]<0.\end{aligned}\right\}$$
$$\tag{4.189}$$

证明　根据汇流障碍高阶奇异性的定义可证明该定理.　　■

　　一旦形成汇流, 源流中的边界流的消失就变得非常有趣. 当没有流障碍时, 在汇流中的边界流消失的条件详见第二章和第三章. 下面将给出边界流从流障碍边界消失的条件.

定理 4.15　对于方程 (4.1) 中的不连续动力系统, t_m 时刻在两个相邻域 Ω_α ($\alpha = i, j$) 的边界上存在一点 $\mathbf{x}^{(0)}(t_m) \equiv \mathbf{x}_m \in \partial\Omega_{ij}$. 在特定的条件下, 假定在边界上汇流中形成了边界流. 对于 $\mathbf{x}_m \in S \subseteq \partial\Omega_{ij}$, 在边界 $\partial\Omega_{ij}$ 的 α 一侧有一个边界障碍向量场 $\mathbf{F}^{(0 \succ 0_\alpha)}(\mathbf{x}^{(\alpha)}, t, \boldsymbol{\pi}_\alpha, q^{(\alpha)})$, $q^{(\alpha)} \in [q_1^{(\alpha)}, q_2^{(\alpha)}]$, 其 G-函数为

$$0 \in [\hbar_\alpha G_{\partial\Omega_{ij}}^{(0 \succ 0_\alpha)}(\mathbf{x}_m, q_2^{(\alpha)}), \hbar_\alpha G_{\partial\Omega_{ij}}^{(0 \succ 0_\alpha)}(\mathbf{x}_m, q_1^{(\alpha)})] \subset \mathscr{R}. \tag{4.190}$$

在边界 $\partial\Omega_{ij}$ 的 β 一侧也有一个边界障碍向量场 $\mathbf{F}^{(\beta \succ 0)}(\mathbf{x}^{(\beta)}, t, \boldsymbol{\pi}_\alpha, q^{(\beta)})$, $q^{(\beta)} \in [q_1^{(\beta)}, q_2^{(\beta)}]$ ($\alpha\beta \in \{i, j\}$ 并且 $\alpha \neq \beta$), 其 G-函数为 [241]

$$0 \in [\hbar_\alpha G_{\partial\Omega_{ij}}^{(0 \succ 0_\beta)}(\mathbf{x}_m, q_1^{(\beta)}), \hbar_\alpha G_{\partial\Omega_{ij}}^{(0 \succ 0_\beta)}(\mathbf{x}_m, q_2^{(\beta)})] \subset \mathscr{R}. \tag{4.191}$$

在边界 $\partial\Omega_{ij}$ 的 α 一侧汇流中边界流 $\mathbf{x}^{(0)}$ 消失, 当且仅当
在 α 一侧满足,

$$\begin{aligned}
&\hbar_\alpha G_{\partial\Omega_{ij}}^{(\alpha)}(\mathbf{x}_m, t_{m+}) < 0, \text{ 且} \\
&\hbar_\alpha G_{\partial\Omega_{ij}}^{(s_\alpha, 0 \succ 0_\alpha)}(\mathbf{x}_m, q_1^{(\alpha)}) = 0, \\
&s_\alpha = 0, 1, 2, \cdots, l_\alpha - 1, \\
&\hbar_\alpha G_{\partial\Omega_{ij}}^{(l_\alpha, 0 \succ 0_\alpha)}(\mathbf{x}_m, q_1^{(\alpha)}) < 0,
\end{aligned} \tag{4.192}$$

在 β 一侧满足,

$$\begin{aligned}
&\hbar_\alpha G_{\partial\Omega_{ij}}^{(0 \succ 0_\beta)}(\mathbf{x}_m, q_1^{(\beta)}) > 0, \quad \hbar_\alpha G_{\partial\Omega_{ij}}^{(\beta)}(\mathbf{x}_m, t_{m+}) < 0, \\
&\text{或} \\
&\hbar_\alpha G_{\partial\Omega_{ij}}^{(0 \succ 0_\beta)}(\mathbf{x}_m, q_1^{(\beta)}) < 0, \text{ 或} \\
&\hbar_\alpha G_{\partial\Omega_{ij}}^{(s_\beta, 0 \succ 0_\beta)}(\mathbf{x}_m, q_1^{(\beta)}) = 0, \\
&\mathbf{s}_\beta = 0, 1, 2, \cdots, l_\beta - 1, \\
&\hbar_\alpha G_{\partial\Omega_{ij}}^{(l_\beta, 0 \succ 0_\beta)}(\mathbf{x}_m, q_1^{(\beta)}) < 0.
\end{aligned} \tag{4.193}$$

证明　根据源流中的边界流障碍, 可以证明该定理. ∎

定理 4.16　对于方程 (4.1) 中的不连续动力系统, t_m 时刻在两个相邻域 Ω_α ($\alpha = i, j$) 的边界上存在一点 $\mathbf{x}^{(0)}(t_m) \equiv \mathbf{x}_m \in \partial\Omega_{ij}$. 在特定条件下, 假定边界上 $(2k_\alpha : 2k_\beta)$ 型汇流中形成了边界流. 对于 α 一侧上去流 $\mathbf{x}^{(\alpha)}$, 有一个边界流障碍向量场 $\mathbf{F}^{(0 \succ 0_\alpha)}(\mathbf{x}^{(\alpha)}, t, \boldsymbol{\pi}_\alpha, q^{(\alpha)})$, $q^{(\alpha)} \in [q_1^{(\alpha)}, q_2^{(\alpha)}]$, 其 G-函数为

$$\begin{aligned}
&G_{\partial\Omega_{ij}}^{(s_a, 0 \succ 0_\alpha)}(\mathbf{x}_m, q_\sigma^{(\alpha)}) = 0, \quad s_\alpha = 0, 1, 2, \cdots, m_\alpha - 1, \\
&0 \in [\hbar_\alpha G_{\partial\Omega_{ij}}^{(m_\alpha, 0 \succ 0_\alpha)}(\mathbf{x}_m, q_2^{(\alpha)}), \hbar_\alpha G_{\partial\Omega_{ij}}^{(m_\alpha, 0 \succ 0_\alpha)}(\mathbf{x}_m, q_1^{(\alpha)})] \subset \mathscr{R}.
\end{aligned} \tag{4.194}$$

对于 β 一侧上去流 $\mathbf{x}^{(\beta)}$, 也有一个障碍向量场 $\mathbf{F}^{(0 \succ 0_\beta)}(\mathbf{x}^{(\beta)}, t, \boldsymbol{\pi}_\beta, q^{(\beta)})$, $q^{(\beta)} \in [q_1^{(\beta)}, q_2^{(\beta)}]$ $(\alpha, \beta \in \{i, j\}$ 且 $\alpha \neq \beta)$, 其 G-函数满足

$$G_{\partial\Omega_{ij}}^{(s_\beta, 0 \succ 0_\beta)}(\mathbf{x}_m, q_\sigma^{(\beta)}) = 0, \quad s_\beta = 0, 1, 2, \cdots, m_\beta - 1,$$

$$0 \in [\hbar_\alpha G_{\partial\Omega_{ij}}^{(m_\beta, 0 \succ 0_\beta)}(\mathbf{x}_m, q_1^{(\beta)}), \hbar_\alpha G_{\partial\Omega_{ij}}^{(m_\beta, 0 \succ 0_\beta)}(\mathbf{x}_m, q_2^{(\beta)})] \subset \mathscr{R}, \quad (4.195)$$

[242]

$$G_{\partial\Omega_{ij}}^{(s_\alpha, \alpha)}(\mathbf{x}_m, t_{m+}) = 0, \quad s_\alpha = 0, 1, 2, \cdots, m_\alpha - 1;$$

$$G_{\partial\Omega_{ij}}^{(s_\beta, \beta)}(\mathbf{x}_m, t_{m+}) = 0, \quad s_\beta = 0, 1, 2, \cdots, m_\beta - 1. \tag{4.196}$$

边界流 $\mathbf{x}^{(0)}$ 将在 α 一侧消失, 当且仅当,

在 α 一侧满足

$$\begin{aligned} &\hbar_\alpha G_{\partial\Omega_{ij}}^{(m_\alpha, \alpha)}(\mathbf{x}_m, t_{m+}) < 0, \text{ 且} \\ &\hbar_\alpha G_{\partial\Omega_{ij}}^{(s_\alpha, 0 \succ 0_\alpha)}(\mathbf{x}_m, q_1^{(\alpha)}) = 0, \\ &s_\alpha = m_\alpha, m_\alpha + 1, \cdots, l_\alpha - 1, \\ &\hbar_\alpha G_{\partial\Omega_{ij}}^{(l_\alpha, 0 \succ 0_\alpha)}(\mathbf{x}_m, q_1^{(\alpha)}) < 0, \end{aligned} \tag{4.197}$$

在 β 一侧上满足

$$\begin{aligned} &\hbar_\alpha G_{\partial\Omega_{ij}}^{(m_\beta, 0 \succ 0_\beta)}(\mathbf{x}_m, q_1^{(\beta)}) > 0 \text{ 但 } \hbar_\alpha G_{\partial\Omega_{ij}}^{(m_\beta, \beta)}(\mathbf{x}_m, t_{m+}) < 0, \\ &\text{或} \\ &\hbar_\alpha G_{\partial\Omega_{ij}}^{(m_\beta, 0 \succ 0_\beta)}(\mathbf{x}_m, q_1^{(\beta)}) < 0 \text{ 或} \\ &\hbar_\alpha G_{\partial\Omega_{ij}}^{(s_\beta, 0 \succ 0_\beta)}(\mathbf{x}_m, q_1^{(\beta)}) = 0, \\ &s_\beta = m_\beta, m_\beta + 1, \cdots, l_\beta - 1; \\ &\hbar_\alpha G_{\partial\Omega_{ij}}^{(l_\beta, 0 \succ 0_\beta)}(\mathbf{x}_m, q_1^{(\beta)}) < 0. \end{aligned} \tag{4.198}$$

证明 根据源流中具有高阶奇异性的边界流障碍的定理可证明该定理. ∎

4.5 应　用

在文献 Luo (2006, 2007) 中, 考虑一个周期性外力激励的、摩擦力诱发的振子, 如图 4.27(a) 所示. 动力系统由质量为 m、弹性系数为 k 的硬性弹簧和黏性系数为 r 的阻尼器组成. 质量块在传送带表面以速度 V 运行, 且两者之间存在摩擦力. 位移 x 和时间 t 是系统的绝对坐标 (x, t). 周期的激励力 $Q_0 \cos \Omega t$ 作用于质量块上, 其中 Q_0 和 Ω 分别是激励强度和频率. 非线性摩

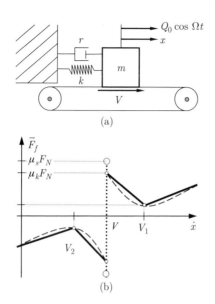

图 4.27　(a) 摩擦力的振子和 (b) 分段线性摩擦力模型

擦力用分段线性模型近似, 如图 4.27(b) 所示. 参数 μ_s, μ_k 和 F_N 分别为接触表面上的静摩擦系数、动摩擦系数和法向力. 系数 $\mu_j(j=1,2,3,4)$ 为摩擦力—速度关系中的斜率. 非线性摩擦力表达式为

$$
\overline{F}_f(\dot{x})
\begin{cases}
= \mu_1(\dot{x} - V_1) - \mu_2(V_1 - V) + F_N\mu_k, & \dot{x} \in [V_1, \infty), \\
= -\mu_2(\dot{x} - V) + F_N\mu_k, & \dot{x} \in (V, V_1), \\
\in [-\mu_s F_N, \mu_s F_N], & \dot{x} = V, \\
= -\mu_3(\dot{x} - V) - F_N\mu_k, & \dot{x} \in (V_2, V), \\
= \mu_4(\dot{x} - V_2) - \mu_3(V_2 - V) - F_N\mu_k, & \dot{x} \in (-\infty, V_2],
\end{cases}
\tag{4.199}
$$

[243]

其中 $\dot{x} \triangleq dx/dt$, 法向力 $F_N = mg$, g 为重力加速度. 静摩擦力的区间为 $[-\mu_s F_N, \mu_s F_N]$. 静摩擦力的振幅为 $\mu_s F_N$. 相对运动开始时动态摩擦力为 $\pm\mu_k F_N$. 在 $\dot{x} = V_1$ 和 $\dot{x} = V_2$ 处两个边界的摩擦力是分段连续的. 第三个边界在 $\dot{x} = V$ 处. 对于这些边界, 可穿越运动的动态摩擦力是不连续的, 见参考文献 Luo (2006) (或见文献 Luo 和 Gegg, 2006a, b). 一旦质量块和传送带黏在一起, 那么质量块和传送带之间不存在相对运动. 只有当非摩擦力大于静摩擦力时, 质量块和传送带之间才存在相对运动. 三个分离边界将速度空间分成四个区域, 且向量场各不相同. 在上述模型中, 施加了法向力 ($F_N = mg$). 此外, 在 x 方向的单位质量的非摩擦力为

[244]

$$
F_s = A_0 \cos\Omega t - 2dV - cx, \quad \dot{x} = V, \tag{4.200}
$$

其中 $A_0 = Q_0/m$, $d = r/2m$ 和 $c = k/m$. 当发生黏合运动时, 单位质量的非摩擦力小于单位质量的静摩擦力的振幅 F_{f_s} (即 $|F_s| \leqslant F_{f_s}$ 且 $F_{f_s} = \mu_s F_N/m$). 质量块对于传送带没有任何相对运动. 由于传送带速度是恒定的, 因此没有加速度存在, 即

$$\ddot{x} = 0, \quad \dot{x} = V. \tag{4.201}$$

如果单位质量的非摩擦力大于单位质量的静摩擦力 (即 $|F_s| > F_{f_s}$), 则没有黏合运动发生. 此时, 单位质量的总力为

$$F = A_0 \cos \Omega t - F_f \mathrm{sgn}(\dot{x} - V) - 2d\dot{x} - cx, \quad \dot{x} \neq V, \tag{4.202}$$

其中单位质量摩擦力为 $F_f = \overline{F}_f/m$, $\dot{x} \neq V$. 因此, 当发生非黏合运动时, 带有分段线性摩擦力的动力系统方程为

$$\ddot{x} + 2d\dot{x} + cx = A_0 \cos \Omega t - F_f \mathrm{sgn}(\dot{x} - V), \quad \dot{x} \neq V. \tag{4.203}$$

4.5.1　切换条件

为了简单起见, 引入系统的流向量和向量场

$$\mathbf{x} \triangleq (x, \dot{x})^{\mathrm{T}} \equiv (x, y)^{\mathrm{T}} \text{ 和 } \mathbf{F} \triangleq (y, F)^{\mathrm{T}}. \tag{4.204}$$

动力系统中的不连续性是由静态摩擦力到动态摩擦力的跳跃, 以及分段线性动态摩擦模型引起的. 正如前面所讨论的, 三个速度边界将速度分成了四个区域. 因此, 三个速度边界将相空间分割为四个子域, 如图 4.28 所示. 在三个速度边界中, 在 $\dot{x} = V$ 处摩擦力跳跃作为一个主要的不连续性因素. 因此相空间中的子域命名从靠近主要边界 $\dot{x} = V$ 开始. 事实上, 可以任意地定义子域. 同时, 根据质量块在相空间中的运动方向, 对相应的边界进行命名, 如图 4.28(a) 所示. 摩擦力跳跃边界用点划线表示, 其余两个边界用虚线表示. 命名的域和边界表示为

[245]
$$\Omega_1 = \{(x, y)|y \in (V, V_1)\}, \Omega_2 = \{(x, y)|y \in (V_1, \infty)\},$$
$$\Omega_3 = \{(x, y)|y \in (V_2, V)\}, \Omega_4 = \{(x, y)|y \in (-\infty, V_2)\}; \tag{4.205}$$

$$\partial \Omega_{\alpha\beta} = \{(x, y)|\varphi_{\alpha\beta}(x, y) \equiv y - V_\rho = 0\}, \tag{4.206}$$

其中若 $\alpha, \beta \in \{1, 2\}$, 则 $\rho = 1$; 若 $\alpha, \beta \in \{1, 3\}$, 则 $\rho = 0$; 若 $\alpha, \beta \in \{3, 4\}$, 则 $\rho = 2$. $V_0 \triangleq V$. 下标 $\partial \Omega_{\alpha\beta}$ 定义了从域 Ω_α 到域 Ω_β 的边界. 具有特定向量场的域是可到达的. 在边界 $\partial \Omega_{13}$ 或者 $\partial \Omega_{31}$ 上, 向量场是 C^0 不连续的. 但是, 在边界 $\partial \Omega_{12}$ 和 $\partial \Omega_{34}$ 上, 向量场是 C^0 连续的. 图 4.28(b) 中描述了所有 [246] 域内的向量场, 并且在子域 Ω_α 内用 $\mathbf{F}^{(\alpha)}(\alpha = 1, 2, 3, 4)$ 表示, 边界 $\partial \Omega_{13}$ 上的滑模向量场用 $\mathbf{F}^{(0)}$ 表示.

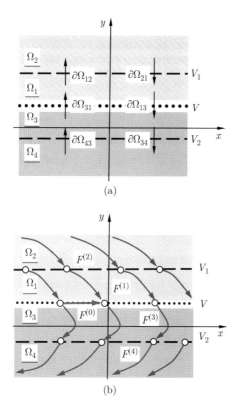

图 4.28　(a) 相平面分区和边界, (b) 每个域内的向量场

基于每个子域内的向量场, 将方程 (4.201) 和 (4.203) 的运动方程改写为

$$\dot{\mathbf{x}} = \mathbf{F}^{(j)}(\mathbf{x}, t), j \in \{0, \alpha\}, \alpha \in \{1, 2, 3, 4\}, \tag{4.207}$$

其中

$$\mathbf{F}^{(0)}(\mathbf{x}, t) = (V, 0)^{\mathrm{T}}, \text{ 在边界 } \partial\Omega_{13} \text{ 或 } \partial\Omega_{31} \text{ 上,}$$
$$\mathbf{F}^{(\alpha)}(\mathbf{x}, t) = \left(y, F^{(\alpha)}(\mathbf{x}, t)\right)^{\mathrm{T}}, \text{ 在 } \Omega_\alpha \text{ 内,} \tag{4.208}$$

$$F^{(\alpha)}(\mathbf{x}, t) = A_0 \cos \Omega t - F_f^{(\alpha)}(\mathbf{x}, t) - 2d_\alpha y - c_\alpha x. \tag{4.209}$$

根据方程 (4.199), 单位质量的动摩擦力表示为

$$
\begin{aligned}
F_f^{(2)}(\mathbf{x}, t) &= \nu_1 (y - V_1) - \nu_2 (V_1 - V) + F_N \nu_k, & y &\in [V_1, \infty), \\
F_f^{(1)}(\mathbf{x}, t) &= -\nu_2 (y - V) + F_N \nu_k, & y &\in (V, V_1), \\
F_f^{(3)}(\mathbf{x}, t) &= -\nu_3 (y - V) - F_N \nu_k, & y &\in (V_2, V), \\
F_f^{(4)}(\mathbf{x}, t) &= \nu_4 (y - V_2) - \nu_3 (V_2 - V) - F_N \nu_k, & y &\in (-\infty, V_2],
\end{aligned}
\tag{4.210}
$$

其中 $\nu_i = \mu_i/m \ (i = 1, 2, 3, 4)$ 和 $\nu_k = \mu_k/m$ 分别是摩擦力斜率系数和单位质量的动态摩擦力系数. 对于 $V_{1,2}$ (即 $y = V_1$ 或者 V_2) 的两个力边界是 C^0 连续的. 然而, 对于速度 V 的边界是一个不连续的力边界. 如果来流障碍和去流障碍不存在, 对于 $\mathbf{x}_m \in \partial\Omega_{\alpha\beta}(\alpha, \beta \in \{1, 3\})$, 来流和去流向量场为

$$\mathbf{F}^{(\alpha)}(\mathbf{x}_m, t_{m\pm}) = (y_m, F^{(\alpha)}(\mathbf{x}_m, t_{m\pm}))^{\mathrm{T}}. \tag{4.211}$$

其中时间 t_m 表示在分界上的运动时刻, 时间 $t_{m\pm} = t_m \pm 0$ 表示流在域内运动, 而不在分界上运动. 对于 $\mathbf{x}_m \in \partial\Omega_{\alpha\beta}(\alpha, \beta \in \{1, 3\})$, 在边界 $\partial\Omega_{13}$ 上的边界障碍向量场为

$$\begin{aligned} \mathbf{F}^{(0 \succ 0_\alpha)}(\mathbf{x}_m, t_m, q^{(\alpha)}) &= (y_m, F^{(0 \succ 0_\alpha)}(\mathbf{x}_m, t_m, q^{(\alpha)}))^{\mathrm{T}}, \\ \mathbf{F}^{(0 \succ 0_\alpha)}(\mathbf{x}_m, t_m, q^{(\alpha)}) &= A_0 \cos \Omega t_m - F_{f_k}^{(\alpha)}(q^{(\alpha)}) - 2d_\alpha y_m - c_\alpha x_m. \end{aligned} \tag{4.212}$$

根据方程 (4.199), 在边界 $\partial\Omega_{13}$ 上的单位质量的静态摩擦力为

$$F_{f_s}^{(1)}(q^{(1)}) \in (-\infty, F_N \nu_s] \text{ 且 } F_{f_s}^{(3)}(q^{(3)}) \in [-F_N \nu_s, +\infty). \tag{4.213}$$

对于 $\mathbf{x}_m \in \partial\Omega_{\alpha\beta}(\alpha, \beta \in \{1, 3\})$, 边界 $\partial\Omega_{13}$ 的 α 一侧边界障碍向量场为

[247]
$$\begin{aligned} \mathbf{F}^{(0 \succ 0_\alpha)}(\mathbf{x}_m, t_{m+}, q_1^{(\alpha)}) &= (y_m, F^{(0 \succ 0_\alpha)}(\mathbf{x}_m, t_{m+}, q_1^{(\alpha)}))^{\mathrm{T}}, \\ \mathbf{F}^{(0 \succ 0_\alpha)}(\mathbf{x}_m, t_{m+}, q_1^{(\alpha)}) &\equiv A_0 \cos \Omega t_m - F_{f_s}^{(\alpha)}(q_1^{(\alpha)}) - 2d_\alpha y_m - c_\alpha x_m; \\ \mathbf{F}^{(0 \succ 0_1)}(\mathbf{x}_m, t_{m+}, q_2^{(1)}) &= (y_m, +\infty)^{\mathrm{T}}, \\ \mathbf{F}^{(0 \succ 0_3)}(\mathbf{x}_m, t_{m+}, q_2^{(3)}) &= (y_m, -\infty)^{\mathrm{T}}. \end{aligned} \tag{4.214}$$

在讨论解析条件之前, 对于特殊的边界, 可以化简 G-函数. 边界 $\partial\Omega_{\alpha\beta}$ 上法向量为

$$\mathbf{n}_{\partial\Omega_{\alpha\beta}} = \nabla\varphi_{\alpha\beta} = \left(\frac{\partial\varphi_{\alpha\beta}}{\partial x}, \frac{\partial\varphi_{\alpha\beta}}{\partial y}\right)^{\mathrm{T}}_{(\mathbf{x}_m, y_m)}, \tag{4.215}$$

其中 $\nabla = (\partial/\partial x, \partial/\partial y)^{\mathrm{T}}$ 是哈密顿算子. 根据方程 (4.206), 边界在相空间中是直线, 这意味着, 法向量为恒定的向量. 此外, $D\mathbf{n}_{\partial\Omega_{\alpha\beta}} = \mathbf{0}$. 因此

$$\begin{aligned} G_{\partial\Omega_{\alpha\beta}}^{(\alpha)}(\mathbf{x}^{(\alpha)}, t) &= \mathbf{n}_{\partial\Omega_{\alpha\beta}}^{\mathrm{T}} \cdot \mathbf{F}^{(\alpha)}(\mathbf{x}^{(\alpha)}, t), \\ G_{\partial\Omega_{\alpha\beta}}^{(1,\alpha)}(\mathbf{x}^{(\alpha)}, t) &= \mathbf{n}_{\partial\Omega_{\alpha\beta}}^{\mathrm{T}} \cdot D\mathbf{F}^{(\alpha)}(\mathbf{x}^{(\alpha)}, t); \\ G_{\partial\Omega_{\alpha\beta}}^{(0 \succ 0_\alpha)}(\mathbf{x}^{(\alpha)}, t) &= \mathbf{n}_{\partial\Omega_{\alpha\beta}}^{\mathrm{T}} \cdot \mathbf{F}^{(0 \succ 0_\alpha)}(\mathbf{x}^{(\alpha)}, t), \\ G_{\partial\Omega_{\alpha\beta}}^{(1, 0 \succ 0_\alpha)}(\mathbf{x}^{(\alpha)}, t) &= \mathbf{n}_{\partial\Omega_{\alpha\beta}}^{\mathrm{T}} \cdot D\mathbf{F}^{(0 \succ 0_\alpha)}(\mathbf{x}^{(\alpha)}, t), \end{aligned} \tag{4.216}$$

其中

$$D\mathbf{F}^{(\alpha)}(\mathbf{x}, t) = (F^{(\alpha)}(\mathbf{x}, t), DF^{(\alpha)}(\mathbf{x}, t))^{\mathrm{T}},$$

$$DF^{(\alpha)}(\mathbf{x}, t) \equiv \nabla F^{(\alpha)}(\mathbf{x}, t) \cdot \mathbf{F}^{(\alpha)}(\mathbf{x}, t) + \partial_t F^{(\alpha)}(\mathbf{x}, t);$$

$$D\mathbf{F}^{(0 \succ 0_\alpha)}(\mathbf{x}, t) = (F^{(0 \succ 0_\alpha)}(\mathbf{x}, t), DF^{(0 \succ 0_\alpha)}(\mathbf{x}, t))^{\mathrm{T}}, \quad (4.217)$$

$$DF^{(0 \succ 0_\alpha)}(\mathbf{x}, t) \equiv \nabla F^{(0 \succ 0_\alpha)}(\mathbf{x}, t) \cdot \mathbf{F}^{(0 \succ 0_\alpha)}(\mathbf{x}, t) + \frac{\partial F^{(0 \succ 0_\alpha)}(\mathbf{x}, t)}{\partial t}.$$

根据第三章中的定理 3.3 (参见文献 Luo, 2005, 2006), 在边界 $\partial \Omega_{13}$ 上, 振荡器和传送带之间存在黏合运动 (或者滑模运动) 的条件为

$$\hbar_\alpha G_{\partial \Omega_{\alpha\beta}}^{(\alpha)}(\mathbf{x}_m, t_{m-}) = \hbar_\alpha \mathbf{n}_{\partial \Omega_{\alpha\beta}}^{\mathrm{T}} \cdot \mathbf{F}^{(\alpha)}(\mathbf{x}_m, t_{m-}) > 0;$$

$$\hbar_\alpha G_{\partial \Omega_{\alpha\beta}}^{(\beta)}(\mathbf{x}_m, t_{m-}) = \hbar_\alpha \mathbf{n}_{\partial \Omega_{\alpha\beta}}^{\mathrm{T}} \cdot \mathbf{F}^{(\beta)}(\mathbf{x}_m, t_{m-}) < 0. \quad (4.218)$$

根据定理 3.1, 在边界 $\partial \Omega_{\alpha\beta}$ 上存在非黏合运动 (或者可穿越运动) 的充要条件为

$$\hbar_\alpha G_{\partial \Omega_{\alpha\beta}}^{(\alpha)}(\mathbf{x}_m, t_{m-}) = \hbar_\alpha \mathbf{n}_{\partial \Omega_{\alpha\beta}}^{\mathrm{T}} \cdot \mathbf{F}^{(\alpha)}(\mathbf{x}_m, t_{m-}) > 0,$$

$$\hbar_\alpha G_{\partial \Omega_{\alpha\beta}}^{(\beta)}(\mathbf{x}_m, t_{m+}) = \hbar_\alpha \mathbf{n}_{\partial \Omega_{\alpha\beta}}^{\mathrm{T}} \cdot \mathbf{F}^{(\beta)}(\mathbf{x}_m, t_{m+}) > 0. \quad (4.219)$$

上述方程给出了非黏合运动的充要条件. 这表明在边界上摩擦振子和传送带 [248] 不能黏合在一起. 根据定理 3.15, 从非黏合运动到黏合运动的切换分岔点为

$$\hbar_\alpha G_{\partial \Omega_{\alpha\beta}}^{(\alpha)}(\mathbf{x}_m, t_{m-}) = \hbar_\alpha \mathbf{n}_{\partial \Omega_{\alpha\beta}}^{\mathrm{T}} \cdot \mathbf{F}^{(\alpha)}(\mathbf{x}_m, t_{m-}) > 0,$$

$$\hbar_\alpha G_{\partial \Omega_{\alpha\beta}}^{(\beta)}(\mathbf{x}_m, t_{m\pm}) = \hbar_\alpha \mathbf{n}_{\partial \Omega_{\alpha\beta}}^{\mathrm{T}} \cdot \mathbf{F}^{(\beta)}(\mathbf{x}_m, t_{m\pm}) = 0, \quad (4.220)$$

$$\hbar_\alpha G_{\partial \Omega_{\alpha\beta}}^{(1,\beta)}(\mathbf{x}_m, t_{m\pm}) = \hbar_\alpha \mathbf{n}_{\partial \Omega_{\alpha\beta}}^{\mathrm{T}} \cdot D\mathbf{F}^{(\beta)}(\mathbf{x}_m, t_{m\pm}) < 0.$$

在方程 (4.218) 条件下, 一旦形成黏合运动 (或者汇流), 边界流将控制边界上的运动, 且不依赖于两个域内的向量场. 对于这个问题, 在边界上的边界流具有边界流障碍, 其由静摩擦力引起. 在传送带上, 为了获得一个新的非黏合运动, 非摩擦合力必须大于静摩擦力. 根据定理 4.13, 在 α 一侧汇流 (或者滑模流) 消失的充要条件为

$$\left.\begin{array}{l} \hbar_\alpha G_{\partial \Omega_{\alpha\beta}}^{(\alpha)}(\mathbf{x}_m, t_{m+}) = \hbar_\alpha \mathbf{n}_{\partial \Omega_{\alpha\beta}}^{\mathrm{T}} \cdot \mathbf{F}^{(\alpha)}(\mathbf{x}_m, t_{m+}) < 0, \\[2mm] \hbar_\alpha G_{\partial \Omega_{\alpha\beta}}^{(0 \succ 0_\alpha)}(\mathbf{x}_m, q_1^{(\alpha)}) = \hbar_\alpha \mathbf{n}_{\partial \Omega_{\alpha\beta}}^{\mathrm{T}} \cdot \mathbf{F}^{(0 \succ 0_\alpha)}(\mathbf{x}_m, q_1^{(\alpha)}) = 0, \\[2mm] \text{且 } \hbar_\alpha G_{\partial \Omega_{\alpha\beta}}^{(1, 0 \succ 0_\alpha)}(\mathbf{x}_m, q_1^{(\alpha)}) = \hbar_\alpha \mathbf{n}_{\partial \Omega_{\alpha\beta}}^{\mathrm{T}} \cdot D\mathbf{F}^{(0 \succ 0_\alpha)}(\mathbf{x}_m, t_{m\pm}, q_1^{(\alpha)}) < 0; \end{array}\right\}$$

$$(4.221)$$

$$\left.\begin{aligned}
\hbar_\alpha G_{\partial\Omega_{\alpha\beta}}^{(0\succ 0_\beta)}(\mathbf{x}_m, q_1^{(\beta)}) &= \hbar_\alpha \mathbf{n}_{\partial\Omega_{\alpha\beta}}^{\mathrm{T}} \cdot \mathbf{F}^{(0\succ 0_\beta)}(\mathbf{x}_m, q_1^{(\beta)}) > 0, \\
\hbar_\alpha G_{\partial\Omega_{\alpha\beta}}^{(\beta)}(\mathbf{x}_m, t_{m+}) &= \hbar_\alpha \mathbf{n}_{\partial\Omega_{\alpha\beta}}^{\mathrm{T}} \cdot \mathbf{F}^{(\beta)}(\mathbf{x}_m, t_{m+}) < 0, \\
\text{或} & \\
\hbar_\alpha G_{\partial\Omega_{\alpha\beta}}^{(0\succ 0_\beta)}(\mathbf{x}_m, q_1^{(\beta)}) &= \hbar_\alpha \mathbf{n}_{\partial\Omega_{\alpha\beta}}^{\mathrm{T}} \cdot \mathbf{F}^{(0\succ 0_\beta)}(\mathbf{x}_m, q_1^{(\beta)}) < 0, \\
\text{或} & \\
\hbar_\alpha G_{\partial\Omega_{\alpha\beta}}^{(0\succ 0_\beta)}(\mathbf{x}_m, q_1^{(\beta)}) &= \hbar_\alpha \mathbf{n}_{\partial\Omega_{\alpha\beta}}^{\mathrm{T}} \cdot \mathbf{F}^{(0\succ 0_\beta)}(\mathbf{x}_m, q_1^{(\beta)}) = 0, \\
\hbar_\alpha G_{\partial\Omega_{\alpha\beta}}^{(1,0\succ 0_\beta)}(\mathbf{x}_m, q_1^{(\beta)}) &= \hbar_\alpha \mathbf{n}_{\partial\Omega_{\alpha\beta}}^{\mathrm{T}} \cdot D\mathbf{F}^{(0\succ 0_\beta)}(\mathbf{x}_m, q_1^{(\beta)}) < 0.
\end{aligned}\right\} \quad (4.222)$$

根据第三章的理论, 对于方程 (4.207) 中的边界, 擦边运动的充要条件为

$$\begin{aligned}
G_{\partial\Omega_{\alpha\beta}}^{(\alpha)}(\mathbf{x}_m, t_{m+}) &= \mathbf{n}_{\partial\Omega_{\alpha\beta}}^{\mathrm{T}} \cdot \mathbf{F}^{(\alpha)}(\mathbf{x}_m, t_{m\pm}) = 0, \alpha \neq \beta; \\
G_{\partial\Omega_{\alpha\beta}}^{(1,\alpha)}(\mathbf{x}_m, t_{m+}) &= \mathbf{n}_{\partial\Omega_{\alpha\beta}}^{\mathrm{T}} \cdot D\mathbf{F}^{(\alpha)}(\mathbf{x}_m, t_{m\pm}) > 0, \\
\alpha &= 2, 1, 3; \partial\Omega_{\alpha\beta} \in \{\partial\Omega_{21}, \partial\Omega_{13}, \partial\Omega_{34}\}, \\
G_{\partial\Omega_{\alpha\beta}}^{(1,\alpha)}(\mathbf{x}_m, t_{m+}) &= \mathbf{n}_{\partial\Omega_{\alpha\beta}}^{\mathrm{T}} \cdot D\mathbf{F}^{(\alpha)}(\mathbf{x}_m, t_{m\pm}) < 0, \\
\alpha &= 1, 3, 4; \partial\Omega_{\alpha\beta} \in \{\partial\Omega_{12}, \partial\Omega_{31}, \partial\Omega_{43}\}.
\end{aligned} \quad (4.223)$$

根据方程 (4.216), 对于 $\alpha, \beta \in \{1, 2, 3, 4\}$, 边界 $\partial\Omega_{\alpha\beta}$ 的法向量为

[249]

$$\mathbf{n}_{\partial\Omega_{\alpha\beta}} = \mathbf{n}_{\partial\Omega_{\beta\alpha}} = (0, 1)^{\mathrm{T}}. \quad (4.224)$$

边界 $(\partial\Omega_{12}$ 和 $\partial\Omega_{21})$、$(\partial\Omega_{13}$ 和 $\partial\Omega_{31})$ 和 $(\partial\Omega_{34}$ 和 $\partial\Omega_{43})$ 的法向量分别指向域 Ω_2、域 Ω_1 和域 Ω_3. 因此, 得到

$$\begin{aligned}
\mathbf{n}_{\partial\Omega_{\alpha\beta}}^{\mathrm{T}} \cdot \mathbf{F}^{(\alpha)}(\mathbf{x}, t) &= F^{(\alpha)}(\mathbf{x}, t), \\
\mathbf{n}_{\partial\Omega_{\alpha\beta}}^{\mathrm{T}} \cdot D\mathbf{F}^{(\alpha)}(\mathbf{x}, t) &= DF^{(\alpha)}(\mathbf{x}, t); \\
\mathbf{n}_{\partial\Omega_{\alpha\beta}}^{\mathrm{T}} \cdot \mathbf{F}^{(0\succ 0_\alpha)}(\mathbf{x}, t, q^{(\alpha)}) &= F^{(0\succ 0_\alpha)}(\mathbf{x}, t, q^{(\alpha)}), \\
\mathbf{n}_{\partial\Omega_{\alpha\beta}}^{\mathrm{T}} \cdot D\mathbf{F}^{(0\succ 0_\alpha)}(\mathbf{x}, t, q^{(\alpha)}) &= DF^{(0\succ 0_\alpha)}(\mathbf{x}, t, q^{(\alpha)}),
\end{aligned} \quad (4.225)$$

其中 $\alpha \in \{i, j\}$. 根据方程 (4.225), 在方程 (4.219) 和 (4.220) 中的汇流和可穿越运动条件, 给出了力的条件为

$$\begin{aligned}
F^{(1)}(\mathbf{x}_m, t_{m-}) < 0 & \text{ 且 } F^{(3)}(\mathbf{x}_m, t_{m-}) > 0, \text{ 在边界 } \partial\Omega_{13} \text{ 上}; \\
F^{(1)}(\mathbf{x}_m, t_{m-}) < 0 & \text{ 且 } F^{(3)}(\mathbf{x}_m, t_{m+}) < 0, \Omega_1 \to \Omega_3, \\
F^{(1)}(\mathbf{x}_m, t_{m+}) > 0 & \text{ 且 } F^{(3)}(\mathbf{x}_m, t_{m-}) > 0, \Omega_3 \to \Omega_1.
\end{aligned} \right\} \quad (4.226)$$

在边界 $\partial\Omega_{13}$ 上汇流运动出现的力条件为

$$
\left.\begin{array}{l}
F^{(1)}\left(\mathbf{x}_m, t_{m-}\right)<0 \text{ 和 } F^{(3)}\left(\mathbf{x}_m, t_{m\pm}\right)=0, \\
\text{且 } DF^{(3)}\left(\mathbf{x}_m, t_{m\pm}\right)<0,
\end{array}\right\} \Omega_1 \rightarrow \partial\Omega_{13},
$$

$$
\left.\begin{array}{l}
F^{(3)}\left(\mathbf{x}_m, t_{m-}\right)>0 \text{ 和 } F^{(1)}\left(\mathbf{x}_m, t_{m+}\right)=0, \\
\text{且 } DF^{(1)}\left(\mathbf{x}_m, t_{m+}\right)>0,
\end{array}\right\} \Omega_3 \rightarrow \partial\Omega_{13}. \tag{4.227}
$$

存在流障碍时, 对于 $\partial\Omega_{13} \rightarrow \Omega_3$, 汇流运动消失的力条件为

$$
\left.\begin{array}{l}
F^{(0 \succ 0_1)}(\mathbf{x}_m, q_1^{(1)})>0, \text{ 但是 } F^{(1)}\left(\mathbf{x}_m, t_{m-}\right)<0 \\
\text{或} \\
F^{(0 \succ 0_1)}(\mathbf{x}_m, q_1^{(1)})<0, \text{ 或 } F^{(0 \succ 0_1)}(\mathbf{x}_m, q_1^{(1)})=0, \\
\text{且 } DF^{(0 \succ 0_1)}(\mathbf{x}_m, q_1^{(1)})<0;
\end{array}\right\} \tag{4.228}
$$

$$
\left.\begin{array}{l}
F^{(3)}\left(\mathbf{x}_m, t_{m-}\right)<0, \text{ 以及 } F^{(0 \succ 0_3)}(\mathbf{x}_m, q_1^{(3)})=0, \\
DF^{(0 \succ 0_3)}(\mathbf{x}_m, q_1^{(3)})<0.
\end{array}\right\} \tag{4.229}
$$

对于 $\partial\Omega_{13} \rightarrow \Omega_1$, 汇流运动消失的力条件为

$$
\left.\begin{array}{l}
F^{(0 \succ 0_3)}(\mathbf{x}_m, q_1^{(3)})<0, \text{ 但是 } F^{(3)}\left(\mathbf{x}_m, t_{m-}\right)>0. \\
\text{或} \\
F^{(0 \succ 0_3)}(\mathbf{x}_m, q_1^{(3)})>0, \text{ 或 } F^{(0 \succ 0_3)}(\mathbf{x}_m, q_1^{(3)})=0, \\
\text{且 } DF^{(0 \succ 0_3)}(\mathbf{x}_m, q_1^{(3)})>0;
\end{array}\right\} \tag{4.230}
$$

$$
\left.\begin{array}{l}
F^{(1)}(\mathbf{x}_m, t_{m-})>0 \text{ 以及} \\
F^{(0 \succ 0_1)}(\mathbf{x}_m, q_1^{(1)})=0, \text{ 且 } DF^{(0 \succ 0_1)}(\mathbf{x}_m, q_1^{(1)})>0.
\end{array}\right\} \tag{4.231}
$$ [250]

在边界 $\partial\Omega_{\alpha\beta}$ 上的可穿越运动的力条件为

$$
\left.\begin{array}{l}
F^{(\alpha)}\left(\mathbf{x}_m, t_{m-}\right)<0 \text{ 和 } F^{(\beta)}\left(\mathbf{x}_m, t_{m+}\right)<0, \\
(\alpha, \beta) \in \{(2,1),(1,3),(3,4)\}; \\
F^{(\alpha)}\left(\mathbf{x}_m, t_{m-}\right)>0 \text{ 和 } F^{(\beta)}\left(\mathbf{x}_m, t_{m+}\right)>0, \\
(\alpha, \beta) = \{(1,2),(3,1),(4,3)\}.
\end{array}\right\} \tag{4.232}
$$

擦边运动的力条件为

$$
\left.\begin{array}{l}
F^{(\alpha)}\left(\mathbf{x}_m, t_{m\pm}\right)=0 \text{ 且} \\
DF^{(\alpha)}(\mathbf{x}_m, t_{m\pm})>0, \alpha=2,1,3, \\
\partial\Omega_{\alpha\beta} \in \{\partial\Omega_{21}, \partial\Omega_{13}, \partial\Omega_{34}\}, \\
DF^{(\alpha)}(\mathbf{x}_m, t_{m\pm})<0, \alpha=1,3,4, \\
\partial\Omega_{\alpha\beta} \in \{\partial\Omega_{12}, \partial\Omega_{31}, \partial\Omega_{43}\}.
\end{array}\right\} \tag{4.233}
$$

4.5.2　数值演示

　　为了阐述非光滑动力系统中具有流障碍的运动, 在文献 Luo 和 Zwie-gart (2008) 中介绍了基本映射, 其由相应域内的微分方程的封闭解决定. 根据初始条件 (t_k, x_k, V), 方程 (4.201) 的直积为

$$x = V \times (t - t_k) + x_k. \tag{4.234}$$

将方程 (4.234) 代入方程 (4.209), 在域 Ω_j $(j \in \{1, 3\})$ 内产生了非常小的黏合运动的邻域. 由于静摩擦力的跳跃, 对于边界 $\partial\Omega_{13}$ 上的来流障碍、去流障碍和边界上的流障碍, 在 $(\mathbf{x}_m, t_m)$ 处力为

$$F^{(j)}(\mathbf{x}_m, t_{m\pm}) = -2d_j V - c_j x_m + A_0 \cos \Omega t_{m\pm} - a_j, \tag{4.235}$$

$$F^{(0 \succ 0_j)}(\mathbf{x}_m, q_1^{(j)}) = -2d_j V - c_j x_m + A_0 \cos \Omega t_{m\pm} - a_j^{(0 \succ 0_j)}, \tag{4.236}$$

其中 $a_1 = -a_3 = \nu_k F_N$ 且 $a_1^{(0 \succ 0_1)} = -a_3^{(0 \succ 0_3)} = \nu_s F_N$.

[251]　　为了说明此不连续动力系统的运动, 引入一般映射. 首先对边界上的转换集标注, 用 Σ_1 表示不连续系统的力边界转换集, Σ_2 和 Σ_3 表示其余两个分离边界转换集. 三个边界的转换集为

$$\Sigma_\alpha = \Sigma_\alpha^0 \cup \Sigma_\alpha^+ \cup \Sigma_\alpha^-, \quad \alpha = 1, 2, 3. \tag{4.237}$$

相应的切换子集为

$$\Sigma_\alpha^0 = \{(x_k, \Omega t_k) \mid \dot{x}_k = V_\rho\} \text{ 且 } \Sigma_\alpha^\pm = \left\{ (x_k, \Omega t_k \mid \dot{x}_k = V_\rho^\pm \right\}; \tag{4.238}$$

其中 $V_\sigma^\pm = \lim_{\delta \to 0}(V_\sigma \pm \delta)$, $\delta > 0$, $\rho = \{0, 1, 2\}$, 且 $\alpha = 1, 2, 3$. 在相空间中, Ω_j 内轨迹在分离边界上的开始点和结束点如图 4.29 所示. 在域 Ω_j 内映射开始点 $(x_k, \dot{x}_k, t_k)$ 在 Σ_α 上, 结束点 $(x_{k+1}, \dot{x}_{k+1}, t_{k+1})$ 在 Σ_β 上, 其中 Ω_j, $j = 1, 2, 3, 4$ 表示不同的域, $\partial\Omega_{\alpha\beta}$, $\alpha, \beta = 1, 2, 3$ 表示不同的边界. 黏合映射为 $P_{0_{11}}$. 因此, 局部映射定义为

[252]
$$\left. \begin{aligned} &P_{1_{11}} : \Sigma_1^+ \xrightarrow{\Omega_1} \Sigma_1^+, \ P_{3_{11}} : \Sigma_1^- \xrightarrow{\Omega_3} \Sigma_1^-, \\ &P_{2_{22}} : \Sigma_2^+ \xrightarrow{\Omega_2} \Sigma_2^+, \ P_{1_{22}} : \Sigma_2^- \xrightarrow{\Omega_1} \Sigma_2^-, \\ &P_{4_{33}} : \Sigma_3^- \xrightarrow{\Omega_4} \Sigma_3^-, \ P_{3_{33}} : \Sigma_3^+ \xrightarrow{\Omega_3} \Sigma_3^+. \end{aligned} \right\} \tag{4.239}$$

全局映射定义为

$$\left. \begin{aligned} &P_{1_{21}} : \Sigma_1^+ \xrightarrow{\Omega_1} \Sigma_2^-, P_{1_{12}} : \Sigma_2^- \xrightarrow{\Omega_1} \Sigma_1^+, \\ &P_{3_{31}} : \Sigma_1^- \xrightarrow{\Omega_3} \Sigma_3^+, P_{3_{13}} : \Sigma_3^+ \xrightarrow{\Omega_3} \Sigma_1^-. \end{aligned} \right\} \tag{4.240}$$

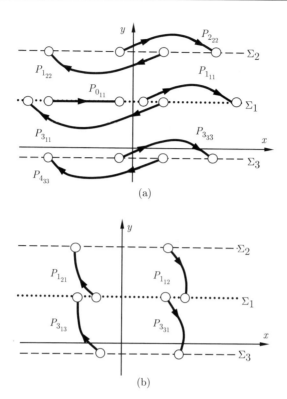

图 4.29　规则映射和黏合映射: (a) 局部映射和黏合映射, (b) 全局映射

黏合映射定义为

$$P_{0_{11}} : \Sigma_1^0 \xrightarrow{\partial\Omega_{13}} \Sigma_1^0. \tag{4.241}$$

离开域 Ω_j $(j \in \{1,3\})$ 的汇流控制方程 $P_{0_{11}}$ 为

$$\left.\begin{array}{l} -x_{k+1} + V \times (t_{k+1} - t_k) + x_k = 0, \\ 2d_j V + c_j[V \times (t_{k+1} - t_k) + x_k] - A_0 \cos\Omega t_{k+1} + a_j^{(0 \succ 0_j)} = 0. \end{array}\right\} \tag{4.242}$$

在每个域内微分方程是线性的, 根据线性微分方程得到其封闭解 (参见文献 Luo 和 Zwiegart, 2008). 对于非黏合运动, 映射 $P_{j_{\beta\alpha}}(j = 1,2,3,4$ 和 $\alpha, \beta = 1,2,3)$ 的控制方程为

$$f_1^{(j_{\beta\alpha})}(x_k, \Omega t_k, x_{k+1}, \Omega t_{k+1}) = 0 \text{ 和 } f_2^{(j_{\beta\alpha})}(x_k, \Omega t_k, x_{k+1}, \Omega t_{k+1}) = 0. \tag{4.243}$$

根据上述关系, 在周期性力作用下, 摩擦振子产生周期运动. 详细说明参见文献 Luo 和 Zwiegart (2008). 数值仿真选取参数为 $m = 5$, $d_{1,2,3,4} = 0.1$,

$c_{1,2,3,4} = 30$, $V = 3$, $V_1 = 4.5$, $V_2 = 1.5$, $\mu_s = 0.5$, $\mu_k = 0.4$, $\mu_{1,3} = 0.1$, $\mu_{2,4} = 0.5$ 和 $g = 9.8$. 先考虑非黏合周期运动 $P_{4_33_33_3} = P_{4_33} \circ P_{3_33}$. 运用以上条件, 可以获得振子的周期运动. 在图 4.30(a)—(f) 中, 描述了相轨迹、沿着位移的力分布、沿着速度的力分布、位移、速度和加速度响应, 参数 $\Omega = 5$, $Q_0 = 70$, 初始条件为 $(\Omega t_k, x_k, \dot{x}_k) \approx (0.0458, 3.0183, 1.50)$. 在域 Ω_3 和 Ω_4 内的响应分别用细线和黑线表示. 圆圈表示切换点, 并且用灰色圆圈表示周期运动的开始点. 箭头表示周期运动的方向. 此外, 在图中标出了相应的映射. 在图 4.30(a) 中, 清晰地显示了相平面中的周期运动, 并且周期运动与边界 $\partial\Omega_{13}$ 不发生任何交叉, 只与边界 $\partial\Omega_{34}$ 交叉. 在域 $\Omega_\alpha(\alpha = 3, 4)$ 内的力为

$$F^{(3)} \equiv F^{(3)}(\mathbf{x}, t)$$
$$= -2d_3\dot{x} - c_3 x + A_0 \cos\Omega t + \nu_3(\dot{x} - V) + \mu_k g,$$
$$F^{(4)} \equiv F^{(4)}(\mathbf{x}, t)$$
$$= -2d_4\dot{x} - c_4 x + A_0 \cos\Omega t - \nu_4(\dot{x} - V_2) + \nu_3(V_2 - V) + \mu_k g. \quad (4.244)$$

因此, 根据方程 (4.231), 当 $\dot{x}_m = V_2$ 时, 在时间 t_{m-} 和 t_{m+} 处, 从域 Ω_3 到 Ω_4 内边界 $\partial\Omega_{34}$ 上的力条件分别为

$$F_-^{(3)} \equiv F^{(3)}(\mathbf{x}_m, t_{m-})$$
$$= -2d_3 V_2 - c_3 x_m + A_0 \cos\Omega t_{m-} + \nu_3(V_2 - V) + \mu_k g < 0,$$
$$F_+^{(4)} \equiv F^{(4)}(\mathbf{x}_m, t_{m+})$$
$$= -2d_4 V_2 - c_4 x_m + A_0 \cos\Omega t_{m+} + \nu_3(V_2 - V) + \mu_k g < 0; \quad (4.245)$$

在时间 t_{m-} 和 t_{m+} 处, 从域 Ω_4 到 Ω_3 内边界 $\partial\Omega_{43}$ 上的力条件为

$$F_-^{(4)} \equiv F^{(4)}(\mathbf{x}_m, t_{m-})$$
$$= -2d_4 V_2 - c_4 x_m + A_0 \cos\Omega t_{m-} + \nu_3(V_2 - V) + \mu_k g > 0,$$
$$F_+^{(3)} \equiv F^{(3)}(\mathbf{x}_m, t_{m+})$$
$$= -2d_3 V_2 - c_3 x_m + A_0 \cos\Omega t_{m+} + \nu_3(V_2 - V) + \mu_k g > 0. \quad (4.246)$$

因为 $c_3 = c_4$ 和 $d_3 = d_4$, 所以 $F_\pm^{(3)} = F_\mp^{(4)}$. 根据方程 (4.245) 和 (4.246), 边界 $\partial\Omega_{34}$ 上的总力是连续的, 但是根据方程 (4.244), 力的导数 (即 $F_\pm^{(3)}$ 和 $F_\mp^{(4)}$) 是不连续的. 在图 4.30(b) 和 (c) 中可以观察到周期流的力特征. $F_\pm^{(3)}$ 和 $F_\mp^{(4)}$ 分别表示在边界 $\partial\Omega_{34}$ 和 $\partial\Omega_{43}$ 上切换点处的力. 此外, $F^{(3)}$ 和 $F^{(4)}$ 分别表示在域 Ω_3 和 Ω_4 中的力分布. 在图 4.30(b) 和 (c) 中的力是施加在质量块上的总力而不是单位质量块的力. 由于在边界处力的连续性, 在图 4.30(d)—(e)

中位移和速度响应是光滑的. 然而, 在图 4.30(f) 中加速度是非光滑的. 如果选择另一个切换点作为初始点, 周期运动的映射结构变为 $P_{3_{33}4_{33}} = P_{3_{33}} \circ P_{4_{33}}$. 除了初始条件不同, 两个映射结构呈现相同的周期运动.

考虑映射为 $P_{3_{31}0_{11}3_{13}4_{33}}$ 的黏合周期运动, 选择激励频率 $\Omega = 1$ 和振幅 [255] $Q_0 = 70$, 初始条件 $(\Omega t_k, x_k, \dot{x}_k) \approx (0.6672, 6.5814, 1.50)$. 其他参数与第一个例子中的参数相同. 在图 4.31(a) — (f) 中, 分别显示了该周期运动的相轨迹、沿着位移的力分布、沿着速度的力分布、位移、速度和加速度响应. 在图 4.31(a) 中, 相平面中的黏合运动是沿着不连续边界的直线. 周期运动的轨迹在域 Ω_3 和 Ω_4 内. 方程 (4.244) 给出了在域 Ω_3 和 Ω_4 内力的描述. 在边界 $\partial\Omega_{34}$ 或 $\partial\Omega_{43}$ 上切换点的力由方程 (4.245) 和 (4.246) 决定. 由于在 $\partial\Omega_{13}$ 上的摩擦力是 C^0 不连续的, 导致了沿着边界 $\partial\Omega_{13}$ 的滑动 (黏合) 运动. 根据方程 (4.223), 在边界 $\partial\Omega_{13}$ 上出现黏合运动的条件为

$$
\begin{aligned}
F_-^{(1)} &\equiv F^{(1)}\left(\mathbf{x}_m, t_{m-}\right) = -2d_1 V - c_1 x_m + A_0 \cos \Omega t_{m-} - \mu_k g < 0, \\
F_-^{(3)} &\equiv F^{(3)}\left(\mathbf{x}_m, t_{m-}\right) = -2d_3 V - c_3 x_m + A_0 \cos \Omega t_{m-} + \mu_k g > 0.
\end{aligned}
\tag{4.247}
$$

由于静摩擦力和动摩擦力是不同的, 在动力系统中存在流障碍. 因此, 一旦在质量块和传送带之间出现粘贴, 那么消除黏合运动的条件为

$$
\left.
\begin{aligned}
F^{(0 \succ 0_1)} &\equiv F^{(0 \succ 0_1)}(\mathbf{x}_m, q_1^{(1)}) \\
&= -2d_1 V - c_1 x_m + A_0 \cos \Omega t_m - \mu_s g < 0, \\
F^{(0 \succ 0_3)} &\equiv F^{(0 \succ 0_3)}(\mathbf{x}_m, q_1^{(3)}) \\
&= -2d_3 V - c_3 x_m + A_0 \cos \Omega t_{m\pm} + \mu_s g = 0, \\
DF^{(0 \succ 0_3)} &\equiv DF^{(0 \succ 0_3)}(\mathbf{x}_m, q_1^{(3)}) = -c_3 V_m - A_0 \Omega \sin \Omega t_{m\pm} < 0,
\end{aligned}
\right\}
\tag{4.248}
$$

$\partial\Omega_{13} \to \Omega_3$;

$$
\left.
\begin{aligned}
F^{(0 \succ 0_2)} &\equiv F^{(0 \succ 0_2)}(\mathbf{x}_m, q_1^{(3)}) \\
&= -2d_3 V - c_3 x_m + A_0 \cos \Omega t_m + \mu_s g > 0, \\
F^{(0 \succ 0_1)} &\equiv F^{(0 \succ 0_1)}(\mathbf{x}_m, q_1^{(1)}) \\
&= -2d_1 V - c_1 x_m + A_0 \cos \Omega t_{m\pm} - \mu_s g = 0, \\
DF^{(0 \succ 0_1)} &\equiv DF^{(0 \succ 0_1)}(\mathbf{x}_m, q_1^{(1)}) = -c_1 V - \Omega A_0 \sin \Omega t_{m\pm} > 0,
\end{aligned}
\right\}
\tag{4.249}
$$

$\partial\Omega_{13} \to \Omega_1$.

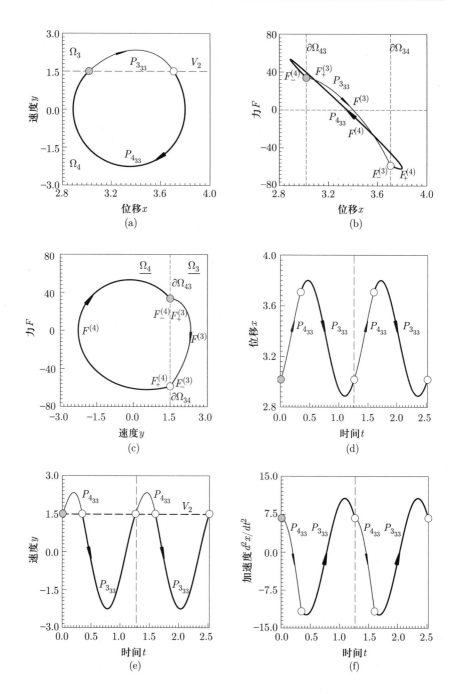

图 4.30　映射 $P_{4_{33}} \circ P_{3_{33}}$ 的周期响应: (a) 相轨迹, (b) 沿着位移的力分布, (c) 沿着速度的力分布, (d) 位移, (e) 速度, (f) 加速度, 参数 $\Omega = 5$, $Q_0 = 70$, $(\Omega t_k, x_k, \dot{x}_k) \approx (0.0458, 3.0183, 1.50)$

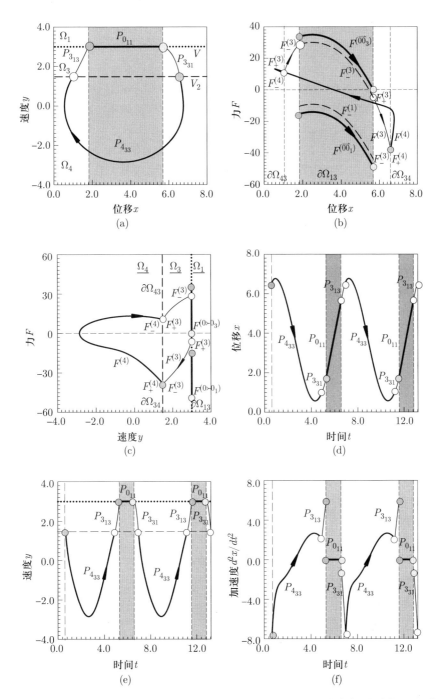

图 4.31 映射 $P_{3_{31}} \circ P_{0_{11}} \circ P_{3_{13}} \circ P_{4_{33}}$ 的周期响应: (a) 相轨迹, (b) 沿着位移的力分布, (c) 沿着速度的力分布, (d) 位移, (e) 速度, (f) 加速度, 参数 $\Omega = 1$, $Q_0 = 70$, $(\Omega t_k, x_k, \dot{x}_k) \approx (0.6672, 6.5814, 1.50)$

为了简单起见, 黏合运动消失的力判据为 $F^{(0\succ0_\alpha)} \triangleq F^{(0\succ0_\alpha)}(\mathbf{x}_m, t_m)$. 在图 4.31(b) 中, 虚线表示来流力 $F_-^{(\alpha)}(\alpha=1,3)$. 由于 $F_-^{(3)} > 0$ 和 $F_-^{(1)} < 0$, 且满足方程 (4.247) 的条件, 从而在边界 $\partial\Omega_{13}$ 上出现黏合运动. 粗实线表示边界流障碍的力 $F^{(0\succ0_\alpha)}$. 当 $F^{(0\succ0_3)} = 0$ 和 $DF^{(0\succ0_3)} < 0$, 且满足方程 (4.248) 时, 黏合运动消失. 此时, 非摩擦力大于静摩擦力 (即流障碍). 此外, 在传送带上振子将发生相对振动. 当在振子和传送带之间有相对运动时, 在域 Ω_3 内的动摩擦力将控制运动. 因此, 相应的力由 0 变为负值 (即 $F_+^{(3)} < 0$), 如图 4.31(b) 所示. 由于在边界处的力是分段连续的, 从而在图 4.31(b) 中可以观察到在边界 $\partial\Omega_{34}$ 上力是非光滑的. 在边界 $\partial\Omega_{34}$ 和 $\partial\Omega_{43}$ 切换点处, 力用 $F_\pm^{(3)}$ 和 $F_\mp^{(4)}$ 表示. 在域 Ω_3 和 Ω_4 内力的分布分别用细线和粗线表示, 并用 $F^{(3)}$ 和 $F^{(4)}$ 分别标注. 在域 Ω_3 和 Ω_4 内可以清晰地观察到边界 $\partial\Omega_{34}$ 上力的分布. 黏合运动的力特征和域的切换如图 4.31(c) 所示. 在图 4.31(d) 中, 由于速度是 C^0 连续的, 那么位移也是连续的. 由于力是 C^0 不连续的, 从而可以观察到非光滑的速度响应. 在速度响应中可以清晰地观察到黏合运动. 由于传送带控制在一个恒定的速度, 那么黏合运动的加速度为零. 因此, 在图 4.31(f) 中, 在边界 $\partial\Omega_{13}$ 上黏合运动的加速度为零. 在边界 $\partial\Omega_{34}$ 上, 加速度是非光滑的. 在不连续动力系统中, 擦边现象与流障碍无关, 此问题中的这个现象与没有流障碍的摩擦振子是一样的, 参考文献 (即 Luo 和 Gegg, 2006c, 2007). 在数值演示中没有用到方程 (4.223) 中的擦边条件. 然而, 该擦边条件可用于决定不同周期运动的参数映射, 见文献 Luo 和 Zwiegart (2008). 在第二章已讨论了擦边分岔问题.

4.6　结　　论

本章提出了在不连续动力系统中的流障碍理论. 由于在可穿越流中存在流障碍, 去流和来流将不能到达边界, 但是可以沿着边界滑动. 此外还讨论了在可穿越流中的来流和去流障碍. 如果汇流中的来流受到来自流障碍的阻碍, 那么其将在相应的域内沿着边界滑动或者停滞在边界处. 因此, 也讨论了含有流障碍的汇流的可切换性. 然而, 一旦汇流形成, 在边界上将存在边界流. 一旦边界流离开边界, 在源流中就可能存在边界流障碍, 并且也可能存在源流中的去流障碍. 亦即在源流中边界流障碍和去流障碍都可能出现. 为了更好地理解不连续动力系统中的流障碍理论, 提出了含有边界流障碍的一个不连续动力系统的实例. 不连续动力系统的流障碍理论是一个新的理论, 这将提供一个有用的工具, 我们可以设计所需要的动力系统以满足面向工程的复杂系统. 流障碍将为控制理论研究动力系统的稳定问题提供理论基础.

参 考 文 献

Luo, A.C.J., 2006, *Singularity and Dynamics on Discontinuous Vector Fields*, Amsterdam: Elsevier.

Luo, A.C.J., 2007, Flow switching bifurcations on the separation boundary in discontinuous dynamical systems with flow barriers, IMechE *Part K: Journal of Multibody Dynamics*, **221**, 475–495.

Luo, A.C.J. and Gegg, B.C., 2006a, On the mechanism of stick and non-stick, periodic motions in a forced linear oscillator including dry friction, *ASME Journal of Vibration and Acoustics*, **128**, 97–105.

Luo, A.C.J. and Gegg, B.C., 2006b, Stick and non-stick, periodic motions of a periodically forced, linear oscillator with dry friction, *Journal of Sound and Vibration*, **291**, 132–168.

Luo, A.C.J. and Gegg, B.C., 2006c, Grazing phenomena in a periodically forced, friction-induced, linear oscillator, *Communications in Nonlinear Science and Numerical Simulation*, **11**, 777–802.

Luo, A.C.J. and Gegg, B.C., 2007, An analytical prediction of sliding motions along discontinuous boundary in non-smooth dynamical systems, *Nonlinear Dynamics*, **40**, 401–424.

Luo, A.C.J. and Zwiegart, P., Jr., 2008, Existence and analytical prediction of periodic motions in a periodically forced, nonlinear friction oscillator, *Journal of Sound and Vibration*, **309**, 129–149.

第五章　传输定律与多值向量场

本章将对不连续动力系统的不连续性进行分类. 为了讨论对于边界的奇 [259]
异性, 将讨论擦边奇异集和拐点奇异集以及实奇异集和虚奇异集的概念. 由于
存在永久的流障碍, 则要讨论不可进入边界和边界通道. 不可进入边界表示不
允许任何流穿越的边界, 而边界通道则是不允许任何边界流进入到相应的域
内. 因而, 我们将对域和边界进行分类, 并讨论汇域和源域, 以及汇边界和源边
界. 为了使不连续动力系统中的流连续, 传输定律需要满足 C^0 连续、流障碍、
孤立域和边界通道等条件. 在单个域内的多值向量场也将讨论. 基于最简单的
传输规律 (即切换规则), 讨论边界上的折回流和可扩展流. 本章以一个受控的
分段线性系统为例, 讨论边界两侧向量场在边界上的切换, 以阐述该系统中出
现的折回流.

5.1　不连续性的分类

考虑如下动力系统

$$\dot{\mathbf{x}}^{(\alpha)} = \mathbf{F}^{(\alpha)}(\mathbf{x}^{(\alpha)}, t, \mathbf{p}_\alpha), \text{ 在 } \Omega_\alpha(\alpha = i, j) \text{ 内},$$
$$\dot{\mathbf{x}}^{(0)} = \mathbf{F}^{(0)}(\mathbf{x}^{(0)}, t, \lambda), \text{ 在边界 } \partial\Omega_{ij} \text{ 上满足 } \varphi_{ij}(\mathbf{x}^{(0)}, t, \lambda) = 0. \tag{5.1}$$

方程 (5.1) 中流 $\mathbf{\Phi}^{(\alpha)}(\mathbf{x}^{(\alpha)}, t)$ 在边界 (或超曲面) $\partial\Omega_{ij}$ 上 C^1 不连续 (或 C^0
连续), 如图 5.1 所示. 在域 Ω_i 内流 $\mathbf{x}^{(i)}(t)$ 接近边界终点 P_m, 流为 $\mathbf{x}_{m-}^{(i)}$, [260]
而在域 Ω_j 内流 $\mathbf{x}^{(j)}(t)$ 离开边界起始点 P_m, 流为 $\mathbf{x}_{m+}^{(j)}$. 对于 C^1 不连续的
流 $\mathbf{\Phi}^{(\alpha)}(\mathbf{x}^{(\alpha)}, t) \equiv \mathbf{\Phi}^{(\alpha)}(\mathbf{x}_0^{(\alpha)}, t, t_0)$ $(\alpha = i, j)$, 在边界 $\partial\Omega_{ij}$ 上同一时刻 t_m,

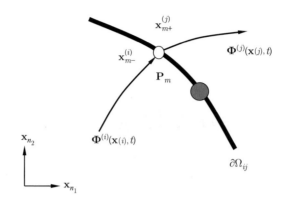

图 5.1　边界 $\partial\Omega_{ij}$ (或超曲面) 上的 C^1 不连续流 $\mathbf{\Phi}(\mathbf{x}, t)$. 最大的圆圈是一个擦边奇异集

对应于域 Ω_i 和域 Ω_j 的点 $\mathbf{x}^{(i)}$ 和 $\mathbf{x}^{(j)}$ 是相同的 (即 $\mathbf{x}^{(i)} = \mathbf{x}^{(j)}$). 然而, 在边界 $\partial\Omega_{ij}$ 上, 流 $\mathbf{x}^{(i)}(t)$ 和流 $\mathbf{x}^{(j)}(t)$ 的向量场却是不同的 (即 $\mathbf{F}^{(i)}(\mathbf{x}^{(i)}, t_{m-}, \mathbf{p}_i) \neq \mathbf{F}^{(j)}(\mathbf{x}^{(j)}, t_{m+}, \mathbf{p}_j)$). 因此, 在边界 $\partial\Omega_{ij}$ 上的点 $\mathbf{x}_m \in \partial\Omega_{ij}$ 处, 流 $\mathbf{x}^{(i)} \cup \mathbf{x}^{(j)}$ 是 C^1 不连续的. 如果对于这样一个边界, 流 $\mathbf{x}^{(i)} \cup \mathbf{x}^{(j)}$ 的最低阶不连续性是 C^1 不连续的, 则相应的系统称为边界 $\partial\Omega_{ij}$ 上的 C^1 不连续动力系统, 也称为边界 $\partial\Omega_{ij}$ 上的非光滑动力系统, 因为轨迹是连续的. 数学上的定义如下:

定义 5.1　对于方程 (5.1) 中的不连续动力系统, t_m 时刻, 在 $\mathbf{x}_m \in \partial\Omega_{ij}$ 处, 存在一个来流 $\mathbf{x}^{(\alpha)}(t)$ ($\alpha \in \{i,j\}$) 和一个去流 $\mathbf{x}^{(\beta)}(t)$($\beta \in \{i,j\}$, $\alpha \neq \beta$). 且流 $\mathbf{x}^{(\alpha)}(t) \cup \mathbf{x}^{(\beta)}(t)$ 在 $\mathbf{x}_m \in \partial\Omega_{ij}$ 处是 C^1 不连续的, 如果满足以下条件

$$\mathbf{x}^{(\alpha)}(t_{m-}) = \mathbf{x}_m = \mathbf{x}^{(\beta)}(t_{m+}), \tag{5.2}$$

$$\mathbf{F}^{(\alpha)}(\mathbf{x}^{(\alpha)}, t_{m-}, \mathbf{p}_\alpha) \neq \mathbf{F}^{(\beta)}(\mathbf{x}^{(\beta)}, t_{m+}, \mathbf{p}_\beta). \tag{5.3}$$

那么称方程 (5.1) 中的动力系统在边界 $\partial\Omega_{ij}$ 上是 C^1 不连续 (或 C^1 非光滑) 的系统.

[261] **定义 5.2**　对于方程 (5.1) 中的不连续动力系统, t_m 时刻, 在 $\mathbf{x}_m \in \partial\Omega_{ij}$ 处, 存在一个来流 $\mathbf{x}^{(\alpha)}(t)$ ($\alpha \in \{i,j\}$) 和一个去流 $\mathbf{x}^{(\beta)}(t)$($\beta \in \{i,j\}$, $\alpha \neq \beta$). 且流 $\mathbf{x}^{(\alpha)}(t) \cup \mathbf{x}^{(\beta)}(t)$ 在 $\mathbf{x}_m \in \partial\Omega_{ij}$ 处是 C^k 不连续的, 如果满足以下条件

$$\mathbf{x}^{(\alpha)}(t_{m-}) = \mathbf{x}_m = \mathbf{x}^{(\beta)}(t_{m+}), \tag{5.4}$$

$$D^{(r)}\mathbf{F}^{(\alpha)}(\mathbf{x}^{(\alpha)}, t_{m-}, \mathbf{p}_\alpha) = D^{(r)}\mathbf{F}^{(\beta)}(\mathbf{x}^{(\beta)}, t_{m+}, \mathbf{p}_\beta), r = 0, 1, 2, \cdots, k-2; \tag{5.5}$$

$$D^{(k-1)}\mathbf{F}^{(\alpha)}(\mathbf{x}^{(\alpha)}, t_{m\mp}, \mathbf{p}_\alpha) \neq D^{(k-1)}\mathbf{F}^{(\beta)}(\mathbf{x}^{(\beta)}, t_{m\pm}, \mathbf{p}_\beta). \tag{5.6}$$

那么称方程 (5.1) 中的动力系统对于边界 $\partial\Omega_{ij}$ 是 C^k 不连续 (或 C^k 非光滑) 的系统.

定义 5.3　对于方程 (5.1) 中的不连续动力系统, t_m 时刻, 在 $\mathbf{x}_m^{(\alpha)} \in \partial\Omega_{ij}$ 处存在一个来流 $\mathbf{x}^{(\alpha)}(t)$ $(\alpha \in \{i,j\})$, 在 $\mathbf{x}_m^{(\beta)} \in \partial\Omega_{ij}$ 处存在一个去流 $\mathbf{x}^{(\beta)}(t)(\beta \in \{i,j\}, \alpha \neq \beta)$. 流 $\mathbf{x}^{(\alpha)}(t) \cup \mathbf{x}^{(\beta)}(t)$ 在 $\mathbf{x}_m \in \partial\Omega_{ij}$ 处是 C^0 不连续的, 如果满足以下条件

$$\mathbf{x}^{(\alpha)}(t_{m-}) \neq \mathbf{x}^{(\beta)}(t_{m+}). \tag{5.7}$$

那么称方程 (5.1) 中的动力系统对于边界 $\partial\Omega_{ij}$ 是 C^0 不连续系统.

(i) 对于 $\mathbf{x}^{(\alpha)}(t_{m-}) = \mathbf{x}_{m-} \in \partial\Omega_{ij}$ 和 $\mathbf{x}^{(\alpha)}(t_{m+}) = \mathbf{x}_{m+} \in \partial\Omega_{ij}$, 如果满足

$$\mathbf{x}_{m-} \neq \mathbf{x}_{m+},$$
$$\hbar_\alpha G^{(\alpha)}(\mathbf{x}_{m-}, t_{m-}, \mathbf{p}_\alpha) > 0 \text{ 且 } \hbar_\alpha G^{(\alpha)}(\mathbf{x}_{m+}, t_{m+}, \mathbf{p}_\alpha) < 0. \tag{5.8}$$

那么称 C^0 不连续动力系统对于边界 $\partial\Omega_{ij}$ 是自跳跃系统.

(ii) 对于 $\mathbf{x}^{(\alpha)}(t_{m-}) = \mathbf{x}_{m-} \in \partial\Omega_{ij}$ 和 $\mathbf{x}^{(\beta)}(t_{m+}) = \mathbf{x}_{m+} \in \partial\Omega_{ij}$, 如果满足

$$\mathbf{x}_{m-} \neq \mathbf{x}_{m+},$$
$$\hbar_\alpha G^{(\alpha)}(\mathbf{x}_{m-}, t_{m-}, \mathbf{p}_\alpha) > 0 \text{ 且 } \hbar_\alpha G^{(\beta)}(\mathbf{x}_{m+}, t_{m+}, \mathbf{p}_\beta) > 0. \tag{5.9}$$

那么称 C^0 不连续动力系统对于边界 $\partial\Omega_{ij}$ 是跳跃切换系统.

考虑一个虚拟的动力系统

$$\dot{\mathbf{x}}_\alpha^{(\beta)} = \mathbf{F}^{(\beta)}(\mathbf{x}_\alpha^{(\beta)}, t, \mathbf{p}_\beta), \text{ 在 } \Omega_\alpha(\alpha, \beta = i, j, \alpha \neq \beta) \text{ 内,}$$
$$\dot{\mathbf{x}}^{(0)} = \mathbf{F}^{(0)}(\mathbf{x}^{(0)}, t, \lambda), \phi_{ij}(\mathbf{x}^{(0)}, t, \lambda) = 0, \text{在边界 } \partial\Omega_{ij} \text{ 上.} \tag{5.10}$$

方程 (5.10) 中的虚流 $\mathbf{x}_\alpha^{(\beta)}$ 和 $\mathbf{x}_\beta^{(\alpha)}$ 在边界上的不连续性, 与方程 (5.1) 中的实流 $\mathbf{x}^{(\alpha)}$ 和 $\mathbf{x}^{(\beta)}$ 在边界上的不连续性是相同的. 在不连续动力系统中, 对于时间的不连续性将在后续进行介绍. [262]

5.2　边界上的奇异集

在第二章和第三章中, 已经讨论了两种流之间的切换分岔. 若发生切换分岔, 则流在边界上是奇异的. 为了更好地了解流在边界上的特性, 提出奇异集的概念. 在边界上存在两种奇异集: 擦边奇异集和拐点奇异集.

定义 5.4　对于方程 (5.1) 中的不连续动力系统, 当 $\alpha, \beta \in \{i,j\}$ 且 $\alpha \neq \beta$ 时, 边界 $\partial\Omega_{ij}$ 的 α 一侧擦边奇异集定义为

$$\mathcal{S}_{ij}^{(1,\alpha)} = \left\{ (\mathbf{x}_m, t_m) \left| \begin{array}{l} \hbar_\alpha G_{\partial\Omega_{ij}}^{(\alpha)}(\mathbf{x}_m, t_{m\pm}) = 0, \\ \hbar_\alpha G_{\partial\Omega_{ij}}^{(1,\alpha)}(\mathbf{x}_m, t_{m\pm}) < 0 \end{array} \right. \right\} \subset \partial\Omega_{ij}. \tag{5.11}$$

边界 $\partial\Omega_{ij}$ 两侧的双擦边奇异集定义为

$$\mathcal{S}_{ij}^{(1:1)} = \mathcal{S}_{ij}^{(1,\alpha)} \cup \mathcal{S}_{ij}^{(1,\beta)}$$

$$= \left\{ (\mathbf{x}_m, t_m) \left| \begin{array}{l} \hbar_\alpha G_{\partial\Omega_{ij}}^{(\alpha)}(\mathbf{x}_m, t_{m\pm}) = 0, \\ \hbar_\alpha G_{\partial\Omega_{ij}}^{(1,\alpha)}(\mathbf{x}_m, t_{m\pm}) < 0, \\ \hbar_\alpha G_{\partial\Omega_{ij}}^{(\beta)}(\mathbf{x}_m, t_{m\pm}) = 0, \\ \hbar_\alpha G_{\partial\Omega_{ij}}^{(1,\beta)}(\mathbf{x}_m, t_{m\pm}) > 0 \end{array} \right. \right\} \subset \partial\Omega_{ij}. \tag{5.12}$$

定义 5.5　对于方程 (5.1) 中的不连续动力系统, 当 $\alpha, \beta \in \{i, j\}$ 且 $\alpha \neq \beta$ 时, 边界 $\partial\Omega_{ij}$ 的 α 一侧拐点奇异集定义为

$$\mathscr{Q}_{ij}^{(2,\alpha)} = \left\{ (\mathbf{x}_m, t_m) \left| \begin{array}{l} \hbar_\alpha G_{\partial\Omega_{ij}}^{(s_\alpha,\alpha)}(\mathbf{x}_m, t_{m\pm}) = 0, \\ s_\alpha = 0, 1, \\ \hbar_\alpha G_{\partial\Omega_{ij}}^{(2,\alpha)}(\mathbf{x}_m, t_{m\pm}) > 0 \end{array} \right. \right\} \subset \partial\Omega_{ij}. \tag{5.13}$$

边界 $\partial\Omega_{ij}$ 两侧的拐点奇异集定义为

[263]
$$\mathscr{Q}_{ij}^{(2:2)} = \mathscr{Q}_{ij}^{(2,\alpha)} \cup \mathscr{Q}_{ij}^{(2,\beta)}$$

$$= \left\{ (\mathbf{x}_m, t_m) \left| \begin{array}{l} \hbar_\alpha G_{\partial\Omega_{ij}}^{(s_\alpha,\alpha)}(\mathbf{x}_m, t_{m\pm}) = 0, \\ s_\alpha = 0, 1, \\ \hbar_\alpha G_{\partial\Omega_{ij}}^{(2,\alpha)}(\mathbf{x}_m, t_{m\pm}) > 0; \\ \hbar_\alpha G_{\partial\Omega_{ij}}^{(s_\beta,\beta)}(\mathbf{x}_m, t_{m\pm}) = 0, \\ s_\beta = 0, 1, \\ \hbar_\alpha G_{\partial\Omega_{ij}}^{(2,\beta)}(\mathbf{x}_m, t_{m\pm}) < 0 \end{array} \right. \right\} \subset \partial\Omega_{ij}. \tag{5.14}$$

定义 5.6　对于方程 (5.1) 中的不连续动力系统, 当 $\alpha, \beta \in \{i, j\}$ 且 $\alpha \neq \beta$ 时, 边界 $\partial\Omega_{ij}$ 的 α 一侧 $2k_\alpha - 1$ 阶擦边奇异集定义为

$$\mathcal{S}_{ij}^{(2k_\alpha+1,\alpha)} = \left\{ (\mathbf{x}_m, t_m) \left| \begin{array}{l} \hbar_\alpha G_{\partial\Omega_{ij}}^{(s_\alpha,\alpha)}(\mathbf{x}_m, t_{m\pm}) = 0, \\ s_\alpha = 0, 1, 2, \cdots, 2k_\alpha, \\ \hbar_\alpha G_{\partial\Omega_{ij}}^{(2k_\alpha+1,\alpha)}(\mathbf{x}_m, t_{m\pm}) < 0 \end{array} \right. \right\} \subset \partial\Omega_{ij}. \tag{5.15}$$

边界 $\partial\Omega_{ij}$ 两侧 $(2k_\alpha + 1 : 2k_\beta + 1)$ 型双擦边奇异集定义为

$$\mathcal{S}_{ij}^{(2k_\alpha+1:2k_\beta+1)} = \mathcal{S}_{ij}^{(2k_\alpha+1,\alpha)} \cup \mathcal{S}_{ij}^{(2k_\beta+1,\beta)}$$

$$= \left\{ (\mathbf{x}_m, t_m) \left| \begin{array}{l} \hbar_\alpha G_{\partial\Omega_{ij}}^{(s_\alpha,\alpha)}(\mathbf{x}_m, t_{m\pm}) = 0, \\[4pt] s_\alpha = 0, 1, \cdots, 2k_\alpha, \\[4pt] \hbar_\alpha G_{\partial\Omega_{ij}}^{(2k_\alpha+1,\alpha)}(\mathbf{x}_m, t_{m\pm}) < 0; \\[4pt] \hbar_\alpha G_{\partial\Omega_{ij}}^{(s_\beta,\beta)}(\mathbf{x}_m, t_{m\pm}) = 0, \\[4pt] s_\beta = 0, 1, \cdots, 2k_\beta, \\[4pt] \hbar_\alpha G_{\partial\Omega_{ij}}^{(2k_\beta+1,\beta)}(\mathbf{x}_m, t_{m\pm}) > 0 \end{array} \right. \right\} \subset \partial\Omega_{ij}. \tag{5.16}$$

定义 5.7 对于方程 (5.1) 中的不连续动力系统, 当 $\alpha, \beta \in \{i, j\}$ 且 $\alpha \neq \beta$ 时, 边界 $\partial\Omega_{ij}$ 的 α 一侧 $2k_\alpha$ 阶拐点奇异集定义为

$$\mathscr{Q}_{ij}^{(2k_\alpha,\alpha)} = \left\{ (\mathbf{x}_m, t_m) \left| \begin{array}{l} \hbar_\alpha G_{\partial\Omega_{ij}}^{(s_\alpha,\alpha)}(\mathbf{x}_m, t_{m\pm}) = 0, \\[4pt] s_\alpha = 0, 1, \cdots, 2k_\alpha - 1, \\[4pt] \hbar_\alpha G_{\partial\Omega_{ij}}^{(2k_\alpha,\alpha)}(\mathbf{x}_m, t_{m\pm}) > 0 \end{array} \right. \right\} \subset \partial\Omega_{ij}. \tag{5.17}$$

边界 $\partial\Omega_{ij}$ 两侧 $(2k_\alpha : 2k_\beta)$ 型双拐点奇异集定义为

$$\mathscr{Q}_{ij}^{(2k_\alpha:2k_\beta)} = \mathscr{Q}_{ij}^{(2k_\alpha,\alpha)} \cup \mathscr{Q}_{ij}^{(2k_\beta,\beta)}$$

[264]

$$= \left\{ (\mathbf{x}_m, t_m) \left| \begin{array}{l} \hbar_\alpha G_{\partial\Omega_{ij}}^{(s_\alpha,\alpha)}(\mathbf{x}_m, t_{m\pm}) = 0, \\[4pt] s_\alpha = 0, 1, \cdots, 2k_\alpha - 1, \\[4pt] \hbar_\alpha G_{\partial\Omega_{ij}}^{(2k_\alpha,\alpha)}(\mathbf{x}_m, t_{m\pm}) > 0; \\[4pt] \hbar_\alpha G_{\partial\Omega_{ij}}^{(s_\beta,\beta)}(\mathbf{x}_m, t_{m\pm}) = 0, \\[4pt] s_\beta = 0, 1, \cdots, 2k_\beta - 1, \\[4pt] \hbar_\alpha G_{\partial\Omega_{ij}}^{(2k_\beta,\beta)}(\mathbf{x}_m, t_{m\pm}) < 0 \end{array} \right. \right\} \subset \partial\Omega_{ij}. \tag{5.18}$$

以上关于奇异集的定义是针对实流而言的. 同理, 可以讨论方程 (5.10) 中的虚拟动力学中虚流奇异集的定义.

定义 5.8 对于方程 (5.10) 中的不连续动力系统, 当 $\alpha, \beta \in \{i, j\}$ 且 $\alpha \neq \beta$ 时, 边界 $\partial\Omega_{ij}$ 的 α 一侧虚擦边奇异集定义为

$$\mathbf{S}_{ij}^{(1,\alpha)} = \left\{ (\mathbf{x}_m, t_m) \left| \begin{array}{l} \hbar_\alpha G_{\partial\Omega_{ij}}^{(\beta)}(\mathbf{x}_\alpha^{(\beta)}, t_{m\pm}) = 0, \\[4pt] \hbar_\alpha G_{\partial\Omega_{ij}}^{(1,\beta)}(\mathbf{x}_\alpha^{(\beta)}, t_{m\pm}) < 0 \end{array} \right. \right\} \subset \partial\Omega_{ij}. \tag{5.19}$$

边界 $\partial\Omega_{ij}$ 两侧的双虚擦边奇异集定义为

$$
\begin{aligned}
\boldsymbol{S}_{ij}^{(1:1)} &= \boldsymbol{S}_{ij}^{(1,\alpha)} \cup \boldsymbol{S}_{ij}^{(1,\beta)} \\
&= \left\{ (\mathbf{x}_m, t_m) \left| \begin{array}{l} \hbar_\alpha G_{\partial\Omega_{ij}}^{(\beta)}(\mathbf{x}_\alpha^{(\beta)}, t_{m\pm}) = 0, \\ \hbar_\alpha G_{\partial\Omega_{ij}}^{(1,\beta)}(\mathbf{x}_\alpha^{(\beta)}, t_{m\pm}) < 0, \\ \hbar_\alpha G_{\partial\Omega_{ij}}^{(\alpha)}(\mathbf{x}_\beta^{(\alpha)}, t_{m\pm}) = 0, \\ \hbar_\alpha G_{\partial\Omega_{ij}}^{(1,\alpha)}(\mathbf{x}_\beta^{(\alpha)}, t_{m\pm}) > 0 \end{array} \right. \right\} \subset \partial\Omega_{ij}.
\end{aligned}
\tag{5.20}
$$

定义 5.9 对于方程 (5.10) 中的不连续动力系统, 当 $\alpha, \beta \in \{i, j\}$ 且 $\alpha \neq \beta$ 时, 边界 $\partial\Omega_{ij}$ 的 α 一侧虚拐点奇异集定义为

$$
\boldsymbol{Q}_{ij}^{(2,\alpha)} = \left\{ (\mathbf{x}_m, t_m) \left| \begin{array}{l} \hbar_\alpha G_{\partial\Omega_{ij}}^{(s_\beta,\beta)}(\mathbf{x}_\alpha^{(\beta)}, t_{m\pm}) = 0, \\ s_\beta = 0, 1, \\ \hbar_\alpha G_{\partial\Omega_{ij}}^{(2,\beta)}(\mathbf{x}_\alpha^{(\beta)}, t_{m\pm}) > 0 \end{array} \right. \right\} \subset \partial\Omega_{ij}.
\tag{5.21}
$$

边界 $\partial\Omega_{ij}$ 两侧的双虚拐点奇异集定义为

[265]
$$
\begin{aligned}
\boldsymbol{Q}_{ij}^{(2:2)} &= \boldsymbol{Q}_{ij}^{(2,\alpha)} \cup \boldsymbol{Q}_{ij}^{(2,\beta)} \\
&= \left\{ (\mathbf{x}_m, t_m) \left| \begin{array}{l} \hbar_\alpha G_{\partial\Omega_{ij}}^{(s_\beta,\beta)}(\mathbf{x}_\alpha^{(\beta)}, t_{m\pm}) = 0, \\ s_\beta = 0, 1, \\ \hbar_\alpha G_{\partial\Omega_{ij}}^{(2,\beta)}(\mathbf{x}_\alpha^{(\beta)}, t_{m\pm}) > 0; \\ \hbar_\alpha G_{\partial\Omega_{ij}}^{(s_\alpha,\alpha)}(\mathbf{x}_\beta^{(\alpha)}, t_{m\pm}) = 0, \\ s_\alpha = 0, 1, \\ \hbar_\alpha G_{\partial\Omega_{ij}}^{(2,\alpha)}(\mathbf{x}_\beta^{(\alpha)}, t_{m\pm}) < 0 \end{array} \right. \right\} \subset \partial\Omega_{ij}.
\end{aligned}
\tag{5.22}
$$

定义 5.10 对于方程 (5.10) 中的不连续动力系统, 当 $\alpha, \beta \in \{i, j\}$ 且 $\alpha \neq \beta$ 时, 边界 $\partial\Omega_{ij}$ 的 α 一侧 $2k_\beta + 1$ 阶虚擦边奇异集定义为

$$
\boldsymbol{S}_{ij}^{(2k_\beta+1,\alpha)} = \left\{ (\mathbf{x}_m, t_m) \left| \begin{array}{l} \hbar_\alpha G_{\partial\Omega_{ij}}^{(s_\beta,\beta)}(\mathbf{x}_\alpha^{(\beta)}, t_{m\pm}) = 0, \\ s_\beta = 0, 1, 2, \cdots, 2k_\beta, \\ \hbar_\alpha G_{\partial\Omega_{ij}}^{(2k_\beta+1,\beta)}(\mathbf{x}_\alpha^{(\beta)}, t_{m\pm}) > 0 \end{array} \right. \right\} \subset \partial\Omega_{ij}.
\tag{5.23}
$$

边界 $\partial\Omega_{ij}$ 两侧 $(2k_\alpha + 1 : 2k_\beta + 1)$ 型双虚擦边奇异集定义为

$$
\boldsymbol{S}_{ij}^{(2k_\beta+1:2k_\alpha+1)} = \boldsymbol{S}_{ij}^{(2k_\beta+1,\alpha)} \cup \boldsymbol{S}_{ij}^{(2k_\alpha+1,\beta)}
$$

$$
= \left\{ (\mathbf{x}_m, t_m) \left|
\begin{array}{l}
\hbar_\alpha G^{(s_\beta, \beta)}_{\partial\Omega_{ij}}(\mathbf{x}^{(\beta)}_\alpha, t_{m\pm}) = 0, \\
s_\beta = 0, 1, \cdots, 2k_\beta, \\
\hbar_\alpha G^{(2k_\beta+1, \beta)}_{\partial\Omega_{ij}}(\mathbf{x}^{(\beta)}_\alpha, t_{m\pm}) < 0; \\
\hbar_\alpha G^{(s_\alpha, \alpha)}_{\partial\Omega_{ij}}(\mathbf{x}^{(\alpha)}_\beta, t_{m\pm}) = 0, \\
s_\alpha = 0, 1, \cdots, 2k_\alpha, \\
\hbar_\alpha G^{(2k_\alpha+1, \alpha)}_{\partial\Omega_{ij}}(\mathbf{x}^{(\alpha)}_\beta, t_{m\pm}) > 0
\end{array}
\right. \right\}
$$

$$\subset \partial\Omega_{ij}. \tag{5.24}$$

定义 5.11 对于方程 (5.10) 中的不连续动力系统, 当 $\alpha, \beta \in \{i, j\}$ 且 $\alpha \neq \beta$ 时, 边界 $\partial\Omega_{ij}$ 的 α 一侧 $2k_\alpha$ 阶虚拐点奇异集定义为

$$
\boldsymbol{Q}^{(2k_\beta, \alpha)}_{ij} = \left\{ (\mathbf{x}_m, t_m) \left|
\begin{array}{l}
\hbar_\alpha G^{(s_\beta, \beta)}_{\partial\Omega_{ij}}(\mathbf{x}^{(\beta)}_\alpha, t_{m\pm}) = 0, \\
s_\alpha = 0, 1, \cdots, 2k_\alpha - 1, \\
\hbar_\alpha G^{(2k_\beta, \beta)}_{\partial\Omega_{ij}}(\mathbf{x}^{(\beta)}_\alpha, t_{m\pm}) < 0
\end{array}
\right. \right\} \subset \partial\Omega_{ij}. \tag{5.25}
$$

边界 $\partial\Omega_{ij}$ 两侧 $(2k_\alpha : 2k_\beta)$ 型双虚奇异集定义为 [266]

$$\boldsymbol{Q}^{(2k_\alpha : 2k_\beta)}_{ij} = \boldsymbol{Q}^{(2k_\beta, \alpha)}_{ij} \cup \boldsymbol{Q}^{(2k_\alpha, \beta)}_{ij}$$

$$
= \left\{ (\mathbf{x}_m, t_m) \left|
\begin{array}{l}
\hbar_\alpha G^{(s_\beta, \beta)}_{\partial\Omega_{ij}}(\mathbf{x}^{(\beta)}_\alpha, t_{m\pm}) = 0, \\
s_\beta = 0, 1, \cdots, 2k_\beta - 1, \\
\hbar_\alpha G^{(2k_\beta, \beta)}_{\partial\Omega_{ij}}(\mathbf{x}^{(\beta)}_\alpha, t_{m\pm}) > 0; \\
\hbar_\alpha G^{(s_\alpha, \alpha)}_{\partial\Omega_{ij}}(\mathbf{x}^{(\alpha)}_\beta, t_{m\pm}) = 0, \\
s_\alpha = 0, 1, \cdots, 2k_\alpha - 1, \\
\hbar_\alpha G^{(2k_\alpha, \alpha)}_{\partial\Omega_{ij}}(\mathbf{x}^{(\alpha)}_\beta, t_{m\pm}) < 0
\end{array}
\right. \right\}
$$

$$\subset \partial\Omega_{ij}. \tag{5.26}$$

假设边界上有两个开子集 (即 $S_I \subset \partial\Omega_{ij}, I = 1, 2$) 和一个奇异集 (即 $\Gamma_{12} = \overline{S}_1 \cap \overline{S}_2 \subset \partial\Omega_{ij}$), 并且满足 $\partial\Omega_{ij} = S_1 \cup S_2 \cup \Gamma_{12}$. 如果穿越这两个开子集的两个穿越流, 当 $\mathbf{x}_m \in S_1 \subset \partial\Omega_{ij}$ 时, 满足

$$\hbar_\alpha G^{(\alpha)}_{\partial\Omega_{ij}}(\mathbf{x}_m, t_{m-}) > 0 \text{ 和 } \hbar_\alpha G^{(\beta)}_{\partial\Omega_{ij}}(\mathbf{x}_m, t_{m+}) > 0, \tag{5.27}$$

当 $\mathbf{x}_m \in S_2 \subset \partial\Omega_{ij}$ 时, 满足

$$\hbar_\alpha G^{(\beta)}_{\partial\Omega_{ij}}(\mathbf{x}_m, t_{m-}) < 0 \text{ 和 } \hbar_\alpha G^{(\alpha)}_{\partial\Omega_{ij}}(\mathbf{x}_m, t_{m+}) < 0, \tag{5.28}$$

那么有一个奇异集 $(\mathbf{x}_m, t_m) \in \Gamma_{12} = S_{ij}^{(1:1)}$ 满足

$$
\begin{aligned}
&\hbar_\alpha G_{\partial\Omega_{ij}}^{(\alpha)}(\mathbf{x}_m, t_{m\mp}) = 0 \text{ 和 } \hbar_\alpha G_{\partial\Omega_{ij}}^{(1,\alpha)}(\mathbf{x}_m, t_{m\mp}) < 0, \\
&\hbar_\alpha G_{\partial\Omega_{ij}}^{(\beta)}(\mathbf{x}_m, t_{m\pm}) = 0 \text{ 和 } \hbar_\alpha G_{\partial\Omega_{ij}}^{(1,\beta)}(\mathbf{x}_m, t_{m\pm}) > 0.
\end{aligned}
\tag{5.29}
$$

一般情况下, 如果穿越两个开子集的穿越流是 $(2k_\alpha : 2k_\beta)$ 型的, 即当 $\mathbf{x}_m \in S_1 \subset \partial\Omega_{ij}$ 时, 满足

$$
\begin{aligned}
&\hbar_\alpha G_{\partial\Omega_{ij}}^{(s_\alpha,\alpha)}(\mathbf{x}_m, t_{m\pm}) = 0, \\
&s_\alpha = 0, 1, \cdots, 2k_\alpha, \\
&\hbar_\alpha G_{\partial\Omega_{ij}}^{(2k_\alpha,\alpha)}(\mathbf{x}_m, t_{m-}) > 0, \\
&\hbar_\alpha G_{\partial\Omega_{ij}}^{(s_\beta,\beta)}(\mathbf{x}_m, t_{m\pm}) = 0, \\
&s_\beta = 0, 1, \cdots, 2k_\beta, \\
&\hbar_\alpha G_{\partial\Omega_{ij}}^{(2k_\beta,\beta)}(\mathbf{x}_m, t_{m+}) > 0
\end{aligned}
\tag{5.30}
$$

且当 $\mathbf{x}_m \in S_2 \subset \partial\Omega_{ij}$ 时, 满足

$$
\begin{aligned}
&\hbar_\alpha G_{\partial\Omega_{ij}}^{(s_\beta,\beta)}(\mathbf{x}_m, t_{m\pm}) = 0, \\
&s_\beta = 0, 1, \cdots, 2k_\beta, \\
&\hbar_\alpha G_{\partial\Omega_{ij}}^{(2k_\beta,\beta)}(\mathbf{x}_m, t_{m-}) < 0, \\
&\hbar_\alpha G_{\partial\Omega_{ij}}^{(s_\alpha,\alpha)}(\mathbf{x}_m, t_{m\pm}) = 0, \\
&s_\alpha = 0, 1, \cdots, 2k_\alpha, \\
&\hbar_\alpha G_{\partial\Omega_{ij}}^{(2k_\alpha,\alpha)}(\mathbf{x}_m, t_{m+}) < 0,
\end{aligned}
\tag{5.31}
$$

[267]

那么有一个 $(2k_\alpha + 1 : 2k_\beta + 1)$ 型奇异集 $\Gamma_{12} = S_{ij}^{(2k_\alpha+1:2k_\beta+1)}$ 并满足

$$
\begin{aligned}
&\hbar_\alpha G_{\partial\Omega_{ij}}^{(s_\alpha,\alpha)}(\mathbf{x}_m, t_{m\mp}) = 0, \\
&s_\alpha = 0, 1, \cdots, 2k_\alpha, \\
&\hbar_\alpha G_{\partial\Omega_{ij}}^{(2k_\alpha+1,\alpha)}(\mathbf{x}_m, t_{m\mp}) < 0; \\
&\hbar_\alpha G_{\partial\Omega_{ij}}^{(s_\beta,\beta)}(\mathbf{x}_m, t_{m\pm}) = 0, \\
&s_\beta = 0, 1, \cdots, 2k_\beta, \\
&\hbar_\alpha G_{\partial\Omega_{ij}}^{(2k_\beta+1,\beta)}(\mathbf{x}_m, t_{m\pm}) > 0.
\end{aligned}
\tag{5.32}
$$

为了更好地理解奇异集, 图 5.2 展示了一般情况. 当 $\mathbf{x}_{m-}^{(i)}, \mathbf{x}_{m+}^{(j)} \in S_1$ 时, 来流和去流分别满足 $G_{\partial\Omega_{ij}}^{(2k_i,i)} > 0$ 和 $G_{\partial\Omega_{ij}}^{(2k_j,j)} > 0$. 当 $\mathbf{x}_{m+}^{(i)}, \mathbf{x}_{m-}^{(j)} \in S_2$ 时, 则满

足 $G_{\partial\Omega_{ij}}^{(2k_i,i)} < 0$ 和 $G_{\partial\Omega_{ij}}^{(2k_j,j)} < 0$. 边界上擦边奇异集应该是双擦边奇异集, 即 $\Gamma_{12} = \mathcal{S}_{ij}^{(2k_\alpha+1:2k_\beta+1)}$. 在图 5.2(a) 中, 两个子集 S_1 和 S_2 上的可穿越流用实线表示, 而边界上可穿越流的穿越方向却与之相反. 图 5.2(b) 描绘了发生在奇异集上的两个擦边流. 在图 5.3 中, 表示了两个子集上的 $(2k_i : 2k_j)$ 型可穿越流和 $(2k_i : 2k_j)$ 型汇流, 边界上奇异集为 $\Gamma_{12} = \mathcal{S}_{ij}^{(2k_j+1,j)}$, $k_i, k_j \in \{0, 1, 2, \cdots\}$. 在图 5.4 中, 描述了两个子集上 $(2k_i : 2k_j)$ 型可穿越流和 $(2k_i : 2k_j)$ 型源流, 边界上奇异集为 $\Gamma_{12} = \mathcal{S}_{ij}^{(2k_i+1,i)}$. 在图 5.5 中, 展示了两个子集上的 $(2k_i : 2k_j)$ 型汇流和 $(2k_i : 2k_j)$ 型源流, 且奇异集为 $\Gamma_{12} = \mathcal{S}_{ij}^{(2k_i+1:2k_j+1)}$. 以上对两个子集上的两个穿越流进行了详细讨论, 并且用图解方法直观地解释了奇异集.

以上论述是针对 $(2k_\alpha : 2k_\beta)$ 型可穿越流、汇流和源流的奇异性而给出的. 对于 $(2k_\alpha : 2k_\beta)$ 型虚可穿越流、汇流和源流的奇异性也将进行讨论. 考虑边界上有两个开子集 $(S_I \subset \partial\Omega_{ij}, I = 1, 2)$ 和一个奇异集 $(\Gamma_{12} = \overline{S}_1 \cap \overline{S}_2 \subset \partial\Omega_{ij})$. 如果在两个开子集上相交的可穿越流和源流是 $(2k_\alpha : 2k_\beta - 1)$ 型的, 即

$$\left.\begin{aligned} &\hbar_\alpha G_{\partial\Omega_{ij}}^{(s_\alpha,\alpha)}(\mathbf{x}_m, t_{m\mp}) = 0, \\ &s_\alpha = 0, 1, \cdots, 2k_\alpha - 1 \\ &\hbar_\alpha G_{\partial\Omega_{ij}}^{(2k_\alpha,\alpha)}(\mathbf{x}_m, t_{m-}) > 0, \\ &\hbar_\alpha G_{\partial\Omega_{ij}}^{(s_\beta,\beta)}(\mathbf{x}_m, t_{m\mp}) = 0, \\ &s_\beta = 0, 1, \cdots, 2k_\beta, \\ &\hbar_\alpha G_{\partial\Omega_{ij}}^{(2k_\beta+1,\beta)}(\mathbf{x}_m, t_{m+}) > 0, \end{aligned}\right\} \mathbf{x}_m \in S_1 \subset \partial\Omega_{ij}, \tag{5.33}$$

[272]

$$\left.\begin{aligned} &\hbar_\alpha G_{\partial\Omega_{ij}}^{(s_\alpha,\alpha)}(\mathbf{x}_m, t_{m\mp}) = 0, \\ &s_\alpha = 0, 1, \cdots, 2k_\alpha - 1, \\ &\hbar_\alpha G_{\partial\Omega_{ij}}^{(2k_\alpha,\alpha)}(\mathbf{x}_m, t_{m+}) < 0, \\ &\hbar_\alpha G_{\partial\Omega_{ij}}^{(s_\beta,\beta)}(\mathbf{x}_m, t_{m\mp}) = 0, \\ &s_\beta = 0, 1, \cdots, 2k_\beta, \\ &\hbar_\alpha G_{\partial\Omega_{ij}}^{(2k_\beta+1,\beta)}(\mathbf{x}_m, t_{m+}) < 0, \end{aligned}\right\} \mathbf{x}_m \in S_2 \subset \partial\Omega_{ij}; \tag{5.34}$$

那么有 $2k_\alpha - 1$ 阶奇异集 $\Gamma_{12} = \mathcal{S}_{ij}^{(2k_\alpha+1,\alpha)}$ 且

$$\begin{aligned} &\hbar_\alpha G_{\partial\Omega_{ij}}^{(s_\alpha,\alpha)}(\mathbf{x}_m, t_{m\mp}) = 0, \\ &s_\alpha = 0, 1, \cdots, 2k_\alpha, \\ &\hbar_\alpha G_{\partial\Omega_{ij}}^{(2k_\alpha+1,\alpha)}(\mathbf{x}_m, t_{m\mp}) < 0. \end{aligned} \tag{5.35}$$

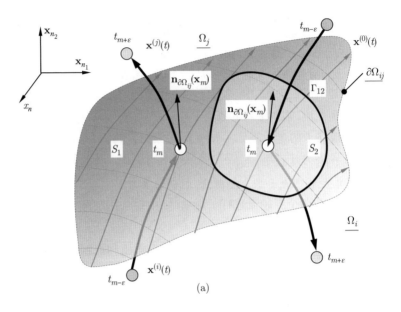

(a)

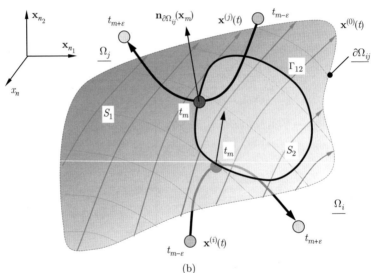

(b)

图 5.2　$(2k_i : 2k_j)$ 型和 $(2k_j : 2k_i)$ 型穿越流在边界上两个子集之间的双擦边奇异集 (a) 在子集上 (b) 在奇异集 $\mathcal{S}_{ij}^{(2k_i+1:2k_j+1)}$ 上. 在域 Ω_i 和域 Ω_j 内流 $\mathbf{x}^{(i)}(t)$ 和 $\mathbf{x}^{(j)}(t)$ 分别用实线表示, 边界上流为 $\mathbf{x}^{(0)}(t)$. 边界上法向量 $\mathbf{n}_{\partial\Omega_{ij}}$ 为 $\mathbf{n}_{\partial\Omega_{ij}} \to \Omega_j$. 空心圆圈表示边界子集上的切换点, 黑色实心圆圈是奇异集上的点. 灰色实心圆圈是域内的点 $(n_1 + n_2 + 1 = n)$

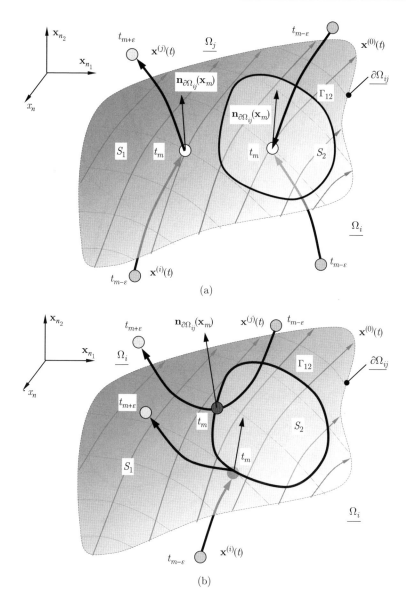

图 5.3 $(2k_i : 2k_j)$ 型可穿越流和 $(2k_i : 2k_j)$ 型汇流在边界上两个子集之间的单擦边奇异集 (a) 在子集内 (b) 在奇异集 $\mathcal{S}_{ij}^{(2k_j+1,j)}$ 内. 域 Ω_i 和域 Ω_j 内流 $\mathbf{x}^{(i)}(t)$ 和 $\mathbf{x}^{(j)}(t)$ 分别用实线表示, 边界上流为 $\mathbf{x}^{(0)}(t)$. 边界上法向量 $\mathbf{n}_{\partial\Omega_{ij}}$ 为 $\mathbf{n}_{\partial\Omega_{ij}} \to \Omega_j$. 空心圆圈表示边界子集上的切换点, 黑色实心圆圈则是奇异集上的点. 灰色实心圆圈是域内的点 $(n_1 + n_2 + 1 = n)$

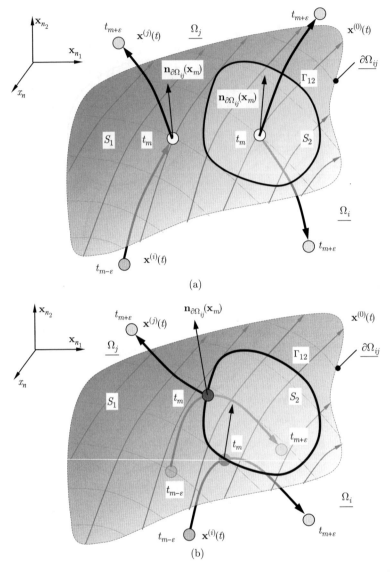

图 5.4　$(2k_i : 2k_j)$ 型可穿越流和 $(2k_i : 2k_j)$ 型源流在边界上两个子集间的单擦边奇异集 (a) 在子集上 (b) 在奇异集 $\mathcal{S}_{ij}^{(2k_i+1,i)}$ 内. 在域 Ω_i 和域 Ω_j 内流 $\mathbf{x}^{(i)}(t)$ 和 $\mathbf{x}^{(j)}(t)$ 分别用实线表示, 边界上流为 $\mathbf{x}^{(0)}(t)$. 边界上法向量 $\mathbf{n}_{\partial\Omega_{ij}}$ 为 $\mathbf{n}_{\partial\Omega_{ij}} \to \Omega_j$. 空心圆圈表示边界子集上的切换点, 黑色实心圆圈则是奇异集上的点. 灰色实心圆圈是域内的点 $(n_1 + n_2 + 1 = n)$

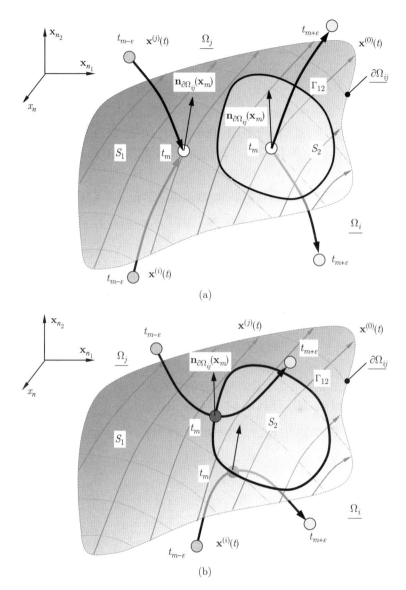

图 5.5 $(2k_i : 2k_j)$ 型汇流和 $(2k_i : 2k_j)$ 型源流在边界上两个子集之间的双擦边奇异集 (a) 在子集上 (b) 在奇异集 $\mathcal{S}_{ij}^{(2k_i+1:2k_j+1)}$ 内. 在域 Ω_i 和域 Ω_j 内流 $\mathbf{x}^{(i)}(t)$ 和 $\mathbf{x}^{(j)}(t)$ 分别用实线表示, 边界上的流为 $\mathbf{x}^{(0)}(t)$. 边界上法向量 $\mathbf{n}_{\partial\Omega_{ij}}$ 为 $\mathbf{n}_{\partial\Omega_{ij}} \to \Omega_j$. 空心圆圈表示边界子集上的切换点, 黑色实心圆圈则是奇异集上的点. 灰色实心圆圈是域内的点 $(n_1 + n_2 + 1 = n)$

对于 $(2k_i : 2k_j - 1)$ 型可穿越流和 $(2k_i : 2k_j - 1)$ 型源流, 边界上两个子集之间的奇异集如图 5.6 所示. 考虑子集 $S_1 \subset \partial\Omega_{ij}$ 上的一个流, 假设在时间 t_{m-s} 时, 在域 Ω_i 内的起始点为 $\mathbf{x}^{(i)}(t)$, 则可形成 $(2k_i : 2k_j - 1)$ 型可穿越流 $(G_{\partial\Omega_{ij}}^{(2k_i,i)} > 0$ 且 $G_{\partial\Omega_{ij}}^{(2k_j-1,j)} > 0)$, 并且能够穿越边界子集 S_1. 换句话说, 也就是 $(2k_i : 2k_j - 1)$ 型可穿越流 $\mathbf{x}^{(i)}(t)$ 到达边界, 并在点 $(\mathbf{x}_m, t_m) \in S_1$ 处与边界擦边且离开子集 S_1, 这是由于域 Ω_j 内的流 $\mathbf{x}^{(j)}(t)$ 是 $2k_j - 1$ 阶擦边流, 如图 5.6(a) 所示. 类似地, 在子集 $S_2 \subset \partial\Omega_{ij}$ 上, 由于起始点在边界 $(\mathbf{x}_m, t_m) \in S_2$ 上, 则存在 $(2k_i : 2k_j - 1)$ 型源流 $(G_{\partial\Omega_{ij}}^{(2k_i,i)} < 0$ 且 $G_{\partial\Omega_{ij}}^{(2k_j-1,j)} > 0)$. 如果起始点 $(\mathbf{x}_m, t_m) \in S_2$ 精确地在边界上, 则流将会沿着边界流 $\mathbf{x}^{(0)}(t)$. 如果起始点为 $(\mathbf{x}_{m+}, t_{m+}) \in \Omega_1$, 则 $2k_i$ 阶流 $\mathbf{x}^{(i)}(t)(G_{\partial\Omega_{ij}}^{(2k_i,i)} < 0)$ 将会离开域 Ω_i 的边界. 如果起始点为 $(\mathbf{x}_{m+}, t_{m+}) \in \Omega_2$, 则 $2k_j - 1$ 阶 $(G_{\partial\Omega_{ij}}^{(2k_j-1,j)} > 0)$ 擦边流 $\mathbf{x}^{(i)}(t)$ 将会与边界擦边离开域 Ω_j. 在奇异集 $\Gamma_{12} = \mathcal{S}_{ij}^{(2k_i+1,i)}$ 上, 边界 Ω_i 侧流是 $2k_i + 1$ 阶擦边流. 在边界 Ω_j 侧, $2k_j - 1$ 阶切向源流存在. 如果 $2k_j - 1$ 阶切向源流的起始点是带有虚线边缘的实心圆圈, 那么便可观察到边界上完整的 $2k_j - 1$ 阶擦边流. 点线表示实流, 但是不是从时间 $t_{m-\varepsilon}$ 出发的初始条件. 在图 5.6(b) 中展示了从边界上点 $(\mathbf{x}_m, t_m)$ 出发的切向源流.

[274]

对于 $(2k_\alpha : 2k_\beta + 1)$ 型擦边可穿越流和 $(2k_\alpha : 2k_\beta + 1)$ 型擦边汇流 (或半汇流), 考虑边界上两个子集之间的擦边奇异集. $(2k_\alpha : 2k_\beta + 1)$ 型擦边可穿越流满足方程 (5.33), 而 $(2k_\alpha : 2k_\beta + 1)$ 型擦边汇流 (或半汇流) 满足

$$\left.\begin{aligned}
&\hbar_\alpha G_{\partial\Omega_{ij}}^{(s_\alpha,\alpha)}(\mathbf{x}_m, t_{m\mp}) = 0, \\
&s_\alpha = 0, 1, \cdots, 2k_\alpha - 1, \\
&\hbar_\alpha G_{\partial\Omega_{ij}}^{(2k_\alpha,\alpha)}(\mathbf{x}_{m+}) < 0, \\
&\hbar_\alpha G_{\partial\Omega_{ij}}^{(s_\beta,\beta)}(\mathbf{x}_\alpha^{(\beta)}, t_{m\mp}) = 0, \\
&s_\beta = 0, 1, \cdots, 2k_\beta, \\
&\hbar_\alpha G_{\partial\Omega_{ij}}^{(2k_\beta+1,\beta)}(\mathbf{x}_\alpha^{(\beta)}, t_{m+}) < 0,
\end{aligned}\right\} \mathbf{x}_m \in S_2 \subset \partial\Omega_{ij}; \qquad (5.36)$$

那么 $2k_\beta$ 阶拐点奇异集 $\Gamma_{12} = \mathcal{Q}_{ij}^{(2k_\beta,\beta)}$ 存在并满足

$$\begin{aligned}
&\hbar_\alpha G_{\partial\Omega_{ij}}^{(s_\beta,\beta)}(\mathbf{x}_m, t_{m\mp}) = 0, \\
&s_\beta = 0, 1, \cdots, 2k_\beta - 1, \\
&\hbar_\alpha G_{\partial\Omega_{ij}}^{(2k_\beta,\beta)}(\mathbf{x}_m, t_{m\mp}) < 0.
\end{aligned} \qquad (5.37)$$

或者 $2k_\beta$ 阶虚拐点奇异集 $\Gamma_{12} = \mathcal{Q}_{ij}^{(2k_\beta,\alpha)}$ 存在并满足

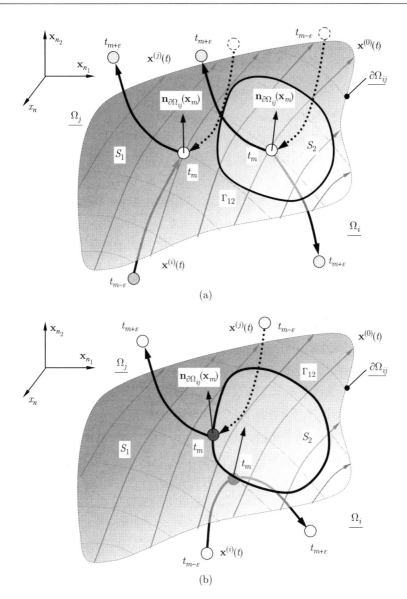

图 5.6 $(2k_i : 2k_j - 1)$ 型可穿越流和 $(2k_i : 2k_j - 1)$ 型源流在边界上两个子集之间的擦边奇异集 (a) 在子集上, (b) 在奇异集 $\mathcal{S}_{ij}^{(2k_i+1,i)}$ 上. 在域 Ω_i 和域 Ω_j 内流 $\mathbf{x}^{(i)}(t)$ 和 $\mathbf{x}^{(j)}(t)$ 分别用实线表示, 边界上流为 $\mathbf{x}^{(0)}(t)$. 边界上法向量 $\mathbf{n}_{\partial\Omega_{ij}}$ 为 $\mathbf{n}_{\partial\Omega_{ij}} \to \Omega_j$. 点线表示从不同的初始条件出发的实流. 带有虚线边缘的实心圆圈不是实起点. 空心圆圈表示边界子集上的切换点, 黑色实心圆圈则是奇异集上的点. 灰色实心圆圈是域内的点 $(n_1 + n_2 + 1 = n)$

$$\hbar_\alpha G_{\partial\Omega_{ij}}^{(s_\beta,\beta)}(\mathbf{x}_\alpha^{(\beta)}, t_{m\mp}) = 0,$$

$$s_\beta = 0, 1, \cdots, 2k_\beta - 1, \qquad (5.38)$$

$$\hbar_\alpha G_{\partial\Omega_{ij}}^{(2k_\beta,\beta)}(\mathbf{x}_\alpha^{(\beta)}, t_{m\mp}) > 0.$$

在图 5.7 中描绘了子集上 $(2k_i : 2k_j - 1)$ 型可穿越擦边流和 $(2k_i : 2k_j - 1)$ 型虚擦边汇流 (半汇流) 之间实流 $\mathbf{x}^{(j)}$ 的拐点奇异集 $\mathscr{Q}_{ij}^{(2k_j,j)}$. 对于子集 $S_1 \subset \partial\Omega_{ij}$, 在域 Ω_i 内存在 $2k_i$ 阶实流 $\mathbf{x}^{(i)}$, 而在域 Ω_j 内存在 $2k_j - 1$ 阶实擦边流 $\mathbf{x}^{(j)}$, 它们形成了从域 Ω_i 到 Ω_j 内 $(2k_i : 2k_j - 1)$ 型可穿越擦边流. 对于子集 $S_2 \subset \partial\Omega_{ij}$, 在域 Ω_i 内存在 $2k_i$ 阶实流 $\mathbf{x}^{(i)}$, 同时也存在 $2k_j - 1$ 阶虚擦边流 $\mathbf{x}_i^{(j)}$, 而不是域 Ω_j 内的实流. 这种流称作边界上 $(2k_i : 2k_j - 1)$ 型虚擦边汇流 (或域 Ω_i 内的半汇流). 因为起始点在域 Ω_i 内, 所以虚流 $\mathbf{x}_i^{(j)}$ 产生一个虚擦边源流. 两个子集间的流如图 5.7(a) 所示. 在单个拐点奇异集 $\Gamma_{12} = \mathscr{Q}_{ij}^{(2k_j,j)}$ 上, 从域 Ω_j 出发的实流 $\mathbf{x}^{(j)}$ 延伸到具有 $2k_j$ 阶拐点奇异的虚流 $\mathbf{x}_i^{(j)}$ 的过程如图 5.7(b) 所示.

前面已经讨论了从 $(2k_i : 2k_j - 1)$ 型可穿越擦边流到 $(2k_i : 2k_j - 1)$ 型虚擦边汇流 (半汇流) 的切换过程. 在此将讨论从 $(2k_i : 2k_j - 1)$ 型虚擦边汇流到 $(2k_i : 2k_j - 1)$ 型可穿越擦边流的切换. 这两个子集内的流是一样的. 图 5.8 描绘了在子集上虚流 $\mathbf{x}_i^{(j)}$ 在 $(2k_i : 2k_j - 1)$ 型虚切向汇流 (半汇流) 和可穿越切流之间的虚拐点奇异集 $\boldsymbol{Q}_{ij}^{(2k_j,i)}$. 作为对比, 图 5.8(a) 和图 5.7(a) 中的演示是一样的. 对于单个虚拐点奇异集 $\Gamma_{12} = \boldsymbol{Q}_{ij}^{(2k_j,i)}$, 从域 Ω_i 出发的虚流 $\mathbf{x}_i^{(j)}$ 延伸到具有 $2k_j$ 阶奇异性的实流 $\mathbf{x}^{(j)}$ 的过程如图 5.8(b).

对于子集 $S_1 \subset \partial\Omega_{ij}$, 在域 Ω_i 内存在 $2k_i$ 阶奇异的来流 $\mathbf{x}^{(i)}$, 而在域 Ω_j 内存在 $2k_j - 1$ 阶切流 $\mathbf{x}^{(j)}$. 然而, 边界上的去流是域 Ω_j 内的一个分支. 对于子集 $S_2 \subset \partial\Omega_{ij}$, 由于来流 $\mathbf{x}^{(j)}$ 与边界 $2k_j - 1$ 阶擦边, 那么其仍然在域 Ω_j 内, 并作为去流与边界擦边地离开, 去流 $\mathbf{x}^{(j)}$ 是 $2k_i$ 阶的. 在擦边奇异集 $\Gamma_{12} = S^{(2k_i+1,i)}$ 上, 满足方程 (5.35). 对于 $(2k_i : 2k_j - 1)$ 型切汇流和 $(2k_i : 2k_j - 1)$ 型切源流, 擦边奇异集如图 5.9(a) 和 (b) 所示. 由于域 Ω_i 内的切流是独立的, 因此 $(2k_i : 2k_j - 1)$ 型切汇流拥有两个来流和一个擦边去流, 而 $(2k_i : 2k_j - 1)$ 型擦边源流具有一个切来流和两个去流.

相似地, 图 5.10(a) 和 (b) 表示了 $(2k_i : 2k_j - 1)$ 型切汇流和 $(2k_i : 2k_j - 1)$ 型虚切汇流 (半汇流) 的拐点奇异集. 单拐点奇异集 $\Gamma_{12} = \boldsymbol{Q}_{ij}^{(2k_j,j)}$ 的起始点在域 Ω_j 内. 在图 5.11(a) 和 (b) 中表示了 $(2k_i : 2k_j - 1)$ 型擦边汇流和 $(2k_i : 2k_j - 1)$ 型虚切汇流 (半汇流) 的虚拐点奇异集. 单虚拐点奇异集 $\Gamma_{12} = \boldsymbol{Q}_{ij}^{(2k_j,i)}$ 的起始点在域 Ω_i 内.

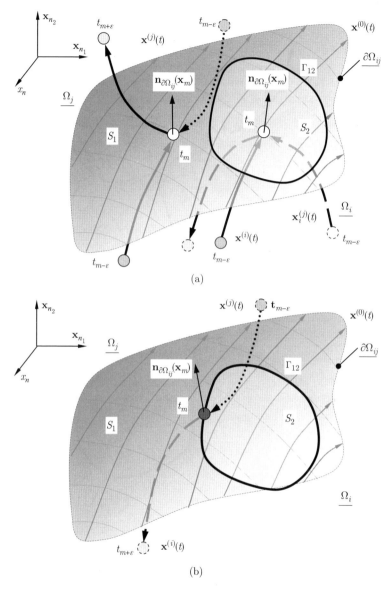

(a)

(b)

图 5.7 实流 $\mathbf{x}^{(j)}$ 在 $(2k_i : 2k_j - 1)$ 型可穿越擦边流和 $(2k_i : 2k_j - 1)$ 型虚擦边汇流 (半汇流) 的边界的两个子集之间的拐点奇异集 (a) 在子集上 (b) 在奇异集 $\mathscr{Q}_{ij}^{(2k_j,j)}$ 上. 在域 Ω_i 和域 Ω_j 内的流 $\mathbf{x}^{(i)}(t)$ 和 $\mathbf{x}^{(j)}(t)$ 分别用实线表示, 边界上流为 $\mathbf{x}^{(0)}(t)$. 边界上法向量 $\mathbf{n}_{\partial\Omega_{ij}}$ 为 $\mathbf{n}_{\partial\Omega_{ij}} \to \Omega_j$. 点线表示的是从不同初始条件出发的实流. 带有虚线边缘的实心圆圈不是实际起点. 空心圆圈表示边界子集上的切换点, 黑色实心圆圈则是奇异集上的点. 灰色实心圆圈是域内的点 $(n_1 + n_2 + 1 = n)$

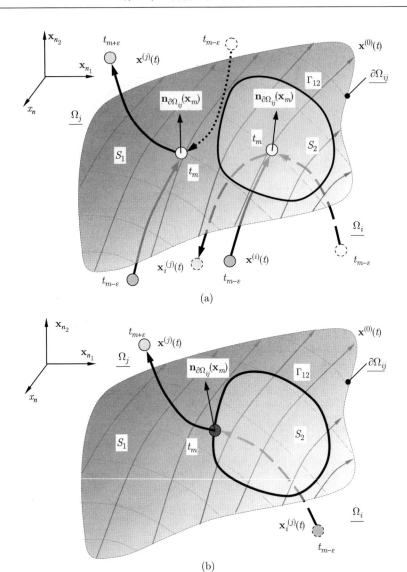

图 5.8　$(2k_i : 2k_j - 1)$ 型可穿越擦边流和 $(2k_i : 2k_j - 1)$ 型虚擦边汇流 (半汇流) 在边界两个
子集之间的单擦边奇异集: (a) 在子集上, (b) 在奇异集 $Q_{ij}^{(2k_j, i)}$ 上. 在域 Ω_i 和域 Ω_j
内流 $\mathbf{x}^{(i)}(t)$ 和 $\mathbf{x}^{(j)}(t)$ 分别用实线表示, 边界上流为 $\mathbf{x}^{(0)}(t)$. 边界上法向量 $\mathbf{n}_{\partial\Omega_{ij}}$ 为
$\mathbf{n}_{\partial\Omega_{ij}} \to \Omega_j$. 点线表示的是从不同初始条件出发的实流. 带有虚线边缘的实心圆圈不
是实际起点. 空心圆圈表示边界子集上的切换点, 黑色实心圆圈则是奇异集上的点. 灰
色实心圆圈是域内的点 $(n_1 + n_2 + 1 = n)$

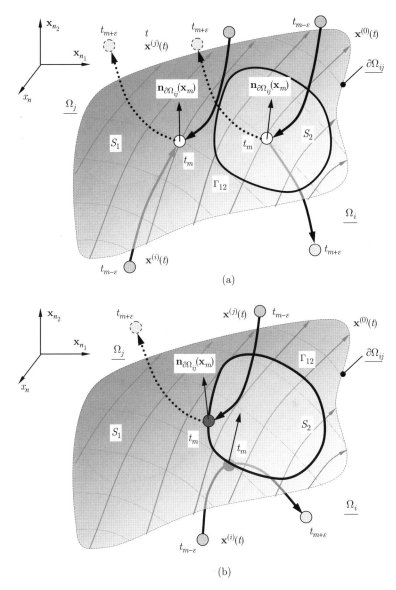

(a)

(b)

图 5.9　$(2k_i : 2k_j - 1)$ 型切汇流和 $(2k_i : 2k_j - 1)$ 型切源流在边界上两个子集之间的奇异擦边集 (a) 在子集上, (b) 在奇异集 $\mathscr{Q}_{ij}^{(2k_i,i)}$ 上. 在域 Ω_i 和域 Ω_j 流 $\mathbf{x}^{(i)}(t)$ 和 $\mathbf{x}^{(j)}(t)$ 分别用实线表示, 边界上流为 $\mathbf{x}^{(0)}(t)$. 边界上法向量 $\mathbf{n}_{\partial\Omega_{ij}}$ 为 $\mathbf{n}_{\partial\Omega_{ij}} \to \Omega_j$. 点线表示的是从不同初始条件出发的实流. 带有虚线边缘的实心圆圈不是实起点. 空心圆圈表示边界子集上的切换点, 黑色实心圆圈则是奇异集上的点. 灰色实心圆圈是域内的点 $(n_1 + n_2 + 1 = n)$

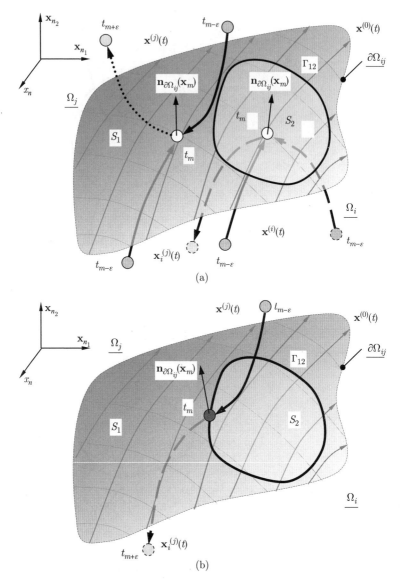

图 5.10　$(2k_i : 2k_j - 1)$ 型切汇流和 $(2k_i : 2k_j - 1)$ 型虚切汇流 (半汇流) 在边界上两个子集之间的单拐点奇异集 (a) 在子集上 (b) 在奇异集 $\mathscr{Q}_{ij}^{(2k_j, j)}$ 上. 边界流为 $\mathbf{x}^{(0)}(t)$. 边界上法向量 $\mathbf{n}_{\partial\Omega_{ij}}$ 为 $\mathbf{n}_{\partial\Omega_{ij}} \to \Omega_j$. 点线表示实流. 带有虚线边缘的实心圆圈不是实起点. 空心圆圈表示边界子集上的切换点, 黑色实心圆圈则是奇异集上的点. 灰色实心圆圈是域内的点 $(n_1 + n_2 + 1 = n)$

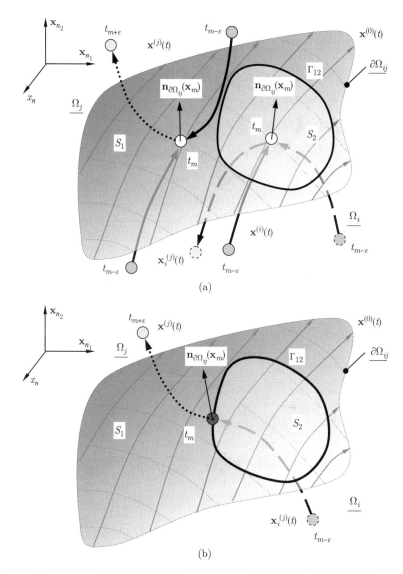

图 5.11 $(2k_i : 2k_j - 1)$ 型擦边汇流和 $(2k_i : 2k_j - 1)$ 型虚切汇流 (半汇流) 在边界上两个子集之间的单虚拐点奇异集 (a) 在子集上 (b) 在奇异集 $\mathcal{Q}_{ij}^{(2k_j, i)}$ 上. 边界流为 $\mathbf{x}^{(0)}(t)$. 边界上法向量 $\mathbf{n}_{\partial\Omega_{ij}}$ 为 $\mathbf{n}_{\partial\Omega_{ij}} \to \Omega_j$. 点线表示实流. 带有虚线边缘的实心圆圈不是实起点. 空心圆圈表示边界子集上的切换点, 黑色实心圆圈则是奇异集上的点. 灰色实心圆圈是域内的点 $(n_1 + n_2 + 1 = n)$

[281] 　　对于 $(2k_\alpha : 2k_\beta - 1)$ 型擦边源流和 $(2k_\alpha : 2k_\beta - 1)$ 型虚擦边源流 (半源流), 考虑边界上两个子集之间的单擦边奇异集, 即

$$\left.\begin{aligned} &\hbar_\alpha G^{(s_\alpha,\alpha)}_{\partial\Omega_{ij}}(\mathbf{x}_m, t_{m\mp}) = 0, \\ &s_\alpha = 0, 1, \cdots, 2k_\alpha - 1, \\ &\hbar_\alpha G^{(2k_\alpha,\alpha)}_{\partial\Omega_{ij}}(\mathbf{x}_m, t_{m\mp}) < 0, \\ &\hbar_\alpha G^{(s_\beta,\beta)}_{\partial\Omega_{ij}}(\mathbf{x}_m, t_{m+}) = 0, \\ &s_\beta = 0, 1, \cdots, 2k_\beta - 2, \\ &\hbar_\alpha G^{(2k_\beta-1,\beta)}_{\partial\Omega_{ij}}(\mathbf{x}_m, t_{m+}) > 0, \end{aligned}\right\} \mathbf{x}_m \in S_1 \subset \partial\Omega_{ij}, \qquad (5.39)$$

$$\left.\begin{aligned} &\hbar_\alpha G^{(s_\alpha,\alpha)}_{\partial\Omega_{ij}}(\mathbf{x}^{(\alpha)}_\beta, t_{m\mp}) = 0, \\ &s_\alpha = 0, 1, \cdots, 2k_\alpha - 1, \\ &\hbar_\alpha G^{(2k_\alpha,\alpha)}_{\partial\Omega_{ij}}(\mathbf{x}^{(\alpha)}_\beta, t_{m\mp}) > 0, \\ &\hbar_\alpha G^{(s_\beta,\beta)}_{\partial\Omega_{ij}}(\mathbf{x}_m, t_{m+}) = 0, \\ &s_\beta = 0, 1, \cdots, 2k_\beta - 2, \\ &\hbar_\alpha G^{(2k_\beta-1,\beta)}_{\partial\Omega_{ij}}(\mathbf{x}_m, t_{m+}) > 0, \end{aligned}\right\} \mathbf{x}_m \in S_2 \subset \partial\Omega_{ij}, \qquad (5.40)$$

那么有 $2k_\beta$ 阶拐点奇异集 $\Gamma_{12} = \mathscr{Q}^{(2k_\alpha,\alpha)}_{ij}$ 并满足

$$\begin{aligned} &\hbar_\alpha G^{(s_\beta,\beta)}_{\partial\Omega_{ij}}(\mathbf{x}_m, t_{m\mp}) = 0, \\ &s_\beta = 0, 1, \cdots, 2k_\beta - 1, \\ &\hbar_\alpha G^{(2k_\beta,\beta)}_{\partial\Omega_{ij}}(\mathbf{x}_m, t_{m\mp}) > 0. \end{aligned} \qquad (5.41)$$

或者有 $2k_\beta$ 阶虚拐点奇异集 $\Gamma_{12} = \boldsymbol{Q}^{(2k_\beta,\alpha)}_{ij}$ 并满足

$$\begin{aligned} &\hbar_\alpha G^{(s_\beta,\beta)}_{\partial\Omega_{ij}}(\mathbf{x}^{(\beta)}_\alpha, t_{m\mp}) = 0, \\ &s_\beta = 0, 1, \cdots, 2k_\beta - 1, \\ &\hbar_\alpha G^{(2k_\beta,\beta)}_{\partial\Omega_{ij}}(\mathbf{x}^{(\beta)}_\alpha, t_{m\mp}) > 0. \end{aligned} \qquad (5.42)$$

　　对于 $(2k_i : 2k_j - 1)$ 型擦边源流和 $(2k_i : 2k_j - 1)$ 型虚擦边源流 (半源流) 的拐点奇异集如图 5.12(a) 和 (b) 所示, 单拐点奇异集是 $\Gamma_{12} = \mathscr{Q}^{(2k_j,j)}_{ij}$, 其起始点在域 Ω_j 内. 对于 $(2k_i : 2k_j - 1)$ 型擦边源流和 $(2k_i : 2k_j - 1)$ 型虚擦边源流 (半源流) 的虚拐点奇异集如图 5.13(a) 和 (b) 所示. 单虚拐点奇异集是 $\Gamma_{12} = \boldsymbol{Q}^{(2k_j,i)}_{ij}$, 其起始点在域 Ω_i 内.

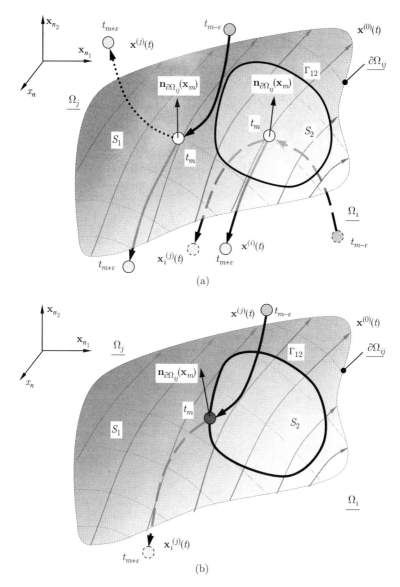

图 5.12 $(2k_i : 2k_j - 1)$ 型擦边源流和 $(2k_i : 2k_j - 1)$ 型虚擦边源流 (半源流) 在边界上两个子集之间的拐点奇异集 (a) 在子集上 (b) 在奇异集 $\mathscr{Q}_{ij}^{(2k_j, j)}$ 上. 边界流为 $\mathbf{x}^{(0)}(t)$. 边界上法向量 $\mathbf{n}_{\partial\Omega_{ij}}$ 为 $\mathbf{n}_{\partial\Omega_{ij}} \to \Omega_j$. 点线表示实流. 带有虚边线边缘的实心圆圈不是实起点. 空心圆圈表示边界子集上的切换点, 黑色实心圆圈则是奇异集上的点. 灰色实心圆圈是域内的点 $(n_1 + n_2 + 1 = n)$

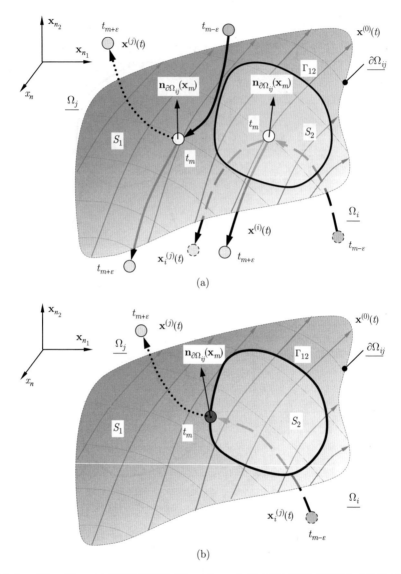

图 5.13　$(2k_i : 2k_j - 1)$ 型擦边源流和 $(2k_i : 2k_j - 1)$ 型虚擦边源流 (半源流) 在边界上两个子集之间的虚拐点奇异集 (a) 在子集上 (b) 在奇异集 $\mathscr{Q}_{ij}^{(2k_j, i)}$ 上. 边界流为 $\mathbf{x}^{(0)}(t)$. 边界上法向量 $\mathbf{n}_{\partial\Omega_{ij}}$ 为 $\mathbf{n}_{\partial\Omega_{ij}} \to \Omega_j$. 点线表示实流. 带有虚线边缘的实心圆圈不是实起点. 空心圆圈表示边界子集上的切换点, 黑色实心圆圈则是奇异集上的点. 灰色实心圆圈是域内的点 $(n_1 + n_2 + 1 = n)$

考虑在 $(2k_i - 1 : 2k_j - 1)$ 型双擦边流和 $(2k_i - 1 : 2k_j - 1)$ 型虚擦边流与实擦边流之间的奇异集, 即

$$\left. \begin{aligned} &\hbar_\alpha G_{\partial\Omega_{ij}}^{(s_\alpha,\alpha)}(\mathbf{x}_m, t_{m\mp}) = 0, \\ &s_\alpha = 0, 1, \cdots, 2k_\alpha - 2, \\ &\hbar_\alpha G_{\partial\Omega_{ij}}^{(2k_\alpha-1,\alpha)}(\mathbf{x}_m, t_{m\mp}) < 0, \\ &\hbar_\alpha G_{\partial\Omega_{ij}}^{(s_\beta,\beta)}(\mathbf{x}_m, t_{m+}) = 0, \\ &s_\beta = 0, 1, \cdots, 2k_\beta - 2, \\ &\hbar_\alpha G_{\partial\Omega_{ij}}^{(2k_\beta-1,\beta)}(\mathbf{x}_m, t_{m+}) > 0, \end{aligned} \right\} \mathbf{x}_m \in S_1 \subset \partial\Omega_{ij}, \tag{5.43}$$

[284]

$$\left. \begin{aligned} &\hbar_\alpha G_{\partial\Omega_{ij}}^{(s_\alpha,\alpha)}(\mathbf{x}_m, t_{m\mp}) = 0, \\ &s_\alpha = 0, 1, \cdots, 2k_\alpha - 2, \\ &\hbar_\alpha G_{\partial\Omega_{ij}}^{(2k_\alpha-1,\alpha)}(\mathbf{x}_m, t_{m\mp}) < 0, \\ &\hbar_\alpha G_{\partial\Omega_{ij}}^{(s_\beta,\beta)}(\mathbf{x}_\alpha^{(\beta)}, t_{m\mp}) = 0, \\ &s_\beta = 0, 1, \cdots, 2k_\beta - 2, \\ &\hbar_\alpha G_{\partial\Omega_{ij}}^{(2k_\beta-1,\beta)}(\mathbf{x}_\alpha^{(\beta)}, t_{m\mp}) < 0, \end{aligned} \right\} \mathbf{x}_m \in S_2 \subset \partial\Omega_{ij}, \tag{5.44}$$

那么有 $2k_\beta$ 阶拐点奇异集 $\Gamma_{12} = \mathscr{Q}_{ij}^{(2k_\beta:\beta)}$ 并满足

$$\begin{aligned} &\hbar_\alpha G_{\partial\Omega_{ij}}^{(s_\beta,\beta)}(\mathbf{x}_m, t_{m\mp}) = 0, \\ &s_\beta = 0, 1, \cdots, 2k_\beta - 1, \\ &\hbar_\alpha G_{\partial\Omega_{ij}}^{(2k_\beta,\beta)}(\mathbf{x}_m, t_{m\mp}) > 0. \end{aligned} \tag{5.45}$$

或者有 $2k_\beta$ 阶虚拐点奇异集 $\Gamma_{12} = \mathscr{Q}_{ij}^{(2k_\beta:\alpha)}$ 并满足

$$\begin{aligned} &\hbar_\alpha G_{\partial\Omega_{ij}}^{(s_\beta,\beta)}(\mathbf{x}_\alpha^{(\beta)}, t_{m\mp}) = 0, \\ &s_\beta = 0, 1, \cdots, 2k_\beta - 1, \\ &\hbar_\alpha G_{\partial\Omega_{ij}}^{(2k_\beta,\beta)}(\mathbf{x}_\alpha^{(\beta)}, t_{m\mp}) > 0. \end{aligned} \tag{5.46}$$

带有双擦边流和虚、实擦边流的 $2k_\beta$ 阶拐点奇异集如图 5.14(a) 和 (b) 所示. 实奇异集和虚奇异集基于不同的初始条件. 奇异集上的一个流是发生从实流到虚流的切换, 但是另一个流是发生从虚流到实流的切换.

考虑 $(2k_i - 1 : 2k_j - 1)$ 型双虚擦边流和 $(2k_i - 1 : 2k_j - 1)$ 型虚、实擦边流之间的奇异集, 即

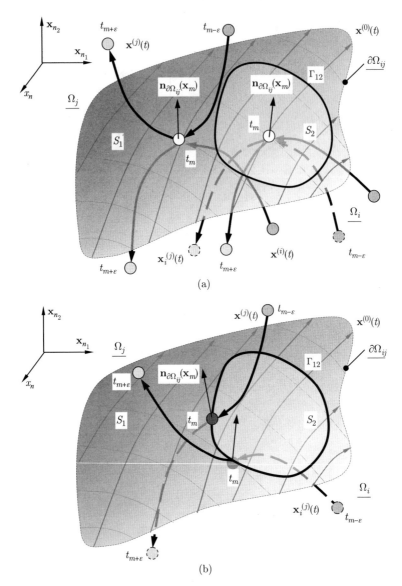

图 5.14　$(2k_i - 1 : 2k_j - 1)$ 型双擦边流和 $(2k_i - 1 : 2k_j - 1)$ 型虚、实擦边流在边界上两个子集之间的实、虚拐点奇异集 (a) 在子集上 (b) 在奇异集 $\mathscr{Q}_{ij}^{(2k_j,j)}$ 或 $\boldsymbol{Q}_{ij}^{(2k_j,i)}$ 上. 边界流为 $\mathbf{x}^{(0)}(t)$. 边界上法向量 $\mathbf{n}_{\partial\Omega_{ij}}$ 为 $\mathbf{n}_{\partial\Omega_{ij}} \to \Omega_j$. 点线表示实流. 带有虚线边缘的实心圆圈不是实起点. 空心圆圈表示边界子集上的切换点, 黑色实心圆圈则是奇异集上的点. 灰色实心圆圈是域内的点 $(n_1 + n_2 + 1 = n)$

$$\left.\begin{array}{l} \hbar_\alpha G_{\partial\Omega_{ij}}^{(s_\alpha,\alpha)}(\mathbf{x}_\beta^{(\alpha)}, t_{m\mp}) = 0, \\[4pt] s_\alpha = 0, 1, \cdots, 2k_\alpha - 2, \\[4pt] \hbar_\alpha G_{\partial\Omega_{ij}}^{(2k_\alpha-1,\alpha)}(\mathbf{x}_\beta^{(\alpha)}, t_{m\mp}) < 0, \\[4pt] \hbar_\alpha G_{\partial\Omega_{ij}}^{(s_\beta,\beta)}(\mathbf{x}_\alpha^{(\beta)}, t_{m+}) = 0, \\[4pt] s_\beta = 0, 1, \cdots, 2k_\beta - 2, \\[4pt] \hbar_\alpha G_{\partial\Omega_{ij}}^{(2k_\beta-1,\beta)}(\mathbf{x}_\alpha^{(\beta)}, t_{m+}) < 0, \end{array}\right\} \mathbf{x}_m \in S_1 \subset \partial\Omega_{ij}, \tag{5.47}$$

[286]

$$\left.\begin{array}{l} \hbar_\alpha G_{\partial\Omega_{ij}}^{(s_\alpha,\alpha)}(\mathbf{x}_m, t_{m\mp}) = 0, \\[4pt] s_\alpha = 0, 1, \cdots, 2k_\alpha - 2, \\[4pt] \hbar_\alpha G_{\partial\Omega_{ij}}^{(2k_\alpha-1,\alpha)}(\mathbf{x}_m, t_{m\mp}) < 0, \\[4pt] \hbar_\alpha G_{\partial\Omega_{ij}}^{(s_\beta,\beta)}(\mathbf{x}_\alpha^{(\beta)}, t_{m\mp}) = 0, \\[4pt] s_\beta = 0, 1, \cdots, 2k_\beta - 2, \\[4pt] \hbar_\alpha G_{\partial\Omega_{ij}}^{(2k_\beta-1,\beta)}(\mathbf{x}_\alpha^{(\beta)}, t_{m\mp}) < 0, \end{array}\right\} \mathbf{x}_m \in S_2 \subset \partial\Omega_{ij}, \tag{5.48}$$

那么有 $2k_\alpha$ 阶虚拐点奇异集 $\Gamma_{12} = \boldsymbol{Q}_{ij}^{(2k_\alpha,\beta)}$ 并满足

$$\begin{array}{l} \hbar_\alpha G_{\partial\Omega_{ij}}^{(s_\alpha,\alpha)}(\mathbf{x}_\beta^{(\alpha)}, t_{m\mp}) = 0, \\[4pt] s_\alpha = 0, 1, \cdots, 2k_\alpha - 1, \\[4pt] \hbar_\alpha G_{\partial\Omega_{ij}}^{(2k_\alpha,\alpha)}(\mathbf{x}_\beta^{(\alpha)}, t_{m\mp}) > 0. \end{array} \tag{5.49}$$

或者有 $2k_\alpha$ 阶拐点奇异集 $\Gamma_{12} = \mathscr{Q}_{ij}^{(2k_\beta,\alpha)}$ 并满足

$$\begin{array}{l} \hbar_\alpha G_{\partial\Omega_{ij}}^{(s_\alpha,\alpha)}(\mathbf{x}_m, t_{m\mp}) = 0, \\[4pt] s_\alpha = 0, 1, \cdots, 2k_\alpha - 1, \\[4pt] \hbar_\alpha G_{\partial\Omega_{ij}}^{(2k_\alpha,\alpha)}(\mathbf{x}_m, t_{m\mp}) > 0. \end{array} \tag{5.50}$$

具有双虚擦边流 (双不可到达擦边流) 和虚、实擦边流的 $2k_\alpha$ 阶拐点奇异集如图 5.15 (a) 和 (b) 所示. 实、虚奇异集基于不同的初始条件. 在图 5.14 中, 奇异集上一个流是发生从实流到虚流的切换, 但是另一个流是从虚流到实流的切换.

从方程 (5.43) 中 $(2k_i - 1 : 2k_j - 1)$ 型双擦边流切换到方程 (5.47) 中 $(2k_i - 1 : 2k_j - 1)$ 型虚擦边流 (单擦边流) 的奇异集, 定义为双拐点奇异集 $\Gamma_{12} = \mathscr{Q}_{ij}^{(2k_\alpha,2k_\beta)}$. 然而, 从 $(2k_i - 1 : 2k_j - 1)$ 型双虚擦边流切换到 $(2k_i - 1 : 2k_j - 1)$ 型双擦边流的奇异集由双虚拐点奇异集 $\Gamma_{12} = \boldsymbol{Q}_{ij}^{(2k_\alpha,2k_\beta)}$ 给出. 图 5.16 和图 5.17 分别展示了以上两个奇异集.

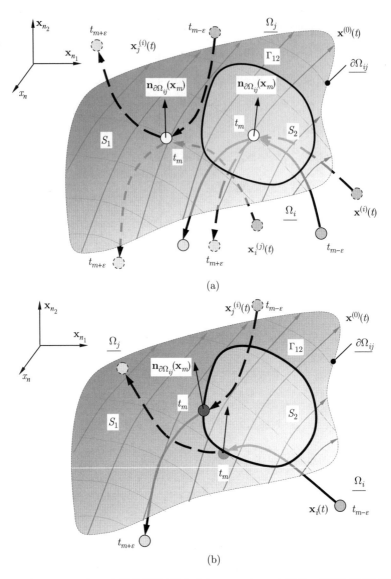

(a)

(b)

图 5.15　$(2k_i - 1 : 2k_j - 1)$ 型双虚擦边流和 $(2k_i - 1 : 2k_j - 1)$ 型虚、实擦边流 (单擦边流) 在边界上两个子集之间的单实、虚拐点奇异集 (a) 在子集上 (b) 在奇异集 $\mathcal{Q}_{ij}^{(2k_j, j)}$ 或 $Q_{ij}^{(2k_j, i)}$ 上. 边界流为 $\mathbf{x}^{(0)}(t)$. 边界上法向量 $\mathbf{n}_{\partial\Omega_{ij}}$ 为 $\mathbf{n}_{\partial\Omega_{ij}} \to \Omega_j$. 点线表示实流. 带有虚线边缘的实心圆圈不是实起点. 空心圆圈表示边界子集上的切换点, 黑色实心圆圈则是奇异集上的点. 灰色实心圆圈是域内的点 $(n_1 + n_2 + 1 = n)$

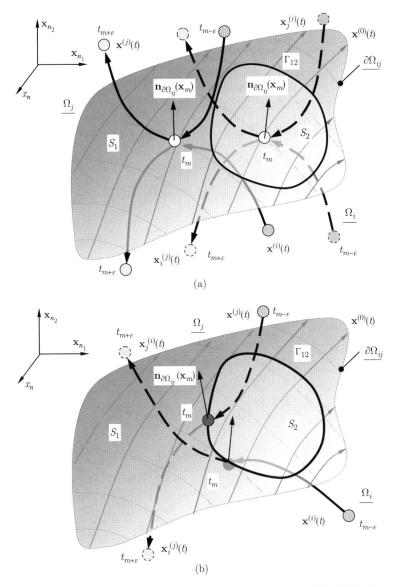

(a)

(b)

图 5.16　$(2k_i - 1 : 2k_j - 1)$ 型双擦边流和 $(2k_i - 1 : 2k_j - 1)$ 型虚擦边流 (单擦边流) 在边界
上两个子集之间的双拐点奇异集 (a) 在子集上 (b) 在奇异集 $\mathscr{Q}_{ij}^{(2k_i, 2k_j)}$ 上. 边界流为
$\mathbf{x}^{(0)}(t)$. 边界上法向量 $\mathbf{n}_{\partial\Omega_{ij}}$ 为 $\mathbf{n}_{\partial\Omega_{ij}} \to \Omega_j$. 点线表示实流. 带有虚边的实心圆圈不
是实起点. 空心圆圈表示边界子集上的切换点, 黑色实心圆圈则是奇异集上的点. 灰色
实心圆圈是域内的点 $(n_1 + n_2 + 1 = n)$

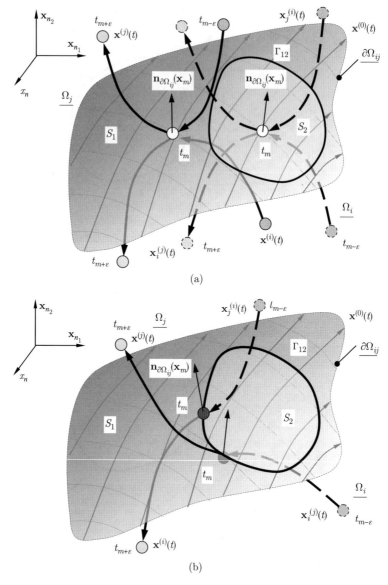

图 5.17　$(2k_i - 1 : 2k_j - 1)$ 型双虚擦边流和 $(2k_i - 1 : 2k_j - 1)$ 型双擦边流在边界上两个子集
之间的双虚拐点奇异集 (a) 在子集上 (b) 在奇异集 $Q_{ij}^{(2k_i, 2k_j)}$ 上. 边界上流为 $\mathbf{x}^{(0)}(t)$.
边界上法向量 $\mathbf{n}_{\partial\Omega_{ij}}$ 为 $\mathbf{n}_{\partial\Omega_{ij}} \to \Omega_j$. 点线表示实流. 带有虚线边缘的实心圆圈不是
实起点. 空心圆圈表示边界子集上的切换点, 黑色实心圆圈则是奇异集上的点. 灰色实
心圆圈是域内的点 $(n_1 + n_2 + 1 = n)$

5.3 不可进入边界和边界通道

为了讨论不可进入边界和边界通道, 这里引入边界内层和边界外层的 [290] 概念.

定义 5.12 对于方程 (5.1) 中的不连续动力系统, 对于域 Ω_α 内的流 $\mathbf{x}^{(\alpha)}$ 来说, 边界 $\partial\Omega_{ij}(\alpha \in \{i,j\})$ 的 α 一侧称为边界内层, 边界 $\partial\Omega_{ij}(\beta \in \{i,j\}$ 且 $\beta \neq \alpha)$ 的 β 一侧称为边界外层.

5.3.1 不可进入边界

在第四章里, 我们已经讨论了边界上的流障碍. 然而, 如果在域的边界内层或边界外层存在流障碍, 那么流在边界上的切换特性就不同了. 例如, 假设在边界 $\partial\Omega_{ij}$ 上有一个永久的绝对流障碍 $\mathbf{F}^{(\alpha \succ \beta)}(\mathbf{x}^{(\alpha)}, t, \boldsymbol{\pi}_\alpha, q^{(\alpha)})$, 那么方程 (5.1) 中的来流 $\mathbf{x}^{(\alpha)}(t)$ 不能越过边界到达域 Ω_β 内, 但是 $\mathbf{x}^{(\alpha)}(t)$ 会沿着域 Ω_β 的边界运动. 直到向量场改变方向, 来流 $\mathbf{x}^{(\alpha)}(t)$ 才能返回到域 Ω_α 内. 此外, 运用特定的传输定律, 来流能够传输到另一个域内或边界上. 对于来流而言, 此边界称作 α 一侧的永久不可穿越边界. 下面将给出此边界的数学描述:

定义 5.13 对于方程 (5.1) 中的来流 $\mathbf{x}^{(\alpha)}(t)(\alpha \in \{i,j\})$, t_m 时刻, 在 $\mathbf{x}_m \in \partial\Omega_{ij}$ 处, 域 Ω_α 内边界 α 一侧, 存在一个来流障碍向量场 $\mathbf{F}^{(\alpha \succ \beta)}(\mathbf{x}^{(\alpha)}, t, \boldsymbol{\pi}_\alpha, q^{(\alpha)})$, $q^{(\alpha)} \in [q_1^{(\alpha)}, q_2^{(\alpha)}]$ $(\beta \in \{0, i, j\}$ 且 $\beta \neq \alpha)$. 对来流 $\mathbf{x}^{(\alpha)}(t)$ 来说, 如果边界 $\partial\Omega_{ij}$ 的 α 一侧流障碍是恒定不变的, 那么称边界 $\partial\Omega_{ij}$ 是永不可穿越的. 即在 t_m 时刻, 所有 $\mathbf{x}_m \in S = \partial\Omega_{ij}$ 满足

$$
\begin{aligned}
&\hbar_\alpha G_{\partial\Omega_{ij}}^{(\alpha)}(\mathbf{x}_m, t_m) \in (\hbar_\alpha G_{\partial\Omega_{ij}}^{(\alpha \succ \beta)}(\mathbf{x}_m, q_1^{(\alpha)}), \hbar_\alpha G_{\partial\Omega_{ij}}^{(\alpha \succ \beta)}(\mathbf{x}_m, q_2^{(\alpha)})), \\
&\hbar_\alpha G_{\partial\Omega_{ij}}^{(\alpha \succ \beta)}(\mathbf{x}_m, q_1^{(\alpha)}) = 0_- \text{ 和 } \hbar_\alpha G_{\partial\Omega_{ij}}^{(\alpha \succ \beta)}(\mathbf{x}_m, q_2^{(\alpha)}) \to +\infty.
\end{aligned}
\tag{5.51}
$$

定义 5.14 对于方程 (5.1) 中的来流 $\mathbf{x}^{(\alpha)}(t)(\alpha \in \{i,j\})$, t_m 时刻, 在 $\mathbf{x}_m \in \partial\Omega_{ij}$ 处, 域 Ω_α 内边界 α 一侧, 存在一个来流障碍向量场 $\mathbf{F}^{(\alpha \succ \beta)}(\mathbf{x}^{(\alpha)}, t, \boldsymbol{\pi}_\alpha, q^{(\alpha)})$, $q^{(\alpha)} \in [q_1^{(\alpha)}, q_2^{(\alpha)}](\beta \in \{0, i, j\}$ 且 $\beta \neq \alpha)$. 对 $2k_\alpha$ 阶奇异的来流 [291] $\mathbf{x}^{(\alpha)}(t)$, 如果边界 $\partial\Omega_{ij}$ 的 α 一侧 $2k_\alpha$ 阶奇异的流障碍是恒定不变的, 那么称边界 $\partial\Omega_{ij}$ 是永远不可穿越的. 即, 在 t_m 时刻, 所有 $\mathbf{x}_m \in S = \partial\Omega_{ij}$ 满足

$$
\begin{aligned}
&G_{\partial\Omega_{ij}}^{(s_\alpha, \alpha)}(\mathbf{x}_m, t_m) = G_{\partial\Omega_{ij}}^{(s_\alpha, \alpha \succ \beta)}(\mathbf{x}_m, q_\sigma^{(\alpha)}) = 0, \\
&\sigma = 1, 2 \text{ 和 } s_\alpha = 0, 1, 2, \cdots, 2k_\alpha - 1;
\end{aligned}
\tag{5.52}
$$

$$
\begin{aligned}
&\hbar_\alpha G_{\partial\Omega_{ij}}^{(2k_\alpha, \alpha)}(\mathbf{x}_m, t_m) \in (\hbar_\alpha G_{\partial\Omega_{ij}}^{(2k_\alpha, \alpha \succ \beta)}(\mathbf{x}_m, q_1^{(\alpha)}), \hbar_\alpha G_{\partial\Omega_{ij}}^{(2k_\alpha, \alpha \succ \beta)}(\mathbf{x}_m, q_2^{(\alpha)})) \\
&\hbar_\alpha G_{\partial\Omega_{ij}}^{(2k_\alpha, \alpha \succ \beta)}(\mathbf{x}_m, q_1^{(\alpha)}) = 0_- \text{ 和 } \hbar_\alpha G_{\partial\Omega_{ij}}^{(2k_\alpha, \alpha \succ \beta)}(\mathbf{x}_m, q_2^{(\alpha)}) \to \infty.
\end{aligned}
\tag{5.53}
$$

注意到: 如果 $\beta = 0$, 那么流障碍 $\mathbf{F}^{(\alpha \succ \beta)}(\mathbf{x}^{(\alpha)}, t, \boldsymbol{\pi}_\alpha, q^{(\alpha)})$ 将会在汇流中产生来流障碍 $\mathbf{F}^{(\alpha \succ 0)}(\mathbf{x}^{(\alpha)}, t, \boldsymbol{\pi}_\alpha, q^{(\alpha)})$. 对于永久不可穿越边界, 将形成不可进入边界, 也就是说不连续动力系统中, 流无法从域内到达边界上, 而只能待在域内.

定义 5.15 对于方程 (5.1) 中的来流 $\mathbf{x}^{(\alpha)}(t)$ ($\alpha \in \{i, j\}$), t_m 时刻, 在 $\mathbf{x}_m \in \partial\Omega_{ij}$ 处, 在域 Ω_α 内边界 α 一侧, 存在一个来流障碍向量场 $\mathbf{F}^{(\alpha \succ \beta)}(\mathbf{x}^{(\alpha)}, t, \boldsymbol{\pi}_\alpha, q^{(\alpha)})$, $q^{(\alpha)} \in [q_1^{(\alpha)}, q_2^{(\alpha)}]$ ($\beta \in \{0, i, j\}$ 且 $\beta \neq \alpha$). 对两个来流 $\mathbf{x}^{(\alpha)}(t)$ 来说, 如果边界 $\partial\Omega_{ij}$ 是永久不可穿越的, 那么称边界 $\partial\Omega_{ij}$ 是不可进入的.

定义 5.16 对于方程 (5.1) 中的来流 $\mathbf{x}^{(\alpha)}(t)$ ($\alpha \in \{i, j\}$), t_m 时刻, 在 $\mathbf{x}_m \in \partial\Omega_{ij}$ 处, 在域 Ω_α 内有边界 α 一侧的来流障碍向量场 $\mathbf{F}^{(\alpha \succ \beta)}(\mathbf{x}^{(\alpha)}, t, \boldsymbol{\pi}_\alpha, q^{(\alpha)})$, $q^{(\alpha)} \in [q_1^{(\alpha)}, q_2^{(\alpha)}]$ ($\beta \in \{0, i, j\}$ 且 $\beta \neq \alpha$). 如果边界 $\partial\Omega_{ij}$ 对于两个 $(2k_i : 2k_j)$ 型奇异的来流 $\mathbf{x}^{(\alpha)}(t)$ 是永久不可穿越的, 那么称边界 $\partial\Omega_{ij}$ 对两个 $2k_\alpha$ 阶来流 $\mathbf{x}^{(\alpha)}(t)$ 是不可进入的.

与不可进入边界相似的是, 在不连续动力系统中, 汇流定义了两侧来流的可到达边界.

[292] **定义 5.17** 对于方程 (5.1) 中的来流 $\mathbf{x}^{(\alpha)}(t)$ ($\alpha \in \{i, j\}$), t_m 时刻, 在 $\mathbf{x}_m \in \partial\Omega_{ij}$ 处, 如果满足方程 (5.54), 且没有任何来流障碍向量场, 那么称边界 $\partial\Omega_{ij}(\beta = i, j \text{ 且 } \beta \neq \alpha)$ 是可到达的.

$$\hbar_\alpha G_{\partial\Omega_{ij}}^{(\alpha)}(\mathbf{x}_m, t_{m-}) > 0 \text{ 和 } \hbar_\alpha G_{\partial\Omega_{ij}}^{(\beta)}(\mathbf{x}_m, t_{m-}) < 0, \tag{5.54}$$

定义 5.18 对于方程 (5.1) 中的 $2k_\alpha$ 阶奇异的来流 $\mathbf{x}^{(\alpha)}(t)$ ($\alpha \in \{i, j\}$), t_m 时刻, 在 $\mathbf{x}_m \in \partial\Omega_{ij}$ 处, 如果满足方程 (5.55), 且没有任何来流障碍, 那么称 $(2k_i : 2k_j)$ 型奇异的边界 $\partial\Omega_{ij}(\beta = i, j \text{ 且 } \beta \neq \alpha)$ 是可到达的.

$$\begin{aligned} &\hbar_\alpha G_{\partial\Omega_{ij}}^{(s_\alpha, \alpha)}(\mathbf{x}_m, t_{m-}) = 0, \quad s_\alpha = 0, 1, 2, \cdots, 2k_\alpha - 1, \\ &\hbar_\alpha G_{\partial\Omega_{ij}}^{(s_\beta, \beta)}(\mathbf{x}_m, t_{m-}) = 0, \quad s_\beta = 0, 1, 2, \cdots, 2k_\beta - 1, \\ &\hbar_\alpha G_{\partial\Omega_{ij}}^{(2k_\alpha, \alpha)}(\mathbf{x}_m, t_{m-}) > 0 \text{ 和 } \hbar_\alpha G_{\partial\Omega_{ij}}^{(2k_\beta, \beta)}(\mathbf{x}_m, t_{m-}) < 0, \end{aligned} \tag{5.55}$$

5.3.2 边界通道

同理, 边界两侧的流障碍可以形成一个边界通道.

定义 5.19 对于方程 (5.1) 中的边界流 $\mathbf{x}^{(0)}(t)$, t_m 时刻, 在 $\mathbf{x}_m \in \partial\Omega_{ij}$ 处, 在边界 $\partial\Omega_{ij}$ 的 α 一侧有一个边界流障碍 $\mathbf{F}^{(0 \succ 0_\alpha)}(\mathbf{x}^{(\alpha)}, t, \boldsymbol{\pi}_\alpha, q^{(\alpha)})$, $q^{(\alpha)} \in [q_1^{(\alpha)}, q_2^{(\alpha)}]$ ($\alpha \in \{i, j\}$). 对于边界流 $\mathbf{x}^{(0)}(t)$ 来说, 如果边界 $\partial\Omega_{ij}$ 的 α 一侧流障碍是恒定不变的, 那么称边界 $\partial\Omega_{ij}$ 是永久不能离开的, 即, 在 t_m 时刻, 所

有 $\mathbf{x}_m \in S = \partial\Omega_{ij}$, 满足

$$0 \in (\hbar_\alpha G_{\partial\Omega_{ij}}^{(0\succ 0_\alpha)}(\mathbf{x}_m, q_2^{(\alpha)}), \hbar_\alpha G_{\partial\Omega_{ij}}^{(0\succ 0_\alpha)}(\mathbf{x}_m, q_1^{(\alpha)})),$$
$$\hbar_\alpha G_{\partial\Omega_{ij}}^{(0\succ 0_\alpha)}(\mathbf{x}_m, q_2^{(\alpha)}) \to -\infty \text{ 和 } \hbar_\alpha G_{\partial\Omega_{ij}}^{(0\succ 0_\alpha)}(\mathbf{x}_m, q_1^{(\alpha)}) \to \infty. \tag{5.56}$$

定义 5.20 对于方程 (5.1) 中的边界流 $\mathbf{x}^{(0)}(t)$, t_m 时刻, 在 $\mathbf{x}_m \in \partial\Omega_{ij}$ 处边界 $\partial\Omega_{ij}$ 的 α 一侧有一个边界流障碍 $\mathbf{F}^{(0\succ 0_\alpha)}(\mathbf{x}^{(\alpha)}, t, \boldsymbol{\pi}_\alpha, q^{(\alpha)})$, $q^{(\alpha)} \in [q_1^{(\alpha)}, q_2^{(\alpha)}](\alpha \in \{i, j\})$. 如果边界 α 一侧 m_α 阶奇异的流障碍是恒定不变的, 那么称边界 $\partial\Omega_{ij}$ 对边界流 $\mathbf{x}^{(0)}(t)$ 而言是永久不可离开的, 且在 α 一侧具有 m_α 阶奇异性, 即在 t_m 时刻, 所有 $\mathbf{x}_m \in S = \partial\Omega_{ij}$, 满足

$$G_{\partial\Omega_{ij}}^{(s_\alpha, 0\succ 0_\alpha)}(\mathbf{x}_m, q_\sigma^{(\alpha)}) = 0, \sigma = 1, 2 \text{ 和 } s_\alpha = 0, 1, 2, \cdots, m_\alpha - 1; \tag{5.57}$$

$$0 \in [\hbar_\alpha G_{\partial\Omega_{ij}}^{(m_\alpha, 0\succ 0_\alpha)}(\mathbf{x}_m, q_2^{(\alpha)}), \hbar_\alpha G_{\partial\Omega_{ij}}^{(m_\alpha, 0\succ 0_\alpha)}(\mathbf{x}_m, q_1^{(\alpha)})],$$
$$\hbar_\alpha G_{\partial\Omega_{ij}}^{(m_\alpha, 0\succ 0_\alpha)}(\mathbf{x}_m, q_2^{(\alpha)}) \to -\infty \text{ 和 } \hbar_\alpha G_{\partial\Omega_{ij}}^{(m_\alpha, 0\succ 0_\alpha)}(\mathbf{x}_m, q_1^{(\alpha)}) \to \infty. \tag{5.58}$$

[293]

对于 α 一侧的永久不可离开边界, 边界流在边界上形成通道, 也就是说, 在不连续动力系统中, 边界流只能在不可离开边界上滑动.

定义 5.21 对于方程 (5.1) 中的边界流 $\mathbf{x}^{(0)}(t)$, t_m 时刻, 在 $\mathbf{x}_m \in \partial\Omega_{ij}$ 处, 域 Ω_α 内边界 $\partial\Omega_{ij}$ 的 α 一侧有一个边界流障碍 $\mathbf{F}^{(0\succ 0_\alpha)}(\mathbf{x}^{(\alpha)}, t, \boldsymbol{\pi}_\alpha, q^{(\alpha)})$, 且 $q^{(\alpha)} \in [q_1^{(\alpha)}, q_2^{(\alpha)}](\alpha \in \{i, j\})$. 如果边界流 $\mathbf{x}^{(0)}(t)$ 在边界 $\partial\Omega_{ij}$ 的两侧都是永久不可离开的, 那么称边界 $\partial\Omega_{ij}$ 为边界流 $\mathbf{x}^{(0)}(t)$ 的边界通道.

定义 5.22 对于方程 (5.1) 中的边界流 $\mathbf{x}^{(0)}(t)$, t_m 时刻, 在 $\mathbf{x}_m \in \partial\Omega_{ij}$ 处, 在 Ω_α 内边界 $\partial\Omega_{ij}$ 的 α 一侧有一个边界流障碍 $\mathbf{F}^{(0\succ 0_\alpha)}(\mathbf{x}^{(\alpha)}, t, \boldsymbol{\pi}_\alpha, q^{(\alpha)})$, $q^{(\alpha)} \in [q_1^{(\alpha)}, q_2^{(\alpha)}]$ ($\alpha \in \{i, j\}$). 如果对边界流 $\mathbf{x}^{(0)}(t)$ 而言, 边界 $\partial\Omega_{ij}$ 是两侧均具有 m_α 阶奇异的永久不可离开边界, 那么称其是 $(m_\alpha : m_\beta)$ 型奇异的边界通道.

另一方面, 在边界两侧均是源流的边界流, 其可离开边界可以根据源流定义如下.

定义 5.23 对于方程 (5.1) 中的两个可能去流 $\mathbf{x}^{(\alpha)}(t)$ 和 $\mathbf{x}^{(\beta)}(t)(\alpha, \beta \in \{i, j\}, \alpha \neq \beta)$, 在 t_m 时刻, 对所有的 $\mathbf{x}_m \in \partial\Omega_{ij}$, 满足以下条件

$$\hbar_\alpha G_{\partial\Omega_{ij}}^{(\alpha)}(\mathbf{x}_m, t_{m+}) < 0 \text{ 和 } \hbar_\alpha G_{\partial\Omega_{ij}}^{(\beta)}(\mathbf{x}_m, t_{m+}) > 0. \tag{5.59}$$

(i) 如果不可离开边界在边界 $\partial\Omega_{ij}$ 的 α 一侧不存在, 那么称边界 $\partial\Omega_{ij}$ 对于边界流是 α 一侧可离开的.

(ii) 如果不可离开边界在边界 $\partial\Omega_{ij}$ 的两侧不存在, 那么称边界 $\partial\Omega_{ij}$ 对于边界流是可离开的.

定义 5.24 对于方程 (5.1) 中 $(m_\alpha : m_\beta)$ 型奇异的两个可能去流 $\mathbf{x}^{(\alpha)}(t)$ 和 $\mathbf{x}^{(\beta)}(t)(\alpha, \beta \in \{i, j\}$ 且 $\alpha \neq \beta)$, t_m 时刻, 在 $\mathbf{x}_m \in \partial\Omega_{ij}$ 处满足以下条件

[294]

$$
\begin{aligned}
&\hbar_\alpha G_{\partial\Omega_{ij}}^{(s_\alpha, \alpha)}(\mathbf{x}_m, t_{m+}) = 0, \\
&s_\alpha = 0, 1, 2, \cdots, m_\alpha - 1; \\
&\hbar_\alpha G_{\partial\Omega_{ij}}^{(s_\beta, \beta)}(\mathbf{x}_m, t_{m+}) = 0, \quad (5.60)\\
&s_\beta = 0, 1, 2, \cdots, m_\beta - 1; \\
&\hbar_\alpha G_{\partial\Omega_{ij}}^{(m_\alpha, \alpha)}(\mathbf{x}_m, t_{m+}) < 0 \text{ 和 } \hbar_\alpha G_{\partial\Omega_{ij}}^{(m_\beta, \beta)}(\mathbf{x}_m, t_{m+}) > 0.
\end{aligned}
$$

(i) 如果不可离开边界在边界 $\partial\Omega_{ij}$ 的 α 一侧不存在, 那么称边界 $\partial\Omega_{ij}$ 对于 m_α 阶奇异的边界流在 α 一侧是可离开的.

(ii) 如果不可离开边界在边界 $\partial\Omega_{ij}$ 的两侧不存在, 那么称边界 $\partial\Omega_{ij}$ 对于 $(m_\alpha : m_\beta)$ 型奇异的边界流是可离开的.

图 5.18 描绘了边界上来流的可到达边界和不可进入边界. 在边界两侧可到达边界不存在任何流障碍. 一旦有来自从两个域内的来流, 那么边界流就会形成汇流, 因为边界流满足 $\hbar_\alpha G_{\partial\Omega_{ij}}^{(2k_\beta, \beta)} \leqslant G_{\partial\Omega_{ij}}^{(2k_0, 0)} \leqslant \hbar_\alpha G_{\partial\Omega_{ij}}^{(2k_\alpha, \alpha)}$ 和 $G_{\partial\Omega_{ij}}^{(s_0, 0)} \equiv 0$ $(s_0 = 0, 1, 2, \cdots)$. 不可进入边界在边界两侧拥有两个永久不可穿越边界. 任何一个域内的来流都无法到达边界. 图中用灰色和蓝色来表示两个来流障碍. 为了进行对比, 图 5.18(a) 中加入了一个来流的可到达边界, 而图 5.18(b) 显示了一个禁区表示不可进入边界. 在不可进入边界上, 没有任何来流能够切换成边界流. 虚拟禁区的宽度是零. 为了穿越禁区, 需要施加一个传输定律. 红色曲线是来流的 G-函数. 黑色和蓝色表面代表流障碍表面. 阴影部分表示放大的边界. 深蓝色曲线表示来流. 为了更直观地进行显示, 浅绿色表面代表没有流障碍, 以此来标明边界上 G-函数的值.

类似地, 在图 5.19 中, 通过 G-函数说明两侧可离开边界与边界通道. 两侧可离开边界表明一旦初始条件在边界邻域, 边界流就会离开边界. 然而, 通道两侧都有边界流障碍, 因而边界流并不能进入两个域内, 而只能沿着边界表面移动. 这就是通道被称为边界流的边界通道的原因. 为了比较, 图 5.19(a) 表示了边界流的两侧可离开边界. 由于在可离开边界上没有流障碍, 用浅绿色表示没有流障碍的 G-函数. 图 5.19(b) 表示边界通道. 黑色和蓝色表面是边界流障碍, 虚拟边界通道的宽度为零.

[295]

对于离开边界通道的边界流, 需要对其施加一个传输定律. 对于一个边界流, 边界两侧不一定存在边界流障碍. 如果边界流障碍只存在于边界的一侧, 那么另一侧边界对于边界流而言是可离开的. 也就是说, 一旦初始条件选在可离开边界的邻域, 那么在可离开边界上的边界流就会离开边界. 在图

[296]

5.20(a) 和 (b) 中, 描绘了可离开边界一侧的边界流. 若满足 $\hbar_\alpha G_{\partial\Omega_{ij}}^{(s_\alpha, \alpha)} = 0$

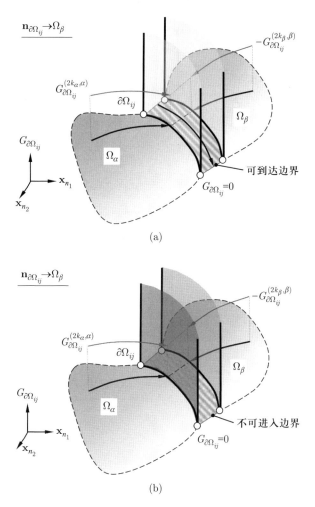

图 5.18   (a) 可到达边界, (b) 不可进入边界. 上方带箭头的曲线表示来流的 G-函数. 两个竖向面表示流障碍表面. 阴影部分表示放大边界. 下面带箭头的曲线表示来流. 浅绿色表面表示没有障碍向量场 ($k_\alpha, k_\beta \in \{0, 1, 2, \cdots\}$)

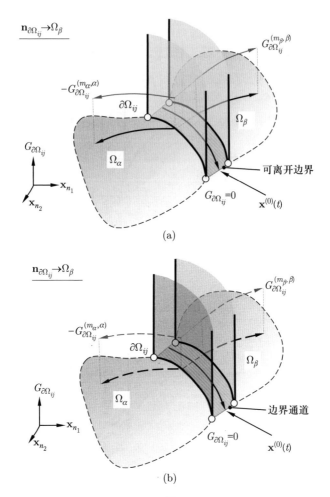

图 5.19　(a) 两侧的可离开边界, (b) 边界流 $\mathbf{x}^{(0)}$ 的边界通道. 上方带有箭头的虚线和实线分别为域内流 $\mathbf{x}^{(\alpha)}$ 和 $\mathbf{x}^{(\beta)}$ 的 G-函数. (b) 两个竖向面是流障碍表面. 阴影部分是放大的边界. 下方带有箭头的实线和虚线分别表示边界流和去流. 图 (a) 中两竖向表面表示没有边界流障碍 $(m_{\alpha}, m_{\beta} \in \{0, 1, 2, \cdots\})$

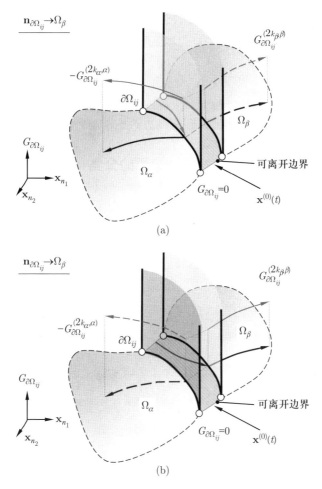

(a)

(b)

图 5.20 可离开边界: (a) α 一侧, (b) β 一侧. 上方带箭头的虚线和实线分别为域内流 $\mathbf{x}^{(\alpha)}$ 和 $\mathbf{x}^{(\beta)}$ 的 G-函数. 灰色和黑色竖向表面表示边界流障碍. 阴影部分表示放大的边界. 下方带有箭头的实线和虚线分别表示边界流和去流. 两个透明的竖向表面表示没有边界流障碍 ($m_\alpha, m_\beta \in \{0, 1, 2, \cdots\}$)

$(s_\alpha = 0, 1, 2, \cdots, m_\alpha - 1)$ 且 $\hbar_\alpha G_{\partial\Omega_{ij}}^{(m_\alpha, \alpha)} < 0$, 边界流就会离开边界的 α 一侧 $(\alpha \in \{i, j\})$. 需要注意的是, 一旦边界流形成, 则它从 α 一侧消失不受域 Ω_β 内向量场的影响. 因此, 正如第三章所叙述的一样, 在不满足方程 (5.60) 的条

[297]　件下, 只要满足 $\hbar_\alpha G_{\partial\Omega_{ij}}^{(s_\alpha, \alpha)} = 0$ $(s_\alpha = 0, 1, \cdots, 2k_\alpha - 1)$ 且 $\hbar_\alpha G_{\partial\Omega_{ij}}^{(2k_\alpha, \alpha)} < 0$ 的条件, 边界流就能够离开边界, 然而, 应该讨论汇流中一个边界流的可到达边界. 假设在边界一侧存在着流障碍, 那么边界上的边界流便不能形成.

5.4　域与边界的分类

[298]　　　　在讨论不可进入边界之后, 为了更好地理解不连续动力系统中流的复杂性, 将讨论汇域和源域. 在此之前, 先讨论特殊边界. 在可到达域 Ω_α 和不可到达域 $\Omega_\beta \subseteq \Omega_0$ 之间的边界应该被定义, 且可到达域 Ω_α 边界和普适边界 $\partial\mho$ 相交也应该给予描述. 可到达域的开边界和闭边界也应定义. 在图 5.21 和图 5.22 中给出了可到达域内边界的几何解释. 数学定义如下:

定义 5.25　对于方程 (5.1) 中的不连续动力系统, 在一个不可到达域 $\Omega_\beta \subseteq \Omega_0$ 和一个可到达域 Ω_α 之间, 存在一个边界 $\partial\Omega_{\alpha\beta} = \overline{\Omega}_\alpha \cap \overline{\Omega}_\beta$. 可到达域边界 $\partial\Omega_{\alpha\beta}$ 的外层在不可到达域 Ω_β 内, 且现假定有一个虚流 $\mathbf{x}^{(\beta)}$.

(i) 如果在虚流 $\mathbf{x}^{(\beta)}$ 的外层有一个永久墙,

$$h_\alpha G_{\partial\Omega_{\alpha\beta}}^{(\beta)}(\mathbf{x}_m, t_{m-}) < 0, \mathbf{x}_m \in S = \partial\Omega_{\alpha\beta}, \tag{5.61}$$

那么称可到达域 Ω_α 到不可到达域之间是闭的.

[301]　　　　(ii) 如果在虚流 $\mathbf{x}^{(\beta)}$ 的外层是可离开的,

$$h_\alpha G_{\partial\Omega_{\alpha\beta}}^{(\beta)}(\mathbf{x}_m, t_{m+}) > 0, \mathbf{x}_m \in S \subseteq \partial\Omega_{\alpha\beta}, \tag{5.62}$$

那么称可到达域 Ω_α 到不可到达域之间是开的.

(iii) 如果外层边界由满足下列条件的虚流 $\mathbf{x}^{(\beta)}$ 决定,

$$h_\alpha G_{\partial\Omega_{\alpha\beta}}^{(\beta)}(\mathbf{x}_m, t_{m+}) = 0, \mathbf{x}_m \in S \subseteq \partial\Omega_{\alpha\beta}, \tag{5.63}$$

那么称可到达域 Ω_α 到不可到达域之间是不确定的.

定义 5.26　对于方程 (5.1) 中的不连续动力系统, 在一个可到达域 Ω_α 和一个有界的全域之间, 拥有一个共同边界 $\partial\Omega_{\alpha\infty} = \overline{\Omega}_\alpha \cap \partial\mho$. 可到达域的外边界 $\partial\Omega_{\alpha\beta}$ 在全域 Ω_∞ 之外, 且假定有一个虚流 $\mathbf{x}^{(\infty)}$.

(i) 如果在虚流 $\mathbf{x}^{(\infty)}$ 的外边界有一个永久墙,

$$h_\alpha G_{\partial\Omega_{\alpha\beta}}^{(\infty)}(\mathbf{x}_m, t_{m-}) < 0, \mathbf{x}_m \in S = \partial\Omega_{\alpha\infty}, \tag{5.64}$$

那么称可到达域 Ω_α 和全域边界是闭的.

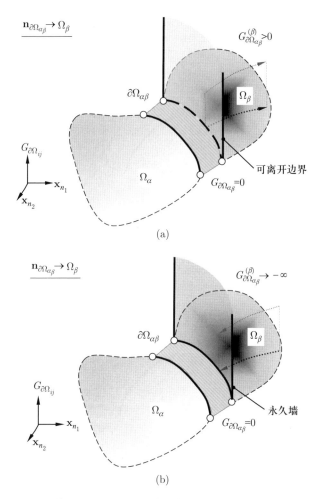

图 5.21 (a) 不可到达域的开边界, (b) 不可到达域的闭边界. 上方和下方的曲线分别表示不可
到达域内的虚流 $\mathbf{x}^{(\beta)}$ 和 G-函数. 灰色竖向表面是在不可到达域内的虚流的永久墙. 阴
影部分是放大后的边界. 亮的竖向表面表示边界流到不可到达域的可离开边界的外边
界. 域 Ω_β 和域 Ω_α 分别表示不可到达域和可到达域

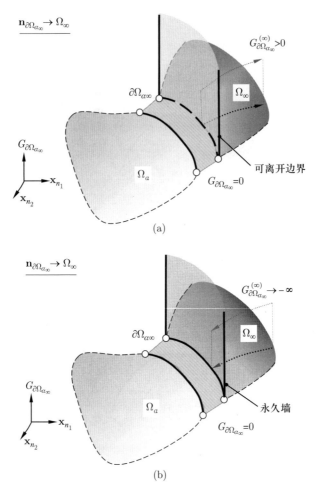

图 5.22　(a) 全域外层的开边界, (b) 全域外层的闭边界. 上方和下方的曲线分别表示不可到达域内的 G-函数和虚流 $\mathbf{x}^{(\infty)}$. 灰色竖向面表示全域外层虚流的永久墙. 阴影部分表示放大的边界. 亮的竖向面表示边界流到全域外面的可离开外边界. 域 Ω_β 和域 Ω_α 分别表示不可到达域和可到达域

(ii) 如果在虚流 $\mathbf{x}^{(\infty)}$ 的外边界是可离开的,

$$h_\alpha G^{(\infty)}_{\partial\Omega_{\alpha\beta}}(\mathbf{x}_m, t_{m+}) > 0, \mathbf{x}_m \in S \subseteq \partial\Omega_{\alpha\infty}, \tag{5.65}$$

那么称可到达域 Ω_α 和全域边界是开的.

(iii) 如果外层边界由满足下列条件的虚流 $\mathbf{x}^{(\infty)}$ 决定,

$$h_\alpha G^{(\infty)}_{\partial\Omega_{\alpha\beta}}(\mathbf{x}_m, t_{m+}) = 0, \mathbf{x}_m \in S \subseteq \partial\Omega_{\alpha\infty}, \tag{5.66}$$

那么称可到达域 Ω_α 在全域的边界上是不确定的.

5.4.1 域的分类

定义 5.27 对于方程 (5.1) 中的不连续动力系统, 在一个可到达域 Ω_α 和一个无界的全域之间, 拥有一个无穷远的共同边界 $\partial\Omega_{\alpha\infty} = \overline{\Omega}_\alpha \cap \partial\mathcal{U}$. 可到达域 Ω_α 称为一个无边界的可到达域. 根据以上定义, 可得以下三个结论:

(i) 对于在可到达域和不可到达域之间的闭边界, 如果可到达域内的流到达边界, 那么就会形成边界流.

(ii) 对于在可到达域和不可到达域之间的开边界, 如果可到达域内流到达边界, 那么不能形成边界流. 边界上的来流也将消失. 否则, 将用到传输定律.

(iii) 对于在可到达域和不可到达域之间的不确定边界, 需要运用高阶 G-函数作为一个特殊假定, 以确定全域边界是开的还是闭的.

相似地, 在不可达到域内, 运用虚流的高阶 G-函数, 可以确定可到达域和不可到达域之间的共同边界是开的还是闭的.

定义 5.28 对于方程 (5.1) 中的不连续动力系统中的一个可到达域 $\Omega_\alpha \subset \mathcal{U}$, 如果对于 $\mathbf{x}_m \in \partial\Omega_{\alpha\beta}$, 满足

$$\hbar_\alpha G^{(\beta)}_{\partial\Omega_{\alpha\beta}}(\mathbf{x}_m, t_{m-}) < 0,$$

$$\hbar_\alpha G^{(\alpha)}_{\partial\Omega_{\alpha\beta}}(\mathbf{x}_m, t_{m+}) < 0, \text{ 或}$$

$$\hbar_\alpha G^{(\alpha)}_{\partial\Omega_{\alpha\beta}}(\mathbf{x}_m, t_{m\pm}) = 0 \text{ 和 } \hbar_\alpha G^{(1,\alpha)}_{\partial\Omega_{\alpha\beta}}(\mathbf{x}_m, t_{m\pm}) < 0 \tag{5.67}$$

并且域 Ω_α 的所有相邻可到达域 Ω_β 没有边界 $\partial\Omega_{\alpha\beta}$ 上的流障碍, 那么可到达域称为汇域. [302]

定义 5.29 对于方程 (5.1) 中的不连续动力系统中的一个可到达域 $\Omega_\alpha \subset \mathcal{U}$, 如果对于 $\mathbf{x}_m \in \partial\Omega_{\alpha\beta}$, 满足

$$\hbar_\alpha G_{\partial\Omega_{\alpha\beta}}^{(s_\alpha,\alpha)}(\mathbf{x}_m, t_{m+}) = 0,$$
$$s_\alpha = 0, 1, 2, \cdots, m_\alpha - 1;$$
$$\hbar_\alpha G_{\partial\Omega_{\alpha\beta}}^{(s_\beta,\beta)}(\mathbf{x}_m, t_{m-}) = 0,$$
$$s_\beta = 0, 1, 2, \cdots, m_\beta - 1;$$
$$\hbar_\alpha G_{\partial\Omega_{\alpha\beta}}^{(m_\alpha,\alpha)}(\mathbf{x}_m, t_{m+}) < 0 \text{ 和 } (-1)^{m_\beta} \hbar_\alpha G_{\partial\Omega_{\alpha\beta}}^{(m_\beta,\beta)}(\mathbf{x}_m, t_{m-}) < 0 \tag{5.68}$$

并且域 Ω_α 的所有相邻可到达域 Ω_β 没有边界 $\partial\Omega_{\alpha\beta}$ 上的流障碍, 那么可到达域称为 $(m_\beta : m_\alpha)$ 型汇域.

相似地, 定义源域如下:

定义 5.30　对于方程 (5.1) 中的不连续动力系统中的一个可到达域 $\Omega_\alpha \subset \mho$, 如果对于 $\mathbf{x}_m \in \partial\Omega_{\alpha\beta}$, 满足

$$\hbar_\alpha G_{\partial\Omega_{\alpha\beta}}^{(\alpha)}(\mathbf{x}_m, t_{m-}) > 0,$$
$$\hbar_\alpha G_{\partial\Omega_{\alpha\beta}}^{(\beta)}(\mathbf{x}_m, t_{m+}) > 0, \text{ 或}$$
$$\hbar_\alpha G_{\partial\Omega_{\alpha\beta}}^{(\beta)}(\mathbf{x}_m, t_{m\pm}) = 0 \text{ 和 } \hbar_\alpha G_{\partial\Omega_{\alpha\beta}}^{(1,\beta)}(\mathbf{x}_m, t_{m\pm}) > 0 \tag{5.69}$$

并且域 Ω_α 的所有相邻可到达域 Ω_β 没有边界 $\partial\Omega_{\alpha\beta}$ 上的流障碍, 那么可到达域称为源域.

定义 5.31　对于方程 (5.1) 中的不连续动力系统中的一个可到达域 $\Omega_\alpha \subset \mho$, 如果对于 $\mathbf{x}_m \in \partial\Omega_{\alpha\beta}$, 满足

$$\hbar_\alpha G_{\partial\Omega_{\alpha\beta}}^{(s_\alpha,\alpha)}(\mathbf{x}_m, t_{m-}) = 0,$$
$$s_\alpha = 0, 1, 2, \cdots, 2k_\alpha - 1;$$
$$\hbar_\alpha G_{\partial\Omega_{\alpha\beta}}^{(s_\beta,\beta)}(\mathbf{x}_m, t_{m+}) = 0,$$
$$s_\beta = 0, 1, 2, \cdots, m_\beta - 1;$$
$$\hbar_\alpha G_{\partial\Omega_{\alpha\beta}}^{(2k_\alpha,\alpha)}(\mathbf{x}_m, t_{m-}) > 0 \text{ 和 } \hbar_\alpha G_{\partial\Omega_{\alpha\beta}}^{(m_\beta,\beta)}(\mathbf{x}_m, t_{m+}) > 0 \tag{5.70}$$

并且域 Ω_α 的所有相邻可到达域 Ω_β 没有边界 $\partial\Omega_{\alpha\beta}$ 上的流障碍, 那么可到达域称为 $(2k_\alpha : m_\beta)$ 型源域.

定义 5.32　对于方程 (5.1) 中的不连续动力系统, 如果可到达域 Ω_α 的所有相邻域 Ω_β 是不可到达的, 或者, 对于域 Ω_α 内的流 $\mathbf{x}^{(\alpha)}$ 或者相邻可到达域 Ω_β 内的流 $\mathbf{x}^{(\beta)}$ 存在着永久不可穿越边界, 那么可到达域称为孤立域.

[303]

在图 5.23 中, 用阴影区域分别表示汇域和源域. 相邻子域包含可到达子域和不可到达子域, 并用白色和灰色分别标注. 可到达子域和不可到达子域的边界是永久不可穿越边界. 对于汇域 Ω_i 而言, 可穿越边界的来流是朝向域内的, 如图 5.23(a) 所示. 然而, 对于源域 Ω_i 而言, 边界的去流指向域的外部, 如

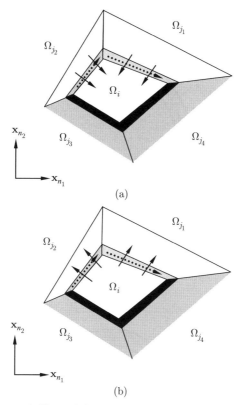

图 5.23 (a) 汇域 Ω_i, (b) 源域 Ω_i. 白色子域是可到达的. 灰色子域是不可到达的. 阴影边界为可穿越流的边界, 而黑色边界位于可穿越边界和不可穿越边界之间

图 5.23(b) 所示. 如果可到达子域和不可到达子域间的边界是开的, 那么就要用传输定律.

如果可到达域 Ω_i 的所有邻域都是可到达的, 并且域 Ω_i 相应的边界仅在一个方向是半穿越的, 那么可到达域 Ω_i 为汇域或源域. 以一个闭的可到达域 Ω_i 为例图解说明, 在图 5.24(a) 和 (b) 中分别表示了汇域和源域. 阴影部分是闭域 Ω_i 的边界. 箭头表示流从汇域进入和从源域中出来的方向. 这个概念已经延伸到源与汇的平衡点. 如果可到达域 Ω_i 的所有邻域都是不可到达的, 那么域 Ω_i 相应的边界是永久不可穿越的. 可到达域变成独立的, 并且其拥有一个封闭边界和一个开边界. 这个孤立域可以是一个汇域或源域, 如图 5.25 和图 5.26 所示. 如果域 Ω_i 内的流能过穿越边界, 并到达另一个可到达域, 那么至少要用到传输定律.

在不可到达域内, 对于实流或者虚流来说, 无法定义任何一个向量场. 然而, 在可到达域内, 一个不具有任何实流的向量场可以定义, 并且在另一个域内存在虚流. 尽管这两个域内没有任何实流, 但是它们仍然有所区别. 在此基础上, 没有输入的汇域和没有输出的源域都可以通过虚流进行定义.

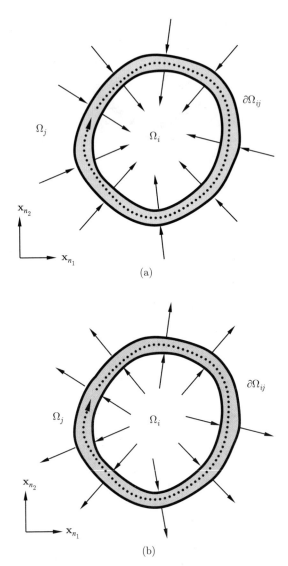

图 5.24　两个封闭的可到达域: (a) 汇域, (b) 源域. 阴影部分为封闭可到达域 Ω_i 的边界. 阴影部分区域的封闭实线表示封闭可到达域 Ω_i 的内层边界和外层边界. 指向域 Ω_i 内的箭头表示流进入汇域, 而指向域 Ω_i 外的箭头表示流从源域中流出. 点画线表示含可穿越流情况下的边界流

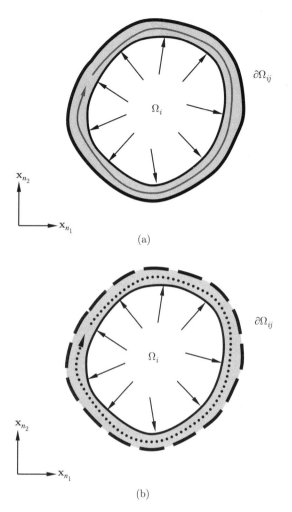

(a)

(b)

图 5.25 两个源域: (a) 封闭边界, (b) 开边界. 阴影部分表示封闭可到达域 Ω_i 的边界. 边界区域上的实线和虚线分别表示封闭边界和开边界. 箭头代表流出源域的方向. 边界流可以在源域的封闭边界上形成, 但是不能在它的开边界上形成. 如果初始条件在边界上, 那么边界流就会存在, 如图中点线所示

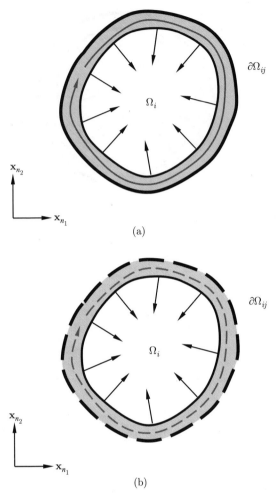

(a)

(b)

图 5.26　两个封闭的汇域:(a) 封闭边界, (b) 开边界. 阴影部分为封闭可到达域 Ω_i 的边界. 箭头指向表示流入汇域的方向. 阴影区域外层的实线和虚线分别表示封闭边界和开边界. 封闭边界上的边界流只能够进入汇域, 但是开边界上的边界流能够进入汇域或者消失

定义 5.33 对于方程 (5.1) 中的不连续动力系统中的一个可到达域 $\Omega_\alpha \subset \mho$, 如果对于 $\mathbf{x}_m \in \partial\Omega_{\alpha\beta}$, 满足

$$\hbar_\alpha G^{(\beta)}_{\partial\Omega_{\alpha\beta}}(\mathbf{x}_m, t_{m\pm}) = 0 \text{ 和 } \hbar_\alpha G^{(1,\beta)}_{\partial\Omega_{\alpha\beta}}(\mathbf{x}_m, t_{m\pm}) < 0;$$
$$\hbar_\alpha G^{(\alpha)}_{\partial\Omega_{\alpha\beta}}(\mathbf{x}_m, t_{m+}) < 0 \tag{5.71}$$

并且在域 Ω_α 的所有相邻可到达域 Ω_β 内没有实流存在, 那么可到达域称为汇域.

定义 5.34 对于方程 (5.1) 中的不连续动力系统中的一个可到达 $\Omega_\alpha \subset$ [304] $\mho$, 如果对于 $\mathbf{x}_m \in \partial\Omega_{\alpha\beta}$, 满足

$$\begin{aligned}
&\hbar_\alpha G^{(s_\alpha,\alpha)}_{\partial\Omega_{\alpha\beta}}(\mathbf{x}_m, t_{m+}) = 0, \\
&s_\alpha = 0, 1, 2, \cdots, m_\alpha - 1; \\
&\hbar_\alpha G^{(s_\beta,\beta)}_{\partial\Omega_{\alpha\beta}}(\mathbf{x}_m, t_{m\pm}) = 0, \\
&s_\beta = 0, 1, 2, \cdots, 2k_\beta; \\
&\hbar_\alpha G^{(m_\alpha,\alpha)}_{\partial\Omega_{\alpha\beta}}(\mathbf{x}_m, t_{m+}) < 0 \text{ 和 } \hbar_\alpha G^{(2k_\beta+1,\beta)}_{\partial\Omega_{\alpha\beta}}(\mathbf{x}_m, t_{m\pm}) < 0
\end{aligned} \tag{5.72}$$

并且在域 Ω_α 内所有相邻可到达域 Ω_β 内, 只有虚流存在, 没有实流存在, 那么可到达域称为 $(2k_\beta + 1 : m_\alpha)$ 型汇域.

根据以上定义, 在可到达域 Ω_β 内不存在实流, 而它的向量场可以定义. [305] 但是, 向量场作为域 Ω_β 的虚向量场, 只能存在于域 Ω_α 内. 对于不可到达域, 不能定义任何向量场. 类似地, 可以定义没有输出的源域.

定义 5.35 对于方程 (5.1) 中的不连续动力系统中的一个可到达域 $\Omega_\alpha \subset$ [306] $\mho$, 如果对于 $\mathbf{x}_m \in \partial\Omega_{\alpha\beta}$, 满足

$$\hbar_\alpha G^{(\alpha)}_{\partial\Omega_{\alpha\beta}}(\mathbf{x}_m, t_{m-}) > 0,$$
$$\hbar_\alpha G^{(\beta)}_{\partial\Omega_{\alpha\beta}}(\mathbf{x}_m, t_{m\pm}) = 0 \text{ 和 } \hbar_\alpha G^{(1,\beta)}_{\partial\Omega_{\alpha\beta}}(\mathbf{x}_m, t_{m\pm}) < 0 \tag{5.73}$$

并且在域 Ω_α 的所有相邻可到达域 Ω_β 内, 只有虚流存在, 没有实流存在, 那么可到达域称为没有输出的源域. [307]

定义 5.36 对于方程 (5.1) 中的不连续动力系统中的一个可到达域 $\Omega_\alpha \subset \mho$, 如果对于 $\mathbf{x}_m \in \partial\Omega_{\alpha\beta}$, 满足

$$\begin{aligned}
&\hbar_\alpha G^{(s_\alpha,\alpha)}_{\partial\Omega_{\alpha\beta}}(\mathbf{x}_m, t_{m-}) = 0, \\
&s_\alpha = 0, 1, 2, \cdots, 2k_\alpha - 1; \\
&\hbar_\alpha G^{(s_\beta,\beta)}_{\partial\Omega_{\alpha\beta}}(\mathbf{x}_m, t_{m\mp}) = 0, \\
&s_\beta = 0, 1, 2, \cdots, 2k_\beta; \\
&\hbar_\alpha G^{(2k_\alpha,\alpha)}_{\partial\Omega_{\alpha\beta}}(\mathbf{x}_m, t_{m-}) > 0 \text{ 和 } \hbar_\alpha G^{(2k_\beta+1,\beta)}_{\partial\Omega_{\alpha\beta}}(\mathbf{x}_m, t_{m\mp}) < 0
\end{aligned} \tag{5.74}$$

并且在域 Ω_α 的相邻可到达域 Ω_β 内, 只有虚流存在, 没有实流存在, 那么可到达域称为 $(2k_\alpha : 2k_\beta + 1)$ 型没有输出的源域.

没有输入的汇域和没有输出的源域分别是通过半汇流和半源流形成的, 如图 5.27 所示. 虚线表示虚流的向量场, 其定义在可到达域 Ω_j 内. 流 $\mathbf{x}_i^{(j)}$ 存在于域 Ω_i 内. 域 Ω_i 是汇域或者源域. 在这样的汇域或者源域中, 边界 $\partial\Omega_{ij}$ 上的流 $\mathbf{x}^{(i)}$ 是 $2k_i$ 阶奇异的 $(k_i \in \{0,1,2,\cdots\})$. 如果域 Ω_i 内的流 $\mathbf{x}^{(i)}$ 在整个边界上是 $2k_i + 1$ 阶奇异的 $(k_i \in \{1,2,\cdots\})$, 那么流 $\mathbf{x}^{(i)}$ 将无法从此域中出去, 这样的域就称为自封闭域. 严格地说, 可以给出自封闭域的定义.

定义 5.37　对于方程 (5.1) 中的不连续动力系统中的一个可到达域 $\Omega_\alpha \subset \mho$, $\mathbf{x}_m \in \partial\Omega_{\alpha\beta}$, 如果在域 Ω_α 的相邻可到达域 Ω_β 内流 $\mathbf{x}^{(\alpha)}$ 满足

$$\hbar_\alpha G^{(\alpha)}_{\partial\Omega_{\alpha\beta}}(\mathbf{x}_m, t_{m\pm}) = 0 \text{ 和 } \hbar_\alpha G^{(1,\alpha)}_{\partial\Omega_{\alpha\beta}}(\mathbf{x}_m, t_{m\pm}) < 0, \tag{5.75}$$

那么可到达域称为自封闭域.

(i) 如果实流 $\mathbf{x}^{(\beta)}(t)$ 满足

$$\hbar_\alpha G^{(\beta)}_{\partial\Omega_{\alpha\beta}}(\mathbf{x}_m, t_{m-}) < 0, \tag{5.76}$$

那么称自封闭域 Ω_α 带有输入.

(ii) 如果实流 $\mathbf{x}^{(\beta)}(t)$ 满足

$$\hbar_\alpha G^{(\beta)}_{\partial\Omega_{\alpha\beta}}(\mathbf{x}_m, t_{m+}) > 0, \tag{5.77}$$

那么称自封闭域 Ω_α 带有输出.

(iii) 如果实流 $\mathbf{x}^{(\beta)}(t)$ 满足

[309]

$$\hbar_\alpha G^{(\beta)}_{\partial\Omega_{\alpha\beta}}(\mathbf{x}_m, t_{m\pm}) = 0 \text{ 和 } \hbar_\alpha G^{(1,\beta)}_{\partial\Omega_{\alpha\beta}}(\mathbf{x}_m, t_{m\pm}) > 0, \tag{5.78}$$

那么称自封闭域 Ω_α 是独立的.

(iv) 如果虚流 $\mathbf{x}^{(\beta)}_\alpha(t)$ 满足

$$\hbar_\alpha G^{(\beta)}_{\partial\Omega_{\alpha\beta}}(\mathbf{x}_m, t_{m\pm}) = 0 \text{ 和 } \hbar_\alpha G^{(1,\beta)}_{\partial\Omega_{\alpha\beta}}(\mathbf{x}_m, t_{m\pm}) < 0, \tag{5.79}$$

那么称自封闭域 Ω_α 是孤立的.

[310]　**定义 5.38**　对于方程 (5.1) 中的不连续动力系统中的一个可到达域 $\Omega_\alpha \subset \mho$, 如果域 Ω_α 的相邻可到达域 Ω_β 内虚流 $\mathbf{x}^{(\alpha)}_\beta$ 对点 $\mathbf{x}_m \in \partial\Omega_{\alpha\beta}$ 满足

$$\hbar_\alpha G^{(\alpha)}_{\partial\Omega_{\alpha\beta}}(\mathbf{x}_m, t_{m\pm}) = 0 \text{ 和 } \hbar_\alpha G^{(1,\alpha)}_{\partial\Omega_{\alpha\beta}}(\mathbf{x}_m, t_{m\pm}) > 0, \tag{5.80}$$

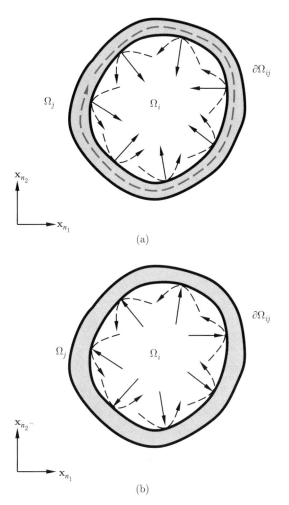

图 5.27 (a) 没有输入的汇域, (b) 没有输出的源域. 阴影部分是闭可到达域 Ω_i 的边界. 阴影部分上实封闭曲线是闭可到达域 Ω_i 的内边界和外边界. 指向域 Ω_i 内的箭头表示流进入汇域, 指向域 Ω_i 外的箭头表示流从源域中出来. 带有箭头的虚线表示虚擦边流

那么可达到域称为自封闭的空域.

(i) 如果实流 $\mathbf{x}^{(\beta)}$ 满足

$$\hbar_\alpha G^{(\beta)}_{\partial\Omega_{\alpha\beta}}(\mathbf{x}_m, t_{m-}) < 0, \tag{5.81}$$

那么称自封闭空域 Ω_α 带有输入.

(ii) 如果实流 $\mathbf{x}^{(\beta)}$ 满足

$$\hbar_\alpha G^{(\beta)}_{\partial\Omega_{\alpha\beta}}(\mathbf{x}_m, t_{m+}) > 0, \tag{5.82}$$

那么称自封闭空域 Ω_α 带有输出.

(iii) 如果实流 $\mathbf{x}^{(\beta)}$ 满足

$$\hbar_\alpha G^{(\beta)}_{\partial\Omega_{\alpha\beta}}(\mathbf{x}_m, t_{m\pm}) = 0 \text{ 和 } \hbar_\alpha G^{(1,\beta)}_{\partial\Omega_{\alpha\beta}}(\mathbf{x}_m, t_{m\pm}) > 0, \tag{5.83}$$

那么称自封闭空域 Ω_α 是独立的.

(iv) 如果虚流 $\mathbf{x}^{(\beta)}_\alpha$ 满足

$$\hbar_\alpha G^{(\beta)}_{\partial\Omega_{\alpha\beta}}(\mathbf{x}_m, t_{m\pm}) = 0 \text{ 和 } \hbar_\alpha G^{(1,\beta)}_{\partial\Omega_{\alpha\beta}}(\mathbf{x}_m, t_{m\pm}) < 0, \tag{5.84}$$

那么称自封闭空域 Ω_α 是孤立的.

下面将讨论具有高阶奇异性的自封闭域和自封闭空域.

定义 5.39　对于方程 (5.1) 中的不连续动力系统中的一个可到达域 $\Omega_\alpha \subset \mho$, 如果在域 Ω_α 的相邻可到达域 Ω_β 内的流 $\mathbf{x}^{(\alpha)}$ 对点 $\mathbf{x}_m \in \partial\Omega_{\alpha\beta}$ 满足

$$\begin{aligned} &\hbar_\alpha G^{(s_\alpha,\alpha)}_{\partial\Omega_{\alpha\beta}}(\mathbf{x}_m, t_{m\pm}) = 0, \\ &s_\alpha = 0, 1, 2, \cdots, 2k_\alpha, \\ &\hbar_\alpha G^{(2k_\alpha+1,\alpha)}_{\partial\Omega_{\alpha\beta}}(\mathbf{x}_m, t_{m\pm}) < 0, \end{aligned} \tag{5.85}$$

那么可到达域称为 $2k_\alpha + 1$ 阶奇异的自封闭域.

(i) 如果实流 $\mathbf{x}^{(\beta)}$ 满足

$$\begin{aligned} &\hbar_\alpha G^{(s_\beta,\beta)}_{\partial\Omega_{\alpha\beta}}(\mathbf{x}_m, t_{m-}) = 0, \\ &s_\beta = 0, 1, 2, \cdots, 2k_\beta - 1, \\ &\hbar_\alpha G^{(2k_\beta,\beta)}_{\partial\Omega_{\alpha\beta}}(\mathbf{x}_m, t_{m-}) < 0, \end{aligned} \tag{5.86}$$

那么称 $(2k_\alpha + 1 : 2k_\beta)$ 型自封闭域 Ω_α 有 $2k_\beta$ 阶流输入.

(ii) 如果实流 $\mathbf{x}^{(\beta)}$ 满足

$$\hbar_\alpha G^{(s_\beta,\beta)}_{\partial\Omega_{\alpha\beta}}(\mathbf{x}_m, t_{m+}) = 0,$$
$$s_\beta = 0, 1, 2, \cdots, 2k_\beta - 1, \qquad (5.87)$$
$$\hbar_\alpha G^{(2k_\beta,\beta)}_{\partial\Omega_{\alpha\beta}}(\mathbf{x}_m, t_{m+}) > 0,$$

那么称 $(2k_\alpha + 1 : 2k_\beta)$ 型自封闭域 Ω_α 有 $2k_\beta$ 阶流输出.

(iii) 如果 $2k_\beta + 1$ 阶实流 $\mathbf{x}^{(\beta)}$ 满足

$$\hbar_\alpha G^{(s_\beta,\beta)}_{\partial\Omega_{\alpha\beta}}(\mathbf{x}_m, t_{m\mp}) = 0,$$
$$s_\beta = 0, 1, 2, \cdots, 2k_\beta, \qquad (5.88)$$
$$\hbar_\alpha G^{(2k_\beta+1,\beta)}_{\partial\Omega_{\alpha\beta}}(\mathbf{x}_m, t_{m\mp}) > 0,$$

那么称 $(2k_\alpha + 1 : 2k_\beta + 1)$ 型自封闭域 Ω_α 是独立的.

(iv) 如果 $2k_\beta + 1$ 阶虚流 $\mathbf{x}^{(\beta)}_\alpha$ 满足

$$\hbar_\alpha G^{(s_\beta,\beta)}_{\partial\Omega_{\alpha\beta}}(\mathbf{x}_m, t_{m\mp}) = 0,$$
$$s_\beta = 0, 1, 2, \cdots, 2k_\beta, \qquad (5.89)$$
$$\hbar_\alpha G^{(2k_\beta+1,\beta)}_{\partial\Omega_{\alpha\beta}}(\mathbf{x}_m, t_{m\mp}) < 0,$$

那么称 $(2k_\alpha + 1 : 2k_\beta + 1)$ 型自封闭域 Ω_α 是孤立的.

定义 5.40 对于方程 (5.1) 中的不连续动力系统中的一个可到达域 $\Omega_\alpha \subset \mho$, 如果在域 Ω_α 的相邻可到达域 Ω_β 内虚流 $\mathbf{x}^{(\alpha)}_\beta$ 对点 $\mathbf{x}_m \in \partial\Omega_{\alpha\beta}$ 满足

$$\hbar_\alpha G^{(s_\alpha,\alpha)}_{\partial\Omega_{\alpha\beta}}(\mathbf{x}_m, t_{m\pm}) = 0,$$
$$s_\alpha = 0, 1, 2, \cdots, 2k_\alpha, \qquad (5.90)$$
$$\hbar_\alpha G^{(2k_\alpha+1,\alpha)}_{\partial\Omega_{\alpha\beta}}(\mathbf{x}_m, t_{m\pm}) > 0,$$

那么可到达域称为 $2k_\alpha + 1$ 阶奇异的自封闭空域.

(i) 如果实流 $\mathbf{x}^{(\beta)}$ 满足

$$\hbar_\alpha G^{(s_\beta,\beta)}_{\partial\Omega_{\alpha\beta}}(\mathbf{x}_m, t_{m-}) = 0,$$
$$s_\beta = 0, 1, 2, \cdots, 2k_\beta - 1, \qquad (5.91)$$
$$\hbar_\alpha G^{(2k_\beta,\beta)}_{\partial\Omega_{\alpha\beta}}(\mathbf{x}_m, t_{m-}) < 0,$$

那么称 $(2k_\alpha + 1 : 2k_\beta)$ 型自封闭空域 Ω_α 有 $2k_\beta$ 阶流输入.

(ii) 如果实流 $\mathbf{x}^{(\beta)}$ 满足

$$
\begin{aligned}
&\hbar_\alpha G^{(s_\beta,\beta)}_{\partial\Omega_{\alpha\beta}}(\mathbf{x}_m, t_{m+}) = 0, \\
&s_\beta = 0, 1, 2, \cdots, 2k_\beta - 1, \\
&\hbar_\alpha G^{(2k_\beta,\beta)}_{\partial\Omega_{\alpha\beta}}(\mathbf{x}_m, t_{m+}) > 0,
\end{aligned}
\tag{5.92}
$$

那么称 $(2k_\alpha + 1 : 2k_\beta)$ 型自封闭空域 Ω_α 有 $2k_\beta$ 阶流输出.

[312] 　　(iii) 如果 $2k_\beta + 1$ 阶实流 $\mathbf{x}^{(\beta)}$ 满足

$$
\begin{aligned}
&\hbar_\alpha G^{(s_\beta,\beta)}_{\partial\Omega_{\alpha\beta}}(\mathbf{x}_m, t_{m\mp}) = 0, \\
&s_\beta = 0, 1, 2, \cdots, 2k_\beta, \\
&\hbar_\alpha G^{(2k_\beta+1,\beta)}_{\partial\Omega_{\alpha\beta}}(\mathbf{x}_m, t_{m\mp}) > 0,
\end{aligned}
\tag{5.93}
$$

那么称 $(2k_\alpha + 1 : 2k_\beta + 1)$ 型自封闭空域 Ω_α 是独立的.

(iv) 如果 $2k_\beta + 1$ 阶虚流 $\mathbf{x}^{(\beta)}_\alpha$ 满足

$$
\begin{aligned}
&\hbar_\alpha G^{(s_\beta,\beta)}_{\partial\Omega_{\alpha\beta}}(\mathbf{x}_m, t_{m\mp}) = 0, \\
&s_\beta = 0, 1, 2, \cdots, 2k_\beta, \\
&\hbar_\alpha G^{(2k_\beta+1,\beta)}_{\partial\Omega_{\alpha\beta}}(\mathbf{x}_m, t_{m\mp}) < 0.
\end{aligned}
\tag{5.94}
$$

那么称 $(2k_\alpha + 1 : 2k_\beta + 1)$ 型自封闭空域 Ω_α 是孤立的.

　　自封闭域和自封闭空域如图 5.28—图 5.33 所示. 图 5.28 呈现了带有输入和输出的自封闭域. 在自封闭域 Ω_i 内, 所有的流与边界 $\partial\Omega_{ij}$ 擦边. 在自封闭域 Ω_i 外 (即 Ω_j), 对于整个边界来说所有的流要么是汇流, 要么是源流. 图 5.29 描述了一个独立的自封闭域 Ω_i 和一个孤立的自封闭空域 Ω_i. 自封闭域 Ω_i 与其邻域是相互独立的, 因为在这样的域内没有任何汇流或者源流. 如果自封闭空域是孤立的, 则不存在任何实流 $\mathbf{x}^{(i)}$. 只有虚流 $\mathbf{x}^{(j)}_i$ 存在于自封闭空域内, 而且虚流与边界擦边. 图 5.30 展示了一个孤立的自封闭域和一个独立的自封闭空域. 在一个孤立的自封闭域 Ω_i 内, 实流 $\mathbf{x}^{(i)}$ 和虚流 $\mathbf{x}^{(j)}_i$ 都与边界擦边. 在一个独立的自封闭空域内, 不存在任何实流和虚流, 其仅存在于域 Ω_i 外部. 图 5.31 表明在自封闭空域内不存在任何实流 $\mathbf{x}^{(i)}$. 仅有虚流 $\mathbf{x}^{(i)}_j$ 存在于域 Ω_i 外部, 并且域 Ω_j 内相应的实流或是汇流或源流. 对于自封闭空域而言, 实流是半汇流或半源流. 如果自封闭空域的外部是不可到达的, 那么就会有两个带有封闭边界和开边界的自封闭域. 自封闭域内的实流与边界擦边. 在自封闭空域内, 仅在域 Ω_i 外部存在虚流 $\mathbf{x}^{(j)}_i$, 不存在任何实流, 这样的自封闭域如图 5.32 和图 5.33 所示.

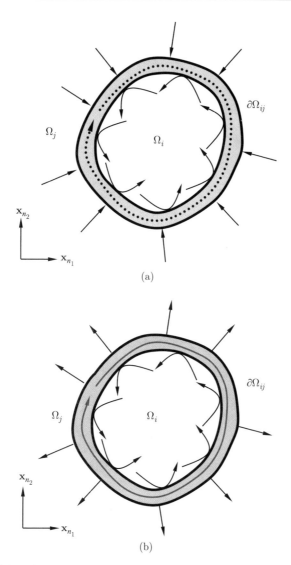

图 5.28 两个自封闭域: (a) 带有输入, (b) 带有输出. 阴影部分为闭可到达域 Ω_i 的边界. 阴影部分上实封闭曲线代表闭可到达域 Ω_i 的内边界和外边界. 指向域 Ω_i 内的箭头表示流进入汇域, 指向域 Ω_i 外的箭头表示流从源域中出来. 带箭头的实线表示实擦边流

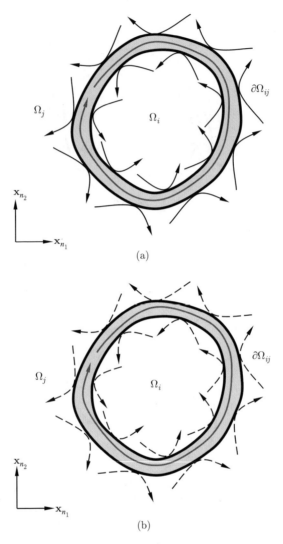

(a)

(b)

图 5.29　两个自封闭域: (a) 独立的自封闭域, (b) 孤立的自封闭空域. 阴影部分为闭可到达域 Ω_i 的边界. 阴影部分上实封闭曲线代表闭可到达域 Ω_i 的内边界和外边界. 带有箭头的虚线和实线分别是擦边的虚流和实流

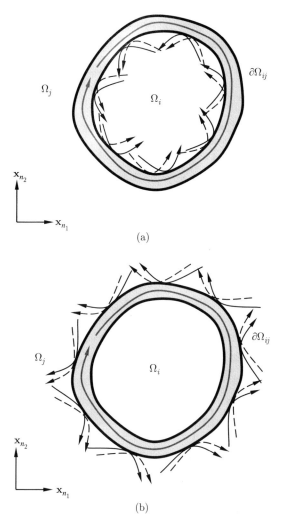

图 5.30　域 Ω_i 的两个自封闭域: (a) 孤立的自封闭域, (b) 独立的自封闭空域. 阴影部分是闭可
到达域 Ω_i 的边界. 阴影部分上实封闭曲线代表闭可到达域 Ω_i 的内边界和外边界. 带
有箭头的虚线和实线分别是擦边的虚流和实流

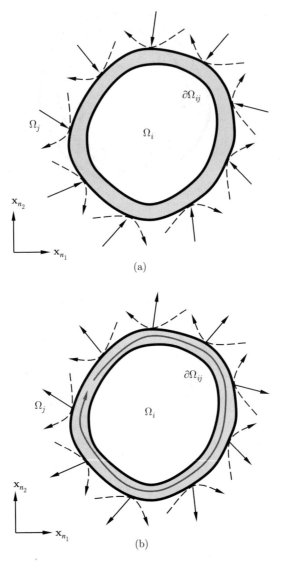

图 5.31   两个自封闭域: (a) 带有半汇流的自封闭空域, (b) 带有半源流的自封闭空域. 阴影部
          分实封闭曲线代表闭可到达域 Ω_i 的内边界和外边界. 指向域 Ω_i 内的箭头表示流进入
          汇域, 指向域 Ω_i 外的箭头表示流从源域中出来. 带有箭头的虚线是擦边的虚流

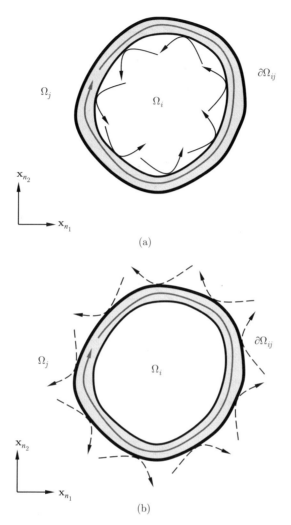

(a)

(b)

图 5.32 被不可到达域环绕的两个自封闭域 Ω_i: (a) 带有封闭边界的孤立自封闭域, (b) 带有封闭边界的自封闭空域. 阴影部分实封闭曲线代表闭可到达域 Ω_i 的内边界和外边界. 指向域 Ω_i 内的箭头表示流进入汇域, 指向域 Ω_i 外的箭头表示流从源域中出来. 带有箭头的虚线和实线分别是擦边的虚流和实流

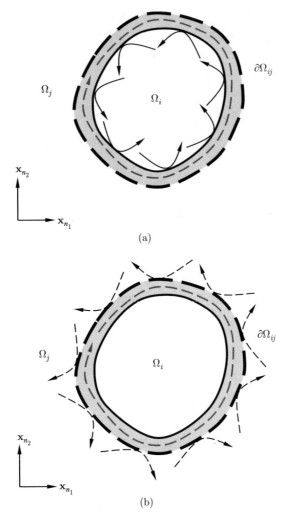

图 5.33　两个自封闭域 Ω_i: (a) 孤立的自封闭域, (b) 自封闭空域. 阴影部分是闭可到达域 Ω_i 的边界. 阴影部分实封闭曲线代表闭可到达域 Ω_i 的内层和外层. 指向域 Ω_i 内的箭头 表示流进入汇域, 指向域 Ω_i 外的箭头表示流从源域中出来. 带有箭头的虚线和实线分 别是擦边的虚流和实流

5.4.2 边界的分类

正如第二章中所提到的, 对于边界 $\partial\Omega_{\alpha\beta}$, 如果在域 Ω_α 和域 Ω_β 内的流 [319] 在边界上的方向相同, 这样的边界称为可穿越边界. 然而, 若在域 Ω_α 和域 Ω_β 内的流在边界上的方向相反, 这样的边界称为汇边界或源边界. 在此, 这个问题将得到更深层次的讨论.

定义 5.41 对于方程 (5.1) 中的不连续动力系统, 如果对点 $\mathbf{x}_m \in \partial\Omega_{\alpha\beta}$, 满足

$$\hbar_\alpha G^{(\alpha)}_{\partial\Omega_{\alpha\beta}}(\mathbf{x}_m, t_{m-}) < 0 \text{ 和 } \hbar_\alpha G^{(\beta)}_{\partial\Omega_{\alpha\beta}}(\mathbf{x}_m, t_{m-}) < 0, \tag{5.95}$$

那么两个相邻的可到达域 Ω_α 和 Ω_β 之间的边界称为汇边界.

定义 5.42 对于方程 (5.1) 中的不连续动力系统, 对于点 $\mathbf{x}_m \in \partial\Omega_{\alpha\beta}$, 如果满足

$$\begin{aligned}
&\hbar_\alpha G^{(s_\alpha, \alpha)}_{\partial\Omega_{\alpha\beta}}(\mathbf{x}_m, t_{m-}) = 0, \\
&s_\alpha = 0, 1, 2, \cdots, 2k_\alpha - 1; \\
&\hbar_\alpha G^{(s_\beta, \beta)}_{\partial\Omega_{\alpha\beta}}(\mathbf{x}_m, t_{m-}) = 0, \\
&s_\beta = 0, 1, 2, \cdots, 2k_\beta - 1; \\
&\hbar_\alpha G^{(2k_\alpha, \alpha)}_{\partial\Omega_{\alpha\beta}}(\mathbf{x}_m, t_{m-}) < 0 \text{ 和 } \hbar_\alpha G^{(2k_\beta, \beta)}_{\partial\Omega_{\alpha\beta}}(\mathbf{x}_m, t_{m-}) < 0,
\end{aligned} \tag{5.96}$$

那么两个相邻的可到达域 Ω_α 和 Ω_β 之间的边界称为 $(2k_\alpha : 2k_\beta)$ 型汇边界.

类似地, 可到达域的源边界定义如下:

定义 5.43 对于方程 (5.1) 中的不连续动力系统, 对于点 $\mathbf{x}_m \in \partial\Omega_{\alpha\beta}$, 如果满足

$$\hbar_\alpha G^{(\alpha)}_{\partial\Omega_{\alpha\beta}}(\mathbf{x}_m, t_{m+}) > 0 \text{ 和 } \hbar_\alpha G^{(\beta)}_{\partial\Omega_{\alpha\beta}}(\mathbf{x}_m, t_{m+}) > 0, \tag{5.97}$$

那么两个相邻的可到达域 Ω_α 和 Ω_β 之间的边界称为源边界.

定义 5.44 对于方程 (5.1) 中的不连续动力系统, 对于点 $\mathbf{x}_m \in \partial\Omega_{\alpha\beta}$, 如果满足

$$\begin{aligned}
&\hbar_\alpha G^{(s_\alpha, \alpha)}_{\partial\Omega_{\alpha\beta}}(\mathbf{x}_m, t_{m+}) = 0, \\
&s_\alpha = 0, 1, 2, \cdots, m_\alpha - 1; \\
&\hbar_\alpha G^{(s_\beta, \beta)}_{\partial\Omega_{\alpha\beta}}(\mathbf{x}_m, t_{m+}) = 0, \\
&s_\beta = 0, 1, 2, \cdots, m_\beta - 1; \\
&\hbar_\alpha G^{(m_\alpha, \alpha)}_{\partial\Omega_{\alpha\beta}}(\mathbf{x}_m, t_{m+}) > 0 \text{ 和 } \hbar_\alpha G^{(m_\beta, \beta)}_{\partial\Omega_{\alpha\beta}}(\mathbf{x}_m, t_{m+}) > 0,
\end{aligned} \tag{5.98}$$

[320]

那么两个相邻的可到达域 Ω_α 和 Ω_β 之间的边界称为 $(m_\alpha : m_\beta)$ 型源边界.

具有相邻可到达域的域 Ω_i 的所有边界是汇边界和源边界如图 5.34(a) 和 (b) 所示. 对于没有可到达域的域 Ω_i, 其全汇边界和全源边界如图 5.35(a) 和 (b) 所示. 对于域 Ω_i 内的全汇边界, 能够在边界上形成边界流. 对于域 Ω_i 内的全源边界, 在其域内的带有小扰动的边界流将会消失. 如果域 Ω_i 的所有邻域都是不可到达的, 那么封闭边界可以形成具有源流的汇边界, 或者具有汇流的源边界. 然而, 域 Ω_i 内的开边界不能在域内形成任何具有源流的汇边界. 对于这种情况, 就需要用传输定律. 否则, 流就会从边界上消失. 另一方面, 域 Ω_i 内的开边界能够形成一个具有汇流的源边界.

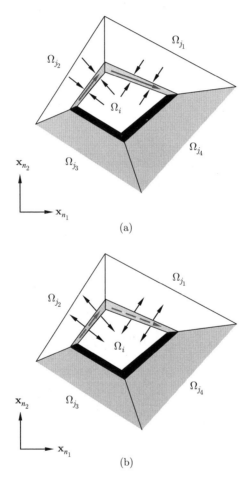

图 5.34　(a) $\partial\Omega_{ij}$ 的汇边界, (b) $\partial\Omega_{ij}$ 的源边界. 白色子域表示可到达的域, 灰色子域表示不可到达的域. 阴影边界为不可穿越流, 黑色边界为可到达边界与不可到达边界之间的边界

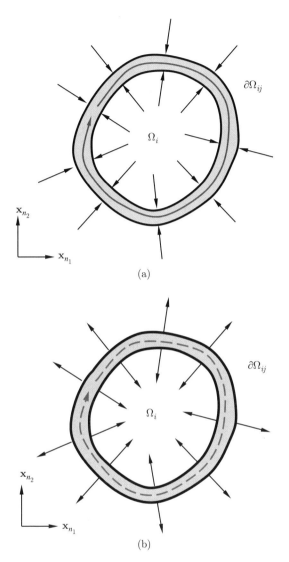

图 5.35　两个边界: (a) 汇, (b) 源. 实的封闭曲线表示封闭可到达域 Ω_i 的外边界和内边界. 箭头表示流指向边界或者离开边界. 实线和虚线分别表示边界流的汇边界和源边界. 汇边界上能够形成边界流, 源边界上不能形成边界流. 如果初始条件就在边界上, 那么就会产生边界流. 如果在域内有一个小的扰动, 边界流就会进入两个域内的任一个

定义 5.45 对于方程 (5.1) 中的不连续动力系统, 对点 $\mathbf{x}_m \in \partial\Omega_{\alpha\beta}$, 如果满足

$$\hbar_\alpha G^{(\alpha)}_{\partial\Omega_{\alpha\beta}}(\mathbf{x}_m, t_{m-}) > 0 \text{ 和 } \hbar_\alpha G^{(\beta)}_{\partial\Omega_{\alpha\beta}}(\mathbf{x}_m, t_{m+}) > 0, \tag{5.99}$$

那么两个相邻的可到达域 Ω_α 和 Ω_β 之间的边界称为半可穿越边界.

定义 5.46 对于方程 (5.1) 中的不连续动力系统, 对点 $\mathbf{x}_m \in \partial\Omega_{\alpha\beta}$, 如果满足

$$\begin{aligned}
&\hbar_\alpha G^{(s_\alpha,\alpha)}_{\partial\Omega_{\alpha\beta}}(\mathbf{x}_m, t_{m-}) = 0, \\
&s_\alpha = 0, 1, 2, \cdots, 2k_\alpha - 1; \\
&\hbar_\alpha G^{(s_\beta,\beta)}_{\partial\Omega_{\alpha\beta}}(\mathbf{x}_m, t_{m+}) = 0, \\
&s_\beta = 0, 1, 2, \cdots, m_\beta - 1; \\
&\hbar_\alpha G^{(2k_\alpha,\alpha)}_{\partial\Omega_{\alpha\beta}}(\mathbf{x}_m, t_{m-}) > 0 \text{ 和 } \hbar_\alpha G^{(m_\beta,\beta)}_{\partial\Omega_{\alpha\beta}}(\mathbf{x}_m, t_{m+}) > 0,
\end{aligned} \tag{5.100}$$

那么两个相邻的可到达域 Ω_α 和 Ω_β 之间的边界称为 $(2k_\alpha : m_\beta)$ 型半可穿越边界.

[321]   在不连续动力系统中, 如果所有的边界都是汇边界, 那么就会形成汇边界网, 且在这个网内的边界流是稳定的. 如果所有的边界都是源边界, 那么就会形成源边界网, 且在这个网内的边界流在域内是不稳定的. 汇边界和源边界交织在一起将形成边界网. 在不连续动力系统中, 对此类流的复杂性也将进行讨论.

[323]   在 n 维相空间中的一个边界网, 至少有一个 $n-2$ 维的棱边缘连接两个不同的表面. 否则, 两个边界是绝对独立的, 且不能形成边界网. 汇边界网和源边界网分别如图 5.36(a) 和 (b) 所示. 仅有一个 $n-2$ 维的棱用来连接边界网的三个分支, 并用一个大的实心圆圈表示. 在图 5.36(a) 中, 相应域中的流对于边界都是汇流. 三个边界流形成了边界网, 并用实线表示. 边界流的方向取决于边界上的动力系统, 并由棱的性质决定. 棱上的动力学行为将在后续章节进行讨论. 在图 5.36(b) 中, 三个相应域内的流对于边界都是源流. 边界流用虚线表示. 只要某个域的边界上出现一个小的扰动, 边界流就会很容易地离开边界. 在边界网中, 汇边界和源边界分支能够混合起来, 如图 5.37(a) 所示. 在三个分支中, 有两个汇边界和一个源边界. 另外, 边界上流的两个擦边奇异集正好是奇异棱边缘, 用两个空心圆圈表示. 在图 5.37(b) 中, 汇边界分支、源边界分支和可穿越边界分支形成了边界网. 对于半可穿越边界, 边界流不能形成. 然而, 如果边界上存在边界流, 这样的流就会受到来自域内去流的干扰. 这样的边界流用点画线表示.

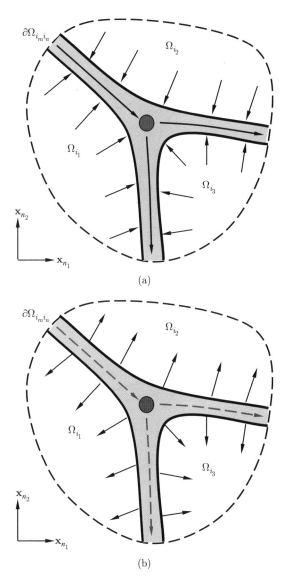

图 5.36　边界 $\partial\Omega_{i_m i_n}$ 上的边界流网: (a) 汇, (b) 源. 实的封闭曲线表示封闭可到达域 Ω_i 的外边界和内边界. 箭头表示流指向边界或者离开边界. 实线和虚线分别表示汇边界和源边界上的边界流. 实心圆圈表示奇异棱

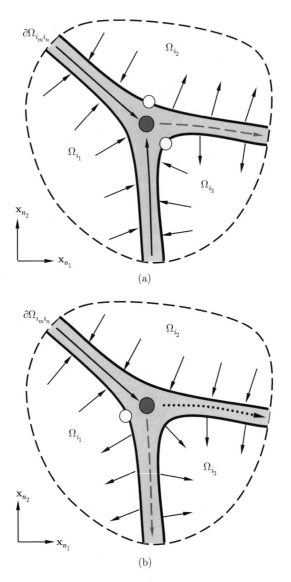

图 5.37　边界 $\partial\Omega_{i_m i_n}$ 上的边界流网: (a) 汇, (b) 源. 实的封闭曲线表示封闭可到达域 Ω_i 的外边界和内边界. 箭头表示流指向边界或者离开边界. 带有箭头的实线、虚线和点画线分别表示汇边界、源边界和可穿越边界上的边界流. 实心圆圈表示奇异棱. 空心圆圈表示擦边奇异集

5.5 传 输 定 律

由前面的章节可知, 在不连续动力系统中存在分离边界、不可到达域和边界上流障碍, 因而为了使流继续, 有必要介绍传输定律. 在讨论不连续边界 $\partial\Omega_{ij}$ 上的传输定律之前, 首先介绍来流边界和去流边界.

定义 5.47 对于方程 (5.1) 中的不连续动力系统, 仅在域 Ω_α $(\alpha \in \{i,j\})$ 内有来流到达的边界 $\partial\Omega_{ij}$, 称为 α 一侧来边界, 记为 $\partial\Omega_{\alpha\beta}^{\downarrow\alpha}$ $(\beta \in \{i,j\}$ 且 $\alpha \neq \beta)$.

定义 5.48 对于方程 (5.1) 中的不连续动力系统, 仅在域 Ω_α $(\alpha \in \{i,j\})$ 内有去流离开的边界 $\partial\Omega_{ij}$, 称为 α 一侧去边界, 记为 $\partial\Omega_{\beta\alpha}^{\uparrow\alpha}$ $(\beta \in \{i,j\}$ 且 $\alpha \neq \beta)$.

以上两个定义同样适用于半可穿越边界 $(\overrightarrow{\partial\Omega}_{ij})$ 和不可穿越边界 $(\overline{\partial\Omega}_{ij})$. [326] 如果某个域内的流来到它的边界, 那么这个边界就称为来边界. 另一方面, 如果一个流离开边界而进入到一个域内, 那么这个边界就称为去边界. 为了方便讨论, 着重研究在边界上 C^0 不连续的流. 首先考虑边界是所讨论的无界域的边界一部分的情况. 既然全域是无界的, 那么边界就位于无穷远处. 这种情况下, 不需要任何的传输定律. 在这里将给出更加严格的描述.

定义 5.49 在假设 (H2.1)—(H2.3) 下, 如果方程 (5.1) 中的不连续动力系统, 在无界域 $\Omega_\alpha \subset \mho$ 内拥有一个有界流, 那么边界 $\partial\Omega_{\alpha\infty} = \Omega_\alpha \cap \partial\mho \neq \emptyset$ 上无任何传输定律.

定义 5.50 在假设 (H2.1)—(H2.3) 下, 如果方程 (5.1) 中的不连续动力系统, 在有界域 $\Omega_\alpha \subset \mho$ 内, 存在一个流能够到达边界 $\partial\Omega_{\alpha\infty} = \Omega_\alpha \cap \partial\mho \neq \emptyset$, 那么在此边界上至少有一个传输定律.

为了直观地表示以上的定义, 在图 5.38(a) 和 (b) 中, 分别用虚线和实线表示了嵌有无界域和有界域的域 Ω_α 的边界. 域 Ω_α 是可到达的. 根据第二章中的假设 (H2.2—H2.3), 为了使不连续系统中存在实际流, 那么无界子域 Ω_α 中的流必须有界, 因为 $\partial\Omega_{\alpha\infty} = \Omega_\alpha \cap \partial\mho \neq \emptyset$. 对于一个有界的全域 $\mho$, 存在一个公共边界 $\partial\Omega_{\alpha\infty} = \Omega_\alpha \cap \partial\mho \neq \emptyset$, 因为全域 $\mho$ 和 Ω_α 之间是不可穿越的.

在公共边界 $\partial\Omega_{\alpha\infty}$ 上, 有一个擦边奇异点, 该点将边界 $\partial\Omega_{\alpha\infty}$ 的 α 一 [327] 侧分为来子边界 $\partial\Omega_{\alpha\infty}^{\downarrow\alpha}$ 和去子边界 $\partial\Omega_{\alpha\infty}^{\uparrow\alpha}$. 在不可穿越边界上, 至少有一个传输定律可以将流从来边界映射到去边界上. 如果这个边界仅仅是来边界或者去边界, 那么边界上传输定律可以将来边界 $\partial\Omega_{\alpha\infty}^{\downarrow\alpha}$ 映射为去边界 $\partial\Omega_{\beta\infty}^{\uparrow\beta}$. 另外, 来边界 $\partial\Omega_{\alpha\infty}^{\downarrow\alpha}$ 也可能变成吸引边界集 (黑洞). 也就是说, 如果一个有界边界 $\partial\Omega_{\alpha\infty}$ 是闭的, 那么来流就会被切换成沿着边界 $\partial\Omega_{\alpha\infty}$ 移动的边界流.

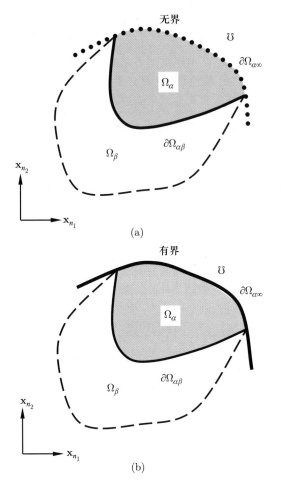

图 5.38　　(a) 无界域 Ω_i, (b) 有界域 Ω_i. 阴影域表示具体的可到达域

如果这个有界边界 $\partial\Omega_{\alpha\infty}$ 是开的, 那么域 Ω_α 内的来流就会在没有传输定律时自动消失.

　　另一方面, 去边界 $\partial\Omega_{\alpha\infty}$ 可能会变成源, 将流排斥回相应的域内. 如果去边界 $\partial\Omega_{\beta\infty}^{\uparrow\beta}$ 是闭的, 在这样的去边界上的边界流就是源. 如果去边界 $\partial\Omega_{\beta\infty}^{\uparrow\beta}$ 是开的, 在这样的去边界上的边界流就会从有界域外面消失. 这方面的研究并没有太大的意义.

[328]　　**定义 5.51**　　在假设 (H2.1)—(H2.3) 下, 对于方程 (5.1) 中的不连续动力系统, 在公共边界上有一个流 $\mathbf{x}^{(\alpha)} \in \Omega_\alpha$,

$$\partial\Omega_{\alpha\infty} = \partial\Omega_{\alpha\infty}^{\downarrow\alpha} \cup \partial\Omega_{\alpha\infty}^{\uparrow\alpha} \cup S_{\alpha\infty}. \tag{5.101}$$

若存在一种映射 $T_{\alpha\infty}$, 在 t_m 时刻, 将点 $\mathbf{x}_{m-}^{(\alpha)} \in \partial\Omega_{i\infty}^{\downarrow\alpha}$ 映射到点 $\mathbf{x}_{m+}^{(\alpha)} \in \partial\Omega_{\alpha\infty}^{\uparrow\alpha}$, 而没有任何时间上的消耗, 那么此映射称为公共边界 $\partial\Omega_{\alpha\infty}$ 上的传输定律, 即

$$T_{\alpha\infty} : \mathbf{x}_{m-}^{(\alpha)} \to \mathbf{x}_{m+}^{(\alpha)}, \tag{5.102}$$

并由一一对应的向量函数 $\mathbf{g}_{\alpha\infty} \in \mathscr{R}^{n-1}$ 决定, 即

$$\mathbf{g}_{\alpha\infty}(\mathbf{x}_{m-}^{(\alpha)}, \mathbf{x}_{m+}^{(\alpha)}, \mathbf{p}^{(\alpha\infty)}) = 0, \ \text{在边界} \ \partial\Omega_{\alpha\infty} \ \text{上}, \tag{5.103}$$

其中 $\mathbf{p}^{(\alpha\infty)} \in \mathscr{R}^{k_\alpha}$ 为边界 $\partial\Omega_{\alpha\infty}$ 上的参数向量.

图 5.39 通过虚线直观地表示了边界 $\partial\Omega_{\alpha\infty}$ 上的传输定律. 白色圆圈表示从边界 $\partial\Omega_{\alpha\infty}$ 的来子边界到离开子边界的传输定律. 传输定律能够作用于不连续动力系统中, 或者一般存在于不连续动力系统中. 物理学中碰撞定律也是传输定律, 它可以将来边界的运动映射到去边界上.

考虑来边界 $\varphi_{\alpha\infty}(\mathbf{x}_{m-}^{(\alpha)}, t_{m-}) = 0$ 的 α 一侧的点 $\mathbf{x}_{m-}^{(\alpha)} \in \partial\Omega_{\alpha\infty}^{\downarrow\alpha} \subset \mathscr{R}^{n-1}$, 由于分界函数都是唯一的, 所以 $\mathbf{x}_{m-}^{(\alpha)}$ 的 n 个元素可以由 $n-1$ 个元素表示. 相似地, 对于去边界 α 一侧的点 $\mathbf{x}_{m+}^{(\alpha)} \in \partial\Omega_{\alpha\infty}^{\uparrow\alpha} \subset \mathscr{R}^{n-1}$, 需要满足函数 $\varphi_{\alpha\infty}(\mathbf{x}_{m+}^{(\alpha)}, t_{m+}) = 0$. 点 $\mathbf{x}_{m+}^{(\alpha)}$ 的 n 个元素也可由 $n-1$ 个元素表示. 因此, 对于两个映射点 $\mathbf{x}_{m-}^{(\alpha)}$ 和 $\mathbf{x}_{m+}^{(\alpha)}$ 的传输定律, 应该给出一对一的、$n-1$ 维的向量函数. 在定义 5.51 中, 传输定律定义在来边界和去边界相同的域内. 两个分离的、可到达子域之间的边界传输定律定义如下.

定义 5.52 在假设 (H2.1)—(H2.3) 下, 对于方程 (5.1) 中的不连续动力系统, 存在两个可到达域 Ω_α ($\alpha \in \{i, j\}$). 对于两个流 $\mathbf{x}^{(\alpha)} \in \Omega_\alpha$, 若存在一种映射 T_{ij}^∞, 在 t_m 时刻, 将点 $\mathbf{x}_{m-}^{(i)} \in \partial\Omega_{i\infty}^{\downarrow i}$ 传输到点 $\mathbf{x}_{m+}^{(j)} \in \partial\Omega_{j\infty}^{\uparrow j}$, 而没有

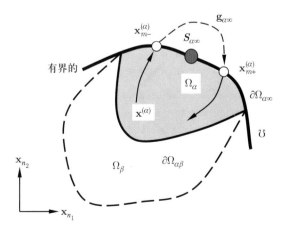

图 5.39 边界 $\partial\Omega_{\alpha\infty}$ 上的传输定律. 箭头表示边界 $\partial\Omega_{i\infty}$ 上流的流入和流出方向. 黑色圆圈表示连接集, 白色圆圈表示流的传输点

任何时间上的消耗, 那么此映射称为从 $\partial\Omega_{i\infty}^{\downarrow i}$ 到 $\partial\Omega_{j\infty}^{\uparrow j}$ 的传输定律, 即

$$T_{ij}^{\infty} : \mathbf{x}_{m-}^{(i)} \to \mathbf{x}_{m+}^{(j)}, \tag{5.104}$$

并由一一对应的向量函数

[329]　　$$\mathbf{g}_{ij}^{\infty}(\mathbf{x}_{m-}^{(i)}, \mathbf{x}_{m+}^{(j)}, \mathbf{p}_{ij}^{\infty}) = \mathbf{0}, \quad \mathbf{x}_{m-}^{(i)} \in \partial\Omega_{is}^{\downarrow i} \text{ 且 } \mathbf{x}_{m+}^{(j)} \in \partial\Omega_{j\infty}^{\uparrow j}, \tag{5.105}$$

其中 $\mathbf{p}_{ij}^{\infty} \in \mathscr{R}^{k_j^x}$ 为参数向量.

在边界 $\partial\Omega_{i\infty}$ 和 $\partial\Omega_{j\infty}$ 之间, 传输定律被用来保持流的连续性. 然而, 对于两个独立的、可到达子域而言, 传输定律用来将一个流从来边界 $\partial\Omega_{i\infty}^{\downarrow i}$ 映射到去边界 $\partial\Omega_{j\infty}^{\uparrow j}$ 上, 如图 5.40 所示. 如果两个分离域的来边界和去边界是闭的, 那么传输定律就会将一个流从源域传输到汇域. 之前讨论的传输定律是

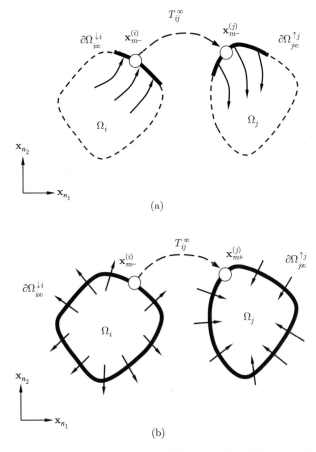

图 5.40　传输定律: (a) 在两个分离域中从来边界到去边界的传输定律, (b) 从源域到汇域的边界 $\partial\Omega_{\alpha\infty}(\alpha \in \{i, j\})$ 上的传输定律

可到达域和全域之间的公共边界. 接下来, 将讨论两个可到达子域上的传输定律, 以及可到达域或者不可到达域之间边界上的一般传输定律.

定义 5.53 在假设 (H2.1)—(H2.3) 下, 对于方程 (5.1) 中的不连续动力系统, 存在两个可到达域 Ω_α ($\alpha \in \{i, j\}$). 若存在一种映射 $T_{i\beta}$, 当 $\mathbf{x}_{m-}^{(i)} \neq \mathbf{x}_{m+}^{(\beta)}$ 时, 将点 $\mathbf{x}_{m-}^{(i)} \in \partial\Omega_{ij}^{\downarrow i}$ 映射到点 $\mathbf{x}_{m+}^{(\beta)} \in \partial\Omega_{\alpha\beta}^{\uparrow\beta}(\beta \in \{i, j\}$ 且 $\beta \neq \alpha)$, 那么此映射称为从 $\partial\Omega_{ij}^{\downarrow i}$ 到 $\partial\Omega_{\alpha\beta}^{\uparrow\beta}$ 的传输定律, 即

$$T_{i\beta} : \mathbf{x}_{m-}^{(i)} \to \mathbf{x}_{m+}^{(\beta)}, \tag{5.106}$$

并由一一对应的向量函数 $\mathbf{g}_{i\beta} \in \mathscr{R}^{n-1}$ 决定, 即 [330]

$$\mathbf{g}_{i\beta}(\mathbf{x}_{m-}^{(i)}, \mathbf{x}_{m+}^{(\beta)}, \mathbf{p}_{i\beta}) = \mathbf{0}, \text{ 在边界 } \partial\Omega_{ij}^{\downarrow i} \text{ 和 } \partial\Omega_{\alpha\beta}^{\uparrow\beta} \text{ 上}, \tag{5.107}$$

其中 $\mathbf{p}_{i\beta} \in \mathscr{R}^{k_{i\beta}}$ 为参数向量.

基于以上定义, 图 5.41 表示了边界 $\partial\Omega_{ij}$ 上 C^0 不连续流 $\mathbf{\Phi}(\mathbf{x}, t)$ 的传输定律. 注意: 下标 "−" 和 "+" 分别代表传输前和传输后的边界. 虚线表示边界 [331] 上的传输定律. 细实线表示子域. 在图 5.41(a) 中, 传输定律由以下方程表示

$$T_{\alpha\beta} : \mathbf{x}_{m-}^{(\alpha)} \to \mathbf{x}_{m+}^{(\beta)}, \quad \mathbf{x}_{m-}^{(\alpha)}, \mathbf{x}_{m+}^{(\beta)} \in \overrightarrow{\partial\Omega}_{\alpha\beta} \text{ 和 } \alpha, \beta \in \{i, j\} \quad \beta \neq \alpha. \tag{5.108}$$

这两个传输定律是将一个流通过两个不同域之间的公共边界进行传输. 对于传输定律 $T_{ij}, \partial\Omega_{ij}^{\downarrow i}, \partial\Omega_{ij}^{\uparrow j} \subset \overrightarrow{\partial\Omega}_{ij}$ 是针对半可穿越边界 $\overrightarrow{\partial\Omega}_{ij}$ 上的 C^0 不连续系统. 然而, 另一个传输定律 T_{ji} 为 $\partial\Omega_{ij}^{\downarrow j}, \partial\Omega_{ij}^{\uparrow i} \subset \overleftarrow{\partial\Omega}_{ij}$. 在图 5.41(b) 中, 传输 [332] 定律能够在 t_m 时刻, 将点 $\mathbf{x}_{m-}^{(i)} \in \partial\Omega_{ij}^{\downarrow i} \subset \overrightarrow{\partial\Omega}_{ij}$ 映射到点 $\mathbf{x}_{m+}^{(i)} \in \partial\Omega_{ij}^{\uparrow i} \subset \overleftarrow{\partial\Omega}_{ij}$, 而没有任何时间上的消耗.

$$T_{ii} : \mathbf{x}_{m-}^{(i)} \to \mathbf{x}_{m+}^{(i)}, \quad \mathbf{x}_{m-}^{(i)} \in \overrightarrow{\partial\Omega}_{ij} \text{ 且 } \mathbf{x}_{m+}^{(i)} \in \overleftarrow{\partial\Omega}_{ij}. \tag{5.109}$$

传输之后, 流仍然在域 Ω_i 的一侧. 这就意味着这个流不能穿过边界 $\partial\Omega_{ij}$ 到达域 Ω_j 内. 这是因为传输定律只是把流从边界 $\overrightarrow{\partial\Omega}_{ij}$ 带到边界 $\overleftarrow{\partial\Omega}_{ij}$, 而避免流进入域 Ω_j 内. 为了拓展以上定义, 传输定律能够将一个可到达域的来边界映射到另一个域的去边界上. 类似地, 此种情况下的传输定律定义如下.

定义 5.54 在假设 (H2.1)—(H2.3) 下, 对于方程 (5.1) 中的不连续动力系统, 存在两个可到达域 Ω_{α_1} 和 Ω_{β_2}, 并且 α_1 一侧有来边界 $\partial\Omega_{\alpha_1\beta_1}^{\downarrow\alpha_1}$ 和 β_2 一侧有去边界 $\partial\Omega_{\alpha_2\beta_2}^{\uparrow\beta_2}$. 若存在一种映射 $T_{\alpha_1\beta_2}$, 当 t_m 时刻, 将点 $\mathbf{x}_{m-}^{(\alpha_1)} \in \partial\Omega_{\alpha_1\beta_1}^{\downarrow\alpha_1}$ 映射到点 $\mathbf{x}_{m+}^{(\beta_2)} \in \partial\Omega_{\alpha_2\beta_2}^{\uparrow\beta_2}$, 而无任何时间消耗, 那么此映射称为从 $\partial\Omega_{\alpha_1\beta_1}^{\downarrow\alpha_1}$ 到 $\partial\Omega_{\alpha_2\beta_2}^{\uparrow\beta_2}$ 的传输定律, 即

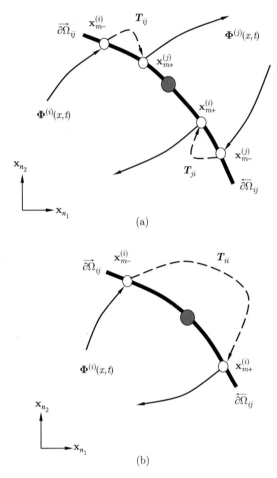

图 5.41　边界 $\partial\Omega_{ij}$ 上 C^0 不连续流 $\Phi(\mathbf{x}, t)$ 的传输定律: (a) 在边界 $\partial\Omega_{\alpha\beta}^{\downarrow\alpha}(\alpha, \beta \in \{i, j\}$ 且 $\alpha \neq \beta)$ 上从域 Ω_α 到 Ω_β 的传输定律, (b) 从 $\partial\Omega_{ij}^{\downarrow i}$ 到 $\partial\Omega_{ji}^{\uparrow}$ 的传输定律

$$T_{\alpha_1\beta_2} : \mathbf{x}_{m-}^{(\alpha_1)} \to \mathbf{x}_{m+}^{(\beta_2)}, \tag{5.110}$$

并由一一对应的向量函数 $\mathbf{g}_{\alpha_1\beta_2} \in \mathscr{R}^{n-1}$ 决定, 即

$$\mathbf{g}_{\alpha_1\beta_2}(\mathbf{x}_{m-1}^{(\alpha_1)}, \mathbf{x}_{m+1}^{(\beta_2)}, \mathbf{p}_{\alpha_1\beta_2}) = \mathbf{0}, \mathbf{x}_{m-1}^{(\alpha_1)} \in \partial\Omega_{\alpha_2\beta_1}^{\downarrow\alpha_1} \text{ 和 } \mathbf{x}_{m+}^{(\beta_2)} \in \partial\Omega_{\alpha_2\beta_2}^{\uparrow\beta_2}, \tag{5.111}$$

其中 $\mathbf{p}_{\alpha_1\beta_2} \in \mathscr{R}^{k_{\alpha_1\beta_2}}$ 为参数向量.

　　根据这个定义, 不要求域 Ω_{β_1} 和 Ω_{α_1} 是可到达的, 它们可以是可到达域、不可到达域或全域. 图 5.42 表示了这个定义. 此外, 这个边界可以是永久不可穿越的. 为了使流在整个不连续系统中连续, 需要用传输定律. 以上的传输定律都是独立于时间的.

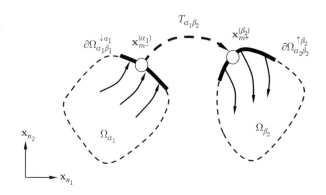

图 5.42 对于 C^0 不连续流从 $\partial\Omega_{\alpha_1\beta_1}^{\downarrow\alpha_1}$ 映射到 $\partial\Omega_{\alpha_2\beta_2}^{\downarrow\beta_2}$ 的一般传输定律

实际上, 传输定律通过非线性的代数方程, 给出了两个状态的关系. 因此, 传输定律可能是时变的, 这跟正常动力系统决定两个状态的关系是一样的. 因此, 在此介绍时变传输定律.

定义 5.55 在假设 (H2.1)—(H2.3) 下, 对于方程 (5.1) 中的不连续动力系统, 存在两个可到达域 Ω_{α_1} 和 Ω_{β_2}, 并且 α_1 一侧有来边界 $\partial\Omega_{\alpha_1\beta_1}^{\downarrow\alpha_1}$ 和 β_2 一侧有去边界 $\partial\Omega_{\alpha_2\beta_2}^{\uparrow\beta_2}$. 若存在一种映射 $T_{\alpha_1\beta_2}$, 在时间间隔 $\Delta t = t_{m+1} - t_m$ 内, 将点 $\mathbf{x}_{m-}^{(\alpha_1)} \in \partial\Omega_{\alpha_1\beta_1}^{\downarrow\alpha_1}$ 映射到点 $\mathbf{x}_{(m+1)+}^{(\beta_2)} \in \partial\Omega_{\alpha_2\beta_2}^{\uparrow\beta_2}$, 那么此映射称为从 $\partial\Omega_{\alpha_1\beta_1}^{\downarrow\alpha_1}$ [333] 到 $\partial\Omega_{\alpha_2\beta_2}^{\uparrow\beta_2}$ 的传输定律, 即

$$T_{\alpha_1\beta_2} : \mathbf{x}_{m-}^{(\alpha_1)} \to \mathbf{x}_{(m+1)+}^{(\beta_2)}, \tag{5.112}$$

并由一一对应的向量函数决定, 即

$$\begin{aligned}&\mathbf{g}_{\alpha_1\beta_2}(\mathbf{x}_{m-}^{(\alpha_1)}, t_m, \mathbf{x}_{(m+1)+}^{(\beta_2)}, t_{m+1}, \mathbf{p}_{\alpha_1\beta_2}) = \mathbf{0}, \\ &\mathbf{x}_{m-}^{(\alpha_1)} \in \partial\Omega_{\alpha_1\beta_1}^{\downarrow\alpha_1} \text{ 且 } \mathbf{x}_{(m+1)+}^{(\beta_2)} \in \partial\Omega_{\alpha_2\beta_2}^{\uparrow\beta_2},\end{aligned} \tag{5.113}$$

其中 $\mathbf{p}_{\alpha_1\beta_2} \in \mathscr{R}^{k_{\alpha_1\beta_2}}$ 为参数向量.

以上讨论的传输定律为不连续动力系统中两个不同域内边界上的两个状态之间建立了联系. 在某些时刻, 传输定律也同样存在于不连续系统之间. 这样的传输定律将在后面进行研究.

5.6 多值向量场与折回流

在以上的讨论中, 仅仅是定义了不连续动力系统中的一个向量场. 在不同的邻域内, 向量场是不同的. 因此, 为了更好地理解不连续动力系统中流的全

局行为, 正如第二章和第三章中所介绍的, 边界上两个邻域内流的穿越性是相当重要的. 如果边界上存在流障碍, 边界上两个邻域内流的穿越性完全不同. 在第四章中, 全面讨论了流的穿越性. 在讨论单个可到达域内的多值向量场之前, 先介绍当一个来流到达边界时, 分界上两个去流的情况. 还要用到第三章中虚流的概念. 如果定义在域内的向量场能够连续不断地延伸到其他域内, 那么这个延伸的向量场能够在相应的域内产生虚流. 为了更方便地回顾实流、虚流和边界流, 现将方程 (5.1) 重写如下,

$$\dot{\mathbf{x}}_\alpha^{(\alpha)} = \mathbf{F}^{(\alpha)}(\mathbf{x}_\alpha^{(\alpha)}, t, \mathbf{p}_\alpha), \text{ 在 } \Omega_\alpha \text{ 内},$$

$$\dot{\mathbf{x}}_\alpha^{(\beta)} = \mathbf{F}^{(\beta)}(\mathbf{x}_\alpha^{(\beta)}, t, \mathbf{p}_\beta), \text{ 在 } \Omega_\alpha \text{ 内, 来自 } \Omega_\beta \ (\beta = \beta_1, \beta_2, \cdots, \beta_k), \quad (5.114)$$

$$\mathbf{x}^{(0)} = \mathbf{F}^{(0)}(\mathbf{x}^{(0)}, t, \lambda), \varphi_{\alpha\beta}(\mathbf{x}^{(0)}, t, \lambda) = 0 \text{ 在边界 } \partial\Omega_{\alpha\beta} \text{ 上},$$

其中 $\mathbf{x}_\alpha^{(\alpha)}$, $\mathbf{x}_\alpha^{(\beta)}$ 和 $\mathbf{x}^{(0)}$ 分别代表实流、虚流和边界流, 且 $\mathbf{x}_\alpha^{(\alpha)} \equiv \mathbf{x}^{(\alpha)}$. 虚流 $\mathbf{x}_\alpha^{(\beta)}$ 是 $\mathbf{x}_\beta^{(\beta)}$ 从域 Ω_β 内经由边界 $\partial\Omega_{\alpha\beta}$ 的连续延拓. 也就是说, 在不同域内, 它们有同样的向量场. 为了更好地描述不连续动力系统中的多值向量场, 在图 5.43 中给出了可穿越流和汇流. 域内的实线和虚线分别表示实流和虚流. 如果所有域内的虚流都变为实流, 那么就能够得到不连续动力系统中每个域内的多值向量场. 如果域内的实流到达它的边界, 那么这个流就会连续, 因为这个实流能够延伸到它的邻域内, 即域 Ω_α 内的流 $\mathbf{x}^{(\alpha)}$ 到达边界 $\partial\Omega_{\alpha\beta}$, 通过流 $\mathbf{x}_\beta^{(\alpha)}$ 的作用, 能够在域 Ω_β 内保持连续, 如图 5.43(a) 所示. 这是因为流遵循不连续动力系统中的 "连续公理", 即 $\mathbf{x}_\alpha^{(\alpha)}(t_{m-}) = \mathbf{x}_\beta^{(\alpha)}(t_{m+})$. 为了使这个流能够在边界上切换, 需要用到传输定律. 考虑最简单的传输定律, 即切换定律,

$$\mathbf{x}_\alpha^{(\alpha)}(t_{m-}) = \mathbf{x}_\beta^{(\beta)}(t_{m+}) \text{ 或 } \mathbf{x}_\alpha^{(\alpha)}(t_{m-}) = \mathbf{x}_\alpha^{(\beta)}(t_{m-}). \quad (5.115)$$

对于一个边界上的可穿越流, 如果切换位置在域 Ω_α 或 Ω_β 内一侧, 那么域 Ω_α 内的流 $\mathbf{x}^{(\alpha)}$ 将会切换为域 Ω_β 内的流 $\mathbf{x}^{(\beta)}$. 这种情况和单值向量空间是一样的. 然而, 对于边界上的汇流而言, 切换位置将会改变流的穿越性. 在图 5.43(b) 中, 域 Ω_α 内的实流 $\mathbf{x}^{(\alpha)}$ 和域 Ω_β 内的实流 $\mathbf{x}^{(\beta)}$ 将会同时到达边界. 假设域 Ω_α 内的虚流 $\mathbf{x}_\alpha^{(\beta)}$ 和域 Ω_β 内的虚流 $\mathbf{x}_\beta^{(\alpha)}$ 变成实流的情况. 对于来流 $\mathbf{x}^{(\alpha)}$, 无需切换, 将自动变为域 Ω_β 内的流 $\mathbf{x}_\beta^{(\alpha)}$. 如果考虑切换规则的话, 将会有两种可能性. 如果切换发生在 $\mathbf{x}_\alpha^{(\alpha)}(t_{m-}) = \mathbf{x}_\beta^{(\beta)}(t_{m-})$, 那么此流就会切换成边界流 $\mathbf{x}^{(0)}$.

这是因为流切换发生在域 Ω_β 的一侧. 这种情况也和单值向量场中一样. 对于每个域内拥有单值向量场的不连续动力系统而言, 假设自动满足切换定律. 如果切换发生在 $\mathbf{x}_\alpha^{(\alpha)}(t_{m-}) = \mathbf{x}_\beta^{(\beta)}(t_{m+})$, 那么来流 $\mathbf{x}^{(\alpha)}$ 就会被切换成域 Ω_α 内的流 $\mathbf{x}_\alpha^{(\beta)}$. 这样的切换表明流仍然待在相同的域内. 流切换就像是流的

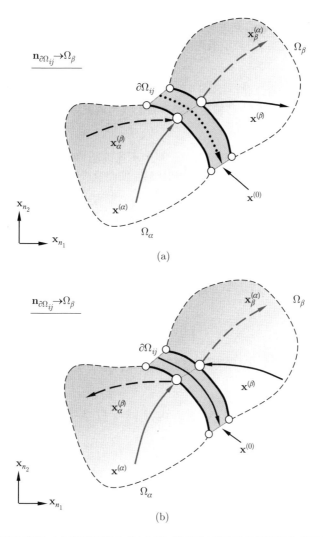

图 5.43 实流和虚流: (a) 半可穿越流, (b) 汇流. 带有两个粗实线的阴影部分表示边界. 带有箭头的实线和点画线分别表示汇流和可穿越流的边界流. 域内的实线和虚线分别表示实流和虚流

折回. 类似地, 将讨论边界上的源流, 并且来流会变成虚流. 从以上的分析可知, 如果虚流变成实流, 对于来流而言就会有两种切换的可能. 为了使虚流存在, 将会采用以下定理.

公理 5.1 (连续公理)　对于一个不连续动力系统, 在分界上的任何流, 都可以不通过切换规则、传输定律和边界上任何的流障碍, 前进或者后退, 以延伸到相邻可到达域内.

公理 5.2 (不可延伸公理)　对于一个不连续动力系统, 在分界上的任何流, 不能前进或后退, 以延伸到不可到达. 即使这个流可扩展到不可到达域内, 那么相应的可扩展流仅是虚拟出来的.

接下来, 将介绍不连续动力系统中不可到达子域中的多值向量场, 以及在相同域内的折回流.

定义 5.56　对于不连续动力系统, 在 k_α 个向量场 $\mathbf{F}^{(\alpha_k)}(\mathbf{x}^{(\alpha_k)}, t, \mathbf{p}_{\alpha_k})$ $(k = 1, 2, \cdots, k_\alpha)$ 内有一个可到达域 Ω_α $(\alpha \in \{1, 2, \cdots, N\})$, 相应的动力系统为

$$\dot{\mathbf{x}}^{(\alpha_k)} = \mathbf{F}^{(\alpha_k)}(\mathbf{x}^{(\alpha_k)}, t, \mathbf{p}_{\alpha_k}). \tag{5.116}$$

不连续动力系统中域 Ω_α 称为多值向量场. 域 Ω_α 内的一个动力系统集定义为

$$\begin{aligned}
\mathscr{D}_\alpha &= \cup_{k=1}^{k_\alpha} \mathscr{D}_{\alpha_k}, \\
\mathscr{D}_{\alpha_k} &= \left\{ \dot{\mathbf{x}}^{(\alpha_k)} = \mathbf{F}^{(\alpha_k)}\left(\mathbf{x}^{(\alpha_k)}, t, \mathbf{p}_{\alpha_k}\right) \mid k \in \{1, 2, \cdots, k_\alpha\} \right\}.
\end{aligned} \tag{5.117}$$

动力系统全集为

$$\mathscr{D} = \cup_{\alpha=1}^{N} \mathscr{D}_\alpha. \tag{5.118}$$

5.6.1　折回流

定义 5.57　对于方程 (5.118) 中具有多值向量场的不连续系统, 在 t_m 时刻, 两个相邻域 Ω_α 和 Ω_β 边界上有一点 $\mathbf{x}^{(0)}(t_m) \equiv \mathbf{x}_m \in \partial\Omega_{\alpha\beta}$. 对于任意小的 $\varepsilon > 0$, 存在两个时间区间 $[t_{m-\varepsilon}, t_m)$ 和 $(t_m, t_{m+\varepsilon}]$. 如果来流 $\mathbf{x}^{(\alpha_k)}$ 到达边界 $\partial\Omega_{\alpha\beta}$ 上, 那么流 $\mathbf{x}^{(\alpha_k)}$ 和 $\mathbf{x}^{(\alpha_l)}$ 之间会存在一个切换规则, 且 $\mathbf{x}^{(\alpha_k)}(t_{m-}) = \mathbf{x}_m = \mathbf{x}^{(\alpha_l)}(t_{m+})$. 如果满足

$$\left. \begin{aligned}
\hbar_\alpha \mathbf{n}_{\partial\Omega_{ij}}^{\mathrm{T}}(\mathbf{x}_{m-\varepsilon}^{(0)}) \cdot [\mathbf{x}_{m-\varepsilon}^{(0)} - \mathbf{x}_{m-\varepsilon}^{(\alpha_k)}] > 0, \\
\hbar_\alpha \mathbf{n}_{\partial\Omega_{ij}}^{\mathrm{T}}(\mathbf{x}_{m+\varepsilon}^{(0)}) \cdot [\mathbf{x}_{m+\varepsilon}^{(\alpha_l)} - \mathbf{x}_{m+\varepsilon}^{(0)}] < 0,
\end{aligned} \right\} \tag{5.119}$$

那么流 $\mathbf{x}^{(\alpha_k)}(t)$ 和 $\mathbf{x}^{(\alpha_l)}(t)$ 对于边界 $\partial\Omega_{ij}$ 称为域 Ω_α 内的折回流.

定理 5.1 对于方程 (5.118) 中具有多值向量场的不连续系统, 在 t_m 时刻, 两个相邻域 Ω_α 和 Ω_β 边界上有一点 $\mathbf{x}^{(0)}(t_m) \equiv \mathbf{x}_m \in \partial\Omega_{\alpha\beta}$. 对于任意小的 $\varepsilon > 0$, 存在两个时间区间 $[t_{m-\varepsilon}, t_m)$ 和 $(t_m, t_{m+\varepsilon}]$. 如果来流 $\mathbf{x}^{(\alpha_1)}$ 到达边界 $\partial\Omega_{\alpha\beta}$ 上, 那么流 $\mathbf{x}^{(\alpha_k)}$ 和 $\mathbf{x}^{(\alpha_l)}$ 之间会存在一个切换规则, 且 $\mathbf{x}^{(\alpha_k)}(t_{m-}) = \mathbf{x}_m = \mathbf{x}^{(\alpha_l)}(t_{m+})$. 对于时间 t, 流 $\mathbf{x}^{(\alpha_k)}(t)$ 是 $C^{r_{\alpha_k}}_{[t_{m-\varepsilon}, t_m)}$ 连续的 $(r_{\alpha_k} \geqslant 2)$ 且 $\|d^{r_{\alpha_k}+1}\mathbf{x}^{(\alpha)}/dt^{r_{\alpha_k}+1}\| < \infty$, 流 $\mathbf{x}^{(\alpha_l)}(t)$ 是 $C^{r_{\alpha_l}}_{(t_m, t_{m+\varepsilon}]}$ 连续的 $(r_{\alpha_l} \geqslant 2)$ 且 $\|d^{r_{\alpha_l}+1}\mathbf{x}^{(\alpha)}/dt^{r_{\alpha_l}+1}\| < \infty$. 流 $\mathbf{x}^{(\alpha_k)}(t)$ 和 $\mathbf{x}^{(\alpha_l)}(t)$ 对于边界 $\partial\Omega_{ij}$ 称为域 Ω_α 内的折回流, 当且仅当

$$\hbar_\alpha G^{(\alpha_k)}_{\partial\Omega_{\alpha\beta}}(\mathbf{x}_m, t_{m-}) > 0 \text{ 和 } \hbar_\alpha G^{(\alpha_l)}_{\partial\Omega_{\alpha\beta}}(\mathbf{x}_m, t_{m+}) < 0. \tag{5.120}$$

证明 仿照定理 3.1 的证明过程, 可以证明此定理. ∎

根据方程 (3.14) 和 (3.15), 那么方程 (5.120) 的 G-函数变为

$$\begin{aligned} G^{(\alpha_k)}_{\partial\Omega_{\alpha\beta}}(\mathbf{x}_m, t_{m-}) &= \mathbf{n}^{\mathrm{T}}_{\partial\Omega_{\alpha\beta}} \cdot \dot{\mathbf{x}}^{(\alpha_k)} = \mathbf{n}^{\mathrm{T}}_{\partial\Omega_{\alpha\beta}} \cdot \mathbf{F}^{(\alpha_k)}, \\ G^{(\alpha_l)}_{\partial\Omega_{\alpha\beta}}(\mathbf{x}_m, t_{m+}) &= \mathbf{n}^{\mathrm{T}}_{\partial\Omega_{\alpha\beta}} \cdot \dot{\mathbf{x}}^{(\alpha_l)} = \mathbf{n}^{\mathrm{T}}_{\partial\Omega_{\alpha\beta}} \cdot \mathbf{F}^{(\alpha_l)}. \end{aligned} \tag{5.121}$$

如果两个向量场相同, 则 $\dot{\mathbf{x}}^{(\alpha_k)}(t_{m-}) = \dot{\mathbf{x}}^{(\alpha_l)}(t_{m+})$, 且由方程 (5.105) 可得

$$G^{(\alpha_k)}_{\partial\Omega_{\alpha\beta}}(\mathbf{x}_m, t_{m-}) = G^{(\alpha_l)}_{\partial\Omega_{\alpha\beta}}(\mathbf{x}_m, t_{m+}) = 0. \tag{5.122}$$

定理 3.9 中, 给出了

$$\hbar_\alpha G^{(1,\alpha_k)}_{\partial\Omega_{\alpha\beta}}(\mathbf{x}_m, t_{m-}) = \hbar_\alpha G^{(1,\alpha_l)}_{\partial\Omega_{\alpha\beta}}(\mathbf{x}_m, t_{m+}) < 0. \tag{5.123}$$

边界上的擦边流是边界折回流的一个特例. 方程 (5.120) 的条件不同于方程 (5.122) 和 (5.123). 这是因为切换规则使得折回流拥有两个不同的向量场. 然而, 如果没有切换规则, 边界上的擦边流拥有一个相同的向量场, 这是因为流的连续性. 折回流是擦边流的一个扩展, 为了能够使流存在于相同的域内. [338] 边界上的折回流和擦边流一样, 独立于边界流. 因此, 在相同的域内, 能够存在边界的不连续性. 没有切换规则, 边界上擦边流也能观察到. 然而, 边界上的折回流却需要切换规则才能产生.

定义 5.58 对于方程 (5.118) 中具有多值向量场的不连续系统, 在 t_m 时刻, 两个相邻域 Ω_α 和 Ω_β 边界上有一点 $\mathbf{x}^{(0)}(t_m) \equiv \mathbf{x}_m \in \partial\Omega_{\alpha\beta}$. 对于任意小的 $\varepsilon > 0$, 存在两个时间区间 $[t_{m-\varepsilon}, t_m)$ 和 $(t_m, t_{m+\varepsilon}]$. 如果来流 $\mathbf{x}^{(\alpha_k)}$ 到达边界 $\partial\Omega_{\alpha\beta}$ 上, 那么流 $\mathbf{x}^{(\alpha_k)}$ 和 $\mathbf{x}^{(\alpha_l)}$ 之间会存在一个切换规则, 且 $\mathbf{x}^{(\alpha_k)}(t_{m-}) = \mathbf{x}_m = \mathbf{x}^{(\alpha_l)}(t_{m+})$. 对于时间 t, 流 $\mathbf{x}^{(\alpha_k)}(t)$ 是 $C^{r_{\alpha_k}}_{[t_{m-\varepsilon}, t_m)}$ 连续的 $(r_{\alpha_k} \geqslant m_{\alpha_k} + 1)$ 且 $\|d^{r_{\alpha_k}+1}\mathbf{x}^{(\alpha)}/dt^{r_{\alpha_k}+1}\| < \infty$, 流 $\mathbf{x}^{(\alpha_l)}(t)$ 是 $C^{r_{\alpha_l}}_{(t_m, t_{m+\varepsilon}]}$ 连续的 $(r_{\alpha_l} \geqslant m_{\alpha_l} + 1)$ 且 $\|d^{r_{\alpha_l}+1}\mathbf{x}^{(\alpha)}/dt^{r_{\alpha_l}+1}\| < \infty$. 流 $\mathbf{x}^{(\alpha_k)}(t)$ 和 $\mathbf{x}^{(\alpha_l)}(t)$

对于边界 $\partial\Omega_{ij}$ 称为域 Ω_α 内 $(m_{\alpha_k}:m_{\alpha_l})$ 型折回流, 当且仅当

$$
\begin{aligned}
&\hbar_\alpha G_{\partial\Omega_{\alpha\beta}}^{(s_{\alpha_k},\alpha_k)}(\mathbf{x}_m, t_{m-}) = 0,\\
&s_{\alpha_k} = 0, 1, 2, \cdots, m_{\alpha_k} - 1,\\
&\hbar_\alpha G_{\partial\Omega_{\alpha\beta}}^{(s_{\alpha_l},\alpha_l)}(\mathbf{x}_m, t_{m+}) = 0,\\
&s_{\alpha_l} = 0, 1, 2, \cdots, m_{\alpha_l} - 1;
\end{aligned}
\tag{5.124}
$$

$$
\left.
\begin{aligned}
\hbar_\alpha \mathbf{n}_{\partial\Omega_{ij}}^{\mathrm{T}}(\mathbf{x}_{m-\varepsilon}^{(0)}) \cdot [\mathbf{x}_{m-\varepsilon}^{(0)} - \mathbf{x}_{m-\varepsilon}^{(\alpha_k)}] > 0,\\
\hbar_\alpha \mathbf{n}_{\partial\Omega_{ij}}^{\mathrm{T}}(\mathbf{x}_{m+\varepsilon}^{(0)}) \cdot [\mathbf{x}_{m+\varepsilon}^{(\alpha_l)} - \mathbf{x}_{m+\varepsilon}^{(0)}] < 0.
\end{aligned}
\right\}
\tag{5.125}
$$

定理 5.2　对于方程 (5.118) 中具有多值向量场的不连续系统, 在 t_m 时刻, 两个相邻域 Ω_α 和 Ω_β 边界上有一点 $\mathbf{x}^{(0)}(t_m) \equiv \mathbf{x}_m \in \partial\Omega_{\alpha\beta}$. 对于任意小的 $\varepsilon > 0$, 存在两个时间区间 $[t_{m-\varepsilon}, t_m)$ 和 $(t_m, t_{m+\varepsilon}]$. 如果来流 $\mathbf{x}^{(\alpha_k)}$ 到达边界 $\partial\Omega_{\alpha\beta}$ 上, 那么流 $\mathbf{x}^{(\alpha_k)}$ 和 $\mathbf{x}^{(\alpha_l)}$ 之间会存在一个切换规则, 且 $\mathbf{x}^{(\alpha_k)}(t_{m-}) = \mathbf{x}_m = \mathbf{x}^{(\alpha_l)}(t_{m+})$. 对于时间 t, 流 $\mathbf{x}^{(\alpha_k)}(t)$ 是 $C_{[t_{m-\varepsilon}, t_m)}^{r_{\alpha_k}}$ 连续的 $(r_{\alpha_k} \geqslant m_{\alpha_k} + 1)$ 且 $\|d^{r_{\alpha_k}+1}\mathbf{x}^{(\alpha)}/dl^{r_{\alpha_k}+1}\| < \infty$, 流 $\mathbf{x}^{(\alpha_l)}(t)$ 是 $C_{(t_m, t_{m+\varepsilon}]}^{r_{\alpha_l}}$ 连续的 $(r_{\alpha_l} \geqslant m_{\alpha_l} + 1)$ 且 $\|d^{r_{\alpha_l}+1}\mathbf{x}^{(\alpha)}/dt^{r_{\alpha_l}+1}\| < \infty$. 流 $\mathbf{x}^{(\alpha_k)}(t)$ 和 $\mathbf{x}^{(\alpha_l)}(t)$ 对于边界 $\partial\Omega_{ij}$ 称为域 Ω_α 内 $(m_{\alpha_k}:m_{\alpha_l})$ 型折回流, 当且仅当

[339]

$$
\begin{aligned}
&\hbar_\alpha G_{\partial\Omega_{\alpha\beta}}^{(s_{\alpha_k},\alpha_k)}(\mathbf{x}_m, t_{m-}) = 0,\\
&s_{\alpha_k} = 0, 1, 2, \cdots, m_{\alpha_k} - 1,\\
&\hbar_\alpha G_{\partial\Omega_{\alpha\beta}}^{(s_{\alpha_l},\alpha_l)}(\mathbf{x}_m, t_{m+}) = 0,\\
&s_{\alpha_l} = 0, 1, 2, \cdots, m_{\alpha_l} - 1;
\end{aligned}
\tag{5.126}
$$

$$
(-1)^{m_\alpha}\hbar_\alpha G_{\partial\Omega_{\alpha\beta}}^{(m_{\alpha_k},\alpha_k)}(\mathbf{x}_m, t_{m-}) > 0 \text{ 和 } \hbar_\alpha G_{\partial\Omega_{\alpha\beta}}^{(m_{\alpha_l},\alpha_l)}(\mathbf{x}_m, t_{m+}) < 0.
\tag{5.127}
$$

证明　仿照定理 3.2 的证明过程, 可以证明此定理. ■

在域 Ω_α 内, 具有两个不同向量场的折回流在边界 $\partial\Omega_{\alpha\beta}$ 上切换, 包括四种情形: (i) $(2k_{\alpha_k}:2k_{\alpha_l})$ 型折回流; (ii) $(2k_{\alpha_k}:2k_{\alpha_l}+1)$ 型折回流; (iii) $(2k_{\alpha_k}+1:2k_{\alpha_l})$ 型折回流; (iv) $(2k_{\alpha_k}+1:2k_{\alpha_l}+1)$ 型折回流. 在图 5.44(a) 和 (b) 中, 分别表示了域 Ω_α 内 $(2k_{\alpha_k}:2k_{\alpha_l})$ 型折回流和 $(2k_{\alpha_k}:2k_{\alpha_l})$ 型汇流. 在域 Ω_α 内的实线表示实流. 如果在域 Ω_α 内存在含有两个向量场的折回流, 那么在域 Ω_β 内便会存在相应的虚折回流. 域 Ω_β 中的虚线表示虚折回流. 域 Ω_α 内的 $(2k_{\alpha_k}:2k_{\alpha_l})$ 型折回流是拐点奇异的. 图 5.44(b) 表示了边界上的汇流. 为了与图 5.44(a) 中的折回流作对比, 实流和虚流都做了相应的变换. 如果虚流变成实来流, 那么源流就能切换为折回流.

在图 5.45(a) 和 (b) 中, 分别表示了域 Ω_α 内 $(2k_{\alpha_k}+1:2k_{\alpha_l}+1)$ 型折回流和 $(2k_\alpha+1:2k_\beta+1)$ 型实流和虚流. 点线是在没有任何切换规则时, 实流向前和向后的连续延伸. 在域 Ω_α 内, $(2k_{\alpha_k}+1:2k_{\alpha_l}+1)$ 型折回流拥有完全擦边奇异. 如果在域 Ω_α 内 $2k_\beta+1$ 阶虚流 $\mathbf{x}_\alpha^{(\beta)}$ 变成实流, 在切换规则作用下, 那么来流 $\mathbf{x}^{(\alpha)}$ 和去流 $\mathbf{x}_\alpha^{(\beta)}$ 也能形成折回流. 在域 Ω_α 内虚流用虚线表示. $(2k_\alpha+1:2k_\beta+1)$ 型双切向流和 $(2k_\alpha+1:2k_\beta+1)$ 型不可到达切向流不存在相应的折回流. $(2k_{\alpha_1}+1:2k_{\alpha_2})$ 型折回流和 $(2k_{\alpha_1}:2k_{\alpha_2}+1)$ 型折回流如图 5.46 所示. 类似于汇流、实切向流与虚切向流, 通过切换规则, 这两个切向流能够在出现半拐点奇异和擦边奇异时发生切换.

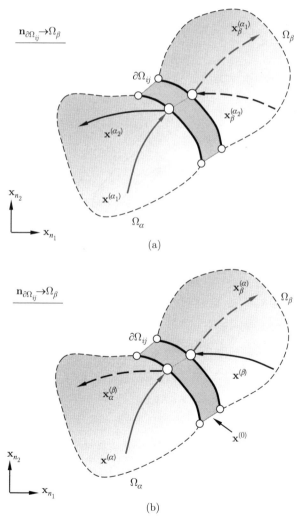

(a)

(b)

图 5.44 折回流: (a) $(2k_{\alpha_k}:2k_{\alpha_l})$ 型折回流, (b) $(2k_{\alpha_k}:2k_{\alpha_l})$ 型汇流. 有两条粗实线的阴影部分表示边界. 实线和虚线分别表示域内的实流和虚流. 点画线表示没有切换时, 实流向前和向后的延伸

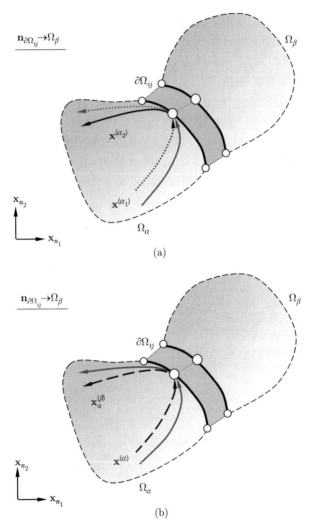

图 5.45　折回流: (a) $(2k_{\alpha_k}+1:2k_{\alpha_l}+1)$ 型折回流, (b) $(2k_\alpha+1:2k_\beta+1)$ 型实流和虚流. 有两条粗实线的阴影部分表示边界. 实线和虚线分别表示域内的实流和虚流. 点画线表示没有切换时, 实流向前和向后的延伸

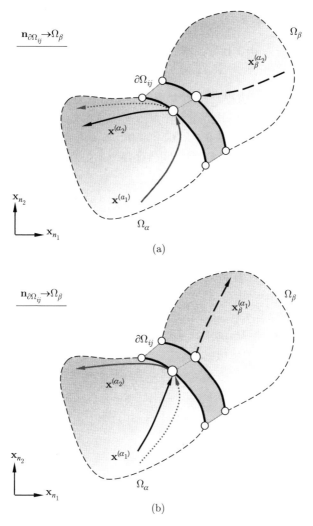

图 5.46   (a) $(2k_{\alpha_1}+1:2k_{\alpha_2})$ 型折回流, (b) $(2k_{\alpha_1}:2k_{\alpha_2}+1)$ 型折回流. 有两条粗实线的阴影部分表示边界. 实线和虚线分别表示域内的实流和虚流. 点线表示没有切换时, 实流向前和向后的延伸

5.6.2　延伸的可穿越流

[340]　　　仅仅考虑域 Ω_α 内的切换规则. 在切换之后, 域 Ω_α 内的流能够通过连续原理扩展到域 Ω_β 内.

[341]　　　**定义 5.59**　对于方程 (5.118) 中具有多值向量场的不连续系统, 在 t_m 时刻, 两个相邻域 Ω_α 和 Ω_β 边界上有一点 $\mathbf{x}^{(0)}(t_m) \equiv \mathbf{x}_m \in \partial\Omega_{\alpha\beta}$. 对于任意小的 $\varepsilon > 0$, 存在两个时间区间 $[t_{m-\varepsilon}, t_m)$ 和 $(t_m, t_{m+\varepsilon})$. 如果来流 $\mathbf{x}^{(\alpha_k)}$ 到达边
[342]　界 $\partial\Omega_{\alpha\beta}$ 上, 那么流 $\mathbf{x}^{(\alpha_k)}$ 和 $\mathbf{x}^{(\alpha_l)}$ 之间会存在一个切换规则, 且 $\mathbf{x}^{(\alpha_k)}(t_{m-}) = \mathbf{x}_m = \mathbf{x}^{(\alpha_l)}(t_{m+})$. 如果

$$\left.\begin{array}{l} \hbar_\alpha \mathbf{n}_{\partial\Omega_{ij}}^{\mathrm{T}}(\mathbf{x}_{m-\varepsilon}^{(0)}) \cdot [\mathbf{x}_{m-\varepsilon}^{(0)} - \mathbf{x}_{m-\varepsilon}^{(\alpha_k)}] > 0, \\[2mm] \hbar_\alpha \mathbf{n}_{\partial\Omega_{ij}}^{\mathrm{T}}(\mathbf{x}_{m+\varepsilon}^{(0)}) \cdot [\mathbf{x}_{m+\varepsilon}^{(\alpha_l)} - \mathbf{x}_{m+\varepsilon}^{(0)}] > 0. \end{array}\right\} \tag{5.128}$$

那么流 $\mathbf{x}^{(\alpha_k)}(t)$ 和 $\mathbf{x}^{(\alpha_l)}(t)$ 对于边界 $\partial\Omega_{ij}$ 称为从域 Ω_α 到域 Ω_β 内的扩展可穿越流.

　　　定理 5.3　对于方程 (5.118) 中具有多值向量场的不连续系统, 在 t_m 时
[343]　刻, 两个相邻域 Ω_α 和 Ω_β 边界上有一点 $\mathbf{x}^{(0)}(t_m) \equiv \mathbf{x}_m \in \partial\Omega_{\alpha\beta}$. 对于任意小的 $\varepsilon > 0$, 存在两个时间区间 $[t_{m-\varepsilon}, t_m)$ 和 $(t_m, t_{m+\varepsilon})$. 如果来流 $\mathbf{x}^{(\alpha_k)}$ 到达边界 $\partial\Omega_{\alpha\beta}$ 上, 那么流 $\mathbf{x}^{(\alpha_k)}$ 和 $\mathbf{x}^{(\alpha_l)}$ 之间会存在一个切换规则, 且 $\mathbf{x}^{(\alpha_k)}(t_{m-}) = \mathbf{x}_m = \mathbf{x}^{(\alpha_l)}(t_{m+})$. 对于时间 t, 流 $\mathbf{x}^{(\alpha_k)}(t)$ 是 $C_{[t_{m-\varepsilon}, t_m)}^{r_{\alpha_k}}$ 连续的 $(r_{\alpha_k} \geqslant 2)$ 且 $\|d^{r_{\alpha_k}+1}\mathbf{x}^{(\alpha)}/dt^{r_{\alpha_k}+1}\| < \infty$, 流 $\mathbf{x}^{(\alpha_l)}(t)$ 是 $C_{(t_m, t_{m+\varepsilon})}^{r_{\alpha_l}}$ 连续的 $(r_{\alpha_l} \geqslant 2)$ 且 $\|d^{r_{\alpha_l}+1}\mathbf{x}^{(\alpha)}/dt^{r_{\alpha_l}+1}\| < \infty$. 如果

$$\hbar_\alpha G_{\partial\Omega_{\alpha\beta}}^{(\alpha_k)}(\mathbf{x}_m, t_{m-}) > 0 \text{ 和 } \hbar_\alpha G_{\partial\Omega_{\alpha\beta}}^{(\alpha_l)}(\mathbf{x}_m, t_{m+}) > 0, \tag{5.129}$$

那么流 $\mathbf{x}^{(\alpha_k)}(t)$ 和 $\mathbf{x}^{(\alpha_l)}(t)$ 对于边界 $\partial\Omega_{ij}$ 为从域 Ω_α 到域 Ω_β 内的扩展可穿越流.

　　　证明　仿照定理 3.1 的证明过程, 可以证明此定理.　　　　　　　　　　■

　　　定义 5.60　对于方程 (5.118) 中具有多值向量场的不连续系统, 在 t_m 时刻, 两个相邻域 Ω_α 和 Ω_β 边界上有一点 $\mathbf{x}^{(0)}(t_m) \equiv \mathbf{x}_m \in \partial\Omega_{\alpha\beta}$. 对于任意小的 $\varepsilon > 0$, 存在两个时间区间 $[t_{m-\varepsilon}, t_m)$ 和 $(t_m, t_{m+\varepsilon})$. 如果来流 $\mathbf{x}^{(\alpha)}$ 到达边界 $\partial\Omega_{\alpha\beta}$ 上, 那么流 $\mathbf{x}^{(\alpha_k)}$ 和 $\mathbf{x}^{(\alpha_l)}$ 之间会存在一个切换规则, 且 $\mathbf{x}^{(\alpha_k)}(t_{m-}) = \mathbf{x}_m = \mathbf{x}^{(\alpha_l)}(t_{m+})$. 对于时间 t, 流 $\mathbf{x}^{(\alpha_k)}(t)$ 是 $C_{[t_{m-\varepsilon}, t_m)}^{r_{\alpha_k}}$ 连续的 $(r_{\alpha_k} \geqslant m_{\alpha_k} + 1)$, 且 $\|d^{r_{\alpha_k}+1}\mathbf{x}^{(\alpha)}/dt^{r_{\alpha_k}+1}\| < \infty$, 流 $\mathbf{x}^{(\alpha_l)}(t)$ 是 $C_{(t_m, t_{m+\varepsilon}]}^{r_{\alpha_l}}$ 连续的 $(r_{\alpha_l} \geqslant m_{\alpha_l} + 1)$ 且 $\|d^{r_{\alpha_l}+1}\mathbf{x}^{(\alpha)}/dt^{r_{\alpha_l}+1}\| < \infty$. 如果

$$\hbar_\alpha G_{\partial\Omega_{\alpha\beta}}^{(s_{\alpha_k},\alpha_k)}(\mathbf{x}_m,t_{m-}) = 0,$$
$$s_{\alpha_k} = 0,1,2,\cdots,m_{\alpha_k}-1,$$
$$\hbar_\alpha G_{\partial\Omega_{\alpha\beta}}^{(s_{\alpha_l},\alpha_l)}(\mathbf{x}_m,t_{m+}) = 0,$$
$$s_{\alpha_l} = 0,1,2,\cdots,m_{\alpha_l}-1; \tag{5.130}$$

$$\left.\begin{array}{l}\hbar_\alpha \mathbf{n}_{\partial\Omega_{ij}}^{\mathrm{T}}(\mathbf{x}_{m-\varepsilon}^{(0)})\cdot[\mathbf{x}_{m-\varepsilon}^{(0)}-\mathbf{x}_{m-\varepsilon}^{(\alpha_k)}] > 0,\\ \hbar_\alpha \mathbf{n}_{\partial\Omega_{ij}}^{\mathrm{T}}(\mathbf{x}_{m+\varepsilon}^{(0)})\cdot[\mathbf{x}_{m+\varepsilon}^{(\alpha_l)}-\mathbf{x}_{m+\varepsilon}^{(0)}] > 0,\end{array}\right\} \tag{5.131}$$

那么流 $\mathbf{x}^{(\alpha_k)}(t)$ 和 $\mathbf{x}^{(\alpha_l)}(t)$ 对于边界 $\partial\Omega_{ij}$ 为从域 Ω_α 到域 Ω_β 内 $(m_{\alpha_k}:m_{\alpha_l})$ 型扩展可穿越流.

定理 5.4 对于方程 (5.118) 中具有多值向量场的不连续系统, 在 t_m 时刻, 两个相邻域 Ω_α 和 Ω_β 边界上有一点 $\mathbf{x}^{(0)}(t_m) \equiv \mathbf{x}_m \in \partial\Omega_{\alpha\beta}$. 对于任意小的 $\varepsilon > 0$, 存在两个时间区间 $[t_{m-\varepsilon},t_m)$ 和 $(t_m,t_{m+\varepsilon}]$. 如果来流 $\mathbf{x}^{(\alpha_k)}$ 到达边界 $\partial\Omega_{\alpha\beta}$ 上, 那么流 $\mathbf{x}^{(\alpha_k)}$ 和 $\mathbf{x}^{(\alpha_l)}$ 之间会存在一个切换规则, 且 $\mathbf{x}^{(\alpha_k)}(t_{m-}) = \mathbf{x}_m = \mathbf{x}^{(\alpha_l)}(t_{m+})$. 对于时间 t, 流 $\mathbf{x}^{(\alpha_k)}(t)$ 是 $C_{[t_{m-\varepsilon},t_m)}^{r_{\alpha_k}}$ 连续的 $(r_{\alpha_k} \geqslant m_{\alpha_k}+1)$ 且 $\|d^{r_{\alpha_k}+1}\mathbf{x}^{(\alpha)}/dt^{r_{\alpha_k}+1}\| < \infty$, 流 $\mathbf{x}^{(\alpha_l)}(t)$ 是 $C_{(t_m,t_{m+\varepsilon}]}^{r_{\alpha_l}}$ 连续的 $(r_{\alpha_l} \geqslant m_{\alpha_l}+1)$ 且 $\|d^{r_{\alpha_l}+1}\mathbf{x}^{(\alpha)}/dt^{r_{\alpha_l}+1}\| < \infty$. 如果

$$\hbar_\alpha G_{\partial\Omega_{\alpha\beta}}^{(s_{\alpha_k},\alpha_k)}(\mathbf{x}_m,t_{m-}) = 0,$$
$$s_{\alpha_k} = 0,1,2,\cdots,m_{\alpha_k}-1,$$
$$\hbar_\alpha G_{\partial\Omega_{\alpha\beta}}^{(s_{\alpha_l},\alpha_l)}(\mathbf{x}_m,t_{m+}) = 0,$$
$$s_{\alpha_l} = 0,1,2,\cdots,m_{\alpha_l}-1; \tag{5.132}$$

$$(-1)^{m_\alpha}\hbar_\alpha G_{\partial\Omega_{\alpha\beta}}^{(m_{\alpha_k},\alpha_k)}(\mathbf{x}_m,t_{m-}) > 0 \text{ 和 } \hbar_\alpha G_{\partial\Omega_{\alpha\beta}}^{(m_{\alpha_l},\alpha_l)}(\mathbf{x}_m,t_{m+}) > 0. \tag{5.133}$$

那么流 $\mathbf{x}^{(\alpha_k)}(t)$ 和 $\mathbf{x}^{(\alpha_l)}(t)$ 对于边界 $\partial\Omega_{ij}$ 为从域 Ω_α 到域 Ω_β 内 $(m_{\alpha_k}:m_{\alpha_l})$ 型扩展可穿越流,

证明 仿照定理 3.2 的证明过程, 可以证明此定理. ■

考虑到域 Ω_α 和域 Ω_β 的边界上的切换规则. 在域 Ω_α 内切换之后, 如果在域 Ω_α 内形成折回流, 那就不会用到域 Ω_β 内边界上的切换. 在域 Ω_α 内切换之后, 如果从域 Ω_α 到域 Ω_β 形成延伸的可穿越流, 那么域 Ω_β 边界上的切换律就变得相当重要. 如果存在这样的切换规则的话, 那么域 Ω_β 内可穿越流就能切换, 而不是变成从域 Ω_α 到域 Ω_β 的扩展可穿越流, 如果

$$\hbar_\alpha G_{\partial\Omega_{\alpha\beta}}^{(s_{\alpha_k},\alpha_k)}(\mathbf{x}_m,t_{m-}) = 0,$$
$$s_{\alpha_k} = 0,1,2,\cdots,m_{\alpha_k}-1,$$
$$\hbar_\alpha G_{\partial\Omega_{\alpha\beta}}^{(s_{\beta_l},\beta_l)}(\mathbf{x}_m,t_{m+}) = 0,$$
$$s_{\beta_l} = 0,1,2,\cdots,m_{\beta_l}-1; \tag{5.134}$$

$$\hbar_\alpha \mathbf{n}_{\partial\Omega_{ij}}^{\mathrm{T}}(\mathbf{x}_{m-\varepsilon}^{(0)}) \cdot [\mathbf{x}_{m-\varepsilon}^{(0)} - \mathbf{X}_{m-\varepsilon}^{(\alpha_k)}] > 0,$$
$$\hbar_\alpha \mathbf{n}_{\partial\Omega_{ij}}^{\mathrm{T}}(\mathbf{x}_{m+\varepsilon}^{(0)}) \cdot [\mathbf{x}_{m+\varepsilon}^{(\beta_l)} - \mathbf{x}_{m+\varepsilon}^{(0)}] > 0. \tag{5.135}$$

此种情况下, 在域 Ω_β 的边界上能够进行直接切换. 这种情况就是第二章和第三章所讨论的可穿越流. 如果仅在域 Ω_β 的边界上运用切换规则, 则域 Ω_α 内的擦边流便能存在. 如果边界上出现两个切换规则, 那么在域 Ω_α 内不存在擦边流, 而是形成汇流, 在此不予讨论.

5.7　一个受控的分段线性系统

[345]　　　考虑具有控制律的一个分段线性动力系统

$$\ddot{x} + 2d_\alpha \dot{x} + c_\alpha x = b_\alpha + Q_0 \cos \Omega t, \tag{5.136}$$

其中 $\alpha \in \{1,2\}$, 并且两个域由以下方程分离

$$ax + b\dot{x} = c. \tag{5.137}$$

若域 Ω_α 内的来流在 t_m 时刻到达边界 $\partial\Omega_{\alpha\beta}$ ($\alpha, \beta \in \{1,2\}, \beta \neq \alpha$), 那么在相应域 Ω_α 内会施加控制力. 边界上的控制力是由边界上随着切换位置而变的恒力提供的. 这个切换规则要求向量场必须通过恒力被切换

$$b_{\alpha_k} = c_\alpha x(t_m), \quad \alpha \in \{1,2\} \text{ 和 } k \in \{1,2,3,\cdots\}. \tag{5.138}$$

5.7.1　可穿越条件与折回条件

在相空间中, 引入如下向量

$$\mathbf{x} \overset{\Delta}{=} (x, \dot{x})^{\mathrm{T}} \equiv (x, y)^{\mathrm{T}} \text{ 和 } \mathbf{F} \overset{\Delta}{=} (y, F)^{\mathrm{T}}. \tag{5.139}$$

由方程 (5.137) 可知, 此控制逻辑在系统内产生了一个不连续边界. 为了分析系统的动力学特性, 定义如下两个域

$$\Omega_1 = \{(x,y) \mid ax + by > c\} \text{ 和 } \Omega_2 = \{(x,y) \mid ax + by < c\}. \tag{5.140}$$

定义分界 $\partial\Omega_{\alpha\beta} = \overline{\Omega}_\alpha \cap \overline{\Omega}_\beta$ ($\alpha, \beta = 1,2$) 为

$$\partial\Omega_{12} = \partial\Omega_{21} = \overline{\Omega}_1 \cap \overline{\Omega}_2$$
$$= \{(x,y) \mid \varphi_{12}(x,y) \equiv ax + by - c = 0\}. \tag{5.141}$$

在图 5.47 中描绘域和边界. 边界用点线表示, 并由方程 (5.137) 控制, 两个域用阴影表示. 穿越边界的箭头表示流到边界的可能方向. 如果相空间中的流在域 Ω_α ($\alpha = 1,2$) 内, 那么此域内的向量场是连续的. 然而, 如果一个流穿越边界 $\partial\Omega_{\alpha\beta}$ 从域 Ω_α 切换到域 Ω_β 内 ($\alpha, \beta \in \{1,2\}, \beta \neq \alpha$), 则域 Ω_α 内向量场也会在域 Ω_β ($\alpha, \beta \in \{1,2\}$) 内相应改变.

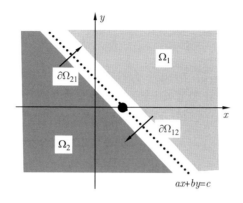

图 5.47   切换动力系统的子域和边界 $(a > 0$ 且 $b > 0)$

由于存在不连续性, 流只能沿着边界滑动, 称为滑模运动. 正如 Luo (2006) [346] 所讨论的一样, 边界上的滑模运动存在一个平衡点 $(E, 0)$, 且 $E = c/a$. 在平衡点附近, 其平衡点的抛物性和双曲性可以被讨论. 根据方程 (5.137), 给定边界上的初始条件 $(x_i^{(0)}, \dot{x}_i^{(0)})$, 那么滑模运动的位移和速度分别为

$$\left.\begin{array}{l} x^{(0)} = \dfrac{c}{a} + \dfrac{1}{a}(ax_i^{(0)} - c)\exp[-\dfrac{a}{b}(t - t_i)], \\[3mm] y^{(0)} = -\dfrac{1}{b}(ax_i^{(0)} - c)\exp[-\dfrac{a}{b}(t - t_i)]. \end{array}\right\} \quad (5.142)$$

根据方程 (5.139), 系统的运动方程为

$$\dot{\mathbf{x}} = \mathbf{F}^{(\lambda)}(\mathbf{x}, t), \quad \lambda \in \{0, \alpha_k\}, \quad (5.143)$$

其中

$$\left.\begin{array}{l} \mathbf{F}^{(\alpha_k)}(\mathbf{x}, t) = (y, F_{\alpha_k}(\mathbf{x}, t))^{\mathrm{T}}, \text{ 在 } \Omega_\alpha \text{ 内}(\alpha \in \{1, 2\}, k, l = 1, 2, 3\cdots), \\[2mm] \mathbf{F}^{(0)}(\mathbf{x}, t) = (y, -\dfrac{a}{b}y)^{\mathrm{T}}, \text{ 在边界 } \partial\Omega_{\alpha\beta} \text{ 上滑模 } (\alpha, \beta \in \{1, 2\}), \\[2mm] \mathbf{F}^{(0)}(\mathbf{x}, t) = \left[\mathbf{F}^{(\alpha_k)}(\mathbf{x}, t), \mathbf{F}^{(\beta)}(\mathbf{x}, t)\right], \text{ 在边界 } \partial\Omega_{\alpha\beta} \text{ 上没有滑模,} \end{array}\right\}$$
$$(5.144)$$

$$F_{\alpha_k}(\mathbf{x}, t) = -2d_{\alpha_k}y - c_{\alpha_k}x + A_0\cos(\Omega t + \phi) + b_{\alpha_k}. \quad (5.145)$$

根据文献 Luo (2005, 2006, 2008) 中不连续动力系统理论 (见第二、三章), 对于法向量 $\mathbf{n}_{\partial\Omega_{\alpha\beta}}$ 指向域 Ω_α (即 $\mathbf{n}_{\partial\Omega_{\alpha\beta}} \to \Omega_\beta$) 时, 边界 $\partial\Omega_{\alpha\beta}$ 穿越运动的充要条件为

$$\left.\begin{array}{l} \hbar_\alpha G^{(0,\alpha_k)}(\mathbf{x}_m, t_{m-}) = \hbar_\alpha \mathbf{n}_{\partial\Omega_{\alpha\beta}}^{\mathrm{T}} \cdot \mathbf{F}^{(\alpha_k)}(\mathbf{x}_m, t_{m-}) > 0, \\[2mm] \hbar_\alpha G^{(0,\beta_l)}(\mathbf{x}_m, t_{m+}) = \hbar_\alpha \mathbf{n}_{\partial\Omega_{\alpha\beta}}^{\mathrm{T}} \cdot \mathbf{F}^{(\beta_l)}(\mathbf{x}_m, t_{m+}) > 0, \end{array}\right\} \Omega_\alpha \to \Omega_\beta \quad (5.146)$$

[347]

其中 $\alpha, \beta \in \{1, 2\}$, $\alpha \neq \beta$ 且 $k, l \in \{1, 2, 3, \cdots\}$

$$\mathbf{n}_{\partial\Omega_{\alpha\beta}} = \nabla\varphi_{\alpha\beta} = (\partial_x\varphi_{\alpha\beta}, \partial_y\varphi_{\alpha\beta})^{\mathrm{T}}_{(\mathbf{x}_m, y_m)}. \tag{5.147}$$

且 $\nabla = (\partial_x, \partial_y)^{\mathrm{T}} = (\partial/\partial x, \partial/\partial y)^{\mathrm{T}}$ 为哈密顿算子. 注意 t_m 为边界上运动的切换时刻, $t_{m\pm} = t_m \pm 0$ 表示域内的响应, 而不是边界上的响应.

在边界 $\partial\Omega_{\alpha\beta}$ 上, 一个 $(0:1)$ 型穿越运动的充要条件为

$$\left.\begin{aligned}
\hbar_\alpha G^{(0,\alpha_k)}(\mathbf{x}_m, t_{m-}) &= \hbar_\alpha \mathbf{n}^{\mathrm{T}}_{\partial\Omega_{\alpha\beta}} \cdot \mathbf{F}^{(\alpha_k)}(\mathbf{x}_m, t_{m-}) > 0, \\
\hbar_\alpha G^{(0,\beta_l)}(\mathbf{x}_m, t_{m+}) &= \hbar_\alpha \mathbf{n}^{\mathrm{T}}_{\partial\Omega_{\alpha\beta}} \cdot \mathbf{F}^{(\beta_l)}(\mathbf{x}_m, t_{m+}) = 0, \\
\hbar_\alpha G^{(1,\beta_l)}(\mathbf{x}_m, t_{m+}) &= \hbar_\alpha \mathbf{n}^{\mathrm{T}}_{\partial\Omega_{\alpha\beta}} \cdot D\mathbf{F}^{(\beta_l)}(\mathbf{x}_m, t_{m+}) > 0,
\end{aligned}\right\} \Omega_\alpha \to \Omega_\beta, \tag{5.148}$$

其中

$$D\mathbf{F}^{(\beta_l)}(\mathbf{x}, t) = (F_{\beta_l}(\mathbf{x}, t), \nabla F_{\beta_l}(\mathbf{x}, t) \cdot \mathbf{F}^{(\beta_l)}(\mathbf{x}, t) + \partial_t F_{\beta_l}(\mathbf{x}, t))^{\mathrm{T}}. \tag{5.149}$$

$(0:1)$ 型穿越运动又称为穿越后相切运动 (或穿越后擦边运动).

根据文献 Luo (2005, 2006, 2008) (参见第二章), 当 $\mathbf{n}_{\partial\Omega_{\alpha\beta}} \to \Omega_\beta$ 时, 在分界上滑模运动存在的充要条件为

$$\left.\begin{aligned}
\hbar_\alpha G^{(0,\alpha_k)}(\mathbf{x}_m, t_{m-}) &= \hbar_\alpha \mathbf{n}^{\mathrm{T}}_{\partial\Omega_{\alpha\beta}} \cdot \mathbf{F}^{(\alpha_k)}(\mathbf{x}_m, t_{m-}) > 0, \\
\hbar_\alpha G^{(0,\beta_l)}(\mathbf{x}_m, t_{m-}) &= \hbar_\alpha \mathbf{n}^{\mathrm{T}}_{\partial\Omega_{\alpha\beta}} \cdot \mathbf{F}^{(\beta_l)}(\mathbf{x}_m, t_{m-}) < 0,
\end{aligned}\right\} \tag{5.150}$$

在边界 $\partial\Omega_{\alpha\beta}$ 上.

根据文献 Luo (2005, 2006, 2008) (参见第二章), 当 $\mathbf{n}_{\partial\Omega_{\alpha\beta}} \to \Omega_\beta$ 时, 在分界上滑模运动消失的充要条件为

$$\left.\begin{aligned}
\hbar_\alpha G^{(0,\alpha_k)}(\mathbf{x}_m, t_{m\mp}) &= \hbar_\alpha \mathbf{n}^{\mathrm{T}}_{\partial\Omega_{\alpha\beta}} \cdot \mathbf{F}^{(\alpha_k)}(\mathbf{x}_m, t_{m\mp}) = 0, \\
\hbar_\alpha G^{(1,\alpha_k)}(\mathbf{x}_m, t_{m\mp}) &= \hbar_\alpha \mathbf{n}^{\mathrm{T}}_{\partial\Omega_{\alpha\beta}} \cdot D\mathbf{F}^{(\alpha_k)}(\mathbf{x}_m, t_{m\mp}) < 0, \\
\hbar_\alpha G^{(0,\beta_l)}(\mathbf{x}_m, t_{m-}) &= \hbar_\alpha \mathbf{n}^{\mathrm{T}}_{\partial\Omega_{\alpha\beta}} \cdot \mathbf{F}^{(\beta_l)}(\mathbf{x}_m, t_{m-}) < 0,
\end{aligned}\right\} \tag{5.151}$$

其中

$$D\mathbf{F}^{(\alpha_k)}(\mathbf{x}, t) = (F_{\alpha_k}(\mathbf{x}, t), \nabla F_{\alpha_k}(\mathbf{x}, t) \cdot \mathbf{F}^{(\alpha_k)}(\mathbf{x}, t) + \partial_t F_{\alpha_k}(\mathbf{x}, t))^{\mathrm{T}}. \tag{5.152}$$

[348] 类似地, 根据文献 Luo (2005, 2006, 2008) (参见第二章), 当 $\mathbf{n}_{\partial\Omega_{\alpha\beta}} \to \Omega_\beta$ 时, 在分界上滑模运动出现的充要条件为

$$\left.\begin{aligned}
\hbar_\alpha G^{(0,\alpha_k)}(\mathbf{x}_m, t_{m\pm}) &= \hbar_\alpha \mathbf{n}^{\mathrm{T}}_{\partial\Omega_{\alpha\beta}} \cdot \mathbf{F}^{(\alpha_k)}(\mathbf{x}_m, t_{m\pm}) = 0, \\
\hbar_\alpha G^{(1,\alpha_k)}(\mathbf{x}_m, t_{m\pm}) &= \hbar_\alpha \mathbf{n}^{\mathrm{T}}_{\partial\Omega_{\alpha\beta}} \cdot D\mathbf{F}^{(\alpha_k)}(\mathbf{x}_m, t_{m\pm}) > 0, \\
\hbar_\alpha G^{(0,\beta_l)}(\mathbf{x}_m, t_{m-}) &= \hbar_\alpha \mathbf{n}^{\mathrm{T}}_{\partial\Omega_{\alpha\beta}} \cdot \mathbf{F}^{(\beta_l)}(\mathbf{x}_m, t_{m-}) < 0.
\end{aligned}\right\} \tag{5.153}$$

根据文献 Luo (2005, 2006, 2008), 在分界 $\partial\Omega_{\alpha\beta}$ 上擦边运动存在的充要条件为

$$
\left.
\begin{array}{l}
\hbar_\alpha G^{(0,\alpha_k)}(\mathbf{x}_m,t_{m\pm}) = \hbar_\alpha \mathbf{n}^{\mathrm{T}}_{\partial\Omega_{\alpha\beta}} \cdot \mathbf{F}^{(\alpha_k)}(\mathbf{x}_m,t_{m\pm}) = 0, \\
\hbar_\alpha G^{(1,\alpha_k)}(\mathbf{x}_m,t_{m\pm}) = \hbar_\alpha \mathbf{n}^{\mathrm{T}}_{\partial\Omega_{\alpha\beta}} \cdot D\mathbf{F}^{(\alpha_k)}(\mathbf{x}_m,t_{m\pm}) < 0,
\end{array}
\right\}
\tag{5.154}
$$

其中 $(\alpha \in \{1,2\}$ 和 $k \in \{1,2,3,\cdots\})$. 由于存在切换规则, 来流不能在自己的域内形成擦边流. 若流到达边界, 向量场必须切换. 仅仅当来流的起始点和终止点在同一边界的同一点上, 才能观察到擦边流. 因此, 在此不予讨论边界上的擦边流.

对于 $\alpha \in \{1,2\}$ 且 $k \in \{1,2,3,\cdots\}$, 在边界 $\partial\Omega_{\alpha\beta}$ 上折回运动存在的充要条件为

$$
\left.
\begin{array}{l}
\hbar_\alpha G^{(0,\alpha_k)}(\mathbf{x}_m,t_{m-}) = \hbar_\alpha \mathbf{n}^{\mathrm{T}}_{\partial\Omega_{\alpha\beta}} \cdot \mathbf{F}^{(\alpha_k)}(\mathbf{x}_m,t_{m-}) > 0, \\
\hbar_\alpha G^{(0,\alpha_l)}(\mathbf{x}_m,t_{m+}) = \hbar_\alpha \mathbf{n}^{\mathrm{T}}_{\partial\Omega_{\alpha\beta}} \cdot \mathbf{F}^{(\alpha_l)}(\mathbf{x}_m,t_{m+}) < 0,
\end{array}
\right\}
\tag{5.155}
$$

在域 Ω_α 内.

对于 $\alpha \in \{1,2\}$ 且 $k,l \in \{1,2,3,\cdots\}$, 在边界 $\partial\Omega_{\alpha\beta}$ 上 $(0:1)$ 型折回运动存在的充要条件为

$$
\left.
\begin{array}{l}
\hbar_\alpha G^{(0,\alpha_k)}(\mathbf{x}_m,t_{m-}) = \hbar_\alpha \mathbf{n}^{\mathrm{T}}_{\partial\Omega_{\alpha\beta}} \cdot \mathbf{F}^{(\alpha_k)}(\mathbf{x}_m,t_{m-}) > 0, \\
\hbar_\alpha G^{(0,\alpha_l)}(\mathbf{x}_m,t_{m+}) = \hbar_\alpha \mathbf{n}^{\mathrm{T}}_{\partial\Omega_{\alpha\beta}} \cdot \mathbf{F}^{(\alpha_l)}(\mathbf{x}_m,t_{m+}) = 0, \\
\hbar_\alpha G^{(1,\alpha_l)}(\mathbf{x}_m,t_{m+}) = \hbar_\alpha \mathbf{n}^{\mathrm{T}}_{\partial\Omega_{\alpha\beta}} \cdot D\mathbf{F}^{(\alpha_l)}(\mathbf{x}_m,t_{m+}) < 0,
\end{array}
\right\}
\tag{5.156}
$$

在域 Ω_α 内.

$$
D\mathbf{F}^{(\alpha_k)}(\mathbf{x},t) = \left(F_{\alpha_k}(\mathbf{x},t), \nabla F_{\alpha_k}(\mathbf{x},t) \cdot \mathbf{F}^{(\alpha_k)}(\mathbf{x},t) + \frac{\partial F_{\alpha_k}(\mathbf{x},t)}{\partial t} \right)^{\mathrm{T}}.
\tag{5.157}
$$

对于 $\alpha \in \{1,2\}$ 且 $k,l \in \{1,2,3,\cdots\}$, 在边界 $\partial\Omega_{\alpha\beta}$ 上 $(1:0)$ 型折回运动存在的充要条件为

$$
\left.
\begin{array}{l}
\hbar_\alpha G^{(0,\alpha_k)}(\mathbf{x}_m,t_{m-}) = \hbar_\alpha \mathbf{n}^{\mathrm{T}}_{\partial\Omega_{\alpha\beta}} \cdot \mathbf{F}^{(\alpha_k)}(\mathbf{x}_m,t_{m-}) = 0, \\
\hbar_\alpha G^{(1,\alpha_k)}(\mathbf{x}_m,t_{m-}) = \hbar_\alpha \mathbf{n}^{\mathrm{T}}_{\partial\Omega_{\alpha\beta}} \cdot D\mathbf{F}^{(\alpha_k)}(\mathbf{x}_m,t_{m+}) > 0, \\
\hbar_\alpha G^{(0,\alpha_l)}(\mathbf{x}_m,t_{m+}) = \hbar_\alpha \mathbf{n}^{\mathrm{T}}_{\partial\Omega_{\alpha\beta}} \cdot \mathbf{F}^{(\alpha_l)}(\mathbf{x}_m,t_{m+}) < 0,
\end{array}
\right\}
\tag{5.158}
$$

[349]

在域 Ω_α 内.

对于 $\alpha \in \{1,2\}$ 且 $k,l \in \{1,2,3,\cdots\}$, 在边界 $\partial\Omega_{\alpha\beta}$ 上 $(1:1)$ 型折回运动存在的充要条件为

$$\left.\begin{array}{l}\hbar_\alpha G^{(0,\alpha_k)}\left(\mathbf{x}_m, t_{m-}\right) = \hbar_\alpha \mathbf{n}_{\partial\Omega_{\alpha\beta}}^{\mathrm{T}} \cdot \mathbf{F}^{(\alpha_k)}\left(\mathbf{x}_m, t_{m-}\right) = 0, \\ \hbar_\alpha G^{(1,\alpha_k)}\left(\mathbf{x}_m, t_{m-}\right) = \hbar_\alpha \mathbf{n}_{\partial\Omega_{\alpha\beta}}^{\mathrm{T}} \cdot D\mathbf{F}^{(\alpha_k)}\left(\mathbf{x}_m, t_{m-}\right) > 0, \\ \hbar_\alpha G^{(0,\alpha_l)}\left(\mathbf{x}_m, t_{m+}\right) = \hbar_\alpha \mathbf{n}_{\partial\Omega_{\alpha\beta}}^{\mathrm{T}} \cdot \mathbf{F}^{(\alpha_l)}\left(\mathbf{x}_m, t_{m+}\right) = 0, \\ \hbar_\alpha G^{(1,\alpha_l)}\left(\mathbf{x}_m, t_{m+}\right) = \hbar_\alpha \mathbf{n}_{\partial\Omega_{\alpha\beta}}^{\mathrm{T}} \cdot D\mathbf{F}^{(\alpha_l)}\left(\mathbf{x}_m, t_{m+}\right) < 0,\end{array}\right\}\quad(5.159)$$

在域 Ω_α 内.

类似地, 可以得到具有高阶奇异性的折回流条件. 注意曲线边界上所有的条件都是不同的, 那些条件需要由 G-函数的定义推导出.

将方程 (5.140) 代入 (5.147), 得到

$$\mathbf{n}_{\partial\Omega_{12}} = \mathbf{n}_{\partial\Omega_{21}} = (a, b)^{\mathrm{T}}. \tag{5.160}$$

根据前面的方程来看, 法向量总是指向域 Ω_1 (即 $\mathbf{n}_{\partial\Omega_{12}} \to \Omega_1$), 因此

$$\begin{aligned} G^{(0,\alpha_k)}(\mathbf{x}_m, t_m) &= \mathbf{n}_{\partial\Omega_{\alpha\beta}}^{\mathrm{T}} \cdot \mathbf{F}^{(\alpha_k)}(\mathbf{x}_m, t_m) \\ &= ay_m + bF_{\alpha_k}(\mathbf{x}_m, t_m), \end{aligned} \tag{5.161}$$

$$\begin{aligned} G^{(1,\alpha_k)}(\mathbf{x}_m, t_m) &= \mathbf{n}_{\partial\Omega_{\alpha\beta}}^{\mathrm{T}} \cdot D\mathbf{F}^{(\alpha_k)}(\mathbf{x}_m, l_m) \\ &= aF_{\alpha_k}(\mathbf{x}_m, t_m) + b[\nabla F_{\alpha_k}(\mathbf{x}, t) \cdot \mathbf{F}^{(\alpha_k)}(\mathbf{x}, t) \\ &\quad + \frac{\partial F_{\alpha_k}(\mathbf{x}, t)}{\partial t}]_{(\mathbf{x}_m, t_m)}. \end{aligned} \tag{5.162}$$

根据方程 (5.146) 和 (5.160), 对于 $\alpha = 1, \beta = 2$ 且 $k, l \in \{1, 2, 3, \cdots\}$ 时, 边界上穿越运动的条件是

$$\left.\begin{array}{l}G^{(0,\alpha_k)}\left(\mathbf{x}_m, t_{m-}\right) < 0 \text{ 和 } G^{(0,\beta_l)}\left(\mathbf{x}_m, t_{m+}\right) < 0, \quad \Omega_\alpha \to \Omega_\beta; \\ G^{(0,\beta_k)}\left(\mathbf{x}_m, t_{m-}\right) > 0 \text{ 和 } G^{(0,\alpha_l)}\left(\mathbf{x}_m, t_{m+}\right) > 0, \quad \Omega_\beta \to \Omega_\alpha.\end{array}\right\}\quad(5.163)$$

根据方程 (5.148) 和 (5.160), 对于 $\alpha, \beta \in \{1, 2\}, \alpha \neq \beta$ 且 $k, l \in \{1, 2, 3, \cdots\}$ 时, 边界 $\partial\Omega_{\alpha\beta}$ 上 $(0:1)$ 型可穿越切运动的条件是

[350]
$$\left.\begin{array}{l}(-1)^\alpha G^{(0,\alpha_k)}(\mathbf{x}_m, t_{m-}) > 0; \\ G^{(0,\beta_l)}(\mathbf{x}_m, t_{m+}) = 0 \text{ 和 } (-1)^\alpha G^{(1,\beta_l)}(\mathbf{x}_m, t_{m+}) < 0,\end{array}\right\}\Omega_\alpha \to \Omega_\beta, \quad(5.164)$$

根据方程 (5.150) 和 (5.160), 对于 $\alpha = 1, \beta = 2$ 且 $k, l \in \{1, 2, 3, \cdots\}$ 时, 分界上滑模运动存在的条件是

$$G^{(0,\alpha_k)}\left(\mathbf{x}_m, t_{m-}\right) < 0 \text{ 和 } G^{(0,\beta_l)}\left(\mathbf{x}_m, t_{m-}\right) > 0. \tag{5.165}$$

根据方程 (5.151), 对于 $\alpha, \beta \in \{1, 2\}, \alpha \neq \beta$ 且 $k, l \in \{1, 2, 3, \cdots\}$ 时, 分界上滑模运动消失的条件是

$$\left.\begin{array}{l}(-1)^\alpha G^{(0,\alpha_k)}(\mathbf{x}_m, t_{m-}) > 0 \text{ 和 } G^{(0,\beta_l)}(\mathbf{x}_m, t_{m\mp}) = 0, \\ (-1)^\beta G^{(1,\beta_l)}(\mathbf{x}_m, t_{m\mp}) < 0, \text{ 从 } \partial\Omega_{12} \to \Omega_\beta(\alpha, \beta \in \{1, 2\});\end{array}\right\}\quad(5.166)$$

根据方程 (5.153), 对于 $\alpha, \beta \in \{1, 2\}$, $\alpha \neq \beta$ 且 $k, l \in \{1, 2, 3, \cdots\}$ 时, 切换边界上滑模运动出现的条件是

$$\left.\begin{array}{l} (-1)^{\alpha} G^{(0,\alpha_k)}(\mathbf{x}_m, t_{m-}) > 0 \text{ 和 } G^{(0,\beta_l)}(\mathbf{x}_m, t_{m\pm}) = 0, \\ (-1)^{\beta} G^{(1,\beta_l)}(\mathbf{x}_m, t_{m\pm}) < 0, \text{ 从 } \Omega_{\alpha} \to \partial\Omega_{12}(\alpha, \beta \in \{1, 2\}). \end{array}\right\} \quad (5.167)$$

根据方程 (5.155), 对于 $\alpha \in \{1, 2\}$ 且 $k, l \in \{1, 2, 3, \cdots\}$ 时, 边界 $\partial\Omega_{\alpha\beta}$ 上折回运动的条件是:

$$\begin{array}{l} (-1)^{\alpha} G^{(0,\alpha_k)}(\mathbf{x}_m, t_{m-}) > 0 \text{ 和 } (-1)^{\alpha} G^{(0,\alpha_l)}(\mathbf{x}_m, t_{m+}) < 0, \\ \text{在 } \Omega_{\alpha} \text{ 内.} \end{array} \quad (5.168)$$

根据方程 (5.156), 对于 $\alpha \in \{1, 2\}$ 且 $k, l \in \{1, 2, 3, \cdots\}$ 时, 边界 $\partial\Omega_{\alpha\beta}$ 上 $(0:1)$ 型折回运动的条件是

$$\left.\begin{array}{l} (-1)^{\alpha} G^{(0,\alpha_k)}(\mathbf{x}_m, t_{m-}) > 0, \\ G^{(0,\alpha_l)}(\mathbf{x}_m, t_{m+}) = 0 \text{ 和 } (-1)^{\alpha} G^{(1,\alpha_l)}(\mathbf{x}_m, t_{m+}) < 0, \\ \text{在 } \Omega_{\alpha} \text{ 内.} \end{array}\right\} \quad (5.169)$$

根据方程 (5.157), 对于 $\alpha \in \{1, 2\}$ 且 $k, l \in \{1, 2, 3, \cdots\}$ 时, 边界 $\partial\Omega_{\alpha\beta}$ 上 $(1:0)$ 型折回运动的条件是

$$\left.\begin{array}{l} G^{(0,\alpha_k)}(\mathbf{x}_m, t_{m-}) = 0 \text{ 和 } (-1)^{\alpha} G^{(1,\alpha_k)}(\mathbf{x}_m, t_{m-}) < 0, \\ (-1)^{\alpha} G^{(0,\alpha_l)}(\mathbf{x}_m, t_{m+}) < 0, \\ \text{在 } \Omega_{\alpha} \text{ 上.} \end{array}\right\} \quad (5.170)$$

根据方程 (5.159), 对于 $\alpha \in \{1, 2\}$ 且 $k, l \in \{1, 2, 3, \cdots\}$ 时, 边界 $\partial\Omega_{\alpha\beta}$ 上 $(1:1)$ 型折回运动的条件是

$$\left.\begin{array}{l} G^{(0,\alpha_k)}(\mathbf{x}_m, t_{m-}) = 0 \text{ 和 } (-1)^{\alpha} G^{(1,\alpha_k)}(\mathbf{x}_m, t_{m-}) < 0, \\ G^{(0,\alpha_l)}(\mathbf{x}_m, t_{m+}) = 0 \text{ 和 } (-1)^{\alpha} G^{(1,\alpha_l)}(\mathbf{x}_m, t_{m+}) < 0, \\ \text{在 } \Omega_{\alpha} \text{ 上.} \end{array}\right\} \quad (5.171)$$

5.7.2 数值演示

在每个域 Ω_{α} $(\alpha \in \{1, 2\})$ 内, 将初始条件选在边界上, 根据方程 (5.136) [351] 就能得到一个封闭解. 根据方程 (5.144) 中不连续动力系统的封闭解, 在图 5.48—5.50 绘制了分界上的折回流. 选取参数为 ($a = b = 1$, $c = 0$, $c_1 = 2$, $c_2 = 6$, $d_1 = d_2 = 0.01$, $Q_0 = 40$). 初始条件 $(\Omega t_i, x_i, y_i) = (4.8520, -0.2150, 1.2150)$, 且 $\Omega = 1.60$. 域 Ω_2 内折回流的相轨迹和 G-函数如图 5.48 ($\alpha = 1$ 且 $\beta = 2$) 所示. 在图 5.48(a) 中, 箭头方向表示流的方向. 圆圈符号表示流在边界上的切换. 在域 Ω_2 内能观察到流的折回现象, 并被标为 "折回".

在图 5.48(b) 中表示了边界上的 G-函数. 空心和实心的圆圈分别表示域 Ω_1 和 Ω_2 内的向量场. 令 $\alpha = 1, \beta = 2$. 对于起始点, 当 $G^{(0,\alpha_1)}_{\partial\Omega_{12}}(t_{m+}) > 0$ 且 $G^{(0,\beta_1)}_{\partial\Omega_{12}}(t_{m+}) > 0$, 流 $\mathbf{x}^{(\alpha_1)}$ 在域 Ω_1 内, 并且相应的 G-函数用实线表示. 然而, 基于 $\mathbf{x}^{(\alpha_1)}$ 的值, 对于 $\mathbf{x}^{(\beta_1)}$ 向量场的 G-函数用虚线表示, 因为这个 G-函数 是虚流. 若流 $\mathbf{x}^{(\alpha_1)}$ 触及边界, 且 $G^{(0,\alpha_1)}_{\partial\Omega_{12}}(t_{m-}) < 0$ 和 $G^{(0,\beta_1)}_{\partial\Omega_{12}}(t_{m-}) < 0$, 那 么流必须从域 Ω_1 穿越到域 Ω_2. 在方程 (5.138) 的控制律下, 边界上两个向量 场切换成两个新的向量场. 对于两个新向量场, G-函数为 $G^{(0,\alpha_2)}_{\partial\Omega_{12}}(t_{m+}) > 0$ 和 $G^{(0,\beta_2)}_{\partial\Omega_{12}}(t_{m+}) < 0$, 且流在域 Ω_2 内. 因此, 流 $\mathbf{x}^{(\beta_2)}$ 存在, 而且边界上的 G-函 数变成实流, 用实线表示. 对于向量场 $\mathbf{x}^{(\alpha_2)}$ 的 G-函数变成虚流, 并用虚线表 示. 若流 $\mathbf{x}^{(\beta_2)}$ 触及边界, 则 $G^{(0,\alpha_2)}_{\partial\Omega_{12}}(t_{m-}) > 0$ 且 $G^{(0,\beta_2)}_{\partial\Omega_{12}}(t_{m-}) > 0$. 不用任何 切换, 流将会穿过边界, 进入域 Ω_1 内. 然而, 在方程 (5.138) 的控制律下, 边 界上的两个向量场切换成两个新的向量场, G-函数满足 $G^{(0,\alpha_3)}_{\partial\Omega_{12}}(t_{m+}) < 0$ 和 $G^{(0,\beta_3)}_{\partial\Omega_{12}}(t_{m+}) < 0$. 在域 Ω_2 内会形成折回流, 从而出现一个新流 $\mathbf{x}^{(\beta_3)}$. 若流 $\mathbf{x}^{(\beta_3)}$ 触及边界, $G^{(0,\alpha_3)}_{\partial\Omega_{12}}(t_{m-}) > 0$ 且 $G^{(0,\beta_3)}_{\partial\Omega_{12}}(t_{m-}) > 0$, 那么流 $\mathbf{x}^{(\beta_3)}$ 将会穿 过边界, 从域 Ω_2 进入域 Ω_1 内. 在方程 (5.138) 的控制律下, 切换向量场的 G-函数为 $G^{(0,\alpha_4)}_{\partial\Omega_{12}}(t_{m+}) > 0$ 和 $G^{(0,\beta_4)}_{\partial\Omega_{12}}(t_{m+}) > 0$, 并且这些向量场与初始向量 场一样, 从而形成一个周期运动.

[353]   在图 5.49 中描绘了折回流的周期运动和边界上的 $(0:1)$ 型擦边流, 参数 $\Omega = 1.49$, 初始条件为 $(\Omega t_i, x_i, y_i) = (4.6458, -1.8672, 2.8672)$. 箭头方向为流 的方向. 圆圈符号表示在边界上的流切换. 在域 Ω_2 内能观察到流的折回现象, 并被标为 "折回". 简写字母 "(0:1) 穿越" 表示 $(0:1)$ 型可穿越切点. 通过局部放 大, 能够清楚地看到流穿过边界后与边界擦边. 图 5.49(b) 描述了折回流和可 穿越流的 G-函数. 空心和实心的圆圈分别表示域 Ω_1 和 Ω_2 内的向量场. 在起 始点时, $G^{(0,\alpha_1)}_{\partial\Omega_{12}}(t_{m+}) = 0$ 和 $G^{(0,\beta_1)}_{\partial\Omega_{12}}(t_{m+}) = 0$. 然而, 当 $G^{(0,\alpha_1)}_{\partial\Omega_{12}}(t_{m+\varepsilon}) > 0$ 且 $G^{(0,\beta_1)}_{\partial\Omega_{12}}(t_{m+\varepsilon}) > 0$ 时, 流 $\mathbf{x}^{(\alpha_1)}$ 在域 Ω_1 内与边界擦边, 且对应的 G-函数用实 线表示. 对于边界上的折回流和可穿越流, 相应向量场的 G-函数是一样的, 如 图 5.48 所示. 若流 $\mathbf{x}^{(\beta_3)}$ 触及边界, 则 $G^{(0,\alpha_3)}_{\partial\Omega_{12}}(t_{m-}) > 0$ 且 $G^{(0,\beta_3)}_{\partial\Omega_{12}}(t_{m-}) > 0$. 流 $\mathbf{x}^{(\beta_3)}$ 将会穿过边界, 从域 Ω_2 进入域 Ω_1 内. 在控制律下, 切换向量场 的 G-函数为 $G^{(0,\alpha_4)}_{\partial\Omega_{12}}(t_{m+}) = 0$ 和 $G^{(0,\beta_4)}_{\partial\Omega_{12}}(t_{m+}) = 0$, 且 $G^{(0,\alpha_4)}_{\partial\Omega_{12}}(t_{m+\varepsilon}) > 0$. $G^{(0,\beta_4)}_{\partial\Omega_{12}}(t_{m+\varepsilon}) > 0$ 意味着 $G^{(1,\alpha_4)}_{\partial\Omega_{12}}(t_{m+}) > 0$ 和 $G^{(1,\beta_4)}_{\partial\Omega_{12}}(t_{m+}) > 0$. 可穿越擦 边流为边界上的 $(0:1)$ 型可穿越切流. 这些向量场与初始向量场一样, 形成 了一个周期运动.

在图 5.50 中描绘了具有多个折回流的周期运动, 参数 $\Omega = 1.37$. 初始条 件为 $(\Omega t_i, x_i, y_i) = (4.3675, -2.0605, 3.0605)$, 相轨迹如图 5.50(a). 字母 "B"

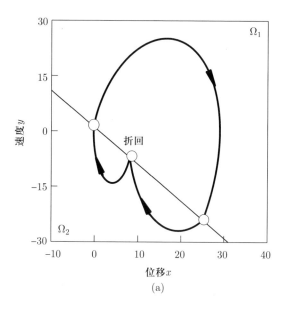

(a)

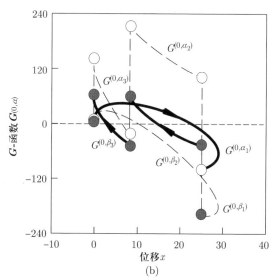

(b)

图 5.48 在下方域内边界上的折回流 ($\Omega = 1.60$): (a) 相轨迹, (b) 对于边界 $\partial\Omega_{12}$ 的 G-函数. 初始条件为 $(\Omega t_i, x_i, y_i) = (4.8520, -0.2150, 1.2150)$ ($a = b = 1, c = 0, c_1 = 2, c_2 = 6, d_1 = d_2 = 0.01, Q_0 = 40$) ($\alpha = 1, \beta = 2$)

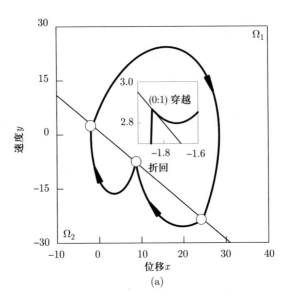

(a)

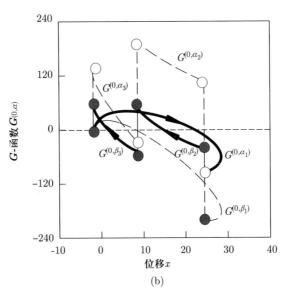

(b)

图 5.49　(0:1) 型可穿越擦边流 ($\Omega = 1.49$): (a) 相轨迹, (b) 对于边界 $\partial\Omega_{12}$ 的 G-函数. 初始条件为 $(\Omega t_i, x_i, y_i) = (4.6458, -1.8672, 2.8672)$. ($a = b = 1, c = 0, c_1 = 2, c_2 = 6, d_1 = d_2 = 0.01, Q_0 = 40$). 缩写 "$(0:1)$-穿越" 表示 $(0:1)$ 型可穿越擦边流 ($\alpha = 1, \alpha = 2$)

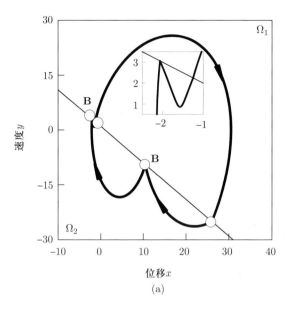

(a)

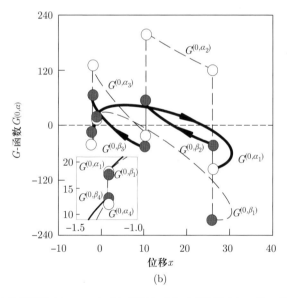

(b)

图 5.50 边界上的折回流 ($\Omega = 1.37$): (a) 相轨迹, (b) 对于边界 $\partial\Omega_{12}$ 的 G-函数. 初始条件为 $(\Omega t_i, x_i, y_i) = (4.3675, -2.0605, 3.0605)$ ($a = b = 1, c = 0, c_1 = 2, c_2 = 6, d_1 = d_2 = 0.01, Q_0 = 40$). 简写字母 "B" 表示折回流 ($\alpha = 1, \beta = 2$)

表示折回点. 周期运动的 G-函数如图 5.50(b). 对应于初始条件, 在域 Ω_1 内 $G^{(0,\alpha_1)}_{\partial\Omega_{12}}(t_{m+}) > 0$, $G^{(0,\beta_1)}_{\partial\Omega_{12}}(t_{m+}) > 0$. 流 $\mathbf{x}^{(\alpha_1)}$ 开始于域 Ω_1 并且继续在域 Ω_1 内运动. 关于 G-函数的讨论与图 5.48(b) 相同. 在域 Ω_2 内观察到两个折回流, 这表明边界上存在折回颤动现象.

通过这个例子, 展示了边界上的折回流现象. 如果在单个有界的域内存在多个向量场, 那么在切换规则作用下, 边界上折回流将会形成周期运动或者混沌. 此外, 也能观察到折回颤动现象. 这样的系统将成为一类具有任意向量场的一般撞击系统, 这或许意味着人们将发现一类新的切换系统及其相应的控制方法. 这类系统的复杂性将在以后进行讨论.

[356]

参 考 文 献

Luo, A.C.J., 2005, A theory for non-smooth dynamic systems on the connectable domains, Communications in Nonlinear Science and Numerical Simulation, **10**, 1–55.

Luo, A.C.J., 2006, Singularity and Dynamics on Discontinuous Vector Fields, Amsterdam: Elsevier.

Luo, A.C.J., 2008, A theory for flow switchability in discontinuous dynamical systems, Nonlinear Analysis: Hybrid Systems, **2**(4), 1030–1061.

第六章 域流的切换性与吸引性

本章将讨论域流在棱上的切换性与吸引性. 对棱进行了定义与分类, 且定
义了各域、边界、棱与拐点上的相应动力系统, 进而讨论域流对于指定棱的来
流、去流与相切流. 在切换准则下, 分析流从一个可到达域转向另一可到达域
时的切换性与可穿越性. 在不连续动力系统中, 引入凸边界和凹边界, 并通过
边界上凸棱的延伸引入镜像域的概念, 以及展示凹边界上流的横截擦边穿越
性. 引入等度量面, 进而讨论域流对于边界的吸引性. 进一步基于域内等度量
边界, 分析域流对于指定边界的吸引性. 最后, 讨论多值向量场下对于特定边
界的折回域流.

6.1 棱上的动力系统

在第二章中, 边界上的奇异集包括棱和顶点. 考虑一个子域 $\Omega_\alpha \subset \mathscr{R}^n$
($\alpha \in \mathscr{N}_{\mathscr{D}} = \{1, 2, \cdots, N_d\}$), 其对应的边界为 $\partial\Omega_{\alpha i_\alpha} \subset \mathscr{R}^{n-1}$ ($i_\alpha \in \mathscr{N}_{\alpha\mathscr{B}} \subset$
$\mathscr{N}_{\mathscr{B}} = \{1, 2, \cdots, N_b\}$). 域 Ω_α 内 $n - r$ 个线性不相关边界的交集组成了一个
r 维棱 (例如, Luo, 2005, 2006)

$$\mathscr{E}_{\sigma_r}^{(r)} \equiv \cap_{i_\alpha \in \mathscr{N}_{\alpha\mathscr{B}}} \partial\Omega_{\alpha i_\alpha} \subset \mathscr{R}^r, \ r = 0, 1, \cdots, n - 2. \tag{6.1}$$

对于一个 $n - 2$ 维棱, 至少要有两个边界曲面来构成两个或三个子域. 在线性
相关的边界下, 棱将连接多个域或边界. 考虑如图 6.1 所示的四个边界拥有一
个棱 $\mathscr{E}^{(n-2)}$, 其是边界 $\partial\Omega_{\alpha\beta}(\alpha, \beta \in \{i, j, k, l\}$ 且 $\alpha \neq \beta)$ 的交集, 用粗实线
表示.

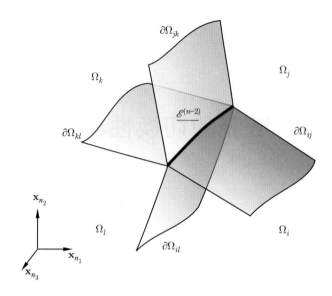

图 6.1　对应四个域的四个边界的一个 $n-2$ 维棱 $(n_1 + n_2 + n_3 = n)$

定义 6.1　对于一个不连续动力系统, 如果 $\partial\Omega_{\alpha\beta} \subset \mathscr{R}^{n-1}$ $(\alpha, \beta \in \{1, 2, \cdots, N_d\}, N_{n-1} \geqslant 2)$ 的 N_{n-1} 个边界具有一个共同棱, 形成 N_d 个子域, 且满足

$$\mathscr{E}^{(n-2)} = \cap_{\sigma_{n-1}=1}^{N_{n-1}} \mathscr{E}_{\sigma_{n-1}}^{(n-1)} = \cap_{\alpha=1}^{N_d} \cap_{\beta=1}^{N_d} \partial\Omega_{\alpha\beta} = \cap_{\alpha=1}^{N_d} \overline{\Omega}_\alpha \subset \mathscr{R}^{n-2}, \quad (6.2)$$

那么称共同棱为 $n-2$ 维棱.

将上述 $n-2$ 维棱的定义推广到 r 维棱 $(r = 0, 1, \cdots, n-2)$, 从而引入广义棱的概念.

定义 6.2　对于一个不连续动力系统, 如果 $\mathscr{E}_{\sigma_{r+1}}^{(r+1)}(\sigma_r) \subset \mathscr{R}^{r+1}$ $(\sigma_{r+1} = 1, 2, \cdots, N_{r+1}$ 和 $N_{r+1} \geqslant n-(r+1))$ 的 N_{r+1} 个边界具有一个共同棱 $\mathscr{E}_{\sigma_r}^{(r)}$, 且满足

$$\mathscr{E}_{\sigma_r}^{(r)} = \cap_{\sigma_{r+1}=1}^{N_{r+1}} \mathscr{E}_{\sigma_{r+1}}^{(r+1)}(\sigma_r) \subset \mathscr{R}^r, \quad (6.3)$$

那么称共同棱为 r 维棱, 其中 $r = 0, 1, 2, \cdots, n-2, n-1$. 存在以下三种特殊情况:

(i) 当 $r = n$ 时, r 维棱称为子域 $D \equiv \mathscr{E}^{(n)}$;

(ii) 当 $r = n-1$ 时, r 维棱称为边界 $B \equiv \mathscr{E}^{(n-1)}$;

(iii) 当 $r = 0$ 时, r 维棱称为顶点 $V \equiv \mathscr{E}^{(0)}$.

考虑如图 6.2 中用黑色曲线表示的五个边界 $\mathscr{E}_{\sigma_{n-2}}^{(n-2)}(\sigma_{n-2} = 1, 2, \cdots, 5)$ 拥有一个共同棱 $\mathscr{E}^{(n-3)}$. 实心圆圈表示五个边界的交集 $\mathscr{E}^{(n-3)}$. 由于所考虑

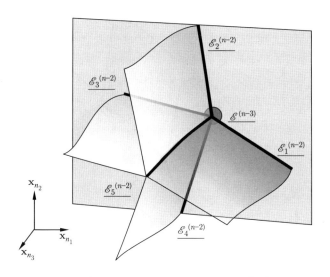

图 6.2　对应五个边界和五个域的 $n-2$ 维棱中的一个 $n-3$ 维棱. 实心圆圈是一个 $n-3$ 维棱, 竖向的墙面也是一个 $n-3$ 维棱, $n_1 + n_2 + n_3 = n$

的域 $\mathscr{R}^n$ 可被边界分割成多个子域, 那么在可到达域上可定义动力系统. 同样, 在棱上也可定义对应的动力系统. 边界的交点形成棱与顶点. 然而, 在顶点处, 动力系统独立于状态变量. 因此, 顶点可以是静态点, 也可以是时变点.

为了描述动力系统, 将对应域、边界以及棱上的流分别称作域流、边界流和棱流, 即域 Ω_α 内的流 $\mathbf{x}^{(\alpha;\mathscr{D})}$、边界 $\partial\Omega_{\alpha i_\alpha}$ 上的流 $\mathbf{x}^{(i_\alpha;\mathscr{B})}$ 以及棱 $\mathscr{E}_{\sigma_r}^{(r)}$ 上的流 $\mathbf{x}^{(\sigma_r;\mathscr{E})}$. 在相平面中, 静态顶点用 $\mathbf{x}^{(\sigma_0;\mathscr{V})} \equiv \mathbf{x}^{(\sigma_0;\mathscr{E})}$ 表示. 在图 6.3 和图 6.4 中描绘了这三种流. 在图 6.3 中, 棱 $\mathscr{E}^{(n-2)}$ 和 $\mathscr{E}^{(n-3)}$ 上的域流 $\mathbf{x}^{(\alpha;\mathscr{D})}$ 用带箭头的曲线表示. 在图 6.4 中, 分别描绘了包含棱 $\mathscr{E}^{(n-2)}$ 的边界 $\partial\Omega_{\alpha i_\alpha}$ 上的边界流 $\mathbf{x}^{(i_\alpha;\mathscr{B})}$, 以及包含棱 $\mathscr{E}^{(n-3)}$ 的棱 $\mathscr{E}_{\sigma_{n-2}}^{(n-2)}$ 上的边界流 $\mathbf{x}^{(\sigma_{n-2};\mathscr{E})}$. [361]

定义 6.3　$\mathscr{R}^n$ 空间中的不连续动力系统, 相空间被边界划分为

(C$_1$) N_d 个子域: $\Omega_\alpha \subset \mathscr{R}^n$ $(\alpha \in \mathscr{N}_{\mathscr{D}} = \{1, 2, \cdots, N_d\})$,

(C$_2$) N_b 个边界: $S_{i_\alpha} = \partial\Omega_{\alpha i_\alpha} \subset \mathscr{R}^{n-1}$ $(i_\alpha \in \mathscr{N}_{\mathscr{B}} = \{1, 2, \cdots, N_b\})$,

(C$_3$) N_r 个棱: $\mathscr{E}_{\sigma_r}^{(r)} \subset \mathscr{R}^r$ $(\sigma_r \in \mathscr{N}_{\mathscr{E}}^r = \{1, 2, \cdots, N_r\}, r \in \{1, 2, \cdots, n-2\})$,

(C$_4$) N_0 个顶点: $\mathscr{V}_{\sigma_0} \equiv \mathscr{E}_{\sigma_0}^{(0)} \subset \mathscr{R}^0$ $(\sigma_0 \in \mathscr{N}_{\mathscr{V}} = \{1, 2, \cdots, N_0\})$.

(i) 对于棱 $\mathscr{E}_{\sigma_r}^{(r)}$ 的可到达域内的动力系统定义为

$$\dot{\mathbf{x}}^{(\alpha;\mathscr{D})} = \mathbf{F}^{(\alpha)}(\mathbf{x}^{(\alpha;\mathscr{D})}, t, \mathbf{p}_\alpha), \text{ 在域 } \Omega_\alpha \text{ 内 } (\alpha \in \mathscr{N}_{\mathscr{D}}). \tag{6.4}$$

(ii) 对于棱 $\mathscr{E}_{\sigma_r}^{(r)}$ 的边界上的动力系统定义为

$$\dot{\mathbf{x}}^{(i_\alpha;\mathscr{B})} = \mathbf{F}^{(i_\alpha)}(\mathbf{x}^{(i_\alpha;\mathscr{B})}, t, \boldsymbol{\lambda}_{i_\alpha}),$$

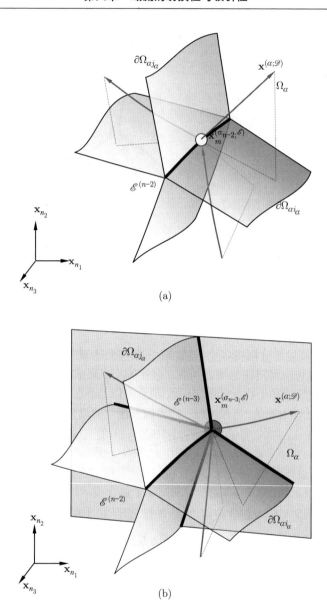

图 6.3　对于棱的可达到域内的域流 $\mathbf{x}^{(\alpha;\mathscr{D})}$: (a) $\mathscr{E}^{(n-2)}$ 和 (b) $\mathscr{E}^{(n-3)}$. 带箭头的实线表示可到达域内的流, 并在竖向墙面上绘出 $n-3$ 维棱. $(n_1 + n_2 + n_3 = n)$

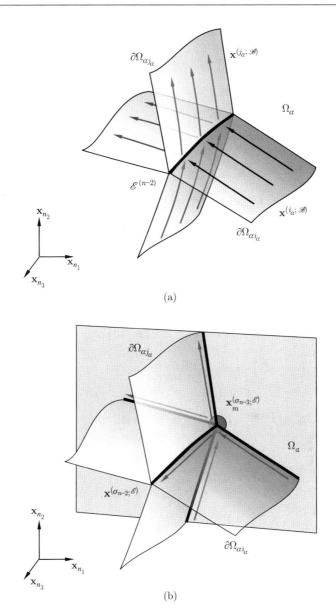

图 6.4 (a) 对于棱 $\mathscr{E}^{(n-2)}$ 的边界 $\partial\Omega_{\alpha i_\alpha}$ 上的边界流 $\mathbf{x}^{(i_\alpha;\mathscr{B})}$, (b) 对于棱 $\mathscr{E}^{(n-2)}_{\sigma_{n-2}}$ 的棱 $\mathscr{E}^{(n-3)}$ 上的棱流 $\mathbf{x}^{(\sigma_{n-2};\mathscr{E})}$. 带箭头的曲线表示边界流和棱流, 并在竖向墙面上表示了 $n-3$ 维棱

$$\varphi_{\alpha i_\alpha}(\mathbf{x}^{(i_\alpha;\mathscr{B})}, t, \boldsymbol{\lambda}_{i_\alpha}) = 0, \ \text{在} \ \partial\Omega_{\alpha i_\alpha} \ \text{上} \tag{6.5}$$

$$(\alpha \in \mathscr{N}_{\mathscr{D}}, i_\alpha \in \mathscr{N}_{\mathscr{B}}).$$

(iii) 对于棱 $\mathscr{E}_{\sigma_r}^{(r)}$, 棱 $\mathscr{E}_{\sigma_s}^{(s)}(\sigma_r)$ $(s > r)$ 上的动力系统定义为

$$\dot{\mathbf{x}}^{(\sigma_s;\mathscr{E})} = \mathbf{F}^{(\sigma_s)}(\mathbf{x}^{(\sigma_s;\mathscr{E})}, t, \boldsymbol{\pi}_{\sigma_s}),$$

$$\varphi_{\alpha i_\alpha}(\mathbf{x}^{(\sigma_s;\mathscr{E})}, t, \boldsymbol{\lambda}_{i_\alpha}) = 0 \ \text{在} \ \mathscr{E}_{\sigma_s}^{(s)}(\sigma_r) \ \text{上} \tag{6.6}$$

$$(\alpha \in \mathscr{N}_{\mathscr{D}}(\sigma_s) \subset \mathscr{N}_{\mathscr{D}}, i_\alpha \in \mathscr{N}_{\alpha\mathscr{B}} \subset \mathscr{N}_{\mathscr{B}};$$

$$\sigma_s \in \mathscr{N}_{\mathscr{E}}^s; s \in \{r+1, r+2, \cdots, n-2\}).$$

(iv) 棱 $\mathscr{E}_{\sigma_r}^{(r)}$ 上的动力系统为

$$\dot{\mathbf{x}}^{(\sigma_r;\mathscr{E})} = \mathbf{F}^{(\sigma_r)}(\mathbf{x}^{(\sigma_r;\mathscr{E})}, t, \boldsymbol{\pi}_{\sigma_r}),$$

$$\varphi_{\alpha i_\alpha}(\mathbf{x}^{(\sigma_r;\mathscr{E})}, t, \boldsymbol{\lambda}_{i_\alpha}) = 0 \ \text{在} \ \mathscr{E}_{\sigma_r}^{(r)} \ \text{上} \tag{6.7}$$

$$(\alpha \in \mathscr{N}_{\mathscr{D}}(\sigma_r) \subset \mathscr{N}_{\mathscr{D}}, i_\alpha \in \mathscr{N}_{\alpha\mathscr{B}} \subset \mathscr{N}_{\mathscr{B}};$$

$$\sigma_r \in \mathscr{N}_{\mathscr{E}}^r; r \in \{1, 2, \cdots, n-2\}).$$

(v) 顶点 $\mathscr{V}_{\sigma_0} \equiv \mathscr{E}_{\sigma_0}^{(0)}$ 上的动力系统为

[363]
$$\dot{\mathbf{x}}^{(\sigma_0;\mathscr{V})} = \mathbf{F}^{(\sigma_0)}(t, \boldsymbol{\pi}_{\sigma_0}),$$

$$\varphi_{\alpha i_\alpha}(\mathbf{x}^{(\sigma_0;\mathscr{V})}, t, \boldsymbol{\lambda}_{i_\alpha}) = 0 \ \text{在} \ \mathscr{E}_{\sigma_0} \ \text{上} \tag{6.8}$$

$$(\alpha \in \mathscr{N}_{\mathscr{D}}(\sigma_0) \subset \mathscr{N}_{\mathscr{D}}, i_\alpha \in \mathscr{N}_{\alpha\mathscr{B}} \subset \mathscr{N}_{\mathscr{B}}, \sigma_0 \in \mathscr{N}_{\mathscr{V}}).$$

此处为了简化, 定义 $\varphi_{\alpha i_\alpha}(\mathbf{x}^{(i_\alpha;\mathscr{B})}, t, \boldsymbol{\lambda}_{i_\alpha}) \equiv \varphi_{\alpha i_\alpha}(\mathbf{x}^{(\alpha i_\alpha)}, t, \boldsymbol{\lambda}_{\alpha i_\alpha})$. 对于没有编号的域和边界, 其上相应的动力系统的定义同前. 棱流对应的动力系统为

$$\dot{\mathbf{x}}^{(\sigma_r)} = \mathbf{F}^{(\sigma_r)}(\mathbf{x}^{(\sigma_r)}, t, \boldsymbol{\pi}_{\sigma_r}),$$

$$\varphi_{\alpha i_\alpha}(\mathbf{x}^{(\sigma_r)}, t, \boldsymbol{\lambda}_{i_\alpha}) = 0 \ \text{在} \ \mathscr{E}_{\sigma_r}^{(r)} \ \text{上} \tag{6.9}$$

$$(\sigma_r = 1, 2, \cdots, N_r; r = 1, 2, \cdots, n-2;$$

$$\alpha, i_\alpha \in \{1, 2, \cdots, N\}, i_\alpha \neq \alpha).$$

6.2　棱的分类与镜像域

利用两个边界的夹角讨论棱的分类, 同时, 通过对边界和棱的延伸引入虚边界和虚棱的概念.

定义 6.4　对于方程 (6.4)—(6.8) 定义的一个不连续动力系统, 在 t_m 时刻, 存在点 $\mathbf{x}^{(\sigma_r;\mathscr{E})}(t_m) \equiv \mathbf{x}_m \in \mathscr{E}_{\sigma_r}^{(r)}$ $(\sigma_r \in \mathscr{N}_{\mathscr{E}}^r = \{1, 2, \cdots, N_r\}, r \in$

$\{0,1,2,\cdots,n-2\}$),其对应边界为 $\partial\Omega_{\alpha i_\alpha}(\sigma_r)(\rho \in \mathscr{N}_{\mathscr{D}}(\sigma_r) \subset \mathscr{N}_{\mathscr{D}} = \{1,2,\cdots, N_d\})$,对应为域 $\Omega_\alpha(\sigma_r)$ $(i_\alpha \in \mathscr{N}_{\alpha\mathscr{B}}(\sigma_r) \subset \mathscr{N}_{\mathscr{B}} = \{1,2,\cdots,N_b\})$. 边界子集 $\mathscr{N}_{\alpha\mathscr{B}}(\sigma_r)$ 包含 n_{σ_r} 个元素 $(n_{\sigma_r} \geqslant n-r)$. 假定两个相邻边界 $\partial\Omega_{\alpha i_\alpha}$ 和 $\partial\Omega_{\alpha j_\alpha}$ 形成一个 $n-2$ 维的指定棱 $\mathscr{E}_{\sigma_r}^{(r)}$. 在域 Ω_α 内,两边界交点 $\mathbf{x}_m \in \mathscr{E}_{\sigma_r}^{(r)}$ 处的夹角定义为

$$\cos\theta_{i_\alpha j_\alpha} = -\frac{\mathbf{n}_{\partial\Omega_\alpha i_\alpha}^{\mathrm{T}} \cdot \mathbf{n}_{\partial\Omega_\alpha j_\alpha}}{|\mathbf{n}_{\partial\Omega_\alpha i_\alpha}| \times |\mathbf{n}_{\partial\Omega_\alpha j_\alpha}|} \tag{6.10}$$

域 Ω_α 内任意的 r 维棱是由全部相关的 $n-2$ 维棱相交定义的

$$\Theta_\alpha = \Theta_\alpha^{\mathscr{V}} \cup \Theta_\alpha^{\mathscr{C}} \text{ 和 } \Theta_\alpha^{\mathscr{V}} \cap \Theta_\alpha^{\mathscr{C}} = \varnothing, \tag{6.11}$$

其中 $n-2$ 维棱的凸集和凹集定义为 [364]

$$\begin{aligned}\Theta_\alpha^{\mathscr{V}} &= \{\theta_{i_\alpha j_\alpha} | \theta_{i_\alpha j_\alpha} \in (0,\pi), i_\alpha, j_\alpha \in \mathscr{N}_{\alpha\mathscr{B}}(\sigma_r)\}, \\ \Theta_\alpha^{\mathscr{C}} &= \{\theta_{i_\alpha j_\alpha} | \theta_{i_\alpha j_\alpha} \in (\pi,2\pi), i_\alpha, j_\alpha \in \mathscr{N}_{\alpha\mathscr{B}}(\sigma_r)\}.\end{aligned} \tag{6.12}$$

(i) 两个边界 $\partial\Omega_{\alpha i_\alpha}$ 与 $\partial\Omega_{\alpha j_\alpha}$ 间的 $n-2$ 维棱在点 $\mathbf{x}_m \in \mathscr{E}_{\sigma_{n-2}}^{(n-2)}$ 处,如果满足

$$\theta_{i_\alpha j_\alpha} = 0, i_\alpha, j_\alpha \in \mathscr{N}_{\alpha\mathscr{B}}(\sigma_r), \tag{6.13}$$

那么称这样的棱为折叠棱.

(ii) 两个边界 $\partial\Omega_{\alpha i_\alpha}$ 与 $\partial\Omega_{\alpha j_\alpha}$ 间的 $n-2$ 维棱在点 $\mathbf{x}_m \in \mathscr{E}_{\sigma_{n-2}}^{(n-2)}$ 处,如果满足

$$\theta_{i_\alpha j_\alpha} = \pi, i_\alpha, j_\alpha \in \mathscr{N}_{\alpha\mathscr{B}}(\sigma_r), \tag{6.14}$$

那么称这样的棱为平坦棱.

(iii) 两个边界 $\partial\Omega_{\alpha i_\alpha}$ 与 $\partial\Omega_{\alpha j_\alpha}$ 间的 $n-2$ 维棱在点 $\mathbf{x}_m \in \mathscr{E}_{\sigma_{n-2}}^{(n-2)}$ 处,如果满足

$$\theta_{i_\alpha j_\alpha} \in (0,\pi), i_\alpha, j_\alpha \in \mathscr{N}_{\alpha\mathscr{B}}(\sigma_r), \tag{6.15}$$

那么称这样的棱为凸棱.

(iv) 两个边界 $\partial\Omega_{\alpha i_\alpha}$ 与 $\partial\Omega_{\alpha j_\alpha}$ 间的 $n-2$ 维棱在点 $\mathbf{x}_m \in \mathscr{E}_{\sigma_{n-2}}^{(n-2)}$ 处,如果满足

$$\theta_{i_\alpha j_\alpha} \in (\pi,2\pi), i_\alpha, j_\alpha \in \mathscr{N}_{\alpha\mathscr{B}}(\sigma_r), \tag{6.16}$$

那么称这样的棱为凹棱.

(v) 域 Ω_α 内的 r 维棱,如果满足

$$\theta_{i_\alpha j_\alpha} \in \Theta_\alpha^{\mathscr{V}}, i_\alpha, j_\alpha \in \mathscr{N}_{\alpha\mathscr{B}}(\sigma_r), \tag{6.17}$$

那么称这样的棱为凸棱.

(vi) 域 Ω_α 内的 r 维棱, 如果满足

$$\theta_{i_\alpha j_\alpha} \in \Theta_\alpha^{\mathscr{C}}, i_\alpha, j_\alpha \in \mathscr{N}_{\alpha\mathscr{B}}(\sigma_r), \tag{6.18}$$

那么称这样的棱为凹棱.

(vii) 域 Ω_α 内的 r 维棱, 如果满足

$$\begin{aligned}
&\theta_{i_\alpha j_\alpha} \in \Theta_\alpha^{\mathscr{V}} \cup \Theta_\alpha^{\mathscr{C}}, \Theta_\alpha^{\mathscr{V}} \neq \varnothing \text{ 和 } \Theta_\alpha^{\mathscr{C}} \neq \varnothing, \\
&i_\alpha, j_\alpha \in \mathscr{N}_{\alpha\mathscr{B}}(\sigma_r),
\end{aligned} \tag{6.19}$$

那么称这样的棱为凹凸棱.

(viii) 如果 r 维棱是凸的, 那么域在该棱上是凸的.

(ix) 如果 r 维棱是凹的, 那么域在该棱上是凹的.

(x) 如果 r 维棱是凹凸的, 那么域在该棱上是凹凸的.

[365]　　　为了描述上述定义, 在图 6.5(a) 和 (b) 分别给出了两个 $n-1$ 维边界间的一个 $n-2$ 维棱和一个 $n-3$ 维棱. 边界 $\partial\Omega_{\alpha i_\alpha}$ 与 $\partial\Omega_{\alpha j_\alpha}$ 在点 $\mathbf{x}_m \in \mathscr{E}^{(n-2)}$ 处的棱的夹角 $\theta_{i_\alpha j_\alpha}$ 可以通过两个边界的法向量夹角表示. 如果在两个边界的共同棱处夹角为 $\theta_{i_\alpha j_\alpha} = 0$, 那么两个边界在共同棱处可折叠; 如果两个边界没有共同棱且夹角 $\theta_{i_\alpha j_\alpha} = 0$, 那么两个边界反向平行; 如果两个边界有共同棱且夹角 $\theta_{i_\alpha j_\alpha} = \pi$, 那么两个边界在点 $\mathbf{x}_m \in \mathscr{E}^{(n-2)}$ 处无棱; 如果两个边界没有共同棱且夹角 $\theta_{i_\alpha j_\alpha} = \pi$, 那么两个边界平行; 如果两个边界夹角 $\theta_{i_\alpha j_\alpha} \in (0, \pi)$, 那么域棱为凸棱, 如图 6.5(a) 所示; 如果 $\theta_{i_\alpha j_\alpha} \in (\pi, 2\pi)$, 那么域棱为凹棱. 换句话说, 图 6.5(a) 中的棱是补集域 Ω_α 的一个凹棱, 图 6.5(b) 中域 Ω_α 的 $n-3$ 维凹棱是三个 $n-2$ 维凹棱的交集, 也是补集域 Ω_α 的补集, 并描绘了 $n-2$ 维凸棱的三个夹角. 图 6.6 表示了由两个凸棱与一个凹棱组成的 $n-3$ 维凹凸棱. 阴影部分表示三个 $n-1$ 维边界, 三个棱角分别为 $\theta_{k_\alpha j_\alpha}, \theta_{k_\alpha i_\alpha} \in (0, \pi)$, $\theta_{i_\alpha j_\alpha} \in (\pi, 2\pi)$. 然而在补集域中, 这三个棱为两个凹棱和一个凸棱.

定义 6.5　对于方程 (6.4)—(6.8) 定义的一个不连续动力系统, 在 t_m 时刻, 存在点 $\mathbf{x}^{(\sigma_r; \mathscr{E})}(t_m) \equiv \mathbf{x}_m \in \mathscr{E}_{\sigma_r}^{(r)}$ ($\sigma_r \in \mathscr{N}_{\mathscr{E}}^r = \{1, 2, \cdots, N_r\}$, $r \in \{0, 1, 2, \cdots, n-2\}$), 其对应边界为 $\partial\Omega_{\alpha i_\alpha}(\sigma_r)$ ($\alpha \in \mathscr{N}_{\mathscr{D}}(\sigma_r) \subset \mathscr{N}_{\mathscr{D}} = \{1, 2, \cdots, N_d\}$), 对应域为 $\Omega_\alpha(\sigma_r)$ ($i_\alpha \in \mathscr{N}_{\alpha\mathscr{B}}(\sigma_r) \subset \mathscr{N}_{\mathscr{B}} = \{1, 2, \cdots, N_b\}$). 边界子集 $\mathscr{N}_{\alpha\mathscr{B}}(\sigma_r)$ 包含 n_{σ_r} 个元素 ($n_{\sigma_r} \geqslant n-r$).

(i) 对于域 Ω_α 内凹棱 σ_r, 其有限边界 $\partial\Omega_{\alpha i_\alpha}$ 的延伸称作虚边界 $\partial\overline{\Omega}_{\alpha i_\alpha}$.

(ii) 对于域 Ω_α 内凸棱 σ_r, 其棱 $\mathscr{E}_{\sigma_s}^{(s)}$ ($s = r+1, r+2, \cdots, n-2$) 的延伸称作虚棱 $\mathscr{E}_{\overline{\sigma}_s}^{(s)}$.

(iii) 对于凹域 Ω_β 内凸棱 σ_r, 其对应域的延伸称作凸棱 σ_r 的一个全镜像虚域 (即 $\Omega_\alpha^{\mathscr{FM}}$).

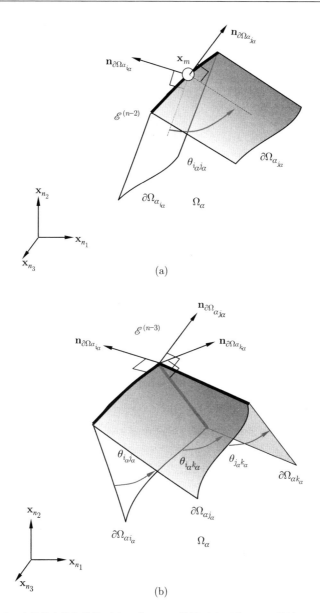

图 6.5   域 Ω_α 内棱的夹角和凸棱: (a) 一个 $n-2$ 维棱, (b) 一个 $n-3$ 维棱. $\theta_{i_\alpha j_\alpha}$ 为两个边界 $\partial\Omega_{\alpha i_\alpha}$ 和 $\partial\Omega_{\alpha j_\alpha}$ 的夹角. 阴影部分表示 $n-1$ 维边界. 粗曲线表示 $n-2$ 维棱. 角点表示 $n-3$ 棱

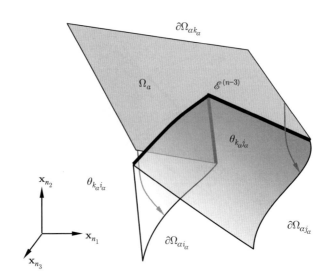

图 6.6　凹凸棱. $\theta_{i_\alpha j_\alpha}$ 为两个边界 $\partial\Omega_{\alpha i_\alpha}$ 和 $\partial\Omega_{\alpha j_\alpha}$ 的夹角. 阴影部分表示 $n-1$ 维边界. 粗曲线表示 $n-2$ 维棱. $n-3$ 维棱由两个凸棱和一个凹棱形成

[367]　　　　(iv) 在凹域 Ω_β 内, 域 Ω_α 的全镜像虚域的补集称作在凸棱 σ_r (即 $\Omega_\beta^{\mathscr{SM}}$) 上的自镜像虚域, 其中 $\Omega_\beta = \Omega_\beta^{\mathscr{SM}} \cup \Omega_\alpha^{\mathscr{FM}}$.

　　　为了解释上述定义, 图 6.7(a) 和 (b) 分别描绘了一个 $n-2$ 维凸棱和一个 $n-3$ 维凸棱, 同时还标出了对应的镜像虚域. 在图 6.7(a) 中, Ω_α 的凸棱边界 $\partial\Omega_{\alpha i_\alpha}$ 与 $\partial\Omega_{\alpha j_\alpha}$ 延伸至 Ω_β 的凹棱内, 延伸部分用 $\partial\overline{\Omega}_{\alpha i_\alpha}$ 和 $\partial\overline{\Omega}_{\alpha j_\alpha}$ 标注, 在图中用虚线表示. Ω_β 的凹棱两个边界组成了域 Ω_α 的一个全镜像域 $\Omega_\alpha^{\mathscr{FM}}$. 凹域 Ω_β 分为三部分, 其余两部分为自镜像域. 在镜像域中一个到达棱的流必须切换, 而在 Ω_β 中自镜像域的流无需切换规则即能穿越对应的自相关域. 在图 6.7(b) 中, 用虚线表示 $n-3$ 维凸棱的一个镜像虚域, 而三个 $n-2$ 维凸棱的 $n-3$ 维凸棱用顶点表示. 该镜像虚域位于相应的凹域内, 且其中的流需要[369] 在 $n-3$ 维凸棱上切换. 然而, 在凹域剩余部分中的流无需切换规则就能穿越 $n-3$ 维凸棱.

　　　除了凸棱, 还有一个凹凸棱, 对应的镜像域如图 6.8 所示. 图 6.8(a) 描绘了拥有三个 $n-2$ 维棱的域 Ω_α 和 Ω_β, 以及一个 $n-3$ 维棱, 其中 $n-3$ 维棱由两个凸棱和一个凹棱组成, 该凸棱子域的镜像域包含于 Ω_α 内. 假定一个域被延伸的边界 (即 $\Omega_\alpha = \cup_{\alpha_1} \Omega_{\alpha_1}$) 分为多个子域. 在图 6.8(a) 中, 假定 Ω_{α_1} 是一个特殊凸棱域, 其镜像域也包含于 Ω_α (即 $\Omega_{\alpha_1}^{\mathscr{FM}}$) 内, 而 Ω_α 剩余域的镜像域在 Ω_β 内, 也就是说, Ω_β 的镜像域包含于 Ω_α 内. 在图 6.8(b) 中, 用 $n-3$ 维凹凸棱表示复杂的虚镜像域, 其分布在域 Ω_α 和 Ω_β 内. 如果一个子域与其镜像域不在同一个域内, 那么处于域内或者其镜像域中的流在棱处需

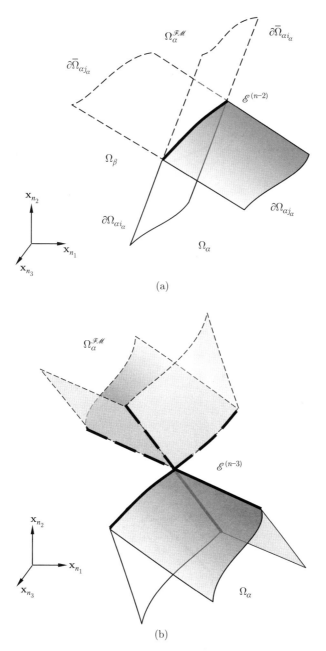

(a)

(b)

图 6.7   边界和棱的虚延伸: (a) $n-2$ 维凸棱, (b) $n-3$ 维凸棱. 阴影部分表示边界, 粗曲线表示 $n-2$ 维棱. 角点表示 $n-3$ 维棱. 虚的镜像域用虚线表示

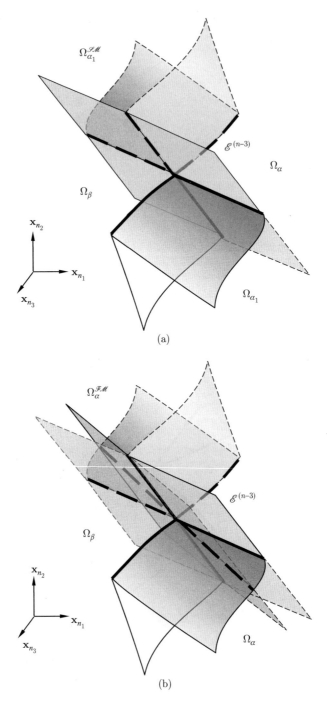

图 6.8　$n-3$ 维凹凸棱 (a) 虚自镜像域, (b) 虚缩放镜像域, 阴影部分表示边界, 粗曲线表示
$n-2$ 维棱. 角点表示 $n-3$ 维棱. 自镜像域用虚线表示

要切换, 反之, 如果它们在同一域内, 那么处于域内或者其镜像域中的流在棱处能够穿越.

6.3 域流对于凸棱的性质

在 6.2 节中, 对不连续动力系统中的棱进行了分类, 即分为凸棱、凹棱和凹凸棱. 下面首先讨论域流到达凸棱、离开凸棱以及与凸棱相切的问题, 再进一步讨论域流对凹棱的可穿越性. 由于在棱附近有多个子域, 一旦某个可到达子域内的流到达棱, 那么该域流有更多机会切换到另一个可到达域内. 因此, 这里需要一个规则来实现这样的切换. 根据到达边界的域流的可穿越条件, 可以推导到达指定棱域流的可穿越条件. 在讨论到达棱上域流可穿越性的问题之前, 先介绍棱上的来流、去流及擦边流. 在图 6.9 和图 6.10 中, 分别表示了棱 $\mathscr{E}^{(n-2)}$ 和棱 $\mathscr{E}^{(n-3)}$ 上的来流与去流 $\mathbf{x}^{(\alpha;\mathscr{E})}$. 带箭头的曲线表示域内的来流和去流. 此外, 图 6.11 描绘了与棱 $\mathscr{E}^{(n-2)}$ 相切的域流, 其也被称作擦边域流. 擦边域流的存在要求该域流与所有与棱相连的边界擦边.

定义 6.6 对于方程 (6.4)—(6.8) 定义的不连续动力系统, 在 t_m 时 [373] 刻, 存在点 $\mathbf{x}^{(\sigma_r;\mathscr{E})}(t_m) \equiv \mathbf{x}_m \in \mathscr{E}^{(r)}_{\sigma_r}$ ($\sigma_r \in \mathscr{N}^r_{\mathscr{E}} = \{1, 2, \cdots, N_r\}$, $r \in \{0, 1, 2, \cdots, n-2\}$), 其对应边界为 $\partial\Omega_{\alpha i_\alpha}(\sigma_r)$ ($\alpha \in \mathscr{N}_{\mathscr{D}}(\sigma_r) \subset \mathscr{N}_{\mathscr{D}} = \{1, 2, \cdots, N_d\}$), 相应的域为 $\Omega_\alpha(\sigma_r)$ ($i_\alpha \in \mathscr{N}_{\alpha\mathscr{B}}(\sigma_r) \subset \mathscr{N}_{\mathscr{B}} = \{1, 2, \cdots, N_b\}$). 边界子集 $\mathscr{N}_{\alpha\mathscr{B}}(\sigma_r)$ 包含 n_{σ_r} 个元素 ($n_{\sigma_r} \geqslant n - r$). 对于任意小的 $\varepsilon > 0$, 存在两个区间 $[t_{m-\varepsilon}, t_m)$ 和 $(t_m, t_{m+\varepsilon}]$. 对于时间 t, 流 $\mathbf{x}^{(\alpha;\mathscr{D})}(t)$ 为 $C^{r_\alpha}_{[t_{m-\varepsilon}, t_m)}$ 或者 $C^{r_\alpha}_{(t_m, t_{m+\varepsilon}]}$ 连续的 ($r_\alpha \geqslant 0$ 或 $r_\alpha \geqslant 1$), 且 $\|d^{r_\alpha+1}\mathbf{x}^{(\alpha;\mathscr{D})}/dt^{r_\alpha+1}\| < \infty$.

(i) 域 Ω_α 内的流 $\mathbf{x}^{(\alpha;\mathscr{D})}(t)$ 在点 $\mathbf{x}_m \in \mathscr{E}^{(r)}_{\sigma_r}$ 处, 如果满足

$$\hbar_{i_\alpha}\mathbf{n}^{\mathrm{T}}_{\partial\Omega_{\alpha i_\alpha}}(\mathbf{x}^{(i_\alpha;\mathscr{B})}_{m-\varepsilon}) \cdot [\mathbf{x}^{(i_\alpha;\mathscr{B})}_{m-\varepsilon} - \mathbf{x}^{(\alpha;\mathscr{D})}_{m-\varepsilon}] < 0, \quad i_\alpha \in \mathscr{N}_{\alpha\mathscr{B}}(\sigma_r), \tag{6.20}$$

那么称该域流对于棱 $\mathscr{E}^{(r)}_{\sigma_r}$ 为来流.

(ii) 域 Ω_α 内的流 $\mathbf{x}^{(\alpha;\mathscr{D})}(t)$ 在点 $\mathbf{x}_m \in \mathscr{E}^{(r)}_{\sigma_r}$ 处, 如果满足

$$\hbar_{i_\alpha}\mathbf{n}^{\mathrm{T}}_{\partial\Omega_{\alpha i_\alpha}}(\mathbf{x}^{(i_\alpha;\mathscr{B})}_{m+\varepsilon}) \cdot [\mathbf{x}^{(\alpha;\mathscr{D})}_{m+\varepsilon} - \mathbf{x}^{(i_\alpha;\mathscr{B})}_{m+\varepsilon}] > 0, \quad i_\alpha \in \mathscr{N}_{\alpha\mathscr{B}}(\sigma_r), \tag{6.21}$$

那么称该域流对于棱 $\mathscr{E}^{(r)}_{\sigma_r}$ 为去流.

(iii) 对于棱 $\mathscr{E}^{(r)}_{\sigma_r}$ 的域 Ω_α 内的域流 $\mathbf{x}^{(\alpha;\mathscr{D})}(t)$ 在点 $\mathbf{x}_m \in \mathscr{E}^{(r)}_{\sigma_r}$ 处, 如果满足

$$\left.\begin{aligned} &\hbar_{i_\alpha}G^{(\alpha;\mathscr{D})}_{\partial\Omega_{\alpha i_\alpha}}(\mathbf{x}_m, t_{m\pm}, \mathbf{p}_\alpha, \boldsymbol{\lambda}_{i_\alpha}) = 0; \\ &\hbar_{i_\alpha}\mathbf{n}^{\mathrm{T}}_{\partial\Omega_{\alpha i_\alpha}}(\mathbf{x}^{(i_\alpha;\mathscr{B})}_{m-\varepsilon}) \cdot [\mathbf{x}^{(i_\alpha;\mathscr{B})}_{m-\varepsilon} - \mathbf{x}^{(\alpha;\mathscr{D})}_{m-\varepsilon}] < 0, \\ &\hbar_{i_\alpha}\mathbf{n}^{\mathrm{T}}_{\partial\Omega_{\alpha i_\alpha}}(\mathbf{x}^{(i_\alpha;\mathscr{B})}_{m+\varepsilon}) \cdot [\mathbf{x}^{(\alpha;\mathscr{D})}_{m+\varepsilon} - \mathbf{x}^{(i_\alpha;\mathscr{B})}_{m+\varepsilon}] > 0, \end{aligned}\right\} i_\alpha \in \mathscr{N}_{\alpha\mathscr{B}}(\sigma_r), \tag{6.22}$$

[374]

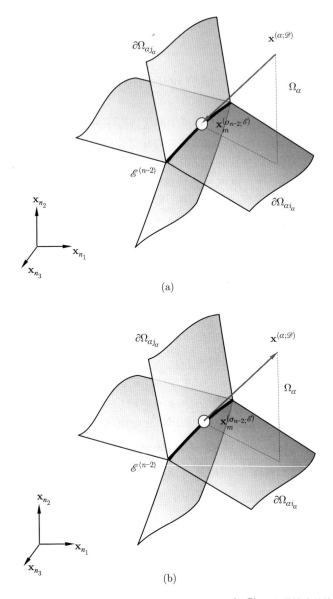

图 6.9　棱 $\mathscr{E}^{(n-2)}$ 上可到达域内一个来流 (a) 和一个去流 $\mathbf{x}^{(\alpha;\mathscr{D})}$ (b). 带箭头的线表示可到达域内的来流和去流 $(n_1 + n_2 + n_3 = n)$

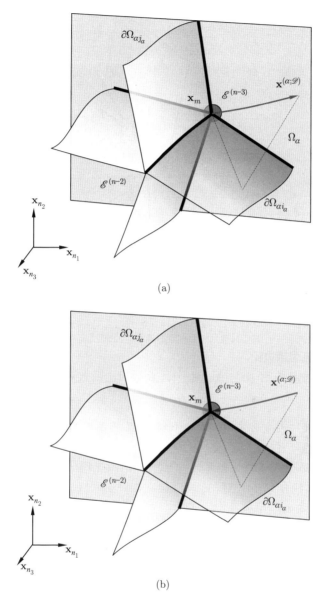

图 6.10   棱 $\mathscr{E}^{(n-3)}$ 上可到达域内一个来流 $\mathbf{x}^{(\alpha;\mathscr{D})}$ (a) 和一个去流 $\mathbf{x}^{(\alpha;\mathscr{D})}$ (b). 带箭头的实线
表示可到达域内的域流, 并在竖向墙面上, 标注了 $n-3$ 维棱 $(n_1 + n_2 + n_3 = n)$

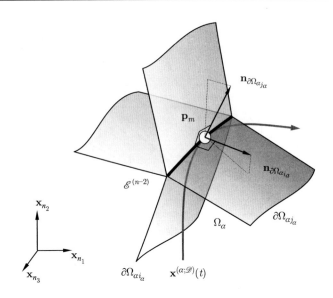

图 6.11　与棱 $\mathscr{E}^{(n-2)}$ 相切的可到达域流 $\mathbf{x}^{(\alpha;\mathscr{D})}$. 带箭头的灰色曲线表示可到达域内的擦边流 $(n_1 + n_2 + n_3 = n)$

那么称该域流为擦边流.

　　根据上述定义, 下面与第三章一样, 将要讨论棱上来流、去流与擦边流的充要条件.

　　定理 6.1　对于方程 (6.4)—(6.8) 定义的不连续动力系统, 在 t_m 时刻, 存在点 $\mathbf{x}^{(\sigma_r;\mathscr{E})}(t_m) \equiv \mathbf{x}_m \in \mathscr{E}_{\sigma_r}^{(r)}$ ($\sigma_r \in \mathscr{N}_{\mathscr{E}}^r = \{1, 2, \cdots, N_r\}$, $r \in \{0, 1, 2, \cdots, n-2\}$), 其对应边界为 $\partial\Omega_{\alpha i_\alpha}(\sigma_r)$ ($\alpha \in \mathscr{N}_{\mathscr{D}}(\sigma_r) \subset \mathscr{N}_{\mathscr{D}} = \{1, 2, \cdots, N_d\}$), 相应的域为 $\Omega_\alpha(\sigma_r)$ ($i_\alpha \in \mathscr{N}_{\alpha\mathscr{B}}(\sigma_r) \subset \mathscr{N}_{\mathscr{B}} = \{1, 2, \cdots, N_b\}$). 边界子集 $\mathscr{N}_{\alpha\mathscr{B}}(\sigma_r)$ 包含 n_{σ_r} 个元素 ($n_{\sigma_r} \geqslant n - r$). 对于任意小的 $\varepsilon > 0$, 存在两个时间区间 $[t_{m-\varepsilon}, t_m)$ 和 $(t_m, t_{m+\varepsilon}]$. 对于时间 t, 域流 $\mathbf{x}^{(\alpha;\mathscr{D})}(t)$ 为 $C_{[t_{m-\varepsilon},t_m)}^{r_\alpha}$ 或者 $C_{(t_m,t_{m+\varepsilon}]}^{r_\alpha}$ 连续的 ($r_\alpha \geqslant 1$ 或 $r_\alpha \geqslant 2$), 且 $\|d^{r_\alpha+1}\mathbf{x}^{(\alpha;\mathscr{D})}/dt^{r_\alpha+1}\| < \infty$.

　　(i) 对于棱 $\mathscr{E}_{\sigma_r}^{(r)}$ 的域 Ω_α 内的流 $\mathbf{x}^{(\alpha;\mathscr{D})}(t)$ 在点 $\mathbf{x}_m \in \mathscr{E}_{\sigma_r}^{(r)}$ 处为来流, 当且仅当

$$\hbar_{i_\alpha} G_{\partial\Omega_{\alpha i_\alpha}}^{(\alpha;\mathscr{D})}(\mathbf{x}_m, t_{m-}, \mathbf{p}_\alpha, \boldsymbol{\lambda}_{i_\alpha}) < 0, \quad i_\alpha \in \mathscr{N}_{\alpha\mathscr{B}}(\sigma_r). \tag{6.23}$$

　　(ii) 对于棱 $\mathscr{E}_{\sigma_r}^{(r)}$ 的域 Ω_α 内的流 $\mathbf{x}^{(\alpha;\mathscr{D})}(t)$ 在点 $\mathbf{x}_m \in \mathscr{E}_{\sigma_r}^{(r)}$ 处为去流, 当且仅当

$$\hbar_{i_\alpha} G_{\partial\Omega_{\alpha i_\alpha}}^{(\alpha;\mathscr{D})}(\mathbf{x}_m, t_{m+}, \mathbf{p}_\alpha, \boldsymbol{\lambda}_{i_\alpha}) > 0, \quad i_\alpha \in \mathscr{N}_{\alpha\mathscr{B}}(\sigma_r). \tag{6.24}$$

　　(iii) 对于棱 $\mathscr{E}_{\sigma_r}^{(r)}$ 的域 Ω_α 内的流 $\mathbf{x}^{(\alpha;\mathscr{D})}(t)$ 在点 $\mathbf{x}_m \in \mathscr{E}_{\sigma_r}^{(r)}$ 处为擦边流,

当且仅当

$$
\left.\begin{array}{l}
\hbar_{i_\alpha} G_{\partial\Omega_{\alpha i_\alpha}}^{(\alpha;\mathscr{D})}(\mathbf{x}_m, t_{m\pm}, \mathbf{p}_\alpha, \boldsymbol{\lambda}_{i_\alpha}) = 0, \\
\hbar_{i_\alpha} G_{\partial\Omega_{\alpha i_\alpha}}^{(1,\alpha;\mathscr{D})}(\mathbf{x}_m, t_{m\pm}, \mathbf{p}_\alpha, \boldsymbol{\lambda}_{i_\alpha}) > 0,
\end{array}\right\} i_\alpha \in \mathscr{N}_{\alpha\mathscr{B}}(\sigma_r). \qquad (6.25)
$$

证明 证明过程与第三章类似. ∎

接下来进一步讨论具有高阶奇异性时, 棱上的来流、去流及擦边流. 假定子边界 $\mathscr{N}_{\alpha\mathscr{B}}(\sigma_r)$ 有 $n-r$ 个元素, 那么描述奇异阶数的向量定义为 [375]

$$
\begin{aligned}
\mathbf{m}_\alpha &\equiv (m_1, m_2, \cdots, m_{i_\alpha}, \cdots, m_{n-r}), \\
2\mathbf{k}_\alpha &\equiv (2k_1, 2k_2, \cdots, 2k_{i_\alpha}, \cdots, 2k_{n-r}), \\
2\mathbf{k}_\alpha + \mathbf{1} &\equiv (2k_1+1, 2k_2+1, \cdots, 2k_{i_\alpha}+1, \cdots, 2k_{n-r}+1).
\end{aligned} \qquad (6.26)
$$

定义 6.7 对于方程 (6.4)—(6.8) 定义的不连续动力系统, 在 t_m 时刻, 存在点 $\mathbf{x}^{(\sigma_r;\mathscr{E})}(t_m) \equiv \mathbf{x}_m \in \mathscr{E}_{\sigma_r}^{(r)}$ $(\sigma_r \in \mathscr{N}_{\mathscr{E}}^r = \{1, 2, \cdots, N_r\}, r \in \{0, 1, 2, \cdots, n-2\})$, 其对应边界为 $\partial\Omega_{\alpha i_\alpha}(\sigma_r)(\alpha \in \mathscr{N}_{\mathscr{D}}(\sigma_r) \subset \mathscr{N}_{\mathscr{D}} = \{1, 2, \cdots, N_d\})$, 相应的域为 $\Omega_\alpha(\sigma_r)$ $(i_\alpha \in \mathscr{N}_{\alpha\mathscr{B}}(\sigma_r) \subset \mathscr{N}_{\mathscr{B}} = \{1, 2, \cdots, N_b\})$. 边界子集 $\mathscr{N}_{\alpha\mathscr{B}}(\sigma_r)$ 包含 n_{σ_r} 个元素 $(n_{\sigma_r} \geqslant n-r)$. 对于任意小的 $\varepsilon > 0$, 存在两个时间区间 $[t_{m-\varepsilon}, t_m]$ 和 $(t_m, t_{m+\varepsilon}]$. 对于时间 t, 域流 $\mathbf{x}^{(\alpha;\mathscr{D})}(t)$ 为 $C_{[t_{m-\varepsilon}, t_m]}^{r_\alpha}$ 或者 $C_{(t_m, t_{m+\varepsilon}]}^{r_\alpha}$ 连续的且 $\|d^{r_\alpha+1}\mathbf{x}^{(\alpha;\mathscr{D})}/dt^{r_\alpha+1}\| < \infty$ $(r_\alpha \geqslant \max_{i_\alpha \in \mathscr{N}_{\alpha\mathscr{B}}(\sigma_r)}\{m_{i_\alpha}\})$, 当 $r = 0$ 时, $\mathbf{m}_\alpha \neq 2\mathbf{k}_\alpha + \mathbf{1}$. (i) 域 Ω_α 内的流 $\mathbf{x}^{(\alpha;\mathscr{D})}(t)$ 在点 $\mathbf{x}_m \in \mathscr{E}_{\sigma_r}^{(r)}$ 处, 如果满足

$$
\left.\begin{array}{l}
\hbar_{i_\alpha} G_{\partial\Omega_{\alpha i_\alpha}}^{(s_{i_\alpha},\alpha;\mathscr{D})}(\mathbf{x}_m, t_{m-}, \mathbf{p}_\alpha, \boldsymbol{\lambda}_{i_\alpha}) = 0, \\
s_{i_\alpha} = 0, 1, 2, \cdots, m_{i_\alpha} - 1; \\
\hbar_{i_\alpha} \mathbf{n}_{\partial\Omega_{\alpha i_\alpha}}^{\mathrm{T}}(\mathbf{x}_{m-\varepsilon}^{(i_\alpha;\mathscr{B})}) \cdot [\mathbf{x}_{m-\varepsilon}^{(i_\alpha;\mathscr{B})} - \mathbf{x}_{m-\varepsilon}^{(\alpha;\mathscr{D})}] < 0,
\end{array}\right\} i_\alpha \in \mathscr{N}_{\alpha\mathscr{B}}(\sigma_r), \qquad (6.27)
$$

那么流 $\mathbf{x}^{(\alpha;\mathscr{D})}(t)$ 称为具有 $(\mathbf{m}_\alpha; \mathscr{D})$ 型奇异性的来流.

(ii) 域 Ω_α 内的流 $\mathbf{x}^{(\alpha;\mathscr{D})}(t)$ 在点 $\mathbf{x}_m \in \mathscr{E}_{\sigma_r}^{(r)}$ 处, 如果满足

$$
\left.\begin{array}{l}
\hbar_{i_\alpha} G_{\partial\Omega_{\alpha i_\alpha}}^{(s_{i_\alpha},\alpha;\mathscr{D})}(\mathbf{x}_m, t_{m+}, \mathbf{p}_\alpha, \boldsymbol{\lambda}_{i_\alpha}) = 0, \\
s_{i_\alpha} = 0, 1, 2, \cdots, m_{i_\alpha} - 1; \\
\hbar_{i_\alpha} \mathbf{n}_{\partial\Omega_{\alpha i_\alpha}}^{\mathrm{T}}(\mathbf{x}_{m+\varepsilon}^{(i_\alpha;\mathscr{B})}) \cdot [\mathbf{x}_{m+\varepsilon}^{(\alpha;\mathscr{D})} - \mathbf{x}_{m+\varepsilon}^{(i_\alpha;\mathscr{B})}] > 0,
\end{array}\right\} i_\alpha \in \mathscr{N}_{\alpha\mathscr{B}}(\sigma_r), \qquad (6.28)
$$

那么流 $\mathbf{x}^{(\alpha;\mathscr{D})}(t)$ 称为具有 $(\mathbf{m}_\alpha; \mathscr{D})$ 型奇异性的去流.

(iii) 域 Ω_α 内的流 $\mathbf{x}^{(\alpha;\mathscr{D})}(t)$ 在点 $\mathbf{x}_m \in \mathscr{E}_{\sigma_r}^{(r)}(r \neq 0)$ 处, 如果满足

$$
\left.\begin{aligned}
&\hbar_{i_\alpha} G_{\partial\Omega_{\alpha i_\alpha}}^{(s_{i_\alpha},\alpha;\mathscr{D})}(\mathbf{x}_m, t_{m\pm}, \mathbf{p}_\alpha, \boldsymbol{\lambda}_{i_\alpha}) = 0, \\
&s_{i_\alpha} = 0, 1, 2, \cdots, 2k_{i_\alpha}; \\
&\hbar_{i_\alpha} \mathbf{n}_{\partial\Omega_{\alpha i_\alpha}}^{\mathrm{T}}(\mathbf{x}_{m-\varepsilon}^{(i_\alpha;\mathscr{B})}) \cdot [\mathbf{x}_{m-\varepsilon}^{(i_\alpha;\mathscr{B})} - \mathbf{x}_{m-\varepsilon}^{(\alpha;\mathscr{D})}] < 0, \\
&\hbar_{i_\alpha} \mathbf{n}_{\partial\Omega_{\alpha i_\alpha}}^{\mathrm{T}}(\mathbf{x}_{m+\varepsilon}^{(i_\alpha;\mathscr{B})}) \cdot [\mathbf{x}_{m+\varepsilon}^{(\alpha;\mathscr{D})} - \mathbf{x}_{m+\varepsilon}^{(i_\alpha;\mathscr{B})}] > 0,
\end{aligned}\right\} \quad i_\alpha \in \mathscr{N}_{\alpha\mathscr{B}}(\sigma_r), \quad (6.29)
$$

[376] 那么流 $\mathbf{x}^{(\alpha;\mathscr{D})}(t)$ 称为具有 $(2\mathbf{k}_\alpha + 1; \mathscr{D})$ 型奇异性的擦边流.

下面将给出对于某一指定棱具有高阶奇异性的棱上域流的充要条件.

定理 6.2　对于方程 (6.4)—(6.8) 定义的不连续动力系统, 在 t_m 时刻, 存在点 $\mathbf{x}^{(\sigma_r;\mathscr{E})}(t_m) \equiv \mathbf{x}_m \in \mathscr{E}_{\sigma_r}^{(r)}$ $(\sigma_r \in \mathscr{N}_{\mathscr{E}}^r = \{1, 2, \cdots, N_r\},\ r \in \{0, 1, 2, \cdots, n-2\})$, 其对应边界为 $\partial\Omega_{\alpha i_\alpha}(\sigma_r)(\alpha \in \mathscr{N}_{\mathscr{D}}(\sigma_r) \subset \mathscr{N}_{\mathscr{D}} = \{1, 2, \cdots, N_d\})$, 相应的域为 $\Omega_\alpha(\sigma_r)$ $(i_\alpha \in \mathscr{N}_{\alpha\mathscr{B}}(\sigma_r) \subset \mathscr{N}_{\mathscr{B}} = \{1, 2, \cdots, N_b\})$. 边界子集 $\mathscr{N}_{\alpha\mathscr{B}}(\sigma_r)$ 包含 n_{σ_r} 个元素 $(n_{\sigma_r} \geqslant n - r)$. 对于任意小的 $\varepsilon > 0$, 存在两个时间区间 $[t_{m-\varepsilon}, t_m)$ 和 $(t_m, t_{m+\varepsilon}]$. 对于时间 t, 域流 $\mathbf{x}^{(\alpha;\mathscr{D})}(t)$ 为 $C_{[t_{m-\varepsilon}, t_m)}^{r_\alpha}$ 或 $C_{(t_m, t_{m+\varepsilon}]}^{r_\alpha}$ 连续的且 $\|d^{r_\alpha+1}\mathbf{x}^{(\alpha;\mathscr{D})}/dt^{r_\alpha+1}\| < \infty$ $(r_\alpha \geqslant \max_{i_\alpha \in \mathscr{N}_{\alpha\mathscr{B}}(\sigma_r)}\{m_{i_\alpha}\})$, 当 $r = 0$ 时, $\mathbf{m}_\alpha \neq 2\mathbf{k}_\alpha + 1$.

(i) 域 Ω_α 内流 $\mathbf{x}^{(\alpha;\mathscr{D})}(t)$ 在点 $\mathbf{x}_m \in \mathscr{E}_{\sigma_r}^{(r)}$ 处为 $(\mathbf{m}_\alpha; \mathscr{D})$ 型奇异的来流, 当且仅当

$$
\left.\begin{aligned}
&\hbar_{i_\alpha} G_{\partial\Omega_{\alpha i_\alpha}}^{(s_{i_\alpha},\alpha;\mathscr{D})}(\mathbf{x}_m, t_{m-}, \mathbf{p}_\alpha, \boldsymbol{\lambda}_{i_\alpha}) = 0, \\
&s_{i_\alpha} = 0, 1, 2, \cdots, m_{i_\alpha} - 1; \\
&(-1)^{m_{i_\alpha}} \hbar_{i_\alpha} G_{\partial\Omega_{\alpha i_\alpha}}^{(m_{i_\alpha},\alpha;\mathscr{D})}(\mathbf{x}_m, t_{m-}, \mathbf{p}_\alpha, \boldsymbol{\lambda}_{i_\alpha}) < 0,
\end{aligned}\right\} \quad i_\alpha \in \mathscr{N}_{\alpha\mathscr{B}}(\sigma_r). \quad (6.30)
$$

(ii) 域 Ω_α 内流 $\mathbf{x}^{(\alpha;\mathscr{D})}(t)$ 在点 $\mathbf{x}_m \in \mathscr{E}_{\sigma_r}^{(r)}$ 处为 $(\mathbf{m}_\alpha; \mathscr{D})$ 型奇异的去流, 当且仅当

$$
\left.\begin{aligned}
&\hbar_{i_\alpha} G_{\partial\Omega_{\alpha i_\alpha}}^{(s_{i_\alpha},\alpha;\mathscr{D})}(\mathbf{x}_m, t_{m+}, \mathbf{p}_\alpha, \boldsymbol{\lambda}_{i_\alpha}) = 0, \\
&s_{i_\alpha} = 0, 1, 2, \cdots, m_{i_\alpha} - 1; \\
&\hbar_{i_\alpha} G_{\partial\Omega_{\alpha i_\alpha}}^{(m_{i_\alpha},\alpha;\mathscr{D})}(\mathbf{x}_m, t_{m+}, \mathbf{p}_\alpha, \boldsymbol{\lambda}_{i_\alpha}) > 0,
\end{aligned}\right\} \quad i_\alpha \in \mathscr{N}_{\alpha\mathscr{B}}(\sigma_r). \quad (6.31)
$$

(iii) 域 Ω_α 内流 $\mathbf{x}^{(\alpha;\mathscr{D})}(t)$ 在点 $\mathbf{x}_m \in \mathscr{E}_{\sigma_r}^{(r)}(r \neq 0)$ 处为 $(2\mathbf{k}_\alpha + 1; \mathscr{D})$ 型奇异的擦边流, 当且仅当

$$
\left.\begin{aligned}
&\hbar_{i_\alpha} G_{\partial\Omega_{\alpha i_\alpha}}^{(s_{i_\alpha},\alpha;\mathscr{D})}(\mathbf{x}_m, t_{m\pm}, \mathbf{p}_\alpha, \boldsymbol{\lambda}_{i_\alpha}) = 0, \\
&s_{i_\alpha} = 0, 1, 2, \cdots, 2k_{i_\alpha}; \\
&\hbar_{i_\alpha} G_{\partial\Omega_{\alpha i_\alpha}}^{(2k_{i_\alpha}+1,\alpha;\mathscr{D})}(\mathbf{x}_m, t_{m\pm}, \mathbf{p}_\alpha, \boldsymbol{\lambda}_{i_\alpha}) > 0,
\end{aligned}\right\} \quad i_\alpha \in \mathscr{N}_{\alpha\mathscr{B}}(\sigma_r). \quad (6.32)
$$

证明 证明过程与第三章类似. ∎

6.4 流向凸棱的域流的切换性

由于存在多个子域, 当子域流到达某一指定棱时, 其由一个域切换至另一域内将出现多种可能性. 根据边界上域流的可穿越条件, 这里提出指定棱上域流的可穿越条件.

定义 6.8 对于方程 (6.4)—(6.8) 定义的不连续动力系统, 在 t_m 时刻, 存在点 $\mathbf{x}^{(\sigma_r;\mathscr{E})}(t_m) \equiv \mathbf{x}_m \in \mathscr{E}_{\sigma_r}^{(r)}$ ($\sigma_r \in \mathscr{N}_{\mathscr{E}}^r = \{1, 2, \cdots, N_r\}$, $r \in \{0, 1, 2, \cdots, n-2\}$), 其对应边界为 $\partial\Omega_{\alpha i_\alpha}(\sigma_r)$ ($\alpha \in \mathscr{N}_{\mathscr{D}}(\sigma_r) \subset \mathscr{N}_{\mathscr{D}} = \{1, 2, \cdots, N_d\}$), 相应的域为 $\Omega_\alpha(\sigma_r)$ ($i_\alpha \in \mathscr{N}_{\alpha\mathscr{B}}(\sigma_r) \subset \mathscr{N}_{\mathscr{B}} = \{1, 2, \cdots, N_b\}$). 边界子集 $\mathscr{N}_{\alpha\mathscr{B}}(\sigma_r)$ 包含 n_{σ_r} 个元素 ($n_{\sigma_r} \geqslant n-r$). 对于任意小的 $\varepsilon > 0$, 存在两个时间区间 $[t_{m-\varepsilon}, t_m)$ 和 $(t_m, t_{m+\varepsilon}]$ 且切换规则 $\mathbf{x}^{(\alpha;\mathscr{D})}(t_{m\pm}) = \mathbf{x}_m = \mathbf{x}^{(\beta;\mathscr{D})}(t_{m\pm})$ 存在.

(i) 如果满足

$$
\begin{aligned}
&\hbar_{i_\alpha} \mathbf{n}_{\partial\Omega_{\alpha i_\alpha}}^{\mathrm{T}}(\mathbf{x}_{m-\varepsilon}^{(i_\alpha;\mathscr{B})}) \cdot [\mathbf{x}_{m-\varepsilon}^{(i_\alpha;\mathscr{B})} - \mathbf{x}_{m-\varepsilon}^{(\alpha;\mathscr{D})}] < 0, i_\alpha \in \mathscr{N}_{\alpha\mathscr{B}}(\sigma_r), \\
&\hbar_{j_\beta} \mathbf{n}_{\partial\Omega_{\beta j_\beta}}^{\mathrm{T}}(\mathbf{x}_{m+\varepsilon}^{(j_\beta;\mathscr{B})}) \cdot [\mathbf{x}_{m+\varepsilon}^{(\beta;\mathscr{D})} - \mathbf{x}_{m+\varepsilon}^{(j_\beta;\mathscr{B})}] > 0, j_\beta \in \mathscr{N}_{\beta\mathscr{B}}(\sigma_r),
\end{aligned}
\tag{6.33}
$$

那么两个流 $\mathbf{x}^{(\alpha;\mathscr{D})}(t)$ 和 $\mathbf{x}^{(\beta;\mathscr{D})}(t)$ 在点 $\mathbf{x}_m \in \mathscr{E}_{\sigma_r}^{(r)}$ 处可由域 Ω_α 切换至域 Ω_β.

(ii) 如果满足

$$
\begin{aligned}
&\hbar_{i_\alpha} \mathbf{n}_{\partial\Omega_{\alpha i_\alpha}}^{\mathrm{T}}(\mathbf{x}_{m-\varepsilon}^{(i_\alpha;\mathscr{B})}) \cdot [\mathbf{x}_{m-\varepsilon}^{(i_\alpha;\mathscr{B})} - \mathbf{x}_{m-\varepsilon}^{(\alpha;\mathscr{D})}] < 0, i_\alpha \in \mathscr{N}_{\alpha\mathscr{B}}(\sigma_r), \\
&\hbar_{j_\beta} \mathbf{n}_{\partial\Omega_{\beta j_\beta}}^{\mathrm{T}}(\mathbf{x}_{m-\varepsilon}^{(j_\beta;\mathscr{B})}) \cdot [\mathbf{x}_{m-\varepsilon}^{(j_\beta;\mathscr{B})} - \mathbf{x}_{m-\varepsilon}^{(\beta;\mathscr{D})}] < 0, j_\beta \in \mathscr{N}_{\beta\mathscr{B}}(\sigma_r),
\end{aligned}
\tag{6.34}
$$

那么两个流 $\mathbf{x}^{(\alpha;\mathscr{D})}(t)$ 和 $\mathbf{x}^{(\beta;\mathscr{D})}(t)$ 在点 $\mathbf{x}_m \in \mathscr{E}_{\sigma_r}^{(r)}$ 处属于第一类不可切换流.

(iii) 如果满足

$$
\begin{aligned}
&\hbar_{i_\alpha} \mathbf{n}_{\partial\Omega_{\alpha i_\alpha}}^{\mathrm{T}}(\mathbf{x}_{m+\varepsilon}^{(i_\alpha;\mathscr{B})}) \cdot [\mathbf{x}_{m+\varepsilon}^{(\alpha;\mathscr{D})} - \mathbf{x}_{m+\varepsilon}^{(i_\alpha;\mathscr{B})}] > 0, i_\alpha \in \mathscr{N}_{\alpha\mathscr{B}}(\sigma_r), \\
&\hbar_{j_\beta} \mathbf{n}_{\partial\Omega_{\beta j_\beta}}^{\mathrm{T}}(\mathbf{x}_{m+\varepsilon}^{(j_\beta;\mathscr{B})}) \cdot [\mathbf{x}_{m+\varepsilon}^{(\beta;\mathscr{D})} - \mathbf{x}_{m+\varepsilon}^{(j_\beta;\mathscr{B})}] > 0, j_\beta \in \mathscr{N}_{\beta\mathscr{B}}(\sigma_r),
\end{aligned}
\tag{6.35}
$$

那么两个流 $\mathbf{x}^{(\alpha;\mathscr{D})}(t)$ 和 $\mathbf{x}^{(\beta;\mathscr{D})}(t)$ 在点 $\mathbf{x}_m \in \mathscr{E}_{\sigma_r}^{(r)}$ 处属于第二类不可切换流.

定理 6.3 对于方程 (6.4)—(6.8) 定义的不连续动力系统, 在 t_m 时刻, 存在点 $\mathbf{x}^{(\sigma_r;\mathscr{E})}(t_m) \equiv \mathbf{x}_m \in \mathscr{E}_{\sigma_r}^{(r)}$ ($\sigma_r \in \mathscr{N}_{\mathscr{E}}^r = \{1, 2, \cdots, N_r\}$, $r \in \{0, 1, 2, \cdots, n-2\}$), 其对应边界为 $\partial\Omega_{\alpha i_\alpha}(\sigma_r)$ ($\alpha \in \mathscr{N}_{\mathscr{D}}(\sigma_r) \subset \mathscr{N}_{\mathscr{D}} = \{1, 2, \cdots, N_d\}$), 相应的域为 $\Omega_\alpha(\sigma_r)$ ($i_\alpha \in \mathscr{N}_{\alpha\mathscr{B}}(\sigma_r) \subset \mathscr{N}_{\mathscr{B}} = \{1, 2, \cdots, N_b\}$). 边界子

[377]
[378]

集 $\mathcal{N}_{\alpha\mathcal{B}}(\sigma_r)$ 包含 n_{σ_r} 个元素 $(n_{\sigma_r} \geqslant n-r)$. 对于任意小的 $\varepsilon > 0$, 存在两个时间区间 $[t_{m-\varepsilon}, t_m)$ 和 $(t_m, t_{m+\varepsilon}]$. 对于时间 t 上, 域流 $\mathbf{x}^{(\rho;\mathscr{D})}(t)$ $(\rho = \alpha, \beta)$ 为 $C^{r_\rho}_{[t_{m-\varepsilon}, t_m)}$ 或 $C^{r_\rho}_{(t_m, t_{m+\varepsilon}]}$ 连续的 $(r_\rho \geqslant 1)$, 而且 $\|d^{r_\rho+1}\mathbf{x}^{(\rho;\mathscr{D})}/dt^{r_\rho+1}\| < \infty$. 假定切换规则为 $\mathbf{x}^{(\alpha;\mathscr{D})}(t_{m\pm}) = \mathbf{x}_m = \mathbf{x}^{(\beta;\mathscr{D})}(t_{m\pm})$.

(i) 两个流 $\mathbf{x}^{(\alpha;\mathscr{D})}(t)$ 和 $\mathbf{x}^{(\beta;\mathscr{D})}(t)$ 在 $\mathbf{x}_m \in \mathscr{E}^{(r)}_{\sigma_r}$ 处可由域 Ω_α 切换至域 Ω_β, 当且仅当

$$
\begin{aligned}
\hbar_{i_\alpha} G^{(\alpha;\mathscr{D})}_{\partial\Omega_{\alpha i_\alpha}}(\mathbf{x}_m, t_{m-}, \mathbf{p}_\alpha, \boldsymbol{\lambda}_{i_\alpha}) < 0, i_\alpha \in \mathscr{N}_{\alpha\mathscr{B}}(\sigma_r), \\
\hbar_{j_\beta} G^{(\beta;\mathscr{D})}_{\partial\Omega_{\beta j_\beta}}(\mathbf{x}_m, t_{m+}, \mathbf{p}_\beta, \boldsymbol{\lambda}_{j_\beta}) > 0, j_\beta \in \mathscr{N}_{\beta\mathscr{B}}(\sigma_r).
\end{aligned}
\tag{6.36}
$$

(ii) 两个流 $\mathbf{x}^{(\alpha;\mathscr{D})}(t)$ 和 $\mathbf{x}^{(\beta;\mathscr{D})}(t)$ 在 $\mathbf{x}_m \in \mathscr{E}^{(r)}_{\sigma_r}$ 处属于第一类不可切换流, 当且仅当

$$
\begin{aligned}
\hbar_{i_\alpha} G^{(\alpha;\mathscr{D})}_{\partial\Omega_{\alpha i_\alpha}}(\mathbf{x}_m, t_{m-}, \mathbf{p}_\alpha, \boldsymbol{\lambda}_{i_\alpha}) < 0, i_\alpha \in \mathscr{N}_{\alpha\mathscr{B}}(\sigma_r), \\
\hbar_{j_\beta} G^{(\beta;\mathscr{D})}_{\partial\Omega_{\beta j_\beta}}(\mathbf{x}_m, t_{m-}, \mathbf{p}_\beta, \boldsymbol{\lambda}_{j_\beta}) < 0, j_\beta \in \mathscr{N}_{\beta\mathscr{B}}(\sigma_r).
\end{aligned}
\tag{6.37}
$$

(iii) 两个流 $\mathbf{x}^{(\alpha;\mathscr{D})}(t)$ 和 $\mathbf{x}^{(\beta;\mathscr{D})}(t)$ 在 $\mathbf{x}_m \in \mathscr{E}^{(r)}_{\sigma_r}$ 处属于第二类不可切换流, 当且仅当

$$
\begin{aligned}
\hbar_{i_\alpha} G^{(\alpha;\mathscr{D})}_{\partial\Omega_{\alpha i_\alpha}}(\mathbf{x}_m, t_{m+}, \mathbf{p}_\alpha, \boldsymbol{\lambda}_{i_\alpha}) > 0, i_\alpha \in \mathscr{N}_{\alpha\mathscr{B}}(\sigma_r), \\
\hbar_{j_\beta} G^{(\beta;\mathscr{D})}_{\partial\Omega_{\beta j_\beta}}(\mathbf{x}_m, t_{m+}, \mathbf{p}_\beta, \boldsymbol{\lambda}_{j_\beta}) > 0, j_\beta \in \mathscr{N}_{\beta\mathscr{B}}(\sigma_r).
\end{aligned}
\tag{6.38}
$$

证明　证明过程与第三章类似.　　　　　　　　　　　　　　　　　　■

为了说明上述对于棱而言域流的切换性的定义, 图 6.12 绘出了棱 $\mathscr{E}^{(n-2)}$ 和 $\mathscr{E}^{(n-3)}$ 的切换域流 $\mathbf{x}^{(\alpha;\mathscr{D})}$ 和 $\mathbf{x}^{(\beta;\mathscr{D})}$. 带箭头的曲线表示棱上域流, 点 $\mathbf{x}_m \in \mathscr{E}^{(n-2)}$ 及 $\mathbf{x}_m \in \mathscr{E}^{(n-3)}$. 当域流到达指定棱上时, 来流的切换性有许多可能. 在切换规则下, 可到达域内的去流将切换为来流. 然而, 如果没有切换规则, 这种切换将非常困难. 因此, 切换规则非常重要.

对具有高阶奇异性的流的切换性问题, 在切换规则下, 与棱相切的来流将能够切换至另一域内. 否则, 具有擦边奇异性的来流将形成一个擦边流. 因此, 擦边来流不能切换至另一个域内.

[380]　　**定义 6.9**　对于方程 (6.4)—(6.8) 定义的不连续动力系统, 在 t_m 时刻, 存在点 $\mathbf{x}^{(\sigma_r;\mathscr{E})}(t_m) \equiv \mathbf{x}_m \in \mathscr{E}^{(r)}_{\sigma_r}$ $(\sigma_r \in \mathscr{N}^r_{\mathscr{E}} = \{1, 2, \cdots, N_r\}, r \in \{0, 1, 2, \cdots, n-2\})$, 其对应边界为 $\partial\Omega_{\alpha i_\alpha}(\sigma_r)(\alpha \in \mathscr{N}_{\mathscr{D}}(\sigma_r) \subset \mathscr{N}_{\mathscr{D}} = \{1, 2, \cdots, N_d\})$, 相应的域为 $\Omega_\alpha(\sigma_r)$ $(i_\alpha \in \mathscr{N}_{\alpha\mathscr{B}}(\sigma_r) \subset \mathscr{N}_{\mathscr{B}} = \{1, 2, \cdots, N_b\})$, 其中的边界子集 $\mathscr{N}_{\alpha\mathscr{B}}(\sigma_r)$ 包含 n_{σ_r} 个元素 $(n_{\sigma_r} \geqslant n-r)$. 对于任意小的 $\varepsilon > 0$, 存在两个时间区间 $[t_{m-\varepsilon}, t_m)$ 和 $(t_m, t_{m+\varepsilon}]$. 对于时间 t, 域流 $\mathbf{x}^{(\rho;\mathscr{D})}(t)$ $(\rho = \alpha, \beta)$ 为

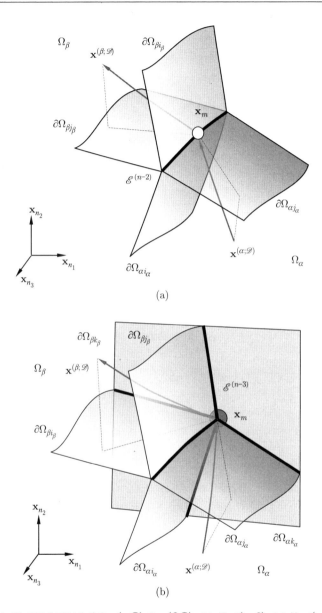

图 6.12 对于棱的两个可切换域流 $\mathbf{x}^{(\alpha;\mathscr{D})}$ 和 $\mathbf{x}^{(\beta;\mathscr{D})}$: (a) 棱 $\mathscr{E}^{(n-2)}$, (b) 棱 $\mathscr{E}^{(n-3)}$. 带箭头的曲线表示域流 $(n_1 + n_2 + n_3 = n)$. 实心圆点为两个 $n-3$ 维棱

$C^{r_\rho}_{[t_{m-\varepsilon},t_m)}$ 或 $C^{r_\rho}_{(t_m,t_{m+\varepsilon}]}$ 连续的 $(r_\rho \geqslant \max_{i_\rho \in \mathcal{N}_{\rho\mathscr{B}}}\{m_{i_\rho}\})$. 假定切换规则为
$\mathbf{x}^{(\alpha;\mathscr{D})}(t_{m\pm}) = \mathbf{x}_m = \mathbf{x}^{(\beta;\mathscr{D})}(t_{m\pm})$, $r = 0, \mathbf{m}_\rho \neq 2\mathbf{k}_\rho + 1$.

(i) 在切换规则下, 如果满足

$$\left.\begin{aligned}
&\hbar_{i_\alpha} G^{(s_{i_\alpha},\alpha;\mathscr{D})}_{\partial\Omega_{\alpha i_\alpha}}(\mathbf{x}_m, t_{m-}, \mathbf{p}_\alpha, \boldsymbol{\lambda}_{i_\alpha}) = 0, \\
&s_{i_\alpha} = 0, 1, \cdots, m_{i_\alpha} - 1; \\
&\hbar_{i_\alpha} \mathbf{n}^{\mathrm{T}}_{\partial\Omega_{\alpha i_\alpha}}(\mathbf{x}^{(i_\alpha,\mathscr{B})}_{m-\varepsilon}) \cdot [\mathbf{x}^{(i_\alpha;\mathscr{B})}_{m-\varepsilon} - \mathbf{x}^{(\alpha;\mathscr{D})}_{m-\varepsilon}] < 0,
\end{aligned}\right\} i_\alpha \in \mathcal{N}_{\alpha\mathscr{B}}(\sigma_r), \quad (6.39)$$

$$\left.\begin{aligned}
&\hbar_{j_\beta} G^{(s_{j_\beta},\beta;\mathscr{D})}_{\partial\Omega_{\beta j_\beta}}(\mathbf{x}_m, t_{m+}, \mathbf{p}_\beta, \boldsymbol{\lambda}_{j_\beta}) = 0, \\
&s_{j_\beta} = 0, 1, \cdots, m_{j_\beta} - 1; \\
&\hbar_{j_\beta} \mathbf{n}^{\mathrm{T}}_{\partial\Omega_{\beta j_\beta}}(\mathbf{x}^{(j_\beta,\mathscr{B})}_{m+\varepsilon}) \cdot [\mathbf{x}^{(\beta;\mathscr{D})}_{m+\varepsilon} - \mathbf{x}^{(j_\beta;\mathscr{B})}_{m+\varepsilon}] > 0,
\end{aligned}\right\} j_\beta \in \mathcal{N}_{\beta\mathscr{B}}(\sigma_r), \quad (6.40)$$

那么称两个域流 $\mathbf{x}^{(\alpha;\mathscr{D})}(t)$ 和 $\mathbf{x}^{(\beta;\mathscr{D})}(t)$ 在点 $\mathbf{x}_m \in \mathscr{E}^{(r)}_{\sigma_r}$ 处由域 Ω_α 到 Ω_β 是 $(\mathbf{m}_\alpha : \mathbf{m}_\beta; \mathscr{D})$ 型奇异可切换的.

(ii) 如果满足

$$\left.\begin{aligned}
&\hbar_{i_\alpha} G^{(s_{i_\alpha},\alpha;\mathscr{D})}_{\partial\Omega_{\alpha i_\alpha}}(\mathbf{x}_m, t_{m-}, \mathbf{p}_\alpha, \boldsymbol{\lambda}_{i_\alpha}) = 0, \\
&s_{i_\alpha} = 0, 1, \cdots, m_{i_\alpha} - 1; \\
&\hbar_{i_\alpha} \mathbf{n}^{\mathrm{T}}_{\partial\Omega_{\alpha i_\alpha}}(\mathbf{x}^{(i_\alpha,\mathscr{B})}_{m-\varepsilon}) \cdot [\mathbf{x}^{(i_\alpha;\mathscr{B})}_{m-\varepsilon} - \mathbf{x}^{(\alpha;\mathscr{D})}_{m-\varepsilon}] < 0,
\end{aligned}\right\} i_\alpha \in \mathcal{N}_{\alpha\mathscr{B}}(\sigma_r), \quad (6.41)$$

$$\left.\begin{aligned}
&\hbar_{j_\beta} G^{(s_{j_\beta},\beta;\mathscr{D})}_{\partial\Omega_{\beta j_\beta}}(\mathbf{x}_m, t_{m-}, \mathbf{p}_\beta, \boldsymbol{\lambda}_{j_\beta}) = 0, \\
&s_{j_\beta} = 0, 1, \cdots, m_{j_\beta} - 1; \\
&\hbar_{j_\beta} \mathbf{n}^{\mathrm{T}}_{\partial\Omega_{\beta j_\beta}}(\mathbf{x}^{(j_\beta,\mathscr{B})}_{m-\varepsilon}) \cdot [\mathbf{x}^{(j_\beta;\mathscr{B})}_{m-\varepsilon} - \mathbf{x}^{(\beta;\mathscr{D})}_{m-\varepsilon}] < 0,
\end{aligned}\right\} j_\beta \in \mathcal{N}_{\beta\mathscr{B}}(\sigma_r), \quad (6.42)$$

那么称两个域流 $\mathbf{x}^{(\alpha;\mathscr{D})}(t)$ 和 $\mathbf{x}^{(\beta;\mathscr{D})}(t)$ 在点 $\mathbf{x}_m \in \mathscr{E}^{(r)}_{\sigma_r}$ 处为 $(\mathbf{m}_\alpha : \mathbf{m}_\beta; \mathscr{D})$ 型奇异第一类不可切换的 ($\mathbf{m}_\alpha \neq 2\mathbf{k}_\alpha + 1$ 和 $\mathbf{m}_\beta \neq 2\mathbf{k}_\beta + 1$).

[381]   (iii) 如果满足

$$\left.\begin{aligned}
&\hbar_{i_\alpha} G^{(s_{i_\alpha},\alpha;\mathscr{D})}_{\partial\Omega_{\alpha i_\alpha}}(\mathbf{x}_m, t_{m+}, \mathbf{p}_\alpha, \boldsymbol{\lambda}_{i_\alpha}) = 0, \\
&s_{i_\alpha} = 0, 1, \cdots, m_{i_\alpha} - 1; \\
&\hbar_{i_\alpha} \mathbf{n}^{\mathrm{T}}_{\partial\Omega_{\alpha i_\alpha}}(\mathbf{x}^{(i_\alpha,\mathscr{B})}_{m+\varepsilon}) \cdot [\mathbf{x}^{(\alpha;\mathscr{D})}_{m+\varepsilon} - \mathbf{x}^{(i_\alpha;\mathscr{B})}_{m+\varepsilon}] > 0,
\end{aligned}\right\} i_\alpha \in \mathcal{N}_{\alpha\mathscr{B}}(\sigma_r), \quad (6.43)$$

$$\left.\begin{aligned}
&\hbar_{j_\beta} G^{(s_{j_\beta},\beta;\mathscr{D})}_{\partial\Omega_{\beta j_\beta}}(\mathbf{x}_m, t_{m+}, \mathbf{p}_\beta, \boldsymbol{\lambda}_{j_\beta}) = 0, \\
&s_{j_\beta} = 0, 1, \cdots, m_{j_\beta} - 1; \\
&\hbar_{j_\beta} \mathbf{n}^{\mathrm{T}}_{\partial\Omega_{\beta j_\beta}}(\mathbf{x}^{(j_\beta,\mathscr{B})}_{m+\varepsilon}) \cdot [\mathbf{x}^{(\beta;\mathscr{D})}_{m+\varepsilon} - \mathbf{x}^{(j_\beta;\mathscr{B})}_{m+\varepsilon}] > 0,
\end{aligned}\right\} j_\beta \in \mathcal{N}_{\beta\mathscr{B}}(\sigma_r), \quad (6.44)$$

那么称两个域流 $\mathbf{x}^{(\alpha;\mathscr{D})}(t)$ 和 $\mathbf{x}^{(\beta;\mathscr{D})}(t)$ 在点 $\mathbf{x}_m \in \mathscr{E}^{(r)}_{\sigma_r}$ 处为 $(\mathbf{m}_\alpha : \mathbf{m}_\beta; \mathscr{D})$ 型奇异第二类不可切换的.

(iv) 在没有任何切换规则下, 如果满足方程 (6.39) 和 (6.40), 那么称两

个域流 $\mathbf{x}^{(\alpha;\mathscr{D})}(t)$ 和 $\mathbf{x}^{(\beta;\mathscr{D})}(t)$ 由域 Ω_α 到 Ω_β 是潜在可切换的且具有 $(\mathbf{m}_\alpha : \mathbf{m}_\beta; \mathscr{D})$ 型奇异性 $(\mathbf{m}_\alpha \neq 2\mathbf{k}_\alpha + 1)$.

(v) 在没有任何切换规则下, 如果满足方程 (6.39) 和 (6.40), 那么称两个域流 $\mathbf{x}^{(\alpha;\mathscr{D})}(t)$ 和 $\mathbf{x}^{(\beta;\mathscr{D})}(t)$ 由域 Ω_α 到 Ω_β 是不可切换的且具有 $(2\mathbf{k}_\alpha + 1 : \mathbf{m}_\beta; \mathscr{D})$ 型奇异性 $(\mathbf{m}_\alpha = 2\mathbf{k}_\alpha + 1)$.

(vi) 在某一切换规则下, 如果在点 $\mathbf{x}_m \in \mathscr{E}_{\sigma_r}^{(r)}$ 处与棱相切的两个域流 $\mathbf{x}^{(\alpha;\mathscr{D})}(t)$ 和 $\mathbf{x}^{(\beta;\mathscr{D})}(t)$ 满足

$$
\left.
\begin{aligned}
&\hbar_{i_\alpha} G_{\partial\Omega_{\alpha i_\alpha}}^{(s_{i_\alpha},\alpha;\mathscr{D})}(\mathbf{x}_m, t_{m\pm}, \mathbf{p}_\alpha, \boldsymbol{\lambda}_{i_\alpha}) = 0, \\
&s_{i_\alpha} = 0, 1, \cdots, 2k_{i_\alpha}; \\
&\hbar_{i_\alpha} \mathbf{n}_{\partial\Omega_{\alpha i_\alpha}}^{\mathrm{T}}(\mathbf{x}_{m-\varepsilon}^{(i_\alpha;\mathscr{B})}) \cdot [\mathbf{x}_{m-\varepsilon}^{(i_\alpha;\mathscr{B})} - \mathbf{x}_{m-\varepsilon}^{(\alpha;\mathscr{D})}] < 0, \\
&\hbar_{i_\alpha} \mathbf{n}_{\partial\Omega_{\alpha i_\alpha}}^{\mathrm{T}}(\mathbf{x}_{m+\varepsilon}^{(i_\alpha;\mathscr{B})}) \cdot [\mathbf{x}_{m+\varepsilon}^{(\alpha;\mathscr{D})} - \mathbf{x}_{m+\varepsilon}^{(i_\alpha;\mathscr{B})}] > 0,
\end{aligned}
\right\} i_\alpha \in \mathscr{N}_{\alpha\mathscr{B}}(\sigma_r), \qquad (6.45)
$$

$$
\left.
\begin{aligned}
&\hbar_{j_\beta} G_{\partial\Omega_{\beta j_\beta}}^{(s_{j_\beta},\beta;\mathscr{D})}(\mathbf{x}_m, t_{m\pm}, \mathbf{p}_\beta, \boldsymbol{\lambda}_{j_\beta}) = 0, \\
&s_{j_\beta} = 0, 1, \cdots, 2k_{j_\beta}; \\
&\hbar_{j_\beta} \mathbf{n}_{\partial\Omega_{\beta j_\beta}}^{\mathrm{T}}(\mathbf{x}_{m-\varepsilon}^{(j_\beta;\mathscr{B})}) \cdot [\mathbf{x}_{m-\varepsilon}^{(j_\beta;\mathscr{B})} - \mathbf{x}_{m-\varepsilon}^{(\beta;\mathscr{D})}] < 0, \\
&\hbar_{j_\beta} \mathbf{n}_{\partial\Omega_{\beta j_\beta}}^{\mathrm{T}}(\mathbf{x}_{m+\varepsilon}^{(j_\beta;\mathscr{B})}) \cdot [\mathbf{x}_{m+\varepsilon}^{(\beta;\mathscr{D})} - \mathbf{x}_{m+\varepsilon}^{(j_\beta;\mathscr{B})}] > 0,
\end{aligned}
\right\} j_\beta \in \mathscr{N}_{\beta\mathscr{B}}(\sigma_r), \qquad (6.46)
$$

那么称它们是具有 $((2\mathbf{k}_\alpha + 1) : (2\mathbf{k}_\beta + 1); \mathscr{D})$ 型奇异性的可切换流.

(vii) 在没有任何切换规则时, 如果在点 $\mathbf{x}_m \in \mathscr{E}_{\sigma_r}^{(r)}$ 处与棱相切的两个域流 $\mathbf{x}^{(\alpha;\mathscr{D})}(t)$ 和 $\mathbf{x}^{(\beta;\mathscr{D})}(t)$ 满足方程 (6.45) 和 (6.46), 那么称它们是具有 $((2\mathbf{k}_\alpha + 1) : (2\mathbf{k}_\beta + 1); \mathscr{D})$ 型奇异性的双切流. [382]

通过上述定义, 我们可以建立起用于判断对于指定的具有高阶奇异性的棱、域流的可切换性的充要条件.

定理 6.4 对于方程 (6.4)—(6.8) 定义的不连续动力系统, 在 t_m 时刻, 存在点 $\mathbf{x}^{(\sigma_r;\mathscr{E})}(t_m) \equiv \mathbf{x}_m \in \mathscr{E}_{\sigma_r}^{(r)}$ ($\sigma_r \in \mathscr{N}_{\mathscr{E}}^r = \{1, 2, \cdots, N_r\}$, $r \in \{0, 1, 2, \cdots, n-2\}$), 其对应边界为 $\partial\Omega_{\alpha i_\alpha}(\sigma_r)$($\alpha \in \mathscr{N}_{\mathscr{D}}(\sigma_r) \subset \mathscr{N}_{\mathscr{D}} = \{1, 2, \cdots, N_d\}$), 相应的域为 $\Omega_\alpha(\sigma_r)$($i_\alpha \in \mathscr{N}_{\alpha\mathscr{B}}(\sigma_r) \subset \mathscr{N}_{\mathscr{B}} = \{1, 2, \cdots, N_b\}$). 边界子集 $\mathscr{N}_{\alpha\mathscr{B}}(\sigma_r)$ 包含 n_{σ_r} 个元素 ($n_{\sigma_r} \geqslant n-r$). 对于任意小的 $\varepsilon > 0$, 存在两个时间区间 $[t_{m-\varepsilon}, t_m)$ 和 $(t_m, t_{m+\varepsilon}]$. 对于时间 t, 域流 $\mathbf{x}^{(\rho;\mathscr{D})}(t)$ ($\rho = \alpha, \beta$) 为 $C_{[t_{m-\varepsilon}, t_m)}^{r_\rho}$ 或 $C_{(t_m, t_{m+\varepsilon}]}^{r_\rho}$ 连续的 ($r_\rho \geqslant \max_{i_\rho \in \mathscr{N}_{\rho\mathscr{B}}}\{m_{i_\rho}\}$). 假定切换规则为 $\mathbf{x}^{(\alpha;\mathscr{D})}(t_{m\pm}) = \mathbf{x}_m = \mathbf{x}^{(\beta;\mathscr{D})}(t_{m\pm})$, $r = 0$, $\mathbf{m}_\rho \neq 2\mathbf{k}_\rho + 1$.

(i) 在切换规则下, 两个域流 $\mathbf{x}^{(\alpha;\mathscr{D})}(t)$ 和 $\mathbf{x}^{(\beta;\mathscr{D})}(t)$ 出现由域 Ω_α 向域 Ω_β 的 $(\mathbf{m}_\alpha : \mathbf{m}_\beta; \mathscr{D})$ 型奇异切换, 当且仅当

$$\left.\begin{array}{l} \hbar_{i_\alpha} G^{(s_{i_\alpha},\alpha;\mathscr{D})}_{\partial\Omega_{\alpha i_\alpha}}(\mathbf{x}_m, t_{m-}, \mathbf{p}_\alpha, \boldsymbol{\lambda}_{i_\alpha}) = 0, \\ s_{i_\alpha} = 0, 1, \cdots, m_{i_\alpha} - 1; \\ (-1)^{m_{i_\alpha}} \hbar_{i_\alpha} G^{(m_{i_\alpha},\alpha;\mathscr{D})}_{\partial\Omega_{\alpha i_\alpha}}(\mathbf{x}_m, t_{m-}, \mathbf{p}_\alpha, \boldsymbol{\lambda}_{i_\alpha}) < 0, \end{array}\right\} i_\alpha \in \mathscr{N}_{\alpha\mathscr{B}}(\sigma_r), \quad (6.47)$$

$$\left.\begin{array}{l} \hbar_{j_\beta} G^{(s_{j_\beta},\beta;\mathscr{D})}_{\partial\Omega_{\beta j_\beta}}(\mathbf{x}_m, t_{m+}, \mathbf{p}_\beta, \boldsymbol{\lambda}_{j_\beta}) = 0, \\ s_{j_\beta} = 0, 1, \cdots, m_{j_\beta} - 1; \\ \hbar_{j_\beta} G^{(m_{j_\beta},\beta;\mathscr{D})}_{\partial\Omega_{\beta j_\beta}}(\mathbf{x}_m, t_{m+}, \mathbf{p}_\beta, \boldsymbol{\lambda}_{j_\beta}) > 0, \end{array}\right\} j_\beta \in \mathscr{N}_{\beta\mathscr{B}}(\sigma_r). \quad (6.48)$$

(ii) 两个域流 $\mathbf{x}^{(\alpha;\mathscr{D})}(t)$ 和 $\mathbf{x}^{(\beta;\mathscr{D})}(t)$ 在点 $\mathbf{x}_m \in \mathscr{E}^{(r)}_{\sigma_r}$ 处为 $(\mathbf{m}_\alpha : \mathbf{m}_\beta; \mathscr{D})$ 型奇异的第一类不可切换流 $(\mathbf{m}_\alpha \neq 2\mathbf{k}_\alpha + 1$ 和 $\mathbf{m}_\beta \neq 2\mathbf{k}_\beta + 1)$, 当且仅当

$$\left.\begin{array}{l} \hbar_{i_\alpha} G^{(s_{i_\alpha},\alpha;\mathscr{D})}_{\partial\Omega_{\alpha i_\alpha}}(\mathbf{x}_m, t_{m-}, \mathbf{p}_\alpha, \boldsymbol{\lambda}_{i_\alpha}) = 0, \\ s_{i_\alpha} = 0, 1, \cdots, m_{i_\alpha} - 1; \\ (-1)^{m_{i_\alpha}} \hbar_{i_\alpha} G^{(m_{i_\alpha},\alpha;\mathscr{D})}_{\partial\Omega_{\alpha i_\alpha}}(\mathbf{x}_m, t_{m-}, \mathbf{p}_\alpha, \boldsymbol{\lambda}_{i_\alpha}) < 0, \end{array}\right\} i_\alpha \in \mathscr{N}_{\alpha\mathscr{B}}(\sigma_r), \quad (6.49)$$

[383]
$$\left.\begin{array}{l} \hbar_{j_\beta} G^{(s_{j_\beta},\beta;\mathscr{D})}_{\partial\Omega_{\beta j_\beta}}(\mathbf{x}_m, t_{m-}, \mathbf{p}_\beta, \boldsymbol{\lambda}_{j_\beta}) = 0, \\ s_{j_\beta} = 0, 1, \cdots, m_{j_\beta} - 1; \\ (-1)^{m_{j_\beta}} \hbar_{j_\beta} G^{(m_{j_\beta},\beta;\mathscr{D})}_{\partial\Omega_{\beta j_\beta}}(\mathbf{x}_m, t_{m-}, \mathbf{p}_\beta, \boldsymbol{\lambda}_{j_\beta}) < 0, \end{array}\right\} j_\beta \in \mathscr{N}_{\beta\mathscr{B}}(\sigma_r). \quad (6.50)$$

(iii) 两个域流 $\mathbf{x}^{(\alpha;\mathscr{D})}(t)$ 和 $\mathbf{x}^{(\beta;\mathscr{D})}(t)$ 在点 $\mathbf{x}_m \in \mathscr{E}^{(r)}_{\sigma_r}$ 处为 $(\mathbf{m}_\alpha : \mathbf{m}_\beta; \mathscr{D})$ 型奇异的第二类不可切换流, 当且仅当

$$\left.\begin{array}{l} \hbar_{i_\alpha} G^{(s_{i_\alpha},\alpha;\mathscr{D})}_{\partial\Omega_{\alpha i_\alpha}}(\mathbf{x}_m, t_{m+}, \mathbf{p}_\alpha, \boldsymbol{\lambda}_{i_\alpha}) = 0, \\ s_{i_\alpha} = 0, 1, \cdots, m_{i_\alpha} - 1; \\ \hbar_{i_\alpha} G^{(m_{i_\alpha},\alpha;\mathscr{D})}_{\partial\Omega_{\alpha i_\alpha}}(\mathbf{x}_m, t_{m+}, \mathbf{p}_\alpha, \boldsymbol{\lambda}_{i_\alpha}) > 0, \end{array}\right\} i_\alpha \in \mathscr{N}_{\alpha\mathscr{B}}(\sigma_r), \quad (6.51)$$

$$\left.\begin{array}{l} \hbar_{j_\beta} G^{(s_{j_\beta},\beta;\mathscr{D})}_{\partial\Omega_{\beta j_\beta}}(\mathbf{x}_m, t_{m+}, \mathbf{p}_\beta, \boldsymbol{\lambda}_{j_\beta}) = 0, \\ s_{j_\beta} = 0, 1, \cdots, m_{j_\beta} - 1; \\ \hbar_{j_\beta} G^{(m_{j_\beta},\beta;\mathscr{D})}_{\partial\Omega_{\beta j_\beta}}(\mathbf{x}_m, t_{m+}, \mathbf{p}_\beta, \boldsymbol{\lambda}_{j_\beta}) > 0, \end{array}\right\} j_\beta \in \mathscr{N}_{\beta\mathscr{B}}(\sigma_r). \quad (6.52)$$

(iv) 在没有任何切换规则时, 两个域流 $\mathbf{x}^{(\alpha;\mathscr{D})}(t)$ 和 $\mathbf{x}^{(\beta;\mathscr{D})}(t)$ 可能发生由域 Ω_α 到 Ω_β 的 $(\mathbf{m}_\alpha : \mathbf{m}_\beta; \mathscr{D})$ 型奇异切换 $(\mathbf{m}_\alpha \neq 2\mathbf{k}_\alpha + 1)$, 当且仅当方程 (6.47) 和 (6.48) 满足.

(v) 在没有任何切换规则时, 两个域流 $\mathbf{x}^{(\alpha;\mathscr{D})}(t)$ 和 $\mathbf{x}^{(\beta;\mathscr{D})}(t)$ 为由域 Ω_α 到 Ω_β 的 $(2\mathbf{k}_\alpha + 1 : \mathbf{m}_\beta; \mathscr{D})$ 型奇异的不可切换域流 $(\mathbf{m}_\alpha = 2\mathbf{k}_\alpha + 1)$, 当且仅当方程 (6.47) 和 (6.48) 满足.

(vi) 在某一切换规则下, 与棱相切于点 $\mathbf{x}_m \in \mathscr{E}_{\sigma_r}^{(r)}$ 的两个域流 $\mathbf{x}^{(\alpha;\mathscr{D})}(t)$ 和 $\mathbf{x}^{(\beta;\mathscr{D})}(t)$ 是可切换的且具有 $((2\mathbf{k}_\alpha + 1) : (2\mathbf{k}_\beta + 1); \mathscr{D})$ 型奇异性, 当且仅当

$$\left.\begin{aligned}
&\hbar_{i_\alpha} G_{\partial\Omega_{\alpha i_\alpha}}^{(s_{i_\alpha},\alpha;\mathscr{D})}(\mathbf{x}_m, t_{m\pm}, \mathbf{p}_\alpha, \boldsymbol{\lambda}_{i_\alpha}) = 0, \\
&s_{i_\alpha} = 0, 1, \cdots, 2k_{i_\alpha}; \\
&\hbar_{i_\alpha} G_{\partial\Omega_{\alpha i_\alpha}}^{(2k_{i_\alpha}+1,\alpha;\mathscr{D})}(\mathbf{x}_m, t_{m\pm}, \mathbf{p}_\alpha, \boldsymbol{\lambda}_{i_\alpha}) > 0,
\end{aligned}\right\} i_\alpha \in \mathscr{N}_{\alpha\mathscr{B}}(\sigma_r), \qquad (6.53)$$

$$\left.\begin{aligned}
&\hbar_{j_\beta} G_{\partial\Omega_{\beta j_\beta}}^{(s_{j_\beta},\beta;\mathscr{D})}(\mathbf{x}_m, t_{m\pm}, \mathbf{p}_\beta, \boldsymbol{\lambda}_{j_\beta}) = 0, \\
&s_{j_\beta} = 0, 1, \cdots, 2k_{j_\beta}; \\
&\hbar_{j_\beta} G_{\partial\Omega_{\beta j_\beta}}^{(2k_{j_\beta}+1,\beta;\mathscr{D})}(\mathbf{x}_m, t_{m\pm}, \mathbf{p}_\beta, \boldsymbol{\lambda}_{j_\beta}) > 0,
\end{aligned}\right\} j_\beta \in \mathscr{N}_{\beta\mathscr{B}}(\sigma_r). \qquad (6.54)$$

[384]

(vii) 在没有任何切换规则时, 与棱切于点 $\mathbf{x}_m \in \mathscr{E}_{\sigma_r}^{(r)}$ 的两个域流 $\mathbf{x}^{(\alpha;\mathscr{D})}(t)$ 和 $\mathbf{x}^{(\beta;\mathscr{D})}(t)$ 是一个 $((2\mathbf{k}_\alpha + 1) : (2\mathbf{k}_\beta + 1); \mathscr{D})$ 型奇异的双切流, 当且仅当方程 (6.53) 和 (6.54) 满足.

证明   证明过程与第三章对每个域与边界的证明类似.   ∎

定义 6.10   对于方程 (6.4)—(6.8) 定义的不连续动力系统, 在 t_m 时刻, 存在点 $\mathbf{x}^{(\sigma_r;\mathscr{E})}(t_m) \equiv \mathbf{x}_m \in \mathscr{E}_{\sigma_r}^{(r)}$ ($\sigma_r \in \mathscr{N}_{\mathscr{E}}^r = \{1, 2, \cdots, N_r\}$, $r \in \{0, 1, 2, \cdots, n-2\}$), 其对应边界为 $\partial\Omega_{\alpha i_\alpha}(\sigma_r) (\alpha \in \mathscr{N}_{\mathscr{D}}(\sigma_r) \subset \mathscr{N}_{\mathscr{D}} = \{1, 2, \cdots, N_d\})$, 相应的域为 $\Omega_\alpha(\sigma_r)$ ($i_\alpha \in \mathscr{N}_{\alpha\mathscr{B}}(\sigma_r) \subset \mathscr{N}_{\mathscr{B}} = \{1, 2, \cdots, N_b\}$). 边界子集 $\mathscr{N}_{\alpha\mathscr{B}}(\sigma_r)$ 包含 n_{σ_r} 个元素 ($n_{\sigma_r} \geqslant n-r$). 对于任意小的 $\varepsilon > 0$, 存在两个时间区间 $[t_{m-\varepsilon}, t_m)$ 和 $(t_m, t_{m+\varepsilon}]$. 对于时间 t, 域流 $\mathbf{x}^{(\rho;\mathscr{D})}(t)$ ($\rho = \alpha, \beta$) 为 $C_{[t_{m-\varepsilon}, t_m)}^{r_\rho}$ 与 (或者) $C_{(t_m, t_{m+\varepsilon}]}^{r_\rho}$ 连续的, 且 $\|d^{r_\rho+1}\mathbf{x}^{(\rho;\mathscr{D})}/dt^{r_\rho+1}\| < \infty (r_\rho \geqslant 1)$. 假定存在切换规则 $\mathbf{x}^{(\alpha;\mathscr{D})}(t_{m\pm}) = \mathbf{x}_m = \mathbf{x}^{(\beta;\mathscr{D})}(t_{m\pm})$ 且 $\mathscr{N}_{\mathscr{D}}(\sigma_r) = \cup_{j\in\mathscr{J}} \mathscr{N}_{\mathscr{D}}^j(\sigma_r)$ ($\mathscr{J} = \{C, L, I\}$) 和 $\cap_{j\in\mathscr{J}} \mathscr{N}_{\mathscr{D}}^j(\sigma_r) = \varnothing$.

(i) 在切换规则下, 对于 $\alpha \in \mathscr{N}_{\mathscr{D}}^C(\sigma_r)$ 和 $\beta \in \mathscr{N}_{\mathscr{D}}^L(\sigma_r)$, 如果满足

$$\begin{aligned}
&\hbar_{i_\alpha} \mathbf{n}_{\partial\Omega_{\alpha i_\alpha}}^{\mathrm{T}}(\mathbf{x}_{m-\varepsilon}^{(i_\alpha;\mathscr{B})}) \cdot [\mathbf{x}_{m-\varepsilon}^{(i_\alpha;\mathscr{B})} - \mathbf{x}_{m-\varepsilon}^{(\alpha;\mathscr{D})}] < 0, i_\alpha \in \mathscr{N}_{\alpha\mathscr{B}}(\sigma_r), \\
&\hbar_{j_\beta} \mathbf{n}_{\partial\Omega_{\beta j_\beta}}^{\mathrm{T}}(\mathbf{x}_{m+\varepsilon}^{(j_\beta;\mathscr{B})}) \cdot [\mathbf{x}_{m+\varepsilon}^{(\beta;\mathscr{D})} - \mathbf{x}_{m+\varepsilon}^{(j_\beta;\mathscr{B})}] > 0, j_\beta \in \mathscr{N}_{\beta\mathscr{B}}(\sigma_r).
\end{aligned} \qquad (6.55)$$

那么称所有来流 $\mathbf{x}^{(\alpha;\mathscr{D})}(t)$ 和去流 $\mathbf{x}^{(\beta;\mathscr{D})}(t)$ 在 r 维棱 $\mathscr{E}_{\sigma_r}^{(r)}$ 上的点 $\mathbf{x}_m \in \mathscr{E}_{\sigma_r}^{(r)}$ 处为 $(\mathscr{N}_{\mathscr{D}}^C : \mathscr{N}_{\mathscr{D}}^L)$ 型可切换的.

(ii) 对于 $\mathscr{N}_{\mathscr{D}}^L(\sigma_r) = \varnothing$ 和 $\alpha \in \mathscr{N}_{\mathscr{D}}^C(\sigma_r)$, 如果满足

$$\hbar_{i_\alpha} \mathbf{n}_{\partial\Omega_{\alpha i_\alpha}}^{\mathrm{T}}(\mathbf{x}_{m-\varepsilon}^{(i_\alpha;\mathscr{B})}) \cdot [\mathbf{x}_{m-\varepsilon}^{(i_\alpha;\mathscr{B})} - \mathbf{x}_{m-\varepsilon}^{(\alpha;\mathscr{D})}] < 0, i_\alpha \in \mathscr{N}_{\alpha\mathscr{B}}(\sigma_r). \qquad (6.56)$$

那么称所有来流 $\mathbf{x}^{(\alpha;\mathscr{D})}(t)$ 在 r 维棱 $\mathscr{E}_{\sigma_r}^{(r)}$ 上的点 $\mathbf{x}_m \in \mathscr{E}_{\sigma_r}^{(r)}$ 处为 $(\mathscr{N}_{\mathscr{D}}^C; \mathscr{D})$ 型第一类不可切换的.

(iii) 对于 $\mathcal{N}_{\mathscr{D}}^{L}(\sigma_r) = \varnothing$ 和 $\beta \in \mathcal{N}_{\mathscr{D}}^{L}(\sigma_r)$, 如果满足

$$\hbar_{j_\beta} \mathbf{n}_{\partial\Omega_{\beta j_\beta}}^{\mathrm{T}} (\mathbf{x}_{m+\varepsilon}^{(j_\beta;\mathscr{B})}) \cdot [\mathbf{x}_{m+\varepsilon}^{(\beta;\mathscr{D})} - \mathbf{x}_{m+\varepsilon}^{(j_\beta;\mathscr{B})}] > 0, j_\beta \in \mathcal{N}_{\beta\mathscr{B}}(\sigma_r). \tag{6.57}$$

那么称所有去流 $\mathbf{x}^{(\beta;\mathscr{D})}(t)$ 在 r 维棱 $\mathscr{E}_{\sigma_r}^{(r)}$ 上的点 $\mathbf{x}_m \in \mathscr{E}_{\sigma_r}^{(r)}$ 处为 $(\mathcal{N}_{\mathscr{D}}^{L}; \mathscr{D})$ 型第二类不可切换的.

定理 6.5　对于方程 (6.4)—(6.8) 定义的不连续动力系统, 在 t_m 时刻, 存在点 $\mathbf{x}^{(\sigma_r;\mathscr{E})}(t_m) \equiv \mathbf{x}_m \in \mathscr{E}_{\sigma_r}^{(r)}$ $(\sigma_r \in \mathcal{N}_{\mathscr{E}}^{r} = \{1, 2, \cdots, N_r\}, r \in \{0, 1, 2, \cdots, n-2\})$, 其对应边界为 $\partial\Omega_{\alpha i_\alpha}(\sigma_r)(\alpha \in \mathcal{N}_{\mathscr{D}}(\sigma_r) \subset \mathcal{N}_{\mathscr{D}} = \{1, 2, \cdots, N_d\})$, 相应的域为 $\Omega_\alpha(\sigma_r)$ $(i_\alpha \in \mathcal{N}_{\alpha\mathscr{B}}(\sigma_r) \subset \mathcal{N}_{\mathscr{B}} = \{1, 2, \cdots, N_b\})$. 边界子集 $\mathcal{N}_{\alpha\mathscr{B}}(\sigma_r)$ 包含 n_{σ_r} 个元素 $(n_{\sigma_r} \geqslant n - r)$. 对于任意小的 $\varepsilon > 0$, 存在两个时间区间 $[t_{m-\varepsilon}, t_m)$ 和 $(t_m, t_{m+\varepsilon}]$. 对于时间 t, 域流 $\mathbf{x}^{(\rho;\mathscr{D})}(t)$ $(\rho = \alpha, \beta)$ 为 $C_{[t_{m-\varepsilon}, t_m)}^{r_\rho}$ 与/或者 $C_{(t_m, t_{m+\varepsilon}]}^{r_\rho}$ 连续的, 且 $\|d^{r_\rho+1}\mathbf{x}^{(\rho;\mathscr{D})}/dt^{r_\rho+1}\| < \infty (r_\rho \geqslant 1)$. 假定存在切换规则 $\mathbf{x}^{(\alpha;\mathscr{D})}(t_{m\pm}) = \mathbf{x}_m = \mathbf{x}^{(\beta;\mathscr{D})}(t_{m\pm})$ 且 $\mathcal{N}_{\mathscr{D}}(\sigma_r) = \cup_{j \in \mathscr{J}} \mathcal{N}_{\mathscr{D}}^{j}(\sigma_r)$ $(\mathscr{J} = \{C, L, I\})$ 和 $\cap_{j \in \mathscr{J}} \mathcal{N}_{\mathscr{D}}^{j}(\sigma_r) = \varnothing$.

(i) 在某一切换规则下, 所有来流 $\mathbf{x}^{(\alpha;\mathscr{D})}(t)$ 和去流 $\mathbf{x}^{(\beta;\mathscr{D})}(t)$ 在 r 维棱 $\mathscr{E}_{\sigma_r}^{(r)}$ 上的点 $\mathbf{x}_m \in \mathscr{E}_{\sigma_r}^{(r)}$ 处为 $(\mathcal{N}_{\mathscr{D}}^{C} : \mathcal{N}_{\mathscr{D}}^{L})$ 型可切换的, 当且仅当

$$\begin{aligned} \hbar_{i_\alpha} G_{\partial\Omega_{\alpha i_\alpha}}^{(\alpha;\mathscr{D})}(\mathbf{x}_m, t_{m-}, \mathbf{p}_\alpha, \boldsymbol{\lambda}_{i_\alpha}) < 0, i_\alpha \in \mathcal{N}_{\alpha\mathscr{B}}(\sigma_r), \\ \hbar_{j_\beta} G_{\partial\Omega_{\beta j_\beta}}^{(\beta;\mathscr{D})}(\mathbf{x}_m, t_{m+}, \mathbf{p}_\beta, \boldsymbol{\lambda}_{j_\beta}) > 0, j_\beta \in \mathcal{N}_{\beta\mathscr{B}}(\sigma_r). \end{aligned} \tag{6.58}$$

(ii) 对于 $\mathcal{N}_{\mathscr{D}}^{L}(\sigma_r) = \varnothing$, $\alpha \in \mathcal{N}_{\mathscr{D}}^{C}(\sigma_r)$, 所有来流 $\mathbf{x}^{(\alpha;\mathscr{D})}(t)$ 在 r 维棱 $\mathscr{E}_{\sigma_r}^{(r)}$ 上的点 $\mathbf{x}_m \in \mathscr{E}_{\sigma_r}^{(r)}$ 处为 $(\mathcal{N}_{\mathscr{D}}^{C}; \mathscr{D})$ 型第一类不可切换的, 当且仅当

$$\hbar_{i_\alpha} G_{\partial\Omega_{\alpha i_\alpha}}^{(\alpha;\mathscr{D})}(\mathbf{x}_m, t_{m-}, \mathbf{p}_\alpha, \boldsymbol{\lambda}_{i_\alpha}) < 0, i_\alpha \in \mathcal{N}_{\alpha\mathscr{B}}(\sigma_r). \tag{6.59}$$

(iii) 对于 $\mathcal{N}_{\mathscr{D}}^{C}(\sigma_r) = \varnothing$, $\beta \in \mathcal{N}_{\mathscr{D}}^{L}(\sigma_r)$, 所有的去流 $\mathbf{x}^{(\beta;\mathscr{D})}(t)$ 在 r 维棱 $\mathscr{E}_{\sigma_r}^{(r)}$ 上的点 $\mathbf{x}_m \in \mathscr{E}_{\sigma_r}^{(r)}$ 处为 $(\mathcal{N}_{\mathscr{D}}^{L}; \mathscr{D})$ 型第二类不可切换的, 当且仅当

$$\hbar_{j_\beta} G_{\partial\Omega_{\beta j_\beta}}^{(\beta;\mathscr{D})}(\mathbf{x}_m, t_{m+}, \mathbf{p}_\beta, \boldsymbol{\lambda}_{j_\beta}) > 0, j_\beta \in \mathcal{N}_{\beta\mathscr{B}}(\sigma_r). \tag{6.60}$$

证明　证明过程与第三章对各边界的证明类似.　　　　　　　■

定义 6.11　对于方程 (6.4)—(6.8) 定义的不连续动力系统, 在 t_m 时刻, 存在点 $\mathbf{x}^{(\sigma_r;\mathscr{E})}(t_m) \equiv \mathbf{x}_m \in \mathscr{E}_{\sigma_r}^{(r)}$ $(\sigma_r \in \mathcal{N}_{\mathscr{E}}^{r} = \{1, 2, \cdots, N_r\}, r \in \{0, 1, 2, \cdots, n-2\})$, 其对应边界为 $\partial\Omega_{\alpha i_\alpha}(\sigma_r)(\alpha \in \mathcal{N}_{\mathscr{D}}(\sigma_r) \subset \mathcal{N}_{\mathscr{D}} = \{1, 2, \cdots, N_d\})$, 相应的域为 $\Omega_\alpha(\sigma_r)$ $(i_\alpha \in \mathcal{N}_{\alpha\mathscr{B}}(\sigma_r) \subset \mathcal{N}_{\mathscr{B}} = \{1, 2, \cdots, N_b\})$. 边界子集 $\mathcal{N}_{\alpha\mathscr{B}}(\sigma_r)$ 包含 n_{σ_r} 个元素 $(n_{\sigma_r} \geqslant n - r)$. 对于任意小的 $\varepsilon > 0$, 存在两个时间区间 $[t_{m-\varepsilon}, t_m)$ 和 $(t_m, t_{m+\varepsilon}]$. 对于时间 t, 域流 $\mathbf{x}^{(\rho;\mathscr{D})}(t)$ $(\rho =$

α, β) 为 $C^{r_\rho}_{[t_{m-\varepsilon}, t_m)}$ 与/或者 $C^{r_\rho}_{(t_m, t_{m+\varepsilon}]}$ 连续的, 且 $\|d^{r_\rho+1}\mathbf{x}^{(\rho;\mathcal{D})}/dt^{r_\rho+1}\| < \infty (r_\rho \geqslant 1)$. 假定存在切换规则 $\mathbf{x}^{(\alpha;\mathcal{D})}(t_{m\pm}) = \mathbf{x}_m = \mathbf{x}^{(\beta;\mathcal{D})}(t_{m\pm})$. $\mathscr{N}_{\mathcal{D}}(\sigma_r) = \cup_{j \in \mathscr{J}} \mathscr{N}_{\mathcal{D}}^j(\sigma_r)$ 和 $\cap_{j \in \mathscr{J}} \mathscr{N}_{\mathcal{D}}^j(\sigma_r) = \varnothing$ ($\mathscr{J} = \{C, L, I\}$). $r = 0, \mathbf{m}_\rho \neq 2\mathbf{k}_\rho + 1$.

(i) 在切换规则下, 对于 $\alpha \in \mathscr{N}_{\mathcal{D}}^C(\sigma_r)$ 和 $\beta \in \mathscr{N}_{\mathcal{D}}^L(\sigma_r)$, 如果满足

$$\left.\begin{aligned} &\hbar_{i_\alpha} G^{(s_{i_\alpha}, \alpha;\mathcal{D})}_{\partial\Omega_{\alpha i_\alpha}}(\mathbf{x}_m, t_{m-}, \mathbf{p}_\alpha, \boldsymbol{\lambda}_{i_\alpha}) = 0, \\ &s_{i_\alpha} = 0, 1, \cdots, m_{i_\alpha} - 1; \\ &\hbar_{i_\alpha} \mathbf{n}^{\mathrm{T}}_{\partial\Omega_{\alpha i_\alpha}}(\mathbf{x}^{(i_\alpha, \mathscr{B})}_{m-\varepsilon}) \cdot [\mathbf{x}^{(i_\alpha;\mathscr{B})}_{m-\varepsilon} - \mathbf{x}^{(\alpha;\mathcal{D})}_{m-\varepsilon}] < 0, \end{aligned}\right\} i_\alpha \in \mathscr{N}_{\alpha\mathscr{B}}(\sigma_r), \quad (6.61)$$

$$\left.\begin{aligned} &\hbar_{j_\beta} G^{(s_{j_\beta}, \beta;\mathcal{D})}_{\partial\Omega_{\beta j_\beta}}(\mathbf{x}_m, t_{m+}, \mathbf{p}_\beta, \boldsymbol{\lambda}_{j_\beta}) = 0, \\ &s_{j_\beta} = 0, 1, \cdots, m_{j_\beta} - 1; \\ &\hbar_{j_\beta} \mathbf{n}^{\mathrm{T}}_{\partial\Omega_{\beta j_\beta}}(\mathbf{x}^{(j_\beta, \mathscr{B})}_{m+\varepsilon}) \cdot [\mathbf{x}^{(\beta;\mathcal{D})}_{m+\varepsilon} - \mathbf{x}^{(j_\beta;\mathscr{B})}_{m+\varepsilon}] > 0, \end{aligned}\right\} j_\beta \in \mathscr{N}_{\beta\mathscr{B}}(\sigma_r). \quad (6.62)$$

那么称所有来流 $\mathbf{x}^{(\alpha;\mathcal{D})}(t)$ 和去流 $\mathbf{x}^{(\beta;\mathcal{D})}(t)$ 在 r 维棱 $\mathscr{E}^{(r)}_{\sigma_r}$ 上的点 $\mathbf{x}_m \in \mathscr{E}^{(r)}_{\sigma_r}$ 处为 $(\cup_{\alpha \in \mathscr{N}_{\mathcal{D}}^C} \mathbf{m}_\alpha : \cup_{\beta \in \mathscr{N}_{\mathcal{D}}^L} \mathbf{m}_\beta; \mathcal{D})$ 型奇异可切换的.

(ii) 对于 $\mathscr{N}_{\mathcal{D}}^L(\sigma_r) = \varnothing$ 和 $\alpha \in \mathscr{N}_{\mathcal{D}}^C(\sigma_r)$, 如果满足

$$\left.\begin{aligned} &\hbar_{i_\alpha} G^{(s_{i_\alpha}, \alpha;\mathcal{D})}_{\partial\Omega_{\alpha i_\alpha}}(\mathbf{x}_m, t_{m-}, \mathbf{p}_\alpha, \boldsymbol{\lambda}_{i_\alpha}) = 0, \\ &s_{i_\alpha} = 0, 1, \cdots, m_{i_\alpha} - 1; \\ &\hbar_{i_\alpha} \mathbf{n}^{\mathrm{T}}_{\partial\Omega_{\alpha i_\alpha}}(\mathbf{x}^{(i_\alpha, \mathscr{B})}_{m-\varepsilon}) \cdot [\mathbf{x}^{(i_\alpha;\mathscr{B})}_{m-\varepsilon} - \mathbf{x}^{(\alpha;\mathcal{D})}_{m-\varepsilon}] < 0, \end{aligned}\right\} i_\alpha \in \mathscr{N}_{\alpha\mathscr{B}}(\sigma_r). \quad (6.63)$$

那么称所有来流 $\mathbf{x}^{(\alpha;\mathcal{D})}(t)$ 在 r 维棱 $\mathscr{E}^{(r)}_{\sigma_r}$ 上的点 $\mathbf{x}_m \in \mathscr{E}^{(r)}_{\sigma_r}$ 处为第一类 $(\cup_{\alpha \in \mathscr{N}_{\mathcal{D}}^C} \mathbf{m}_\alpha; \mathcal{D})$ 型奇异不可切换的 $(\mathbf{m}_\alpha \neq 2\mathbf{k}_\alpha + 1)$.

(iii) 对于 $\mathscr{N}_{\mathcal{D}}^L(\sigma_r) = \varnothing$ 和 $\alpha \in \mathscr{N}_{\mathcal{D}}^C(\sigma_r)$, 如果满足

$$\left.\begin{aligned} &\hbar_{j_\beta} G^{(s_{j_\beta}, \beta;\mathcal{D})}_{\partial\Omega_{\beta j_\beta}}(\mathbf{x}_m, t_{m+}, \mathbf{p}_\beta, \boldsymbol{\lambda}_{j_\beta}) = 0, \\ &s_{j_\beta} = 0, 1, \cdots, m_{j_\beta} - 1; \\ &\hbar_{j_\beta} \mathbf{n}^{\mathrm{T}}_{\partial\Omega_{\beta j_\beta}}(\mathbf{x}^{(j_\beta, \mathscr{B})}_{m+\varepsilon}) \cdot [\mathbf{x}^{(\beta;\mathcal{D})}_{m+\varepsilon} - \mathbf{x}^{(j_\beta;\mathscr{B})}_{m+\varepsilon}] > 0, \end{aligned}\right\} j_\beta \in \mathscr{N}_{\beta\mathscr{B}}(\sigma_r). \quad (6.64)$$

[387]

那么称所有去流 $\mathbf{x}^{(\beta;\mathcal{D})}(t)$ 在 r 维棱 $\mathscr{E}^{(r)}_{\sigma_r}$ 上的点 $\mathbf{x}_m \in \mathscr{E}^{(r)}_{\sigma_r}$ 处为 $(\cup_{\beta \in \mathscr{N}_{\mathcal{D}}^L} \mathbf{m}_\beta; \mathcal{D})$ 型奇异不可切换的.

(iv) 在没有任何切换规则时, 如果对所有 $\alpha \in \mathscr{N}_{\mathcal{D}}^C(\sigma_r)$ 和 $\beta \in \mathscr{N}_{\mathcal{D}}^L(\sigma_r)$, 方程 (6.61) 和 (6.62) 均成立, 且 $\mathbf{m}_\alpha \neq 2\mathbf{k}_\alpha + 1$, 那么称所有来流 $\mathbf{x}^{(\alpha;\mathcal{D})}(t)$ 和去流 $\mathbf{x}^{(\beta;\mathcal{D})}(t)$, 在 r 维棱 $\mathscr{E}^{(r)}_{\sigma_r}$ 上的点 $\mathbf{x}_m \in \mathscr{E}^{(r)}_{\sigma_r}$ 处是潜在可切换的, 且具有 $(\cup_{\alpha \in \mathscr{N}_{\mathcal{D}}^C} \mathbf{m}_\alpha : \cup_{\beta \in \mathscr{N}_{\mathcal{D}}^L} \mathbf{m}_\beta; \mathcal{D})$ 型奇异性.

(v) 在没有任何切换规则时, 如果对所有 $\alpha \in \mathscr{N}_{\mathscr{D}}^C(\sigma_r)$ 和 $\beta \in \mathscr{N}_{\mathscr{D}}^L(\sigma_r)$, 方程 (6.61) 和 (6.62) 均成立, 且对于至少一个来流满足 $\mathbf{m}_\alpha = 2\mathbf{k}_\alpha + \mathbf{1}$, 那么称所有的来流 $\mathbf{x}^{(\alpha;\mathscr{D})}(t)$ 和去流 $\mathbf{x}^{(\beta;\mathscr{D})}(t)$ 在 r 维棱 $\mathscr{E}_{\sigma_r}^{(r)}$ 上的点 $\mathbf{x}_m \in \mathscr{E}_{\sigma_r}^{(r)}$ 处都是 $(\cup_{\alpha \in \mathscr{N}_{\mathscr{D}}^C} \mathbf{m}_\alpha : \cup_{\beta \in \mathscr{N}_{\mathscr{D}}^L} \mathbf{m}_\beta; \mathscr{D})$ 型奇异不可切换的.

(vi) 在切换规则下, 如果满足

$$\left.\begin{aligned}
&\hbar_{i_\alpha} G_{\partial\Omega_{\alpha i_\alpha}}^{(s_{i_\alpha},\alpha;\mathscr{D})}(\mathbf{x}_m, t_{m\pm}, \mathbf{p}_\alpha, \boldsymbol{\lambda}_{i_\alpha}) = 0, \\
&s_{i_\alpha} = 0, 1, \cdots, 2k_{i_\alpha}; \\
&\hbar_{i_\alpha} \mathbf{n}_{\partial\Omega_{\alpha i_\alpha}}^{\mathrm{T}}(\mathbf{x}_{m-\varepsilon}^{(i_\alpha,\mathscr{B})}) \cdot [\mathbf{x}_{m-\varepsilon}^{(i_\alpha,\mathscr{B})} - \mathbf{x}_{m-\varepsilon}^{(\alpha;\mathscr{D})}] < 0, \\
&\hbar_{i_\alpha} \mathbf{n}_{\partial\Omega_{\alpha i_\alpha}}^{\mathrm{T}}(\mathbf{x}_{m+\varepsilon}^{(i_\alpha,\mathscr{B})}) \cdot [\mathbf{x}_{m+\varepsilon}^{(\alpha;\mathscr{D})} - \mathbf{x}_{m+\varepsilon}^{(i_\alpha;\mathscr{B})}] > 0,
\end{aligned}\right\} i_\alpha \in \mathscr{N}_{\alpha\mathscr{B}}(\sigma_r). \quad (6.65)$$

那么称在 r 维棱 $\mathscr{E}_{\sigma_r}^{(r)}$ 上的点 $\mathbf{x}_m \in \mathscr{E}_{\sigma_r}^{(r)}$ 处, 域 $\Omega_\alpha(\alpha \in \mathscr{N}_{\mathscr{D}}(\sigma_r))$ 内所有擦边域流为 $(\cup_{\alpha \in \mathscr{N}_{\mathscr{D}}^C}(2\mathbf{k}_\alpha + 1) : \cup_{\alpha \in \mathscr{N}_{\mathscr{D}}^L}(2\mathbf{k}_\alpha + 1); \mathscr{D})$ 型奇异可切换的.

(vii) 在没有任何切换规则下, 如果满足方程 (6.65), 那么在 r 维棱 $\mathscr{E}_{\sigma_r}^{(r)}$ 上的点 $\mathbf{x}_m \in \mathscr{E}_{\sigma_r}^{(r)}$ 处, 称域 $\Omega_\alpha(\alpha \in \mathscr{N}_{\mathscr{D}}(\sigma_r))$ 内所有域流为 $(\cup_{\alpha \in \mathscr{N}_{\mathscr{D}}^C}(2\mathbf{k}_\alpha + 1) : \cup_{\alpha \in \mathscr{N}_{\mathscr{D}}^L}(2\mathbf{k}_\alpha + 1); \mathscr{D})$ 型奇异擦边的.

定理 6.6 对于方程 (6.4)—(6.8) 定义的不连续动力系统, 在 t_m 时刻, 存在点 $\mathbf{x}^{(\sigma_r;\mathscr{E})}(t_m) \equiv \mathbf{x}_m \in \mathscr{E}_{\sigma_r}^{(r)}$ $(\sigma_r \in \mathscr{N}_{\mathscr{E}}^r = \{1, 2, \cdots, N_r\}, r \in \{0, 1, 2, \cdots, n-2\})$, 其对应边界为 $\partial\Omega_{\alpha i_\alpha}(\sigma_r)(\alpha \in \mathscr{N}_{\mathscr{D}}(\sigma_r) \subset \mathscr{N}_{\mathscr{D}} = \{1, 2, \cdots, N_d\})$, 相应的域为 $\Omega_\alpha(\sigma_r)$ $(i_\alpha \in \mathscr{N}_{\alpha\mathscr{B}}(\sigma_r) \subset \mathscr{N}_{\mathscr{B}} = \{1, 2, \cdots, N_b\})$. 边界子集 $\mathscr{N}_{\alpha\mathscr{B}}(\sigma_r)$ 包含 n_{σ_r} 个元素 $(n_{\sigma_r} \geqslant n-r)$. 对于任意小的 $\varepsilon > 0$, 存在两个时间区间 $[t_{m-\varepsilon}, t_m]$ 和 $(t_m, t_{m+\varepsilon}]$. 对于时间 t, 域流 $\mathbf{x}^{(\rho;\mathscr{D})}(t)$ $(\rho = \alpha, \beta)$ 为 [388] $C_{[t_{m-\varepsilon}, t_m)}^{r_\rho}$ 与 (或者) $C_{(t_m, t_{m+\varepsilon}]}^{r_\rho}$ 连续的, 且 $\|d^{r_\rho+1}\mathbf{x}^{(\rho;\mathscr{D})}/dt^{r_\rho+1}\| < \infty(r_\rho \geqslant \max_{i_\rho \in \mathscr{N}_{\rho\mathscr{B}}}\{m_{i_\rho}\} + 1)$. 假定存在切换规则 $\mathbf{x}^{(\alpha;\mathscr{D})}(t_{m\pm}) = \mathbf{x}_m = \mathbf{x}^{(\beta;\mathscr{D})}(t_{m\pm})$. $\mathscr{N}_{\mathscr{D}}(\sigma_r) = \cup_{j \in \mathscr{J}} \mathscr{N}_{\mathscr{D}}^j(\sigma_r)$ 且 $\cap_{j \in \mathscr{J}} \mathscr{N}_{\mathscr{D}}^j(\sigma_r) = \varnothing$ $(\mathscr{J} = \{C, L, I\})$, 其中 $r = 0, \mathbf{m}_\rho \neq 2\mathbf{k}_\rho + 1$.

(i) 在切换规则下, 对于 $\alpha \in \mathscr{N}_{\mathscr{D}}^C(\sigma_r)$ 和 $\beta \in \mathscr{N}_{\mathscr{D}}^L(\sigma_r)$, 所有来流 $\mathbf{x}^{(\alpha;\mathscr{D})}(t)$ 和去流 $\mathbf{x}^{(\beta;\mathscr{D})}(t)$ 在 r 维棱 $\mathscr{E}_{\sigma_r}^{(r)}$ 上的点 $\mathbf{x}_m \in \mathscr{E}_{\sigma_r}^{(r)}$ 处为 $(\cup_{\alpha \in \mathscr{N}_{\mathscr{D}}^C} \mathbf{m}_\alpha : \cup_{\beta \in \mathscr{N}_{\mathscr{D}}^L} \mathbf{m}_\beta; \mathscr{D})$ 型奇异可切换的, 当且仅当

$$\left.\begin{aligned}
&\hbar_{i_\alpha} G_{\partial\Omega_{\alpha i_\alpha}}^{(s_{i_\alpha},\alpha;\mathscr{D})}(\mathbf{x}_m, t_{m-}, \mathbf{p}_\alpha, \boldsymbol{\lambda}_{i_\alpha}) = 0, \\
&s_{i_\alpha} = 0, 1, \cdots, m_{i_\alpha} - 1; \\
&(-1)^{m_{i_\alpha}} \hbar_{i_\alpha} G_{\partial\Omega_{\alpha i_\alpha}}^{(m_{i_\alpha},\alpha;\mathscr{D})}(\mathbf{x}_m, t_{m-}, \mathbf{p}_\alpha, \boldsymbol{\lambda}_{i_\alpha}) < 0,
\end{aligned}\right\} i_\alpha \in \mathscr{N}_{\alpha\mathscr{B}}(\sigma_r), \quad (6.66)$$

$$\left.\begin{array}{l} \hbar_{j_\beta} G_{\partial\Omega_{\beta j_\beta}}^{(s_{j_\beta},\beta;\mathscr{D})}(\mathbf{x}_m, t_{m+}, \mathbf{p}_\beta, \boldsymbol{\lambda}_{j_\beta}) = 0, \\ s_{j_\beta} = 0, 1, \cdots, m_{j_\beta} - 1; \\ \hbar_{j_\beta} G_{\partial\Omega_{\beta j_\beta}}^{(m_{j_\beta},\beta;\mathscr{D})}(\mathbf{x}_m, t_{m+}, \mathbf{p}_\beta, \boldsymbol{\lambda}_{j_\beta}) > 0, \end{array}\right\} \quad j_\beta \in \mathscr{N}_{\beta\mathscr{B}}(\sigma_r). \quad (6.67)$$

(ii) 对于 $\mathscr{N}_{\mathscr{D}}^L(\sigma_r) = \varnothing$ 和 $\alpha \in \mathscr{N}_{\mathscr{D}}^C(\sigma_r)$, 所有来流 $\mathbf{x}^{(\alpha;\mathscr{D})}(t)$ 在 r 维棱 $\mathscr{E}_{\sigma_r}^{(r)}$ 上的点 $\mathbf{x}_m \in \mathscr{E}_{\sigma_r}^{(r)}$ 处为第一类 $(\cup_{\alpha \in \mathscr{N}_{\mathscr{D}}^C} \mathbf{m}_\alpha; \mathscr{D})$ 型奇异不可切换的 $(\mathbf{m}_\alpha \neq 2\mathbf{k}_\alpha + 1)$, 当且仅当

$$\left.\begin{array}{l} \hbar_{i_\alpha} G_{\partial\Omega_{\alpha i_\alpha}}^{(s_{i_\alpha},\alpha;\mathscr{D})}(\mathbf{x}_m, t_{m-}, \mathbf{p}_\alpha, \boldsymbol{\lambda}_{i_\alpha}) = 0, \\ s_{i_\alpha} = 0, 1, \cdots, m_{i_\alpha} - 1; \\ (-1)^{m_{i_\alpha}} \hbar_{i_\alpha} G_{\partial\Omega_{\alpha i_\alpha}}^{(m_{i_\alpha},\alpha;\mathscr{D})}(\mathbf{x}_m, t_{m-}, \mathbf{p}_\alpha, \boldsymbol{\lambda}_{i_\alpha}) < 0, \end{array}\right\} \quad i_\alpha \in \mathscr{N}_{\alpha\mathscr{B}}(\sigma_r). \quad (6.68)$$

(iii) 对于 $\mathscr{N}_{\mathscr{D}}^C(\sigma_r) = \varnothing$ 和 $\beta \in \mathscr{N}_{\mathscr{D}}^L(\sigma_r)$, 所有去流 $\mathbf{x}^{(\beta;\mathscr{D})}(t)$ 在 r 维棱 $\mathscr{E}_{\sigma_r}^{(r)}$ 上的点 $\mathbf{x}_m \in \mathscr{E}_{\sigma_r}^{(r)}$ 处为 $(\cup_{\beta \in \mathscr{N}_{\mathscr{D}}^L} \mathbf{m}_\beta; \mathscr{D})$ 型奇异不可切换的, 当且仅当

$$\left.\begin{array}{l} \hbar_{j_\beta} G_{\partial\Omega_{\beta j_\beta}}^{(s_{j_\beta},\beta;\mathscr{D})}(\mathbf{x}_m, t_{m+}, \mathbf{p}_\beta, \boldsymbol{\lambda}_{j_\beta}) = 0, \\ s_{j_\beta} = 0, 1, \cdots, m_{j_\beta} - 1; \\ \hbar_{j_\beta} G_{\partial\Omega_{\beta j_\beta}}^{(m_{j_\beta},\beta;\mathscr{D})}(\mathbf{x}_m, t_{m+}, \mathbf{p}_\beta, \boldsymbol{\lambda}_{j_\beta}) > 0, \end{array}\right\} \quad j_\beta \in \mathscr{N}_{\beta\mathscr{B}}(\sigma_r). \quad (6.69)$$

(iv) 在没有任何切换规则下, 对于 $\alpha \in \mathscr{N}_{\mathscr{D}}^C(\sigma_r)$ 和 $\beta \in \mathscr{N}_{\mathscr{D}}^L(\sigma_r)$, 所有来 [389] 流 $\mathbf{x}^{(\alpha;\mathscr{D})}(t)$ 和所有去流 $\mathbf{x}^{(\beta;\mathscr{D})}(t)$ 在 r 维棱 $\mathscr{E}_{\sigma_r}^{(r)}$ 上的点 $\mathbf{x}_m \in \mathscr{E}_{\sigma_r}^{(r)}$ 处, 是潜在可切换的, 且具有 $(\cup_{\alpha \in \mathscr{N}_{\mathscr{D}}^C} \mathbf{m}_\alpha : \cup_{\beta \in \mathscr{N}_{\mathscr{D}}^L} \mathbf{m}_\beta; \mathscr{D})$ 型奇异性, 当且仅当方程 (6.66) 和 (6.67) 满足 $(\mathbf{m}_\alpha \neq 2\mathbf{k}_\alpha + 1)$.

(v) 在没有任何切换规则下, 所有来流 $\mathbf{x}^{(\alpha;\mathscr{D})}(t)$ 和去流在 r 维棱 $\mathscr{E}_{\sigma_r}^{(r)}$ 上的点 $\mathbf{x}_m \in \mathscr{E}_{\sigma_r}^{(r)}$ 处为 $(\cup_{\alpha \in \mathscr{N}_{\mathscr{D}}^C} \mathbf{m}_\alpha : \cup_{\beta \in \mathscr{N}_{\mathscr{D}}^L} \mathbf{m}_\beta; \mathscr{D})$ 型奇异不可切换的, 如果对 $\alpha \in \mathscr{N}_{\mathscr{D}}^C(\sigma_r)$ 和 $\beta \in \mathscr{N}_{\mathscr{D}}^L(\sigma_r)$, 方程 (6.66) 和 (6.67) 均成立, 且至少有一个来流满足 $\mathbf{m}_\alpha = 2\mathbf{k}_\alpha + 1$.

(vi) 在切换规则下, 在 r 维棱 $\mathscr{E}_{\sigma_r}^{(r)}$ 上的点 $\mathbf{x}_m \in \mathscr{E}_{\sigma_r}^{(r)}$ 处域 $\Omega_\alpha (\alpha \in \mathscr{N}_{\mathscr{D}}(\sigma_r))$ 内所有擦边域流为 $(\cup_{\alpha \in \mathscr{N}_{\mathscr{D}}^C}(2\mathbf{k}_\alpha + 1) : \cup_{\alpha \in \mathscr{N}_{\mathscr{D}}^L}(2\mathbf{k}_\alpha + 1); \mathscr{D})$ 型奇异可切换的, 当且仅当

$$\left.\begin{array}{l} \hbar_{i_\alpha} G_{\partial\Omega_{\alpha i_\alpha}}^{(s_{i_\alpha},\alpha;\mathscr{D})}(\mathbf{x}_m, t_{m\pm}, \mathbf{p}_\alpha, \boldsymbol{\lambda}_{i_\alpha}) = 0, \\ s_{i_\alpha} = 0, 1, \cdots, 2k_{i_\alpha}; \\ \hbar_{i_\alpha} G_{\partial\Omega_{\alpha i_\alpha}}^{(2k_{i_\alpha}+1,\alpha;\mathscr{D})}(\mathbf{x}_m, t_{m\pm}, \mathbf{p}_\alpha, \boldsymbol{\lambda}_{i_\alpha}) > 0, \end{array}\right\} \quad i_\alpha \in \mathscr{N}_{\alpha\mathscr{B}}(\sigma_r). \quad (6.70)$$

(vii) 在没有任何切换规则下, r 维棱 $\mathscr{E}_{\sigma_r}^{(r)}$ 上的点 $\mathbf{x}_m \in \mathscr{E}_{\sigma_r}^{(r)}$ 处, 域

$\Omega_\alpha(\alpha \in \mathcal{N}_{\mathscr{D}}(\sigma_r))(\alpha \in \mathcal{N}_{\mathscr{D}}(\sigma_r))$ 内所有域流为 $(\cup_{\alpha \in \mathcal{N}_{\mathscr{D}}^C}(2\mathbf{k}_\alpha+1) : \cup_{\alpha \in \mathcal{N}_{\mathscr{D}}^L}(2\mathbf{k}_\alpha+1); \mathscr{D})$ 型奇异的擦边流, 当且仅当方程 (6.70) 满足.

证明 证明过程与第三章对各域及边界的证明类似. ■

6.5 对凹棱的横截擦边穿越性

为了讨论凹棱上域流的穿越问题, 下面将给出相关定义. 由于边界的虚延伸与边界自身具有相同函数, 因此 $\mathbf{n}_{\partial\overline{\Omega}_{\alpha i_\alpha}} = \mathbf{n}_{\partial\Omega_{\alpha i_\alpha}}$.

定义 6.12 对于方程 (6.4)—(6.8) 定义的不连续动力系统, 在 t_m 时刻, 存在点 $\mathbf{x}^{(\sigma_r;\mathscr{E})}(t_m) \equiv \mathbf{x}_m \in \mathscr{E}_{\sigma_r}^{(r)}$ $(\sigma_r \in \mathcal{N}_{\mathscr{E}}^r = \{1, 2, \cdots, N_r\},\ r \in \{0, 1, 2, \cdots, n-2\})$, 其对应边界为 $\partial\Omega_{\alpha i_\alpha}(\sigma_r)(\alpha \in \mathcal{N}_{\mathscr{D}}(\sigma_r) \subset \mathcal{N}_{\mathscr{D}} = \{1, 2, \cdots, N_d\})$, 相应的域为 $\Omega_\alpha(\sigma_r)$ $(i_\alpha \in \mathcal{N}_{\mathscr{B}}(\sigma_r) \subset \mathcal{N}_{\mathscr{B}} = \{1, 2, \cdots, N_b\})$. 边界子集 $\mathcal{N}_{\alpha\mathscr{B}}(\sigma_r)$ 包含 n_{σ_r} 个元素 $(\rho = \alpha, \beta$ 和 $n_{\sigma_r} \geqslant n-r)$. 对于任意小的 $\varepsilon > 0$, 存在两个时间区间 $[t_{m-\varepsilon}, t_m)$ 和 $(t_m, t_{m+\varepsilon}]$. 对于时间 t, 域流 $\mathbf{x}^{(\rho;\mathscr{D})}(t)$ $(\rho = \alpha, \beta)$ 为 $C_{[t_{m-\varepsilon}, t_m)}^{r_\rho}$ 与 (或者) $C_{(t_m, t_{m+\varepsilon}]}^{r_\rho}$ 连续的, 且 $\|d^{r_\rho+1}\mathbf{x}^{(\rho;\mathscr{D})}/dt^{r_\rho+1}\| < \infty$. $\cap_{j \in \mathscr{J}} \mathcal{N}_{\rho\mathscr{B}}^j(\sigma_r) = \varnothing$ 与 $\mathcal{N}_{\rho\mathscr{B}}(\sigma_r) = \cup_{j \in \mathscr{J}} \mathcal{N}_{\rho\mathscr{B}}^j(\sigma_r)$ $(\mathscr{J} = \{C, L\})$. $\varkappa_{i_\alpha} = 1, -1$ 分别是自镜像域的实边界和虚边界.

(i) 自镜像域 $\Omega_\alpha^{\mathscr{SM}}$ 内域流 $\mathbf{x}^{(\alpha;\mathscr{D})}$, 如果满足

$$
\begin{aligned}
&\varkappa_{i_\alpha} \hbar_{i_\alpha} \mathbf{n}_{\partial\Omega_{\alpha i_\alpha}}^{\mathrm{T}}(\mathbf{x}_{m-\varepsilon}^{(i_\alpha;\mathscr{B})}) \cdot [\mathbf{x}_{m-\varepsilon}^{(i_\alpha;\mathscr{B})} - \mathbf{x}_{m-\varepsilon}^{(\alpha;\mathscr{D})}] < 0, \\
&i_\alpha \in \mathcal{N}_{\alpha\mathscr{B}}^C \subset \mathcal{N}_{\alpha\mathscr{B}}(\sigma_r, \mathscr{SM}), \\
&\varkappa_{j_\alpha} \hbar_{j_\alpha} \mathbf{n}_{\partial\Omega_{\alpha j_\alpha}}^{\mathrm{T}}(\mathbf{x}_{m+\varepsilon}^{(j_\alpha;\mathscr{B})}) \cdot [\mathbf{x}_{m+\varepsilon}^{(\alpha;\mathscr{D})} - \mathbf{x}_{m+\varepsilon}^{(j_\alpha;\mathscr{B})}] > 0, \\
&j_\alpha \in \mathcal{N}_{\alpha\mathscr{B}}^L \subset \mathcal{N}_{\alpha\mathscr{B}}(\sigma_r, \mathscr{SM}).
\end{aligned}
\tag{6.71}
$$

那么称域流在点 $\mathbf{x}_m \in \mathscr{E}_{\sigma_r}^{(r)}$ 处与凹棱 $\mathscr{E}_{\sigma_r}^{(r)}$ 横截相切.

(ii) 自镜像域 $\Omega_\alpha^{\mathscr{SM}}$ 内域流 $\mathbf{x}^{(\alpha;\mathscr{D})}$ 在点 $\mathbf{x}_m \in \mathscr{E}_{\sigma_r}^{(r)}$ 处与虚延伸棱 $\mathscr{E}_{\overline{\sigma}_s}^{(s)}$ $(s = r+1, r+2, \cdots, n-1)$ 为 $2\mathbf{k}_{n-s}+1$ 阶奇异相切的, 如果满足

$$
\left.
\begin{aligned}
&\hbar_{i_\alpha} G_{\partial\overline{\Omega}_{\alpha i_\alpha}}^{(s_{i_\alpha}, \alpha;\mathscr{D})}(\mathbf{x}_m, t_{m-}, \mathbf{p}_\alpha, \boldsymbol{\lambda}_{i_\alpha}) = 0, \\
&s_{i_\alpha} = 0, 1, 2, \cdots, 2k_{i_\alpha}; \\
&\hbar_{i_\alpha} \mathbf{n}_{\partial\overline{\Omega}_{\alpha i_\alpha}}^{\mathrm{T}}(\mathbf{x}_{m-\varepsilon}^{(i_\alpha;\mathscr{B})}) \cdot [\mathbf{x}_{m-\varepsilon}^{(i_\alpha;\mathscr{B})} - \mathbf{x}_{m-\varepsilon}^{(\alpha;\mathscr{D})}] > 0,
\end{aligned}
\right\}
\tag{6.72}
$$

$$i_\alpha \in \mathcal{N}_{\alpha\mathscr{B}}^C(\overline{\sigma}_s) \subset \mathcal{N}_{\alpha\mathscr{B}}(\sigma_r, \mathscr{SM}).$$

那么称域流不能横截穿越凹棱 $\mathscr{E}_{\sigma_r}^{(r)}$.

(iii) 自镜像域 $\Omega_\alpha^{\mathscr{SM}}$ 内域流 $\mathbf{x}^{(\alpha;\mathscr{D})}$ 在点 $\mathbf{x}_m \in \mathscr{E}_{\sigma_r}^{(r)}$ 处, 与虚延伸棱 $\mathscr{E}_{\overline{\sigma}_s}^{(s)}$ $(s = r+1, r+2, \cdots, n-1)$ 存在拐点并具有 $2\mathbf{k}_{n-s}$ 阶奇异性, 如果满足

$$
\left.\begin{aligned}
&\hbar_{i_\alpha} G_{\partial\overline{\Omega}_{\alpha i_\alpha}}^{(s_{i_\alpha}, \alpha;\mathscr{D})}(\mathbf{x}_m, t_{m-}, \mathbf{p}_\alpha, \boldsymbol{\lambda}_{i_\alpha}) = 0, \\
&s_{i_\alpha} = 0, 1, 2, \cdots, 2k_{i_\alpha} - 1; \\
&\hbar_{i_\alpha} \mathbf{n}_{\partial\overline{\Omega}_{\alpha i_\alpha}}^{\mathrm{T}}(\mathbf{x}_{m-\varepsilon}^{(i_\alpha;\mathscr{B})}) \cdot [\mathbf{x}_{m-\varepsilon}^{(i_\alpha;\mathscr{B})} - \mathbf{x}_{m-\varepsilon}^{(\alpha;\mathscr{D})}] > 0, \\
&i_\alpha \in \mathscr{N}_{\alpha\mathscr{B}}^C(\overline{\sigma}_s) \subset \mathscr{N}_{\alpha\mathscr{B}}(\sigma_r, \mathscr{SM}),
\end{aligned}\right\} \tag{6.73}
$$

$$
\left.\begin{aligned}
&\hbar_{i_\alpha} G_{\partial\Omega_{\alpha i_\alpha}}^{(s_{i_\alpha}, \alpha;\mathscr{D})}(\mathbf{x}_m, t_{m+}, \mathbf{p}_\alpha, \boldsymbol{\lambda}_{i_\alpha}) = 0, \\
&s_{i_\alpha} = 0, 1, 2, \cdots, 2k_{i_\alpha} - 1; \\
&\hbar_{i_\alpha} \mathbf{n}_{\partial\Omega_{\alpha i_\alpha}}^{\mathrm{T}}(\mathbf{x}_{m+\varepsilon}^{(i_\alpha;\mathscr{B})}) \cdot [\mathbf{x}_{m+\varepsilon}^{(\alpha;\mathscr{D})} - \mathbf{x}_{m+\varepsilon}^{(i_\alpha;\mathscr{B})}] > 0, \\
&i_\alpha \in \mathscr{N}_{\alpha\mathscr{B}}^L(\sigma_s) \subset \mathscr{N}_{\alpha\mathscr{B}}(\sigma_r, \mathscr{SM}).
\end{aligned}\right\} \tag{6.74}
$$

[391]

那么称域流横截穿越凹棱 $\mathscr{E}_{\sigma_r}^{(r)}$.

(iv) 自镜像域 $\Omega_\alpha^{\mathscr{SM}}$ 内域流 $\mathbf{x}^{(\alpha;\mathscr{D})}$ 在点 $\mathbf{x}_m \in \mathscr{E}_{\sigma_r}^{(r)}$ 处, 与实棱 $\mathscr{E}_{\overline{\sigma}_s}^{(s)}$ $(s = r+1, r+2, \cdots, n-1)$ 相切并具有 $2\mathbf{k}_{n-s} + 1$ 阶奇异性, 如果满足

$$
\left.\begin{aligned}
&\hbar_{i_\alpha} G_{\partial\Omega_{\alpha i_\alpha}}^{(s_{i_\alpha}, \alpha;\mathscr{D})}(\mathbf{x}_m, t_{m-}, \mathbf{p}_\alpha, \boldsymbol{\lambda}_{i_\alpha}) = 0, \\
&s_{i_\alpha} = 0, 1, 2, \cdots, 2k_{i_\alpha}; \\
&\hbar_{i_\alpha} \mathbf{n}_{\partial\Omega_{\alpha i_\alpha}}^{\mathrm{T}}(\mathbf{x}_{m-\varepsilon}^{(i_\alpha;\mathscr{B})}) \cdot [\mathbf{x}_{m-\varepsilon}^{(i_\alpha;\mathscr{B})} - \mathbf{x}_{m-\varepsilon}^{(\alpha;\mathscr{D})}] < 0, \\
&i_\alpha \in \mathscr{N}_{\alpha\mathscr{B}}^C(\sigma_s) \subset \mathscr{N}_{\alpha\mathscr{B}}(\sigma_r, \mathscr{SM}),
\end{aligned}\right\} \tag{6.75}
$$

$$
\left.\begin{aligned}
&\hbar_{i_\alpha} G_{\partial\overline{\Omega}_{\alpha i_\alpha}}^{(s_{i_\alpha}, \alpha;\mathscr{D})}(\mathbf{x}_m, t_{m+}, \mathbf{p}_\alpha, \boldsymbol{\lambda}_{i_\alpha}) = 0, \\
&s_{i_\alpha} = 0, 1, 2, \cdots, 2k_{i_\alpha}; \\
&\hbar_{i_\alpha} \mathbf{n}_{\partial\overline{\Omega}_{\alpha i_\alpha}}^{\mathrm{T}}(\mathbf{x}_{m+\varepsilon}^{(i_\alpha;\mathscr{B})}) \cdot [\mathbf{x}_{m+\varepsilon}^{(\alpha;\mathscr{D})} - \mathbf{x}_{m+\varepsilon}^{(i_\alpha;\mathscr{B})}] > 0, \\
&i_\alpha \in \mathscr{N}_{\alpha\mathscr{B}}^L(\overline{\sigma}_s) \subset \mathscr{N}_{\alpha\mathscr{B}}(\sigma_r, \mathscr{FM}).
\end{aligned}\right\} \tag{6.76}
$$

那么称域流横截穿越凹棱 $\mathscr{E}_{\sigma_r}^{(r)}$.

(v) 自镜像域 $\Omega_\alpha^{\mathscr{SM}}$ 内域流 $\mathbf{x}^{(\alpha;\mathscr{D})}$ 在点 $\mathbf{x}_m \in \mathscr{E}_{\sigma_r}^{(r)}$ 处, 与实棱 $\mathscr{E}_{\overline{\sigma}_s}^{(s)}$ $(s = r+1, r+2, \cdots, n-1)$ 存在拐点并具有 $2\mathbf{k}_{n-s}$ 阶奇异性, 如果满足

$$
\left.\begin{aligned}
&\hbar_{i_\alpha} G_{\partial\Omega_{\alpha i_\alpha}}^{(s_{i_\alpha}, \alpha;\mathscr{D})}(\mathbf{x}_m, t_{m-}, \mathbf{p}_\alpha, \boldsymbol{\lambda}_{i_\alpha}) = 0, \\
&s_{i_\alpha} = 0, 1, 2, \cdots, 2k_{i_\alpha} - 1; \\
&\hbar_{i_\alpha} \mathbf{n}_{\partial\Omega_{\alpha i_\alpha}}^{\mathrm{T}}(\mathbf{x}_{m-\varepsilon}^{(i_\alpha;\mathscr{B})}) \cdot [\mathbf{x}_{m-\varepsilon}^{(i_\alpha;\mathscr{B})} - \mathbf{x}_{m-\varepsilon}^{(\alpha;\mathscr{D})}] < 0, \\
&i_\alpha \in \mathscr{N}_{\alpha\mathscr{B}}^C(\sigma_s) \subset \mathscr{N}_{\alpha\mathscr{B}}(\sigma_r, \mathscr{SM}),
\end{aligned}\right\}, \tag{6.77}
$$

$$\left.\begin{array}{l} \hbar_{i_\alpha} G_{\partial\overline{\Omega}_{\alpha i_\alpha}}^{(s_{i_\alpha},\alpha;\mathscr{D})}(\mathbf{x}_m, t_{m+}, \mathbf{p}_\alpha, \boldsymbol{\lambda}_{i_\alpha}) = 0, \\ s_{i_\alpha} = 0, 1, 2, \cdots, 2k_{i_\alpha} - 1; \\ \hbar_{i_\alpha} \mathbf{n}_{\partial\overline{\Omega}_{\alpha i_\alpha}}^{\mathrm{T}}(\mathbf{x}_{m+\varepsilon}^{(i_\alpha;\mathscr{B})}) \cdot [\mathbf{x}_{m+\varepsilon}^{(\alpha;\mathscr{D})} - \mathbf{x}_{m+\varepsilon}^{(i_\alpha;\mathscr{B})}] < 0, \end{array}\right\} \tag{6.78}$$
$$i_\alpha \in \mathscr{N}_{\alpha\mathscr{B}}^L(\overline{\sigma}_s) \subset \mathscr{N}_{\alpha\mathscr{B}}(\sigma_r, \mathscr{SM}).$$

那么称域流横截穿越凹棱 $\mathscr{E}_{\sigma_r}^{(r)}$.

[392]　　　对在相应凹域上的凸域的全镜像虚拟域, 下面给出域流对于棱的性质.

定义 6.13　对于方程 (6.4)—(6.8) 定义的不连续动力系统, 在 t_m 时刻, 存在点 $\mathbf{x}^{(\sigma_r;\mathscr{E})}(t_m) \equiv \mathbf{x}_m \in \mathscr{E}_{\sigma_r}^{(r)}$ ($\sigma_r \in \mathscr{N}_{\mathscr{E}}^r = \{1, 2, \cdots, N_r\}, r \in \{0, 1, 2, \cdots, n-2\}$), 其对应边界为 $\partial\Omega_{\alpha i_\alpha}(\sigma_r)(\alpha \in \mathscr{N}_{\mathscr{D}}(\sigma_r) \subset \mathscr{N}_{\mathscr{D}} = \{1, 2, \cdots, N_d\})$, 相应的域为 $\Omega_\alpha(\sigma_r)$ ($i_\alpha \in \mathscr{N}_{\alpha\mathscr{B}}(\sigma_r) \subset \mathscr{N}_{\mathscr{B}} = \{1, 2, \cdots, N_b\}$). 边界子集 $\mathscr{N}_{\alpha\mathscr{B}}(\sigma_r)$ 包含 n_{σ_r} 个元素 ($\rho = \alpha, \beta$ 和 $n_{\sigma_r} \geqslant n-r$). 对于任意小的 $\varepsilon > 0$, 存在两个时间区间 $[t_{m-\varepsilon}, t_m]$ 和 $(t_m, t_{m+\varepsilon}]$. 对于时间 t, 域流 $\mathbf{x}^{(\rho;\mathscr{D})}(t)$ ($\rho = \alpha, \beta$) 为 $C_{[t_{m-\varepsilon}, t_m)}^{r_\rho}$ 与 (或者) $C_{(t_m, t_{m+\varepsilon}]}^{r_\rho}$ 连续的, 且 $\|d^{r_\rho+1}\mathbf{x}^{(\rho;\mathscr{D})}/dt^{r_\rho+1}\| < \infty$. $\mathscr{N}_{\rho\mathscr{B}}(\sigma_r) = \cup_{j\in\mathscr{J}} \mathscr{N}_{\rho\mathscr{B}}^j(\sigma_r)$, 其中 $\mathscr{J} = \{C, L\}$, $\cap_{j\in\mathscr{J}} \mathscr{N}_{\rho\mathscr{B}}^j(\sigma_r) = \varnothing$.

(i) 全镜像域 $\Omega_\alpha^{\mathscr{FM}}$ 内域流 $\mathbf{x}^{(\alpha;\mathscr{D})}$ 在点 $\mathbf{x}_m \in \mathscr{E}_{\sigma_r}^{(r)}$ 处, 如果满足

$$\hbar_{i_\alpha} \mathbf{n}_{\partial\overline{\Omega}_{\alpha i_\alpha}}^{\mathrm{T}}(\mathbf{x}_{m-\varepsilon}^{(i_\alpha;\mathscr{B})}) \cdot [\mathbf{x}_{m-\varepsilon}^{(i_\alpha;\mathscr{B})} - \mathbf{x}_{m-\varepsilon}^{(\alpha;\mathscr{D})}] < 0, i_\alpha \in \mathscr{N}_{\alpha\mathscr{B}}^{\mathscr{FM}}(\sigma_r), \tag{6.79}$$

那么称其为对于凹棱 $\mathscr{E}_{\sigma_r}^{(r)}$ 的来流.

(ii) 全镜像域 $\Omega_\alpha^{\mathscr{FM}}$ 内域流 $\mathbf{x}^{(\alpha;\mathscr{D})}$ 在点 $\mathbf{x}_m \in \mathscr{E}_{\sigma_r}^{(r)}$ 处, 如果满足

$$\hbar_{i_\alpha} \mathbf{n}_{\partial\overline{\Omega}_{\alpha i_\alpha}}^{\mathrm{T}}(\mathbf{x}_{m+\varepsilon}^{(i_\alpha;\mathscr{B})}) \cdot [\mathbf{x}_{m+\varepsilon}^{(\alpha;\mathscr{D})} - \mathbf{x}_{m+\varepsilon}^{(i_\alpha;\mathscr{B})}] > 0, i_\alpha \in \mathscr{N}_{\alpha\mathscr{B}}^{\mathscr{FM}}(\sigma_r), \tag{6.80}$$

那么称其为对于凹棱 $\mathscr{E}_{\sigma_r}^{(r)}$ 的去流.

(iii) 全镜像域 $\Omega_\alpha^{\mathscr{FM}}$ 内的域流在点 $\mathbf{x}_m \in \mathscr{E}_{\sigma_r}^{(r)}$ 处与虚延伸棱 $\mathscr{E}_{\overline{\sigma}_s}^{(s)}$ ($s = r+1, r+2, \cdots, n-1$) 相切并具有 $2\mathbf{k}_{n-s} + 1$ 阶奇异性, 如果满足

$$\left.\begin{array}{l} \hbar_{i_\alpha} G_{\partial\overline{\Omega}_{\alpha i_\alpha}}^{(s_{i_\alpha},\alpha)}(\mathbf{x}_m, t_{m-}, \mathbf{p}_\alpha, \boldsymbol{\lambda}_{i_\alpha}) = 0, \\ s_{i_\alpha} = 0, 1, 2, \cdots, 2k_{i_\alpha}; \\ \hbar_{i_\alpha} \mathbf{n}_{\partial\overline{\Omega}_{\alpha i_\alpha}}^{\mathrm{T}}(\mathbf{x}_{m-\varepsilon}^{(i_\alpha;\mathscr{B})}) \cdot [\mathbf{x}_{m-\varepsilon}^{(i_\alpha;\mathscr{B})} - \mathbf{x}_{m-\varepsilon}^{(\alpha;\mathscr{D})}] < 0, \end{array}\right\} \tag{6.81}$$
$$i_\alpha \in \mathscr{N}_{\alpha\mathscr{B}}^C(\overline{\sigma}_s) \subset \mathscr{N}_{\alpha\mathscr{B}}(\sigma_r, \mathscr{FM}),$$

[393]
$$\left.\begin{array}{l} \hbar_{i_\alpha} G_{\partial\Omega_{\alpha i_\alpha}}^{(s_{i_\alpha},\alpha)}(\mathbf{x}_m, t_{m+}, \mathbf{p}_\alpha, \boldsymbol{\lambda}_{i_\alpha}) = 0, \\ s_{i_\alpha} = 0, 1, 2, \cdots, 2k_{i_\alpha}; \\ \hbar_{i_\alpha} \mathbf{n}_{\partial\Omega_{\alpha i_\alpha}}^{\mathrm{T}}(\mathbf{x}_{m+\varepsilon}^{(i_\alpha;\mathscr{B})}) \cdot [\mathbf{x}_{m+\varepsilon}^{(\alpha;\mathscr{D})} - \mathbf{x}_{m+\varepsilon}^{(i_\alpha;\mathscr{B})}] > 0, \end{array}\right\} \tag{6.82}$$
$$i_\alpha \in \mathscr{N}_{\alpha\mathscr{B}}^L(\overline{\sigma}_s) \subset \mathscr{N}_{\alpha\mathscr{B}}(\sigma_r, \mathscr{SM}).$$

那么称此域流横截穿越凹棱 $\mathscr{E}_{\sigma_r}^{(r)}$.

(iv) 在全镜像域 $\Omega_\alpha^{\mathscr{F}\mathscr{M}}$ 的 $\mathbf{x}_m \in \mathscr{E}_{\sigma_r}^{(r)}$ 处, 一个域流 $\mathbf{x}^{(\alpha;\mathscr{D})}$ 对于虚延伸棱 $\mathscr{E}_{\bar{\sigma}_s}^{(s)}$ $(s = r+1, r+2, \cdots, n-1)$ 存在拐点且具有 $2\mathbf{k}_{n-s}$ 阶奇异性, 如果满足

$$\left.\begin{aligned}
&\hbar_{i_\alpha} G_{\partial\bar{\Omega}_{\alpha i_\alpha}}^{(s_{i_\alpha}, \alpha)}(\mathbf{x}_m, t_{m-}, \mathbf{p}_\alpha, \boldsymbol{\lambda}_{i_\alpha}) = 0, \\
&s_{i_\alpha} = 0, 1, 2, \cdots, 2k_{i_\alpha} - 1; \\
&\hbar_{i_\alpha} \mathbf{n}_{\partial\bar{\Omega}_{\alpha i_\alpha}}^{\mathrm{T}}(\mathbf{x}_{m-\varepsilon}^{(i_\alpha;\mathscr{B})}) \cdot [\mathbf{x}_{m-\varepsilon}^{(i_\alpha;\mathscr{B})} - \mathbf{x}_{m-\varepsilon}^{(\alpha;\mathscr{D})}] < 0, \\
&i_\alpha \in \mathscr{N}_{\alpha\mathscr{B}}^C(\bar{\sigma}_s) \subset \mathscr{N}_{\alpha\mathscr{B}}(\sigma_r, \mathscr{F}\mathscr{M}).
\end{aligned}\right\} \tag{6.83}$$

那么称其不能横截穿越棱 $\mathscr{E}_{\sigma_r}^{(r)}$.

上述两个定义主要讨论了凹域内的域流. 为了比较, 下面将讨论凸域内的域流对于棱的性质, 并给出相应的定义.

定义 6.14 对于方程 (6.4)—(6.8) 定义的不连续动力系统, 在 t_m 时刻, 存在点 $\mathbf{x}^{(\sigma_r;\mathscr{E})}(t_m) \equiv \mathbf{x}_m \in \mathscr{E}_{\sigma_r}^{(r)}$ $(\sigma_r \in \mathscr{N}_{\mathscr{E}}^r = \{1, 2, \cdots, N_r\}, r \in \{0, 1, 2, \cdots, n-2\})$, 其对应边界为 $\partial\Omega_{\alpha i_\alpha}(\sigma_r)(\alpha \in \mathscr{N}_{\mathscr{D}}(\sigma_r) \subset \mathscr{N}_{\mathscr{D}} = \{1, 2, \cdots, N_d\})$, 相应的域为 $\Omega_\alpha(\sigma_r)$ $(i_\alpha \in \mathscr{N}_{\alpha\mathscr{B}}(\sigma_r) \subset \mathscr{N}_{\mathscr{B}} = \{1, 2, \cdots, N_b\})$. 边界子集 $\mathscr{N}_{\alpha\mathscr{B}}(\sigma_r)$ 包含 n_{σ_r} 个元素 $(\rho = \alpha, \beta$ 和 $n_{\sigma_r} \geqslant n-r)$. 对于任意小的 $\varepsilon > 0$, 存在两个时间区间 $[t_{m-\varepsilon}, t_m)$ 和 $(t_m, t_{m+\varepsilon}]$. 对于时间 t, 域流 $\mathbf{x}^{(\rho;\mathscr{D})}(t)$ $(\rho = \alpha, \beta)$ 为 $C_{[t_{m-\varepsilon}, t_m)}^{r_\rho}$ 与 (或者) $C_{(t_m, t_{m+\varepsilon}]}^{r_\rho}$ 连续的, 且 $\|d^{r_\rho+1}\mathbf{x}^{(\rho;\mathscr{D})}/dt^{r_\rho+1}\| < \infty$. $\mathscr{N}_{\rho\mathscr{B}}(\sigma_r) = \cup_{j\in\mathscr{J}} \mathscr{N}_{\rho\mathscr{B}}^j(\sigma_r)$, 其中 $\mathscr{J} = \{C, L\}$, $\cap_{j\in J} \mathscr{N}_{\rho\mathscr{B}}^j(\sigma_r) = \varnothing$.

(i) Ω_α 内的域流 $\mathbf{x}^{(\alpha;\mathscr{D})}$ 在点 $\mathbf{x}_m \in \mathscr{E}_{\sigma_r}^{(r)}$ 处, 如果满足

$$\hbar_{i_\alpha} \mathbf{n}_{\partial\Omega_{\alpha i_\alpha}}^{\mathrm{T}}(\mathbf{x}_{m-\varepsilon}^{(i_\alpha;\mathscr{B})}) \cdot [\mathbf{x}_{m-\varepsilon}^{(i_\alpha;\mathscr{B})} - \mathbf{x}_{m-\varepsilon}^{(\alpha;\mathscr{D})}] < 0, i_\alpha \in \mathscr{N}_{\alpha\mathscr{B}}(\sigma_r), \tag{6.84}$$

那么称其为对于凸棱 $\mathscr{E}_{\sigma_r}^{(r)}$ 的来流.

(ii) Ω_α 内的域流 $\mathbf{x}^{(\alpha;\mathscr{D})}$ 在点 $\mathbf{x}_m \in \mathscr{E}_{\sigma_r}^{(r)}$ 处, 如果满足

$$\hbar_{i_\alpha} \mathbf{n}_{\partial\Omega_{\alpha i_\alpha}}^{\mathrm{T}}(\mathbf{x}_{m+\varepsilon}^{(i_\alpha;\mathscr{B})}) \cdot [\mathbf{x}_{m+\varepsilon}^{(\alpha;\mathscr{D})} - \mathbf{x}_{m+\varepsilon}^{(i_\alpha;\mathscr{B})}] > 0, \quad i_\alpha \in \mathscr{N}_{\alpha\mathscr{B}}(\sigma_r), \tag{6.85}$$

那么称其为对于凸棱 $\mathscr{E}_{\sigma_r}^{(r)}$ 的去流.

[394]

(iii) Ω_α 内的域流 $\mathbf{x}^{(\alpha;\mathscr{D})}$ 在点 $\mathbf{x}_m \in \mathscr{E}_{\sigma_r}^{(r)}$ 处, 如果满足

$$\left.\begin{aligned}
&\hbar_{i_\alpha} G_{\partial\Omega_{\alpha i_\alpha}}^{(s_{i_\alpha}, \alpha;\mathscr{D})}(\mathbf{x}_m, t_{m-}, \mathbf{p}_\alpha, \boldsymbol{\lambda}_{i_\alpha}) = 0, \\
&s_{i_\alpha} = 0, 1, 2, \cdots, 2k_{i_\alpha}; \\
&\hbar_{i_\alpha} \mathbf{n}_{\partial\Omega_{\alpha i_\alpha}}^{\mathrm{T}}(\mathbf{x}_{m-\varepsilon}^{(i_\alpha;\mathscr{B})}) \cdot [\mathbf{x}_{m-\varepsilon}^{(i_\alpha;\mathscr{B})} - \mathbf{x}_{m-\varepsilon}^{(\alpha;\mathscr{D})}] < 0,
\end{aligned}\right\} i_\alpha \in \mathscr{N}_{\alpha\mathscr{B}}(\sigma_s). \tag{6.86}$$

那么称其为与凸棱 $\mathscr{E}_{\sigma_s}^{(s)}$ 相切的来流且具有 $2\mathbf{k}_{n-s}+1$ 阶奇异性 $(s = r+1, r+$

$2, \cdots, n-1$).

(iv) Ω_α 内域流 $\mathbf{x}^{(\alpha;\mathscr{D})}$ 在点 $\mathbf{x}_m \in \mathscr{E}_{\sigma_r}^{(r)}$ 处, 如果满足

$$\left.\begin{array}{l} \hbar_{i_\alpha} G_{\partial\Omega_{\alpha i_\alpha}}^{(s_{i_\alpha},\alpha;\mathscr{D})}(\mathbf{x}_m, t_{m+}, \mathbf{p}_\alpha, \boldsymbol{\lambda}_{i_\alpha}) = 0, \\ s_{i_\alpha} = 0, 1, 2, \cdots, 2k_{i_\alpha}; \\ \hbar_{i_\alpha} \mathbf{n}_{\partial\Omega_{\alpha i_\alpha}}^{\mathrm{T}}(\mathbf{x}_{m+\varepsilon}^{(i_\alpha;\mathscr{B})}) \cdot [\mathbf{x}_{m+\varepsilon}^{(\alpha;\mathscr{D})} - \mathbf{x}_{m+\varepsilon}^{(i_\alpha;\mathscr{B})}] > 0, \end{array}\right\} i_\alpha \in \mathscr{N}_{\alpha\mathscr{B}}(\sigma_s). \quad (6.87)$$

那么称其为与凸棱 $\mathscr{E}_{\sigma_s}^{(s)}$ 相切的去流且具有 $2\mathbf{k}_{n-s}+\mathbf{1}$ 阶奇异性 ($s = r+1, r+2, \cdots, n-1$).

(v) 域 Ω_α 内域流 $\mathbf{x}^{(\alpha;\mathscr{D})}$ 在点 $\mathbf{x}_m \in \mathscr{E}_{\sigma_r}^{(r)}$ 处, 如果满足

$$\left.\begin{array}{l} \hbar_{i_\alpha} G_{\partial\Omega_{\alpha i_\alpha}}^{(s_{i_\alpha},\alpha;\mathscr{D})}(\mathbf{x}_m, t_{m-}, \mathbf{p}_\alpha, \boldsymbol{\lambda}_{i_\alpha}) = 0, \\ s_{i_\alpha} = 0, 1, 2, \cdots, 2k_{i_\alpha}-1; \\ \hbar_{i_\alpha} \mathbf{n}_{\partial\Omega_{\alpha i_\alpha}}^{\mathrm{T}}(\mathbf{x}_{m-\varepsilon}^{(i_\alpha;\mathscr{B})}) \cdot [\mathbf{x}_{m-\varepsilon}^{(i_\alpha;\mathscr{B})} - \mathbf{x}_{m-\varepsilon}^{(\alpha;\mathscr{D})}] < 0, \end{array}\right\} i_\alpha \in \mathscr{N}_{\alpha\mathscr{B}}(\sigma_s). \quad (6.88)$$

那么该域流称为与凸棱 $\mathscr{E}_{\sigma_s}^{(s)}$ 有拐点的来流且是 $2\mathbf{k}_{n-s}$ 阶奇异的 ($s = r+1, r+2, \cdots, n-1$).

(vi) 域 Ω_α 内域流 $\mathbf{x}^{(\alpha;\mathscr{D})}$ 在点 $\mathbf{x}_m \in \mathscr{E}_{\sigma_r}^{(r)}$ 处, 如果满足

$$\left.\begin{array}{l} \hbar_{i_\alpha} G_{\partial\Omega_{\alpha i_\alpha}}^{(s_{i_\alpha},\alpha;\mathscr{D})}(\mathbf{x}_m, t_{m+}, \mathbf{p}_\alpha, \boldsymbol{\lambda}_{i_\alpha}) = 0, \\ s_{i_\alpha} = 0, 1, 2, \cdots, 2k_{i_\alpha}-1; \\ \hbar_{i_\alpha} \mathbf{n}_{\partial\Omega_{\alpha i_\alpha}}^{\mathrm{T}}(\mathbf{x}_{m+\varepsilon}^{(i_\alpha;\mathscr{B})}) \cdot [\mathbf{x}_{m+\varepsilon}^{(\alpha;\mathscr{D})} - \mathbf{x}_{m+\varepsilon}^{(i_\alpha;\mathscr{B})}] > 0, \end{array}\right\} i_\alpha \in \mathscr{N}_{\alpha\mathscr{B}}(\sigma_s). \quad (6.89)$$

那么该域流称为与凸棱 $\mathscr{E}_{\sigma_s}^{(s)}$ 有拐点的去流且是 $2\mathbf{k}_{n-s}$ 阶奇异的 ($s = r+1, r+2, \cdots, n-1$).

为了解释上述定义, 在图 6.13 中, 绘制了一个 $n-2$ 维棱的自镜像虚域和全镜像域内的域流. 在图 6.13 (a) 中, 子域 Ω_α 内流 $\mathbf{x}^{(\alpha;\mathscr{D})}$ 到达棱 $\mathscr{E}^{(n-2)}$ 上 [395] 的点 $\mathbf{x}_m \in \mathscr{E}^{(n-2)}$ 处. 子域对棱 $\mathscr{E}^{(n-2)}$ 的镜像域在 Ω_α 内, 称之为自镜像域. 根据微分方程解的延伸理论, 棱上来流可以延伸, 那么不需要切换规则, 该来流将横向切于自镜像域 $\Omega_\alpha^{\mathcal{SM}}$ 里的棱. 在图 6.13 (b) 中, 域 Ω_α 的子域流到达点 $\mathbf{x}_m \in \mathscr{E}^{(n-2)}$, 且该子域是凸域 Ω_β 的镜像域. 若在域 Ω_β 内域流 $\mathbf{x}^{(\beta;\mathscr{D})}$ 在点 $\mathbf{x}_m \in \mathscr{E}^{(n-2)}$ 处为来流, 则没有切换规则, 来流 $\mathbf{x}^{(\beta;\mathscr{D})}$ 不可切换. 因此, 正如前面针对边界的讨论, 棱 $\mathscr{E}^{(n-2)}$ 上也形成了滑模流.

棱 $\mathscr{E}^{(n-2)}$ 的一个边界上的切域流如图 6.14 所示. 在没有切换规则下全镜像域内与延伸虚边界相切的域流 $\mathbf{x}^{(\alpha;\mathscr{D})}$, 并进入域 Ω_α 内, 如图 6.14(a) 所示. 然而, 在没有切换规则下, 自镜像域内与延伸虚边界相切的来流 $\mathbf{x}^{(\alpha;\mathscr{D})}$ 将会停止在棱上, 如图 6.14(b) 所示. 同时, 由图 6.14(a) 可以看出, 在没有切换

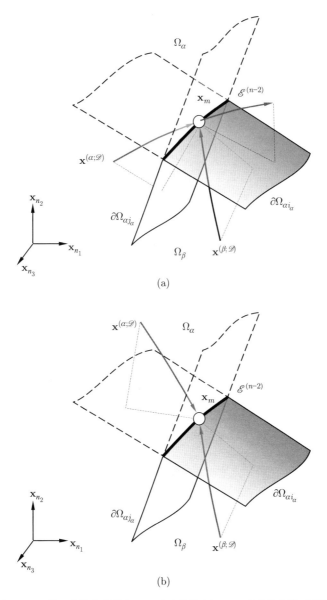

图 6.13   对于 $n-2$ 维凹凸棱的来域流: **(a)** 在自镜像虚域, **(b)** 在全镜像域. 阴影部分表示边界, 粗曲线表示 $n-2$ 维棱. 延伸边界用虚线表示

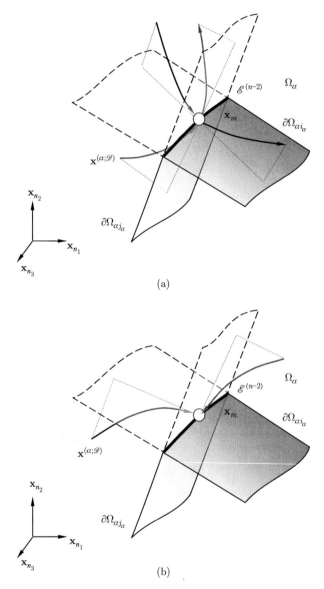

图 6.14　$n-2$ 维凹凸棱上的擦边流: (a) 对于全镜像域内的延伸边界, (b) 对于自镜像域内的延伸边界. 阴影部分表示边界, 粗曲线表示 $n-2$ 维棱. 延伸边界用虚线表示

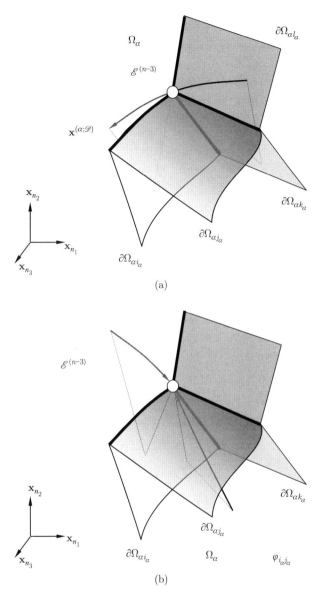

图 6.15　一个 $n-3$ 维凹凸棱: **(a)** 自镜像虚域, **(b)** 全镜像虚域. 阴影部分表示边界, 粗曲线表示 $n-2$ 维棱. 顶点表示 $n-3$ 维棱. 虚线表示最小虚域

规则下, 自镜像域内与实边界相切的流 $\mathbf{x}^{(\alpha;\mathscr{D})}$ 能够保持在域 Ω_α 内. 为了更好地理解低阶棱, 考虑 $n-3$ 维棱上的域流 $\mathbf{x}^{(\alpha;\mathscr{D})}$, 如图 6.15 所示. 自镜像域内流 $\mathbf{x}^{(\alpha;\mathscr{D})}$ 经由点 $\mathbf{x}_m \in \mathscr{E}^{(n-3)}$ 横截穿越 $n-3$ 维的棱, 如图 6.15(a) 所示. 在没有切换规则下, 凸域 Ω_β 的全镜像域内流 $\mathbf{x}^{(\alpha;\mathscr{D})}$ 停止在点 $\mathbf{x}_m \in \mathscr{E}^{(n-3)}$ 处, 如图 6.15(b) 所示. 由前面的定义, 可以得到凹凸域流在棱及边界处奇异的充要条件, 相应的证明参照第三章.

定理 6.7　对方程 (6.4)—(6.8) 定义的不连续动力系统, 在 t_m 时刻, 存在点 $\mathbf{x}^{(\sigma_r;\mathscr{E})}(t_m) \equiv \mathbf{x}_m \in \mathscr{E}^{(r)}_{\sigma_r}$ ($\sigma_r \in \mathscr{N}^r_\mathscr{E} = \{1,2,\cdots,N_r\}, r \in \{0,1,2,\cdots,n-2\}$), 其对应边界为 $\partial\Omega_{\alpha i_\alpha}(\sigma_r)$ ($\alpha \in \mathscr{N}_\mathscr{D}(\sigma_r) \subset \mathscr{N}_\mathscr{D} = \{1,2,\cdots,N_d\}$), 相应的域为 $\Omega_\rho(\sigma_r)$ ($\rho \in \mathscr{N}_\mathscr{D}(\sigma_r) \subset \mathscr{N}_\mathscr{D} = \{1,2,\cdots,N_d\}, i_\rho \in \mathscr{N}_{\rho\mathscr{B}}(\sigma_r) \subset \mathscr{N}_\mathscr{B} = \{1,2,\cdots,N_b\}$). 边界子集 $\mathscr{N}_{\rho\mathscr{B}}(\sigma_r)$ 包含 n_{σ_r} 个元素 ($\rho = \alpha, \beta$ 和 $n_{\sigma_r} \geqslant n-r$). 对于任意小的 $\varepsilon > 0$, 存在两个时间区间 $[t_{m-\varepsilon}, t_m)$ 和 $(t_m, t_{m+\varepsilon}]$. 对于时间 t, 域流 $\mathbf{x}^{(\rho;\mathscr{D})}(t)$ ($\rho = \alpha, \beta$) 为 $C^{r_\rho}_{[t_{m-\varepsilon}, t_m)}$ 与 (或者) $C^{r_\rho}_{(t_m, t_{m+\varepsilon}]}$ 连续的, 且 $\|d^{r_\rho+1}\mathbf{x}^{(\rho;\mathscr{D})}/dt^{r_\rho+1}\| < \infty$, 并且 $\mathscr{N}_{\rho\mathscr{B}}(\sigma_r) = \cup_{j\in\mathscr{J}}\mathscr{N}^j_{\rho\mathscr{B}}(\sigma_r)$, 其中 $\mathscr{J} = \{C,L\}, \cap_{j\in\mathscr{J}}\mathscr{N}^j_{\rho\mathscr{B}}(\sigma_r) = \varnothing$. $\daleth_{i_\alpha} = 1, -1$ 分别代表自镜像域的实边界和虚边界.

[399]　(i) 自镜像域 $\Omega^{\mathscr{SM}}_\alpha$ 内的流 $\mathbf{x}^{(\alpha;\mathscr{D})}$ 与凹棱 $\mathscr{E}^{(r)}_{\sigma_r}$ 横截切于点 $\mathbf{x}_m \in \mathscr{E}^{(r)}_{\sigma_r}$, 当且仅当

$$
\begin{aligned}
&\daleth_{i_\alpha} \hbar_{i_\alpha} G^{(\alpha;\mathscr{D})}_{\partial\Omega_{\alpha i_\alpha}}(\mathbf{x}_m, t_{m-}, \mathbf{p}_\alpha, \boldsymbol{\lambda}_{i_\alpha}) < 0, \\
&i_\alpha \in \mathscr{N}^C_{\alpha\mathscr{B}} \subset \mathscr{N}_{\alpha\mathscr{B}}(\sigma_r, \mathscr{SM}), \\
&\daleth_{i_\alpha} \hbar_{j_\alpha} G^{(\alpha;\mathscr{D})}_{\partial\Omega_{\alpha j_\alpha}}(\mathbf{x}_m, t_{m+}, \mathbf{p}_\alpha, \boldsymbol{\lambda}_{j_\alpha}) > 0, \\
&j_\alpha \in \mathscr{N}^L_{\alpha\mathscr{B}} \subset \mathscr{N}_{\alpha\mathscr{B}}(\sigma_r, \mathscr{SM}).
\end{aligned}
\tag{6.90}
$$

(ii) 自镜像域 $\Omega^{\mathscr{SM}}_\alpha$ 内与虚延伸棱 $\mathscr{E}^{(s)}_{\overline{\sigma}_s}$ ($s = r+1, r+2, \cdots, n-1$) 相切于点 $\mathbf{x}_m \in \mathscr{E}^{(r)}_{\sigma_r}$ 并具有 $2\mathbf{k}_{n-s}+1$ 阶奇异性的域流 $\mathbf{x}^{(\alpha;\mathscr{D})}$, 不能横截穿越凹棱 $\mathscr{E}^{(r)}_{\sigma_r}$, 当且仅当

$$
\left.
\begin{aligned}
&\hbar_{i_\alpha} G^{(s_{i_\alpha},\alpha;\mathscr{D})}_{\partial\overline{\Omega}_{\alpha i_\alpha}}(\mathbf{x}_m, t_{m-}, \mathbf{p}_\alpha, \boldsymbol{\lambda}_{i_\alpha}) = 0, \\
&s_{i_\alpha} = 0, 1, 2, \cdots, 2k_{i_\alpha}; \\
&\hbar_{i_\alpha} G^{(2k_{i_\alpha}+1,\alpha;\mathscr{D})}_{\partial\overline{\Omega}_{\alpha i_\alpha}}(\mathbf{x}_m, t_{m-}, \mathbf{p}_\alpha, \boldsymbol{\lambda}_{i_\alpha}) < 0,
\end{aligned}
\right\}
\tag{6.91}
$$
$$
i_\alpha \in \mathscr{N}^C_{\alpha\mathscr{B}}(\overline{\sigma}_s) \subset \mathscr{N}_{\alpha\mathscr{B}}(\sigma_r, \mathscr{SM}).
$$

(iii) 在自镜像域 $\Omega^{\mathscr{SM}}_\alpha$ 的 $\mathbf{x}_m \in \mathscr{E}^{(r)}_{\sigma_r}$ 处与虚延伸棱 $\mathscr{E}^{(s)}_{\overline{\sigma}_s}$ ($s = r+1, r+2, \cdots, n-1$) 有拐点并具有 $2\mathbf{k}_{n-s}$ 阶奇异性的流, 横截穿越凹棱 $\mathscr{E}^{(r)}_{\sigma_r}$, 当且仅当

$$\left.\begin{array}{l} \hbar_{i_\alpha} G^{(s_{i_\alpha},\alpha;\mathscr{D})}_{\partial\overline{\Omega}_{\alpha i_\alpha}}(\mathbf{x}_m, t_{m-}, \mathbf{p}_\alpha, \boldsymbol{\lambda}_{i_\alpha}) = 0, \\ s_{i_\alpha} = 0, 1, 2, \cdots, 2k_{i_\alpha} - 1; \\ \hbar_{i_\alpha} G^{(2k_{i_\alpha},\alpha;\mathscr{D})}_{\partial\overline{\Omega}_{\alpha i_\alpha}}(\mathbf{x}_m, t_{m-}, \mathbf{p}_\alpha, \boldsymbol{\lambda}_{i_\alpha}) > 0, \\ i_\alpha \in \mathscr{N}^C_{\alpha\mathscr{B}}(\overline{\sigma}_s) \subset \mathscr{N}_{\alpha\mathscr{B}}(\sigma_r, \mathscr{SM}), \end{array}\right\} \quad (6.92)$$

$$\left.\begin{array}{l} \hbar_{i_\alpha} G^{(s_{i_\alpha},\alpha;\mathscr{D})}_{\partial\Omega_{\alpha i_\alpha}}(\mathbf{x}_m, t_{m+}, \mathbf{p}_\alpha, \boldsymbol{\lambda}_{i_\alpha}) = 0, \\ s_{i_\alpha} = 0, 1, 2, \cdots, 2k_{i_\alpha} - 1; \\ \hbar_{i_\alpha} G^{(2k_{i_\alpha},\alpha;\mathscr{D})}_{\partial\Omega_{\alpha i_\alpha}}(\mathbf{x}_m, t_{m+}, \mathbf{p}_\alpha, \boldsymbol{\lambda}_{i_\alpha}) > 0, \\ i_\alpha \in \mathscr{N}^L_{\alpha\mathscr{B}}(\sigma_s) \subset \mathscr{N}_{\alpha\mathscr{B}}(\sigma_r, \mathscr{SM}). \end{array}\right\} \quad (6.93)$$

(iv) 自镜像域 $\Omega_\alpha^{\mathscr{SM}}$ 内与实棱 $\mathscr{E}^{(s)}_{\overline{\sigma}_s}$ $(s = r+1, r+2, \cdots, n-1)$ 相切于点 $\mathbf{x}_m \in \mathscr{E}^{(r)}_{\sigma_r}$ 并具有 $2\mathbf{k}_{n-s} + 1$ 阶奇异性的流 $\mathbf{x}^{(\alpha;\mathscr{D})}$, 能横截穿越凹棱 $\mathscr{E}^{(r)}_{\sigma_r}$, 当 [400] 且仅当

$$\left.\begin{array}{l} \hbar_{i_\alpha} G^{(s_{i_\alpha},\alpha;\mathscr{D})}_{\partial\Omega_{\alpha i_\alpha}}(\mathbf{x}_m, t_{m-}, \mathbf{p}_\alpha, \boldsymbol{\lambda}_{i_\alpha}) = 0, \\ s_{i_\alpha} = 0, 1, 2, \cdots, 2k_{i_\alpha}; \\ \hbar_{i_\alpha} G^{(2k_{i_\alpha}+1,\alpha;\mathscr{D})}_{\partial\Omega_{\alpha i_\alpha}}(\mathbf{x}_m, t_{m-}, \mathbf{p}_\alpha, \boldsymbol{\lambda}_{i_\alpha}) > 0, \\ i_\alpha \in \mathscr{N}^C_{\alpha\mathscr{B}}(\sigma_s) \subset \mathscr{N}_{\alpha\mathscr{B}}(\sigma_r, \mathscr{SM}), \end{array}\right\} \quad (6.94)$$

$$\left.\begin{array}{l} \hbar_{i_\alpha} G^{(s_{i_\alpha},\alpha;\mathscr{D})}_{\partial\overline{\Omega}_{\alpha i_\alpha}}(\mathbf{x}_m, t_{m+}, \mathbf{p}_\alpha, \boldsymbol{\lambda}_{i_\alpha}) = 0, \\ s_{i_\alpha} = 0, 1, 2, \cdots, 2k_{i_\alpha}; \\ \hbar_{i_\alpha} G^{(2k_{i_\alpha}+1,\alpha;\mathscr{D})}_{\partial\overline{\Omega}_{\alpha i_\alpha}}(\mathbf{x}_m, t_{m+}, \mathbf{p}_\alpha, \boldsymbol{\lambda}_{i_\alpha}) > 0, \\ i_\alpha \in \mathscr{N}^L_{\alpha\mathscr{B}}(\overline{\sigma}_s) \subset \mathscr{N}_{\alpha\mathscr{B}}(\sigma_r, \mathscr{FM}). \end{array}\right\} \quad (6.95)$$

(v) 自镜像域 $\Omega_\alpha^{\mathscr{SM}}$ 内与实棱 $\mathscr{E}^{(s)}_{\overline{\sigma}_s}$ $(s = r+1, r+2, \cdots, n-1)$ 有拐点 $\mathbf{x}_m \in \mathscr{E}^{(r)}_{\sigma_r}$ 并具有 $2\mathbf{k}_{n-s}$ 阶奇异性的流 $\mathbf{x}^{(\alpha;\mathscr{D})}$, 能横截穿越凹棱 $\mathscr{E}^{(r)}_{\sigma_r}$, 当且仅当

$$\left.\begin{array}{l} \hbar_{i_\alpha} G^{(s_{i_\alpha},\alpha;\mathscr{D})}_{\partial\Omega_{\alpha i_\alpha}}(\mathbf{x}_m, t_{m-}, \mathbf{p}_\alpha, \boldsymbol{\lambda}_{i_\alpha}) = 0, \\ s_{i_\alpha} = 0, 1, 2, \cdots, 2k_{i_\alpha} - 1; \\ \hbar_{i_\alpha} G^{(2k_{i_\alpha},\alpha;\mathscr{D})}_{\partial\Omega_{\alpha i_\alpha}}(\mathbf{x}_m, t_{m-}, \mathbf{p}_\alpha, \boldsymbol{\lambda}_{i_\alpha}) < 0, \\ i_\alpha \in \mathscr{N}^C_{\alpha\mathscr{B}}(\sigma_s) \subset \mathscr{N}_{\alpha\mathscr{B}}(\sigma_r, \mathscr{SM}), \end{array}\right\} \quad (6.96)$$

$$\left.\begin{array}{l} \hbar_{i_\alpha} G^{(s_{i_\alpha},\alpha;\mathscr{D})}_{\partial\overline{\Omega}_{\alpha i_\alpha}}(\mathbf{x}_m, t_{m+}, \mathbf{p}_\alpha, \boldsymbol{\lambda}_{i_\alpha}) = 0, \\ s_{i_\alpha} = 0, 1, 2, \cdots, 2k_{i_\alpha} - 1; \\ \hbar_{i_\alpha} G^{(2k_{i_\alpha},\alpha;\mathscr{D})}_{\partial\overline{\Omega}_{\alpha i_\alpha}}(\mathbf{x}_m, t_{m+}, \mathbf{p}_\alpha, \boldsymbol{\lambda}_{i_\alpha}) < 0, \\ i_\alpha \in \mathscr{N}^L_{\alpha\mathscr{B}}(\overline{\sigma}_s) \subset \mathscr{N}_{\alpha\mathscr{B}}(\sigma_r, \mathscr{SM}). \end{array}\right\} \quad (6.97)$$

证明 定理证明请参考第三章. ∎

定理 6.8 对于方程 (6.4)—(6.8) 定义的不连续动力系统, 在 t_m 时刻, 存在点 $\mathbf{x}^{(\sigma_r;\mathscr{E})}(t_m) \equiv \mathbf{x}_m \in \mathscr{E}_{\sigma_r}^{(r)}$ $(\sigma_r \in \mathscr{N}_{\mathscr{E}}^r = \{1,2,\cdots,N_r\}, r \in \{0,1,2,\cdots,n-2\})$, 其对应边界为 $\partial\Omega_{\alpha i_\alpha}(\sigma_r)(\alpha \in \mathscr{N}_{\mathscr{D}}(\sigma_r) \subset \mathscr{N}_{\mathscr{D}} = \{1,2,\cdots,$

[401] $N_d\})$, 相应的域为 $\Omega_\rho(\sigma_r)$ $(\rho \in \mathscr{N}_{\mathscr{D}}(\sigma_r) \subset \mathscr{N}_{\mathscr{D}} = \{1,2,\cdots,N_d\}, i_\rho \in \mathscr{N}_{\rho\mathscr{B}}(\sigma_r) \subset \mathscr{N}_{\mathscr{B}} = \{1,2,\cdots,N_b\})$. 边界子集 $\mathscr{N}_{\rho\mathscr{B}}(\sigma_r)$ 包含 n_{σ_r} 个元素 $(\rho = \alpha,\beta$ 和 $n_{\sigma_r} \geqslant n-r)$. 对于任意小的 $\varepsilon > 0$, 存在两个时间区间 $[t_{m-\varepsilon}, t_m)$ 和 $(t_m, t_{m+\varepsilon}]$. 对于时间 t, 域流 $\mathbf{x}^{(\rho;\mathscr{D})}(t)$ $(\rho = \alpha,\beta)$ 为 $C_{[t_{m-\varepsilon},t_m)}^{r_\rho}$ 与 (或者) $C_{(t_m,t_{m+\varepsilon}]}^{r_\rho}$ 连续的, 且 $\|d^{r_\rho+1}\mathbf{x}^{(\rho;\mathscr{D})}/dt^{r_\rho+1}\| < \infty$, 并且 $\mathscr{N}_{\rho\mathscr{B}}(\sigma_r) = \cup_{j\in\mathscr{J}}\mathscr{N}_{\rho\mathscr{B}}^j(\sigma_r)$, 其中 $\mathscr{J} = \{C,L\}, \cap_{j\in\mathscr{J}}\mathscr{N}_{\rho\mathscr{B}}^j(\sigma_r) = \varnothing$.

(i) 全镜像域 $\Omega_\alpha^{\mathscr{F}\mathscr{M}}$ 内的流 $\mathbf{x}^{(\alpha;\mathscr{D})}$ 在点 $\mathbf{x}_m \in \mathscr{E}_{\sigma_r}^{(r)}$ 处对于凹棱 $\mathscr{E}_{\sigma_r}^{(r)}$ 是来流, 当且仅当

$$\hbar_{i_\alpha} G_{\partial\overline{\Omega}_{\alpha i_\alpha}}^{(\alpha;\mathscr{D})}(\mathbf{x}_m, t_{m-}, \mathbf{p}_\alpha, \boldsymbol{\lambda}_{i_\alpha}) < 0, i_\alpha \in \mathscr{N}_{\alpha\mathscr{B}}^{\mathscr{F}\mathscr{M}}(\sigma_r). \tag{6.98}$$

(ii) 全镜像域 $\Omega_\alpha^{\mathscr{F}\mathscr{M}}$ 内的流 $\mathbf{x}^{(\alpha;\mathscr{D})}$ 在点 $\mathbf{x}_m \in \mathscr{E}_{\sigma_r}^{(r)}$ 处对于凹棱 $\mathscr{E}_{\sigma_r}^{(r)}$ 是去流, 当且仅当

$$\hbar_{i_\alpha} G_{\partial\overline{\Omega}_{\alpha i_\alpha}}^{(\alpha;\mathscr{D})}(\mathbf{x}_m, t_{m+}, \mathbf{p}_\alpha, \boldsymbol{\lambda}_{i_\alpha}) > 0, i_\alpha \in \mathscr{N}_{\alpha\mathscr{B}}^{\mathscr{F}\mathscr{M}}(\sigma_r). \tag{6.99}$$

(iii) 全镜像域 $\Omega_\alpha^{\mathscr{F}\mathscr{M}}$ 内与虚延伸棱 $\mathscr{E}_{\overline{\sigma}_s}^{(s)}$ $(s = r+1, r+2, \cdots, n-1)$ 相切于点 $\mathbf{x}_m \in \mathscr{E}_{\sigma_r}^{(r)}$ 并具有 $2\mathbf{k}_{n-s}+1$ 阶奇异性的流 $\mathbf{x}^{(\alpha;\mathscr{D})}$, 能够横截穿越凹棱 $\mathscr{E}_{\sigma_r}^{(r)}$, 当且仅当

$$\left.\begin{aligned} &\hbar_{i_\alpha} G_{\partial\overline{\Omega}_{\alpha i_\alpha}}^{(s_{i_\alpha},\alpha;\mathscr{D})}(\mathbf{x}_m, t_{m-}, \mathbf{p}_\alpha, \boldsymbol{\lambda}_{i_\alpha}) = 0, \\ &s_{i_\alpha} = 0,1,2,\cdots,2k_{i_\alpha}; \\ &\hbar_{i_\alpha} G_{\partial\overline{\Omega}_{\alpha i_\alpha}}^{(2k_{i_\alpha}+1,\alpha;\mathscr{D})}(\mathbf{x}_m, t_{m-}, \mathbf{p}_\alpha, \boldsymbol{\lambda}_{i_\alpha}) > 0, \\ &i_\alpha \in \mathscr{N}_{\alpha\mathscr{B}}^C(\overline{\sigma}_s) \subset \mathscr{N}_{\alpha\mathscr{B}}(\sigma_r, \mathscr{F}\mathscr{M}), \end{aligned}\right\} \tag{6.100}$$

$$\left.\begin{aligned} &\hbar_{i_\alpha} G_{\partial\Omega_{\alpha i_\alpha}}^{(s_{i_\alpha},\alpha;\mathscr{D})}(\mathbf{x}_m, t_{m+}, \mathbf{p}_\alpha, \boldsymbol{\lambda}_{i_\alpha}) = 0, \\ &s_{i_\alpha} = 0,1,2,\cdots,2k_{i_\alpha}; \\ &\hbar_{i_\alpha} G_{\partial\Omega_{\alpha i_\alpha}}^{(2k_{i_\alpha}+1,\alpha;\mathscr{D})}(\mathbf{x}_m, t_{m+}, \mathbf{p}_\alpha, \boldsymbol{\lambda}_{i_\alpha}) > 0, \\ &i_\alpha \in \mathscr{N}_{\alpha\mathscr{B}}^L(\overline{\sigma}_s) \subset \mathscr{N}_{\alpha\mathscr{B}}(\sigma_r, \mathscr{F}\mathscr{M}). \end{aligned}\right\} \tag{6.101}$$

(iv) 全镜像域 $\Omega_\alpha^{\mathscr{F}\mathscr{M}}$ 内与虚延伸棱 $\mathscr{E}_{\overline{\sigma}_s}^{(s)}$ $(s = r+1, r+2, \cdots, n-1)$ 有拐点 $\mathbf{x}_m \in \mathscr{E}_{\sigma_r}^{(r)}$ 并具有 $2\mathbf{k}_{n-s}$ 阶奇异性的流 $\mathbf{x}^{(\alpha;\mathscr{D})}$, 不能横截穿越凹棱 $\mathscr{E}_{\sigma_r}^{(r)}$,

当且仅当

$$
\left.\begin{aligned}
&\hbar_{i_\alpha} G^{(s_{i_\alpha},\alpha;\mathscr{D})}_{\partial\overline{\Omega}_{\alpha i_\alpha}}(\mathbf{x}_m, t_{m-}, \mathbf{p}_\alpha, \boldsymbol{\lambda}_{i_\alpha}) = 0, \\
&s_{i_\alpha} = 0, 1, 2, \cdots, 2k_{i_\alpha} - 1; \\
&\hbar_{i_\alpha} G^{(2k_{i_\alpha},\alpha;\mathscr{D})}_{\partial\overline{\Omega}_{\alpha i_\alpha}}(\mathbf{x}_m, t_{m-}, \mathbf{p}_\alpha, \boldsymbol{\lambda}_{i_\alpha}) < 0, \\
&i_\alpha \in \mathscr{N}^C_{\alpha\mathscr{B}}(\overline{\sigma}_s) \subset \mathscr{N}_{\alpha\mathscr{B}}(\sigma_r, \mathscr{FM}).
\end{aligned}\right\}
\tag{6.102}
$$

[402]

证明 证明过程参考第三章. ∎

定理 6.9 对于方程 (6.4)—(6.8) 定义的不连续动力系统, 在 t_m 时刻, 存在点 $\mathbf{x}^{(\sigma_r;\mathscr{E})}(t_m) \equiv \mathbf{x}_m \in \mathscr{E}^{(r)}_{\sigma_r}$ ($\sigma_r \in \mathscr{N}^r_{\mathscr{E}} = \{1, 2, \cdots, N_r\}$, $r \in \{0, 1, 2, \cdots, n-2\}$), 其对应边界为 $\partial\Omega_{\alpha i_\alpha}(\sigma_r)$($\alpha \in \mathscr{N}_{\mathscr{D}}(\sigma_r) \subset \mathscr{N}_{\mathscr{D}} = \{1, 2, \cdots, N_d\}$), 相应的域为 $\Omega_\rho(\sigma_r)$ ($\rho \in \mathscr{N}_{\mathscr{D}}(\sigma_r) \subset \mathscr{N}_{\mathscr{D}} = \{1, 2, \cdots, N_d\}$, $i_\rho \in \mathscr{N}_{\rho\mathscr{B}}(\sigma_r) \subset \mathscr{N}_{\mathscr{B}} = \{1, 2, \cdots, N_b\}$). 边界子集 $\mathscr{N}_{\rho\mathscr{B}}(\sigma_r)$ 包含 n_{σ_r} 个元素 ($\rho = \alpha, \beta$ 和 $n_{\sigma_r} \geqslant n-r$). 对于任意小的 $\varepsilon > 0$, 存在两个时间区间 $[t_{m-\varepsilon}, t_m)$ 和 $(t_m, t_{m+\varepsilon}]$. 对于时间 t, 域流 $\mathbf{x}^{(\rho;\mathscr{D})}(t)$ ($\rho = \alpha, \beta$) 为 $C^{r_\rho}_{[t_{m-\varepsilon}, t_m)}$ 与 (或者) $C^{r_\rho}_{(t_m, t_{m+\varepsilon}]}$ 连续的, 且 $\|d^{r_\rho+1}\mathbf{x}^{(\rho;\mathscr{D})}/dt^{r_\rho+1}\| < \infty$, 并且 $\mathscr{N}_{\rho\mathscr{B}}(\sigma_r) = \cup_{j \in \mathscr{J}} \mathscr{N}^j_{\rho\mathscr{B}}(\sigma_r)$, 其中 $\mathscr{J} = \{C, L\}$, $\cap_{j \in \mathscr{J}} \mathscr{N}^j_{\rho\mathscr{B}}(\sigma_r) = \varnothing$.

(i) Ω_α 内的域流 $\mathbf{x}^{(\alpha;\mathscr{D})}$ 在点 $\mathbf{x}_m \in \mathscr{E}^{(r)}_{\sigma_r}$ 处对于凸棱 $\mathscr{E}^{(r)}_{\sigma_r}$ 是来流, 当且仅当

$$
\hbar_{i_\alpha} G^{(\alpha;\mathscr{D})}_{\partial\Omega_{\alpha i_\alpha}}(\mathbf{x}_m, t_{m-}, \mathbf{p}_\alpha, \boldsymbol{\lambda}_{i_\alpha}) < 0, i_\alpha \in \mathscr{N}_{\alpha\mathscr{B}}(\sigma_r).
\tag{6.103}
$$

(ii) Ω_α 内的域流 $\mathbf{x}^{(\alpha;\mathscr{D})}$ 在点 $\mathbf{x}_m \in \mathscr{E}^{(r)}_{\sigma_r}$ 处对于凸棱 $\mathscr{E}^{(r)}_{\sigma_r}$ 是去流, 当且仅当

$$
\hbar_{i_\alpha} G^{(\alpha;\mathscr{D})}_{\partial\Omega_{\alpha i_\alpha}}(\mathbf{x}_m, t_{m+}, \mathbf{p}_\alpha, \boldsymbol{\lambda}_{i_\alpha}) > 0, i_\alpha \in \mathscr{N}_{\alpha\mathscr{B}}(\sigma_r).
\tag{6.104}
$$

(iii) Ω_α 内的域流 $\mathbf{x}^{(\alpha;\mathscr{D})}$ 在点 $\mathbf{x}_m \in \mathscr{E}^{(r)}_{\sigma_r}$ 处对于凸棱 $\mathscr{E}^{(s)}_{\sigma_s}$ ($s = r+1, r+2, \cdots, n-1$) 是 $2\mathbf{k}_{n-s}+1$ 阶奇异的切向来流, 当且仅当

$$
\left.\begin{aligned}
&\hbar_{i_\alpha} G^{(s_{i_\alpha},\alpha;\mathscr{D})}_{\partial\Omega_{\alpha i_\alpha}}(\mathbf{x}_m, t_{m-}, \mathbf{p}_\alpha, \boldsymbol{\lambda}_{i_\alpha}) = 0, \\
&s_{i_\alpha} = 0, 1, 2, \cdots, 2k_{i_\alpha}; \\
&\hbar_{i_\alpha} G^{(2k_{i_\alpha}+1,\alpha;\mathscr{D})}_{\partial\Omega_{\alpha i_\alpha}}(\mathbf{x}_m, t_{m-}, \mathbf{p}_\alpha, \boldsymbol{\lambda}_{i_\alpha}) > 0,
\end{aligned}\right\} i_\alpha \in \mathscr{N}_{\alpha\mathscr{B}}(\sigma_s).
\tag{6.105}
$$

(iv) Ω_α 内的域流 $\mathbf{x}^{(\alpha;\mathscr{D})}$ 在点 $\mathbf{x}_m \in \mathscr{E}^{(r)}_{\sigma_r}$ 处对于凸棱 $\mathscr{E}^{(s)}_{\sigma_s}$ ($s = r+1, r+2, \cdots, n-1$) 是 $2\mathbf{k}_{n-s}+1$ 阶奇异的切向去流, 当且仅当

[403]

$$\left.\begin{array}{l} \hbar_{i_\alpha} G^{(s_{i_\alpha},\alpha;\mathscr{D})}_{\partial\Omega_{\alpha i_\alpha}}(\mathbf{x}_m, t_{m+}, \mathbf{p}_\alpha, \boldsymbol{\lambda}_{i_\alpha}) = 0, \\ s_{i_\alpha} = 0, 1, 2, \cdots, 2k_{i_\alpha}; \\ \hbar_{i_\alpha} G^{(2k_{i_\alpha}+1,\alpha;\mathscr{D})}_{\partial\Omega_{\alpha i_\alpha}}(\mathbf{x}_m, t_{m+}, \mathbf{p}_\alpha, \boldsymbol{\lambda}_{i_\alpha}) > 0, \end{array}\right\} i_\alpha \in \mathscr{N}_{\alpha\mathscr{B}}(\sigma_s). \qquad (6.106)$$

(v) Ω_α 内的域流 $\mathbf{x}^{(\alpha;\mathscr{D})}$ 在点 $\mathbf{x}_m \in \mathscr{E}^{(r)}_{\sigma_r}$ 处对于凸棱 $\mathscr{E}^{(s)}_{\sigma_s}(s = r+1, r+2, \cdots, n-1)$ 是 $2\mathbf{k}_{n-s}$ 阶奇异的有拐点来流, 当且仅当

$$\left.\begin{array}{l} \hbar_{i_\alpha} G^{(s_{i_\alpha},\alpha;\mathscr{D})}_{\partial\Omega_{\alpha i_\alpha}}(\mathbf{x}_m, t_{m-}, \mathbf{p}_\alpha, \boldsymbol{\lambda}_{i_\alpha}) = 0, \\ s_{i_\alpha} = 0, 1, 2, \cdots, 2k_{i_\alpha}-1; \\ \hbar_{i_\alpha} G^{(2k_{i_\alpha},\alpha;\mathscr{D})}_{\partial\Omega_{\alpha i_\alpha}}(\mathbf{x}_m, t_{m-}, \mathbf{p}_\alpha, \boldsymbol{\lambda}_{i_\alpha}) < 0, \end{array}\right\} i_\alpha \in \mathscr{N}_{\alpha\mathscr{B}}(\sigma_s). \qquad (6.107)$$

(vi) Ω_α 内的域流 $\mathbf{x}^{(\alpha;\mathscr{D})}$ 在点 $\mathbf{x}_m \in \mathscr{E}^{(r)}_{\sigma_r}$ 处对于凸棱 $\mathscr{E}^{(s)}_{\sigma_s}(s = r+1, r+2, \cdots, n-1)$ 是 $2\mathbf{k}_{n-s}$ 阶奇异的有拐点去流, 当且仅当

$$\left.\begin{array}{l} \hbar_{i_\alpha} G^{(s_{i_\alpha},\alpha;\mathscr{D})}_{\partial\Omega_{\alpha i_\alpha}}(\mathbf{x}_m, t_{m+}, \mathbf{p}_\alpha, \boldsymbol{\lambda}_{i_\alpha}) = 0, \\ s_{i_\alpha} = 0, 1, 2, \cdots, 2k_{i_\alpha}-1; \\ \hbar_{i_\alpha} G^{(2k_{i_\alpha},\alpha;\mathscr{D})}_{\partial\Omega_{\alpha i_\alpha}}(\mathbf{x}_m, t_{m+}, \mathbf{p}_\alpha, \boldsymbol{\lambda}_{i_\alpha}) > 0, \end{array}\right\} i_\alpha \in \mathscr{N}_{\alpha\mathscr{B}}(\sigma_s). \qquad (6.108)$$

证明　证明过程参考第三章. ∎

6.6　域流的吸引性

在 6.5 中, 我们讨论了对于棱域流的切换性. 本节将讨论对于棱的域流的吸引性. 首先研究对于分界的流的吸引性, 进而讨论对于指定棱的流的吸引性.

6.6.1　对于边界的吸引性

[404]　考虑一个不连续动力系统, 其包含由三个向量场形成的三个子系统

$$\begin{aligned} &\dot{\mathbf{x}}^{(\alpha;\mathscr{D})} = \mathbf{F}^{(\alpha;\mathscr{D})}(\mathbf{x}^{(\alpha;\mathscr{D})}, t, \mathbf{p}_\alpha), \text{ 在 } \Omega_\alpha \text{上 } (\alpha = i, j), \\ &\dot{\mathbf{x}}^{(i_\alpha;\mathscr{B})} = \mathbf{F}^{(i_\alpha;\mathscr{B})}(\mathbf{x}^{(i_\alpha;\mathscr{B})}, t, \boldsymbol{\lambda}_{i_\alpha}), \\ &\varphi_{\alpha i_\alpha}(\mathbf{x}^{(i_\alpha;\mathscr{B})}, t, \boldsymbol{\lambda}_{i_\alpha}) = 0, \text{在边界 } \partial\Omega_{\alpha i_\alpha} \text{上 }. \end{aligned} \qquad (6.109)$$

在第二章和第三章中已指出, 域流对于指定边界的穿越性依赖于边界两侧的向量场. 在第四章中, 主要讨论了边界上的流障碍向量场以及相应的切换能力. 由于存在流障碍以及多值向量场, 因此在第五章主要讨论了传输定律. 为研究对于分界的域流的吸引性, 这里先引入域流的 G-函数. 也要引入由许多

度量面组成的分界面族, 按照右手法则这些度量面是具有不同非零常数的相同函数.

定义 6.15 在一个不连续动力系统中, 假定有一边界 $\partial\Omega_{\alpha i_\alpha}$, 满足 $\varphi_{\alpha i_\alpha}(\mathbf{x}^{(i_\alpha;\mathscr{B})}, t, \boldsymbol{\lambda}_{i_\alpha}) = 0$, 该边界将相空间分为两个域 Ω_i 和 Ω_j. 边界上法向量为

$$\mathbf{n}_{\partial\Omega_{\alpha i_\alpha}} = \nabla\varphi_{\alpha i_\alpha} = \left(\frac{\partial\varphi_{\alpha i_\alpha}}{\partial x_1}, \dots, \frac{\partial\varphi_{\alpha i_\alpha}}{\partial x_n}\right)^{\mathrm{T}}. \tag{6.110}$$

当 $\mathbf{n}_{\partial\Omega_{\alpha i_\alpha}} \to \Omega_\alpha$ 时, 假设存在单调增加的常数族 C_σ, $\sigma \in \mathbf{Z}$. 在两个域 (Ω_α 和 Ω_β) 内由边界 $\partial\Omega_{\alpha\beta}$ 隔开的分离度量面族定义为

$$S_\sigma^{(i_\alpha,\alpha)} = \left\{\mathbf{x}_\sigma^{(i_\alpha,\alpha)} \left| \begin{array}{l} \varphi_{\alpha i_\alpha}(\mathbf{x}_\sigma^{(i_\alpha,\alpha)}, t, \boldsymbol{\lambda}_{i_\alpha}) = C_\sigma^{(i_\alpha,\alpha)} \in (0, \infty), \\ \text{随着 } \sigma \in \mathbb{Z}_+ \text{ 单调增加}, \ \mathbf{n}_{\partial\Omega_{\alpha i_\alpha}} \to \Omega_\alpha \end{array}\right.\right\} \subset \Omega_\alpha,$$

$$S_0^{(i_\alpha,\alpha)} = \left\{\mathbf{x}^{(i_\alpha;\mathscr{B})} \left| \begin{array}{l} \varphi_{\alpha i_\alpha}(\mathbf{x}^{(i_\alpha;\mathscr{B})}, t, \boldsymbol{\lambda}_{i_\alpha}) = C_0^{(i_\alpha,\alpha)} = 0, \\ \mathbf{n}_{\partial\Omega_{\alpha i_\alpha}} \to \Omega_\alpha \end{array}\right.\right\} = \partial\Omega_{\alpha i_\alpha},$$

$$S_\sigma^{(i_\alpha,\beta)} = \left\{\mathbf{x}_\sigma^{(i_\alpha,\beta)} \left| \begin{array}{l} \varphi_{\beta i_\alpha}(\mathbf{x}_\sigma^{(i_\alpha,\beta)}, t, \boldsymbol{\lambda}_{i_\alpha}) = C_\sigma^{(i_\alpha,\beta)} \in (-\infty, 0) \\ \text{随着 } \sigma \in \mathbb{Z}_- \text{ 单调增加}, \ \mathbf{n}_{\partial\Omega_{\alpha i_\alpha}} = \mathbf{n}_{\partial\Omega_{\alpha\beta}} \to \Omega_\alpha \end{array}\right.\right\} \subset \Omega_\beta. \tag{6.111}$$

根据前面的定义, 图 6.16 绘出了具有不同非零常数的分界面族, 黑色平面是一个分界面, 灰色平面是具有非零常数的分界度量面族. 黑色边界由 $\varphi_{\alpha i_\alpha}(\mathbf{x}^{(i_\alpha;\mathscr{B})}, t, \boldsymbol{\lambda}_{i_\alpha}) = 0$ 决定, 分离度量面由 $\varphi_{\alpha i_\alpha}(\mathbf{x}_\sigma^{(i_\alpha,\alpha)}, t, \boldsymbol{\lambda}_{i_\alpha}) = C_\sigma^{(i_\alpha,\alpha)}$ 决定. 如果 $\mathbf{n}_{\partial\Omega_{ij}} \to \Omega_i$, 那么非零常数 $C_\sigma^{(i)}$ 和 $C_\sigma^{(j)}$ 应当在域 Ω_i 内大于零, 而在域 Ω_j 内小于零. 为确定分界面上流的吸引性, 将引入分界度量面上流的 G-函数, 作为边界上流的 G-函数. [405]

考虑域 Ω_i 内的一个分离度量面如图 6.17 所示, 该平面 $\varphi_{\alpha i_\alpha}(\mathbf{x}_\sigma^{(i_\alpha,\alpha)}, t, \boldsymbol{\lambda}_{i_\alpha}) = C_\sigma^{(i_\alpha,\alpha)}$ 是一个与分离边界 $\varphi_{\alpha i_\alpha}(\mathbf{x}^{(i_\alpha;\mathscr{B})}, t, \boldsymbol{\lambda}_{i_\alpha}) = 0$ 具有相同性质的等值面. 假定一个流与这样的一个平面相交, 且相应的向量场也已给出, 那么分离度量面上流的 G-函数可以参考文献 Luo (2008a, b) 给出定义. 根据 G-函数, 可以度量常数 $C_\sigma^{(i)}$ 的增大与减小.

定义 6.16 对于方程 (6.109) 中的不连续动力系统, 在 t 时刻, 域 $\Omega_\alpha(\alpha = i, j)$ 内存在点 $\mathbf{x}_\sigma^{(i_\alpha,\alpha)}(t) \equiv \mathbf{x} \in S_\sigma^{(i_\alpha,\alpha)}$ ($\sigma \in \mathbf{N}$) 满足

$$\dot{\mathbf{x}}_\sigma^{(i_\alpha,\alpha)} = \mathbf{F}^{(i_\alpha,\alpha)}(\mathbf{x}_\sigma^{(i_\alpha,\alpha)}, t, \boldsymbol{\lambda}_{i_\alpha}),$$
$$\text{且 } \varphi_{\alpha i_\alpha}(\mathbf{x}_\sigma^{(i_\alpha,\alpha)}, t, \boldsymbol{\lambda}_{i_\alpha}) = C_\sigma^{(i_\alpha,\alpha)} \text{ 在 } S_\sigma^{(i_\alpha,\alpha)} \text{ 上}, \tag{6.112}$$

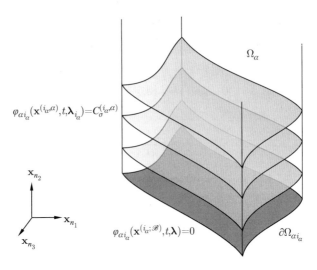

图 6.16　域 Ω_i 内的一族分离度量面. 黑色面为分离边界. 灰色面为一族分离度量面并具有不同非零常数 $C_\sigma^{(i_\alpha,\alpha)}(\sigma=1,2,\cdots)$

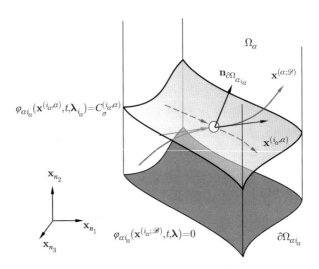

图 6.17　与一族分离度量面相交的域 Ω_i 内的流. 黑色面为分离边界. 灰色面为一族分离度量面并具有不同非零常数 $C_\sigma^{(i_\alpha,\alpha)}(\sigma=1,2,\cdots)$. 实线和虚线分别表示域流 $\mathbf{x}^{(\alpha;\mathscr{D})}$ 与度量面上的流 $\mathbf{x}_\sigma^{(i_\alpha,\alpha)}$

其中 $C_\sigma^{(i_\alpha,\alpha)}$ 为非零常数.

下面给出对于面 $S_\sigma^{(i_\alpha,\alpha)}$ 的流的 G-函数的定义.

定义 6.17 对于方程 (6.109) 中的不连续动力系统, 在 t 时刻, 域 $\Omega_\alpha(\alpha = i, j)$ 内存在点 $\mathbf{x}_\sigma^{(i_\alpha,\alpha)}(t) \equiv \mathbf{x} \in S_\sigma^{(i_\alpha,\alpha)}$ ($\sigma \in \mathbf{N}$) 满足方程 (6.112). 对于流上点 $\mathbf{x}^{(\alpha;\mathscr{D})}(t) = \mathbf{x}$, 其向量场 $\mathbf{F}^{(\alpha;\mathscr{D})}(\mathbf{x}^{(\alpha;\mathscr{D})}, t, \mathbf{p}_\alpha)$ 的 G-函数定义为

$$
\begin{aligned}
G_{S_\sigma^{(i_\alpha,\alpha)}}^{(\alpha;\mathscr{D})}(\mathbf{x}, t, \mathbf{p}_\alpha, \boldsymbol{\lambda}_{i_\alpha}) = \mathbf{n}_{S_\sigma^{(i_\alpha,\alpha)}}^{\mathrm{T}}(\mathbf{x}_\sigma^{(i_\alpha,\alpha)}, t, \boldsymbol{\lambda}_{i_\alpha}) \cdot [\mathbf{F}^{(\alpha;\mathscr{D})}(\mathbf{x}^{(\alpha;\mathscr{D})}, t, \mathbf{p}_\alpha) \\
\left. -\mathbf{F}^{(i_\alpha,\alpha)}(\mathbf{x}_\sigma^{(i_\alpha,\alpha)}, t, \boldsymbol{\lambda}_{i_\alpha})]\right|_{(\mathbf{x}^{(\alpha;\mathscr{D})}=\mathbf{x}, \mathbf{x}_\sigma^{(i_\alpha,\alpha)}=\mathbf{x}, t)}.
\end{aligned}
$$
$$(6.113)$$

向量场 $\mathbf{F}^{(\alpha;\mathscr{D})}(\mathbf{x}^{(\alpha;\mathscr{D})}, t, \mathbf{p}_\alpha)$ 的高阶 G-函数定义为

$$
\begin{aligned}
&G_{S_\sigma^{(i_\alpha,\alpha)}}^{(k_\alpha,\alpha;\mathscr{D})}(\mathbf{x}, t, \mathbf{p}_\alpha, \boldsymbol{\lambda}_{i_\alpha}) \\
&= \textstyle\sum_{r=1}^{k_\alpha+1} C_{k_\alpha+1}^r D_\sigma^{k_\alpha+1-r} \mathbf{n}_{S_\sigma^{(i_\alpha,\alpha)}}^{\mathrm{T}}(\mathbf{x}_\sigma^{(i_\alpha,\alpha)}, t, \boldsymbol{\lambda}_{i_\alpha}) \cdot [D_\alpha^{r-1} \mathbf{F}^{(\alpha;\mathscr{D})}(\mathbf{x}^{(\alpha;\mathscr{D})}, t, \mathbf{p}_\alpha) \\
&\quad \left. -D_\sigma^{r-1} \mathbf{F}^{(i_\alpha,\alpha)}(\mathbf{x}_\sigma^{(i_\alpha,\alpha)}, t, \boldsymbol{\lambda}_{i_\alpha})]\right|_{(\mathbf{x}^{(\alpha;\mathscr{D})}=\mathbf{x}, \mathbf{x}_\sigma^{(i_\alpha,\alpha)}=\mathbf{x}, t)},
\end{aligned}
$$
$$(6.114)$$

[407]

其中 $k_\alpha = 0, 1, 2, \cdots$, $D_\alpha = \partial/\partial \mathbf{x}^{(\alpha;\mathscr{D})} + \partial/\partial t$ 且 $D_\sigma = \partial/\partial \mathbf{x}_\sigma^{(i_\alpha,\alpha)} + \partial/\partial t$.

由于边界 $\varphi_{\alpha i_\alpha}(\mathbf{x}^{(i_\alpha;\mathscr{B})}, t, \boldsymbol{\lambda}_{i_\alpha}) = 0$ 与度量面 $\varphi_{\alpha i_\alpha}(\mathbf{x}_\sigma^{(i_\alpha,\alpha)}, t, \boldsymbol{\lambda}_{i_\alpha}) = C_\sigma^{(i_\alpha,\alpha)}$ 是具有不同常数的相同函数, 因此两者的法向量表达式相同, 即

$$
\mathbf{n}_{S_\sigma^{(i_\alpha,\alpha)}}^{\mathrm{T}}(\mathbf{x}_\sigma^{(i_\alpha,\alpha)}, t, \boldsymbol{\lambda}_{i_\alpha}) = \mathbf{n}_{\partial\Omega_{\alpha i_\alpha}}^{\mathrm{T}}(\mathbf{x}_\sigma^{(i_\alpha,\alpha)}, t, \boldsymbol{\lambda}_{i_\alpha}).
$$
$$(6.115)$$

该边界与度量面不相交.

定义 6.18 对于方程 (6.109) 中的不连续动力系统, 在域 Ω_α ($\alpha = i, j$) 内有一个流 $\mathbf{x}^{(\alpha;\mathscr{D})}(t)$. 在 t_m 时刻, 存在点 $\mathbf{x}_m^{(i_\alpha,\alpha)} = \mathbf{x}_\sigma^{(i_\alpha,\alpha)}(t_m) \in S_{\sigma_m}^{(i_\alpha,\alpha)}$ ($\sigma \in \mathbf{N}$) 满足方程 (6.112). 对于任意小的 $\varepsilon > 0$, 存在时间区间 $[t_{m-\varepsilon}, t_{m+\varepsilon}]$. 对于时间 t, 域流 $\mathbf{x}^{(\alpha;\mathscr{D})}(t)$ 为 $C_{[t_{m-\varepsilon}, t_{m+\varepsilon}]}^{r_\alpha}$ ($r_\alpha \geqslant 1$) 连续的, 且 $\|d^{r_\alpha+1}\mathbf{x}^{(\alpha;\mathscr{D})}/dt^{r_\alpha+1}\| < \infty$, $\mathbf{x}_{m\pm\varepsilon}^{(\alpha;\mathscr{D})} = \mathbf{x}^{(\alpha;\mathscr{D})}(t_{m\pm\varepsilon}) \in S_{\sigma_{m\pm\varepsilon}}^{(i_\alpha,\alpha)}$ 和 $\mathbf{x}_{\sigma(m\pm\varepsilon)}^{(i_\alpha,\alpha)} \in S_{\sigma_m}^{(i_\alpha,\alpha)}$.

(i) 在 t_m 时刻, 如果满足

$$
\begin{aligned}
&\hbar_{i_\alpha} \mathbf{n}_{\partial\Omega_{\alpha i_\alpha}}^{\mathrm{T}}(\mathbf{x}_{\sigma(m-\varepsilon)}^{(i_\alpha,\alpha)}) \cdot [\mathbf{x}_{\sigma(m-\varepsilon)}^{(i_\alpha,\alpha)} - \mathbf{x}_{m-\varepsilon}^{(\alpha;\mathscr{D})}] < 0, \\
&\hbar_{i_\alpha} \mathbf{n}_{\partial\Omega_{\alpha i_\alpha}}^{\mathrm{T}}(\mathbf{x}_{\sigma(m+\varepsilon)}^{(i_\alpha,\alpha)}) \cdot [\mathbf{x}_{m+\varepsilon}^{(\alpha;\mathscr{D})} - \mathbf{x}_{\sigma(m+\varepsilon)}^{(i_\alpha,\alpha)}] < 0, \\
&\hbar_{i_\alpha} C_{m-\varepsilon}^{(i_\alpha,\alpha)} > \hbar_{i_\alpha} C_m^{(i_\alpha,\alpha)} > \hbar_{i_\alpha} C_{m+\varepsilon}^{(i_\alpha,\alpha)},
\end{aligned}
$$
$$(6.116)$$

那么称对于边界 $\partial\Omega_{\alpha i_\alpha}$, 流 $\mathbf{x}^{(\alpha;\mathscr{D})}(t)$ 具有吸引性.

(ii) 在 t_m 时刻, 如果满足

$$
\hbar_{i_\alpha} \mathbf{n}_{\partial\Omega_{\alpha i_\alpha}}^{\mathrm{T}} (\mathbf{x}_{\sigma(m-\varepsilon)}^{(i_\alpha,\alpha)}) \cdot [\mathbf{x}_{\sigma(m-\varepsilon)}^{(i_\alpha,\alpha)} - \mathbf{x}_{m-\varepsilon}^{(\alpha;\mathscr{D})}] > 0,
$$
$$
\hbar_{i_\alpha} \mathbf{n}_{\partial\Omega_{\alpha i_\alpha}}^{\mathrm{T}} (\mathbf{x}_{\sigma(m+\varepsilon)}^{(i_\alpha,\alpha)}) \cdot [\mathbf{x}_{m+\varepsilon}^{(\alpha;\mathscr{D})} - \mathbf{x}_{\sigma(m+\varepsilon)}^{(i_\alpha,\alpha)}] > 0, \tag{6.117}
$$
$$
\hbar_{i_\alpha} C_{m-\varepsilon}^{(i_\alpha,\alpha)} < \hbar_{i_\alpha} C_m^{(i_\alpha,\alpha)} < \hbar_{i_\alpha} C_{m+\varepsilon}^{(i_\alpha,\alpha)},
$$

那么称对于边界 $\partial\Omega_{\alpha i_\alpha}$, 流 $\mathbf{x}^{(\alpha;\mathscr{D})}(t)$ 具有排斥性.

(iii) 在 t_m 时刻, 如果满足

[408]

$$
\hbar_{i_\alpha} \mathbf{n}_{\partial\Omega_{\alpha i_\alpha}}^{\mathrm{T}} (\mathbf{x}_{\sigma(m-\varepsilon)}^{(i_\alpha,\alpha)}) \cdot [\mathbf{x}_{\sigma(m-\varepsilon)}^{(i_\alpha,\alpha)} - \mathbf{x}_{m-\varepsilon}^{(\alpha;\mathscr{D})}] < 0,
$$
$$
\hbar_{i_\alpha} \mathbf{n}_{\partial\Omega_{\alpha i_\alpha}}^{\mathrm{T}} (\mathbf{x}_{\sigma(m+\varepsilon)}^{(i_\alpha,\alpha)}) \cdot [\mathbf{x}_{m+\varepsilon}^{(\alpha;\mathscr{D})} - \mathbf{x}_{\sigma(m+\varepsilon)}^{(i_\alpha,\alpha)}] > 0, \tag{6.118}
$$
$$
\hbar_{i_\alpha} C_m^{(i_\alpha,\alpha)} < \hbar_{i_\alpha} C_{m-\varepsilon}^{(i_\alpha,\alpha)} \text{ 和 } \hbar_{i_\alpha} C_m^{(i_\alpha,\alpha)} < \hbar_{i_\alpha} C_{m+\varepsilon}^{(i_\alpha,\alpha)},
$$

那么称对于边界 $\partial\Omega_{\alpha i_\alpha}$, 流 $\mathbf{x}^{(\alpha;\mathscr{D})}(t)$ 处于由相吸向相斥转变的状态.

(iv) 在 t_m 时刻, 如果

$$
\hbar_{i_\alpha} \mathbf{n}_{\partial\Omega_{\alpha i_\alpha}}^{\mathrm{T}} (\mathbf{x}_{\sigma(m-\varepsilon)}^{(i_\alpha,\alpha)}) \cdot [\mathbf{x}_{\sigma(m-\varepsilon)}^{(i_\alpha,\alpha)} - \mathbf{x}_{m-\varepsilon}^{(\alpha;\mathscr{D})}] > 0,
$$
$$
\hbar_{i_\alpha} \mathbf{n}_{\partial\Omega_{\alpha i_\alpha}}^{\mathrm{T}} (\mathbf{x}_{\sigma(m+\varepsilon)}^{(i_\alpha,\alpha)}) \cdot [\mathbf{x}_{m+\varepsilon}^{(\alpha;\mathscr{D})} - \mathbf{x}_{\sigma(m+\varepsilon)}^{(i_\alpha,\alpha)}] < 0, \tag{6.119}
$$
$$
\hbar_{i_\alpha} C_m^{(i_\alpha,\alpha)} > \hbar_{i_\alpha} C_{m-\varepsilon}^{(i_\alpha,\alpha)} \text{ 和 } \hbar_{i_\alpha} C_m^{(i_\alpha,\alpha)} > \hbar_{i_\alpha} C_{m+\varepsilon}^{(i_\alpha,\alpha)},
$$

那么称对于边界 $\partial\Omega_{\alpha i_\alpha}$, 流 $\mathbf{x}^{(\alpha;\mathscr{D})}(t)$ 处于由相斥向相吸转变的状态

(v) 在 t_m 时刻, 如果

$$
\mathbf{x}_{\sigma(m-\varepsilon)}^{(i_\alpha,\alpha)} = \mathbf{x}_{m-\varepsilon}^{(\alpha;\mathscr{D})} \text{ 和 } \mathbf{x}_{m+\varepsilon}^{(\alpha;\mathscr{D})} = \mathbf{x}_{\sigma(m+\varepsilon)}^{(i_\alpha,\alpha)},
$$
$$
\hbar_{i_\alpha} C_{m-\varepsilon}^{(i_\alpha,\alpha)} = \hbar_{i_\alpha} C_m^{(i_\alpha,\alpha)} = \hbar_{i_\alpha} C_{m+\varepsilon}^{(i_\alpha,\alpha)}, \tag{6.120}
$$

那么称对于边界 $\partial\Omega_{\alpha i_\alpha}$, 流 $\mathbf{x}^{(\alpha;\mathscr{D})}(t)$ 是不变的且具有等度量常数 $C_m^{(i_\alpha,\alpha)}$.

根据上述定义, 下面给出相关定理.

定理 6.10 对于方程 (6.109) 中的不连续动力系统, 在域 Ω_α $(\alpha = i, j)$ 内有一个流 $\mathbf{x}^{(\alpha;\mathscr{D})}(t)$. 在 t_m 时刻, 存在点 $\mathbf{x}_m^{(i_\alpha,\alpha)} = \mathbf{x}_\sigma^{(i_\alpha,\alpha)}(t_m) \in S_{\sigma_m}^{(i_\alpha,\alpha)}$ ($\sigma \in$ N) 满足方程 (6.112). 对于任意小的 $\varepsilon > 0$, 存在时间区间 $[t_{m-\varepsilon}, t_{m+\varepsilon}]$. 对于时间 t, 域流 $\mathbf{x}^{(\alpha;\mathscr{D})}(t)$ 为 $C_{[t_{m-\varepsilon},t_{m+\varepsilon}]}^{r_\alpha} (r_\alpha \geqslant 2)$ 连续的, 且 $\|d^{r_\alpha+1}\mathbf{x}^{(\alpha;\mathscr{D})}/dt^{r_\alpha+1}\| < \infty$, $\mathbf{x}_{m\pm\varepsilon}^{(\alpha;\mathscr{D})} = \mathbf{x}^{(\alpha;\mathscr{D})}(t_{m\pm\varepsilon}) \in S_{\sigma_{m\pm\varepsilon}}^{(i_\alpha,\alpha)}$ 和 $\mathbf{x}_{\sigma(m\pm\varepsilon)}^{(i_\alpha,\alpha)} \in S_{\sigma_m}^{(i_\alpha,\alpha)}$.

(i) 在 t_m 时刻, 对于边界 $\partial\Omega_{\alpha i_\alpha}$, 流 $\mathbf{x}^{(\alpha;\mathscr{D})}(t)$ 具有吸引性, 当且仅当

$$
\hbar_{i_\alpha} G_{\partial\Omega_{ij}}^{(\alpha;\mathscr{D})}(\mathbf{x}_m^{(i_\alpha,\alpha)}, t_m, \mathbf{p}_\alpha, \boldsymbol{\lambda}_{i_\alpha}) < 0. \tag{6.121}
$$

(ii) 在 t_m 时刻, 对于边界 $\partial\Omega_{\alpha i_\alpha}$, 流 $\mathbf{x}^{(\alpha;\mathscr{D})}(t)$ 具有排斥性, 当且仅当

$$\hbar_{i_\alpha} G^{(\alpha;\mathscr{D})}_{\partial\Omega_{ij}}(\mathbf{x}^{(i_\alpha,\alpha)}_m, t_m, \mathbf{p}_\alpha, \boldsymbol{\lambda}_{i_\alpha}) > 0. \tag{6.122}$$

(iii) 在 t_m 时刻, 对于边界 $\partial\Omega_{\alpha i_\alpha}$, 流 $\mathbf{x}^{(\alpha;\mathscr{D})}(t)$ 为由相吸向相斥转变的状态, 当且仅当

$$\begin{aligned}&\hbar_{i_\alpha} G^{(\alpha;\mathscr{D})}_{\partial\Omega_{ij}}(\mathbf{x}^{(i_\alpha,\alpha)}_m, t_m, \mathbf{p}_\alpha, \boldsymbol{\lambda}_{i_\alpha}) = 0,\\&\hbar_{i_\alpha} G^{(1,\alpha;\mathscr{D})}_{\partial\Omega_{ij}}(\mathbf{x}^{(i_\alpha,\alpha)}_m, t_m, \mathbf{p}_\alpha, \boldsymbol{\lambda}_{i_\alpha}) > 0.\end{aligned} \tag{6.123}$$

(iv) 在 t_m 时刻, 对于边界 $\partial\Omega_{\alpha i_\alpha}$, 流 $\mathbf{x}^{(\alpha;\mathscr{D})}(t)$ 为由相斥向相吸转变的状态, 当且仅当

$$\begin{aligned}&\hbar_{i_\alpha} G^{(\alpha;\mathscr{D})}_{\partial\Omega_{ij}}(\mathbf{x}^{(i_\alpha,\alpha)}_m, t_m, \mathbf{p}_\alpha, \boldsymbol{\lambda}_{i_\alpha}) = 0,\\&\hbar_{i_\alpha} G^{(1,\alpha;\mathscr{D})}_{\partial\Omega_{ij}}(\mathbf{x}^{(i_\alpha,\alpha)}_m, t_m, \mathbf{p}_\alpha, \boldsymbol{\lambda}_{i_\alpha}) < 0.\end{aligned} \tag{6.124}$$

[409]

证明 将面 $\varphi_{\alpha i_\alpha}(\mathbf{x}^{(i_\alpha,\alpha)}_m, t_m, \boldsymbol{\lambda}_{i_\alpha}) = C^{(i_\alpha,\alpha)}_m$ 作为边界, 参照第三章可证明该定理. ∎

定理 6.11 对于方程 (6.109) 中的不连续动力系统, 在域 Ω_α $(\alpha = i, j)$ 内有一个流 $\mathbf{x}^{(\alpha;\mathscr{D})}(t)$. 在 t_m 时刻, 存在点 $\mathbf{x}^{(i_\alpha,\alpha)}_m = \mathbf{x}^{(i_\alpha,\alpha)}_\sigma(t_m) \in S^{(i_\alpha,\alpha)}_{\sigma_m}$ $(\sigma \in \mathbf{N})$ 满足方程 (6.112). 对于任意小的 $\varepsilon > 0$, 存在时间区间 $[t_{m-\varepsilon}, t_{m+\varepsilon}]$. 对于时间 t, 域流 $\mathbf{x}^{(\alpha;\mathscr{D})}(t)$ 为 $C^{r_\alpha}_{[t_{m-\varepsilon}, t_{m+\varepsilon}]}(r_\alpha < \infty)$ 连续的, 且 $\|d^{r_\alpha+1}\mathbf{x}^{(\alpha;\mathscr{D})}/dt^{r_\alpha+1}\| < \infty$. $\mathbf{x}^{(\alpha;\mathscr{D})}_{m\pm\varepsilon} = \mathbf{x}^{(\alpha;\mathscr{D})}(t_{m\pm}) \in S^{(i_\alpha,\alpha)}_{\sigma_{m\pm\varepsilon}}$ 和 $\mathbf{x}^{(i_\alpha,\alpha)}_{\sigma(m\pm\varepsilon)} \in S^{(i_\alpha,\alpha)}_{\sigma_m}$. 在 t_m 时刻, 对于边界 $\partial\Omega_{\alpha i_\alpha}$, 流 $\mathbf{x}^{(\alpha;\mathscr{D})}(t)$ 是不变的且具有等度量常数 $C^{(i_\alpha,\alpha)}_m$, 当且仅当

$$G^{(s_\alpha,\alpha;\mathscr{D})}_{\partial\Omega_{ij}}(\mathbf{x}^{(i_\alpha,\alpha)}_m, t_m, \mathbf{p}_\alpha, \boldsymbol{\lambda}_{i_\alpha}) = 0, s_\alpha = 0, 1, 2, \cdots. \tag{6.125}$$

证明 该定理显然成立, 换句话说, 如果流 $\mathbf{x}^{(\alpha;\mathscr{D})}(t)$ 在面 $\varphi_{\alpha i_\alpha}(\mathbf{x}^{(i_\alpha,\alpha)}_m, t_m, \boldsymbol{\lambda}_{i_\alpha}) = C^{(i_\alpha,\alpha)}$ 上, 那么方程 (6.125) 恒成立. 如果方程 (6.125) 成立, 那么流 $\mathbf{x}^{(\alpha;\mathscr{D})}(t)$ 与面 $\varphi_{\alpha i_\alpha}(\mathbf{x}^{(i_\alpha,\alpha)}_m, t_m, \boldsymbol{\lambda}_{i_\alpha}) = C^{(i_\alpha,\alpha)}_m$ 接触, 这也意味着流 $\mathbf{x}^{(\alpha;\mathscr{D})}(t)$ 在该平面上. 因此, 可证明该定理. ∎

如果一个域流对于度量面具有高阶奇异性, 那么下面将讨论对于棱的流的吸引性.

定义 6.19 对于方程 (6.109) 中的不连续动力系统, 在域 Ω_α $(\alpha = i, j)$ 内有一个流 $\mathbf{x}^{(\alpha;\mathscr{D})}(t)$. 在 t_m 时刻, 存在点 $\mathbf{x}^{(i_\alpha,\alpha)}_m = \mathbf{x}^{(i_\alpha,\alpha)}_\sigma(t_m) \in S^{(i_\alpha,\alpha)}_{\sigma_m}$ $(\sigma \in \mathbf{N})$ 满足方程 (6.112). 对于任意小的 $\varepsilon > 0$, 存在时间区间 $[t_{m-\varepsilon}, t_{m+\varepsilon}]$. 对于时间 t, 域流 $\mathbf{x}^{(\alpha;\mathscr{D})}(t)$ 为 $C^{r_\alpha}_{[t_{m-\varepsilon}, t_{m+\varepsilon}]}(r_\alpha < \infty)$ 连续的, 且 $\|d^{r_\alpha+1}\mathbf{x}^{(\alpha;\mathscr{D})}/dt^{r_\alpha+1}\| <$

∞, $\mathbf{x}_{m\pm\varepsilon}^{(\alpha;\mathscr{D})} = \mathbf{x}^{(\alpha;\mathscr{D})}(t_{m\pm\varepsilon}) \in S_{\sigma_{m\pm\varepsilon}}^{(i_\alpha,\alpha)}$ 和 $\mathbf{x}_{\sigma(m\pm\varepsilon)}^{(i_\alpha,\alpha)} \in S_{\sigma_m}^{(i_\alpha,\alpha)}$.

(i) 在 t_m 时刻, 如果满足

$$G_{\partial\Omega_{ij}}^{(s_\alpha,\alpha;\mathscr{D})}(\mathbf{x}_m^{(i_\alpha,\alpha)}, t_m, \mathbf{p}_\alpha, \boldsymbol{\lambda}_{i_\alpha}) = 0,$$

$$s_\alpha = 0, 1, 2, \cdots, 2k_\alpha - 1;$$

$$\hbar_{i_\alpha} \mathbf{n}_{\partial\Omega_{\alpha i_\alpha}}^{\mathrm{T}}(\mathbf{x}_{\sigma(m-\varepsilon)}^{(i_\alpha,\alpha)}) \cdot [\mathbf{x}_{\sigma(m-\varepsilon)}^{(i_\alpha,\alpha)} - \mathbf{x}_{m-\varepsilon}^{(\alpha;\mathscr{D})}] < 0,$$

$$\hbar_{i_\alpha} \mathbf{n}_{\partial\Omega_{\alpha i_\alpha}}^{\mathrm{T}}(\mathbf{x}_{\sigma(m+\varepsilon)}^{(i_\alpha,\alpha)}) \cdot [\mathbf{x}_{m+\varepsilon}^{(\alpha;\mathscr{D})} - \mathbf{x}_{\sigma(m+\varepsilon)}^{(i_\alpha,\alpha)}] < 0,$$

$$\hbar_{i_\alpha} C_{m-\varepsilon}^{(i_\alpha,\alpha)} > \hbar_{i_\alpha} C_m^{(i_\alpha,\alpha)} > \hbar_{i_\alpha} C_{m+\varepsilon}^{(i_\alpha,\alpha)},$$
(6.126)

那么称流 $\mathbf{x}^{(\alpha;\mathscr{D})}(t)$ 对于边界 $\partial\Omega_{\alpha i_\alpha}$ 具有 $2k_\alpha$ 阶吸引性.

(ii) 在 t_m 时刻, 如果满足

$$G_{\partial\Omega_{ij}}^{(s_\alpha,\alpha;\mathscr{D})}(\mathbf{x}_m^{(i_\alpha,\alpha)}, t_m, \mathbf{p}_\alpha, \boldsymbol{\lambda}_{i_\alpha}) = 0,$$

$$s_\alpha = 0, 1, 2, \cdots, 2k_\alpha - 1;$$

$$\hbar_{i_\alpha} \mathbf{n}_{\partial\Omega_{\alpha i_\alpha}}^{\mathrm{T}}(\mathbf{x}_{\sigma(m-\varepsilon)}^{(i_\alpha,\alpha)}) \cdot [\mathbf{x}_{\sigma(m-\varepsilon)}^{(i_\alpha,\alpha)} - \mathbf{x}_{m-\varepsilon}^{(\alpha;\mathscr{D})}] > 0,$$

$$\hbar_{i_\alpha} \mathbf{n}_{\partial\Omega_{\alpha i_\alpha}}^{\mathrm{T}}(\mathbf{x}_{\sigma(m+\varepsilon)}^{(i_\alpha,\alpha)}) \cdot [\mathbf{x}_{m+\varepsilon}^{(\alpha;\mathscr{D})} - \mathbf{x}_{\sigma(m+\varepsilon)}^{(i_\alpha,\alpha)}] > 0,$$

$$\hbar_{i_\alpha} C_{m-\varepsilon}^{(i_\alpha,\alpha)} < \hbar_{i_\alpha} C_m^{(i_\alpha,\alpha)} < \hbar_{i_\alpha} C_{m+\varepsilon}^{(i_\alpha,\alpha)},$$
(6.127)

那么称流 $\mathbf{x}^{(\alpha;\mathscr{D})}(t)$ 对于边界 $\partial\Omega_{\alpha i_\alpha}$ 具有 $2k_\alpha$ 阶排斥性.

(iii) 在 t_m 时刻, 如果满足

$$G_{\partial\Omega_{ij}}^{(s_\alpha,\alpha;\mathscr{D})}(\mathbf{x}_m^{(i_\alpha,\alpha)}, t_m, \mathbf{p}_\alpha, \boldsymbol{\lambda}_{i_\alpha}) = 0,$$

$$s_\alpha = 0, 1, 2, \cdots, 2k_\alpha;$$

$$\hbar_{i_\alpha} \mathbf{n}_{\partial\Omega_{\alpha i_\alpha}}^{\mathrm{T}}(\mathbf{x}_{\sigma(m-\varepsilon)}^{(i_\alpha,\alpha)}) \cdot [\mathbf{x}_{\sigma(m-\varepsilon)}^{(i_\alpha,\alpha)} - \mathbf{x}_{m-\varepsilon}^{(\alpha;\mathscr{D})}] < 0,$$

$$\hbar_{i_\alpha} \mathbf{n}_{\partial\Omega_{\alpha i_\alpha}}^{\mathrm{T}}(\mathbf{x}_{\sigma(m+\varepsilon)}^{(i_\alpha,\alpha)}) \cdot [\mathbf{x}_{m+\varepsilon}^{(\alpha;\mathscr{D})} - \mathbf{x}_{\sigma(m+\varepsilon)}^{(i_\alpha,\alpha)}] > 0,$$

$$\hbar_{i_\alpha} C_m^{(i_\alpha,\alpha)} < \hbar_{i_\alpha} C_{m-\varepsilon}^{(i_\alpha,\alpha)} \text{ 和 } \hbar_{i_\alpha} C_m^{(i_\alpha,\alpha)} < \hbar_{i_\alpha} C_{m+\varepsilon}^{(i_\alpha,\alpha)},$$
(6.128)

那么称流 $\mathbf{x}^{(\alpha;\mathscr{D})}(t)$ 对于边界 $\partial\Omega_{\alpha i_\alpha}$ 处于 $2k_\alpha + 1$ 阶奇异的由相吸向相斥转变的状态.

(iv) 在 t_m 时刻, 如果满足

$$G_{\partial\Omega_{ij}}^{(s_\alpha,\alpha;\mathscr{D})}(\mathbf{x}_m^{(i_\alpha,\alpha)}, t_m, \mathbf{p}_\alpha, \boldsymbol{\lambda}_{i_\alpha}) = 0,$$

$$s_\alpha = 0, 1, 2, \cdots, 2k_\alpha;$$

$$\hbar_{i_\alpha} \mathbf{n}_{\partial\Omega_{\alpha i_\alpha}}^{\mathrm{T}}(\mathbf{x}_{\sigma(m-\varepsilon)}^{(i_\alpha,\alpha)}) \cdot [\mathbf{x}_{\sigma(m-\varepsilon)}^{(i_\alpha,\alpha)} - \mathbf{x}_{m-\varepsilon}^{(\alpha;\mathscr{D})}] > 0,$$

$$\hbar_{i_\alpha} \mathbf{n}_{\partial\Omega_{\alpha i_\alpha}}^{\mathrm{T}}(\mathbf{x}_{\sigma(m+\varepsilon)}^{(i_\alpha,\alpha)}) \cdot [\mathbf{x}_{m+\varepsilon}^{(\alpha;\mathscr{D})} - \mathbf{x}_{\sigma(m+\varepsilon)}^{(i_\alpha,\alpha)}] < 0,$$

$$\hbar_{i_\alpha} C_m^{(i_\alpha,\alpha)} > \hbar_{i_\alpha} C_{m-\varepsilon}^{(i_\alpha,\alpha)} \text{ 和 } \hbar_{i_\alpha} C_m^{(i_\alpha,\alpha)} > \hbar_{i_\alpha} C_{m+\varepsilon}^{(i_\alpha,\alpha)},$$
(6.129)

[410]

那么称流 $\mathbf{x}^{(\alpha;\mathscr{D})}(t)$ 对于边界 $\partial\Omega_{\alpha i_\alpha}$ 处于 $2k_\alpha + 1$ 阶奇异的由相斥向相吸转变的状态.

定理 6.12 对于方程 (6.109) 中的不连续动力系统, 在域 Ω_α $(\alpha = i, j)$ 内有一个流 $\mathbf{x}^{(\alpha;\mathscr{D})}(t)$. 在 t_m 时刻, 存在点 $\mathbf{x}_m^{(i_\alpha,\alpha)} = \mathbf{x}_\sigma^{(i_\alpha,\alpha)}(t_m) \in S_{\sigma_m}^{(i_\alpha,\alpha)}$ $(\sigma \in \mathbf{N})$ [411] 满足方程 (6.112). 对于任意小的 $\varepsilon > 0$, 存在时间区间 $[t_{m-\varepsilon}, t_{m+\varepsilon}]$. 对于时间 t, 域流 $\mathbf{x}^{(\alpha;\mathscr{D})}(t)$ 为 $C_{[t_{m-\varepsilon},t_{m+\varepsilon}]}^{r_\alpha}$ $(r_\alpha \geqslant 2k_\alpha + 1)$ 连续的, 且 $\|d^{r_\alpha+1}\mathbf{x}^{(\alpha;\mathscr{D})}/dt^{r_\alpha+1}\| < \infty$. 假定 $\mathbf{x}_{m\pm\varepsilon}^{(\alpha;\mathscr{D})} = \mathbf{x}^{(\alpha;\mathscr{D})}(t_{m\pm\varepsilon}) \in S_{\sigma_{m\pm\varepsilon}}^{(i_\alpha,\alpha)}$ 和 $\mathbf{x}_{\sigma(m\pm\varepsilon)}^{(i_\alpha,\alpha)} \in S_{\sigma_m}^{(i_\alpha,\alpha)}$.

(i) 在 t_m 时刻, 流 $\mathbf{x}^{(\alpha;\mathscr{D})}(t)$ 对于边界 $\partial\Omega_{\alpha i_\alpha}$ 具有 $2k_\alpha$ 阶吸引性, 当且仅当

$$
\begin{aligned}
&G_{\partial\Omega_{ij}}^{(s_\alpha,\alpha;\mathscr{D})}(\mathbf{x}_m^{(i_\alpha,\alpha)}, t_m, \mathbf{p}_\alpha, \boldsymbol{\lambda}_{i_\alpha}) = 0, \\
&s_\alpha = 0, 1, 2, \cdots, 2k_\alpha - 1; \\
&\hbar_{i_\alpha} G_{\partial\Omega_{ij}}^{(2k_\alpha,\alpha;\mathscr{D})}(\mathbf{x}_m^{(i_\alpha,\alpha)}, t_m, \mathbf{p}_\alpha, \boldsymbol{\lambda}_{i_\alpha}) < 0.
\end{aligned}
\tag{6.130}
$$

(ii) 在 t_m 时刻, 流 $\mathbf{x}^{(\alpha;\mathscr{D})}(t)$ 对于边界 $\partial\Omega_{\alpha i_\alpha}$ 具有 $2k_\alpha$ 阶排斥性, 当且仅当

$$
\begin{aligned}
&G_{\partial\Omega_{ij}}^{(s_\alpha,\alpha;\mathscr{D})}(\mathbf{x}_m^{(i_\alpha,\alpha)}, t_m, \mathbf{p}_\alpha, \boldsymbol{\lambda}_{i_\alpha}) = 0, \\
&s_\alpha = 0, 1, 2, \cdots, 2k_\alpha - 1; \\
&\hbar_{i_\alpha} G_{\partial\Omega_{ij}}^{(2k_\alpha,\alpha;\mathscr{D})}(\mathbf{x}_m^{(i_\alpha,\alpha)}, t_m, \mathbf{p}_\alpha, \boldsymbol{\lambda}_{i_\alpha}) > 0.
\end{aligned}
\tag{6.131}
$$

(iii) 在 t_m 时刻, 流 $\mathbf{x}^{(\alpha;\mathscr{D})}(t)$ 对于边界 $\partial\Omega_{\alpha i_\alpha}$ 具有 $2k_\alpha + 1$ 阶奇异的由相吸向相斥转变的状态, 当且仅当

$$
\begin{aligned}
&G_{\partial\Omega_{ij}}^{(s_\alpha,\alpha;\mathscr{D})}(\mathbf{x}_m^{(i_\alpha,\alpha)}, t_m, \mathbf{p}_\alpha, \boldsymbol{\lambda}_{i_\alpha}) = 0, \\
&s_\alpha = 0, 1, 2, \cdots, 2k_\alpha; \\
&\hbar_{i_\alpha} G_{\partial\Omega_{ij}}^{(2k_\alpha+1,\alpha;\mathscr{D})}(\mathbf{x}_m^{(i_\alpha,\alpha)}, t_m, \mathbf{p}_\alpha, \boldsymbol{\lambda}_{i_\alpha}) > 0.
\end{aligned}
\tag{6.132}
$$

(iv) 在 t_m 时刻, 流 $\mathbf{x}^{(\alpha;\mathscr{D})}(t)$ 对于边界 $\partial\Omega_{\alpha i_\alpha}$ 处于 $2k_\alpha + 1$ 阶奇异的由相斥向相吸转变的状态, 当且仅当

$$
\begin{aligned}
&G_{\partial\Omega_{ij}}^{(s_\alpha,\alpha;\mathscr{D})}(\mathbf{x}_m^{(i_\alpha,\alpha)}, t_m, \mathbf{p}_\alpha, \boldsymbol{\lambda}_{i_\alpha}) = 0, \\
&s_\alpha = 0, 1, 2, \cdots, 2k_\alpha; \\
&\hbar_{i_\alpha} G_{\partial\Omega_{ij}}^{(2k_\alpha+1,\alpha;\mathscr{D})}(\mathbf{x}_m^{(i_\alpha,\alpha)}, t_m, \mathbf{p}_\alpha, \boldsymbol{\lambda}_{i_\alpha}) < 0.
\end{aligned}
\tag{6.133}
$$

证明 将面 $\varphi_{\alpha i_\alpha}(\mathbf{x}_m^{(i_\alpha,\alpha)}, t_m, \boldsymbol{\lambda}_{i_\alpha}) = C_m^{(i_\alpha,\alpha)}$ 作为边界, 参照第三章可证明该定理. ∎

6.6.2　对棱的吸引性

[412]　　为讨论对于棱的流的吸引特性, 需要考虑域内一个新棱 $\mathscr{E}^{(n-2)}$, 且与棱 $\mathscr{E}^{(n-2)}$ 不相交. 为便于说明, 在图 6.18 中, 考虑对于域 Ω_α 中边界 $\partial\Omega_{\alpha i_\alpha}$, $\partial\Omega_{\alpha j_\alpha}$ 的两度量面间的一个棱, 两个度量面分别是边界的两个等常数面, 为说明流对于指定棱的吸引性, 下面以与该棱相交的流 $\mathbf{x}^{(\alpha;\mathscr{D})}$ 为例进行讨论.

定义 6.20　对于方程 (6.4)—(6.8) 定义的一个不连续动力系统, 在域 $\Omega_\alpha(\sigma_r)$ 内有一个由 $n-r$ 个边界 $\partial\Omega_{\alpha i_\alpha}(\sigma_r)(\alpha \in \mathscr{N}_{\mathscr{D}}(\sigma_r) \subset \mathscr{N}_{\mathscr{D}} = \{1, 2, \cdots, N_d\}$ 且 $i_\alpha \in \mathscr{N}_{\alpha\mathscr{B}}(\sigma_r) \subset \mathscr{N}_{\mathscr{B}} = \{1, 2, \cdots, N_b\})$ 相交形成的棱 $\mathscr{E}_{\sigma_r}^{(r)}(\sigma_r \in \{1, 2, \cdots, N_r\}, r \in \{0, 1, 2, \cdots, n-2\})$. 假定在域 $\Omega_\alpha(\sigma_r)$ 内, 度量面 $S_\sigma^{(i_\alpha,\alpha)}$ 上存在流 $\mathbf{x}^{(i_\alpha;\alpha)}(t)$. 在时刻 t_m, 满足 $\mathbf{x}_m^{(\alpha;\mathscr{D})} = \mathbf{x}_\sigma^{(i_\alpha,\alpha)}(t_m) \in S_\sigma^{(i_\alpha,\alpha)}(\sigma \in \mathbf{N})$. 对应的动力系统为

$$\dot{\mathbf{x}}_\sigma^{(i_\alpha,\alpha)} = \mathbf{F}^{(\sigma)}(\mathbf{x}_\sigma^{(i_\alpha,\alpha)}, t, \boldsymbol{\lambda}_{i_\alpha}),$$
$$\varphi_{\alpha i_\alpha}(\mathbf{x}_\sigma^{(i_\alpha,\alpha)}, t, \boldsymbol{\lambda}_{i_\alpha}) = \varphi_{\alpha i_\alpha}(\mathbf{x}_m^{(i_\alpha,\alpha)}, t_m, \boldsymbol{\lambda}_{i_\alpha}) \equiv C_m^{(i_\alpha,\alpha)} \text{在 } S_\sigma^{(i_\alpha,\alpha)} \text{ 上},$$

$$(6.134)$$

其中 $C_m^{(i_\alpha,\alpha)}$ 为非零常量.

　　由上一节可以看出, 边界上域流的吸引情况可以分为五类. 为简化问题, 先考虑对于棱 $\mathscr{E}_{\sigma_r}^{(r)}$ 的所有边界, 流的吸引性相同的情况.

定义 6.21　对于方程 (6.4)—(6.8) 定义的不连续动力系统, 在域 $\Omega_\alpha(\sigma_r)$ 内有一个由 $n-r$ 个边界 $\partial\Omega_{\alpha i_\alpha}(\sigma_r)(\alpha \in \mathscr{N}_{\mathscr{D}}(\sigma_r) \subset \mathscr{N}_{\mathscr{D}} = \{1, 2, \cdots, N_d\}$ 且

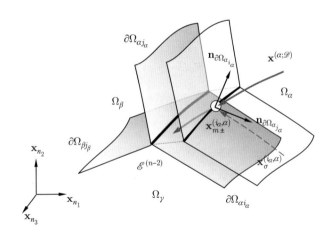

图 6.18　域 Ω_α 内, 与两个分离度量面之间的棱相交的一个流. 对于两个分界 $\partial\Omega_{\alpha i_\alpha}$ 和 $\partial\Omega_{\alpha j_\alpha}$, 这两个度量面为两个等常数曲面. 共同棱 $\mathscr{E}^{(n-2)}$ 是由三个分界相交形成的 $n-2$ 维曲面. 相应的法向量已标注

$i_\alpha \in \mathcal{N}_{\alpha\mathcal{B}}(\sigma_r) \subset \mathcal{N}_\mathcal{B} = \{1, 2, \cdots, N_b\}$) 相交形成的棱 $\mathcal{E}_{\sigma_r}^{(r)}$ ($\sigma_r \in \{1, 2, \cdots, N_r\}$, $r \in \{0, 1, 2, \cdots, n-2\}$). 假定存在域 $\Omega_\alpha(\sigma_r)$ 内的流 $\mathbf{x}^{(\alpha;\mathscr{D})}(t)$ 的一个度量棱 $\mathcal{E}_{\sigma_r}^{(r,\alpha)}$, 域 $\Omega_\alpha(\sigma_r)$ 具有一个等常数向量的棱 $\mathcal{E}_{\sigma_r}^{(r)}$, 该度量棱由所有度量面 $S_{\sigma_m}^{(i_\alpha,\alpha)}$ 相交形成的 ($i_\alpha \in \mathcal{N}_{\alpha\mathcal{B}}(\sigma_r)$). 在 t_m 时刻, $\mathbf{x}_m^{(\alpha;\mathscr{D})} = \mathbf{x}_\sigma^{(i_\alpha,\alpha)}(t_m) \in S_{\sigma_m}^{(i_\alpha,\alpha)}$ ($\sigma \in \mathbf{N}$) 满足方程 (6.134). 对于任意小的 $\varepsilon > 0$, 存在时间区间 $[t_{m-\varepsilon}, t_{m+\varepsilon}]$. 假定 $\mathbf{x}_{m\pm\varepsilon}^{(\alpha;\mathscr{D})} = \mathbf{x}^{(\alpha;\mathscr{D})}(t_{m\pm\varepsilon}) \in S_{\sigma_{m_{m\pm\varepsilon}}}^{(i_\alpha,\alpha)}$ 和 $\mathbf{x}_{\sigma(m\pm\varepsilon)}^{(i_\alpha,\alpha)} \in S_{\sigma_m}^{(i_\alpha,\alpha)}$.

(i) 对于 $i_\alpha \in \mathcal{N}_{\alpha\mathcal{B}}(\sigma_r)$, 在 t_m 时刻, 如果满足 [413]

$$\hbar_{i_\alpha} \mathbf{n}_{\partial\Omega_{\alpha i_\alpha}}^{\mathrm{T}}(\mathbf{x}_{\sigma(m-\varepsilon)}^{(i_\alpha,\alpha)}) \cdot [\mathbf{x}_{\sigma(m-\varepsilon)}^{(i_\alpha,\alpha)} - \mathbf{x}_{m-\varepsilon}^{(\alpha;\mathscr{D})}] < 0,$$
$$\hbar_{i_\alpha} \mathbf{n}_{\partial\Omega_{\alpha i_\alpha}}^{\mathrm{T}}(\mathbf{x}_{\sigma(m+\varepsilon)}^{(i_\alpha,\alpha)}) \cdot [\mathbf{x}_{m+\varepsilon}^{(\alpha;\mathscr{D})} - \mathbf{x}_{\sigma(m+\varepsilon)}^{(i_\alpha,\alpha)}] < 0, \quad (6.135)$$
$$\hbar_{i_\alpha} C_{m-\varepsilon}^{(i_\alpha,\alpha)} > \hbar_{i_\alpha} C_m^{(i_\alpha,\alpha)} > \hbar_{i_\alpha} C_{m+\varepsilon}^{(i_\alpha,\alpha)},$$

那么称流 $\mathbf{x}^{(\alpha;\mathscr{D})}(t)$ 对于棱 $\mathcal{E}_{\sigma_r}^{(r)}$ 是吸引的.

(ii) 对于 $i_\alpha \in \mathcal{N}_{\alpha\mathcal{B}}(\sigma_r)$, 在 t_m 时刻, 如果满足

$$\hbar_{i_\alpha} \mathbf{n}_{\partial\Omega_{\alpha i_\alpha}}^{\mathrm{T}}(\mathbf{x}_{\sigma(m-\varepsilon)}^{(i_\alpha,\alpha)}) \cdot [\mathbf{x}_{\sigma(m-\varepsilon)}^{(i_\alpha,\alpha)} - \mathbf{x}_{m-\varepsilon}^{(\alpha;\mathscr{D})}] > 0,$$
$$\hbar_{i_\alpha} \mathbf{n}_{\partial\Omega_{\alpha i_\alpha}}^{\mathrm{T}}(\mathbf{x}_{\sigma(m+\varepsilon)}^{(i_\alpha,\alpha)}) \cdot [\mathbf{x}_{m+\varepsilon}^{(\alpha;\mathscr{D})} - \mathbf{x}_{\sigma(m+\varepsilon)}^{(i_\alpha,\alpha)}] > 0, \quad (6.136)$$
$$\hbar_{i_\alpha} C_{m-\varepsilon}^{(i_\alpha,\alpha)} < \hbar_{i_\alpha} C_m^{(i_\alpha,\alpha)} < \hbar_{i_\alpha} C_{m+\varepsilon}^{(i_\alpha,\alpha)},$$

那么称流 $\mathbf{x}^{(\alpha;\mathscr{D})}(t)$ 对于棱 $\mathcal{E}_{\sigma_r}^{(r)}$ 是排斥的.

(iii) 对于 $i_\alpha \in \mathcal{N}_{\alpha\mathcal{B}}(\sigma_r)$, 在 t_m 时刻, 如果满足

$$\hbar_{i_\alpha} \mathbf{n}_{\partial\Omega_{\alpha i_\alpha}}^{\mathrm{T}}(\mathbf{x}_{\sigma(m-\varepsilon)}^{(i_\alpha,\alpha)}) \cdot [\mathbf{x}_{\sigma(m-\varepsilon)}^{(i_\alpha,\alpha)} - \mathbf{x}_{m-\varepsilon}^{(\alpha;\mathscr{D})}] < 0,$$
$$\hbar_{i_\alpha} \mathbf{n}_{\partial\Omega_{\alpha i_\alpha}}^{\mathrm{T}}(\mathbf{x}_{\sigma(m+\varepsilon)}^{(i_\alpha,\alpha)}) \cdot [\mathbf{x}_{m+\varepsilon}^{(\alpha;\mathscr{D})} - \mathbf{x}_{\sigma(m+\varepsilon)}^{(i_\alpha,\alpha)}] > 0, \quad (6.137)$$
$$\hbar_{i_\alpha} C_m^{(i_\alpha,\alpha)} < \hbar_{i_\alpha} C_{m-\varepsilon}^{(i_\alpha,\alpha)} \text{ 和 } \hbar_{i_\alpha} C_m^{(i_\alpha,\alpha)} < \hbar_{i_\alpha} C_{m+\varepsilon}^{(i_\alpha,\alpha)},$$

[414]

那么称流 $\mathbf{x}^{(\alpha;\mathscr{D})}(t)$ 对于棱 $\mathcal{E}_{\sigma_r}^{(r)}$ 处于由相吸向相斥转变的状态.

(iv) 对于 $i_\alpha \in \mathcal{N}_{\alpha\mathcal{B}}(\sigma_r)$, 在 t_m 时刻, 如果满足

$$\hbar_{i_\alpha} \mathbf{n}_{\partial\Omega_{\alpha i_\alpha}}^{\mathrm{T}}(\mathbf{x}_{\sigma(m-\varepsilon)}^{(i_\alpha,\alpha)}) \cdot [\mathbf{x}_{\sigma(m-\varepsilon)}^{(i_\alpha,\alpha)} - \mathbf{x}_{m-\varepsilon}^{(\alpha;\mathscr{D})}] > 0,$$
$$\hbar_{i_\alpha} \mathbf{n}_{\partial\Omega_{\alpha i_\alpha}}^{\mathrm{T}}(\mathbf{x}_{\sigma(m+\varepsilon)}^{(i_\alpha,\alpha)}) \cdot [\mathbf{x}_{m+\varepsilon}^{(\alpha;\mathscr{D})} - \mathbf{x}_{\sigma(m+\varepsilon)}^{(i_\alpha,\alpha)}] < 0, \quad (6.138)$$
$$\hbar_{i_\alpha} C_m^{(i_\alpha,\alpha)} > \hbar_{i_\alpha} C_{m-\varepsilon}^{(i_\alpha,\alpha)} \text{ 和 } \hbar_{i_\alpha} C_m^{(i_\alpha,\alpha)} > \hbar_{i_\alpha} C_{m+\varepsilon}^{(i_\alpha,\alpha)},$$

那么称流 $\mathbf{x}^{(\alpha;\mathscr{D})}(t)$ 对于棱 $\mathcal{E}_{\sigma_r}^{(r)}$ 处于由相斥向相吸转变的状态.

(v) 对于 $i_\alpha \in \mathscr{N}_{\alpha\mathscr{B}}(\sigma_r)$, 在 t_m 时刻, 如果满足

$$
\begin{aligned}
&\mathbf{x}_{m-\varepsilon}^{(\alpha;\mathscr{D})} = \mathbf{x}_{\sigma(m-\varepsilon)}^{(i_\alpha,\alpha)} \text{ 和 } \mathbf{x}_{m+\varepsilon}^{(\alpha;\mathscr{D})} = \mathbf{x}_{\sigma(m+\varepsilon)}^{(i_\alpha,\alpha)}, \\
&C_{m-\varepsilon}^{(i_\alpha,\alpha)} = C_m^{(i_\alpha,\alpha)} = C_{m+\varepsilon}^{(i_\alpha,\alpha)},
\end{aligned}
\tag{6.139}
$$

那么称流 $\mathbf{x}^{(\alpha;\mathscr{D})}(t)$ 对于棱 $\mathscr{E}_{\sigma_r}^{(r)}$ 是不变的且具有等度量量 $C_m^{(i_\alpha,\alpha)}$.

根据上述定义, 可由以下定理得到吸引特性的相应条件.

定理 6.13　对于方程 (6.4)—(6.8) 定义的不连续动力系统, 在域 $\Omega_\alpha(\sigma_r)$ 内有一个由 $n-r$ 个边界 $\partial\Omega_{\alpha i_\alpha}(\sigma_r)(\alpha \in \mathscr{N}_{\mathscr{D}}(\sigma_r) \subset \mathscr{N}_{\mathscr{D}} = \{1,2,\cdots,N_d\}$ 且 $i_\alpha \in \mathscr{N}_{\alpha\mathscr{B}}(\sigma_r) \subset \mathscr{N}_{\mathscr{B}} = \{1,2,\cdots,N_b\})$ 相交形成的棱 $\mathscr{E}_{\sigma_r}^{(r)}(\sigma_r \in \{1,2,\cdots,N_r\}, r \in \{0,1,2,\cdots,n-2\})$. 假定在具有等常数向量棱 $\mathscr{E}_{\sigma_r}^{(r)}$ 的域 $\Omega_\alpha(\sigma_r)$ 内存在流 $\mathbf{x}^{(\alpha;\mathscr{D})}(t)$ 的一个度量棱 $\mathscr{E}_{\sigma_r}^{(r,\alpha)}$, 这些棱是由所有度量面 $S_{\sigma_m}^{(i_\alpha,\alpha)}$ 相交形成的 $(i_\alpha \in \mathscr{N}_{\alpha\mathscr{B}}(\sigma_r))$. 在 t_m 时刻, $\mathbf{x}_m^{(\alpha;\mathscr{D})} = \mathbf{x}_m^{(\alpha;\mathscr{D})}(t_m) \in S_\sigma^{(i_\alpha,\alpha)}(\sigma \in \mathbf{N})$ 满足方程 (6.134). 对任意小的 $\varepsilon > 0$, 存在时间区间 $[t_{m-\varepsilon}, t_{m+\varepsilon}]$. 对于时间 t, 流 $\mathbf{x}^{(\alpha;\mathscr{D})}(t)$ 为 $C_{[t_{m-\varepsilon}, t_{m+\varepsilon}]}^{r_\alpha}$ 连续的 $(r_\alpha \geqslant 1)$, 且 $\|d^{r_\alpha+1}\mathbf{x}^{(\alpha;\mathscr{D})}/dt^{r_\alpha+1}\| < \infty$. 假定 $\mathbf{x}_{m\pm\varepsilon}^{(\alpha;\mathscr{D})} = \mathbf{x}^{(\alpha;\mathscr{D})}(t_{m\pm\varepsilon}) \in S_{\sigma_{m\pm\varepsilon}}^{(i_\alpha,\alpha)}$ 和 $\mathbf{x}_{\sigma(m\pm\varepsilon)}^{(i_\alpha,\alpha)} \in S_{\sigma_m}^{(i_\alpha,\alpha)}$.

(i) 对于 $i_\alpha \in \mathscr{N}_{\alpha\mathscr{B}}(\sigma_r)$, 在 t_m 时刻, 流 $\mathbf{x}^{(\alpha;\mathscr{D})}(t)$ 对于棱 $\mathscr{E}_{\sigma_r}^{(r)}$ 是吸引的, 当且仅当

[415]

$$
\hbar_{i_\alpha} G_{\partial\Omega_{\alpha i_\alpha}}^{(\alpha;\mathscr{D})}(\mathbf{x}_m^{(\alpha;\mathscr{D})}, t_m, \mathbf{p}_\alpha, \boldsymbol{\lambda}_{i_\alpha}) < 0.
\tag{6.140}
$$

(ii) 对于 $i_\alpha \in \mathscr{N}_{\alpha\mathscr{B}}(\sigma_r)$, 在 t_m 时刻, 流 $\mathbf{x}^{(\alpha;\mathscr{D})}(t)$ 对于棱 $\mathscr{E}_{\sigma_r}^{(r)}$ 是排斥的, 当且仅当

$$
\hbar_{i_\alpha} G_{\partial\Omega_{\alpha i_\alpha}}^{(\alpha;\mathscr{D})}(\mathbf{x}_m^{(\alpha;\mathscr{D})}, t_m, \mathbf{p}_\alpha, \boldsymbol{\lambda}_{i_\alpha}) > 0.
\tag{6.141}
$$

(iii) 对于 $i_\alpha \in \mathscr{N}_{\alpha\mathscr{B}}(\sigma_r)$, 在 t_m 时刻, 流 $\mathbf{x}^{(\alpha;\mathscr{D})}(t)$ 对于棱 $\mathscr{E}_{\sigma_r}^{(r)}$ 处于由相吸向相斥转变的状态, 当且仅当

$$
\begin{aligned}
&\hbar_{i_\alpha} G_{\partial\Omega_{\alpha i_\alpha}}^{(\alpha;\mathscr{D})}(\mathbf{x}_m^{(\alpha;\mathscr{D})}, t_m, \mathbf{p}_\alpha, \boldsymbol{\lambda}_{i_\alpha}) = 0, \\
&\hbar_{i_\alpha} G_{\partial\Omega_{\alpha i_\alpha}}^{(1,\alpha;\mathscr{D})}(\mathbf{x}_m^{(\alpha;\mathscr{D})}, t_m, \mathbf{p}_\alpha, \boldsymbol{\lambda}_{i_\alpha}) > 0.
\end{aligned}
\tag{6.142}
$$

(iv) 对于 $i_\alpha \in \mathscr{N}_{\alpha\mathscr{B}}(\sigma_r)$, 在 t_m 时刻, 流 $\mathbf{x}^{(\alpha;\mathscr{D})}(t)$ 对于棱 $\mathscr{E}_{\sigma_r}^{(r)}$ 处于由相斥向相吸转变的状态, 当且仅当

$$
\begin{aligned}
&\hbar_{i_\alpha} G_{\partial\Omega_{\alpha i_\alpha}}^{(\alpha;\mathscr{D})}(\mathbf{x}_m^{(\alpha;\mathscr{D})}, t_m, \mathbf{p}_\alpha, \boldsymbol{\lambda}_{i_\alpha}) = 0, \\
&\hbar_{i_\alpha} G_{\partial\Omega_{\alpha i_\alpha}}^{(1,\alpha;\mathscr{D})}(\mathbf{x}_m^{(\alpha;\mathscr{D})}, t_m, \mathbf{p}_\alpha, \boldsymbol{\lambda}_{i_\alpha}) < 0.
\end{aligned}
\tag{6.143}
$$

(v) 对于 $i_\alpha \in \mathscr{N}_{\alpha\mathscr{B}}(\sigma_r)$, 在 t_m 时刻, 流 $\mathbf{x}^{(\alpha;\mathscr{D})}(t)$ 对于棱 $\mathscr{E}_{\sigma_r}^{(r)}$ 是不变的

且具有等度量量 $C_m^{(i_\alpha,\alpha)}$, 当且仅当

$$\hbar_{i_\alpha} G_{\partial\Omega_{\alpha i_\alpha}}^{(s_\alpha,\alpha;\mathscr{D})}(\mathbf{x}_m^{(\alpha;\mathscr{D})}, t_m, \mathbf{p}_\alpha, \boldsymbol{\lambda}_{i_\alpha}) = 0, \quad s_\alpha = 0, 1, 2, \cdots. \tag{6.144}$$

证明 将面 $\varphi_{\alpha i_\alpha}(\mathbf{x}_m^{(i_\alpha,\alpha)}, t_m, \boldsymbol{\lambda}_{i_\alpha}) = C_m^{(i_\alpha,\alpha)}$ 作为边界, 参照第三章可证明该定理. ∎

类似地, 下面将介绍棱具有高阶奇异性时流的吸引性问题.

定义 6.22 对于方程 (6.4)—(6.8) 定义的不连续动力系统, 在域 $\Omega_\alpha(\sigma_r)$ 内有一个由 $n-r$ 个边界 $\partial\Omega_{\alpha i_\alpha}(\sigma_r)(\alpha \in \mathscr{N}_{\mathscr{D}}(\sigma_r) \subset \mathscr{N}_{\mathscr{D}} = \{1, 2, \cdots, N_d\}$ 且 $i_\alpha \in \mathscr{N}_{\alpha\mathscr{B}}(\sigma_r) \subset \mathscr{N}_{\mathscr{B}} = \{1, 2, \cdots, N_b\}$) 相交形成的棱 $\mathscr{E}_{\sigma_r}^{(r)}(\sigma_r \in \{1, 2, \cdots, N_r\}, r \in \{0, 1, 2, \cdots, n-2\})$. 假定在域 $\Omega_\alpha(\sigma_r)$ 内存在流 $\mathbf{x}^{(\alpha;\mathscr{D})}(t)$ 的一个度量棱 $\mathscr{E}_{\sigma_r}^{(r,\alpha)}$ (其具有等常数向量棱 $\mathscr{E}_{\sigma_r}^{(r)}$), 它是由所有度量面 $S_{\sigma_m}^{(i_\alpha,\alpha)}$ 相交形成的 ($i_\alpha \in \mathscr{N}_{\alpha\mathscr{B}}(\sigma_r)$). 在 t_m 时刻, $\mathbf{x}_m^{(\alpha;\mathscr{D})} = \mathbf{x}^{(i_\alpha,\alpha)}(t_m) \in S_\sigma^{(i_\alpha,\alpha)}$ ($\sigma \in \mathbf{N}$) 满足方程 (6.134). 对任意小的 $\varepsilon > 0$, 存在时间区间 $[t_{m-\varepsilon}, t_{m+\varepsilon}]$. 对于时间 t, 流 $\mathbf{x}^{(\alpha;\mathscr{D})}(t)$ 为 $C_{[t_{m-\varepsilon}, t_{m+\varepsilon}]}^{r_\alpha}$ 连续的, 且 $\|d^{r_\alpha+1}\mathbf{x}^{(\alpha;\mathscr{D})}/dt^{r_\alpha+1}\| < \infty(r_\alpha \geqslant \max_{i_\alpha \in \mathscr{N}_{\alpha\mathscr{B}}}(2k_{i_\alpha}+1))$, 并假设 $\mathbf{x}_{\sigma(m\pm\varepsilon)}^{(i_\alpha,\alpha)} \in S_{\sigma_m}^{(i_\alpha,\alpha)}$ 及 $\mathbf{x}_{m\pm\varepsilon}^{(\alpha;\mathscr{D})} = \mathbf{x}^{(\alpha;\mathscr{D})}(t_{m\pm\varepsilon}) \in S_{\sigma_{m\pm\varepsilon}}^{(i_\alpha,\alpha)}$.

(i) 对于 $i_\alpha \in \mathscr{N}_{\alpha\mathscr{B}}(\sigma_r)$, 在 t_m 时刻, 如果满足

$$\begin{aligned} & G_{\partial\Omega_{\alpha i_\alpha}}^{(s_\alpha,\alpha;\mathscr{D})}(\mathbf{x}_m^{(\alpha;\mathscr{D})}, t_m, \mathbf{p}_\alpha, \boldsymbol{\lambda}_{i_\alpha}) = 0, \\ & s_\alpha = 0, 1, 2, \cdots, 2k_{i_\alpha} - 1; \\ & \hbar_{i_\alpha} \mathbf{n}_{\partial\Omega_{\alpha i_\alpha}}^{\mathrm{T}}(\mathbf{x}_{\sigma(m-\varepsilon)}^{(i_\alpha,\alpha)}) \cdot [\mathbf{x}_{\sigma(m-\varepsilon)}^{(i_\alpha,\alpha)} - \mathbf{x}_{m-\varepsilon}^{(\alpha;\mathscr{D})}] < 0, \\ & \hbar_{i_\alpha} \mathbf{n}_{\partial\Omega_{\alpha i_\alpha}}^{\mathrm{T}}(\mathbf{x}_{\sigma(m+\varepsilon)}^{(i_\alpha,\alpha)}) \cdot [\mathbf{x}_{m+\varepsilon}^{(\alpha;\mathscr{D})} - \mathbf{x}_{\sigma(m+\varepsilon)}^{(i_\alpha,\alpha)}] < 0, \\ & \hbar_{i_\alpha} C_{m-\varepsilon}^{(i_\alpha,\alpha)} > \hbar_{i_\alpha} C_m^{(i_\alpha,\alpha)} > \hbar_{i_\alpha} C_{m+\varepsilon}^{(i_\alpha,\alpha)}, \end{aligned} \tag{6.145}$$

那么称流 $\mathbf{x}^{(\alpha;\mathscr{D})}(t)$ 对于棱 $\mathscr{E}_{\sigma_r}^{(r)}$ 具有 $2\mathbf{k}_\mathscr{E}$ 阶奇异吸引性.

(ii) 对于 $i_\alpha \in \mathscr{N}_{\alpha\mathscr{B}}(\sigma_r)$, 在 t_m 时刻, 如果满足

$$\begin{aligned} & G_{\partial\Omega_{\alpha i_\alpha}}^{(s_\alpha,\alpha;\mathscr{D})}(\mathbf{x}_m^{(\alpha;\mathscr{D})}, t_m, \mathbf{p}_\alpha, \boldsymbol{\lambda}_{i_\alpha}) = 0, \\ & s_\alpha = 0, 1, 2, \cdots, 2k_{i_\alpha} - 1; \\ & \hbar_{i_\alpha} \mathbf{n}_{\partial\Omega_{\alpha i_\alpha}}^{\mathrm{T}}(\mathbf{x}_{\sigma(m-\varepsilon)}^{(i_\alpha,\alpha)}) \cdot [\mathbf{x}_{\sigma(m-\varepsilon)}^{(i_\alpha,\alpha)} - \mathbf{x}_{m-\varepsilon}^{(\alpha;\mathscr{D})}] > 0, \\ & \hbar_{i_\alpha} \mathbf{n}_{\partial\Omega_{\alpha i_\alpha}}^{\mathrm{T}}(\mathbf{x}_{\sigma(m+\varepsilon)}^{(i_\alpha,\alpha)}) \cdot [\mathbf{x}_{m+\varepsilon}^{(\alpha;\mathscr{D})} - \mathbf{x}_{\sigma(m+\varepsilon)}^{(i_\alpha,\alpha)}] > 0, \\ & \hbar_{i_\alpha} C_{m-\varepsilon}^{(i_\alpha,\alpha)} < \hbar_{i_\alpha} C_m^{(i_\alpha,\alpha)} < \hbar_{i_\alpha} C_{m+\varepsilon}^{(i_\alpha,\alpha)}, \end{aligned} \tag{6.146}$$

那么称流 $\mathbf{x}^{(\alpha;\mathscr{D})}(t)$ 对于棱 $\mathscr{E}_{\sigma_r}^{(r)}$ 具有 $2\mathbf{k}_\mathscr{E}$ 阶奇异相斥性.

[416]

(iii) 对于 $i_\alpha \in \mathcal{N}_{\alpha\mathcal{B}}(\sigma_r)$, 在 t_m 时刻, 如果满足

$$G_{\partial\Omega_{\alpha i_\alpha}}^{(s_\alpha,\alpha;\mathcal{D})}(\mathbf{x}_m^{(\alpha;\mathcal{D})}, t_m, \mathbf{p}_\alpha, \boldsymbol{\lambda}_{i_\alpha}) = 0,$$

$$s_\alpha = 0, 1, 2, \cdots, 2k_{i_\alpha};$$

$$\hbar_{i_\alpha}\mathbf{n}_{\partial\Omega_{\alpha i_\alpha}}^{\mathrm{T}}(\mathbf{x}_{\sigma(m-\varepsilon)}^{(i_\alpha,\alpha)}) \cdot [\mathbf{x}_{\sigma(m-\varepsilon)}^{(i_\alpha,\alpha)} - \mathbf{x}_{m-\varepsilon}^{(\alpha;\mathcal{D})}] < 0, \qquad (6.147)$$

$$\hbar_{i_\alpha}\mathbf{n}_{\partial\Omega_{\alpha i_\alpha}}^{\mathrm{T}}(\mathbf{x}_{\sigma(m+\varepsilon)}^{(i_\alpha,\alpha)}) \cdot [\mathbf{x}_{m+\varepsilon}^{(\alpha;\mathcal{D})} - \mathbf{x}_{\sigma(m+\varepsilon)}^{(i_\alpha,\alpha)}] > 0,$$

$$\hbar_{i_\alpha}C_m^{(i_\alpha,\alpha)} < \hbar_{i_\alpha}C_{m-\varepsilon}^{(i_\alpha,\alpha)} \text{和} \hbar_{i_\alpha}C_m^{(i_\alpha,\alpha)} < \hbar_{i_\alpha}C_{m+\varepsilon}^{(i_\alpha,\alpha)},$$

那么称流 $\mathbf{x}^{(\alpha;\mathcal{D})}(t)$ 对于棱 $\mathscr{E}_{\sigma_r}^{(r)}$ 具有 $2\mathbf{k}_{\mathscr{E}}+1$ 阶奇异性且处于由相吸向相斥转变的状态

(iv) 对于 $i_\alpha \in \mathcal{N}_{\alpha\mathcal{B}}(\sigma_r)$, 在 t_m 时刻, 如果满足

$$G_{\partial\Omega_{\alpha i_\alpha}}^{(s_\alpha,\alpha;\mathcal{D})}(\mathbf{x}_m^{(\alpha;\mathcal{D})}, t_m, \mathbf{p}_\alpha, \boldsymbol{\lambda}_{i_\alpha}) = 0,$$

$$s_\alpha = 0, 1, 2, \cdots, 2k_{i_\alpha};$$

$$\hbar_{i_\alpha}\mathbf{n}_{\partial\Omega_{\alpha i_\alpha}}^{\mathrm{T}}(\mathbf{x}_{\sigma(m-\varepsilon)}^{(i_\alpha,\alpha)}) \cdot [\mathbf{x}_{\sigma(m-\varepsilon)}^{(i_\alpha,\alpha)} - \mathbf{x}_{m-\varepsilon}^{(\alpha;\mathcal{D})}] > 0, \qquad (6.148)$$

$$\hbar_{i_\alpha}\mathbf{n}_{\partial\Omega_{\alpha i_\alpha}}^{\mathrm{T}}(\mathbf{x}_{\sigma(m+\varepsilon)}^{(i_\alpha,\alpha)}) \cdot [\mathbf{x}_{m+\varepsilon}^{(\alpha;\mathcal{D})} - \mathbf{x}_{\sigma(m+\varepsilon)}^{(i_\alpha,\alpha)}] < 0,$$

$$\hbar_{i_\alpha}C_m^{(i_\alpha,\alpha)} > \hbar_{i_\alpha}C_{m-\varepsilon}^{(i_\alpha,\alpha)} \text{和} \hbar_{i_\alpha}C_m^{(i_\alpha,\alpha)} > \hbar_{i_\alpha}C_{m+\varepsilon}^{(i_\alpha,\alpha)},$$

那么称流 $\mathbf{x}^{(\alpha;\mathcal{D})}(t)$ 对于棱 $\mathscr{E}_{\sigma_r}^{(r)}$ 具有 $2\mathbf{k}_{\mathscr{E}}+1$ 阶奇异性且处于由相斥向相吸转变的状态.

[417]　　下面将给出流对于棱的吸引性条件.

定理 6.14　对于方程 (6.4)—(6.8) 定义的不连续动力系统, 在域 $\Omega_\alpha(\sigma_r)$ 内有一个由 $n-r$ 个边界 $\partial\Omega_{\alpha i_\alpha}(\sigma_r)(\alpha \in \mathcal{N}_\mathcal{D}(\sigma_r) \subset \mathcal{N}_\mathcal{D} = \{1, 2, \cdots, N_d\}$ 且 $i_\alpha \in \mathcal{N}_{\alpha\mathcal{B}}(\sigma_r) \subset \mathcal{N}_\mathcal{B} = \{1, 2, \cdots, N_b\})$ 相交形成的棱 $\mathscr{E}_{\sigma_r}^{(r)}(\sigma_r \in \{1, 2, \cdots, N_r\}, r \in \{0, 1, 2, \cdots, n-2\})$. 假定在域 $\Omega_\alpha(\sigma_r)$ 内存在流 $\mathbf{x}^{(\alpha;\mathcal{D})}(t)$ 的一个度量棱 $\mathscr{E}_{\sigma_r}^{(r,\alpha)}$, 并具有等常数向量的棱 $\mathscr{E}_{\sigma_r}^{(r)}$, 这些棱是由所有度量面 $S_{\sigma_m}^{(i_\alpha,\alpha)}$ 相交形成的 $(i_\alpha \in \mathcal{N}_{\alpha\mathcal{B}}(\sigma_r))$. 在 t_m 时刻, $\mathbf{x}_m^{(\alpha;\mathcal{D})} = \mathbf{x}_\sigma^{(i_\alpha,\alpha)}(t_m) \in S_\sigma^{(i_\alpha,\alpha)}$ $(\sigma \in \mathbf{N})$ 满足方程 (6.134). 对任意小的 $\varepsilon > 0$, 存在时间区间 $[t_{m-\varepsilon}, t_{m+\varepsilon}]$. 对于时间 t, 流 $\mathbf{x}^{(\alpha;\mathcal{D})}(t)$ 为 $C_{[t_{m-\varepsilon}, t_{m+\varepsilon}]}^{r_\alpha}$ 连续的, 且 $\|d^{r_\alpha+1}\mathbf{x}^{(\alpha;\mathcal{D})}/dt^{r_\alpha+1}\| < \infty$ $(r_\alpha \geqslant \max_{i_\alpha \in \mathcal{N}_{\alpha\mathcal{B}}}(2k_{i_\alpha}+2))$, 并设 $\mathbf{x}_{\sigma(m\pm\varepsilon)}^{(i_\alpha,\alpha)} \in S_{\sigma_m}^{(i_\alpha,\alpha)}$ 及 $\mathbf{x}_{m\pm\varepsilon}^{(\alpha;\mathcal{D})} = \mathbf{x}^{(\alpha;\mathcal{D})}(t_{m\pm\varepsilon}) \in S_{\sigma_{m\pm\varepsilon}}^{(i_\alpha,\alpha)}$.

(i) 对于 $i_\alpha \in \mathcal{N}_{\alpha\mathcal{B}}(\sigma_r)$, 在 t_m 时刻, 流 $\mathbf{x}^{(\alpha;\mathcal{D})}(t)$ 对于棱 $\mathscr{E}_{\sigma_r}^{(r)}$ 具有 $2\mathbf{k}_{\mathscr{E}}$ 阶奇异吸引性, 当且仅当

$$G_{\partial\Omega_{\alpha i_\alpha}}^{(s_{i_\alpha},\alpha;\mathscr{D})}(\mathbf{x}_m^{(\alpha;\mathscr{D})},t_m,\mathbf{p}_\alpha,\boldsymbol{\lambda}_{i_\alpha})=0,$$
$$s_{i_\alpha}=0,1,2,\cdots,2k_{i_\alpha}-1; \tag{6.149}$$
$$\hbar_{i_\alpha}G_{\partial\Omega_{\alpha i_\alpha}}^{(2k_{i_\alpha},\alpha;\mathscr{D})}(\mathbf{x}_m^{(\alpha;\mathscr{D})},t_m,\mathbf{p}_\alpha,\boldsymbol{\lambda}_{i_\alpha})<0.$$

(ii) 对于 $i_\alpha\in\mathscr{N}_{\alpha\mathscr{B}}(\sigma_r)$, 在 t_m 时刻, 流 $\mathbf{x}^{(\alpha;\mathscr{D})}(t)$ 对于棱 $\mathscr{E}_{\sigma_r}^{(r)}$ 具有 $2\mathbf{k}_{\mathscr{E}}$ 阶奇异排斥性, 当且仅当

$$G_{\partial\Omega_{\alpha i_\alpha}}^{(s_{i_\alpha},\alpha;\mathscr{D})}(\mathbf{x}_m^{(\alpha;\mathscr{D})},t_m,\mathbf{p}_\alpha,\boldsymbol{\lambda}_{i_\alpha})=0,$$
$$s_{i_\alpha}=0,1,2,\cdots,2k_{i_\alpha}-1; \tag{6.150}$$
$$\hbar_{i_\alpha}G_{\partial\Omega_{\alpha i_\alpha}}^{(2k_{i_\alpha},\alpha;\mathscr{D})}(\mathbf{x}_m^{(\alpha;\mathscr{D})},t_m,\mathbf{p}_\alpha,\boldsymbol{\lambda}_{i_\alpha})>0.$$

(iii) 对于 $i_\alpha\in\mathscr{N}_{\alpha\mathscr{B}}(\sigma_r)$, 在 t_m 时刻, 流 $\mathbf{x}^{(\alpha;\mathscr{D})}(t)$ 对于棱 $\mathscr{E}_{\sigma_r}^{(r)}$ 具有 $2\mathbf{k}_{\mathscr{E}}+1$ 阶奇异性且处于由相吸向相斥转变的状态, 当且仅当

$$G_{\partial\Omega_{\alpha i_\alpha}}^{(s_{i_\alpha},\alpha;\mathscr{D})}(\mathbf{x}_m^{(\alpha;\mathscr{D})},t_m,\mathbf{p}_\alpha,\boldsymbol{\lambda}_{i_\alpha})=0,$$
$$s_{i_\alpha}=0,1,2,\cdots,2k_{i_\alpha}; \tag{6.151}$$
$$\hbar_{i_\alpha}G_{\partial\Omega_{\alpha i_\alpha}}^{(2k_{i_\alpha}+1,\alpha;\mathscr{D})}(\mathbf{x}_m^{(\alpha;\mathscr{D})},t_m,\mathbf{p}_\alpha,\boldsymbol{\lambda}_{i_\alpha})>0.$$

(iv) 对于 $i_\alpha\in\mathscr{N}_{\alpha\mathscr{B}}(\sigma_r)$, 在 t_m 时刻, 流 $\mathbf{x}^{(\alpha;\mathscr{D})}(t)$ 对于棱 $\mathscr{E}_{\sigma_r}^{(r)}$ 具有 [418] $2\mathbf{k}_{\mathscr{E}}+1$ 阶奇异性且处于由相斥向相吸转变的状态, 当且仅当

$$G_{\partial\Omega_{\alpha i_\alpha}}^{(s_{i_\alpha},\alpha;\mathscr{D})}(\mathbf{x}_m^{(\alpha;\mathscr{D})},t_m,\mathbf{p}_\alpha,\boldsymbol{\lambda}_{i_\alpha})=0,$$
$$s_{i_\alpha}=0,1,2,\cdots,2k_{i_\alpha}; \tag{6.152}$$
$$\hbar_{i_\alpha}G_{\partial\Omega_{\alpha i_\alpha}}^{(2k_{i_\alpha}+1,\alpha;\mathscr{D})}(\mathbf{x}_m^{(\alpha;\mathscr{D})},t_m,\mathbf{p}_\alpha,\boldsymbol{\lambda}_{i_\alpha})<0.$$

证明 将面 $\varphi_{\alpha i_\alpha}(\mathbf{x}_m^{(i_\alpha,\alpha)},t_m,\boldsymbol{\lambda}_{i_\alpha})=C_m^{(i_\alpha,\alpha)}$ 作为边界, 参照第三章可证明该定理. ∎

使得流对于所有的边界都具有相同的吸引性是很难的, 因此考虑将流对于棱的吸引性分为五种类型, 下面将介绍具体内容.

定义 6.23 对于方程 (6.4)—(6.8) 定义的不连续动力系统, 在域 $\Omega_\alpha(\sigma_r)$ 内有一个由 $n-r$ 个边界 $\partial\Omega_{\alpha i_\alpha}(\sigma_r)(\alpha\in\mathscr{N}_{\mathscr{D}}(\sigma_r)\subset\mathscr{N}_{\mathscr{D}}=\{1,2,\cdots,N_d\}$ 且 $i_\alpha\in\mathscr{N}_{\alpha\mathscr{B}}(\sigma_r)\subset\mathscr{N}_{\mathscr{B}}=\{1,2,\cdots,N_b\})$ 相交形成的棱 $\mathscr{E}_{\sigma_r}^{(r)}(\sigma_r\in\{1,2,\cdots,N_r\}$, $r\in\{0,1,2,\cdots,n-2\})$. 假定在域 $\Omega_\alpha(\sigma_r)$ 内有流 $\mathbf{x}^{(\alpha;\mathscr{D})}(t)$ 的一个度量棱 $\mathscr{E}_{\sigma_r}^{(r,\alpha)}$(其具有一个等常数向量棱 $\mathscr{E}_{\sigma_r}^{(r)}$), 它是由所有度量面 $S_{\sigma_m}^{(i_\alpha,\alpha)}$ 相交形成的 $(i_\alpha\in\mathscr{N}_{\alpha\mathscr{B}}(\sigma_r))$. 在时刻 t_m, $(\sigma\in\mathbf{N})$ 满足方程 (6.134). 对任意小的 $\varepsilon>0$, 存在时间区间 $[t_{m-\varepsilon},t_{m+\varepsilon}]$. 对于时间 t, 流 $\mathbf{x}^{(\alpha;\mathscr{D})}(t)$ 为 $C_{[t_{m-\varepsilon},t_{m+\varepsilon}]}^{r_\alpha}$ 连续的, 且

$\|d^{r_\alpha+1}\mathbf{x}^{(\alpha;\mathscr{D})}/dt^{r_\alpha+1}\| < \infty(r_\alpha \geqslant 1)$. 假定 $\mathbf{x}_{m\pm\varepsilon}^{(\alpha;\mathscr{D})} = \mathbf{x}^{(\alpha;\mathscr{D})}(t_{m\pm\varepsilon}) \in S_{\sigma_{m\pm\varepsilon}}^{(i_\alpha,\alpha)}$
和 $\mathbf{x}_{\sigma(m\pm\varepsilon)}^{(i_\alpha,\alpha)} \in S_{\sigma_m}^{(i_\alpha,\alpha)}$. $\mathscr{N}_{\alpha\mathscr{B}}(\sigma_r) = \cup_{k=1}^{5}\mathscr{N}_{\alpha\mathscr{B}}^{(k,\sigma_r)}$ 和 $\cap_{k=1}^{5}\mathscr{N}_{\alpha\mathscr{B}}^{(k,\sigma_r)} = \varnothing$.

(i) 在 t_m 时刻, 如果满足

$$\begin{aligned}
&\hbar_{i_\alpha}\mathbf{n}_{\partial\Omega_{\alpha i_\alpha}}^{\mathrm{T}}(\mathbf{x}_{\sigma(m-\varepsilon)}^{(i_\alpha,\alpha)}) \cdot [\mathbf{x}_{\sigma(m-\varepsilon)}^{(i_\alpha,\alpha)} - \mathbf{x}_{m-\varepsilon}^{(\alpha;\mathscr{D})}] < 0, \\
&\hbar_{i_\alpha}\mathbf{n}_{\partial\Omega_{\alpha i_\alpha}}^{\mathrm{T}}(\mathbf{x}_{\sigma(m+\varepsilon)}^{(i_\alpha,\alpha)}) \cdot [\mathbf{x}_{m+\varepsilon}^{(\alpha;\mathscr{D})} - \mathbf{x}_{\sigma(m+\varepsilon)}^{(i_\alpha,\alpha)}] < 0, \\
&\hbar_{i_\alpha}C_{m-\varepsilon}^{(i_\alpha,\alpha)} > \hbar_{i_\alpha}C_m^{(i_\alpha,\alpha)} > \hbar_{i_\alpha}C_{m+\varepsilon}^{(i_\alpha,\alpha)},
\end{aligned} \tag{6.153}$$

那么称流 $\mathbf{x}^{(\alpha;\mathscr{D})}(t)$ 对于所有边界 $\partial\Omega_{\alpha i_\alpha}(i_\alpha \in \mathscr{N}_{\alpha\mathscr{B}}^{(1,\sigma_r)})$ 的棱 $\mathscr{E}_{\sigma_r}^{(r)}$ 是部分吸引的.

[419]　　　　(ii) 在 t_m 时刻, 如果满足

$$\begin{aligned}
&\hbar_{i_\alpha}\mathbf{n}_{\partial\Omega_{\alpha i_\alpha}}^{\mathrm{T}}(\mathbf{x}_{\sigma(m-\varepsilon)}^{(i_\alpha,\alpha)}) \cdot [\mathbf{x}_{\sigma(m-\varepsilon)}^{(i_\alpha,\alpha)} - \mathbf{x}_{m-\varepsilon}^{(\alpha;\mathscr{D})}] > 0, \\
&\hbar_{i_\alpha}\mathbf{n}_{\partial\Omega_{\alpha i_\alpha}}^{\mathrm{T}}(\mathbf{x}_{\sigma(m+\varepsilon)}^{(i_\alpha,\alpha)}) \cdot [\mathbf{x}_{m+\varepsilon}^{(\alpha;\mathscr{D})} - \mathbf{x}_{\sigma(m+\varepsilon)}^{(i_\alpha,\alpha)}] > 0, \\
&\hbar_{i_\alpha}C_{m-\varepsilon}^{(i_\alpha,\alpha)} < \hbar_{i_\alpha}C_m^{(i_\alpha,\alpha)} < \hbar_{i_\alpha}C_{m+\varepsilon}^{(i_\alpha,\alpha)},
\end{aligned} \tag{6.154}$$

那么称流 $\mathbf{x}^{(\alpha;\mathscr{D})}(t)$ 对于所有边界 $\partial\Omega_{\alpha i_\alpha}$ $(i_\alpha \in \mathscr{N}_{\alpha\mathscr{B}}^{(2,\sigma_r)})$ 的棱 $\mathscr{E}_{\sigma_r}^{(r)}$ 是部分排斥的.

(iii) 在 t_m 时刻, 如果满足

$$\begin{aligned}
&\hbar_{i_\alpha}\mathbf{n}_{\partial\Omega_{\alpha i_\alpha}}^{\mathrm{T}}(\mathbf{x}_{\sigma(m-\varepsilon)}^{(i_\alpha,\alpha)}) \cdot [\mathbf{x}_{\sigma(m-\varepsilon)}^{(i_\alpha,\alpha)} - \mathbf{x}_{m-\varepsilon}^{(\alpha;\mathscr{D})}] < 0, \\
&\hbar_{i_\alpha}\mathbf{n}_{\partial\Omega_{\alpha i_\alpha}}^{\mathrm{T}}(\mathbf{x}_{\sigma(m+\varepsilon)}^{(i_\alpha,\alpha)}) \cdot [\mathbf{x}_{m+\varepsilon}^{(\alpha;\mathscr{D})} - \mathbf{x}_{\sigma(m+\varepsilon)}^{(i_\alpha,\alpha)}] > 0, \\
&\hbar_{i_\alpha}C_m^{(i_\alpha,\alpha)} < \hbar_{i_\alpha}C_{m-\varepsilon}^{(i_\alpha,\alpha)} \text{ 和 } \hbar_{i_\alpha}C_m^{(i_\alpha,\alpha)} < \hbar_{i_\alpha}C_{m+\varepsilon}^{(i_\alpha,\alpha)},
\end{aligned} \tag{6.155}$$

那么称流 $\mathbf{x}^{(\alpha;\mathscr{D})}(t)$ 对于所有边界 $\partial\Omega_{\alpha i_\alpha}(i_\alpha \in \mathscr{N}_{\alpha\mathscr{B}}^{(3,\sigma_r)})$ 的棱 $\mathscr{E}_{\sigma_r}^{(r)}$ 部分处于由相吸向相斥转变的状态.

(iv) 在 t_m 时刻, 如果满足

$$\begin{aligned}
&\hbar_{i_\alpha}\mathbf{n}_{\partial\Omega_{\alpha i_\alpha}}^{\mathrm{T}}(\mathbf{x}_{\sigma(m-\varepsilon)}^{(i_\alpha,\alpha)}) \cdot [\mathbf{x}_{\sigma(m-\varepsilon)}^{(i_\alpha,\alpha)} - \mathbf{x}_{m-\varepsilon}^{(\alpha;\mathscr{D})}] > 0, \\
&\hbar_{i_\alpha}\mathbf{n}_{\partial\Omega_{\alpha i_\alpha}}^{\mathrm{T}}(\mathbf{x}_{\sigma(m+\varepsilon)}^{(i_\alpha,\alpha)}) \cdot [\mathbf{x}_{m+\varepsilon}^{(\alpha;\mathscr{D})} - \mathbf{x}_{\sigma(m+\varepsilon)}^{(i_\alpha,\alpha)}] < 0, \\
&\hbar_{i_\alpha}C_m^{(i_\alpha,\alpha)} > \hbar_{i_\alpha}C_{m-\varepsilon}^{(i_\alpha,\alpha)} \text{ 和 } \hbar_{i_\alpha}C_m^{(i_\alpha,\alpha)} > \hbar_{i_\alpha}C_{m+\varepsilon}^{(i_\alpha,\alpha)},
\end{aligned} \tag{6.156}$$

那么称流 $\mathbf{x}^{(\alpha;\mathscr{D})}(t)$ 对于所有边界 $\partial\Omega_{\alpha i_\alpha}(i_\alpha \in \mathscr{N}_{\alpha\mathscr{B}}^{(4,\sigma_r)})$ 的棱 $\mathscr{E}_{\sigma_r}^{(r)}$ 部分处于由相斥向相吸转变的状态.

(v) 在 t_m 时刻, 如果满足

$$\mathbf{x}^{(i_\alpha,\alpha)}_{\sigma(m-\varepsilon)} = \mathbf{x}^{(\alpha;\mathscr{D})}_{m-\varepsilon} \text{ 和 } \mathbf{x}^{(\alpha;\mathscr{D})}_{m+\varepsilon} = \mathbf{x}^{(i_\alpha,\alpha)}_{\sigma(m+\varepsilon)},$$
$$C^{(i_\alpha,\alpha)}_{m-\varepsilon} = C^{(i_\alpha,\alpha)}_m = C^{(i_\alpha,\alpha)}_{m+\varepsilon}. \tag{6.157}$$

那么称流 $\mathbf{x}^{(\alpha;\mathscr{D})}(t)$ 对于所有边界 $\partial\Omega_{\alpha i_\alpha}(i_\alpha \in \mathscr{N}^{(5,\sigma_r)}_{\alpha\mathscr{B}})$ 的棱 $\mathscr{E}^{(r)}_{\sigma_r}$ 是部分不变的且具有等度量量 $C^{(i_\alpha,\alpha)}_m$.

与定理 6.14 类似, 下面给出对于棱、流的吸引性条件的说明.

定理 6.15 对于方程 (6.4)—(6.8) 定义的不连续动力系统, 在域 $\Omega_\alpha(\sigma_r)$ 内有一个由 $n-r$ 个边界 $\partial\Omega_{\alpha i_\alpha}(\sigma_r)(\alpha \in \mathscr{N}_\mathscr{D}(\sigma_r) \subset \mathscr{N}_\mathscr{D} = \{1,2,\cdots,N_d\}$ 且 $i_\alpha \in \mathscr{N}_{\alpha\mathscr{B}}(\sigma_r) \subset \mathscr{N}_\mathscr{B} = \{1,2,\cdots,N_b\})$ 相交形成的棱 $\mathscr{E}^{(r)}_{\sigma_r}(\sigma_r \in \{1,2,\cdots,N_r\}$, $r \in \{0,1,2,\cdots,n-2\})$. 假定在域 $\Omega_\alpha(\sigma_r)$ 内有流 $\mathbf{x}^{(\alpha;\mathscr{D})}(t)$ 的一个度量棱 $\mathscr{E}^{(r,\alpha)}_{\sigma_r}$（其具有一个等常数向量棱 $\mathscr{E}^{(r)}_{\sigma_r}$），它是由所有度量面 $S^{(i_\alpha,\alpha)}_{\sigma_m}$ 相交形成的 $(i_\alpha \in \mathscr{N}_{\alpha\mathscr{B}}(\sigma_r))$. 在 t_m 时刻, $\mathbf{x}^{(\alpha;\mathscr{D})}_m = \mathbf{x}^{(i_\alpha,\alpha)}_\sigma(t_m) \in S^{(i_\alpha,\alpha)}_\sigma$ $(\sigma \in \mathbf{N})$ 满足 [420] 方程 (6.134). 对任意小的 $\varepsilon > 0$, 存在时间区间 $[t_{m-\varepsilon},t_{m+\varepsilon}]$. 对于时间 t, 流 $\mathbf{x}^{(\alpha;\mathscr{D})}(t)$ 为 $C^{r_\alpha}_{[t_{m-\varepsilon},t_{m+\varepsilon}]}$ 连续的 $(r_\alpha \geqslant 1)$, 且 $\|d^{r_\alpha+1}\mathbf{x}^{(\alpha;\mathscr{D})}/dt^{r_\alpha+1}\| < \infty$. 假定 $\mathbf{x}^{(\alpha;\mathscr{D})}_{m\pm\varepsilon} = \mathbf{x}^{(\alpha;\mathscr{D})}(t_{m\pm\varepsilon}) \in S^{(i_\alpha,\alpha)}_{\sigma_{m\pm\varepsilon}}$ 和 $\mathbf{x}^{(i_\alpha,\alpha)}_{\sigma(m\pm\varepsilon)} \in S^{(i_\alpha,\alpha)}_{\sigma_m}$. $\mathscr{N}_{\alpha\mathscr{B}}(\sigma_r) = \cup^5_{k=1}\mathscr{N}^{(k,\sigma_r)}_{\alpha\mathscr{B}}$ 和 $\cap^5_{k=1}\mathscr{N}^{(k,\sigma_r)}_{\alpha\mathscr{B}} = \varnothing$.

(i) 在 t_m 时刻, 流 $\mathbf{x}^{(\alpha;\mathscr{D})}(t)$ 对于所有边界 $\partial\Omega_{\alpha i_\alpha}(i_\alpha \in \mathscr{N}^{(1,\sigma_r)}_{\alpha\mathscr{B}})$ 的棱 $\mathscr{E}^{(r)}_{\sigma_r}$ 是部分吸引的, 当且仅当

$$\hbar_{i_\alpha} G^{(\alpha;\mathscr{D})}_{\partial\Omega_{\alpha i_\alpha}}(\mathbf{x}^{(\alpha;\mathscr{D})}_m, t_m, \mathbf{p}_\alpha, \boldsymbol{\lambda}_{i_\alpha}) < 0. \tag{6.158}$$

(ii) 在 t_m 时刻, 流 $\mathbf{x}^{(\alpha;\mathscr{D})}(t)$ 对于所有边界 $\partial\Omega_{\alpha i_\alpha}(i_\alpha \in \mathscr{N}^{(2,\sigma_r)}_{\alpha\mathscr{B}})$ 的棱 $\mathscr{E}^{(r)}_{\sigma_r}$ 是部分排斥的, 当且仅当

$$\hbar_{i_\alpha} G^{(\alpha;\mathscr{D})}_{\partial\Omega_{\alpha i_\alpha}}(\mathbf{x}^{(\alpha;\mathscr{D})}_m, t_m, \mathbf{p}_\alpha, \boldsymbol{\lambda}_{i_\alpha}) > 0. \tag{6.159}$$

(iii) 在 t_m 时刻, 流 $\mathbf{x}^{(\alpha;\mathscr{D})}(t)$ 对于所有边界 $\partial\Omega_{\alpha i_\alpha}(i_\alpha \in \mathscr{N}^{(3,\sigma_r)}_{\alpha\mathscr{B}})$ 的棱 $\mathscr{E}^{(r)}_{\sigma_r}$ 部分处于由相吸向相斥转变的状态, 当且仅当

$$\hbar_{i_\alpha} G^{(\alpha;\mathscr{D})}_{\partial\Omega_{\alpha i_\alpha}}(\mathbf{x}^{(\alpha;\mathscr{D})}_m, t_m, \mathbf{p}_\alpha, \boldsymbol{\lambda}_{i_\alpha}) = 0,$$
$$\hbar_{i_\alpha} G^{(1,\alpha;\mathscr{D})}_{\partial\Omega_{\alpha i_\alpha}}(\mathbf{x}^{(\alpha;\mathscr{D})}_m, t_m, \mathbf{p}_\alpha, \boldsymbol{\lambda}_{i_\alpha}) > 0. \tag{6.160}$$

(iv) 在 t_m 时刻, 流 $\mathbf{x}^{(\alpha;\mathscr{D})}(t)$ 对于所有边界 $\partial\Omega_{\alpha i_\alpha}(i_\alpha \in \mathscr{N}^{(4,\sigma_r)}_{\alpha\mathscr{B}})$ 的棱

$\mathscr{E}_{\sigma_r}^{(r)}$ 部分处于由相斥向相吸转变的状态, 当且仅当

$$\hbar_{i_\alpha} G_{\partial\Omega_{\alpha i_\alpha}}^{(\alpha;\mathscr{D})}(\mathbf{x}_m^{(\alpha;\mathscr{D})}, t_m, \mathbf{p}_\alpha, \boldsymbol{\lambda}_{i_\alpha}) = 0,$$
$$\hbar_{i_\alpha} G_{\partial\Omega_{\alpha i_\alpha}}^{(1,\alpha;\mathscr{D})}(\mathbf{x}_m^{(\alpha;\mathscr{D})}, t_m, \mathbf{p}_\alpha, \boldsymbol{\lambda}_{i_\alpha}) < 0. \tag{6.161}$$

(v) 在 t_m 时刻, 流 $\mathbf{x}^{(\alpha;\mathscr{D})}(t)$ 对于所有边界 $\partial\Omega_{\alpha i_\alpha}(i_\alpha \in \mathscr{N}_{\alpha\mathscr{B}}^{(5,\sigma_r)})$ 的棱 $\mathscr{E}_{\sigma_r}^{(r)}$ 是部分不变的, 且具有等度量量 $C_m^{(i_\alpha,\alpha)}$, 当且仅当

$$G_{\partial\Omega_{\alpha i_\alpha}}^{(s_{i_\alpha},\alpha;\mathscr{D})}(\mathbf{x}_m^{(\alpha;\mathscr{D})}, t_m, \mathbf{p}_\alpha, \boldsymbol{\lambda}_{i_\alpha}) = 0, s_{i_\alpha} = 0, 1, 2, \cdots. \tag{6.162}$$

证明　将面 $\varphi_{\alpha i_\alpha}(\mathbf{x}_m^{(i_\alpha,\alpha)}, t_m, \boldsymbol{\lambda}_{i_\alpha}) = C_m^{(i_\alpha,\alpha)}$ 作为边界, 其他证明请参阅第三章的相关定理. ∎

[421]　　　　如前, 下面给出流对于棱具有高阶奇异吸引性的问题.

定义 6.24　对于方程 (6.4)—(6.8) 定义的不连续动力系统, 在域 $\Omega_\alpha(\sigma_r)$ 内有一个由 $n - r$ 个边界 $\partial\Omega_{\alpha i_\alpha}(\sigma_r)(\alpha \in \mathscr{N}_{\mathscr{D}}(\sigma_r) \subset \mathscr{N}_{\mathscr{D}} = \{1, 2, \cdots, N_d\}$ 且 $i_\alpha \in \mathscr{N}_{\alpha\mathscr{B}}(\sigma_r) \subset \mathscr{N}_{\mathscr{B}} = \{1, 2, \cdots, N_b\})$ 相交形成的棱 $\mathscr{E}_{\sigma_r}^{(r)}(\sigma_r \in \{1, 2, \cdots, N_r\}$, $r \in \{0, 1, 2, \cdots, n - 2\})$. 假定在域 $\Omega_\alpha(\sigma_r)$ 内有流 $\mathbf{x}^{(\alpha;\mathscr{D})}(t)$ 的一个度量棱 $\mathscr{E}_{\sigma_r}^{(r,\alpha)}$(其具有等常数向量棱 $\mathscr{E}_{\sigma_r}^{(r)}$), 它是由所有度量面 $S_{\sigma_m}^{(i_\alpha,\alpha)}$ 相交形成的 $(i_\alpha \in \mathscr{N}_{\alpha\mathscr{B}}(\sigma_r))$. 在 t_m 时刻, $\mathbf{x}_m^{(\alpha;\mathscr{D})} = \mathbf{x}_\sigma^{(i_\alpha,\alpha)}(t_m) \in S_\sigma^{(i_\alpha,\alpha)}$ $(\sigma \in \mathbf{N})$ 满足方程 (6.134). 对任意小的 $\varepsilon > 0$, 存在时间区间 $[t_{m-\varepsilon}, t_{m+\varepsilon}]$. 对于时间 t, 流 $\mathbf{x}^{(\alpha;\mathscr{D})}(t)$ 为 $C_{[t_{m-\varepsilon}, t_{m+\varepsilon}]}^{r_\alpha}$ 连续的, 且 $\|d^{r_\alpha+1}\mathbf{x}^{(\alpha;\mathscr{D})}/dt^{r_\alpha+1}\| < \infty (r_\alpha \geqslant \max_{i_\alpha \in \mathscr{N}_{\sigma_r}^\alpha}(2k_{i_\alpha} + 1))$. 假定 $\mathbf{x}_{\sigma(m\pm\varepsilon)}^{(i_\alpha,\alpha)} \in S_{\sigma_m}^{(i_\alpha,\alpha)}$ 和 $\mathbf{x}_{m\pm\varepsilon}^{(\alpha;\mathscr{D})} = \mathbf{x}^{(\alpha;\mathscr{D})}(t_{m\pm\varepsilon}) \in S_{\sigma_{m\pm\varepsilon}}^{(i_\alpha,\alpha)}$. $\mathscr{N}_{\alpha\mathscr{B}}(\sigma_r) = \cup_{k=1}^5 \mathscr{N}_{\alpha\mathscr{B}}^{(k,\sigma_r)}$ 和 $\cap_{k=1}^5 \mathscr{N}_{\alpha\mathscr{B}}^{(k,\sigma_r)} = \varnothing$.

(i) 在 t_m 时刻, 如果满足

$$G_{\partial\Omega_{\alpha i_\alpha}}^{(s_{i_\alpha},\alpha;\mathscr{D})}(\mathbf{x}_m^{(\alpha;\mathscr{D})}, t_m, \mathbf{p}_\alpha, \boldsymbol{\lambda}_{i_\alpha}) = 0,$$
$$s_{i_\alpha} = 0, 1, 2, \cdots, 2k_{i_\alpha} - 1;$$
$$\hbar_{i_\alpha} \mathbf{n}_{\partial\Omega_{\alpha i_\alpha}}^{\mathrm{T}}(\mathbf{x}_{\sigma(m-\varepsilon)}^{(i_\alpha,\alpha)}) \cdot [\mathbf{x}_{\sigma(m-\varepsilon)}^{(i_\alpha,\alpha)} - \mathbf{x}_{m-\varepsilon}^{(\alpha;\mathscr{D})}] < 0, \tag{6.163}$$
$$\hbar_{i_\alpha} \mathbf{n}_{\partial\Omega_{\alpha i_\alpha}}^{\mathrm{T}}(\mathbf{x}_{\sigma(m+\varepsilon)}^{(i_\alpha,\alpha)}) \cdot [\mathbf{x}_{m+\varepsilon}^{(\alpha;\mathscr{D})} - \mathbf{x}_{\sigma(m+\varepsilon)}^{(i_\alpha,\alpha)}] < 0,$$
$$\hbar_{i_\alpha} C_{m-\varepsilon}^{(i_\alpha,\alpha)} > \hbar_{i_\alpha} C_m^{(i_\alpha,\alpha)} > \hbar_{i_\alpha} C_{m+\varepsilon}^{(i_\alpha,\alpha)},$$

那么称流 $\mathbf{x}^{(\alpha;\mathscr{D})}(t)$ 对于所有边界 $\partial\Omega_{\alpha i_\alpha}$ $(i_\alpha \in \mathscr{N}_{\alpha\mathscr{B}}^{(1,\sigma_r)})$ 的棱 $\mathscr{E}_{\sigma_r}^{(r)}$ 是 $2\mathbf{k}_{\mathscr{E}}^{(1)}$ 阶部分吸引的.

(ii) 在 t_m 时刻, 如果满足

$$G^{(s_{i_\alpha},\alpha;\mathscr{D})}_{\partial\Omega_{\alpha i_\alpha}}(\mathbf{x}^{(\alpha;\mathscr{D})}_m, t_m, \mathbf{p}_\alpha, \boldsymbol{\lambda}_{i_\alpha}) = 0,$$

$$s_{i_\alpha} = 0, 1, 2, \cdots, 2k_{i_\alpha} - 1;$$

$$\hbar_{i_\alpha} \mathbf{n}^{\mathrm{T}}_{\partial\Omega_{\alpha i_\alpha}}(\mathbf{x}^{(i_\alpha,\alpha)}_{\sigma(m-\varepsilon)}) \cdot [\mathbf{x}^{(i_\alpha,\alpha)}_{\sigma(m-\varepsilon)} - \mathbf{x}^{(\alpha;\mathscr{D})}_{m-\varepsilon}] > 0, \quad (6.164)$$

$$\hbar_{i_\alpha} \mathbf{n}^{\mathrm{T}}_{\partial\Omega_{\alpha i_\alpha}}(\mathbf{x}^{(i_\alpha,\alpha)}_{\sigma(m+\varepsilon)}) \cdot [\mathbf{x}^{(\alpha;\mathscr{D})}_{m+\varepsilon} - \mathbf{x}^{(i_\alpha,\alpha)}_{\sigma(m+\varepsilon)}] > 0,$$

$$\hbar_{i_\alpha} C^{(i_\alpha,\alpha)}_{m-\varepsilon} > \hbar_{i_\alpha} C^{(i_\alpha,\alpha)}_{m} > \hbar_{i_\alpha} C^{(i_\alpha,\alpha)}_{m+\varepsilon},$$

那么称流 $\mathbf{x}^{(\alpha;\mathscr{D})}(t)$ 对于所有边界 $\partial\Omega_{\alpha i_\alpha}$ $(i_\alpha \in \mathscr{N}^{(2,\sigma_r)}_{\alpha\mathscr{B}})$ 的棱 $\mathscr{E}^{(r)}_{\sigma_r}$ 是 $2\mathbf{k}^{(2)}_{\mathscr{E}}$ 阶部分排斥的.

(iii) 在 t_m 时刻, 如果满足

$$G^{(s_{i_\alpha},\alpha;\mathscr{D})}_{\partial\Omega_{\alpha i_\alpha}}(\mathbf{x}^{(\alpha;\mathscr{D})}_m, t_m, \mathbf{p}_\alpha, \boldsymbol{\lambda}_{i_\alpha}) = 0,$$ [422]

$$s_{i_\alpha} = 0, 1, 2, \cdots, 2k_{i_\alpha};$$

$$\hbar_{i_\alpha} \mathbf{n}^{\mathrm{T}}_{\partial\Omega_{\alpha i_\alpha}}(\mathbf{x}^{(i_\alpha,\alpha)}_{\sigma(m-\varepsilon)}) \cdot [\mathbf{x}^{(i_\alpha,\alpha)}_{\sigma(m-\varepsilon)} - \mathbf{x}^{(\alpha;\mathscr{D})}_{m-\varepsilon}] < 0, \quad (6.165)$$

$$\hbar_{i_\alpha} \mathbf{n}^{\mathrm{T}}_{\partial\Omega_{\alpha i_\alpha}}(\mathbf{x}^{(i_\alpha,\alpha)}_{\sigma(m+\varepsilon)}) \cdot [\mathbf{x}^{(\alpha;\mathscr{D})}_{m+\varepsilon} - \mathbf{x}^{(i_\alpha,\alpha)}_{\sigma(m+\varepsilon)}] > 0,$$

$$\hbar_{i_\alpha} C^{(i_\alpha,\alpha)}_{m} < \hbar_{i_\alpha} C^{(i_\alpha,\alpha)}_{m-\varepsilon} \ \text{和} \ \hbar_{i_\alpha} C^{(i_\alpha,\alpha)}_{m} < \hbar_{i_\alpha} C^{(i_\alpha,\alpha)}_{m+\varepsilon},$$

那么称流 $\mathbf{x}^{(\alpha;\mathscr{D})}(t)$ 对于所有边界 $\partial\Omega_{\alpha i_\alpha}$ $(i_\alpha \in \mathscr{N}^{(3,\sigma_r)}_{\alpha\mathscr{B}})$ 的棱 $\mathscr{E}^{(r)}_{\sigma_r}$ 处于部分由相吸向相斥转变的状态, 且具有 $2\mathbf{k}^{(3)}_{\mathscr{E}} + 1$ 阶奇异性.

(iv) 在 t_m 时刻, 如果满足

$$G^{(s_{i_\alpha},\alpha;\mathscr{D})}_{\partial\Omega_{\alpha i_\alpha}}(\mathbf{x}^{(\alpha;\mathscr{D})}_m, t_m, \mathbf{p}_\alpha, \boldsymbol{\lambda}_{i_\alpha}) = 0,$$

$$s_{i_\alpha} = 0, 1, 2, \cdots, 2k_{i_\alpha};$$

$$\hbar_{i_\alpha} \mathbf{n}^{\mathrm{T}}_{\partial\Omega_{\alpha i_\alpha}}(\mathbf{x}^{(i_\alpha,\alpha)}_{\sigma(m-\varepsilon)}) \cdot [\mathbf{x}^{(i_\alpha,\alpha)}_{\sigma(m-\varepsilon)} - \mathbf{x}^{(\alpha;\mathscr{D})}_{m-\varepsilon}] > 0, \quad (6.166)$$

$$\hbar_{i_\alpha} \mathbf{n}^{\mathrm{T}}_{\partial\Omega_{\alpha i_\alpha}}(\mathbf{x}^{(i_\alpha,\alpha)}_{\sigma(m+\varepsilon)}) \cdot [\mathbf{x}^{(\alpha;\mathscr{D})}_{m+\varepsilon} - \mathbf{x}^{(i_\alpha,\alpha)}_{\sigma(m+\varepsilon)}] < 0,$$

$$\hbar_{i_\alpha} C^{(i_\alpha,\alpha)}_{m} > \hbar_{i_\alpha} C^{(i_\alpha,\alpha)}_{m-\varepsilon} \ \text{和} \ \hbar_{i_\alpha} C^{(i_\alpha,\alpha)}_{m} > \hbar_{i_\alpha} C^{(i_\alpha,\alpha)}_{m+\varepsilon},$$

那么称流 $\mathbf{x}^{(\alpha;\mathscr{D})}(t)$ 对于所有边界 $\partial\Omega_{\alpha i_\alpha}$ $(i_\alpha \in \mathscr{N}^{(4,\sigma_r)}_{\alpha\mathscr{B}})$ 处于部分由相斥向相吸转变的状态, 且具有 $2\mathbf{k}^{(4)}_{\mathscr{E}} + 1$ 阶奇异性.

根据上述定义, 下面将给出流对于棱具有高阶奇异吸引性的定理.

定理 6.16 对于方程 (6.4)—(6.8) 定义的不连续动力系统, 在域 $\Omega_\alpha(\sigma_r)$ 内有一个由 $n-r$ 个边界 $\partial\Omega_{\alpha i_\alpha}(\sigma_r)(\alpha \in \mathscr{N}_{\mathscr{D}}(\sigma_r) \subset \mathscr{N}_{\mathscr{D}} = \{1, 2, \cdots, N_d\}$ 且 $i_\alpha \in \mathscr{N}_{\alpha\mathscr{B}}(\sigma_r) \subset \mathscr{N}_{\mathscr{B}} = \{1, 2, \cdots, N_b\})$ 相交形成的棱 $\mathscr{E}^{(r)}_{\sigma_r}(\sigma_r \in \{1, 2, \cdots, N_r\}, r \in \{0, 1, 2, \cdots, n-2\})$. 假定在域 $\Omega_\alpha(\sigma_r)$ 内有流 $\mathbf{x}^{(\alpha;\mathscr{D})}(t)$ 的一个度量

棱 $\mathscr{E}_{\sigma_r}^{(r,\alpha)}$（其具有等常数向量棱 $\mathscr{E}_{\sigma_r}^{(r)}$），它是由所有度量面 $S_{\sigma_m}^{(i_\alpha,\alpha)}$ 相交形成的 $(i_\alpha \in \mathscr{N}_{\alpha\mathscr{B}}(\sigma_r))$. 在 t_m 时刻，$\mathbf{x}_m^{(\alpha;\mathscr{D})} = \mathbf{x}_\sigma^{(i_\alpha,\alpha)}(t_m) \in S_\sigma^{(i_\alpha,\alpha)}$ $(\sigma \in \mathbf{N})$ 满足方程 (6.134). 对任意小的 $\varepsilon > 0$, 存在时间区间 $[t_{m-\varepsilon}, t_{m+\varepsilon}]$. 对于时间 t, 流 $\mathbf{x}^{(\alpha;\mathscr{D})}(t)$ 为 $C_{[t_{m-\varepsilon}, t_{m+\varepsilon}]}^{r_\alpha}$ 连续的, 且 $\|d^{r_\alpha+1}\mathbf{x}^{(\alpha;\mathscr{D})}/dt^{r_\alpha+1}\| < \infty (r_\alpha \geqslant \max_{i_\alpha \in \mathscr{N}_{\sigma_r}^\alpha}(2k_{i_\alpha}+2))$. 假定 $\mathbf{x}_{m\pm\varepsilon}^{(\alpha;\mathscr{D})} = \mathbf{x}^{(\alpha;\mathscr{D})}(t_{m\pm\varepsilon}) \in S_{\sigma m\pm\varepsilon}^{(i_\alpha,\alpha)}$ 和 $\mathbf{x}_{\sigma(m\pm\varepsilon)}^{(i_\alpha,\alpha)} \in S_{\sigma_m}^{(i_\alpha,\alpha)}$. $\mathscr{N}_{\alpha\mathscr{B}}(\sigma_r) = \cup_{k=1}^5 \mathscr{N}_{\alpha\mathscr{B}}^{(k,\sigma_r)}$ 和 $\cap_{k=1}^5 \mathscr{N}_{\alpha\mathscr{B}}^{(k,\sigma_r)} = \varnothing$.

[423] (i) 在 t_m 时刻, 流 $\mathbf{x}^{(\alpha;\mathscr{D})}(t)$ 对于所有边界 $\partial\Omega_{\alpha i_\alpha}$ $(i_\alpha \in \mathscr{N}_{\alpha\mathscr{B}}^{(1,\sigma_r)})$ 的棱 $\mathscr{E}_{\sigma_r}^{(r)}$ 是 $2\mathbf{k}_{\mathscr{E}}^{(1)}$ 阶部分吸引的, 当且仅当

$$
\begin{aligned}
& G_{\partial\Omega_{\alpha i_\alpha}}^{(s_{i_\alpha},\alpha;\mathscr{D})}(\mathbf{x}_m^{(\alpha;\mathscr{D})}, t_m, \mathbf{p}_\alpha, \boldsymbol{\lambda}_{i_\alpha}) = 0, \\
& s_{i_\alpha} = 0, 1, 2, \cdots, 2k_{i_\alpha} - 1; \\
& \hbar_{i_\alpha} G_{\partial\Omega_{\alpha i_\alpha}}^{(2k_{i_\alpha},\alpha;\mathscr{D})}(\mathbf{x}_m^{(\alpha;\mathscr{D})}, t_m, \mathbf{p}_\alpha, \boldsymbol{\lambda}_{i_\alpha}) < 0.
\end{aligned} \tag{6.167}
$$

(ii) 在 t_m 时刻, 流 $\mathbf{x}^{(\alpha;\mathscr{D})}(t)$ 对于所有边界 $\partial\Omega_{\alpha i_\alpha}$ $(i_\alpha \in \mathscr{N}_{\alpha\mathscr{B}}^{(2,\sigma_r)})$ 的棱 $\mathscr{E}_{\sigma_r}^{(r)}$ 是 $2\mathbf{k}_{\mathscr{E}}^{(2)}$ 阶部分排斥的, 当且仅当

$$
\begin{aligned}
& G_{\partial\Omega_{\alpha i_\alpha}}^{(s_{i_\alpha},\alpha;\mathscr{D})}(\mathbf{x}_m^{(\alpha;\mathscr{D})}, t_m, \mathbf{p}_\alpha, \boldsymbol{\lambda}_{i_\alpha}) = 0, \\
& s_{i_\alpha} = 0, 1, 2, \cdots, 2k_{i_\alpha} - 1; \\
& \hbar_{i_\alpha} G_{\partial\Omega_{\alpha i_\alpha}}^{(2k_{i_\alpha},\alpha;\mathscr{D})}(\mathbf{x}_m^{(\alpha;\mathscr{D})}, t_m, \mathbf{p}_\alpha, \boldsymbol{\lambda}_{i_\alpha}) > 0.
\end{aligned} \tag{6.168}
$$

(iii) 在 t_m 时刻, 流 $\mathbf{x}^{(\alpha;\mathscr{D})}(t)$ 对于所有边界 $\partial\Omega_{\alpha i_\alpha}$ $(i_\alpha \in \mathscr{N}_{\alpha\mathscr{B}}^{(3,\sigma_r)})$ 的棱 $\mathscr{E}_{\sigma_r}^{(r)}$ 处于部分由相吸向相斥转变的状态, 且是 $2\mathbf{k}_{\mathscr{E}}^{(3)}+1$ 阶奇异的, 当且仅当

$$
\begin{aligned}
& G_{\partial\Omega_{\alpha i_\alpha}}^{(s_{i_\alpha},\alpha;\mathscr{D})}(\mathbf{x}_m^{(\alpha;\mathscr{D})}, t_m, \mathbf{p}_\alpha, \boldsymbol{\lambda}_{i_\alpha}) = 0, \\
& s_{i_\alpha} = 0, 1, 2, \cdots, 2k_{i_\alpha}; \\
& \hbar_{i_\alpha} G_{\partial\Omega_{\alpha i_\alpha}}^{(2k_{i_\alpha}+1,\alpha;\mathscr{D})}(\mathbf{x}_m^{(\alpha;\mathscr{D})}, t_m, \mathbf{p}_\alpha, \boldsymbol{\lambda}_{i_\alpha}) > 0.
\end{aligned} \tag{6.169}
$$

(iv) 在 t_m 时刻, 流 $\mathbf{x}^{(\alpha;\mathscr{D})}(t)$ 对于所有边界 $\partial\Omega_{\alpha i_\alpha}$ $(i_\alpha \in \mathscr{N}_{\alpha\mathscr{B}}^{(4,\sigma_r)})$ 的棱 $\mathscr{E}_{\sigma_r}^{(r)}$ 处于部分由相斥向相吸转变的状态, 且是 $2\mathbf{k}_{\mathscr{E}}^{(4)}+1$ 阶奇异的, 当且仅当

$$
\begin{aligned}
& G_{\partial\Omega_{\alpha i_\alpha}}^{(s_{i_\alpha},\alpha;\mathscr{D})}(\mathbf{x}_m^{(\alpha;\mathscr{D})}, t_m, \mathbf{p}_\alpha, \boldsymbol{\lambda}_{i_\alpha}) = 0, \\
& s_{i_\alpha} = 0, 1, 2, \cdots, 2k_{i_\alpha}; \\
& \hbar_{i_\alpha} G_{\partial\Omega_{\alpha j_\alpha}}^{(2k_{i_\alpha}+1,\alpha;\mathscr{D})}(\mathbf{x}_m^{(\alpha;\mathscr{D})}, t_m, \mathbf{p}_\alpha, \boldsymbol{\lambda}_{i_\alpha}) < 0.
\end{aligned} \tag{6.170}
$$

证明　将面 $\varphi_{\alpha i_\alpha}(\mathbf{x}_m^{(i_\alpha,\alpha)}, t_m, \boldsymbol{\lambda}_{i_\alpha}) = C_m^{(i_\alpha,\alpha)}$ 作为边界, 参照第三章可以证明该定理. ∎

前面讨论的对于共同棱的流的吸引性是基于对于每个 $n-1$ 维边界的流的吸引性. $\mathcal{N}_{\mathscr{B}}$ 的子集 $\mathcal{N}_{\alpha\mathscr{B}}$ 包含了形成棱 $\mathscr{E}_{\sigma_r}^{(r)}(\sigma_r \in \{1, 2, \cdots, N_r\})$ 的 $n-r$ 个边界的所有对应指标. 如果 $\mathcal{N}_{\alpha\mathscr{B}}^{(1,\sigma_r)} = \mathcal{N}_{\alpha\mathscr{B}}$ 且 $\mathcal{N}_{\alpha\mathscr{B}}^{(j,\sigma_r)} = \varnothing$ $(j =$ 2, 3, 4, 5), 那么对于域 Ω_α 内的棱 $\mathscr{E}_{\sigma_r}^{(r)}$ 流是相吸的; 如果 $\mathcal{N}_{\alpha\mathscr{B}}^{(2,\sigma_r)} = \mathcal{N}_{\alpha\mathscr{B}}$ 且 $\mathcal{N}_{\alpha\mathscr{B}}^{(j,\sigma_r)} = \varnothing$ $(j = 1, 3, 4, 5)$, 那么对于域 Ω_α 内的棱 $\mathscr{E}_{\sigma_r}^{(r)}$ 流是相斥的; 如果 $\mathcal{N}_{\alpha\mathscr{B}}^{(3,\sigma_r)} = \mathcal{N}_{\alpha\mathscr{B}}$ 且 $\mathcal{N}_{\alpha\mathscr{B}}^{(j,\sigma_r)} = \varnothing$ $(j = 1, 2, 4, 5)$, 那么对于域 Ω_α 内的棱 $\mathscr{E}_{\sigma_r}^{(r)}$ 流处于由相吸转化为相斥的状态; 如果 $\mathcal{N}_{\alpha B}^{(4,\sigma_r)} = \mathcal{N}_{\alpha\mathscr{B}}$ 且 $\mathcal{N}_{\alpha\mathscr{B}}^{(j,\sigma_r)} = \varnothing$ $(j = 1, 2, 3, 5)$, 那么对于域 Ω_α 中的棱 $\mathscr{E}_{\sigma_r}^{(r)}$, 流处于由相斥转化为相吸的状态; 如果 $\mathcal{N}_{\alpha\mathscr{B}}^{(5,\sigma_r)} = \mathcal{N}_{\alpha\mathscr{B}}$ 且 $\mathcal{N}_{\alpha\mathscr{B}}^{(j,\sigma_r)} = \varnothing$ $(j = 1, 2, 3, 4)$, 那么对于域 Ω_α 内的棱 $\mathscr{E}_{\sigma_r}^{(r)}$, 流是不变的; 如果 $\mathcal{N}_{\alpha\mathscr{B}}^{(1,\sigma_r)} \cup \mathcal{N}_{\alpha\mathscr{B}}^{(2,\sigma_r)} = \mathcal{N}_{\sigma_r}^\alpha$ 且 $\mathcal{N}_{\sigma_r}^{(j,\alpha)} = \varnothing$ $(j = 3, 4, 5)$, 对于域 Ω_α 内的棱 $\mathscr{E}_{\sigma_r}^{(r)}$, 流不具有吸引性; 如果对 $\mathcal{N}_{\alpha\mathscr{B}}^{(5,\sigma_r)} \neq \varnothing$ 存在 r_1 维棱 $(r_1 \leqslant r + 1)$, 那么棱 $\mathscr{E}_{\sigma_r}^{(r)}$ 与 r_1 维棱不会相交.

为了描述域内的时变度量棱, 考虑与共同棱没有相交的度量棱. 例如, 每个度量棱 $\mathscr{E}^{(\rho,n-2)}$ 是两个分离度量面的交集. 这两个度量面是两个对应分离边界的等常数度量面. 在图 6.19 中绘出了由三个分离边界面相交形成的 $n-2$ 维共同棱 $\mathscr{E}^{(n-2)}$. 在不同时刻, 域内流将移动到不同位置, 因而域内分离度量面形成的对应棱也不相同. 为描述度量棱的位置, 采用变量来代替每一分离等常量度量面的非零常数. 在某一特定时刻, 该变量被当作常量, 以用来组成分离度量面. 因此, 对一个新的常量集, 新的度量面将有新的度量棱, 该棱由一个非零常数构成的向量表示, 相关定义如下.

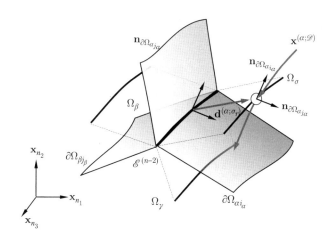

图 6.19　三个不同域内的三个度量棱平行于共同棱 $\mathscr{E}^{(n-2)}$. 每个度量棱都是由两个分离度量面相交构成的, 两个分离度量面是相应两个分离边界的等常数度量面. 共同棱 $\mathscr{E}^{(n-2)}$ 是三个分离面的 $n-2$ 维相交面 $(n_1 + n_2 + n_3 = n)$

定义 6.25　对于方程 (6.4)—(6.8) 定义的不连续动力系统, 在域 $\Omega_\alpha(\sigma_r)$ 内有一个由 $n-r$ 个边界 $\partial\Omega_{\alpha i_\alpha}(\sigma_r)(\alpha \in \mathscr{N}_{\mathscr{D}}(\sigma_r) \subset \mathscr{N}_{\mathscr{D}} = \{1, 2, \cdots, N_d\}$ 且 $i_\alpha \in \mathscr{N}_{\alpha\mathscr{B}}(\sigma_r) \subset \mathscr{N}_{\mathscr{B}} = \{1, 2, \cdots, N_b\})$ 相交形成的棱 $\mathscr{E}_{\sigma_r}^{(r)}(\sigma_r \in \{1, 2, \cdots, N_r\}$, $r \in \{0, 1, 2, \cdots, n-2\})$.

(i) 边界 $\partial\Omega_{\alpha i_\alpha}(\sigma_r)$ 上单位法向量定义为

$$\mathbf{e}_{i_\alpha} = \frac{\mathbf{n}_{\partial\Omega_{\alpha i_\alpha}}}{|\mathbf{n}_{\partial\Omega_{\alpha i_\alpha}}|} = \frac{1}{\sqrt{g_{i_\alpha i_\alpha}}}\frac{\partial\varphi_{\alpha i_\alpha}}{\partial\mathbf{x}} = \frac{1}{\sqrt{g_{i_\alpha i_\alpha}}}(\frac{\partial\varphi_{\alpha i_\alpha}}{\partial x_1}, \frac{\partial\varphi_{\alpha i_\alpha}}{\partial x_2}, \cdots, \frac{\partial\varphi_{\alpha i_\alpha}}{\partial x_n})^{\mathrm{T}},$$
$$(6.171)$$

其中

$$g_{i_\alpha i_\alpha} = (\frac{\partial\varphi_{\alpha i_\alpha}}{\partial x_1})^2 + (\frac{\partial\varphi_{\alpha i_\alpha}}{\partial x_2})^2 + \cdots + (\frac{\partial\varphi_{\alpha i_\alpha}}{\partial x_n})^2. \tag{6.172}$$

[425]

(ii) 域 Ω_α 内由公共棱指向度量棱的度量矢量定义为

$$\mathbf{d}^{(\alpha;\sigma_r)} = \sum_{i_\alpha=1}^{n-r} z^{i_\alpha}\mathbf{e}_{i_\alpha}, \tag{6.173}$$

其中与边界 $\partial\Omega_{\alpha i_\alpha}$ 对应的度量变量 z^{i_α} 为

$$z^{i_\alpha} = \varphi_{\alpha i_\alpha}(\mathbf{x}^{(\alpha;\mathscr{D})}, t, \boldsymbol{\lambda}_{i_\alpha}). \tag{6.174}$$

(iii) 度量函数定义为

$$D^{(\alpha;\sigma_r)} = \|\mathbf{d}^{(\alpha;\sigma_r)}\|^2 = \sum_{j_\alpha=1}^{n-r}\sum_{i_\alpha=1}^{n-r} z^{i_\alpha}z^{j_\alpha}e_{i_\alpha j_\alpha}, \tag{6.175}$$

其中度量张量为

$$e_{i_\alpha j_\alpha} = \mathbf{e}_{i_\alpha} \cdot \mathbf{e}_{j_\alpha} = \frac{1}{\sqrt{g_{i_\alpha i_\alpha}g_{j_\alpha j_\alpha}}}\sum_{k=1}^{n}\frac{\partial\varphi_{\alpha i_\alpha}}{\partial x_k}\frac{\partial\varphi_{\alpha j_\alpha}}{\partial x_k}. \tag{6.176}$$

(iv) 如果 $D^{(\alpha;\sigma_r)} = C^{(\alpha;\sigma_r)}$ 为常量, 那么度量面 $\mathscr{M}^{(\alpha;\sigma_r)}$ 的定义为

[426]
$$\sum_{j_\alpha=1}^{n-r}\sum_{i_\alpha=1}^{n-r} z^{i_\alpha}z^{j_\alpha}e_{i_\alpha j_\alpha} = C^{(\alpha;\sigma_r)}. \tag{6.177}$$

(v) 度量面的法向量定义为

$$\mathbf{n}_{\mathscr{M}^{(\alpha;\sigma_r)}} = \frac{\partial}{\partial\mathbf{x}}\sum_{j_\alpha=1}^{n-r}\sum_{i_\alpha=1}^{n-r} z^{i_\alpha}z^{j_\alpha}e_{i_\alpha j_\alpha}. \tag{6.178}$$

(vi) 如果 $\mathscr{D}^{(\alpha;\sigma_r)}$ 是时变的, 度量函数的导数定义为

$$
\frac{D}{Dt}\mathscr{D}^{(\alpha;\sigma_r)} = \dot{\mathscr{D}}^{(\alpha;\sigma_r)} = \frac{\partial \mathscr{D}^{(\alpha;\sigma_r)}}{\partial \mathbf{x}}\dot{\mathbf{x}} + \frac{\partial \mathscr{D}^{(\alpha;\sigma_r)}}{\partial t}
$$
$$
= \sum_{j_\alpha=1}^{n-r}\sum_{i_\alpha=1}^{n-r}(\dot{z}^{i_\alpha}z^{j_\alpha}e_{i_\alpha j_\alpha} + z^{i_\alpha}\dot{z}^{j_\alpha}e_{i_\alpha j_\alpha} + z^{i_\alpha}z^{j_\alpha}\dot{e}_{i_\alpha j_\alpha}). \tag{6.179}
$$

根据文献 Luo (2008a, b), 这种度量面的 G-函数的定义与方程 (6.113) 和 (6.114) 类似, 即 $G^{(\alpha;\mathscr{D})}_{\partial\Omega_{ij}} = G^{(\alpha;\mathscr{M})}_{\mathscr{M}^{(\alpha,\sigma_r)}}$ 且 $G^{(s_\alpha,\alpha;\mathscr{D})}_{\partial\Omega_{ij}} = G^{(s_\alpha,\alpha;\mathscr{M})}_{\mathscr{M}^{(\alpha,\sigma_r)}}$. 度量向量可以分解为许多度量子向量, 下面给出相关定义.

定义 6.26 对于方程 (6.4)—(6.8) 定义的不连续动力系统, 在域 $\Omega_\alpha(\sigma_r)$ 内有一个由 $n-r$ 个边界 $\partial\Omega_{\alpha i_\alpha}(\sigma_r)(\alpha \in \mathscr{N}_\mathscr{D}(\sigma_r) \subset \mathscr{N}_\mathscr{D} = \{1,2,\cdots,N_d\}$ 且 $i_\alpha \in \mathscr{N}_{\alpha\mathscr{B}}(\sigma_r) \subset \mathscr{N}_\mathscr{B} = \{1,2,\cdots,N_b\})$ 相交形成的棱 $\mathscr{E}^{(r)}_{\sigma_r}(\sigma_r \in \{1,2,\cdots,N_r\}$, $r \in \{0,1,2,\cdots,n-2\})$. 方程 (6.173) 中域 Ω_α 内从共同棱指向度量棱的度量向量可以分解为多个度量子向量, 即

$$
\mathbf{d}^{(\alpha;\sigma_r)} = \sum_{i_\alpha=1}^{n-r} z^{i_\alpha}\mathbf{e}_{i_\alpha} = \sum_{j=1}^{5}\mathbf{d}^{(\alpha;\sigma_r)}_j,
$$
$$
\mathbf{d}^{(\alpha;\sigma_r)}_j = \sum_{i_\alpha=1}^{n-r} z^{i_\alpha}_{(j)}\mathbf{e}^{(j)}_{i_\alpha}, i_\alpha \in \mathscr{N}^{(j,\sigma_r)}_{\alpha\mathscr{B}}, \tag{6.180}
$$

其中 $\mathscr{N}_{\alpha\mathscr{B}}(\sigma_r) = \cup_{j=1}^{5}\mathscr{N}^{(j,\sigma_r)}_{\alpha\mathscr{B}}$ 且 $\cap_{j=1}^{5}\mathscr{N}^{(j,\sigma_r)}_{\alpha\mathscr{B}} = \varnothing$.

定义 6.27 对于方程 (6.4)—(6.8) 定义的不连续动力系统, 在域 $\Omega_\alpha(\sigma_r)$ 内有一个由 $n-r$ 个边界 $\partial\Omega_{\alpha i_\alpha}(\sigma_r)(\alpha \in \mathscr{N}_\mathscr{D}(\sigma_r) \subset \mathscr{N}_\mathscr{D} = \{1,2,\cdots,N_d\}$ 且 $i_\alpha \in \mathscr{N}_{\alpha\mathscr{B}}(\sigma_r) \subset \mathscr{N}_\mathscr{B} = \{1,2,\cdots,N_b\})$ 相交形成的棱 $\mathscr{E}^{(r)}_{\sigma_r}(\sigma_r \in \{1,2,\cdots,N_r\}$, $r \in \{0,1,2,\cdots,n-2\})$. 假定在域 $\Omega_\alpha(\sigma_r)$ 内有流 $\mathbf{x}^{(\alpha;\mathscr{D})}(t)$ 的一个度量棱 $\mathscr{E}^{(r,\alpha)}_{\sigma_r}$(其具有一个等常数向量棱 $\mathscr{E}^{(r)}_{\sigma_r}$), 该度量棱 $\mathscr{E}^{(r,\alpha)}_{\sigma_r}$ 是由 $S^{(i_\alpha,\alpha)}_\sigma$ 相交形成的, 即 [427]

$$
\mathscr{E}^{(r,\alpha)}_{\sigma_r} = \bigcap_{i_\alpha=1}^{n-r} S^{(i_\alpha,\alpha)}_\sigma. \tag{6.181}
$$

$\mathscr{E}^{(r,\alpha)}_{\sigma_r}$ 位于度量面 $\mathscr{M}^{(\alpha;\sigma_r)}$ 上, $\mathscr{M}^{(\alpha;\sigma_r)}$ 的定义为

$$
\mathscr{M}^{(\alpha;\sigma_r)} = \left\{ \mathbf{x}^{(\alpha;\mathscr{D})} \left| \begin{array}{l} \sum_{j_\alpha=1}^{n-r}\sum_{i_\alpha=1}^{n-r} z^{i_\alpha}z^{j_\alpha}e_{i_\alpha j_\alpha} = \mathscr{C}^{(\alpha;\sigma_r)} = 常数, \\[2mm] z^{i_\alpha} = \varphi_{\alpha i_\alpha}(\mathbf{x}^{(\alpha;\mathscr{D})}, t, \lambda_{i_\alpha}). \end{array} \right. \right\} \tag{6.182}
$$

基于上述定义, 下面介绍对于棱的流的吸引性.

定义 6.28　对于方程 (6.4)—(6.8) 定义的不连续动力系统, 在域 $\Omega_\alpha(\sigma_r)$ 内有一个由 $n-r$ 个边界 $\partial\Omega_{\alpha i_\alpha}(\sigma_r)(\alpha \in \mathscr{N}_\mathscr{D}(\sigma_r) \subset \mathscr{N}_\mathscr{D} = \{1, 2, \cdots, N_d\}$ 且 $i_\alpha \in \mathscr{N}_{\alpha\mathscr{B}}(\sigma_r) \subset \mathscr{N}_\mathscr{B} = \{1, 2, \cdots, N_b\})$ 相交形成的棱 $\mathscr{E}_{\sigma_r}^{(r)}(\sigma_r \in \{1, 2, \cdots, N_r\}, r \in \{0, 1, 2, \cdots, n-2\})$. 假定在域 $\Omega_\alpha(\sigma_r)$ 内有流 $\mathbf{x}^{(\alpha;\mathscr{D})}(t)$ 的一个度量棱 $\mathscr{E}_{\sigma_r}^{(r,\alpha)}$(其具有等常数向量棱 $\mathscr{E}_{\sigma_r}^{(r)}$), 此度量棱与等常数度量面 $\mathscr{M}^{(\alpha;\sigma_r)}$ 分别由方程 (6.173) 和方程 (6.182) 决定. 在 t_m 时刻, $\mathbf{x}_m^{(\alpha;\mathscr{M})} = \mathbf{x}_\sigma^{(\alpha;\mathscr{M})}(t_m) \in \mathscr{M}_m^{(\alpha,\sigma_r)}$ 满足方程 (6.134). 对任意小的 $\varepsilon > 0$, 存在时间区间 $[t_{m-\varepsilon}, t_{m+\varepsilon}]$. 对于时间 t, 流 $\mathbf{x}^{(\alpha;\mathscr{D})}(t)$ 为 $C_{[t_{m-\varepsilon}, t_{m+\varepsilon}]}^{r_\alpha}$ 连续的, 且 $\|d^{r_\alpha+1}\mathbf{x}^{(\alpha;\mathscr{D})}/dt^{r_\alpha+1}\| < \infty$ $(r_\alpha \geqslant 1)$. 假设 $\mathbf{x}_{m\pm\varepsilon}^{(\alpha;\mathscr{M})} \in \mathscr{M}_m^{(\alpha,\sigma_r)}$ 和 $\mathbf{x}_{m\pm\varepsilon}^{(\alpha;\mathscr{D})} = \mathbf{x}^{(\alpha;\mathscr{D})}(t_{m\pm\varepsilon}) \in \mathscr{M}_{m\pm\varepsilon}^{(\alpha,\sigma_r)}$. $\mathscr{D}^{(\alpha;\sigma_r)}(t_m) \equiv \mathscr{C}_m^{(\alpha;\sigma_r)}$ 和 $\mathscr{D}^{(\alpha;\sigma_r)}(t_{m\pm\varepsilon}) \equiv \mathscr{C}_{m\pm\varepsilon}^{(\alpha;\sigma_r)}$.

(i) 在 t_m 时刻, 如果满足

$$
\left.
\begin{aligned}
&\mathbf{n}_{\mathscr{M}_m^{(\alpha;\sigma_r)}}^{\mathrm{T}}(\mathbf{x}_{m-\varepsilon}^{(\alpha;\mathscr{M})}) \cdot [\mathbf{x}_{m-\varepsilon}^{(\alpha;\mathscr{M})} - \mathbf{x}_{m-\varepsilon}^{(\alpha;\mathscr{D})}] < 0, \\
&\mathbf{n}_{\mathscr{M}_m^{(\alpha;\sigma_r)}}^{\mathrm{T}}(\mathbf{x}_{m+\varepsilon}^{(\alpha;\mathscr{M})}) \cdot [\mathbf{x}_{m+\varepsilon}^{(\alpha;\mathscr{D})} - \mathbf{x}_{m+\varepsilon}^{(\alpha;\mathscr{M})}] < 0, \\
&\mathscr{C}_{m-\varepsilon}^{(\alpha,\sigma_r)} > \mathscr{C}_m^{(\alpha,\sigma_r)} > \mathscr{C}_{m+\varepsilon}^{(\alpha,\sigma_r)} > 0,
\end{aligned}
\right\}
\tag{6.183}
$$

那么称对于棱 $\mathscr{E}_{\sigma_r}^{(r)}$, 流 $\mathbf{x}^{(\alpha;\mathscr{D})}(t)$ 在度量面 $\mathscr{M}^{(\alpha,\sigma_r)}$ 意义下是相吸的.

(ii) 在 t_m 时刻, 如果满足

$$
\left.
\begin{aligned}
&\mathbf{n}_{\mathscr{M}_m^{(\alpha;\sigma_r)}}^{\mathrm{T}}(\mathbf{x}_{m-\varepsilon}^{(\alpha;\mathscr{M})}) \cdot [\mathbf{x}_{m-\varepsilon}^{(\alpha;\mathscr{M})} - \mathbf{x}_{m-\varepsilon}^{(\alpha;\mathscr{D})}] > 0, \\
&\mathbf{n}_{\mathscr{M}_m^{(\alpha;\sigma_r)}}^{\mathrm{T}}(\mathbf{x}_{m+\varepsilon}^{(\alpha;\mathscr{M})}) \cdot [\mathbf{x}_{m+\varepsilon}^{(\alpha;\mathscr{D})} - \mathbf{x}_{m+\varepsilon}^{(\alpha;\mathscr{M})}] > 0, \\
&0 < \mathscr{C}_{m-\varepsilon}^{(\alpha,\sigma_r)} < \mathscr{C}_m^{(\alpha,\sigma_r)} < \mathscr{C}_{m+\varepsilon}^{(\alpha,\sigma_r)},
\end{aligned}
\right\}
\tag{6.184}
$$

那么称对于棱 $\mathscr{E}_{\sigma_r}^{(r)}$, 流 $\mathbf{x}^{(\alpha;\mathscr{D})}(t)$ 在度量面 $\mathscr{M}^{(\alpha,\sigma_r)}$ 意义下是相斥的.

[428]　　(iii) 在 t_m 时刻, 如果满足

$$
\left.
\begin{aligned}
&\mathbf{n}_{\mathscr{M}_m^{(\alpha;\sigma_r)}}^{\mathrm{T}}(\mathbf{x}_{m-\varepsilon}^{(\alpha;\mathscr{M})}) \cdot [\mathbf{x}_{m-\varepsilon}^{(\alpha;\mathscr{M})} - \mathbf{x}_{m-\varepsilon}^{(\alpha;\mathscr{D})}] < 0, \\
&\mathbf{n}_{\mathscr{M}_m^{(\alpha;\sigma_r)}}^{\mathrm{T}}(\mathbf{x}_{m+\varepsilon}^{(\alpha;\mathscr{M})}) \cdot [\mathbf{x}_{m+\varepsilon}^{(\alpha;\mathscr{D})} - \mathbf{x}_{m+\varepsilon}^{(\alpha;\mathscr{M})}] > 0, \\
&0 < \mathscr{C}_m^{(\alpha)} < \mathscr{C}_{m-\varepsilon}^{(\alpha)} \text{ 和 } 0 < \mathscr{C}_m^{(\alpha)} < \mathscr{C}_{m+\varepsilon}^{(\alpha)},
\end{aligned}
\right\}
\tag{6.185}
$$

那么称对于棱 $\mathscr{E}_{\sigma_r}^{(r)}$, 流 $\mathbf{x}^{(\alpha;\mathscr{D})}(t)$ 在度量面 $\mathscr{M}^{(\alpha,\sigma_r)}$ 意义下处于从相吸向相斥转变的状态.

(iv) 在 t_m 时刻, 如果满足

$$\left.\begin{array}{l} \mathbf{n}_{M_m^{(\alpha;\sigma_r)}}^{\mathrm{T}}(\mathbf{x}_{m-\varepsilon}^{(\alpha;\mathscr{M})}) \cdot [\mathbf{x}_{m-\varepsilon}^{(\alpha;\mathscr{M})} - \mathbf{x}_{m-\varepsilon}^{(\alpha;\mathscr{D})}] > 0, \\[2mm] \mathbf{n}_{M_m^{(\alpha;\sigma_r)}}^{\mathrm{T}}(\mathbf{x}_{m+\varepsilon}^{(\alpha;\mathscr{M})}) \cdot [\mathbf{x}_{m+\varepsilon}^{(\alpha;\mathscr{D})} - \mathbf{x}_{m+\varepsilon}^{(\alpha;\mathscr{M})}] < 0, \\[2mm] \mathscr{C}_m^{(\alpha,\sigma_r)} > \mathscr{C}_{m-\varepsilon}^{(\alpha,\sigma_r)} > 0 \text{ 和 } \mathscr{C}_m^{(\alpha,\sigma_r)} > \mathscr{C}_{m+\varepsilon}^{(\alpha,\sigma_r)} > 0, \end{array}\right\} \tag{6.186}$$

那么称对于棱 $\mathscr{E}_{\sigma_r}^{(r)}$, 流 $\mathbf{x}^{(\alpha;\mathscr{D})}(t)$ 在度量面 $\mathscr{M}^{(\alpha,\sigma_r)}$ 意义下处于从相斥向相吸转变的状态.

(v) 在 t_m 时刻, 如果满足

$$\begin{array}{c} \mathbf{x}_{m-\varepsilon}^{(\alpha;\mathscr{M})} = \mathbf{x}_{m-\varepsilon}^{(\alpha;\mathscr{D})}, \quad \mathbf{x}_{m+\varepsilon}^{(\alpha;\mathscr{D})} = \mathbf{x}_{m+\varepsilon}^{(\alpha;\mathscr{M})}, \\[2mm] \mathscr{C}_{m-\varepsilon}^{(\alpha,\sigma_r)} = \mathscr{C}_m^{(\alpha,\sigma_r)} = \mathscr{C}_{m+\varepsilon}^{(\alpha,\sigma_r)}, \end{array} \tag{6.187}$$

那么称对于棱 $\mathscr{E}_{\sigma_r}^{(r)}$, 流 $\mathbf{x}^{(\alpha;\mathscr{D})}(t)$ 在度量面 $\mathscr{M}^{(\alpha,\sigma_r)}$ 意义下是不变的.

定理 6.17 对于方程 (6.4)—(6.8) 定义的不连续动力系统, 在域 $\Omega_\alpha(\sigma_r)$ 内有一个由 $n-r$ 个边界 $\partial\Omega_{\alpha i_\alpha}(\sigma_r)(\alpha \in \mathscr{N}_{\mathscr{D}}(\sigma_r) \subset \mathscr{N}_{\mathscr{D}} = \{1, 2, \cdots, N_d\}$ 且 $i_\alpha \in \mathscr{N}_{\alpha\mathscr{B}}(\sigma_r) \subset \mathscr{N}_{\mathscr{B}} = \{1, 2, \cdots, N_b\})$ 相交形成的棱 $\mathscr{E}_{\sigma_r}^{(r)}(\sigma_r \in \{1, 2, \cdots, N_r\}$, $r \in \{0, 1, 2, \cdots, n-2\})$. 假定在域 $\Omega_\alpha(\sigma_r)$ 内有流 $\mathbf{x}^{(\alpha;\mathscr{D})}(t)$ 的一个度量棱 $\mathscr{E}_{\sigma_r}^{(r,\alpha)}$(其具有等常数向量棱 $\mathscr{E}_{\sigma_r}^{(r)}$), 该度量棱与等常数度量面 $\mathscr{M}^{(\alpha,\sigma_r)}$ 分别由方程 (6.173) 和方程 (6.182) 决定. 在 t_m 时刻, $\mathbf{x}_m^{(\alpha;\mathscr{M})} = \mathbf{x}_\sigma^{(\alpha;\mathscr{M})}(t_m) \in \mathscr{M}_m^{(\alpha,\sigma_r)}$ 满足方程 (6.134). 对任意小的 $\varepsilon > 0$, 存在时间区间 $[t_{m-\varepsilon}, t_{m+\varepsilon}]$. 对于时间 t, 流 $\mathbf{x}^{(\alpha;\mathscr{D})}(t)$ 为 $C_{[t_{m-\varepsilon},t_{m+\varepsilon}]}^{r_\alpha}$ 连续的, 且 $\|d^{r_\alpha+1}\mathbf{x}^{(\alpha;\mathscr{D})}/dt^{r_\alpha+1}\| < \infty (r_\alpha \geqslant 2)$. 假设 $\mathbf{x}_{m\pm\varepsilon}^{(\alpha;\mathscr{M})} \in \mathscr{M}_m^{(\alpha,\sigma_r)}$ 和 $\mathbf{x}_{m\pm\varepsilon}^{(\alpha;\mathscr{D})} = \mathbf{x}^{(\alpha;\mathscr{D})}(t_{m\pm\varepsilon}) \in \mathscr{M}_{m\pm\varepsilon}^{(\alpha,\sigma_r)}$. $\mathscr{D}^{(\alpha;\sigma_r)}(t_m) \equiv \mathscr{C}_m^{(\alpha;\sigma_r)}$ 和 $\mathscr{D}^{(\alpha;\sigma_r)}(t_{m\pm\varepsilon}) \equiv \mathscr{C}_{m\pm\varepsilon}^{(\alpha;\sigma_r)}$.

(i) 在 t_m 时刻, 对于棱 $\mathscr{E}_{\sigma_r}^{(r)}$, 流 $\mathbf{x}^{(\alpha;\mathscr{D})}(t)$ 在度量面 $\mathscr{M}^{(\alpha,\sigma_r)}$ 意义下是相吸的, 当且仅当

$$G_{\mathscr{M}^{(\alpha;\sigma_r)}}^{(\alpha;\mathscr{D})}(\mathbf{x}_m^{(\alpha;\mathscr{M})}, t_m, \mathbf{p}_\alpha, \boldsymbol{\lambda}) < 0. \tag{6.188}$$

(ii) 在 t_m 时刻, 对于棱 $\mathscr{E}_{\sigma_r}^{(r)}$, 流 $\mathbf{x}^{(\alpha;\mathscr{D})}(t)$ 在度量面 $\mathscr{M}^{(\alpha,\sigma_r)}$ 意义下是相斥的, 当且仅当 [429]

$$G_{\mathscr{M}^{(\alpha;\sigma_r)}}^{(\alpha;\mathscr{D})}(\mathbf{x}_m^{(\alpha;\mathscr{M})}, t_m, \mathbf{p}_\alpha, \boldsymbol{\lambda}) > 0. \tag{6.189}$$

(iii) 在 t_m 时刻, 对于棱 $\mathscr{E}_{\sigma_r}^{(r)}$, 流 $\mathbf{x}^{(\alpha;\mathscr{D})}(t)$ 在度量面 $\mathscr{M}^{(\alpha,\sigma_r)}$ 意义下处于从相吸向相斥转变的状态, 当且仅当

$$G_{\mathscr{M}^{(\alpha;\sigma_r)}}^{(\alpha;\mathscr{D})}(\mathbf{x}_m^{(\alpha;\mathscr{M})}, t_m, \mathbf{p}_\alpha, \boldsymbol{\lambda}) = 0,$$
$$G_{\mathscr{M}^{(\alpha;\sigma_r)}}^{(1,\alpha;\mathscr{D})}(\mathbf{x}_m^{(\alpha;\mathscr{M})}, t_m, \mathbf{p}_\alpha, \boldsymbol{\lambda}) > 0. \tag{6.190}$$

(iv) 在 t_m 时刻, 对于棱 $\mathscr{E}_{\sigma_r}^{(r)}$, 流 $\mathbf{x}^{(\alpha;\mathscr{D})}(t)$ 在度量面 $\mathscr{M}^{(\alpha,\sigma_r)}$ 意义下处于从相斥向相吸转变的状态, 当且仅当

$$G_{\mathscr{M}^{(\alpha;\sigma_r)}}^{(\alpha;\mathscr{D})}(\mathbf{x}_m^{(\alpha;\mathscr{M})}, t_m, \mathbf{p}_\alpha, \boldsymbol{\lambda}) = 0,$$
$$G_{\mathscr{M}^{(\alpha;\sigma_r)}}^{(1,\alpha;\mathscr{D})}(\mathbf{x}_m^{(\alpha;\mathscr{M})}, t_m, \mathbf{p}_\alpha, \boldsymbol{\lambda}) < 0. \tag{6.191}$$

(v) 在 t_m 时刻, 对于棱 $\mathscr{E}_{\sigma_r}^{(r)}$, 流 $\mathbf{x}^{(\alpha;\mathscr{D})}(t)$ 在度量面 $\mathscr{M}^{(\alpha,\sigma_r)}$ 意义下是不变的, 当且仅当

$$G_{\mathscr{M}^{(\alpha;\sigma_r)}}^{(s_\alpha,\alpha;\mathscr{D})}(\mathbf{x}_m^{(\alpha;\mathscr{M})}, t_m, \mathbf{p}_\alpha, \boldsymbol{\lambda}) = 0, \quad s_\alpha = 1, 2, \cdots. \tag{6.192}$$

证明　将度量面 $\mathscr{M}^{(\alpha,\sigma_r)}$ 作为边界, 参照第三章可以证明该定理. ∎

定义 6.29　对于方程 (6.4)—(6.8) 定义的不连续动力系统, 在域 $\Omega_\alpha(\sigma_r)$ 内有一个由 $n-r$ 个边界 $\partial\Omega_{\alpha i_\alpha}(\sigma_r)(\alpha \in \mathscr{N}_{\mathscr{D}}(\sigma_r) \subset \mathscr{N}_{\mathscr{D}} = \{1, 2, \cdots, N_d\}$ 且 $i_\alpha \in \mathscr{N}_{\alpha\mathscr{B}}(\sigma_r) \subset \mathscr{N}_{\mathscr{B}} = \{1, 2, \cdots, N_b\})$ 相交形成的棱 $\mathscr{E}_{\sigma_r}^{(r)}(\sigma_r \in \{1, 2, \cdots, N_r\}, r \in \{0, 1, 2, \cdots, n-2\})$. 假定在域 $\Omega_\alpha(\sigma_r)$ 内有流 $\mathbf{x}^{(\alpha;\mathscr{D})}(t)$ 的一个度量棱 $\mathscr{E}_{\sigma_r}^{(r,\alpha)}$ (其具有等常数向量棱 $\mathscr{E}_{\sigma_r}^{(r)}$). 该度量棱与等常数度量面 $\mathscr{M}^{(\alpha,\sigma_r)}$ 分别由方程 (6.173) 和 (6.182) 决定. 在 t_m 时刻, $\mathbf{x}_m^{(\alpha;\mathscr{M})} = \mathbf{x}_\sigma^{(\alpha;\mathscr{M})}(t_m) \in \mathscr{M}_m^{(\alpha,\sigma_r)}$ 满足方程 (6.134). 对任意小的 $\varepsilon > 0$, 存在时间区间 $[t_{m-\varepsilon}, t_{m+\varepsilon}]$. 对于时间 t, 流 $\mathbf{x}^{(\alpha;\mathscr{D})}(t)$ 为 $C_{[t_{m-\varepsilon}, t_{m+\varepsilon}]}^{r_\alpha}$ 连续的, 且 $\|d^{r_\alpha+1}\mathbf{x}^{(\alpha;\mathscr{D})}/dt^{r_\alpha+1}\| < \infty$ $(r_\alpha \geqslant 2k_\alpha - 1$ 或者 $2k_\alpha)$. 假设 $\mathbf{x}_{m\pm\varepsilon}^{(\alpha;\mathscr{M})} \in \mathscr{M}_m^{(\alpha,\sigma_r)}$ 和 $\mathbf{x}_{m\pm\varepsilon}^{(\alpha;\mathscr{M})} \in \mathscr{M}_m^{(\alpha,\sigma_r)}$. $\mathscr{D}^{(\alpha;\sigma_r)}(t_{m\pm\varepsilon}) \equiv \mathscr{C}_{m\pm\varepsilon}^{(\alpha;\sigma_r)}$ 和 $\mathscr{C}_m^{(\alpha;\sigma_r)} \equiv \mathscr{D}^{(\alpha;\sigma_r)}(t_m)$.

[430]　　(i) 在 t_m 时刻, 如果满足

$$\left.\begin{aligned} &G_{\mathscr{M}^{(\alpha;\sigma_r)}}^{(s_\alpha,\alpha;\mathscr{D})}(\mathbf{x}_m^{(\alpha;\mathscr{M})}, t_m, \mathbf{p}_\alpha, \boldsymbol{\lambda}) = 0, \\ &s_\alpha = 1, 2, \cdots, 2k_\alpha - 1; \\ &\mathbf{n}_{\mathscr{M}_m^{(\alpha;\sigma_r)}}^{\mathrm{T}}(\mathbf{x}_{m-\varepsilon}^{(\alpha;\mathscr{M})}) \cdot [\mathbf{x}_{m-\varepsilon}^{(\alpha;\mathscr{M})} - \mathbf{x}_{m-\varepsilon}^{(\alpha;\mathscr{D})}] < 0, \\ &\mathbf{n}_{\mathscr{M}_m^{(\alpha;\sigma_r)}}^{\mathrm{T}}(\mathbf{x}_{m+\varepsilon}^{(\alpha;\mathscr{M})}) \cdot [\mathbf{x}_{m+\varepsilon}^{(\alpha;\mathscr{D})} - \mathbf{x}_{m+\varepsilon}^{(\alpha;\mathscr{M})}] < 0, \\ &\mathscr{C}_{m-\varepsilon}^{(\alpha,\sigma_r)} > \mathscr{C}_m^{(\alpha,\sigma_r)} > \mathscr{C}_{m+\varepsilon}^{(\alpha,\sigma_r)} > 0, \end{aligned}\right\} \tag{6.193}$$

那么称流 $\mathbf{x}^{(\alpha;\mathscr{D})}(t)$ 对于棱 $\mathscr{E}_{\sigma_r}^{(r)}$, 在度量面 $\mathscr{M}^{(\alpha,\sigma_r)}$ 意义下是 $2k_\alpha$ 阶奇异相吸的.

(ii) 在 t_m 时刻, 如果满足

$$
\left.
\begin{aligned}
&G_{\mathscr{M}^{(\alpha;\sigma_r)}}^{(s_\alpha,\alpha;\mathscr{D})}(\mathbf{x}_m^{(\alpha;\mathscr{M})}, t_m, \mathbf{p}_\alpha, \boldsymbol{\lambda}) = 0, \\
&s_\alpha = 1, 2, \cdots, 2k_\alpha - 1; \\
&\mathbf{n}_{\mathscr{M}_m^{(\alpha;\sigma_r)}}^{\mathrm{T}}(\mathbf{x}_{m-\varepsilon}^{(\alpha;\mathscr{M})}) \cdot [\mathbf{x}_{m-\varepsilon}^{(\alpha;\mathscr{M})} - \mathbf{x}_{m-\varepsilon}^{(\alpha;\mathscr{D})}] > 0, \\
&\mathbf{n}_{\mathscr{M}_m^{(\alpha;\sigma_r)}}^{\mathrm{T}}(\mathbf{x}_{m+\varepsilon}^{(\alpha;\mathscr{M})}) \cdot [\mathbf{x}_{m+\varepsilon}^{(\alpha;\mathscr{D})} - \mathbf{x}_{m+\varepsilon}^{(\alpha;\mathscr{M})}] > 0, \\
&0 < \mathscr{C}_{m-\varepsilon}^{(\alpha,\sigma_r)} < \mathscr{C}_m^{(\alpha,\sigma_r)} < \mathscr{C}_{m+\varepsilon}^{(\alpha,\sigma_r)},
\end{aligned}
\right\}
\tag{6.194}
$$

那么称流 $\mathbf{x}^{(\alpha;\mathscr{D})}(t)$ 对于棱 $\mathscr{E}_{\sigma_r}^{(r)}$, 在度量面 $\mathscr{M}^{(\alpha,\sigma_r)}$ 意义下是 $2k_\alpha$ 阶奇异相斥的.

(iii) 在 t_m 时刻, 如果满足

$$
\left.
\begin{aligned}
&G_{M^{(\alpha;\sigma_r)}}^{(s_\alpha,\alpha;\mathscr{D})}(\mathbf{x}_m^{(\alpha;\mathscr{M})}, t_m, \mathbf{p}_\alpha, \boldsymbol{\lambda}) = 0, \\
&s_\alpha = 1, 2, \cdots, 2k_\alpha; \\
&\mathbf{n}_{M_m^{(\alpha;\sigma_r)}}^{\mathrm{T}}(\mathbf{x}_{m-\varepsilon}^{(\alpha;\mathscr{M})}) \cdot [\mathbf{x}_{m-\varepsilon}^{(\alpha;\mathscr{M})} - \mathbf{x}_{m-\varepsilon}^{(\alpha;\mathscr{D})}] < 0, \\
&\mathbf{n}_{M_m^{(\alpha;\sigma_r)}}^{\mathrm{T}}(\mathbf{x}_{m+\varepsilon}^{(\alpha;\mathscr{M})}) \cdot [\mathbf{x}_{m+\varepsilon}^{(\alpha;\mathscr{D})} - \mathbf{x}_{m+\varepsilon}^{(\alpha;\mathscr{M})}] > 0, \\
&0 < \mathscr{C}_m^{(\alpha,\sigma_r)} < \mathscr{C}_{m-\varepsilon}^{(\alpha,\sigma_r)} \text{ 和 } 0 < \mathscr{C}_m^{(\alpha,\sigma_r)} < \mathscr{C}_{m+\varepsilon}^{(\alpha,\sigma_r)},
\end{aligned}
\right\}
\tag{6.195}
$$

那么称流 $\mathbf{x}^{(\alpha;\mathscr{D})}(t)$ 对于棱 $\mathscr{E}_{\sigma_r}^{(r)}$, 在度量面 $\mathscr{M}^{(\alpha,\sigma_r)}$ 意义下是处于从相吸向相斥转变的状态且是 $2k_\alpha + 1$ 阶奇异的.

(iv) 在 t_m 时刻, 如果满足

$$
\left.
\begin{aligned}
&G_{\mathscr{M}^{(\alpha;\sigma_r)}}^{(s_\alpha,\alpha;\mathscr{D})}(\mathbf{x}_m^{(\alpha;\mathscr{M})}, t_m, \mathbf{p}_\alpha, \boldsymbol{\lambda}) = 0, \\
&s_\alpha = 1, 2, \cdots, 2k_\alpha; \\
&\mathbf{n}_{\mathscr{M}_m^{(\alpha;\sigma_r)}}^{\mathrm{T}}(\mathbf{x}_{m-\varepsilon}^{(\alpha;\mathscr{M})}) \cdot [\mathbf{x}_{m-\varepsilon}^{(\alpha;\mathscr{M})} - \mathbf{x}_{m-\varepsilon}^{(\alpha;\mathscr{D})}] > 0, \\
&\mathbf{n}_{\mathscr{M}_m^{(\alpha;\sigma_r)}}^{\mathrm{T}}(\mathbf{x}_{m+\varepsilon}^{(\alpha;\mathscr{M})}) \cdot [\mathbf{x}_{m+\varepsilon}^{(\alpha;\mathscr{D})} - \mathbf{x}_{m+\varepsilon}^{(\alpha;\mathscr{M})}] < 0, \\
&\mathscr{C}_m^{(\alpha,\sigma_r)} > \mathscr{C}_{m-\varepsilon}^{(\alpha,\sigma_r)} > 0 \text{ 和 } \mathscr{C}_m^{(\alpha,\sigma_r)} > \mathscr{C}_{m+\varepsilon}^{(\alpha,\sigma_r)} > 0,
\end{aligned}
\right\}
\tag{6.196}
$$

那么称对于棱 $\mathscr{E}_{\sigma_r}^{(r)}$, 流 $\mathbf{x}^{(\alpha;\mathscr{D})}(t)$ 在度量面 $\mathscr{M}^{(\alpha,\sigma_r)}$ 意义下是 $2k_\alpha + 1$ 阶奇异的且处在从相斥向相吸转变的状态.

定理 6.18 对于方程 (6.4)—(6.8) 定义的不连续动力系统, 在域 $\Omega_\alpha(\sigma_r)$ 内有一个由 $n - r$ 个边界 $\partial\Omega_{\alpha i_\alpha}(\sigma_r)(\alpha \in \mathscr{N}_{\mathscr{D}}(\sigma_r) \subset \mathscr{N}_{\mathscr{D}} = \{1, 2, \cdots, N_d\}$ 且 [431] $i_\alpha \in \mathscr{N}_{\alpha\mathscr{B}}(\sigma_r) \subset \mathscr{N}_{\mathscr{B}} = \{1, 2, \cdots, N_b\})$ 相交形成的棱 $\mathscr{E}_{\sigma_r}^{(r)}(\sigma_r \in \{1, 2, \cdots,$

$N_r\}$, $r \in \{0, 1, 2, \cdots, n-2\}$). 假定在域 $\Omega_\alpha(\sigma_r)$ 内有流 $\mathbf{x}^{(\alpha;\mathscr{D})}(t)$ 的一个度量棱 $\mathscr{E}_{\sigma_r}^{(r,\alpha)}$(其具有等常数向量棱 $\mathscr{E}_{\sigma_r}^{(r)}$). 该度量棱与等常数度量面 $\mathscr{M}^{(\alpha;\sigma_r)}$ 分别由方程 (6.173) 和方程 (6.182) 决定. 在 t_m 时刻, $\mathbf{x}_m^{(\alpha;\mathscr{M})} = \mathbf{x}_\sigma^{(\alpha;\mathscr{M})}(t_m) \in \mathscr{M}_m^{(\alpha,\sigma_r)}$ 满足方程 (6.134). 对任意小的 $\varepsilon > 0$, 存在时间区间 $[t_{m-\varepsilon}, t_{m+\varepsilon}]$. 对于时间 t, 流 $\mathbf{x}^{(\alpha;\mathscr{D})}(t)$ 为 $C_{[t_{m-\varepsilon}, t_{m+\varepsilon}]}^{r_\alpha}$ 连续的, 且 $\|d^{r_\alpha+1}\mathbf{x}^{(\alpha;\mathscr{D})}/dt^{r_\alpha+1}\| < \infty$ ($r_\alpha \geqslant 2k_\alpha - 1$ 或者 $2k_\alpha$). 假设 $\mathbf{x}_{m\pm\varepsilon}^{(\alpha;\mathscr{M})} \in \mathscr{M}_m^{(\alpha,\sigma_r)}$ 且 $\mathbf{x}_{m\pm\varepsilon}^{(\alpha;\mathscr{D})} = \mathbf{x}^{(\alpha;\mathscr{D})}(t_{m\pm\varepsilon}) \in \mathscr{M}_{m\pm\varepsilon}^{(\alpha;\sigma_r)}$. $\mathscr{D}^{(\alpha;\sigma_r)}(t_{m\pm\varepsilon}) \equiv \mathscr{C}_{m\pm\varepsilon}^{(\alpha;\sigma_r)}$ 且 $\mathscr{C}_m^{(\alpha;\sigma_r)} \equiv \mathscr{D}^{(\alpha;\sigma_r)}(t_m)$.

(i) 在 t_m 时刻, 对于棱 $\mathscr{E}_{\sigma_r}^{(r)}$, 流 $\mathbf{x}^{(\alpha;\mathscr{D})}(t)$ 在度量面 $\mathscr{M}^{(\alpha,\sigma_r)}$ 意义下是相吸的, 且是 $2k_\alpha$ 阶奇异的, 当且仅当

$$\left.\begin{array}{l} G_{\mathscr{M}^{(\alpha;\sigma_r)}}^{(s_\alpha,\alpha;\mathscr{D})}(\mathbf{x}_m^{(\alpha;\mathscr{M})}, t_m, \mathbf{p}_\alpha, \boldsymbol{\lambda}) = 0, \\ s_\alpha = 1, 2, \cdots, 2k_\alpha - 1; \\ G_{\mathscr{M}^{(\alpha;\sigma_r)}}^{(2k_\alpha,\alpha;\mathscr{D})}(\mathbf{x}_m^{(\alpha;\mathscr{M})}, t_m, \mathbf{p}_\alpha, \boldsymbol{\lambda}) < 0. \end{array}\right\} \tag{6.197}$$

(ii) 在 t_m 时刻, 对于棱 $\mathscr{E}_{\sigma_r}^{(r)}$, 流 $\mathbf{x}^{(\alpha;\mathscr{D})}(t)$ 在度量面 $\mathscr{M}^{(\alpha,\sigma_r)}$ 意义下是相斥的, 且是 $2k_\alpha$ 阶奇异的, 当且仅当

$$\left.\begin{array}{l} G_{\mathscr{M}^{(\alpha;\sigma_r)}}^{(s_\alpha,\alpha;\mathscr{D})}(\mathbf{x}_m^{(\alpha;\mathscr{M})}, t_m, \mathbf{p}_\alpha, \boldsymbol{\lambda}) = 0, \\ s_\alpha = 1, 2, \cdots, 2k_\alpha - 1; \\ G_{\mathscr{M}^{(\alpha;\sigma_r)}}^{(2k_\alpha,\alpha;\mathscr{D})}(\mathbf{x}_m^{(\alpha;\mathscr{M})}, t_m, \mathbf{p}_\alpha, \boldsymbol{\lambda}) > 0. \end{array}\right\} \tag{6.198}$$

(iii) 在 t_m 时刻, 对于棱 $\mathscr{E}_{\sigma_r}^{(r)}$, 流 $\mathbf{x}^{(\alpha;\mathscr{D})}(t)$ 在度量面 $\mathscr{M}^{(\alpha,\sigma_r)}$ 意义下处于从相吸向相斥转变的状态, 且是 $2k_\alpha + 1$ 阶奇异的, 当且仅当

$$\left.\begin{array}{l} G_{\mathscr{M}^{(\alpha;\sigma_r)}}^{(s_\alpha,\alpha;\mathscr{D})}(\mathbf{x}_m^{(\alpha;\mathscr{M})}, t_m, \mathbf{p}_\alpha, \boldsymbol{\lambda}) = 0, \\ s_\alpha = 1, 2, \cdots, 2k_\alpha; \\ G_{\mathscr{M}^{(\alpha;\sigma_r)}}^{(2k_\alpha+1,\alpha;\mathscr{D})}(\mathbf{x}_m^{(\alpha;\mathscr{M})}, t_m, \mathbf{p}_\alpha, \boldsymbol{\lambda}) > 0. \end{array}\right\} \tag{6.199}$$

(iv) 在 t_m 时刻, 对于棱 $\mathscr{E}_{\sigma_r}^{(r)}$, 流 $\mathbf{x}^{(\alpha;\mathscr{D})}(t)$ 在度量面 $\mathscr{M}^{(\alpha,\sigma_r)}$ 意义下处于从相斥向相吸转变的状态, 且是 $2k_\alpha + 1$ 阶奇异的, 当且仅当

$$\left.\begin{array}{l} G_{\mathscr{M}^{(\alpha;\sigma_r)}}^{(s_\alpha,\alpha;\mathscr{D})}(\mathbf{x}_m^{(\alpha;\mathscr{M})}, t_m, \mathbf{p}_\alpha, \boldsymbol{\lambda}) = 0, \\ s_\alpha = 1, 2, \cdots, 2k_\alpha; \\ G_{\mathscr{M}^{(\alpha;\sigma_r)}}^{(2k_\alpha+1,\alpha;\mathscr{D})}(\mathbf{x}_m^{(\alpha;\mathscr{M})}, t_m, \mathbf{p}_\alpha, \boldsymbol{\lambda}) < 0. \end{array}\right\} \tag{6.200}$$

证明　将度量面 $\mathscr{D}^{(\alpha)}$ 作为边界, 参照第三章可以证明该定理. ∎

6.7 多值向量场的棱上切换

在第 5.6 节中, 我们定义了域内棱上多值向量场. 如果域内向量场能够通过棱而不是边界连续延伸到其他域内, 那么延伸部分在对应域内形成了虚向量场. 根据棱可以将方程 (5.114) 重新写为,

$$\mathbf{x}_\alpha^{(\alpha;\mathscr{D})} = \mathbf{F}^{(\alpha;\mathscr{D})}(\mathbf{x}_\alpha^{(\alpha;\mathscr{D})}, t, \mathbf{p}_\alpha) \ \text{在域 } \Omega_\alpha \text{ 中,}$$

$$\mathbf{x}_\alpha^{(\beta;\mathscr{D})} = \mathbf{F}^{(\beta;\mathscr{D})}(\mathbf{x}_\alpha^{(\beta;\mathscr{D})}, t, \mathbf{p}_\beta) \ \text{在域 } \Omega_\alpha \text{ 中, 从 } \Omega_\beta \text{ 来的虚流系统,} \quad (6.201)$$

$$\beta = \beta_1, \beta_2, \cdots, \beta_k,$$

其中 $\mathbf{x}_\alpha^{(\alpha;\mathscr{D})}$ 和 $\mathbf{x}_\alpha^{(\beta;\mathscr{D})}$ 分别表示棱上实域流和虚域流. 图 6.20 中表示 $n-2$ 维棱上的虚域流为实域流的延伸. 黑色曲线为 $n-2$ 维棱, 带箭头的粗线表示域流.

考虑将最简单的传输定律作为切换规则, 即

$$\mathbf{x}_\alpha^{(\alpha;\mathscr{D})}(t_{m-}) = \mathbf{x}_\beta^{(\beta;\mathscr{D})}(t_{m+}) \ \text{或} \ \mathbf{x}_\alpha^{(\alpha;\mathscr{D})}(t_{m-}) = \mathbf{x}_\alpha^{(\beta;\mathscr{D})}(t_{m-}). \quad (6.202)$$

为了确保虚域流存在, 公理 5.1 与 5.2 可通过棱和拐点延伸到域流上.

公理 6.1 (连续公理) 对一个不连续动力系统, 在没有任何切换规则、传输定律或者任何棱流障碍时, 凸棱上的任何来流 (或者去流) 均可以向前 (或向后) 延伸至相邻可到达域.

公理 6.2 (不可延伸公理) 对一个不连续动力系统, 对于凸棱的任何来流 (或者去流) 不能向前 (或向后) 延伸至任何不可到达域或者棱. 即使这样的域流可以延伸到不可到达域, 那么相应的延伸流也只是虚的.

正如定义 5.53, 在不连续动力系统中, 可到达子域内多值向量场需要重新 [434] 叙述, 继而讨论折回流.

定义 6.30 对于一个不连续动力系统, 存在一个可到达域 $\Omega_\alpha(\alpha \in \mathscr{N}_\mathscr{D} = \{1, 2, \cdots, N_d\})$, 并且在该域定义了 k_α 阶向量场 $\mathbf{F}^{(\alpha_k;\mathscr{D})}(\mathbf{x}^{(\alpha_k;\mathscr{D})}, t, \mathbf{p}_{\alpha_k})$ $(1, 2, \cdots, k_\alpha)$, 相应的动力系统为

$$\dot{\mathbf{x}}^{(\alpha_k;\mathscr{D})} = \mathbf{F}^{(\alpha_k;\mathscr{D})}(\mathbf{x}^{(\alpha_k;\mathscr{D})}, t, \mathbf{p}_{\alpha_k}). \quad (6.203)$$

将域 Ω_α 内不连续动力系统称为多值向量场, 定义一组域内动力系统为

$$\begin{aligned}
\mathscr{D}_\alpha &= \cup_{k=1}^{k_\alpha} \mathscr{D}_{\alpha_k}, \\
\mathscr{D}_{\alpha_k} &= \left\{ \mathbf{x}^{(\alpha_k;\mathscr{D})} = \mathbf{F}^{(\alpha_k;\mathscr{D})}(\mathbf{x}^{(\alpha_k;\mathscr{D})}, t, \mathbf{p}_{\alpha_k}) \,|\, k \in \{1, 2, \cdots, k_\alpha\} \right\}.
\end{aligned} \quad (6.204)$$

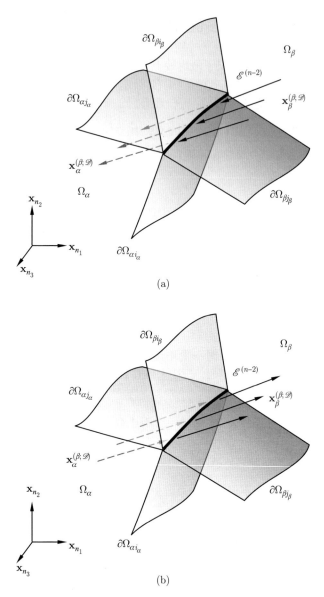

图 6.20　对于 $n-2$ 维棱的实域流和虚域流: (a) 实的来流, (b) 实的去流. 黑色曲线表示 $n-2$ 维棱. 带箭头粗线表示域流 $(n_1 + n_2 + n_3 = n)$

不连续动力系统中系统集合为

$$\mathscr{D} = \bigcup_{\alpha \in \mathscr{N}_{\mathscr{D}}} \mathscr{D}_{\alpha}. \tag{6.205}$$

6.7.1 棱上折回域流

如果在每个单一的域内存在多值向量场, 那么在切换规则或传输定律下, 对于棱也存在折回流, 参考文献 Luo (2005, 2006), 下面给出折回流的定义.

定义 6.31 对方程 (6.205) 中的一个含有多值向量场的不连续动力系统, 在 t_m 时刻, 存在点 $\mathbf{x}^{(\sigma_r;\mathscr{E})}(t_m) \equiv \mathbf{x}_m \in \mathscr{E}_{\sigma_r}^{(r)}$ ($\sigma_r \in \mathscr{N}_{\mathscr{E}}^r = \{1, 2, \cdots, N_r\}$, $r \in \{0, 1, 2, \cdots, n-2\}$), 其对应边界为 $\partial\Omega_{\alpha i_\alpha}(\sigma_r)$ ($\alpha \in \mathscr{N}_{\mathscr{D}}(\sigma_r) \subset \mathscr{N}_{\mathscr{D}} = \{1, 2, \cdots, N_d\}$), 相应的域为 $\Omega_\alpha(\sigma_r)$ ($i_\alpha \in \mathscr{N}_{\alpha\mathscr{B}}(\sigma_r) \subset \mathscr{N}_{\mathscr{B}} = \{1, 2, \cdots, N_b\}$). 边界子集 $\mathscr{N}_{\alpha\mathscr{B}}(\sigma_r)$ 包含 n_{σ_r} 个元素 ($n_{\sigma_r} \geqslant n-r$). 对任意小的 $\varepsilon > 0$, 存在两个时间区间 $[t_{m-\varepsilon}, t_m)$ 和 $(t_m, t_{m+\varepsilon}]$. 如果来流 $\mathbf{x}^{(\alpha_k;\mathscr{D})}$ 到达棱 $\mathscr{E}_{\sigma_r}^{(r)}$ 上, 那么两个流 $\mathbf{x}^{(\alpha_k;\mathscr{D})}$ 和 $\mathbf{x}^{(\alpha_l;\mathscr{D})}$ 之间有一个切换律, 且满足 $\mathbf{x}^{(\alpha_k;\mathscr{D})}(t_{m-}) = \mathbf{x}_m = \mathbf{x}^{(\alpha_l;\mathscr{D})}(t_{m+})$. 域 Ω_α 内棱 $\mathscr{E}_{\sigma_r}^{(r)}$ 上的流 $\mathbf{x}^{(\alpha_k;\mathscr{D})}$ 和 $\mathbf{x}^{(\alpha_l;\mathscr{D})}$ 称为折回流, 如果

$$\left. \begin{aligned} \hbar_{i_\alpha} \mathbf{n}_{\partial\Omega_{\alpha i_\alpha}}^{\mathrm{T}} (\mathbf{x}_{m-\varepsilon}^{(i_\alpha;\mathscr{B})}) \cdot [\mathbf{x}_{m-\varepsilon}^{(i_\alpha;\mathscr{B})} - \mathbf{x}_{m-\varepsilon}^{(\alpha_k;\mathscr{D})}] < 0, \\ \hbar_{i_\alpha} \mathbf{n}_{\partial\Omega_{\alpha i_\alpha}}^{\mathrm{T}} (\mathbf{x}_{m+\varepsilon}^{(i_\alpha;\mathscr{B})}) \cdot [\mathbf{x}_{m+\varepsilon}^{(\alpha_l;\mathscr{D})} - \mathbf{x}_{m+\varepsilon}^{(i_\alpha;\mathscr{B})}] > 0, \end{aligned} \right\} \tag{6.206}$$

$$i_\alpha \in \mathscr{N}_{\alpha\mathscr{B}}(\sigma_r).$$

[435]

利用对于边界的 G-函数, 根据前面对于棱的折回流的定义可以得到相应的定理.

定理 6.19 对方程 (6.205) 中的一个含有多值向量场的不连续动力系统, 在 t_m 时刻, 存在点 $\mathbf{x}^{(\sigma_r;\mathscr{E})}(t_m) \equiv \mathbf{x}_m \in \mathscr{E}_{\sigma_r}^{(r)}$ ($\sigma_r \in \mathscr{N}_{\mathscr{E}}^r = \{1, 2, \cdots, N_r\}$, $r \in \{0, 1, 2, \cdots, n-2\}$), 其对应边界为 $\partial\Omega_{\alpha i_\alpha}(\sigma_r)$ ($\alpha \in \mathscr{N}_{\mathscr{D}}(\sigma_r) \subset \mathscr{N}_{\mathscr{D}} = \{1, 2, \cdots, N_d\}$), 相应的域为 $\Omega_\alpha(\sigma_r)$ ($i_\alpha \in \mathscr{N}_{\alpha\mathscr{B}}(\sigma_r) \subset \mathscr{N}_{\mathscr{B}} = \{1, 2, \cdots, N_b\}$). 边界子集 $\mathscr{N}_{\alpha\mathscr{B}}(\sigma_r)$ 包含 n_{σ_r} 个元素 ($n_{\sigma_r} \geqslant n-r$). 对任意小的 $\varepsilon > 0$, 存在两个时间区间 $[t_{m-\varepsilon}, t_m)$ 和 $(t_m, t_{m+\varepsilon}]$. 如果来流 $\mathbf{x}^{(\alpha_k;\mathscr{D})}$ 到达棱 $\mathscr{E}_{\sigma_r}^{(r)}$ 上, 那么两个流 $\mathbf{x}^{(\alpha_k;\mathscr{D})}$ 和 $\mathbf{x}^{(\alpha_l;\mathscr{D})}$ 之间有一个切换律, 且满足 $\mathbf{x}^{(\alpha_k;\mathscr{D})}(t_{m-}) = \mathbf{x}_m = \mathbf{x}^{(\alpha_l;\mathscr{D})}(t_{m+})$. 对于时间 t, 流 $\mathbf{x}^{(\alpha_k;\mathscr{D})}(t)$ 为 $C_{[t_{m-\varepsilon}, t_m)}^{r_{\alpha_k}}$ 连续的 ($r_{\alpha_k} \geqslant 2$), 且 $\|d^{r_{\alpha_k}+1}\mathbf{x}^{(\alpha_k;\mathscr{D})}/dt^{r_{\alpha_k}+1}\| < \infty$, 流 $\mathbf{x}^{(\alpha_l;\mathscr{D})}(t)$ 是 $C_{(t_m, t_{m+\varepsilon}]}^{r_{\alpha_l}}$ 连续的 ($r_{\alpha_l} \geqslant 2$), 且 $\|d^{r_{\alpha_l}+1}\mathbf{x}^{(\alpha_l;\mathscr{D})}/dt^{r_{\alpha_l}+1}\| < \infty$. 流 $\mathbf{x}^{(\alpha_k;\mathscr{D})}$ 和 $\mathbf{x}^{(\alpha_l;\mathscr{D})}$ 对于棱 $\mathscr{E}_{\sigma_r}^{(r)}$ 形成域

Ω_α 内的折回流, 当且仅当

$$\left.\begin{array}{l} \hbar_{i_\alpha} G^{(\alpha_k;\mathscr{D})}_{\partial\Omega_{\alpha i_\alpha}}(\mathbf{x}_m, t_{m-}, \mathbf{p}_{\alpha_k}, \boldsymbol{\lambda}_{i_\alpha}) < 0, \\ \hbar_{i_\alpha} G^{(\alpha_l;\mathscr{D})}_{\partial\Omega_{\alpha i_\alpha}}(\mathbf{x}_m, t_{m+}, \mathbf{p}_{\alpha_l}, \boldsymbol{\lambda}_{i_\alpha}) > 0. \end{array}\right\} \tag{6.207}$$

证明　参考定理 3.1, 可以证明该定理.　　　　　　　　　　　　　■

下面介绍具有奇异性的折回流.

定义 6.32　对方程 (6.205) 中的一个具有多值向量场的不连续动力系统, 在 t_m 时刻, 存在点 $\mathbf{x}^{(\sigma_r;\mathscr{E})}(t_m) \equiv \mathbf{x}_m \in \mathscr{E}^{(r)}_{\sigma_r}$ ($\sigma_r \in \mathscr{N}^r_{\mathscr{E}} = \{1,2,\cdots,N_r\}$, $r \in \{0,1,2,\cdots,n-2\}$), 其对应边界为 $\partial\Omega_{\alpha i_\alpha}(\sigma_r)$ ($\alpha \in \mathscr{N}_{\mathscr{D}}(\sigma_r) \subset \mathscr{N}_{\mathscr{D}} = \{1,2,\cdots,N_d\}$), 相应的域为 $\Omega_\alpha(\sigma_r)$ ($i_\alpha \in \mathscr{N}_{\alpha\mathscr{B}}(\sigma_r) \subset \mathscr{N}_{\mathscr{B}} = \{1,2,\cdots,N_b\}$). 边界子集 $\mathscr{N}_{\alpha\mathscr{B}}(\sigma_r)$ 包含 n_{σ_r} 个元素 ($n_{\sigma_r} \geqslant n-r$). 对任意小的 $\varepsilon > 0$, 存在两 [436] 个时间区间 $[t_{m-\varepsilon}, t_m)$ 和 $(t_m, t_{m+\varepsilon}]$. 如果来流 $\mathbf{x}^{(\alpha_k;\mathscr{D})}$ 到达棱 $\mathscr{E}^{(r)}_{\sigma_r}$ 上, 那么两个流 $\mathbf{x}^{(\alpha_k;\mathscr{D})}$ 和 $\mathbf{x}^{(\alpha_l;\mathscr{D})}$ 之间有一个切换律, 且满足 $\mathbf{x}^{(\alpha_k;\mathscr{D})}(t_{m-}) = \mathbf{x}_m = \mathbf{x}^{(\alpha_l;\mathscr{D})}(t_{m+})$. 对于时间 t, 流 $\mathbf{x}^{(\alpha_k;\mathscr{D})}(t)$ 为 $C^{r_{\alpha_k}}_{[t_{m-\varepsilon}, t_m)}$ 连续的 ($r_{\alpha_k} \geqslant m_{\alpha_k}+1$), 且 $\|d^{r_{\alpha_k}+1}\mathbf{x}^{(\alpha_k;\mathscr{D})}/dt^{r_{\alpha_k}+1}\| < \infty$, 流 $\mathbf{x}^{(\alpha_l;\mathscr{D})}(t)$ 是 $C^{r_{\alpha_l}}_{(t_m, t_{m+\varepsilon}]}$ 连续的 ($r_{\alpha_l} \geqslant m_{\alpha_l}+1$), 且 $\|d^{r_{\alpha_l}+1}\mathbf{x}^{(\alpha_l;\mathscr{D})}/dt^{r_{\alpha_l}+1}\| < \infty$. 如果满足

$$\left.\begin{array}{l} \hbar_{i_\alpha} G^{(s_{\alpha_k},\alpha_k;\mathscr{D})}_{\partial\Omega_{\alpha i_\alpha}}(\mathbf{x}_m, t_{m-}, \mathbf{p}_{\alpha_k}, \boldsymbol{\lambda}_{i_\alpha}) = 0, \\ s_{\alpha_k} = 0,1,2,\cdots,m_{\alpha_k}-1, \\ \hbar_{i_\alpha} \mathbf{n}^{\mathrm{T}}_{\partial\Omega_{\alpha i_\alpha}}(\mathbf{x}^{(i_\alpha;\mathscr{B})}_{m-\varepsilon}) \cdot [\mathbf{x}^{(i_\alpha;\mathscr{B})}_{m-\varepsilon} - \mathbf{x}^{(\alpha_k;\mathscr{D})}_{m-\varepsilon}] < 0; \end{array}\right\} \tag{6.208}$$

$$\left.\begin{array}{l} \hbar_{i_\alpha} G^{(s_{\alpha_l},\alpha_l;\mathscr{D})}_{\partial\Omega_{\alpha i_\alpha}}(\mathbf{x}_m, t_{m+}, \mathbf{p}_{\alpha_l}, \boldsymbol{\lambda}_{i_\alpha}) = 0, \\ s_{\alpha_l} = 0,1,2,\cdots,m_{\alpha_l}-1, \\ \hbar_{i_\alpha} \mathbf{n}^{\mathrm{T}}_{\partial\Omega_{\alpha i_\alpha}}(\mathbf{x}^{(i_\alpha;\mathscr{B})}_{m+\varepsilon}) \cdot [\mathbf{x}^{(\alpha_l;\mathscr{D})}_{m+\varepsilon} - \mathbf{x}^{(i_\alpha;\mathscr{B})}_{m+\varepsilon}] > 0, \\ i_\alpha \in \mathscr{N}_{\alpha\mathscr{B}}(\sigma_r), \end{array}\right\} \tag{6.209}$$

那么流 $\mathbf{x}^{(\alpha_k;\mathscr{D})}$ 和 $\mathbf{x}^{(\alpha_l;\mathscr{D})}$ 对于棱 $\mathscr{E}^{(r)}_{\sigma_r}$ 称为域 Ω_α 内的 $(\mathbf{m}_{\alpha_k} : \mathbf{m}_{\alpha_l})$ 型折回流.

定理 6.20　对方程 (6.205) 中的一个含有多值向量场的不连续动力系统, 在 t_m 时刻, 存在点 $\mathbf{x}^{(\sigma_r;\mathscr{E})}(t_m) \equiv \mathbf{x}_m \in \mathscr{E}^{(r)}_{\sigma_r}$ ($\sigma_r \in \mathscr{N}^r_{\mathscr{E}} = \{1,2,\cdots,N_r\}$, $r \in \{0,1,2,\cdots,n-2\}$), 其对应边界为 $\partial\Omega_{\alpha i_\alpha}(\sigma_r)$ ($\alpha \in \mathscr{N}_{\mathscr{D}}(\sigma_r) \subset \mathscr{N}_{\mathscr{D}} = \{1,2,\cdots,N_d\}$), 相应的域为 $\Omega_\alpha(\sigma_r)$ ($i_\alpha \in \mathscr{N}_{\alpha\mathscr{B}}(\sigma_r) \subset \mathscr{N}_{\mathscr{B}} = \{1,2,\cdots,N_b\}$). 边界子集 $\mathscr{N}_{\alpha\mathscr{B}}(\sigma_r)$ 包含 n_{σ_r} 个元素 ($n_{\sigma_r} \geqslant n-r$). 对任意小的 $\varepsilon > 0$, 存在两

个时间区间 $[t_{m-\varepsilon}, t_m)$ 和 $(t_m, t_{m+\varepsilon}]$. 如果来流 $\mathbf{x}^{(\alpha_k;\mathscr{D})}$ 到达棱 $\mathscr{E}^{(r)}_{\sigma_r}$ 上, 那么两个流 $\mathbf{x}^{(\alpha_k;\mathscr{D})}$ 和 $\mathbf{x}^{(\alpha_l;\mathscr{D})}$ 之间有一个切换律, 且满足 $\mathbf{x}^{(\alpha_k;\mathscr{D})}(t_{m-}) = \mathbf{x}_m = \mathbf{x}^{(\alpha_l;\mathscr{D})}(t_{m+})$. 对于时间 t, 流 $\mathbf{x}^{(\alpha_k;\mathscr{D})}(t)$ 为 $C^{r_{\alpha_k}}_{[t_{m-\varepsilon}, t_m)}$ 连续的 $(r_{\alpha_k} \geqslant m_{\alpha_k} + 1)$, 且 $\|d^{r_{\alpha_k}+1}\mathbf{x}^{(\alpha_k;\mathscr{D})}/dt^{r_{\alpha_k}+1}\| < \infty$, 流 $\mathbf{x}^{(\alpha_l;\mathscr{D})}(t)$ 是 $C^{r_{\alpha_l}}_{(t_m, t_{m+\varepsilon}]}$ 连续的 $(r_{\alpha_l} \geqslant m_{\alpha_l} + 1)$, 且 $\|d^{r_{\alpha_l}+1}\mathbf{x}^{(\alpha_l;\mathscr{D})}/dt^{r_{\alpha_l}+1}\| < \infty$. 那么对于棱 $\mathscr{E}^{(r)}_{\sigma_r}$, 流 $\mathbf{x}^{(\alpha_k;\mathscr{D})}$ 和 $\mathbf{x}^{(\alpha_l;\mathscr{D})}$ 形成域 Ω_α 内的 $(\mathbf{m}_{\alpha_k} : \mathbf{m}_{\alpha_l})$ 型折回流, 当且仅当

$$\left.\begin{aligned} &\hbar_{i_\alpha} G^{(s_{\alpha_k}, \alpha_k;\mathscr{D})}_{\partial\Omega_{\alpha i_\alpha}}(\mathbf{x}_m, t_{m-}, \mathbf{p}_{\alpha_k}, \boldsymbol{\lambda}_{i_\alpha}) = 0, \\ &s_{\alpha_k} = 0, 1, 2, \cdots, m_{\alpha_k} - 1, \\ &(-1)^{m_{\alpha_k}} \hbar_{i_\alpha} G^{(m_{\alpha_k}, \alpha_k;\mathscr{D})}_{\partial\Omega_{\alpha i_\alpha}}(\mathbf{x}_m, t_{m-}, \mathbf{p}_{\alpha_k}, \boldsymbol{\lambda}_{i_\alpha}) < 0; \end{aligned}\right\} \qquad (6.210)$$

[437]

$$\left.\begin{aligned} &\hbar_{i_\alpha} G^{(s_{\alpha_l}, \alpha_l;\mathscr{D})}_{\partial\Omega_{\alpha i_\alpha}}(\mathbf{x}_m, t_{m+}, \mathbf{p}_{\alpha_l}, \boldsymbol{\lambda}_{i_\alpha}) = 0, \\ &s_{\alpha_l} = 0, 1, 2, \cdots, m_{\alpha_l} - 1, \\ &\hbar_{i_\alpha} G^{(m_{\alpha_l}, \alpha_l;\mathscr{D})}_{\partial\Omega_{\alpha i_\alpha}}(\mathbf{x}_m, t_{m+}, \mathbf{p}_{\alpha_l}, \boldsymbol{\lambda}_{i_\alpha}) > 0, \end{aligned}\right\} \qquad (6.211)$$

$$i_\alpha \in \mathscr{N}_{\alpha\mathscr{B}}(\sigma_r).$$

证明 参考定理 3.2, 可以证明该定理. ∎

域 Ω_α 内具有两个不同向量场的折回流在棱 $\mathscr{E}^{(n-2)}$ 上切换, 包括九种折回流: (i) $(2\mathbf{k}_{\alpha_k} : 2\mathbf{k}_{\alpha_l})$ 型折回流, (ii) $(2\mathbf{k}_{\alpha_k} : \mathbf{m}_{\alpha_l})$ 型折回流 $(\mathbf{m}_{\alpha_l} \neq 2\mathbf{k}_{\alpha_l} + 1)$, (iii) $(2\mathbf{k}_{\alpha_k} : 2\mathbf{k}_{\alpha_l} + 1)$ 型折回流, (iv) $(\mathbf{m}_{\alpha_k} : 2\mathbf{k}_{\alpha_l})$ 型折回流 $(\mathbf{m}_{\alpha_l} \neq 2\mathbf{k}_{\alpha_l} + 1)$, (v) $(\mathbf{m}_{\alpha_k} : 2\mathbf{k}_{\alpha_l} + 1)$ 型折回流 $(\mathbf{m}_{\alpha_k} \neq 2\mathbf{k}_{\alpha_k} + 1)$, (vi) $(\mathbf{m}_{\alpha_k} : \mathbf{m}_{\alpha_l})$ 型折回流 $(\mathbf{m}_{\alpha_k} \neq 2\mathbf{k}_{\alpha_k} + 1, \mathbf{m}_{\alpha_l} \neq 2\mathbf{k}_{\alpha_l} + 1)$, (vii) $(2\mathbf{k}_{\alpha_k} + 1 : 2\mathbf{k}_{\alpha_l})$ 型折回流, (viii) $(2\mathbf{k}_{\alpha_k} + 1 : \mathbf{m}_{\alpha_l})$ 型折回流 $(\mathbf{m}_{\alpha_k} \neq 2\mathbf{k}_{\alpha_k} + 1)$, (ix) $(2\mathbf{k}_{\alpha_k} + 1 : 2\mathbf{k}_{\alpha_l} + 1)$ 型折回流. 图 6.21(a) 和 (b) 分别表示了域 Ω_α 内 $(2\mathbf{k}_{\alpha_k} : 2\mathbf{k}_{\alpha_l})$ 型奇异和 $(2\mathbf{k}_{\alpha_k} + 1 : 2\mathbf{k}_{\alpha_l} + 1)$ 型奇异折回流. 实线表示实流. 在 Ω_α 内如果存在具有两个向量场的折回流, 那么在 Ω_β 和 Ω_γ 内将有对应的虚流存在, 并用虚线表示. Ω_α 内 $(2\mathbf{k}_{\alpha_k} : 2\mathbf{k}_{\alpha_l})$ 型折回流是拐点奇异的, 而 $(2\mathbf{k}_{\alpha_k} + 1 : 2\mathbf{k}_{\alpha_l} + 1)$ 型折回流是擦边奇异的. 其他几种折回流如图 6.22—6.24 所示. 图 6.22(a) 和 (b) 分别表示了 $(2\mathbf{k}_{\alpha_k} : \mathbf{m}_{\alpha_l})$ 型奇异 $(\mathbf{m}_{\alpha_l} \neq 2\mathbf{k}_{\alpha_l} + 1)$ 和 $(\mathbf{m}_{\alpha_k} : 2\mathbf{k}_{\alpha_l})$ 型奇异 $(\mathbf{m}_{\alpha_k} \neq 2\mathbf{k}_{\alpha_k} + 1)$ 的折回流. 图 6.23(a) 和 (b) 分别表示了 $(2\mathbf{k}_{\alpha_k} + 1 : 2\mathbf{k}_{\alpha_l})$ 型奇异和 $(2\mathbf{k}_{\alpha_k} : 2\mathbf{k}_{\alpha_l} + 1)$ 型奇异的折回流. 图 6.24(a) 和 (b) 分别表示了 $(2\mathbf{k}_{\alpha_k} + 1 : \mathbf{m}_{\alpha_l})$ 型奇异 $(\mathbf{m}_{\alpha_l} \neq 2\mathbf{k}_{\alpha_l} + 1)$ 和 $(\mathbf{m}_{\alpha_k} : 2\mathbf{k}_{\alpha_l} + 1)$ 型奇异 $(\mathbf{m}_{\alpha_k} \neq 2\mathbf{k}_{\alpha_k} + 1)$ 的折回流. 在图 6.25 中表示了 $(\mathbf{m}_{\alpha_k} : \mathbf{m}_{\alpha_l})$ 型奇异 $(\mathbf{m}_{\alpha_k} \neq 2\mathbf{k}_{\alpha_k} + 1, \mathbf{m}_{\alpha_l} \neq 2\mathbf{k}_{\alpha_l} + 1)$ 的折回流.

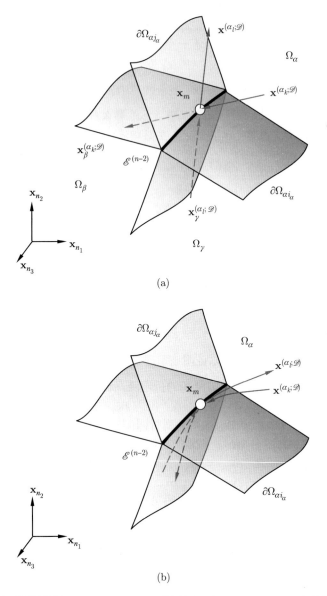

图 6.21　对于棱的折回流: (a) $(2\mathbf{k}_{\alpha_k} : 2\mathbf{k}_{\alpha_l})$ 型奇异, (b) $(2\mathbf{k}_{\alpha_k}+1 : 2\mathbf{k}_{\alpha_l}+1)$ 型奇异. 黑色曲线表示 $n-2$ 维棱. 带箭头的粗线表示域流. 虚线表示实流的延伸 $(n_1+n_2+n_3=n)$

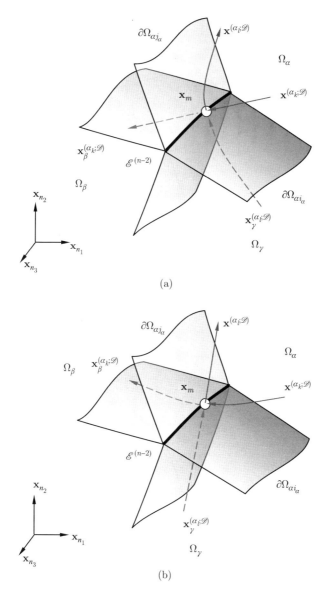

图 6.22   对于棱的折回流: (a) $(2\mathbf{k}_{\alpha_k} : \mathbf{m}_{\alpha_l})$ 型奇异 $(\mathbf{m}_{\alpha_l} \neq 2\mathbf{k}_{\alpha_l} + 1)$, (b) $(\mathbf{m}_{\alpha_k} : 2\mathbf{k}_{\alpha_l})$ 型奇异 $(\mathbf{m}_{\alpha_k} \neq 2\mathbf{k}_{\alpha_l} + 1)$. 黑色曲线表示 $n-2$ 维棱. 带箭头的粗线表示域流. 虚线表示实流延伸的虚流 $(n_1 + n_2 + n_3 = n)$

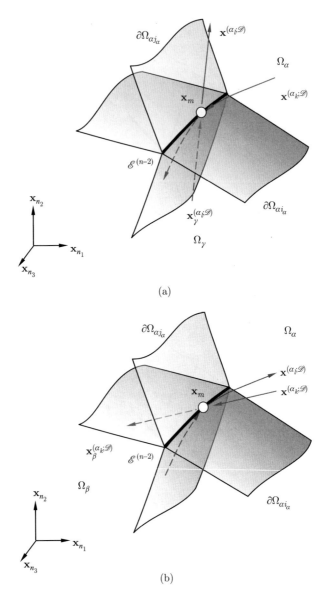

图 6.23　对于棱的折回流: (a) $(2\mathbf{k}_{\alpha_k} + 1 : 2\mathbf{k}_{\alpha_l})$ 型奇异, (b) $(2\mathbf{k}_{\alpha_k} : 2\mathbf{k}_{\alpha_l} + 1)$ 型奇异. 黑色曲线表示 $n - 2$ 维棱. 带箭头的粗线表示域流. 虚线表示实流向前或向后的延伸 $(n_1 + n_2 + n_3 = n)$

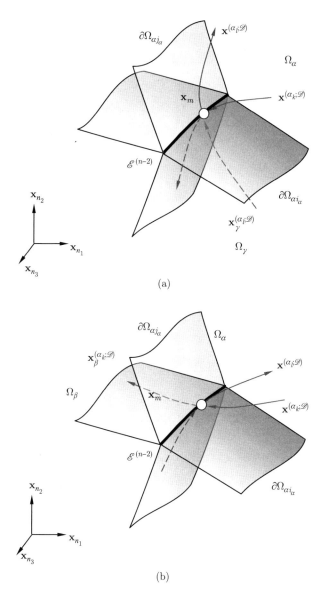

(a)

(b)

图 6.24　对于棱的折回流: (a) $(2\mathbf{k}_{\alpha_k} + 1 : \mathbf{m}_{\alpha_l})$ 型奇异 $(\mathbf{m}_{\alpha_l} \neq 2\mathbf{k}_{\alpha_l} + 1)$, (b) $(\mathbf{m}_{\alpha_k} : 2\mathbf{k}_{\alpha_l} + 1)$ 型奇异 $(\mathbf{m}_{\alpha_k} \neq 2\mathbf{k}_{\alpha_k} + 1)$. 黑色曲线表示 $n - 2$ 维棱. 带箭头的粗线表示域流. 虚线表示实流向前或向后的延伸 $(n_1 + n_2 + n_3 = n)$

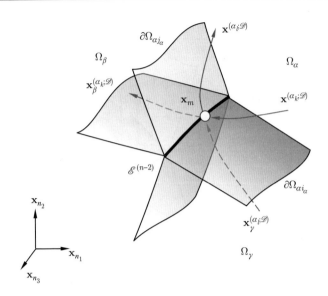

图 6.25　棱上 ($\mathbf{m}_{\alpha_k} : \mathbf{m}_{\alpha_l}$) 型奇异的折回流 ($\mathbf{m}_{\alpha_k} \neq 2\mathbf{k}_{\alpha_k} + 1$ 和 $\mathbf{m}_{\alpha_l} \neq 2\mathbf{k}_{\alpha_l} + 1$). 黑色曲线表示 $n-2$ 维棱. 带箭头的实线表示域流. 虚线表示实流延伸的虚流 ($n_1 + n_2 + n_3 = n$)

6.7.2　对于棱的延伸可穿越域流

[442]　　　在切换规则下, 域内来流与去流形成一个折回流, 那么在棱上至少要求有一个来流和一个去流. 如果域 Ω_α 内两条来流同时到达棱上的同一点, 发生切换后, 根据连续性公理域 Ω_α 流可以延伸至域 Ω_β 内, 如图 6.26 所示. 下面将给出这种延伸流的相关定义和定理.

　　　定义 6.33　对方程 (6.205) 中的一个含有多值向量场的不连续动力系统, 在 t_m 时刻, 存在点 $\mathbf{x}^{(\sigma_r; \mathscr{E})}(t_m) \equiv \mathbf{x}_m \in \mathscr{E}_{\sigma_r}^{(r)}$ ($\sigma_r \in \mathscr{N}_{\mathscr{E}}^r = \{1, 2, \cdots, N_r\}$, $r \in \{0, 1, 2, \cdots, n-2\}$), 其对应边界为 $\partial\Omega_{\alpha i_\alpha}(\sigma_r)$ ($\alpha \in \mathscr{N}_{\mathscr{D}}(\sigma_r) \subset \mathscr{N}_{\mathscr{D}} = \{1, 2, \cdots, N_d\}$), 相应的域为 $\Omega_\alpha(\sigma_r)$ ($i_\alpha \in \mathscr{N}_{\alpha\mathscr{B}}(\sigma_r) \subset \mathscr{N}_{\mathscr{B}} = \{1, 2, \cdots, N_b\}$). 边界子集 $\mathscr{N}_{\alpha\mathscr{B}}(\sigma_r)$ 包含 n_{σ_r} 个元素 ($n_{\sigma_r} \geqslant n-r$). 对任意小的 $\varepsilon > 0$, 存在两
[443]　个时间区间 $[t_{m-\varepsilon}, t_m)$ 和 $(t_m, t_{m+\varepsilon}]$. 对于时间 t, 流 $\mathbf{x}^{(\alpha_k)}(t)$ 为 $C_{[t_{m-\varepsilon}, t_m)}^{r_{\alpha_k}}$ 连续的 ($r_{\alpha_k} \geqslant 1$), 且 $\|d^{r_{\alpha_k}+1}\mathbf{x}^{(\alpha_k; \mathscr{D})}/dt^{r_{\alpha_k}+1}\| < \infty$, 流 $\mathbf{x}^{(\alpha_l)}(t)$ 为 $C_{(t_m, t_{m+\varepsilon}]}^{r_{\alpha_l}}$ 连续的 ($r_{\alpha_l} \geqslant 1$), 且 $\|d^{r_{\alpha_l}+1}\mathbf{x}^{(\alpha_l; \mathscr{D})}/dt^{r_{\alpha_l}+1}\| < \infty$. 如果来流 $\mathbf{x}^{(\alpha_k; \mathscr{D})}$ 到达棱 $\mathscr{E}_{\sigma_r}^{(r)}$ 上, 那么两个流 $\mathbf{x}^{(\alpha_k; \mathscr{D})}$ 和 $\mathbf{x}^{(\alpha_l; \mathscr{D})}$ 之间有一个切换律, 且满足 $\mathbf{x}^{(\alpha_k; \mathscr{D})}(t_{m-}) = \mathbf{x}_m = \mathbf{x}^{(\alpha_l; \mathscr{D})}(t_{m+})$. 如果满足

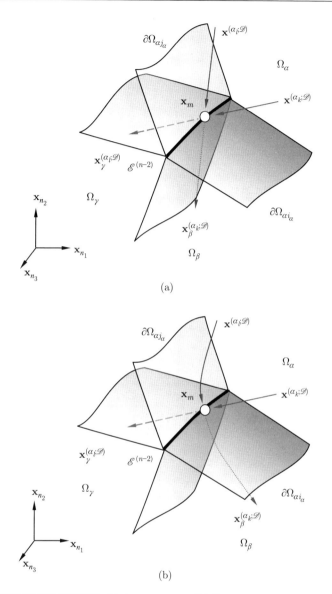

图 6.26 对于棱的延伸可穿越流: (a) $(2\mathbf{k}_{\alpha_k} : 2\mathbf{k}_{\alpha_l})$ 型奇异, (b) $(2\mathbf{k}_{\alpha_k} : \mathbf{m}_{\alpha_l})$ 型奇异. 黑色曲线表示 $n-2$ 维棱. 带箭头的粗线表示域流. 虚线表示实流延伸的虚流. 点画线为延伸的可穿越流 $(n_1 + n_2 + n_3 = n)$

$$\left.\begin{array}{l} \hbar_{i_\alpha} \mathbf{n}^{\mathrm{T}}_{\partial\Omega_{\alpha i_\alpha}} (\mathbf{x}^{(i_\alpha;\mathscr{B})}_{m-\varepsilon}) \cdot [\mathbf{x}^{(i_\alpha;\mathscr{B})}_{m-\varepsilon} - \mathbf{x}^{(\alpha_k;\mathscr{D})}_{m-\varepsilon}] < 0, \\ \hbar_{i_\alpha} \mathbf{n}^{\mathrm{T}}_{\partial\Omega_{\alpha i_\alpha}} (\mathbf{x}^{(i_\alpha;\mathscr{B})}_{m+\varepsilon}) \cdot [\mathbf{x}^{(\alpha_l;\mathscr{D})}_{m+\varepsilon} - \mathbf{x}^{(i_\alpha;\mathscr{B})}_{m+\varepsilon}] < 0, \end{array}\right\} \tag{6.212}$$
$$i_\alpha \in \mathscr{N}_{\alpha\mathscr{B}}(\sigma_r),$$

那么对于棱 $\mathscr{E}^{(r)}_{\sigma_r}$, 流 $\mathbf{x}^{(\alpha_k;\mathscr{D})}$ 和 $\mathbf{x}^{(\alpha_l;\mathscr{D})}$ 称为从域 Ω_α 到域 Ω_β 的延伸可穿越流.

上面定义了由一个域向另一个域延伸的可穿越流, 下面的定理给出延伸的可穿越流的充分必要条件.

定理 6.21　对方程 (6.205) 中的一个含有多值向量场的不连续动力系统, 在 t_m 时刻, 存在点 $\mathbf{x}^{(\sigma_r;\mathscr{E})}(t_m) \equiv \mathbf{x}_m \in \mathscr{E}^{(r)}_{\sigma_r}$ $(\sigma_r \in \mathscr{N}^r_{\mathscr{E}} = \{1, 2, \cdots, N_r\}$, $r \in \{0, 1, 2, \cdots, n-2\})$, 其对应边界为 $\partial\Omega_{\alpha i_\alpha}(\sigma_r)$ $(\alpha \in N_{\mathscr{D}}(\sigma_r) \subset N_{\mathscr{D}} = \{1, 2, \cdots, N_d\})$, 相应的域为 $\Omega_\alpha(\sigma_r)$ $(i_\alpha \in \mathscr{N}_{\alpha\mathscr{B}}(\sigma_r) \subset \mathscr{N}_{\mathscr{B}} = \{1, 2, \cdots, N_b\})$. 边界子集 $\mathscr{N}_{\alpha\mathscr{B}}(\sigma_r)$ 包含 n_{σ_r} 个元素 $(n_{\sigma_r} \geqslant n-r)$. 对任意小的 $\varepsilon > 0$, 存在两个时间区间 $[t_{m-\varepsilon}, t_m)$ 和 $(t_m, t_{m+\varepsilon}]$. 对于时间 t, 流 $\mathbf{x}^{(\alpha_k)}(t)$ 为 $C^{r_{\alpha_k}}_{[t_{m-\varepsilon}, t_m)}$ 连续的 $(r_{\alpha_k} \geqslant 2)$, 且 $\|d^{r_{\alpha_k}+1}\mathbf{x}^{(\alpha;\mathscr{D})}/dt^{r_{\alpha_k}+1}\| < \infty$, 流 $\mathbf{x}^{(\alpha_l)}(t)$ 为 $C^{r_{\alpha_l}}_{(t_m, t_{m+\varepsilon}]}$ 连续的 $(r_{\alpha_l} \geqslant 2)$, 且 $\|d^{r_{\alpha_l}+1}\mathbf{x}^{(\alpha_l;\mathscr{D})}/dt^{r_{\alpha_l}+1}\| < \infty$. 如果来流 $\mathbf{x}^{(\alpha_k;\mathscr{D})}$ 到达棱 $\mathscr{E}^{(r)}_{\sigma_r}$ 上, 那么两个流 $\mathbf{x}^{(\alpha_k;\mathscr{D})}$ 和 $\mathbf{x}^{(\alpha_l;\mathscr{D})}$ 之间有一个切换律, 且满足对于棱 $\mathscr{E}^{(r)}_{\sigma_r}$, 流 $\mathbf{x}^{(\alpha_k;\mathscr{D})}$ 和 $\mathbf{x}^{(\alpha_l;\mathscr{D})}$ 从域 Ω_α 到域 Ω_β 形成一个延伸可穿越流, 当且仅当

$$\left.\begin{array}{l} \hbar_{i_\alpha} G^{(\alpha_k;\mathscr{D})}_{\partial\Omega_{\alpha i_\alpha}} (\mathbf{x}_m, t_{m-}, \mathbf{p}_{\alpha_k}, \boldsymbol{\lambda}_{i_\alpha}) < 0, \\ \hbar_{i_\alpha} G^{(\alpha_l;\mathscr{D})}_{\partial\Omega_{\alpha i_\alpha}} (\mathbf{x}_m, t_{m+}, \mathbf{p}_{\alpha_l}, \boldsymbol{\lambda}_{i_\alpha}) < 0, \end{array}\right\} i_\alpha \in \mathscr{N}_{\alpha\mathscr{B}}(\sigma_r). \tag{6.213}$$

证明　考虑棱上所有边界上的一个流, 根据定理 3.1, 可以证明该定理. ∎

[445]　　**定义 6.34**　对方程 (6.205) 中的一个含有多值向量场的不连续动力系统, 在 t_m 时刻, 存在点 $\mathbf{x}^{(\sigma_r;\mathscr{E})}(t_m) \equiv \mathbf{x}_m \in \mathscr{E}^{(r)}_{\sigma_r}$ $(\sigma_r \in \mathscr{N}^r_{\mathscr{E}} = \{1, 2, \cdots, N_r\}$, $r \in \{0, 1, 2, \cdots, n-2\})$, 其对应边界为 $\partial\Omega_{\alpha i_\alpha}(\sigma_r)$ $(\alpha \in \mathscr{N}_{\mathscr{D}}(\sigma_r) \subset \mathscr{N}_{\mathscr{D}} = \{1, 2, \cdots, N_d\})$, 相应的域为 $\Omega_\alpha(\sigma_r)$ $(i_\alpha \in \mathscr{N}_{\alpha\mathscr{B}}(\sigma_r) \subset \mathscr{N}_{\mathscr{B}} = \{1, 2, \cdots, N_b\})$. 边界子集 $\mathscr{N}_{\alpha\mathscr{B}}(\sigma_r)$ 包含 n_{σ_r} 个元素 $(n_{\sigma_r} \geqslant n-r)$. 对任意小的 $\varepsilon > 0$, 存在两个时间区间 $[t_{m-\varepsilon}, t_m)$ 和 $(t_m, t_{m+\varepsilon}]$. 如果来流 $\mathbf{x}^{(\alpha_k;\mathscr{D})}$ 到达棱 $\mathscr{E}^{(r)}_{\sigma_r}$ 上, 那么两个流 $\mathbf{x}^{(\alpha_k;\mathscr{D})}$ 和 $\mathbf{x}^{(\alpha_l;\mathscr{D})}$ 之间有一个切换律, 且满足 $\mathbf{x}^{(\alpha_k;\mathscr{D})}(t_{m-}) = \mathbf{x}_m = \mathbf{x}^{(\alpha_l;\mathscr{D})}(t_{m+})$. 对于时间 t, 流 $\mathbf{x}^{(\alpha_k;\mathscr{D})}(t)$ 为 $C^{r_{\alpha_k}}_{[t_{m-\varepsilon}, t_m)}$ 连续的 $(r_{\alpha_k} \geqslant m_{\alpha_k}+1)$, 且 $\|d^{r_{\alpha_k}+1}\mathbf{x}^{(\alpha_k;\mathscr{D})}/dt^{r_{\alpha_k}+1}\| < \infty$, 流 $\mathbf{x}^{(\alpha_l)}(t)$ 为 $C^{r_{\alpha_l}}_{(t_m, t_{m+\varepsilon}]}$ 连续的

$(r_{\alpha_l} \geqslant m_{\alpha_l} + 1)$, 且 $\|d^{r_{\alpha_l}+1}\mathbf{x}^{(\alpha_l;\mathscr{D})}/dt^{r_{\alpha_l}+1}\| < \infty$. 如果满足

$$\left.\begin{array}{l} \hbar_{i_\alpha} G_{\partial\Omega_{\alpha i_\alpha}}^{(s_{\alpha_k},\alpha_k;\mathscr{D})}(\mathbf{x}_m, t_{m-}, \mathbf{p}_{\alpha_k}, \boldsymbol{\lambda}_{i_\alpha}) = 0, \\[2mm] s_{\alpha_k} = 0, 1, 2, \cdots, m_{\alpha_k} - 1, \\[2mm] \hbar_{i_\alpha} \mathbf{n}_{\partial\Omega_{\alpha i_\alpha}}^{\mathrm{T}}(\mathbf{x}_{m-\varepsilon}^{(i_\alpha;\mathscr{B})}) \cdot [\mathbf{x}_{m-\varepsilon}^{(i_\alpha;\mathscr{B})} - \mathbf{x}_{m-\varepsilon}^{(\alpha_k;\mathscr{D})}] < 0; \end{array}\right\} \tag{6.214}$$

$$\left.\begin{array}{l} \hbar_{i_\alpha} G_{\partial\Omega_{\alpha i_\alpha}}^{(s_{\alpha_l},\alpha_l;\mathscr{D})}(\mathbf{x}_m, t_{m+}, \mathbf{p}_{\alpha_l}, \boldsymbol{\lambda}_{i_\alpha}) = 0, \\[2mm] s_{\alpha_l} = 0, 1, 2, \cdots, m_{\alpha_l} - 1, \\[2mm] \hbar_{i_\alpha} \mathbf{n}_{\partial\Omega_{\alpha i_\alpha}}^{\mathrm{T}}(\mathbf{x}_{m+\varepsilon}^{(i_\alpha;\mathscr{B})}) \cdot [\mathbf{x}_{m+\varepsilon}^{(\alpha_l;\mathscr{D})} - \mathbf{x}_{m+\varepsilon}^{(i_\alpha;\mathscr{B})}] < 0, \\[2mm] i_\alpha \in \mathscr{N}_{\alpha\mathscr{B}}(\sigma_r). \end{array}\right\} \tag{6.215}$$

那么对于棱 $\mathscr{E}_{\sigma_r}^{(r)}$, 流 $\mathbf{x}^{(\alpha_k;\mathscr{D})}$ 和 $\mathbf{x}^{(\alpha_l;\mathscr{D})}$ 称为一个从域 Ω_α 到域 Ω_β 的 $(\mathbf{m}_{\alpha_k} : \mathbf{m}_{\alpha_l})$ 型延伸可穿越流.

上面定义了由一个域向另一个域的 $(\mathbf{m}_{\alpha_k} : \mathbf{m}_{\alpha_l})$ 型延伸可穿越流, 下面定理将给出这样延伸可穿越流的条件.

定理 6.22 对方程 (6.205) 中的一个含有多值向量场的不连续动力系统, 在 t_m 时刻, 存在点 $\mathbf{x}^{(\sigma_r;\mathscr{E})}(t_m) \equiv \mathbf{x}_m \in \mathscr{E}_{\sigma_r}^{(r)}$ ($\sigma_r \in \mathscr{N}_{\mathscr{E}}^r = \{1, 2, \cdots, N_r\}$, $r \in \{0, 1, 2, \cdots, n-2\}$), 其对应边界为 $\partial\Omega_{\alpha i_\alpha}(\sigma_r)$ ($\alpha \in \mathscr{N}_{\mathscr{D}}(\sigma_r) \subset \mathscr{N}_{\mathscr{D}} = \{1, 2, \cdots, N_d\}$), 相应的域为 $\Omega_\alpha(\sigma_r)$ ($i_\alpha \in \mathscr{N}_{\alpha\mathscr{B}}(\sigma_r) \subset \mathscr{N}_{\mathscr{B}} = \{1, 2, \cdots, N_b\}$). 边界子集 $\mathscr{N}_{\alpha\mathscr{B}}(\sigma_r)$ 包含 n_{σ_r} 个元素 ($n_{\sigma_r} \geqslant n-r$). 对于任意小的 $\varepsilon > 0$, 存 [446] 在两个时间区间 $[t_{m-\varepsilon}, t_m)$ 和 $(t_m, t_{m+\varepsilon}]$. 如果来流 $\mathbf{x}^{(\alpha_k;\mathscr{D})}$ 到达棱 $\mathscr{E}_{\sigma_r}^{(r)}$ 上, 那么两个流 $\mathbf{x}^{(\alpha_k;\mathscr{D})}$ 和 $\mathbf{x}^{(\alpha_l;\mathscr{D})}$ 之间有一个切换律, 且满足 $\mathbf{x}^{(\alpha_k;\mathscr{D})}(t_{m-}) = \mathbf{x}_m = \mathbf{x}^{(\alpha_l;\mathscr{D})}(t_{m+})$. 对于时间 t, 流 $\mathbf{x}^{(\alpha_k;\mathscr{D})}(t)$ 为 $C_{[t_{m-\varepsilon}, t_m)}^{r_{\alpha_k}}$ 连续的 ($r_{\alpha_k} \geqslant m_{\alpha_k} + 1$), 且 $\|d^{r_{\alpha_k}+1}\mathbf{x}^{(\alpha_k;\mathscr{D})}/dt^{r_{\alpha_k}+1}\| < \infty$, 流 $\mathbf{x}^{(\alpha_l)}(t)$ 为 $C_{(t_m, t_{m+\varepsilon}]}^{r_{\alpha_l}}$ 连续的 ($r_{\alpha_l} \geqslant m_{\alpha_l} + 1$), 且 $\|d^{r_{\alpha_l}+1}\mathbf{x}^{(\alpha_l;\mathscr{D})}/dt^{r_{\alpha_l}+1}\| < \infty$. 对于棱 $\mathscr{E}_{\sigma_r}^{(r)}$, 流 $\mathbf{x}^{(\alpha_k;\mathscr{D})}$ 和 $\mathbf{x}^{(\alpha_l;\mathscr{D})}$ 形成一个从域 Ω_α 到域 Ω_β 的 $(\mathbf{m}_{\alpha_k} : \mathbf{m}_{\alpha_l})$ 型延伸可穿越流 $(\mathbf{m}_{\alpha_l} \neq 2\mathbf{k}_{\alpha_l} + 1)$, 当且仅当

$$\left.\begin{array}{l} \hbar_{i_\alpha} G_{\partial\Omega_{\alpha i_\alpha}}^{(s_{\alpha_k},\alpha_k;\mathscr{D})}(\mathbf{x}_m, t_{m-}, \mathbf{p}_{\alpha_k}, \boldsymbol{\lambda}_{i_\alpha}) = 0, \\[2mm] s_{\alpha_k} = 0, 1, 2, \cdots, m_{\alpha_k} - 1, \\[2mm] (-1)^{m_{\alpha_k}} \hbar_{i_\alpha} G_{\partial\Omega_{\alpha i_\alpha}}^{(s_{\alpha_k},\alpha_k;\mathscr{D})}(\mathbf{x}_m, t_{m-}, \mathbf{p}_{\alpha_k}, \boldsymbol{\lambda}_{i_\alpha}) < 0; \end{array}\right\} \tag{6.216}$$

$$\left. \begin{array}{l} \hbar_{i_\alpha} G_{\partial\Omega_{\alpha i_\alpha}}^{(s_{\alpha_l},\alpha_l;\mathscr{D})}(\mathbf{x}_m, t_{m+}, \mathbf{p}_{\alpha_l}, \boldsymbol{\lambda}_{i_\alpha}) = 0, \\[2mm] s_{\alpha_l} = 0, 1, 2, \cdots, m_{\alpha_l} - 1, \\[2mm] \hbar_{i_\alpha} G_{\partial\Omega_{\alpha i_\alpha}}^{(s_{\alpha_l},\alpha_l;\mathscr{D})}(\mathbf{x}_m, t_{m+}, \mathbf{p}_{\alpha_l}, \boldsymbol{\lambda}_{i_\alpha}) < 0, \end{array} \right\} \tag{6.217}$$

$$i_\alpha \in \mathscr{N}_{\alpha\mathscr{B}}(\sigma_r).$$

证明　考虑对于棱的所有边界的一个流, 根据定理 3.2, 定理可证.　　■

参 考 文 献

Luo, A. C. J., 2005, A theory for non-smooth dynamical systems on connectable domains, Communication in Nonlinear Science and Numerical Simulation, **10**, 1–55.

Luo, A. C. J., 2006, Singularity and Dynamics on Discontinuous Vector Fields, Amsterdam: Elsevier.

Luo, A. C. J., 2008a, A theory for flow switchability in discontinuous dynamical systems, Nonlinear Analysis: Hybrid Systems, **2**, 1030–1061.

Luo, A. C. J., 2008b, Global Transversality, Resonance and Chaotic Dynamics, Singapore: World Scientific.

第七章 边界流的动力学和奇异性

为了理解不连续动力系统中棱和顶点上的动力学特性, 本章将讨论边界
流对于 $n-2$ 维棱的切换性和吸引性. 首先, 讨论边界流对于棱的基本性质,
描述对于 $n-2$ 维棱的来流、去流和擦边流, 并给出在切换规则下边界流从一
个可到达边界到达另一个可到达边界的切换和穿越能力. 此外, 讨论在切换规
则下边界流和域流的切换与穿越能力, 并引入边界流的等度量棱, 描述边界流
对于 $n-2$ 维棱的吸引性. 最后讨论边界流对于 $n-2$ 维棱的折回特征.

7.1 边界流的性质

在第五章中, 我们讨论了仅在边界上存在流时, 边界流的传输与切换问
题. 为了研究边界流的性质, 本章将讨论边界流对于棱的性质. 考虑由三个
$n-1$ 维边界相交形成的一个 $n-2$ 维棱, 如图 7.1 所示. 黑色粗线表示 $n-2$
维棱. 研究的边界流是一条黑色曲线, 并且参考边界流是一条灰色曲线. $n-2$
维棱必须由两个 $n-1$ 维边界面相交而成. 因而, $n-2$ 维棱的其他表面应该
与前面提及的两个边界表面相关联. 因此, 对于棱上边界流的吸引性, 仅采用
其余边界面中的一个. 类似地, 棱上来流、去流和完全擦边流如图 7.2 和图
7.3 所示.

根据以前的几何特性描述, 将定义棱上来流、去流和擦边流. 此外, 将描
述棱上擦边来流、擦边去流和完全擦边流的概念. 根据切换规则, 具体棱上的
来流和去流是可切换的.

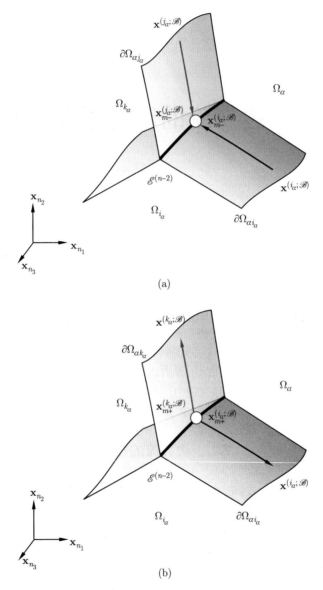

图 7.1 在三个 $n-1$ 维边界上的边界流: (a) 来流, (b) 去流. 黑色粗实线表示 $n-2$ 维棱. 研究的边界流是边界上带有箭头的黑线. 参考边界流是带有箭头的灰色曲线 $(n_1 + n_2 + n_3 = n)$

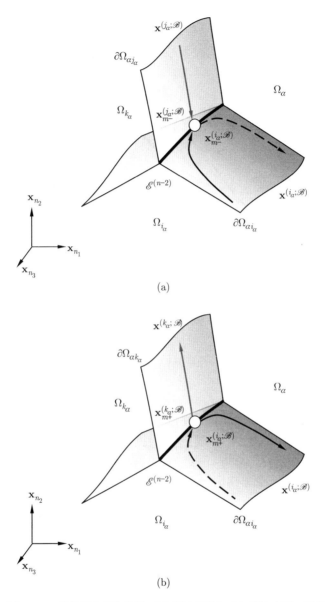

图 7.2 在三个 $n-1$ 维边界上的边界流: (a) 擦边来流和 (b) 擦边去流. 黑色粗实线表示 $n-2$ 维棱. 研究的边界流是边界上带有箭头的黑线. 参考边界流是带有箭头的灰色曲线 $(n_1 + n_2 + n_3 = n)$

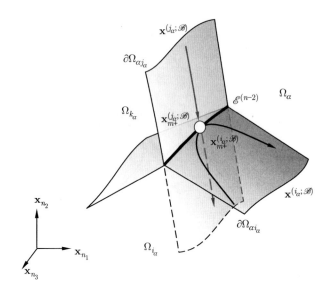

图 7.3　在三个 $n-1$ 维边界上的完全擦边边界流. 黑色粗实线表示 $n-2$ 维棱. 研究的边界流是在边界上带有箭头的黑线. 参考边界流是带有箭头的灰色曲线 $(n_1 + n_2 + n_3 = n)$

定义 7.1　对于方程 (6.4)—(6.8) 中的不连续动力系统, 域 Ω_α 内两个 $n-1$ 维边界 $\partial\Omega_{\alpha i_\alpha}(\sigma_{n-2})(\alpha \in \mathscr{N}_{\mathscr{D}}(\sigma_r) \subset \mathscr{N}_{\mathscr{D}} = \{1, 2, \cdots, N_d\}$ 和 $i_\alpha \in \mathscr{N}_{\alpha\mathscr{B}}(\sigma_{n-2}) \subset \mathscr{N}_{\mathscr{B}} = \{1, 2, \cdots, N_b\})$ 相交形成 $n-2$ 维棱 $\mathscr{E}_{\sigma_{n-2}}^{(n-2)}(\sigma_{n-2} \in \mathscr{N}_{\mathscr{E}}^{n-2} = \{1, 2, \cdots, N_{n-2}\})$. 假设在边界 $\partial\Omega_{\alpha i_\alpha}(\sigma_{n-2})$ 上有边界流 $\mathbf{x}^{(i_\alpha;\mathscr{B})}(t)$. 在 t_m 时刻, 存在点 $\mathbf{x}_m^{(\mathscr{E})} = \mathbf{x}^{(\mathscr{E})}(t_m) \in \mathscr{E}_{\sigma_{n-2}}^{(n-2)}$. 对于任意小的 $\varepsilon > 0$, 存在时间区间 $[t_{m-\varepsilon}, t_{m+\varepsilon}]$.

(i) 在 t_m 时刻, 如果满足

$$\hbar_{j_\alpha} \mathbf{n}_{\partial\Omega_{\alpha j_\alpha}}^{\mathrm{T}}(\mathbf{x}_{m-\varepsilon}^{(j_\alpha;\mathscr{B})}) \cdot [\mathbf{x}_{m-\varepsilon}^{(j_\alpha;\mathscr{B})} - \mathbf{x}_{m-\varepsilon}^{(i_\alpha;\mathscr{B})}] < 0, \tag{7.1}$$

那么称对于棱 $\mathscr{E}_{\sigma_{n-2}}^{(n-2)}$, 边界流 $\mathbf{x}^{(i_\alpha;\mathscr{B})}(t)$ 是来流.

(ii) 在 t_m 时刻, 如果满足

[451]
$$\hbar_{j_\alpha} \mathbf{n}_{\partial\Omega_{\alpha j_\alpha}}^{\mathrm{T}}(\mathbf{x}_{m+\varepsilon}^{(j_\alpha;\mathscr{B})}) \cdot [\mathbf{x}_{m+\varepsilon}^{(i_\alpha;\mathscr{B})} - \mathbf{x}_{m+\varepsilon}^{(j_\alpha;\mathscr{B})}] > 0, \tag{7.2}$$

那么称对于棱 $\mathscr{E}_{\sigma_{n-2}}^{(n-2)}$, 边界流 $\mathbf{x}^{(i_\alpha;\mathscr{B})}(t)$ 是去流.

(iii) 在 t_m 时刻, 如果满足

$$\hbar_{j_\alpha} G_{\partial\Omega_{\alpha j_\alpha}}^{(i_\alpha;\mathscr{B})}(\mathbf{x}_m, t_{m\pm}, \lambda_{i_\alpha}, \lambda_{j_\alpha}) = 0,$$

$$\hbar_{j_\alpha} \mathbf{n}_{\partial\Omega_{\alpha j_\alpha}}^{\mathrm{T}}(\mathbf{x}_{m-\varepsilon}^{(j_\alpha;\mathscr{B})}) \cdot [\mathbf{x}_{m-\varepsilon}^{(j_\alpha;\mathscr{B})} - \mathbf{x}_{m-\varepsilon}^{(i_\alpha;\mathscr{B})}] < 0,$$

$$\hbar_{j_\alpha} \mathbf{n}_{\partial\Omega_{\alpha j_\alpha}}^{\mathrm{T}}(\mathbf{x}_{m-\varepsilon}^{(j_\alpha;\mathscr{B})}) \cdot [\mathbf{x}_{m+\varepsilon}^{(i_\alpha;\mathscr{B})} - \mathbf{x}_{m+\varepsilon}^{(j_\alpha;\mathscr{B})}] > 0, \tag{7.3}$$

那么称对于棱 $\mathscr{E}_{\sigma_{n-2}}^{(n-2)}(n \neq 2)$, 边界流 $\mathbf{x}^{(i_\alpha;\mathscr{B})}(t)$ 是完全擦边流.

(iv) 在 t_m 时刻, 如果满足

$$
\begin{aligned}
&\hbar_{j_\alpha} G_{\partial\Omega_{\alpha j_\alpha}}^{(i_\alpha;\mathscr{B})}(\mathbf{x}_m, t_{m-}, \lambda_{i_\alpha}, \lambda_{j_\alpha}) = 0, \\
&\hbar_{j_\alpha} \mathbf{n}_{\partial\Omega_{\alpha j_\alpha}}^{\mathrm{T}}(\mathbf{x}_{m-\varepsilon}^{(j_\alpha;\mathscr{B})}) \cdot [\mathbf{x}_{m-\varepsilon}^{(j_\alpha;\mathscr{B})} - \mathbf{x}_{m-\varepsilon}^{(i_\alpha;\mathscr{B})}] < 0,
\end{aligned} \tag{7.4}
$$

那么称对于棱 $\mathscr{E}_{\sigma_{n-2}}^{(n-2)}(n \neq 2)$, 边界流 $\mathbf{x}^{(i_\alpha;\mathscr{B})}(t)$ 是来擦边流.

(v) 在 t_m 时刻, 如果满足

$$
\begin{aligned}
&\hbar_{j_\alpha} G_{\partial\Omega_{\alpha j_\alpha}}^{(i_\alpha;\mathscr{B})}(\mathbf{x}_m, t_{m+}, \lambda_{i_\alpha}, \lambda_{j_\alpha}) = 0, \\
&\hbar_{j_\alpha} \mathbf{n}_{\partial\Omega_{\alpha j_\alpha}}^{\mathrm{T}}(\mathbf{x}_{m-\varepsilon}^{(j_\alpha;\mathscr{B})}) \cdot [\mathbf{x}_{m+\varepsilon}^{(i_\alpha;\mathscr{B})} - \mathbf{x}_{m+\varepsilon}^{(j_\alpha;\mathscr{B})}] > 0,
\end{aligned} \tag{7.5}
$$

那么称对于棱 $\mathscr{E}_{\sigma_{n-2}}^{(n-2)}(n \neq 2)$, 边界流 $\mathbf{x}^{(i_\alpha;\mathscr{B})}(t)$ 是去擦边流.

根据上面的定义, 下面给出对于棱的来流、去流和擦边流的充要条件.

定理 7.1 对于方程 (6.4)—(6.8) 中的不连续动力系统, 域 Ω_α 内两个 $n-1$ 维边界 $\partial\Omega_{\alpha i_\alpha}(\sigma_{n-2})(\alpha \in \mathscr{N}_{\mathscr{D}}(\sigma_r) \subset \mathscr{N}_{\mathscr{D}} = \{1, 2, \cdots, N_d\}$ 和 $i_\alpha \in \mathscr{N}_{\alpha\mathscr{B}}(\sigma_{n-2}) \subset \mathscr{N}_{\mathscr{B}} = \{1, 2, \cdots, N_b\})$ 相交形成 $n-2$ 维棱 $\mathscr{E}_{\sigma_{n-2}}^{(n-2)}(\sigma_{n-2} \in \mathscr{N}_{\mathscr{E}}^{n-2} = \{1, 2, \cdots, N_{n-2}\})$. 假设在边界 $\partial\Omega_{\alpha i_\alpha}(\sigma_{n-2})$ 上有边界流 $\mathbf{x}^{(i_\alpha;\mathscr{B})}(t)$. 在 t_m 时刻, 存在点 $\mathbf{x}_m^{(\mathscr{E})} = \mathbf{x}^{(\mathscr{E})}(t_m) \in \mathscr{E}_{\sigma_{n-2}}^{(n-2)}$. 对于任意小的 $\varepsilon > 0$, 存在时间区间 $[t_{m-\varepsilon}, t_{m+\varepsilon}]$. 对于时间 t, 流 $\mathbf{x}^{(i_\alpha;\mathscr{B})}(t)$ 是 $C_{[t_{m-\varepsilon}, t_{m+\varepsilon}]}^{r_{i_\alpha}}$ 连续的, 且 $\|d^{r_{i_\alpha}+1} \mathbf{x}^{(i_\alpha;\mathscr{B})}/dt^{r_{i_\alpha}+1}\| < \infty (r_{i_\alpha} \geqslant 2)$.

(i) 在 t_m 时刻, 对于棱 $\mathscr{E}_{\sigma_{n-2}}^{(n-2)}(n \neq 2)$, 边界流 $\mathbf{x}^{(i_\alpha;\mathscr{B})}(t)$ 是来流, 当且仅当

$$
\hbar_{j_\alpha} G_{\partial\Omega_{\alpha j_\alpha}}^{(i_\alpha;\mathscr{B})}(\mathbf{x}_m, t_{m-}, \lambda_{i_\alpha}, \lambda_{j_\alpha}) < 0. \tag{7.6}
$$

[452]

(ii) 在 t_m 时刻, 对于棱 $\mathscr{E}_{\sigma_{n-2}}^{(n-2)}(n \neq 2)$, 边界流 $\mathbf{x}^{(i_\alpha;\mathscr{B})}(t)$ 是去流, 当且仅当

$$
\hbar_{j_\alpha} G_{\partial\Omega_{\alpha j_\alpha}}^{(i_\alpha;\mathscr{B})}(\mathbf{x}_m, t_{m+}, \lambda_{i_\alpha}, \lambda_{j_\alpha}) > 0. \tag{7.7}
$$

(iii) 在 t_m 时刻, 对于棱 $\mathscr{E}_{\sigma_{n-2}}^{(n-2)}(n \neq 2)$, 边界流 $\mathbf{x}^{(i_\alpha;\mathscr{B})}(t)$ 是完全擦边流, 当且仅当

$$
\begin{aligned}
&\hbar_{j_\alpha} G_{\partial\Omega_{\alpha j_\alpha}}^{(i_\alpha;\mathscr{B})}(\mathbf{x}_m, t_{m\pm}, \lambda_{i_\alpha}, \lambda_{j_\alpha}) = 0, \\
&\hbar_{j_\alpha} G_{\partial\Omega_{\alpha j_\alpha}}^{(1,i_\alpha;\mathscr{B})}(\mathbf{x}_m, t_{m\pm}, \lambda_{i_\alpha}, \lambda_{j_\alpha}) > 0.
\end{aligned} \tag{7.8}
$$

(iv) 在 t_m 时刻, 对于棱 $\mathscr{E}_{\sigma_{n-2}}^{(n-2)}(n \neq 2)$, 边界流 $\mathbf{x}^{(i_\alpha;\mathscr{B})}(t)$ 是来擦边流,

当且仅当

$$\hbar_{j_\alpha} G_{\partial\Omega_{\alpha j_\alpha}}^{(i_\alpha;\mathscr{B})}(\mathbf{x}_m, t_{m-}, \lambda_{i_\alpha}, \lambda_{j_\alpha}) = 0,$$

$$\hbar_{j_\alpha} G_{\partial\Omega_{\alpha j_\alpha}}^{(1,i_\alpha;\mathscr{B})}(\mathbf{x}_m, t_{m-}, \lambda_{i_\alpha}, \lambda_{j_\alpha}) > 0. \tag{7.9}$$

(v) 在 t_m 时刻, 对于棱 $\mathscr{E}_{\sigma_{n-2}}^{(n-2)}(n \neq 2)$, 边界流 $\mathbf{x}^{(i_\alpha;\mathscr{B})}(t)$ 是去擦边流, 当且仅当

$$\hbar_{j_\alpha} G_{\partial\Omega_{\alpha j_\alpha}}^{(i_\alpha;\mathscr{B})}(\mathbf{x}_m, t_{m+}, \lambda_{i_\alpha}, \lambda_{j_\alpha}) = 0,$$

$$\hbar_{j_\alpha} G_{\partial\Omega_{\alpha j_\alpha}}^{(1,i_\alpha;\mathscr{B})}(\mathbf{x}_m, t_{m+}, \lambda_{i_\alpha}, \lambda_{j_\alpha}) > 0. \tag{7.10}$$

证明　边界流可看作在域内棱上其他边界的特殊流. 这个证明与第三章中的证明类似. ∎

当边界流对于棱出现高阶奇异性时, 我们下面将给出对于棱的来流、去流和擦边流的充要条件.

定义 7.2　对于方程 (6.4)—(6.8) 中的不连续动力系统, 域 Ω_α 内两个 $n-1$ 维边界 $\partial\Omega_{\alpha i_\alpha}(\sigma_{n-2})(\alpha \in \mathscr{N}_{\mathscr{D}}(\sigma_r) \subset \mathscr{N}_{\mathscr{D}} = \{1, 2, \cdots, N_d\}$ 和 $i_\alpha \in \mathscr{N}_{\alpha\mathscr{B}}(\sigma_{n-2}) \subset \mathscr{N}_{\mathscr{B}} = \{1, 2, \cdots, N_b\})$ 相交形成 $n-2$ 维棱 $\mathscr{E}_{\sigma_{n-2}}^{(n-2)}(\sigma_{n-2} \in \mathscr{N}_{\mathscr{E}}^{n-2} = \{1, 2, \cdots, N_{n-2}\})$. 假设在边界 $\partial\Omega_{\alpha i_\alpha}(\sigma_{n-2})$ 上有边界流 $\mathbf{x}^{(i_\alpha;\mathscr{B})}(t)$. 在 t_m 时刻, 存在点 $\mathbf{x}_m^{(\mathscr{E})} = \mathbf{x}^{(\mathscr{E})}(t_m) \in \mathscr{E}_{\sigma_{n-2}}^{(n-2)}$. 对于任意小的 $\varepsilon > 0$, 存在 [453] 时间区间 $[t_{m-\varepsilon}, t_{m+\varepsilon}]$. 对于时间 t, 流 $\mathbf{x}^{(i_\alpha;\mathscr{B})}(t)$ 是 $C_{[t_{m-\varepsilon}, t_{m+\varepsilon}]}^{r_{i_\alpha}}$ 连续的, 且 $\|d^{r_{i_\alpha}+1}\mathbf{x}^{(i_\alpha;\mathscr{B})}/dt^{r_{i_\alpha}+1}\| < \infty (r_{i_\alpha} \geq 2k_{i_\alpha}$ 或者 $2k_{i_\alpha} + 1)$.

(i) 在 t_m 时刻, 如果满足

$$\hbar_{j_\alpha} G_{\partial\Omega_{\alpha j_\alpha}}^{(s_{i_\alpha},i_\alpha;\mathscr{B})}(\mathbf{x}_m, t_{m-}, \lambda_{i_\alpha}, \lambda_{j_\alpha}) = 0 \quad (s_{i_\alpha} = 0, 1, 2, \cdots, 2k_{i_\alpha} - 1);$$

$$\hbar_{j_\alpha} \mathbf{n}_{\partial\Omega_{\alpha j_\alpha}}^{\mathrm{T}}(\mathbf{x}_{m-\varepsilon}^{(j_\alpha;\mathscr{B})}) \cdot [\mathbf{x}_{m-\varepsilon}^{(j_\alpha;\mathscr{B})} - \mathbf{x}_{m-\varepsilon}^{(i_\alpha;\mathscr{B})}] < 0, \tag{7.11}$$

那么称对于棱 $\mathscr{E}_{\sigma_{n-2}}^{(n-2)}(n \neq 2)$, 边界流 $\mathbf{x}^{(i_\alpha;\mathscr{B})}(t)$ 是 $2k_{i_\alpha}$ 阶奇异的来流.

(ii) 在 t_m 时刻, 如果满足

$$\hbar_{j_\alpha} G_{\partial\Omega_{\alpha j_\alpha}}^{(s_{i_\alpha},i_\alpha;\mathscr{B})}(\mathbf{x}_m, t_{m+}, \lambda_{i_\alpha}, \lambda_{j_\alpha}) = 0 \quad (s_{i_\alpha} = 0, 1, 2, \cdots, 2k_{i_\alpha} - 1);$$

$$\hbar_{j_\alpha} \mathbf{n}_{\partial\Omega_{\alpha j_\alpha}}^{\mathrm{T}}(\mathbf{x}_{m-\varepsilon}^{(j_\alpha;\mathscr{B})}) \cdot [\mathbf{x}_{m+\varepsilon}^{(i_\alpha;\mathscr{B})} - \mathbf{x}_{m+\varepsilon}^{(j_\alpha;\mathscr{B})}] > 0, \tag{7.12}$$

那么称对于棱 $\mathscr{E}_{\sigma_{n-2}}^{(n-2)}(n \neq 2)$, 边界流 $\mathbf{x}^{(i_\alpha;\mathscr{B})}(t)$ 是 $2k_{i_\alpha}$ 阶奇异的去流.

(iii) 在 t_m 时刻, 如果满足

$$\hbar_{j_\alpha} G_{\partial\Omega_{\alpha j_\alpha}}^{(s_{i_\alpha},i_\alpha;\mathscr{B})}(\mathbf{x}_m, t_{m\pm}, \lambda_{i_\alpha}, \lambda_{j_\alpha}) = 0 \quad (s_{i_\alpha} = 0, 1, 2, \cdots, 2k_{i_\alpha});$$

$$\hbar_{j_\alpha} \mathbf{n}_{\partial\Omega_{\alpha j_\alpha}}^{\mathrm{T}} (\mathbf{x}_{m-\varepsilon}^{(j_\alpha;\mathscr{B})}) \cdot [\mathbf{x}_{m-\varepsilon}^{(j_\alpha;\mathscr{B})} - \mathbf{x}_{m-\varepsilon}^{(i_\alpha;\mathscr{B})}] < 0,$$

$$\hbar_{j_\alpha} \mathbf{n}_{\partial\Omega_{\alpha j_\alpha}}^{\mathrm{T}} (\mathbf{x}_{m-\varepsilon}^{(j_\alpha;\mathscr{B})}) \cdot [\mathbf{x}_{m+\varepsilon}^{(i_\alpha;\mathscr{B})} - \mathbf{x}_{m+\varepsilon}^{(j_\alpha;\mathscr{B})}] > 0, \tag{7.13}$$

那么称对于棱 $\mathscr{E}_{\sigma_{n-2}}^{(n-2)}(n \neq 2)$, 边界流 $\mathbf{x}^{(i_\alpha;\mathscr{B})}(t)$ 是 $2k_{i_\alpha}+1$ 阶奇异的完全擦边流.

(iv) 在 t_m 时刻, 如果满足

$$\hbar_{j_\alpha} G_{\partial\Omega_{\alpha j_\alpha}}^{(s_{i_\alpha},i_\alpha;\mathscr{B})} (\mathbf{x}_m, t_{m-}, \lambda_{i_\alpha}, \lambda_{j_\alpha}) = 0 \quad (s_{i_\alpha} = 0, 1, 2, \cdots, 2k_{i_\alpha});$$

$$\hbar_{j_\alpha} \mathbf{n}_{\partial\Omega_{\alpha j_\alpha}}^{\mathrm{T}} (\mathbf{x}_{m-\varepsilon}^{(j_\alpha;\mathscr{B})}) \cdot [\mathbf{x}_{m-\varepsilon}^{(j_\alpha;\mathscr{B})} - \mathbf{x}_{m-\varepsilon}^{(i_\alpha;\mathscr{B})}] < 0, \tag{7.14}$$

那么称对于棱 $\mathscr{E}_{\sigma_{n-2}}^{(n-2)}(n \neq 2)$, 边界流 $\mathbf{x}^{(i_\alpha;\mathscr{B})}(t)$ 是 $2k_{i_\alpha}+1$ 阶奇异的来擦边流.

(v) 在 t_m 时刻, 如果满足

$$\hbar_{j_\alpha} G_{\partial\Omega_{\alpha j_\alpha}}^{(s_{i_\alpha},i_\alpha;\mathscr{B})} (\mathbf{x}_m, t_{m+}, \lambda_{i_\alpha}, \lambda_{j_\alpha}) = 0 \quad (s_{i_\alpha} = 0, 1, 2, \cdots, 2k_{i_\alpha});$$

$$\hbar_{j_\alpha} \mathbf{n}_{\partial\Omega_{\alpha j_\alpha}}^{\mathrm{T}} (\mathbf{x}_{m-\varepsilon}^{(j_\alpha;\mathscr{B})}) \cdot [\mathbf{x}_{m+\varepsilon}^{(i_\alpha;\mathscr{B})} - \mathbf{x}_{m+\varepsilon}^{(j_\alpha;\mathscr{B})}] > 0, \tag{7.15}$$

那么称对于棱 $\mathscr{E}_{\sigma_{n-2}}^{(n-2)}(n \neq 2)$, 边界流 $\mathbf{x}^{(i_\alpha;\mathscr{B})}(t)$ 是 $2k_{i_\alpha}+1$ 阶奇异的去擦边流.

类似地, 下面将给对于棱的来流、去流和擦边流具有高阶奇异性的充要条件. [454]

定理 7.2 对于方程 (6.4)—(6.8) 中的不连续动力系统, 域 Ω_α 内两个 $n-1$ 维边界 $\partial\Omega_{\alpha i_\alpha}(\sigma_{n-2})(\alpha \in \mathscr{N}_{\mathscr{D}}(\sigma_r) \subset \mathscr{N}_{\mathscr{D}} = \{1, 2, \cdots, N_d\}$ 和 $i_\alpha \in \mathscr{N}_{\alpha\mathscr{B}}(\sigma_{n-2}) \subset \mathscr{N}_{\mathscr{B}} = \{1, 2, \cdots, N_b\})$ 相交形成 $n-2$ 维棱 $\mathscr{E}_{\sigma_{n-2}}^{(n-2)}(\sigma_{n-2} \in \mathscr{N}_{\mathscr{E}}^{n-2} = \{1, 2, \cdots, N_{n-2}\})$. 假设在边界 $\partial\Omega_{\alpha i_\alpha}(\sigma_{n-2})$ 上有边界流 $\mathbf{x}^{(i_\alpha;\mathscr{B})}(t)$. 在 t_m 时刻, 存在点 $\mathbf{x}_m^{(\mathscr{E})} = \mathbf{x}^{(\mathscr{E})}(t_m) \in \mathscr{E}_{\sigma_{n-2}}^{(n-2)}$. 对于任意小的 $\varepsilon > 0$, 存在时间区间 $[t_{m-\varepsilon}, t_{m+\varepsilon}]$. 对于时间 t, 流 $\mathbf{x}^{(i_\alpha;\mathscr{B})}(t)$ 是 $C_{[t_{m-\varepsilon}, t_{m+\varepsilon}]}^{r_{i_\alpha}}$ 连续的, 且 $\|d^{r_{i_\alpha}+1}\mathbf{x}^{(i_\alpha;\mathscr{B})}/dt^{r_{i_\alpha}+1}\| < \infty(r_{i_\alpha} \geqslant 2k_{i_\alpha}$ 或者 $2k_{i_\alpha}+1)$.

(i) 在 t_m 时刻, 对于棱 $\mathscr{E}_{\sigma_{n-2}}^{(n-2)}(n \neq 2)$, 边界流 $\mathbf{x}^{(i_\alpha;\mathscr{B})}(t)$ 是 $2k_{i_\alpha}$ 阶奇异的来流, 当且仅当

$$\hbar_{j_\alpha} G_{\partial\Omega_{\alpha j_\alpha}}^{(s_{i_\alpha},i_\alpha;\mathscr{B})} (\mathbf{x}_m, t_{m-}, \lambda_{i_\alpha}, \lambda_{j_\alpha}) = 0 \quad (s_{i_\alpha} = 0, 1, 2, \cdots, 2k_{i_\alpha} - 1);$$

$$\hbar_{j_\alpha} G_{\partial\Omega_{\alpha j_\alpha}}^{(2k_{i_\alpha},i_\alpha;\mathscr{B})} (\mathbf{x}_m, t_{m-}, \lambda_{i_\alpha}, \lambda_{j_\alpha}) < 0. \tag{7.16}$$

(ii) 在 t_m 时刻, 对于棱 $\mathscr{E}_{\sigma_{n-2}}^{(n-2)}(n \neq 2)$, 边界流 $\mathbf{x}^{(i_\alpha;\mathscr{B})}(t)$ 是 $2k_{i_\alpha}$ 阶奇异的去流, 当且仅当

$$\hbar_{j_\alpha} G_{\partial\Omega_{\alpha j_\alpha}}^{(s_{i_\alpha},i_\alpha;\mathscr{B})} (\mathbf{x}_m, t_{m+}, \lambda_{i_\alpha}, \lambda_{j_\alpha}) = 0 \quad (s_{i_\alpha} = 0, 1, 2, \cdots, 2k_{i_\alpha} - 1);$$

$$\hbar_{j_\alpha} G_{\partial\Omega_{\alpha j_\alpha}}^{(2k_{i_\alpha},i_\alpha;\mathscr{B})} (\mathbf{x}_m, t_{m+}, \lambda_{i_\alpha}, \lambda_{j_\alpha}) > 0. \tag{7.17}$$

(iii) 在 t_m 时刻, 对于棱 $\mathscr{E}_{\sigma_{n-2}}^{(n-2)}(n \neq 2)$, 边界流 $\mathbf{x}^{(i_\alpha;\mathscr{B})}(t)$ 是 $2k_{i_\alpha}+1$ 阶奇异的完全擦边流, 当且仅当

$$\hbar_{j_\alpha} G_{\partial\Omega_{\alpha j_\alpha}}^{(s_{i_\alpha},i_\alpha;\mathscr{B})}(\mathbf{x}_m, t_{m\pm}, \lambda_{i_\alpha}, \lambda_{j_\alpha}) = 0 \quad (s_{i_\alpha} = 0, 1, 2, \cdots, 2k_{i_\alpha});$$

$$\hbar_{j_\alpha} G_{\partial\Omega_{\alpha j_\alpha}}^{(2k_{i_\alpha}+1,i_\alpha;\mathscr{B})}(\mathbf{x}_m, t_{m\pm}, \lambda_{i_\alpha}, \lambda_{j_\alpha}) > 0. \tag{7.18}$$

(iv) 在 t_m 时刻, 对于棱 $\mathscr{E}_{\sigma_{n-2}}^{(n-2)}(n \neq 2)$, 边界流 $\mathbf{x}^{(i_\alpha;\mathscr{B})}(t)$ 是 $2k_{i_\alpha}+1$ 阶奇异的来擦边流, 当且仅当

$$\hbar_{j_\alpha} G_{\partial\Omega_{\alpha j_\alpha}}^{(s_{i_\alpha},i_\alpha;\mathscr{B})}(\mathbf{x}_m, t_{m-}, \lambda_{i_\alpha}, \lambda_{j_\alpha}) = 0 \quad (s_{i_\alpha} = 0, 1, 2, \cdots, 2k_{i_\alpha});$$

$$\hbar_{j_\alpha} G_{\partial\Omega_{\alpha j_\alpha}}^{(2k_{i_\alpha}+1,i_\alpha;\mathscr{B})}(\mathbf{x}_m, t_{m-}, \lambda_{i_\alpha}, \lambda_{j_\alpha}) > 0. \tag{7.19}$$

[455]　　(v) 在 t_m 时刻, 对于棱 $\mathscr{E}_{\sigma_{n-2}}^{(n-2)}(n \neq 2)$, 边界流 $\mathbf{x}^{(i_\alpha;\mathscr{B})}(t)$ 是 $2k_{i_\alpha}+1$ 阶奇异的去擦边流, 当且仅当

$$\hbar_{j_\alpha} G_{\partial\Omega_{\alpha j_\alpha}}^{(s_{i_\alpha},i_\alpha;\mathscr{B})}(\mathbf{x}_m, t_{m+}, \lambda_{i_\alpha}, \lambda_{j_\alpha}) = 0 \quad (s_{i_\alpha} = 0, 1, 2, \cdots, 2k_{i_\alpha});$$

$$\hbar_{j_\alpha} G_{\partial\Omega_{\alpha j_\alpha}}^{(2k_{i_\alpha}+1,i_\alpha;\mathscr{B})}(\mathbf{x}_m, t_{m+}, \lambda_{i_\alpha}, \lambda_{j_\alpha}) > 0. \tag{7.20}$$

证明　边界流可看作在域内棱上其他边界的特殊流. 这个证明与第三章中的证明类似. ∎

7.2　边界流的切换性

我们考虑边界面上存在的边界流, 讨论当边界流到达棱上时两个边界流在棱上的可切换性.

图 7.4—图 7.9 绘出了 $n-2$ 维棱上两个边界流的切换. 黑色粗线表示 $n-2$ 维棱. 带有箭头的曲线表示边界流. 为了决定 $n-2$ 维棱上边界流的吸引性, 只能利用其中的一个边界面来说明. 图 7.4(a) 描述了边界流从一个边界 $\partial\Omega_{\alpha i_\alpha}$ 切换到另一个边界 $\partial\Omega_{\beta i_\beta}$ (即, 从 $\mathbf{x}^{(i_\alpha;\mathscr{B})}(t)$ 到 $\mathbf{x}^{(i_\beta;\mathscr{B})}(t)$). 图 7.4(b) 描述了边界流的反向切换, 即从 $\mathbf{x}^{(i_\beta;\mathscr{B})}(t)$ 到 $\mathbf{x}^{(i_\alpha;\mathscr{B})}(t)$ 的切换. 图 7.5 描述了在两个边界流之间的第一类和第二类不可切换流. 由于存在切换规则, 在不同边界流中, 来擦边流能被切换为拐点和去擦边流. 若没有任何切换规则, 来擦边流不能切换到其他的边界流或者域流内. 图 7.6(a) 和 (b) 分别描述了拐点–擦边边界流的切换性和擦边–拐点边界流的切换性. 由于存在切换规则, 图 7.7(a) 和 (b) 描述了两个擦边流的相互切换. 图 7.8 (a) 和 (b) 分别描述了第一类不可切换边界流是拐点–擦边边界流和擦边–擦边边界流的情况. 类似地, 图 7.9(a) 和 (b) 描述了第二类不可切换边界流的拐点–擦边和擦边–擦边边界流. 对于棱上两个边界流的可切换性的数学描述参见文献 Luo (2008a, b).

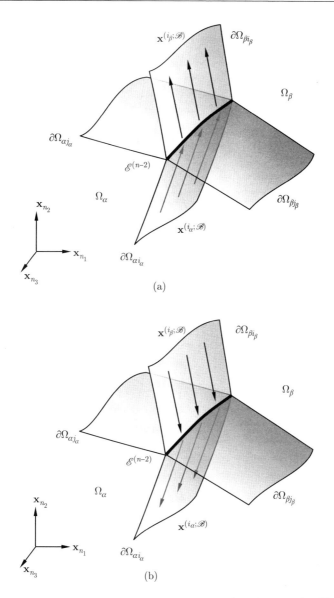

图 7.4 在三个 $n-1$ 维边界上的可切换边界流: (a) 从 $\mathbf{x}^{(i_\alpha;\mathscr{B})}(t)$ 到 $\mathbf{x}^{(i_\beta;\mathscr{B})}(t)$; (b) 从 $\mathbf{x}^{(i_\beta;\mathscr{B})}(t)$ 到 $\mathbf{x}^{(i_\alpha;\mathscr{B})}$; 粗实线表示 $n-2$ 维棱. 带有箭头的曲线表示边界流 $(n_1+n_2+n_3=n)$

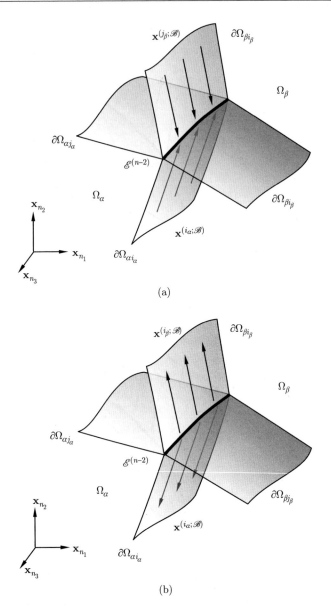

(a)

(b)

图 7.5　在三个 $n-1$ 维边界上的不可切换边界流: (a) 第一类情况; (b) 第二类情况. 粗线表示 $n-2$ 维棱. 带有箭头的曲线表示边界流 $(n_1 + n_2 + n_3 = n)$

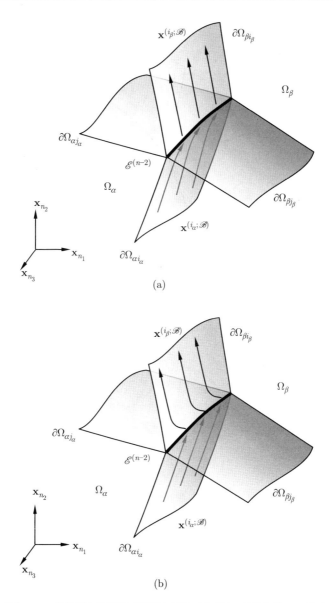

图 7.6 在三个 $n-1$ 维边界上的擦边可切换边界流: (a) 拐点 – 擦边切换; (b) 擦边 – 拐点切换. 粗线表示 $n-2$ 维棱. 带有箭头的曲线表示边界流 $(n_1 + n_2 + n_3 = n)$

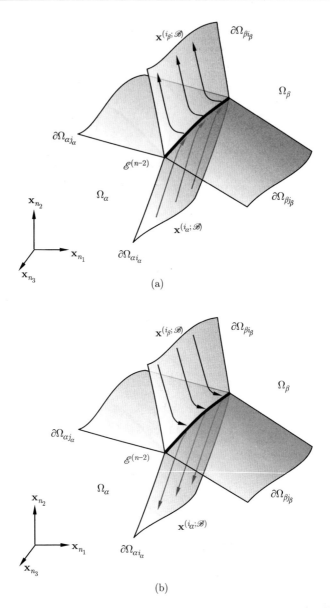

图 7.7 在三个 $n-1$ 维边界上的擦边可切换边界流: (a) 从 $\mathbf{x}^{(i_\alpha;\mathscr{B})}(t)$ 到 $\mathbf{x}^{(i_\beta;\mathscr{B})}(t)$; (b) 从 $\mathbf{x}^{(i_\beta;\mathscr{B})}(t)$ 到 $\mathbf{x}^{(i_\alpha;\mathscr{B})}(t)$. 粗线表示 $n-2$ 维棱. 带有箭头的曲线表示边界流 $(n_1+n_2+n_3=n)$

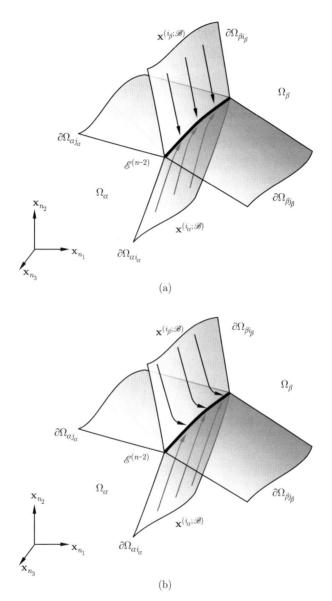

图 7.8 在三个 $n-1$ 维边界上的第一类不可切换边界流: (a) 拐点 – 擦边; (b) 擦边 – 擦边. 粗线表示 $n-2$ 维棱. 带有箭头的曲线表示边界流 $(n_1 + n_2 + n_3 = n)$

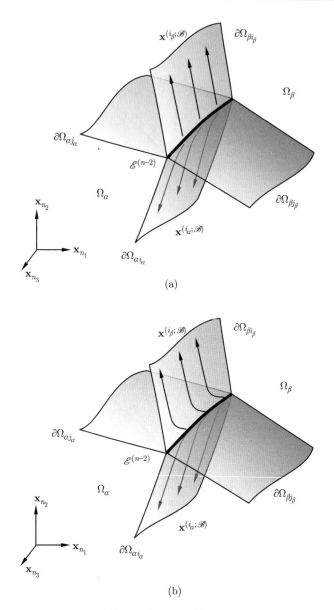

图 7.9　在三个 $n-1$ 维边界上的第二类不可切换边界流: (a) 拐点–擦边; (b) 擦边–擦边. 粗线表示 $n-2$ 维棱. 带有箭头的曲线表示边界流 ($n_1 + n_2 + n_3 = n$)

定义 7.3 对于方程 (6.4)—(6.8) 中的不连续动力系统, 域 Ω_α 内两 [462] 个 $n-1$ 维边界 $\partial\Omega_{\alpha i_\alpha}(\sigma_{n-2})(\alpha \in \mathscr{N}_{\mathscr{D}}(\sigma_r) \subset \mathscr{N}_{\mathscr{D}} = \{1, 2, \cdots, N_d\}$ 和 $i_\alpha \in \mathscr{N}_{\alpha\mathscr{B}}(\sigma_{n-2}) \subset \mathscr{N}_{\mathscr{B}} = \{1, 2, \cdots, N_b\})$ 相交形成 $n-2$ 维棱 $\mathscr{E}_{\sigma_{n-2}}^{(n-2)}(\sigma_{n-2} \in \mathscr{N}_{\mathscr{E}}^{n-2} = \{1, 2, \cdots, N_{n-2}\})$. 假设在边界 $\partial\Omega_{\rho i_\rho}(\sigma_{n-2})$ 上有两个边界流 $\mathbf{x}^{(i_\alpha;\mathscr{B})}(t)$ ($\rho = \alpha, \beta$ 和 $i_\alpha \neq i_\beta$). 在 t_m 时刻, 存在点 $\mathbf{x}_m^{(\mathscr{E})} = \mathbf{x}^{(\mathscr{E})}(t_m) \in \mathscr{E}_{\sigma_{n-2}}^{(n-2)}$ 和 $\mathbf{x}_m^{(i_\alpha;\mathscr{B})} = \mathbf{x}_m^{(i_\beta;\mathscr{B})}$. 对于任意小的 $\varepsilon > 0$, 存在时间区间 $[t_{m-\varepsilon}, t_{m+\varepsilon}]$.

(i) 在 t_m 时刻, 如果满足

$$\hbar_{j_\alpha} \mathbf{n}_{\partial\Omega_{\alpha j_\alpha}}^{\mathrm{T}}(\mathbf{x}_{m-\varepsilon}^{(j_\alpha;\mathscr{B})}) \cdot [\mathbf{x}_{m-\varepsilon}^{(j_\alpha;\mathscr{B})} - \mathbf{x}_{m-\varepsilon}^{(i_\alpha;\mathscr{B})}] < 0;$$
$$\hbar_{j_\beta} \mathbf{n}_{\partial\Omega_{\beta j_\beta}}^{\mathrm{T}}(\mathbf{x}_{m+\varepsilon}^{(j_\beta;\mathscr{B})}) \cdot [\mathbf{x}_{m+\varepsilon}^{(i_\beta;\mathscr{B})} - \mathbf{x}_{m+\varepsilon}^{(j_\beta;\mathscr{B})}] > 0, \tag{7.21}$$

那么称在棱 $\mathscr{E}_{\sigma_{n-2}}^{(n-2)}$ 上, 来自边界 $\partial\Omega_{\alpha i_\alpha}$ 的来边界流 $\mathbf{x}^{(i_\alpha;\mathscr{B})}(t)$ 可以切换为边界 $\partial\Omega_{\beta i_\beta}$ 上的去边界流 $\mathbf{x}^{(i_\beta;\mathscr{B})}(t)$.

(ii) 在 t_m 时刻, 如果满足

$$\hbar_{j_\alpha} \mathbf{n}_{\partial\Omega_{\alpha j_\alpha}}^{\mathrm{T}}(\mathbf{x}_{m-\varepsilon}^{(j_\alpha;\mathscr{B})}) \cdot [\mathbf{x}_{m-\varepsilon}^{(j_\alpha;\mathscr{B})} - \mathbf{x}_{m-\varepsilon}^{(i_\alpha;\mathscr{B})}] < 0;$$
$$\hbar_{j_\beta} \mathbf{n}_{\partial\Omega_{\beta j_\beta}}^{\mathrm{T}}(\mathbf{x}_{m-\varepsilon}^{(j_\beta;\mathscr{B})}) \cdot [\mathbf{x}_{m-\varepsilon}^{(j_\beta;\mathscr{B})} - \mathbf{x}_{m-\varepsilon}^{(i_\beta;\mathscr{B})}] < 0, \tag{7.22}$$

那么称在棱 $\mathscr{E}_{\sigma_{n-2}}^{(n-2)}$ 上两个来边界流 $\mathbf{x}^{(i_\alpha;\mathscr{B})}(t)$ 和 $\mathbf{x}^{(i_\beta;\mathscr{B})}(t)$ 是第一类不可切换的.

(iii) 在 t_m 时刻, 如果满足

$$\hbar_{j_\alpha} \mathbf{n}_{\partial\Omega_{\alpha j_\alpha}}^{\mathrm{T}}(\mathbf{x}_{m+\varepsilon}^{(j_\alpha;\mathscr{B})}) \cdot [\mathbf{x}_{m+\varepsilon}^{(i_\alpha;\mathscr{B})} - \mathbf{x}_{m+\varepsilon}^{(j_\alpha;\mathscr{B})}] > 0;$$
$$\hbar_{j_\beta} \mathbf{n}_{\partial\Omega_{\beta j_\beta}}^{\mathrm{T}}(\mathbf{x}_{m+\varepsilon}^{(j_\beta;\mathscr{B})}) \cdot [\mathbf{x}_{m+\varepsilon}^{(i_\beta;\mathscr{B})} - \mathbf{x}_{m+\varepsilon}^{(j_\beta;\mathscr{B})}] > 0, \tag{7.23}$$

那么称在棱 $\mathscr{E}_{\sigma_{n-2}}^{(n-2)}$ 上两个去边界流 $\mathbf{x}^{(i_\alpha;\mathscr{B})}(t)$ 和 $\mathbf{x}^{(i_\beta;\mathscr{B})}(t)$ 是第二类不可切换的.

根据上面的定义, 正如第三章和第六章中讨论的对于边界的域流, 可以给出对于棱的边界流的条件.

定理 7.3 对于方程 (6.4)—(6.8) 中的不连续动力系统, 域 Ω_α 内两个 $n-1$ 维边界 $\partial\Omega_{\alpha i_\alpha}(\sigma_{n-2})(\alpha \in \mathscr{N}_{\mathscr{D}}(\sigma_r) \subset \mathscr{N}_{\mathscr{D}} = \{1, 2, \cdots, N_d\}$ 和 $i_\alpha \in \mathscr{N}_{\alpha\mathscr{B}}(\sigma_{n-2}) \subset \mathscr{N}_{\mathscr{B}} = \{1, 2, \cdots, N_b\})$ 相交形成 $n-2$ 维棱 $\mathscr{E}_{\sigma_{n-2}}^{(n-2)}(\sigma_{n-2} \in \mathscr{N}_{\mathscr{E}}^{n-2} = \{1, 2, \cdots, N_{n-2}\})$. 假设在边界 $\partial\Omega_{\rho i_\rho}(\sigma_{n-2})$ 上有两个边界流 $\mathbf{x}^{(i_\rho;\mathscr{B})}(t)$ ($\rho = \alpha, \beta$ 和 $i_\alpha \neq i_\beta$). 在 t_m 时刻, 存在点 $\mathbf{x}_m^{(\mathscr{E})} = \mathbf{x}^{(\mathscr{E})}(t_m) \in \mathscr{E}_{\sigma_{n-2}}^{(n-2)}$ 和 $\mathbf{x}_m^{(i_\alpha;\mathscr{B})} = \mathbf{x}_m^{(i_\beta;\mathscr{B})}$. 对于任意小的 $\varepsilon > 0$, 存在时间区间 $[t_{m-\varepsilon}, t_{m+\varepsilon}]$.

[463]　对于时间 t, 边界流 $\mathbf{x}^{(i_\rho;\mathscr{B})}(t)$ 是 $C^{(r_{i_\rho};\mathscr{B})}_{[t_{m-\varepsilon},0)}$ 或者 $C^{(r_{i_\rho};\mathscr{B})}_{(0,t_{m+\varepsilon}]}(r_{i_\rho}\geqslant 2)$ 连续的, 且 $\|d^{r_{i_\rho}+1}\mathbf{x}^{(i_\rho;\mathscr{B})}/dt^{r_{i_\rho}+1}\|<\infty$.

(i) 在 t_m 时刻, 棱 $\mathscr{E}^{(n-2)}_{\sigma_{n-2}}$ 上的来自边界 $\partial\Omega_{\alpha i_\alpha}$ 的来边界流 $\mathbf{x}^{(i_\alpha;\mathscr{B})}(t)$ 可以切换为边界 $\partial\Omega_{\beta i_\beta}$ 上的去边界流 $\mathbf{x}^{(i_\beta;\mathscr{B})}(t)$, 当且仅当

$$\hbar_{j_\alpha}G^{(i_\alpha;\mathscr{B})}_{\partial\Omega_{\alpha j_\alpha}}(\mathbf{x}_m,t_{m-},\lambda_{i_\alpha},\lambda_{j_\alpha})<0;$$

$$\hbar_{j_\beta}G^{(i_\beta;\mathscr{B})}_{\partial\Omega_{\beta j_\beta}}(\mathbf{x}_m,t_{m+},\lambda_{i_\beta},\lambda_{j_\beta})>0. \tag{7.24}$$

(ii) 在 t_m 时刻, 棱 $\mathscr{E}^{(n-2)}_{\sigma_{n-2}}$ 上的两个来边界流 $\mathbf{x}^{(i_\alpha;\mathscr{B})}(t)$ 和 $\mathbf{x}^{(i_\beta;\mathscr{B})}(t)$ 是第一类不可切换的, 当且仅当

$$\hbar_{j_\alpha}G^{(i_\alpha;\mathscr{B})}_{\partial\Omega_{\alpha j_\alpha}}(\mathbf{x}_m,t_{m-},\lambda_{i_\alpha},\lambda_{j_\alpha})<0;$$

$$\hbar_{j_\beta}G^{(i_\beta;\mathscr{B})}_{\partial\Omega_{\beta j_\beta}}(\mathbf{x}_m,t_{m-},\lambda_{i_\beta},\lambda_{j_\beta})<0. \tag{7.25}$$

(iii) 在 t_m 时刻, 棱 $\mathscr{E}^{(n-2)}_{\sigma_{n-2}}$ 上的两个去边界流 $\mathbf{x}^{(i_\alpha;\mathscr{B})}(t)$ 和 $\mathbf{x}^{(i_\beta;\mathscr{B})}(t)$ 是第二类不可切换的, 当且仅当

$$\hbar_{j_\alpha}G^{(i_\alpha;\mathscr{B})}_{\partial\Omega_{\alpha j_\alpha}}(\mathbf{x}_m,t_{m+},\lambda_{i_\alpha},\lambda_{j_\alpha})>0;$$

$$\hbar_{j_\beta}G^{(i_\beta;\mathscr{B})}_{\partial\Omega_{\beta j_\beta}}(\mathbf{x}_m,t_{m+},\lambda_{i_\beta},\lambda_{j_\beta})>0. \tag{7.26}$$

证明　边界流可看作在域内棱上其他边界的特殊流. 这个证明与第三章中的证明类似. ∎

下面将描述对于棱具有高阶奇异性的边界流的可切换性.

定义 7.4　对于方程 (6.4)—(6.8) 中的不连续动力系统, 域 Ω_α 内两个 $n-1$ 维边界 $\partial\Omega_{\alpha i_\alpha}(\sigma_{n-2})(\alpha\in\mathscr{N}_{\mathscr{D}}(\sigma_r)\subset\mathscr{N}_{\mathscr{D}}=\{1,2,\cdots,N_d\}$ 和 $i_\alpha\in\mathscr{N}_{\alpha\mathscr{B}}(\sigma_{n-2})\subset\mathscr{N}_{\mathscr{B}}=\{1,2,\cdots,N_b\})$ 相交形成 $n-2$ 维棱 $\mathscr{E}^{(n-2)}_{\sigma_{n-2}}(\sigma_{n-2}\in\mathscr{N}^{n-2}_{\mathscr{E}}=\{1,2,\cdots,N_{n-2}\})$. 假设在边界 $\partial\Omega_{\rho i_\rho}(\sigma_{n-2})$ 上有两个边界流 $\mathbf{x}^{(i_\rho;\mathscr{B})}(t)$ $(\rho=\alpha,\beta$ 和 $i_\alpha\neq i_\beta)$. 在 t_m 时刻, 存在点 $\mathbf{x}^{(\mathscr{E})}_m=\mathbf{x}^{(\mathscr{E})}(t_m)\in\mathscr{E}^{(n-2)}_{\sigma_{n-2}}$ 和 $\mathbf{x}^{(i_\alpha;\mathscr{B})}_m=\mathbf{x}^{(i_\beta;\mathscr{B})}_m$. 对于任意小的 $\varepsilon>0$, 存在时间区间 $[t_{m-\varepsilon},t_{m+\varepsilon}]$. 对于时

[464]　间 t, 边界流 $\mathbf{x}^{(i_\rho;\mathscr{B})}(t)$ 是 $C^{(r_{i_\rho};\mathscr{B})}_{[t_{m-\varepsilon},0)}$ 或者 $C^{(r_{i_\rho};\mathscr{B})}_{(0,t_{m+\varepsilon}]}(r_{i_\rho}\geqslant m_{i_\rho},m_{i_\rho}=2k_{i_\rho}+1,n\neq 2)$ 连续的, 且 $\|d^{r_{i_\rho}+1}\mathbf{x}^{(i_\rho;\mathscr{B})}/dt^{r_{i_\rho}+1}\|<\infty$.

(i) 在切换规则下, 在 t_m 时刻如果满足

$$\left.\begin{array}{l} \hbar_{j_\alpha} G_{\partial\Omega_{\alpha j_\alpha}}^{(s_{i_\alpha},i_\alpha;\mathscr{B})}(\mathbf{x}_m,t_{m-},\lambda_{i_\alpha},\lambda_{j_\alpha}) = 0, \\ s_{i_\alpha} = 0, 1, 2, \cdots, m_{i_\alpha} - 1; \\ \hbar_{j_\beta} G_{\partial\Omega_{\beta j_\beta}}^{(s_{i_\beta},i_\beta;\mathscr{B})}(\mathbf{x}_m,t_{m+},\lambda_{i_\beta},\lambda_{j_\beta}) = 0, \\ s_{i_\beta} = 0, 1, 2, \cdots, m_{i_\beta} - 1; \\ \hbar_{j_\alpha} \mathbf{n}_{\partial\Omega_{\alpha j_\alpha}}^{\mathrm{T}}(\mathbf{x}_{m-\varepsilon}^{(j_\alpha;\mathscr{B})}) \cdot [\mathbf{x}_{m-\varepsilon}^{(j_\alpha;\mathscr{B})} - \mathbf{x}_{m-\varepsilon}^{(i_\alpha;\mathscr{B})}] < 0; \\ \hbar_{j_\beta} \mathbf{n}_{\partial\Omega_{\beta j_\beta}}^{\mathrm{T}}(\mathbf{x}_{m+\varepsilon}^{(j_\beta;\mathscr{B})}) \cdot [\mathbf{x}_{m+\varepsilon}^{(i_\beta;\mathscr{B})} - \mathbf{x}_{m+\varepsilon}^{(j_\beta;\mathscr{B})}] > 0, \end{array}\right\} \quad (7.27)$$

那么称来自边界 $\partial\Omega_{\alpha i_\alpha}$ 的来边界流 $\mathbf{x}^{(i_\alpha;\mathscr{B})}(t)$ 在棱 $\mathscr{E}_{\sigma_{n-2}}^{(n-2)}$ 上可以切换为边界 $\partial\Omega_{\beta i_\beta}$ 上的去边界流, 且具有 $(m_{i_\alpha} : m_{i_\beta};\mathscr{B})$ 型奇异性.

(ii) 在 t_m 时刻, 如果满足

$$\left.\begin{array}{l} \hbar_{j_\alpha} G_{\partial\Omega_{\alpha j_\alpha}}^{(s_{i_\alpha},i_\alpha;\mathscr{B})}(\mathbf{x}_m,t_{m-},\lambda_{i_\alpha},\lambda_{j_\alpha}) = 0, \\ s_{i_\alpha} = 0, 1, 2, \cdots, 2k_{i_\alpha} - 1; \\ \hbar_{j_\beta} G_{\partial\Omega_{\beta j_\beta}}^{(s_{i_\beta},i_\beta;\mathscr{B})}(\mathbf{x}_m,t_{m-},\lambda_{i_\beta},\lambda_{j_\beta}) = 0, \\ s_{i_\beta} = 0, 1, 2, \cdots, 2k_{i_\beta} - 1; \\ \hbar_{j_\alpha} \mathbf{n}_{\partial\Omega_{\alpha j_\alpha}}^{\mathrm{T}}(\mathbf{x}_{m-\varepsilon}^{(j_\alpha;\mathscr{B})}) \cdot [\mathbf{x}_{m-\varepsilon}^{(j_\alpha;\mathscr{B})} - \mathbf{x}_{m-\varepsilon}^{(i_\alpha;\mathscr{B})}] < 0; \\ \hbar_{j_\beta} \mathbf{n}_{\partial\Omega_{\beta j_\beta}}^{\mathrm{T}}(\mathbf{x}_{m-\varepsilon}^{(j_\beta;\mathscr{B})}) \cdot [\mathbf{x}_{m-\varepsilon}^{(j_\beta;\mathscr{B})} - \mathbf{x}_{m-\varepsilon}^{(i_\beta;\mathscr{B})}] < 0, \end{array}\right\} \quad (7.28)$$

那么称棱 $\mathscr{E}_{\sigma_{n-2}}^{(n-2)}$ 上两个来边界流 $\mathbf{x}^{(i_\alpha;\mathscr{B})}(t)$ 和 $\mathbf{x}^{(i_\beta;\mathscr{B})}(t)$ 是第一类 $(2k_{i_\alpha} : 2k_{i_\beta};\mathscr{B})$ 型奇异不可切换的.

(iii) 在 t_m 时刻, 如果满足

$$\left.\begin{array}{l} \hbar_{j_\alpha} G_{\partial\Omega_{\alpha j_\alpha}}^{(s_{i_\alpha},i_\alpha;\mathscr{B})}(\mathbf{x}_m,t_{m+},\lambda_{i_\alpha},\lambda_{j_\alpha}) = 0, \\ s_{i_\alpha} = 0, 1, 2, \cdots, m_{i_\alpha} - 1; \\ \hbar_{j_\beta} G_{\partial\Omega_{\beta j_\beta}}^{(s_{i_\beta},i_\beta;\mathscr{B})}(\mathbf{x}_m,t_{m+},\lambda_{i_\beta},\lambda_{j_\beta}) = 0, \\ s_{i_\beta} = 0, 1, 2, \cdots, m_{i_\beta} - 1; \\ \hbar_{j_\alpha} \mathbf{n}_{\partial\Omega_{\alpha j_\alpha}}^{\mathrm{T}}(\mathbf{x}_{m+\varepsilon}^{(j_\alpha;\mathscr{B})}) \cdot [\mathbf{x}_{m+\varepsilon}^{(i_\alpha;\mathscr{B})} - \mathbf{x}_{m+\varepsilon}^{(j_\alpha;\mathscr{B})}] > 0; \\ \hbar_{j_\beta} \mathbf{n}_{\partial\Omega_{\beta j_\beta}}^{\mathrm{T}}(\mathbf{x}_{m+\varepsilon}^{(j_\beta;\mathscr{B})}) \cdot [\mathbf{x}_{m+\varepsilon}^{(i_\beta;\mathscr{B})} - \mathbf{x}_{m+\varepsilon}^{(j_\beta;\mathscr{B})}] > 0, \end{array}\right\} \quad (7.29)$$

那么称棱 $\mathscr{E}_{\sigma_{n-2}}^{(n-2)}$ 上两个去边界流 $\mathbf{x}^{(i_\alpha;\mathscr{B})}(t)$ 和 $\mathbf{x}^{(i_\beta;\mathscr{B})}(t)$ 是第二类 $(m_{i_\alpha} : m_{i_\beta};\mathscr{B})$ 型奇异不可切换的.

(iv) 在没有任何切换规则下, 如果在 t_m 时刻方程 (7.27) 满足, 且 $m_{i_\alpha} = 2k_{i_\alpha}$, 那么称来自边界 $\partial\Omega_{\alpha i_\alpha}$ 的来边界流 $\mathbf{x}^{(i_\alpha;\mathscr{B})}(t)$ 在棱 $\mathscr{E}_{\sigma_{n-2}}^{(n-2)}$ 上可以潜在切换为边界 $\partial\Omega_{\beta i_\beta}$ 上的去边界流, 且具有 $(2k_{i_\alpha} : m_{i_\beta}; \mathscr{B})$ 型奇异性.

(v) 在没有任何切换规则下, 如果在 t_m 时刻方程 (7.27) 满足, 且 $m_{i_\alpha} = 2k_{i_\alpha} + 1$, 那么称来自边界 $\partial\Omega_{\alpha i_\alpha}$ 的来边界流 $\mathbf{x}^{(i_\alpha;\mathscr{B})}(t)$ 在棱 $\mathscr{E}_{\sigma_{n-2}}^{(n-2)}$ 上不可以切换为边界 $\partial\Omega_{\beta i_\beta}$ 上的去边界流, 且具有 $(2k_{i_\alpha} + 1 : m_{i_\beta}; \mathscr{B})$ 型奇异性.

(vi) 在切换规则下, t_m 时刻, 如果满足

$$\left.\begin{aligned}
&\hbar_{j_\alpha} G_{\partial\Omega_{\alpha j_\alpha}}^{(s_{i_\alpha}, i_\alpha;\mathscr{B})}(\mathbf{x}_m, t_{m\pm}, \lambda_{i_\alpha}, \lambda_{j_\alpha}) = 0, \\
&s_{i_\alpha} = 0, 1, 2, \cdots, 2k_{i_\alpha}; \\
&\hbar_{j_\beta} G_{\partial\Omega_{\beta j_\beta}}^{(s_{i_\beta}, i_\beta;\mathscr{B})}(\mathbf{x}_m, t_{m\pm}, \lambda_{i_\beta}, \lambda_{j_\beta}) = 0, \\
&s_{i_\beta} = 0, 1, 2, \cdots, 2k_{i_\beta}; \\
&\hbar_{j_\alpha} \mathbf{n}_{\partial\Omega_{\alpha j_\alpha}}^{\mathrm{T}}(\mathbf{x}_{m-\varepsilon}^{(j_\alpha;\mathscr{B})}) \cdot [\mathbf{x}_{m-\varepsilon}^{(j_\alpha;\mathscr{B})} - \mathbf{x}_{m-\varepsilon}^{(i_\alpha;\mathscr{B})}] < 0, \\
&\hbar_{j_\beta} \mathbf{n}_{\partial\Omega_{\beta j_\beta}}^{\mathrm{T}}(\mathbf{x}_{m-\varepsilon}^{(j_\beta;\mathscr{B})}) \cdot [\mathbf{x}_{m-\varepsilon}^{(j_\beta;\mathscr{B})} - \mathbf{x}_{m-\varepsilon}^{(i_\beta;\mathscr{B})}] < 0; \\
&\hbar_{j_\alpha} \mathbf{n}_{\partial\Omega_{\alpha j_\alpha}}^{\mathrm{T}}(\mathbf{x}_{m+\varepsilon}^{(j_\alpha;\mathscr{B})}) \cdot [\mathbf{x}_{m+\varepsilon}^{(i_\alpha;\mathscr{B})} - \mathbf{x}_{m+\varepsilon}^{(j_\alpha;\mathscr{B})}] > 0, \\
&\hbar_{j_\beta} \mathbf{n}_{\partial\Omega_{\beta j_\beta}}^{\mathrm{T}}(\mathbf{x}_{m+\varepsilon}^{(j_\beta;\mathscr{B})}) \cdot [\mathbf{x}_{m+\varepsilon}^{(i_\beta;\mathscr{B})} - \mathbf{x}_{m+\varepsilon}^{(j_\beta;\mathscr{B})}] > 0,
\end{aligned}\right\} \tag{7.30}$$

那么称棱 $\mathscr{E}_{\sigma_{n-2}}^{(n-2)}$ 上两个擦边流 $\mathbf{x}^{(i_\alpha;\mathscr{B})}(t)$ 和 $\mathbf{x}^{(i_\beta;\mathscr{B})}(t)$ 为 $(2k_{i_\alpha} + 1 : 2k_{i_\beta} + 1; \mathscr{B})$ 型奇异可切换的.

(vii) 在没有任何切换规则下, 如果方程 (7.30) 满足, 且 $m_{i_\alpha} = 2k_{i_\alpha} + 1$, 那么称 t_m 时刻棱 $\mathscr{E}_{\sigma_{n-2}}^{(n-2)}$ 上两个擦边流 $\mathbf{x}^{(i_\alpha;\mathscr{B})}(t)$ 与 $\mathbf{x}^{(i_\beta;\mathscr{B})}(t)$ 是 $(2k_{i_\alpha} + 1 : 2k_{i_\beta} + 1; \mathscr{B})$ 型奇异双切流.

定理 7.4 对于方程 (6.4)—(6.8) 中的不连续动力系统, 域 Ω_α 内两个 $n - 1$ 维边界 $\partial\Omega_{\alpha i_\alpha}(\sigma_{n-2})(\alpha \in \mathscr{N}_\mathscr{D}(\sigma_r) \subset \mathscr{N}_\mathscr{D} = \{1, 2, \cdots, N_d\}$ 和 $i_\alpha \in \mathscr{N}_{\alpha\mathscr{B}}(\sigma_{n-2}) \subset \mathscr{N}_\mathscr{B} = \{1, 2, \cdots, N_b\})$ 相交形成 $n - 2$ 维棱 $\mathscr{E}_{\sigma_{n-2}}^{(n-2)}(\sigma_{n-2} \in \mathscr{N}_{\mathscr{E}}^{n-2} = \{1, 2, \cdots, N_{n-2}\})$. 假设在边界 $\partial\Omega_{\rho i_\rho}(\sigma_{n-2})$ 上有两个边界流 $\mathbf{x}^{(i_\rho;\mathscr{B})}(t) (\rho = \alpha, \beta$ 和 $i_\alpha \neq i_\beta)$. 在 t_m 时刻, 存在点 $\mathbf{x}_m^{(\mathscr{E})} = \mathbf{x}^{(\mathscr{E})}(t_m) \in \mathscr{E}_{\sigma_{n-2}}^{(n-2)}$ 和 $\mathbf{x}_m^{(i_\alpha;\mathscr{B})} = \mathbf{x}_m^{(i_\beta;\mathscr{B})}$. 对于任意小的 $\varepsilon > 0$, 存在时间区间 $[t_{m-\varepsilon}, t_{m+\varepsilon}]$. 对于时间 t, 边界流 $\mathbf{x}^{(i_\rho;\mathscr{B})}(t)$ 是 $C_{[t_{m-\varepsilon} 0]}^{(r_{i_\rho};\mathscr{B})}$ 或 $C_{(0, t_{m+\varepsilon}]}^{(r_{i_\rho};\mathscr{B})}(r_{i_\rho} \geqslant m_{i_\rho}, m_{i_\rho} = 2k_{i_\rho} + 1, n \neq 2)$ 连续的, 且 $\|d^{r_{i_\rho}+1}\mathbf{x}^{(i_\rho;\mathscr{B})}/dt^{r_{i_\rho}+1}\| < \infty$.

(i) 在切换规则下, t_m 时刻, 边界 $\partial\Omega_{\alpha i_\alpha}$ 上的来边界流 $\mathbf{x}^{(i_\alpha;\mathscr{B})}(t)$ 可在棱 $\mathscr{E}_{\sigma_{n-2}}^{(n-2)}$ 上切换为边界 $\partial\Omega_{\beta i_\beta}$ 上的去边界流 $\mathbf{x}^{(i_\beta;\mathscr{B})}(t)$, 且具有 $(m_{i_\alpha} : m_{i_\beta}; \mathscr{B})$ 型奇异性, 当且仅当

[465]
[466]

$$\left.\begin{aligned}
&\hbar_{j_\alpha} G^{(s_{i_\alpha},i_\alpha;\mathscr{B})}_{\partial\Omega_{\alpha j_\alpha}}(\mathbf{x}_m, t_{m-}, \lambda_{i_\alpha}, \lambda_{j_\alpha}) = 0, \\
&s_{i_\alpha} = 0, 1, 2, \cdots, m_{i_\alpha} - 1; \\
&\hbar_{j_\beta} G^{(s_{i_\beta},i_\beta;\mathscr{B})}_{\partial\Omega_{\beta j_\beta}}(\mathbf{x}_m, t_{m+}, \lambda_{i_\beta}, \lambda_{j_\beta}) = 0, \\
&s_{i_\beta} = 0, 1, 2, \cdots, m_{i_\beta} - 1; \\
&(-1)^{m_{i_\alpha}} \hbar_{j_\alpha} G^{(m_{i_\alpha},i_\alpha;\mathscr{B})}_{\partial\Omega_{\alpha j_\alpha}}(\mathbf{x}_m, t_{m-}, \lambda_{i_\alpha}, \lambda_{j_\alpha}) < 0; \\
&\hbar_{j_\beta} G^{(m_{i_\beta},i_\beta;\mathscr{B})}_{\partial\Omega_{\beta j_\beta}}(\mathbf{x}_m, t_{m+}, \lambda_{i_\beta}, \lambda_{j_\beta}) > 0.
\end{aligned}\right\} \tag{7.31}$$

(ii) 在 t_m 时刻, 棱 $\mathscr{E}^{(n-2)}_{\sigma_{n-2}}$ 上两个来边界流 $\mathbf{x}^{(i_\alpha;\mathscr{B})}(t)$ 和 $\mathbf{x}^{(i_\beta;\mathscr{B})}(t)$ 是第一类 $(2k_{i_\alpha} : 2k_{i_\beta}; \mathscr{B})$ 型奇异不可切换的, 当且仅当

$$\left.\begin{aligned}
&\hbar_{j_\alpha} G^{(s_{i_\alpha},i_\alpha;\mathscr{B})}_{\partial\Omega_{\alpha j_\alpha}}(\mathbf{x}_m, t_{m-}, \lambda_{i_\alpha}, \lambda_{j_\alpha}) = 0, \\
&s_{i_\alpha} = 0, 1, 2, \cdots, 2k_{i_\alpha} - 1; \\
&\hbar_{j_\beta} G^{(s_{i_\beta},i_\beta;\mathscr{B})}_{\partial\Omega_{\beta j_\beta}}(\mathbf{x}_m, t_{m-}, \lambda_{i_\beta}, \lambda_{j_\beta}) = 0, \\
&s_{i_\beta} = 0, 1, 2, \cdots, 2k_{i_\beta} - 1; \\
&\hbar_{j_\alpha} G^{(2k_{i_\alpha},i_\alpha;\mathscr{B})}_{\partial\Omega_{\alpha j_\alpha}}(\mathbf{x}_m, t_{m-}, \lambda_{i_\alpha}, \lambda_{j_\alpha}) < 0; \\
&\hbar_{j_\beta} G^{(2k_{i_\beta},i_\beta;\mathscr{B})}_{\partial\Omega_{\beta j_\beta}}(\mathbf{x}_m, t_{m-}, \lambda_{i_\beta}, \lambda_{j_\beta}) < 0.
\end{aligned}\right\} \tag{7.32}$$

(iii) 在 t_m 时刻, 棱 $\mathscr{E}^{(n-2)}_{\sigma_{n-2}}$ 上两个去边界流 $\mathbf{x}^{(i_\alpha;\mathscr{B})}(t)$ 和 $\mathbf{x}^{(i_\beta;\mathscr{B})}(t)$ 是第二类 $(m_{i_\alpha} : m_{i_\beta}; \mathscr{B})$ 型奇异不可切换的, 当且仅当

$$\left.\begin{aligned}
&\hbar_{j_\alpha} G^{(s_{i_\alpha},i_\alpha;\mathscr{B})}_{\partial\Omega_{\alpha j_\alpha}}(\mathbf{x}_m, t_{m+}, \lambda_{i_\alpha}, \lambda_{j_\alpha}) = 0, \\
&s_{i_\alpha} = 0, 1, 2, \cdots, m_{i_\alpha} - 1; \\
&\hbar_{j_\beta} G^{(s_{i_\beta},i_\beta;\mathscr{B})}_{\partial\Omega_{\beta j_\beta}}(\mathbf{x}_m, t_{m+}, \lambda_{i_\beta}, \lambda_{j_\beta}) = 0, \\
&s_{i_\beta} = 0, 1, 2, \cdots, m_{i_\beta} - 1; \\
&\hbar_{j_\alpha} G^{(m_{i_\alpha},i_\alpha;\mathscr{B})}_{\partial\Omega_{\alpha j_\alpha}}(\mathbf{x}_m, t_{m+}, \lambda_{i_\alpha}, \lambda_{j_\alpha}) > 0; \\
&\hbar_{j_\beta} G^{(m_{i_\beta},i_\beta;\mathscr{B})}_{\partial\Omega_{\beta j_\beta}}(\mathbf{x}_m, t_{m+}, \lambda_{i_\beta}, \lambda_{j_\beta}) > 0.
\end{aligned}\right\} \tag{7.33}$$

(iv) 在没有任何切换规则时, t_m 时刻来自边界 $\partial\Omega_{\alpha i_\alpha}$ 的来边界流 $\mathbf{x}^{(i_\alpha;\mathscr{B})}(t)$ 在棱 $\mathscr{E}^{(n-2)}_{\sigma_{n-2}}$ 上潜在可能切换为边界 $\partial\Omega_{\beta i_\beta}$ 上的去边界流 $\mathbf{x}^{(i_\beta;\mathscr{B})}(t)$, 且具有 $(2k_{i_\alpha} : m_{i_\beta}; \mathscr{B})$ 型奇异性, 当且仅当方程 (7.31) 满足, 且 $m_{i_\alpha} = 2k_{i_\alpha}$.

(v) 在没有任何切换规则时, t_m 时刻来自边界 $\partial\Omega_{\alpha i_\alpha}$ 的来边界流 $\mathbf{x}^{(i_\alpha;\mathscr{B})}(t)$ 在棱 $\mathscr{E}^{(n-2)}_{\sigma_{n-2}}$ 上不能切换为边界 $\partial\Omega_{\beta i_\beta}$ 上的去边界流 $\mathbf{x}^{(i_\beta;\mathscr{B})}(t)$, 且具有 $(2k_{i_\alpha} + 1 : m_{i_\beta}; \mathscr{B})$ 型奇异性, 当且仅当方程 (7.31) 满足, 且 $m_{i_\alpha} = 2k_{i_\alpha} + 1$.

(vi) 在切换规则下, t_m 时刻棱 $\mathscr{E}_{\sigma_{n-2}}^{(n-2)}$ 上两个擦边流 $\mathbf{x}^{(i_\alpha;\mathscr{B})}(t)$ 和 $\mathbf{x}^{(i_\beta;\mathscr{B})}(t)$ 是 $(2k_{i_\alpha}+1:2k_{i_\beta}+1;\mathscr{B})$ 型奇异可切换的, 当且仅当

$$\left.\begin{aligned}
&\hbar_{j_\alpha}G_{\partial\Omega_{\alpha j_\alpha}}^{(s_{i_\alpha},i_\alpha;\mathscr{B})}(\mathbf{x}_m,t_{m\pm},\lambda_{i_\alpha},\lambda_{j_\alpha})=0,\\
&s_{i_\alpha}=0,1,2,\cdots,2k_{i_\alpha};\\
&\hbar_{j_\beta}G_{\partial\Omega_{\beta j_\beta}}^{(s_{i_\beta},i_\beta;\mathscr{B})}(\mathbf{x}_m,t_{m\pm},\lambda_{i_\beta},\lambda_{j_\beta})=0,\\
&s_{i_\beta}=0,1,2,\cdots,2k_{i_\beta};\\
&\hbar_{j_\alpha}G_{\partial\Omega_{\alpha j_\alpha}}^{(2k_{i_\alpha}+1,i_\alpha;\mathscr{B})}(\mathbf{x}_m,t_{m\pm},\lambda_{i_\alpha},\lambda_{j_\alpha})>0;\\
&\hbar_{j_\beta}G_{\partial\Omega_{\beta j_\beta}}^{(2k_{i_\beta}+1,i_\beta;\mathscr{B})}(\mathbf{x}_m,t_{m\pm},\lambda_{i_\beta},\lambda_{j_\beta})>0.
\end{aligned}\right\}\qquad(7.34)$$

(vii) 在没有任何切换规则下, t_m 时刻棱 $\mathscr{E}_{\sigma_{n-2}}^{(n-2)}$ 上两个擦边流 $\mathbf{x}^{(i_\alpha;\mathscr{B})}(t)$ 与 $\mathbf{x}^{(i_\beta;\mathscr{B})}(t)$ 是 $(2k_{i_\alpha}+1:2k_{i_\beta}+1;\mathscr{B})$ 型奇异双切边界流, 当且仅当方程 (7.34) 满足.

证明　边界流可看作在域内棱上其他边界的特殊流. 这个证明与第三章中的证明类似.　■

前面已经讨论了边界流经过棱切换为另一个边界流的性质. 实际上, 一个来边界流与几个去边界流拥有相似的切换性, 或者一个边界流能够同时被切换为几个不同的去边界流. 另一方面, 几个来流能被切换为一个去边界流. 考虑由 m_b 个边界面形成的 $n-2$ 维棱. 对于 m_b 个边界面中, 有 m_{b1} 个边界面上存在来流和 m_{b2} 个边界面上存在去流. 因此, 棱 $\mathscr{E}_{\sigma_{n-2}}^{(n-2)}$ 上边界面的指标集为 $\mathscr{N}_{\mathscr{B}}(\sigma_{n-2})=\{1,2,\cdots,m_b\}$, 且其能分解为来边界流和去边界流的两个指标集合, 即 $\mathscr{N}_{\mathscr{B}}(\sigma_{n-2})=\mathscr{N}_{\mathscr{B}}^C(\sigma_{n-2})\cup\mathscr{N}_{\mathscr{B}}^L(\sigma_{n-2})$ 和 $\mathscr{N}_{\mathscr{B}}^C(\sigma_{n-2})\cap\mathscr{N}_{\mathscr{B}}^L(\sigma_{n-2})=\varnothing$.

定义 7.5　对于方程 (6.4)—(6.8) 中的不连续动力系统, 域 Ω_α 内 m_b 个 $n-1$ 维边界 $\partial\Omega_{\alpha i_\alpha}(\sigma_{n-2})(\alpha,i_\alpha\in\mathscr{N}_{\mathscr{D}}(\sigma_{n-2})\subset\mathscr{N}_{\mathscr{D}}\in\{1,2,\cdots,N_d\}$ 和 $i_\alpha\in\mathscr{N}_{\mathscr{B}}(\sigma_{n-2})\subset\mathscr{N}_{\mathscr{B}}=\{1,2,\cdots,N_b\},\alpha\neq i_\alpha)$ 相交形成 $n-2$ 维棱 $\mathscr{E}_{\sigma_{n-2}}^{(n-2)}(\sigma_{n-2}\in\mathscr{N}_{\mathscr{E}}^{n-2}=\{1,2,\cdots,N_{n-2}\})$, $\mathscr{N}_{\mathscr{B}}(\sigma_{n-2})=\mathscr{N}_{\mathscr{B}}^C(\sigma_{n-2})\cup\mathscr{N}_{\mathscr{B}}^L(\sigma_{n-2})$ 和 $\mathscr{N}_{\mathscr{B}}^C(\sigma_{n-2})\cap\mathscr{N}_{\mathscr{B}}^L(\sigma_{n-2})=\varnothing$. 对于时间 t, 假设在边界 $\partial\Omega_{\alpha i_\alpha}$ [468] 和 $\partial\Omega_{\beta i_\beta}$ 上分别有来边界流 $\mathbf{x}^{(i_\alpha;\mathscr{B})}(t)(i_\alpha\in\mathscr{N}_{\mathscr{B}}^C(\sigma_{n-2}))$ 和去边界流 $\mathbf{x}^{(i_\beta;\mathscr{B})}(t)$ $(i_\beta\in\mathscr{N}_{\mathscr{B}}^L(\sigma_{n-2}))$. 在 t_m 时刻, 存在点 $\mathbf{x}_m^{(i_\alpha;\mathscr{B})}=\mathbf{x}_m^{(i_\beta;\mathscr{B})}$ 和 $\mathbf{x}_m=\mathbf{x}_m^{(i_\alpha;\mathscr{B})}=\mathbf{x}^{(i_\alpha;\mathscr{B})}(t_m)\in\mathscr{E}_{\sigma_{n-2}}^{(n-2)}$. 对于任意小的 $\varepsilon>0$, 存在时间区间 $[t_{m-\varepsilon},t_{m+\varepsilon}]$. 对于时间 t, 边界流 $\mathbf{x}^{(i_\rho;\mathscr{B})}(t)(\rho=\alpha,\beta)$ 是 $C_{[t_{m-\varepsilon},0)}^{(r_{i_\rho};\mathscr{B})}$ 或 $C_{(0,t_{m+\varepsilon}]}^{(r_{i_\rho};\mathscr{B})}$ 连续的, 且 $\|d^{r_{i_\rho}+1}\mathbf{x}^{(i_\rho;\mathscr{B})}/dt^{r_{i_\rho}+1}\|<\infty(r_{i_\rho}\geqslant1)$.

(i) 在 t_m 时刻, 如果满足

$$\hbar_{j_\alpha} \mathbf{n}^{\mathrm{T}}_{\partial\Omega_{\alpha j_\alpha}}(\mathbf{x}^{(j_\alpha;\mathscr{B})}_{m-\varepsilon}) \cdot [\mathbf{x}^{(j_\alpha;\mathscr{B})}_{m-\varepsilon} - \mathbf{x}^{(i_\alpha;\mathscr{B})}_{m-\varepsilon}] < 0, i_\alpha \in \mathscr{N}^C_{\mathscr{B}}(\sigma_{n-2});$$

$$\hbar_{j_\beta} \mathbf{n}^{\mathrm{T}}_{\partial\Omega_{\beta j_\beta}}(\mathbf{x}^{(j_\beta;\mathscr{B})}_{m+\varepsilon}) \cdot [\mathbf{x}^{(i_\beta;\mathscr{B})}_{m+\varepsilon} - \mathbf{x}^{(j_\beta;\mathscr{B})}_{m+\varepsilon}] > 0, i_\beta \in \mathscr{N}^L_{\mathscr{B}}(\sigma_{n-2}), \quad (7.35)$$

那么称在棱 $\mathscr{E}^{(n-2)}_{\sigma_{n-2}}$ 上来自边界 $\partial\Omega_{\alpha i_\alpha}$ 的流 $\mathbf{x}^{(i_\alpha;\mathscr{B})}(t)$ $(i_\alpha \in \mathscr{N}^C_{\mathscr{B}}(\sigma_{n-2}))$ 与边界 $\partial\Omega_{\beta i_\beta}$ 上的去流 $\mathbf{x}^{(i_\beta;\mathscr{B})}(t)(i_\beta \in \mathscr{N}^L_{\mathscr{B}}(\sigma_{n-2}))$ 为 $(\mathscr{N}^C_{\mathscr{B}} : \mathscr{N}^L_{\mathscr{B}})$ 型可切换的.

(ii) 在 t_m 时刻, 如果棱 $\mathscr{E}^{(n-2)}_{\sigma_{n-2}}$ 上边界流 $\mathbf{x}^{(i_\alpha;\mathscr{B})}(t)$ 是来流, 即满足

$$\hbar_{j_\alpha} \mathbf{n}^{\mathrm{T}}_{\partial\Omega_{\alpha j_\alpha}}(\mathbf{x}^{(j_\alpha;\mathscr{B})}_{m-\varepsilon}) \cdot [\mathbf{x}^{(j_\alpha;\mathscr{B})}_{m-\varepsilon} - \mathbf{x}^{(i_\alpha;\mathscr{B})}_{m-\varepsilon}] < 0,$$

$$i_\alpha \in \mathscr{N}^C_{\mathscr{B}}(\sigma_{n-2}) \text{ 且 } \mathscr{N}^L_{\mathscr{B}}(\sigma_{n-2}) = \varnothing, \quad (7.36)$$

那么称棱 $\mathscr{E}^{(n-2)}_{\sigma_{n-2}}$ 上对应的边界流 $\mathbf{x}^{(i_\alpha;\mathscr{B})}(t)$ 是第一类 $(\mathscr{N}^C_{\mathscr{B}}; \mathscr{B})$ 型不可切换的.

(iii) 在 t_m 时刻, 如果棱 $\mathscr{E}^{(n-2)}_{\sigma_{n-2}}$ 上的边界流 $\mathbf{x}^{(i_\beta;\mathscr{B})}(t)$ 是去流, 即满足

$$\hbar_{j_\beta} \mathbf{n}^{\mathrm{T}}_{\partial\Omega_{\beta j_\beta}}(\mathbf{x}^{(j_\beta;\mathscr{B})}_{m+\varepsilon}) \cdot [\mathbf{x}^{(i_\beta;\mathscr{B})}_{m+\varepsilon} - \mathbf{x}^{(j_\beta;\mathscr{B})}_{m+\varepsilon}] > 0,$$

$$i_\beta \in \mathscr{N}^L_{\mathscr{B}}(\sigma_{n-2}) \text{ 且 } \mathscr{N}^C_{\mathscr{B}}(\sigma_{n-2}) = \varnothing, \quad (7.37)$$

那么称棱 $\mathscr{E}^{(n-2)}_{\sigma_{n-2}}$ 上对应的边界流 $\mathbf{x}^{(i_\beta;\mathscr{B})}(t)$ 是第二类 $(\mathscr{N}^L_{\mathscr{B}}; \mathscr{B})$ 型不可切换的.

根据具体棱上边界流可切换性的定义, 下面给出边界流可切换性的条件.

定理 7.5 对于在方程 (6.4)—(6.8) 中的不连续动力系统, 域 Ω_α 内 m_b 个 $n-1$ 维边界 $\partial\Omega_{\alpha i_\alpha}(\sigma_{n-2})(\alpha, i_\alpha \in \mathscr{N}_{\mathscr{D}}(\sigma_{n-2}) \subset \mathscr{N}_{\mathscr{D}} \{1, 2, \cdots, N_d\}$ 和 $i_\alpha \in \mathscr{N}_{\mathscr{B}}(\sigma_{n-2}) \subset \mathscr{N}_{\mathscr{B}} = \{1, 2, \cdots, N_b\}, \alpha \neq i_\alpha)$ 相交形成 $n-2$ 维棱 $\mathscr{E}^{(n-2)}_{\sigma_{n-2}}$ $(\sigma_{n-2} \in \mathscr{N}^{n-2}_{\mathscr{E}} = \{1, 2, \cdots, N_{n-2}\})$, $\mathscr{N}_{\mathscr{B}}(\sigma_{n-2}) = \mathscr{N}^C_{\mathscr{B}}(\sigma_{n-2}) \cup$ [469] $\mathscr{N}^L_{\mathscr{B}}(\sigma_{n-2})$ 和 $\mathscr{N}^C_{\mathscr{B}}(\sigma_{n-2}) \cap \mathscr{N}^L_{\mathscr{B}}(\sigma_{n-2}) = \varnothing$. 假设在边界 $\partial\Omega_{\alpha i_\alpha}$ 和 $\partial\Omega_{\beta i_\beta}$ 上分别有来边界流 $\mathbf{x}^{(i_\alpha;\mathscr{B})}(t)(i_\alpha \in \mathscr{N}^C_{\mathscr{B}}(\sigma_{n-2}))$ 和去边界流 $\mathbf{x}^{(i_\beta;\mathscr{B})}(t)(i_\beta \in \mathscr{N}^L_{\mathscr{B}}(\sigma_{n-2}))$. 在 t_m 时刻, $\mathbf{x}^{(i_\alpha;\mathscr{B})}_m = \mathbf{x}^{(i_\beta;\mathscr{B})}_m$ 和 $\mathbf{x}_m = \mathbf{x}^{(i_\alpha;\mathscr{B})}_m = \mathbf{x}^{(i_\alpha;\mathscr{B})}(t_m) \in \mathscr{E}^{(n-2)}_{\sigma_{n-2}}$. 对于任意小的 $\varepsilon > 0$, 存在时间区间 $[t_{m-\varepsilon}, t_{m+\varepsilon}]$. 对于时间 t, 边界流 $\mathbf{x}^{(i_\rho;\mathscr{B})}(t)$ $(\rho = \alpha, \beta)$ 是 $C^{(r_{i_\rho};\mathscr{B})}_{[t_{m-\varepsilon}, 0)}$ 或 $C^{(r_{i_\rho};\mathscr{B})}_{(0, t_{m+\varepsilon}]}$ 连续的, 且 $\|d^{r_{i_\rho}+1}\mathbf{x}^{(i_\rho;\mathscr{B})}/dt^{r_{i_\rho}+1}\| < \infty$ $(r_{i_\rho} \geqslant 2)$.

(i) 在 t_m 时刻, 棱 $\mathscr{E}^{(n-2)}_{\sigma_{n-2}}$ 上来自边界 $\partial\Omega_{\alpha i_\alpha}$ 的流 $\mathbf{x}^{(i_\alpha;\mathscr{B})}(t)$ $(i_\alpha \in \mathscr{N}^C_{\mathscr{B}}(\sigma_{n-2}))$ 与 $\partial\Omega_{\beta i_\beta}$ 边界上的去流 $\mathbf{x}^{(i_\beta;\mathscr{B})}(t)(i_\beta \in \mathscr{N}^L_{\mathscr{B}}(\sigma_{n-2}))$ 为 $(\mathscr{N}^C_{\mathscr{B}} : \mathscr{N}^L_{\mathscr{B}})$ 型可切换的, 当且仅当

$$\hbar_{j_\alpha} G^{(i_\alpha;\mathscr{B})}_{\partial\Omega_{\alpha j_\alpha}}(\mathbf{x}_m, t_{m-}, \lambda_{i_\alpha}, \lambda_{j_\alpha}) < 0, i_\alpha \in \mathscr{N}^C_{\mathscr{B}}(\sigma_{n-2});$$

$$\hbar_{j_\beta} G^{(i_\beta;\mathscr{B})}_{\partial\Omega_{\beta j_\beta}}(\mathbf{x}_m, t_{m+}, \lambda_{i_\beta}, \lambda_{j_\beta}) > 0, i_\beta \in \mathscr{N}^L_\mathscr{B}(\sigma_{n-2}). \tag{7.38}$$

(ii) 在 t_m 时刻, 棱 $\mathscr{E}^{(n-2)}_{\sigma_{n-2}}$ 上对应的边界流 $\mathbf{x}^{(i_\alpha;\mathscr{B})}(t)$ 是第一类 $(\mathscr{N}^C_\mathscr{B};\mathscr{B})$ 型不可切换的, 当且仅当棱 $\mathscr{E}^{(n-2)}_{\sigma_{n-2}}$ 上所有边界流 $\mathbf{x}^{(i_\alpha;\mathscr{B})}(t)$ 是来流, 即

$$\hbar_{j_\alpha} G^{(i_\alpha;\mathscr{B})}_{\partial\Omega_{\alpha j_\alpha}}(\mathbf{x}_m, t_{m-}, \lambda_{i_\alpha}, \lambda_{j_\alpha}) < 0,$$
$$i_\alpha \in \mathscr{N}^C_\mathscr{B}(\sigma_{n-2}) \text{ 并且 } \mathscr{N}^L_\mathscr{B}(\sigma_{n-2}) = \varnothing. \tag{7.39}$$

(iii) 在 t_m 时刻, 棱 $\mathscr{E}^{(n-2)}_{\sigma_{n-2}}$ 上对应的边界流 $\mathbf{x}^{(i_\beta;\mathscr{B})}(t)$ 是第二类 $(\mathscr{N}^L_\mathscr{B};\mathscr{B})$ 型不可切换的, 当且仅当棱 $\mathscr{E}^{(n-2)}_{\sigma_{n-2}}$ 上所有边界流 $\mathbf{x}^{(i_\beta;\mathscr{B})}(t)$ 是去流, 即

$$\hbar_{j_\beta} G^{(i_\beta;\mathscr{B})}_{\partial\Omega_{\beta j_\beta}}(\mathbf{x}_m, t_{m+}, \lambda_{i_\beta}, \lambda_{j_\beta}) > 0,$$
$$i_\beta \in \mathscr{N}^L_\mathscr{B}(\sigma_{n-2}) \text{ 并且 } \mathscr{N}^C_\mathscr{B}(\sigma_{n-2}) = \varnothing. \tag{7.40}$$

证明 边界流可看作在域内棱上其他边界的特殊流. 这个证明与第三章中的证明类似. ∎

[470] **定义 7.6** 对于方程 (6.4)—(6.8) 中的不连续动力系统, 域 Ω_α 内 m_b 个 $n-1$ 维边界 $\partial\Omega_{\alpha i_\alpha}(\sigma_{n-2})(\alpha, i_\alpha \in \mathscr{N}_\mathscr{D}(\sigma_{n-2}) \subset \mathscr{N}_\mathscr{D} \in \{1, 2, \cdots, N_d\}$ 和 $i_\alpha \in \mathscr{N}_\mathscr{B}(\sigma_{n-2}) \subset \mathscr{N}_\mathscr{B} = \{1, 2, \cdots, N_b\}, \alpha \neq i_\alpha)$ 相交形成 $n-2$ 维棱 $\mathscr{E}^{(n-2)}_{\sigma_{n-2}}(\sigma_{n-2} \in \mathscr{N}^{n-2}_\mathscr{E} = \{1, 2, \cdots, N_{n-2}\})$. $\mathscr{N}_\mathscr{B}(\sigma_{n-2}) = \mathscr{N}^C_\mathscr{B}(\sigma_{n-2}) \cup \mathscr{N}^L_\mathscr{B}(\sigma_{n-2})$. 假设在边界 $\partial\Omega_{\alpha i_\alpha}(i_\alpha \in \mathscr{N}^C_\mathscr{B}(\sigma_{n-2}))$ 和 $\partial\Omega_{\beta i_\beta}(i_\beta \in \mathscr{N}^L_\mathscr{B}(\sigma_{n-2}))$ 上分别有来边界流 $\mathbf{x}^{(i_\alpha;\mathscr{B})}(t)$ 和去边界流 $\mathbf{x}^{(i_\beta;\mathscr{B})}(t)$. 在 t_m 时刻, $\mathbf{x}^{(i_\alpha;\mathscr{B})}(t_m) = \mathbf{x}^{(i_\alpha;\mathscr{B})}_m = \mathbf{x}_m \in \mathscr{E}^{(n-2)}_{\sigma_{n-2}}$. 假定切换规则为 $\mathbf{x}^{(i_\beta;\mathscr{B})}_m = \mathbf{x}^{(i_\alpha;\mathscr{B})}_m$. 对于任意小的 $\varepsilon > 0$, 存在时间区间 $[t_{m-\varepsilon}, t_{m+\varepsilon}]$. 对于时间 t, 边界流 $\mathbf{x}^{(i_\rho;\mathscr{B})}(t)$ $(\rho = \alpha, \beta)$ 是 $C^{(r_{i_\rho};\mathscr{B})}_{[t_{m-\varepsilon},0)}$ 或 $C^{(r_{i_\rho};\mathscr{B})}_{(0,t_{m+\varepsilon}]}$ 连续的, 且 $\|d^{r_{i_\rho}+1}\mathbf{x}^{(i_\rho;\mathscr{B})}/dt^{r_{i_\rho}+1}\| < \infty$ $(r_{i_\rho} \geqslant m_{i_\rho})$. 对于 $n = 2, m_{i_\rho} \neq 2k_{i_\rho} + 1$.

(i) 在切换规则下, 对于 $i_\alpha \in \mathscr{N}^C_\mathscr{B}(\sigma_{n-2})$ 和 $i_\beta \in \mathscr{N}^L_\mathscr{B}(\sigma_{n-2})$, 如果满足

$$\left.\begin{aligned}
&\hbar_{j_\alpha} G^{(s_{i_\alpha}, i_\alpha;\mathscr{B})}_{\partial\Omega_{\alpha j_\alpha}}(\mathbf{x}_m, t_{m-}, \lambda_{i_\alpha}, \lambda_{j_\alpha}) = 0, \\
&s_{i_\alpha} = 0, 1, 2, \cdots, m_{i_\alpha} - 1; \\
&\hbar_{j_\beta} G^{(s_{i_\beta}, i_\beta;\mathscr{B})}_{\partial\Omega_{\beta j_\beta}}(\mathbf{x}_m, t_{m+}, \lambda_{i_\beta}, \lambda_{j_\beta}) = 0, \\
&s_{i_\beta} = 0, 1, 2, \cdots, m_{i_\beta} - 1; \\
&\hbar_{j_\alpha} \mathbf{n}^\mathrm{T}_{\partial\Omega_{\alpha j_\alpha}}(\mathbf{x}^{(j_\alpha;\mathscr{B})}_{m-\varepsilon}) \cdot [\mathbf{x}^{(j_\alpha;\mathscr{B})}_{m-\varepsilon} - \mathbf{x}^{(i_\alpha;\mathscr{B})}_{m-\varepsilon}] < 0; \\
&\hbar_{j_\beta} \mathbf{n}^\mathrm{T}_{\partial\Omega_{\beta j_\beta}}(\mathbf{x}^{(j_\beta;\mathscr{B})}_{m+\varepsilon}) \cdot [\mathbf{x}^{(i_\beta;\mathscr{B})}_{m+\varepsilon} - \mathbf{x}^{(j_\beta;\mathscr{B})}_{m+\varepsilon}] > 0,
\end{aligned}\right\} \tag{7.41}$$

那么称 $n-2$ 维棱 $\mathscr{E}_{\sigma_{n-2}}^{(n-2)}$ 上点 $\mathbf{x}_m \in \mathscr{E}_{\sigma_{n-2}}^{(n-2)}$ 处所有来边界流 $\mathbf{x}^{(i_\alpha;\mathscr{B})}(t)$ 和去边界流 $\mathbf{x}^{(i_\beta;\mathscr{B})}(t)$ 为 $(\cup_{i_\alpha \in \mathscr{N}_{\mathscr{B}}^C} m_{i_\alpha} : \cup_{j_\alpha \in \mathscr{N}_{\mathscr{B}}^L} m_{j_\alpha}; \mathscr{B})$ 型奇异可切换的.

(ii) 对于 $i_\alpha \in \mathscr{N}_{\mathscr{B}}^C(\sigma_{n-2})$ 和 $\mathscr{N}_{\mathscr{B}}^L(\sigma_{n-2}) = \varnothing$, 如果满足

$$\hbar_{j_\alpha} G_{\partial\Omega_{\alpha j_\alpha}}^{(s_{i_\alpha},i_\alpha;\mathscr{B})}(\mathbf{x}_m, t_{m-}, \lambda_{i_\alpha}, \lambda_{j_\alpha}) = 0,$$

$$s_{i_\alpha} = 0, 1, 2, \cdots, 2k_{i_\alpha} - 1;$$

$$\hbar_{j_\alpha} \mathbf{n}_{\partial\Omega_{\alpha j_\alpha}}^{\mathrm{T}}(\mathbf{x}_{m-\varepsilon}^{(j_\alpha;\mathscr{B})}) \cdot [\mathbf{x}_{m-\varepsilon}^{(j_\alpha;\mathscr{B})} - \mathbf{x}_{m-\varepsilon}^{(i_\alpha;\mathscr{B})}] < 0, \tag{7.42}$$

那么称 $n-2$ 维棱 $\mathscr{E}_{\sigma_{n-2}}^{(n-2)}$ 上点 $\mathbf{x}_m \in \mathscr{E}_{\sigma_{n-2}}^{(n-2)}$ 处所有来边界流 $\mathbf{x}^{(i_\alpha;\mathscr{B})}(t)$ 为 $(\cup_{i_\alpha \in \mathscr{N}_{\mathscr{B}}^C} 2k_{i_\alpha}; \mathscr{B})$ 型奇异第一类不可切换的.

(iii) 对于 $i_\beta \in \mathscr{N}_{\mathscr{B}}^L(\sigma_{n-2})$ 和 $\mathscr{N}_{\mathscr{B}}^C(\sigma_{n-2}) = \varnothing$, 如果满足

$$\hbar_{j_\beta} G_{\partial\Omega_{\beta j_\beta}}^{(s_{i_\beta},i_\beta;\mathscr{B})}(\mathbf{x}_m, t_{m+}, \lambda_{i_\beta}, \lambda_{j_\beta}) = 0,$$

$$s_{i_\beta} = 0, 1, 2, \cdots, m_{i_\beta} - 1;$$

$$\hbar_{j_\beta} \mathbf{n}_{\partial\Omega_{\beta j_\beta}}^{\mathrm{T}}(\mathbf{x}_{m+\varepsilon}^{(j_\beta;\mathscr{B})}) \cdot [\mathbf{x}_{m+\varepsilon}^{(i_\beta;\mathscr{B})} - \mathbf{x}_{m+\varepsilon}^{(j_\beta;\mathscr{B})}] > 0, \tag{7.43}$$ [471]

那么称 $n-2$ 维棱 $\mathscr{E}_{\sigma_{n-2}}^{(n-2)}$ 上点 $\mathbf{x}_m \in \mathscr{E}_{\sigma_{n-2}}^{(n-2)}$ 处所有去边界流 $\mathbf{x}^{(i_\beta;\mathscr{B})}(t)$ 为 $(\cup_{i_\beta \in \mathscr{N}_{\mathscr{B}}} m_{i_\beta}; \mathscr{B})$ 型奇异第二类不可切换的.

(iv) 在没有切换规则下, 对于 $i_\alpha \in \mathscr{N}_{\mathscr{B}}^C(\sigma_{n-2})$ 和 $i_\beta \in \mathscr{N}_{\mathscr{B}}^L(\sigma_{n-2})$, 如果方程 (7.41) 满足, 且 $m_{i_\alpha} = 2k_{i_\alpha}$, 那么称 $n-2$ 维棱 $\mathscr{E}_{\sigma_{n-2}}^{(n-2)}$ 上所有来边界流 $\mathbf{x}^{(i_\alpha;\mathscr{B})}(t)$ 和去边界流 $\mathbf{x}^{(i_\beta;\mathscr{B})}(t)$ 在点 $\mathbf{x}_m \in \mathscr{E}_{\sigma_{n-2}}^{(n-2)}$ 处是 $(\cup_{i_\alpha \in \mathscr{N}_{\mathscr{B}}^C} m_{i_\alpha} : \cup_{j_\alpha \in \mathscr{N}_{\mathscr{B}}^L} m_{j_\alpha}; \mathscr{B})$ 型奇异潜在可切换的.

(v) 在没有切换规则下, 对于 $i_\alpha \in \mathscr{N}_{\mathscr{B}}^C(\sigma_{n-2})$ 和 $i_\beta \in \mathscr{N}_{\mathscr{B}}^L(\sigma_{n-2})$, 如果方程 (7.41) 满足, 且对于至少一个来流满足 $m_{i_\alpha} = 2k_{i_\alpha} + 1$, 那么称 $n-2$ 维棱 $\mathscr{E}_{\sigma_{n-2}}^{(n-2)}$ 上所有来边界流 $\mathbf{x}^{(i_\alpha;\mathscr{B})}(t)$ 和去边界流 $\mathbf{x}^{(i_\beta;\mathscr{B})}(t)$ 在点 $\mathbf{x}_m \in \mathscr{E}_{\sigma_{n-2}}^{(n-2)}$ 处是 $(\cup_{i_\alpha \in \mathscr{N}_{\mathscr{B}}^C} m_{i_\alpha} : \cup_{j_\alpha \in \mathscr{N}_{\mathscr{B}}^L} m_{j_\alpha}; \mathscr{B})$ 型奇异不可切换的.

(vi) 在切换规则下, 对于 $i_\alpha \in \mathscr{N}_{\mathscr{B}}(\sigma_{n-2})$, 如果满足

$$\left.\begin{array}{l} \hbar_{j_\alpha} G_{\partial\Omega_{\alpha j_\alpha}}^{(s_{i_\alpha},i_\alpha;\mathscr{B})}(\mathbf{x}_m, t_{m\pm}, \lambda_{i_\alpha}, \lambda_{j_\alpha}) = 0, \\[4pt] s_{i_\alpha} = 0, 1, 2, \cdots, 2k_{i_\alpha}; \\[4pt] \hbar_{j_\alpha} \mathbf{n}_{\partial\Omega_{\alpha j_\alpha}}^{\mathrm{T}}(\mathbf{x}_{m-\varepsilon}^{(j_\alpha;\mathscr{B})}) \cdot [\mathbf{x}_{m-\varepsilon}^{(j_\alpha;\mathscr{B})} - \mathbf{x}_{m-\varepsilon}^{(i_\alpha;\mathscr{B})}] < 0, \\[4pt] \hbar_{j_\alpha} \mathbf{n}_{\partial\Omega_{\alpha j_\alpha}}^{\mathrm{T}}(\mathbf{x}_{m+\varepsilon}^{(j_\alpha;\mathscr{B})}) \cdot [\mathbf{x}_{m+\varepsilon}^{(i_\alpha;\mathscr{B})} - \mathbf{x}_{m+\varepsilon}^{(j_\alpha;\mathscr{B})}] > 0. \end{array}\right\} \tag{7.44}$$

那么称 $n-2$ 维棱 $\mathscr{E}_{\sigma_{n-2}}^{(n-2)}$ 上点 $\mathbf{x}_m \in \mathscr{E}_{\sigma_{n-2}}^{(n-2)}$ 处, 边界 $\partial\Omega_{\alpha i_\alpha}$ 上所有擦边流为 $(\cup_{i_\alpha \in \mathscr{N}_{\mathscr{B}}^C}(2k_{i_\alpha} + 1) : \cup_{i_\alpha \in \mathscr{N}_{\mathscr{B}}^L}(2k_{i_\alpha} + 1); \mathscr{B})$ 型奇异可切换的.

(vii) 在没有任何切换规则下, 对于 $i_\alpha \in \mathcal{N}_{\mathcal{B}}(\sigma_{n-2})$, 如果方程 (7.44) 满足, 那么称 $n-2$ 维棱 $\mathcal{E}_{\sigma_{n-2}}^{(n-2)}$ 上点 $\mathbf{x}_m \in \mathcal{E}_{\sigma_{n-2}}^{(n-2)}$ 处, 边界 $\partial\Omega_{\alpha i_\alpha}$ 上的边界流为 $(\cup_{i_\alpha \in \mathcal{N}_{\mathcal{B}}^C}(2k_{i_\alpha}+1) : \cup_{i_\alpha \in \mathcal{N}_{\mathcal{B}}^L}(2k_{i_\alpha}+1); \mathcal{B})$ 型奇异不可切换的.

对于具体棱上所有来边界流和去边界流, 图 7.10(a) 和 (b) 描述了拐点汇边界流和拐点源边界流. 如果所有边界流是棱上来流 (或者去流), 那么称棱是第一类 (或者第二类) 不可切换棱. 如果边界流是棱上的部分来流和去流, 那么棱上边界流是可切换的, 如图 7.11 所示. 图 7.11(a) 描述了一个三维视图. 为了清楚地展示边界流的映射, 图 7.11(b) 描述了二维的相平面图. 对于棱上具有高阶拐点奇异的边界流, 图 7.10(a) 和 (b) 描述了边界流的汇棱和源棱, 并且图 7.11 描述了棱上可切换的边界流.

为了帮助读者理解对于具体棱的边界流的奇异性, 图 7.12(a) 和 (b) 分别描述了第二类不可切换棱上拐点 – 擦边和完全擦边奇异的所有去边界流. 类似地, 在切换规则下, 图 7.13(a) 和 (b) 描述了棱上拐点 – 擦边和完全擦边奇异的切换流. 在切换规则下, 棱上完全擦边的来边界流能被切换为完全擦边的去流. 在没有任何切换规则下, 棱上完全擦边流将与棱相切. 因此, 没有任何边界流发生切换. 图 7.14(a) 描述了完全擦边流、来流和去流的切换. 图 7.14(b) 描述了相切于棱的所有边界流.

考虑所有的边界流都是来流的情况. 如果来边界流具有奇异拐点, 对于所有边界流来说, 棱是第一类不可切换的. 然而, 如果来边界流中至少有一个对于棱来说是擦边的, 那么就会有一个去擦边流. 棱上不可切换边界流将消失并且将形成一个新的可切换流. 这是在可切换与不可切换边界流之间的一个可切换分岔. 对于更一般的情况, 如果棱上许多来边界流是擦边流, 那么第一类不可切换边界流将消失并且形成 $(\cup_{i_\alpha \in \mathcal{N}_{\mathcal{B}}^C} m_{i_\alpha} : \cup_{j_\alpha \in \mathcal{N}_{\mathcal{B}}^L} m_{j_\alpha}; \mathcal{B})$ 型可切换边界流. 另一方面, 这样一个可切换边界流能被转回形成一个汇边界流. 对于可切换流, 由于不止一个去边界, 因此应该增加切换规则. 图 7.15 (a) 和 (b) 分别描述了从第一类不可切换到可切换边界流以及从可切换到第一类不可切换边界流的切换分岔. 如果不可切换棱上所有 $(\cup_{i_\alpha \in \mathcal{N}_{\mathcal{B}}} 2k_{i_\alpha}; \mathcal{B})$ 型边界流具有擦边奇异, 那么不需要任何切换规则, 第一类不可切换棱上所有边界流将变为棱上的完全擦边流. 然而, 在切换规则下, 存在 $(\cup_{i_\alpha \in \mathcal{N}_{\mathcal{B}}^C}(2k_{i_\alpha}+1) : \cup_{i_\alpha \in \mathcal{N}_{\mathcal{B}}^L}(2k_{i_\alpha}+1); \mathcal{B})$ 型可切换流. 前面已经讨论了不可切换和可切换边界流之间的切换分岔. 对于一系列 $(\cup_{i_\alpha \in \mathcal{N}_{\mathcal{B}}} 2k_{i_\alpha}; \mathcal{B})$ 型边界流, 如果其中一个边界流具有擦边奇异性, 将会形成一组新的 $(\cup_{i_\alpha \in \mathcal{N}_{\mathcal{B}}^C} m_{i_\alpha} : \cup_{j_\alpha \in \mathcal{N}_{\mathcal{B}}^L} m_{j_\alpha}; \mathcal{B})$ 型边界流. 如果所有 $(\cup_{i_\alpha \in \mathcal{N}_{\mathcal{B}}^C} m_{i_\alpha} : \cup_{j_\alpha \in \mathcal{N}_{\mathcal{B}}^L} m_{j_\alpha}; \mathcal{B})$ 型去流被切换为来边界流, 那么 $(\cup_{i_\alpha \in \mathcal{N}_{\mathcal{B}}^C} m_{i_\alpha} : \cup_{j_\alpha \in \mathcal{N}_{\mathcal{B}}^L} m_{j_\alpha}; \mathcal{B})$ 型流将变为第一类 $(\cup_{i_\alpha \in \mathcal{N}_{\mathcal{B}}} 2k_{i_\alpha}; \mathcal{B})$ 型不可切换流. 类似地, 在可切换流和第二类不可切换流之间的切换分岔, 以及在可切换流和可切换流之间的切换分岔, 可像第三章那样进行讨论.

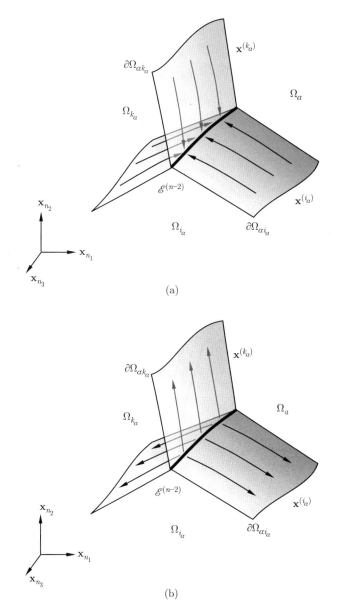

图 7.10 在对于 $n-2$ 维棱的三个 $n-1$ 维边界上的 (a) 拐点汇边界流和 (b) 拐点源边界流. 黑色曲线表示 $n-2$ 维棱. 带有箭头的曲线表示边界流 $(n_1 + n_2 + n_3 = n)$

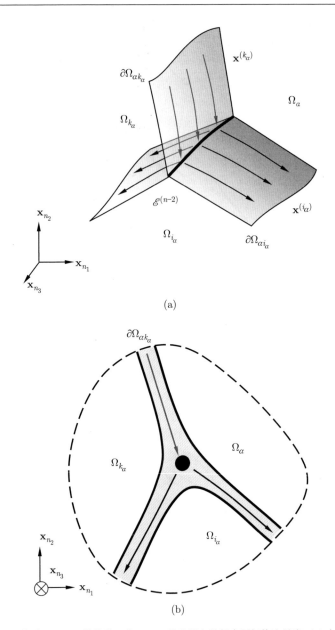

图 7.11　(a) 在对于 $n-2$ 维棱的三个 $n-1$ 维边界上的拐点可切换边界流, (b) 在三个 $n-1$ 维边界上边界流的投影. 黑色曲线表示 $n-2$ 维棱. 带有箭头的曲线表示边界流 $(n_1 + n_2 + n_3 = n)$

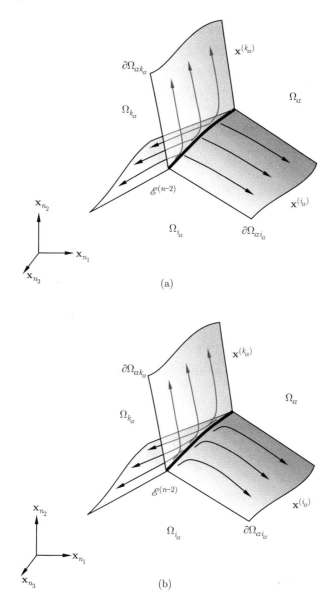

图 7.12 在对于 $n-2$ 维的三个 $n-1$ 维边界上的 (a) 拐点–擦边边界流; (b) 完全擦边边界流. 黑色曲线表示 $n-2$ 维棱. 带有箭头的曲线表示边界流 $(n_1 + n_2 + n_3 = n)$

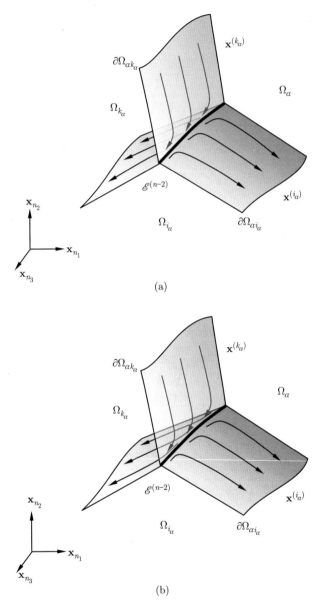

图 7.13　在对于 $n-2$ 维棱的三个 $n-1$ 维边界上的 (a) 拐点–擦边可切换边界流和 (b) 完全擦边奇异的切换流. 黑色曲线表示 $n-2$ 维棱. 带有箭头的曲线表示边界流 ($n_1 + n_2 + n_3 = n$)

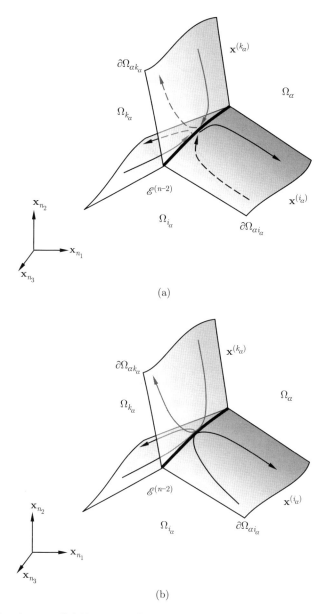

(a)

(b)

图 7.14   在三个 $n-1$ 维边界上: (a) 具有切换规则时的可切换擦边边界流, (b) 没有任何规则时的完全擦边边界流. 黑色曲线表示 $n-2$ 维棱. 带有箭头的曲线表示边界流 $(n_1 + n_2 + n_3 = n)$

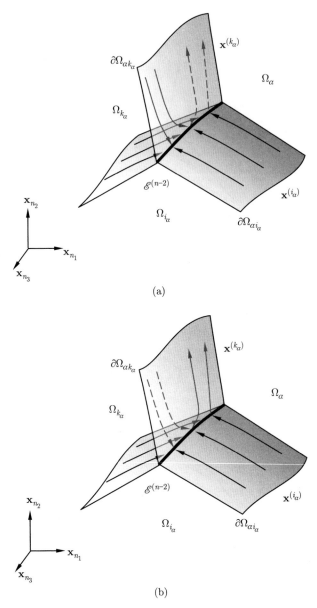

(a)

(b)

图 7.15　在对于 $n-2$ 维棱的三个 $n-1$ 维边界上的可切换分岔: (a) 从可切换边界流到汇边界流; (b) 从汇边界流到可切换边界流. 黑色曲线表示 $n-2$ 维棱. 带有箭头的实线和虚线表示边界流. 实线和虚线表示前后切换的分岔 $(n_1+n_2+n_3=n)$

定理 7.6 对于方程 (6.4)—(6.8) 中的不连续动力系统, 由 m_b 个 $n-1$ [479] 维边界 $\partial\Omega_{\alpha i_\alpha}(\sigma_{n-2})(\alpha, i_\alpha \in \mathscr{N}_{\mathscr{D}}(\sigma_{n-2}) \subset \mathscr{N}_{\mathscr{D}} \in \{1, 2, \cdots, N_d\}$ 和 $i_\alpha \in \mathscr{N}_{\mathscr{B}}(\sigma_{n-2}) \subset \mathscr{N}_{\mathscr{B}} = \{1, 2, \cdots, N_b\}, \alpha \neq i_\alpha)$ 形成 $n-2$ 维棱 $\mathscr{E}_{\sigma_{n-2}}^{(n-2)}(\sigma_{n-2} \in \mathscr{N}_{\mathscr{E}}^{n-2} = \{1, 2, \cdots, N_{n-2}\})$, 且 $\mathscr{N}_{\mathscr{B}}(\sigma_{n-2}) = \mathscr{N}_{\mathscr{B}}^C(\sigma_{n-2}) \cup \mathscr{N}_{\mathscr{B}}^L(\sigma_{n-2})$. 假设在边界 $\partial\Omega_{\alpha i_\alpha}(i_\alpha \in \mathscr{N}_{\mathscr{B}}^C(\sigma_{n-2}))$ 和 $\partial\Omega_{\beta i_\beta}(i_\beta \in \mathscr{N}_{\mathscr{B}}^L(\sigma_{n-2}))$ 上分别有来边界流 $\mathbf{x}^{(i_\alpha;\mathscr{B})}(t)$ 和去边界流 $\mathbf{x}^{(i_\beta;\mathscr{B})}(t)$. 在 t_m 时刻, $\mathbf{x}^{(i_\alpha;\mathscr{B})}(t_m) = \mathbf{x}_m^{(i_\alpha;\mathscr{B})} = \mathbf{x}_m \in \mathscr{E}_{\sigma_{n-2}}^{(n-2)}$. 假定切换规则为 $\mathbf{x}_m^{(i_\beta;\mathscr{B})} = \mathbf{x}_m^{(i_\alpha;\mathscr{B})}$. 对于任意小的 $\varepsilon > 0$, 存在时间区间 $[t_{m-\varepsilon}, t_{m+\varepsilon}]$. 对于时间 t, 边界流 $\mathbf{x}^{(i_\rho;\mathscr{B})}(t)$ $(\rho = \alpha, \beta)$ 是 $C_{[t_{m-\varepsilon},0)}^{(r_{i_\rho};\mathscr{B})}$ 或 $C_{(0,t_{m+\varepsilon}]}^{(r_{i_\rho};\mathscr{B})}$ 连续的, 且 $\|d^{r_{i_\rho}+1}\mathbf{x}^{(i_\rho;\mathscr{B})}/dt^{r_{i_\rho}+1}\| < \infty$ $(r_{i_\rho} \geqslant m_{i_\rho})$ 对于 $n = 2$, $m_{i_\rho} \neq 2k_\rho + 1$.

(i) 在切换规则下, 对于 $i_\alpha \in \mathscr{N}_{\mathscr{B}}^C(\sigma_{n-2})$ 和 $i_\beta \in \mathscr{N}_{\mathscr{B}}^L(\sigma_{n-2})$, $n-2$ 维棱 $\mathscr{E}_{\sigma_{n-2}}^{(n-2)}$ 上的点 $\mathbf{x}_m \in \mathscr{E}_{\sigma_{n-2}}^{(n-2)}$ 处所有来边界流 $\mathbf{x}^{(i_\alpha;\mathscr{B})}(t)$ 和去边界流 $\mathbf{x}^{(i_\beta;\mathscr{B})}(t)$ 为 $(\cup_{i_\alpha \in \mathscr{N}_{\mathscr{B}}^C} m_{i_\alpha} : \cup_{i_\beta \in \mathscr{N}_{\mathscr{B}}^L} m_{j_\alpha}; \mathscr{B})$ 型奇异可切换的, 当且仅当

$$\left. \begin{aligned} &\hbar_{j_\alpha} G_{\partial\Omega_{\alpha j_\alpha}}^{(s_{i_\alpha}, i_\alpha;\mathscr{B})}(\mathbf{x}_m, t_{m-}, \lambda_{i_\alpha}, \lambda_{j_\alpha}) = 0, \\ &s_{i_\alpha} = 0, 1, 2, \cdots, m_{i_\alpha} - 1; \\ &\hbar_{j_\beta} G_{\partial\Omega_{\beta j_\beta}}^{(s_{i_\beta}, i_\beta;\mathscr{B})}(\mathbf{x}_m, t_{m+}, \lambda_{i_\beta}, \lambda_{j_\beta}) = 0, \\ &s_{i_\beta} = 0, 1, 2, \cdots, m_{i_\beta} - 1; \\ &(-1)^{m_{i_\alpha}} \hbar_{j_\alpha} G_{\partial\Omega_{\alpha j_\alpha}}^{(m_{i_\alpha}, i_\alpha;\mathscr{B})}(\mathbf{x}_m, t_{m-}, \lambda_{i_\alpha}, \lambda_{j_\alpha}) < 0; \\ &\hbar_{j_\beta} G_{\partial\Omega_{\beta j_\beta}}^{(m_{i_\beta}, i_\beta;\mathscr{B})}(\mathbf{x}_m, t_{m+}, \lambda_{i_\beta}, \lambda_{j_\beta}) > 0. \end{aligned} \right\} \tag{7.45}$$

(ii) 对于 $\mathscr{N}_{\mathscr{B}}^L(\sigma_{n-2}) = \varnothing$ 和 $i_\alpha \in \mathscr{N}_{\mathscr{B}}^C(\sigma_{n-2})$, $n-2$ 维棱 $\mathscr{E}_{\sigma_{n-2}}^{(n-2)}$ 上的点 $\mathbf{x}_m \in \mathscr{E}_{\sigma_{n-2}}^{(n-2)}$ 处所有来边界流 $\mathbf{x}^{(i_\alpha;\mathscr{B})}(t)$ 为 $(\cup_{i_\alpha \in \mathscr{N}_{\mathscr{B}}^C} 2k_{i_\alpha}; \mathscr{B})$ 型奇异第一类不可切换的, 当且仅当

$$\begin{aligned} &\hbar_{j_\alpha} G_{\partial\Omega_{\alpha j_\alpha}}^{(s_{i_\alpha}, i_\alpha;\mathscr{B})}(\mathbf{x}_m, t_{m-}, \lambda_{i_\alpha}, \lambda_{j_\alpha}) = 0, \\ &s_{i_\alpha} = 0, 1, 2, \cdots, 2k_{i_\alpha} - 1; \\ &\hbar_{j_\alpha} G_{\partial\Omega_{\alpha j_\alpha}}^{(2k_{i_\alpha}, i_\alpha;\mathscr{B})}(\mathbf{x}_m, t_{m-}, \lambda_{i_\alpha}, \lambda_{j_\alpha}) < 0. \end{aligned} \tag{7.46}$$

(iii) 对于 $\mathscr{N}_{\mathscr{B}}^C(\sigma_{n-2}) = \varnothing$ 和 $i_\beta \in \mathscr{N}_{\mathscr{B}}^L(\sigma_{n-2})$, $n-2$ 维棱 $\mathscr{E}_{\sigma_{n-2}}^{(n-2)}$ 上的点 $\mathbf{x}_m \in \mathscr{E}_{\sigma_{n-2}}^{(n-2)}$ 处所有去边界流 $\mathbf{x}^{(i_\beta;\mathscr{B})}(t)$ 为 $(\cup_{i_\beta \in \mathscr{N}_{\mathscr{B}}^L} m_{i_\beta}; \mathscr{B})$ 型奇异第二类不可切换的, 当且仅当

$$\hbar_{j_\beta} G_{\partial\Omega_{\beta j_\beta}}^{(s_{i_\beta}, i_\beta;\mathscr{B})}(\mathbf{x}_m, t_{m+}, \lambda_{i_\beta}, \lambda_{j_\beta}) = 0,$$

[480]

$$s_{i_\beta} = 0, 1, 2, \cdots, m_{i_\beta} - 1;$$

$$\hbar_{j_\beta} G_{\partial\Omega_{\beta j_\beta}}^{(m_{i_\beta}, i_\beta; \mathscr{B})}(\mathbf{x}_m, t_{m+}, \lambda_{i_\beta}, \lambda_{j_\beta}) > 0. \tag{7.47}$$

(iv) 在没有切换规则下, 对于 $i_\alpha \in \mathscr{N}_{\mathscr{B}}^C(\sigma_{n-2})$ 和 $i_\beta \in \mathscr{N}_{\mathscr{B}}^L(\sigma_{n-2})$, $n-2$ 维棱 $\mathscr{E}_{\sigma_{n-2}}^{(n-2)}$ 上所有来边界流 $\mathbf{x}^{(i_\alpha; \mathscr{B})}(t)$ 和去边界流 $\mathbf{x}^{(i_\beta; \mathscr{B})}(t)$ 在点 $\mathbf{x}_m \in \mathscr{E}_{\sigma_{n-2}}^{(n-2)}$ 处是 $(\cup_{i_\alpha \in \mathscr{N}_{\mathscr{B}}^C} m_{i_\alpha} : \cup_{i_\beta \in \mathscr{N}_{\mathscr{B}}^L} m_{i_\beta}; \mathscr{B})$ 型奇异可切换的, 当且仅当方程 (7.45) 满足且 $m_{i_\alpha} = 2k_{i_\alpha}$.

(v) 在没有切换规则下, 对于 $i_\alpha \in \mathscr{N}_{\mathscr{B}}^C(\sigma_{n-2})$ 和 $i_\beta \in \mathscr{N}_{\mathscr{B}}^L(\sigma_{n-2})$, $n-2$ 维棱 $\mathscr{E}_{\sigma_{n-2}}^{(n-2)}$ 上所有来边界流 $\mathbf{x}^{(i_\alpha; \mathscr{B})}(t)$ 和去边界流 $\mathbf{x}^{(i_\beta; \mathscr{B})}(t)$ 在点 $\mathbf{x}_m \in \mathscr{E}_{\sigma_{n-2}}^{(n-2)}$ 处是 $(\cup_{i_\alpha \in \mathscr{N}_{\mathscr{B}}^C} m_{i_\alpha} : \cup_{i_\beta \in \mathscr{N}_{\mathscr{B}}^L} m_{i_\beta}; \mathscr{B})$ 型奇异不可切换的, 当且仅当方程 (7.45) 满足且对于至少一个来流满足 $m_{i_\alpha} = 2k_{i_\alpha} + 1$.

(vi) 在切换规则下, 在 $n-2$ 维棱 $\mathscr{E}_{\sigma_{n-2}}^{(n-2)}$ 上的点 $\mathbf{x}_m \in \mathscr{E}_{\sigma_{n-2}}^{(n-2)}$ 处, 边界 $\partial\Omega_{\alpha i_\alpha}(i_\alpha \in \mathscr{N}_{\mathscr{B}}(\sigma_{n-2}))$ 上所有擦边流为 $(\cup_{i_\alpha \in \mathscr{N}_{\mathscr{B}}^C}(2k_{i_\alpha}+1) : \cup_{i_\beta \in \mathscr{N}_{\mathscr{B}}^L}(2k_{i_\beta}+1); \mathscr{B})$ 型奇异可切换的, 当且仅当

$$\hbar_{j_\alpha} G_{\partial\Omega_{\alpha j_\alpha}}^{(s_{i_\alpha}, i_\alpha; \mathscr{B})}(\mathbf{x}_m, t_{m\pm}, \lambda_{i_\alpha}, \lambda_{j_\alpha}) = 0,$$

$$s_{i_\alpha} = 0, 1, 2, \cdots, 2k_{i_\alpha};$$

$$\hbar_{j_\alpha} G_{\partial\Omega_{\alpha j_\alpha}}^{(2k_{i_\alpha}+1, i_\alpha; \mathscr{B})}(\mathbf{x}_m, t_{m\pm}, \lambda_{i_\alpha}, \lambda_{j_\alpha}) > 0. \tag{7.48}$$

(vii) 在没有任何切换规则下, 在 $n-2$ 维棱 $\mathscr{E}_{\sigma_{n-2}}^{(n-2)}$ 上的点 $\mathbf{x}_m \in \mathscr{E}_{\sigma_{n-2}}^{(n-2)}$ 处, 边界 $\partial\Omega_{\alpha i_\alpha}(i_\alpha \in \mathscr{N}_{\mathscr{B}}(\sigma_{n-2}))$ 上所有边界流为 $(\cup_{i_\alpha \in \mathscr{N}_{\mathscr{B}}^C}(2k_{i_\alpha}+1) : \cup_{i_\beta \in \mathscr{N}_{\mathscr{B}}^L}(2k_{i_\beta}+1); \mathscr{B})$ 型奇异的擦边流, 当且仅当方程 (7.48) 满足.

证明　可参照第三章中的证明. ■

7.3　边界流和域流的切换性

前一部分讨论了棱上的域流和边界流的切换性. 实际上, 域流可通过棱切换为边界流, 反之亦然.

定义 7.7　对于方程 (6.4)—(6.8) 中的不连续动力系统, m_b 个 $n-1$ 维
[481] 的边界 $\partial\Omega_{\alpha i_\alpha}$ 形成 $n-2$ 维的棱 $\mathscr{E}_{\sigma_{n-2}}^{(n-2)}$, 并且有 m_d 个域 $\Omega_\alpha(\alpha \in \mathscr{N}_{\mathscr{D}}(\sigma_r) \subset \mathscr{N}_{\mathscr{D}} = \{1, 2, \cdots, N_d\}$ 和 $i_\alpha \in \mathscr{N}_{\alpha\mathscr{B}}(\sigma_{n-2}) \subset \mathscr{N}_{\mathscr{B}} = \{1, 2, \cdots, N_b\})$. 假设边界 $\partial\Omega_{\sigma i_\sigma}$ 上边界流是 $\mathbf{x}^{(i_\alpha; \mathscr{B})}(t)$, 域 Ω_β 内的流是 $\mathbf{x}^{(i_\beta; \mathscr{D})}(t)$. 在 t_m 时刻, 存在点 $\mathbf{x}_m^{(\mathscr{E})} = \mathbf{x}^{(\mathscr{E})}(t_m) \in \mathscr{E}_{\sigma_{n-2}}^{(n-2)}$ 和 $\mathbf{x}_{m\pm}^{(i_\alpha; \mathscr{B})} = \mathbf{x}_{m\mp}^{(i_\beta; \mathscr{D})} = \mathbf{x}_m^{(\mathscr{E})}$. 对于任意小的 $\varepsilon > 0$, 存在时间区间 $[t_{m-\varepsilon}, t_{m+\varepsilon}]$.

(i) 在 t_m 时刻, 如果满足

$$\hbar_{j_\alpha} \mathbf{n}_{\partial\Omega_{\alpha j_\alpha}}^{\mathrm{T}} (\mathbf{x}_{m-\varepsilon}^{(j_\alpha;\mathscr{B})}) \cdot [\mathbf{x}_{m-\varepsilon}^{(j_\alpha;\mathscr{B})} - \mathbf{x}_{m-\varepsilon}^{(i_\alpha;\mathscr{B})}] < 0;$$

$$\hbar_{j_\beta} \mathbf{n}_{\partial\Omega_{\beta j_\beta}}^{\mathrm{T}} (\mathbf{x}_{m+\varepsilon}^{(j_\beta;\mathscr{B})}) \cdot [\mathbf{x}_{m+\varepsilon}^{(\beta;\mathscr{D})} - \mathbf{x}_{m+\varepsilon}^{(j_\beta;\mathscr{B})}] > 0, j_\beta \in \mathscr{N}_{\beta\mathscr{B}}(\sigma_{n-2}). \tag{7.49}$$

那么称来自边界 $\partial\Omega_{\alpha i_\alpha}$ 的来流 $\mathbf{x}^{(i_\alpha;\mathscr{B})}(t)$ 在棱 $\mathscr{E}_{\sigma_{n-2}}^{(n-2)}$ 上可切换为域 Ω_β 内的去流 $\mathbf{x}^{(\beta;\mathscr{D})}(t)$.

(ii) 在 t_m 时刻, 如果满足

$$\hbar_{j_\beta} \mathbf{n}_{\partial\Omega_{\beta j_\beta}}^{\mathrm{T}} (\mathbf{x}_{m-\varepsilon}^{(j_\beta;\mathscr{B})}) \cdot [\mathbf{x}_{m-\varepsilon}^{(j_\beta;\mathscr{B})} - \mathbf{x}_{m-\varepsilon}^{(\beta;\mathscr{D})}] < 0, j_\beta \in \mathscr{N}_{\beta\mathscr{B}}(\sigma_{n-2});$$

$$\hbar_{j_\alpha} \mathbf{n}_{\partial\Omega_{\alpha j_\alpha}}^{\mathrm{T}} (\mathbf{x}_{m+\varepsilon}^{(j_\alpha;\mathscr{B})}) \cdot [\mathbf{x}_{m+\varepsilon}^{(i_\alpha;\mathscr{B})} - \mathbf{x}_{m+\varepsilon}^{(j_\alpha;\mathscr{B})}] > 0. \tag{7.50}$$

那么称在棱 $\mathscr{E}_{\sigma_{n-2}}^{(n-2)}$ 上, 来自 Ω_β 的域流 $\mathbf{x}^{(\beta;\mathscr{D})}(t)$ 可以切换为 $\partial\Omega_{\alpha i_\alpha}$ 上的去边界流 $\mathbf{x}^{(i_\alpha;\mathscr{B})}(t)$.

(iii) 在 t_m 时刻, 如果满足

$$\hbar_{j_\alpha} \mathbf{n}_{\partial\Omega_{\alpha j_\alpha}}^{\mathrm{T}} (\mathbf{x}_{m-\varepsilon}^{(j_\alpha;\mathscr{B})}) \cdot [\mathbf{x}_{m-\varepsilon}^{(j_\alpha;\mathscr{B})} - \mathbf{x}_{m-\varepsilon}^{(i_\alpha;\mathscr{B})}] < 0;$$

$$\hbar_{j_\beta} \mathbf{n}_{\partial\Omega_{\beta j_\beta}}^{\mathrm{T}} (\mathbf{x}_{m-\varepsilon}^{(j_\beta;\mathscr{B})}) \cdot [\mathbf{x}_{m-\varepsilon}^{(j_\beta;\mathscr{B})} - \mathbf{x}_{m-\varepsilon}^{(\beta;\mathscr{D})}] < 0, j_\beta \in \mathscr{N}_{\beta\mathscr{B}}(\sigma_{n-2}). \tag{7.51}$$

那么称在棱 $\mathscr{E}_{\sigma_{n-2}}^{(n-2)}$ 上, 来边界流 $\mathbf{x}^{(i_\alpha;\mathscr{B})}(t)$ 和域流 $\mathbf{x}^{(\beta;\mathscr{D})}(t)$ 为第一类不可切换的.

(iv) 在 t_m 时刻, 如果满足

$$\hbar_{j_\alpha} \mathbf{n}_{\partial\Omega_{\alpha j_\alpha}}^{\mathrm{T}} (\mathbf{x}_{m+\varepsilon}^{(j_\alpha;\mathscr{B})}) \cdot [\mathbf{x}_{m+\varepsilon}^{(i_\alpha;\mathscr{B})} - \mathbf{x}_{m+\varepsilon}^{(j_\alpha;\mathscr{B})}] > 0;$$

$$\hbar_{j_\beta} \mathbf{n}_{\partial\Omega_{\beta j_\beta}}^{\mathrm{T}} (\mathbf{x}_{m+\varepsilon}^{(j_\beta;\mathscr{B})}) \cdot [\mathbf{x}_{m+\varepsilon}^{(\beta;\mathscr{D})} - \mathbf{x}_{m+\varepsilon}^{(j_\beta;\mathscr{B})}] > 0, j_\beta \in \mathscr{N}_{\beta\mathscr{B}}(\sigma_{n-2}). \tag{7.52}$$

那么称在棱 $\mathscr{E}_{\sigma_{n-2}}^{(n-2)}$ 上, 去边界流 $\mathbf{x}^{(i_\alpha;\mathscr{B})}(t)$ 和域流 $\mathbf{x}^{(\beta;\mathscr{D})}(t)$ 为第二类不可切换的.

根据定义, 下面给出了相应的条件.

定理 7.7 对于方程 (6.4)—(6.8) 中的不连续动力系统, m_b 个 $n-1$ 维的边界 $\partial\Omega_{\alpha i_\alpha}$ 形成 $n-2$ 维的棱 $\mathscr{E}_{\sigma_{n-2}}^{(n-2)}$, 并且有 m_d 个域 $\Omega_\alpha(\alpha \in \mathscr{N}_{\mathscr{D}}(\sigma_r) \subset \mathscr{N}_{\mathscr{D}} = \{1,2,\cdots,N_d\}$ 和 $i_\alpha \in \mathscr{N}_{\alpha\mathscr{B}}(\sigma_{n-2}) \subset \mathscr{N}_{\mathscr{B}} = \{1,2,\cdots,N_b\})$. 假设边界 $\partial\Omega_{\sigma i_\sigma}$ 上边界流是 $\mathbf{x}^{(i_\alpha;\mathscr{B})}(t)$, 域 Ω_β 内的流是 $\mathbf{x}^{(i_\beta;\mathscr{D})}(t)$. 在 t_m 时刻, 存在点 [482] $\mathbf{x}_m^{(\mathscr{E})} = \mathbf{x}^{(\mathscr{E})}(t_m) \in \mathscr{E}_{\sigma_{n-2}}^{(n-2)}$ 和 $\mathbf{x}_{m\pm}^{(i_\alpha;\mathscr{B})} = \mathbf{x}_{m\mp}^{(\beta;\mathscr{D})} = \mathbf{x}_m^{(\mathscr{E})}$. 对于任意小的 $\varepsilon > 0$, 存在时间区间 $[t_{m-\varepsilon}, t_{m+\varepsilon}]$. 对于时间 t, 边界流 $\mathbf{x}^{(i_\alpha;\mathscr{B})}(t)$ 是 $C_{[t_{m-\varepsilon},0)}^{(r_{i_\alpha};\mathscr{B})}$ 或者 $C_{(0,t_{m+\varepsilon}]}^{(r_{i_\alpha};\mathscr{B})}$ 连续的, 且 $\|d^{r_{i_\alpha}+1}\mathbf{x}^{(i_\alpha;\mathscr{B})}/dt^{r_{i_\alpha}+1}\| < \infty$ $(r_{i_\alpha} \geqslant 2)$, 域流 $\mathbf{x}^{(\beta;\mathscr{D})}(t)$

是 $C_{[t_{m-\varepsilon},0)}^{(\beta;\mathscr{D})}$ 或者 $C_{(0,t_{m+\varepsilon}]}^{(\beta;\mathscr{D})}$ 连续的, 且 $\|d^{r_\beta+1}\mathbf{x}^{(\beta;\mathscr{D})}/dt^{r_\beta+1}\| < \infty$ $(r_\beta \geqslant 2)$,

(i) 在 t_m 时刻, 来自边界 $\partial\Omega_{\alpha i_\alpha}$ 的流 $\mathbf{x}^{(i_\alpha;\mathscr{B})}(t)$ 在棱 $\mathscr{E}_{\sigma_{n-2}}^{(n-2)}$ 上可切换为域 Ω_β 内的去流 $\mathbf{x}^{(\beta;\mathscr{D})}(t)$, 当且仅当

$$\hbar_{j_\alpha} G_{\partial\Omega_{\alpha j_\alpha}}^{(i_\alpha;\mathscr{B})}(\mathbf{x}_m, t_{m-}, \lambda_{i_\alpha}, \lambda_{j_\alpha}) < 0;$$
$$\hbar_{j_\beta} G_{\partial\Omega_{\beta j_\beta}}^{(\beta;\mathscr{D})}(\mathbf{x}_m, t_{m+}, \mathbf{p}_\beta, \lambda_{j_\beta}) > 0, j_\beta \in \mathscr{N}_{\beta\mathscr{B}}(\sigma_{n-2}). \tag{7.53}$$

(ii) 在 t_m 时刻, 来自域 Ω_β 内的流 $\mathbf{x}^{(\beta;\mathscr{D})}(t)$ 在棱 $\mathscr{E}_{\sigma_{n-2}}^{(n-2)}$ 上可以切换为边界 $\partial\Omega_{\alpha i_\alpha}$ 上的去流 $\mathbf{x}^{(i_\alpha;\mathscr{B})}(t)$, 当且仅当

$$\hbar_{j_\beta} G_{\partial\Omega_{\beta j_\beta}}^{(\beta;\mathscr{D})}(\mathbf{x}_m, t_{m-}, \mathbf{p}_\beta, \lambda_{j_\beta}) < 0, j_\beta \in \mathscr{N}_{\beta\mathscr{B}}(\sigma_{n-2});$$
$$\hbar_{j_\alpha} G_{\partial\Omega_{\alpha j_\alpha}}^{(i_\alpha;\mathscr{B})}(\mathbf{x}_m, t_{m+}, \lambda_{i_\alpha}, \lambda_{j_\alpha}) > 0. \tag{7.54}$$

(iii) 在 t_m 时刻, 来边界流 $\mathbf{x}^{(i_\alpha;\mathscr{B})}(t)$ 和域流 $\mathbf{x}^{(\beta;\mathscr{D})}(t)$ 在棱 $\mathscr{E}_{\sigma_{n-2}}^{(n-2)}$ 上为第一类不可切换的, 当且仅当

$$\hbar_{j_\alpha} G_{\partial\Omega_{\alpha j_\alpha}}^{(i_\alpha;\mathscr{B})}(\mathbf{x}_m, t_{m-}, \lambda_{i_\alpha}, \lambda_{j_\alpha}) < 0;$$
$$\hbar_{j_\beta} G_{\partial\Omega_{\beta j_\beta}}^{(\beta;\mathscr{D})}(\mathbf{x}_m, t_{m-}, \mathbf{p}_\beta, \lambda_{j_\beta}) < 0, j_\beta \in \mathscr{N}_{\beta\mathscr{B}}(\sigma_{n-2}). \tag{7.55}$$

(iv) 在 t_m 时刻, 去边界流 $\mathbf{x}^{(i_\alpha;\mathscr{B})}(t)$ 和域流 $\mathbf{x}^{(\beta;\mathscr{D})}(t)$ 在棱 $\mathscr{E}_{\sigma_{n-2}}^{(n-2)}$ 上为第二类不可切换的, 当且仅当

$$\hbar_{j_\alpha} G_{\partial\Omega_{\alpha j_\alpha}}^{(i_\alpha;\mathscr{B})}(\mathbf{x}_m, t_{m+}, \lambda_{i_\alpha}, \lambda_{j_\alpha}) > 0;$$
$$\hbar_{j_\beta} G_{\partial\Omega_{\beta j_\beta}}^{(\beta;\mathscr{D})}(\mathbf{x}_m, t_{m+}, \mathbf{p}_\beta, \lambda_{j_\beta}) > 0, j_\beta \in \mathscr{N}_{\beta\mathscr{B}}(\sigma_{n-2}). \tag{7.56}$$

证明　根据域流和边界流的性质, 可参照第三章的证明.　　　■

类似地, 下面内容描述了具有高阶奇异性的边界流和域流之间的切换性.

[483]　　**定义 7.8**　对于方程 (6.4)—(6.8) 中的不连续动力系统, m_b 个 $n-1$ 维的边界 $\partial\Omega_{\alpha i_\alpha}$ 形成 $n-2$ 维的棱 $\mathscr{E}_{\sigma_{n-2}}^{(n-2)}$, 并且有 m_d 个域 $\Omega_\alpha(\alpha, i_\alpha \in \mathscr{N}_\mathscr{D} = \{1, 2, \cdots, N_d\}$ 和 $\alpha \neq i_\alpha$, 或者 $i_\alpha \in \mathscr{N}_\mathscr{B} = \{1, 2, \cdots, N_b\})$. 假设边界 $\partial\Omega_{\sigma i_\sigma}$ 上边界流是 $\mathbf{x}^{(i_\alpha;\mathscr{B})}(t)$, 域 Ω_β 内的流是 $\mathbf{x}^{(i_\beta;\mathscr{D})}(t)$. 在 t_m 时刻, 存在点 $\mathbf{x}_m^{(\mathscr{E})} = \mathbf{x}^{(\mathscr{E})}(t_m) \in \mathscr{E}_{\sigma_{n-2}}^{(n-2)}$ 和 $\mathbf{x}_{m\pm}^{(i_\alpha;\mathscr{B})} = \mathbf{x}_{m\mp}^{(\beta;\mathscr{D})} = \mathbf{x}_m^{(\mathscr{E})}$. 对于任意小的 $\varepsilon > 0$, 存在时间区间 $[t_{m-\varepsilon}, t_{m+\varepsilon}]$. 对于时间 t, 边界流 $\mathbf{x}^{(i_\alpha;\mathscr{B})}(t)$ 是 $C_{[t_{m-\varepsilon},0)}^{(r_{i_\alpha};\mathscr{B})}$ 或者 $C_{(0,t_{m+\varepsilon}]}^{(r_{i_\alpha};\mathscr{B})}$ 连续的, 且 $\|d^{r_{i_\alpha}+1}\mathbf{x}^{(i_\alpha;\mathscr{B})}/dt^{r_{i_\alpha}+1}\| < \infty$ $(r_{i_\alpha} \geqslant m_{i_\alpha})$, 域流 $\mathbf{x}^{(\beta;\mathscr{D})}(t)$ 是 $C_{[t_{m-\varepsilon},0)}^{(r_\beta;\mathscr{D})}$ 或者 $C_{(0,t_{m+\varepsilon}]}^{(r_\beta;\mathscr{D})}$ 连续的, 且 $\|d^{r_\beta+1}\mathbf{x}^{(\beta;\mathscr{D})}/dt^{r_\beta+1}\| < \infty$

$(r_\beta \geqslant m_\beta)$, 对于 $n = 2$, $m_{i_\alpha} \neq 2k_{i_\alpha} + 1$ 和 $\mathbf{m}_\beta \neq 2\mathbf{k}_\beta + 1$.

(i) 在 t_m 时刻, 如果满足

$$\left.\begin{array}{l} \hbar_{j_\alpha} G^{(s_{i_\alpha}, i_\alpha;\mathscr{B})}_{\partial\Omega_{\alpha j_\alpha}}(\mathbf{x}_m, t_{m-}, \lambda_{i_\alpha}, \lambda_{j_\alpha}) = 0, \\ s_{i_\alpha} = 0, 1, 2, \cdots, m_{i_\alpha} - 1, \\ \hbar_{j_\alpha} \mathbf{n}^{\mathrm{T}}_{\partial\Omega_{\alpha j_\alpha}}(\mathbf{x}^{(j_\alpha;\mathscr{B})}_{m-\varepsilon}) \cdot [\mathbf{x}^{(j_\alpha;\mathscr{B})}_{m-\varepsilon} - \mathbf{x}^{(i_\alpha;\mathscr{B})}_{m-\varepsilon}] < 0; \end{array}\right\}$$

$$\left.\begin{array}{l} \hbar_{j_\beta} G^{(s_\beta, \beta;\mathscr{D})}_{\partial\Omega_{\beta j_\beta}}(\mathbf{x}_m, t_{m+}, \mathbf{p}_\beta, \lambda_{j_\beta}) = 0, \\ s_\beta = 0, 1, 2, \cdots, m_\beta - 1, \\ \hbar_{j_\beta} \mathbf{n}^{\mathrm{T}}_{\partial\Omega_{\beta j_\beta}}(\mathbf{x}^{(j_\beta;\mathscr{B})}_{m+\varepsilon}) \cdot [\mathbf{x}^{(\beta;\mathscr{D})}_{m+\varepsilon} - \mathbf{x}^{(j_\beta;\mathscr{B})}_{m+\varepsilon}] > 0, \\ j_\beta \in \mathscr{N}_{\beta\mathscr{B}}(\sigma_{n-2}), \end{array}\right\} \tag{7.57}$$

那么称在切换规则下, 来自边界 $\partial\Omega_{\alpha i_\alpha}$ 的流 $\mathbf{x}^{(i_\alpha;\mathscr{B})}(t)$ 在棱 $\mathscr{E}^{(n-2)}_{\sigma_{n-2}}$ 上可以切换为域 Ω_β 内的去流 $\mathbf{x}^{(\beta;\mathscr{D})}(t)$, 且为 $(m_{i_\alpha}; \mathscr{B} : \mathbf{m}_\beta; \mathscr{D})$ 型奇异的.

(ii) 在 t_m 时刻, 如果满足

[484]

$$\left.\begin{array}{l} \hbar_{j_\beta} G^{(s_\beta, \beta;\mathscr{D})}_{\partial\Omega_{\beta j_\beta}}(\mathbf{x}_m, t_{m-}, \mathbf{p}_\beta, \lambda_{j_\beta}) = 0, \\ s_\beta = 0, 1, 2, \cdots, m_\beta - 1; \\ \hbar_{j_\beta} \mathbf{n}^{\mathrm{T}}_{\partial\Omega_{\beta j_\beta}}(\mathbf{x}^{(j_\beta;\mathscr{B})}_{m-\varepsilon}) \cdot [\mathbf{x}^{(j_\beta;\mathscr{B})}_{m-\varepsilon} - \mathbf{x}^{(\beta;\mathscr{D})}_{m-\varepsilon}] < 0, \\ j_\beta \in \mathscr{N}_{\beta\mathscr{B}}(\sigma_{n-2}); \end{array}\right\}$$

$$\left.\begin{array}{l} \hbar_{j_\alpha} G^{(s_{i_\alpha}, i_\alpha;\mathscr{B})}_{\partial\Omega_{\alpha j_\alpha}}(\mathbf{x}_m, t_{m+}, \lambda_{i_\alpha}, \lambda_{j_\alpha}) = 0, \\ s_{i_\alpha} = 0, 1, 2, \cdots, m_{i_\alpha} - 1; \\ \hbar_{j_\alpha} \mathbf{n}^{\mathrm{T}}_{\partial\Omega_{\alpha j_\alpha}}(\mathbf{x}^{(j_\alpha;\mathscr{B})}_{m+\varepsilon}) \cdot [\mathbf{x}^{(i_\alpha;\mathscr{B})}_{m+\varepsilon} - \mathbf{x}^{(j_\alpha;\mathscr{B})}_{m+\varepsilon}] > 0, \end{array}\right\} \tag{7.58}$$

那么称来自 Ω_β 的域流 $\mathbf{x}^{(\beta;\mathscr{D})}(t)$ 在棱 $\mathscr{E}^{(n-2)}_{\sigma_{n-2}}$ 上可以切换为边界 $\partial\Omega_{\alpha i_\alpha}$ 上的去流 $\mathbf{x}^{(i_\alpha;\mathscr{B})}(t)$, 且为 $(\mathbf{m}_\beta; \mathscr{D} : m_{i_\alpha}; \mathscr{B})$ 型奇异的.

(iii) 在 t_m 时刻, 如果满足

$$\left.\begin{array}{l} \hbar_{j_\alpha} G^{(s_{i_\alpha}, i_\alpha;\mathscr{B})}_{\partial\Omega_{\alpha j_\alpha}}(\mathbf{x}_m, t_{m-}, \lambda_{i_\alpha}, \lambda_{j_\alpha}) = 0, \\ s_{i_\alpha} = 0, 1, 2, \cdots, 2k_{i_\alpha} - 1; \\ \hbar_{j_\alpha} \mathbf{n}^{\mathrm{T}}_{\partial\Omega_{\alpha j_\alpha}}(\mathbf{x}^{(j_\alpha;\mathscr{B})}_{m-\varepsilon}) \cdot [\mathbf{x}^{(j_\alpha;\mathscr{B})}_{m-\varepsilon} - \mathbf{x}^{(i_\alpha;\mathscr{B})}_{m-\varepsilon}] < 0; \end{array}\right\}$$

$$\left.\begin{array}{l} \hbar_{j_\beta} G^{(s_\beta, \beta;\mathscr{D})}_{\partial\Omega_{\beta j_\beta}}(\mathbf{x}_m, t_{m-}, \mathbf{p}_\beta, \lambda_{j_\beta}) = 0, \\ s_\beta = 0, 1, 2, \cdots, m_\beta - 1; \\ \hbar_{j_\beta} \mathbf{n}^{\mathrm{T}}_{\partial\Omega_{\beta j_\beta}}(\mathbf{x}^{(j_\beta;\mathscr{B})}_{m-\varepsilon}) \cdot [\mathbf{x}^{(j_\beta;\mathscr{B})}_{m-\varepsilon} - \mathbf{x}^{(\beta;\mathscr{D})}_{m-\varepsilon}] < 0, \\ j_\beta \in \mathscr{N}_{\beta\mathscr{B}}(\sigma_{n-2}), \end{array}\right\} \tag{7.59}$$

那么称在棱 $\mathscr{E}_{\sigma_{n-2}}^{(n-2)}$ 上来边界流 $\mathbf{x}^{(i_\alpha;\mathscr{B})}(t)$ 和域流 $\mathbf{x}^{(\beta;\mathscr{D})}(t)$ 为第一类不可切换的, 且是 $(2k_{i_\alpha};\mathscr{B}:\mathbf{m}_\beta;\mathscr{D})$ 型奇异的 $(\mathbf{m}_\beta \neq 2\mathbf{k}_\beta + 1)$.

(iv) 在 t_m 时刻, 如果满足

$$
\left.
\begin{aligned}
&\hbar_{j_\alpha} G_{\partial\Omega_{\alpha j_\alpha}}^{(s_{i_\alpha},i_\alpha;\mathscr{B})}(\mathbf{x}_m, t_{m+}, \lambda_{i_\alpha}, \lambda_{j_\alpha}) = 0, \\
&s_{i_\alpha} = 0, 1, 2, \cdots, m_{i_\alpha} - 1; \\
&\hbar_{j_\alpha} \mathbf{n}_{\partial\Omega_{\alpha j_\alpha}}^{\mathrm{T}}(\mathbf{x}_{m+\varepsilon}^{(j_\alpha;\mathscr{B})}) \cdot [\mathbf{x}_{m+\varepsilon}^{(i_\alpha;\mathscr{B})} - \mathbf{x}_{m+\varepsilon}^{(j_\alpha;\mathscr{B})}] > 0;
\end{aligned}
\right\}
$$

$$
\left.
\begin{aligned}
&\hbar_{j_\beta} G_{\partial\Omega_{\beta j_\beta}}^{(s_\beta,\beta;\mathscr{D})}(\mathbf{x}_m, t_{m+}, \mathbf{p}_\beta, \lambda_{j_\beta}) = 0, \\
&s_\beta = 0, 1, 2, \cdots, m_\beta - 1; \\
&\hbar_{j_\beta} \mathbf{n}_{\partial\Omega_{\beta j_\beta}}^{\mathrm{T}}(\mathbf{x}_{m+\varepsilon}^{(j_\beta;\mathscr{B})}) \cdot [\mathbf{x}_{m+\varepsilon}^{(\beta;\mathscr{D})} - \mathbf{x}_{m+\varepsilon}^{(j_\beta;\mathscr{B})}] > 0, \\
&j_\beta \in \mathscr{N}_{\beta\mathscr{B}}(\sigma_{n-2}),
\end{aligned}
\right\}
\tag{7.60}
$$

那么称在棱 $\mathscr{E}_{\sigma_{n-2}}^{(n-2)}$ 上去边界流 $\mathbf{x}^{(i_\alpha;\mathscr{B})}(t)$ 和域流 $\mathbf{x}^{(\beta;\mathscr{D})}(t)$ 为第二类不可切换的, 且为 $(m_{i_\alpha};\mathscr{B}:\mathbf{m}_\beta;\mathscr{D})$ 型奇异的.

(v) 在没有任何切换规则下, 在 t_m 时刻如果满足方程 (7.57) 且 $m_{i_\alpha} = 2k_{i_\alpha}$, 那么称在棱 $\mathscr{E}_{\sigma_{n-2}}^{(n-2)}$ 上来自边界 $\partial\Omega_{\alpha i_\alpha}$ 的流 $\mathbf{x}^{(i_\alpha;\mathscr{B})}(t)$ 可以切换为域 Ω_β 内的去流 $\mathbf{x}^{(\beta;\mathscr{D})}(t)$, 且为 $(2k_{i_\alpha};\mathscr{B}:\mathbf{m}_\beta;\mathscr{D})$ 型奇异的.

[485]　　(vi) 在没有任何切换规则下, 在 t_m 时刻, 如果满足方程 (7.57) 且 $m_{i_\alpha} = 2k_{i_\alpha} + 1$, 那么称在棱 $\mathscr{E}_{\sigma_{n-2}}^{(n-2)}$ 上来自边界 $\partial\Omega_{\alpha i_\alpha}$ 的流 $\mathbf{x}^{(i_\alpha;\mathscr{B})}(t)$ 不可切换为域 Ω_β 内的去流 $\mathbf{x}^{(\beta;\mathscr{D})}(t)$, 且为 $(2k_{i_\alpha} + 1;\mathscr{B}:\mathbf{m}_\beta;\mathscr{D})$ 型奇异的.

(vii) 在没有任何切换规则下, 在 t_m 时刻, 如果满足方程 (7.58) 且 $\mathbf{m}_\beta \neq 2\mathbf{k}_\beta + 1$, 那么称棱 $\mathscr{E}_{\sigma_{n-2}}^{(n-2)}$ 上来自域 Ω_β 的流 $\mathbf{x}^{(\beta;\mathscr{D})}(t)$ 可以切换为边界 $\partial\Omega_{\alpha i_\alpha}$ 上的去流 $\mathbf{x}^{(i_\alpha;\mathscr{B})}(t)$, 且为 $(\mathbf{m}_\beta;\mathscr{D}:m_{i_\alpha};\mathscr{B})$ 型奇异的.

(viii) 在没有任何切换规则下, 在 t_m 时刻如果满足方程 (7.58) 且 $\mathbf{m}_\beta = 2\mathbf{k}_\beta + 1$, 那么称棱 $\mathscr{E}_{\sigma_{n-2}}^{(n-2)}$ 上来自域 Ω_β 的流 $\mathbf{x}^{(\beta;\mathscr{D})}(t)$ 不可切换为边界 $\partial\Omega_{\alpha i_\alpha}$ 上的去流 $\mathbf{x}^{(i_\alpha;\mathscr{B})}(t)$, 且为 $(2\mathbf{k}_\beta + 1;\mathscr{D}:m_{i_\alpha};\mathscr{B})$ 型奇异的.

(ix) 在 t_m 时刻, 如果满足

$$
\left.
\begin{aligned}
&\hbar_{j_\alpha} G_{\partial\Omega_{\alpha j_\alpha}}^{(s_{i_\alpha},i_\alpha;\mathscr{B})}(\mathbf{x}_m, t_{m\pm}, \lambda_{i_\alpha}, \lambda_{j_\alpha}) = 0, \\
&s_{i_\alpha} = 0, 1, 2, \cdots, 2k_{i_\alpha}; \\
&\hbar_{j_\alpha} \mathbf{n}_{\partial\Omega_{\alpha j_\alpha}}^{\mathrm{T}}(\mathbf{x}_{m-\varepsilon}^{(j_\alpha;\mathscr{B})}) \cdot [\mathbf{x}_{m-\varepsilon}^{(j_\alpha;\mathscr{B})} - \mathbf{x}_{m-\varepsilon}^{(i_\alpha;\mathscr{B})}] < 0, \\
&\hbar_{j_\alpha} \mathbf{n}_{\partial\Omega_{\alpha j_\alpha}}^{\mathrm{T}}(\mathbf{x}_{m+\varepsilon}^{(j_\alpha;\mathscr{B})}) \cdot [\mathbf{x}_{m+\varepsilon}^{(i_\alpha;\mathscr{B})} - \mathbf{x}_{m+\varepsilon}^{(j_\alpha;\mathscr{B})}] > 0;
\end{aligned}
\right\}
$$

$$
\left.\begin{array}{l}
\hbar_{j_\beta} G^{(s_\beta,\beta;\mathscr{D})}_{\partial\Omega_{\beta j_\beta}}(\mathbf{x}_m, t_{m\pm}, \mathbf{p}_\beta, \lambda_{j_\beta}) = 0, \\
s_\beta = 0, 1, 2, \cdots, 2k_\beta; \\
\hbar_{j_\beta} \mathbf{n}^{\mathrm{T}}_{\partial\Omega_{\beta j_\beta}}(\mathbf{x}^{(j_\beta;\mathscr{B})}_{m-\varepsilon}) \cdot [\mathbf{x}^{(j_\beta;\mathscr{B})}_{m-\varepsilon} - \mathbf{x}^{(\beta;\mathscr{D})}_{m-\varepsilon}] < 0, \\
\hbar_{j_\beta} \mathbf{n}^{\mathrm{T}}_{\partial\Omega_{\beta j_\beta}}(\mathbf{x}^{(j_\beta;\mathscr{B})}_{m+\varepsilon}) \cdot [\mathbf{x}^{(\beta;\mathscr{D})}_{m+\varepsilon} - \mathbf{x}^{(j_\beta;\mathscr{B})}_{m+\varepsilon}] > 0,
\end{array}\right\} j_\beta \in \mathscr{N}_{\beta\mathscr{B}}(\sigma_{n-2}), \quad (7.61)
$$

那么称在切换规则下, 在棱 $\mathscr{E}^{(n-2)}_{\sigma_{n-2}}$ 上域流 $\mathbf{x}^{(\beta;\mathscr{D})}(t)$ 和边界流 $\mathbf{x}^{(i_\alpha;\mathscr{B})}(t)$ 可切换, 且为 $(2\mathbf{k}_\beta + 1; \mathscr{D} : 2k_{i_\alpha} + 1; \mathscr{B})$ 型奇异的.

(x) 在没有任何切换规则下, 在 t_m 时刻, 如果满足方程 (7.61), 那么称棱 $\mathscr{E}^{(n-2)}_{\sigma_{n-2}}$ 上域流 $\mathbf{x}^{(\beta;\mathscr{D})}(t)$ 和边界流 $\mathbf{x}^{(i_\alpha;\mathscr{B})}(t)$ 为 $(2\mathbf{k}_\beta + 1; \mathscr{D} : m_{i_\alpha}; \mathscr{B})$ 型奇异的双重擦边流.

定理 7.8 对于方程 (6.4)—(6.8) 中的不连续动力系统, m_b 个 $n-1$ 维的边界 $\partial\Omega_{\alpha i_\alpha}$ 形成 $n-2$ 维的棱 $\mathscr{E}^{(n-2)}_{\sigma_{n-2}}$, 并且有 m_d 个域 $\Omega_\alpha(\alpha, i_\alpha \in$ [486] $\mathscr{N}_\mathscr{D} = \{1, 2, \cdots, N_d\}$ 和 $\alpha \neq i_\alpha$, 或者 $i_\alpha \in \mathscr{N}_\mathscr{B} = \{1, 2, \cdots, N_b\}$). 假设边界 $\partial\Omega_{\sigma i_\sigma}$ 上的边界流是 $\mathbf{x}^{(i_\alpha;\mathscr{B})}(t)$, 域 Ω_β 内的流是 $\mathbf{x}^{(i_\beta;\mathscr{D})}(t)$. 在 t_m 时刻, 存在点 $\mathbf{x}^{(\mathscr{E})}_m = \mathbf{x}^{(\mathscr{E})}(t_m) \in \mathscr{E}^{(n-2)}_{\sigma_{n-2}}$ 和 $\mathbf{x}^{(i_\alpha;\mathscr{B})}_{m\pm} = \mathbf{x}^{(\beta;\mathscr{D})}_{m\mp} = \mathbf{x}^{(\mathscr{E})}_m$. 对于任意小的 $\varepsilon > 0$, 存在时间区间 $[t_{m-\varepsilon}, t_{m+\varepsilon}]$. 对于时间 t, 边界流 $\mathbf{x}^{(i_\alpha;\mathscr{B})}(t)$ 是 $C^{(r_{i_\alpha};\mathscr{B})}_{[t_{m-\varepsilon},0)}$ 或者 $C^{(r_{i_\alpha};\mathscr{B})}_{(0,t_{m+\varepsilon}]}$ 连续的, 且 $\|d^{r_{i_\alpha}+1}\mathbf{x}^{(i_\alpha;\mathscr{B})}/dt^{r_{i_\alpha}+1}\| < \infty$ $(r_{i_\alpha} \geqslant m_{i_\alpha})$, 域流 $\mathbf{x}^{(\beta;\mathscr{D})}(t)$ 是 $C^{(r_\beta;\mathscr{D})}_{[t_{m-\varepsilon},0)}$ 或者 $C^{(r_\beta;\mathscr{D})}_{(0,t_{m+\varepsilon}]}$ 连续的, 且 $\|d^{r_\beta+1}\mathbf{x}^{(\beta;\mathscr{D})}/dt^{r_\beta+1}\| < \infty$ $(r_\beta \geqslant m_\beta)$ 对于 $n = 2$, $m_{i_\alpha} \neq 2k_{i_\alpha} + 1$.

(i) 在切换规则下, 在 t_m 时刻, 在棱 $\mathscr{E}^{(n-2)}_{\sigma_{n-2}}$ 上来自边界 $\partial\Omega_{\alpha i_\alpha}$ 的流 $\mathbf{x}^{(i_\alpha;\mathscr{B})}(t)$ 可以切换为域 Ω_β 内的去流 $\mathbf{x}^{(\beta;\mathscr{D})}(t)$, 且为 $(m_{i_\alpha}; \mathscr{B} : \mathbf{m}_\beta; \mathscr{D})$ 型奇异的, 当且仅当

$$
\left.\begin{array}{l}
\hbar_{j_\alpha} G^{(s_{i_\alpha}, i_\alpha;\mathscr{B})}_{\partial\Omega_{\alpha j_\alpha}}(\mathbf{x}_m, t_{m-}, \lambda_{i_\alpha}, \lambda_{j_\alpha}) = 0, \\
s_{i_\alpha} = 0, 1, 2, \cdots, m_{i_\alpha} - 1; \\
(-1)^{m_{i_\alpha}} \hbar_{j_\alpha} G^{(m_{i_\alpha}, i_\alpha;\mathscr{B})}_{\partial\Omega_{\alpha j_\alpha}}(\mathbf{x}_m, t_{m-}, \lambda_{i_\alpha}, \lambda_{j_\alpha}) < 0;
\end{array}\right\}
$$
$$
\left.\begin{array}{l}
\hbar_{j_\beta} G^{(s_\beta, \beta;\mathscr{D})}_{\partial\Omega_{\beta j_\beta}}(\mathbf{x}_m, t_{m+}, \mathbf{p}_\beta, \lambda_{j_\beta}) = 0, \\
s_\beta = 0, 1, 2, \cdots, m_\beta - 1; \\
\hbar_{j_\beta} G^{(m_\beta, \beta;\mathscr{D})}_{\partial\Omega_{\beta j_\beta}}(\mathbf{x}_m, t_{m+}, \mathbf{p}_\beta, \lambda_{j_\beta}) > 0,
\end{array}\right\} j_\beta \in \mathscr{N}_{\beta\mathscr{B}}(\sigma_{n-2}). \quad (7.62)
$$

(ii) 在切换规则下, 在 t_m 时刻, 在棱 $\mathscr{E}^{(n-2)}_{\sigma_{n-2}}$ 上来自域 Ω_β 的流 $\mathbf{x}^{(\beta;\mathscr{D})}(t)$ 可以切换为边界 $\partial\Omega_{\alpha i_\alpha}$ 上的去流 $\mathbf{x}^{(i_\alpha;\mathscr{B})}(t)$, 且为 $(\mathbf{m}_\beta; \mathscr{D} : m_{i_\alpha}; \mathscr{B})$ 型奇异的, 当且仅当

$$\left.\begin{aligned}
&\hbar_{j_\beta} G^{(s_\beta,\beta;\mathscr{D})}_{\partial\Omega_{\beta j_\beta}}(\mathbf{x}_m, t_{m-}, \mathbf{p}_\beta, \lambda_{j_\beta}) = 0,\\
&s_\beta = 0, 1, 2, \cdots, m_\beta - 1;\\
&(-1)^{m_\beta} \hbar_{j_\beta} G^{(m_\beta,\beta;\mathscr{D})}_{\partial\Omega_{\beta j_\beta}}(\mathbf{x}_m, t_{m-}, \mathbf{p}_\beta, \lambda_{j_\beta}) < 0,
\end{aligned}\right\} j_\beta \in \mathscr{N}_{\beta\mathscr{B}}(\sigma_{n-2});$$

$$\left.\begin{aligned}
&\hbar_{j_\alpha} G^{(s_{i_\alpha},i_\alpha;\mathscr{B})}_{\partial\Omega_{\alpha j_\alpha}}(\mathbf{x}_m, t_{m+}, \lambda_{i_\alpha}, \lambda_{j_\alpha}) = 0,\\
&s_{i_\alpha} = 0, 1, 2, \cdots, m_{i_\alpha} - 1;\\
&\hbar_{j_\alpha} G^{(m_{i_\alpha},i_\alpha;\mathscr{B})}_{\partial\Omega_{\alpha j_\alpha}}(\mathbf{x}_m, t_{m+}, \lambda_{i_\alpha}, \lambda_{j_\alpha}) > 0.
\end{aligned}\right\} \tag{7.63}$$

(iii) 在 t_m 时刻, 在棱 $\mathscr{E}^{(n-2)}_{\sigma_{n-2}}$ 上来边界流 $\mathbf{x}^{(i_\alpha;\mathscr{B})}(t)$ 和域流 $\mathbf{x}^{(\beta;\mathscr{D})}(t)$ 为 [487] 第一类不可切换的且为 $(2k_{i_\alpha};\mathscr{B}:\mathbf{m}_\beta;\mathscr{D})$ 型奇异的 $(\mathbf{m}_\beta \neq 2\mathbf{k}_\beta + 1)$, 当且仅当

$$\left.\begin{aligned}
&\hbar_{j_\alpha} G^{(s_{i_\alpha},i_\alpha;\mathscr{B})}_{\partial\Omega_{\alpha j_\alpha}}(\mathbf{x}_m, t_{m-}, \lambda_{i_\alpha}, \lambda_{j_\alpha}) = 0,\\
&s_{i_\alpha} = 0, 1, 2, \cdots, 2k_{i_\alpha} - 1;\\
&\hbar_{j_\alpha} G^{(2k_{i_\alpha},i_\alpha;\mathscr{B})}_{\partial\Omega_{\alpha j_\alpha}}(\mathbf{x}_m, t_{m-}, \lambda_{i_\alpha}, \lambda_{j_\alpha}) < 0;
\end{aligned}\right\}$$

$$\left.\begin{aligned}
&\hbar_{j_\beta} G^{(s_\beta,\beta;\mathscr{D})}_{\partial\Omega_{\beta j_\beta}}(\mathbf{x}_m, t_{m-}, \mathbf{p}_\beta, \lambda_{j_\beta}) = 0,\\
&s_\beta = 0, 1, 2, \cdots, m_\beta - 1;\\
&(-1)^{m_\beta} \hbar_{j_\beta} G^{(m_\beta,\beta;\mathscr{D})}_{\partial\Omega_{\beta j_\beta}}(\mathbf{x}_m, t_{m-}, \mathbf{p}_\beta, \lambda_{j_\beta}) < 0,
\end{aligned}\right\} j_\beta \in \mathscr{N}_{\beta\mathscr{B}}(\sigma_{n-2}). \tag{7.64}$$

(iv) 在 t_m 时刻, 在棱 $\mathscr{E}^{(n-2)}_{\sigma_{n-2}}$ 上去边界流 $\mathbf{x}^{(i_\alpha;\mathscr{B})}(t)$ 和域流 $\mathbf{x}^{(\beta;\mathscr{D})}(t)$ 为第二类不可切换的, 且为 $(m_{i_\alpha};\mathscr{B}:\mathbf{m}_\beta;\mathscr{D})$ 型奇异的, 当且仅当

$$\left.\begin{aligned}
&\hbar_{j_\alpha} G^{(s_{i_\alpha},i_\alpha;\mathscr{B})}_{\partial\Omega_{\alpha j_\alpha}}(\mathbf{x}_m, t_{m+}, \lambda_{i_\alpha}, \lambda_{j_\alpha}) = 0,\\
&s_{i_\alpha} = 0, 1, 2, \cdots, m_{i_\alpha} - 1;\\
&\hbar_{j_\alpha} G^{(m_{i_\alpha},i_\alpha;\mathscr{B})}_{\partial\Omega_{\alpha j_\alpha}}(\mathbf{x}_m, t_{m+}, \lambda_{i_\alpha}, \lambda_{j_\alpha}) > 0;
\end{aligned}\right\}$$

$$\left.\begin{aligned}
&\hbar_{j_\beta} G^{(s_\beta,\beta;\mathscr{D})}_{\partial\Omega_{\beta j_\beta}}(\mathbf{x}_m, t_{m+}, \mathbf{p}_\beta, \lambda_{j_\beta}) = 0,\\
&s_\beta = 0, 1, 2, \cdots, m_\beta - 1;\\
&\hbar_{j_\beta} G^{(m_\beta,\beta;\mathscr{D})}_{\partial\Omega_{\beta j_\beta}}(\mathbf{x}_m, t_{m+}, \mathbf{p}_\beta, \lambda_{j_\beta}) > 0
\end{aligned}\right\} j_\beta \in \mathscr{N}_{\beta\mathscr{B}}(\sigma_{n-2}). \tag{7.65}$$

(v) 在没有任何切换规则下, 在 t_m 时刻, 在棱 $\mathscr{E}^{(n-2)}_{\sigma_{n-2}}$ 上来自边界 $\partial\Omega_{\alpha i_\alpha}$ 的流 $\mathbf{x}^{(i_\alpha;\mathscr{B})}(t)$ 可以切换为域 Ω_β 的去流 $\mathbf{x}^{(\beta;\mathscr{D})}(t)$ 且为 $(2k_{i_\alpha};\mathscr{B}:\mathbf{m}_\beta;\mathscr{D})$ 型奇异的, 当且仅当满足方程 (7.62) 且 $m_{i_\alpha} = 2k_{i_\alpha}$.

(vi) 在没有任何切换规则下, 在 t_m 时刻, 在棱 $\mathscr{E}^{(n-2)}_{\sigma_{n-2}}$ 上来自边界 $\partial\Omega_{\alpha i_\alpha}$ 的流 $\mathbf{x}^{(i_\alpha;\mathscr{B})}(t)$ 不可切换为域 Ω_β 的去流 $\mathbf{x}^{(\beta;\mathscr{D})}(t)$ 且为 $(2k_{i_\alpha}+1;\mathscr{B}:\mathbf{m}_\beta;\mathscr{D})$

型奇异的, 当且仅当满足方程 (7.62) 且 $m_{i_\alpha} = 2k_{i_\alpha} + 1$.

(vii) 在没有任何切换规则下, 在 t_m 时刻, 在棱 $\mathcal{E}_{\sigma_{n-2}}^{(n-2)}$ 上来自域 Ω_β 的流 $\mathbf{x}^{(\beta;\mathscr{D})}(t)$ 可以切换为边界 $\partial\Omega_{\alpha i_\alpha}$ 的去流 $\mathbf{x}^{(i_\alpha;\mathscr{B})}(t)$ 且为 $(\mathbf{m}_\beta;\mathscr{D}:m_{i_\alpha};\mathscr{B})$ 型奇异的, 当且仅当满足方程 (7.63) 且 $\mathbf{m}_\beta \neq 2\mathbf{k}_\beta + \mathbf{1}$.

(viii) 在没有任何切换规则下, 在 t_m 时刻, 在棱 $\mathcal{E}_{\sigma_{n-2}}^{(n-2)}$ 上来自域 Ω_β 的流 $\mathbf{x}^{(\beta;\mathscr{D})}(t)$ 不可切换为边界 $\partial\Omega_{\alpha i_\alpha}$ 上的去流 $\mathbf{x}^{(i_\alpha;\mathscr{B})}(t)$ 且为 $(2\mathbf{k}_\beta + \mathbf{1};\mathscr{D}:m_{i_\alpha};\mathscr{B})$ 型奇异的, 当且仅当满足方程 (7.63) 且 $\mathbf{m}_\beta = 2\mathbf{k}_\beta + \mathbf{1}$.

(ix) 在切换规则下, 在 t_m 时刻, 域 Ω_β 内的流 $\mathbf{x}^{(\beta;\mathscr{D})}(t)$ 和与棱 $\mathcal{E}_{\sigma_{n-2}}^{(n-2)}$ 擦边的边界 $\partial\Omega_{\alpha i_\alpha}$ 上的流 $\mathbf{x}^{(i_\alpha;\mathscr{B})}(t)$ 是可以切换的, 且为 $(2\mathbf{k}_\beta+\mathbf{1};\mathscr{D}:2k_{i_\alpha}+1;\mathscr{B})$ 型奇异的, 当且仅当

$$
\left.
\begin{aligned}
&\hbar_{j_\beta} G_{\partial\Omega_{\beta j_\beta}}^{(s_\beta,\beta;\mathscr{D})}(\mathbf{x}_m, t_{m\pm}, \mathbf{p}_\beta, \lambda_{j_\beta}) = 0, \\
&s_\beta = 0, 1, 2, \cdots, 2k_\beta; \\
&\hbar_{j_\beta} G_{\partial\Omega_{\beta j_\beta}}^{(2k_\beta+1,\beta;\mathscr{D})}(\mathbf{x}_m, t_{m\pm}, \mathbf{p}_\beta, \lambda_{j_\beta}) > 0,
\end{aligned}
\right\} j_\beta \in \mathscr{N}_{\beta\mathscr{B}}(\sigma_{n-2});
$$
$$
\left.
\begin{aligned}
&\hbar_{j_\alpha} G_{\partial\Omega_{\alpha j_\alpha}}^{(s_{i_\alpha},i_\alpha;\mathscr{B})}(\mathbf{x}_m, t_{m\pm}, \lambda_{i_\alpha}, \lambda_{j_\alpha}) = 0, \\
&s_{i_\alpha} = 0, 1, 2, \cdots, 2k_{i_\alpha}; \\
&\hbar_{j_\alpha} G_{\partial\Omega_{\alpha j_\alpha}}^{(2k_{i_\alpha}+1,i_\alpha;\mathscr{B})}(\mathbf{x}_m, t_{m\pm}, \lambda_{i_\alpha}, \lambda_{j_\alpha}) > 0.
\end{aligned}
\right\} \tag{7.66}
$$

(x) 在没有任何切换规则下, 在 t_m 时刻, 域流 $\mathbf{x}^{(\beta;\mathscr{D})}(t)$ 和与棱 $\mathcal{E}_{\sigma_{n-2}}^{(n-2)}$ 擦边的边界流 $\mathbf{x}^{(i_\alpha;\mathscr{B})}(t)$ 为从域 Ω_β 到边界 $\partial\Omega_{\alpha i_\alpha}$ 的双重擦边流且为 $(2\mathbf{k}_\beta+\mathbf{1};\mathscr{D}:2k_{i_\alpha}+1;\mathscr{B})$ 型奇异的, 当且仅当满足方程 (7.66).

证明 该定理的证明可参照第三章中的证明. ∎

与图 7.4—图 7.9 类似, 根据前面的定义和定理, 图 7.16 和图 7.17 描述了 $n-2$ 维棱上域流和边界流的切换性. 带有箭头的灰实线和黑实线分别表示边界流和域流. 边界流和域流之间的切换如图 7.16 所示. 来流和去流不可切换的两种类型如图 7.17 所示. 同样, 给出了具有奇异切换性的说明.

定义 7.9 对于方程 (6.4)—(6.8) 中的不连续动力系统, m_b 个 $n-1$ 维的边界 $\partial\Omega_{\alpha i_\alpha}$ 形成 $n-2$ 维棱 $\mathcal{E}_{\sigma_{n-2}}^{(n-2)}$, 且有 m_d 个域 Ω_α ($\alpha, i_\alpha \in \mathscr{N}_{\mathscr{D}} = \{1, 2, \cdots, m_d\}$ 和 $\alpha \neq i_\alpha, i_\alpha \in \mathscr{N}_{\mathscr{B}} = \{1, 2, \cdots, m_b\}$). $\mathscr{N}_{\mathscr{D}}(\sigma_{n-2}) = \mathscr{N}_{\mathscr{D}}^C(\sigma_{n-2}) \cup \mathscr{N}_{\mathscr{D}}^L(\sigma_{n-2}) \subset \mathscr{N}_{\mathscr{D}}$ 和 $\mathscr{N}_{\mathscr{D}}^C(\sigma_{n-2}) \cap \mathscr{N}_{\mathscr{D}}^L(\sigma_{n-2}) = \varnothing$. 假设边界 $\partial\Omega_{\alpha i_\alpha}$ 上的来边界流是 $\mathbf{x}^{(i_\alpha;\mathscr{B})}(t)$ ($i_\alpha \in \mathscr{N}_{\mathscr{D}}^C(\sigma_{n-2})$), 边界 $\partial\Omega_{\beta i_\beta}$ 上的去边界流是 $\mathbf{x}^{(\nu;\mathscr{D})}(t)$ ($\nu \in \mathscr{N}_{\mathscr{D}}^L(\sigma_{n-2})$). 假定域 Ω_μ 和 Ω_ν 内的来流分别是 $\mathbf{x}^{(\mu;\mathscr{D})}(t)$ ($\mu \in \mathscr{N}_{\mathscr{D}}^C(\sigma_{n-2})$) 和 $\mathbf{x}^{(\nu;\mathscr{D})}(t)$ ($\nu \in \mathscr{N}_{\mathscr{D}}^L(\sigma_{n-2})$). 在 t_m 时刻, $\mathbf{x}_m = \mathbf{x}^{(\mathscr{E})}(t_m) \in$

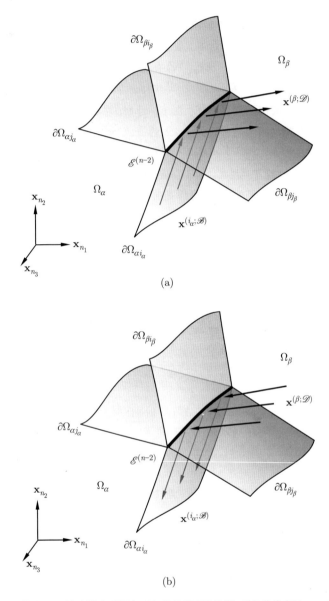

图 7.16　可切换流: (a) 从边界流到域流; (b) 从域流到边界流. 黑色曲线表示 $n-2$ 维棱. 带有箭头的灰实线表示边界流. 带有箭头的黑实线表示域流 $(n_1 + n_2 + n_3 = n)$

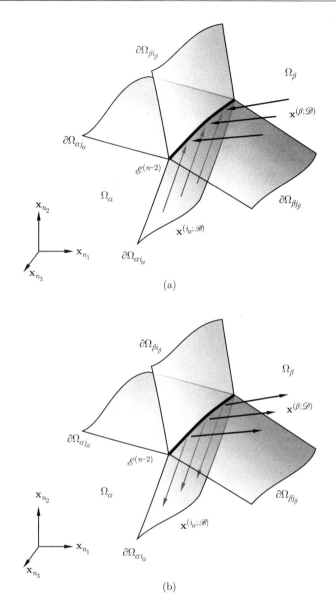

图 7.17   在边界流和域流之间的不可切换流: (a) 第一类 (b) 第二类. 黑色曲线表示 $n-2$ 维棱.
带有箭头的灰实线表示边界流. 带有箭头的黑实线表示域流 $(n_1 + n_2 + n_3 = n)$

$\mathscr{E}^{(n-2)}_{\sigma_{n-2}}$, $\mathbf{x}^{(i_\alpha;\mathscr{B})}_{m\pm} = \mathbf{x}^{(i_\beta;\mathscr{B})}_{m\mp} = \mathbf{x}_m$ 和 $\mathbf{x}^{(\mu;\mathscr{D})}_{m\pm} = \mathbf{x}^{(\nu;\mathscr{D})}_{m\mp} = \mathbf{x}_m$. 对于任意小的 $\varepsilon > 0$, 有时间区间 $[t_{m-\varepsilon}, t_{m+\varepsilon}]$, 对于时间 t, 边界流 $\mathbf{x}^{(i_\rho;\mathscr{B})}(t)(\rho = \alpha, \beta)$ 是 $C^{(r_{i_\rho};\mathscr{B})}_{[t_{m-\varepsilon},0]}$ 或者 $C^{(r_{i_\rho};\mathscr{B})}_{(0,t_{m+\varepsilon}]}$ 连续的, 且 $\|d^{i_\rho+1}\mathbf{x}^{(i_\rho;\mathscr{B})}/dt^{r_{i_\rho}+1}\| < \infty$ $(r_{i_\rho} \geqslant 1)$, 域流 $\mathbf{x}^{(\sigma;\mathscr{D})}(t)(\sigma = \mu, \nu)$ 是 $C^{(r_\sigma;\mathscr{D})}_{[t_{m-\varepsilon},0]}$ 或者 $C^{(r_\sigma;\mathscr{D})}_{(0,t_{m+\varepsilon}]}$ 连续的, 且 $\|d^{r_\sigma+1}\mathbf{x}^{(\sigma;\mathscr{D})}/dt^{r_\sigma+1}\| < \infty$ $(r_\sigma \geqslant 1)$.

(i) 在 t_m 时刻, 如果满足

$$\hbar_{j_\alpha}\mathbf{n}^{\mathrm{T}}_{\partial\Omega_{\alpha j_\alpha}}(\mathbf{x}^{(j_\alpha;\mathscr{B})}_{m-\varepsilon}) \cdot [\mathbf{x}^{(j_\alpha;\mathscr{B})}_{m-\varepsilon} - \mathbf{x}^{(i_\alpha;\mathscr{B})}_{m-\varepsilon}] < 0,$$
$$i_\alpha \in \mathscr{N}^C_{\mathscr{B}}(\sigma_{n-2});$$
$$\hbar_{j_\beta}\mathbf{n}^{\mathrm{T}}_{\partial\Omega_{\beta j_\beta}}(\mathbf{x}^{(j_\beta;\mathscr{B})}_{m+\varepsilon}) \cdot [\mathbf{x}^{(i_\beta;\mathscr{B})}_{m+\varepsilon} - \mathbf{x}^{(j_\beta;\mathscr{B})}_{m+\varepsilon}] > 0,$$
$$i_\beta \in \mathscr{N}^L_{\mathscr{B}}(\sigma_{n-2});$$
$$\hbar_{i_\mu}\mathbf{n}^{\mathrm{T}}_{\partial\Omega_{\mu i_\mu}}(\mathbf{x}^{(i_\mu;\mathscr{B})}_{m-\varepsilon}) \cdot [\mathbf{x}^{(i_\mu;\mathscr{B})}_{m-\varepsilon} - \mathbf{x}^{(\mu;\mathscr{D})}_{m-\varepsilon}] < 0,$$
$$\mu \in \mathscr{N}^C_{\mathscr{D}}(\sigma_{n-2}), i_\mu \in \mathscr{N}_{\mu\mathscr{B}}(\sigma_{n-2});$$
$$\hbar_{j_\nu}\mathbf{n}^{\mathrm{T}}_{\partial\Omega_{\nu j_\nu}}(\mathbf{x}^{(j_\nu;\mathscr{B})}_{m+\varepsilon}) \cdot [\mathbf{x}^{(\nu;\mathscr{D})}_{m+\varepsilon} - \mathbf{x}^{(j_\nu;\mathscr{B})}_{m+\varepsilon}] > 0,$$
$$\nu \in \mathscr{N}^L_{\mathscr{D}}(\sigma_{n-2}), j_\nu \in \mathscr{N}_{\nu\mathscr{B}}(\sigma_{n-2}), \tag{7.67}$$

那么称在棱 $\mathscr{E}^{(n-2)}_{\sigma_{n-2}}$ 上, 来自边界 $\partial\Omega_{\alpha i_\alpha}$ 的流 $\mathbf{x}^{(i_\alpha;\mathscr{B})}(t)(i_\alpha \in \mathscr{N}^C_{\mathscr{B}}(\sigma_{n-2}))$ 和域 Ω_μ 内的流 $\mathbf{x}^{(\mu;\mathscr{D})}(t)$ $(\mu \in \mathscr{N}^C_{\mathscr{D}}(\sigma_{n-2}))$ 可以切换为边界 $\partial\Omega_{\beta i_\beta}$ 上的去流 $\mathbf{x}^{(i_\beta;\mathscr{B})}(t)$ $(i_\beta \in \mathscr{N}^L_{\beta\mathscr{B}}(\sigma_{n-2}))$ 和域 Ω_ν 内的去流 $\mathbf{x}^{(\nu;\mathscr{D})}(t)$ $(\nu \in \mathscr{N}^L_{\mathscr{D}}(\sigma_{n-2}))$, 且为 $(\mathscr{N}^C_{\mathscr{B}}(\sigma_{n-2}) \oplus \mathscr{N}^C_{\mathscr{D}}(\sigma_{n-2}) : \mathscr{N}^L_{\mathscr{B}}(\sigma_{n-2}) \oplus \mathscr{N}^L_{\mathscr{D}}(\sigma_{n-2}))$ 型可切换的.

(ii) 如果满足

[492]
$$\hbar_{j_\alpha}\mathbf{n}^{\mathrm{T}}_{\partial\Omega_{\alpha j_\alpha}}(\mathbf{x}^{(j_\alpha;\mathscr{B})}_{m-\varepsilon}) \cdot [\mathbf{x}^{(j_\alpha;\mathscr{B})}_{m-\varepsilon} - \mathbf{x}^{(i_\alpha;\mathscr{B})}_{m-\varepsilon}] < 0,$$
$$i_\alpha \in \mathscr{N}_{\mathscr{B}}(\sigma_{n-2}) = \mathscr{N}^C_{\mathscr{B}}(\sigma_{n-2});$$
$$\hbar_{i_\mu}\mathbf{n}^{\mathrm{T}}_{\partial\Omega_{\mu i_\mu}}(\mathbf{x}^{(i_\mu;\mathscr{B})}_{m-\varepsilon}) \cdot [\mathbf{x}^{(i_\mu;\mathscr{B})}_{m-\varepsilon} - \mathbf{x}^{(\mu;\mathscr{D})}_{m-\varepsilon}] < 0,$$
$$\mu \in \mathscr{N}_{\mathscr{D}}(\sigma_{n-2}) = \mathscr{N}^C_{\mathscr{D}}(\sigma_{n-2}),$$
$$i_\mu \in \mathscr{N}_{\mu\mathscr{B}}(\sigma_{n-2}), \tag{7.68}$$

那么称在棱 $\mathscr{E}^{(n-2)}_{\sigma_{n-2}}$ 上, 边界流 $\mathbf{x}^{(i_\alpha;\mathscr{B})}(t)(i_\alpha \in \mathscr{N}_{\mathscr{B}}(\sigma_{n-2}), \alpha \in \mathscr{N}_{\mathscr{D}}(\sigma_{n-2}))$ 和域流 $\mathbf{x}^{(\mu;\mathscr{D})}(t)(\mu \in \mathscr{N}_{\mathscr{D}}(\sigma_{n-2}))$ 是 $(\mathscr{N}^C_{\mathscr{B}}(\sigma_{n-2}) \oplus \mathscr{N}^C_{\mathscr{D}}(\sigma_{n-2}))$ 型不可切换的.

(iii) 如果满足

$$\hbar_{j_\beta}\mathbf{n}^{\mathrm{T}}_{\partial\Omega_{\beta j_\beta}}(\mathbf{x}^{(j_\beta;\mathscr{B})}_{m+\varepsilon}) \cdot [\mathbf{x}^{(i_\beta;\mathscr{B})}_{m+\varepsilon} - \mathbf{x}^{(j_\beta;\mathscr{B})}_{m+\varepsilon}] > 0,$$
$$i_\beta \in \mathscr{N}^L_{\mathscr{B}}(\sigma_{n-2}) = \mathscr{N}_{\mathscr{B}}(\sigma_{n-2});$$
$$\hbar_{j_\nu}\mathbf{n}^{\mathrm{T}}_{\partial\Omega_{\nu j_\nu}}(\mathbf{x}^{(j_\nu;\mathscr{B})}_{m+\varepsilon}) \cdot [\mathbf{x}^{(\nu;\mathscr{D})}_{m+\varepsilon} - \mathbf{x}^{(j_\nu;\mathscr{B})}_{m+\varepsilon}] > 0,$$

$$\nu \in \mathscr{N}_{\mathscr{D}}^{L}(\sigma_{n-2}) = \mathscr{N}_{\mathscr{D}}(\sigma_{n-2}),$$

$$j_{\nu} \in \mathscr{N}_{\nu\mathscr{B}}(\sigma_{n-2}), \tag{7.69}$$

那么称在棱 $\mathscr{E}_{\sigma_{n-2}}^{(n-2)}$ 上, 边界流 $\mathbf{x}^{(i_{\beta};\mathscr{B})}(t)(i_{\beta} \in \mathscr{N}_{\mathscr{B}}(\sigma_{n-2}), \beta \in \mathscr{N}_{\mathscr{D}}(\sigma_{n-2}))$ 和域流 $\mathbf{x}^{(\nu;\mathscr{D})}(t)$ $(\nu \in \mathscr{N}_{\mathscr{D}}(\sigma_{n-2}))$ 是 $(\mathscr{N}_{\mathscr{B}}^{C}(\sigma_{n-2}) \oplus \mathscr{N}_{\mathscr{D}}^{C}(\sigma_{n-2}))$ 型不可切换的.

前面的定义给出了所有边界流和域流在棱 $\mathscr{E}_{\sigma_{n-2}}^{(n-2)}$ 上的三种基本切换类型. 图 7.18—图 7.20 描述了切换的定义. 在图 7.18(a) 中, 棱 $\mathscr{E}^{(n-2)}$ 为一个完全汇. 所有的边界流和域流来到这个棱, 从而在这个棱上将形成棱流. 正如第三章, 若棱上汇流消失, 则在棱上将形成可穿越流. 如果棱上所有域流和边界流都是去流, 那么棱上所有边界流和域流是完全源, 如图 7.18(b) 所示. 当棱上边界流是来流 (或者去流) 时, 棱上的域流为去流 (或者来流), 如图 7.19 (a) 和 (b) 所示. 对于一个棱 $\mathscr{E}^{(n-2)}$, 部分边界流和域流是来流, 而其他的边界流和域流是去流, 如图 7.20(a) 所示. 因此存在边界和边界流的复杂切换. 如果棱上所有域流为汇流, 那么边界流能够在棱上形成边界流通道, 如图 7.20(b) 所示. 由于域流存在流障碍, 那么边界流通道是可靠而牢固的. 根据这样的定义, 相应定理的充要条件如下.

定理 7.9 对于方程 (6.4)—(6.8) 中的不连续动力系统, m_b 个 $n-1$ 维 [496] 的边界 $\partial\Omega_{\alpha i_{\alpha}}$ 形成 $n-2$ 维棱 $\mathscr{E}_{\sigma_{n-2}}^{(n-2)}$, m_d 个域 $\Omega_{\alpha}(\alpha, i_{\alpha} \in \mathscr{N}_{\mathscr{D}} = \{1, 2, \cdots, m_d\}$, 其中 $\alpha \neq i_{\alpha}$, $i_{\alpha} \in \mathscr{N}_{\mathscr{B}} = \{1, 2, \cdots, m_b\})$. $\mathscr{N}_{\mathscr{D}}(\sigma_{n-2}) = \mathscr{N}_{\mathscr{D}}^{C}(\sigma_{n-2}) \cup \mathscr{N}_{\mathscr{D}}^{L}(\sigma_{n-2}) \subset \mathscr{N}_{\mathscr{D}}$ 和 $\mathscr{N}_{\mathscr{D}}^{C}(\sigma_{n-2}) \cap \mathscr{N}_{\mathscr{D}}^{L}(\sigma_{n-2}) = \varnothing$. 假定边界 $\partial\Omega_{\sigma i_{\sigma}}$ 上的来流和边界 $\partial\Omega_{\beta i_{\beta}}$ 上的去流分别是 $\mathbf{x}^{(i_{\alpha};\mathscr{B})}(t)(i_{\alpha} \in \mathscr{N}_{\mathscr{B}}(\sigma_{n-2}))$ 和 $\mathbf{x}^{(i_{\beta};\mathscr{B})}(t)$ $(i_{\beta} \in \mathscr{N}_{\mathscr{B}}^{L}(\sigma_{n-2}))$. 假设域 Ω_{μ} 和 Ω_{ν} 内的来流和去流分别为 $\mathbf{x}^{(\mu;\mathscr{D})}(t)(\mu \in \mathscr{N}_{\mathscr{D}}^{C}(\sigma_{n-2}))$ 和 $\mathbf{x}^{(\nu;\mathscr{D})}(t)(\nu \in \mathscr{N}_{\mathscr{D}}^{L}(\sigma_{n-2}))$. 在 t_m 时刻, $\mathbf{x}_m = \mathbf{x}^{(\mathscr{E})}(t_m) \in \mathscr{E}_{\sigma_{n-2}}^{(n-2)}$, $\mathbf{x}_{m\pm}^{(i_{\alpha};\mathscr{B})} = \mathbf{x}_{m\mp}^{(i_{\beta};\mathscr{B})} = \mathbf{x}_m$ 和 $\mathbf{x}_{m\pm}^{(\mu;\mathscr{D})} = \mathbf{x}_{m\mp}^{(\nu;\mathscr{D})} = \mathbf{x}_m$. 对于任意小的 $\varepsilon > 0$, 存在时间区间 $[t_{m-\varepsilon}, t_{m+\varepsilon}]$. 对于时间 t, 边界流 $\mathbf{x}^{(i_{\rho};\mathscr{B})}(t)$ $(\rho = \alpha, \beta)$ 是 $C_{[t_{m-\varepsilon}, 0)}^{(r_{i_{\rho}};\mathscr{B})}$ 或者 $C_{(0, t_{m+\varepsilon}]}^{(r_{i_{\rho}};\mathscr{B})}$ 连续的, 且 $\|d^{r_{i_{\rho}}+1}\mathbf{x}^{(i_{\rho};\mathscr{B})}/dt^{r_{i_{\rho}}+1}\| < \infty$ $(r_{\sigma} \geqslant 2)$, 域流 $\mathbf{x}^{(\sigma;\mathscr{D})}(t)(\sigma = \mu, \nu)$ 是 $C_{[t_{m-\varepsilon}, 0)}^{(r_{\sigma};\mathscr{D})}$ 或者 $C_{(0, t_{m+\varepsilon}]}^{(r_{\sigma};\mathscr{D})}$ 连续的, 且 $\|d^{r_{\sigma}+1}\mathbf{x}^{(\sigma;\mathscr{D})}/dt^{r_{\sigma}+1}\| < \infty$ $(r_{\sigma} \geqslant 2)$.

(i) 在 t_m 时刻, 棱 $\mathscr{E}_{\sigma_{n-2}}^{(n-2)}$ 上来自边界 $\partial\Omega_{\alpha i_{\alpha}}$ 的流 $\mathbf{x}^{(i_{\alpha};\mathscr{B})}(t)$ $(i_{\alpha} \in \mathscr{N}_{\mathscr{B}}^{C}(\sigma_{n-2}))$ 和来自域 Ω_{μ} 的流 $\mathbf{x}^{(\mu;\mathscr{D})}(t)$ $(\mu \in \mathscr{N}_{\mathscr{D}}^{C}(\sigma_{n-2}))$ 可以切换为边界 $\partial\Omega_{\beta i_{\beta}}$ 上的去流 $\mathbf{x}^{(i_{\beta};\mathscr{B})}(t)$ $(i_{\beta} \in \mathscr{N}_{\beta\mathscr{B}}^{L}(\sigma_{n-2}))$ 和域 Ω_{ν} 内的去流 $\mathbf{x}^{(\nu;\mathscr{D})}(t)(\nu \in \mathscr{N}_{\mathscr{D}}^{L}(\sigma_{n-2}))$, 且为 $(\mathscr{N}_{\mathscr{B}}^{C}(\sigma_{n-2}) \oplus \mathscr{N}_{\mathscr{D}}^{C}(\sigma_{n-2}) : \mathscr{N}_{\mathscr{B}}^{L}(\sigma_{n-2}) \oplus \mathscr{N}_{\mathscr{D}}^{L}(\sigma_{n-2}))$ 型可切换的, 当且仅当

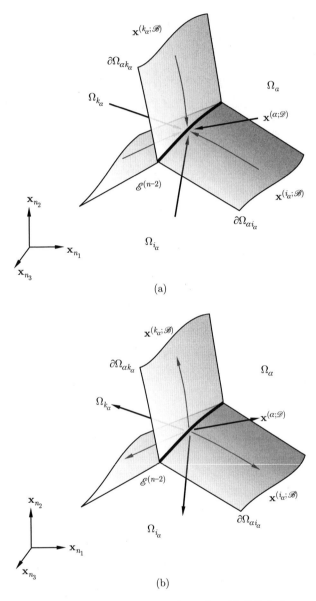

图 7.18   对于域流和边界流的 (a) 完全汇棱; (b) 完全源棱. 黑色曲线表示 $n-2$ 维棱. 带有箭头的灰实线表示边界流. 带有箭头的黑实线表示域流 ($n_1 + n_2 + n_3 = n$)

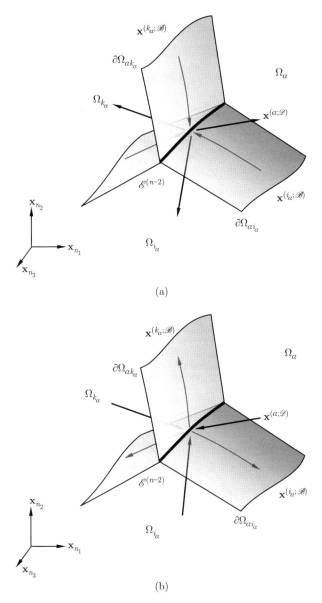

图 7.19   (a) 汇边界流经过棱后变为源域流, (b) 汇域流经过棱后变为源边界流. 黑色曲线表示
$n - 2$ 维棱. 带有箭头的灰实线表示边界流. 带有箭头的黑实线表示域流 ($n_1 + n_2 + n_3 = n$)

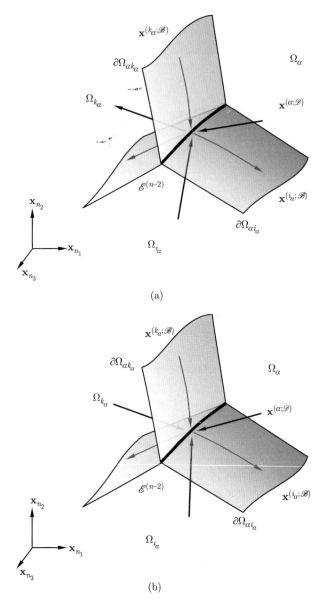

图 7.20　(a) 对于棱的边界流和域流的来、去混合; (b) 通过棱的具有部分来边界流和部分去边界流的汇域流. 黑色曲线表示 $n-2$ 维棱, 带有箭头的灰实线表示边界流. 带有箭头的黑实线表示域流 $(n_1 + n_2 + n_3 = n)$

$$\hbar_{j_\alpha} G^{(i_\alpha;\mathscr{B})}_{\partial\Omega_{\alpha j_\alpha}}(\mathbf{x}_m, t_{m-}, \lambda_{i_\alpha}, \lambda_{j_\alpha}) < 0,$$

$$i_\alpha \in \mathscr{N}^C_{\alpha\mathscr{B}}(\sigma_{n-2}) \text{ 和 } \alpha \in \mathscr{N}_{\mathscr{D}}(\sigma_{n-2}),$$

$$\hbar_{j_\beta} G^{(i_\beta;\mathscr{B})}_{\partial\Omega_{\beta j_\beta}}(\mathbf{x}_m, t_{m+}, \lambda_{i_\beta}, \lambda_{j_\beta}) > 0,$$

$$i_\beta \in \mathscr{N}^L_{\beta\mathscr{B}}(\sigma_{n-2}) \text{ 和 } \beta \in \mathscr{N}_{\mathscr{D}}(\sigma_{n-2});$$

$$\hbar_{j_\mu} G^{(\mu;\mathscr{D})}_{\partial\Omega_{\mu j_\mu}}(\mathbf{x}_m, t_{m-}, \mathbf{p}_\mu, \lambda_{j_\mu}) < 0,$$

$$\mu \in \mathscr{N}^C_{\mathscr{D}}(\sigma_{n-2}) \text{ 和 } j_\mu \in \mathscr{N}_{\mu\mathscr{B}}(\sigma_{n-2}),$$

$$\hbar_{j_\nu} G^{(\nu;\mathscr{D})}_{\partial\Omega_{\nu j_\nu}}(\mathbf{x}_m, t_{m+}, \mathbf{p}_\nu, \lambda_{j_\nu}) > 0,$$

$$\nu \in \mathscr{N}^L_{\mathscr{D}}(\sigma_{n-2}) \text{ 和 } j_\nu \in \mathscr{N}_{\nu\mathscr{B}}(\sigma_{n-2}). \tag{7.70}$$

(ii) 在棱 $\mathscr{E}^{(n-2)}_{\sigma_{n-2}}$ 上, 边界流 $\mathbf{x}^{(i_\alpha;\mathscr{B})}(t)(i_\alpha \in \mathscr{N}_\mathscr{B}(\sigma_{n-2}), \alpha \in \mathscr{N}_{\mathscr{D}}(\sigma_{n-2}))$ 和域流 $\mathbf{x}^{(\mu;\mathscr{D})}(t)(\mu \in \mathscr{N}_{\mathscr{D}}(\sigma_{n-2}))$ 是 $(\mathscr{N}^C_\mathscr{B}(\sigma_{n-2}) \oplus \mathscr{N}^C_{\mathscr{D}}(\sigma_{n-2}))$ 型第一类不可切换的, 当且仅当 [497]

$$\hbar_{j_\alpha} G^{(i_\alpha;\mathscr{B})}_{\partial\Omega_{\alpha j_\alpha}}(\mathbf{x}_m, t_{m-}, \lambda_{i_\alpha}, \lambda_{j_\alpha}) < 0,$$

$$i_\alpha \in \mathscr{N}_{\alpha\mathscr{B}}(\sigma_{n-2}) = \mathscr{N}^C_{\alpha\mathscr{B}}(\sigma_{n-2});$$

$$\hbar_{j_\mu} G^{(\mu;\mathscr{D})}_{\partial\Omega_{\mu j_\mu}}(\mathbf{x}_m, t_{m-}, \mathbf{p}_\mu, \lambda_{j_\mu}) < 0,$$

$$\mu \in \mathscr{N}_{\mathscr{D}}(\sigma_{n-2}) = \mathscr{N}^C_{\mathscr{D}}(\sigma_{n-2}),$$

$$j_\mu \in \mathscr{N}_{\mu\mathscr{B}}(\sigma_{n-2}). \tag{7.71}$$

(iii) 棱 $\mathscr{E}^{(n-2)}_{\sigma_{n-2}}$ 对边界流 $\mathbf{x}^{(i_\beta;\mathscr{B})}(t)(i_\beta \in \mathscr{N}_\mathscr{B}(\sigma_{n-2}), \beta \in \mathscr{N}_{\mathscr{D}}(\sigma_{n-2}))$ 和域流 $\mathbf{x}^{(\nu;\mathscr{D})}(t)(\nu \in \mathscr{N}_{\mathscr{D}}(\sigma_{n-2}))$ 是 $(\mathscr{N}^C_\mathscr{B}(\sigma_{n-2}) \oplus \mathscr{N}^C_{\mathscr{D}}(\sigma_{n-2}))$ 型源, 当且仅当

$$\hbar_{j_\beta} G^{(i_\beta;\mathscr{B})}_{\partial\Omega_{\beta j_\beta}}(\mathbf{x}_m, t_{m+}, \lambda_{i_\beta}, \lambda_{j_\beta}) > 0,$$

$$i_\beta \in \mathscr{N}^L_{\beta\mathscr{B}}(\sigma_{n-2}) = \mathscr{N}_{\beta\mathscr{B}}(\sigma_{n-2});$$

$$\hbar_{j_\nu} G^{(\nu;\mathscr{D})}_{\partial\Omega_{\nu j_\nu}}(\mathbf{x}_m, t_{m+}, \mathbf{p}_\nu, \lambda_{j_\nu}) > 0,$$

$$\nu \in \mathscr{N}^L_{\mathscr{D}}(\sigma_{n-2}) = \mathscr{N}_{\mathscr{D}}(\sigma_{n-2}),$$

$$j_\nu \in \mathscr{N}_{\nu\mathscr{B}}(\sigma_{n-2}). \tag{7.72}$$

证明 参考在第三章中的证明. ■

如果流向棱上的边界流和域流具有高阶奇异性, 给出下面相应的描述.

定义 7.10 对于在方程 (6.4)—(6.8) 中的不连续动力系统, m_b 个 $n-$

1 维的边界 $\partial\Omega_{\alpha i_\alpha}$ 形成 $n-2$ 维棱 $\mathscr{E}_{\sigma_{n-2}}^{(n-2)}$, m_d 个域 $\Omega_\alpha(\alpha, i_\alpha \in \mathscr{N}_{\mathscr{D}} = \{1,2,\cdots, m_d\}$, 其中 $\alpha \neq i_\alpha, i_\alpha \in \mathscr{N}_{\mathscr{B}} = \{1,2,\cdots, m_b\})$. $\mathscr{N}_{\mathscr{D}}(\sigma_{n-2}) = \mathscr{N}_{\mathscr{D}}^C(\sigma_{n-2}) \cup \mathscr{N}_{\mathscr{D}}^L(\sigma_{n-2}) \subset \mathscr{N}_{\mathscr{D}}$ 和 $\mathscr{N}_{\mathscr{D}}^C(\sigma_{n-2}) \cap \mathscr{N}_{\mathscr{D}}^L(\sigma_{n-2}) = \varnothing$. 假定边界 $\partial\Omega_{\sigma i_\sigma}$ 上的来流和边界 $\partial\Omega_{\beta i_\beta}$ 上的去流分别是 $\mathbf{x}^{(i_\alpha;\mathscr{B})}(t)$ $(i_\alpha \in \mathscr{N}_{\mathscr{D}}^C(\sigma_{n-2}))$ 和 $\mathbf{x}^{(i_\beta;\mathscr{B})}(t)$ $(i_\beta \in \mathscr{N}_{\mathscr{B}}^L(\sigma_{n-2}))$. 假设域 Ω_μ 和 Ω_ν 内的来流和去流分别是 $\mathbf{x}^{(\mu;\mathscr{D})}(t)(\mu \in \mathscr{N}_{\mathscr{D}}^C(\sigma_{n-2}))$ 和 $\mathbf{x}^{(\nu;\mathscr{D})}(t)(\nu \in \mathscr{N}_{\mathscr{D}}^L(\sigma_{n-2}))$. 在 t_m 时刻, $\mathbf{x}_m^{(\mathscr{E})} = \mathbf{x}^{(\mathscr{E})}(t_m) \in \mathscr{E}_{\sigma_{n-2}}^{(n-2)}$ 和 $\mathbf{x}_{m\pm}^{(i_\alpha;\mathscr{B})} = \mathbf{x}_{m\mp}^{(\beta;\mathscr{D})} = \mathbf{x}_m^{(\mathscr{E})}$. 对于任意小的 $\varepsilon > 0$, 存在时间区间 $[t_{m-\varepsilon}, t_{m+\varepsilon}]$. 对于时间 t, 边界流 $\mathbf{x}^{(i_\rho;\mathscr{B})}(t)(\rho = \alpha, \beta)$ 是 $C_{[t_{m-\varepsilon},0)}^{(r_{i_\rho};\mathscr{B})}$ 或者 $C_{(0,t_{m+\varepsilon}]}^{(r_{i_\rho};\mathscr{B})}$ 连续的, 且 $\|d^{r_{i_\rho}+1}\mathbf{x}^{(i_\rho;\mathscr{B})}/dt^{r_{i_\rho}+1}\| < \infty$ $(r_{i_\rho} \geqslant m_{i_\rho})$, 域流 $\mathbf{x}^{(\sigma;\mathscr{D})}(t)$ $(\sigma = \mu, \nu)$ 是 $C_{[t_{m-\varepsilon},0)}^{(r_\sigma;\mathscr{D})}$ 或者 $C_{(0,t_{m+\varepsilon}]}^{(r_\sigma;\mathscr{D})}$ 连续的, 且 $\|d^{r_\sigma+1}\mathbf{x}^{(\sigma;\mathscr{D})}/dt^{r_\sigma+1}\| < \infty$ $(r_\sigma \geqslant \mathbf{m}_\sigma)$. 对于 $n=2$, $m_{i_\rho} \neq 2k_{i_\rho}+1$.

(i) 在 t_m 时刻, 如果满足

$$\left.\begin{aligned} &\hbar_{j_\alpha} G_{\partial\Omega_{\alpha j_\alpha}}^{(s_{i_\alpha}, i_\alpha;\mathscr{B})}(\mathbf{x}_m, t_{m-}, \lambda_{i_\alpha}, \lambda_{j_\alpha}) = 0, \\ &s_{i_\alpha} = 0, 1, 2, \cdots, m_{i_\alpha}-1, \\ &\hbar_{j_\alpha} \mathbf{n}_{\partial\Omega_{\alpha j_\alpha}}^{\mathrm{T}}(\mathbf{x}_{m-\varepsilon}^{(j_\alpha;\mathscr{B})}) \cdot [\mathbf{x}_{m-\varepsilon}^{(j_\alpha;\mathscr{B})} - \mathbf{x}_{m-\varepsilon}^{(i_\alpha;\mathscr{B})}] < 0, \end{aligned}\right\} \quad (7.73)$$

$i_\alpha \in \mathscr{N}_{\alpha\mathscr{B}}^C(\sigma_{n-2})$ 和 $\alpha \in \mathscr{N}_{\mathscr{D}}(\sigma_{n-2})$;

$$\left.\begin{aligned} &\hbar_{j_\beta} G_{\partial\Omega_{\beta j_\beta}}^{(s_{i_\beta}, i_\beta;\mathscr{B})}(\mathbf{x}_m, t_{m+}, \lambda_{i_\beta}, \lambda_{j_\beta}) = 0, \\ &s_{i_\beta} = 0, 1, 2, \cdots, m_{i_\beta}-1, \\ &\hbar_{j_\beta} \mathbf{n}_{\partial\Omega_{\beta j_\beta}}^{\mathrm{T}}(\mathbf{x}_{m+\varepsilon}^{(j_\beta;\mathscr{B})}) \cdot [\mathbf{x}_{m+\varepsilon}^{(i_\beta;\mathscr{B})} - \mathbf{x}_{m+\varepsilon}^{(j_\beta;\mathscr{B})}] > 0, \end{aligned}\right\} \quad (7.74)$$

$i_\beta \in \mathscr{N}_{\beta\mathscr{B}}^L(\sigma_{n-2})$ 和 $\beta \in \mathscr{N}_{\mathscr{D}}(\sigma_{n-2})$;

$$\left.\begin{aligned} &\hbar_{j_\mu} G_{\partial\Omega_{\mu j_\mu}}^{(s_\mu, \beta;\mathscr{D})}(\mathbf{x}_m, t_{m-}, \mathbf{p}_\mu, \lambda_{j_\mu}) = 0, \\ &s_\mu = 0, 1, 2, \cdots, m_\mu-1, \\ &\hbar_{i_\mu} \mathbf{n}_{\partial\Omega_{\mu i_\mu}}^{\mathrm{T}}(\mathbf{x}_{m-\varepsilon}^{(i_\mu;\mathscr{B})}) \cdot [\mathbf{x}_{m-\varepsilon}^{(i_\mu;\mathscr{B})} - \mathbf{x}_{m-\varepsilon}^{(\mu;\mathscr{D})}] < 0, \end{aligned}\right\} \quad (7.75)$$

$\mu \in \mathscr{N}_{\mathscr{D}}^C(\sigma_{n-2})$ 和 $j_\mu \in \mathscr{N}_{\mu\mathscr{B}}(\sigma_{n-2})$;

$$\left.\begin{aligned} &\hbar_{j_\nu} G_{\partial\Omega_{\nu j_\nu}}^{(s_\nu, \nu;\mathscr{D})}(\mathbf{x}_m, t_{m+}, \mathbf{p}_\nu, \lambda_{j_\nu}) = 0, \\ &s_\nu = 0, 1, 2, \cdots, m_\nu-1, \\ &\hbar_{j_\nu} \mathbf{n}_{\partial\Omega_{\nu j_\nu}}^{\mathrm{T}}(\mathbf{x}_{m+\varepsilon}^{(j_\nu;\mathscr{B})}) \cdot [\mathbf{x}_{m+\varepsilon}^{(\nu;\mathscr{D})} - \mathbf{x}_{m+\varepsilon}^{(j_\nu;\mathscr{B})}] > 0, \end{aligned}\right\} \quad (7.76)$$

$\nu \in \mathscr{N}_{\mathscr{D}}^L(\sigma_{n-2})$ 和 $j_\nu \in \mathscr{N}_{\nu\mathscr{B}}(\sigma_{n-2})$,

那么在切换规则下, 在棱 $\mathscr{E}^{(n-2)}_{\sigma_{n-2}}$ 上来自边界 $\partial\Omega_{\alpha i_\alpha}$ 的流 $\mathbf{x}^{(i_\alpha;\mathscr{B})}(t)(i_\alpha \in \mathscr{N}^C_{\mathscr{B}}(\sigma_{n-2}))$ 和来自域 Ω_μ 的流 $\mathbf{x}^{(\mu;\mathscr{D})}(t)$ $(\mu \in \mathscr{N}^C_{\mathscr{D}}(\sigma_{n-2}))$ 可以切换为边界 $\partial\Omega_{\beta i_\beta}$ 上的流 $\mathbf{x}^{(i_\beta;\mathscr{B})}(t)(i_\beta \in \mathscr{N}^L_{\beta\mathscr{B}}(\sigma_{n-2}))$ 和域 Ω_ν 内的流 $\mathbf{x}^{(\nu;\mathscr{D})}(t)$ $(\nu \in \mathscr{N}^L_{\mathscr{D}}(\sigma_{n-2}))$, 并且是 $(\cup_{i_\alpha}(m_{i_\alpha};\mathscr{B}) \oplus \cup_\mu(\mathbf{m}_\mu;\mathscr{D}) : \cup_{i_\beta}(m_{i_\beta};\mathscr{B}) \oplus \cup_\nu(\mathbf{m}_\nu;\mathscr{D}))$ 型奇异的.

(ii) 在 t_m 时刻, 如果满足

$$\left.\begin{aligned}
&\hbar_{j_\alpha} G^{(s_{i_\alpha},i_\alpha;\mathscr{B})}_{\partial\Omega_{\alpha j_\alpha}}(\mathbf{x}_m,t_{m-},\lambda_{i_\alpha},\lambda_{j_\alpha}) = 0, \\
&s_{i_\alpha} = 0,1,2,\cdots,2k_{i_\alpha}-1, \\
&\hbar_{j_\alpha} \mathbf{n}^{\mathrm{T}}_{\partial\Omega_{\alpha j_\alpha}}(\mathbf{x}^{(j_\alpha;\mathscr{B})}_{m-\varepsilon}) \cdot [\mathbf{x}^{(j_\alpha;\mathscr{B})}_{m-\varepsilon} - \mathbf{x}^{(i_\alpha;\mathscr{B})}_{m-\varepsilon}] < 0,
\end{aligned}\right\} \tag{7.77}$$

$$i_\alpha \in \mathscr{N}^C_{\alpha\mathscr{B}}(\sigma_{n-2}) \text{ 和 } \alpha \in \mathscr{N}_{\mathscr{D}}(\sigma_{n-2});$$

$$\left.\begin{aligned}
&\hbar_{j_\mu} G^{(s_\mu,\beta;\mathscr{D})}_{\partial\Omega_{\mu j_\mu}}(\mathbf{x}_m,t_{m-},\mathbf{p}_\mu,\lambda_{j_\mu}) = 0, \\
&s_\mu = 0,1,2,\cdots,m_\mu-1, \\
&\hbar_{i_\mu} \mathbf{n}^{\mathrm{T}}_{\partial\Omega_{\mu i_\mu}}(\mathbf{x}^{(i_\mu;\mathscr{B})}_{m-\varepsilon}) \cdot [\mathbf{x}^{(i_\mu;\mathscr{B})}_{m-\varepsilon} - \mathbf{x}^{(\mu;\mathscr{D})}_{m-\varepsilon}] < 0,
\end{aligned}\right\} \tag{7.78}$$

$$\mu \in \mathscr{N}^C_{\mathscr{D}}(\sigma_{n-2}) \text{ 和 } j_\mu \in \mathscr{N}_{\mu\mathscr{B}}(\sigma_{n-2}),$$

那么棱 $\mathscr{E}^{(n-2)}_{\sigma_{n-2}}$ 上边界流 $\mathbf{x}^{(i_\alpha;\mathscr{B})}(t)(i_\alpha \in \mathscr{N}_{\mathscr{B}}(\sigma_{n-2}), \alpha \in \mathscr{N}_{\mathscr{D}}(\sigma_{n-2}))$ 和域流 $\mathbf{x}^{(\mu;\mathscr{D})}(t)$ $(\mu \in \mathscr{N}_{\mathscr{D}}(\sigma_{n-2}))$ 为 $(\cup_{i_\alpha}(2k_{i_\alpha};\mathscr{B}) \oplus (\cup_\mu\mathbf{m}_\mu;\mathscr{D}))$ 型奇异不可切换的.

(iii) 如果满足

$$\left.\begin{aligned}
&\hbar_{j_\beta} G^{(s_{i_\beta},i_\beta;\mathscr{B})}_{\partial\Omega_{\beta j_\beta}}(\mathbf{x}_m,t_{m+},\lambda_{i_\beta},\lambda_{j_\beta}) = 0, \\
&s_{i_\beta} = 0,1,2,\cdots,m_{i_\beta}-1, \\
&\hbar_{j_\beta} \mathbf{n}^{\mathrm{T}}_{\partial\Omega_{\beta j_\beta}}(\mathbf{x}^{(j_\beta;\mathscr{B})}_{m+\varepsilon}) \cdot [\mathbf{x}^{(i_\beta;\mathscr{B})}_{m+\varepsilon} - \mathbf{x}^{(j_\beta;\mathscr{B})}_{m+\varepsilon}] > 0,
\end{aligned}\right\} \tag{7.79}$$

$$i_\beta \in \mathscr{N}^L_{\beta\mathscr{B}}(\sigma_{n-2}) \text{ 和 } \beta \in \mathscr{N}_{\mathscr{D}}(\sigma_{n-2});$$

$$\left.\begin{aligned}
&\hbar_{j_\nu} G^{(s_\nu,\nu;\mathscr{D})}_{\partial\Omega_{\nu j_\nu}}(\mathbf{x}_m,t_{m+},\mathbf{p}_\nu,\lambda_{j_\nu}) = 0, \\
&s_\nu = 0,1,2,\cdots,m_\nu-1, \\
&\hbar_{j_\nu} \mathbf{n}^{\mathrm{T}}_{\partial\Omega_{\nu j_\nu}}(\mathbf{x}^{(j_\nu;\mathscr{B})}_{m+\varepsilon}) \cdot [\mathbf{x}^{(\nu;\mathscr{D})}_{m+\varepsilon} - \mathbf{x}^{(j_\nu;\mathscr{B})}_{m+\varepsilon}] > 0,
\end{aligned}\right\} \tag{7.80}$$

$$\nu \in \mathscr{N}^L_{\mathscr{D}}(\sigma_{n-2}) \text{ 和 } j_\nu \in \mathscr{N}_{\nu\mathscr{B}}(\sigma_{n-2}),$$

那么棱 $\mathscr{E}^{(n-2)}_{\sigma_{n-2}}$ 上边界流 $\mathbf{x}^{(i_\beta;\mathscr{B})}(t)(i_\beta \in \mathscr{N}_{\mathscr{B}}(\sigma_{n-2}), \beta \in \mathscr{N}_{\mathscr{D}}(\sigma_{n-2}))$ 和域流 $\mathbf{x}^{(\nu;\mathscr{D})}(t)(\nu \in \mathscr{N}_{\mathscr{D}}(\sigma_{n-2}))$ 是第二类不可切换的, 且是 $(\cup_{i_\beta}(2k_{i_\beta};\mathscr{B}) \oplus (\cup_\nu\mathbf{m}_\nu;\mathscr{D}))$ 型奇异的.

[499]

(iv) 在没有任何切换规则下, t_m 时刻如果满足方程 (7.73)—(7.76) 且 $m_{i_\alpha} = 2k_{i_\alpha}$ 和 $\mathbf{m}_\mu \neq 2\mathbf{k}_\mu + 1$, 那么在棱 $\mathscr{E}_{\sigma_{n-2}}^{(n-2)}$ 上来边界流 $\mathbf{x}^{(i_\alpha;\mathscr{B})}(t)$ $(i_\alpha \in \mathscr{N}_{\sigma_{n-2}}^C)$ 和域来流 $\mathbf{x}^{(\mu;\mathscr{D})}(t)$ $(\mu \in \mathscr{N}_{\sigma_{n-2}}^C)$ 可以切换为去边界流 $\mathbf{x}^{(i_\beta;\mathscr{B})}(t)$ $(i_\beta \in \mathscr{N}_{\beta\mathscr{B}}^L(\sigma_{n-2}))$ 和域去流 $\mathbf{x}^{(\nu;\mathscr{D})}(t)(\nu \in \mathscr{N}_{\mathscr{D}}^L(\sigma_{n-2}))$, 且是 $(\cup_{i_\alpha}(2k_{i_\alpha};\mathscr{B}) \oplus \cup_\mu(\mathbf{m}_\mu;\mathscr{D}) : \cup_{i_\beta}(m_{i_\beta};\mathscr{B}) \oplus \cup_\nu(\mathbf{m}_\nu;\mathscr{D}))$ 型奇异的.

[500]　　　(v) 在没有任何切换规则下, $\cup_{i_\beta}(m_{i_\beta};\mathscr{B}) \oplus \cup_\nu(\mathbf{m}_\nu;\mathscr{D}))$ 时刻如果满足方程 (7.73)—(7.76) 且至少对于 i_α 有 $m_{i_\alpha} = 2k_{i_\alpha} + 1$ 或者对于 μ 有 $\mathbf{m}_\mu = 2\mathbf{k}_\mu + 1$, 那么在棱 $\mathscr{E}_{\sigma_{n-2}}^{(n-2)}$ 上来边界流 $\mathbf{x}^{(i_\alpha;\mathscr{B})}(t)$ $(i_\alpha \in \mathscr{N}_{\mathscr{B}}^C(\sigma_{n-2}))$ 和域来流 $\mathbf{x}^{(\mu;\mathscr{D})}(t)$ $(\mu \in \mathscr{N}_{\mathscr{D}}^C(\sigma_{n-2}))$ 不可切换为去边界流 $\mathbf{x}^{(i_\beta;\mathscr{B})}(t)$ $(i_\beta \in \mathscr{N}_{\beta\mathscr{B}}^L(\sigma_{n-2}))$ 和域去流 $\mathbf{x}^{(\nu;\mathscr{D})}(t)$ $(\nu \in \mathscr{N}_{\mathscr{D}}^L(\sigma_{n-2}))$, 且是 $((\cup_{i_\alpha}(\mathbf{m}_{i_\alpha};\mathscr{B}) \oplus \cup_\mu(\mathbf{m}_\mu;\mathscr{D})) : \cup_{i_\beta}(\mathbf{m}_{i_\beta};\mathscr{B}) \oplus \cup_\nu(\mathbf{m}_\nu;\mathscr{D}))$ 型奇异的.

　　　(vi) 在 t_m 时刻, 如果满足

$$\left.\begin{array}{l}
\hbar_{j_\alpha} G_{\partial\Omega_{\alpha j_\alpha}}^{(s_{i_\alpha},i_\alpha;\mathscr{B})}(\mathbf{x}_m, t_{m\pm}, \lambda_{i_\alpha}, \lambda_{j_\alpha}) = 0, \\
s_{i_\alpha} = 0, 1, 2, \cdots, 2k_{i_\alpha}, \\
\hbar_{j_\alpha} \mathbf{n}_{\partial\Omega_{\alpha j_\alpha}}^{\mathrm{T}}(\mathbf{x}_{m-\varepsilon}^{(j_\alpha;\mathscr{B})}) \cdot [\mathbf{x}_{m-\varepsilon}^{(j_\alpha;\mathscr{B})} - \mathbf{x}_{m-\varepsilon}^{(i_\alpha;\mathscr{B})}] < 0, \\
\hbar_{j_\alpha} \mathbf{n}_{\partial\Omega_{\alpha j_\alpha}}^{\mathrm{T}}(\mathbf{x}_{m+\varepsilon}^{(j_\alpha;\mathscr{B})}) \cdot [\mathbf{x}_{m+\varepsilon}^{(i_\alpha;\mathscr{B})} - \mathbf{x}_{m+\varepsilon}^{(j_\alpha;\mathscr{B})}] > 0,
\end{array}\right\} \tag{7.81}$$

$$i_\alpha \in \mathscr{N}_{\alpha\mathscr{B}}(\sigma_{n-2}) \text{ 和 } \alpha \in \mathscr{N}_{\mathscr{D}}(\sigma_{n-2});$$

$$\left.\begin{array}{l}
\hbar_{j_\mu} G_{\partial\Omega_{\mu j_\mu}}^{(s_\mu,\beta;\mathscr{D})}(\mathbf{x}_m, t_{m\pm}, \mathbf{p}_\mu, \lambda_{j_\mu}) = 0, \\
s_\mu = 0, 1, 2, \cdots, 2k_\mu, \\
\hbar_{i_\mu} \mathbf{n}_{\partial\Omega_{\mu i_\mu}}^{\mathrm{T}}(\mathbf{x}_{m-\varepsilon}^{(i_\mu;\mathscr{B})}) \cdot [\mathbf{x}_{m-\varepsilon}^{(i_\mu;\mathscr{B})} - \mathbf{x}_{m-\varepsilon}^{(\mu;\mathscr{D})}] < 0, \\
\hbar_{i_\mu} \mathbf{n}_{\partial\Omega_{\mu i_\mu}}^{\mathrm{T}}(\mathbf{x}_{m+\varepsilon}^{(i_\mu;\mathscr{B})}) \cdot [\mathbf{x}_{m+\varepsilon}^{(\mu;\mathscr{D})} - \mathbf{x}_{m+\varepsilon}^{(i_\mu;\mathscr{B})}] > 0,
\end{array}\right\}$$

$$\mu \in \mathscr{N}_{\alpha\mathscr{D}}(\sigma_{n-2}) \text{ 和 } j_\mu \in \mathscr{N}_{\mathscr{D}}(\sigma_{n-2}); \tag{7.82}$$

那么在切换规则下, 在棱 $\mathscr{E}_{\sigma_{n-2}}^{(n-2)}$ 上擦边流 $\mathbf{x}^{(i_\alpha;\mathscr{B})}(t)(i_\alpha \in \mathscr{N}_{\mathscr{B}}(\sigma_{n-2}), \alpha \in \mathscr{N}_{\mathscr{D}}(\sigma_{n-2}))$ 和域流 $\mathbf{x}^{(\mu;\mathscr{D})}(t)(\mu \in \mathscr{N}_{\mathscr{D}}(\sigma_{n-2}))$ 可切换且是 $(\cup_{i_\alpha}(2k_{i_\alpha}+1;\mathscr{B}) \oplus \cup_\mu(2\mathbf{k}_\mu+1;\mathscr{D}) : \cup_{i_\alpha}(2k_{i_\alpha}+1;\mathscr{B}) \oplus \cup_\mu(2\mathbf{k}_\mu+1;\mathscr{D}))$ 型奇异的.

　　　(vii) 在没有切换规则时, t_m 时刻如果满足方程 (7.81) 和 (7.82), 那么棱 $\mathscr{E}_{\sigma_{n-2}}^{(n-2)}$ 对所有擦边边界流 $\mathbf{x}^{(i_\alpha;\mathscr{B})}(t)$ $(i_\alpha \in \mathscr{N}_{\mathscr{B}}(\sigma_{n-2}), \alpha \in \mathscr{N}_{\mathscr{D}}(\sigma_{n-2}))$ 和域流 $\mathbf{x}^{(\mu;\mathscr{D})}(t)$ $(\mu \in \mathscr{N}_{\mathscr{D}}(\sigma_{n-2}))$ 是一个擦边棱且为 $(\cup_{i_\alpha}(2k_{i_\alpha}+1;\mathscr{B}) \oplus \cup_\mu(2\mathbf{k}_\mu+1;\mathscr{D}) : \cup_{i_\alpha}(2k_{i_\alpha}+1;\mathscr{B}) \oplus \cup_\mu(2\mathbf{k}_\mu+1;\mathscr{D}))$ 型奇异的.

　　　根据定义, 下面将介绍对于具有高阶奇异性的棱, 所有边界和域的切换定理.

定理 7.10 对于方程 (6.4)—(6.8) 中的不连续动力系统，m_b 个 $n-$ [501]
1 维的边界 $\partial\Omega_{\alpha i_\alpha}$ 形成 $n-2$ 维棱上 $\mathscr{E}^{(n-2)}_{\sigma_{n-2}}$，且有 m_d 个域 $\Omega_\alpha(\alpha, i_\alpha \in$
$\mathscr{N}_{\mathscr{D}} = \{1,2,\cdots,m_d\}$ 和 $\alpha \neq i_\alpha, i_\alpha \in \mathscr{N}_{\mathscr{B}} = \{1,2,\cdots,m_b\}$). $\mathscr{N}_{\mathscr{D}}(\sigma_{n-2}) =$
$\mathscr{N}^C_{\mathscr{D}}(\sigma_{n-2}) \cup \mathscr{N}^L_{\mathscr{D}}(\sigma_{n-2}) \subset \mathscr{N}_{\mathscr{D}}$ 和 $\mathscr{N}^C_{\mathscr{D}}(\sigma_{n-2}) \cap \mathscr{N}^L_{\mathscr{D}}(\sigma_{n-2}) = \varnothing$. 假设
边界 $\partial\Omega_{\sigma i_\sigma}$ 上的来流是 $\mathbf{x}^{(i_\alpha;\mathscr{B})}(t)(i_\alpha \in \mathscr{N}^C_{\mathscr{B}}(\sigma_{n-2}))$，边界 $\partial\Omega_{\beta i_\beta}$ 上的去
流是 $\mathbf{x}^{(i_\beta;\mathscr{B})}(t)$ $(i_\beta \in \mathscr{N}^L_{\mathscr{B}}(\sigma_{n-2}))$，域 Ω_μ 和 Ω_ν 内的来流和去流分别为
$\mathbf{x}^{(\mu;\mathscr{D})}(t)(\mu \in \mathscr{N}^C_{\mathscr{D}}(\sigma_{n-2}))$ 和 $\mathbf{x}^{(\nu;\mathscr{D})}(t)(\nu \in \mathscr{N}^L_{\mathscr{D}}(\sigma_{n-2}))$. 在 t_m 时刻，$\mathbf{x}_m =$
$\mathbf{x}^{(\mathscr{E})}(t_m) \in \mathscr{E}^{(n-2)}_{\sigma_{n-2}}$, $\mathbf{x}^{(i_\alpha;\mathscr{B})}_{m\pm} = \mathbf{x}^{(i_\beta;\mathscr{B})}_{m\mp} = \mathbf{x}_m$ 和 $\mathbf{x}^{(\mu;\mathscr{D})}_{m\pm} = \mathbf{x}^{(\nu;\mathscr{D})}_{m\mp} = \mathbf{x}_m$. 对于
任意小的 $\varepsilon > 0$, 存在时间区间 $[t_{m-\varepsilon}, t_{m+\varepsilon}]$. 对于时间 t, 边界流 $\mathbf{x}^{(i_\rho;\mathscr{B})}(t)$
$(\rho = \alpha, \beta)$ 是 $C^{(r_{i_\rho};\mathscr{B})}_{[t_{m-\varepsilon},0]}$ 或者 $C^{(r_{i_\rho};\mathscr{B})}_{(0,t_{m+\varepsilon}]}$ 连续的, 且 $\|d^{r_{i_\rho}+1}\mathbf{x}^{(i_\rho;\mathscr{B})}/dt^{r_{i_\rho}+1}\| < \infty$
$(r_{i_\rho} \geqslant m_{i_\rho} + 1)$, 域流 $\mathbf{x}^{(\sigma;\mathscr{D})}(t)(\sigma = \mu, \nu)$ 是 $C^{(r_\sigma;\mathscr{D})}_{[t_{m-\varepsilon},0]}$ 或者 $C^{(r_\sigma;\mathscr{D})}_{(0,t_{m+\varepsilon}]}$ 连续的,
且 $\|d^{r_\sigma+1}\mathbf{x}^{(\sigma;\mathscr{D})}/dt^{r_\sigma+1}\| < \infty$ $(r_\sigma \geqslant m_\sigma + 1)$. 对于 $n = 2$, $m_{i_\rho} \neq 2k_{i_\varrho} + 1$.

(i) 在切换规则下, 在 t_m 时刻, 在棱 $\mathscr{E}^{(n-2)}_{\sigma_{n-2}}$ 上来自域 Ω_μ 内的流 $\mathbf{x}^{(\mu;\mathscr{D})}(t)$
$(\mu \in \mathscr{N}^C_{\mathscr{D}}(\sigma_{n-2}))$ 和来自 $\partial\Omega_{\alpha i_\alpha}$ 的边界流 $\mathbf{x}^{(i_\alpha;\mathscr{B})}(t)(i_\alpha \in \mathscr{N}^C_{\alpha\mathscr{B}}(\sigma_{n-2}))$ 可
以切换为 $\partial\Omega_{\beta i_\beta}$ 上的边界流 $\mathbf{x}^{(i_\beta;\mathscr{B})}(t)(i_\beta \in \mathscr{N}^L_{\beta\mathscr{B}}(\sigma_{n-2}))$ 和域 Ω_ν 内的流
$\mathbf{x}^{(\nu;\mathscr{D})}(t)$ $(\nu \in \mathscr{N}^L_{\mathscr{D}}(\sigma_{n-2}))$, 并且是 $(\cup_{i_\alpha}(m_{i_\alpha};\mathscr{B}) \oplus \cup_\mu(\mathbf{m}_\mu;\mathscr{D}) : \cup_{i_\beta}(m_{i_\beta};\mathscr{B}) \oplus$
$\cup_\nu(\mathbf{m}_\nu;\mathscr{D}))$ 型奇异的, 当且仅当

$$\left.\begin{array}{l} \hbar_{j_\alpha} G^{(s_{i_\alpha},i_\alpha;\mathscr{B})}_{\partial\Omega_{\alpha j_\alpha}}(\mathbf{x}_m, t_{m-}, \lambda_{i_\alpha}, \lambda_{j_\alpha}) = 0, \\ s_{i_\alpha} = 0, 1, 2, \cdots, m_{i_\alpha} - 1, \\ (-1)^{m_{i_\alpha}} \hbar_{j_\alpha} G^{(m_{i_\alpha},i_\alpha;\mathscr{B})}_{\partial\Omega_{\alpha j_\alpha}}(\mathbf{x}_m, t_{m-}, \lambda_{i_\alpha}, \lambda_{j_\alpha}) < 0, \end{array}\right\} \quad (7.83)$$

$i_\alpha \in \mathscr{N}^C_{\alpha\mathscr{B}}(\sigma_{n-2})$ 和 $\alpha \in \mathscr{N}_{\mathscr{D}}(\sigma_{n-2})$;

$$\left.\begin{array}{l} \hbar_{j_\beta} G^{(s_{i_\beta},i_\beta;\mathscr{B})}_{\partial\Omega_{\beta j_\beta}}(\mathbf{x}_m, t_{m+}, \lambda_{i_\beta}, \lambda_{j_\beta}) = 0, \\ s_{i_\beta} = 0, 1, 2, \cdots, m_{i_\beta} - 1, \\ \hbar_{j_\beta} G^{(m_{i_\beta},i_\beta;\mathscr{B})}_{\partial\Omega_{\beta j_\beta}}(\mathbf{x}_m, t_{m+}, \lambda_{i_\beta}, \lambda_{j_\beta}) > 0, \end{array}\right\} \quad (7.84)$$

$i_\beta \in \mathscr{N}^L_{\beta\mathscr{B}}(\sigma_{n-2})$ 和 $\beta \in \mathscr{N}_{\mathscr{D}}(\sigma_{n-2})$; [502]

$$\left.\begin{array}{l} \hbar_{j_\mu} G^{(s_\mu,\beta;\mathscr{D})}_{\partial\Omega_{\mu j_\mu}}(\mathbf{x}_m, t_{m-}, \mathbf{p}_\mu, \lambda_{j_\mu}) = 0, \\ s_\mu = 0, 1, 2, \cdots, m_\mu - 1, \\ (-1)^{m_\mu} \hbar_{j_\mu} G^{(m_\mu,\beta;\mathscr{D})}_{\partial\Omega_{\mu j_\mu}}(\mathbf{x}_m, t_{m-}, \mathbf{p}_\mu, \lambda_{j_\mu}) < 0, \end{array}\right\} \quad (7.85)$$

$\mu \in \mathscr{N}^C_{\mathscr{D}}(\sigma_{n-2})$ 和 $j_\mu \in \mathscr{N}_{\mu\mathscr{B}}(\sigma_{n-2})$;

$$\left.\begin{array}{l} \hbar_{j_\nu} G_{\partial\Omega_{\nu j_\nu}}^{(s_\nu,\nu;\mathscr{D})}\left(\mathbf{x}_m,t_{m+},\mathbf{p}_\nu,\lambda_{j_\nu}\right)=0, \\ s_v=0,1,2,\cdots,m_\nu-1, \\ \hbar_{j_\nu} G_{\partial\Omega_{\nu j_\nu}}^{(m_\nu,\nu;\mathscr{D})}\left(\mathbf{x}_m,t_{m+},\mathbf{p}_\nu,\lambda_{j_\nu}\right)>0, \end{array}\right\} \tag{7.86}$$

$$\nu\in\mathscr{N}_{\mathscr{D}}^L\left(\sigma_{n-2}\right) \text{ 和 } j_\nu\in\mathscr{N}_{\nu\mathscr{B}}\left(\sigma_{n-2}\right).$$

(ii) 在棱 $\mathscr{E}_{\sigma_{n-2}}^{(n-2)}$ 上, 边界流 $\mathbf{x}^{(i_\alpha;\mathscr{B})}(t)(i_\alpha\in\mathscr{N}_{\mathscr{B}}(\sigma_{n-2}),\ \alpha\in\mathscr{N}_{\mathscr{D}}(\sigma_{n-2}))$ 和域流 $\mathbf{x}^{(\mu;\mathscr{D})}(t)(\mu\in\mathscr{N}_{\mathscr{D}}(\sigma_{n-2}))$ 是第一类不可切换的 $(\mathbf{m}_\mu\neq 2\mathbf{k}_\mu+\mathbf{1})$ 的, 且为 $(\cup_{i_\alpha}(2k_{i_\alpha};\mathscr{B})\oplus(\cup_\mu\mathbf{m}_\mu;\mathscr{D})$ 型奇异的, 当且仅当

$$\left.\begin{array}{l} \hbar_{j_\alpha} G_{\partial\Omega_{i_\alpha j_\alpha}}^{(s_{i_\alpha},\beta;\mathscr{B})}\left(\mathbf{x}_m,t_{m-},\lambda_{i_\alpha},\lambda_{j_\alpha}\right)=0, \\ s_{i_\alpha}=0,1,2,\cdots,m_{i_\alpha}-1, \\ (-1)^{m_{i_\alpha}}\hbar_{j_\alpha} G_{\partial\Omega_{i_\alpha j_\alpha}}^{(m_{i_\alpha},\beta;\mathscr{B})}\left(\mathbf{x}_m,t_{m-},\lambda_{i_\alpha},\lambda_{j_\alpha}\right)<0, \end{array}\right\} \tag{7.87}$$

$$i_\alpha\in\mathscr{N}_{\alpha\mathscr{B}}\left(\sigma_{n-2}\right) \text{ 和 } \alpha\in\mathscr{N}_{\mathscr{D}}\left(\sigma_{n-2}\right);$$

$$\left.\begin{array}{l} \hbar_{j_\mu} G_{\partial\Omega_{\mu j_\mu}}^{(s_\mu,\beta;\mathscr{D})}\left(\mathbf{x}_m,t_{m-},\mathbf{p}_\mu,\lambda_{j_\mu}\right)=0, \\ s_\mu=0,1,2,\cdots,m_\mu-1, \\ (-1)^{m_\mu}\hbar_{j_\mu} G_{\partial\Omega_{\mu j_\mu}}^{(m_\mu,\mu;\mathscr{D})}\left(\mathbf{x}_m,t_{m-},\mathbf{p}_\mu,\lambda_{j_\mu}\right)<0, \end{array}\right\} \tag{7.88}$$

$$\mu\in\mathscr{N}_{\mathscr{D}}^C\left(\sigma_{n-2}\right) \text{ 和 } j_\mu\in\mathscr{N}_{\mu\mathscr{B}}\left(\sigma_{n-2}\right).$$

(iii) 在棱 $\mathscr{E}_{\sigma_{n-2}}^{(n-2)}$ 上, 边界流 $\mathbf{x}^{(i_\beta;\mathscr{B})}(t)(i_\beta\in\mathscr{N}_{\mathscr{B}}(\sigma_{n-2}),\ \beta\in\mathscr{N}_{\mathscr{D}}(\sigma_{n-2}))$ 和域流 $\mathbf{x}^{(\nu;\mathscr{D})}(t)\ (\nu\in\mathscr{N}_{\mathscr{D}}(\sigma_{n-2}))$ 是第二类可切换的, 且为 $(\cup_{i_\alpha}(2k_{i_\alpha};\mathscr{B}))\oplus(\cup_\nu\mathbf{m}_\nu;\mathscr{D})$ 型奇异的, 当且仅当

[503]

$$\left.\begin{array}{l} \hbar_{j_\beta} G_{\partial\Omega_{i_\beta j_\beta}}^{(s_{i_\beta},i_\beta;\mathscr{B})}\left(\mathbf{x}_m,t_{m+},\lambda_{i_\beta},\lambda_{j_\beta}\right)=0, \\ s_{i_\beta}=0,1,2,\cdots,m_{i_\beta}-1; \\ \hbar_{j_\beta} G_{\partial\Omega_{i_\beta j_\beta}}^{(m_{i_\beta},i_\beta;\mathscr{B})}\left(\mathbf{x}_m,t_{m+},\lambda_{i_\beta},\lambda_{j_\beta}\right)>0, \end{array}\right\} \tag{7.89}$$

$$i_\beta\in\mathscr{N}_{\beta\mathscr{B}}^L\left(\sigma_{n-2}\right) \text{ 和 } \beta\in\mathscr{N}_{\mathscr{D}}\left(\sigma_{n-2}\right);$$

$$\left.\begin{array}{l} \hbar_{j_\nu} G_{\partial\Omega_{\nu j_\nu}}^{(s_\nu,\nu;\mathscr{D})}\left(\mathbf{x}_m,t_{m+},\mathbf{p}_\nu,\lambda_{j_\nu}\right)=0, \\ s_\nu=0,1,2,\cdots,m_\nu-1 \\ \hbar_{j_\nu} G_{\partial\Omega_{\nu j_\nu}}^{(m_\nu,\nu;\mathscr{D})}\left(\mathbf{x}_m,t_{m+},\mathbf{p}_\nu,\lambda_{j_\nu}\right)>0, \end{array}\right\} \tag{7.90}$$

$$\nu\in\mathscr{N}_{\mathscr{D}}^L\left(\sigma_{n-2}\right) \text{ 和 } j_\nu\in\mathscr{N}_{\nu\mathscr{B}}\left(\sigma_{n-2}\right).$$

(iv) 在没有任何切换规则下, 在 t_m 时刻, 在棱 $\mathscr{E}_{\sigma_{n-2}}^{(n-2)}$ 上, 来边界流 $\mathbf{x}^{(i_\alpha;\mathscr{B})}(t)\ (i_\alpha\in\mathscr{N}_{\mathscr{B}}^C(\sigma_{n-2}))$ 和域来流 $\mathbf{x}^{(\mu;\mathscr{D})}(t)\ (\mu\in\mathscr{N}_{\mathscr{D}}^C(\sigma_{n-2}))$ 潜在可以切换为去边界流 $\mathbf{x}^{(i_\beta;\mathscr{B})}(t)(i_\beta\in\mathscr{N}_{\beta\mathscr{B}}^L(\sigma_{n-2}))$ 和域去流 $\mathbf{x}^{(\nu;\mathscr{D})}(t)(\nu\in$

$\mathscr{N}_{\mathscr{D}}^{L}(\sigma_{n-2}))$, 且是 $(\cup_{i_\alpha}(2k_{i_\alpha};\mathscr{B}) \oplus \cup_\mu(\mathbf{m}_\mu;\mathscr{D}) : \cup_{i_\beta}(m_{i_\beta};\mathscr{D}) \oplus \cup_\nu(\mathbf{m}_\nu;\mathscr{D}))$ 型奇异的, 当且仅当, 方程 (7.83)—(7.86) 满足且 $m_{i_\alpha} = 2k_{i_\alpha}, \mathbf{m}_\mu \neq 2\mathbf{k}_\mu + 1$.

(v) 在没有任何切换规则时, 在 t_m 时刻, 在棱 $\mathscr{E}_{\sigma_{n-2}}^{(n-2)}$ 上, 来边界流 $\mathbf{x}^{(i_\alpha;\mathscr{B})}(t)$ $(i_\alpha \in \mathscr{N}_{\mathscr{B}}^{C}(\sigma_{n-2}))$ 和域来流 $\mathbf{x}^{(\mu;\mathscr{D})}(t)$ $(\mu \in \mathscr{N}_{\mathscr{D}}^{C}(\sigma_{n-2}))$ 不可切换为去边界流 $\mathbf{x}^{(i_\beta;\mathscr{B})}(t)$ $(i_\beta \in \mathscr{N}_{\beta\mathscr{B}}^{L}(\sigma_{n-2}))$ 和域去流 $\mathbf{x}^{(\nu;\mathscr{D})}(t)$ $(\nu \in \mathscr{N}_{\mathscr{D}}^{L}(\sigma_{n-2}))$, 且是 $(\cup_{i_\alpha}(2k_{i_\alpha};\mathscr{B}) \oplus \cup_\mu(\mathbf{m}_\mu;\mathscr{D}) : \cup_{i_\beta}(m_{i_\beta};\mathscr{B}) \oplus \cup_\nu(\mathbf{m}_\nu;\mathscr{D}))$ 型奇异的, 当且仅当满足方程 (7.83)—(7.86) 且至少对于 i_α 有 $m_{i_\alpha} = 2k_{i_\alpha} + 1$ 或者对于 μ 有 $\mathbf{m}_\mu = 2\mathbf{k}_\mu + 1$.

(vi) 在切换规则下, 在 t_m 时刻, 在棱 $\mathscr{E}_{\sigma_{n-2}}^{(n-2)}$ 上, 擦边流 $\mathbf{x}^{(i_\alpha;\mathscr{B})}(t)(i_\alpha \in \mathscr{N}_{\mathscr{B}}(\sigma_{n-2}), \alpha \in \mathscr{N}_{\mathscr{D}}(\sigma_{n-2}))$ 和域流 $\mathbf{x}^{(\mu;\mathscr{D})}(t)$ $(\mu \in \mathscr{N}_{\mathscr{D}}(\sigma_{n-2}))$ 可切换, 且是 $(\cup_{i_\alpha}(2k_{i_\alpha}+1;\mathscr{B}) \oplus \cup_\mu(2\mathbf{k}_\mu+1;\mathscr{D}) : \cup_{i_\alpha}(2k_{i_\alpha}+1;\mathscr{B}) \oplus \cup_\nu(2\mathbf{k}_\nu+1;\mathscr{D}))$ 型奇异的, 当且仅当

$$\left.\begin{array}{l} \hbar_{j_\alpha} G_{\partial\Omega_{\alpha j_\alpha}}^{(s_{i_\alpha},i_\alpha;\mathscr{B})}(\mathbf{x}_m, t_{m\pm}, \lambda_{i_\alpha}, \lambda_{j_\alpha}) = 0, \\ s_{i_\alpha} = 0, 1, 2, \cdots, 2k_{i_\alpha}, \\ \hbar_{j_\alpha} G_{\partial\Omega_{\alpha j_\alpha}}^{(2k_{i_\alpha}+1,i_\alpha;\mathscr{B})}(\mathbf{x}_m, t_{m\pm}, \lambda_{i_\alpha}, \lambda_{j_\alpha}) > 0, \end{array}\right\} \tag{7.91}$$

$i_\alpha \in \mathscr{N}_{\alpha\mathscr{B}}(\sigma_{n-2})$ 和 $\alpha \in \mathscr{N}_{\mathscr{D}}(\sigma_{n-2})$;

$$\left.\begin{array}{l} \hbar_{j_\mu} G_{\partial\Omega_{\mu j_\mu}}^{(s_\mu,\beta;\mathscr{D})}(\mathbf{x}_m, t_{m\pm}, \mathbf{p}_\mu, \lambda_{j_\mu}) = 0, \\ s_\mu = 0, 1, 2, \cdots, 2k_\mu; \\ \hbar_{j_\mu} G_{\partial\Omega_{\mu j_\mu}}^{(2k_\mu+1,\beta;\mathscr{D})}(\mathbf{x}_m, t_{m\pm}, \mathbf{p}_\mu, \lambda_{j_\mu}) > 0, \end{array}\right\} \tag{7.92}$$

$\mu \in \mathscr{N}_{\mathscr{D}}(\sigma_{n-2})$ 和 $j_\mu \in \mathscr{N}_{\mu\mathscr{B}}(\sigma_{n-2})$.

[504]

(vii) 在没有切换规则时, 在 t_m 时刻, 棱 $\mathscr{E}_{\sigma_{n-2}}^{(n-2)}$ 对所有擦边流 $\mathbf{x}^{(i_\alpha;\mathscr{B})}(t)$ $(i_\alpha \in \mathscr{N}_{\mathscr{B}}(\sigma_{n-2}), \alpha \in \mathscr{N}_{\mathscr{D}}(\sigma_{n-2}))$ 和域流 $\mathbf{x}^{(\mu;\mathscr{D})}(t)$ $(\mu \in \mathscr{N}_{\mathscr{D}}(\sigma_{n-2}))$ 是一个擦边棱且为 $(\cup_{i_\alpha}(2k_{i_\alpha}+1;\mathscr{B}) \oplus \cup_\mu(2\mathbf{k}_\mu+1;\mathscr{D}) : \cup_{i_\alpha}(2k_{i_\alpha}+1;\mathscr{B}) \oplus \cup_\mu(2\mathbf{k}_\mu +1;\mathscr{D}))$ 型奇异的, 当且仅当满足方程 (7.91) 和 (7.92).

证明 可参照在第三章中的证明. ∎

7.4 边界流的吸引性

定义 7.11 对于方程 (6.4)—(6.8) 中的不连续动力系统, m_b 个 $n-1$ 维边界 $\partial\Omega_{\alpha i_\alpha}$ 形成 $n-2$ 维棱 $\mathscr{E}_{\sigma_{n-2}}^{(n-2)}$, m_d 个域 $\Omega_\alpha(\alpha, i_\alpha \in \mathscr{N}_{\mathscr{D}} = \{1, 2, \cdots, m_d\}$, 其中 $\alpha \neq i_\alpha, i_\alpha \in \mathscr{N}_{\mathscr{B}} = \{1, 2, \cdots, m_b\})$. 存在 $n-2$ 维度量棱 $\mathscr{E}_{\sigma_{n-2}}^{(j_\alpha,i_\alpha)} = S_\sigma^{(j_\alpha,\alpha)} \cap \partial\Omega_{\alpha i_\alpha}$ 和 $C_{m+\varepsilon}^{(j_\alpha,i_\alpha)} \equiv C_{m+\varepsilon}^{(j_\alpha,\alpha)}$. 假设边界 $\partial\Omega_{\alpha i_\alpha}(\sigma_{n-2})$ 上有一个边界

流 $\mathbf{x}^{(i_\alpha;\mathscr{B})}(t)$. 在 t_m 时刻, $\mathbf{x}^{(j_\alpha,i_\alpha)}(t_m) = \mathbf{x}_m^{(j_\alpha,i_\alpha)} \in \mathscr{E}_{\sigma_{n-2}}^{\rho(j_\alpha,i_\alpha)}$. 对于任意小的 $\varepsilon > 0$, 存在时间区间 $[t_{m-\varepsilon}, t_{m+\varepsilon}]$.

(i) 在 t_m 时刻, 如果满足

$$\left.\begin{array}{l} \hbar_{j_\alpha} \mathbf{n}_{\partial\Omega_{\alpha j_\alpha}}^{\mathrm{T}}(\mathbf{x}_{m-\varepsilon}^{(j_\alpha,i_\alpha)}) \cdot [\mathbf{x}_{m-\varepsilon}^{(j_\alpha,i_\alpha)} - \mathbf{x}_{m-\varepsilon}^{(i_\alpha;\mathscr{B})}] < 0, \\[2mm] \hbar_{j_\alpha} \mathbf{n}_{\partial\Omega_{\alpha j_\alpha}}^{\mathrm{T}}(\mathbf{x}_{m+\varepsilon}^{(j_\alpha,i_\alpha)}) \cdot [\mathbf{x}_{m+\varepsilon}^{(i_\alpha;\mathscr{B})} - \mathbf{x}_{m+\varepsilon}^{(j_\alpha,i_\alpha)}] < 0; \\[2mm] \hbar_{j_\alpha} C_{m-\varepsilon}^{(j_\alpha,i_\alpha)} > \hbar_{j_\alpha} C_m^{(j_\alpha,i_\alpha)} > \hbar_{j_\alpha} C_{m+\varepsilon}^{(j_\alpha,i_\alpha)}, \end{array}\right\} \tag{7.93}$$

那么称对于棱 $\mathscr{E}_{\sigma_{n-2}}^{(n-2)}$, 流 $\mathbf{x}^{(i_\alpha;\mathscr{B})}(t)$ 具有吸引性.

(ii) 在 t_m 时刻, 如果满足

$$\left.\begin{array}{l} \hbar_{j_\alpha} \mathbf{n}_{\partial\Omega_{\alpha j_\alpha}}^{\mathrm{T}}(\mathbf{x}_{m-\varepsilon}^{(j_\alpha,i_\alpha)}) \cdot [\mathbf{x}_{m-\varepsilon}^{(j_\alpha,i_\alpha)} - \mathbf{x}_{m-\varepsilon}^{(i_\alpha;\mathscr{B})}] > 0, \\[2mm] \hbar_{j_\alpha} \mathbf{n}_{\partial\Omega_{\alpha j_\alpha}}^{\mathrm{T}}(\mathbf{x}_{m+\varepsilon}^{(j_\alpha,i_\alpha)}) \cdot [\mathbf{x}_{m+\varepsilon}^{(i_\alpha;\mathscr{B})} - \mathbf{x}_{m+\varepsilon}^{(j_\alpha,i_\alpha)}] > 0; \\[2mm] \hbar_{j_\alpha} C_{m-\varepsilon}^{(j_\alpha,i_\alpha)} < \hbar_{j_\alpha} C_m^{(j_\alpha,i_\alpha)} < \hbar_{j_\alpha} C_{m+\varepsilon}^{(j_\alpha,i_\alpha)}, \end{array}\right\} \tag{7.94}$$

那么称对于棱 $\mathscr{E}_{\sigma_{n-2}}^{(n-2)}$, 流 $\mathbf{x}^{(i_\alpha;\mathscr{B})}(t)$ 具有排斥性.

(iii) 在 t_m 时刻, 如果满足

[505]

$$\left.\begin{array}{l} \hbar_{j_\alpha} \mathbf{n}_{\partial\Omega_{\alpha j_\alpha}}^{\mathrm{T}}(\mathbf{x}_{m-\varepsilon}^{(j_\alpha,i_\alpha)}) \cdot [\mathbf{x}_{m-\varepsilon}^{(j_\alpha,i_\alpha)} - \mathbf{x}_{m-\varepsilon}^{(i_\alpha;\mathscr{B})}] < 0, \\[2mm] \hbar_{j_\alpha} \mathbf{n}_{\partial\Omega_{\alpha j_\alpha}}^{\mathrm{T}}(\mathbf{x}_{m+\varepsilon}^{(j_\alpha,i_\alpha)}) \cdot [\mathbf{x}_{m+\varepsilon}^{(i_\alpha;\mathscr{B})} - \mathbf{x}_{m+\varepsilon}^{(j_\alpha,i_\alpha)}] > 0; \\[2mm] \hbar_{j_\alpha} C_m^{(j_\alpha,i_\alpha)} < \hbar_{j_\alpha} C_{m-\varepsilon}^{(j_\alpha,i_\alpha)} \text{ 和 } \hbar_{j_\alpha} C_m^{(j_\alpha,i_\alpha)} < \hbar_{j_\alpha} C_{m+\varepsilon}^{(j_\alpha,i_\alpha)}, \end{array}\right\} \tag{7.95}$$

那么称对于棱 $\mathscr{E}_{\sigma_{n-2}}^{(n-2)}$, 流 $\mathbf{x}^{(i_\alpha;\mathscr{B})}(t)$ 处于从吸引变为排斥的状态.

(iv) 在 t_m 时刻, 如果满足

$$\left.\begin{array}{l} \hbar_{j_\alpha} \mathbf{n}_{S_\sigma^{(j_\alpha,\alpha)}}^{\mathrm{T}}(\mathbf{x}_{m-\varepsilon}^{(j_\alpha,i_\alpha)}) \cdot [\mathbf{x}_{m-\varepsilon}^{(j_\alpha,i_\alpha)} - \mathbf{x}_{m-\varepsilon}^{(i_\alpha;\mathscr{B})}] > 0, \\[2mm] \hbar_{j_\alpha} \mathbf{n}_{S_\sigma^{(j_\alpha,\alpha)}}^{\mathrm{T}}(\mathbf{x}_{m+\varepsilon}^{(j_\alpha,i_\alpha)}) \cdot [\mathbf{x}_{m+\delta}^{(i_\alpha;\mathscr{B})} - \mathbf{x}_{m+\delta}^{(j_\alpha,i_\alpha)}] < 0; \\[2mm] \hbar_{j_\alpha} C_m^{(j_\alpha,\alpha)} > \hbar_{j_\alpha} C_{m-\varepsilon}^{(j_\alpha,\alpha)} \text{ 和 } \hbar_{j_\alpha} C_m^{(j_\alpha,\alpha)} > \hbar_{j_\alpha} C_{m+\varepsilon}^{(j_\alpha,\alpha)}, \end{array}\right\} \tag{7.96}$$

那么称对于棱 $\mathscr{E}_{\sigma_{n-2}}^{(n-2)}$, 流 $\mathbf{x}^{(i_\alpha;\mathscr{B})}(t)$ 处于从排斥变为吸引的状态.

(v) 在 t_m 时刻, 如果满足

$$\begin{aligned} \mathbf{x}_{m-\varepsilon}^{(j_\alpha,i_\alpha)} = \mathbf{x}_{m-\varepsilon}^{(i_\alpha;\mathscr{B})} \text{ 和 } \mathbf{x}_{m+\varepsilon}^{(i_\alpha;\mathscr{B})} = \mathbf{x}_{m+\varepsilon}^{(j_\alpha,i_\alpha)}; \\ C_{m-\varepsilon}^{(j_\alpha,\alpha)} = C_m^{(j_\alpha,\alpha)} = C_{m+\varepsilon}^{(j_\alpha,\alpha)}, \end{aligned} \tag{7.97}$$

那么称对于棱 $\mathscr{E}_{\sigma_{n-2}}^{(n-2)}$, 流 $\mathbf{x}^{(i_\alpha;\mathscr{B})}(t)$ 具有不变性并且具有等度量量 $C_m^{(j_\alpha,\alpha)}$.

根据上面的定义, 可以通过在边界上的度量棱 $\mathscr{E}_{n-2}^{(j_\alpha,i_\alpha)}$ 来研究边界流对于棱的吸引性, 如图 7.21 所示.

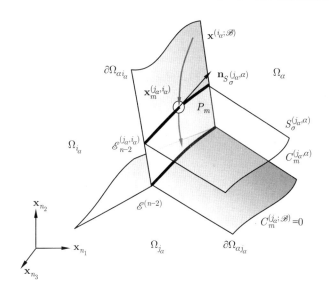

图 7.21 在三个 $n-1$ 维边界上的边界流. 黑色曲线表示 $n-2$ 维棱. 三个带有箭头的实线表示边界流 $(n_1 + n_2 + n_3 = n)$

定理 7.11 对于方程 (6.4)—(6.8) 中的不连续动力系统, m_b 个 $n-1$ 维的边界 $\partial\Omega_{\alpha i_\alpha}$ 形成 $n-2$ 维棱 $\mathscr{E}_{\sigma_{n-2}}^{(n-2)}$ 和 m_d 个域 $\Omega_\alpha(\alpha, i_\alpha \in \mathscr{N}_{\mathscr{D}} = \{1, 2, \cdots, m_d\}$, 其中 $\alpha \neq i_\alpha, i_\alpha \in \mathscr{N}_{\mathscr{B}} = \{1, 2, \cdots, m_b\})$. 存在 $n-2$ 维度量棱 $\mathscr{E}_{\sigma_{n-2}}^{(j_\alpha, i_\alpha)} = S_\sigma^{(j_\alpha, \alpha)} \cap \partial\Omega_{\alpha i_\alpha}$ 和 $C_{m+\varepsilon}^{(j_\alpha, i_\alpha)} \equiv C_{m+\varepsilon}^{(j_\alpha, \alpha)}$. 假设边界 $\partial\Omega_{\alpha i_\alpha}(\sigma_{n-2})$ 上有一个边界流 $\mathbf{x}^{(i_\alpha; \mathscr{B})}(t)$. 在 t_m 时刻, $\mathbf{x}^{(j_\alpha, i_\alpha)}(t_m) = \mathbf{x}_m^{(j_\alpha, i_\alpha)} \in \mathscr{E}_{\sigma_{n-2}}^{(j_\alpha, i_\alpha)}$. 对于任意小的 $\varepsilon > 0$, 存在时间区间 $[t_{m-\varepsilon}, t_{m+\varepsilon}]$. 对于时间 t, 流 $\mathbf{x}^{(i_\alpha; \mathscr{B})}(t)$ 是 $C_{[t_{m-\varepsilon}, t_{m+\varepsilon}]}^{r_{i_\alpha}}$ 连续的, 且 $\|d^{r_{i_\alpha}+1}\mathbf{x}^{(i_\alpha; \mathscr{B})}/dt^{r_{i_\alpha}+1}\| < \infty(r_{i_\alpha} \geqslant 2)$.

(i) 在 t_m 时刻, 对于棱 $\mathscr{E}_{\sigma_{n-2}}^{(n-2)}$, 流 $\mathbf{x}^{(i_\alpha; \mathscr{B})}(t)$ 具有吸引性, 当且仅当

$$\hbar_{j_\alpha} G_{\alpha\Omega_{\alpha j_\alpha}}^{(i_\alpha; \mathscr{B})}(\mathbf{x}_m^{(j_\alpha, i_\alpha)}, t_m, \lambda_{i_\alpha}, \lambda_{j_\alpha}) < 0. \tag{7.98}$$

(ii) 在 t_m 时刻, 对于棱 $\mathscr{E}_{\sigma_{n-2}}^{(n-2)}$, 流 $\mathbf{x}^{(i_\alpha; \mathscr{B})}(t)$ 具有排斥性, 当且仅当

$$\hbar_{j_\alpha} G_{\partial\Omega_{\alpha j_\alpha}}^{(i_\alpha; \mathscr{B})}(\mathbf{x}_m^{(j_\alpha, i_\alpha)}, t_m, \lambda_{i_\alpha}, \lambda_{j_\alpha}) > 0. \tag{7.99}$$ [506]

(iii) 在 t_m 时刻, 对于棱 $\mathscr{E}_{\sigma_{n-2}}^{(n-2)}$, 流 $\mathbf{x}^{(i_\alpha; \mathscr{B})}(t)$ 处于从吸引变为排斥的状态, 当且仅当

$$\hbar_{j_\alpha} G_{\partial\Omega_{\alpha j_\alpha}}^{(0, i_\alpha; \mathscr{B})}(\mathbf{x}_m^{(j_\alpha, i_\alpha)}, t_m, \lambda_{i_\alpha}, \lambda_{j_\alpha}) = 0,$$
$$\hbar_{j_\alpha} G_{\partial\Omega_{\alpha j_\alpha}}^{(1, i_k; \mathscr{B})}(\mathbf{x}_m^{(j_\alpha, i_\alpha)}, t_m, \lambda_{i_\alpha}, \lambda_{j_\alpha}) > 0. \tag{7.100}$$

(iv) 在 t_m 时刻, 对于棱 $\mathscr{E}_{\sigma_{n-2}}^{(n-2)}$, 流 $\mathbf{x}^{(i_\alpha;\mathscr{B})}(t)$ 处于从排斥变为吸引的状态, 当且仅当

$$\hbar_{j_\alpha} G_{\partial\Omega_{\alpha j_\alpha}}^{(0,i_\alpha;\mathscr{B})}(\mathbf{x}_m^{(j_\alpha,i_\alpha)}, t_m, \lambda_{i_\alpha}, \lambda_{j_\alpha}) = 0,$$
$$\hbar_{j_\alpha} G_{\partial\Omega_{\alpha j_\alpha}}^{(1,i_k;\mathscr{B})}(\mathbf{x}_m^{(j_\alpha,i_\alpha)}, t_m, \lambda_{i_\alpha}, \lambda_{j_\alpha}) < 0. \tag{7.101}$$

(v) 在 t_m 时刻, 对于棱 $\mathscr{E}_{\sigma_{n-2}}^{(n-2)}$, 流 $\mathbf{x}^{(i_\alpha;\mathscr{B})}(t)$ 具有不变性且具有等度量量 $C^{(j_\alpha,\alpha)}$, 当且仅当

$$G_{\partial\Omega_{\alpha j_\alpha}}^{(s_{i_\alpha},i_\alpha;\mathscr{B})}(\mathbf{x}_m^{(j_\alpha,i_\alpha)}, t_m, \lambda_{i_\alpha}, \lambda_{j_\alpha}) = 0, s_{i_\alpha} = 0, 1, 2, \cdots. \tag{7.102}$$

[507]   **证明** 边界流可以看作域内对于棱的另一个边界的特定流. 可参照第三章中的证明. ∎

    定义 7.12 对于方程 (6.4)—(6.8) 中的不连续动力系统, m_b 个 $n-1$ 维边界 $\partial\Omega_{\alpha i_\alpha}$ 形成 $n-2$ 维棱 $\mathscr{E}_{\sigma_{n-2}}^{(n-2)}$ 和 m_d 个域 $\Omega_\alpha(\alpha, i_\alpha \in \mathscr{N}_{\mathscr{D}} = \{1, 2, \cdots, m_d\}$, 其中 $\alpha \neq i_\alpha, i_\alpha \in \mathscr{N}_{\mathscr{B}} = \{1, 2, \cdots, m_b\})$. 存在 $n-2$ 维度量棱 $\mathscr{E}_{\sigma_{n-2}}^{(j_\alpha,i_\alpha)} = S_\sigma^{(j_\alpha,\alpha)} \cap \partial\Omega_{\alpha i_\alpha}$ 和 $C_{m+\varepsilon}^{(j_\alpha,i_\alpha)} \equiv C_{m+\varepsilon}^{(j_\alpha,\alpha)}$. 假设边界 $\partial\Omega_{\alpha i_\alpha}(\sigma_{n-2})$ 上有一个边界流 $\mathbf{x}^{(i_\alpha;\mathscr{B})}(t)$. 在 t_m 时刻, $\mathbf{x}^{(j_\alpha,i_\alpha)}(t_m) = \mathbf{x}_m^{(j_\alpha,i_\alpha)} \in \mathscr{E}_{\sigma_{n-2}}^{(j_\alpha,i_\alpha)}$. 对于任意小的 $\varepsilon > 0$, 存在时间区间 $[t_{m-\varepsilon}, t_{m+\varepsilon}]$. 对于时间 t, 流 $\mathbf{x}^{(i_\alpha;\mathscr{B})}(t)$ 是 $C_{[t_{m-\varepsilon}, t_{m+\varepsilon}]}^{r_{i_\alpha}}$ 连续的, 且 $\|d^{r_{i_\alpha}+1}\mathbf{x}^{(i_\alpha;\mathscr{B})}/dt^{r_{i_\alpha}+1}\| < \infty$ $(r_{i_\alpha} \geqslant 2k_{i_\alpha}$ 或 $2k_{i_\alpha}+1)$.

    (i) 在 t_m 时刻, 如果满足

$$\left.\begin{aligned}
&\hbar_{j_\alpha} G_{\partial\Omega_{\alpha j_\alpha}}^{(s_{i_\alpha},i_\alpha;\mathscr{B})}(\mathbf{x}_m^{(j_\alpha,i_\alpha)}, t_m, \lambda_{i_\alpha}, \lambda_{j_\alpha}) = 0, \\
&s_{i_\alpha} = 0, 1, 2, \cdots, 2k_{i_\alpha} - 1; \\
&\hbar_{j_\alpha} \mathbf{n}_{\partial\Omega_{\alpha j_\alpha}}^{\mathrm{T}}(\mathbf{x}_{m-\varepsilon}^{(j_\alpha,i_\alpha)}) \cdot [\mathbf{x}_{m-\varepsilon}^{(j_\alpha,i_\alpha)} - \mathbf{x}_{m-\varepsilon}^{(i_\alpha;\mathscr{B})}] < 0,
\end{aligned}\right\} \tag{7.103}$$

$$\hbar_{j_\alpha} C_{m-\varepsilon}^{(j_\alpha,i_\alpha)} > \hbar_{j_\alpha} C_m^{(j_\alpha,i_\alpha)} > \hbar_{j_\alpha} C_{m+\varepsilon}^{(j_\alpha,i_\alpha)}.$$

那么称对于棱 $\mathscr{E}_{\sigma_{n-2}}^{(n-2)}$, 流 $\mathbf{x}^{(i_\alpha;\mathscr{B})}(t)$ 具有吸引性并且是 $2k_{i_\alpha}$ 阶奇异的.

    (ii) 在 t_m 时刻, 如果满足

$$\left.\begin{aligned}
&\hbar_{j_\alpha} G_{\partial\Omega_{\alpha j_\alpha}}^{(s_{i_\alpha},i_\alpha;\mathscr{B})}(\mathbf{x}_m^{(j_\alpha,i_\alpha)}, t_m, \lambda_{i_\alpha}, \lambda_{j_\alpha}) = 0, \\
&s_{i_\alpha} = 0, 1, 2, \cdots, 2k_{i_\alpha} - 1; \\
&\hbar_{j_\alpha} \mathbf{n}_{\partial\Omega_{\alpha j_\alpha}}^{\mathrm{T}}(\mathbf{x}_{m-\varepsilon}^{(j_\alpha,i_\alpha)}) \cdot [\mathbf{x}_{m+\varepsilon}^{(i_\alpha;\mathscr{B})} - \mathbf{x}_{m+\varepsilon}^{(j_\alpha,i_\alpha)}] > 0,
\end{aligned}\right\} \tag{7.104}$$

$$\hbar_{j_\alpha} C_{m-\varepsilon}^{(j_\alpha,i_\alpha)} < \hbar_{j_\alpha} C_m^{(j_\alpha,i_\alpha)} < \hbar_{j_\alpha} C_{m+\varepsilon}^{(j_\alpha,i_\alpha)}.$$

那么称对于棱 $\mathscr{E}_{\sigma_{n-2}}^{(n-2)}$, 流 $\mathbf{x}^{(i_\alpha;\mathscr{B})}(t)$ 具有排斥性并且是 $2k_{i_\alpha}$ 阶奇异的.

(iii) 在 t_m 时刻, 如果满足

$$\left.\begin{array}{l}
\hbar_{j_\alpha} G^{(s_{i_\alpha}, i_\alpha; \mathscr{B})}_{\partial\Omega_{\alpha j_\alpha}}(\mathbf{x}^{(j_\alpha, i_\alpha)}_m, t_m, \lambda_{i_\alpha}, \lambda_{j_\alpha}) = 0, \\[2mm]
s_{i_\alpha} = 0, 1, 2, \cdots, 2k_{i_\alpha}; \\[2mm]
\hbar_{j_\alpha} \mathbf{n}^{\mathrm{T}}_{\partial\Omega_{\alpha j_\alpha}}(\mathbf{x}^{(j_\alpha, i_\alpha)}_{m-\varepsilon}) \cdot [\mathbf{x}^{(j_\alpha, i_\alpha)}_{m-\varepsilon} - \mathbf{x}^{(i_\alpha, \mathscr{B})}_{m-\varepsilon}] < 0, \\[2mm]
\hbar_{j_\alpha} \mathbf{n}^{\mathrm{T}}_{\partial\Omega_{\alpha j_\alpha}}(\mathbf{x}^{(j_\alpha, i_\alpha)}_{m+\varepsilon}) \cdot [\mathbf{x}^{(i_\alpha, \mathscr{B})}_{m+\varepsilon} - \mathbf{x}^{(j_\alpha, i_\alpha)}_{m+\varepsilon}] > 0,
\end{array}\right\} \tag{7.105}$$

[508]

$$\hbar_{j_\alpha} C^{(j_\alpha, i_\alpha)}_m < \hbar_{j_\alpha} C^{(j_\alpha, i_\alpha)}_{m-\varepsilon} \text{ 和 } \hbar_{j_\alpha} C^{(j_\alpha, i_\alpha)}_m < \hbar_{j_\alpha} C^{(j_\alpha, i_\alpha)}_{m+\varepsilon}.$$

那么称对于棱 $\mathscr{E}^{(n-2)}_{\sigma_{n-2}}$, 流 $\mathbf{x}^{(i_\alpha; \mathscr{B})}(t)$ 处于由吸引变为排斥的状态, 且是 $2k_{i_\alpha}+1$ 阶奇异的.

(iv) 在 t_m 时刻, 如果满足

$$\left.\begin{array}{l}
\hbar_{j_\alpha} G^{(s_{i_\alpha}, i_\alpha; \mathscr{B})}_{\partial\Omega_{\alpha j_\alpha}}(\mathbf{x}^{(j_\alpha, i_\alpha)}_m, t_m, \lambda_{i_\alpha}, \lambda_{j_\alpha}) = 0, \\[2mm]
s_{i_\alpha} = 0, 1, 2, \cdots, 2k_{i_\alpha} \\[2mm]
\hbar_{j_\alpha} \mathbf{n}^{\mathrm{T}}_{\partial\Omega_{\alpha j_\alpha}}(\mathbf{x}^{(j_\alpha, i_\alpha)}_{m-\varepsilon}) \cdot [\mathbf{x}^{(j_\alpha, i_\alpha)}_{m-\varepsilon} - \mathbf{x}^{(i_\alpha; \mathscr{B})}_{m-\varepsilon}] > 0, \\[2mm]
\hbar_{j_\alpha} \mathbf{n}^{\mathrm{T}}_{\partial\Omega_{\alpha j_\alpha}}(\mathbf{x}^{(j_\alpha, i_\alpha)}_{m+\varepsilon}) \cdot [\mathbf{x}^{(i_\alpha; \mathscr{B})}_{m+\varepsilon} - \mathbf{x}^{(j_\alpha, i_\alpha)}_{m+\varepsilon}] < 0; \\[2mm]
\hbar_{j_\alpha} C^{(j_\alpha, \alpha)}_m < \hbar_{j_\alpha} C^{(j_\alpha, \alpha)}_{m-\varepsilon} \text{ 和 } \hbar_{j_\alpha} C^{(j_\alpha, \alpha)}_m < \hbar_{j_\alpha} C^{(j_\alpha, \alpha)}_{m+\varepsilon}.
\end{array}\right\} \tag{7.106}$$

那么称对于棱 $\mathscr{E}^{(n-2)}_{\sigma_{n-2}}$, 流 $\mathbf{x}^{(i_\alpha; \mathscr{B})}(t)$ 处于由排斥变为吸引的状态, 且是 $2k_{i_\alpha}+1$ 阶奇异的.

我们有如下相应的定理.

定理 7.12 对于方程 (6.4)—(6.8) 中的不连续动力系统, m_b 个 $n-1$ 维边界 $\partial\Omega_{\alpha i_\alpha}$ 形成 $n-2$ 维棱 $\mathscr{E}^{(n-2)}_{\sigma_{n-2}}$ 和 m_d 个域 $\Omega_\alpha (\alpha, i_\alpha \in \mathscr{N}_{\mathscr{D}} = \{1, 2, \cdots, m_d\}$ 和 $\alpha \neq i_\alpha, i_\alpha \in \mathscr{N}_{\mathscr{B}} = \{1, 2, \cdots, m_b\})$. 存在 $n-2$ 维度量棱 $\mathscr{E}^{(j_\alpha, i_\alpha)}_{\sigma_{n-2}} = S^{(j_\alpha, \alpha)}_\sigma \cap \partial\Omega_{\alpha i_\alpha}$ 和 $C^{(j_\alpha, i_\alpha)}_{m+\varepsilon} \equiv C^{(j_\alpha, i_\alpha)}_{m+\varepsilon}$. 假设边界 $\partial\Omega_{\alpha i_\alpha}(\sigma_{n-2})$ 上有一个边界流 $\mathbf{x}^{(i_\alpha; \mathscr{B})}(t)$. 在 t_m 时刻, $\mathbf{x}^{(j_\alpha, i_\alpha)}(t_m) = \mathbf{x}^{(j_\alpha, i_\alpha)}_m \in \mathscr{E}^{(j_\alpha, i_\alpha)}_{\sigma_{n-2}}$. 对于任意小的 $\varepsilon > 0$, 存在时间区间 $[t_{m-\varepsilon}, t_{m+\varepsilon}]$. 对于时间 t, 流 $\mathbf{x}^{(i_\alpha; \mathscr{B})}(t)$ 是 $C^{r_{i_\alpha}}_{[t_{m-\varepsilon}, t_{m+\varepsilon}]}$ 连续的, 且 $\|d^{r_{i_\alpha}+1}\mathbf{x}^{(i_\alpha; \mathscr{B})}/dt^{r_{i_\alpha}+1}\| < \infty$ $(r_{i_\alpha} \geqslant 2k_{i_\alpha}$ 或 $2k_{i_\alpha}+1)$.

(i) 在 t_m 时刻, 对于棱 $\mathscr{E}^{(n-2)}_{\sigma_{n-2}}$, 流 $\mathbf{x}^{(i_\alpha; \mathscr{B})}(t)$ 具有吸引性且是 $2k_{i_\alpha}$ 阶奇异的, 当且仅当

$$\left.\begin{array}{l}
\hbar_{j_\alpha} G^{(s_{i_\alpha}, i_\alpha; \mathscr{B})}_{\partial\Omega_{\alpha j_\alpha}}(\mathbf{x}^{(j_\alpha, i_\alpha)}_m, t_m, \lambda_{i_\alpha}, \lambda_{j_\alpha}) = 0, \\[2mm]
s_{i_\alpha} = 0, 1, 2, \cdots, 2k_{i_\alpha} - 1; \\[2mm]
\hbar_{j_\alpha} G^{(2k_{i_\alpha}, i_\alpha; \mathscr{B})}_{\partial\Omega_{\alpha j_\alpha}}(\mathbf{x}^{(j_\alpha, i_\alpha)}_m, t_m, \lambda_{i_\alpha}, \lambda_{j_\alpha}) < 0.
\end{array}\right\} \tag{7.107}$$

(ii) 在 t_m 时刻, 对于棱 $\mathscr{E}_{\sigma_{n-2}}^{(n-2)}$, 流 $\mathbf{x}^{(i_\alpha;\mathscr{B})}(t)$ 具有排斥性且是 $2k_{i_\alpha}$ 阶奇异的, 当且仅当

$$\left.\begin{aligned}&\hbar_{j_\alpha} G_{\partial\Omega_{\alpha j_\alpha}}^{(s_{i_\alpha},i_\alpha;\mathscr{B})}(\mathbf{x}_m^{(j_\alpha,i_\alpha)},t_m,\lambda_{i_\alpha},\lambda_{j_\alpha})=0,\\&s_{i_\alpha}=0,1,2,\cdots,2k_{i_\alpha}-1;\\&\hbar_{j_\alpha} G_{\partial\Omega_{\alpha j_\alpha}}^{(2k_{i_\alpha},i_\alpha;\mathscr{B})}(\mathbf{x}_m^{(j_\alpha,i_\alpha)},t_m,\lambda_{i_\alpha},\lambda_{j_\alpha})>0.\end{aligned}\right\} \tag{7.108}$$

[509] 　　(iii) 在 t_m 时刻, 对于棱 $\mathscr{E}_{\sigma_{n-2}}^{(n-2)}$, 流 $\mathbf{x}^{(i_\alpha;\mathscr{B})}(t)$ 处于由吸引变为排斥的状态, 且是 $2k_{i_\alpha}+1$ 阶奇异的, 当且仅当

$$\left.\begin{aligned}&\hbar_{j_\alpha} G_{\partial\Omega_{\alpha j_\alpha}}^{(s_{i_\alpha},i_\alpha;\mathscr{B})}(\mathbf{x}_m^{(j_\alpha,i_\alpha)},t_m,\lambda_{i_\alpha},\lambda_{j_\alpha})=0,\\&s_{i_\alpha}=0,1,2,\cdots,2k_{i_\alpha};\\&\hbar_{j_\alpha} G_{\partial\Omega_{j_\alpha}}^{(2k_{i_\alpha}+1,i_\alpha;\mathscr{B})}(\mathbf{x}_m^{(j_\alpha,i_\alpha)},t_m,\lambda_{i_\alpha},\lambda_{j_\alpha})>0.\end{aligned}\right\} \tag{7.109}$$

(iv) 在 t_m 时刻, 对于棱 $\mathscr{E}_{\sigma_{n-2}}^{(n-2)}$, 流 $\mathbf{x}^{(i_\alpha;\mathscr{B})}(t)$ 处于由排斥变为吸引的状态, 且是 $2k_{i_\alpha}+1$ 阶奇异的, 当且仅当

$$\left.\begin{aligned}&\hbar_{j_\alpha} G_{\partial\Omega_{\alpha j_\alpha}}^{(s_{i_\alpha},i_\alpha;\mathscr{B})}(\mathbf{x}_m^{(j_\alpha,i_\alpha)},t_m,\lambda_{i_\alpha},\lambda_{j_\alpha})=0,\\&s_{i_\alpha}=0,1,2,\cdots,2k_{i_\alpha};\\&\hbar_{j_\alpha} G_{\partial\Omega_{\alpha j_\alpha}}^{(2k_{i_\alpha}+1,i_\alpha;\mathscr{B})}(\mathbf{x}_m^{(j_\alpha,i_\alpha)},t_m,\lambda_{i_\alpha},\lambda_{j_\alpha})<0.\end{aligned}\right\} \tag{7.110}$$

证明　边界流可看作在域内棱上其他边界的一个特殊流. 可参照第三章中的证明. ∎

7.5　具有多值向量场的边界流动力学

在 5.6 节中讨论了边界上的多值向量场. 如果域内边界虚拟延伸定义的向量场经过棱能够连续延伸到边界, 那么延伸向量场产生相应边界上的虚拟流. 另一方面, 边界流能够延伸到域内, 从而在域内形成边界虚拟延伸的虚拟域流. 对于实边界流和虚边界流, 方程 (5.114) 重新写为

$$\dot{\mathbf{x}}_{i_\alpha}^{(i_\alpha;\mathscr{B})}=\mathbf{F}^{(i_\alpha;\mathscr{B})}(\mathbf{x}_{i_\alpha}^{(i_\alpha;\mathscr{B})},t,\lambda_{i_\alpha}), \text{ 在 } \partial\Omega_{\alpha i_\alpha} \text{ 上},$$

$$\dot{\mathbf{x}}_{i_\alpha}^{(\beta;\mathscr{D})}=\mathbf{F}^{(\beta;\mathscr{D})}(\mathbf{x}_{i_\alpha}^{(\beta;\mathscr{D})},t,\mathbf{p}_\beta), \text{ 在 } \partial\Omega_{\alpha i_\alpha}(\beta=\beta_1,\beta_2,\cdots,\beta_k) \text{ 上},$$

$$\dot{\mathbf{x}}_{\beta}^{(i_\alpha;\mathscr{B})}=\mathbf{F}^{(i_\alpha;\mathscr{B})}(\mathbf{x}_{\beta}^{(i_\alpha;\mathscr{B})},t,\lambda_{i_\alpha}), \text{ 在 } \Omega_\beta(\beta=\beta_1,\beta_2,\cdots,\beta_k) \text{ 上}, \tag{7.111}$$

其中 $\mathbf{x}_{i_\alpha}^{(i_\alpha;\mathscr{B})}$ 为实边界流, $\mathbf{x}_{i_\alpha}^{(\beta;\mathscr{D})}$ 和 $\mathbf{x}_{\beta}^{(i_\alpha;\mathscr{B})}$ 分别为虚边界流和域流. 图 7.22 描述了 $n-2$ 维棱上虚拟域流 $\mathbf{x}_{\beta}^{(i_\alpha;\mathscr{B})}$, 其是实边界流的延伸. 黑色曲线表示

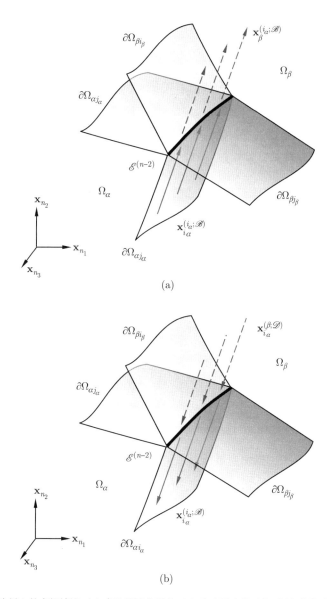

图 7.22 边界上的虚拟域流: (a) 来边界流的延伸; (b) 去边界流的延伸. 黑色曲线表示 $n-2$ 维棱. 带有箭头的细实线表示边界流. 带有箭头的虚线表示域流 $(n_1 + n_2 + n_3 = n)$

$n-2$ 维棱. 带有箭头的虚线表示虚拟域流.

　　类似地, 对于 $n-2$ 维棱的虚边界流 $\mathbf{x}_{i_\alpha}^{(\beta;\mathscr{D})}$ 是实域流的延伸, 如图 7.23 所示. 考虑切换规则如下

$$\mathbf{x}_{i_\alpha}^{(i_a;\mathscr{B})}\left(t_{m-}\right) = \mathbf{x}_{\beta}^{(\beta;\mathscr{D})}\left(t_{m+}\right) \ \text{或} \ \mathbf{x}_{i_\alpha}^{(i_\alpha;\mathscr{B})}\left(t_{m-}\right) = \mathbf{x}_{i_\alpha}^{(\beta;\mathscr{D})}\left(t_{m-}\right). \quad (7.112)$$

为了使虚边界流存在, 公理 6.1 和 6.2 可以推广到棱和顶点中, 即

公理 7.1 (连续性公理)　对于一个不连续动力系统, 在棱上没有任何切换规则、传输定律和流障碍的情况下, 任何来到 (或者离开) $n-2$ 维棱的边界流都可向前 (或者后退) 延伸到相邻的可接近域内.

公理 7.2 (连续性公理)　对于一个不连续动力系统, 在棱上没有任何切换规则、传输定律和流障碍的情况下, 在边界上虚拟延伸的任何一个域流来到 (或者离开) $n-2$ 维棱时, 可向前 (或者后退) 延伸到相应边界.

公理 7.3 (不可延伸公理)　对于一个不连续动力系统, 任何一个来到 (或者离开) $n-2$ 维棱的边界流, 不可向前 (或者后退) 延伸到任何不可接近域或棱上. 即使这样的边界流可以延伸到不可到达域, 相应的延伸流也只是虚拟的.

公理 7.4 (不可延伸公理)　对于一个不连续动力系统, 在棱上没有任何切换规则、传输定律和流障碍的情况下, 任何来到 (或者离开) $n-2$ 维棱的不可接近边界上虚拟延伸的一个域流, 不可向前 (或者后退) 延伸到任何不可接近边界.

可接近边界上的多值向量场定义如下.

定义 7.13　对于一个不连续动力系统, 存在一个可接近边界 $\partial\Omega_{\alpha i_\alpha}$ ($\alpha \in \{1,2,\cdots,N\}$), 并定义 k_α 阶向量场 $\mathbf{F}^{(i_{\alpha_k};\mathscr{B})}(\mathbf{x}^{(i_{\alpha_k};\mathscr{B})}, t, \lambda_{i_{\alpha_k}})$ ($k = 1,2,\cdots, k_\alpha$). 边界上的动力系统定义为

$$\dot{\boldsymbol{x}}^{(i_{\alpha_k};\mathscr{B})} = \mathbf{F}^{(i_{\alpha_k};\mathscr{B})}(\mathbf{x}^{(i_{\alpha_k};\mathscr{B})}, t, \lambda_{i_{\alpha_k}}). \quad (7.113)$$

称边界 $\partial\Omega_{\alpha i_\alpha}$ 上的动力系统为多值向量场. 在边界 $\partial\Omega_{\alpha i_\alpha}$ 上一组动力系统定义如下

$$\mathscr{B}_{i_\alpha} = \cup_{k=1}^{k_\alpha} \mathscr{B}_{i_{\alpha_k}},$$

$$\mathscr{B}_{i_{\alpha_k}} = \left\{ \dot{\mathbf{x}}^{(i_{\alpha_k};\mathscr{B})} = \mathbf{F}^{(i_{\alpha_k};\mathscr{B})}(\mathbf{x}^{(i_{\alpha_k};\mathscr{B})}, t, \lambda_{i_{\alpha_k}}) \, | \, k \in \{1,2,\cdots,k_\alpha\} \right\}. \quad (7.114)$$

在所有边界上的全部动力系统的集合为

$$\mathscr{B} = \cup_{\alpha \in \mathscr{N}_{\mathscr{D}}} \cup_{i_\alpha \in \mathscr{N}_{\alpha\mathscr{B}}} \mathscr{B}_{i_\alpha} \quad (7.115)$$

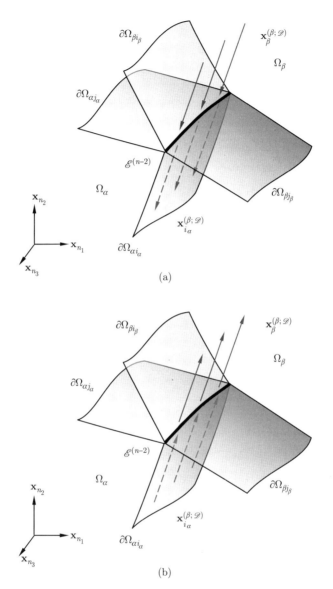

图 7.23 虚边界流: (a) 来域流的延伸 (b) 去域流的延伸. 黑色曲线表示 $n-2$ 维棱. 带有箭头的实线表示边界流. 带有箭头的虚线表示虚流 ($n_1 + n_2 + n_3 = n$)

7.5.1　折回边界流

最初关于折回流的讨论参见文献 Luo (2005, 2006), 下面将该思想拓展到边界流.

定义 7.14　对于方程 (7.115) 中具有多值向量场的不连续动力系统, 在 t_m 时刻, 存在一个点 $\mathbf{x}^{(\sigma_{n-2};\mathscr{E})}(t_m) \equiv \mathbf{x}_m \in \mathscr{E}_{\sigma_{n-2}}^{(n-2)}(\sigma_{n-2} \in \mathscr{N}^{n-2} = \{1, 2, \cdots, N_{n-2}\})$, 并且与边界 $\partial\Omega_{\alpha i_\alpha}(\sigma_{n-2})$ 和域 $\Omega_\alpha(\sigma_{n-2})$ $(\alpha \in \mathscr{N}_{\mathscr{D}}(\sigma_{n-2}) \subset \mathscr{N}_{\mathscr{D}} = \{1, 2, \cdots, N_d\}$ 和 $i_\alpha \in \mathscr{N}_{\alpha\mathscr{B}}(\sigma_{n-2}) \subset \mathscr{N}_{\mathscr{B}} = \{1, 2, \cdots, N_b\})$ 相关. 如果来流 $\mathbf{x}^{(i_{\alpha_k};\mathscr{B})}$ 到达棱 $\mathscr{E}_{\sigma_{n-2}}^{(n-2)}$ 上, 那么两个流 $\mathbf{x}^{(i_{\alpha_k};\mathscr{B})}$ 和 $\mathbf{x}^{(i_{\alpha_l};\mathscr{B})}$ 之间有切换规则, 并且 $\mathbf{x}^{(i_{\alpha_k};\mathscr{B})}(t_{m-}) = \mathbf{x}_m = \mathbf{x}^{(i_{\alpha_l};\mathscr{B})}(t_{m+})$. 如果满足

$$\hbar_{j_\alpha}\mathbf{n}_{\partial\Omega_{\alpha j_\alpha}}^{\mathrm{T}}(\mathbf{x}_{m-\varepsilon}^{(j_\alpha;\mathscr{B})}) \cdot [\mathbf{x}_{m-\varepsilon}^{(j_\alpha;\mathscr{B})} - \mathbf{x}_{m-\varepsilon}^{(i_{\alpha_k};\mathscr{B})}] < 0;$$

$$\hbar_{j_\alpha}\mathbf{n}_{\partial\Omega_{\alpha j_\alpha}}^{\mathrm{T}}(\mathbf{x}_{m+\varepsilon}^{(j_\alpha;\mathscr{B})}) \cdot [\mathbf{x}_{m+\varepsilon}^{(i_{\alpha_l};\mathscr{B})} - \mathbf{x}_{m+\varepsilon}^{(j_\alpha;\mathscr{B})}] > 0. \tag{7.116}$$

对于棱 $\mathscr{E}_{\sigma_r}^{(r)}$, 流 $\mathbf{x}^{(i_{\alpha_k};\mathscr{B})}$ 和 $\mathbf{x}^{(i_{\alpha_l};\mathscr{B})}$ 称为边界 $\partial\Omega_{\alpha i_\alpha}$ 上的折回流.

定理 7.13　对于方程 (7.115) 中具有多值向量场的不连续动力系统, 在 t_m 时刻, 存在一个点 $\mathbf{x}^{(\sigma_{n-2};\mathscr{E})}(t_m) \equiv \mathbf{x}_m \in \mathscr{E}_{\sigma_{n-2}}^{(n-2)}$ $(\sigma_{n-2} \in \mathscr{N}_{\mathscr{E}}^{n-2} = \{1, 2, \cdots, N_{n-2}\})$, 并且相关的边界和域分别为 $\partial\Omega_{\alpha i_\alpha}(\sigma_{n-2})$ 和 $\Omega_\alpha(\sigma_{n-2})$ $(\alpha \in \mathscr{N}_{\mathscr{D}}(\sigma_{n-2}) \subset \mathscr{N}_{\mathscr{D}} = \{1, 2, \cdots, N_d\}, i_\alpha \in \mathscr{N}_{\alpha\mathscr{B}}(\sigma_{n-2}) \subset \mathscr{N}_{\mathscr{B}} = \{1, 2, \cdots, N_b\})$. 如果一个来流 $\mathbf{x}^{(i_{\alpha_k};\mathscr{B})}$ 到达棱 $\mathscr{E}_{\sigma_{n-2}}^{(n-2)}$ 上, 那么两个流 $\mathbf{x}^{(i_{\alpha_k};\mathscr{B})}$ 和 $\mathbf{x}^{(i_{\alpha_l};\mathscr{B})}$ 之间有切换规则, 并且 $\mathbf{x}^{(i_{\alpha_k};\mathscr{B})}(t_{m-}) = \mathbf{x}_m = \mathbf{x}^{(i_{\alpha_l};\mathscr{B})}(t_{m+})$. 对于时间 t, 流 $\mathbf{x}^{(i_{\alpha_k};\mathscr{B})}(t)$ 是 $C_{[t_{m-\varepsilon},t_m)}^{r_{i_{\alpha_k}}}$ $(r_{i_{\alpha_k}} \geqslant 2)$ 连续的, 且 $\|d^{r_{i_{\alpha_k}}+1}\mathbf{x}^{(i_{\alpha_k};\mathscr{B})}/dt^{r_{i_{\alpha_k}}+1}\| < \infty$, 流 $\mathbf{x}^{(i_{\alpha_l};\mathscr{B})}(t)$ 是 $C_{(t_m,t_{m+\varepsilon}]}^{r_{i_{\alpha_k}}}$ $(r_{i_{\alpha_l}} \geqslant 2)$ 连续的, 且 $\|d^{r_{i_{\alpha_l}}+1}\mathbf{x}^{(i_{\alpha_l};\mathscr{B})}/dt^{r_{i_{\alpha_l}}+1}\| < \infty$. 对于棱 $\mathscr{E}_{\sigma_{n-2}}^{(n-2)}$, 流 $\mathbf{x}^{(i_{\alpha_k};\mathscr{B})}(t)$ 和 $\mathbf{x}^{(i_{\alpha_l};\mathscr{B})}(t)$ 在边界 $\partial\Omega_{\alpha i_\alpha}$ 上形成折回流, 当且仅当

$$\hbar_{j_\alpha}G_{\partial\Omega_{\alpha j_\alpha}}^{(i_{\alpha_k};\mathscr{B})}(\mathbf{x}_m, t_{m-}, \lambda_{i_{\alpha_k}}, \lambda_{j_\alpha}) < 0,$$

$$\hbar_{j_\alpha}G_{\partial\Omega_{\alpha j_\alpha}}^{(i_{\alpha_l};\mathscr{B})}(\mathbf{x}_m, t_{m+}, \lambda_{i_{\alpha_l}}, \lambda_{j_\alpha}) > 0. \tag{7.117}$$

证明　仿照定理 3.1 的证明, 可以证明定理 7.13. ■

具有高阶奇异性的边界折回流的定义如下.

定义 7.15　对于方程 (7.115) 中具有多值向量场的不连续动力系统, 在 t_m 时刻, 存在一个点 $\mathbf{x}^{(\sigma_{n-2};\mathscr{E})}(t_m) \equiv \mathbf{x}_m \in \mathscr{E}_{\sigma_{n-2}}^{(n-2)}$ $(\sigma_{n-2} \in \mathscr{N}_{\mathscr{E}}^{n-2} = \{1, 2, \cdots, N_{n-2}\})$, 且相关的边界和域分别为 $\partial\Omega_{\alpha i_\alpha}(\sigma_{n-2})$ 和 $\Omega_\alpha(\sigma_{n-2})$ $(\alpha \in \mathscr{N}_{\mathscr{D}}(\sigma_{n-2}) \subset \mathscr{N}_{\mathscr{D}} = \{1, 2, \cdots, N_d\}$ 和 $i_\alpha \in \mathscr{N}_{\alpha\mathscr{B}}(\sigma_{n-2}) \subset \mathscr{N}_{\mathscr{B}} = \{1, 2, \cdots, N_b\})$. 如果来

流 $\mathbf{x}^{(i_{\alpha_k};\mathscr{B})}$ 到达棱 $\mathscr{E}_{\sigma_{n-2}}^{(n-2)}$ 上, 那么两个流 $\mathbf{x}^{(i_{\alpha_k};\mathscr{B})}$ 和 $\mathbf{x}^{(i_{\alpha_l};\mathscr{B})}$ 之间有切换规则, 并且 $\mathbf{x}^{(i_{\alpha_k};\mathscr{B})}(t_{m-}) = \mathbf{x}_m = \mathbf{x}^{(i_{\alpha_l};\mathscr{B})}(t_{m+})$. 对于时间 t, 流 $\mathbf{x}^{(i_{\alpha_k};\mathscr{B})}(t)$ 是 $C_{[t_{m-\varepsilon},t_m)}^{r_{i_{\alpha_k}}}$ $(r_{i_{\alpha_k}} \geqslant m_{i_{\alpha_k}}+1)$ 连续的, 且 $\|d^{r_{i_{\alpha_k}}+1}\mathbf{x}^{(i_{\alpha_k};\mathscr{B})}/dt^{r_{i_{\alpha_k}}+1}\| < \infty$, 流 $\mathbf{x}^{(i_{\alpha_l};\mathscr{B})}(t)$ 是 $C_{(t_m,t_{m+\varepsilon})}^{r_{i_{\alpha_l}}}(r_{i_{\alpha_l}} \geqslant m_{i_{\alpha_l}}+1)$ 连续的, 且 $\|d^{r_{i_{\alpha_l}}+1}\mathbf{x}^{(i_{\alpha_l};\mathscr{B})}/dt^{r_{i_{\alpha_l}}+1}\| < \infty$. 如果满足

$$\left.\begin{array}{l} \hbar_{j_\alpha} G_{\partial\Omega_{\alpha j_\alpha}}^{(s_{\alpha_k},i_{\alpha_k};\mathscr{B})}(\mathbf{x}_m,t_{m-},\lambda_{i_{\alpha_k}},\lambda_{j_\alpha}) = 0, \\ s_{i_{\alpha_k}} = 0,1,2,\cdots,m_{i_{\alpha_k}}-1, \\ \hbar_{j_\alpha} \mathbf{n}_{\partial\Omega_{\alpha j_\alpha}}^{\mathrm{T}}(\mathbf{x}_{m-\varepsilon}^{(j_\alpha;\mathscr{B})}) \cdot [\mathbf{x}_{m-\varepsilon}^{(j_\alpha;\mathscr{B})} - \mathbf{x}_{m-\varepsilon}^{(i_{\alpha_k};\mathscr{B})}] < 0; \end{array}\right\} \tag{7.118}$$

$$\left.\begin{array}{l} \hbar_{j_\alpha} G_{\partial\Omega_{\alpha j_\alpha}}^{(s_{i_{\alpha_l}},i_{\alpha_l};\mathscr{B})}(\mathbf{x}_m,t_{m+},\lambda_{i_{\alpha_l}},\lambda_{j_\alpha}) = 0, \\ s_{i_{\alpha_l}} = 0,1,2,\cdots,m_{i_{\alpha_l}}-1, \\ \hbar_{j_\alpha} \mathbf{n}_{\partial\Omega_{\alpha j_\alpha}}^{\mathrm{T}}(\mathbf{x}_{m+\varepsilon}^{(j_\alpha;\mathscr{B})}) \cdot [\mathbf{x}_{m+\varepsilon}^{(i_{\alpha_l};\mathscr{B})} - \mathbf{x}_{m+\varepsilon}^{(j_\alpha;\mathscr{B})}] > 0. \end{array}\right\} \tag{7.119}$$

那么称对于棱 $\mathscr{E}_{\sigma_{n-2}}^{(n-2)}$, 流 $\mathbf{x}^{(i_{\alpha_k};\mathscr{B})}(t)$ 和 $\mathbf{x}^{(i_{\alpha_l};\mathscr{B})}(t)$ 在边界 $\partial\Omega_{\alpha i_\alpha}$ 上形成 $(m_{i_{\alpha_k}} : m_{i_{\alpha_l}})$ 型折回流.

定理 7.14 对于方程 (7.115) 中具有多值向量场的不连续动力系统, 在 t_m 时刻, 存在一个点 $\mathbf{x}^{(\sigma_{n-2};\mathscr{E})}(t_m) \equiv \mathbf{x}_m \in \mathscr{E}_{\sigma_{n-2}}^{(n-2)}(\sigma_{n-2} \in \mathscr{N}_{\mathscr{E}}^{n-2} = \{1,2,\cdots,N_{n-2}\})$, 并且相关的边界和域分别为 $\partial\Omega_{\alpha i_\alpha}(\sigma_{n-2})$ 和 $\Omega_\alpha(\sigma_{n-2})(\alpha \in \mathscr{N}_{\mathscr{D}}(\sigma_{n-2}) \subset \mathscr{N}_{\mathscr{D}} = \{1,2,\cdots,N_d\}$ 和 $i_\alpha \in \mathscr{N}_{\alpha\mathscr{B}}(\sigma_{n-2}) \subset \mathscr{N}_{\mathscr{B}} = \{1,2,\cdots,N_b\})$. 如果来流 $\mathbf{x}^{(i_{\alpha_k};\mathscr{B})}$ 到达棱 $\mathscr{E}_{\sigma_{n-2}}^{(n-2)}$ 上, 在两个流 $\mathbf{x}^{(i_{\alpha_k};\mathscr{B})}$ 和 $\mathbf{x}^{(i_{\alpha_l};\mathscr{B})}$ 之间有切换规则, 并且 $\mathbf{x}^{(i_{\alpha_k};\mathscr{B})}(t_{m-}) = \mathbf{x}_m = \mathbf{x}^{(i_{\alpha_l};\mathscr{B})}(t_{m+})$. 对于时间 t, 流 $\mathbf{x}^{(i_{\alpha_k};\mathscr{B})}(t)$ 是 $C_{[t_{m-\varepsilon},t_m)}^{r_{i_{\alpha_k}}}$ $(r_{i_{\alpha_k}} \geqslant m_{i_{\alpha_k}}+2)$ 连续的, 且 $\|d^{r_{i_{\alpha_k}}+1}\mathbf{x}^{(i_{\alpha_k};\mathscr{B})}/dt^{r_{i_{\alpha_k}}+1}\| < \infty$, 流 $\mathbf{x}^{(i_{\alpha_l};\mathscr{B})}(t)$ 是 $C_{(t_m,t_{m+\varepsilon})}^{r_{i_{\alpha_l}}}$ $(r_{i_{\alpha_l}} \geqslant m_{i_{\alpha_l}}+2)$ 连续的, 且 $\|d^{r_{i_{\alpha_l}}+1}\mathbf{x}^{(i_{\alpha_l};\mathscr{B})}/dt^{r_{i_{\alpha_l}}+1}\| < \infty$. 在棱 $\mathscr{E}_{\sigma_{n-2}}^{(n-2)}$ 上, 流 $\mathbf{x}^{(i_{\alpha_k};\mathscr{B})}(t)$ 和 $\mathbf{x}^{(i_{\alpha_l};\mathscr{B})}(t)$ 形成边界 $\partial\Omega_{\alpha i_\alpha}$ 上的 $(m_{i_{\alpha_k}} : m_{i_{\alpha_l}})$ 型折回流, 当且仅当

$$\left.\begin{array}{l} \hbar_{j_\alpha} G_{\partial\Omega_{\alpha j_\alpha}}^{(s_{i_{\alpha_k}},i_{\alpha_k};\mathscr{B})}(\mathbf{x}_m,t_{m-},\lambda_{i_{\alpha_k}},\lambda_{j_\alpha}) = 0, \\ s_{i_{\alpha_k}} = 0,1,2,\cdots,m_{i_{\alpha_k}}-1, \\ (-1)^{m_{i_{\alpha_k}}}\hbar_{j_\alpha} G_{\partial\Omega_{\alpha\beta}}^{(m_{i_{\alpha_k}},i_{\alpha_k};\mathscr{B})}(\mathbf{x}_m,t_{m-},\lambda_{i_{\alpha_k}},\lambda_{j_\alpha}) < 0; \end{array}\right\} \tag{7.120}$$

$$\left.\begin{array}{l} \hbar_{j_\alpha} G_{\partial\Omega_{\alpha j_\alpha}}^{(s_{i_{\alpha_l}},i_{\alpha_l};\mathscr{B})}(\mathbf{x}_m,t_{m+},\lambda_{i_{\alpha_l}},\lambda_{j_\alpha}) = 0, \\ s_{i_{\alpha_l}} = 0,1,2,\cdots,m_{i_{\alpha_l}}-1, \\ \hbar_{j_\alpha} G_{\partial\Omega_{\alpha j_\alpha}}^{(m_{i_{\alpha_l}},i_{\alpha_l};\mathscr{B})}(\mathbf{x}_m,t_{m+},\lambda_{i_{\alpha_l}},\lambda_{j_\alpha}) > 0. \end{array}\right\} \tag{7.121}$$

[515]

证明　仿照定理 3.2 的证明, 可以证明定理 7.14. ■

边界 $\partial\Omega_{\alpha i_\alpha}$ 上具有两个不同向量场的折回流在棱 $\mathscr{E}^{(n-2)}_{\sigma_{n-2}}$ 上切换, 有四种情况: (i) $(2k_{i_{\alpha_k}} : 2k_{i_{\alpha_l}})$ 型折回流, (ii) $(2k_{i_{\alpha_k}} : 2k_{i_{\alpha_l}}+1)$ 型折回流, (iii) $(2k_{i_{\alpha_k}}+1 : 2k_{i_{\alpha_l}})$ 型折回流, (iv) $(2k_{i_{\alpha_k}}+1 : 2k_{i_{\alpha_l}}+1)$ 型折回流. 在图 7.24(a) 和 (b) 中分别描述了 $(2k_{i_{\alpha_k}} : 2k_{i_{\alpha_l}})$ 型折回流和 $(2k_{i_{\alpha_k}}+1 : 2k_{i_{\alpha_l}}+1)$ 型折回流. 边界 $\partial\Omega_{\alpha i_\alpha}$ 上实线表示实流. 虚线表示实流的向前或向后延伸. 此外, 在图 7.25(a) 和 (b) 中分别描述了 $(2k_{i_{\alpha_k}} : 2k_{i_{\alpha_l}}+1)$ 型折回流和 $(2k_{i_{\alpha_k}}+1 : 2k_{i_{\alpha_l}})$ 型折回流.

7.5.2　延伸的可穿越边界流

[518]　　仅仅考虑在边界 $\partial\Omega_{\alpha i_\alpha}$ 上的切换规则. 根据连续性公理, 切换后, 边界 $\partial\Omega_{\alpha i_\alpha}$ 上流能够延伸到域 Ω_β 内, 延伸后的边界流形成一个域流.

定义 7.16　对于方程 (7.115) 中具有多值向量场的不连续动力系统, 在 t_m 时刻, 存在一个点 $\mathbf{x}^{(\sigma_{n-2};\mathscr{E})}(t_m) \equiv \mathbf{x}_m \in \mathscr{E}^{(n-2)}_{\sigma_{n-2}}$ $(\sigma_{n-2} \in \mathscr{N}^{n-2}_\mathscr{E} = \{1, 2, \cdots, N_{n-2}\})$, 并且相关的边界和域分别为 $\partial\Omega_{\alpha i_\alpha}(\sigma_{n-2})$ 和 $\Omega_\alpha(\sigma_{n-2})$, $(\alpha \in \mathscr{N}_\mathscr{B}(\sigma_{n-2}) \subset \mathscr{N}_\mathscr{B} = (\{1, 2, \cdots, N_d\}$ 和 $i_\alpha \in \mathscr{N}_{\alpha\mathscr{B}}(\sigma_{n-2}) \subset \mathscr{N}_\mathscr{B} = \{1, 2, \cdots, N_b\})$. 如果一个来流 $\mathbf{x}^{(i_{\alpha_k};\mathscr{B})}$ 到达棱 $\mathscr{E}^{(n-2)}_{\sigma_{n-2}}$ 上, 那么两个流 $\mathbf{x}^{(i_{\alpha_k};\mathscr{B})}$ 和 $\mathbf{x}^{(i_{\alpha_l};\mathscr{B})}$ 之间有一个切换规则, 且 $\mathbf{x}^{(i_{\alpha_k};\mathscr{B})}(t_{m-}) = \mathbf{x}_m = \mathbf{x}^{(i_{\alpha_l};\mathscr{B})}(t_{m+})$. 如果满足

$$\left.\begin{array}{l} \hbar_{j_\alpha}\mathbf{n}^{\mathrm{T}}_{\partial\Omega_{\alpha j_\alpha}}(\mathbf{x}^{(j_\alpha;\mathscr{B})}_{m-\varepsilon}) \cdot [\mathbf{x}^{(j_\alpha;\mathscr{B})}_{m-\varepsilon} - \mathbf{x}^{(i_{\alpha_k};\mathscr{B})}_{m-\varepsilon}] < 0; \\[2mm] \hbar_{j_\alpha}\mathbf{n}^{\mathrm{T}}_{\partial\Omega_{\alpha j_\alpha}}(\mathbf{x}^{(j_\alpha;\mathscr{B})}_{m+\varepsilon}) \cdot [\mathbf{x}^{(i_{\alpha_l};\mathscr{B})}_{m+\varepsilon} - \mathbf{x}^{(j_\alpha;\mathscr{B})}_{m+\varepsilon}] < 0. \end{array}\right\} \quad (7.122)$$

那么称对于棱 $\mathscr{E}^{(n-2)}_{\sigma_{n-2}}$, 流 $\mathbf{x}^{(i_{\alpha_k};\mathscr{B})}$ 可从 $\partial\Omega_{\alpha i_\alpha}$ 穿越到 Ω_β 内并延伸为流 $\mathbf{x}^{(i_{\alpha_l};\mathscr{B})}$.

定理 7.15　对于方程 (7.115) 中具有多值向量场的不连续动力系统, 在 t_m 时刻, 存在一个点 $\mathbf{x}^{(\sigma_{n-2};\mathscr{E})}(t_m) \equiv \mathbf{x}_m \in \mathscr{E}^{(n-2)}_{\sigma_{n-2}}$ $(\sigma_{n-2} \in \mathscr{N}^{n-2}_\mathscr{E} = \{1, 2, \cdots, N_{n-2}\})$, 并且相关的边界和域分别为 $\partial\Omega_{\alpha i_\alpha}(\sigma_{n-2})$ 和 $\Omega_\alpha(\sigma_{n-2})$ $(\alpha \in \mathscr{N}_\mathscr{D}(\sigma_{n-2}) \subset \mathscr{N}_\mathscr{D} = \{1, 2, \cdots, N_d\}$ 和 $i_\alpha \in \mathscr{N}_{\alpha\mathscr{B}}(\sigma_{n-2}) \subset \mathscr{N}_\mathscr{B} = \{1, 2, \cdots, N_b\})$. 如果来流 $\mathbf{x}^{(i_{\alpha_k};\mathscr{B})}$ 到达棱 $\mathscr{E}^{(n-2)}_{\sigma_{n-2}}$ 上, 那么两个流 $\mathbf{x}^{(i_{\alpha_k};\mathscr{B})}$ 和 $\mathbf{x}^{(i_{\alpha_l};\mathscr{B})}$ 之间有切换规则, 并且 $\mathbf{x}^{(i_{\alpha_k};\mathscr{B})}(t_{m-}) = \mathbf{x}_m = \mathbf{x}^{(i_{\alpha_l};\mathscr{B})}(t_{m+})$. 对于时间 t, 流 $\mathbf{x}^{(i_{\alpha_k};\mathscr{B})}(t)$ 是 $C^{r_{i_{\alpha_k}}}_{[t_{m-\varepsilon}, t_m)}$ $(r_{i_{\alpha_k}} \geqslant 2)$ 连续的, 且 $\|d^{r_{i_{\alpha_k}}+1}\mathbf{x}^{(i_{\alpha_k};\mathscr{B})}/dt^{r_{i_{\alpha_k}}+1}\| < \infty$, 流 $\mathbf{x}^{(i_{\alpha_l};\mathscr{B})}(t)$ 是 $C^{r_{i_{\alpha_l}}}_{(t_m, t_{m+\varepsilon}]}$ $(r_{i_{\alpha_l}} \geqslant 2)$ 连续的, 且 $\|d^{r_{i_{\alpha_l}}+1}\mathbf{x}^{(i_{\alpha_l};\mathscr{B})}/dt^{r_{i_{\alpha_l}}+1}\| < \infty$. 对于棱 $\mathscr{E}^{(n-2)}_{\sigma_{n-2}}$, 流 $\mathbf{x}^{(i_{\alpha_k};\mathscr{B})}$ 可从 $\partial\Omega_{\alpha i_\alpha}$ 穿越到域 Ω_β 内并形成穿越流

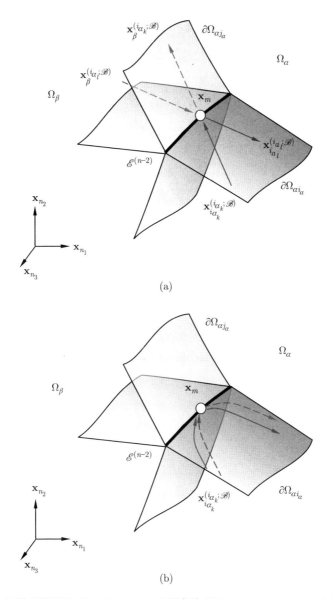

图 7.24　对于棱的折回流: (a) $(2k_{i_{\alpha_k}} : 2k_{i_{\alpha_l}})$ 型奇异 (b) $(2k_{i_{\alpha_k}} + 1 : 2k_{i_{\alpha_l}} + 1)$ 型奇异. 黑色曲线表示 $n - 2$ 维棱. 带有箭头的实线表示实边界流. 带有箭头的虚线表示延伸流 $(n_1 + n_2 + n_3 = n)$

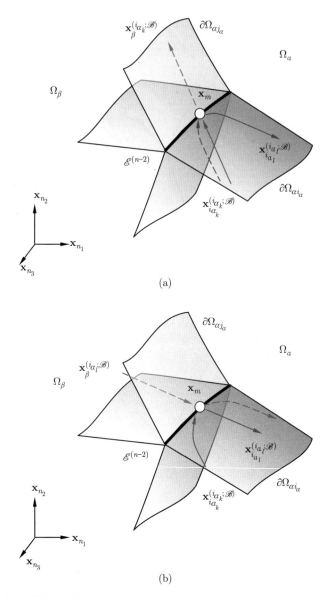

图 7.25　对于棱的折回边界流: (a) $(2k_{i_{\alpha_k}} : 2k_{i_{\alpha_l}} + 1)$ 型奇异 (b) $(2k_{i_{\alpha_k}} + 1 : 2k_{i_{\alpha_l}})$ 型奇异. 黑色曲线表示 $n - 2$ 维棱. 带有箭头的实线表示实边界流. 带有箭头的虚线表示延伸流 $(n_1 + n_2 + n_3 = n)$

$\mathbf{x}^{(i_{\alpha_l};\mathscr{B})}$, 当且仅当

$$\left.\begin{array}{l}\hbar_{j_\alpha}G_{\partial\Omega_{\alpha j_\alpha}}^{(i_{\alpha_k};\mathscr{B})}(\mathbf{x}_m,t_{m-},\lambda_{i_{\alpha_k}},\lambda_{j_\alpha})<0;\\[2mm]\hbar_{j_\alpha}G_{\partial\Omega_{\alpha j_\alpha}}^{(i_{\alpha_l};\mathscr{B})}(\mathbf{x}_m,t_{m+},\lambda_{i_{\alpha_l}},\lambda_{j_\alpha})<0.\end{array}\right\} \tag{7.123}$$

证明　仿照定理 3.1, 可以证明定理 7.15.　　　　　■ [519]

定义 7.17　对于方程 (7.115) 中具有多值向量场的不连续动力系统, 在 t_m 时刻, 存在一个点 $\mathbf{x}^{(\sigma_{n-2};\mathscr{E})}(t_m)\equiv\mathbf{x}_m\in\mathscr{E}_{\sigma_{n-2}}^{(n-2)}(\sigma_{n-2}\in\mathscr{N}_{\mathscr{E}}^{n-2}=\{1,2,\cdots,N_{n-2}\})$, 并且相关的边界和域分别为 $\partial\Omega_{\alpha i_\alpha}(\sigma_{n-2})$ 和 $\Omega_\alpha(\sigma_{n-2})(\alpha\in\mathscr{N}_{\mathscr{D}}(\sigma_{n-2})\subset\mathscr{N}_{\mathscr{D}}=\{1,2,\cdots,N_d\}$ 和 $i_\alpha\in\mathscr{N}_{\alpha\mathscr{B}}(\sigma_{n-2})\subset\mathscr{N}_{\mathscr{B}}=\{1,2,\cdots,N_b\})$. 如果一个来流 $\mathbf{x}^{(i_{\alpha_k};\mathscr{B})}$ 到达棱 $\mathscr{E}_{\sigma_{n-2}}^{(n-2)}$ 上, 那么两个流 $\mathbf{x}^{(i_{\alpha_k};\mathscr{B})}$ 和 $\mathbf{x}^{(i_{\alpha_l};\mathscr{B})}$ 之间有切换规则, 并且 $\mathbf{x}^{(i_{\alpha_k};\mathscr{B})}(t_{m-})=\mathbf{x}_m=\mathbf{x}^{(i_{\alpha_l};\mathscr{B})}(t_{m+})$. 对于时间 t, 流 $\mathbf{x}^{(i_{\alpha_k};\mathscr{B})}(t)$ 是 $C_{[t_{m-\varepsilon},t_m)}^{r_{i_{\alpha_k}}}(r_{i_{\alpha_k}}\geqslant m_{i_{\alpha_k}}+1)$ 连续的, 且 $\|d^{r_{i_{\alpha_k}}+1}\mathbf{x}^{(i_{\alpha_k};\mathscr{B})}/dt^{r_{i_{\alpha_k}}+1}\|<\infty$, 流 $\mathbf{x}^{(i_{\alpha_l};\mathscr{B})}(t)$ 是 $C_{(t_m,t_{m+\varepsilon}]}^{r_{i_{\alpha_l}}}(r_{i_{\alpha_l}}\geqslant m_{i_{\alpha_l}}+1)$ 连续的, 且 $\|d^{r_{i_{\alpha_l}}+1}\mathbf{x}^{(i_{\alpha_l};\mathscr{B})}/dt^{r_{i_{\alpha_l}}+1}\|<\infty$. 如果满足

$$\left.\begin{array}{l}\hbar_{j_\alpha}G_{\partial\Omega_{\alpha j_\alpha}}^{(s_{i_{\alpha_k}},i_{\alpha_k};\mathscr{B})}(\mathbf{x}_m,t_{m-},\lambda_{i_{\alpha_k}},\lambda_{j_\alpha})=0,\\[2mm]s_{i_{\alpha_k}}=0,1,2,\cdots,m_{i_{\alpha_k}}-1,\\[2mm]\hbar_{j_\alpha}\mathbf{n}_{\partial\Omega_{\alpha j_\alpha}}^{\mathrm{T}}(\mathbf{x}_{m-\varepsilon}^{(j_\alpha;\mathscr{B})})\cdot[\mathbf{x}_{m-\varepsilon}^{(j_\alpha;\mathscr{B})}-\mathbf{x}_{m-\varepsilon}^{(i_{\alpha_k};\mathscr{B})}]<0;\end{array}\right\} \tag{7.124}$$

$$\left.\begin{array}{l}\hbar_{j_\alpha}G_{\partial\Omega_{\alpha j_\alpha}}^{(s_{i_{\alpha_l}},i_{\alpha_l};\mathscr{B})}(\mathbf{x}_m,t_{m+},\lambda_{i_{\alpha_l}},\lambda_{j_\alpha})=0,\\[2mm]s_{i_{\alpha_l}}=0,1,2,\cdots,2k_{i_{\alpha_l}}-1,\\[2mm]\hbar_{j_\alpha}\mathbf{n}_{\partial\Omega_{\alpha j_\alpha}}^{\mathrm{T}}(\mathbf{x}_{m+\varepsilon}^{(j_\alpha;\mathscr{B})})\cdot[\mathbf{x}_{m+\varepsilon}^{(i_{\alpha_l};\mathscr{B})}-\mathbf{x}_{m+\varepsilon}^{(j_\alpha;\mathscr{B})}]<0.\end{array}\right\} \tag{7.125}$$

那么称对于棱 $\mathscr{E}_{\sigma_{n-2}}^{(n-2)}$, 流 $\mathbf{x}^{(i_{\alpha_k};\mathscr{B})}$ 和 $\mathbf{x}^{(i_{\alpha_l};\mathscr{B})}$ 从 $\partial\Omega_{\alpha i_\alpha}$ 延伸到 Ω_β 为 $(m_{i_{\alpha_k}}:2k_{i_{\alpha_l}})$ 型可穿越的延伸流.

定理 7.16　对于方程 (7.115) 中具有多值向量场的不连续动力系统, 在 t_m 时刻, 存在一个点 $\mathbf{x}^{(\sigma_{n-2};\mathscr{E})}(t_m)\equiv\mathbf{x}_m\in\mathscr{E}_{\sigma_{n-2}}^{(n-2)}(\sigma_{n-2}\in\mathscr{N}_{\mathscr{E}}^{n-2}=\{1,2,\cdots,N_{n-2}\})$, 并且相关的边界和域分别为 $\partial\Omega_{\alpha i_\alpha}(\sigma_{n-2})$ 和 $\Omega_\alpha(\sigma_{n-2})(\alpha\in\mathscr{N}_{\mathscr{D}}(\sigma_{n-2})\subset\mathscr{N}_{\mathscr{D}}=\{1,2,\cdots,N_d\}$ 和 $i_\alpha\in\mathscr{N}_{\alpha\mathscr{B}}(\sigma_{n-2})\subset\mathscr{N}_{\mathscr{B}}=\{1,2,\cdots,N_b\})$. 如果一个来流 $\mathbf{x}^{(i_{\alpha_k};\mathscr{B})}$ 到达棱 $\mathscr{E}_{\sigma_{n-2}}^{(n-2)}$ 上, 那么两个流 $\mathbf{x}^{(i_{\alpha_k};\mathscr{B})}$ 和 $\mathbf{x}^{(i_{\alpha_l};\mathscr{B})}$ 之间有切换规则, 并且 $\mathbf{x}_m=\mathbf{x}^{(i_{\alpha_k};\mathscr{B})}(t_{m-})=\mathbf{x}^{(i_{\alpha_l};\mathscr{B})}(t_{m+})$. 对于时间 t, 流 $\mathbf{x}^{(i_{\alpha_k};\mathscr{B})}(t)$ 是 $C_{[t_{m-\varepsilon},t_m)}^{r_{i_{\alpha_k}}}(r_{i_{\alpha_k}}\geqslant m_{i_{\alpha_k}}+1)$ 连续的, 且 $\|d^{r_{i_{\alpha_k}}+1}\mathbf{x}^{(i_{\alpha_k};\mathscr{B})}/dt^{r_{i_{\alpha_k}}+1}\|<\infty$, 流 $\mathbf{x}^{(i_{\alpha_l};\mathscr{B})}(t)$ 是 $C_{(t_m,t_{m+\varepsilon}]}^{r_{i_{\alpha_l}}}$ 连续的, 且 $\|d^{r_{i_{\alpha_l}}+1}\mathbf{x}^{(i_{\alpha_l};\mathscr{B})}/dt^{r_{i_{\alpha_l}}+1}\|<\infty$ $(r_{i_{\alpha_l}}\geqslant$ [520]

$2k_{i_{\alpha_l}} + 1)$. 对于棱 $\mathscr{E}_{\sigma_{n-2}}^{(n-2)}$, 流 $\mathbf{x}^{(i_{\alpha_k};\mathscr{B})}$ 和 $\mathbf{x}^{(i_{\alpha_l};\mathscr{B})}$ 从边界 $\partial\Omega_{\alpha i_\alpha}$ 延伸到域 Ω_β 是 $(m_{i_{\alpha_k}} : 2k_{\alpha_l})$ 型可穿越的延伸流, 当且仅当

$$
\left.
\begin{aligned}
&\hbar_{j_\alpha} G_{\partial\Omega_{\alpha j_\alpha}}^{(s_{i_{\alpha_k}},i_{\alpha_k};\mathscr{B})}(\mathbf{x}_m, t_{m-}, \lambda_{i_{\alpha_k}}, \lambda_{j_\alpha}) = 0, \\
&s_{i_{\alpha_k}} = 0, 1, 2, \cdots, m_{i_{\alpha_k}} - 1, \\
&(-1)^{m_{i_{\alpha_k}}} \hbar_{j_\alpha} G_{\partial\Omega_{\alpha j_\alpha}}^{(m_{i_{\alpha_k}},i_{\alpha_k};\mathscr{B})}(\mathbf{x}_m, t_{m-}, \lambda_{i_{\alpha_k}}, \lambda_{j_\alpha}) < 0;
\end{aligned}
\right\}
\tag{7.126}
$$

$$
\left.
\begin{aligned}
&\hbar_{j_\alpha} G_{\partial\Omega_{\alpha j_\alpha}}^{(s_{i_{\alpha_l}},i_{\alpha_l};\mathscr{B})}(\mathbf{x}_m, t_{m+}, \lambda_{i_{i_{\alpha_l}}}, \lambda_{j_\alpha}) = 0, \\
&s_{i_{\alpha_l}} = 0, 1, 2, \cdots, 2k_{i_{\alpha_l}} - 1, \\
&\hbar_{j_\alpha} G_{\partial\Omega_{\alpha j_\alpha}}^{(2k_{i_{\alpha_l}},i_{\alpha_l};\mathscr{B})}(\mathbf{x}_m, t_{m+}, \lambda_{i_{\alpha_l}}, \lambda_{j_\alpha}) < 0.
\end{aligned}
\right\}
\tag{7.127}
$$

证明　仿照定理 3.2 的证明, 可以证明定理 7.16.　　　　　　■

参 考 文 献

Luo, A.C.J., 2005, A theory for non-smooth dynamical systems on connectable domains, *Communication in Nonlinear Science and Numerical Simulation*, **10**, 1–55.

Luo, A.C.J., 2006, Singularity and Dynamics on Discontinuous Vector Fields, Amsterdam: Elsevier.

Luo, A.C.J., 2008a, A theory for flow switchability in discontinuous dynamical systems, *Nonlinear Analysis: Hybrid Systems*, **2**(4), 1030–1061.

Luo, A.C.J., 2008b, Global Transversality, Resonance and Chaotic Dynamics, Singapore: World Scientific.

第八章　棱上动力学与切换复杂性

本章将运用域流和边界流的切换性与吸引性的一般理论, 来讨论棱流对 [521]于低维棱的切换性和吸引性. 首先讨论棱流对于指定棱的基本性质. 通过分离边界, 讨论棱流对于指定棱的来、去与擦边性. 运用切换规则, 讨论棱流从一个可到达棱到另一个可到达棱 (也可以是边界或者域) 的切换性和可穿越性. 类似地, 将介绍棱流的等度量棱以及棱流对于低维棱的吸引性. 还将讨论对于指定低维棱的折回棱流. 最后, 以一个两自由度摩擦振子中流的切换性作为示例, 来说明棱上的动力学特性.

8.1　棱　　流

第七章中讨论了在 n 维不连续动力系统中对于 $n-2$ 维棱边界流的切换性和奇异性. 在此, 将该理论拓展到 n 维不连续动力系统中, 对于 r 维棱的 s 维棱流 $(r < s \leqslant n)$ 的情况. 在域 Ω_α 内, s 维棱与 $s-r$ 维边界相交将形成 r 维棱. 此外, 根据定义 6.2, 一个 r 维棱可以表示为

$$\mathscr{E}_{\sigma_r}^{(r)} = \cup_\alpha \mathscr{E}_{\alpha\sigma_r}^{(r)} \subset \mathscr{R}^r,$$

$$\mathscr{E}_{\alpha\sigma_r}^{(r)} = \cap_{i_\alpha \in \mathscr{N}_{\alpha\mathscr{B}}(\sigma_r)} \partial\Omega_{\alpha i_\alpha}(\sigma_r), \qquad (8.1)$$

$$\mathscr{E}_{\alpha\sigma_r}^{(r)} = \mathscr{E}_{\alpha\sigma_s}^{(s)} \cap \cap_{i_\alpha \in \bar{\mathscr{N}}_{\alpha\mathscr{B}}(\sigma_r,\sigma_s)} \partial\Omega_{\alpha i_\alpha}(\sigma_r) \subset \mathscr{R}^r;$$

其中

$$\mathscr{E}_{\alpha\sigma_s}^{(s)}(\sigma_r) = \cap_{i_\alpha \in \mathscr{N}_{\alpha\mathscr{B}}(\sigma_r,\sigma_s)} \partial\Omega_{\alpha i_\alpha}(\sigma_r),$$

[522]

$$\mathscr{N}_{\alpha\mathscr{B}}(\sigma_r) \subset \mathscr{N}_{\mathscr{B}} = \{1, 2, \cdots, N_b\}, \tag{8.2}$$

$$\mathscr{N}_{\alpha\mathscr{B}}(\sigma_r) = \mathscr{N}_{\alpha\mathscr{B}}(\sigma_r, \sigma_s) \cup \bar{\mathscr{N}}_{\alpha\mathscr{B}}(\sigma_r, \sigma_s).$$

考虑 $\mathscr{R}^n$ 内对于 r 维棱的 s 维棱流 $(s > r)$. 类似地, 可将 $\mathscr{R}^n$ 内的 s 维棱流视为 $\mathscr{R}^s$ 内的域流, 并且第七章中所讨论的边界流可以作为 $s(s = n - 1)$ 维棱流的一个特例. 为了讨论对于指定棱的棱流的切换性, 将引入来棱流、去棱流以及擦边棱流.

定义 8.1　对于方程 (6.4)—(6.8) 中的不连续动力系统, 在 t_m 时刻存在点 $\mathbf{x}^{(\sigma_r;\mathscr{E})}(t_m) \equiv \mathbf{x}_m \in \mathscr{E}_{\sigma_r}^{(r)}$ $(\sigma_r \in \mathscr{N}_{\mathscr{E}}^r = \{1, 2, \cdots, N_r\}, r \in \{0, 1, 2, \cdots, n - 2\})$, 相关的边界和域分别为 $\partial\Omega_{\alpha i_\alpha}(\sigma_r)$ 和 $\Omega_\alpha(\sigma_r)$ $(\alpha \in \mathscr{N}_{\mathscr{D}}(\sigma_r) \subset \mathscr{N}_{\mathscr{D}} = \{1, 2, \cdots, N_d\}$ 且 $i_\alpha \in \mathscr{N}_{\alpha\mathscr{B}}(\sigma_r) \subset \mathscr{N}_{\mathscr{B}} = \{1, 2, \cdots, N_b\})$, 其中边界指标子集 $\mathscr{N}_{\alpha\mathscr{B}}(\sigma_r)$ 含 n_{σ_r} 个元素 $(n_{\sigma_r} \geqslant n - r)$. 棱 $\mathscr{E}_{\sigma_r}^{(r)}$ 是棱 (包括域和边界) $\mathscr{E}_{\sigma_s}^{(s)}(\sigma_r)$ 的交集, 并且 $(\sigma_s \in \mathscr{N}_{\mathscr{E}}^s(\sigma_r) \subset \mathscr{N}_{\mathscr{E}}^s = \{1, 2, \cdots, N_s\}, s \in \{r+1, r+2, \cdots, n-1, n\})$. 假设存在一个 s 维棱 $\mathscr{E}_{\sigma_s}^{(s)}(\sigma_r)$, 且与域 $\Omega_\alpha(\sigma_r)$ 相关的边界指标集为 $\mathscr{N}_{\alpha\mathscr{B}}(\sigma_r, \sigma_s)$. 互补的边界子集为 $\bar{\mathscr{N}}_{\alpha\mathscr{B}}(\sigma_r, \sigma_s) = \mathscr{N}_{\alpha\mathscr{B}}(\sigma_r) / \mathscr{N}_{\alpha\mathscr{B}}(\sigma_r, \sigma_s)$. 对于任意小的 $\varepsilon > 0$, 存在时间区间 $[t_{m-\varepsilon}, t_m), (t_m, t_{m+\varepsilon}]$. 对于时间 t, 棱流 $\mathbf{x}^{(\sigma_s;\mathscr{E})}(t)$ 为 $C_{[t_{m-\varepsilon}, t_m)}^{r_{\sigma_s}}$ 或者 $C_{(t_m, t_{m+\varepsilon}]}^{r_{\sigma_s}}$ 连续的, 且 $\|d^{r_{\sigma_s}+1}\mathbf{x}^{(\sigma_s;\mathscr{E})}/dt^{r_{\sigma_s}+1}\| < \infty$ $(r_{\sigma_s} \geqslant 1)$.

(i) 如果满足

$$\hbar_{i_\alpha} \mathbf{n}_{\partial\Omega_{\alpha i_\alpha}}^{\mathrm{T}}(\mathbf{x}_{m-\varepsilon}^{(i_\alpha;\mathscr{B})}) \cdot [\mathbf{x}_{m-\varepsilon}^{(i_\alpha;\mathscr{B})} - \mathbf{x}_{m-\varepsilon}^{(\sigma_s;\mathscr{E})}] < 0, i_\alpha \in \bar{\mathscr{N}}_{\alpha\mathscr{B}}(\sigma_r, \sigma_s), \tag{8.3}$$

那么对于棱 $\mathscr{E}_{\sigma_r}^{(r)}$, 棱 $\mathscr{E}_{\sigma_s}^{(s)}$ 上的 s 维棱流 $\mathbf{x}^{(\sigma_s;\mathscr{E})}(t)$ 称为点 $\mathbf{x}_m \in \mathscr{E}_{\sigma_r}^{(r)}$ 处的来棱流.

(ii) 如果满足

$$\hbar_{i_\alpha} \mathbf{n}_{\partial\Omega_{\alpha i_\alpha}}^{\mathrm{T}}(\mathbf{x}_{m+\varepsilon}^{(i_\alpha;\mathscr{B})}) \cdot [\mathbf{x}_{m+\varepsilon}^{(\sigma_s;\mathscr{E})} - \mathbf{x}_{m+\varepsilon}^{(i_\alpha;\mathscr{B})}] > 0, i_\alpha \in \bar{\mathscr{N}}_{\alpha\mathscr{B}}(\sigma_r, \sigma_s), \tag{8.4}$$

那么对于棱 $\mathscr{E}_{\sigma_r}^{(r)}$, 棱 $\mathscr{E}_{\sigma_s}^{(s)}$ 上的 s 维棱流 $\mathbf{x}^{(\sigma_s;\mathscr{E})}(t)$ 称为点 $\mathbf{x}_m \in \mathscr{E}_{\sigma_r}^{(r)}$ 处的去棱流.

[523]
(iii) 如果满足

$$\left.\begin{aligned}
&\hbar_{i_\alpha} G_{\partial\Omega_{\alpha i_\alpha}}^{(\sigma_s;\mathscr{E})}(\mathbf{x}_m, t_{m\pm}, \boldsymbol{\pi}_{\sigma_s}, \boldsymbol{\lambda}_{i_\alpha}) = 0, \\
&\hbar_{i_\alpha} \mathbf{n}_{\partial\Omega_{\alpha i_\alpha}}^{\mathrm{T}}(\mathbf{x}_{m-\varepsilon}^{(i_\alpha;\mathscr{B})}) \cdot [\mathbf{x}_{m-\varepsilon}^{(i_\alpha;\mathscr{B})} - \mathbf{x}_{m-\varepsilon}^{(\sigma_s;\mathscr{E})}] < 0, \\
&\hbar_{i_\alpha} \mathbf{n}_{\partial\Omega_{\alpha i_\alpha}}^{\mathrm{T}}(\mathbf{x}_{m+\varepsilon}^{(i_\alpha;\mathscr{B})}) \cdot [\mathbf{x}_{m+\varepsilon}^{(\sigma_s;\mathscr{E})} - \mathbf{x}_{m+\varepsilon}^{(i_\alpha;\mathscr{B})}] > 0,
\end{aligned}\right\}, i_\alpha \in \bar{\mathscr{N}}_{\alpha\mathscr{B}}(\sigma_r, \sigma_s), \tag{8.5}$$

那么对于棱 $\mathscr{E}_{\sigma_r}^{(r)}$, 棱 $\mathscr{E}_{\sigma_s}^{(s)}$ 上的 s 维棱流 $\mathbf{x}^{(\sigma_s;\mathscr{E})}(t)$ 称为点 $\mathbf{x}_m \in \mathscr{E}_{\sigma_r}^{(r)}(r \neq 0)$ 处的擦边棱流.

根据上述定义, 得到如下对应定理.

定理 8.1　对于方程 (6.4)—(6.8) 中的不连续动力系统, 在 t_m 时刻存在点 $\mathbf{x}^{(\sigma_r;\mathscr{E})}(t_m) \equiv \mathbf{x}_m \in \mathscr{E}_{\sigma_r}^{(r)}$ $(\sigma_r \in \mathscr{N}_{\mathscr{E}}^r = \{1, 2, \cdots, N_r\}$, $r \in \{0, 1, 2, \cdots, n-2\})$, 相关的边界和域分别为 $\partial\Omega_{\alpha i_\alpha}(\sigma_r)$ 和 $\Omega_\alpha(\sigma_r)$ $(\alpha \in \mathscr{N}_{\mathscr{D}}(\sigma_r) \subset \mathscr{N}_{\mathscr{D}} = \{1, 2, \cdots, N_d\}$ 且 $i_\alpha \in \mathscr{N}_{\alpha\mathscr{B}}(\sigma_r) \subset \mathscr{N}_{\mathscr{B}} = \{1, 2, \cdots, N_b\})$, 其中边界指标子集 $\mathscr{N}_{\alpha\mathscr{B}}(\sigma_r)$ 含 n_{σ_r} 个元素 $(n_{\sigma_r} \geqslant n - r)$. 棱 $\mathscr{E}_{\sigma_r}^{(r)}$ 是棱 (包括域和边界) $\mathscr{E}_{\sigma_s}^{(s)}(\sigma_r)$ 的交集, 并且 $(\sigma_s \in \mathscr{N}_{\mathscr{E}}^s(\sigma_r) \subset \mathscr{N}_{\mathscr{E}}^s = \{1, 2, \cdots, N_s\}$, $s \in \{r+1, r+2, \cdots, n-1, n\})$. 假设存在一个 s 维棱 $\mathscr{E}_{\sigma_s}^{(s)}(\sigma_r)$, 且与域 $\Omega_\alpha(\sigma_r)$ 相关的边界指标子集为 $\mathscr{N}_{\alpha\mathscr{B}}(\sigma_r, \sigma_s)$. 互补的边界子集为 $\bar{\mathscr{N}}_{\alpha\mathscr{B}}(\sigma_r, \sigma_s) = \mathscr{N}_{\alpha\mathscr{B}}(\sigma_r)/\mathscr{N}_{\alpha\mathscr{B}}(\sigma_r, \sigma_s)$. 对于任意小的 $\varepsilon > 0$, 存在时间区间 $[t_{m-\varepsilon}, t_m)$, $(t_m, t_{m+\varepsilon}]$. 对于时间 t, 棱流 $\mathbf{x}^{(\sigma_s;\mathscr{E})}(t)$ 为 $C_{[t_{m-\varepsilon}, t_m)}^{r_{\sigma_s}}$ 或者 $C_{(t_m, t_{m+\varepsilon}]}^{r_{\sigma_s}}$ 连续的, 且 $\|d^{r_{\sigma_s}+1}\mathbf{x}^{(\sigma_s;\mathscr{E})}/dt^{r_{\sigma_s}+1}\| < \infty$ $(r_{\sigma_s} \geqslant 1)$.

(i) 对于棱 $\mathscr{E}_{\sigma_r}^{(r)}$, 棱 $\mathscr{E}_{\sigma_s}^{(s)}$ 上的 s 维棱流 $\mathbf{x}^{(\sigma_s;\mathscr{E})}(t)$ 称为点 $\mathbf{x}_m \in \mathscr{E}_{\sigma_r}^{(r)}$ 处的来棱流, 当且仅当

$$\hbar_{i_\alpha} G_{\partial\Omega_{\alpha i_\alpha}}^{(\sigma_s;\mathscr{E})}(\mathbf{x}_m, t_{m-}, \boldsymbol{\pi}_{\sigma_s}, \boldsymbol{\lambda}_{i_\alpha}) < 0, i_\alpha \in \bar{\mathscr{N}}_{\alpha\mathscr{B}}(\sigma_r, \sigma_s). \tag{8.6}$$

(ii) 对于棱 $\mathscr{E}_{\sigma_r}^{(r)}$, 棱 $\mathscr{E}_{\sigma_s}^{(s)}$ 上的 s 维棱流 $\mathbf{x}^{(\sigma_s;\mathscr{E})}(t)$ 称为点 $\mathbf{x}_m \in \mathscr{E}_{\sigma_r}^{(r)}$ 处的去棱流, 当且仅当

$$\hbar_{i_\alpha} G_{\partial\Omega_{\alpha i_\alpha}}^{(\sigma_s;\mathscr{E})}(\mathbf{x}_m, t_{m+}, \boldsymbol{\pi}_{\sigma_s}, \boldsymbol{\lambda}_{i_\alpha}) < 0, i_\alpha \in \bar{\mathscr{N}}_{\alpha\mathscr{B}}(\sigma_r, \sigma_s). \tag{8.7}$$

(iii) 对于棱 $\mathscr{E}_{\sigma_r}^{(r)}$, 棱 $\mathscr{E}_{\sigma_s}^{(s)}$ 上的 s 维棱流 $\mathbf{x}^{(\sigma_s;\mathscr{E})}(t)$ 称为点 $\mathbf{x}_m \in \mathscr{E}_{\sigma_r}^{(r)}$ $(r \neq 0)$ 处的擦边棱流, 当且仅当

$$\hbar_{i_\alpha} G_{\partial\Omega_{\alpha i_\alpha}}^{(1,\sigma_s;\mathscr{E})}(\mathbf{x}_m, t_{m\pm}, \boldsymbol{\pi}_{\sigma_s}, \boldsymbol{\lambda}_{i_\alpha}) > 0, i_\alpha \in \bar{\mathscr{N}}_{\alpha\mathscr{B}}(\sigma_r, \sigma_s). \tag{8.8}$$ [524]

证明　正如定理 3.1, 可将棱流视为特殊的域流 (参见文献 Luo, 2008, 2009), 该定理即可得证. ■

在上述讨论中, 给出了来棱流、去棱流和擦边棱流三种基本流. 然而, 由于棱流可能会在指定棱上具有高阶奇异性, 因而在此将具有高阶奇异性的来棱流、去棱流和擦边棱流一并讨论.

定义 8.2　对于方程 (6.4)—(6.8) 中的不连续动力系统, 在 t_m 时刻, 存在点 $\mathbf{x}^{(\sigma_r;\mathscr{E})}(t_m) \equiv \mathbf{x}_m \in \mathscr{E}_{\sigma_r}^{(r)}$ $(\sigma_r \in \mathscr{N}_{\mathscr{E}}^r = \{1, 2, \cdots, N_r\}$, $r \in \{0, 1, 2, \cdots, n-2\})$, 相关的边界和域分别为 $\partial\Omega_{\alpha i_\alpha}(\sigma_r)$ 和 $\Omega_\alpha(\sigma_r)$ $(\alpha \in \mathscr{N}_{\mathscr{D}}(\sigma_r) \subset \mathscr{N}_{\mathscr{D}} = \{1, 2, \cdots, N_d\}$, $i_\alpha \in \mathscr{N}_{\alpha\mathscr{B}}(\sigma_r) \subset \mathscr{N}_{\mathscr{B}} = \{1, 2, \cdots, N_b\})$, 其中边界指标子集 $\mathscr{N}_{\alpha\mathscr{B}}(\sigma_r)$ 含 n_{σ_r} 个元素 $(n_{\sigma_r} \geqslant n - r)$. 棱 $\mathscr{E}_{\sigma_r}^{(r)}$ 是所有棱 $\mathscr{E}_{\sigma_s}^{(s)}(\sigma_r)$ (包括域和边界) 的交集 $(\sigma_s \in \mathscr{N}_{\mathscr{E}}^s(\sigma_r) \subset \mathscr{N}_{\mathscr{E}}^s = \{1, 2, \cdots, N_s\}$, $s \in$

$\{r+1, r+2, \cdots, n-1, n\}$). 假设存在一个 s 维棱 $\mathscr{E}_{\sigma_s}^{(s)}(\sigma_r)$, 且相应域 $\Omega_\alpha(\sigma_r)$ 的边界指标子集为 $\mathscr{N}_{\alpha\mathscr{B}}(\sigma_r, \sigma_s)$. 互补的边界指标子集为 $\bar{\mathscr{N}}_{\alpha\mathscr{B}}(\sigma_r, \sigma_s) = \mathscr{N}_{\alpha\mathscr{B}}(\sigma_r) / \mathscr{N}_{\alpha\mathscr{B}}(\sigma_r, \sigma_s)$. 对于任意小的 $\varepsilon > 0$, 存在时间区间 $[t_{m-\varepsilon}, t_m)$, $(t_m, t_{m+\varepsilon}]$. 对于时间 t, 棱流 $\mathbf{x}^{(\sigma_s;\mathscr{E})}(t)$ 为 $C_{[t_{m-\varepsilon}, t_m)}^{r_{\sigma_s}}$ 或者 $C_{(t_m, t_{m+\varepsilon}]}^{r_{\sigma_s}}$ 连续的, 且 $\|d^{r_{\sigma_s}+1}\mathbf{x}^{(\sigma_s;\mathscr{E})}/dt^{r_{\sigma_s}+1}\| < \infty (r_{\sigma_s} \geqslant \max_{i_\alpha \in \mathscr{N}_{\alpha\mathscr{B}}}\{m_{i_\alpha}\})$.

(i) 如果满足

$$\left.\begin{aligned} &\hbar_{i_\alpha} G_{\partial\Omega_{\alpha i_\alpha}}^{(s_{i_\alpha}, \sigma_s;\mathscr{E})}(\mathbf{x}_m, t_{m-}, \boldsymbol{\pi}_{\sigma_s}, \boldsymbol{\lambda}_{i_\alpha}) = 0, \\ &s_{i_\alpha} = 0, 1, 2, \cdots, m_{i_\alpha} - 1; \\ &\hbar_{i_\alpha} \mathbf{n}_{\partial\Omega_{\alpha i_\alpha}}^{\mathrm{T}}(\mathbf{x}_{m-\varepsilon}^{(i_\alpha;\mathscr{B})}) \cdot [\mathbf{x}_{m-\varepsilon}^{(i_\alpha;\mathscr{B})} - \mathbf{x}_{m-\varepsilon}^{(\sigma_s;\mathscr{E})}] < 0, \end{aligned}\right\} i_\alpha \in \bar{\mathscr{N}}_{\alpha\mathscr{B}}(\sigma_r, \sigma_s), \quad (8.9)$$

那么对于棱 $\mathscr{E}_{\sigma_r}^{(r)}$, 棱 $\mathscr{E}_{\sigma_s}^{(s)}$ 上的 s 维棱流 $\mathbf{x}^{(\sigma_s;\mathscr{E})}(t)$ 在 $\mathbf{x}_m \in \mathscr{E}_{\sigma_r}^{(r)}$ 处称为 $(\mathbf{m}_{\sigma_s};\mathscr{E})$ 型奇异的来棱流.

(ii) 如果满足

[525]
$$\left.\begin{aligned} &\hbar_{i_\alpha} G_{\partial\Omega_{\alpha i_\alpha}}^{(s_{i_\alpha}, \sigma_s;\mathscr{E})}(\mathbf{x}_m, t_{m+}, \boldsymbol{\pi}_{\sigma_s}, \boldsymbol{\lambda}_{i_\alpha}) = 0, \\ &s_{i_\alpha} = 0, 1, 2, \cdots, m_{i_\alpha} - 1; \\ &\hbar_{i_\alpha} \mathbf{n}_{\partial\Omega_{\alpha i_\alpha}}^{\mathrm{T}}(\mathbf{x}_{m+\varepsilon}^{(i_\alpha;\mathscr{B})}) \cdot [\mathbf{x}_{m+\varepsilon}^{(\sigma_s;\mathscr{E})} - \mathbf{x}_{m+\varepsilon}^{(i_\alpha;\mathscr{B})}] > 0, \end{aligned}\right\} i_\alpha \in \bar{\mathscr{N}}_{\alpha\mathscr{B}}(\sigma_r, \sigma_s), \quad (8.10)$$

那么对于棱 $\mathscr{E}_{\sigma_r}^{(r)}$, 棱 $\mathscr{E}_{\sigma_s}^{(s)}$ 上的 s 维棱流 $\mathbf{x}^{(\sigma_s;\mathscr{E})}(t)$ 在 $\mathbf{x}_m \in \mathscr{E}_{\sigma_r}^{(r)}$ 处称为 $(\mathbf{m}_{\sigma_s};\mathscr{E})$ 型奇异的去棱流.

(iii) 如果满足

$$\left.\begin{aligned} &\hbar_{i_\alpha} G_{\partial\Omega_{\alpha i_\alpha}}^{(s_{i_\alpha}, \sigma_s;\mathscr{E})}(\mathbf{x}_m, t_{m\pm}, \boldsymbol{\pi}_{\sigma_s}, \boldsymbol{\lambda}_{i_\alpha}) = 0, \\ &s_{i_\alpha} = 0, 1, 2, \cdots, 2k_{i_\alpha}; \\ &\hbar_{i_\alpha} \mathbf{n}_{\partial\Omega_{\alpha i_\alpha}}^{\mathrm{T}}(\mathbf{x}_{m-\varepsilon}^{(i_\alpha;\mathscr{B})}) \cdot [\mathbf{x}_{m-\varepsilon}^{(i_\alpha;\mathscr{B})} - \mathbf{x}_{m-\varepsilon}^{(\sigma_s;\mathscr{E})}] < 0, \\ &\hbar_{i_\alpha} \mathbf{n}_{\partial\Omega_{\alpha i_\alpha}}^{\mathrm{T}}(\mathbf{x}_{m+\varepsilon}^{(i_\alpha;\mathscr{B})}) \cdot [\mathbf{x}_{m+\varepsilon}^{(\sigma_s;\mathscr{E})} - \mathbf{x}_{m+\varepsilon}^{(i_\alpha;\mathscr{B})}] > 0, \end{aligned}\right\} i_\alpha \in \bar{\mathscr{N}}_{\alpha\mathscr{B}}(\sigma_r, \sigma_s), \quad (8.11)$$

那么对于棱 $\mathscr{E}_{\sigma_r}^{(r)}$, 棱 $\mathscr{E}_{\sigma_s}^{(s)}$ 上的 s 维棱流 $\mathbf{x}^{(\sigma_s;\mathscr{E})}(t)$ 在 $\mathbf{x}_m \in \mathscr{E}_{\sigma_r}^{(r)}(r \neq 0)$ 处称为 $(2\mathbf{k}_{\sigma_s}+\mathbf{1};\mathscr{E})$ 型奇异的擦边棱流.

根据以前的定义, 下面将要讨论对于指定棱的来棱流、去棱流和擦边棱流的充要条件.

定理 8.2　对于方程 (6.4)—(6.8) 中的不连续动力系统, 在 t_m 时刻, 存在点 $\mathbf{x}^{(\sigma_r;\mathscr{E})}(t_m) \equiv \mathbf{x}_m \in \mathscr{E}_{\sigma_r}^{(r)}$ $(\sigma_r \in \mathscr{N}_{\mathscr{E}}^r = \{1, 2, \cdots, N_r\}, r \in \{0, 1, 2, \cdots, n-2\})$, 相关的边界和域分别为 $\partial\Omega_{\alpha i_\alpha}(\sigma_r)$ 和 $\Omega_\alpha(\sigma_r)$ $(\alpha \in \mathscr{N}_{\mathscr{D}}(\sigma_r) \subset \mathscr{N}_{\mathscr{D}} = \{1, 2, \cdots, N_d\}, i_\alpha \in \mathscr{N}_{\alpha\mathscr{B}}(\sigma_r) \subset \mathscr{N}_{\mathscr{B}} = \{1, 2, \cdots, N_b\})$, 其中边界指标子集

$\mathcal{N}_{\alpha\mathcal{B}}(\sigma_r)$ 含 n_{σ_r} 个元素 ($n_{\sigma_r} \geqslant n-r$). 棱 $\mathcal{E}_{\sigma_r}^{(r)}$ 是所有棱 $\mathcal{E}_{\sigma_s}^{(s)}(\sigma_r)$ (包括域和边界) 的交集 ($\sigma_s \in \mathcal{N}_{\mathcal{E}}^s(\sigma_r) \subset \mathcal{N}_{\mathcal{E}}^s = \{1, 2, \cdots, N_s\}$, $s \in \{r+1, r+2, \cdots, n-1, n\}$). 假设存在一个 s 维棱 $\mathcal{E}_{\sigma_s}^{(s)}(\sigma_r)$, 且相应域 $\Omega_\alpha(\sigma_r)$ 的边界指标子集为 $\mathcal{N}_{\alpha\mathcal{B}}(\sigma_r, \sigma_s)$. 互补的边界指标子集为 $\bar{\mathcal{N}}_{\alpha\mathcal{B}}(\sigma_r, \sigma_s) = \mathcal{N}_{\alpha\mathcal{B}}(\sigma_r)/\mathcal{N}_{\alpha\mathcal{B}}(\sigma_r, \sigma_s)$. 对于任意小的 $\varepsilon > 0$, 存在时间区间 $[t_{m-\varepsilon}, t_m)$, $(t_m, t_{m+\varepsilon}]$. 对于时间 t, 棱流 $\mathbf{x}^{(\sigma_s;\mathcal{E})}(t)$ 为 $C_{[t_{m-\varepsilon}, t_m]}^{r_{\sigma_s}}$ 或者 $C_{(t_m, t_{m+\varepsilon}]}^{r_{\sigma_s}}$ 连续的, 且 $\|d^{r_{\sigma_s}+1}\mathbf{x}^{(\sigma_s;\mathcal{E})}/dt^{r_{\sigma_s}+1}\| < \infty$ ($r_{\sigma_s} \geqslant \max_{i_\alpha \in \mathcal{N}_{\alpha\mathcal{B}}}\{m_{i_\alpha}\}$).

(i) 对于棱 $\mathcal{E}_{\sigma_r}^{(r)}$, 棱 $\mathcal{E}_{\sigma_s}^{(s)}$ 上的 s 维棱流 $\mathbf{x}^{(\sigma_s;\mathcal{E})}(t)$ 在 $\mathbf{x}_m \in \mathcal{E}_{\sigma_r}^{(r)}$ 处称为 $(\mathbf{m}_{\sigma_s};\mathcal{E})$ 型奇异的来棱流, 当且仅当

$$\left.\begin{aligned} &\hbar_{i_\alpha} G_{\partial\Omega_{\alpha i_\alpha}}^{(s_{i_\alpha},\sigma_s;\mathcal{E})}(\mathbf{x}_m, t_{m-}, \boldsymbol{\pi}_{\sigma_s}, \boldsymbol{\lambda}_{i_\alpha}) = 0, \\ &s_{i_\alpha} = 0, 1, 2, \cdots, m_{i_\alpha} - 1; \\ &(-1)^{m_{i_\alpha}}\hbar_{i_\alpha} G_{\partial\Omega_{\alpha i_\alpha}}^{(m_{i_\alpha},\sigma_s;\mathcal{E})}(\mathbf{x}_m, t_{m-}, \boldsymbol{\pi}_{\sigma_s}, \boldsymbol{\lambda}_{i_\alpha}) < 0, \end{aligned}\right\} i_\alpha \in \bar{\mathcal{N}}_{\alpha\mathcal{B}}(\sigma_r, \sigma_s). \quad (8.12)$$

[526]

(ii) 对于棱 $\mathcal{E}_{\sigma_r}^{(r)}$, 棱 $\mathcal{E}_{\sigma_s}^{(s)}$ 上的 s 维棱流 $\mathbf{x}^{(\sigma_s;\mathcal{E})}(t)$ 在 $\mathbf{x}_m \in \mathcal{E}_{\sigma_r}^{(r)}$ 处称为 $(\mathbf{m}_{\sigma_s};\mathcal{E})$ 型奇异的去棱流, 当且仅当

$$\left.\begin{aligned} &\hbar_{i_\alpha} G_{\partial\Omega_{\alpha i_\alpha}}^{(s_{i_\alpha},\sigma_s;\mathcal{E})}(\mathbf{x}_m, t_{m+}, \boldsymbol{\pi}_{\sigma_s}, \boldsymbol{\lambda}_{i_\alpha}) = 0, \\ &s_{i_\alpha} = 0, 1, 2, \cdots, m_{i_\alpha} - 1; \\ &\hbar_{i_\alpha} G_{\partial\Omega_{\alpha i_\alpha}}^{(m_{i_\alpha},\sigma_s;\mathcal{E})}(\mathbf{x}_m, t_{m+}, \boldsymbol{\pi}_{\sigma_s}, \boldsymbol{\lambda}_{i_\alpha}) > 0, \end{aligned}\right\} i_\alpha \in \bar{\mathcal{N}}_{\alpha\mathcal{B}}(\sigma_r, \sigma_s). \quad (8.13)$$

(iii) 对于棱 $\mathcal{E}_{\sigma_r}^{(r)}$, 棱 $\mathcal{E}_{\sigma_s}^{(s)}$ 上的 s 维棱流 $\mathbf{x}^{(\sigma_s;\mathcal{E})}(t)$ 在 $\mathbf{x}_m \in \mathcal{E}_{\sigma_r}^{(r)}$ ($r \neq 0$) 处称为 $(2\mathbf{k}_{\sigma_s} + \mathbf{1};\mathcal{E})$ 型奇异的擦边棱流, 当且仅当

$$\left.\begin{aligned} &\hbar_{i_\alpha} G_{\partial\Omega_{\alpha i_\alpha}}^{(s_{i_\alpha},\sigma_s;\mathcal{E})}(\mathbf{x}_m, t_{m\pm}, \boldsymbol{\pi}_{\sigma_s}, \boldsymbol{\lambda}_{i_\alpha}) = 0, \\ &s_{i_\alpha} = 0, 1, 2, \cdots, 2k_{i_\alpha}; \\ &\hbar_{i_\alpha} G_{\partial\Omega_{\alpha i_\alpha}}^{(2k_{i_\alpha}+1,\sigma_s;\mathcal{E})}(\mathbf{x}_m, t_{m\pm}, \boldsymbol{\pi}_{\sigma_s}, \boldsymbol{\lambda}_{i_\alpha}) > 0, \end{aligned}\right\} i_\alpha \in \bar{\mathcal{N}}_{\alpha\mathcal{B}}(\sigma_r, \sigma_s). \quad (8.14)$$

证明　正如定理 3.2 的证明, 将棱流视为特殊的域流便可以证明该定理 (参见文献 Luo, 2008, 2009). ∎

为了更好地说明来棱流、去棱流和擦边棱流的概念, 采用对于 $s-3$ 维棱的 s 维棱流来进行解释. 在图 8.1(a) 和 (b) 中分别表示了对于 $s-3$ 维棱的 s 维来棱流和去棱流. 黑色粗曲线表示 $s-2$ 维棱. 带箭头的线表示 s 维棱流, 圆圈表示 $s-3$ 维棱. 在图 8.2(a) 和 (b) 中, 通过与 $s-2$ 维棱擦边的 s 维棱流, 描述与 $s-3$ 维棱奇异擦边的来棱流和去棱流. 对于 $s-3$ 维棱的擦边流很难直观地表示出来. 然而, 此擦边棱流与 $s-2$ 维棱擦边, 如图 8.3 所示.

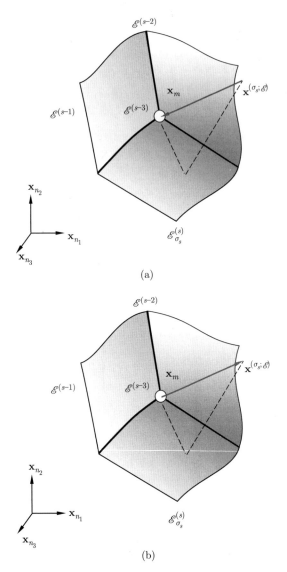

图 8.1　$s-3$ 维棱上的 s 维棱流: (a) 来棱流, (b) 去棱流. 黑色粗曲线表示 $s-2$ 维棱. 带箭头的线表示 s 维棱流, 圆圈表示 $s-3$ 维棱 $(n_1 + n_2 + n_3 = s)$

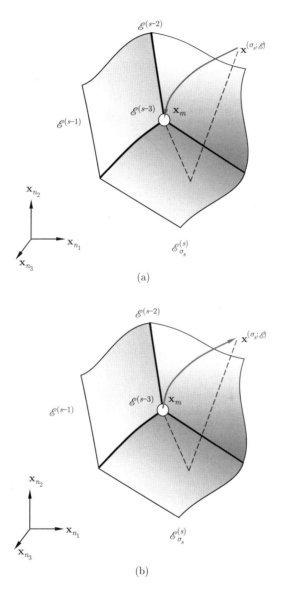

图 8.2　$s-3$ 维棱上具有擦边奇异的 s 维棱流: (a) 来棱流, (b) 去棱流. 黑色粗曲线表示 $s-2$ 维棱. 带箭头的曲线表示 s 维棱流, 圆圈表示 $s-3$ 维棱 $(n_1 + n_2 + n_3 = s)$

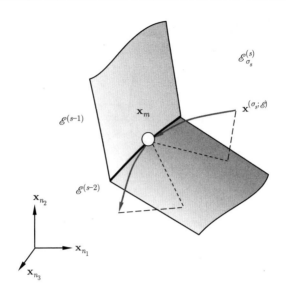

图 8.3　s 维棱流与 $s-2$ 维棱擦边. 黑色粗曲线表示 $s-2$ 维棱, 带箭头的曲线表示 s 维擦边棱流 $(n_1 + n_2 + n_3 = s)$

8.2　棱流的切换性

[529]　　　像在第七章中那样, 在这里讨论对于 r 维棱 $\mathscr{E}_{\sigma_r}^{(r)}$ 的棱流 $\mathbf{x}^{(\sigma_s;\mathscr{E})}(t)$ 的切换性. 棱流 $\mathbf{x}^{(\sigma_s;\mathscr{E})}(t)$ 能够切换为域流、边界流和任何一种棱流 $\mathbf{x}^{(\sigma_p;\mathscr{E})}(t)$ $(p \in \{r, r+1, \cdots, n-1, n\})$. 为了方便讨论, 下面先给出相关定义.

　　　定义 8.3　对于方程 (6.4)—(6.8) 中的不连续动力系统, 在 t_m 时刻, 存在点 $\mathbf{x}^{(\sigma_r;\mathscr{E})}(t_m) \equiv \mathbf{x}_m \in \mathscr{E}_{\sigma_r}^{(r)}$ $(\sigma_r \in \mathscr{N}_{\mathscr{E}}^r = \{1, 2, \cdots, N_r\}, r \in \{0, 1, 2, \cdots, n-2\})$, 相关的边界和域分别为 $\partial\Omega_{\alpha i_\alpha}(\sigma_r)$ 和 $\Omega_\alpha(\sigma_r)$ $(\alpha \in \mathscr{N}_{\mathscr{D}}(\sigma_r) \subset \mathscr{N}_{\mathscr{D}} = \{1, 2, \cdots, N_d\}, i_\alpha \in \mathscr{N}_{\alpha\mathscr{B}}(\sigma_r) \subset \mathscr{N}_{\mathscr{B}} = \{1, 2, \cdots, N_b\})$, 其中边界指标子集 $\mathscr{N}_{\alpha\mathscr{B}}(\sigma_r)$ 含 n_{σ_r} 个元素 $(n_{\sigma_r} \geqslant n-r)$. 棱 $\mathscr{E}_{\sigma_r}^{(r)}$ 是所有棱 $\mathscr{E}_{\sigma_s}^{(s)}(\sigma_r)$ (包括域和边界) 的交集, 其中 $\sigma_s \in \mathscr{N}_{\mathscr{E}}^s(\sigma_r) \subset \mathscr{N}_{\mathscr{E}}^s = \{1, 2, \cdots, N_s\}, s \in \{r+1, r+2, \cdots, n-1, n\}$. 假设存在一个 s 维的棱 $\mathscr{E}_{\sigma_s}^{(s)}(\sigma_r)$, 且相应域 $\Omega_\alpha(\sigma_r)$ 的边界指标子集为

[530]　$\mathscr{N}_{\alpha\mathscr{B}}(\sigma_r, \sigma_s)$. 互补的边界指标子集为 $\bar{\mathscr{N}}_{\alpha\mathscr{B}}(\sigma_r, \sigma_s) = \mathscr{N}_{\alpha\mathscr{B}}(\sigma_r)/\mathscr{N}_{\alpha\mathscr{B}}(\sigma_r, \sigma_s)$. 对于任意小的 $\varepsilon > 0$, 存在时间区间 $[t_{m-\varepsilon}, t_m)$, $(t_m, t_{m+\varepsilon}]$. 对于时间 t, 棱流 $\mathbf{x}^{(\sigma_s;\mathscr{E})}(t)$ 为 $C_{[t_{m-\varepsilon}, t_m)}^{r_{\sigma_s}}$ 或者 $C_{(t_m, t_{m+\varepsilon}]}^{r_{\sigma_s}}$ 连续的, 且 $\|d^{r_{\sigma_s}+1}\mathbf{x}^{(\sigma_s;\mathscr{E})}/dt^{r_{\sigma_s}+1}\| < \infty$ $(r_{\sigma_s} \geqslant 1)$, 棱流 $\mathbf{x}^{(\sigma_p;\mathscr{E})}(t)(p \in \{r, r+1, \cdots, n-1, n\})$ 为 $C_{[t_{m-\varepsilon}, t_m)}^{r_{\sigma_p}}$ 或者 $C_{(t_m, t_{m+\varepsilon}]}^{r_{\sigma_p}}$ 连续的, 且 $\|d^{r_{\sigma_p}+1}\mathbf{x}^{(\sigma_p;\mathscr{E})}/dt^{r_{\sigma_p}+1}\| < \infty$ $(r_{\sigma_p} \geqslant 1)$. 假设存在切换规则 $\mathbf{x}^{(\sigma_s;\mathscr{E})}(t_{m\pm}) = \mathbf{x}_m = \mathbf{x}^{(\sigma_p;\mathscr{E})}(t_{m\pm})$.

(i) 如果满足

$$
\hbar_{i_\alpha} \mathbf{n}_{\partial\Omega_{\alpha i_\alpha}}^{\mathrm{T}} (\mathbf{x}_{m-\varepsilon}^{(i_\alpha;\mathscr{B})}) \cdot [\mathbf{x}_{m-\varepsilon}^{(i_\alpha;\mathscr{B})} - \mathbf{x}_{m-\varepsilon}^{(\sigma_s;\mathscr{E})}] < 0, i_\alpha \in \bar{\mathcal{N}}_{\alpha\mathscr{B}}(\sigma_r, \sigma_s);
$$
$$
\hbar_{j_\beta} \mathbf{n}_{\partial\Omega_{\beta j_\beta}}^{\mathrm{T}} (\mathbf{x}_{m+\varepsilon}^{(j_\beta;\mathscr{B})}) \cdot [\mathbf{x}_{m+\varepsilon}^{(\sigma_p;\mathscr{E})} - \mathbf{x}_{m+\varepsilon}^{(j_\beta;\mathscr{B})}] > 0, j_\beta \in \mathscr{N}_{\beta\mathscr{B}}(\sigma_r, \sigma_p),
$$
(8.15)

那么称棱 $\mathscr{E}_{\sigma_s}^{(s)}$ 上的 s 维来棱流 $\mathbf{x}^{(\sigma_s;\mathscr{E})}(t)$ 和棱 $\mathscr{E}_{\sigma_p}^{(p)}$ 上的 p 维去棱流 $\mathbf{x}^{(\sigma_p;\mathscr{E})}(t)$ 在点 $\mathbf{x}_m \in \mathscr{E}_{\sigma_r}^{(r)}$ 处, 通过棱 $\mathscr{E}_{\sigma_r}^{(r)}$ 发生 $(\mathscr{E}_{\sigma_s}^{(s)} : \mathscr{E}_{\sigma_p}^{(p)})$ 型切换,

(ii) 如果满足

$$
\hbar_{i_\alpha} \mathbf{n}_{\partial\Omega_{\alpha i_\alpha}}^{\mathrm{T}} (\mathbf{x}_{m-\varepsilon}^{(i_\alpha;\mathscr{B})}) \cdot [\mathbf{x}_{m-\varepsilon}^{(i_\alpha;\mathscr{B})} - \mathbf{x}_{m-\varepsilon}^{(\sigma_s;\mathscr{E})}] < 0, i_\alpha \in \bar{\mathcal{N}}_{\alpha\mathscr{B}}(\sigma_r, \sigma_s);
$$
$$
\hbar_{j_\beta} \mathbf{n}_{\partial\Omega_{\beta j_\beta}}^{\mathrm{T}} (\mathbf{x}_{m-\varepsilon}^{(j_\beta;\mathscr{B})}) \cdot [\mathbf{x}_{m-\varepsilon}^{(j_\beta;\mathscr{B})} - \mathbf{x}_{m-\varepsilon}^{(\sigma_p;\mathscr{E})}] < 0, j_\beta \in \mathscr{N}_{\beta\mathscr{B}}(\sigma_r, \sigma_p),
$$
(8.16)

那么称棱 $\mathscr{E}_{\sigma_s}^{(s)}$ 上的 s 维来棱流 $\mathbf{x}^{(\sigma_s;\mathscr{E})}(t)$ 和棱 $\mathscr{E}_{\sigma_p}^{(p)}$ 上的 p 维去棱流 $\mathbf{x}^{(\sigma_p;\mathscr{E})}(t)$ 在点 $\mathbf{x}_m \in \mathscr{E}_{\sigma_r}^{(r)}$ 处, 对于棱 $\mathscr{E}_{\sigma_r}^{(r)}$ 是第一类 $(\mathscr{E}_{\sigma_s}^{(s)} : \mathscr{E}_{\sigma_p}^{(p)})$ 型不可切换的.

(iii) 如果满足

$$
\hbar_{i_\alpha} \mathbf{n}_{\partial\Omega_{\alpha i_\alpha}}^{\mathrm{T}} (\mathbf{x}_{m+\varepsilon}^{(i_\alpha;\mathscr{B})}) \cdot [\mathbf{x}_{m+\varepsilon}^{(\sigma_s;\mathscr{E})} - \mathbf{x}_{m+\varepsilon}^{(i_\alpha;\mathscr{B})}] > 0, i_\alpha \in \bar{\mathcal{N}}_{\alpha\mathscr{B}}(\sigma_r, \sigma_s);
$$
$$
\hbar_{j_\beta} \mathbf{n}_{\partial\Omega_{\beta j_\beta}}^{\mathrm{T}} (\mathbf{x}_{m+\varepsilon}^{(j_\beta;\mathscr{B})}) \cdot [\mathbf{x}_{m+\varepsilon}^{(\sigma_p;\mathscr{E})} - \mathbf{x}_{m+\varepsilon}^{(j_\beta;\mathscr{B})}] > 0, j_\beta \in \mathscr{N}_{\beta\mathscr{B}}(\sigma_r, \sigma_p),
$$
(8.17)

那么称棱 $\mathscr{E}_{\sigma_s}^{(s)}$ 上的 s 维来棱流 $\mathbf{x}^{(\sigma_s;\mathscr{E})}(t)$ 和棱 $\mathscr{E}_{\sigma_p}^{(p)}$ 上的 p 维去棱流 $\mathbf{x}^{(\sigma_p;\mathscr{E})}(t)$ 在点 $\mathbf{x}_m \in \mathscr{E}_{\sigma_r}^{(r)}$ 处, 对于棱 $\mathscr{E}_{\sigma_r}^{(r)}$ 是第二类 $(\mathscr{E}_{\sigma_s}^{(s)} : \mathscr{E}_{\sigma_p}^{(p)})$ 型不可切换的.

根据以上定义, 描述了具有不同维数的两个棱流的四种基本情况. 如果 $s = n$ 且 $p = n - 1$, 则上面的讨论给出了经过棱 $\mathscr{E}_{\sigma_r}^{(r)}$ $(r \leqslant \min(s, p))$ 时域流和边界流之间的切换性. 如果 $s = p$, 两个棱流拥有相同的维数. 对于 $r = 0$, s 维棱流和 p 维棱流将通过顶点进行切换. 通过以上定义, 可以得出切换所需的相应条件, 如下面的定理所述. [531]

定理 8.3 对于方程 (6.4)—(6.8) 中的不连续动力系统, 在 t_m 时刻存在点 $\mathbf{x}^{(\sigma_r;\mathscr{E})}(t_m) \equiv \mathbf{x}_m \in \mathscr{E}_{\sigma_r}^{(r)}$ $(\sigma_r \in \mathcal{N}_{\mathscr{E}}^r = \{1, 2, \cdots, N_r\}, r \in \{0, 1, 2, \cdots, n-2\})$, 并且相应边界为 $\partial\Omega_{\alpha i_\alpha}(\sigma_r)$, 相应域为 $\Omega_\alpha(\sigma_r)$ $(\alpha \in \mathcal{N}_{\mathscr{D}}(\sigma_r) \subset \mathcal{N}_{\mathscr{D}} = \{1, 2, \cdots, N_d\}$, $i_\alpha \in \mathcal{N}_{\alpha\mathscr{B}}(\sigma_r) \subset \mathcal{N}_{\mathscr{B}} = \{1, 2, \cdots, N_b\})$, 其中边界指标子集 $\mathcal{N}_{\alpha\mathscr{B}}(\sigma_r)$ 含 n_{σ_r} 个元素 $(n_{\sigma_r} \geqslant n - r)$. 棱 $\mathscr{E}_{\sigma_r}^{(r)}$ 是所有棱 $\mathscr{E}_{\sigma_s}^{(s)}(\sigma_r)$ (包括域和边界) 的交集, 其中 $\sigma_s \in \mathcal{N}_{\mathscr{E}}^s(\sigma_r) \subset \mathcal{N}_{\mathscr{E}}^s = \{1, 2, \cdots, N_s\}$, $s \in \{r+1, r+2, \cdots, n-1, n\}$. 假设存在一个 s 维的棱 $\mathscr{E}_{\sigma_s}^{(s)}(\sigma_r)$, 且相应域 $\Omega_\alpha(\sigma_r)$ 的边界指标子集为 $\mathcal{N}_{\alpha\mathscr{B}}(\sigma_r, \sigma_s)$. 互补的边界指标子集为 $\bar{\mathcal{N}}_{\alpha\mathscr{B}}(\sigma_r, \sigma_s) = \mathcal{N}_{\alpha\mathscr{B}}(\sigma_r)/\mathcal{N}_{\alpha\mathscr{B}}(\sigma_r, \sigma_s)$. 对于任意小的 $\varepsilon > 0$, 存在时间区间 $[t_{m-\varepsilon}, t_m)$, $(t_m, t_{m+\varepsilon}]$. 对于时间 t, 棱流 $\mathbf{x}^{(\sigma_s;\mathscr{E})}(t)$ 为 $C_{[t_{m-\varepsilon}, t_m)}^{r_{\sigma_s}}$ 或者 $C_{(t_m, t_{m+\varepsilon}]}^{r_{\sigma_s}}$ 连续的, 且 $\|d^{r_{\sigma_s}+1}\mathbf{x}^{(\sigma_s;\mathscr{E})}/dt^{r_{\sigma_s}+1}\| <$

∞ $(r_{\sigma_s} \geqslant 2)$, 棱流 $\mathbf{x}^{(\sigma_p;\mathscr{E})}(t)(p \in \{r, r+1, \cdots, n-1, n\})$ 为 $C^{r_{\sigma_p}}_{[t_{m-\varepsilon}, t_m]}$ 或者 $C^{r_{\sigma_p}}_{(t_m, t_{m+\varepsilon}]}$ 连续的, 且 $\|d^{r_{\sigma_p}+1}\mathbf{x}^{(\sigma_p;\mathscr{E})}/dt^{r_{\sigma_p}+1}\| < \infty$ $(r_{\sigma_p} \geqslant 2)$. 假设存在切换规则 $\mathbf{x}^{(\sigma_s;\mathscr{E})}(t_{m\pm}) = \mathbf{x}_m = \mathbf{x}^{(\sigma_p;\mathscr{E})}(t_{m\pm})$.

(i) 在点 $\mathbf{x}_m \in \mathscr{E}^{(r)}_{\sigma_r}$ 处, 棱 $\mathscr{E}^{(s)}_{\sigma_s}$ 上 s 维来棱流 $\mathbf{x}^{(\sigma_s;\mathscr{E})}(t)$ 和棱 $\mathscr{E}^{(p)}_{\sigma_p}$ 上 p 维去棱流 $\mathbf{x}^{(\sigma_p;\mathscr{E})}(t)$ 通过棱 $\mathscr{E}^{(r)}_{\sigma_r}$ 发生 $(\mathscr{E}^{(s)}_{\sigma_s} : \mathscr{E}^{(p)}_{\sigma_p})$ 型切换, 当且仅当

$$\hbar_{i_\alpha} G^{(\sigma_s;\mathscr{E})}_{\partial\Omega_{\alpha i_\alpha}}(\mathbf{x}_m, t_{m-}, \boldsymbol{\pi}_{\sigma_s}, \boldsymbol{\lambda}_{i_\alpha}) < 0, i_\alpha \in \bar{\mathscr{N}}_{\alpha\mathscr{B}}(\sigma_r, \sigma_s);$$
$$\hbar_{j_\beta} G^{(\sigma_p;\mathscr{E})}_{\partial\Omega_{\beta j_\beta}}(\mathbf{x}_m, t_{m+}, \boldsymbol{\pi}_{\sigma_p}, \boldsymbol{\lambda}_{j_\beta}) > 0, j_\beta \in \bar{\mathscr{N}}_{\beta\mathscr{B}}(\sigma_r, \sigma_p). \tag{8.18}$$

(ii) 在点 $\mathbf{x}_m \in \mathscr{E}^{(r)}_{\sigma_r}$ 处, 棱 $\mathscr{E}^{(s)}_{\sigma_s}$ 上 s 维来棱流 $\mathbf{x}^{(\sigma_s;\mathscr{E})}(t)$ 和棱 $\mathscr{E}^{(p)}_{\sigma_p}$ 上 p 维去棱流 $\mathbf{x}^{(\sigma_p;\mathscr{E})}(t)$ 对于棱 $\mathscr{E}^{(r)}_{\sigma_r}$ 是第一类 $(\mathscr{E}^{(s)}_{\sigma_s} : \mathscr{E}^{(p)}_{\sigma_p})$ 型不可切换的. 当且仅当

$$\hbar_{i_\alpha} G^{(\sigma_s;\mathscr{E})}_{\partial\Omega_{\alpha i_\alpha}}(\mathbf{x}_m, t_{m-}, \boldsymbol{\pi}_{\sigma_s}, \boldsymbol{\lambda}_{i_\alpha}) < 0, i_\alpha \in \bar{\mathscr{N}}_{\alpha\mathscr{B}}(\sigma_r, \sigma_s);$$
$$\hbar_{j_\beta} G^{(\sigma_p;\mathscr{E})}_{\partial\Omega_{\beta j_\beta}}(\mathbf{x}_m, t_{m-}, \boldsymbol{\pi}_{\sigma_p}, \boldsymbol{\lambda}_{j_\beta}) < 0, j_\beta \in \bar{\mathscr{N}}_{\beta\mathscr{B}}(\sigma_r, \sigma_p). \tag{8.19}$$

(iii) 在点 $\mathbf{x}_m \in \mathscr{E}^{(r)}_{\sigma_r}$ 处, 棱 $\mathscr{E}^{(s)}_{\sigma_s}$ 上 s 维来棱流 $\mathbf{x}^{(\sigma_s;\mathscr{E})}(t)$ 和棱 $\mathscr{E}^{(p)}_{\sigma_p}$ 上 p [532] 维去棱流 $\mathbf{x}^{(\sigma_p;\mathscr{E})}(t)$ 对于棱 $\mathscr{E}^{(r)}_{\sigma_r}$ 是第二类 $(\mathscr{E}^{(s)}_{\sigma_s} : \mathscr{E}^{(p)}_{\sigma_p})$ 型不可切换的, 当且仅当

$$\hbar_{i_\alpha} G^{(\sigma_s;\mathscr{E})}_{\partial\Omega_{\alpha i_\alpha}}(\mathbf{x}_m, t_{m+}, \boldsymbol{\pi}_{\sigma_s}, \boldsymbol{\lambda}_{i_\alpha}) > 0, i_\alpha \in \bar{\mathscr{N}}_{\alpha\mathscr{B}}(\sigma_r, \sigma_s);$$
$$\hbar_{j_\beta} G^{(\sigma_p;\mathscr{E})}_{\partial\Omega_{\beta j_\beta}}(\mathbf{x}_m, t_{m+}, \boldsymbol{\pi}_{\sigma_p}, \boldsymbol{\lambda}_{j_\beta}) > 0, j_\beta \in \bar{\mathscr{N}}_{\beta\mathscr{B}}(\sigma_r, \sigma_p). \tag{8.20}$$

证明　仿照定理 3.1, 将棱流视为特殊的域流可以证明该定理 (参见文献 Luo, 2008, 2009). ■

下面将讨论带有高阶奇异性的 s 维棱流和 p 维棱流的切换性.

定义 8.4　对于方程 (6.4)—(6.8) 中的不连续动力系统, 在 t_m 时刻, 存在点 $\mathbf{x}^{(\sigma_r;\mathscr{E})}(t_m) \equiv \mathbf{x}_m \in \mathscr{E}^{(r)}_{\sigma_r}$ ($\sigma_r \in \mathscr{N}^r_{\mathscr{E}} = \{1, 2, \cdots, N_r\}$, $r \in \{0, 1, 2, \cdots, n-2\}$), 相应的边界和域分别为 $\partial\Omega_{\alpha i_\alpha}(\sigma_r)$ 及 $\Omega_\alpha(\sigma_r)$ ($\alpha \in \mathscr{N}_{\mathscr{D}}(\sigma_r) \subset \mathscr{N}_{\mathscr{D}} = \{1, 2, \cdots, N_d\}$, $i_\alpha \in \mathscr{N}_{\alpha\mathscr{B}}(\sigma_r) \subset \mathscr{N}_{\mathscr{B}} = \{1, 2, \cdots, N_b\}$), 其中边界指标子集 $\mathscr{N}_{\alpha\mathscr{B}}(\sigma_r)$ 含 n_{σ_r} 个元素 $(n_{\sigma_r} \geqslant n-r)$. 棱 $\mathscr{E}^{(r)}_{\sigma_r}$ 是所有棱 $\mathscr{E}^{(s)}_{\sigma_s}(\sigma_r)$ (包括域和边界) 的交集, 其中 $\sigma_s \in \mathscr{N}^s_{\mathscr{E}}(\sigma_r) \subset \mathscr{N}^s_{\mathscr{E}} = \{1, 2, \cdots, N_s\}$, $s \in \{r+1, r+2, \cdots, n-1, n\}$. 假设存在一个 s 维的棱 $\mathscr{E}^{(s)}_{\sigma_s}(\sigma_r)$, 且相应域 $\Omega_\alpha(\sigma_r)$ 的边界指标子集为 $\mathscr{N}_{\alpha\mathscr{B}}(\sigma_r, \sigma_s)$. 互补的边界指标子集为 $\bar{\mathscr{N}}_{\alpha\mathscr{B}}(\sigma_r, \sigma_s) = \mathscr{N}_{\alpha\mathscr{B}}(\sigma_r)/\mathscr{N}_{\alpha\mathscr{B}}(\sigma_r, \sigma_s)$. 对于任意小的 $\varepsilon > 0$, 存在时间区间 $[t_{m-\varepsilon}, t_m)$, $(t_m, t_{m+\varepsilon}]$. 对于时间 t, 棱流 $\mathbf{x}^{(\sigma_s;\mathscr{E})}(t)$ 为 $C^{r_{\sigma_s}}_{[t_{m-\varepsilon}, t_m)}$ 或者 $C^{r_{\sigma_s}}_{(t_m, t_{m+\varepsilon}]}$ 连续的, 且 $\|d^{r_{\sigma_s}+1}\mathbf{x}^{(\sigma_s;\mathscr{E})}/dt^{r_{\sigma_s}+1}\| <$

∞ $(r_{\sigma_s} \geqslant \max_{i_\alpha \in \bar{\mathcal{N}}_{\alpha\mathcal{B}}}\{m_{i_\alpha}\})$, 棱流 $\mathbf{x}^{(\sigma_p;\mathscr{E})}(t)(p \in \{r, r+1, \cdots, n-1, n\})$ 为 $C^{r_{\sigma_p}}_{[t_{m-\varepsilon}, t_m)}$ 或者 $C^{r_{\sigma_p}}_{(t_m, t_{m+\varepsilon}]}$ 连续的, 且 $\|d^{r_{\sigma_p}+1}\mathbf{x}^{(\sigma_p;\mathscr{E})}/dt^{r_{\sigma_p}+1}\| < \infty$ $(r_{\sigma_p} \geqslant \max_{j_\beta \in \bar{\mathcal{N}}_{\beta\mathcal{B}}}\{m_{j_\beta}\})$. 假设存在切换规则 $\mathbf{x}^{(\sigma_s;\mathscr{E})}(t_{m\pm}) = \mathbf{x}_m = \mathbf{x}^{(\sigma_p;\mathscr{E})}(t_{m\pm})$.

(i) 如果满足

$$
\begin{aligned}
&\hbar_{i_\alpha} G^{(s_{i_\alpha}, \sigma_s;\mathscr{E})}_{\partial\Omega_{\alpha i_\alpha}}(\mathbf{x}_m, t_{m-}, \boldsymbol{\pi}_{\sigma_s}, \boldsymbol{\lambda}_{i_\alpha}) = 0, \\
&s_{i_\alpha} = 0, 1, 2, \cdots, m_{i_\alpha} - 1; \\
&\hbar_{i_\alpha} \mathbf{n}^{\mathrm{T}}_{\partial\Omega_{\alpha i_\alpha}}(\mathbf{x}^{(i_\alpha;\mathscr{B})}_{m-\varepsilon}) \cdot [\mathbf{x}^{(i_\alpha;\mathscr{B})}_{m-\varepsilon} - \mathbf{x}^{(\sigma_s;\mathscr{E})}_{m-\varepsilon}] < 0, \\
&i_\alpha \in \bar{\mathcal{N}}_{\alpha\mathcal{B}}(\sigma_r, \sigma_s);
\end{aligned}
$$

[533]

(8.21)

$$
\left.
\begin{aligned}
&\hbar_{j_\beta} G^{(s_{j_\beta}, \sigma_p;\mathscr{E})}_{\partial\Omega_{\beta j_\beta}}(\mathbf{x}_m, t_{m+}, \boldsymbol{\pi}_{\sigma_p}, \boldsymbol{\lambda}_{j_\beta}) = 0, \\
&s_{j_\beta} = 0, 1, 2, \cdots, m_{j_\beta} - 1, \\
&\hbar_{j_\beta} \mathbf{n}^{\mathrm{T}}_{\partial\Omega_{\beta j_\beta}}(\mathbf{x}^{(j_\beta;\mathscr{B})}_{m+\varepsilon}) \cdot [\mathbf{x}^{(\sigma_p;\mathscr{E})}_{m+\varepsilon} - \mathbf{x}^{(j_\beta;\mathscr{B})}_{m+\varepsilon}] > 0,
\end{aligned}
\right\}
$$

(8.22)

$$
j_\beta \in \bar{\mathcal{N}}_{\beta\mathcal{B}}(\sigma_r, \sigma_p),
$$

那么称在切换规则时棱 $\mathscr{E}^{(s)}_{\sigma_s}$ 上 s 维来棱流 $\mathbf{x}^{(\sigma_s;\mathscr{E})}(t)$ 和棱 $\mathscr{E}^{(p)}_{\sigma_p}$ 上 p 维去棱流 $\mathbf{x}^{(\sigma_p;\mathscr{E})}(t)$ 在点 $\mathbf{x}_m \in \mathscr{E}^{(r)}_{\sigma_r}$ 处, 从 $\mathscr{E}^{(s)}_{\sigma_s}$ 到 $\mathscr{E}^{(p)}_{\sigma_p}$ 经由棱 $\mathscr{E}^{(r)}_{\sigma_r}$ 产生具有 $(\mathbf{m}_{\sigma_s};\mathscr{E} : \mathbf{m}_{\sigma_p};\mathscr{E})$ 型奇异性的切换.

(ii) 如果满足

$$
\left.
\begin{aligned}
&\hbar_{i_\alpha} G^{(s_{i_\alpha}, \sigma_s;\mathscr{E})}_{\partial\Omega_{\alpha i_\alpha}}(\mathbf{x}_m, t_{m-}, \boldsymbol{\pi}_{\sigma_s}, \boldsymbol{\lambda}_{i_\alpha}) = 0, \\
&s_{i_\alpha} = 0, 1, 2, \cdots, m_{i_\alpha} - 1, \\
&\hbar_{i_\alpha} \mathbf{n}^{\mathrm{T}}_{\partial\Omega_{\alpha i_\alpha}}(\mathbf{x}^{(i_\alpha;\mathscr{B})}_{m-\varepsilon}) \cdot [\mathbf{x}^{(i_\alpha;\mathscr{B})}_{m-\varepsilon} - \mathbf{x}^{(\sigma_s;\mathscr{E})}_{m-\varepsilon}] < 0,
\end{aligned}
\right\}
$$

(8.23)

$$
i_\alpha \in \bar{\mathcal{N}}_{\alpha\mathcal{B}}(\sigma_r, \sigma_s),
$$

$$
\left.
\begin{aligned}
&\hbar_{j_\beta} G^{(s_{j_\beta}, \sigma_p;\mathscr{E})}_{\partial\Omega_{\beta j_\beta}}(\mathbf{x}_m, t_{m-}, \boldsymbol{\pi}_{\sigma_p}, \boldsymbol{\lambda}_{j_\beta}) = 0, \\
&s_{j_\beta} = 0, 1, 2, \cdots, m_{j_\beta} - 1, \\
&\hbar_{j_\beta} \mathbf{n}^{\mathrm{T}}_{\partial\Omega_{\beta j_\beta}}(\mathbf{x}^{(j_\beta;\mathscr{B})}_{m-\varepsilon}) \cdot [\mathbf{x}^{(j_\beta;\mathscr{B})}_{m-\varepsilon} - \mathbf{x}^{(\sigma_p;\mathscr{E})}_{m-\varepsilon}] < 0,
\end{aligned}
\right\}
$$

(8.24)

$$
j_\beta \in \bar{\mathcal{N}}_{\beta\mathcal{B}}(\sigma_r, \sigma_p),
$$

那么称棱 $\mathscr{E}^{(s)}_{\sigma_s}$ 上的 s 维来棱流 $\mathbf{x}^{(\sigma_s;\mathscr{E})}(t)$ 和棱 $\mathscr{E}^{(p)}_{\sigma_p}$ 上 p 维来棱流 $\mathbf{x}^{(\sigma_p;\mathscr{E})}(t)$ 在点 $\mathbf{x}_m \in \mathscr{E}^{(r)}_{\sigma_r}$ 处, 对于棱 $\mathscr{E}^{(r)}_{\sigma_r}$ 是 $(\mathbf{m}_{\sigma_s};\mathscr{E} : \mathbf{m}_{\sigma_p};\mathscr{E})(\mathbf{m}_{\sigma_s} \neq 2\mathbf{k}_{\sigma_s} + 1,$ $\mathbf{m}_{\sigma_p} \neq 2\mathbf{k}_{\sigma_p} + 1)$ 型奇异第一类不可切换的.

(iii) 如果满足

$$
\left.\begin{aligned}
&\hbar_{i_\alpha} G^{(s_{i_\alpha},\sigma_s;\mathscr{E})}_{\partial\Omega_{\alpha i_\alpha}}(\mathbf{x}_m, t_{m+}, \boldsymbol{\pi}_{\sigma_s}, \boldsymbol{\lambda}_{i_\alpha}) = 0, \\
&s_{i_\alpha} = 0, 1, 2, \cdots, m_{i_\alpha} - 1, \\
&\hbar_{i_\alpha} \mathbf{n}^{\mathrm{T}}_{\partial\Omega_{\alpha i_\alpha}}(\mathbf{x}^{(i_\alpha;\mathscr{B})}_{m+\varepsilon}) \cdot [\mathbf{x}^{(\sigma_s;\mathscr{E})}_{m+\varepsilon} - \mathbf{x}^{(i_\alpha;\mathscr{B})}_{m+\varepsilon}] > 0,
\end{aligned}\right\} \tag{8.25}
$$

$$
i_\alpha \in \bar{\mathscr{N}}_{\alpha\mathscr{B}}(\sigma_r, \sigma_s);
$$

$$
\left.\begin{aligned}
&\hbar_{j_\beta} G^{(s_{j_\beta},\sigma_p;\mathscr{E})}_{\partial\Omega_{\beta j_\beta}}(\mathbf{x}_m, t_{m+}, \boldsymbol{\pi}_{\sigma_p}, \boldsymbol{\lambda}_{j_\beta}) = 0, \\
&s_{j_\beta} = 0, 1, 2, \cdots, m_{j_\beta} - 1, \\
&\hbar_{j_\beta} \mathbf{n}^{\mathrm{T}}_{\partial\Omega_{\beta j_\beta}}(\mathbf{x}^{(j_\beta;\mathscr{B})}_{m+\varepsilon}) \cdot [\mathbf{x}^{(\sigma_p;\mathscr{E})}_{m+\varepsilon} - \mathbf{x}^{(j_\beta;\mathscr{B})}_{m+\varepsilon}] > 0,
\end{aligned}\right\} \tag{8.26}
$$

$$
j_\beta \in \bar{\mathscr{N}}_{\beta\mathscr{B}}(\sigma_r, \sigma_p),
$$

那么称棱 $\mathscr{E}^{(s)}_{\sigma_s}$ 上 s 维去棱流 $\mathbf{x}^{(\sigma_s;\mathscr{E})}(t)$ 和棱 $\mathscr{E}^{(p)}_{\sigma_p}$ 上 p 维去棱流 $\mathbf{x}^{(\sigma_p;\mathscr{E})}(t)$ 在点 $\mathbf{x}_m \in \mathscr{E}^{(r)}_{\sigma_r}$ 处, 对于棱 $\mathscr{E}^{(r)}_{\sigma_r}$ 是 $(\mathbf{m}_{\sigma_s};\mathscr{E} : \mathbf{m}_{\sigma_p};\mathscr{E})$ 型奇异第二类不可切换的.

[534]　　　(iv) 在没有切换规则时, 如果满足方程 (8.21) 和 (8.22) 且 $\mathbf{m}_{\sigma_s} \neq 2\mathbf{k}_{\sigma_s} + \mathbf{1}$, 那么称棱 $\mathscr{E}^{(s)}_{\sigma_s}$ 上 s 维来棱流 $\mathbf{x}^{(\sigma_s;\mathscr{E})}(t)$ 和棱 $\mathscr{E}^{(p)}_{\sigma_p}$ 上 p 维去棱流 $\mathbf{x}^{(\sigma_p;\mathscr{E})}(t)$ 在点 $\mathbf{x}_m \in \mathscr{E}^{(r)}_{\sigma_r}$ 处, 从 $\mathscr{E}^{(s)}_{\sigma_s}$ 到 $\mathscr{E}^{(p)}_{\sigma_p}$ 经由棱 $\mathscr{E}^{(r)}_{\sigma_r}$ 是 $(\mathbf{m}_{\sigma_s};\mathscr{E} : \mathbf{m}_{\sigma_p};\mathscr{E})$ 型奇异可切换的.

　　　(v) 在没有切换规则时, 如果对于至少一个来流, 满足方程 (8.21) 和 (8.22) 且 $\mathbf{m}_{\sigma_s} = 2\mathbf{k}_{\sigma_s} + \mathbf{1}$, 那么称棱 $\mathscr{E}^{(s)}_{\sigma_s}$ 上 s 维来棱流 $\mathbf{x}^{(\sigma_s;\mathscr{E})}(t)$ 和棱 $\mathscr{E}^{(p)}_{\sigma_p}$ 上 p 维去棱流 $\mathbf{x}^{(\sigma_p;\mathscr{E})}(t)$ 在点 $\mathbf{x}_m \in \mathscr{E}^{(r)}_{\sigma_r}$ 处, 从 $\mathscr{E}^{(s)}_{\sigma_s}$ 到 $\mathscr{E}^{(p)}_{\sigma_p}$ 经由棱 $\mathscr{E}^{(r)}_{\sigma_r}$ 是 $(\mathbf{m}_{\sigma_s};\mathscr{E} : \mathbf{m}_{\sigma_p};\mathscr{E})$ 型奇异不可切换的.

　　　(vi) 如果满足

$$
\left.\begin{aligned}
&\hbar_{i_\alpha} G^{(s_{i_\alpha},\sigma_s;\mathscr{E})}_{\partial\Omega_{\alpha i_\alpha}}(\mathbf{x}_m, t_{m\pm}, \boldsymbol{\pi}_{\sigma_s}, \boldsymbol{\lambda}_{i_\alpha}) = 0, \\
&s_{i_\alpha} = 0, 1, 2, \cdots, 2k_{i_\alpha}, \\
&\hbar_{i_\alpha} \mathbf{n}^{\mathrm{T}}_{\partial\Omega_{\alpha i_\alpha}}(\mathbf{x}^{(i_\alpha;\mathscr{B})}_{m-\varepsilon}) \cdot [\mathbf{x}^{(i_\alpha;\mathscr{B})}_{m-\varepsilon} - \mathbf{x}^{(\sigma_s;\mathscr{E})}_{m-\varepsilon}] < 0, \\
&\hbar_{i_\alpha} \mathbf{n}^{\mathrm{T}}_{\partial\Omega_{\alpha i_\alpha}}(\mathbf{x}^{(i_\alpha;\mathscr{B})}_{m+\varepsilon}) \cdot [\mathbf{x}^{(\sigma_s;\mathscr{E})}_{m+\varepsilon} - \mathbf{x}^{(i_\alpha;\mathscr{B})}_{m+\varepsilon}] > 0,
\end{aligned}\right\} \tag{8.27}
$$

$$
i_\alpha \in \bar{\mathscr{N}}_{\alpha\mathscr{B}}(\sigma_r, \sigma_s);
$$

$$
\left.\begin{array}{l}
\hbar_{j_\beta} G^{(s_{j_\beta},\sigma_p;\mathscr{E})}_{\partial\Omega_{\beta j_\beta}}(\mathbf{x}_m, t_{m\pm}, \boldsymbol{\pi}_{\sigma_p}, \boldsymbol{\lambda}_{j_\beta}) = 0, \\
s_{j_\beta} = 0, 1, 2, \cdots, 2k_{j_\beta}, \\
\hbar_{j_\beta} \mathbf{n}^{\mathrm{T}}_{\partial\Omega_{\beta j_\beta}}(\mathbf{x}^{(j_\beta;\mathscr{B})}_{m-\varepsilon}) \cdot [\mathbf{x}^{(j_\beta;\mathscr{B})}_{m-\varepsilon} - \mathbf{x}^{(\sigma_p;\mathscr{E})}_{m-\varepsilon}] < 0, \\
\hbar_{j_\beta} \mathbf{n}^{\mathrm{T}}_{\partial\Omega_{\beta j_\beta}}(\mathbf{x}^{(j_\beta;\mathscr{B})}_{m+\varepsilon}) \cdot [\mathbf{x}^{(\sigma_p;\mathscr{E})}_{m+\varepsilon} - \mathbf{x}^{(j_\beta;\mathscr{B})}_{m+\varepsilon}] > 0,
\end{array}\right\} \tag{8.28}
$$

$$
j_\beta \in \bar{\mathcal{N}}_{\beta\mathscr{B}}(\sigma_r, \sigma_p),
$$

那么称在切换规则时, 棱 $\mathscr{E}^{(s)}_{\sigma_s}$ 上 s 维擦边棱流 $\mathbf{x}^{(\sigma_s;\mathscr{E})}(t)$ 和棱 $\mathscr{E}^{(p)}_{\sigma_p}$ 上 p 维擦边棱流 $\mathbf{x}^{(\sigma_p;\mathscr{E})}(t)$ 在点 $\mathbf{x}_m \in \mathscr{E}^{(r)}_{\sigma_r}$ 处, 从 $\mathscr{E}^{(s)}_{\sigma_s}$ 到 $\mathscr{E}^{(p)}_{\sigma_p}$ 经由棱 $\mathscr{E}^{(r)}_{\sigma_r}$ 为 $((2\mathbf{k}_{\sigma_s}+\mathbf{1});\mathscr{E}:(2\mathbf{k}_{\sigma_p}+\mathbf{1});\mathscr{E})$ 型奇异可切换的.

(vii) 在没有切换规则时, 如果满足方程 (8.27) 和 (8.28), 那么称棱 $\mathscr{E}^{(s)}_{\sigma_s}$ 上 s 维擦边棱流 $\mathbf{x}^{(\sigma_s;\mathscr{E})}(t)$ 和棱 $\mathscr{E}^{(p)}_{\sigma_p}$ 上 p 维擦边棱流 $\mathbf{x}^{(\sigma_p;\mathscr{E})}(t)$ 在点 $\mathbf{x}_m \in \mathscr{E}^{(r)}_{\sigma_r}$ 处, 对于棱 $\mathscr{E}^{(r)}_{\sigma_r}$ 是 $((2\mathbf{k}_{\sigma_s}+\mathbf{1});\mathscr{E}:(2\mathbf{k}_{\sigma_p}+\mathbf{1});\mathscr{E})$ 型奇异的双擦边棱流.

通过以上定义, 在下面定理中给出切换所需的条件.

定理 8.4 对于方程 (6.4)—(6.8) 中的不连续动力系统, 在 t_m 时刻, 存在点 $\mathbf{x}^{(\sigma_r;\mathscr{E})}(t_m) \equiv \mathbf{x}_m \in \mathscr{E}^{(r)}_{\sigma_r}$ ($\sigma_r \in \mathcal{N}^r_\mathscr{E} = \{1, 2, \cdots, N_r\}$, $r \in \{0, 1, 2, \cdots, n-2\}$), 相应的边界条件和域分别为 $\partial\Omega_{\alpha i_\alpha}(\sigma_r)$ 及 $\Omega_\alpha(\sigma_r)$ ($\alpha \in \mathcal{N}_\mathscr{D}(\sigma_r) \subset \mathcal{N}_\mathscr{D} = \{1, 2, \cdots, N_d\}$, $i_\alpha \in \mathcal{N}_{\alpha\mathscr{B}}(\sigma_r) \subset \mathcal{N}_\mathscr{B} = \{1, 2, \cdots, N_b\}$), 其中边界指标子集 $\mathcal{N}_{\alpha\mathscr{B}}(\sigma_r)$ 含 n_{σ_r} 个元素 ($n_{\sigma_r} \geqslant n-r$). 棱 $\mathscr{E}^{(r)}_{\sigma_r}$ 是所有棱 $\mathscr{E}^{(s)}_{\sigma_s}(\sigma_r)$ (包括域和边界) 的交集, 其中 $\sigma_s \in \mathcal{N}^s_\mathscr{E}(\sigma_r) \subset \mathcal{N}^s_\mathscr{E} = \{1, 2, \cdots, N_s\}$ 且 $s \in \{r+1, r+2, \cdots, n-1, n\}$. 假设存在一个 s 维棱 $\mathscr{E}^{(s)}_{\sigma_s}(\sigma_r)$, 且相应域 $\Omega_\alpha(\sigma_r)$ 的边界指标子集为 $\mathcal{N}_{\alpha\mathscr{B}}(\sigma_r, \sigma_s)$. 互补的边界指标子集为 $\bar{\mathcal{N}}_{\alpha\mathscr{B}}(\sigma_r, \sigma_s) = \mathcal{N}_{\alpha\mathscr{B}}(\sigma_r)/\mathcal{N}_{\alpha\mathscr{B}}(\sigma_r, \sigma_s)$. 对于任意小的 $\varepsilon > 0$, 存在时间区间 $[t_{m-\varepsilon}, t_m)$, $(t_m, t_{m+\varepsilon}]$. 对于时间 t, 棱流 $\mathbf{x}^{(\sigma_s;\mathscr{E})}(t)$ 为 $C^{r_{\sigma_s}}_{[t_{m-\varepsilon}, t_m)}$ 或者 $C^{r_{\sigma_s}}_{(t_m, t_{m+\varepsilon}]}$ 连续的, 且 $\|d^{r_{\sigma_s}+1}\mathbf{x}^{(\sigma_s;\mathscr{E})}/dt^{r_{\sigma_s}+1}\| < \infty$, 棱流 $\mathbf{x}^{(\sigma_p;\mathscr{E})}(t)(p \in \{r, r+1, \cdots, n-1, n\})$ 为 $C^{r_{\sigma_p}}_{[t_{m-\varepsilon}, t_m)}$ 或者 $C^{r_{\sigma_p}}_{(t_m, t_{m+\varepsilon}]}$ 连续的, 且 $\|d^{r_{\sigma_p}+1}\mathbf{x}^{(\sigma_p;\mathscr{E})}/dt^{r_{\sigma_p}+1}\| < \infty$. 假设存在切换规则 $\mathbf{x}^{(\sigma_s;\mathscr{E})}(t_{m\pm}) = \mathbf{x}_m = \mathbf{x}^{(\sigma_p;\mathscr{E})}(t_{m\pm})$.

(i) 在切换规则下, 棱 $\mathscr{E}^{(s)}_{\sigma_s}$ 上 s 维来棱流 $\mathbf{x}^{(\sigma_s;\mathscr{E})}(t)$ 和棱 $\mathscr{E}^{(p)}_{\sigma_p}$ 上 p 维去棱流 $\mathbf{x}^{(\sigma_p;\mathscr{E})}(t)$ 在点 $\mathbf{x}_m \in \mathscr{E}^{(r)}_{\sigma_r}$ 处, 从 $\mathscr{E}^{(s)}_{\sigma_s}$ 到 $\mathscr{E}^{(p)}_{\sigma_p}$ 经由棱 $\mathscr{E}^{(r)}_{\sigma_r}$ 是 $(\mathbf{m}_{\sigma_s};\mathscr{E}:\mathbf{m}_{\sigma_p};\mathscr{E})$ 型奇异可切换的, 当且仅当

$$
\left.\begin{array}{l}
\hbar_{i_\alpha} G^{(s_{i_\alpha},\sigma_s;\mathscr{E})}_{\partial\Omega_{\alpha i_\alpha}}(\mathbf{x}_m, t_{m-}, \boldsymbol{\pi}_{\sigma_s}, \boldsymbol{\lambda}_{i_\alpha}) = 0, \\
s_{i_\alpha} = 0, 1, 2, \cdots, m_{i_\alpha} - 1, \\
(-1)^{m_{i_\alpha}} \hbar_{i_\alpha} G^{(m_{i_\alpha},\sigma_s;\mathscr{E})}_{\partial\Omega_{\alpha i_\alpha}}(\mathbf{x}_m, t_{m-}, \boldsymbol{\pi}_{\sigma_s}, \boldsymbol{\lambda}_{i_\alpha}) < 0,
\end{array}\right\} \tag{8.29}
$$

$$i_\alpha \in \bar{\mathcal{N}}_{\alpha\mathcal{B}}(\sigma_r, \sigma_s);$$

$$\left.\begin{aligned}
&\hbar_{j_\beta} G^{(s_{j_\beta}, \sigma_p; \mathcal{E})}_{\partial\Omega_{\beta j_\beta}}(\mathbf{x}_m, t_{m+}, \boldsymbol{\pi}_{\sigma_p}, \boldsymbol{\lambda}_{j_\beta}) = 0, \\
&s_{j_\beta} = 0, 1, 2, \cdots, m_{j_\beta} - 1, \\
&\hbar_{j_\beta} G^{(s_{j_\beta}, \sigma_p; \mathcal{E})}_{\partial\Omega_{\beta j_\beta}}(\mathbf{x}_m, t_{m+}, \boldsymbol{\pi}_{\sigma_p}, \boldsymbol{\lambda}_{j_\beta}) > 0,
\end{aligned}\right\} \tag{8.30}$$

$$j_\beta \in \bar{\mathcal{N}}_{\beta\mathcal{B}}(\sigma_r, \sigma_p).$$

(ii) 棱 $\mathcal{E}^{(s)}_{\sigma_s}$ 上 s 维来棱流 $\mathbf{x}^{(\sigma_s; \mathcal{E})}(t)$ 和棱 $\mathcal{E}^{(p)}_{\sigma_p}$ 上 p 维来棱流 $\mathbf{x}^{(\sigma_p; \mathcal{E})}(t)$ [536] 在点 $\mathbf{x}_m \in \mathcal{E}^{(r)}_{\sigma_r}$ 处, 对于棱 $\mathcal{E}^{(r)}_{\sigma_r}$ 是 $(\mathbf{m}_{\sigma_s}; \mathcal{E} : \mathbf{m}_{\sigma_p}; \mathcal{E})(\mathbf{m}_{\sigma_s} \neq 2\mathbf{k}_{\sigma_s} + 1,$ $\mathbf{m}_{\sigma_p} \neq 2\mathbf{k}_{\sigma_p} + 1)$ 型奇异第一类不可切换的, 当且仅当

$$\left.\begin{aligned}
&\hbar_{i_\alpha} G^{(s_{i_\alpha}, \sigma_s; \mathcal{E})}_{\partial\Omega_{\alpha i_\alpha}}(\mathbf{x}_m, t_{m-}, \boldsymbol{\pi}_{\sigma_s}, \boldsymbol{\lambda}_{i_\alpha}) = 0, \\
&s_{i_\alpha} = 0, 1, 2, \cdots, m_{i_\alpha} - 1, \\
&(-1)^{m_{i_\alpha}} \hbar_{i_\alpha} G^{(m_{i_\alpha}, \sigma_s; \mathcal{E})}_{\partial\Omega_{\alpha i_\alpha}}(\mathbf{x}_m, t_{m-}, \boldsymbol{\pi}_{\sigma_s}, \boldsymbol{\lambda}_{i_\alpha}) < 0,
\end{aligned}\right\} \tag{8.31}$$

$$i_\alpha \in \bar{\mathcal{N}}_{\alpha\mathcal{B}}(\sigma_r, \sigma_s)$$

$$\left.\begin{aligned}
&\hbar_{j_\beta} G^{(s_{j_\beta}, \sigma_p; \mathcal{E})}_{\partial\Omega_{\beta j_\beta}}(\mathbf{x}_m, t_{m-}, \boldsymbol{\pi}_{\sigma_p}, \boldsymbol{\lambda}_{j_\beta}) = 0, \\
&s_{j_\beta} = 0, 1, 2, \cdots, m_{j_\beta} - 1, \\
&(-1)^{m_{j_\beta}} \hbar_{j_\beta} G^{(m_{j_\beta}, \sigma_p; \mathcal{E})}_{\partial\Omega_{\beta j_\beta}}(\mathbf{x}_m, t_{m-}, \boldsymbol{\pi}_{\sigma_p}, \boldsymbol{\lambda}_{j_\beta}) < 0,
\end{aligned}\right\} \tag{8.32}$$

$$j_\beta \in \bar{\mathcal{N}}_{\beta\mathcal{B}}(\sigma_r, \sigma_p),$$

(iii) 棱 $\mathcal{E}^{(s)}_{\sigma_s}$ 上 s 维去棱流 $\mathbf{x}^{(\sigma_s; \mathcal{E})}(t)$ 和棱 $\mathcal{E}^{(p)}_{\sigma_p}$ 上 p 维去棱流 $\mathbf{x}^{(\sigma_p; \mathcal{E})}(t)$ 在点 $\mathbf{x}_m \in \mathcal{E}^{(r)}_{\sigma_r}$ 处, 对于棱 $\mathcal{E}^{(r)}_{\sigma_r}$ 是 $(\mathbf{m}_{\sigma_s}; \mathcal{E} : \mathbf{m}_{\sigma_p}; \mathcal{E})$ 型奇异第二类不可切换的, 当且仅当

$$\left.\begin{aligned}
&\hbar_{i_\alpha} G^{(s_{i_\alpha}, \sigma_s; \mathcal{E})}_{\partial\Omega_{\alpha i_\alpha}}(\mathbf{x}_m, t_{m+}, \boldsymbol{\pi}_{\sigma_s}, \boldsymbol{\lambda}_{i_\alpha}) = 0, \\
&s_{i_\alpha} = 0, 1, 2, \cdots, m_{i_\alpha} - 1, \\
&\hbar_{i_\alpha} G^{(m_{i_\alpha}, \sigma_s; \mathcal{E})}_{\partial\Omega_{\alpha i_\alpha}}(\mathbf{x}_m, t_{m+}, \boldsymbol{\pi}_{\sigma_s}, \boldsymbol{\lambda}_{i_\alpha}) > 0,
\end{aligned}\right\} \tag{8.33}$$

$$i_\alpha \in \bar{\mathcal{N}}_{\alpha\mathcal{B}}(\sigma_r, \sigma_s);$$

$$\left.\begin{aligned}
&\hbar_{j_\beta} G^{(s_{j_\beta}, \sigma_p; \mathcal{E})}_{\partial\Omega_{\beta j_\beta}}(\mathbf{x}_m, t_{m+}, \boldsymbol{\pi}_{\sigma_p}, \boldsymbol{\lambda}_{j_\beta}) = 0, \\
&s_{j_\beta} = 0, 1, 2, \cdots, m_{j_\beta} - 1, \\
&\hbar_{j_\beta} G^{(m_{j_\beta}, \sigma_p; \mathcal{E})}_{\partial\Omega_{\beta j_\beta}}(\mathbf{x}_m, t_{m+}, \boldsymbol{\pi}_{\sigma_p}, \boldsymbol{\lambda}_{j_\beta}) > 0,
\end{aligned}\right\} \tag{8.34}$$

$$j_\beta \in \bar{\mathcal{N}}_{\beta\mathcal{B}}(\sigma_r, \sigma_p),$$

(iv) 在没有切换规则下, 棱 $\mathscr{E}_{\sigma_s}^{(s)}$ 上 s 维来棱流 $\mathbf{x}^{(\sigma_s;\mathscr{E})}(t)$ 和棱 $\mathscr{E}_{\sigma_p}^{(p)}$ 上 p 维去棱流 $\mathbf{x}^{(\sigma_p;\mathscr{E})}(t)$ 在点 $\mathbf{x}_m \in \mathscr{E}_{\sigma_r}^{(r)}$ 处, 从 $\mathscr{E}_{\sigma_s}^{(s)}$ 到 $\mathscr{E}_{\sigma_p}^{(p)}$ 经由棱 $\mathscr{E}_{\sigma_r}^{(r)}$ 是 $(\mathbf{m}_{\sigma_s};\mathscr{E}:\mathbf{m}_{\sigma_p};\mathscr{E})$ 型奇异可切换的, 当且仅当, 满足方程 (8.29) 和 (8.30) 且 $\mathbf{m}_{\sigma_s} \neq 2\mathbf{k}_{\sigma_s} + 1$.

(v) 在没有切换规则下, 棱 $\mathscr{E}_{\sigma_s}^{(s)}$ 上 s 维来棱流 $\mathbf{x}^{(\sigma_s;\mathscr{E})}(t)$ 和棱 $\mathscr{E}_{\sigma_p}^{(p)}$ 上 p 维去棱流 $\mathbf{x}^{(\sigma_p;\mathscr{E})}(t)$ 在点 $\mathbf{x}_m \in \mathscr{E}_{\sigma_r}^{(r)}$ 处, 从 $\mathscr{E}_{\sigma_s}^{(s)}$ 到 $\mathscr{E}_{\sigma_p}^{(p)}$ 经由棱 $\mathscr{E}_{\sigma_r}^{(r)}$ 是 [537] $(\mathbf{m}_{\sigma_s};\mathscr{E}:\mathbf{m}_{\sigma_p};\mathscr{E})$ 型奇异不可切换的. 当且仅当, 对于至少一个来流, 满足方程 (8.29) 和 (8.30) 且 $\mathbf{m}_{\sigma_s} = 2\mathbf{k}_{\sigma_s} + 1$.

(vi) 在切换规则下, 棱 $\mathscr{E}_{\sigma_s}^{(s)}$ 上 s 维擦边棱流 $\mathbf{x}^{(\sigma_s;\mathscr{E})}(t)$ 和棱 $\mathscr{E}_{\sigma_p}^{(p)}$ 上 p 维擦边棱流 $\mathbf{x}^{(\sigma_p;\mathscr{E})}(t)$ 在点 $\mathbf{x}_m \in \mathscr{E}_{\sigma_r}^{(r)}$ 处, 从 $\mathscr{E}_{\sigma_s}^{(s)}$ 到 $\mathscr{E}_{\sigma_p}^{(p)}$ 经由棱 $\mathscr{E}_{\sigma_r}^{(r)}$ 为 $((2\mathbf{k}_{\sigma_s} + 1);\mathscr{E}:(2\mathbf{k}_{\sigma_p} + 1);\mathscr{E})$ 型奇异可切换的, 当且仅当,

$$\left.\begin{array}{l} \hbar_{i_\alpha} G_{\partial\Omega_{\alpha i_\alpha}}^{(s_{i_\alpha},\sigma_s;\mathscr{E})}(\mathbf{x}_m, t_{m\pm}, \boldsymbol{\pi}_{\sigma_s}, \boldsymbol{\lambda}_{i_\alpha}) = 0, \\ s_{i_\alpha} = 0, 1, 2, \cdots, 2k_{i_\alpha}, \\ \hbar_{i_\alpha} G_{\partial\Omega_{\alpha i_\alpha}}^{(2k_{i_\alpha}+1,\sigma_s;\mathscr{E})}(\mathbf{x}_m, t_{m\pm}, \boldsymbol{\pi}_{\sigma_s}, \boldsymbol{\lambda}_{i_\alpha}) > 0, \end{array}\right\} \tag{8.35}$$
$$i_\alpha \in \bar{\mathscr{N}}_{\alpha\mathscr{B}}(\sigma_r, \sigma_s);$$

$$\left.\begin{array}{l} \hbar_{j_\beta} G_{\partial\Omega_{\beta j_\beta}}^{(s_{j_\beta},\sigma_p;\mathscr{E})}(\mathbf{x}_m, t_{m\pm}, \boldsymbol{\pi}_{\sigma_p}, \boldsymbol{\lambda}_{j_\beta}) = 0, \\ s_{j_\beta} = 0, 1, 2, \cdots, 2k_{j_\beta}, \\ \hbar_{j_\beta} G_{\partial\Omega_{\beta j_\beta}}^{(2k_{j_\beta}+1,\sigma_p;\mathscr{E})}(\mathbf{x}_m, t_{m\pm}, \boldsymbol{\pi}_{\sigma_p}, \boldsymbol{\lambda}_{j_\beta}) > 0, \end{array}\right\} \tag{8.36}$$
$$j_\beta \in \bar{\mathscr{N}}_{\beta\mathscr{B}}(\sigma_r, \sigma_p).$$

(vii) 在没有切换规则下, $\mathscr{E}_{\sigma_s}^{(s)}$ 棱上的 s 维擦边棱流 $\mathbf{x}^{(\sigma_s;\mathscr{E})}(t)$ 和棱 $\mathscr{E}_{\sigma_p}^{(p)}$ 上的 p 维擦边棱流 $\mathbf{x}^{(\sigma_p;\mathscr{E})}(t)$ 在点 $\mathbf{x}_m \in \mathscr{E}_{\sigma_r}^{(r)}$ 处, 对于棱 $\mathscr{E}_{\sigma_r}^{(r)}$ 是具有 $((2\mathbf{k}_{\sigma_s} + 1);\mathscr{E}:(2\mathbf{k}_{\sigma_p} + 1);\mathscr{E})$ 型奇异的双擦边棱流, 如果满足条件 (8.35) 和 (8.36).

证明 仿照定理 3.2, 将棱流视为特殊的域流即可证明该定理 (参见文献 Luo, 2008, 2009). ∎

为了帮助读者理解对于指定棱 $\mathscr{E}_{\sigma_r}^{(r)}$ 的棱流 $\mathbf{x}^{(\sigma_s;\mathscr{E})}$ $(s = 0, 1, 2, \cdots, r-1)$ 之间的切换性, 不妨以 $r = s - 3$ 来说明 s 维空间中两个棱流的切换性. 图 8.4(a) 和 (b) 分别表示对于棱 $\mathscr{E}^{(s-3)}$ 的第一类不可切换棱流 $\mathbf{x}^{(\sigma_s;\mathscr{E})}$ 和第二类不可切换棱流 $\mathbf{x}^{(\sigma_{s-1};\mathscr{E})}$. 带箭头的曲线表示棱流. 在图 8.5(a) 中, 棱 $\mathscr{E}^{(s-3)}$ 上两个棱流 $\mathbf{x}^{(\sigma_s;\mathscr{E})}$ 和 $\mathbf{x}^{(\sigma_{s-1};\mathscr{E})}$ 是可以切换的. 图 8.5(b) 表示与棱 $\mathscr{E}^{(s-2)}$ 擦边的棱流 $\mathbf{x}^{(\sigma_s;\mathscr{E})}$ 和 $\mathbf{x}^{(\sigma_{s-1};\mathscr{E})}$. 由于棱 $\mathscr{E}^{(s-3)}$ 是一个点, 因而很难表示出与

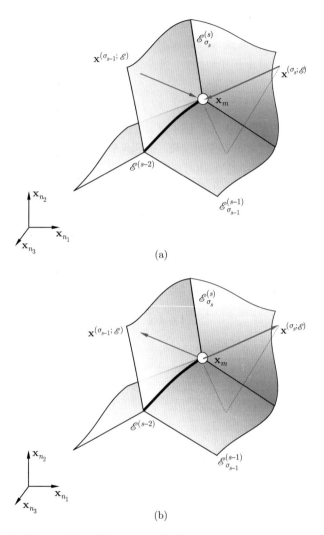

图 8.4　流 $\mathbf{x}^{(\sigma_s;\mathscr{E})}$ 和流 $\mathbf{x}^{(\sigma_{s-1};\mathscr{E})}$:(a) 在棱 $\mathscr{E}^{(s-3)}$ 上第一类不可切换流, (b) 在棱 $\mathscr{E}^{(s-3)}$ 上第二类不可切换流. 带有箭头的线表示棱流 $(n_1 + n_2 + n_3 = s)$

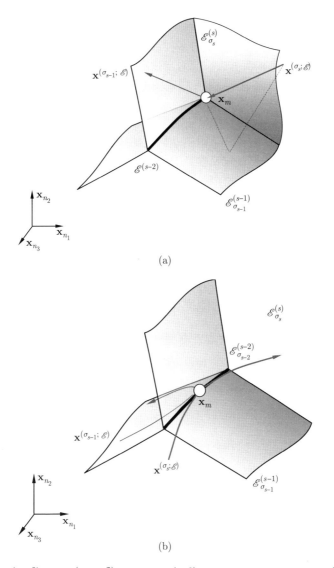

(a)

(b)

图 8.5 流 $\mathbf{x}^{(\sigma_s;\mathscr{E})}$ 和流 $\mathbf{x}^{(\sigma_{s-1};\mathscr{E})}$: (a) 在棱 $\mathscr{E}^{(s-3)}$ 上的可切换棱流, (b) 在棱 $\mathscr{E}^{(s-2)}$ 上的擦边棱流. 带有箭头的曲线表示棱流 $(n_1 + n_2 + n_3 = s)$

[538]　　指定棱擦边的棱流. 在某一切换规则下, 两个擦边流是可以切换的. 因为来棱流要到达指定的棱, 所以其会通过多种可能的途径切换为去流. 因此, 在没有切换规则时, 一对来棱流和去棱流对于指定棱只是潜在可切换的. 当然, 对于指定棱只可能有一个去流. 如果在指定棱上没有流障碍的话, 任何来棱流都可能切换为去流.

　　为了描述在同一时间与指定棱 $\mathcal{E}_r^{(r)}$ 有关的所有棱流的全局切换性, 可以像第二章描述可到达域流和不可到达域流那样, 来描述可到达棱流和不可到达棱流. 动力系统能够被定义在其上的棱称为可到达棱. 反之, 称为不可到达棱. 棱指标集 $\mathcal{N}_\mathcal{E}(\sigma_r)$ 可以是可到达的棱指标集 $\mathcal{N}_\mathcal{E}^A(\sigma_r)$, 也可以是不可到达的棱指标集 $\mathcal{N}_\mathcal{E}^I(\sigma_r)$. 对于来棱流、去棱流和擦边棱流, 可到达棱指标集 $\mathcal{N}_\mathcal{E}^A(\sigma_r)$ 有三种不同的棱指标集, 即 $\mathcal{N}_\mathcal{E}^C(\sigma_r)$, $\mathcal{N}_\mathcal{E}^L(\sigma_r)$ 和 $\mathcal{N}_\mathcal{E}^G(\sigma_r)$. 例如, 若 $\mathcal{N}_\mathcal{E}^A(\sigma_r) = \mathcal{N}_\mathcal{E}^C(\sigma_r)$, 则所有棱流都是来棱流; 若 $\mathcal{N}_\mathcal{E}^A(\sigma_r) = \mathcal{N}_\mathcal{E}^C(\sigma_r) \cup \mathcal{N}_\mathcal{E}^L(\sigma_r)$, 则棱流包括来棱流和去棱流等.

　　定义 8.5　对于棱 $\mathcal{E}_{\sigma_r}^{(r)}$ ($\sigma_r \in \mathcal{N}_\mathcal{E}^{(r)} = \{1, 2, \cdots, N_r\}$) 的全部棱指标集可以分解为来棱、去棱、擦边棱和不可到达棱指标 4 个子集,

$$\mathcal{N}_\mathcal{E}(\sigma_r) = \mathcal{N}_\mathcal{E}^A(\sigma_r) \cup \mathcal{N}_\mathcal{E}^I(\sigma_r) = \cup_{j \in \mathscr{J}} \mathcal{N}_\mathcal{E}^j(\sigma_r),$$
$$\mathcal{N}_\mathcal{E}^A(\sigma_r) = \mathcal{N}_\mathcal{E}^C(\sigma_r) \cup \mathcal{N}_\mathcal{E}^L(\sigma_r) \cup \mathcal{N}_\mathcal{E}^G(\sigma_r),$$
$$\cap_{j \in \mathscr{J}} \mathcal{N}_\mathcal{E}^j(\sigma_r) = \varnothing, \tag{8.37}$$
$$\mathscr{J} = \{C, L, G, I\};$$

其中来棱、去棱、擦边棱和不可到达棱指标集的定义为

$$\mathcal{N}_\mathcal{E}^C(\sigma_r) = \cup_{s=r+1}^n \cup_{\sigma_s=1}^{N_s} \mathcal{N}_\mathcal{E}^C(\sigma_r, \sigma_s),$$
$$\mathcal{N}_\mathcal{E}^L(\sigma_r) = \cup_{p=r+1}^n \cup_{\sigma_p=1}^{N_p} \mathcal{N}_\mathcal{E}^L(\sigma_r, \sigma_p),$$
$$\mathcal{N}_\mathcal{E}^G(\sigma_r) = \cup_{q=r+1}^n \cup_{\sigma_q=1}^{N_q} \mathcal{N}_\mathcal{E}^G(\sigma_r, \sigma_q), \tag{8.38}$$
$$\mathcal{N}_\mathcal{E}^I(\sigma_r) = \cup_{l=r+1}^n \cup_{\sigma_l=1}^{N_l} \mathcal{N}_\mathcal{E}^I(\sigma_r, \sigma_l).$$

　　在上述定义中, 全集 $\mathcal{N}_\mathcal{E}(\sigma_r)$ 包括所有域集 $\mathcal{N}_\mathcal{D}(\sigma_r)$、边界集 $\mathcal{N}_\mathcal{B}(\sigma_r)$ 和棱集 $\mathcal{N}_\mathcal{E}^{(s)}(s > r)$. 对于棱 $\mathcal{E}_{\sigma_r}^{(r)}$ 而言, 相应的域、边界和棱都为可到达或不可到达的. 对于可到达域、边界和棱, 相应的流被分为来流、去流和擦边流.

[541]　　**定义 8.6**　对于方程 (6.4)—(6.8) 中的不连续动力系统, 在 t_m 时刻存在点 $\mathbf{x}^{(\sigma_r; \mathcal{E})}(t_m) \equiv \mathbf{x}_m \in \mathcal{E}_{\sigma_r}^{(r)}$ ($\sigma_r \in \mathcal{N}_\mathcal{E}^r = \{1, 2, \cdots, N_r\}$, $r \in \{0, 1, 2, \cdots, n-2\}$), 并且相应的边界为 $\partial\Omega_{\alpha i_\alpha}(\sigma_r)$, 域为 $\Omega_\alpha(\sigma_r)$ ($\alpha \in \mathcal{N}_\mathcal{D}(\sigma_r) \subset \mathcal{N}_\mathcal{D} = \{1, 2, \cdots, N_d\}$, $i_\alpha \in \mathcal{N}_{\alpha\mathcal{B}}(\sigma_r) \subset \mathcal{N}_\mathcal{B} = \{1, 2, \cdots, N_b\}$), 其中边界指标子

集 $\mathscr{N}_{\alpha\mathscr{B}}(\sigma_r)$ 含 n_{σ_r} 个元素 $(n_{\sigma_r} \geqslant n - r)$. 棱 $\mathscr{E}_{\sigma_r}^{(r)}$ 是所有棱 $\mathscr{E}_{\sigma_s}^{(s)}(\sigma_r)$ (包括域和边界) 的交集, 其中 $\sigma_s \in \mathscr{N}_{\mathscr{E}}^s(\sigma_r) \subset \mathscr{N}_{\mathscr{E}}^s = \{1, 2, \cdots, N_s\}$, $s \in \{r+1, r+2, \cdots, n-1, n\}$. 假设存在一个 s 维棱 $\mathscr{E}_{\sigma_s}^{(s)}(\sigma_r)$, 且相应域 $\Omega_\alpha(\sigma_r)$ 的边界指标子集为 $\mathscr{N}_{\alpha\mathscr{B}}(\sigma_r, \sigma_s)$. 互补的边界指标子集为 $\bar{\mathscr{N}}_{\alpha\mathscr{B}}(\sigma_r, \sigma_s) = \mathscr{N}_{\alpha\mathscr{B}}(\sigma_r)/\mathscr{N}_{\alpha\mathscr{B}}(\sigma_r, \sigma_s)$. 假设在棱 $\mathscr{E}_{\sigma_s}^{(s)}$ 和 $\mathscr{E}_{\sigma_p}^{(p)}$ 上分别存在来棱流 $\mathbf{x}^{(\sigma_s;\mathscr{E})}(t)$ $(\sigma_s \in \mathscr{N}_{\mathscr{E}}^C(\sigma_r, \sigma_s))$ 和去棱流 $\mathbf{x}^{(\sigma_p;\mathscr{E})}(t)$ $(\sigma_p \in \mathscr{N}_{\mathscr{E}}^L(\sigma_r, \sigma_p))$. 对于任意小的 $\varepsilon > 0$, 存在时间区间 $[t_{m-\varepsilon}, t_m)$, $(t_m, t_{m+\varepsilon}]$. 对于时间 t, 棱流 $\mathbf{x}^{(\sigma_s;\mathscr{E})}(t)$ 为 $C_{[t_{m-\varepsilon}, t_m)}^{r_{\sigma_s}}$ 或者 $C_{(t_m, t_{m+\varepsilon}]}^{r_{\sigma_s}}$ 连续的 $(r_{\sigma_s} \geqslant 1)$, 且 $\|d^{r_{\sigma_s}+1}\mathbf{x}^{(\sigma_s;\mathscr{E})}/dt^{r_{\sigma_s}+1}\| < \infty$, 棱流 $\mathbf{x}^{(\sigma_p;\mathscr{E})}(t)(p \in \{r, r+1, \cdots, n-1, n\})$ 为 $C_{[t_{m-\varepsilon}, t_m)}^{r_{\sigma_p}}$ 或者 $C_{(t_m, t_{m+\varepsilon}]}^{r_{\sigma_p}}$ 连续的, 且 $\|d^{r_{\sigma_p}+1}\mathbf{x}^{(\sigma_p;\mathscr{E})}/dt^{r_{\sigma_p}+1}\| < \infty$ $(r_{\sigma_p} \geqslant 1)$. 假设存在切换规则 $\mathbf{x}^{(\sigma_s;\mathscr{E})}(t_{m\pm}) = \mathbf{x}_m = \mathbf{x}^{(\sigma_p;\mathscr{E})}(t_{m\pm})$.

(i) 如果满足

$$\left.\begin{array}{l} \hbar_{i_\alpha} \mathbf{n}_{\partial\Omega_{\alpha i_\alpha}}^{\mathrm{T}}(\mathbf{x}_{m-\varepsilon}^{(i_\alpha;\mathscr{B})}) \cdot [\mathbf{x}_{m-\varepsilon}^{(i_\alpha;\mathscr{B})} - \mathbf{x}_{m-\varepsilon}^{(\sigma_s;\mathscr{E})}] < 0, \\ i_\alpha \in \cup_{s=r+1}^n \cup_{\sigma_s \in \mathscr{N}_{\mathscr{E}}^s(\sigma_r)} \bar{\mathscr{N}}_{\alpha\mathscr{B}}(\sigma_r, \sigma_s); \\ \hbar_{j_\beta} \mathbf{n}_{\partial\Omega_{\beta j_\beta}}^{\mathrm{T}}(\mathbf{x}_{m+\varepsilon}^{(j_\beta;\mathscr{B})}) \cdot [\mathbf{x}_{m+\varepsilon}^{(\sigma_p;\mathscr{E})} - \mathbf{x}_{m+\varepsilon}^{(j_\beta;\mathscr{B})}] > 0, \\ j_\beta \in \cup_{p=r+1}^n \cup_{\sigma_p \in \mathscr{N}_{\mathscr{E}}^p(\sigma_r)} \bar{\mathscr{N}}_{\beta\mathscr{B}}(\sigma_r, \sigma_p), \end{array}\right\} \tag{8.39}$$

那么称棱 $\mathscr{E}_{\sigma_s}^{(s)}$ $(\sigma_s \in \mathscr{N}_{\mathscr{E}}^C(\sigma_r))$ 上 s 维来棱流 $\mathbf{x}^{(\sigma_s;\mathscr{E})}(t)$ 和棱 $\mathscr{E}_{\sigma_p}^{(p)}(\sigma_p \in \mathscr{N}_{\mathscr{E}}^L(\sigma_r))$ 上 p 维去棱流 $\mathbf{x}^{(\sigma_p;\mathscr{E})}(t)$ 在点 $\mathbf{x}_m \in \mathscr{E}_{\sigma_r}^{(r)}$ 处, 从 $\mathscr{E}_{\sigma_s}^{(s)}$ 到 $\mathscr{E}_{\sigma_p}^{(p)}$ 经由棱 $\mathscr{E}_{\sigma_r}^{(r)}$ 是 $(\mathscr{N}_{\mathscr{E}}^C(\sigma_r) : \mathscr{N}_{\mathscr{E}}^L(\sigma_r); \mathscr{E})$ 型可切换的.

(ii) 如果满足

$$\begin{array}{l} \hbar_{i_\alpha} \mathbf{n}_{\partial\Omega_{\alpha i_\alpha}}^{\mathrm{T}}(\mathbf{x}_{m-\varepsilon}^{(i_\alpha;\mathscr{B})}) \cdot [\mathbf{x}_{m-\varepsilon}^{(i_\alpha;\mathscr{B})} - \mathbf{x}_{m-\varepsilon}^{(\sigma_s;\mathscr{E})}] < 0, \\ i_\alpha \in \cup_{s=r+1}^n \cup_{\sigma_s \in \mathscr{N}_{\mathscr{E}}^s(\sigma_r)} \bar{\mathscr{N}}_{\alpha\mathscr{B}}(\sigma_r, \sigma_s), \end{array} \tag{8.40}$$

[542]

那么称棱 $\mathscr{E}_{\sigma_r}^{(r)}$ 对于棱 $\mathscr{E}_{\sigma_s}^{(s)}$ $(\sigma_s \in \mathscr{N}_{\mathscr{E}}^C(\sigma_r) = \mathscr{N}_{\mathscr{E}}(\sigma_r))$ 上所有 s 维来棱流 $\mathbf{x}^{(\sigma_s;\mathscr{E})}(t)$ 而言, 在点 $\mathbf{x}_m \in \mathscr{E}_{\sigma_r}^{(r)}$ 处是 $(\mathscr{N}_{\mathscr{E}}^C(\sigma_r); \mathscr{E})$ 型奇异第一类不可切换的(源).

(iii) 如果满足

$$\begin{array}{l} \hbar_{j_\beta} \mathbf{n}_{\partial\Omega_{\beta j_\beta}}^{\mathrm{T}}(\mathbf{x}_{m+\varepsilon}^{(j_\beta;\mathscr{B})}) \cdot [\mathbf{x}_{m+\varepsilon}^{(\sigma_p;\mathscr{E})} - \mathbf{x}_{m+\varepsilon}^{(j_\beta;\mathscr{B})}] > 0 \\ j_\beta \in \cup_{p=r+1}^n \cup_{\sigma_p \in \mathscr{N}_{\mathscr{E}}^p(\sigma_r)} \bar{\mathscr{N}}_{\beta\mathscr{B}}(\sigma_r, \sigma_p), \end{array} \tag{8.41}$$

那么棱 $\mathscr{E}_{\sigma_r}^{(r)}$ 对于棱 $\mathscr{E}_{\sigma_p}^{(p)}$ ($\sigma_p \in \mathscr{N}_{\mathscr{E}}^L(\sigma_r) = \mathscr{N}_{\mathscr{E}}(\sigma_r)$) 上所有 p 维去棱流 $\mathbf{x}^{(\sigma_p;\mathscr{E})}(t)$ 而言, 在点 $\mathbf{x}_m \in \mathscr{E}_{\sigma_r}^{(r)}$ 处是 $(\mathscr{N}_{\mathscr{E}}^L(\sigma_r); \mathscr{E})$ 型奇异第二类不可切换的 (源).

通过以上定义, 在下面定理中将给出切换所需的相应条件.

定理 8.5 对于方程 (6.4)—(6.8) 中的不连续动力系统, 在 t_m 时刻存在点 $\mathbf{x}^{(\sigma_r;\mathscr{E})}(t_m) \equiv \mathbf{x}_m \in \mathscr{E}_{\sigma_r}^{(r)}$ ($\sigma_r \in \mathscr{N}_{\mathscr{E}}^r = \{1, 2, \cdots, N_r\}$, $r \in \{0, 1, 2, \cdots, n-2\}$), 并且相应的边界为 $\partial\Omega_{\alpha i_\alpha}(\sigma_r)$, 域为 $\Omega_\alpha(\sigma_r)$ ($\alpha \in \mathscr{N}_{\mathscr{D}}(\sigma_r) \subset \mathscr{N}_{\mathscr{D}} = \{1, 2, \cdots, N_d\}$, $i_\alpha \in \mathscr{N}_{\alpha\mathscr{B}}(\sigma_r) \subset \mathscr{N}_{\mathscr{B}} = \{1, 2, \cdots, N_b\}$), 其中边界指标子集 $\mathscr{N}_{\alpha\mathscr{B}}(\sigma_r)$ 含 n_{σ_r} 个元素 ($n_{\sigma_r} \geqslant n-r$). 棱 $\mathscr{E}_{\sigma_r}^{(r)}$ 是所有棱 $\mathscr{E}_{\sigma_s}^{(s)}(\sigma_r)$ (包括域和边界) 的交集, 其中 $\sigma_s \in \mathscr{N}_{\mathscr{E}}^s(\sigma_r) \subset \mathscr{N}_{\mathscr{E}}^s = \{1, 2, \cdots, N_s\}$, $s \in \{r+1, r+2, \cdots, n-1, n\}$. 假设存在一个 s 维 $\mathscr{E}_{\sigma_s}^{(s)}(\sigma_r)$, 且相应域 $\Omega_\alpha(\sigma_r)$ 的边界指标子集为 $\mathscr{N}_{\alpha\mathscr{B}}(\sigma_r, \sigma_s)$. 互补的边界指标子集为 $\bar{\mathscr{N}}_{\alpha\mathscr{B}}(\sigma_r, \sigma_s) = \mathscr{N}_{\alpha\mathscr{B}}(\sigma_r) / \mathscr{N}_{\alpha\mathscr{B}}(\sigma_r, \sigma_s)$. 假设在棱 $\mathscr{E}_{\sigma_s}^{(s)}$ 和 $\mathscr{E}_{\sigma_p}^{(p)}$ 上分别存在来棱流 $\mathbf{x}^{(\sigma_s;\mathscr{E})}(t)$ ($\sigma_s \in \mathscr{N}_{\mathscr{E}}^C(\sigma_r, \sigma_s)$) 和去棱流 $\mathbf{x}^{(\sigma_p;\mathscr{E})}(t)$ ($\sigma_p \in \mathscr{N}_{\mathscr{E}}^L(\sigma_r, \sigma_p)$). 对于任意小的 $\varepsilon > 0$, 存在时间区间 $[t_{m-\varepsilon}, t_m)$, $(t_m, t_{m+\varepsilon}]$. 对于时间 t, 棱流 $\mathbf{x}^{(\sigma_s;\mathscr{E})}(t)$ 为 $C_{[t_{m-\varepsilon}, t_m)}^{r_{\sigma_s}}$ 或者 $C_{(t_m, t_{m+\varepsilon}]}^{r_{\sigma_s}}$ 连续的 ($r_{\sigma_s} \geqslant 1$), 且 $\|d^{r_{\sigma_s}+1}\mathbf{x}^{(\sigma_s;\mathscr{E})}/dt^{r_{\sigma_s}+1}\| < \infty$, 棱流 $\mathbf{x}^{(\sigma_p;\mathscr{E})}(t)$ ($p \in \{r, r+1, \cdots, n-1, n\}$) 为 $C_{[t_{m-\varepsilon}, t_m)}^{r_{\sigma_p}}$ 或者 $C_{(t_m, t_{m+\varepsilon}]}^{r_{\sigma_p}}$ 连续的, 且 $\|d^{r_{\sigma_p}+1}\mathbf{x}^{(\sigma_p;\mathscr{E})}/dt^{r_{\sigma_p}+1}\| < \infty$ ($r_{\sigma_p} \geqslant 1$). 假设存在切换规则 $\mathbf{x}^{(\sigma_s;\mathscr{E})}(t_{m\pm}) = \mathbf{x}_m = \mathbf{x}^{(\sigma_p;\mathscr{E})}(t_{m\pm})$.

(i) 棱 $\mathscr{E}_{\sigma_s}^{(s)}$ ($\sigma_s \in \mathscr{N}_{\mathscr{E}}^C(\sigma_r)$) 上 s 维来棱流 $\mathbf{x}^{(\sigma_s;\mathscr{E})}(t)$ 和棱 $\mathscr{E}_{\sigma_p}^{(p)}$ ($\sigma_p \in \mathscr{N}_{\mathscr{E}}^L(\sigma_r)$) 上 p 维去棱流 $\mathbf{x}^{(\sigma_p;\mathscr{E})}(t)$ 在点 $\mathbf{x}_m \in \mathscr{E}_{\sigma_r}^{(r)}$ 处, 从 $\mathscr{E}_{\sigma_s}^{(s)}$ 到 $\mathscr{E}_{\sigma_p}^{(p)}$ 经由棱 $\mathscr{E}_{\sigma_r}^{(r)}$ 是 $(\mathscr{N}_{\mathscr{E}}^C(\sigma_r) : \mathscr{N}_{\mathscr{E}}^L(\sigma_r); \mathscr{E})$ 型可切换的, 当且仅当

[543]

$$
\left.
\begin{aligned}
& \hbar_{i_\alpha} G_{\partial\Omega_{\alpha i_\alpha}}^{(\sigma_s;\mathscr{E})}(\mathbf{x}_m, t_{m-}, \boldsymbol{\pi}_{\sigma_s}, \boldsymbol{\lambda}_{i_\alpha}) < 0, \\
& i_\alpha \in \cup_{s=r+1}^n \cup_{\sigma_s \in \mathscr{N}_{\mathscr{E}}^s(\sigma_r)} \bar{\mathscr{N}}_{\alpha\mathscr{B}}(\sigma_r, \sigma_s); \\
& \hbar_{j_\beta} G_{\partial\Omega_{\beta j_\beta}}^{(\sigma_p;\mathscr{E})}(\mathbf{x}_m, t_{m+}, \boldsymbol{\pi}_{\sigma_p}, \boldsymbol{\lambda}_{j_\beta}) > 0, \\
& j_\beta \in \cup_{p=r+1}^n \cup_{\sigma_p \in \mathscr{N}_{\mathscr{E}}^p(\sigma_r)} \bar{\mathscr{N}}_{\beta\mathscr{B}}(\sigma_r, \sigma_p).
\end{aligned}
\right\}
\tag{8.42}
$$

(ii) 棱 $\mathscr{E}_{\sigma_r}^{(r)}$ 对于棱 $\mathscr{E}_{\sigma_s}^{(s)}$ ($\sigma_s \in \mathscr{N}_{\mathscr{E}}^C(\sigma_r) = \mathscr{N}_{\mathscr{E}}(\sigma_r)$) 上所有 s 维来棱流 $\mathbf{x}^{(\sigma_s;\mathscr{E})}(t)$ 而言, 在点 $\mathbf{x}_m \in \mathscr{E}_{\sigma_r}^{(r)}$ 处是 $(\mathscr{N}_{\mathscr{E}}^C(\sigma_r); \mathscr{E})$ 型奇异第一类不可切换的 (汇), 当且仅当

$$\hbar_{i_\alpha} G_{\partial\Omega_{\alpha i_\alpha}}^{(\sigma_s;\mathscr{E})}(\mathbf{x}_m, t_{m-}, \boldsymbol{\pi}_{\sigma_s}, \boldsymbol{\lambda}_{i_\alpha}) < 0,$$
$$i_\alpha \in \cup_{s=r+1}^n \cup_{\sigma_s \in \mathscr{N}_{\mathscr{E}}^s(\sigma_r)} \bar{\mathscr{N}}_{\alpha\mathscr{B}}(\sigma_r, \sigma_s). \tag{8.43}$$

(iii) 棱 $\mathscr{E}_{\sigma_r}^{(r)}$ 对于棱 $\mathscr{E}_{\sigma_p}^{(p)}$ $(\sigma_p \in \mathscr{N}_{\mathscr{E}}^L(\sigma_r) = \mathscr{N}_{\mathscr{E}}(\sigma_r))$ 上所有 p 维去棱流 $\mathbf{x}^{(\sigma_p;\mathscr{E})}(t)$ 而言, 在点 $\mathbf{x}_m \in \mathscr{E}_{\sigma_r}^{(r)}$ 处, 是 $(\mathscr{N}_{\mathscr{E}}^L(\sigma_r);\mathscr{E})$ 型奇异第二类不可切换的 (源), 当且仅当

$$\hbar_{j_\beta} G_{\partial\Omega_{\beta j_\beta}}^{(\sigma_p;\mathscr{E})}(\mathbf{x}_m, t_{m+}, \boldsymbol{\pi}_{\sigma_p}, \boldsymbol{\lambda}_{j_\beta}) > 0,$$
$$j_\beta \in \cup_{p=r+1}^n \cup_{\sigma_p \in \mathscr{N}_{\mathscr{E}}^p(\sigma_r)} \bar{\mathscr{N}}_{\beta\mathscr{B}}(\sigma_r, \sigma_p). \tag{8.44}$$

证明 仿照定理 3.1, 将棱流视为特殊的域流即可证明该定理 (参见文献 Luo, 2008, 2009). ∎

考虑对于指定棱具有高阶奇异性的流时, 相应的切换性的描述如下.

定义 8.7 对于方程 (6.4)—(6.8) 中的不连续动力系统, 在 t_m 时刻存在点 $\mathbf{x}^{(\sigma_r;\mathscr{E})}(t_m) \equiv \mathbf{x}_m \in \mathscr{E}_{\sigma_r}^{(r)}$ $(\sigma_r \in \mathscr{N}_{\mathscr{E}}^r = \{1, 2, \cdots, N_r\}$, $r \in \{0, 1, 2, \cdots, n-2\})$, 并且相应的边界和域分别为 $\partial\Omega_{\alpha i_\alpha}(\sigma_r)$ 和 $\Omega_\alpha(\sigma_r)$ $(\alpha \in \mathscr{N}_{\mathscr{D}}(\sigma_r) \subset \mathscr{N}_{\mathscr{D}} = \{1, 2, \cdots, N_d\}$, $i_\alpha \in \mathscr{N}_{\alpha\mathscr{B}}(\sigma_r) \subset \mathscr{N}_{\mathscr{B}} = \{1, 2, \cdots, N_b\})$, 其中边界指标子集 $\mathscr{N}_{\alpha\mathscr{B}}(\sigma_r)$ 含 n_{σ_r} 个元素 $(n_{\sigma_r} \geqslant n-r)$. 棱 $\mathscr{E}_{\sigma_r}^{(r)}$ 是所有棱 $\mathscr{E}_{\sigma_s}^{(s)}(\sigma_r)$ (包括域和边界) 的交集, 其中 $\sigma_s \in \mathscr{N}_{\mathscr{E}}^s(\sigma_r) \subset \mathscr{N}_{\mathscr{E}}^s = \{1, 2, \cdots, N_s\}$, $s \in \{r+1, r+2, \cdots, n-1, n\}$. 假设存在一个 s 维棱 $\mathscr{E}_{\sigma_s}^{(s)}(\sigma_r)$, 且相应域 $\Omega_\alpha(\sigma_r)$ 的边界指标子集为 $\mathscr{N}_{\alpha\mathscr{B}}(\sigma_r, \sigma_s)$. 互补的边界指标子集为 $\bar{\mathscr{N}}_{\alpha\mathscr{B}}(\sigma_r, \sigma_s) = \mathscr{N}_{\alpha\mathscr{B}}(\sigma_r)/\mathscr{N}_{\alpha\mathscr{B}}(\sigma_r, \sigma_s)$. [544] 假设在棱 $\mathscr{E}_{\sigma_s}^{(s)}$ 和 $\mathscr{E}_{\sigma_p}^{(p)}$ 上分别存在来棱流 $\mathbf{x}^{(\sigma_s;\mathscr{E})}(t)$ $(\sigma_s \in \mathscr{N}_{\mathscr{E}}^C(\sigma_r))$ 和去棱流 $\mathbf{x}^{(\sigma_p;\mathscr{E})}(t)$ $(\sigma_p \in \mathscr{N}_{\mathscr{E}}^L(\sigma_r, \sigma_p))$. 对于任意小的 $\varepsilon > 0$, 存在时间区间 $[t_{m-\varepsilon}, t_m)$, $(t_m, t_{m+\varepsilon}]$. 对于时间 t, 棱流 $\mathbf{x}^{(\sigma_s;\mathscr{E})}(t)$ 为 $C_{[t_{m-\varepsilon}, t_m)}^{r_{\sigma_s}}$ 或者 $C_{(t_m, t_{m+\varepsilon}]}^{r_{\sigma_s}}$ $(r_{\sigma_s} \geqslant \max_{i_\alpha \in \mathscr{N}_{\alpha\mathscr{B}}^C}\{m_{i_\alpha}\})$ 连续的, 且 $\|d^{r_{\sigma_s}+1}\mathbf{x}^{(\sigma_s;\mathscr{E})}/dt^{r_{\sigma_s}+1}\| < \infty$, 棱流 $\mathbf{x}^{(\sigma_p;\mathscr{E})}(t)$ $(p \in \{r, r+1, \cdots, n-1, n\})$ 为 $C_{[t_{m-\varepsilon}, t_m)}^{r_{\sigma_p}}$ 或者 $C_{(t_m, t_{m+\varepsilon}]}^{r_{\sigma_p}}$ 连续的, 且 $\|d^{r_{\sigma_p}+1}\mathbf{x}^{(\sigma_p;\mathscr{E})}/dt^{r_{\sigma_p}+1}\| < \infty$ $(r_{\sigma_p} \geqslant \max_{j_\beta \in \mathscr{N}_{\beta\mathscr{B}}^L}\{m_{j_\beta}\})$. 假设存在切换规则 $\mathbf{x}^{(\sigma_s;\mathscr{E})}(t_{m\pm}) = \mathbf{x}_m = \mathbf{x}^{(\sigma_p;\mathscr{E})}(t_{m\pm})$.

(i) 如果满足

$$\left. \begin{array}{l} \hbar_{i_\alpha} G_{\partial\Omega_{\alpha i_\alpha}}^{(s_{i_\alpha}, \sigma_s;\mathscr{E})}(\mathbf{x}_m, t_{m-}, \boldsymbol{\pi}_{\sigma_s}, \boldsymbol{\lambda}_{i_\alpha}) = 0, \\ s_{i_\alpha} = 0, 1, 2, \cdots, m_{i_\alpha} - 1, \\ \hbar_{i_\alpha} \mathbf{n}_{\partial\Omega_{\alpha i_\alpha}}^{\mathrm{T}}(\mathbf{x}_{m-\varepsilon}^{(i_\alpha;\mathscr{B})}) \cdot [\mathbf{x}_{m-\varepsilon}^{(i_\alpha;\mathscr{B})} - \mathbf{x}_{m-\varepsilon}^{(\sigma_s;\mathscr{E})}] < 0, \end{array} \right\} \tag{8.45}$$
$$i_\alpha \in \cup_{s=r+1}^n \cup_{\sigma_s \in \mathscr{N}_{\mathscr{E}}^s(\sigma_r)} \bar{\mathscr{N}}_{\alpha\mathscr{B}}(\sigma_r, \sigma_s);$$

$$\left.\begin{array}{l}\hbar_{j_\beta}G_{\partial\Omega_{\beta j_\beta}}^{(s_{j_\beta},\sigma_p;\mathscr{E})}(\mathbf{x}_m,t_{m-},\boldsymbol{\pi}_{\sigma_p},\boldsymbol{\lambda}_{j_\beta})=0,\\[2mm] s_{j_\beta}=0,1,2,\cdots,m_{j_\beta}-1,\\[2mm] \hbar_{j_\beta}\mathbf{n}_{\partial\Omega_{\beta j_\beta}}^{\mathrm{T}}(\mathbf{x}_{m+\varepsilon}^{(j_\beta;\mathscr{B})})\cdot[\mathbf{x}_{m+\varepsilon}^{(\sigma_p;\mathscr{E})}-\mathbf{x}_{m+\varepsilon}^{(j_\beta;\mathscr{B})}]>0,\\[2mm] j_\beta\in\cup_{p=r+1}^n\cup_{\sigma_p\in\mathscr{N}_{\mathscr{E}}^p(\sigma_r)}\bar{\mathcal{N}}_{\beta\mathscr{B}}(\sigma_r,\sigma_p),\end{array}\right\}\quad(8.46)$$

那么称在切换规则下, 棱 $\mathscr{E}_{\sigma_s}^{(s)}$ ($\sigma_s\in\mathscr{N}_{\mathscr{E}}^C(\sigma_r)$) 上 s 维来棱流 $\mathbf{x}^{(\sigma_s;\mathscr{E})}(t)$ 和棱 $\mathscr{E}_{\sigma_p}^{(p)}(\sigma_p\in\mathscr{N}_{\mathscr{E}}^L(\sigma_r))$ 上 p 维去棱流 $\mathbf{x}^{(\sigma_p;\mathscr{E})}(t)$ 在点 $\mathbf{x}_m\in\mathscr{E}_{\sigma_r}^{(r)}$ 处, 从 $\mathscr{E}_{\sigma_s}^{(s)}$ 到 $\mathscr{E}_{\sigma_p}^{(p)}$ 经由棱 $\mathscr{E}_{\sigma_r}^{(r)}$ 是 $(\cup_{s=r+1}^n\cup_{\sigma_s}\mathbf{m}_{\sigma_s};\mathscr{E}:\cup_{p=r+1}^n\cup_{\sigma_p}\mathbf{m}_{\sigma_p};\mathscr{E})$ 型可切换的.

(ii) 如果满足

[545]

$$\left.\begin{array}{l}\hbar_{i_\alpha}G_{\partial\Omega_{\alpha i_\alpha}}^{(s_{i_\alpha},\sigma_s;\mathscr{E})}(\mathbf{x}_m,t_{m-},\boldsymbol{\pi}_{\sigma_s},\boldsymbol{\lambda}_{i_\alpha})=0,\\[2mm] s_{i_\alpha}=0,1,2,\cdots,m_{i_\alpha}-1;\\[2mm] \hbar_{i_\alpha}\mathbf{n}_{\partial\Omega_{\alpha i_\alpha}}^{\mathrm{T}}(\mathbf{x}_{m-\varepsilon}^{(i_\alpha;\mathscr{B})})\cdot[\mathbf{x}_{m-\varepsilon}^{(i_\alpha;\mathscr{B})}-\mathbf{x}_{m-\varepsilon}^{(\sigma_s;\mathscr{E})}]<0,\\[2mm] i_\alpha\in\cup_{s=r+1}^n\cup_{\sigma_s\in\mathscr{N}_{\mathscr{E}}^s(\sigma_r)}\bar{\mathcal{N}}_{\alpha\mathscr{B}}(\sigma_r,\sigma_s),\end{array}\right\}\quad(8.47)$$

那么称棱 $\mathscr{E}_{\sigma_r}^{(r)}$ 对于棱 $\mathscr{E}_{\sigma_s}^{(s)}$ ($\sigma_s\in\mathscr{N}_{\mathscr{E}}^C(\sigma_r)=\mathscr{N}_{\mathscr{E}}(\sigma_r)$) 上所有 s 维来棱流 $\mathbf{x}^{(\sigma_s;\mathscr{E})}(t)$ 而言, 在点 $\mathbf{x}_m\in\mathscr{E}_{\sigma_r}^{(r)}$ 处是 $(\cup_{s=r+1}^n\cup_{\sigma_s}\mathbf{m}_{\sigma_s};\mathscr{E})$ $(\mathbf{m}_{\sigma_s}\neq2\mathbf{k}_{\sigma_s}+\mathbf{1})$ 型奇异第一类不可切换的 (汇).

(iii) 如果满足

$$\left.\begin{array}{l}\hbar_{j_\beta}G_{\partial\Omega_{\beta j_\beta}}^{(s_{j_\beta},\sigma_p;\mathscr{E})}(\mathbf{x}_m,t_{m-},\boldsymbol{\pi}_{\sigma_p},\boldsymbol{\lambda}_{j_\beta})=0,\\[2mm] s_{j_\beta}=0,1,2,\cdots,m_{j_\beta}-1;\\[2mm] \hbar_{j_\beta}\mathbf{n}_{\partial\Omega_{\beta j_\beta}}^{\mathrm{T}}(\mathbf{x}_{m+\varepsilon}^{(j_\beta;\mathscr{B})})\cdot[\mathbf{x}_{m+\varepsilon}^{(\sigma_p;\mathscr{E})}-\mathbf{x}_{m+\varepsilon}^{(j_\beta;\mathscr{B})}]>0,\\[2mm] j_\beta\in\cup_{p=r+1}^n\cup_{\sigma_p\in\mathscr{N}_{\mathscr{E}}^p(\sigma_r)}\bar{\mathcal{N}}_{\beta\mathscr{B}}(\sigma_r,\sigma_p),\end{array}\right\}\quad(8.48)$$

那么称棱 $\mathscr{E}_{\sigma_r}^{(r)}$ 对于棱 $\mathscr{E}_{\sigma_p}^{(p)}$ ($\sigma_p\in\mathscr{N}_{\mathscr{E}}^L(\sigma_r)=\mathscr{N}_{\mathscr{E}}(\sigma_r)$) 上所有 p 维去棱流 $\mathbf{x}^{(\sigma_p;\mathscr{E})}(t)$ 而言, 在点 $\mathbf{x}_m\in\mathscr{E}_{\sigma_r}^{(r)}$ 处是 $(\cup_{p=r+1}^n\cup_{\sigma_p}\mathbf{m}_{\sigma_p};\mathscr{E})$ 型奇异第二类不可切换的 (源).

(iv) 在没有切换规则下, 如果满足方程 (8.45) 和 (8.46) 且 $\mathbf{m}_{\sigma_s}\neq2\mathbf{k}_{\sigma_s}+\mathbf{1}$, 那么称棱 $\mathscr{E}_{\sigma_s}^{(s)}$($\sigma_s\in\mathscr{N}_{\mathscr{E}}^C(\sigma_r)$) 上 s 维棱流 $\mathbf{x}^{(\sigma_s;\mathscr{E})}(t)$ 和棱 $\mathscr{E}_{\sigma_p}^{(p)}(\sigma_p\in\mathscr{N}_{\mathscr{E}}^L(\sigma_r))$ 上 p 维棱流 $\mathbf{x}^{(\sigma_p;\mathscr{E})}(t)$ 在点 $\mathbf{x}_m\in\mathscr{E}_{\sigma_r}^{(r)}$ 处, 从 $\mathscr{E}_{\sigma_s}^{(s)}$ 到 $\mathscr{E}_{\sigma_p}^{(p)}$ 经由棱 $\mathscr{E}_{\sigma_r}^{(r)}$ 是 $(\cup_{s=r+1}^n\cup_{\sigma_s}\mathbf{m}_{\sigma_s};\mathscr{E}:\cup_{p=r+1}^n\cup_{\sigma_p}\mathbf{m}_{\sigma_p};\mathscr{E})$ 型奇异可切换的.

(v) 在没有切换规则下, 如果对于至少一个来流, 满足方程 (8.45) 和 (8.46) 且 $\mathbf{m}_{\sigma_s} = 2\mathbf{k}_{\sigma_s} + 1$, 那么称棱 $\mathscr{E}_{\sigma_s}^{(s)}(\sigma_s \in \mathscr{N}_{\mathscr{E}}^C(\sigma_r))$ 上 s 维棱流 $\mathbf{x}^{(\sigma_s;\mathscr{E})}(t)$ 和棱 $\mathscr{E}_{\sigma_p}^{(p)}(\sigma_p \in \mathscr{N}_{\mathscr{E}}^L(\sigma_r))$ 上 p 维棱流 $\mathbf{x}^{(\sigma_p;\mathscr{E})}(t)$ 在点 $\mathbf{x}_m \in \mathscr{E}_{\sigma_r}^{(r)}$ 处, 从 $\mathscr{E}_{\sigma_s}^{(s)}$ 到 $\mathscr{E}_{\sigma_p}^{(p)}$ 经由棱 $\mathscr{E}_{\sigma_r}^{(r)}$ 是 $(\cup_{s=r+1}^{n} \cup_{\sigma_s} \mathbf{m}_{\sigma_s}; \mathscr{E} : \cup_{p=r+1}^{n} \cup_{\sigma_p} \mathbf{m}_{\sigma_p}; \mathscr{E})$ 型奇异不可切换的.

(vi) 如果满足

$$\left.\begin{aligned}
&\hbar_{i_\alpha} G_{\partial\Omega_{\alpha i_\alpha}}^{(s_{i_\alpha}, \sigma_s; \mathscr{E})}(\mathbf{x}_m, t_{m\pm}, \boldsymbol{\pi}_{\sigma_s}, \boldsymbol{\lambda}_{i_\alpha}) = 0, \\
&s_{i_\alpha} = 0, 1, 2, \cdots, 2k_{i_\alpha}; \\
&\hbar_{i_\alpha} \mathbf{n}_{\partial\Omega_{\alpha i_\alpha}}^{\mathrm{T}}(\mathbf{x}_{m-\varepsilon}^{(i_\alpha;\mathscr{B})}) \cdot [\mathbf{x}_{m-\varepsilon}^{(i_\alpha;\mathscr{B})} - \mathbf{x}_{m-\varepsilon}^{(\sigma_s;\mathscr{E})}] < 0, \\
&\hbar_{i_\alpha} \mathbf{n}_{\partial\Omega_{\alpha i_\alpha}}^{\mathrm{T}}(\mathbf{x}_{m+\varepsilon}^{(i_\alpha;\mathscr{B})}) \cdot [\mathbf{x}_{m+\varepsilon}^{(\sigma_s;\mathscr{E})} - \mathbf{x}_{m+\varepsilon}^{(i_\alpha;\mathscr{B})}] > 0, \\
&i_\alpha \in \cup_{s=r+1}^{n} \cup_{\sigma_s \in \mathscr{N}_{\mathscr{E}}^s(\sigma_r)} \bar{\mathscr{N}}_{\alpha\mathscr{B}}(\sigma_r, \sigma_s),
\end{aligned}\right\} \tag{8.49}$$

[546]

那么称在切换规则下, 棱 $\mathscr{E}_{\sigma_s}^{(s)}$ $(\sigma_s \in \mathscr{N}_{\mathscr{E}}^G(\sigma_r) = \mathscr{N}_{\mathscr{E}}(\sigma_r))$ 上 s 维擦边棱流 $\mathbf{x}^{(\sigma_s;\mathscr{E})}(t)$, 对于棱 $\mathscr{E}_{\sigma_r}^{(r)}$ 是 $(\cup_{s=r+1}^{n} \cup_{\sigma_s} (2\mathbf{k}_{\sigma_s} + 1); \mathscr{E})$ 型奇异可切换的.

(vii) 在没有切换规则下, 如果满足方程 (8.49), 那么称棱 $\mathscr{E}_{\sigma_s}^{(s)}$ $(\sigma_s \in \mathscr{N}_{\mathscr{E}}^G(\sigma_r) = \mathscr{N}_{\mathscr{E}}(\sigma_r))$ 上的 s 维擦边棱流 $\mathbf{x}^{(\sigma_s;\mathscr{E})}(t)$, 在点 $\mathbf{x}_m \in \mathscr{E}_{\sigma_r}^{(r)}$ 处是完全 $\mathscr{N}_{\mathscr{E}}^G(\sigma_r)$ 阶擦边棱流且是 $(\cup_{s=r+1}^{n} \cup_{\sigma_s} (2\mathbf{k}_{\sigma_s} + 1))$ 型奇异的.

类似地, 根据上述定义, 在下面定理中将给出对于指定棱而言, 关于所有棱流切换性的充分与必要条件.

定理 8.6 对于方程 (6.4)—(6.8) 中的不连续动力系统, 在 t_m 时刻, 存在点 $\mathbf{x}^{(\sigma_r;\mathscr{E})}(t_m) \equiv \mathbf{x}_m \in \mathscr{E}_{\sigma_r}^{(r)}$ $(\sigma_r \in \mathscr{N}_{\mathscr{E}}^r = \{1, 2, \cdots, N_r\}, r \in \{0, 1, 2, \cdots, n-2\})$, 并且相应的边界和域分别为 $\partial\Omega_{\alpha i_\alpha}(\sigma_r)$ 和 $\Omega_\alpha(\sigma_r)$ $(\alpha \in \mathscr{N}_{\mathscr{D}}(\sigma_r) \subset \mathscr{N}_{\mathscr{D}} = \{1, 2, \cdots, N_d\}, i_\alpha \in \mathscr{N}_{\alpha\mathscr{B}}(\sigma_r) \subset \mathscr{N}_{\mathscr{B}} = \{1, 2, \cdots, N_b\})$, 其中边界指标子集 $\mathscr{N}_{\alpha\mathscr{B}}(\sigma_r)$ 含 n_{σ_r} 个元素 $(n_{\sigma_r} \geqslant n-r)$. 棱 $\mathscr{E}_{\sigma_r}^{(r)}$ 是所有棱 $\mathscr{E}_{\sigma_s}^{(s)}(\sigma_r)$ (包括域和边界) 的交集, 其中 $\sigma_s \in \mathscr{N}_{\mathscr{E}}^s(\sigma_r) \subset \mathscr{N}_{\mathscr{E}}^s = \{1, 2, \cdots, N_s\}$, $s \in \{r+1, r+2, \cdots, n-1, n\}$. 假设存在一个 s 维棱 $\mathscr{E}_{\sigma_s}^{(s)}(\sigma_r)$, 且相应域 $\Omega_\alpha(\sigma_r)$ 的边界指标子集为 $\mathscr{N}_{\alpha\mathscr{B}}(\sigma_r, \sigma_s)$. 互补的边界指标子集为 $\bar{\mathscr{N}}_{\alpha\mathscr{B}}(\sigma_r, \sigma_s) = \mathscr{N}_{\alpha\mathscr{B}}(\sigma_r)/\mathscr{N}_{\alpha\mathscr{B}}(\sigma_r, \sigma_s)$. 假设在棱 $\mathscr{E}_{\sigma_s}^{(s)}$ 和 $\mathscr{E}_{\sigma_p}^{(p)}$ 上分别存在来棱流 $\mathbf{x}^{(\sigma_s;\mathscr{E})}(t)$ $(\sigma_s \in \mathscr{N}_{\mathscr{E}}^C(\sigma_r, \sigma_s))$ 和去棱流 $\mathbf{x}^{(\sigma_p;\mathscr{E})}(t)$ $(\sigma_p \in \mathscr{N}_{\mathscr{E}}^L(\sigma_r, \sigma_p))$. 对于任意小的 $\varepsilon > 0$, 存在时间区间 $[t_{m-\varepsilon}, t_m), (t_m, t_{m+\varepsilon}]$. 对于时间 t, 棱流 $\mathbf{x}^{(\sigma_s;\mathscr{E})}(t)$ 为 $C_{[t_{m-\varepsilon}, t_m)}^{r_{\sigma_s}}$ 或者 $C_{(t_m, t_{m+\varepsilon}]}^{r_{\sigma_s}}$ $(r_{\sigma_s} \geqslant \max_{i_\alpha \in \mathscr{N}_{\alpha\mathscr{B}}^C}\{m_{i_\alpha}\})$ 连续的, 且 $\|d^{r_{\sigma_s}+1}\mathbf{x}^{(\sigma_s;\mathscr{E})}/dt^{r_{\sigma_s}+1}\| < \infty$, 棱流 $\mathbf{x}^{(\sigma_p;\mathscr{E})}(t)$ $(p \in \{r, r+1, \cdots, n-1, n\})$ 为 $C_{[t_{m-\varepsilon}, t_m)}^{r_{\sigma_p}}$ 或者 $C_{(t_m, t_{m+\varepsilon}]}^{r_{\sigma_p}}$ 连续的, 且 $\|d^{r_{\sigma_p}+1}\mathbf{x}^{(\sigma_p;\mathscr{E})}/dt^{r_{\sigma_p}+1}\| < \infty$ $(r_{\sigma_p} \geqslant \max_{j_\beta \in \mathscr{N}_{\beta\mathscr{B}}^L}\{m_{j_\beta}\})$. 假设

存在切换规则 $\mathbf{x}^{(\sigma_s;\mathscr{E})}(t_{m\pm}) = \mathbf{x}_m = \mathbf{x}^{(\sigma_p;\mathscr{E})}(t_{m\pm})$.

(i) 在切换规则下, 棱 $\mathscr{E}^{(s)}_{\sigma_s}$ ($\sigma_s \in \mathscr{N}^C_\mathscr{E}(\sigma_r)$) 上 s 维来棱流 $\mathbf{x}^{(\sigma_s;\mathscr{E})}(t)$ 和棱 $\mathscr{E}^{(p)}_{\sigma_p}$ ($\sigma_p \in \mathscr{N}^L_\mathscr{E}(\sigma_r)$) 上 p 维去棱流 $\mathbf{x}^{(\sigma_p;\mathscr{E})}(t)$ 在点 $\mathbf{x}_m \in \mathscr{E}^{(r)}_{\sigma_r}$ 处, 从 $\mathscr{E}^{(s)}_{\sigma_s}$ 到 $\mathscr{E}^{(p)}_{\sigma_p}$ 经由棱 $\mathscr{E}^{(r)}_{\sigma_r}$ 是 $(\cup^n_{s=r+1} \cup_{\sigma_s} \mathbf{m}_{\sigma_s};\mathscr{E} : \cup^n_{p=r+1} \cup_{\sigma_p} \mathbf{m}_{\sigma_p};\mathscr{E})$ 型可切换的, 当且仅当

$$\left.\begin{array}{l} \hbar_{i_\alpha} G^{(s_{i_\alpha},\sigma_s;\mathscr{E})}_{\partial\Omega_{\alpha i_\alpha}}(\mathbf{x}_m, t_{m-}, \boldsymbol{\pi}_{\sigma_s}, \boldsymbol{\lambda}_{i_\alpha}) = 0, \\ s_{i_\alpha} = 0, 1, 2, \cdots, m_{i_\alpha} - 1, \\ (-1)^{m_{i_\alpha}} \hbar_{i_\alpha} G^{(m_{i_\alpha},\sigma_s;\mathscr{E})}_{\partial\Omega_{\alpha i_\alpha}}(\mathbf{x}_m, t_{m-}, \boldsymbol{\pi}_{\sigma_s}, \boldsymbol{\lambda}_{i_\alpha}) < 0, \end{array}\right\} \tag{8.50}$$

$$i_\alpha \in \cup^n_{s=r+1} \cup_{\sigma_s \in \mathscr{N}^s_\mathscr{E}(\sigma_r)} \bar{\mathscr{N}}_{\alpha\mathscr{B}}(\sigma_r, \sigma_s);$$

$$\left.\begin{array}{l} \hbar_{j_\beta} G^{(s_{j_\beta},\sigma_p;\mathscr{E})}_{\partial\Omega_{\beta j_\beta}}(\mathbf{x}_m, t_{m+}, \boldsymbol{\pi}_{\sigma_p}, \boldsymbol{\lambda}_{j_\beta}) = 0, \\ s_{j_\beta} = 0, 1, 2, \cdots, m_{j_\beta} - 1, \\ \hbar_{j_\beta} G^{(m_{j_\beta},\sigma_p;\mathscr{E})}_{\partial\Omega_{\beta j_\beta}}(\mathbf{x}_m, t_{m+}, \boldsymbol{\pi}_{\sigma_p}, \boldsymbol{\lambda}_{j_\beta}) > 0, \end{array}\right\} \tag{8.51}$$

$$j_\beta \in \cup^n_{p=r+1} \cup_{\sigma_p \in \mathscr{N}^p_\mathscr{E}(\sigma_r)} \bar{\mathscr{N}}_{\beta\mathscr{B}}(\sigma_r, \sigma_p).$$

(ii) 棱 $\mathscr{E}^{(r)}_{\sigma_r}$ 对于棱 $\mathscr{E}^{(s)}_{\sigma_s}$ ($\sigma_s \in \mathscr{N}^C_\mathscr{E}(\sigma_r) = \mathscr{N}_\mathscr{E}(\sigma_r)$) 上所有 s 维来棱流 $\mathbf{x}^{(\sigma_s;\mathscr{E})}(t)$ 而言, 在点 $\mathbf{x}_m \in \mathscr{E}^{(r)}_{\sigma_r}$ 处是 $(\cup^n_{s=r+1} \cup_{\sigma_s} \mathbf{m}_{\sigma_s};\mathscr{E})$ ($\mathbf{m}_{\sigma_s} \neq 2\mathbf{k}_{\sigma_s} + 1$) 型奇异第一类不可切换的 (汇), 当且仅当

$$\left.\begin{array}{l} \hbar_{i_\alpha} G^{(s_{i_\alpha},\sigma_s;\mathscr{E})}_{\partial\Omega_{\alpha i_\alpha}}(\mathbf{x}_m, t_{m-}, \boldsymbol{\pi}_{\sigma_s}, \boldsymbol{\lambda}_{i_\alpha}) = 0, \\ s_{i_\alpha} = 0, 1, 2, \cdots, m_{i_\alpha} - 1, \\ (-1)^{m_{i_\alpha}} \hbar_{i_\alpha} G^{(m_{i_\alpha},\sigma_s;\mathscr{E})}_{\partial\Omega_{\alpha i_\alpha}}(\mathbf{x}_m, t_{m-}, \boldsymbol{\pi}_{\sigma_s}, \boldsymbol{\lambda}_{i_\alpha}) < 0, \end{array}\right\} \tag{8.52}$$

$$i_\alpha \in \cup^n_{s=r+1} \cup_{\sigma_s \in \mathscr{N}^s_\mathscr{E}(\sigma_r)} \bar{\mathscr{N}}_{\alpha\mathscr{B}}(\sigma_r, \sigma_s).$$

(iii) 棱 $\mathscr{E}^{(r)}_{\sigma_r}$ 对于棱 $\mathscr{E}^{(p)}_{\sigma_p}$ ($\sigma_p \in \mathscr{N}^L_\mathscr{E}(\sigma_r) = \mathscr{N}_\mathscr{E}(\sigma_r)$) 上所有 p 维棱流 $\mathbf{x}^{(\sigma_p;\mathscr{E})}(t)$ 而言, 在点 $\mathbf{x}_m \in \mathscr{E}^{(r)}_{\sigma_r}$ 处是 $(\cup^n_{p=r+1} \cup_{\sigma_p} \mathbf{m}_{\sigma_p};\mathscr{E})$ 型奇异的 $\mathscr{N}^L_\mathscr{E}(\sigma_r)$ 阶源流, 当且仅当

$$\left.\begin{array}{l} \hbar_{j_\beta} G^{(s_{j_\beta},\sigma_p;\mathscr{E})}_{\partial\Omega_{\beta j_\beta}}(\mathbf{x}_m, t_{m+}, \boldsymbol{\pi}_{\sigma_p}, \boldsymbol{\lambda}_{j_\beta}) = 0, \\ s_{j_\beta} = 0, 1, 2, \cdots, m_{j_\beta} - 1, \\ \hbar_{j_\beta} G^{(m_{j_\beta},\sigma_p;\mathscr{E})}_{\partial\Omega_{\beta j_\beta}}(\mathbf{x}_m, t_{m+}, \boldsymbol{\pi}_{\sigma_p}, \boldsymbol{\lambda}_{j_\beta}) > 0, \end{array}\right\} \tag{8.53}$$

$$j_\beta \in \cup^n_{p=r+1} \cup_{\sigma_p \in \mathscr{N}^p_\mathscr{E}(\sigma_r)} \bar{\mathscr{N}}_{\beta\mathscr{B}}(\sigma_r, \sigma_p).$$

(iv) 在没有切换规则下, 棱 $\mathscr{E}_{\sigma_s}^{(s)}(\sigma_s \in \mathscr{N}_{\mathscr{E}}^C(\sigma_r))$ 上 s 维棱流 $\mathbf{x}^{(\sigma_s;\mathscr{E})}(t)$ 和 [548] 棱 $\mathscr{E}_{\sigma_p}^{(p)}(\sigma_p \in \mathscr{N}_{\mathscr{E}}^L(\sigma_r))$ 上 p 维棱流 $\mathbf{x}^{(\sigma_p;\mathscr{E})}(t)$ 在点 $\mathbf{x}_m \in \mathscr{E}_{\sigma_r}^{(r)}$ 处, 从 $\mathscr{E}_{\sigma_s}^{(s)}$ 到 $\mathscr{E}_{\sigma_p}^{(p)}$ 经由棱 $\mathscr{E}_{\sigma_r}^{(r)}$ 是 $(\cup_{s=r+1}^n \cup_{\sigma_s} \mathbf{m}_{\sigma_s}; \mathscr{E}: \cup_{p=r+1}^n \cup_{\sigma_p} \mathbf{m}_{\sigma_p}; \mathscr{E})$ 型奇异可切换的, 当且仅当, 满足方程 (8.50) 和 (8.51) 且 $\mathbf{m}_{\sigma_s} \neq 2\mathbf{k}_{\sigma_s} + \mathbf{1}$.

(v) 在没有切换规则下, 棱 $\mathscr{E}_{\sigma_s}^{(s)}(\sigma_s \in \mathscr{N}_{\mathscr{E}}^C(\sigma_r))$ 上 s 维棱流 $\mathbf{x}^{(\sigma_s;\mathscr{E})}(t)$ 和 棱 $\mathscr{E}_{\sigma_p}^{(p)}(\sigma_p \in \mathscr{N}_{\mathscr{E}}^L(\sigma_r))$ 上 p 维棱流 $\mathbf{x}^{(\sigma_p;\mathscr{E})}(t)$ 在点 $\mathbf{x}_m \in \mathscr{E}_{\sigma_r}^{(r)}$ 处, 从 $\mathscr{E}_{\sigma_s}^{(s)}$ 到 $\mathscr{E}_{\sigma_p}^{(p)}$ 经由棱 $\mathscr{E}_{\sigma_r}^{(r)}$ 是 $(\cup_{s=r+1}^n \cup_{\sigma_s} \mathbf{m}_{\sigma_s}; \mathscr{E}: \cup_{p=r+1}^n \cup_{\sigma_p} \mathbf{m}_{\sigma_p}; \mathscr{E})$ 型奇异不可切换的, 当且仅当, 对于至少一个来流满足方程 (8.50) 和 (8.51) 且 $\mathbf{m}_{\sigma_s} = 2\mathbf{k}_{\sigma_s} + \mathbf{1}$.

(vi) 在切换规则下, 棱 $\mathscr{E}_{\sigma_s}^{(s)}$ $(\sigma_s \in \mathscr{N}_{\mathscr{E}}^G(\sigma_r) = \mathscr{N}_{\mathscr{E}}(\sigma_r))$ 上 s 维擦边棱流 $\mathbf{x}^{(\sigma_s;\mathscr{E})}(t)$, 在棱 $\mathscr{E}_{\sigma_r}^{(r)}$ 上点 $\mathbf{x}_m \in \mathscr{E}_{\sigma_r}^{(r)}$ 处是 $(\cup_{s=r+1}^n \cup_{\sigma_s} (2\mathbf{k}_{\sigma_s} + \mathbf{1}); \mathscr{E})$ 型奇异可切换的, 当且仅当

$$
\left.
\begin{aligned}
&\hbar_{i_\alpha} G_{\partial\Omega_{\alpha i_\alpha}}^{(s_{i_\alpha},\sigma_s;\mathscr{E})}(\mathbf{x}_m, t_{m\pm}, \boldsymbol{\pi}_{\sigma_s}, \boldsymbol{\lambda}_{i_\alpha}) = 0, \\
&s_{i_\alpha} = 0, 1, 2, \cdots, 2k_{i_\alpha}; \\
&\hbar_{i_\alpha} G_{\partial\Omega_{\alpha i_\alpha}}^{(2k_{i_\alpha}+1,\sigma_s;\mathscr{E})}(\mathbf{x}_m, t_{m\pm}, \boldsymbol{\pi}_{\sigma_s}, \boldsymbol{\lambda}_{i_\alpha}) > 0,
\end{aligned}
\right\}
\tag{8.54}
$$
$i_\alpha \in \cup_{s=r+1}^n \cup_{\sigma_s \in \mathscr{N}_{\mathscr{E}}^s(\sigma_r)} \bar{\mathcal{N}}_{\alpha\mathscr{B}}(\sigma_r, \sigma_s).$

(vii) 在没有切换规则下, 棱 $\mathscr{E}_{\sigma_s}^{(s)}$ $(\sigma_s \in \mathscr{N}_{\mathscr{E}}^G(\sigma_r) = \mathscr{N}_{\mathscr{E}}(\sigma_r))$ 上 s 维擦边棱流 $\mathbf{x}^{(\sigma_s;\mathscr{E})}(t)$, 在棱 $\mathscr{E}_{\sigma_r}^{(r)}$ 上点 $\mathbf{x}_m \in \mathscr{E}_{\sigma_r}^{(r)}$ 处是完全 $\mathscr{N}_{\mathscr{E}}^G(\sigma_r)$ 阶擦边棱流, 且是 $(\cup_{s=r+1}^n \cup_{\sigma_s} (2\mathbf{k}_{\sigma_s} + \mathbf{1}); \mathscr{E})$ 型奇异的, 当且仅当满足方程 (8.54).

证明 仿照定理 3.2, 将棱流视为特殊的域流即可证明该定理 (参见文献 Luo, 2008, 2009). ∎

在图 8.4 和图 8.5 中, 利用 s 维空间中指定棱 $\mathscr{E}^{(s-3)}$ 说明了对于指定棱 $\mathscr{E}_{\sigma_r}^{(r)}$, 所有棱流 $\mathbf{x}^{(\sigma_s;\mathscr{E})}(s = 0, 1, 2, \cdots, r-1)$ 之间的切换性. 如果对于指定棱 $\mathscr{E}_{\sigma_r}^{(r)}$, 所有棱流 $\mathbf{x}^{(\sigma_s;\mathscr{E})}$ $(s = 0, 1, 2, \cdots, r-1)$ 都是来流, 那么这个指定棱是汇棱. 另一方面, 如果对于指定棱 $\mathscr{E}_{\sigma_r}^{(r)}$, 所有棱流 $\mathbf{x}^{(\sigma_s;\mathscr{E})}$ $(s = 0, 1, 2, \cdots, r-1)$ 都是去流, 那么这个指定棱是源棱. 对于棱 $\mathscr{E}^{(s-3)}$ 的所有棱流 $\mathbf{x}^{(\sigma_s;\mathscr{E})}$, $\mathbf{x}^{(\sigma_{s-1};\mathscr{E})}$ 和 $\mathbf{x}^{(\sigma_{s-2};\mathscr{E})}$ 都用来说明 s 维空间中的指定棱 $\mathscr{E}^{(s-3)}$ 是汇棱和源棱, 分别如图 8.6(a) 和 (b) 所示. 如果对于指定棱所有的棱流都能被划分为来流和去流, 那么在某种切换规则下, 这些棱流是可以切换的. 但是, 当没有切换规则时, 这些棱流对于指定棱仅是潜在可切换的, 如图 8.7(a) 所示. 在图 8.7(b) 中, 表示出了所有与棱 $\mathscr{E}^{(s-2)}$ 擦边的棱流 $\mathbf{x}^{(\sigma_s;\mathscr{E})}$ 和 $\mathbf{x}^{(\sigma_{s-1};\mathscr{E})}$. [549]

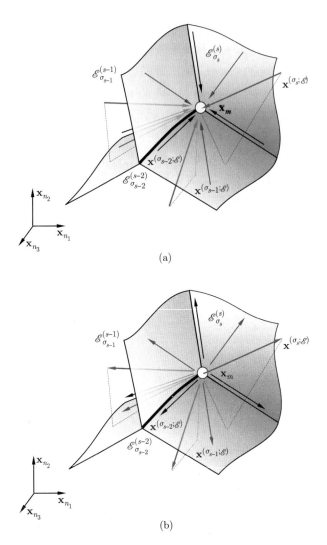

(a)

(b)

图 8.6　棱 $\mathscr{E}^{(s-3)}$: 所有域、边界和棱流 $\mathbf{x}^{(\sigma_p;\mathscr{E})}$ $(p=0,1,2,\cdots,s-2)$ 上的 (a) 汇棱和 (b) 源棱. 带箭头的曲线表示棱流. 只示意了 $\mathbf{x}^{(\sigma_s;\mathscr{E})}$, $\mathbf{x}^{(\sigma_{s-1};\mathscr{E})}$ 和 $\mathbf{x}^{(\sigma_{s-2};\mathscr{E})}$ $(n_1+n_2+n_3=s)$

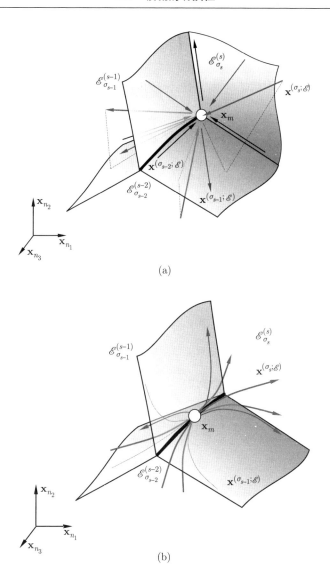

图 8.7 (a) 棱 $\mathscr{E}^{(s-3)}$ 上潜在的切换流, (b) 棱 $\mathscr{E}^{(s-3)}$ 上所有擦边流 $\mathbf{x}^{(\sigma_p;\mathscr{E})}$ ($p = 0,1,2,\cdots,s-2$). 带箭头的曲线表示棱流. 只示意了 $\mathbf{x}^{(\sigma_s;\mathscr{E})}$, $\mathbf{x}^{(\sigma_{s-1};\mathscr{E})}$ 和 $\mathbf{x}^{(\sigma_{s-2};\mathscr{E})}$ ($n_1 + n_2 + n_3 = s$)

8.3　棱流的吸引性

正如在第六章中讨论的对于指定棱的域流的吸引性, 下面将讨论对于指定棱的棱流的吸引性.

定义 8.8　对于方程 (6.4)—(6.8) 中的不连续动力系统, 在 t_m 时刻, 存在点 $\mathbf{x}^{(\sigma_r;\mathscr{E})}(t_m) \equiv \mathbf{x}_m \in \mathscr{E}^{(r)}_{\sigma_r}$ ($\sigma_r \in \mathscr{N}^r_{\mathscr{E}} = \{1, 2, \cdots, N_r\}$, $r \in \{0, 1, 2, \cdots, n-2\}$), 并且相应的边界和域分别为 $\partial\Omega_{\alpha i_\alpha}(\sigma_r)$ 和 $\Omega_\alpha(\sigma_r)$ ($\alpha \in \mathscr{N}_{\mathscr{D}}(\sigma_r) \subset \mathscr{N}_{\mathscr{D}} = \{1, 2, \cdots, N_d\}$, $i_\alpha \in \mathscr{N}_{\alpha\mathscr{B}}(\sigma_r) \subset \mathscr{N}_{\mathscr{B}} = \{1, 2, \cdots, N_b\}$), 其中边界指标子集 $\mathscr{N}_{\alpha\mathscr{B}}(\sigma_r)$ 含 n_{σ_r} 个元素 ($n_{\sigma_r} \geqslant n-r$). 棱 $\mathscr{E}^{(r)}_{\sigma_r}$ 是所有棱 $\mathscr{E}^{(s)}_{\sigma_s}(\sigma_r)$ (包括域和边界) 的交集, 其中 $\sigma_s \in \mathscr{N}^s_{\mathscr{E}}(\sigma_r) \subset \mathscr{N}^s_{\mathscr{E}} = \{1, 2, \cdots, N_s\}$, $s \in \{r+1, r+2, \cdots, n-1, n\}$. 假设存在一个 s 维棱 $\mathscr{E}^{(s)}_{\sigma_s}(\sigma_r)$, 且相应于域 $\Omega_\alpha(\sigma_r)$ 的边界指标子集为 $\mathscr{N}_{\alpha\mathscr{B}}(\sigma_r, \sigma_s)$. 互补的边界指标子集为 $\bar{\mathscr{N}}_{\alpha\mathscr{B}}(\sigma_r, \sigma_s) = \mathscr{N}_{\alpha\mathscr{B}}(\sigma_r)/\mathscr{N}_{\alpha\mathscr{B}}(\sigma_r, \sigma_s)$. 如果棱 $\mathscr{E}^{(s)}_{\sigma_s}(\sigma_r)$ 上有一个流 $\mathbf{x}^{(\sigma_s;\mathscr{E})}(t)$, 有 $\mathbf{x}^{(\sigma_s;\mathscr{E})}_m = \mathbf{x}^{(\sigma_s;\mathscr{E})}_\rho(t_m) \in \mathscr{E}^{(r,\sigma_s)}_{\sigma_r}(\rho_m)$ ($\rho \in \mathbf{N}$), 且满足

$$
\begin{aligned}
&\mathbf{x}^{(\sigma_s;\mathscr{E})}_\rho = \mathbf{F}^{(\sigma_s,\rho)}(\mathbf{x}^{(\sigma_s;\mathscr{E})}_\rho, t, \boldsymbol{\pi}_{\sigma_s}), \\
&\varphi_{\alpha i_\alpha}(\mathbf{x}^{(\sigma_s;\mathscr{E})}_\rho, t, \boldsymbol{\lambda}_{i_\alpha}) = \varphi_{\alpha i_\alpha}(\mathbf{x}^{(\sigma_s;\mathscr{E})}_{\rho m}, t_m, \boldsymbol{\lambda}_{i_\alpha}) \equiv \mathscr{C}^{(i_\alpha,\sigma_s)}_m, \\
&\text{在 } \sigma_s^{(s)}(\sigma_r, \rho)(\alpha \in \mathscr{N}_{\mathscr{D}}(\sigma_s) \subset \mathscr{N}_{\mathscr{D}}, i_\alpha \in \bar{\mathscr{N}}_{\alpha\mathscr{B}}(\sigma_r, \sigma_s) \subset \mathscr{N}_{\mathscr{B}} \text{上}, \\
&\sigma_s \in \mathscr{N}^s_{\mathscr{E}}; s \in \{r+1, r+2, \cdots, n-2\}),
\end{aligned}
\tag{8.55}
$$

其中 $\mathscr{C}^{(i_\alpha,\sigma_s)}_m$ 是非零常数.

[552]　**定义 8.9**　对于方程 (6.4)—(6.8) 中的不连续动力系统, 在 t_m 时刻存在点 $\mathbf{x}^{(\sigma_r;\mathscr{E})}(t_m) \equiv \mathbf{x}_m \in \mathscr{E}^{(r)}_{\sigma_r}$ ($\sigma_r \in \mathscr{N}^r_{\mathscr{E}} = \{1, 2, \cdots, N_r\}$, $r \in \{0, 1, 2, \cdots, n-2\}$), 并且相应的边界为 $\partial\Omega_{\alpha i_\alpha}(\sigma_r)$, 域为 $\Omega_\alpha(\sigma_r)$ ($\alpha \in \mathscr{N}_{\mathscr{D}}(\sigma_r) \subset \mathscr{N}_{\mathscr{D}} = \{1, 2, \cdots, N_d\}$, $i_\alpha \in \mathscr{N}_{\alpha\mathscr{B}}(\sigma_r) \subset \mathscr{N}_{\mathscr{B}} = \{1, 2, \cdots, N_b\}$), 其中边界指标子集 $\mathscr{N}_{\alpha\mathscr{B}}(\sigma_r)$ 含 n_{σ_r} 个元素 ($n_{\sigma_r} \geqslant n-r$). 棱 $\mathscr{E}^{(r)}_{\sigma_r}$ 是所有棱 $\mathscr{E}^{(s)}_{\sigma_s}(\sigma_r)$ (包括域和边界) 的交集, 其中 $\sigma_s \in \mathscr{N}^s_{\mathscr{E}}(\sigma_r) \subset \mathscr{N}^s_{\mathscr{E}} = \{1, 2, \cdots, N_s\}$, $s \in \{r+1, r+2, \cdots, n-1, n\}$. 假设存在一个 s 维棱 $\mathscr{E}^{(s)}_{\sigma_s}(\sigma_r)$, 且相应于域 $\Omega_\alpha(\sigma_r)$ 的边界指标子集为 $\mathscr{N}_{\alpha\mathscr{B}}(\sigma_r, \sigma_s)$. 互补的边界指标子集为 $\bar{\mathscr{N}}_{\alpha\mathscr{B}}(\sigma_r, \sigma_s) = \mathscr{N}_{\alpha\mathscr{B}}(\sigma_r)/\mathscr{N}_{\alpha\mathscr{B}}(\sigma_r, \sigma_s)$. 对于任意小的 $\varepsilon > 0$, 存在两个时间区间 $[t_{m-\varepsilon}, t_m]$, $(t_m, t_{m+\varepsilon}]$. 对于时间 t, 棱流 $\mathbf{x}^{(\sigma_s;\mathscr{E})}(t)$ 为 $C^{r_{\sigma_s}}_{[t_{m-\varepsilon}, t_m)}$ 或者 $C^{r_{\sigma_s}}_{(t_m, t_{m+\varepsilon}]}$ 连续的, 且 $\|d^{r_{\sigma_s}+1}\mathbf{x}^{(\sigma_s;\mathscr{E})}/dt^{r_{\sigma_s}+1}\| < \infty$ ($r_{\sigma_s} \geqslant 1$). 假设棱 $\mathscr{E}^{(s)}_{\sigma_s}(\sigma_r, \alpha)$ 上流 $\mathbf{x}^{(\sigma_s;\mathscr{E})}(t)$ 有一个 $n-s+r$ 维度量棱 $\mathscr{E}^{(\rho,n-s+r)}_{\sigma_{n-s+r}}$, 并有等常数向量的指定棱 $\mathscr{E}^{(r)}_{\sigma_r}(\alpha)$. 对于 $i_\alpha \in \bar{\mathscr{N}}_{\alpha\mathscr{B}}(\sigma_r, \sigma_s)$, 所有度量面 $S^{(i_\alpha,\alpha)}_{\sigma_m}$ 相交形成度量棱 $\mathscr{E}^{(\rho,n-s+r)}_{\sigma_{n-s+r}}(\sigma_r, \alpha) = \cap_{j_\alpha \in \bar{\mathscr{N}}_{\alpha\mathscr{B}}(\sigma_r, \sigma_s)} S^{(j_\alpha,\alpha)}_\rho$. 有

$\mathscr{E}_{\sigma_r}^{(r)}(\alpha) = \mathscr{E}_{\sigma_{n-s+r}}^{(n-s+r)}(\sigma_r, \alpha) \cap \mathscr{E}_{\sigma_s}^{(s)}(\sigma_r, \alpha)$, $\mathscr{E}_{\sigma_{n-s+r}}^{(n-s+r)}(\sigma_r, \alpha) = \cap_{j_\alpha \in \mathscr{N}_{\alpha\mathscr{B}}(\sigma_r, \sigma_s)} \partial\Omega_{\alpha j_\alpha}$,

$\mathscr{E}_{\sigma_s}^{(s)}(\sigma_r, \alpha) = \cap_{i_\alpha \in \mathscr{N}_{\alpha\mathscr{B}}(\sigma_r, \sigma_s)} \partial\Omega_{\alpha i_\alpha} \subset \mathscr{E}_{\sigma_s}^{(s)}(\sigma_r)$. 在 t_m 时刻, $\mathbf{x}_m^{(\sigma_s; \mathscr{E})} = \mathbf{x}_\rho^{(\sigma_s; \mathscr{E})}(t_m)$

$\in \mathscr{E}_{\sigma_r}^{(r, s)}(\rho_m)$ ($\rho \in \mathbf{N}$) 满足方程 (8.55). 假设有 $\mathbf{x}_{\rho(m\pm\varepsilon)}^{(j_\alpha, \alpha)} \in S_{\rho_m}^{(j_\alpha, \alpha)}$ 和 $\mathbf{x}_{m\pm\varepsilon}^{(\sigma_s; \mathscr{E})} =$

$\mathbf{x}^{(\sigma_s; \mathscr{E})}(t_{m\pm\varepsilon}) \in \mathscr{E}_{\sigma_{n-s+r}}^{(\rho_m, n-s+r)}$.

(i) 如果满足

$$\left.\begin{array}{l} \hbar_{j_\alpha} \mathbf{n}_{\partial\Omega_{\alpha i_\alpha}}^{\mathrm{T}}(\mathbf{x}_{\rho(m-\varepsilon)}^{(j_\alpha, \alpha)}) \cdot [\mathbf{x}_{\rho(m-\varepsilon)}^{(j_\alpha, \alpha)} - \mathbf{x}_{m-\varepsilon}^{(\sigma_s; \mathscr{E})}] < 0, \\ \hbar_{j_\alpha} \mathbf{n}_{\partial\Omega_{\alpha i_\alpha}}^{\mathrm{T}}(\mathbf{x}_{\rho(m+\varepsilon)}^{(j_\alpha, \alpha)}) \cdot [\mathbf{x}_{m+\varepsilon}^{(\sigma_s; \mathscr{E})} - \mathbf{x}_{\rho(m+\varepsilon)}^{(j_\alpha, \alpha)}] < 0, \\ \hbar_{j_\alpha} \mathscr{C}_{m-\varepsilon}^{(j_\alpha, \alpha)} > \hbar_{j_\alpha} \mathscr{C}_m^{(j_\alpha, \alpha)} > \hbar_{j_\alpha} \mathscr{C}_{m+\varepsilon}^{(j_\alpha, \alpha)}, \end{array}\right\} \tag{8.56}$$

$$j_\alpha \in \bar{\mathscr{N}}_{\alpha\mathscr{B}}(\sigma_r, \sigma_s),$$

那么称在 t_m 时刻对于棱 $\mathscr{E}_{\sigma_r}^{(r)}$, 棱流 $\mathbf{x}^{(\sigma_s; \mathscr{E})}(t)$ 是吸引的.

(ii) 如果满足

[553]

$$\left.\begin{array}{l} \hbar_{j_\alpha} \mathbf{n}_{\partial\Omega_{\alpha i_\alpha}}^{\mathrm{T}}(\mathbf{x}_{\rho(m-\varepsilon)}^{(j_\alpha, \alpha)}) \cdot [\mathbf{x}_{\rho(m-\varepsilon)}^{(j_\alpha, \alpha)} - \mathbf{x}_{m-\varepsilon}^{(\sigma_s; \mathscr{E})}] > 0, \\ \hbar_{j_\alpha} \mathbf{n}_{\partial\Omega_{\alpha i_\alpha}}^{\mathrm{T}}(\mathbf{x}_{\rho(m+\varepsilon)}^{(j_\alpha, \alpha)}) \cdot [\mathbf{x}_{m+\varepsilon}^{(\sigma_s; \mathscr{E})} - \mathbf{x}_{\rho(m+\varepsilon)}^{(j_\alpha, \alpha)}] > 0, \\ \hbar_{j_\alpha} \mathscr{C}_{m-\varepsilon}^{(j_\alpha, \alpha)} < \hbar_{j_\alpha} \mathscr{C}_m^{(j_\alpha, \alpha)} < \hbar_{j_\alpha} \mathscr{C}_{m+\varepsilon}^{(j_\alpha, \alpha)}, \end{array}\right\} \tag{8.57}$$

$$j_\alpha \in \bar{\mathscr{N}}_{\alpha\mathscr{B}}(\sigma_r, \sigma_s),$$

那么称在 t_m 时刻对于棱 $\mathscr{E}_{\sigma_r}^{(r)}$, 棱流 $\mathbf{x}^{(\sigma_s; \mathscr{E})}(t)$ 是排斥的.

(iii) 如果满足

$$\left.\begin{array}{l} \hbar_{j_\alpha} \mathbf{n}_{\partial\Omega_{\alpha i_\alpha}}^{\mathrm{T}}(\mathbf{x}_{\rho(m-\varepsilon)}^{(j_\alpha, \alpha)}) \cdot [\mathbf{x}_{\rho(m-\varepsilon)}^{(j_\alpha, \alpha)} - \mathbf{x}_{m-\varepsilon}^{(\sigma_s; \mathscr{E})}] < 0, \\ \hbar_{j_\alpha} \mathbf{n}_{\partial\Omega_{\alpha i_\alpha}}^{\mathrm{T}}(\mathbf{x}_{\rho(m+\varepsilon)}^{(j_\alpha, \alpha)}) \cdot [\mathbf{x}_{m+\varepsilon}^{(\sigma_s; \mathscr{E})} - \mathbf{x}_{\rho(m+\varepsilon)}^{(j_\alpha, \alpha)}] > 0, \\ \hbar_{j_\alpha} \mathscr{C}_m^{(j_\alpha, \alpha)} < \hbar_{j_\alpha} \mathscr{C}_{m-\varepsilon}^{(j_\alpha, \alpha)} \text{ 和 } \hbar_{j_\alpha} \mathscr{C}_m^{(j_\alpha, \alpha)} < \hbar_{j_\alpha} \mathscr{C}_{m+\varepsilon}^{(j_\alpha, \alpha)}, \end{array}\right\} \tag{8.58}$$

$$j_\alpha \in \bar{\mathscr{N}}_{\alpha\mathscr{B}}(\sigma_r, \sigma_s),$$

那么称在 t_m 时刻对于棱 $\mathscr{E}_{\sigma_r}^{(r)}$, 棱流 $\mathbf{x}^{(\sigma_s; \mathscr{E})}(t)$ 处于从吸引到排斥的临界状态.

(iv) 如果满足

$$\left.\begin{array}{l} \hbar_{j_\alpha} \mathbf{n}_{\partial\Omega_{\alpha i_\alpha}}^{\mathrm{T}}(\mathbf{x}_{\rho(m-\varepsilon)}^{(j_\alpha, \alpha)}) \cdot [\mathbf{x}_{\rho(m-\varepsilon)}^{(j_\alpha, \alpha)} - \mathbf{x}_{m-\varepsilon}^{(\sigma_s; \mathscr{E})}] > 0, \\ \hbar_{j_\alpha} \mathbf{n}_{\partial\Omega_{\alpha i_\alpha}}^{\mathrm{T}}(\mathbf{x}_{\rho(m+\varepsilon)}^{(j_\alpha, \alpha)}) \cdot [\mathbf{x}_{m+\varepsilon}^{(\sigma_s; \mathscr{E})} - \mathbf{x}_{\rho(m+\varepsilon)}^{(j_\alpha, \alpha)}] < 0, \\ \hbar_{j_\alpha} \mathscr{C}_m^{(j_\alpha, \alpha)} > \hbar_{j_\alpha} \mathscr{C}_{m-\varepsilon}^{(j_\alpha, \alpha)} \text{ 和 } \hbar_{j_\alpha} \mathscr{C}_m^{(j_\alpha, \alpha)} > \hbar_{j_\alpha} \mathscr{C}_{m+\varepsilon}^{(j_\alpha, \alpha)}, \end{array}\right\} \tag{8.59}$$

$$j_\alpha \in \bar{\mathscr{N}}_{\alpha\mathscr{B}}(\sigma_r, \sigma_s),$$

那么称在 t_m 时刻对于棱 $\mathscr{E}_{\sigma_r}^{(r)}$, 棱流 $\mathbf{x}^{(\sigma_s; \mathscr{E})}(t)$ 处于从排斥到吸引的临界状态.

(v) 对于 $i_\alpha \in \mathscr{N}_{\alpha\mathscr{B}}(\sigma_r)$, 如果满足

$$
\begin{aligned}
&\mathbf{x}_{m-\varepsilon}^{(\sigma_s;\mathscr{E})} = \mathbf{x}_{\rho(m-\varepsilon)}^{(j_\alpha,\alpha)} \text{ 和 } \mathbf{x}_{m+\varepsilon}^{(\sigma_s;\mathscr{E})} = \mathbf{x}_{\rho(m+\varepsilon)}^{(j_\alpha,\alpha)} \\
&\mathscr{C}_{m-\varepsilon}^{(j_\alpha,\alpha)} = \mathscr{C}_m^{(j_\alpha,\alpha)} = \mathscr{C}_{m+\varepsilon}^{(j_\alpha,\alpha)}, j_\alpha \in \bar{\mathscr{N}}_{\alpha\mathscr{B}}(\sigma_r,\sigma_s),
\end{aligned}
\tag{8.60}
$$

那么称对于棱 $\mathscr{E}_{\sigma_r}^{(r)}$, 棱流 $\mathbf{x}^{(\sigma_s;\mathscr{E})}(t)$ 在 t_m 时刻是具有等度量量 $\mathscr{C}_m^{(i_\alpha,\alpha)}$ 的不变量.

根据以上定义, 下面将给出棱流对于指定棱的吸引性条件.

定理 8.7 对于方程 (6.4)—(6.8) 中的不连续动力系统, 在 t_m 时刻, 存在点 $\mathbf{x}^{(\sigma_r;\mathscr{E})}(t_m) \equiv \mathbf{x}_m \in \mathscr{E}_{\sigma_r}^{(r)}$ ($\sigma_r \in \mathscr{N}_{\mathscr{E}}^r = \{1,2,\cdots,N_r\}$, $r \in \{0,1,2,\cdots, n-2\}$), 并且相应的边界和域分别为 $\partial\Omega_{\alpha i_\alpha}(\sigma_r)$ 和 $\Omega_\alpha(\sigma_r)$ ($\alpha \in \mathscr{N}_{\mathscr{D}}(\sigma_r) \subset \mathscr{N}_{\mathscr{D}} = \{1,2,\cdots,N_d\}$, $i_\alpha \in \mathscr{N}_{\alpha\mathscr{B}}(\sigma_r) \subset \mathscr{N}_{\mathscr{B}} = \{1,2,\cdots,N_b\}$), 其中边界指标子集 $\mathscr{N}_{\alpha\mathscr{B}}(\sigma_r)$ 含 n_{σ_r} 个元素 ($n_{\sigma_r} \geqslant n-r$). 棱 $\mathscr{E}_{\sigma_r}^{(r)}$ 是所有棱 $\mathscr{E}_{\sigma_s}^{(s)}(\sigma_r)$ (包括域和边界) 的交集, 其中 $\sigma_s \in \mathscr{N}_{\mathscr{E}}^s(\sigma_r) \subset \mathscr{N}_{\mathscr{E}}^s = \{1,2,\cdots,N_s\}$, $s \in \{r+1,r+2,\cdots,n-1,n\}$. 假设存在一个 s 维棱 $\mathscr{E}_{\sigma_s}^{(s)}(\sigma_r)$, 且相应于域 $\Omega_\alpha(\sigma_r)$ 的边界指标子集为 $\mathscr{N}_{\alpha\mathscr{B}}(\sigma_r,\sigma_s)$. 互补的边界指标子集为 $\bar{\mathscr{N}}_{\alpha\mathscr{B}}(\sigma_r,\sigma_s) = \mathscr{N}_{\alpha\mathscr{B}}(\sigma_r)/\mathscr{N}_{\alpha\mathscr{B}}(\sigma_r,\sigma_s)$. 对于任意小的 $\varepsilon > 0$, 存在两个时间区间 $[t_{m-\varepsilon},t_m)$, $(t_m,t_{m+\varepsilon}]$. 对于时间 t, 棱流 $\mathbf{x}^{(\sigma_s;\mathscr{E})}(t)$ 为 $C_{[t_{m-\varepsilon},t_m)}^{r_{\sigma_s}}$ 或 $C_{(t_m,t_{m+\varepsilon}]}^{r_{\sigma_s}}$ 连续的, 且 $\|d^{r_{\sigma_s}+1}\mathbf{x}^{(\sigma_s;\mathscr{E})}/dt^{r_{\sigma_s}+1}\| < \infty$ ($r_{\sigma_s} \geqslant 2$). 假设棱 $\mathscr{E}_{\sigma_s}^{(s)}(\sigma_r,\alpha)$ 上流 $\mathbf{x}^{(\sigma_s;\mathscr{E})}(t)$ 有一个 $n-s+r$ 维度量棱 $\mathscr{E}_{\sigma_{n-s+r}}^{(\rho,n-s+r)}$, 并有等常数向量的指定棱 $\mathscr{E}_{\sigma_r}^{(r)}(\alpha)$. 对于 $i_\alpha \in \bar{\mathscr{N}}_{\alpha\mathscr{B}}(\sigma_r,\sigma_s)$, 所有度量面 $S_{\sigma_m}^{(i_\alpha,\alpha)}$ 相交形成度量棱 $\mathscr{E}_{\sigma_{n-s+r}}^{(\rho,n-s+r)}(\sigma_r,\alpha) = \cap_{j_\alpha \in \bar{\mathscr{N}}_{\alpha\mathscr{B}}(\sigma_r,\sigma_s)} S_\rho^{(j_\alpha,\alpha)}$. 有 $\mathscr{E}_{\sigma_r}^{(r)}(\alpha) = \mathscr{E}_{\sigma_{n-s+r}}^{(n-s+r)}(\sigma_r,\alpha) \cap \mathscr{E}_{\sigma_s}^{(s)}(\sigma_r,\alpha)$, $\mathscr{E}_{\sigma_{n-s+r}}^{(n-s+r)}(\sigma_r,\alpha) = \cap_{j_\alpha \in \bar{\mathscr{N}}_{\alpha\mathscr{B}}(\sigma_r,\sigma_s)} \partial\Omega_{\alpha j_\alpha}$, $\mathscr{E}_{\sigma_s}^{(s)}(\sigma_r,\alpha) = \cap_{i_\alpha \in \mathscr{N}_{\alpha\mathscr{B}}(\sigma_r,\sigma_s)} \partial\Omega_{\alpha i_\alpha} \subset \mathscr{E}_{\sigma_s}^{(s)}(\sigma_r)$. 在 t_m 时刻, $\mathbf{x}_m^{(\sigma_s;\mathscr{E})} = \mathbf{x}_\rho^{(\sigma_r;\mathscr{E})}(t_m) \in \mathscr{E}_{\sigma_r}^{(r,\sigma_s)}(\rho_m)$ ($\rho \in \mathbf{N}$) 满足方程 (8.55). 假设有 $\mathbf{x}_{\rho(m\pm\varepsilon)}^{(j_\alpha,\alpha)} \in S_{\rho_m}^{(j_\alpha,\alpha)}$ 和 $\mathbf{x}_{m\pm\varepsilon}^{(\sigma_s;\mathscr{E})} = \mathbf{x}^{(\sigma_s;\mathscr{E})}(t_{m\pm\varepsilon}) \in \mathscr{E}_{\sigma_{n-s+r}}^{(\rho_m,n-s+r)}$.

(i) 在 t_m 时刻, 对于棱 $\mathscr{E}_{\sigma_r}^{(r)}$, 棱流 $\mathbf{x}^{(\sigma_s;\mathscr{E})}(t)$ 是吸引的, 当且仅当

$$
\hbar_{j_\alpha} G_{\partial\Omega_{\alpha j_\alpha}}^{(\sigma_s;\mathscr{E})}(\mathbf{x}_m^{(\sigma_s;\mathscr{E})}, t_m, \boldsymbol{\pi}_{\sigma_s}, \boldsymbol{\lambda}_{j_\alpha}) < 0, j_\alpha \in \bar{\mathscr{N}}_{\alpha\mathscr{B}}(\sigma_r,\sigma_s).
\tag{8.61}
$$

(ii) 在 t_m 时刻, 对于棱 $\mathscr{E}_{\sigma_r}^{(r)}$, 棱流 $\mathbf{x}^{(\sigma_s;\mathscr{E})}(t)$ 是排斥的, 当且仅当

$$
\hbar_{j_\alpha} G_{\partial\Omega_{\alpha j_\alpha}}^{(\sigma_s;\mathscr{E})}(\mathbf{x}_m^{(\sigma_s;\mathscr{E})}, t_m, \boldsymbol{\pi}_{\sigma_s}, \boldsymbol{\lambda}_{j_\alpha}) > 0, j_\alpha \in \bar{\mathscr{N}}_{\alpha\mathscr{B}}(\sigma_r,\sigma_s).
\tag{8.62}
$$

(iii) 在 t_m 时刻, 对于棱 $\mathscr{E}_{\sigma_r}^{(r)}$, 棱流 $\mathbf{x}^{(\sigma_s;\mathscr{E})}(t)$ 处于从吸引到排斥状态的临界状态, 当且仅当

$$\hbar_{j_\alpha} G^{(\sigma_s;\mathscr{E})}_{\partial\Omega_{\alpha j_\alpha}}(\mathbf{x}^{(\sigma_s;\mathscr{E})}_m, t_m, \boldsymbol{\pi}_{\sigma_s}, \boldsymbol{\lambda}_{j_\alpha}) = 0,$$

$$\hbar_{j_\alpha} G^{(1,\sigma_s;\mathscr{E})}_{\partial\Omega_{\alpha j_\alpha}}(\mathbf{x}^{(\sigma_s;\mathscr{E})}_m, t_m, \boldsymbol{\pi}_{\sigma_s}, \boldsymbol{\lambda}_{j_\alpha}) > 0, \tag{8.63}$$

$$j_\alpha \in \bar{\mathscr{N}}_{\alpha\mathscr{B}}(\sigma_r, \sigma_s).$$

(iv) 在 t_m 时刻, 对于棱 $\mathscr{E}^{(r)}_{\sigma_r}$, 棱流 $\mathbf{x}^{(\sigma_s;\mathscr{E})}(t)$ 处于从排斥到吸引的状态, 当且仅当

$$\hbar_{j_\alpha} G^{(\sigma_s;\mathscr{E})}_{\partial\Omega_{\alpha j_\alpha}}(\mathbf{x}^{(\sigma_s;\mathscr{E})}_m, t_m, \boldsymbol{\pi}_{\sigma_s}, \boldsymbol{\lambda}_{j_\alpha}) = 0,$$

$$\hbar_{j_\alpha} G^{(1,\sigma_s;\mathscr{E})}_{\partial\Omega_{\alpha j_\alpha}}(\mathbf{x}^{(\sigma_s;\mathscr{E})}_m, t_m, \boldsymbol{\pi}_{\sigma_s}, \boldsymbol{\lambda}_{j_\alpha}) < 0, \tag{8.64}$$

$$j_\alpha \in \bar{\mathscr{N}}_{\alpha\mathscr{B}}(\sigma_r, \sigma_s).$$

(v) 在 t_m 时刻, 对于棱 $\mathscr{E}^{(r)}_{\sigma_r}$, 棱流 $\mathbf{x}^{(\sigma_s;\mathscr{E})}(t)$ 是具有等度量量 $\mathscr{C}^{(i_\alpha,\alpha)}_m$ 的 [555] 不变量, 当且仅当

$$\hbar_{j_\alpha} G^{(s_{j_\alpha},\sigma_s;\mathscr{E})}_{\partial\Omega_{\alpha j_\alpha}}(\mathbf{x}^{(\sigma_s;\mathscr{E})}_m, t_m, \boldsymbol{\pi}_{\sigma_s}, \boldsymbol{\lambda}_{j_\alpha}) = 0,$$

$$s_{j_\alpha} = 0, 1, 2, \cdots; j_\alpha \in \bar{\mathscr{N}}_{\alpha\mathscr{B}}(\sigma_r, \sigma_s). \tag{8.65}$$

证明 仿照定理 3.1, 将棱流视为特殊域流即可证明该定理 (参见文献 Luo, 2008, 2009). ∎

类似地, 下面将讨论棱流对于具有高阶奇异性的指定棱的吸引性.

定义 8.10 对于方程 (6.4)—(6.8) 中的不连续动力系统, 在 t_m 时刻, 存在点 $\mathbf{x}^{(\sigma_r;\mathscr{E})}(t_m) \equiv \mathbf{x}_m \in \mathscr{E}^{(r)}_{\sigma_r}$ ($\sigma_r \in \mathscr{N}^r_\mathscr{E} = \{1, 2, \cdots, N_r\}$, $r \in \{0, 1, 2, \cdots, n-2\}$), 并且相应的边界和域分别为 $\partial\Omega_{\alpha i_\alpha}(\sigma_r)$ 和 $\Omega_\alpha(\sigma_r)$ ($\alpha \in \mathscr{N}_\mathscr{D}(\sigma_r) \subset \mathscr{N}_\mathscr{D} = \{1, 2, \cdots, N_d\}$, $i_\alpha \in \mathscr{N}_{\alpha\mathscr{B}}(\sigma_r) \subset \mathscr{N}_\mathscr{B} = \{1, 2, \cdots, N_b\}$), 其中边界指标子集 $\mathscr{N}_{\alpha\mathscr{B}}(\sigma_r)$ 含 n_{σ_r} 个元素 ($n_{\sigma_r} \geqslant n-r$). 棱 $\mathscr{E}^{(r)}_{\sigma_r}$ 是所有棱 $\mathscr{E}^{(s)}_{\sigma_s}(\sigma_r)$ (包括域和边界) 的交集, 其中 $\sigma_s \in \mathscr{N}^s_\mathscr{E}(\sigma_r) \subset \mathscr{N}^s_\mathscr{E} = \{1, 2, \cdots, N_s\}$, $s \in \{r+1, r+2, \cdots, n-1, n\}$. 假设存在一个 s 维棱 $\mathscr{E}^{(s)}_{\sigma_s}(\sigma_r)$, 且相应于域 $\Omega_\alpha(\sigma_r)$ 的边界指标子集 为 $\mathscr{N}_{\alpha\mathscr{B}}(\sigma_r, \sigma_s)$. 互补的边界指标子集为 $\bar{\mathscr{N}}_{\alpha\mathscr{B}}(\sigma_r, \sigma_s) = \mathscr{N}_{\alpha\mathscr{B}}(\sigma_r)/\mathscr{N}_{\alpha\mathscr{B}}(\sigma_r, \sigma_s)$. 对于任意小的 $\varepsilon > 0$, 存在两个时间区间 $[t_{m-\varepsilon}, t_m)$, $(t_m, t_{m+\varepsilon}]$. 对于时间 t, 棱流 $\mathbf{x}^{(\sigma_s;\mathscr{E})}(t)$ 为 $C^{r_{\sigma_s}}_{[t_{m-\varepsilon}, t_m)}$ 或 $C^{r_{\sigma_s}}_{(t_m, t_{m+\varepsilon}]}$ 连续的, 且 $\|d^{r_{\sigma_s}+1}\mathbf{x}^{(\sigma_s;\mathscr{E})}/dt^{r_{\sigma_s}+1}\| < \infty$ ($r_{\sigma_s} \geqslant \max_{j_\alpha \in \bar{\mathscr{N}}_{\alpha\mathscr{B}}}(2k_{j_\alpha}+1)$). 假设棱 $\mathscr{E}^{(s)}_{\sigma_s}(\sigma_r, \alpha)$ 上流 $\mathbf{x}^{(\sigma_s;\mathscr{E})}(t)$ 有一个 $n-s+r$ 维度量棱 $\mathscr{E}^{(\rho, n-s+r)}_{\sigma_{n-s+r}}$, 并有等常数向量的指定棱 $\mathscr{E}^{(r)}_{\sigma_r}(\alpha)$. 对于 $j_\alpha \in \bar{\mathscr{N}}_{\alpha\mathscr{B}}(\sigma_r, \sigma_s)$, 所有度量面 $S^{(j_\alpha,\alpha)}_{\sigma_m}$ 相交形成度量棱 $\mathscr{E}^{(\rho, n-s+r)}_{\sigma_{n-s+r}}(\sigma_r, \alpha) = \cap_{j_\alpha \in \bar{\mathscr{N}}_{\alpha\mathscr{B}}(\sigma_r, \sigma_s)} S^{(j_\alpha,\alpha)}_\rho$. 有 $\mathscr{E}^{(r)}_{\sigma_r}(\alpha) = \mathscr{E}^{(n-s+r)}_{\sigma_{n-s+r}}(\sigma_r, \alpha) \cap \mathscr{E}^{(s)}_{\sigma_s}(\sigma_r, \alpha)$, $\mathscr{E}^{(n-s+r)}_{\sigma_{n-s+r}}(\sigma_r, \alpha) = \cap_{j_\alpha \in \bar{\mathscr{N}}_{\alpha\mathscr{B}}(\sigma_r, \sigma_s)} \partial\Omega_{\alpha j_\alpha}$, $\mathscr{E}^{(s)}_{\sigma_s}(\sigma_r, \alpha) = \cap_{i_\alpha \in \mathscr{N}_{\alpha\mathscr{B}}(\sigma_r, \sigma_s)} \partial\Omega_{\alpha i_\alpha} \subset \mathscr{E}^{(s)}_{\sigma_s}(\sigma_r)$.

在 t_m 时刻, $\mathbf{x}_m^{(\sigma_s;\mathscr{E})} = \mathbf{x}_\rho^{(\sigma_s;\mathscr{E})}(t_m) \in \mathscr{E}_{\sigma_r}^{(r,\sigma_s)}(\rho_m)$ $(\rho \in \mathbf{N})$ 满足方程 (8.55). 假设 $\mathbf{x}_{m\pm\varepsilon}^{(\sigma_s;\mathscr{E})} = \mathbf{x}^{(\sigma_s;\mathscr{E})}(t_{m\pm\varepsilon}) \in \mathscr{E}_{\sigma_{n-s+r}}^{(\rho_m,n-s+r)}$ 和 $\mathbf{x}_{\rho(m\pm\varepsilon)}^{(j_\alpha,\alpha)} \in S_{\rho_m}^{(j_\alpha,\alpha)}$.

(i) 如果满足

[556]

$$\hbar_{j_\alpha} G_{\partial\Omega_{\alpha j_\alpha}}^{(s_{j_\alpha},\sigma_s;\mathscr{E})}(\mathbf{x}_m^{(\sigma_s;\mathscr{E})}, t_m, \boldsymbol{\pi}_{\sigma_s}, \boldsymbol{\lambda}_{j_\alpha}) = 0,$$

$$s_{j_\alpha} = 0, 1, 2, \cdots, 2k_{j_\alpha} - 1;$$

$$\left.\begin{array}{l}
\hbar_{j_\alpha} \mathbf{n}_{\partial\Omega_{\alpha j_\alpha}}^{\mathrm{T}}(\mathbf{x}_{\rho(m-\varepsilon)}^{(j_\alpha,\alpha)}) \cdot [\mathbf{x}_{\rho(m-\varepsilon)}^{(j_\alpha,\alpha)} - \mathbf{x}_{m-\varepsilon}^{(\sigma_s;\mathscr{E})}] < 0, \\[2mm]
\hbar_{j_\alpha} \mathbf{n}_{\partial\Omega_{\alpha j_\alpha}}^{\mathrm{T}}(\mathbf{x}_{\rho(m+\varepsilon)}^{(j_\alpha,\alpha)}) \cdot [\mathbf{x}_{m+\varepsilon}^{(\sigma_s;\mathscr{E})} - \mathbf{x}_{\rho(m+\varepsilon)}^{(j_\alpha,\alpha)}] < 0, \\[2mm]
\hbar_{j_\alpha} \mathscr{C}_{m-\varepsilon}^{(j_\alpha,\alpha)} > \hbar_{j_\alpha} \mathscr{C}_m^{(j_\alpha,\alpha)} > \hbar_{j_\alpha} \mathscr{C}_{m+\varepsilon}^{(j_\alpha,\alpha)}, \\[2mm]
j_\alpha \in \bar{\mathscr{N}}_{\alpha\mathscr{B}}(\sigma_r, \sigma_s),
\end{array}\right\} \tag{8.66}$$

那么称在 t_m 时刻, 对于棱 $\mathscr{E}_{\sigma_r}^{(r)}$, 棱流 $\mathbf{x}^{(\sigma_s;\mathscr{E})}(t)$ 为 $2\mathbf{k}_{(\sigma_r,\sigma_s)}$ 阶奇异吸引的.

(ii) 如果满足

$$\hbar_{j_\alpha} G_{\partial\Omega_{\alpha j_\alpha}}^{(s_{j_\alpha},\sigma_s;\mathscr{E})}(\mathbf{x}_m^{(\sigma_s;\mathscr{E})}, t_m, \boldsymbol{\pi}_{\sigma_s}, \boldsymbol{\lambda}_{j_\alpha}) = 0,$$

$$s_{j_\alpha} = 0, 1, 2, \cdots, 2k_{j_\alpha} - 1;$$

$$\left.\begin{array}{l}
\hbar_{j_\alpha} \mathbf{n}_{\partial\Omega_{\alpha j_\alpha}}^{\mathrm{T}}(\mathbf{x}_{\rho(m-\varepsilon)}^{(j_\alpha,\alpha)}) \cdot [\mathbf{x}_{\rho(m-\varepsilon)}^{(j_\alpha,\alpha)} - \mathbf{x}_{m-\varepsilon}^{(\sigma_s;\mathscr{E})}] > 0, \\[2mm]
\hbar_{j_\alpha} \mathbf{n}_{\partial\Omega_{\alpha j_\alpha}}^{\mathrm{T}}(\mathbf{x}_{\rho(m+\varepsilon)}^{(j_\alpha,\alpha)}) \cdot [\mathbf{x}_{m+\varepsilon}^{(\sigma_s;\mathscr{E})} - \mathbf{x}_{\rho(m+\varepsilon)}^{(j_\alpha,\alpha)}] > 0, \\[2mm]
\hbar_{j_\alpha} \mathscr{C}_{m-\varepsilon}^{(j_\alpha,\alpha)} > \hbar_{j_\alpha} \mathscr{C}_m^{(j_\alpha,\alpha)} > \hbar_{j_\alpha} \mathscr{C}_{m+\varepsilon}^{(j_\alpha,\alpha)}, \\[2mm]
j_\alpha \in \bar{\mathscr{N}}_{\alpha\mathscr{B}}(\sigma_r, \sigma_s),
\end{array}\right\} \tag{8.67}$$

那么称在 t_m 时刻, 对于棱 $\mathscr{E}_{\sigma_r}^{(r)}$, 棱流 $\mathbf{x}^{(\sigma_s;\mathscr{E})}(t)$ 为 $2\mathbf{k}_{(\sigma_r,\sigma_s)}$ 阶奇异排斥的.

(iii) 如果满足

$$\hbar_{j_\alpha} G_{\partial\Omega_{\alpha j_\alpha}}^{(s_{j_\alpha},\sigma_s;\mathscr{E})}(\mathbf{x}_m^{(\sigma_s;\mathscr{E})}, t_m, \boldsymbol{\pi}_{\sigma_s}, \boldsymbol{\lambda}_{j_\alpha}) = 0,$$

$$s_{j_\alpha} = 0, 1, 2, \cdots, 2k_{j_\alpha};$$

$$\left.\begin{array}{l}
\hbar_{j_\alpha} \mathbf{n}_{\partial\Omega_{\alpha j_\alpha}}^{\mathrm{T}}(\mathbf{x}_{\rho(m-\varepsilon)}^{(j_\alpha,\alpha)}) \cdot [\mathbf{x}_{\rho(m-\varepsilon)}^{(j_\alpha,\alpha)} - \mathbf{x}_{m-\varepsilon}^{(\sigma_s;\mathscr{E})}] < 0, \\[2mm]
\hbar_{j_\alpha} \mathbf{n}_{\partial\Omega_{\alpha j_\alpha}}^{\mathrm{T}}(\mathbf{x}_{\rho(m+\varepsilon)}^{(j_\alpha,\alpha)}) \cdot [\mathbf{x}_{m+\varepsilon}^{(\sigma_s;\mathscr{E})} - \mathbf{x}_{\rho(m+\varepsilon)}^{(j_\alpha,\alpha)}] > 0, \\[2mm]
\hbar_{j_\alpha} \mathscr{C}_m^{(j_\alpha,\alpha)} < \hbar_{j_\alpha} \mathscr{C}_{m-\varepsilon}^{(j_\alpha,\alpha)} \ \text{和} \ \hbar_{j_\alpha} \mathscr{C}_m^{(j_\alpha,\alpha)} < \hbar_{j_\alpha} \mathscr{C}_{m+\varepsilon}^{(j_\alpha,\alpha)}, \\[2mm]
j_\alpha \in \bar{\mathscr{N}}_{\alpha\mathscr{B}}(\sigma_r, \sigma_s),
\end{array}\right\} \tag{8.68}$$

那么称在 t_m 时刻对于棱 $\mathscr{E}_{\sigma_r}^{(r)}$. 棱流 $\mathbf{x}^{(\sigma_s;\mathscr{E})}(t)$ 处于从吸引到排斥的状态且具有 $2\mathbf{k}_{(\sigma_r,\sigma_s)} + 1$ 阶奇异性.

(iv) 如果满足

$$\hbar_{j_\alpha} G^{(s_{j_\alpha}, \sigma_s; \mathscr{E})}_{\partial\Omega_{\alpha j_\alpha}}(\mathbf{x}^{(\sigma_s; \mathscr{E})}_m, t_m, \boldsymbol{\pi}_{\sigma_s}, \boldsymbol{\lambda}_{j_\alpha}) = 0,$$ [557]

$$s_{j_\alpha} = 0, 1, 2, \cdots, 2k_{j_\alpha};$$

$$\left.\begin{array}{l} \hbar_{j_\alpha} \mathbf{n}^{\mathrm{T}}_{\partial\Omega_{\alpha j_\alpha}}(\mathbf{x}^{(j_\alpha, \alpha)}_{\rho(m-\varepsilon)}) \cdot [\mathbf{x}^{(j_\alpha, \alpha)}_{\rho(m-\varepsilon)} - \mathbf{x}^{(\sigma_s; \mathscr{E})}_{m-\varepsilon}] > 0, \\[2mm] \hbar_{j_\alpha} \mathbf{n}^{\mathrm{T}}_{\partial\Omega_{\alpha j_\alpha}}(\mathbf{x}^{(j_\alpha, \alpha)}_{\rho(m+\varepsilon)}) \cdot [\mathbf{x}^{(\sigma_s; \mathscr{E})}_{m+\varepsilon} - \mathbf{x}^{(j_\alpha, \alpha)}_{\rho(m+\varepsilon)}] < 0, \\[2mm] \hbar_{j_\alpha} \mathscr{C}^{(j_\alpha, \alpha)}_m > \hbar_{j_\alpha} \mathscr{C}^{(j_\alpha, \alpha)}_{m-\varepsilon} \ \text{和} \ \hbar_{j_\alpha} \mathscr{C}^{(j_\alpha, \alpha)}_m > \hbar_{j_\alpha} \mathscr{C}^{(j_\alpha, \alpha)}_{m+\varepsilon}, \\[2mm] j_\alpha \in \bar{\mathcal{N}}_{\alpha\mathscr{B}}(\sigma_r, \sigma_s). \end{array}\right\}$$ (8.69)

那么称在 t_m 时刻对于棱 $\mathscr{E}^{(r)}_{\sigma_r}$, 棱流 $\mathbf{x}^{(\sigma_s; \mathscr{E})}(t)$ 处于从排斥到吸引的状态且具有 $2\mathbf{k}_{(\sigma_r, \sigma_s)} + 1$ 阶奇异性.

为了解释指定棱 $\mathscr{E}^{(r)}_{\sigma_r}$ 上棱流的吸引性, 考虑棱空间 $\mathscr{E}^{(s)}_{\sigma_s}$ 内一个指定棱 $\mathscr{E}^{(s-2)}_{\sigma_{s-2}}$, 其是边界 $\partial\Omega_{\alpha i_\alpha}$ 和 $\partial\Omega_{\alpha j_\alpha}$ 的交集. 在 s 维棱空间中两个度量边界 $S^{(i_\alpha; \alpha)}_\rho$ 和 $S^{(j_\alpha; \alpha)}_\rho$ 的交集将形成度量棱 $\mathscr{E}^{(\rho, s-2)}_{\sigma_{s-2}}$. 这个度量棱具有指定棱上的等常数向量. 如果棱流 $\mathbf{x}^{(\sigma_s; \mathscr{E})}$ 到达度量棱, 那么它在指定棱上相应的吸引性就确定了, 如图 8.8 所示. 度量棱和度量面是由等常数棱和等常数面得到的. 两个度量面的法向量与相应面的方向一样. 带箭头的实线表示棱流 $\mathbf{x}^{(\sigma_s; \mathscr{E})}$, 带箭头的虚线表示度量面上的流. 通过度量棱 $\mathscr{E}^{(\rho, s-2)}_{\sigma_{s-2}}$, 可以讨论棱 $\mathscr{E}^{(s-2)}_{\sigma_{s-2}}$ 上棱流的吸引性.

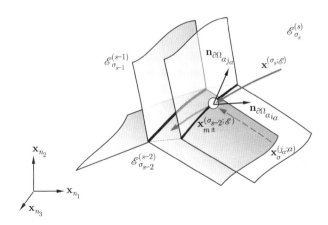

图 8.8　s 维棱空间 $\mathscr{E}^{(s)}_{\sigma_s}$ 中, 两个等常数面 $S^{(i_\alpha; \alpha)}_\rho$ 和 $S^{(j_\alpha; \alpha)}_\rho$ 相交形成度量棱 $\mathscr{E}^{(\rho, s-2)}_{\sigma_{s-2}}$. 指定棱 $\mathscr{E}^{(s-2)}_{\sigma_{s-2}}$ 是两个边界 $\partial\Omega_{\alpha i_\alpha}$ 和 $\partial\Omega_{\alpha j_\alpha}$ 的 $s-2$ 维棱. 两个边界对应的法向量如图所示 $(n_1 + n_2 + n_3 = s)$

[558]　　　下面将讨论指定棱上棱流的吸引条件.

　　定理 8.8　对于方程 (6.4)—(6.8) 中的不连续动力系统, 在 t_m 时刻, 存在点 $\mathbf{x}^{(\sigma_r;\mathscr{E})}(t_m) \equiv \mathbf{x}_m \in \mathscr{E}_{\sigma_r}^{(r)}$ $(\sigma_r \in \mathscr{N}_{\mathscr{E}}^r = \{1, 2, \cdots, N_r\}, r \in \{0, 1, 2, \cdots, n-2\})$, 并且相应的边界和域分别为 $\partial\Omega_{\alpha i_\alpha}(\sigma_r)$ 和 $\Omega_\alpha(\sigma_r)$ $(\alpha \in \mathscr{N}_{\mathscr{D}}(\sigma_r) \subset \mathscr{N}_{\mathscr{D}} = \{1, 2, \cdots, N_d\}, i_\alpha \in \mathscr{N}_{\alpha\mathscr{B}}(\sigma_r) \subset \mathscr{N}_{\mathscr{B}} = \{1, 2, \cdots, N_b\})$, 其中边界指标子集 $\mathscr{N}_{\alpha\mathscr{B}}(\sigma_r)$ 含 n_{σ_r} 个元素 $(n_{\sigma_r} \geqslant n-r)$. 棱 $\mathscr{E}_{\sigma_r}^{(r)}$ 是所有棱 $\mathscr{E}_{\sigma_s}^{(s)}(\sigma_r)$ (包括域和边界) 的交集, 其中 $\sigma_s \in \mathscr{N}_{\mathscr{E}}^s(\sigma_r) \subset \mathscr{N}_{\mathscr{E}}^s = \{1, 2, \cdots, N_s\}, s \in \{r+1, r+2, \cdots, n-1, n\}$. 假设存在一个 s 维棱 $\mathscr{E}_{\sigma_s}^{(s)}(\sigma_r)$, 且相应于域 $\Omega_\alpha(\sigma_r)$ 的边界指标子集为 $\mathscr{N}_{\alpha\mathscr{B}}(\sigma_r, \sigma_s)$. 互补的边界指标子集为 $\bar{\mathscr{N}}_{\alpha\mathscr{B}}(\sigma_r, \sigma_s) = \mathscr{N}_{\alpha\mathscr{B}}(\sigma_r)/\mathscr{N}_{\alpha\mathscr{B}}(\sigma_r, \sigma_s)$. 对于任意小的 $\varepsilon > 0$, 存在两个时间区间 $[t_{m-\varepsilon}, t_m), (t_m, t_{m+\varepsilon}]$. 对于时间 t, 棱流 $\mathbf{x}^{(\sigma_s;\mathscr{E})}(t)$ 为 $C_{[t_{m-\varepsilon}, t_m)}^{r_{\sigma_s}}$ 或 $C_{(t_m, t_{m+\varepsilon})}^{r_{\sigma_s}}$ 连续的, 且 $\|d^{r_{\sigma_s}+1}\mathbf{x}^{(\sigma_s;\mathscr{E})}/dt^{r_{\sigma_s}+1}\| < \infty$ $(r_{\sigma_s} \geqslant \max_{j_\alpha \in \bar{\mathscr{N}}_{\alpha\mathscr{B}}}(2k_{j_\alpha}+1))$. 假设棱 $\mathscr{E}_{\sigma_s}^{(s)}(\sigma_r, \alpha)$ 上流 $\mathbf{x}^{(\sigma_s;\mathscr{E})}(t)$ 有 $n-s+r$ 维度量棱 $\mathscr{E}_{\sigma_{n-s+r}}^{(\rho, n-s+r)}$, 并有等常数向量的指定棱 $\mathscr{E}_{\sigma_r}^{(r)}(\alpha)$. 对于 $i_\alpha \in \bar{\mathscr{N}}_{\alpha\mathscr{B}}(\sigma_r, \sigma_s)$, 所有度量面 $S_{\sigma_m}^{(i_\alpha, \alpha)}$ 相交形成度量棱 $\mathscr{E}_{\sigma_{n-s+r}}^{(\rho, n-s+r)}(\sigma_r, \alpha) = \cap_{j_\alpha \in \mathscr{N}_{\alpha\mathscr{B}}(\sigma_r, \sigma_s)} S_\rho^{(j_\alpha, \alpha)}$. 有 $\mathscr{E}_{\sigma_r}^{(r)}(\alpha) = \mathscr{E}_{\sigma_{n-s+r}}^{(n-s+r)}(\sigma_r, \alpha) \cap \mathscr{E}_{\sigma_s}^{(s)}(\sigma_r, \alpha)$, $\mathscr{E}_{\sigma_{n-s+r}}^{(n-s+r)}(\sigma_r, \alpha) = \cap_{j_\alpha \in \mathscr{N}_{\alpha\mathscr{B}}(\sigma_r, \sigma_s)} \partial\Omega_{\alpha j_\alpha}$, $\mathscr{E}_{\sigma_s}^{(s)}(\sigma_r, \alpha) = \cap_{i_\alpha \in \mathscr{N}_{\alpha\mathscr{B}}(\sigma_r, \sigma_s)} \partial\Omega_{\alpha i_\alpha} \subset \mathscr{E}_{\sigma_s}^{(s)}(\sigma_r)$. 在 t_m 时刻, $\mathbf{x}_m^{(\sigma_s;\mathscr{E})} = \mathbf{x}_\rho^{(\sigma_s;\mathscr{E})}(t_m) \in \mathscr{E}_{\sigma_r}^{(r,\sigma_s)}(\rho_m)$ $(\rho \in \mathbf{N})$ 满足方程 (8.55). 假设 $\mathbf{x}_{m\pm\varepsilon}^{(\sigma_s;\mathscr{E})} = \mathbf{x}^{(\sigma_s;\mathscr{E})}(t_{m\pm\varepsilon}) \in \mathscr{E}_{\sigma_{n-s+r}}^{(\rho_m, n-s+r)}$ 和 $\mathbf{x}_{\rho(m\pm\varepsilon)}^{(j_\alpha, \alpha)} \in S_{\rho_m}^{(j_\alpha, \alpha)}$.

　　(i) 在 t_m 时刻对于棱 $\mathscr{E}_{\sigma_r}^{(r)}$, 棱流 $\mathbf{x}^{(\sigma_s;\mathscr{E})}(t)$ 为 $2\mathbf{k}_{(\sigma_r, \sigma_s)}$ 阶奇异吸引的, 当且仅当

$$
\begin{aligned}
&\hbar_{j_\alpha} G_{\partial\Omega_{\alpha j_\alpha}}^{(s_{j_\alpha}, \sigma_s;\mathscr{E})}(\mathbf{x}_m^{(\sigma_s;\mathscr{E})}, t_m, \boldsymbol{\pi}_{\sigma_s}, \boldsymbol{\lambda}_{j_\alpha}) = 0, \\
&s_{j_\alpha} = 0, 1, 2, \cdots, 2k_{j_\alpha} - 1; \\
&\hbar_{j_\alpha} G_{\partial\Omega_{\alpha j_\alpha}}^{(2k_{j_\alpha}, \sigma_s;\mathscr{E})}(\mathbf{x}_m^{(\sigma_s;\mathscr{E})}, t_m, \boldsymbol{\pi}_{\sigma_s}, \boldsymbol{\lambda}_{j_\alpha}) < 0, \\
&j_\alpha \in \bar{\mathscr{N}}_{\alpha\mathscr{B}}(\sigma_r, \sigma_s).
\end{aligned}
\tag{8.70}
$$

　　(ii) 在 t_m 时刻对于棱 $\mathscr{E}_{\sigma_r}^{(r)}$, 棱流 $\mathbf{x}^{(\sigma_s;\mathscr{E})}(t)$ 为 $2\mathbf{k}_{(\sigma_r, \sigma_s)}$ 阶奇异排斥的, 当且仅当

[559]
$$
\begin{aligned}
&\hbar_{j_\alpha} G_{\partial\Omega_{\alpha j_\alpha}}^{(s_{j_\alpha}, \sigma_s;\mathscr{E})}(\mathbf{x}_m^{(\sigma_s;\mathscr{E})}, t_m, \boldsymbol{\pi}_{\sigma_s}, \boldsymbol{\lambda}_{j_\alpha}) = 0, \\
&s_{j_\alpha} = 0, 1, 2, \cdots, 2k_{j_\alpha} - 1; \\
&\hbar_{j_\alpha} G_{\partial\Omega_{\alpha j_\alpha}}^{(2k_{j_\alpha}, \sigma_s;\mathscr{E})}(\mathbf{x}_m^{(\sigma_s;\mathscr{E})}, t_m, \boldsymbol{\pi}_{\sigma_s}, \boldsymbol{\lambda}_{j_\alpha}) > 0, \\
&j_\alpha \in \bar{\mathscr{N}}_{\alpha\mathscr{B}}(\sigma_r, \sigma_s).
\end{aligned}
\tag{8.71}
$$

(iii) 在 t_m 时刻对于棱 $\mathscr{E}_{\sigma_r}^{(r)}$, 棱流 $\mathbf{x}^{(\sigma_s;\mathscr{E})}(t)$ 处于从吸引到排斥的状态且具有 $2\mathbf{k}_{(\sigma_r,\sigma_s)}+1$ 阶奇异性, 当且仅当

$$\begin{aligned}
&\hbar_{j_\alpha} G_{\partial\Omega_{\alpha j_\alpha}}^{(s_{j_\alpha},\sigma_s;\mathscr{E})}(\mathbf{x}_m^{(\sigma_s;\mathscr{E})}, t_m, \boldsymbol{\pi}_{\sigma_s}, \boldsymbol{\lambda}_{j_\alpha}) = 0, \\
&s_{j_\alpha} = 0, 1, 2, \cdots, 2k_{j_\alpha}; \\
&\hbar_{j_\alpha} G_{\partial\Omega_{\alpha j_\alpha}}^{(2k_{j_\alpha}+1,\sigma_s;\mathscr{E})}(\mathbf{x}_m^{(\sigma_s;\mathscr{E})}, t_m, \boldsymbol{\pi}_{\sigma_s}, \boldsymbol{\lambda}_{j_\alpha}) > 0, \\
&j_\alpha \in \bar{\mathscr{N}}_{\alpha\mathscr{B}}(\sigma_r, \sigma_s).
\end{aligned} \tag{8.72}$$

(iv) 在 t_m 时刻对于棱 $\mathscr{E}_{\sigma_r}^{(r)}$, 棱流 $\mathbf{x}^{(\sigma_s;\mathscr{E})}(t)$ 处于从排斥到吸引的状态且具有 $2\mathbf{k}_{(\sigma_r,\sigma_s)}+1$ 阶奇异性, 当且仅当

$$\begin{aligned}
&\hbar_{j_\alpha} G_{\partial\Omega_{\alpha j_\alpha}}^{(s_{j_\alpha},\sigma_s;\mathscr{E})}(\mathbf{x}_m^{(\sigma_s;\mathscr{E})}, t_m, \boldsymbol{\pi}_{\sigma_s}, \boldsymbol{\lambda}_{j_\alpha}) = 0, \\
&s_{j_\alpha} = 0, 1, 2, \cdots, 2k_{j_\alpha}; \\
&\hbar_{j_\alpha} G_{\partial\Omega_{\alpha j_\alpha}}^{(2k_{j_\alpha}+1,\sigma_s;\mathscr{E})}(\mathbf{x}_m^{(\sigma_s;\mathscr{E})}, t_m, \boldsymbol{\pi}_{\sigma_s}, \boldsymbol{\lambda}_{j_\alpha}) < 0, \\
&j_\alpha \in \bar{\mathscr{N}}_{\alpha\mathscr{B}}(\sigma_r, \sigma_s).
\end{aligned} \tag{8.73}$$

证明 正如定理 3.2 的证明, 将棱流视为特殊的域流即可证明该定理 (参见文献 Luo, 2008, 2009). ∎

要使一个棱流对于指定棱的所有边界具有相同的吸引性是很难的. 因而, 将棱流对指定棱的吸引性分为五种, 下面将给出指定棱上的棱流吸引性的描述.

定义 8.11 对于方程 (6.4)—(6.8) 中的不连续动力系统, 在 t_m 时刻, 存在点 $\mathbf{x}^{(\sigma_r;\mathscr{E})}(t_m) \equiv \mathbf{x}_m \in \mathscr{E}_{\sigma_r}^{(r)}$ ($\sigma_r \in \mathscr{N}_\mathscr{E}^r = \{1, 2, \cdots, N_r\}$, $r \in \{0, 1, 2, \cdots, n-2\}$), 并且相应的边界为 $\partial\Omega_{\alpha i_\alpha}(\sigma_r)$, 域为 $\Omega_\alpha(\sigma_r)$ ($\alpha \in \mathscr{N}_\mathscr{D}(\sigma_r) \subset \mathscr{N}_\mathscr{D} = \{1, 2, \cdots, N_d\}$, $i_\alpha \in \mathscr{N}_{\alpha\mathscr{B}}(\sigma_r) \subset \mathscr{N}_\mathscr{B} = \{1, 2, \cdots, N_b\}$), 其中边界指标子集 $\mathscr{N}_{\alpha\mathscr{B}}(\sigma_r)$ 含 n_{σ_r} 个元素 ($n_{\sigma_r} \geqslant n-r$). 棱 $\mathscr{E}_{\sigma_r}^{(r)}$ 是所有棱 $\mathscr{E}_{\sigma_s}^{(s)}(\sigma_r)$ (包括域和 [560] 边界) 的交集, 其中 $\sigma_s \in \mathscr{N}_\mathscr{E}^s(\sigma_r) \subset \mathscr{N}_\mathscr{E}^s = \{1, 2, \cdots, N_s\}$, $s \in \{r+1, r+2, \cdots, n-1, n\}$. 假设存在一个 s 维棱 $\mathscr{E}_{\sigma_s}^{(s)}(\sigma_r)$, 且相应域 $\Omega_\alpha(\sigma_r)$ 的边界指标子集为 $\mathscr{N}_{\alpha\mathscr{B}}(\sigma_r, \sigma_s)$. 互补的边界指标子集为 $\bar{\mathscr{N}}_{\alpha\mathscr{B}}(\sigma_r, \sigma_s) = \mathscr{N}_{\alpha\mathscr{B}}(\sigma_r)/\mathscr{N}_{\alpha\mathscr{B}}(\sigma_r, \sigma_s)$. 对于任意小的 $\varepsilon > 0$, 存在两个时间区间 $[t_{m-\varepsilon}, t_m)$, $(t_m, t_{m+\varepsilon}]$. 对于时间 t, 棱流 $\mathbf{x}^{(\sigma_s;\mathscr{E})}(t)$ 为 $C_{[t_{m-\varepsilon},t_m)}^{r_{\sigma_s}}$ 或 $C_{(t_m,t_{m+\varepsilon}]}^{r_{\sigma_s}}$ 连续的, 且 $\|d^{r_{\sigma_s}+1}\mathbf{x}^{(\sigma_s;\mathscr{E})}/dt^{r_{\sigma_s}+1}\| < \infty$ ($r_{\sigma_s} \geqslant 1$). 假设棱 $\mathscr{E}_{\sigma_s}^{(s)}(\sigma_r, \alpha)$ 上流 $\mathbf{x}^{(\sigma_s;\mathscr{E})}(t)$ 有 $n-s+r$ 维度量棱 $\mathscr{E}_{\sigma_{n-s+r}}^{(\rho,n-s+r)}$, 并有等常数向量的指定棱 $\mathscr{E}_{\sigma_r}^{(r)}(\alpha)$. 对于 $i_\alpha \in \bar{\mathscr{N}}_{\alpha\mathscr{B}}(\sigma_r, \sigma_s)$, 所有度量面 $S_{\sigma_m}^{(i_\alpha,\alpha)}$ 相交形成度量棱 $\mathscr{E}_{\sigma_{n-s+r}}^{(\rho,n-s+r)}(\sigma_r, \alpha)$, 即 $\mathscr{E}_{\sigma_{n-s+r}}^{(\rho,n-s+r)}(\sigma_r, \alpha) = $

$\cap_{j_\alpha \in \bar{\mathcal{N}}_{\alpha\mathcal{B}}(\sigma_r,\sigma_s)} S_\rho^{(j_\alpha,\alpha)}$, $\mathscr{E}_{\sigma_r}^{(r)}(\alpha) = \mathscr{E}_{\sigma_{n-s+r}}^{(n-s+r)}(\sigma_r,\alpha) \cap \mathscr{E}_{\sigma_s}^{(s)}(\sigma_r,\alpha)$ 且 $\mathscr{E}_{\sigma_{n-s+r}}^{(n-s+r)}(\sigma_r,$ $\alpha) = \cap_{j_\alpha \in \bar{\mathcal{N}}_{\alpha\mathcal{B}}(\sigma_r,\sigma_s)} \partial\Omega_{\alpha j_\alpha}$, $\mathscr{E}_{\sigma_s}^{(s)}(\sigma_r,\alpha) = \cap_{i_\alpha \in \mathcal{N}_{\alpha\mathcal{B}}(\sigma_r,\sigma_s)} \partial\Omega_{\alpha i_\alpha} \subset \mathscr{E}_{\sigma_s}^{(s)}(\sigma_r)$. 在 t_m 时刻, $\mathbf{x}_m^{(\sigma_s;\mathscr{E})} = \mathbf{x}_\rho^{(\sigma_s;\mathscr{E})}(t_m) \in \mathscr{E}_{\sigma_r}^{(r,\sigma_s)}(\rho_m)$ $(\rho \in \mathbf{N})$ 满足方程 (8.55). 假设 $\mathbf{x}_{m\pm\varepsilon}^{(\sigma_s;\mathscr{E})} = \mathbf{x}^{(\sigma_s;\mathscr{E})}(t_{m\pm\varepsilon}) \in \mathscr{E}_{\sigma_{n-s+r}}^{(\rho_m,n-s+r)}$ 和 $\mathbf{x}_{\rho(m\pm\varepsilon)}^{(j_\alpha,\alpha)} \in S_{\rho_m}^{(j_\alpha,\alpha)}$. $\mathcal{N}_{\alpha\mathcal{B}}(\sigma_r,\sigma_s) = \cup_{k=1}^5 \bar{\mathcal{N}}_{\alpha\mathcal{B}}^{(k)}(\sigma_r,\sigma_s)$ 和 $\cap_{k=1}^5 \bar{\mathcal{N}}_{\alpha\mathcal{B}}^{(k)}(\sigma_r,\sigma_s) = \varnothing$.

(i) 如果满足

$$\hbar_{j_\alpha} \mathbf{n}_{\partial\Omega_{\alpha j_\alpha}}^{\mathrm{T}}(\mathbf{x}_{\rho(m-\varepsilon)}^{(j_\alpha,\alpha)}) \cdot [\mathbf{x}_{\rho(m-\varepsilon)}^{(j_\alpha,\alpha)} - \mathbf{x}_{m-\varepsilon}^{(\sigma_s;\mathscr{E})}] < 0,$$
$$\hbar_{j_\alpha} \mathbf{n}_{\partial\Omega_{\alpha j_\alpha}}^{\mathrm{T}}(\mathbf{x}_{\rho(m+\varepsilon)}^{(j_\alpha,\alpha)}) \cdot [\mathbf{x}_{m+\varepsilon}^{(\sigma_s;\mathscr{E})} - \mathbf{x}_{\rho(m+\varepsilon)}^{(j_\alpha,\alpha)}] < 0, \qquad (8.74)$$
$$\hbar_{j_\alpha} \mathscr{C}_{m-\varepsilon}^{(j_\alpha,\alpha)} < \hbar_{j_\alpha} \mathscr{C}_m^{(j_\alpha,\alpha)} < \hbar_{j_\alpha} \mathscr{C}_{m+\varepsilon}^{(j_\alpha,\alpha)},$$

那么称在 t_m 时刻对于所有边界 $\partial\Omega_{\alpha j_\alpha}$ $(j_\alpha \in \bar{\mathcal{N}}_{\alpha\mathcal{B}}^{(1)}(\sigma_r,\sigma_s))$ 的棱 $\mathscr{E}_{\sigma_r}^{(r)}$, 棱流 $\mathbf{x}^{(\sigma_s;\mathscr{E})}(t)$ 是部分吸引的.

(ii) 如果满足

$$\hbar_{j_\alpha} \mathbf{n}_{\partial\Omega_{\alpha j_\alpha}}^{\mathrm{T}}(\mathbf{x}_{\rho(m-\varepsilon)}^{(j_\alpha,\alpha)}) \cdot [\mathbf{x}_{\rho(m-\varepsilon)}^{(j_\alpha,\alpha)} - \mathbf{x}_{m-\varepsilon}^{(\sigma_s;\mathscr{E})}] > 0,$$
$$\hbar_{j_\alpha} \mathbf{n}_{\partial\Omega_{\alpha j_\alpha}}^{\mathrm{T}}(\mathbf{x}_{\rho(m+\varepsilon)}^{(j_\alpha,\alpha)}) \cdot [\mathbf{x}_{m+\varepsilon}^{(\sigma_s;\mathscr{E})} - \mathbf{x}_{\rho(m+\varepsilon)}^{(j_\alpha,\alpha)}] > 0, \qquad (8.75)$$
$$\hbar_{j_\alpha} \mathscr{C}_{m-\varepsilon}^{(j_\alpha,\alpha)} > \hbar_{j_\alpha} \mathscr{C}_m^{(j_\alpha,\alpha)} > \hbar_{j_\alpha} \mathscr{C}_{m+\varepsilon}^{(j_\alpha,\alpha)},$$

那么称在 t_m 时刻对于所有边界 $\partial\Omega_{\alpha j_\alpha}(j_\alpha \in \bar{\mathcal{N}}_{\alpha\mathcal{B}}^{(2)}(\sigma_r,\sigma_s))$ 的棱 $\mathscr{E}_{\sigma_r}^{(r)}$, 棱流 $\mathbf{x}^{(\sigma_s;\mathscr{E})}(t)$ 是部分排斥的.

(iii) 如果满足

[561]
$$\hbar_{j_\alpha} \mathbf{n}_{\partial\Omega_{\alpha j_\alpha}}^{\mathrm{T}}(\mathbf{x}_{\rho(m-\varepsilon)}^{(j_\alpha,\alpha)}) \cdot [\mathbf{x}_{\rho(m-\varepsilon)}^{(j_\alpha,\alpha)} - \mathbf{x}_{m-\varepsilon}^{(\sigma_s;\mathscr{E})}] < 0,$$
$$\hbar_{j_\alpha} \mathbf{n}_{\partial\Omega_{\alpha j_\alpha}}^{\mathrm{T}}(\mathbf{x}_{\rho(m+\varepsilon)}^{(j_\alpha,\alpha)}) \cdot [\mathbf{x}_{m+\varepsilon}^{(\sigma_s;\mathscr{E})} - \mathbf{x}_{\rho(m+\varepsilon)}^{(j_\alpha,\alpha)}] > 0, \qquad (8.76)$$
$$\hbar_{j_\alpha} \mathscr{C}_m^{(j_\alpha,\alpha)} < \hbar_{j_\alpha} \mathscr{C}_{m-\varepsilon}^{(j_\alpha,\alpha)} \text{ 和 } \hbar_{j_\alpha} \mathscr{C}_m^{(j_\alpha,\alpha)} < \hbar_{j_\alpha} \mathscr{C}_{m+\varepsilon}^{(j_\alpha,\alpha)},$$

那么称在 t_m 时刻对于所有边界 $\partial\Omega_{\alpha j_\alpha}$ $(j_\alpha \in \bar{\mathcal{N}}_{\alpha\mathcal{B}}^{(3)}(\sigma_r,\sigma_s))$ 的棱 $\mathscr{E}_{\sigma_r}^{(r)}$, 棱流 $\mathbf{x}^{(\sigma_s;\mathscr{E})}(t)$ 是部分处于从吸引到排斥的状态.

(iv) 如果满足

$$\hbar_{j_\alpha} \mathbf{n}_{\partial\Omega_{\alpha j_\alpha}}^{\mathrm{T}}(\mathbf{x}_{\rho(m-\varepsilon)}^{(j_\alpha,\alpha)}) \cdot [\mathbf{x}_{\rho(m-\varepsilon)}^{(j_\alpha,\alpha)} - \mathbf{x}_{m-\varepsilon}^{(\sigma_s;\mathscr{E})}] > 0,$$
$$\hbar_{j_\alpha} \mathbf{n}_{\partial\Omega_{\alpha j_\alpha}}^{\mathrm{T}}(\mathbf{x}_{\rho(m+\varepsilon)}^{(j_\alpha,\alpha)}) \cdot [\mathbf{x}_{m+\varepsilon}^{(\sigma_s;\mathscr{E})} - \mathbf{x}_{\rho(m+\varepsilon)}^{(j_\alpha,\alpha)}] < 0, \qquad (8.77)$$
$$\hbar_{j_\alpha} \mathscr{C}_m^{(j_\alpha,\alpha)} > \hbar_{j_\alpha} \mathscr{C}_{m-\varepsilon}^{(j_\alpha,\alpha)} \text{ 和 } \hbar_{j_\alpha} \mathscr{C}_m^{(j_\alpha,\alpha)} > \hbar_{j_\alpha} \mathscr{C}_{m+\varepsilon}^{(j_\alpha,\alpha)},$$

那么称在 t_m 时刻对于所有边界 $\partial\Omega_{\alpha j_\alpha}(j_\alpha \in \bar{\mathcal{N}}_{\alpha\mathcal{B}}^{(4)}(\sigma_r, \sigma_s))$ 的棱 $\mathcal{E}_{\sigma_r}^{(r)}$, 棱流 $\mathbf{x}^{(\sigma_s;\mathcal{E})}(t)$ 是部分处于从排斥到吸引的状态.

(v) 如果满足

$$\mathbf{x}_{m-\varepsilon}^{(\sigma_s;\mathcal{E})} = \mathbf{x}_{\rho(m-\varepsilon)}^{(j_\alpha,\alpha)} \text{ 和 } \mathbf{x}_{m+\varepsilon}^{(\sigma_s;\mathcal{E})} = \mathbf{x}_{\rho(m+\varepsilon)}^{(j_\alpha,\alpha)},$$
$$\mathscr{C}_{m-\varepsilon}^{(j_\alpha,\alpha)} = \mathscr{C}_m^{(j_\alpha,\alpha)} = \mathscr{C}_{m+\varepsilon}^{(j_\alpha,\alpha)}, \tag{8.78}$$

那么称在 t_m 时刻对于所有边界 $\partial\Omega_{\alpha j_\alpha}(j_\alpha \in \bar{\mathcal{N}}_{\alpha\mathcal{B}}^{(5)}(\sigma_r, \sigma_s))$ 的棱 $\mathcal{E}_{\sigma_r}^{(r)}$, 棱流 $\mathbf{x}^{(\sigma_s;\mathcal{E})}(t)$ 是部分不变的且具有等度量量 $\mathscr{C}_m^{(i_\alpha,\alpha)}$.

与定理 8.7 类似, 下面的定理将给出指定棱上棱流的吸引条件.

定理 8.9 对于方程 (6.4)—(6.8) 中的不连续动力系统, 在 t_m 时刻, 存在点 $\mathbf{x}^{(\sigma_r;\mathcal{E})}(t_m) \equiv \mathbf{x}_m \in \mathcal{E}_{\sigma_r}^{(r)}$ $(\sigma_r \in \mathcal{N}_{\mathcal{E}}^r = \{1, 2, \cdots, N_r\}, r \in \{0, 1, 2, \cdots, n-2\})$, 并且相应的边界和域分别为 $\partial\Omega_{\alpha i_\alpha}(\sigma_r)$ 和 $\Omega_\alpha(\sigma_r)$ $(\alpha \in \mathcal{N}_{\mathscr{D}}(\sigma_r) \subset \mathcal{N}_{\mathscr{D}} = \{1, 2, \cdots, N_d\}, i_\alpha \in \mathcal{N}_{\alpha\mathscr{B}}(\sigma_r) \subset \mathcal{N}_{\mathscr{B}} = \{1, 2, \cdots, N_b\})$, 其中边界指标子集 $\mathcal{N}_{\alpha\mathscr{B}}(\sigma_r)$ 含 n_{σ_r} 个元素 $(n_{\sigma_r} \geqslant n-r)$. 棱 $\mathcal{E}_{\sigma_r}^{(r)}$ 是所有棱 $\mathcal{E}_{\sigma_r}^{(s)}(\sigma_r)$ (包括域和边界) 的交集, 其中 $\sigma_s \in \mathcal{N}_{\mathcal{E}}^s(\sigma_r) \subset \mathcal{N}_{\mathcal{E}}^s = \{1, 2, \cdots, N_s\}, s \in \{r+1, r+2, \cdots, n-1, n\}$. 假设存在一个 s 维棱 $\mathcal{E}_{\sigma_s}^{(s)}(\sigma_r)$, 且相应于域 $\Omega_\alpha(\sigma_r)$ 的边界指标子集为 $\mathcal{N}_{\alpha\mathscr{B}}(\sigma_r, \sigma_s)$. 互补的边界指标子集为 $\bar{\mathcal{N}}_{\alpha\mathscr{B}}(\sigma_r, \sigma_s) = \mathcal{N}_{\alpha\mathscr{B}}(\sigma_r)/\mathcal{N}_{\alpha\mathscr{B}}(\sigma_r, \sigma_s)$. 对于任意小的 $\varepsilon > 0$, 存在两个时间区间 $[t_{m-\varepsilon}, t_m), (t_m, t_{m+\varepsilon}]$. 对于时间 t, 棱流 $\mathbf{x}^{(\sigma_s;\mathcal{E})}(t)$ 为 $C_{[t_{m-\varepsilon},t_m)}^{r_{\sigma_s}}$ 或 $C_{(t_m,t_{m+\varepsilon}]}^{r_{\sigma_s}}$ 连续的, 且 $\|d^{r_{\sigma_s}+1}\mathbf{x}^{(\sigma_s;\mathcal{E})}/dt^{r_{\sigma_s}+1}\| <$ [562] ∞ $(r_{\sigma_s} \geqslant 1)$. 假设棱 $\mathcal{E}_{\sigma_s}^{(s)}(\sigma_r, \alpha)$ 上流 $\mathbf{x}^{(\sigma_s;\mathcal{E})}(t)$ 有一个 $n-s+r$ 维度量棱 $\mathcal{E}_{\sigma_{n-s+r}}^{(\rho,n-s+r)}$, 并有等常数向量的指定棱 $\mathcal{E}_{\sigma_r}^{(r)}(\alpha)$. 对于 $i_\alpha \in \bar{\mathcal{N}}_{\alpha\mathscr{B}}(\sigma_r, \sigma_s)$, 所有度量面 $S_{\sigma_m}^{(i_\alpha,\alpha)}$ 相交形成度量棱 $\mathcal{E}_{\sigma_{n-s+r}}^{(\rho,n-s+r)}(\sigma_r, \alpha)$, 即 $\mathcal{E}_{\sigma_{n-s+r}}^{(\rho,n-s+r)}(\sigma_r, \alpha) = \cap_{j_\alpha \in \bar{\mathcal{N}}_{\alpha\mathscr{B}}(\sigma_r,\sigma_s)} S_\rho^{(j_\alpha,\alpha)}$, $\mathcal{E}_{\sigma_r}^{(r)}(\alpha) = \mathcal{E}_{\sigma_{n-s+r}}^{(n-s+r)}(\sigma_r, \alpha) \cap \mathcal{E}_{\sigma_s}^{(s)}(\sigma_r, \alpha)$ 且 $\mathcal{E}_{\sigma_{n-s+r}}^{(n-s+r)}(\sigma_r, \alpha) = \cap_{j_\alpha \in \bar{\mathcal{N}}_{\alpha\mathscr{B}}(\sigma_r,\sigma_s)} \partial\Omega_{\alpha j_\alpha}$, $\mathcal{E}_{\sigma_s}^{(s)}(\sigma_r, \alpha) = \cap_{i_\alpha \in \mathcal{N}_{\alpha\mathscr{B}}(\sigma_r,\sigma_s)} \partial\Omega_{\alpha i_\alpha} \subset \mathcal{E}_{\sigma_s}^{(s)}(\sigma_r)$. 在 t_m 时刻, $\mathbf{x}_m^{(\sigma_s;\mathcal{E})} = \mathbf{x}_\rho^{(\sigma_s;\mathcal{E})}(t_m) \in \mathcal{E}_{\sigma_r}^{(r,\sigma_s)}(\rho_m)$ $(\rho \in \mathbf{N})$ 满足方程 (8.55). 假设 $\mathbf{x}_{m\pm\varepsilon}^{(\sigma_s;\mathcal{E})} = \mathbf{x}^{(\sigma_s;\mathcal{E})}(t_{m\pm\varepsilon}) \in \mathcal{E}_{\sigma_{n-s+r}}^{(\rho_m,n-s+r)}$ 和 $\mathbf{x}_{\rho(m\pm\varepsilon)}^{(j_\alpha,\alpha)} \in S_{\rho_m}^{(j_\alpha,\alpha)}$. $\mathcal{N}_{\alpha\mathscr{B}}(\sigma_r, \sigma_s) = \cup_{k=1}^5 \bar{\mathcal{N}}_{\alpha\mathscr{B}}^{(k)}(\sigma_r, \sigma_s)$ 和 $\cap_{k=1}^5 \bar{\mathcal{N}}_{\alpha\mathscr{B}}^{(k)}(\sigma_r, \sigma_s) = \varnothing$.

(i) 在 t_m 时刻, 对于所有边界 $\partial\Omega_{\alpha j_\alpha}$ $(j_\alpha \in \bar{\mathcal{N}}_{\alpha\mathscr{B}}^{(1)}(\sigma_r, \sigma_s))$ 的棱 $\mathcal{E}_{\sigma_r}^{(r)}$, 棱流 $\mathbf{x}^{(\sigma_s;\mathcal{E})}(t)$ 是部分吸引的, 当且仅当

$$\hbar_{j_\alpha} G_{\partial\Omega_{\alpha j_\alpha}}^{(\sigma_s;\mathcal{E})}(\mathbf{x}_m^{(\sigma_s;\mathcal{E})}, t_m, \boldsymbol{\pi}_{\sigma_s}, \boldsymbol{\lambda}_{j_\alpha}) < 0. \tag{8.79}$$

(ii) 在 t_m 时刻, 对于所有边界 $\partial\Omega_{\alpha j_\alpha}(j_\alpha \in \bar{\mathscr{N}}_{\alpha\mathscr{B}}^{(2)}(\sigma_r, \sigma_s))$ 的棱 $\mathscr{E}_{\sigma_r}^{(r)}$, 棱流 $\mathbf{x}^{(\sigma_s;\mathscr{E})}(t)$ 是部分排斥的, 当且仅当

$$\hbar_{j_\alpha} G_{\partial\Omega_{\alpha j_\alpha}}^{(\sigma_s;\mathscr{E})}(\mathbf{x}_m^{(\sigma_s;\mathscr{E})}, t_m, \boldsymbol{\pi}_{\sigma_s}, \boldsymbol{\lambda}_{j_\alpha}) > 0. \tag{8.80}$$

(iii) 在 t_m 时刻, 对于所有边界 $\partial\Omega_{\alpha j_\alpha}$ $(j_\alpha \in \bar{\mathscr{N}}_{\alpha\mathscr{B}}^{(3)}(\sigma_r, \sigma_s))$ 的棱 $\mathscr{E}_{\sigma_r}^{(r)}$, 棱流 $\mathbf{x}^{(\sigma_s;\mathscr{E})}(t)$ 处于部分从吸引到排斥的状态, 当且仅当

$$\begin{aligned} &\hbar_{j_\alpha} G_{\partial\Omega_{\alpha j_\alpha}}^{(\sigma_s;\mathscr{E})}(\mathbf{x}_m^{(\sigma_s;\mathscr{E})}, t_m, \boldsymbol{\pi}_{\sigma_s}, \boldsymbol{\lambda}_{j_\alpha}) = 0, \\ &\hbar_{j_\alpha} G_{\partial\Omega_{\alpha j_\alpha}}^{(1,\sigma_s;\mathscr{E})}(\mathbf{x}_m^{(\sigma_s;\mathscr{E})}, t_m, \boldsymbol{\pi}_{\sigma_s}, \boldsymbol{\lambda}_{j_\alpha}) > 0. \end{aligned} \tag{8.81}$$

(iv) 在 t_m 时刻, 对于所有边界 $\partial\Omega_{\alpha j_\alpha}(j_\alpha \in \bar{\mathscr{N}}_{\alpha\mathscr{B}}^{(4)}(\sigma_r, \sigma_s))$ 的棱 $\mathscr{E}_{\sigma_r}^{(r)}$, 棱流 $\mathbf{x}^{(\sigma_s;\mathscr{E})}(t)$ 处于部分从排斥到吸引的状态, 当且仅当

$$\begin{aligned} &\hbar_{j_\alpha} G_{\partial\Omega_{\alpha j_\alpha}}^{(\sigma_s;\mathscr{E})}(\mathbf{x}_m^{(\sigma_s;\mathscr{E})}, t_m, \boldsymbol{\pi}_{\sigma_s}, \boldsymbol{\lambda}_{j_\alpha}) = 0, \\ &\hbar_{j_\alpha} G_{\partial\Omega_{\alpha j_\alpha}}^{(1,\sigma_s;\mathscr{E})}(\mathbf{x}_m^{(\sigma_s;\mathscr{E})}, t_m, \boldsymbol{\pi}_{\sigma_s}, \boldsymbol{\lambda}_{j_\alpha}) < 0. \end{aligned} \tag{8.82}$$

(v) 在 t_m 时刻, 对于所有边界 $\partial\Omega_{\alpha j_\alpha}(j_\alpha \in \bar{\mathscr{N}}_{\alpha\mathscr{B}}^{(5)}(\sigma_r, \sigma_s))$ 的棱 $\mathscr{E}_{\sigma_r}^{(r)}$, 棱流 $\mathbf{x}^{(\sigma_s;\mathscr{E})}(t)$ 是部分不变的且具有等度量量 $\mathscr{C}_m^{(i_\alpha,\alpha)}$, 当且仅当

[563]
$$\hbar_{j_\alpha} G_{\partial\Omega_{\alpha j_\alpha}}^{(s_{j_\alpha},\sigma_s;\mathscr{E})}(\mathbf{x}_m^{(\sigma_s;\mathscr{E})}, t_m, \boldsymbol{\pi}_{\sigma_s}, \boldsymbol{\lambda}_{j_\alpha}) = 0, \quad s_{j_\alpha} = 0, 1, 2\cdots. \tag{8.83}$$

证明　将度量面 $\varphi_{\alpha j_\alpha}(\mathbf{x}_m^{(\sigma_s;\mathscr{E})}, t_m, \boldsymbol{\lambda}_{j_\alpha}) = \mathscr{C}_m^{(j_\alpha,\alpha)}$ 作为一个边界. 参照第三章, 可以证明该定理.　■

类似于之前的讨论, 下面将给出流对于具有高阶奇异性的棱的吸引性.

定义 8.12　对于方程 (6.4)—(6.8) 中的不连续动力系统, 在 t_m 时刻, 存在点 $\mathbf{x}^{(\sigma_r;\mathscr{E})}(t_m) \equiv \mathbf{x}_m \in \mathscr{E}_{\sigma_r}^{(r)}$ $(\sigma_r \in \mathscr{N}_\mathscr{E}^r = \{1, 2, \cdots, N_r\}, r \in \{0, 1, 2, \cdots, n-2\})$, 并且相应的边界和域分别为 $\partial\Omega_{\alpha i_\alpha}(\sigma_r)$ 和 $\Omega_\alpha(\sigma_r)$ $(\alpha \in \mathscr{N}_\mathscr{D}(\sigma_r) \subset \mathscr{N}_\mathscr{D} = \{1, 2, \cdots, N_d\}, i_\alpha \in \mathscr{N}_{\alpha\mathscr{B}}(\sigma_r) \subset \mathscr{N}_\mathscr{B} = \{1, 2, \cdots, N_b\})$, 其中边界指标子集 $\mathscr{N}_{\alpha\mathscr{B}}(\sigma_r)$ 含 n_{σ_r} 个元素 $(n_{\sigma_r} \geqslant n-r)$. 棱 $\mathscr{E}_{\sigma_r}^{(r)}$ 是所有棱 $\mathscr{E}_{\sigma_s}^{(s)}(\sigma_r)$ (包括域和边界) 的交集, 其中 $\sigma_s \in \mathscr{N}_\mathscr{E}^s(\sigma_r) \subset \mathscr{N}_\mathscr{E}^s = \{1, 2, \cdots, N_s\}, s \in \{r+1, r+2, \cdots, n-1, n\}$. 假设存在一个 s 维棱 $\mathscr{E}_{\sigma_s}^{(s)}(\sigma_r)$, 且相应于域 $\Omega_\alpha(\sigma_r)$ 的边界指标子集为 $\mathscr{N}_{\alpha\mathscr{B}}(\sigma_r, \sigma_s)$. 互补的边界指标子集为 $\bar{\mathscr{N}}_{\alpha\mathscr{B}}(\sigma_r, \sigma_s) = \mathscr{N}_{\alpha\mathscr{B}}(\sigma_r)/\mathscr{N}_{\alpha\mathscr{B}}(\sigma_r, \sigma_s)$. 对于任意小的 $\varepsilon > 0$, 存在两个时间区间 $[t_{m-\varepsilon}, t_m), (t_m, t_{m+\varepsilon}]$. 对于时间 t, 棱流 $\mathbf{x}^{(\sigma_s;\mathscr{E})}(t)$ 为 $C_{[t_{m-\varepsilon},t_m)}^{r_{\sigma_s}}$ 或 $C_{(t_m,t_{m+\varepsilon}]}^{r_{\sigma_s}}$ 连续的, 且 $\|d^{r_{\sigma_s}+1}\mathbf{x}^{(\sigma_s;\mathscr{E})}/dt^{r_{\sigma_s}+1}\| < \infty$

$(r_{\sigma_s} \geqslant \max_{j_\alpha \in \bar{\mathcal{N}}_{\alpha\mathcal{B}}}(2k_{j_\alpha}+1))$. 假设棱 $\mathscr{E}_{\sigma_s}^{(s)}(\sigma_r, \alpha)$ 上流 $\mathbf{x}^{(\sigma_s;\mathscr{E})}(t)$ 有一个 $n-s+r$ 维度量棱 $\mathscr{E}_{\sigma_{n-s+r}}^{(\rho,n-s+r)}$, 并有等常数向量的指定棱 $\mathscr{E}_{\sigma_r}^{(r)}(\alpha)$. 对于 $i_\alpha \in \bar{\mathcal{N}}_{\alpha\mathcal{B}}(\sigma_r, \sigma_s)$, 所有度量面 $S_{\sigma_m}^{(i_\alpha,\alpha)}$ 相交形成度量棱 $\mathscr{E}_{\sigma_{n-s+r}}^{(\rho,n-s+r)}(\sigma_r, \alpha)$, 即

$$\mathscr{E}_{\sigma_{n-s+r}}^{(\rho,n-s+r)}(\sigma_r, \alpha) = \cap_{j_\alpha \in \bar{\mathcal{N}}_{\alpha\mathcal{B}}(\sigma_r, \sigma_s)} S_\rho^{(j_\alpha,\alpha)}, \quad \mathscr{E}_{\sigma_r}^{(r)}(\alpha) = \mathscr{E}_{\sigma_{n-s+r}}^{(n-s+r)}(\sigma_r, \alpha) \cap \mathscr{E}_{\sigma_s}^{(s)}(\sigma_r, \alpha)$$

且 $\mathscr{E}_{\sigma_{n-s+r}}^{(n-s+r)}(\sigma_r, \alpha) = \cap_{j_\alpha \in \bar{\mathcal{N}}_{\alpha\mathcal{B}}(\sigma_r, \sigma_s)} \partial\Omega_{\alpha j_\alpha}$, $\mathscr{E}_{\sigma_s}^{(s)}(\sigma_r, \alpha) = \cap_{i_\alpha \in \bar{\mathcal{N}}_{\alpha\mathcal{B}}(\sigma_r, \sigma_s)} \partial\Omega_{\alpha i_\alpha}$ $\subset \mathscr{E}_{\sigma_s}^{(s)}(\sigma_r)$. 在 t_m 时刻, $\mathbf{x}_m^{(\sigma_s;\mathscr{E})} = \mathbf{x}_\rho^{(\sigma_s;\mathscr{E})}(t_m) \in \mathscr{E}_{\sigma_r}^{(r,\sigma_s)}(\rho_m)$ $(\rho \in \mathbf{N})$ 满足方程 (8.55). 假设 $\mathbf{x}_{m\pm\varepsilon}^{(\sigma_s;\mathscr{E})} = \mathbf{x}^{(\sigma_s;\mathscr{E})}(t_{m\pm\varepsilon}) \in \mathscr{E}_{\sigma_{n-s+r}}^{(\rho_m,n-s+r)}$ 和 $\mathbf{x}_{\rho(m\pm\varepsilon)}^{(j_\alpha,\alpha)} \in S_{\rho_m}^{(j_\alpha,\alpha)}$. $\bar{\mathcal{N}}_{\alpha\mathcal{B}}(\sigma_r, \sigma_s) = \cup_{k=1}^5 \bar{\mathcal{N}}_{\alpha\mathcal{B}}^{(k)}(\sigma_r, \sigma_s)$ 和 $\cap_{k=1}^5 \bar{\mathcal{N}}_{\alpha\mathcal{B}}^{(k)}(\sigma_r, \sigma_s) = \varnothing$.

(i) 如果满足

$$\hbar_{j_\alpha} G_{\partial\Omega_{\alpha j_\alpha}}^{(s_{j_\alpha},\sigma_s;\mathscr{E})}(\mathbf{x}_m^{(\sigma_s;\mathscr{E})}, t_m, \boldsymbol{\pi}_{\sigma_s}, \boldsymbol{\lambda}_{j_\alpha}) = 0, \qquad [564]$$

$$s_{j_\alpha} = 0, 1, 2, \cdots, 2k_{j_\alpha} - 1;$$

$$\hbar_{j_\alpha} \mathbf{n}_{\partial\Omega_{\alpha j_\alpha}}^{\mathrm{T}}(\mathbf{x}_{\rho(m-\varepsilon)}^{(j_\alpha,\alpha)}) \cdot [\mathbf{x}_{\rho(m-\varepsilon)}^{(j_\alpha,\alpha)} - \mathbf{x}_{m-\varepsilon}^{(\sigma_s;\mathscr{E})}] < 0, \qquad (8.84)$$

$$\hbar_{j_\alpha} \mathbf{n}_{\partial\Omega_{\alpha j_\alpha}}^{\mathrm{T}}(\mathbf{x}_{\rho(m+\varepsilon)}^{(j_\alpha,\alpha)}) \cdot [\mathbf{x}_{m+\varepsilon}^{(\sigma_s;\mathscr{E})} - \mathbf{x}_{\rho(m+\varepsilon)}^{(j_\alpha,\alpha)}] < 0,$$

$$\hbar_{j_\alpha} \mathscr{C}_{m-\varepsilon}^{(j_\alpha,\alpha)} > \hbar_{j_\alpha} \mathscr{C}_m^{(j_\alpha,\alpha)} > \hbar_{j_\alpha} \mathscr{C}_{m+\varepsilon}^{(j_\alpha,\alpha)},$$

那么称在 t_m 时刻对于所有边界 $\partial\Omega_{\alpha j_\alpha}$ $(j_\alpha \in \bar{\mathcal{N}}_{\alpha\mathcal{B}}^{(1)}(\sigma_r, \sigma_s))$ 的棱 $\mathscr{E}_{\sigma_r}^{(r)}$, 棱流 $\mathbf{x}^{(\sigma_s;\mathscr{E})}(t)$ 是部分吸引的且具有 $2\mathbf{k}_{(\sigma_r,\sigma_s)}^{(1)}$ 阶奇异性.

(ii) 如果满足

$$\hbar_{j_\alpha} G_{\partial\Omega_{\alpha j_\alpha}}^{(s_{j_\alpha},\sigma_s;\mathscr{E})}(\mathbf{x}_m^{(\sigma_s;\mathscr{E})}, t_m, \boldsymbol{\pi}_{\sigma_s}, \boldsymbol{\lambda}_{j_\alpha}) = 0,$$

$$s_{j_\alpha} = 0, 1, 2, \cdots, 2k_{j_\alpha} - 1;$$

$$\hbar_{j_\alpha} \mathbf{n}_{\partial\Omega_{\alpha j_\alpha}}^{\mathrm{T}}(\mathbf{x}_{\rho(m-\varepsilon)}^{(j_\alpha,\alpha)}) \cdot [\mathbf{x}_{\rho(m-\varepsilon)}^{(j_\alpha,\alpha)} - \mathbf{x}_{m-\varepsilon}^{(\sigma_s;\mathscr{E})}] > 0, \qquad (8.85)$$

$$\hbar_{j_\alpha} \mathbf{n}_{\partial\Omega_{\alpha j_\alpha}}^{\mathrm{T}}(\mathbf{x}_{\rho(m+\varepsilon)}^{(j_\alpha,\alpha)}) \cdot [\mathbf{x}_{m+\varepsilon}^{(\sigma_s;\mathscr{E})} - \mathbf{x}_{\rho(m+\varepsilon)}^{(j_\alpha,\alpha)}] > 0,$$

$$\hbar_{j_\alpha} \mathscr{C}_{m-\varepsilon}^{(j_\alpha,\alpha)} < \hbar_{j_\alpha} \mathscr{C}_m^{(j_\alpha,\alpha)} < \hbar_{j_\alpha} \mathscr{C}_{m+\varepsilon}^{(j_\alpha,\alpha)},$$

那么称在 t_m 时刻对于所有边界 $\partial\Omega_{\alpha j_\alpha}$ $(j_\alpha \in \bar{\mathcal{N}}_{\alpha\mathcal{B}}^{(2)}(\sigma_r, \sigma_s))$ 的棱 $\mathscr{E}_{\sigma_r}^{(r)}$, 棱流 $\mathbf{x}^{(\sigma_s;\mathscr{E})}(t)$ 是部分排斥的且具有 $2\mathbf{k}_{(\sigma_r,\sigma_s)}^{(2)}$ 阶奇异性.

(iii) 如果满足

$$\hbar_{j_\alpha} G_{\partial\Omega_{\alpha j_\alpha}}^{(s_{j_\alpha},\sigma_s;\mathscr{E})}(\mathbf{x}_m^{(\sigma_s;\mathscr{E})}, t_m, \boldsymbol{\pi}_{\sigma_s}, \boldsymbol{\lambda}_{j_\alpha}) = 0,$$

$$s_{j_\alpha} = 0, 1, 2, \cdots, 2k_{j_\alpha};$$

$$\hbar_{j_\alpha} \mathbf{n}_{\partial\Omega_{\alpha j_\alpha}}^{\mathrm{T}}(\mathbf{x}_{\rho(m-\varepsilon)}^{(j_\alpha,\alpha)}) \cdot [\mathbf{x}_{\rho(m-\varepsilon)}^{(j_\alpha,\alpha)} - \mathbf{x}_{m-\varepsilon}^{(\sigma_s;\mathscr{E})}] < 0, \tag{8.86}$$

$$\hbar_{j_\alpha} \mathbf{n}_{\partial\Omega_{\alpha j_\alpha}}^{\mathrm{T}}(\mathbf{x}_{\rho(m+\varepsilon)}^{(j_\alpha,\alpha)}) \cdot [\mathbf{x}_{m+\varepsilon}^{(\sigma_s;\mathscr{E})} - \mathbf{x}_{\rho(m+\varepsilon)}^{(j_\alpha,\alpha)}] > 0,$$

$$\hbar_{j_\alpha} \mathscr{C}_m^{(j_\alpha,\alpha)} < \hbar_{j_\alpha} \mathscr{C}_{m-\varepsilon}^{(j_\alpha,\alpha)} \text{ 和 } \hbar_{j_\alpha} \mathscr{C}_m^{(j_\alpha,\alpha)} < \hbar_{j_\alpha} \mathscr{C}_{m+\varepsilon}^{(j_\alpha,\alpha)},$$

那么称在 t_m 时刻对于所有边界 $\partial\Omega_{\alpha j_\alpha}(j_\alpha \in \bar{\mathcal{N}}_{\alpha\mathscr{B}}^{(3)}(\sigma_r, \sigma_s))$ 的棱 $\mathscr{E}_{\sigma_r}^{(r)}$, 棱流 $\mathbf{x}^{(\sigma_s;\mathscr{E})}(t)$ 处于部分从吸引到排斥的状态, 且具有 $2\mathbf{k}_{(\sigma_r,\sigma_s)}^{(3)} + 1$ 阶奇异性.

(iv) 如果满足

$$\hbar_{j_\alpha} G_{\partial\Omega_{\alpha j_\alpha}}^{(s_{j_\alpha},\sigma_s;\mathscr{E})}(\mathbf{x}_m^{(\sigma_s;\mathscr{E})}, t_m, \boldsymbol{\pi}_{\sigma_s}, \boldsymbol{\lambda}_{j_\alpha}) = 0,$$

$$s_{j_\alpha} = 0, 1, 2, \cdots, 2k_{j_\alpha};$$

$$\hbar_{j_\alpha} \mathbf{n}_{\partial\Omega_{\alpha j_\alpha}}^{\mathrm{T}}(\mathbf{x}_{\rho(m-\varepsilon)}^{(j_\alpha,\alpha)}) \cdot [\mathbf{x}_{\rho(m-\varepsilon)}^{(j_\alpha,\alpha)} - \mathbf{x}_{m-\varepsilon}^{(\sigma_s;\mathscr{E})}] > 0, \tag{8.87}$$

$$\hbar_{j_\alpha} \mathbf{n}_{\partial\Omega_{\alpha j_\alpha}}^{\mathrm{T}}(\mathbf{x}_{\rho(m+\varepsilon)}^{(j_\alpha,\alpha)}) \cdot [\mathbf{x}_{m+\varepsilon}^{(\sigma_s;\mathscr{E})} - \mathbf{x}_{\rho(m+\varepsilon)}^{(j_\alpha,\alpha)}] < 0,$$

$$\hbar_{j_\alpha} \mathscr{C}_m^{(j_\alpha,\alpha)} > \hbar_{j_\alpha} \mathscr{C}_{m-\varepsilon}^{(j_\alpha,\alpha)} \text{ 和 } \hbar_{j_\alpha} \mathscr{C}_m^{(j_\alpha,\alpha)} > \hbar_{j_\alpha} \mathscr{C}_{m+\varepsilon}^{(j_\alpha,\alpha)},$$

那么称在 t_m 时刻对于所有边界 $\partial\Omega_{\alpha j_\alpha}$ $(j_\alpha \in \bar{\mathcal{N}}_{\alpha\mathscr{B}}^{(4)}(\sigma_r, \sigma_s))$ 的棱 $\mathscr{E}_{\sigma_r}^{(r)}$, 棱流 $\mathbf{x}^{(\sigma_s;\mathscr{E})}(t)$ 处于部分从排斥到吸引的状态, 且具有 $2\mathbf{k}_{(\sigma_r,\sigma_s)}^{(4)} + 1$ 阶奇异性.

[565]　　根据上述定义, 下面的定理将给出棱流对于具有高阶奇异性的指定棱的吸引性条件.

定理 8.10　对于方程 (6.4)—(6.8) 中的不连续动力系统, 在 t_m 时刻, 存在点 $\mathbf{x}^{(\sigma_r;\mathscr{E})}(t_m) \equiv \mathbf{x}_m \in \mathscr{E}_{\sigma_r}^{(r)}$ $(\sigma_r \in \mathcal{N}_{\mathscr{E}}^r = \{1, 2, \cdots, N_r\}, r \in \{0, 1, 2, \cdots, n-2\})$, 并且相应的边界和域分别为 $\partial\Omega_{\alpha i_\alpha}(\sigma_r)$ 和 $\Omega_\alpha(\sigma_r)$ $(\alpha \in \mathcal{N}_{\mathscr{D}}(\sigma_r) \subset \mathcal{N}_{\mathscr{D}} = \{1, 2, \cdots, N_d\}, i_\alpha \in \mathcal{N}_{\alpha\mathscr{B}}(\sigma_r) \subset \mathcal{N}_{\mathscr{B}} = \{1, 2, \cdots, N_b\})$, 其中边界指标子集 $\mathcal{N}_{\alpha\mathscr{B}}(\sigma_r)$ 含 n_{σ_r} 个元素 $(n_{\sigma_r} \geqslant n-r)$. 棱 $\mathscr{E}_{\sigma_r}^{(r)}$ 是所有棱 $\mathscr{E}_{\sigma_s}^{(s)}(\sigma_r)$ (包括域和边界) 的交集, 其中 $\sigma_s \in \mathcal{N}_{\mathscr{E}}^s(\sigma_r) \subset \mathcal{N}_{\mathscr{E}}^s = \{1, 2, \cdots, N_s\}, s \in \{r+1, r+2, \cdots, n-1, n\}$. 假设存在一个 s 维棱 $\mathscr{E}_{\sigma_s}^{(s)}(\sigma_r)$, 且相应于域 $\Omega_\alpha(\sigma_r)$ 的边界指标子集为 $\mathcal{N}_{\alpha\mathscr{B}}(\sigma_r, \sigma_s)$. 互补的边界指标子集为 $\bar{\mathcal{N}}_{\alpha\mathscr{B}}(\sigma_r, \sigma_s) = \mathcal{N}_{\alpha\mathscr{B}}(\sigma_r)/\mathcal{N}_{\alpha\mathscr{B}}(\sigma_r, \sigma_s)$. 对于任意小的 $\varepsilon > 0$, 存在两个时间区间 $[t_{m-\varepsilon}, t_m), (t_m, t_{m+\varepsilon}]$. 对于时间 t, 棱流 $\mathbf{x}^{(\sigma_s;\mathscr{E})}(t)$ 为 $C_{[t_{m-\varepsilon}, t_m]}^{r_{\sigma_s}}$ 或 $C_{(t_m, t_{m+\varepsilon}]}^{r_{\sigma_s}}$ 连续的, 且 $\|d^{r_{\sigma_s}+1}\mathbf{x}^{(\sigma_s;\mathscr{E})}/dt^{r_{\sigma_s}+1}\| < \infty$

$(r_{\sigma_s} \geqslant \max_{j_\alpha \in \bar{\mathcal{N}}_{\alpha\mathcal{B}}}(2k_{j_\alpha} + 1))$. 假设棱 $\mathcal{E}_{\sigma_s}^{(s)}(\sigma_r, \alpha)$ 上流 $\mathbf{x}^{(\sigma_s;\mathscr{E})}(t)$ 有一个 $n-s+r$ 维度量棱 $\mathcal{E}_{\sigma_{n-s+r}}^{(\rho, n-s+r)}$, 并有等常数向量的指定棱 $\mathcal{E}_{\sigma_r}^{(r)}(\alpha)$. 对于 $i_\alpha \in \bar{\mathcal{N}}_{\alpha\mathcal{B}}(\sigma_r, \sigma_s)$, 所有度量面 $S_{\sigma_m}^{(i_\alpha, \alpha)}$ 相交形成度量棱 $\mathcal{E}_{\sigma_{n-s+r}}^{(\rho, n-s+r)}(\sigma_r, \alpha)$, 即

$$\mathcal{E}_{\sigma_{n-s+r}}^{(\rho, n-s+r)}(\sigma_r, \alpha) = \bigcap_{j_\alpha \in \bar{\mathcal{N}}_{\alpha\mathcal{B}}(\sigma_r, \sigma_s)} S_\rho^{(j_\alpha, \alpha)}, \mathcal{E}_{\sigma_r}^{(r)}(\alpha) = \mathcal{E}_{\sigma_{n-s+r}}^{(n-s+r)}(\sigma_r, \alpha) \cap \mathcal{E}_{\sigma_s}^{(s)}(\sigma_r, \alpha)$$

且 $\mathcal{E}_{\sigma_{n-s+r}}^{(n-s+r)}(\sigma_r, \alpha) = \bigcap_{j_\alpha \in \bar{\mathcal{N}}_{\alpha\mathcal{B}}(\sigma_r, \sigma_s)} \partial\Omega_{\alpha j_\alpha}$, $\mathcal{E}_{\sigma_s}^{(s)}(\sigma_r, \alpha) = \bigcap_{i_\alpha \in \mathcal{N}_{\alpha\mathcal{B}}(\sigma_r, \sigma_s)} \partial\Omega_{\alpha i_\alpha}$ $\subset \mathcal{E}_{\sigma_s}^{(s)}(\sigma_r)$. 在 t_m 时刻, $\mathbf{x}_m^{(\sigma_s;\mathscr{E})} = \mathbf{x}_\rho^{(\sigma_s;\mathscr{E})}(t_m) \in \mathcal{E}_{\sigma_r}^{(r,\sigma_s)}(\rho_m)$ $(\rho \in \mathbf{N})$ 满足方程 (8.55). 假设 $\mathbf{x}_{m\pm\varepsilon}^{(\sigma_s;\mathscr{E})} = \mathbf{x}^{(\sigma_s;\mathscr{E})}(t_{m\pm\varepsilon}) \in \mathcal{E}_{\sigma_{n-s+r}}^{(\rho_m, n-s+r)}$ 和 $\mathbf{x}_{\rho(m\pm\varepsilon)}^{(j_\alpha, \alpha)} \in S_{\rho_m}^{(j_\alpha, \alpha)}$. $\bar{\mathcal{N}}_{\alpha\mathcal{B}}(\sigma_r, \sigma_s) = \bigcup_{k=1}^5 \bar{\mathcal{N}}_{\alpha\mathcal{B}}^{(k)}(\sigma_r, \sigma_s)$ 和 $\bigcap_{k=1}^5 \bar{\mathcal{N}}_{\alpha\mathcal{B}}^{(k)}(\sigma_r, \sigma_s) = \varnothing$.

(i) 在 t_m 时刻对于所有边界 $\partial\Omega_{\alpha j_\alpha}(j_\alpha \in \bar{\mathcal{N}}_{\alpha\mathcal{B}}^{(1)}(\sigma_r, \sigma_s))$ 的棱 $\mathcal{E}_{\sigma_r}^{(r)}$, 棱流 $\mathbf{x}^{(\sigma_s;\mathscr{E})}(t)$ 是部分吸引的, 且具有 $2\mathbf{k}_{(\sigma_r, \sigma_s)}^{(1)}$ 阶奇异性, 当且仅当

$$\begin{aligned}
& \hbar_{j_\alpha} G_{\partial\Omega_{\alpha j_\alpha}}^{(s_{j_\alpha}, \sigma_s;\mathscr{E})}(\mathbf{x}_m^{(\sigma_s;\mathscr{E})}, t_m, \boldsymbol{\pi}_{\sigma_s}, \boldsymbol{\lambda}_{j_\alpha}) = 0, \\
& s_{j_\alpha} = 0, 1, 2, \cdots, 2k_{j_\alpha} - 1; \\
& \hbar_{j_\alpha} G_{\partial\Omega_{\alpha j_\alpha}}^{(2k_{j_\alpha}, \sigma_s;\mathscr{E})}(\mathbf{x}_m^{(\sigma_s;\mathscr{E})}, t_m, \boldsymbol{\pi}_{\sigma_s}, \boldsymbol{\lambda}_{j_\alpha}) < 0.
\end{aligned} \tag{8.88}$$

(ii) 在 t_m 时刻对于所有边界 $\partial\Omega_{\alpha j_\alpha}$ $(j_\alpha \in \bar{\mathcal{N}}_{\alpha\mathcal{B}}^{(2)}(\sigma_r, \sigma_s))$ 的棱 $\mathcal{E}_{\sigma_r}^{(r)}$, 棱流 $\mathbf{x}^{(\sigma_s;\mathscr{E})}(t)$ 是部分排斥的, 且具有 $2\mathbf{k}_{(\sigma_r, \sigma_s)}^{(2)}$ 阶奇异性, 当且仅当

[566]

$$\begin{aligned}
& \hbar_{j_\alpha} G_{\partial\Omega_{\alpha j_\alpha}}^{(s_{j_\alpha}, \sigma_s;\mathscr{E})}(\mathbf{x}_m^{(\sigma_s;\mathscr{E})}, t_m, \boldsymbol{\pi}_{\sigma_s}, \boldsymbol{\lambda}_{j_\alpha}) = 0, \\
& s_{j_\alpha} = 0, 1, 2, \cdots, 2k_{j_\alpha} - 1; \\
& \hbar_{j_\alpha} G_{\partial\Omega_{\alpha j_\alpha}}^{(2k_{j_\alpha}, \sigma_s;\mathscr{E})}(\mathbf{x}_m^{(\sigma_s;\mathscr{E})}, t_m, \boldsymbol{\pi}_{\sigma_s}, \boldsymbol{\lambda}_{j_\alpha}) > 0.
\end{aligned} \tag{8.89}$$

(iii) 在 t_m 时刻对于所有边界 $\partial\Omega_{\alpha j_\alpha}$ $(j_\alpha \in \bar{\mathcal{N}}_{\alpha\mathcal{B}}^{(3)}(\sigma_r, \sigma_s))$ 的棱 $\mathcal{E}_{\sigma_r}^{(r)}$, 棱流 $\mathbf{x}^{(\sigma_s;\mathscr{E})}(t)$ 是部分从吸引到排斥的, 且具有 $2\mathbf{k}_{(\sigma_r, \sigma_s)}^{(3)} + \mathbf{1}$ 阶奇异性, 当且仅当

$$\begin{aligned}
& \hbar_{j_\alpha} G_{\partial\Omega_{\alpha j_\alpha}}^{(s_{j_\alpha}, \sigma_s;\mathscr{E})}(\mathbf{x}_m^{(\sigma_s;\mathscr{E})}, t_m, \boldsymbol{\pi}_{\sigma_s}, \boldsymbol{\lambda}_{j_\alpha}) = 0, \\
& s_{j_\alpha} = 0, 1, 2, \cdots, 2k_{j_\alpha}; \\
& \hbar_{j_\alpha} G_{\partial\Omega_{\alpha j_\alpha}}^{(2k_{j_\alpha}+1, \sigma_s;\mathscr{E})}(\mathbf{x}_m^{(\sigma_s;\mathscr{E})}, t_m, \boldsymbol{\pi}_{\sigma_s}, \boldsymbol{\lambda}_{j_\alpha}) > 0.
\end{aligned} \tag{8.90}$$

(iv) 在 t_m 时刻对于所有边界 $\partial\Omega_{\alpha j_\alpha}$ $(j_\alpha \in \bar{\mathcal{N}}_{\alpha\mathcal{B}}^{(4)}(\sigma_r, \sigma_s))$ 的棱 $\mathcal{E}_{\sigma_r}^{(r)}$, 棱流 $\mathbf{x}^{(\sigma_s;\mathscr{E})}(t)$ 是部分从排斥到吸引的, 且具有 $2\mathbf{k}_{(\sigma_r, \sigma_s)}^{(4)} + \mathbf{1}$ 阶奇异性, 当且仅当

$$\hbar_{j_\alpha} G_{\partial\Omega_{\alpha j_\alpha}}^{(s_{j_\alpha},\sigma_s;\mathscr{E})}(\mathbf{x}_m^{(\sigma_s;\mathscr{E})},t_m,\boldsymbol{\pi}_{\sigma_s},\boldsymbol{\lambda}_{j_\alpha})=0,$$

$$s_{j_\alpha}=0,1,2,\cdots,2k_{j_\alpha}; \tag{8.91}$$

$$\hbar_{j_\alpha} G_{\partial\Omega_{\alpha j_\alpha}}^{(2k_{j_\alpha}+1,\sigma_s;\mathscr{E})}(\mathbf{x}_m^{(\sigma_s;\mathscr{E})},t_m,\boldsymbol{\pi}_{\sigma_s},\boldsymbol{\lambda}_{j_\alpha})<0.$$

证明　参照第三章, 将度量面 $\varphi_{\alpha j_\alpha}(\mathbf{x}_m^{(\sigma_s;\mathscr{E})},t_m,\boldsymbol{\lambda}_{j_\alpha})=\mathscr{C}_m^{(j_\alpha,\alpha)}$ 作为一个边界, 即可证明该定理. ∎

正如第六章中所述, 度量棱不应该和指定棱相交, 如图 8.9 所示. 指定棱 $\mathscr{E}_{\sigma_{s-2}}^{(s-2)}$ 是 s 维棱空间 $\mathscr{E}_{\sigma_s}^{(s)}$ 中三个边界相交的 $s-2$ 维面. 在棱 $\mathscr{E}_{\sigma_s}^{(s)}$ 中, 指定棱 $\mathscr{E}_{\sigma_{s-2}}^{(s-2)}$ 是两个棱 $\mathscr{E}_{\sigma_{s-2}}^{(s-1)}$ 的交集. 棱空间 $\mathscr{E}_{\sigma_s}^{(s)}$ 中两个 $s-1$ 维度量棱的交集也可以形成度量棱 $\mathscr{E}_{\sigma_{s-2}}^{(\rho,s-2)}$. 在不同时刻, 棱流 $\mathbf{x}^{(\sigma_s;\mathscr{E})}$ 运动到不同的位置, 并且棱空间 $\mathscr{E}_{\sigma_s}^{(s)}$ 中的度量面也有所不同. 为了描述度量棱的位置, 可以用变量替换等常数度量面的非零常数. 因此, 对于一组新的常数, 新的度量面将会产生一个新的度量棱. 度量棱用一个非零的常数向量表示. 正如第六章所述, 相应的定义如下.

[567]　**定义 8.13**　对于方程 (6.4)—(6.8) 中的不连续动力系统, 在 t_m 时刻, 存在点 $\mathbf{x}^{(\sigma_r;\mathscr{E})}(t_m)\equiv\mathbf{x}_m\in\mathscr{E}_{\sigma_r}^{(r)}$ $(\sigma_r\in\mathscr{N}_{\mathscr{E}}^r=\{1,2,\cdots,N_r\},\ r\in\{0,1,2,\cdots,n-2\})$, 并且相应的边界和域分别为 $\partial\Omega_{\alpha i_\alpha}(\sigma_r)$ 和 $\Omega_\alpha(\sigma_r)$ $(\alpha\in\mathscr{N}_{\mathscr{D}}(\sigma_r)\subset\mathscr{N}_{\mathscr{D}}=\{1,2,\cdots,N_d\},\ i_\alpha\in\mathscr{N}_{\alpha\mathscr{B}}(\sigma_r)\subset\mathscr{N}_{\mathscr{B}}=\{1,2,\cdots,N_b\})$, 其中边界指标子

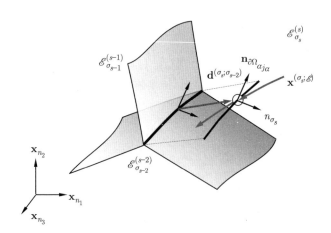

图 8.9　与指定棱 $\mathscr{E}_{\sigma_{s-2}}^{(s-2)}$ 平行的度量棱 $\mathscr{E}_{\sigma_{s-2}}^{(\rho,s-2)}$. 度量棱 $\mathscr{E}_{\sigma_{s-2}}^{(\rho,s-2)}$ 是等常数棱 $\mathscr{E}_{\sigma_{s-1}}^{(\rho,s-1)}$ 和棱 $\mathscr{E}_{\sigma_s}^{(s)}$ 的等常数度量面 $S_\rho^{(j_\alpha;\alpha)}$ 的交集. 指定棱 $\mathscr{E}_{\sigma_{s-2}}^{(s-2)}$ 是两个棱 $\mathscr{E}_{\sigma_{s-1}}^{(s-1)}$ 和边界 $\partial\Omega_{\alpha j_\alpha}$ 相交的 $s-2$ 维棱. 边界 $\partial\Omega_{\alpha j_\alpha}$ 和棱 $\mathscr{E}_{\sigma_{s-1}}^{(s-1)}$ 相应的法向量如图所示 $(n_1+n_2+n_3=s)$

集 $\mathscr{N}_{\alpha\mathscr{B}}(\sigma_r)$ 含 n_{σ_r} 个元素 $(n_{\sigma_r} \geqslant n{-}r)$. 棱 $\mathscr{E}_{\sigma_r}^{(r)}$ 是所有棱 $\mathscr{E}_{\sigma_r}^{(s)}(\sigma_r)$ (包括域和边界) 的交集, 其中 $\sigma_s \in \mathscr{N}_{\mathscr{E}}^s(\sigma_r) \subset \mathscr{N}_{\mathscr{E}}^s = \{1, 2, \cdots, N_s\}$, $s \in \{r+1, r+2, \cdots, n-1, n\}$. 假设存在一个 s 维棱 $\mathscr{E}_{\sigma_s}^{(s)}(\sigma_r)$, 且相应于域 $\Omega_\alpha(\sigma_r)$ 的边界指标子集为 $\mathscr{N}_{\alpha\mathscr{B}}(\sigma_r, \sigma_s)$. 互补的边界指标子集为 $\bar{\mathscr{N}}_{\alpha\mathscr{B}}(\sigma_r, \sigma_s) = \mathscr{N}_{\alpha\mathscr{B}}(\sigma_r) / \mathscr{N}_{\alpha\mathscr{B}}(\sigma_r, \sigma_s)$. 假设棱 $\mathscr{E}_{\sigma_s}^{(s)}(\sigma_r, \alpha)$ 上流 $\mathbf{x}^{(\sigma_s; \mathscr{E})}(t)$ 有一个 $n-s+r$ 维度量棱 $\mathscr{E}_{\sigma_{n-s+r}}^{(\rho, n-s+r)}$, 并有等常数向量的指定棱 $\mathscr{E}_{\sigma_r}^{(r)}(\alpha)$. 对于 $j_\alpha \in \bar{\mathscr{N}}_{\alpha\mathscr{B}}(\sigma_r, \sigma_s)$, 所有度量面 $S_{\sigma_m}^{(j_\alpha, \alpha)}$ 相交形成度量棱 $\mathscr{E}_{\sigma_{n-s+r}}^{(\rho, n-s+r)}(\sigma_r, \alpha) = \cap_{j_\alpha \in \bar{\mathscr{N}}_{\alpha\mathscr{B}}(\sigma_r, \sigma_s)} S_\rho^{(j_\alpha, \alpha)}$. $\mathscr{E}_{\sigma_r}^{(r)}(\alpha) = \mathscr{E}_{\sigma_s}^{(n-s+r)}(\sigma_r, \alpha) \cap \mathscr{E}_{\sigma_s}^{(s)}(\sigma_r, \alpha)$, $\mathscr{E}_{\sigma_s}^{(n-s+r)}(\sigma_r, \alpha) = \cap_{j_\alpha \in \bar{\mathscr{N}}_{\alpha\mathscr{B}}(\sigma_r, \sigma_s)} \partial\Omega_{\alpha j_\alpha}$ 而且 $\cap_{i_\alpha \in \mathscr{N}_{\alpha\mathscr{B}}(\sigma_r, \sigma_s)} \partial\Omega_{\alpha i_\alpha} = \mathscr{E}_{\sigma_s}^{(s)}(\sigma_r, \alpha) \subset \mathscr{E}_{\sigma_s}^{(s)}(\sigma_r)$.

(i) 对于 $j_\alpha \in \bar{\mathscr{N}}_{\alpha\mathscr{B}}(\sigma_r, \sigma_s)$, 边界 $\partial\Omega_{\alpha j_\alpha}(\sigma_r, \sigma_s)$ 上单位法向量的定义为 [568]

$$\mathbf{e}_{j_\alpha} = \frac{\mathbf{n}_{\partial\Omega_{\alpha j_\alpha}}}{|\mathbf{n}_{\partial\Omega_{\alpha j_\alpha}}|} = \frac{1}{\sqrt{g_{j_\alpha j_\alpha}}} \frac{\partial\varphi_{\alpha j_\alpha}}{\partial\mathbf{x}} = \frac{1}{\sqrt{g_{j_\alpha j_\alpha}}} \left(\frac{\partial\varphi_{\alpha j_\alpha}}{\partial x_1}, \frac{\partial\varphi_{\alpha j_\alpha}}{\partial x_2}, \cdots, \frac{\partial\varphi_{\alpha j_\alpha}}{\partial x_n}\right)^{\mathrm{T}}, \tag{8.92}$$

其中

$$g_{j_\alpha j_\alpha} = \left(\frac{\partial\varphi_{\alpha j_\alpha}}{\partial x_1}\right)^2 + \left(\frac{\partial\varphi_{\alpha j_\alpha}}{\partial x_2}\right)^2 + \cdots + \left(\frac{\partial\varphi_{\alpha j_\alpha}}{\partial x_n}\right)^2. \tag{8.93}$$

(ii) 从指定棱 $\mathscr{E}_{\sigma_r}^{(r)}$ 到棱空间 $\mathscr{E}_{\sigma_s}^{(s)}(\sigma_r)$ 中相应度量棱的度量向量的定义为

$$\mathbf{d}^{(\sigma_s; \sigma_r)} = \sum_{j_\alpha = 1}^{s-r} z^{j_\alpha} \mathbf{e}_{j_\alpha}, \tag{8.94}$$

其中对于边界 $\partial\Omega_{\alpha j_\alpha}$ 的度量变量 z^{j_α} 为

$$z^{j_\alpha} = \varphi_{\alpha j_\alpha}(\mathbf{x}^{(\sigma_s; \mathscr{E})}, t, \boldsymbol{\lambda}_{j_\alpha}). \tag{8.95}$$

(iii) 度量函数的定义为

$$\mathscr{D}^{(\sigma_s; \sigma_r)} = \|\mathbf{d}^{(\sigma_s; \sigma_r)}\|^2 = \sum_{j_\alpha = 1}^{s-r} \sum_{k_\alpha = 1}^{s-r} z^{k_\alpha} z^{j_\alpha} e_{k_\alpha j_\alpha}, \tag{8.96}$$

其中矩阵张量为

$$e_{k_\alpha j_\alpha} = \mathbf{e}_{k_\alpha} \cdot \mathbf{e}_{j_\alpha} = \frac{1}{\sqrt{g_{k_\alpha k_\alpha} g_{j_\alpha j_\alpha}}} \sum_{l=1}^{n} \frac{\partial\varphi_{\alpha k_\alpha}}{\partial x_l} \frac{\partial\varphi_{\alpha j_\alpha}}{\partial x_l}. \tag{8.97}$$

(iv) 如果 $\mathscr{D}^{(\sigma_s; \sigma_r)} = \mathscr{C}^{(\sigma_s; \sigma_r)}$ 是常数, 那么度量函数面 $\mathscr{M}^{(\sigma_s; \sigma_r)}$ 定义为

$$\sum_{j_\alpha = 1}^{s-r} \sum_{k_\alpha = 1}^{s-r} z^{j_\alpha} z^{k_\alpha} e_{j_\alpha k_\alpha} = \mathscr{C}^{(\sigma_s; \sigma_r)}. \tag{8.98}$$

(v) 度量面的法向量的定义为

$$\mathbf{n}_{\mathcal{M}^{(\sigma_s;\sigma_r)}} = \frac{\partial}{\partial \mathbf{x}} \sum_{j_\alpha=1}^{n-r} \sum_{k_\alpha=1}^{n-r} z^{j_\alpha} z^{k_\alpha} e_{j_\alpha k_\alpha}. \tag{8.99}$$

(vi) 如果 $\mathscr{D}^{(\sigma_s;\sigma_r)}$ 是时变的, 那么度量函数的导数定义为

[569]
$$\frac{D}{Dt} \mathscr{D}^{(\sigma_s;\sigma_r)} = \dot{\mathscr{D}}^{(\sigma_s;\sigma_r)} = \frac{\partial \mathscr{D}^{(\sigma_s;\sigma_r)}}{\partial \mathbf{x}} \dot{\mathbf{x}} + \frac{\partial \mathscr{D}^{(\sigma_s;\sigma_r)}}{\partial t}$$
$$= \sum_{j_\alpha=1}^{s-r} \sum_{k_\alpha=1}^{s-r} (\dot{z}^{k_\alpha} z^{j_\alpha} e_{j_\alpha k_\alpha} + z^{k_\alpha} \dot{z}^{j_\alpha} e_{j_\alpha k_\alpha} + z^{j_\alpha} z^{k_\alpha} \dot{e}_{j_\alpha k_\alpha}).$$
$$\tag{8.100}$$

类似于方程 (6.112) 和 (6.113), 可以定义度量函数面的 G-函数, 即 $G_{\partial \Omega_{\alpha i_\alpha}}^{(\sigma_s;\mathscr{E})} = G_{\mathcal{M}^{(\sigma_s;\sigma_r)}}^{(\sigma_s;\mathcal{M})}$ 和 $G_{\partial \Omega_{\alpha i_\alpha}}^{(s_{i_\alpha},\sigma_s;\mathscr{E})} = G_{\mathcal{M}^{(\sigma_s;\sigma_r)}}^{(s_m,\sigma_s;\mathcal{M})}$. 度量向量能够分解为许多度量子向量. 相关定义如下:

定义 8.14 对于方程 (6.4)—(6.8) 中的不连续动力系统, 在 t_m 时刻, 存在点 $\mathbf{x}^{(\sigma_r;\mathscr{E})}(t_m) \equiv \mathbf{x}_m \in \mathscr{E}_{\sigma_r}^{(r)}$ $(\sigma_r \in \mathcal{N}_{\mathscr{E}}^r = \{1,2,\cdots,N_r\}, r \in \{0,1,2,\cdots, n-2\})$, 并且相应的边界和域分别为 $\partial \Omega_{\alpha i_\alpha}(\sigma_r)$ 和 $\Omega_\alpha(\sigma_r)(\alpha \in \mathcal{N}_{\mathscr{D}}(\sigma_r) \subset \mathcal{N}_{\mathscr{D}} = \{1,2,\cdots,N_d\}, i_\alpha \in \mathcal{N}_{\alpha \mathscr{B}}(\sigma_r) \subset \mathcal{N}_{\mathscr{B}} = \{1,2,\cdots,N_b\})$, 其中边界指标子集 $\mathcal{N}_{\alpha \mathscr{B}}(\sigma_r)$ 含 n_{σ_r} 个元素 $(n_{\sigma_r} \geqslant n-r)$. 棱 $\mathscr{E}_{\sigma_r}^{(r)}$ 是所有棱 $\mathscr{E}_{\sigma_s}^{(s)}(\sigma_r)$ (包括域和边界) 的交集, 其中 $\sigma_s \in \mathcal{N}_{\mathscr{E}}^s(\sigma_r) \subset \mathcal{N}_{\mathscr{E}}^s = \{1,2,\cdots,N_s\}, s \in \{r+1,r+2,\cdots, n-1,n\}$. 假设存在一个 s 维棱 $\mathscr{E}_{\sigma_s}^{(s)}(\sigma_r)$, 相应于域 $\Omega_\alpha(\sigma_r)$ 的边界指标子集为 $\mathcal{N}_{\alpha \mathscr{B}}(\sigma_r,\sigma_s)$. 互补的边界指标子集为 $\bar{\mathcal{N}}_{\alpha \mathscr{B}}(\sigma_r,\sigma_s) = \mathcal{N}_{\alpha \mathscr{B}}(\sigma_r)/\mathcal{N}_{\alpha \mathscr{B}}(\sigma_r,\sigma_s)$. 假设棱 $\mathscr{E}_{\sigma_s}^{(s)}(\sigma_r,\alpha)$ 上流 $\mathbf{x}^{(\sigma_s;\mathscr{E})}(t)$ 有一个 $n-s+r$ 维度量棱 $\mathscr{E}_{\sigma_{n-s+r}}^{(\rho,n-s+r)}$, 并平行于指定棱 $\mathscr{E}_{\sigma_r}^{(r)}(\alpha)$. 对于 $j_\alpha \in \bar{\mathcal{N}}_{\alpha \mathscr{B}}(\sigma_r,\sigma_s)$, 所有度量面 $S_{\sigma_m}^{(i_\alpha,\alpha)}$ 相交形成度量棱 $\mathscr{E}_{\sigma_{n-s+r}}^{(\rho,n-s+r)}(\sigma_r,\alpha) = \cap_{j_\alpha \in \bar{\mathcal{N}}_{\alpha \mathscr{B}}(\sigma_r,\sigma_s)} S_\rho^{(j_\alpha,\alpha)}$. $\mathscr{E}_{\sigma_r}^{(r)}(\alpha) = \mathscr{E}_{\sigma_{n-s+r}}^{(n-s+r)}(\sigma_r,\alpha) \cap \mathscr{E}_{\sigma_s}^{(s)}(\sigma_r,\alpha)$, $\mathscr{E}_{\sigma_{n-s+r}}^{(n-s+r)}(\sigma_r,\alpha) = \cap_{j_\alpha \in \bar{\mathcal{N}}_{\alpha \mathscr{B}}(\sigma_r,\sigma_s)} \partial \Omega_{\alpha j_\alpha}$ 而且 $\cap_{i_\alpha \in \mathcal{N}_{\alpha \mathscr{B}}(\sigma_r,\sigma_s)} \partial \Omega_{\alpha i_\alpha} = \mathscr{E}_{\sigma_s}^{(s)}(\sigma_r,\alpha) \subset \mathscr{E}_{\sigma_s}^{(s)}(\sigma_r) \bar{\mathcal{N}}_{\alpha \mathscr{B}}(\sigma_r,\sigma_s) = \cup_{k=1}^5 \bar{\mathcal{N}}_{\alpha \mathscr{B}}^{(k)}(\sigma_r,\sigma_s)$ 和 $\cap_{k=1}^5 \bar{\mathcal{N}}_{\alpha \mathscr{B}}^{(k)}(\sigma_r,\sigma_s) = \varnothing$. 方程 (8.94) 中棱空间 $\mathscr{E}_{\sigma_s}^{(s)}(\sigma_r,\alpha)$ 中从普通棱到度量棱的度量向量是由度量子向量组成的, 即

$$\mathbf{d}^{(\sigma_s;\sigma_r)} = \sum_{j_\alpha=1}^{s-r} z^{j_\alpha} \mathbf{e}_{j_\alpha} = \sum_{j=1}^5 \mathbf{d}_j^{(\sigma_s;\sigma_r)},$$
$$\mathbf{d}_j^{(\sigma_s;\sigma_r)} = \sum_{j_\alpha=1}^{s-r} z_{(j)}^{j_\alpha} \mathbf{e}_{j_\alpha}^{(j)}, j_\alpha \in \bar{\mathcal{N}}_{\alpha \mathscr{B}}^{(j)}(\sigma_s,\sigma_r). \tag{8.101}$$

定义 8.15 对于方程 (6.4)—(6.8) 中的不连续动力系统, 在 t_m 时刻, 存在点 $\mathbf{x}^{(\sigma_r;\mathscr{E})}(t_m) \equiv \mathbf{x}_m \in \mathscr{E}_{\sigma_r}^{(r)}$ ($\sigma_r \in \mathscr{N}_{\mathscr{E}}^r = \{1,2,\cdots,N_r\}$, $r \in \{0,1,2,\cdots, n-2\}$), 并且相应的边界和域分别为 $\partial\Omega_{\alpha i_\alpha}(\sigma_r)$ 和 $\Omega_\alpha(\sigma_r)$ ($\alpha \in \mathscr{N}_{\mathscr{D}}(\sigma_r) \subset$ [570] $\mathscr{N}_{\mathscr{D}} = \{1,2,\cdots,N_d\}$, $i_\alpha \in \mathscr{N}_{\alpha\mathscr{B}}(\sigma_r) \subset \mathscr{N}_{\mathscr{B}} = \{1,2,\cdots,N_b\}$), 其中边界指标子集 $\mathscr{N}_{\alpha\mathscr{B}}(\sigma_r)$ 含 n_{σ_r} 个元素 ($n_{\sigma_r} \geqslant n-r$). 棱 $\mathscr{E}_{\sigma_r}^{(r)}$ 是所有棱 $\mathscr{E}_{\sigma_s}^{(s)}(\sigma_r)$ (包括域和边界) 的交集, 其中 $\sigma_s \in \mathscr{N}_{\mathscr{E}}^s(\sigma_r) \subset \mathscr{N}_{\mathscr{E}}^s = \{1,2,\cdots,N_s\}$, $s \in \{r+1,r+2,\cdots,n-1,n\}$. 假设存在一个 s 维棱 $\mathscr{E}_{\sigma_s}^{(s)}(\sigma_r)$, 且相应于域 $\Omega_\alpha(\sigma_r)$ 的边界指标子集为 $\mathscr{N}_{\alpha\mathscr{B}}(\sigma_r,\sigma_s)$. 互补的边界指标子集为 $\bar{\mathscr{N}}_{\alpha\mathscr{B}}(\sigma_r,\sigma_s) = \mathscr{N}_{\alpha\mathscr{B}}(\sigma_r)/\mathscr{N}_{\alpha\mathscr{B}}(\sigma_r,\sigma_s)$. 假设棱 $\mathscr{E}_{\sigma_s}^{(s)}(\sigma_r,\alpha)$ 上流 $\mathbf{x}^{(\sigma_s;\mathscr{E})}(t)$ 有一个 $n-s+r$ 维度量棱 $\mathscr{E}_{\sigma_{n-s+r}}^{(\rho,n-s+r)}$, 并有等常数向量的指定棱 $\mathscr{E}_{\sigma_r}^{(r)}(\alpha)$. 对于 $j_\alpha \in \bar{\mathscr{N}}_{\alpha\mathscr{B}}(\sigma_r,\sigma_s)$, 所有度量面 $S_{\sigma_m}^{(i_\alpha,\alpha)}$ 相交形成度量棱 $\mathscr{E}_{\sigma_{n-s+r}}^{(\rho,n-s+r)}(\sigma_r,\alpha)$, 即

$$\mathscr{E}_{\sigma_{n-s+r}}^{(\rho,n-s+r)}(\sigma_r,\alpha) = \cap_{j_\alpha \in \bar{\mathscr{N}}_{\alpha\mathscr{B}}(\sigma_r,\sigma_s)} S_\rho^{(j_\alpha,\alpha)}, \tag{8.102}$$

其位于度量面 $\mathscr{M}^{(\sigma_s;\sigma_r)}$ 上

$$\mathscr{M}^{(\sigma_s;\sigma_r)} = \left\{ \mathbf{x}^{(\sigma_s;\mathscr{E})} \left| \begin{array}{l} \sum\limits_{j_\alpha=1}^{s-r} \sum\limits_{k_\alpha=1}^{s-r} z^{k_\alpha} z^{j_\alpha} e_{k_\alpha j_\alpha} = \mathscr{C}^{(\sigma_s,\sigma_r)}, \\ z^{j_\alpha} = \varphi_{\alpha j_\alpha}(\mathbf{x}^{(\sigma_s;\mathscr{E})},t,\boldsymbol{\lambda}_{j_\alpha}), \\ j_\alpha \in \bar{\mathscr{N}}_{\alpha\mathscr{B}}(\sigma_r,\sigma_s). \end{array} \right. \right\} \tag{8.103}$$

根据度量向量和度量面的讨论, 可以描述指定棱流的吸引性.

定义 8.16 对于方程 (6.4)—(6.8) 中的不连续动力系统, 在 t_m 时刻, 存在点 $\mathbf{x}^{(\sigma_r;\mathscr{E})}(t_m) \equiv \mathbf{x}_m \in \mathscr{E}_{\sigma_r}^{(r)}$ ($\sigma_r \in \mathscr{N}_{\mathscr{E}}^r = \{1,2,\cdots,N_r\}$, $r \in \{0,1,2,\cdots, n-2\}$), 并且相应的边界和域分别为 $\partial\Omega_{\alpha i_\alpha}(\sigma_r)$ 和 $\Omega_\alpha(\sigma_r)$ ($\alpha \in \mathscr{N}_{\mathscr{D}}(\sigma_r) \subset \mathscr{N}_{\mathscr{D}} = \{1,2,\cdots,N_d\}$, $i_\alpha \in \mathscr{N}_{\alpha\mathscr{B}}(\sigma_r) \subset \mathscr{N}_{\mathscr{B}} = \{1,2,\cdots,N_b\}$), 其中边界指标子集 $\mathscr{N}_{\alpha\mathscr{B}}(\sigma_r)$ 含 n_{σ_r} 个元素 ($n_{\sigma_r} \geqslant n-r$). 棱 $\mathscr{E}_{\sigma_r}^{(r)}$ 是所有棱 $\mathscr{E}_{\sigma_s}^{(s)}(\sigma_r)$ (包括域和边界) 的交集, 其中 $\sigma_s \in \mathscr{N}_{\mathscr{E}}^s(\sigma_r) \subset \mathscr{N}_{\mathscr{E}}^s = \{1,2,\cdots,N_s\}$, $s \in \{r+1,r+2,\cdots,n-1,n\}$. 假设存在一个 s 维棱 $\mathscr{E}_{\sigma_s}^{(s)}(\sigma_r)$, 且相应于域 $\Omega_\alpha(\sigma_r)$ 的边界指标子集为 $\mathscr{N}_{\alpha\mathscr{B}}(\sigma_r,\sigma_s)$. 互补的边界指标子集为 $\bar{\mathscr{N}}_{\alpha\mathscr{B}}(\sigma_r,\sigma_s) = \mathscr{N}_{\alpha\mathscr{B}}(\sigma_r)/\mathscr{N}_{\alpha\mathscr{B}}(\sigma_r,\sigma_s)$. 假设棱 $\mathscr{E}_{\sigma_s}^{(s)}(\sigma_r,\alpha)$ 上流 $\mathbf{x}^{(\sigma_s;\mathscr{E})}(t)$ 有一个 $n-s+r$ 维度量棱 $\mathscr{E}_{\sigma_{n-s+r}}^{(\rho,n-s+r)}$, 并有等常数向量的指定棱 $\mathscr{E}_{\sigma_r}^{(r)}(\alpha)$, 且度量棱和等常数度量 [571] 面 $\mathscr{M}^{(\sigma_s;\sigma_r)}$ 分别由方程 (8.98) 和 (8.103) 决定. 在 t_m 时刻, $\mathbf{x}_m^{(\sigma_s;\mathscr{M})} = \mathbf{x}^{(\sigma_s;\mathscr{M})}(t_m) \in \mathscr{M}_m^{(\sigma_s;\sigma_r)}$ 满足方程 (8.55). 对于时间 t, 棱流 $\mathbf{x}^{(\sigma_s;\mathscr{E})}(t)$ 是 $C_{[t_{m-\varepsilon},t_m)}^{r_{\sigma_s}}$ 或 $C_{(t_m,t_{m+\varepsilon}]}^{r_{\sigma_s}}$ 连续的, 且 $\|d^{r_{\sigma_s}+1}\mathbf{x}^{(\sigma_s;\mathscr{E})}/dt^{r_{\sigma_s}+1}\| < \infty$ ($r_{\sigma_s} \geqslant 1$). 假设 $\mathbf{x}_{m\pm\varepsilon}^{(\sigma_s;\mathscr{E})} = \mathbf{x}^{(\sigma_s;\mathscr{E})}(t_{m\pm\varepsilon}) \in \mathscr{M}_{m\pm\varepsilon}^{(\alpha,\sigma_r)}$ 和 $\mathbf{x}_{\sigma(m\pm\varepsilon)}^{(\sigma_s;\mathscr{M})} = \mathbf{x}_\sigma^{(\sigma_s;\mathscr{M})}(t_{m\pm\varepsilon}) \in$

$\mathscr{M}_m^{(\sigma_s;\sigma_r)} \cdot \mathscr{D}^{(\sigma_s;\sigma_r)}(t_{m\pm\varepsilon}) \equiv \mathscr{C}_{m\pm\varepsilon}^{(\sigma_s;\sigma_r)}, \mathscr{D}^{(\sigma_s;\sigma_r)}(t_m) \equiv \mathscr{C}_m^{(\sigma_s;\sigma_r)}.$

(i) 如果满足

$$\left.\begin{array}{l} \mathbf{n}_{\mathscr{M}_m^{(\sigma_s,\sigma_r)}}^{\mathrm{T}}(\mathbf{x}_{m-\varepsilon}^{(\sigma_s;\mathscr{M})}) \cdot [\mathbf{x}_{m-\varepsilon}^{(\sigma_s;\mathscr{M})} - \mathbf{x}_{m-\varepsilon}^{(\sigma_s;\mathscr{E})}] < 0, \\ \mathbf{n}_{\mathscr{M}_m^{(\alpha,\sigma_r)}}^{\mathrm{T}}(\mathbf{x}_{m+\varepsilon}^{(\sigma_s;\mathscr{M})}) \cdot [\mathbf{x}_{m+\varepsilon}^{(\sigma_s;\mathscr{E})} - \mathbf{x}_{m+\varepsilon}^{(\sigma_s;\mathscr{M})}] < 0, \\ \mathscr{C}_{m-\varepsilon}^{(\sigma_s,\sigma_r)} > \mathscr{C}_m^{(\sigma_s,\sigma_r)} > \mathscr{C}_{m+\varepsilon}^{(\sigma_s,\sigma_r)} > 0. \end{array}\right\} \tag{8.104}$$

那么称在度量面 $\mathscr{M}^{(\sigma_s;\sigma_r)}$ 意义下, t_m 时刻棱流 $\mathbf{x}^{(\sigma_s;\mathscr{E})}(t)$ 对于指定棱 $\mathscr{E}_{\sigma_r}^{(r)}$ 是吸引的.

(ii) 如果满足

$$\left.\begin{array}{l} \mathbf{n}_{\mathscr{M}_m^{(\sigma_s,\sigma_r)}}^{\mathrm{T}}(\mathbf{x}_{m-\varepsilon}^{(\sigma_s;\mathscr{M})}) \cdot [\mathbf{x}_{m-\varepsilon}^{(\sigma_s;\mathscr{M})} - \mathbf{x}_{m-\varepsilon}^{(\sigma_s;\mathscr{E})}] > 0, \\ \mathbf{n}_{\mathscr{M}_m^{(\alpha,\sigma_r)}}^{\mathrm{T}}(\mathbf{x}_{m+\varepsilon}^{(\sigma_s;\mathscr{M})}) \cdot [\mathbf{x}_{m+\varepsilon}^{(\sigma_s;\mathscr{E})} - \mathbf{x}_{m+\varepsilon}^{(\sigma_s;\mathscr{M})}] > 0, \\ 0 < \mathscr{C}_{m-\varepsilon}^{(\sigma_s,\sigma_r)} < \mathscr{C}_m^{(\sigma_s,\sigma_r)} < \mathscr{C}_{m+\varepsilon}^{(\sigma_s,\sigma_r)}. \end{array}\right\} \tag{8.105}$$

那么称在度量面 $\mathscr{M}^{(\sigma_s;\sigma_r)}$ 意义下, t_m 时刻棱流 $\mathbf{x}^{(\sigma_s;\mathscr{E})}(t)$ 对于指定棱 $\mathscr{E}_{\sigma_r}^{(r)}$ 是排斥的.

(iii) 如果满足

$$\begin{array}{l} \mathbf{n}_{\mathscr{M}_m^{(\sigma_s,\sigma_r)}}^{\mathrm{T}}(\mathbf{x}_{m-\varepsilon}^{(\sigma_s;\mathscr{M})}) \cdot [\mathbf{x}_{m-\varepsilon}^{(\sigma_s;\mathscr{M})} - \mathbf{x}_{m-\varepsilon}^{(\sigma_s;\mathscr{E})}] < 0, \\ \mathbf{n}_{\mathscr{M}_m^{(\alpha,\sigma_r)}}^{\mathrm{T}}(\mathbf{x}_{m+\varepsilon}^{(\sigma_s;\mathscr{M})}) \cdot [\mathbf{x}_{m+\varepsilon}^{(\sigma_s;\mathscr{E})} - \mathbf{x}_{m+\varepsilon}^{(\sigma_s;\mathscr{M})}] > 0, \\ 0 < \mathscr{C}_m^{(\sigma_s,\sigma_r)} < \mathscr{C}_{m-\varepsilon}^{(\sigma_s,\sigma_r)} \text{ 和 } 0 < \mathscr{C}_m^{(\sigma_s,\sigma_r)} < \mathscr{C}_{m+\varepsilon}^{(\sigma_s,\sigma_r)}, \end{array} \tag{8.106}$$

那么称在度量面 $\mathscr{M}^{(\sigma_s;\sigma_r)}$ 意义下, t_m 时刻棱流 $\mathbf{x}^{(\sigma_s;\mathscr{E})}(t)$ 对于指定棱 $\mathscr{E}_{\sigma_r}^{(r)}$ 处于从吸引到排斥的状态.

(iv) 如果满足

[572]

$$\begin{array}{l} \mathbf{n}_{\mathscr{M}_m^{(\sigma_s,\sigma_r)}}^{\mathrm{T}}(\mathbf{x}_{m-\varepsilon}^{(\sigma_s;\mathscr{M})}) \cdot [\mathbf{x}_{m-\varepsilon}^{(\sigma_s;\mathscr{M})} - \mathbf{x}_{m-\varepsilon}^{(\sigma_s;\mathscr{E})}] > 0, \\ \mathbf{n}_{\mathscr{M}_m^{(\alpha,\sigma_r)}}^{\mathrm{T}}(\mathbf{x}_{m+\varepsilon}^{(\sigma_s;\mathscr{M})}) \cdot [\mathbf{x}_{m+\varepsilon}^{(\sigma_s;\mathscr{E})} - \mathbf{x}_{m+\varepsilon}^{(\sigma_s;\mathscr{M})}] < 0, \\ \mathscr{C}_m^{(\sigma_s,\sigma_r)} > \mathscr{C}_{m-\varepsilon}^{(\sigma_s,\sigma_r)} > 0 \text{ 和 } \mathscr{C}_m^{(\sigma_s,\sigma_r)} > \mathscr{C}_{m+\varepsilon}^{(\sigma_s,\sigma_r)} > 0. \end{array} \tag{8.107}$$

那么称在度量面 $\mathscr{M}^{(\sigma_s;\sigma_r)}$ 意义下, t_m 时刻棱流 $\mathbf{x}^{(\sigma_s;\mathscr{E})}(t)$ 对于指定棱 $\mathscr{E}_{\sigma_r}^{(r)}$ 处于从排斥到吸引的状态.

(v) 如果满足

$$\begin{array}{l} \mathbf{x}_{m-\varepsilon}^{(\sigma_s;\mathscr{M})} = \mathbf{x}_{m-\varepsilon}^{(\sigma_s;\mathscr{E})} \text{ 和 } \mathbf{x}_{m+\varepsilon}^{(\sigma_s;\mathscr{E})} = \mathbf{x}_{m+\varepsilon}^{(\sigma_s;\mathscr{M})}, \\ \mathscr{C}_m^{(\sigma_s,\sigma_r)} = \mathscr{C}_{m-\varepsilon}^{(\sigma_s,\sigma_r)} = \mathscr{C}_{m+\varepsilon}^{(\sigma_s,\sigma_r)}. \end{array} \tag{8.108}$$

那么称在度量面 $\mathscr{M}^{(\sigma_s;\sigma_r)}$ 意义下, t_m 时刻棱流 $\mathbf{x}^{(\sigma_s;\mathscr{E})}(t)$ 对于指定棱 $\mathscr{E}^{(r)}_{\sigma_r}$ 是不变的.

根据定义, 其相应的定理如下.

定理 8.11 对于方程 (6.4)—(6.8) 中的不连续动力系统, 在 t_m 时刻, 存在点 $\mathbf{x}^{(\sigma_r;\mathscr{E})}(t_m) \equiv \mathbf{x}_m \in \mathscr{E}^{(r)}_{\sigma_r}$ $(\sigma_r \in \mathscr{N}^r_{\mathscr{E}} = \{1, 2, \cdots, N_r\}, r \in \{0, 1, 2, \cdots, n-2\})$, 并且相应的边界和域分别为 $\partial\Omega_{\alpha i_\alpha}(\sigma_r)$ 和 $\Omega_\alpha(\sigma_r)$ $(\alpha \in \mathscr{N}_{\mathscr{D}}(\sigma_r) \subset \mathscr{N}_{\mathscr{D}} = \{1, 2, \cdots, N_d\}, i_\alpha \in \mathscr{N}_{\alpha\mathscr{B}}(\sigma_r) \subset \mathscr{N}_{\mathscr{B}} = \{1, 2, \cdots, N_b\})$, 其中边界指标子集 $\mathscr{N}_{\alpha\mathscr{B}}(\sigma_r)$ 含 n_{σ_r} 个元素 $(n_{\sigma_r} \geqslant n-r)$. 棱 $\mathscr{E}^{(r)}_{\sigma_r}$ 是所有棱 $\mathscr{E}^{(s)}_{\sigma_s}(\sigma_r)$ (包括域和边界) 的交集, 其中 $\sigma_s \in \mathscr{N}^s_{\mathscr{E}}(\sigma_r) \subset \mathscr{N}^s_{\mathscr{E}} = \{1, 2, \cdots, N_s\}, s \in \{r+1, r+2, \cdots, n-1, n\}$. 假设存在一个 s 维棱 $\mathscr{E}^{(s)}_{\sigma_s}(\sigma_r)$, 且相应于域 $\Omega_\alpha(\sigma_r)$ 的边界指标子集为 $\mathscr{N}_{\alpha\mathscr{B}}(\sigma_r, \sigma_s)$. 互补的边界指标子集为 $\bar{\mathscr{N}}_{\alpha\mathscr{B}}(\sigma_r, \sigma_s) = \mathscr{N}_{\alpha\mathscr{B}}(\sigma_r)/\mathscr{N}_{\alpha\mathscr{B}}(\sigma_r, \sigma_s)$. 假设棱 $\mathscr{E}^{(s)}_{\sigma_s}(\sigma_r, \alpha)$ 上流 $\mathbf{x}^{(\sigma_s;\mathscr{E})}(t)$ 有一个 $n-s+r$ 维度量棱 $\mathscr{E}^{(\rho, n-s+r)}_{\sigma_{n-s+r}}$, 并有等常数向量的指定棱 $\mathscr{E}^{(r)}_{\sigma_r}(\alpha)$, 度量棱和等常数度量面 $\mathscr{M}^{(\sigma_s;\sigma_r)}$ 分别由方程 (8.98) 和 (8.103) 决定. 在 t_m 时刻, $\mathbf{x}^{(\sigma_s;\mathscr{M})}_m = \mathbf{x}^{(\sigma_s;\mathscr{M})}_\sigma(t_m) \in \mathscr{M}^{(\sigma_s;\sigma_r)}_m$ 满足方程 (8.55). 对于时间 t, 棱流 $\mathbf{x}^{(\sigma_s;\mathscr{E})}(t)$ 是 $C^{r_{\sigma_s}}_{[t_{m-\varepsilon}, t_m)}$ 或 $C^{r_{\sigma_s}}_{(t_m, t_{m+\varepsilon}]}$ 连续的, 且 $\|d^{r_{\sigma_s}+1}\mathbf{x}^{(\sigma_s;\mathscr{E})}/dt^{r_{\sigma_s}+1}\| < \infty$ $(r_{\sigma_s} \geqslant 2)$. 假设 $\mathbf{x}^{(\sigma_s;\mathscr{E})}_{m\pm\varepsilon} = \mathbf{x}^{(\sigma_s;\mathscr{E})}(t_{m\pm\varepsilon}) \in \mathscr{M}^{(\alpha, \sigma_r)}_{m\pm\varepsilon}$ 和 $\mathbf{x}^{(\sigma_s;\mathscr{M})}_{\sigma(m\pm\varepsilon)} = \mathbf{x}^{(\sigma_s;\mathscr{M})}_\sigma(t_{m\pm\varepsilon}) \in \mathscr{M}^{(\sigma_s;\sigma_r)}_m$. $\mathscr{D}^{(\sigma_s;\sigma_r)}(t_{m\pm\varepsilon}) \equiv \mathscr{C}^{(\sigma_s;\sigma_r)}_{m\pm\varepsilon}$ 和 $\mathscr{D}^{(\sigma_s;\sigma_r)}(t_m) \equiv \mathscr{C}^{(\sigma_s;\sigma_r)}_m$.

(i) 在度量面 $\mathscr{M}^{(\sigma_s;\sigma_r)}$ 意义下, t_m 时刻棱流 $\mathbf{x}^{(\sigma_s;\mathscr{E})}(t)$ 对于指定棱 $\mathscr{E}^{(r)}_{\sigma_r}$ 是吸引的, 当且仅当

$$G^{(\sigma_s;\mathscr{E})}_{\mathscr{M}^{(\alpha;\sigma_r)}}(\mathbf{x}^{(\sigma_s;\mathscr{M})}_m, t_m, \mathbf{p}_\alpha, \boldsymbol{\lambda}) < 0. \tag{8.109}$$

(ii) 在度量面 $\mathscr{M}^{(\sigma_s;\sigma_r)}$ 意义下, t_m 时刻棱流 $\mathbf{x}^{(\sigma_s;\mathscr{E})}(t)$ 是排斥的, 当且仅当

$$G^{(\sigma_s;\mathscr{E})}_{\mathscr{M}^{(\alpha;\sigma_r)}}(\mathbf{x}^{(\sigma_s;\mathscr{M})}_m, t_m, \mathbf{p}_\alpha, \boldsymbol{\lambda}) > 0. \tag{8.110}$$ [573]

(iii) 在度量面 $\mathscr{M}^{(\sigma_s;\sigma_r)}$ 意义下, t_m 时刻棱流 $\mathbf{x}^{(\sigma_s;\mathscr{E})}(t)$ 对于指定棱 $\mathscr{E}^{(r)}_{\sigma_r}$ 处于从吸引到排斥的状态, 当且仅当

$$\begin{aligned} G^{(\sigma_s;\mathscr{E})}_{\mathscr{M}^{(\alpha;\sigma_r)}}(\mathbf{x}^{(\sigma_s;\mathscr{M})}_m, t_m, \mathbf{p}_\alpha, \boldsymbol{\lambda}) &= 0, \\ G^{(1,\sigma_s;\mathscr{E})}_{\mathscr{M}^{(\alpha;\sigma_r)}}(\mathbf{x}^{(\sigma_s;\mathscr{M})}_m, t_m, \mathbf{p}_\alpha, \boldsymbol{\lambda}) &> 0. \end{aligned} \tag{8.111}$$

(iv) 在度量面 $\mathscr{M}^{(\sigma_s;\sigma_r)}$ 意义下, t_m 时刻棱流 $\mathbf{x}^{(\sigma_s;\mathscr{E})}(t)$ 对于指定棱 $\mathscr{E}^{(r)}_{\sigma_r}$ 处于从排斥到吸引的状态, 当且仅当

$$G_{\mathscr{M}^{(\alpha;\sigma_r)}}^{(\sigma_s;\mathscr{E})}(\mathbf{x}_m^{(\sigma_s;\mathscr{M})}, t_m, \mathbf{p}_\alpha, \boldsymbol{\lambda}) = 0,$$

$$G_{\mathscr{M}^{(\alpha;\sigma_r)}}^{(1,\sigma_s;\mathscr{E})}(\mathbf{x}_m^{(\sigma_s;\mathscr{M})}, t_m, \mathbf{p}_\alpha, \boldsymbol{\lambda}) < 0. \tag{8.112}$$

(v) 在度量面 $\mathscr{M}^{(\sigma_s;\sigma_r)}$ 意义下, t_m 时刻棱流 $\mathbf{x}^{(\sigma_s;\mathscr{E})}(t)$ 对于指定棱 $\mathscr{E}_{\sigma_r}^{(r)}$ 是不变的, 当且仅当

$$G_{\mathscr{M}^{(\alpha;\sigma_r)}}^{(s_{\sigma_s},\sigma_s;\mathscr{E})}(\mathbf{x}_m^{(\sigma_s;\mathscr{M})}, t_m, \mathbf{p}_\alpha, \boldsymbol{\lambda}) = 0, s_{\sigma_s} = 0, 1, 2, \cdots. \tag{8.113}$$

证明　将度量面 $\mathscr{M}^{(\sigma_s,\sigma_r)}$ 作为一个边界. 参照第三章即可证明该定理. ■

定义 8.17　对于方程 (6.4)—(6.8) 中的不连续动力系统, 在 t_m 时刻, 存在点 $\mathbf{x}^{(\sigma_r;\mathscr{E})}(t_m) \equiv \mathbf{x}_m \in \mathscr{E}_{\sigma_r}^{(r)}$ $(\sigma_r \in \mathscr{N}_{\mathscr{E}}^r = \{1, 2, \cdots, N_r\}, r \in \{0, 1, 2, \cdots, n-2\})$, 并且相应的边界和域分别为 $\partial\Omega_{\alpha i_\alpha}(\sigma_r)$ 和 $\Omega_\alpha(\sigma_r)$ $(\alpha \in \mathscr{N}_{\mathscr{D}}(\sigma_r) \subset \mathscr{N}_{\mathscr{D}} = \{1, 2, \cdots, N_d\}, i_\alpha \in \mathscr{N}_{\alpha\mathscr{B}}(\sigma_r) \subset \mathscr{N}_{\mathscr{B}} = \{1, 2, \cdots, N_b\})$, 其中边界指标子集 $\mathscr{N}_{\alpha\mathscr{B}}(\sigma_r)$ 含 n_{σ_r} 个元素 $(n_{\sigma_r} \geqslant n-r)$. 棱 $\mathscr{E}_{\sigma_r}^{(r)}$ 是所有棱 $\mathscr{E}_{\sigma_s}^{(s)}(\sigma_r)$ (包括域和边界) 的交集, 其中 $\sigma_s \in \mathscr{N}_{\mathscr{E}}^s(\sigma_r) \subset \mathscr{N}_{\mathscr{E}}^s = \{1, 2, \cdots, N_s\}, s \in \{r+1, r+2, \cdots, n-1, n\}$. 假设存在一个 s 维棱 $\mathscr{E}_{\sigma_s}^{(s)}(\sigma_r)$, 且相应于域 $\Omega_\alpha(\sigma_r)$ 的边界指标子集为 $\mathscr{N}_{\alpha\mathscr{B}}(\sigma_r, \sigma_s)$. 互补的边界指标子集为 $\bar{\mathscr{N}}_{\alpha\mathscr{B}}(\sigma_r, \sigma_s) = \mathscr{N}_{\alpha\mathscr{B}}(\sigma_r)/\mathscr{N}_{\alpha\mathscr{B}}(\sigma_r, \sigma_s)$. 假设棱 $\mathscr{E}_{\sigma_s}^{(s)}(\sigma_r, \alpha)$ 上流 $\mathbf{x}^{(\sigma_s;\mathscr{E})}(t)$ 有一个 $n-s+r$ 维量棱 $\mathscr{E}_{\sigma_{n-s+r}}^{(\rho,n-s+r)}$, 并有等常数向量的指定棱 $\mathscr{E}_{\sigma_r}^{(r)}(\alpha)$. 度量棱和等常数度量面 $\mathscr{M}^{(\sigma_s;\sigma_r)}$ 分别由方程 (8.98) 和 (8.103) 决定. 在 t_m 时刻, $\mathbf{x}_m^{(\sigma_s;\mathscr{M})} = \mathbf{x}_\sigma^{(\sigma_s;\mathscr{M})}(t_m) \in \mathscr{M}_m^{(\sigma_s;\sigma_r)}$ 满足方程 (8.55). 对于时间 t, 棱流 $\mathbf{x}^{(\sigma_s;\mathscr{E})}(t)$ 是 [574] $C_{[t_{m-\varepsilon},t_m)}^{r_{\sigma_s}}$ 或 $C_{(t_m,t_{m+\varepsilon}]}^{r_{\sigma_s}}$ 连续的, 且 $\|d^{r_{\sigma_s}+1}\mathbf{x}^{(\sigma_s;\mathscr{E})}/dt^{r_{\sigma_s}+1}\| < \infty$ $(r_{\sigma_s} \geqslant 2k_{\sigma_s}-1$ 或 $2k_{\sigma_s})$. 假设 $\mathbf{x}_{m\pm\varepsilon}^{(\sigma_s;\mathscr{E})} = \mathbf{x}^{(\sigma_s;\mathscr{E})}(t_{m\pm\varepsilon}) \in \mathscr{M}_{m\pm\varepsilon}^{(\alpha,\sigma_r)}$ 和 $\mathbf{x}_{\sigma(m\pm\varepsilon)}^{(\sigma_s;\mathscr{M})} = \mathbf{x}_\sigma^{(\sigma_s;\mathscr{M})}(t_{m\pm\varepsilon}) \in \mathscr{M}_{m\pm\varepsilon}^{(\sigma_s;\sigma_r)}$. $\mathscr{D}^{(\sigma_s;\sigma_r)}(t_{m\pm\varepsilon}) \equiv \mathscr{C}_{m\pm\varepsilon}^{(\sigma_s;\sigma_r)}$ 和 $\mathscr{D}^{(\sigma_s;\sigma_r)}(t_m) \equiv \mathscr{C}_m^{(\sigma_s;\sigma_r)}$.

(i) 如果满足

$$G_{\mathscr{M}^{(\alpha;\sigma_r)}}^{(s_{\sigma_s},\sigma_s;\mathscr{E})}(\mathbf{x}_m^{(\sigma_s;\mathscr{M})}, t_m, \mathbf{p}_\alpha, \boldsymbol{\lambda}) = 0,$$

$$s_{\sigma_s} = 0, 1, 2, \cdots, 2k_{\sigma_s}-1;$$

$$\mathbf{n}_{\mathscr{M}_m^{(\sigma_s,\sigma_r)}}^{\mathrm{T}}(\mathbf{x}_{m-\varepsilon}^{(\sigma_s;\mathscr{M})}) \cdot [\mathbf{x}_{m-\varepsilon}^{(\sigma_s;\mathscr{M})} - \mathbf{x}_{m-\varepsilon}^{(\sigma_s;\mathscr{E})}] < 0,$$

$$\mathbf{n}_{\mathscr{M}_m^{(\alpha,\sigma_r)}}^{\mathrm{T}}(\mathbf{x}_{m+\varepsilon}^{(\sigma_s;\mathscr{M})}) \cdot [\mathbf{x}_{m+\varepsilon}^{(\sigma_s;\mathscr{E})} - \mathbf{x}_{m+\varepsilon}^{(\sigma_s;\mathscr{M})}] < 0,$$

$$\mathscr{C}_{m-\varepsilon}^{(\sigma_s,\sigma_r)} > \mathscr{C}_m^{(\sigma_s,\sigma_r)} > \mathscr{C}_{m+\varepsilon}^{(\sigma_s,\sigma_r)} > 0, \tag{8.114}$$

那么称在度量面 $\mathscr{M}^{(\sigma_s;\sigma_r)}$ 意义下, t_m 时刻棱流 $\mathbf{x}^{(\sigma_s;\mathscr{E})}(t)$ 对于指定棱 $\mathscr{E}_{\sigma_r}^{(r)}$

是 $2k_{\sigma_s}$ 阶奇异吸引的.

(ii) 如果满足

$$G_{\mathscr{M}^{(\alpha;\sigma_r)}}^{(s_{\sigma_s},\sigma_s;\mathscr{E})}(\mathbf{x}_m^{(\sigma_s;\mathscr{M})}, t_m, \mathbf{p}_\alpha, \boldsymbol{\lambda}) = 0,$$

$$s_{\sigma_s} = 0, 1, 2, \cdots, 2k_{\sigma_s} - 1;$$

$$\mathbf{n}_{\mathscr{M}_m^{(\sigma_s,\sigma_r)}}^{\mathrm{T}}(\mathbf{x}_{m-\varepsilon}^{(\sigma_s;\mathscr{M})}) \cdot [\mathbf{x}_{m-\varepsilon}^{(\sigma_s;\mathscr{M})} - \mathbf{x}_{m-\varepsilon}^{(\sigma_s;\mathscr{E})}] > 0, \qquad (8.115)$$

$$\mathbf{n}_{\mathscr{M}_m^{(\alpha,\sigma_r)}}^{\mathrm{T}}(\mathbf{x}_{m+\varepsilon}^{(\sigma_s;\mathscr{M})}) \cdot [\mathbf{x}_{m+\varepsilon}^{(\sigma_s;\mathscr{E})} - \mathbf{x}_{m+\varepsilon}^{(\sigma_s;\mathscr{M})}] > 0,$$

$$0 < \mathscr{C}_{m-\varepsilon}^{(\sigma_s,\sigma_r)} < \mathscr{C}_m^{(\sigma_s,\sigma_r)} < \mathscr{C}_{m+\varepsilon}^{(\sigma_s,\sigma_r)},$$

那么称在度量面 $\mathscr{M}^{(\sigma_s;\sigma_r)}$ 意义下, t_m 时刻棱流 $\mathbf{x}^{(\sigma_s;\mathscr{E})}(t)$ 对于指定棱 $\mathscr{E}_{\sigma_r}^{(r)}$ 是 $2k_{\sigma_s}$ 阶奇异排斥的.

(iii) 如果满足

$$G_{\mathscr{M}^{(\alpha;\sigma_r)}}^{(s_{\sigma_s},\sigma_s;\mathscr{E})}(\mathbf{x}_m^{(\sigma_s;\mathscr{M})}, t_m, \mathbf{p}_\alpha, \boldsymbol{\lambda}) = 0,$$

$$s_{\sigma_s} = 0, 1, 2, \cdots, 2k_{\sigma_s};$$

$$\mathbf{n}_{\mathscr{M}_m^{(\sigma_s,\sigma_r)}}^{\mathrm{T}}(\mathbf{x}_m^{(\sigma_s;\mathscr{M})}) \cdot [\mathbf{x}_{m-\varepsilon}^{(\sigma_s;\mathscr{M})} - \mathbf{x}_{m-\varepsilon}^{(\sigma_s;\mathscr{E})}] < 0, \qquad (8.116)$$

$$\mathbf{n}_{\mathscr{M}_m^{(\alpha,\sigma_r)}}^{\mathrm{T}}(\mathbf{x}_m^{(\sigma_s;\mathscr{M})}) \cdot [\mathbf{x}_{m+\varepsilon}^{(\sigma_s;\mathscr{E})} - \mathbf{x}_{m+\varepsilon}^{(\sigma_s;\mathscr{M})}] > 0,$$

$$0 < \mathscr{C}_m^{(\sigma_s,\sigma_r)} < \mathscr{C}_{m-\varepsilon}^{(\sigma_s,\sigma_r)} \text{ 和 } 0 < \mathscr{C}_m^{(\sigma_s,\sigma_r)} < \mathscr{C}_{m+\varepsilon}^{(\sigma_s,\sigma_r)},$$

那么称在度量面 $\mathscr{M}^{(\sigma_s;\sigma_r)}$ 意义下, t_m 时刻棱流 $\mathbf{x}^{(\sigma_s;\mathscr{E})}(t)$ 对于指定棱 $\mathscr{E}_{\sigma_r}^{(r)}$ 处于从吸引到排斥的状态, 且是 $2k_{\sigma_s}$ 阶奇异的.

(iv) 如果满足

$$G_{\mathscr{M}^{(\alpha;\sigma_r)}}^{(s_{\sigma_s},\sigma_s;\mathscr{E})}(\mathbf{x}_m^{(\sigma_s;\mathscr{M})}, t_m, \mathbf{p}_\alpha, \boldsymbol{\lambda}) = 0, \qquad\qquad [575]$$

$$s_{\sigma_s} = 0, 1, 2, \cdots, 2k_{\sigma_s};$$

$$\mathbf{n}_{\mathscr{M}_m^{(\sigma_s,\sigma_r)}}^{\mathrm{T}}(\mathbf{x}_{m-\varepsilon}^{(\sigma_s;\mathscr{M})}) \cdot [\mathbf{x}_{m-\varepsilon}^{(\sigma_s;\mathscr{M})} - \mathbf{x}_{m-\varepsilon}^{(\sigma_s;\mathscr{E})}] < 0, \qquad (8.117)$$

$$\mathbf{n}_{\mathscr{M}_m^{(\alpha,\sigma_r)}}^{\mathrm{T}}(\mathbf{x}_{m+\varepsilon}^{(\sigma_s;\mathscr{M})}) \cdot [\mathbf{x}_{m+\varepsilon}^{(\sigma_s;\mathscr{E})} - \mathbf{x}_{m+\varepsilon}^{(\sigma_s;\mathscr{M})}] > 0,$$

$$\mathscr{C}_m^{(\sigma_s,\sigma_r)} > \mathscr{C}_{m-\varepsilon}^{(\sigma_s,\sigma_r)} > 0 \text{ 和 } \mathscr{C}_m^{(\sigma_s,\sigma_r)} > \mathscr{C}_{m+\varepsilon}^{(\sigma_s,\sigma_r)} > 0,$$

那么称在度量面 $\mathscr{M}^{(\sigma_s;\sigma_r)}$ 意义下, t_m 时刻棱流 $\mathbf{x}^{(\sigma_s;\mathscr{E})}(t)$ 对于指定棱 $\mathscr{E}_{\sigma_r}^{(r)}$ 处于从排斥到吸引的状态, 且是 $2k_{\sigma_s}$ 阶奇异的.

根据其定义, 相应的定理表述如下:

定理 8.12 对于方程 (6.4)—(6.8) 中的不连续动力系统, 在 t_m 时刻, 存在点 $\mathbf{x}^{(\sigma_r;\mathscr{E})}(t_m) \equiv \mathbf{x}_m \in \mathscr{E}_{\sigma_r}^{(r)}$ ($\sigma_r \in \mathscr{N}_{\mathscr{E}}^r = \{1, 2, \cdots, N_r\}$, $r \in \{0, 1, 2, \cdots,$

$n-2\})$, 并且相应的边界和域为 $\partial\Omega_{\alpha i_{\alpha}}(\sigma_r)$ 和 $\Omega_{\alpha}(\sigma_r)$ $(\alpha\in\mathscr{N}_{\mathscr{D}}(\sigma_r)\subset\mathscr{N}_{\mathscr{D}}=\{1,2,\cdots,N_d\}$, $i_{\alpha}\in\mathscr{N}_{\alpha\mathscr{B}}(\sigma_r)\subset\mathscr{N}_{\mathscr{B}}=\{1,2,\cdots,N_b\})$, 其中边界指标子集 $\mathscr{N}_{\alpha\mathscr{B}}(\sigma_r)$ 含 n_{σ_r} 个元素 $(n_{\sigma_r}\geqslant n-r)$. 棱 $\mathscr{E}_{\sigma_r}^{(r)}$ 是所有棱 $\mathscr{E}_{\sigma_s}^{(s)}(\sigma_r)$ (包括域和边界) 的交集, 其中 $\sigma_s\in\mathscr{N}_{\mathscr{E}}^{s}(\sigma_r)\subset\mathscr{N}_{\mathscr{E}}^{s}=\{1,2,\cdots,N_s\}$, $s\in\{r+1,r+2,\cdots,n-1,n\}$. 假设存在一个 s 维棱 $\mathscr{E}_{\sigma_s}^{(s)}(\sigma_r)$, 且相应于域 $\Omega_{\alpha}(\sigma_r)$ 的边界指标子集为 $\mathscr{N}_{\alpha\mathscr{B}}(\sigma_r,\sigma_s)$. 互补的边界指标子集为 $\bar{\mathscr{N}}_{\alpha\mathscr{B}}(\sigma_r,\sigma_s)=\mathscr{N}_{\alpha\mathscr{B}}(\sigma_r)/\mathscr{N}_{\alpha\mathscr{B}}(\sigma_r,\sigma_s)$. 假设棱 $\mathscr{E}_{\sigma_s}^{(s)}(\sigma_r,\alpha)$ 上流 $\mathbf{x}^{(\sigma_s;\mathscr{E})}(t)$ 有一个 $n-s+r$ 维度量棱 $\mathscr{E}_{\sigma_{n-s+r}}^{(\rho,n-s+r)}$, 并有等常数向量的指定棱 $\mathscr{E}_{\sigma_r}^{(r)}(\alpha)$. 度量棱和等常数度量面 $\mathscr{M}^{(\sigma_s;\sigma_r)}$ 分别由方程 (8.98) 和 (8.103) 决定. 在 t_m 时刻, $\mathbf{x}_m^{(\sigma_s;\mathscr{M})}=\mathbf{x}_{\sigma}^{(\sigma_s;\mathscr{M})}(t_m)\in\mathscr{M}_m^{(\sigma_s;\sigma_r)}$ 满足方程 (8.55). 对于时间 t, 棱流 $\mathbf{x}^{(\sigma_s;\mathscr{E})}(t)$ 是 $C_{[t_{m-\varepsilon},t_m)}^{r_{\sigma_s}}$ 或 $C_{(t_m,t_{m+\varepsilon})}^{r_{\sigma_s}}$ 连续的, 且 $\|d^{r_{\sigma_s}+1}\mathbf{x}^{(\sigma_s;\mathscr{E})}/dt^{r_{\sigma_s}+1}\|<\infty$ $(r_{\sigma_s}\geqslant 2k_{\sigma_s}$ 或 $2k_{\sigma_s}+1)$. 假设 $\mathbf{x}_{m\pm\varepsilon}^{(\sigma_s;\mathscr{E})}=\mathbf{x}^{(\sigma_s;\mathscr{E})}(t_{m\pm\varepsilon})\in\mathscr{M}_{m\pm\varepsilon}^{(\alpha,\sigma_r)}$ 和 $\mathbf{x}_{\sigma(m\pm\varepsilon)}^{(\sigma_s;\mathscr{M})}=\mathbf{x}_{\sigma}^{(\sigma_s;\mathscr{M})}(t_{m\pm\varepsilon})\in\mathscr{M}_m^{(\sigma_s;\sigma_r)}$. $\mathscr{D}^{(\sigma_s;\sigma_r)}(t_{m\pm\varepsilon})\equiv\mathscr{C}_{m\pm\varepsilon}^{(\sigma_s;\sigma_r)}$ 和 $\mathscr{D}^{(\sigma_s;\sigma_r)}(t_m)\equiv\mathscr{C}_m^{(\sigma_s;\sigma_r)}$.

(i) 在度量面 $\mathscr{M}^{(\sigma_s;\sigma_r)}$ 意义下, t_m 时刻棱流 $\mathbf{x}^{(\sigma_s;\mathscr{E})}(t)$ 对于指定棱 $\mathscr{E}_{\sigma_r}^{(r)}$ 是 $2k_{\sigma_s}$ 阶奇异吸引的, 当且仅当

$$G_{\mathscr{M}^{(\alpha;\sigma_r)}}^{(s_{\sigma_s},\sigma_s;\mathscr{E})}(\mathbf{x}_m^{(\sigma_s;\mathscr{M})},t_m,\mathbf{p}_{\alpha},\boldsymbol{\lambda})=0,$$
$$s_{\sigma_s}=0,1,2,\cdots,2k_{\sigma_s}-1; \tag{8.118}$$
$$G_{\mathscr{M}^{(\alpha;\sigma_r)}}^{(2k_{\sigma_s},\sigma_s;\mathscr{E})}(\mathbf{x}_m^{(\sigma_s;\mathscr{M})},t_m,\mathbf{p}_{\alpha},\boldsymbol{\lambda})<0.$$

[576]　(ii) 在度量面 $\mathscr{M}^{(\sigma_s;\sigma_r)}$ 意义下, t_m 时刻棱流 $\mathbf{x}^{(\sigma_s;\mathscr{E})}(t)$ 对于指定棱 $\mathscr{E}_{\sigma_r}^{(r)}$ 是 $2k_{\sigma_s}$ 阶奇异排斥的, 当且仅当

$$G_{\mathscr{M}^{(\alpha;\sigma_r)}}^{(s_{\sigma_s},\sigma_s;\mathscr{E})}(\mathbf{x}_m^{(\sigma_s;\mathscr{M})},t_m,\mathbf{p}_{\alpha},\boldsymbol{\lambda})=0,$$
$$s_{\sigma_s}=0,1,2,\cdots,2k_{\sigma_s}-1; \tag{8.119}$$
$$G_{\mathscr{M}^{(\alpha;\sigma_r)}}^{(2k_{\sigma_s},\sigma_s;\mathscr{E})}(\mathbf{x}_m^{(\sigma_s;\mathscr{M})},t_m,\mathbf{p}_{\alpha},\boldsymbol{\lambda})>0.$$

(iii) 在度量面 $\mathscr{M}^{(\sigma_s;\sigma_r)}$ 意义下, t_m 时刻棱流 $\mathbf{x}^{(\sigma_s;\mathscr{E})}(t)$ 是从吸引到排斥的, 且 $2k_{\sigma_s}$ 阶奇异, 当且仅当

$$G_{\mathscr{M}^{(\alpha;\sigma_r)}}^{(s_{\sigma_s},\sigma_s;\mathscr{E})}(\mathbf{x}_m^{(\sigma_s;\mathscr{M})},t_m,\mathbf{p}_{\alpha},\boldsymbol{\lambda})=0,$$
$$s_{\sigma_s}=0,1,2,\cdots,2k_{\sigma_s}; \tag{8.120}$$
$$G_{\mathscr{M}^{(\alpha;\sigma_r)}}^{(2k_{\sigma_s}+1,\sigma_s;\mathscr{E})}(\mathbf{x}_m^{(\sigma_s;\mathscr{M})},t_m,\mathbf{p}_{\alpha},\boldsymbol{\lambda})>0.$$

(iv) 在度量面 $\mathscr{M}^{(\sigma_s;\sigma_r)}$ 意义下, t_m 时刻棱流 $\mathbf{x}^{(\sigma_s;\mathscr{E})}(t)$ 对于指定棱 $\mathscr{E}_{\sigma_r}^{(r)}$

是从排斥到吸引的, 且 $2k_{\sigma_s}$ 阶奇异, 当且仅当

$$G_{\mathscr{M}^{(\alpha;\sigma_r)}}^{(s_{\sigma_s},\sigma_s;\mathscr{E})}(\mathbf{x}_m^{(\sigma_s;\mathscr{M})}, t_m, \mathbf{p}_\alpha, \boldsymbol{\lambda}) = 0,$$
$$s_{\sigma_s} = 0, 1, 2, \cdots, 2k_{\sigma_s}; \qquad\qquad (8.121)$$
$$G_{\mathscr{M}^{(\alpha;\sigma_r)}}^{(2k_{\sigma_s},\sigma_s;\mathscr{E})}(\mathbf{x}_m^{(\sigma_s;\mathscr{M})}, t_m, \mathbf{p}_\alpha, \boldsymbol{\lambda}) < 0.$$

证明 将度量面 $\mathscr{M}^{(\sigma_s,\sigma_r)}$ 作为边界. 参照第三章即可证明该定理. ∎

8.4 具有多值向量场的棱上动力学

像在第 6.7 节中那样, 在这里定义指定棱上的多值向量场. 如果棱上定义的向量场可以通过指定棱连续延伸到其他棱上 (包括边界和域), 那么, 这种延伸向量场将在其他棱 (或域) 上产生虚流. 对于棱上实流及虚流, 方程 (6.201) 可以重新写为

$$\mathbf{x}_{\sigma_s}^{(\sigma_s;\mathscr{E})} = \mathbf{F}^{(\sigma_s;\mathscr{E})}(\mathbf{x}_{\sigma_s}^{(\sigma_s;\mathscr{E})}, t, \boldsymbol{\pi}_{\sigma_s}),\ \text{在}\ \mathscr{E}_{\sigma_s}^{(s)}(\sigma_r)\ \text{上},$$
$$\mathbf{x}_{\sigma_s}^{(\sigma_p;\mathscr{E})} = \mathbf{F}^{(\sigma_p;\mathscr{E})}(\mathbf{x}_{\sigma_s}^{(\sigma_p;\mathscr{E})}, t, \boldsymbol{\pi}_{\sigma_p}),\ \text{在}\ \mathscr{E}_{\sigma_s}^{(s)}(\sigma_r)\ \text{上},$$
$$\mathbf{x}_{\sigma_p}^{(\sigma_s;\mathscr{E})} = \mathbf{F}^{(\sigma_s;\mathscr{E})}(\mathbf{x}_{\sigma_p}^{(\sigma_s;\mathscr{E})}, t, \boldsymbol{\pi}_{\sigma_s}),\ \text{在}\ \mathscr{E}_{\sigma_p}^{(p)}(\sigma_r), \qquad (8.122)$$
$$\mathscr{E}_{\sigma_p}^{(p)}(p, s, r \in \{0, 1, 2, \cdots, n\}\ \text{且}\ p, s > r),$$

其中 $\mathbf{x}_{\sigma_s}^{(\sigma_s;\mathscr{E})}$ 为实棱流, $\mathbf{x}_{\sigma_s}^{(\sigma_p;\mathscr{E})}$ 和 $\mathbf{x}_{\sigma_p}^{(\sigma_s;\mathscr{E})}$ 分别为 $\mathscr{E}_{\sigma_s}^{(s)}(\sigma_r)$ 和 $\mathscr{E}_{\sigma_p}^{(p)}(\sigma_r)$ 上虚 [577] 棱流. 图 8.10 表示 $s - 2$ 维棱上虚棱流 $\mathbf{x}_{\sigma_s}^{(\sigma_{s-1})}$ 为实棱流 $\mathbf{x}_{\sigma_s}^{(\sigma_s;\mathscr{E})}$ 的延伸. 黑色曲线表示 $s - 2$ 维棱. 带有箭头的虚线表示虚棱流. 类似地, 图 8.11 表示 $s - 2$ 维棱上虚棱流 $\mathbf{x}_{\sigma_s}^{(\sigma_{s-1};\mathscr{E})}$ 为实棱流 $\mathbf{x}_{\sigma_s}^{(\sigma_s;\mathscr{E})}$ 的延伸. 因此, 公理 7.1—公理 7.4 可延伸到棱和拐点. 于是我们有如下公理:

公理 8.1 (延伸性公理) 对于一个不连续动力系统, 在没有任何切换规则、传输定律和棱流障碍时, 棱 $\mathscr{E}_{\sigma_s}^{(s)}(\sigma_r)$ 上任何棱流到达 (或是离开) 指定棱 $\mathscr{E}_{\sigma_r}^{(r)}$ ($s, r \in \{0, 1, 2, \cdots, n\}$ 且 $s > r$) 时, 能够向前 (或向后) 延伸到相邻的可到达棱 $\mathscr{E}_{\sigma_p}^{(p)}(\sigma_r)$ 上 ($p, r \in \{0, 1, 2, \cdots, n\}$ 且 $p > s > r$).

公理 8.2 (延伸性公理) 对于一个不连续动力系统, 在没有任何切换规则、传输定律和棱流障碍时, 棱 $\mathscr{E}_{\sigma_p}^{(p)}(\sigma_r)$ 上任何虚棱流到达 (或是离开) 指定棱 $\mathscr{E}_{\sigma_r}^{(r)}$ ($s, r \in \{0, 1, 2, \cdots, n\}$ 且 $s > r$) 时, 能够向前 (或向后) 延伸到相应棱 $\mathscr{E}_{\sigma_p}^{(p)}(\sigma_r)$ 上 ($p, r \in \{0, 1, 2, \cdots, n\}$ 且 $p > s > r$).

公理 8.3 (不可延伸公理) 对于一个不连续动力系统, 棱 $\mathscr{E}_{\sigma_s}^{(s)}(\sigma_r)$ 上任

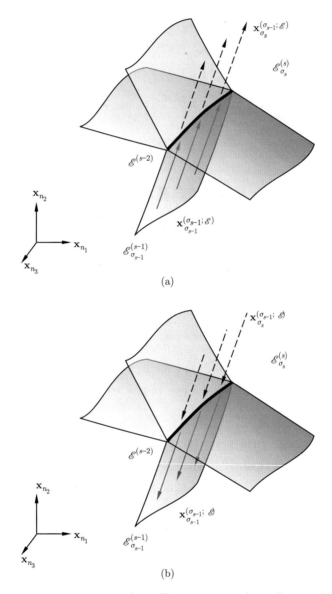

图 8.10　来自棱 $\mathscr{E}^{(s-1)}$ 的虚棱流 $\mathbf{x}_{\sigma_s}^{(\sigma_{s-1};\mathscr{E})}$：(a) 来棱流 $\mathbf{x}_{\sigma_{s-1}}^{(\sigma_{s-1};\mathscr{E})}$ 的延伸，(b) 去棱流 $\mathbf{x}_{\sigma_{s-1}}^{(\sigma_{s-1};\mathscr{E})}$ 的延伸．黑色曲线表示 $s-2$ 维棱．带箭头的细实线表示棱流．带箭头的虚线表示虚棱流 $(n_1+n_2+n_3=s)$

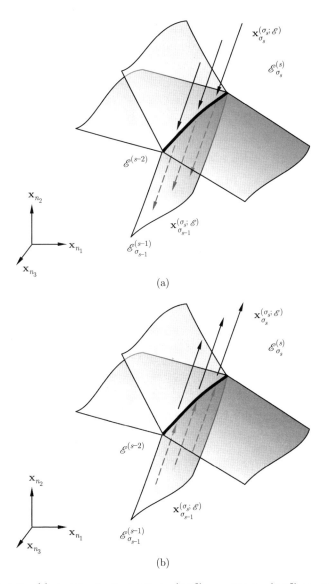

图 8.11　来自棱 $\mathscr{E}^{(s)}_{\sigma_s}$ 穿过棱 $\mathscr{E}^{(s-2)}$ 的虚棱流 $\mathbf{x}^{(\sigma_s;\mathscr{E})}_{\sigma_{s-1}}$: (a) 来棱流 $\mathbf{x}^{(\sigma_s;\mathscr{E})}_{\sigma_s}$ 的延伸, (b) 去棱流 $\mathbf{x}^{(\sigma_s;\mathscr{E})}_{\sigma_s}$ 的延伸. 黑色曲线表示 $s-2$ 维棱. 带箭头的细实线表示棱流. 带箭头的虚线表示虚棱流 $(n_1 + n_2 + n_3 = s)$

何棱流到达 (或是离开) 指定棱 $\mathcal{E}_{\sigma_r}^{(r)}(s, r \in s, r \in \{0,1,2,\cdots,n\}$ 且 $s > r)$ 时, 不能向前 (或后退) 延伸到相邻不可到达棱 $\mathcal{E}_{\sigma_p}^{(p)}(\sigma_r)$ 上 $(p, r \in \{0,1,2,\cdots,n\}$ 且 $p > s > r)$. 即使这样的棱流可延伸到不可到达的棱上, 相应的延伸流也只是虚拟的.

公理 8.4 (不可延伸公理)　　对于一个不连续动力系统, 在没有任何切换规则、传输定律和棱流障碍时, 不可到达棱 $\mathcal{E}_{\sigma_s}^{(s)}(\sigma_r)$ 上的任何虚拟棱流到达 (或是离开) 指定棱 $\mathcal{E}_{\sigma_r}^{(r)}(p, r \in \{0,1,2,\cdots,n\}$ 且 $p > r)$ 时, 不能向前 (或后退) 延伸到相应的棱 $\mathcal{E}_{\sigma_s}^{(s)}(\sigma_r)$ 上 $(s, r \in \{0,1,2,\cdots,n\}$ 且 $p > s > r)$.

对于不连续动力系统, 下面将定义可到达棱上的多值向量场.

[580]　　**定义 8.18**　　对于一个不连续动力系统, 存在一个可到达棱 $\mathcal{E}_{\sigma_s}^{(s)}(\sigma_r)$ $(\sigma_s \in \mathcal{N}_{\mathcal{E}}^{(s)} = \{1,2,\cdots,N_s\})$, 并定义 $\mathbf{F}^{(\sigma_{s(k)};\mathcal{E})}(\mathbf{x}^{(\sigma_{s(k)};\mathcal{E})}, t, \boldsymbol{\pi}_{\sigma_{s(k)}})(k = 1,2,\cdots,k_{\sigma_s})$ 为 k_{σ_s}-向量场, 相应的动力系统为

$$\dot{\mathbf{x}}^{(\sigma_{s(k)};\mathcal{E})} = \mathbf{F}^{(\sigma_{s(k)};\mathcal{E})}(\mathbf{x}^{(\sigma_{s(k)};\mathcal{E})}, t, \boldsymbol{\pi}_{\sigma_{s(k)}}) \text{ 在棱 } \mathcal{E}_{\sigma_s}^{(s)}(\sigma_r) \text{ 上.} \tag{8.123}$$

在棱 $\mathcal{E}_{\sigma_s}^{(s)}(\sigma_r)$ 上的不连续动力系统称为多值向量场. 由此定义如下棱 $\mathcal{E}_{\sigma_s}^{(s)}(\sigma_r)$ 上的动力系统

$$\mathcal{E}_{\sigma_s}(\sigma_r) = \cup_{k=1}^{k_{\sigma_s}} \mathcal{E}_{\sigma_{s(k)}}, \text{ 在 } \mathcal{E}_{\sigma_s}^{(s)}(\sigma_r) \text{ 上},$$
$$\mathcal{E}_{\sigma_{s(k)}}(\sigma_r) = \left\{ \dot{\mathbf{x}}^{(\sigma_{s(k)};\mathcal{E})} = \mathbf{F}^{(\sigma_{s(k)};\mathcal{E})}(\mathbf{x}^{(\sigma_{s(k)};\mathcal{E})}, t, \boldsymbol{\pi}_{\sigma_{s(k)}}) \,|\, k \in \{1,2,\cdots,k_{\sigma_s}\} \right\}. \tag{8.124}$$

不连续动力系统中所有系统可以写成如下形式

$$\mathcal{E} = \cup_{s=0}^{n} \cup_{\sigma_s \in \mathcal{N}_{\mathcal{E}}^s} \mathcal{E}_{\sigma_s}(\sigma_r). \tag{8.125}$$

8.4.1　折回棱流

如果在每个棱上存在多值向量场, 并且切换规则与传输定律成立, 那么正如同对于指定边界存在折回流一样, 对于指定棱也存在折回流. 下面将给出折回棱流的定义.

定义 8.19　　对于方程 (8.125) 中的一个具有多值向量场的不连续动力系统, 在 t_m 时刻, 存在点 $\mathbf{x}^{(\sigma_r;\mathcal{E})}(t_m) \equiv \mathbf{x}_m \in \mathcal{E}_{\sigma_r}^{(r)}$ $(\sigma_r \in \mathcal{N}_{\mathcal{E}}^r = \{1,2,\cdots,N_r\}$, $r \in \{0,1,2,\cdots,n-2\})$, 并且相应的边界和域分别为 $\partial\Omega_{\alpha i_\alpha}(\sigma_r)$ 和 $\Omega_\alpha(\sigma_r)$ $(\alpha \in \mathcal{N}_{\mathcal{D}}(\sigma_r) \subset \mathcal{N}_{\mathcal{D}} = \{1,2,\cdots,N_d\}$, $i_\alpha \in \mathcal{N}_{\alpha\mathcal{B}}(\sigma_r) \subset \mathcal{N}_{\mathcal{B}} = \{1,2,\cdots,N_b\})$, 其中边界指标子集 $\mathcal{N}_{\alpha\mathcal{B}}(\sigma_r)$ 含 n_{σ_r} 个元素 $(n_{\sigma_r} \geq n-r)$. 棱 $\mathcal{E}_{\sigma_r}^{(r)}$ 是所有棱 $\mathcal{E}_{\sigma_s}^{(s)}(\sigma_r)$ (包括域和边界) 的交集, 其中 $\sigma_s \in \mathcal{N}_{\mathcal{E}}^s(\sigma_r) \subset \mathcal{N}_{\mathcal{E}}^s =$

$\{1, 2, \cdots, N_s\}$, $s \in \{r+1, r+2, \cdots, n-1, n\}$. 假设存在一个 s 维棱 $\mathscr{E}^{(s)}_{\sigma_s}(\sigma_r)$, 且相应于域 $\Omega_\alpha(\sigma_r)$ 的边界指标子集为 $\mathscr{N}_{\alpha\mathscr{B}}(\sigma_r, \sigma_s)$. 互补的边界指标子集为 $\bar{\mathscr{N}}_{\alpha\mathscr{B}}(\sigma_r, \sigma_s) = \mathscr{N}_{\alpha\mathscr{B}}(\sigma_r)/\mathscr{N}_{\alpha\mathscr{B}}(\sigma_r, \sigma_s)$. 对于任意小的 $\varepsilon > 0$, 存在两个时间区间 $[t_{m-\varepsilon}, t_m)$, $(t_m, t_{m+\varepsilon}]$. 对于时间 t, 来棱流 $\mathbf{x}^{(\sigma_{s(k)};\mathscr{E})}$ 为 $C^{r_{\sigma_{s(k)}}}_{[t_{m-\varepsilon}, t_m)}$ 连续的 $(r_{\sigma_{s(k)}} \geqslant 1)$, 且 $\|d^{r_{\sigma_{s(k)}}+1}\mathbf{x}^{(\sigma_{s(k)};\mathscr{E})}/dt^{r_{\sigma_{s(k)}}+1}\| < \infty$, 去棱流 $\mathbf{x}^{(\sigma_{s(l)};\mathscr{E})}$ 为 $C^{r_{\sigma_{s(l)}}}_{(t_m, t_{m+\varepsilon}]}$ 连续的 $(r_{\sigma_{s(l)}} \geqslant 1)$, 且 $\|d^{r_{\sigma_{s(l)}}+1}\mathbf{x}^{(\sigma_{s(l)};\mathscr{E})}/dt^{r_{\sigma_{s(l)}}+1}\| < \infty$. 如果来 [581] 棱流 $\mathbf{x}^{(\sigma_{s(k)};\mathscr{E})}$ 到达棱 $\mathscr{E}^{(r)}_{\sigma_r}$ 上, 那么两个棱流 $\mathbf{x}^{(\sigma_{s(k)};\mathscr{E})}$ 和 $\mathbf{x}^{(\sigma_{s(l)};\mathscr{E})}$ 之间存在切换规则, 并且 $\mathbf{x}^{(\sigma_{s(k)};\mathscr{E})}(t_{m-}) = \mathbf{x}_m = \mathbf{x}^{(\sigma_{s(l)};\mathscr{E})}(t_{m+})$. 如果满足

$$\left. \begin{aligned} \hbar_{j_\alpha} \mathbf{n}^{\mathrm{T}}_{\partial\Omega_{\alpha j_\alpha}}(\mathbf{x}^{(j_\alpha;\mathscr{B})}_{m-\varepsilon}) \cdot [\mathbf{x}^{(j_\alpha;\mathscr{B})}_{m-\varepsilon} - \mathbf{x}^{(\sigma_{s(k)};\mathscr{E})}_{m-\varepsilon}] < 0, \\ \hbar_{j_\alpha} \mathbf{n}^{\mathrm{T}}_{\partial\Omega_{\alpha j_\alpha}}(\mathbf{x}^{(j_\alpha;\mathscr{B})}_{m+\varepsilon}) \cdot [\mathbf{x}^{(\sigma_{s(l)};\mathscr{E})}_{m+\varepsilon} - \mathbf{x}^{(j_\alpha;\mathscr{B})}_{m+\varepsilon}] > 0, \end{aligned} \right\} \tag{8.126}$$

$$j_\alpha \in \bar{\mathscr{N}}_{\alpha\mathscr{B}}(\sigma_r, \sigma_s).$$

那么对于棱 $\mathscr{E}^{(r)}_{\sigma_r}$, 流 $\mathbf{x}^{(\sigma_{s(k)};\mathscr{E})}$ 和 $\mathbf{x}^{(\sigma_{s(l)};\mathscr{E})}$ 称为 $\mathscr{E}^{(s)}_{\sigma_s}$ 上的折回流.

利用对于边界的 G-函数, 下面将给出对于棱的折回流的相应定理.

定理 8.13 对于方程 (8.125) 中的一个具有多值向量场的不连续动力系统, 在 t_m 时刻, 存在点 $\mathbf{x}^{(\sigma_r;\mathscr{E})}(t_m) \equiv \mathbf{x}_m \in \mathscr{E}^{(r)}_{\sigma_r}$ $(\sigma_r \in \mathscr{N}^r_{\mathscr{E}} = \{1, 2, \cdots, N_r\}$, $r \in \{0, 1, 2, \cdots, n-2\})$, 并且相应的边界和域分别为 $\partial\Omega_{\alpha i_\alpha}(\sigma_r)$ 和 $\Omega_\alpha(\sigma_r)$ $(\alpha \in \mathscr{N}_{\mathscr{D}}(\sigma_r) \subset \mathscr{N}_{\mathscr{D}} = \{1, 2, \cdots, N_d\}$, $i_\alpha \in \mathscr{N}_{\alpha\mathscr{B}}(\sigma_r) \subset \mathscr{N}_{\mathscr{B}} = \{1, 2, \cdots, N_b\})$, 其中边界指标子集 $\mathscr{N}_{\alpha\mathscr{B}}(\sigma_r)$ 含 n_{σ_r} 个元素 $(n_{\sigma_r} \geqslant n-r)$. 棱 $\mathscr{E}^{(r)}_{\sigma_r}$ 是所有棱 $\mathscr{E}^{(s)}_{\sigma_s}(\sigma_r)$ (包括域和边界) 的交集, 其中 $\sigma_s \in \mathscr{N}^s_{\mathscr{E}}(\sigma_r) \subset \mathscr{N}^s_{\mathscr{E}} = \{1, 2, \cdots, N_s\}$, $s \in \{r+1, r+2, \cdots, n-1, n\}$. 假设存在一个 s 维棱 $\mathscr{E}^{(s)}_{\sigma_s}(\sigma_r)$, 且相应于域 $\Omega_\alpha(\sigma_r)$ 的边界指标子集为 $\mathscr{N}_{\alpha\mathscr{B}}(\sigma_r, \sigma_s)$. 互补的边界指标子集为 $\bar{\mathscr{N}}_{\alpha\mathscr{B}}(\sigma_r, \sigma_s) = \mathscr{N}_{\alpha\mathscr{B}}(\sigma_r)/\mathscr{N}_{\alpha\mathscr{B}}(\sigma_r, \sigma_s)$. 对于任意小的 $\varepsilon > 0$, 存在两个时间区间 $[t_{m-\varepsilon}, t_m)$, $(t_m, t_{m+\varepsilon}]$. 对于时间 t, 来棱流 $\mathbf{x}^{(\sigma_{s(k)};\mathscr{E})}$ 为 $C^{r_{\sigma_{s(k)}}}_{[t_{m-\varepsilon}, t_m)}$ 连续的 $(r_{\sigma_{s(k)}} \geqslant 2)$, 且 $\|d^{r_{\sigma_{s(k)}}+1}\mathbf{x}^{(\sigma_{s(k)};\mathscr{E})}/dt^{r_{\sigma_{s(k)}}+1}\| < \infty$, 去棱流 $\mathbf{x}^{(\sigma_{s(l)};\mathscr{E})}$ 为 $C^{r_{\sigma_{s(l)}}}_{(t_m, t_{m+\varepsilon}]}$ 连续的 $(r_{\sigma_{s(l)}} \geqslant 2)$, 且 $\|d^{r_{\sigma_{s(l)}}+1}\mathbf{x}^{(\sigma_{s(l)};\mathscr{E})}/dt^{r_{\sigma_{s(l)}}+1}\| < \infty$. 如果来棱流 $\mathbf{x}^{(\sigma_{s(k)};\mathscr{E})}$ 到达棱 $\mathscr{E}^{(r)}_{\sigma_r}$ 上, 那么两个棱流 $\mathbf{x}^{(\sigma_{s(k)};\mathscr{E})}$ 和 $\mathbf{x}^{(\sigma_{s(l)};\mathscr{E})}$ 之间存在切换规则, 并且 $\mathbf{x}^{(\sigma_{s(k)};\mathscr{E})}(t_{m-}) = \mathbf{x}_m = \mathbf{x}^{(\sigma_{s(l)};\mathscr{E})}(t_{m+})$. 对于棱 $\mathscr{E}^{(r)}_{\sigma_r}$, 流 $\mathbf{x}^{(\sigma_{s(k)};\mathscr{E})}$ 和 $\mathbf{x}^{(\sigma_{s(l)};\mathscr{E})}$ 形成 $\mathscr{E}^{(s)}_{\sigma_s}$ 上的折回流, 当且仅当

$$\left. \begin{aligned} \hbar_{j_\alpha} G^{(\sigma_{s(k)};\mathscr{E})}_{\partial\Omega_{\alpha j_\alpha}}(\mathbf{x}_m, t_{m-}, \boldsymbol{\pi}_{\sigma_{s(k)}}, \boldsymbol{\lambda}_{j_\alpha}) < 0, \\ \hbar_{j_\alpha} G^{(\sigma_{s(l)};\mathscr{E})}_{\partial\Omega_{\alpha j_\alpha}}(\mathbf{x}_m, t_{m+}, \boldsymbol{\pi}_{\sigma_{s(l)}}, \boldsymbol{\lambda}_{j_\alpha}) > 0, \end{aligned} \right\} \tag{8.127}$$

$$j_\alpha \in \bar{\mathscr{N}}_{\alpha\mathscr{B}}(\sigma_r, \sigma_s).$$

[582]　　　**证明**　仿照定理 3.1 的证明可以证明该定理.　　　　　　　■

下面将叙述具有高阶奇异性的折回流.

　　定义 8.20　对于方程 (8.125) 中的一个具有多值向量场的不连续动力系统, 在 t_m 时刻, 存在点 $\mathbf{x}^{(\sigma_r;\mathscr{E})}(t_m) \equiv \mathbf{x}_m \in \mathscr{E}_{\sigma_r}^{(r)}$ ($\sigma_r \in \mathscr{N}_{\mathscr{E}}^r = \{1, 2, \cdots, N_r\}$, $r \in \{0, 1, 2, \cdots, n-2\}$), 并且相应的边界和域分别为 $\partial\Omega_{\alpha i_\alpha}(\sigma_r)$ 和 $\Omega_\alpha(\sigma_r)$ ($\alpha \in \mathscr{N}_{\mathscr{D}}(\sigma_r) \subset \mathscr{N}_{\mathscr{D}} = \{1, 2, \cdots, N_d\}$, $i_\alpha \in \mathscr{N}_{\alpha\mathscr{B}}(\sigma_r) \subset \mathscr{N}_{\mathscr{B}} = \{1, 2, \cdots, N_b\}$), 其中边界指标子集 $\mathscr{N}_{\alpha\mathscr{B}}(\sigma_r)$ 含 n_{σ_r} 个元素 ($n_{\sigma_r} \geqslant n - r$). 棱 $\mathscr{E}_{\sigma_r}^{(r)}$ 是所有棱 $\mathscr{E}_{\sigma_s}^{(s)}(\sigma_r)$ (包括域和边界) 的交集, 其中 $\sigma_s \in \mathscr{N}_{\mathscr{E}}^s(\sigma_r) \subset \mathscr{N}_{\mathscr{E}}^s = \{1, 2, \cdots, N_s\}$, $s \in \{r+1, r+2, \cdots, n-1, n\}$. 假设存在一个 s 维棱 $\mathscr{E}_{\sigma_s}^{(s)}(\sigma_r)$, 且相应于域 $\Omega_\alpha(\sigma_r)$ 的边界指标子集为 $\mathscr{N}_{\alpha\mathscr{B}}(\sigma_r, \sigma_s)$. 互补的边界指标子集为 $\bar{\mathscr{N}}_{\alpha\mathscr{B}}(\sigma_r, \sigma_s) = \mathscr{N}_{\alpha\mathscr{B}}(\sigma_r)/\mathscr{N}_{\alpha\mathscr{B}}(\sigma_r, \sigma_s)$. 对于任意小的 $\varepsilon > 0$, 存在两个时间区间 $[t_{m-\varepsilon}, t_m)$, $(t_m, t_{m+\varepsilon}]$. 对于时间 t, 来棱流 $\mathbf{x}^{(\sigma_{s(k)};\mathscr{E})}$ 为 $C_{[t_{m-\varepsilon}, t_m)}^{r_{\sigma_{s(k)}}}$ 连续的 ($r_{\sigma_{s(k)}} \geqslant \max_{i_\alpha \in \bar{\mathscr{N}}_{\alpha\mathscr{B}}(\sigma_r, \sigma_s)}\{m_{i_\alpha}\}$), 且 $\|d^{r_{\sigma_{s(k)}}+1}\mathbf{x}^{(\sigma_{s(k)};\mathscr{E})}/dt^{r_{\sigma_{s(k)}}+1}\| < \infty$, 去棱流 $\mathbf{x}^{(\sigma_{s(l)};\mathscr{E})}$ 为 $C_{(t_m, t_{m+\varepsilon}]}^{r_{\sigma_{s(l)}}}$ 连续的, 且 $\|d^{r_{\sigma_{s(l)}}+1}\mathbf{x}^{(\sigma_{s(l)};\mathscr{E})}/dt^{r_{\sigma_{s(l)}}+1}\| < \infty$ ($r_{\sigma_{s(l)}} \geqslant \max_{j_\alpha \in \bar{\mathscr{N}}_{\alpha\mathscr{B}}(\sigma_r, \sigma_s)}\{m_{j_\alpha}\}$). 如果来棱流 $\mathbf{x}^{(\sigma_{s(k)};\mathscr{E})}$ 到达棱 $\mathscr{E}_{\sigma_r}^{(r)}$ 上, 那么两个棱流 $\mathbf{x}^{(\sigma_{s(k)};\mathscr{E})}$ 和 $\mathbf{x}^{(\sigma_{s(l)};\mathscr{E})}$ 之间存在切换规则, 并且 $\mathbf{x}^{(\sigma_{s(k)};\mathscr{E})}(t_{m-}) = \mathbf{x}_m = \mathbf{x}^{(\sigma_{s(l)};\mathscr{E})}(t_{m+})$. 如果满足

$$\left.\begin{array}{l} \hbar_{i_\alpha} G_{\partial\Omega_{\alpha i_\alpha}}^{(s_{i_\alpha}, \sigma_{s(k)};\mathscr{E})}(\mathbf{x}_m, t_{m-}, \boldsymbol{\pi}_{\sigma_{s(k)}}, \boldsymbol{\lambda}_{i_\alpha}) = 0, \\ s_{i_\alpha} = 0, 1, 2, \cdots, m_{i_\alpha}, \\ \hbar_{i_\alpha} \mathbf{n}_{\partial\Omega_{\alpha i_\alpha}}^{\mathrm{T}}(\mathbf{x}_{m-\varepsilon}^{(i_\alpha;\mathscr{B})}) \cdot [\mathbf{x}_{m-\varepsilon}^{(i_\alpha;\mathscr{B})} - \mathbf{x}_{m-\varepsilon}^{(\sigma_{s(k)};\mathscr{E})}] < 0, \end{array}\right\} \tag{8.128}$$

$$i_\alpha \in \bar{\mathscr{N}}_{\alpha\mathscr{B}}(\sigma_r, \sigma_s);$$

$$\left.\begin{array}{l} \hbar_{j_\alpha} G_{\partial\Omega_{\alpha j_\alpha}}^{(s_{j_\alpha}, \sigma_{s(l)};\mathscr{E})}(\mathbf{x}_m, t_{m-}, \boldsymbol{\pi}_{\sigma_{s(l)}}, \boldsymbol{\lambda}_{j_\alpha}) = 0, \\ s_{j_\alpha} = 0, 1, 2, \cdots, m_{j_\alpha}, \\ \hbar_{j_\alpha} \mathbf{n}_{\partial\Omega_{\alpha j_\alpha}}^{\mathrm{T}}(\mathbf{x}_{m+\varepsilon}^{(j_\alpha;\mathscr{B})}) \cdot [\mathbf{x}_{m+\varepsilon}^{(\sigma_{s(l)};\mathscr{E})} - \mathbf{x}_{m+\varepsilon}^{(j_\alpha;\mathscr{B})}] > 0, \end{array}\right\} \tag{8.129}$$

$$j_\alpha \in \bar{\mathscr{N}}_{\alpha\mathscr{B}}(\sigma_r, \sigma_s),$$

那么对于棱 $\mathscr{E}_{\sigma_r}^{(r)}$, 流 $\mathbf{x}^{(\sigma_{s(k)};\mathscr{E})}$ 和 $\mathbf{x}^{(\sigma_{s(l)};\mathscr{E})}$ 称为 $\mathscr{E}_{\sigma_s}^{(s)}$ 上的 $(\mathbf{m}_{\sigma_{s(k)}} : \mathbf{m}_{\sigma_{s(l)}})$ 型折回流.

定理 8.14 对于方程 (8.125) 中的一个具有多值向量场的不连续动力系 [583] 统, 在 t_m 时刻, 存在点 $\mathbf{x}^{(\sigma_r;\mathscr{E})}(t_m) \equiv \mathbf{x}_m \in \mathscr{E}_{\sigma_r}^{(r)}$ ($\sigma_r \in \mathscr{N}_\mathscr{E}^r = \{1, 2, \cdots, N_r\}$, $r \in \{0, 1, 2, \cdots, n-2\}$), 并且相应的边界和域分别为 $\partial\Omega_{\alpha i_\alpha}(\sigma_r)$ 和 $\Omega_\alpha(\sigma_r)$ ($\alpha \in \mathscr{N}_\mathscr{D}(\sigma_r) \subset \mathscr{N}_\mathscr{D} = \{1, 2, \cdots, N_d\}$, $i_\alpha \in \mathscr{N}_{\alpha\mathscr{B}}(\sigma_r) \subset \mathscr{N}_\mathscr{B} = \{1, 2, \cdots, N_b\}$), 其中边界指标子集 $\mathscr{N}_{\alpha\mathscr{B}}(\sigma_r)$ 含 n_{σ_r} 个元素 ($n_{\sigma_r} \geqslant n-r$). 棱 $\mathscr{E}_{\sigma_r}^{(r)}$ 是所有棱 $\mathscr{E}_{\sigma_s}^{(s)}(\sigma_r)$ (包括域和边界) 的交集, 其中 $\sigma_s \in \mathscr{N}_\mathscr{E}^s(\sigma_r) \subset \mathscr{N}_\mathscr{E}^s = \{1, 2, \cdots, N_s\}$, $s \in \{r+1, r+2, \cdots, n-1, n\}$. 假设存在一个 s 维棱 $\mathscr{E}_{\sigma_s}^{(s)}(\sigma_r)$, 且相应于域 $\Omega_\alpha(\sigma_r)$ 的边界指标子集为 $\mathscr{N}_{\alpha\mathscr{B}}(\sigma_r, \sigma_s)$. 互补的边界指标子集为 $\bar{\mathscr{N}}_{\alpha\mathscr{B}}(\sigma_r, \sigma_s) = \mathscr{N}_{\alpha\mathscr{B}}(\sigma_r)/\mathscr{N}_{\alpha\mathscr{B}}(\sigma_r, \sigma_s)$. 对于任意小的 $\varepsilon > 0$, 存在两个时间区间 $[t_{m-\varepsilon}, t_m)$, $(t_m, t_{m+\varepsilon}]$. 对于时间 t, 来棱流 $\mathbf{x}^{(\sigma_{s(k)};\mathscr{E})}$ 为 $C_{[t_{m-\varepsilon}, t_m]}^{r_{\sigma_{s(k)}}}$ 连续的 ($r_{\sigma_{s(k)}} \geqslant \max_{i_\alpha \in \bar{\mathscr{N}}_{\alpha\mathscr{B}}(\sigma_r, \sigma_s)}\{m_{i_\alpha}\} + 1$), 且 $\|d^{r_{\sigma_{s(k)}}+1}\mathbf{x}^{(\sigma_{s(k)};\mathscr{E})}/dt^{r_{\sigma_{s(k)}}+1}\| < \infty$, 去棱流 $\mathbf{x}^{(\sigma_{s(l)};\mathscr{E})}$ 为 $C_{(t_m, t_{m+\varepsilon}]}^{r_{\sigma_{s(l)}}}$ 连续的 ($r_{\sigma_{s(l)}} \geqslant \max_{j_\alpha \in \bar{\mathscr{N}}_{\alpha\mathscr{B}}(\sigma_r, \sigma_s)}\{m_{j_\alpha}\} + 1$), 且 $\|d^{r_{\sigma_{s(l)}}+1}\mathbf{x}^{(\sigma_{s(l)};\mathscr{E})}/dt^{r_{\sigma_{s(l)}}+1}\| < \infty$. 如果来棱流 $\mathbf{x}^{(\sigma_{s(k)};\mathscr{E})}$ 到达棱 $\mathscr{E}_{\sigma_r}^{(r)}$ 上, 那么两个棱流 $\mathbf{x}^{(\sigma_{s(k)};\mathscr{E})}$ 和 $\mathbf{x}^{(\sigma_{s(l)};\mathscr{E})}$ 之间存在切换规则, 并且 $\mathbf{x}^{(\sigma_{s(k)};\mathscr{E})}(t_{m-}) = \mathbf{x}_m = \mathbf{x}^{(\sigma_{s(l)};\mathscr{E})}(t_{m+})$. 对于棱 $\mathscr{E}_{\sigma_r}^{(r)}$, 流 $\mathbf{x}^{(\sigma_{s(k)};\mathscr{E})}$ 和 $\mathbf{x}^{(\sigma_{s(l)};\mathscr{E})}$ 称为 $\mathscr{E}_{\sigma_s}^{(s)}$ 上的 $(\mathbf{m}_{\sigma_{s(k)}} : \mathbf{m}_{\sigma_{s(l)}})$ 型折回流, 当且仅当

$$\left.\begin{aligned}
&\hbar_{i_\alpha} G_{\partial\Omega_{\alpha i_\alpha}}^{(s_{i_\alpha}, \sigma_{s(k)};\mathscr{E})}(\mathbf{x}_m, t_{m-}, \boldsymbol{\pi}_{\sigma_{s(k)}}, \boldsymbol{\lambda}_{i_\alpha}) = 0, \\
&s_{i_\alpha} = 0, 1, 2, \cdots, m_{i_\alpha} - 1, \\
&(-1)^{m_{i_\alpha}} \hbar_{i_\alpha} G_{\partial\Omega_{\alpha i_\alpha}}^{(m_{i_\alpha}, \sigma_{s(k)};\mathscr{E})}(\mathbf{x}_m, t_{m-}, \boldsymbol{\pi}_{\sigma_{s(k)}}, \boldsymbol{\lambda}_{i_\alpha}) < 0,
\end{aligned}\right\} \tag{8.130}$$

$$i_\alpha \in \bar{\mathscr{N}}_{\alpha\mathscr{B}}(\sigma_r, \sigma_s);$$

$$\left.\begin{aligned}
&\hbar_{j_\alpha} G_{\partial\Omega_{\alpha j_\alpha}}^{(s_{j_\alpha}, \sigma_{s(l)};\mathscr{E})}(\mathbf{x}_m, t_{m+}, \boldsymbol{\pi}_{\sigma_{s(l)}}, \boldsymbol{\lambda}_{j_\alpha}) = 0, \\
&s_{j_\alpha} = 0, 1, 2, \cdots, m_{j_\alpha} - 1, \\
&\hbar_{j_\alpha} G_{\partial\Omega_{\alpha j_\alpha}}^{(m_{j_\alpha}, \sigma_{s(l)};\mathscr{E})}(\mathbf{x}_m, t_{m+}, \boldsymbol{\pi}_{\sigma_{s(l)}}, \boldsymbol{\lambda}_{j_\alpha}) > 0,
\end{aligned}\right\} \tag{8.131}$$

$$j_\alpha \in \bar{\mathscr{N}}_{\alpha\mathscr{B}}(\sigma_r, \sigma_s).$$

证明 仿照定理 3.2 的证明可以证明该定理. ∎

在棱 $\mathscr{E}_{\sigma_s}^{(s-2)}$ 上具有两个不同向量场的折回流在边界 $\mathscr{E}^{(s-2)}$ 上发生切换 [584] 时, 共有 9 种类型的折回流, 如图 8.12—图 8.16 所示. 实线表示实棱流, 虚线表示棱流的延伸. 在同一个棱上, 这些棱流的延伸都是实流.

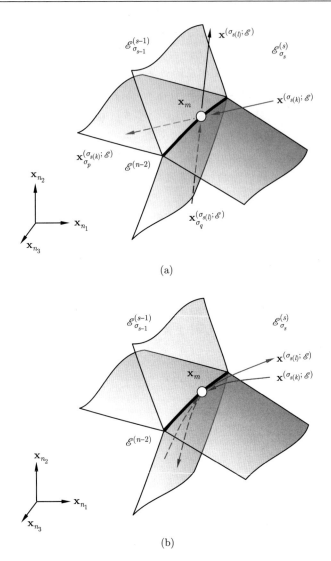

图 8.12　指定棱上的折回棱流: (a) $(2\mathbf{k}_{\sigma_{s(k)}} : 2\mathbf{k}_{\sigma_{s(l)}})$ 型奇异, (b) $(2\mathbf{k}_{\sigma_{s(k)}} + \mathbf{1} : 2\mathbf{k}_{\sigma_{s(l)}} + \mathbf{1})$ 型奇异. 黑色曲线表示 $s - 2$ 维棱. 带箭头的细实线表示 $\mathscr{E}^{(s)}_{\sigma_s}$ 上的棱流, 虚线表示实流的延伸 $(n_1 + n_2 + n_3 = s)$

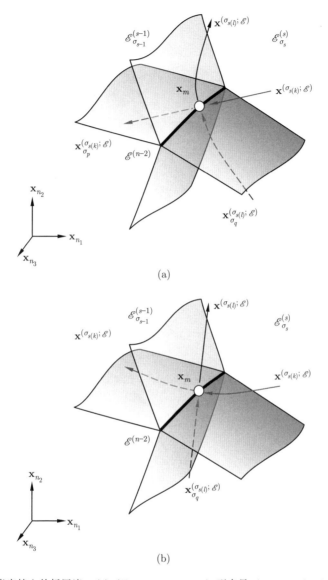

(a)

(b)

图 8.13 指定棱上的折回流: (a) $(2\mathbf{k}_{\sigma_{s(k)}} : \mathbf{m}_{\sigma_{s(l)}})$ 型奇异 $(\mathbf{m}_{\sigma_{s(l)}} \neq 2\mathbf{k}_{\sigma_{s(l)}} + 1)$, (b) $(\mathbf{m}_{\sigma_{s(k)}} : 2\mathbf{k}_{\sigma_{s(l)}})$ 型奇异 $(\mathbf{m}_{\sigma_{s(k)}} \neq 2\mathbf{k}_{\sigma_{s(k)}} + 1)$. 黑色曲线表示 $s-2$ 维棱. 带箭头的细实线表示 $\mathscr{E}^{(s)}_{\sigma_s}$ 上的棱流, 虚线表示实流的延伸 $(n_1 + n_2 + n_3 = s)$

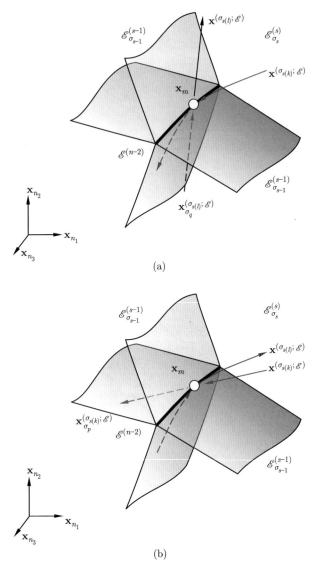

(a)

(b)

图 8.14　指定棱上的折回流: (a) $(2\mathbf{k}_{\sigma_{s(l)}} + \mathbf{1} : 2\mathbf{k}_{\sigma_{s(l)}})$ 型奇异, (b) $(2\mathbf{k}_{\sigma_{s(k)}} : 2\mathbf{k}_{\sigma_{s(k)}} + \mathbf{1})$ 型奇异. 带箭头的细实线表示 $s-2$ 上的棱流, 虚线表示实流的延伸 $(n_1 + n_2 + n_3 = s)$

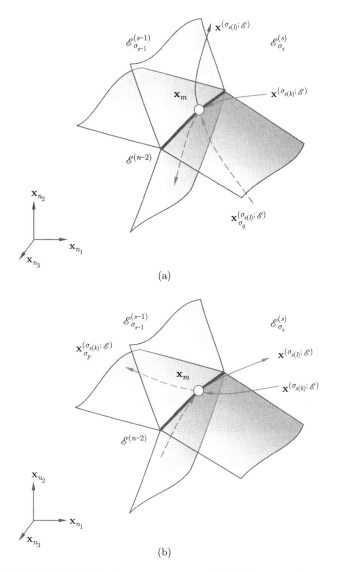

图 8.15　指定棱上的折回流: (a) $(2\mathbf{k}_{\sigma_{s(l)}} + 1 : \mathbf{m}_{\sigma_{s(l)}})$ 型奇异 $(\mathbf{m}_{\sigma_{s(l)}} \neq 2\mathbf{k}_{\sigma_{s(l)}} + 1)$, (b) $(\mathbf{m}_{\sigma_{s(k)}} : 2\mathbf{k}_{\sigma_{s(k)}} + 1)$ 型奇异 $(\mathbf{m}_{\sigma_{s(k)}} \neq 2\mathbf{k}_{\sigma_{s(k)}} + 1)$. 黑色曲线表示 $s - 2$ 维棱. 带箭头的细实线表示 $\mathscr{E}^{(s)}_{\sigma_s}$ 上的棱流, 虚线表示实流的延伸 $(n_1 + n_2 + n_3 = s)$

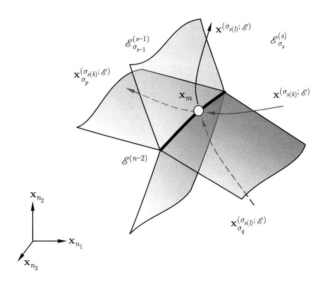

图 8.16 指定棱上 $(\mathbf{m}_{\sigma_{s(k)}} : \mathbf{m}_{\sigma_{s(l)}})$ 型奇异折回流 $(\mathbf{m}_{\sigma_{s(k)}} \neq 2\mathbf{k}_{\sigma_{s(k)}} + 1$ 且 $\mathbf{m}_{\sigma_{s(l)}} \neq 2\mathbf{k}_{\sigma_{s(l)}} + 1)$. 黑色曲线表示 $s-2$ 维棱. 带箭头的细实线表示 $\mathscr{E}_{\sigma_s}^{(s)}$ 上的棱流, 虚线表示实流的延伸 $(n_1 + n_2 + n_3 = s)$

8.4.2 延伸的可穿越棱流

对于指定棱的折回棱流要求至少有一个来流和一个去流. 根据切换规则, 来流和去流将形成棱流. 如果棱 $\mathscr{E}_{\sigma_s}^{(s)}$ 上两个来棱流同时到达了指定棱 $\mathscr{E}_{\sigma_r}^{(r)}$ 的相同位置, 根据连续性原理, 那么在切换之后棱 $\mathscr{E}_{\sigma_s}^{(s)}$ 上的棱流就可以延伸到指定棱 $\mathscr{E}_{\sigma_s}^{(p)}$ 上. 下面讨论延伸流.

定义 8.21 对于方程 (8.125) 中一个具有多值向量场的不连续动力系统, 在 t_m 时刻, 存在点 $\mathbf{x}^{(\sigma_r;\mathscr{E})}(t_m) \equiv \mathbf{x}_m \in \mathscr{E}_{\sigma_r}^{(r)}$ $(\sigma_r \in \mathscr{N}_{\mathscr{E}}^r = \{1, 2, \cdots, N_r\}$, $r \in \{0, 1, 2, \cdots, n-2\})$, 并且相应的边界和域分别为 $\partial\Omega_{\alpha i_\alpha}(\sigma_r)$ 和 $\Omega_\alpha(\sigma_r)$ $(\alpha \in \mathscr{N}_{\mathscr{D}}(\sigma_r) \subset \mathscr{N}_{\mathscr{D}} = \{1, 2, \cdots, N_d\}$, $i_\alpha \in \mathscr{N}_{\alpha\mathscr{B}}(\sigma_r) \subset \mathscr{N}_{\mathscr{B}} = \{1, 2, \cdots, N_b\})$, 其中边界指标子集 $\mathscr{N}_{\alpha\mathscr{B}}(\sigma_r)$ 含 n_{σ_r} 个元素 $(n_{\sigma_r} \geqslant n-r)$. 棱 $\mathscr{E}_{\sigma_r}^{(r)}$ 是所有棱 $\mathscr{E}_{\sigma_s}^{(s)}(\sigma_r)$ (包括域和边界) 的交集, 其中 $\sigma_s \in \mathscr{N}_{\mathscr{E}}^s(\sigma_r) \subset \mathscr{N}_{\mathscr{E}}^s = \{1, 2, \cdots, N_s\}$, $s \in \{r+1, r+2, \cdots, n-1, n\}$. 假设存在一个 s 维棱 $\mathscr{E}_{\sigma_s}^{(s)}(\sigma_r)$, 且相应于域 $\Omega_\alpha(\sigma_r)$ 的边界指标子集为 $\mathscr{N}_{\alpha\mathscr{B}}(\sigma_r, \sigma_s)$. 互补的边界指标子集为 $\bar{\mathscr{N}}_{\alpha\mathscr{B}}(\sigma_r, \sigma_s) = \mathscr{N}_{\alpha\mathscr{B}}(\sigma_r)/\mathscr{N}_{\alpha\mathscr{B}}(\sigma_r, \sigma_s)$. 对于任意小的 $\varepsilon > 0$, 存在两个时间区间 $[t_{m-\varepsilon}, t_m)$, $(t_m, t_{m+\varepsilon}]$. 对于时间 t, 来棱流 $\mathbf{x}^{(\sigma_{s(k)};\mathscr{E})}$ 为 $C_{[t_{m-\varepsilon}, t_m]}^{r_{\sigma_{s(k)}}}$ 连续的 $(r_{\sigma_{s(k)}} \geqslant 1)$,

且 $\|d^{r_{\sigma_{s(k)}}+1}\mathbf{x}^{(\sigma_{s(k)};\mathscr{E})}/dt^{r_{\sigma_{s(k)}}+1}\| < \infty$, 去棱流 $\mathbf{x}^{(\sigma_{s(l)};\mathscr{E})}$ 为 $C^{r_{\sigma_{s(l)}}}_{(t_m,t_{m+\varepsilon})}$ 连续的 $(r_{\sigma_{s(l)}} \geqslant 1)$, 且 $\|d^{r_{\sigma_{s(l)}}+1}\mathbf{x}^{(\sigma_{s(l)};\mathscr{E})}/dt^{r_{\sigma_{s(l)}}+1}\| < \infty$. 如果来棱流 $\mathbf{x}^{(\sigma_{s(k)};\mathscr{E})}$ 到达棱 $\mathscr{E}^{(r)}_{\sigma_r}$ 上, 那么两个棱流 $\mathbf{x}^{(\sigma_{s(k)};\mathscr{E})}$ 和 $\mathbf{x}^{(\sigma_{s(l)};\mathscr{E})}$ 之间存在切换规则, 并且 $\mathbf{x}^{(\sigma_{s(k)};\mathscr{E})}(t_{m-}) = \mathbf{x}_m = \mathbf{x}^{(\sigma_{s(l)};\mathscr{E})}(t_{m+})$. 如果满足

$$\left.\begin{array}{l} \hbar_{j_\alpha} \mathbf{n}^{\mathrm{T}}_{\partial\Omega_{\alpha j_\alpha}}(\mathbf{x}^{(j_\alpha;\mathscr{B})}_{m-\varepsilon}) \cdot [\mathbf{x}^{(j_\alpha;\mathscr{B})}_{m-\varepsilon} - \mathbf{x}^{(\sigma_{s(k)};\mathscr{E})}_{m-\varepsilon}] < 0, \\ \hbar_{j_\alpha} \mathbf{n}^{\mathrm{T}}_{\partial\Omega_{\alpha j_\alpha}}(\mathbf{x}^{(j_\alpha;\mathscr{B})}_{m+\varepsilon}) \cdot [\mathbf{x}^{(\sigma_{s(l)};\mathscr{E})}_{m+\varepsilon} - \mathbf{x}^{(j_\alpha;\mathscr{B})}_{m+\varepsilon}] < 0, \end{array}\right\} \tag{8.132}$$

[589]

$$j_\alpha \in \bar{\mathscr{N}}_{\alpha\mathscr{B}}(\sigma_r, \sigma_s).$$

那么对于棱 $\mathscr{E}^{(r)}_{\sigma_r}$, 流 $\mathbf{x}^{(\sigma_{s(k)};\mathscr{E})}$ 和 $\mathbf{x}^{(\sigma_{s(l)};\mathscr{E})}$ 称为 $\mathscr{E}^{(s)}_{\sigma_s}$ 上延伸的可穿越棱流.

根据上述延伸可穿越棱流的定义, 下面将给出相应的条件.

定理 8.15 对于方程 (8.125) 中的一个具有多值向量场的不连续动力系统, 在 t_m 时刻, 存在点 $\mathbf{x}^{(\sigma_r;\mathscr{E})}(t_m) \equiv \mathbf{x}_m \in \mathscr{E}^{(r)}_{\sigma_r}$ ($\sigma_r \in \mathscr{N}^r_{\mathscr{E}} = \{1,2,\cdots,N_r\}$, $r \in \{0,1,2,\cdots,n-2\}$), 并且相应的边界和域分别为 $\partial\Omega_{\alpha i_\alpha}(\sigma_r)$ 和 $\Omega_\alpha(\sigma_r)$ ($\alpha \in \mathscr{N}_{\mathscr{D}}(\sigma_r) \subset \mathscr{N}_{\mathscr{D}} = \{1,2,\cdots,N_d\}$, $i_\alpha \in \mathscr{N}_{\alpha\mathscr{B}}(\sigma_r) \subset \mathscr{N}_{\mathscr{B}} = \{1,2,\cdots,N_b\}$), 其中边界指标子集 $\mathscr{N}_{\alpha\mathscr{B}}(\sigma_r)$ 含 n_{σ_r} 个元素 ($n_{\sigma_r} \geqslant n-r$). 棱 $\mathscr{E}^{(r)}_{\sigma_r}$ 是所有棱 $\mathscr{E}^{(s)}_{\sigma_s}(\sigma_r)$ (包括域和边界) 的交集, 其中 $\sigma_s \in \mathscr{N}^s_{\mathscr{E}}(\sigma_r) \subset \mathscr{N}^s_{\mathscr{E}} = \{1,2,\cdots,N_s\}$, $s \in \{r+1,r+2,\cdots,n-1,n\}$. 假设存在一个 s 维棱 $\mathscr{E}^{(s)}_{\sigma_s}(\sigma_r)$, [590] 且相应于域 $\Omega_\alpha(\sigma_r)$ 的边界指标子集为 $\mathscr{N}_{\alpha\mathscr{B}}(\sigma_r,\sigma_s)$. 互补的边界指标子集为 $\bar{\mathscr{N}}_{\alpha\mathscr{B}}(\sigma_r,\sigma_s) = \mathscr{N}_{\alpha\mathscr{B}}(\sigma_r)/\mathscr{N}_{\alpha\mathscr{B}}(\sigma_r,\sigma_s)$. 对于任意小的 $\varepsilon > 0$, 存在两个时间区间 $[t_{m-\varepsilon}, t_m)$, $(t_m, t_{m+\varepsilon}]$. 对于时间 t, 来棱流 $\mathbf{x}^{(\sigma_{s(k)};\mathscr{E})}$ 为 $C^{r_{\sigma_{s(k)}}}_{[t_{m-\varepsilon},t_m)}$ 连续的 $(r_{\sigma_{s(k)}} \geqslant 2)$, 且 $\|d^{r_{\sigma_{s(k)}}+1}\mathbf{x}^{(\sigma_{s(k)};\mathscr{E})}/dt^{r_{\sigma_{s(k)}}+1}\| < \infty$, 去棱流 $\mathbf{x}^{(\sigma_{s(l)};\mathscr{E})}$ 为 $C^{r_{\sigma_{s(l)}}}_{(t_m,t_{m+\varepsilon}]}$ 连续的 $(r_{\sigma_{s(l)}} \geqslant 2)$, 且 $\|d^{r_{\sigma_{s(l)}}+1}\mathbf{x}^{(\sigma_{s(l)};\mathscr{E})}/dt^{r_{\sigma_{s(l)}}+1}\| < \infty$. 如果来棱流 $\mathbf{x}^{(\sigma_{s(k)};\mathscr{E})}$ 到达棱 $\mathscr{E}^{(r)}_{\sigma_r}$ 上, 那么两个棱流 $\mathbf{x}^{(\sigma_{s(k)};\mathscr{E})}$ 和 $\mathbf{x}^{(\sigma_{s(l)};\mathscr{E})}$ 之间存在切换规则, 并且 $\mathbf{x}^{(\sigma_{s(k)};\mathscr{E})}(t_{m-}) = \mathbf{x}_m = \mathbf{x}^{(\sigma_{s(l)};\mathscr{E})}(t_{m+})$. 对于棱 $\mathscr{E}^{(r)}_{\sigma_r}$, $\mathbf{x}^{(\sigma_{s(k)};\mathscr{E})}$ 和 $\mathbf{x}^{(\sigma_{s(l)};\mathscr{E})}$ 在 $\mathscr{E}^{(r)}_{\sigma_s}$ 上形成延伸的可穿越流, 当且仅当

$$\left.\begin{array}{l} \hbar_{j_\alpha} G^{(\sigma_{s(k)};\mathscr{E})}_{\partial\Omega_{\alpha j_\alpha}}(\mathbf{x}_m, t_{m-}, \boldsymbol{\pi}_{\sigma_{s(k)}}, \boldsymbol{\lambda}_{j_\alpha}) < 0, \\ \hbar_{j_\alpha} G^{(\sigma_{s(l)};\mathscr{E})}_{\partial\Omega_{\alpha j_\alpha}}(\mathbf{x}_m, t_{m+}, \boldsymbol{\pi}_{\sigma_{s(l)}}, \boldsymbol{\lambda}_{j_\alpha}) < 0, \end{array}\right\} \tag{8.133}$$

$$j_\alpha \in \bar{\mathscr{N}}_{\alpha\mathscr{B}}(\sigma_r, \sigma_s).$$

证明 考虑边界上的边界流, 仿照定理 3.1 的证明可以证明该定理. ∎

定义 8.22 对于方程 (8.125) 中具有多值向量场的不连续动力系统, 在 t_m 时刻, 存在点 $\mathbf{x}^{(\sigma_r;\mathscr{E})}(t_m) \equiv \mathbf{x}_m \in \mathscr{E}_{\sigma_r}^{(r)}$ ($\sigma_r \in \mathscr{N}_{\mathscr{E}}^r = \{1, 2, \cdots, N_r\}$, $r \in \{0, 1, 2, \cdots, n-2\}$), 并且相应的边界和域分别为 $\partial\Omega_{\alpha i_\alpha}(\sigma_r)$ 和 $\Omega_\alpha(\sigma_r)$ ($\alpha \in \mathscr{N}_{\mathscr{D}}(\sigma_r) \subset \mathscr{N}_{\mathscr{D}} = \{1, 2, \cdots, N_d\}$, $i_\alpha \in \mathscr{N}_{\alpha\mathscr{B}}(\sigma_r) \subset \mathscr{N}_{\mathscr{B}} = \{1, 2, \cdots, N_b\}$), 其中边界指标子集 $\mathscr{N}_{\alpha\mathscr{B}}(\sigma_r)$ 含 n_{σ_r} 个元素 ($n_{\sigma_r} \geqslant n-r$). 棱 $\mathscr{E}_{\sigma_r}^{(r)}$ 是所有棱 $\mathscr{E}_{\sigma_s}^{(s)}(\sigma_r)$ (包括域和边界) 的交集, 其中 $\sigma_s \in \mathscr{N}_{\mathscr{E}}^s(\sigma_r) \subset \mathscr{N}_{\mathscr{E}}^s = \{1, 2, \cdots, N_s\}$, $s \in \{r+1, r+2, \cdots, n-1, n\}$. 假设存在一个 s 维棱 $\mathscr{E}_{\sigma_s}^{(s)}(\sigma_r)$, 且相应于域 $\Omega_\alpha(\sigma_r)$ 的边界指标子集为 $\mathscr{N}_{\alpha\mathscr{B}}(\sigma_r, \sigma_s)$. 互补的边界指标子集为 $\bar{\mathscr{N}}_{\alpha\mathscr{B}}(\sigma_r, \sigma_s) = \mathscr{N}_{\alpha\mathscr{B}}(\sigma_r)/\mathscr{N}_{\alpha\mathscr{B}}(\sigma_r, \sigma_s)$. 对于任意小的 $\varepsilon > 0$, 存在两个时间区 [591] 间 $[t_{m-\varepsilon}, t_m)$, $(t_m, t_{m+\varepsilon}]$. 对于时间 t, 来棱流 $\mathbf{x}^{(\sigma_{s(k)};\mathscr{E})}$ 为 $C^{r_{\sigma_{s(k)}}}_{[t_{m-\varepsilon}, t_m]}$ 连续的 ($r_{\sigma_{s(k)}} \geqslant \max_{i_\alpha \in \bar{\mathscr{N}}_{\alpha\mathscr{B}}(\sigma_r, \sigma_s)}\{m_{i_\alpha}\} + 1$), 且 $\|d^{r_{\sigma_{s(k)}}+1}\mathbf{x}^{(\sigma_{s(k)};\mathscr{E})}/dt^{r_{\sigma_{s(k)}}+1}\| < \infty$, 去棱流 $\mathbf{x}^{(\sigma_{s(l)};\mathscr{E})}$ 为 $C^{r_{\sigma_{s(l)}}}_{[t_m, t_{m+\varepsilon}]}$ 连续的 ($r_{\sigma_{s(l)}} \geqslant \max_{j_\alpha \in \bar{\mathscr{N}}_{\alpha\mathscr{B}}(\sigma_r, \sigma_s)}\{m_{j_\alpha}\} + 1$), 且 $\|d^{r_{\sigma_{s(l)}}+1}\mathbf{x}^{(\sigma_{s(l)};\mathscr{E})}/dt^{r_{\sigma_{s(l)}}+1}\| < \infty$. 如果来棱流 $\mathbf{x}^{(\sigma_{s(k)};\mathscr{E})}$ 到达棱 $\mathscr{E}_{\sigma_r}^{(r)}$ 上, 那么两个棱流 $\mathbf{x}^{(\sigma_{s(k)};\mathscr{E})}$ 和 $\mathbf{x}^{(\sigma_{s(l)};\mathscr{E})}$ 之间存在切换规则, 并且 $\mathbf{x}^{(\sigma_{s(k)};\mathscr{E})}(t_{m-}) = \mathbf{x}_m = \mathbf{x}^{(\sigma_{s(l)};\mathscr{E})}(t_{m+})$. 如果满足

$$\left.\begin{aligned} &\hbar_{i_\alpha} G^{(s_{i_\alpha}, \sigma_{s(k)};\mathscr{E})}_{\partial\Omega_{\alpha i_\alpha}}(\mathbf{x}_m, t_{m-}, \boldsymbol{\pi}_{\sigma_{s(k)}}, \boldsymbol{\lambda}_{i_\alpha}) = 0, \\ &s_{i_\alpha} = 0, 1, 2, \cdots, m_{i_\alpha} - 1, \\ &\hbar_{i_\alpha} \mathbf{n}^{\mathrm{T}}_{\partial\Omega_{\alpha i_\alpha}}(\mathbf{x}^{(i_\alpha;\mathscr{B})}_{m-\varepsilon}) \cdot [\mathbf{x}^{(i_\alpha;\mathscr{B})}_{m-\varepsilon} - \mathbf{x}^{(\sigma_{s(k)};\mathscr{E})}_{m-\varepsilon}] < 0, \end{aligned}\right\} \tag{8.134}$$

$$i_\alpha \in \bar{\mathscr{N}}_{\alpha\mathscr{B}}(\sigma_r, \sigma_s);$$

$$\left.\begin{aligned} &\hbar_{j_\alpha} G^{(s_{j_\alpha}, \sigma_{s(l)};\mathscr{E})}_{\partial\Omega_{\alpha j_\alpha}}(\mathbf{x}_m, t_{m-}, \boldsymbol{\pi}_{\sigma_{s(l)}}, \boldsymbol{\lambda}_{j_\alpha}) = 0, \\ &s_{j_\alpha} = 0, 1, 2, \cdots, m_{j_\alpha} - 1, \\ &\hbar_{j_\alpha} \mathbf{n}^{\mathrm{T}}_{\partial\Omega_{\alpha j_\alpha}}(\mathbf{x}^{(j_\alpha;\mathscr{B})}_{m+\varepsilon}) \cdot [\mathbf{x}^{(\sigma_{s(l)};\mathscr{E})}_{m+\varepsilon} - \mathbf{x}^{(j_\alpha;\mathscr{B})}_{m+\varepsilon}] < 0, \end{aligned}\right\} \tag{8.135}$$

$$j_\alpha \in \bar{\mathscr{N}}_{\alpha\mathscr{B}}(\sigma_r, \sigma_s),$$

那么对于棱 $\mathscr{E}_{\sigma_r}^{(r)}$, 流 $\mathbf{x}^{(\sigma_{s(k)};\mathscr{E})}$ 和 $\mathbf{x}^{(\sigma_{s(l)};\mathscr{E})}$ 称为棱 $\mathscr{E}_{\sigma_s}^{(s)}$ ($\mathbf{m}_{\sigma_{s(l)}} \neq 2\mathbf{k}_{\sigma_{s(l)}} + 1$) 上的 ($\mathbf{m}_{\sigma_{s(k)}} : \mathbf{m}_{\sigma_{s(l)}}$) 型延伸的可穿越流.

根据上述定义, 下面将给出 ($\mathbf{m}_{\sigma_{s(k)}} : \mathbf{m}_{\sigma_{s(l)}}$) 型延伸的可穿越流条件.

定理 8.16 对于方程 (8.125) 中的一个具有多值向量场的不连续动力系统, 在 t_m 时刻, 存在点 $\mathbf{x}^{(\sigma_r;\mathscr{E})}(t_m) \equiv \mathbf{x}_m \in \mathscr{E}_{\sigma_r}^{(r)}$ ($\sigma_r \in \mathscr{N}_{\mathscr{E}}^r = \{1, 2, \cdots, N_r\}$, $r \in \{0, 1, 2, \cdots, n-2\}$), 并且相应的边界和域分别为 $\partial\Omega_{\alpha i_\alpha}(\sigma_r)$ 和 $\Omega_\alpha(\sigma_r)$

$(\alpha \in \mathcal{N}_{\mathcal{D}}(\sigma_r) \subset \mathcal{N}_{\mathcal{D}} = \{1, 2, \cdots, N_d\},\ i_\alpha \in \mathcal{N}_{\alpha\mathcal{B}}(\sigma_r) \subset \mathcal{N}_{\alpha\mathcal{B}} = \{1, 2, \cdots, N_b\})$，其中边界指标子集 $\mathcal{N}_{\alpha\mathcal{B}}(\sigma_r)$ 含 n_{σ_r} 个元素 $(n_{\sigma_r} \geqslant n - r)$. 棱 $\mathscr{E}_{\sigma_r}^{(r)}$ 是所有棱 $\mathscr{E}_{\sigma_s}^{(s)}(\sigma_r)$（包括域和边界）的交集，其中 $\sigma_s \in \mathcal{N}_{\mathscr{E}}^s(\sigma_r) \subset \mathcal{N}_{\mathscr{E}}^s = \{1, 2, \cdots, N_s\}$，$s \in \{r+1, r+2, \cdots, n-1, n\}$. 假设存在一个 s 维棱 $\mathscr{E}_{\sigma_s}^{(s)}(\sigma_r)$，且相应于域 $\Omega_\alpha(\sigma_r)$ 的边界指标子集为 $\mathcal{N}_{\alpha\mathcal{B}}(\sigma_r, \sigma_s)$. 互补的边界指标子集为 $\bar{\mathcal{N}}_{\alpha\mathcal{B}}(\sigma_r, \sigma_s) = \mathcal{N}_{\alpha\mathcal{B}}(\sigma_r)/\mathcal{N}_{\alpha\mathcal{B}}(\sigma_r, \sigma_s)$. 对于任意小的 $\varepsilon > 0$，存在两个时间区间 $[t_{m-\varepsilon}, t_m), (t_m, t_{m+\varepsilon}]$. 对于时间 t，来棱流 $\mathbf{x}^{(\sigma_{s(k)};\mathscr{E})}$ 为 $C_{[t_{m-\varepsilon}, t_m]}^{r_{\sigma_{s(k)}}}$ 连续的 [592]
$(r_{\sigma_{s(k)}} \geqslant \max_{i_\alpha \in \bar{\mathcal{N}}_{\alpha\mathcal{B}}(\sigma_r, \sigma_s)}\{m_{i_\alpha}\} + 1)$，且 $\|d^{r_{\sigma_{s(k)}}+1}\mathbf{x}^{(\sigma_{s(k)};\mathscr{E})}/dt^{r_{\sigma_{s(k)}}+1}\| < \infty$，去棱流 $\mathbf{x}^{(\sigma_{s(l)};\mathscr{E})}$ 为 $C_{[t_m, t_{m+\varepsilon}]}^{r_{\sigma_{s(l)}}}$ 连续的 $(r_{\sigma_{s(l)}} \geqslant \max_{j_\alpha \in \bar{\mathcal{N}}_{\alpha\mathcal{B}}(\sigma_r, \sigma_s)}\{m_{j_\alpha}\} + 1)$，且 $\|d^{r_{\sigma_{s(l)}}+1}\mathbf{x}^{(\sigma_{s(l)};\mathscr{E})}/dt^{r_{\sigma_{s(l)}}+1}\| < \infty$. 如果来棱流 $\mathbf{x}^{(\sigma_{s(k)};\mathscr{E})}$ 到达棱 $\mathscr{E}_{\sigma_r}^{(r)}$ 上，那么两个棱流 $\mathbf{x}^{(\sigma_{s(k)};\mathscr{E})}$ 和 $\mathbf{x}^{(\sigma_{s(l)};\mathscr{E})}$ 之间存在切换规则，并且 $\mathbf{x}^{(\sigma_{s(k)};\mathscr{E})}(t_{m-}) = \mathbf{x}_m = \mathbf{x}^{(\sigma_{s(l)};\mathscr{E})}(t_{m+})$. 对于棱 $\mathscr{E}_{\sigma_r}^{(r)}$，流 $\mathbf{x}^{(\sigma_{s(k)};\mathscr{E})}$ 和 $\mathbf{x}^{(\sigma_{s(l)};\mathscr{E})}$ 称为棱 $\mathscr{E}_{\sigma_s}^{(s)}$ $(\mathbf{m}_{\sigma_{s(l)}} \neq 2\mathbf{k}_{\sigma_{s(l)}} + 1)$ 上的 $(\mathbf{m}_{\sigma_{s(k)}} : \mathbf{m}_{\sigma_{s(l)}})$ 型延伸的可穿越流，当且仅当

$$\left.\begin{aligned}
&\hbar_{i_\alpha} G_{\partial\Omega_{\alpha i_\alpha}}^{(s_{i_\alpha}, \sigma_{s(k)};\mathscr{E})}(\mathbf{x}_m, t_{m-}, \boldsymbol{\pi}_{\sigma_{s(k)}}, \boldsymbol{\lambda}_{i_\alpha}) = 0,\\
&s_{i_\alpha} = 0, 1, 2, \cdots, m_{i_\alpha} - 1,\\
&(-1)^{m_{i_\alpha}} \hbar_{i_\alpha} G_{\partial\Omega_{\alpha i_\alpha}}^{(m_{i_\alpha}, \sigma_{s(k)};\mathscr{E})}(\mathbf{x}_m, t_{m-}, \boldsymbol{\pi}_{\sigma_{s(k)}}, \boldsymbol{\lambda}_{i_\alpha}) < 0,
\end{aligned}\right\} \tag{8.136}$$

$i_\alpha \in \bar{\mathcal{N}}_{\alpha\mathcal{B}}(\sigma_r, \sigma_s);$

$$\left.\begin{aligned}
&\hbar_{j_\alpha} G_{\partial\Omega_{\alpha j_\alpha}}^{(s_{j_\alpha}, \sigma_{s(l)};\mathscr{E})}(\mathbf{x}_m, t_{m+}, \boldsymbol{\pi}_{\sigma_{s(l)}}, \boldsymbol{\lambda}_{j_\alpha}) = 0,\\
&s_{j_\alpha} = 0, 1, 2, \cdots, m_{j_\alpha} - 1,\\
&\hbar_{j_\alpha} G_{\partial\Omega_{\alpha j_\alpha}}^{(m_{j_\alpha}, \sigma_{s(l)};\mathscr{E})}(\mathbf{x}_m, t_{m+}, \boldsymbol{\pi}_{\sigma_{s(l)}}, \boldsymbol{\lambda}_{j_\alpha}) < 0,
\end{aligned}\right\} \tag{8.137}$$

$j_\alpha \in \bar{\mathcal{N}}_{\alpha\mathcal{B}}(\sigma_r, \sigma_s).$

证明   考虑边界上的边界流, 仿照定理 3.2 的证明可证明该定理.   ∎

为了更好地理解多值向量场中棱上延伸流的概念, 图 8.17 绘出了棱 $\mathscr{E}_{\sigma_s}^{(s)}$ 到指定棱 $\mathscr{E}^{(s-2)}$ 的延伸棱流 $\mathbf{x}^{(\sigma_s,\mathscr{E})}$. 黑色曲线表示 $s-2$ 维棱. 带箭头的细实线表示棱 $\mathscr{E}_{\sigma_s}^{(s)}$ 上的棱流. 带箭头的虚线表示实流的延伸. 图 8.17(a) 展示了一个 $(2\mathbf{k}_{\sigma_{s(k)}} : 2\mathbf{k}_{\sigma_{s(l)}})$ 型奇异延伸流, 图 8.17(b) 展示了一个 $(2\mathbf{k}_{\sigma_{s(k)}} : \mathbf{m}_{\sigma_{s(l)}})$ 型奇异延伸流 $(\mathbf{m}_{\sigma_{s(l)}} \neq 2\mathbf{k}_{\sigma_{s(l)}} + 1)$. 如果 $\mathbf{m}_{\sigma_{s(l)}} = 2\mathbf{k}_{\sigma_{s(l)}} + 1$ 成立, 那么棱上将不能形成延伸流.

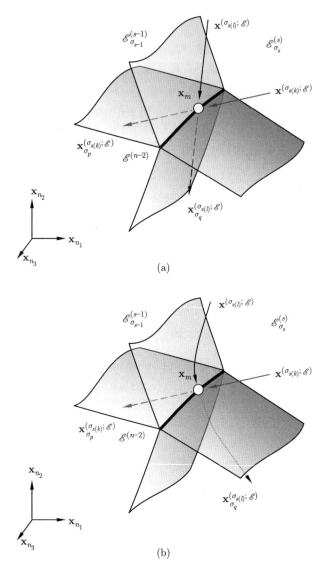

图 8.17　指定棱上的延伸流: (a) $(2\mathbf{k}_{\sigma_{s(k)}} : 2\mathbf{k}_{\sigma_{s(l)}})$ 型奇异, (b) $(2\mathbf{k}_{\sigma_{s(k)}} : \mathbf{m}_{\sigma_{s(l)}})$ 型奇异 $(\mathbf{m}_{\sigma_{s(l)}} \neq 2\mathbf{k}_{\sigma_{s(l)}} + 1)$. 黑色曲线表示 $s - 2$ 维棱. 带箭头的细实线表示棱 $\mathscr{E}^{(s)}_{\sigma_s}$ 上的棱流, 虚线表示实流的延伸 $(n_1 + n_2 + n_3 = s)$

8.5 两个自由度的摩擦振子

正如文献 Luo 和 Mao (2010), 考虑含有两个自由度的摩擦诱发的阻尼振子, 如图 8.18 所示. 该系统包含两个质量块 $(m_\alpha, \alpha = 1, 2)$、两个线性弹簧 $k_\alpha(\alpha = 1, 2)$ 及阻尼器 $d_\alpha(\alpha = 1, 2)$. 两个质量块以恒定速度 $V_\alpha(\alpha = 1, 2)$ 在两个传送带上移动. 对两个质量块施加频率为 Ω 和幅值为 $Q_\alpha(\alpha = 1, 2)$ 的外加激励时, 由于两个质量块在以恒定速度运动的传送带上运动, 那么质量块与皮带之间存在动摩擦. 因此, 在图 8.19 中的动摩擦力表达式如下

$$F_f^{(\alpha)}(\dot{x}_\alpha) \begin{cases} = \mu_k F_N^{(\alpha)}, & \dot{x}_\alpha \in (V_\alpha, \infty), \\ \in [-\mu_k F_N^{(\alpha)}, \mu_k F_N^{(\alpha)}], & \dot{x}_\alpha = V_\alpha, \\ = -\mu_k F_N^{(\alpha)}, & \dot{x}_\alpha \in (-\infty, V_\alpha), \end{cases} \tag{8.138}$$

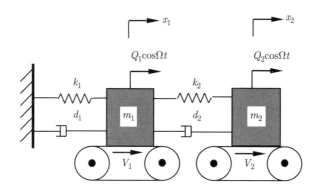

图 8.18 力学模型

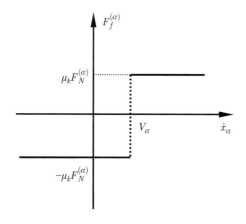

图 8.19 摩擦力

其中 $\dot{x}_\alpha = dx_\alpha/dt$. μ_k 和 $F_N^{(\alpha)}(\alpha = 1, 2)$ 分别为动摩擦系数和接触面上法向正压力, 并且 $F_N^{(\alpha)} = m_\alpha g$, g 为重力加速度. 在 x 方向上两质量块上的非摩擦力为

$$F_s^{(1)} = Q_1 \cos \Omega t - k_1 x_1 - d_1 \dot{x}_1 - k_2(x_1 - x_2) - d_2(\dot{x}_1 - \dot{x}_2),$$
$$F_s^{(2)} = Q_2 \cos \Omega t - k_2(x_2 - x_1) - d_2(\dot{x}_2 - \dot{x}_1). \tag{8.139}$$

如果质量块 m_α 与传送带黏合在一起, 那么得到 $\dot{x}_\alpha = V_\alpha (\alpha \in \{1, 2\})$. 在非摩擦力克服了相应质量块上的摩擦力 (例如, $|F_s^{(\alpha)}| \leqslant F_f^{(\alpha)}$ 和 $F_f^{(\alpha)} = \mu_k F_N^{(\alpha)}$) 之前, 两个质量块与皮带之间没有任何相对运动. 因为黏合运动时 V_α 为常量, 所以相应质量块上没有加速度, 即

$$\ddot{x}_\alpha = 0, \quad \dot{x}_\alpha = V_\alpha, \quad \alpha \in \{1, 2\}. \tag{8.140}$$

如果 $|F_s^{(\alpha)}| > F_f^{(\alpha)}$, 非摩擦力克服了摩擦力, 那么没有黏合运动出现. 对于非黏合运动, 每个质量块 $m_\alpha(\alpha \in \{1, 2\})$ 上的合力为

$$F^{(1)} = Q_1 \cos \Omega t - k_1 x_1 - d_1 \dot{x}_1 - k_2(x_1 - x_2)$$
$$- d_2(\dot{x}_1 - \dot{x}_2) - F_f^{(1)} \mathrm{sgn}(\dot{x}_1 - V_1), \quad \dot{x}_1 \neq V_1,$$
$$F^{(2)} = Q_2 \cos \Omega t - k_2(x_2 - x_1)$$
$$- d_2(\dot{x}_2 - \dot{x}_1) - F_f^{(2)} \mathrm{sgn}(\dot{x}_2 - V_2), \quad \dot{x}_2 \neq V_2. \tag{8.141}$$

根据上述讨论, 可以归纳出四种运动情形.

情形 I. 非黏合运动 ($\dot{x}_\alpha \neq V_\alpha$, $\alpha = 1, 2$)

对于两个含有摩擦力的振子, 其非黏合运动的方程为

$$m_1 \ddot{x}_1 + d_1 \dot{x}_1 + d_2(\dot{x}_1 - \dot{x}_2) + k_1 x_1 + k_2(x_1 - x_2) = Q_1 \cos \Omega t - F_f^{(1)} \mathrm{sgn}(\dot{x}_1 - V_1),$$
$$m_2 \ddot{x}_2 + d_2(\dot{x}_2 - \dot{x}_1) + k_2(x_2 - x_1) = Q_2 \cos \Omega t - F_f^{(2)} \mathrm{sgn}(\dot{x}_2 - V_2). \tag{8.142}$$

情形 II. 黏合运动 ($\dot{x}_1 = V_1$, $\dot{x}_2 \neq V_2$)

对于两个含有摩擦力的振子, 其黏合运动的方程为

$$\dot{x}_1 = V_1,$$
$$m_2 \ddot{x}_2 + d_2(\dot{x}_2 - V_1) + k_2(x_2 - x_1) = Q_2 \cos \Omega t - F_f^{(2)} \mathrm{sgn}(\dot{x}_2 - V_2), \tag{8.143}$$

且

$$|Q_1 \cos \Omega t - d_1 V_1 - d_2(V_1 - \dot{x}_2) - k_1 x_1 - k_2(x_1 - x_2)| \leqslant F_f^{(1)}. \tag{8.144}$$

情形 III. 黏合运动 $(\dot{x}_1 \neq V_1, \dot{x}_2 = V_2)$

对于两个含有摩擦力的振子, 其黏合运动的方程为

$$m_1\ddot{x}_1 + d_1\dot{x}_1 + d_2(\dot{x}_1 - V_2) + k_1 x_1 + k_2(x_1 - x_2) = Q_1 \cos\Omega t - F_f^{(1)} \mathrm{sgn}(\dot{x}_1 - V_1),$$
$$\dot{x}_2 = V_2; \tag{8.145}$$

且

$$|Q_2 \cos\Omega t - d_2(V_2 - \dot{x}_1) - k_2(x_2 - x_1)| \leqslant F_f^{(2)}. \tag{8.146}$$

情形 IV. 双黏合运动 $(\dot{x}_1 = V_1, \dot{x}_2 = V_2)$

对于两个含有摩擦力的振子, 其黏合运动的方程为

$$\dot{x}_1 = V_1 \ \ \text{及} \ \ \dot{x}_2 = V_2; \tag{8.147}$$

且

$$|Q_1 \cos\Omega t - d_1 V_1 - d_2(V_1 - V_2) - k_1 x_1 - k_2(x_1 - x_2)| \leqslant F_f^{(1)},$$
$$|Q_2 \cos\Omega t - d_2(V_2 - V_1) - k_2(x_2 - x_1)| \leqslant F_f^{(2)}. \tag{8.148}$$

8.5.1 域、棱和向量场

由于两个摩擦力作用于摩擦振子的两个质量块上, 因此, 系统的相平面被分成 4 个 4 维域、4 个 3 维边界以及一个 2 维棱. 状态变量和向量场分别为

$$\mathbf{x} = (x_1, \dot{x}_1, x_2, \dot{x}_2)^{\mathrm{T}} = (x_1, y_1, x_2, y_2)^{\mathrm{T}},$$
$$\mathbf{F} = (y_1, F_1, y_2, F_2)^{\mathrm{T}}. \tag{8.149}$$

根据状态变量, 定义如下四个域

$$\begin{aligned}
\Omega_1 &= \{(x_1, y_1, x_2, y_2) \,|\, y_1 \in (V_1, +\infty), y_2 \in (V_2, +\infty)\}, \\
\Omega_2 &= \{(x_1, y_1, x_2, y_2) \,|\, y_1 \in (V_1, +\infty), y_2 \in (-\infty, V_2)\}, \\
\Omega_3 &= \{(x_1, y_1, x_2, y_2) \,|\, y_1 \in (-\infty, V_1), y_2 \in (-\infty, V_2)\}, \\
\Omega_4 &= \{(x_1, y_1, x_2, y_2) \,|\, y_1 \in (-\infty, V_1), y_2 \in (V_2, +\infty)\},
\end{aligned} \tag{8.150}$$

相应的 3 维边界定义为 $\partial\Omega_{\alpha_1\alpha_2} = \bar{\Omega}_{\alpha_1} \cap \bar{\Omega}_{\alpha_2} (\alpha_i \in \{1,2,3,4\}, i = 1,2; \alpha_1 \neq \alpha_2)$, 即 [597]

$$\left.\begin{aligned}
\partial\Omega_{12} = \partial\Omega_{21} &= \{(x_1, y_1, x_2, y_2) \,|\, \varphi_{12} = y_2 - V_2 = 0, y_1 \geqslant V_1\}, \\
\partial\Omega_{23} = \partial\Omega_{32} &= \{(x_1, y_1, x_2, y_2) \,|\, \varphi_{23} = y_1 - V_1 = 0, y_2 \leqslant V_2\}, \\
\partial\Omega_{34} = \partial\Omega_{43} &= \{(x_1, y_1, x_2, y_2) \,|\, \varphi_{34} = y_2 - V_2 = 0, y_1 \leqslant V_1\}, \\
\partial\Omega_{41} = \partial\Omega_{14} &= \{(x_1, y_1, x_2, y_2) \,|\, \varphi_{41} = y_1 - V_1 = 0, y_2 \geqslant V_2\}.
\end{aligned}\right\} \tag{8.151}$$

边界 $\partial\Omega_{\alpha_1\alpha_2}$ 的下标表示域 Ω_{α_1} 和 Ω_{α_2} 之间的边界. 最后 3 维边界的 2 维棱定义为

$$\angle\Omega_{\alpha_1\alpha_2\alpha_3} = \partial\Omega_{\alpha_1\alpha_2} \cap \partial\Omega_{\alpha_2\alpha_3} = \cap_{i=1}^{3}\Omega_{\alpha_i}, \tag{8.152}$$

其中 $\alpha_i \in \{1,2,3,4\}$, $i=1,2,3$; $\alpha_1 \neq \alpha_2 \neq \alpha_3$ 不重复. 四个 2 维棱的集合为

$$\Omega_{1234} = \cup\angle\Omega_{\alpha_1\alpha_2\alpha_3}$$
$$= \left\{(x_1,y_1,x_2,y_2) \left| \begin{array}{l} \varphi_{12} = \varphi_{34} = y_2 - V_2 = 0, \\ \varphi_{23} = \varphi_{41} = y_1 - V_1 = 0. \end{array}\right. \right\} \tag{8.153}$$

在图 8.20 中利用速度平面, 说明了相关的域、边界及顶点.

根据上述定义, 二自由度摩擦诱发振子的运动方程为

$$\left.\begin{array}{l} \mathbf{x}^{(\alpha)} = \mathbf{F}^{(\alpha)}(\mathbf{x}^{(\alpha)},t,\mathbf{p}_\alpha), \text{ 在域 } \Omega_\alpha \text{ 内,} \\ \mathbf{x}^{(\alpha_1\alpha_2)} = \mathbf{F}^{(\alpha_1\alpha_2)}(\mathbf{x}^{(\alpha_1\alpha_2)},t,\mathbf{p}_{\alpha_1\alpha_2}), \text{ 在边界 } \partial\Omega_{\alpha_1\alpha_2} \text{ 上,} \\ \mathbf{x}^{(\alpha_1\alpha_2\alpha_3)} = \mathbf{F}^{(\alpha_1\alpha_2\alpha_3)}(\mathbf{x}^{(\alpha_1\alpha_2\alpha_3)},t,\mathbf{p}_{\alpha_1\alpha_2\alpha_3}), \text{ 在棱 } \angle\Omega_{\alpha_1\alpha_2\alpha_3} \text{ 上;} \end{array}\right\} \tag{8.154}$$

并且

$$\begin{array}{l} \mathbf{x}^{(\alpha)} = \mathbf{x}^{(\alpha_1\alpha_2)} = \mathbf{x}^{(\alpha_1\alpha_2\alpha_3)} = (x_1,y_1,x_2,y_2)^{\mathrm{T}}, \\ \mathbf{F}^{(\alpha)} = (y_1, \frac{1}{m_1}F_1^{(\alpha)}, y_2, \frac{1}{m_2}F_2^{(\alpha)})^{\mathrm{T}}, \\ \mathbf{F}^{(\alpha_1\alpha_2)} = (y_1, \frac{1}{m_1}F_1^{(\alpha_1\alpha_2)}, y_2, \frac{1}{m_2}F_2^{(\alpha_1\alpha_2)})^{\mathrm{T}}, \\ \mathbf{F}^{(\alpha_1\alpha_2\alpha_3)} = (y_1, \frac{1}{m_1}F_1^{(\alpha_1\alpha_2\alpha_3)}, y_2, \frac{1}{m_2}F_2^{(\alpha_1\alpha_2\alpha_3)})^{\mathrm{T}}, \end{array} \tag{8.155}$$

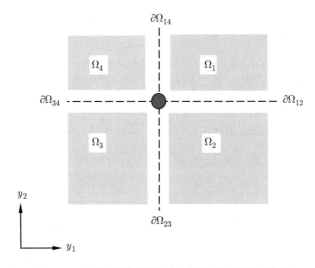

图 8.20　带有干摩擦的两个自由度振子的速度平面分区

其中域 Ω_α $(\alpha = 1, 2, 3, 4)$ 内二自由度摩擦诱发振子的摩擦力分别为

[598]

$$
\begin{aligned}
F_1^{(1)} &= F_1^{(2)} \\
&= Q_1 \cos \Omega t - F_f^{(1)} - d_1 y_1 - d_2(y_1 - y_2) - k_1 x_1 - k_2(x_1 - x_2), \\
F_1^{(3)} &= F_1^{(4)} \\
&= Q_1 \cos \Omega t + F_f^{(1)} - d_1 y_1 - d_2(y_1 - y_2) - k_1 x_1 - k_2(x_1 - x_2); \\
F_2^{(1)} &= F_2^{(4)} \\
&= Q_2 \cos \Omega t - F_f^{(2)} - d_2(y_2 - y_1) - k_2(x_2 - x_1), \\
F_2^{(2)} &= F_2^{(3)} \\
&= Q_2 \cos \Omega t + F_f^{(2)} - d_2(y_2 - y_1) - k_2(x_2 - x_1).
\end{aligned} \tag{8.156}
$$

在边界 $\partial\Omega_{\alpha_1\alpha_2}$ 上 $(\alpha_i \in \{1, 2, 3, 4\}, i = 1, 2)$, 作用于二自由度摩擦诱发振子上的力为

$$
\left.
\begin{aligned}
F_1^{(12)} &\equiv Q_1 \cos \Omega t - F_f^{(1)} - d_1 y_1 - d_2(y_1 - y_2) - k_1 x_1 - k_2(x_1 - x_2), \\
F_2^{(12)} &= 0, \text{ 黏合运动, 在边界 } \partial\Omega_{12} \text{ 上,} \\
F_2^{(12)} &\in [F_2^{(1)}, F_2^{(2)}], \text{ 非黏合运动, 在边界 } \partial\Omega_{12} \text{ 上;}
\end{aligned}
\right\}
$$

$$
\left.
\begin{aligned}
F_1^{(23)} &= 0, \text{ 黏合运动, 在边界 } \partial\Omega_{23} \text{ 上,} \\
F_2^{(23)} &\in [F_2^{(2)}, F_2^{(3)}], \text{ 非黏合运动, 在边界 } \partial\Omega_{23} \text{ 上,} \\
F_2^{(23)} &= Q_2 \cos \Omega t + F_f^{(2)} - d_2(y_2 - y_1) - k_2(x_2 - x_1);
\end{aligned}
\right\}
$$

$$
\left.
\begin{aligned}
F_1^{(34)} &= Q_1 \cos \Omega t + F_f^{(1)} - d_1 y_1 - d_2(y_1 - y_2) - k_1 x_1 - k_2(x_1 - x_2), \\
F_2^{(34)} &= 0, \text{ 黏合运动, 在边界 } \partial\Omega_{34} \text{ 上,} \\
F_2^{(34)} &\in [F_2^{(4)}, F_2^{(3)}], \text{ 非黏合运动, 在边界 } \partial\Omega_{34} \text{ 上;}
\end{aligned}
\right\}
$$

[599]

$$
\left.
\begin{aligned}
F_1^{(41)} &= Q_2 \cos \Omega t - F_f^{(2)} - d_2(y_2 - y_1) - k_2(x_2 - x_1), \\
F_2^{(41)} &= 0, \text{ 黏合运动, 在边界 } \partial\Omega_{41} \text{ 上,} \\
F_2^{(41)} &\in [F_2^{(1)}, F_2^{(4)}], \text{ 非黏合运动, 在边界 } \partial\Omega_{41} \text{ 上.}
\end{aligned}
\right\} \tag{8.157}
$$

在两维棱 $\angle\Omega_{\alpha_1\alpha_2\alpha_3}$ 上 $(\alpha_i \in \{1, 2, 3, 4\}, i = 1, 2; \alpha_1 \neq \alpha_2 \neq \alpha_3)$, 作用于二自由度摩擦诱发振子上的力分别为

$$
\begin{aligned}
(F_1^{(\alpha_1\alpha_2\alpha_3)}, F_2^{(\alpha_1\alpha_2\alpha_3)}) &\in (F_1^{(\alpha_1\alpha_2)}, F_2^{(\alpha_2\alpha_3)}), \text{ 在棱 } \angle\Omega_{\alpha_1\alpha_2\alpha_3} \text{ 上,} \\
(F_1^{(\alpha_1\alpha_2\alpha_3)}, F_2^{(\alpha_1\alpha_2\alpha_3)}) &= (0, 0), \text{ 全黏合运动, 在棱 } \angle\Omega_{\alpha_1\alpha_2\alpha_3} \text{ 上.}
\end{aligned} \tag{8.158}
$$

换句话说,

$$
\begin{aligned}
&(F_1^{(123)}, F_2^{(123)}) \in (F_1^{(12)}, F_2^{(23)}), \quad \text{在棱 } \angle\Omega_{123} \text{ 上,} \\
&(F_1^{(123)}, F_2^{(123)}) = (0,0), \quad \text{全黏合运动, 在棱 } \angle\Omega_{123} \text{ 上;} \\
&(F_1^{(234)}, F_2^{(234)}) \in (F_1^{(23)}, F_2^{(34)}), \quad \text{在棱} \angle\Omega_{234} \text{ 上,} \\
&(F_1^{(234)}, F_2^{(234)}) = (0,0), \quad \text{全黏合运动, 在棱 } \angle\Omega_{234} \text{ 上;} \\
&(F_1^{(341)}, F_2^{(341)}) \in (F_1^{(34)}, F_2^{(41)}), \quad \text{在棱 } \angle\Omega_{341} \text{ 上,} \\
&(F_1^{(341)}, F_2^{(341)}) = (0,0), \quad \text{全黏合运动, 在棱 } \angle\Omega_{341} \text{ 上;} \\
&(F_1^{(412)}, F_2^{(412)}) \in (F_1^{(41)}, F_2^{(12)}), \quad \text{在棱 } \angle\Omega_{412} \text{ 上,} \\
&(F_1^{(412)}, F_2^{(412)}) = (0,0), \quad \text{全黏合运动, 在棱 } \angle\Omega_{412} \text{ 上.}
\end{aligned} \tag{8.159}
$$

根据以上定义, 在两维棱处, 有四种可能状态. (i) 棱上的可穿越运动;(ii) 棱上两种可穿越 – 滑模运动;(iii) 棱上的全黏合运动.

8.5.2 解析条件

在给出解析条件之前, 先引出如下 G-函数

$$
\begin{aligned}
G^{(0,\alpha_1)}(t_{m\pm}) &= \mathbf{n}_{\partial\Omega_{\alpha_1\alpha_2}}^{\mathrm{T}} \cdot \mathbf{F}^{(\alpha_1)}(t_{m\pm}), \\
G^{(1,\alpha_1)}(t_{m\pm}) &= 2D\mathbf{n}_{\partial\Omega_{\alpha_1\alpha_2}}^{\mathrm{T}} \cdot [\mathbf{F}^{(\alpha_1)}(t_{m\pm}) - \mathbf{F}^{(\alpha_1\alpha_2)}(t_{m\pm})] \\
&\quad + \mathbf{n}_{\partial\Omega_{\alpha_1\alpha_2}}^{\mathrm{T}} \cdot [D\mathbf{F}^{(\alpha_1)}(t_{m\pm}) - D\mathbf{F}^{(\alpha_1\alpha_2)}(t_{m\pm})],
\end{aligned} \tag{8.160}
$$

[600] 其中 $D(\cdot) = \Sigma_{i=1}^2 \dot{x}_i \partial(\cdot)/\partial x_i + \dot{y}_i \partial(\cdot)/\partial y_i + \partial(\cdot)/\partial t$. 如果边界 $\partial\Omega_{\alpha_1\alpha_2}$ 是一个与时间无关的 n 维面, 那么得到 $D\mathbf{n}_{\partial\Omega_{\alpha_1\alpha_2}}^{\mathrm{T}} = 0$. 根据 $\mathbf{n}_{\partial\Omega_{\alpha_1\alpha_2}}^{\mathrm{T}} \cdot \mathbf{F}^{(\alpha_1\alpha_2)} = 0$, 得 $D\mathbf{n}_{\partial\Omega_{\alpha_1\alpha_2}}^{\mathrm{T}} \cdot \mathbf{F}^{(\alpha_1\alpha_2)} + \mathbf{n}_{\partial\Omega_{\alpha_1\alpha_2}}^{\mathrm{T}} \cdot D\mathbf{F}^{(\alpha_1\alpha_2)} = 0$. 因而 $\mathbf{n}_{\partial\Omega_{\alpha_1\alpha_2}}^{\mathrm{T}} \cdot D\mathbf{F}^{(\alpha_1\alpha_2)} = 0$. 方程 (8.160) 简化为

$$
G^{(1,\alpha_1)}(t_{m\pm}) = \mathbf{n}_{\partial\Omega_{\alpha_1\alpha_2}}^{\mathrm{T}} \cdot D\mathbf{F}^{(\alpha_1)}(t_{m\pm}). \tag{8.161}
$$

对于一般情况, 需要采用方程 (8.160) 而不是方程 (8.161). 按照文献 Luo (2008, 2009) 中不连续动力系统的理论, 如果满足

$$
\left.
\begin{aligned}
G^{(0,\alpha_1)}(t_{m-}) &= \mathbf{n}_{\partial\Omega_{\alpha_1\alpha_2}}^{\mathrm{T}} \cdot \mathbf{F}^{(\alpha_1)}(t_{m-}) < 0, \\
G^{(0,\alpha_2)}(t_{m+}) &= \mathbf{n}_{\partial\Omega_{\alpha_1\alpha_2}}^{\mathrm{T}} \cdot \mathbf{F}^{(\alpha_2)}(t_{m+}) < 0, \\
G^{(0,\alpha_1)}(t_{m-}) &= \mathbf{n}_{\partial\Omega_{\alpha_1\alpha_2}}^{\mathrm{T}} \cdot \mathbf{F}^{(\alpha_1)}(t_{m-}) > 0, \\
G^{(0,\alpha_2)}(t_{m+}) &= \mathbf{n}_{\partial\Omega_{\alpha_1\alpha_2}}^{\mathrm{T}} \cdot \mathbf{F}^{(\alpha_2)}(t_{m+}) > 0,
\end{aligned}
\right\}
\begin{aligned}
&\mathbf{n}_{\partial\Omega_{\alpha_1\alpha_2}} \to \Omega_{\alpha_1}; \\
\\
&\mathbf{n}_{\partial\Omega_{\alpha_1\alpha_2}} \to \Omega_{\alpha_2}
\end{aligned} \tag{8.162}
$$

其中 $\alpha_i \in \{1,2,3,4\}$, $i = 1,2$; $\alpha_1 \neq \alpha_2$, 并且

$$\mathbf{n}_{\partial\Omega_{\alpha_1\alpha_2}} = \left(\frac{\partial\varphi_{\alpha_1\alpha_2}}{\partial x_1}, \frac{\partial\varphi_{\alpha_1\alpha_2}}{\partial y_1}, \frac{\partial\varphi_{\alpha_1\alpha_2}}{\partial x_2}, \frac{\partial\varphi_{\alpha_1\alpha_2}}{\partial y_2} \right)^{\mathrm{T}} \Bigg|_{(x_{1m}, y_{1m}, x_{2m}, y_{2m})}.$$

$$(8.163)$$

那么流从域 Ω_{α_1} 到达域 Ω_{α_2} 就会出现非黏合运动 (或称可穿越运动). 时间 t_m 表示运动在速度边界上, $t_{m\pm} = t_m \pm 0$ 表示运动在域内而不是在边界上.

根据文献 Luo (2008, 2009), 在物理意义上, 边界 $\partial\Omega_{\alpha_1\alpha_2}$ 上存在黏合运动 (或者说数学上的滑模运动) 的条件为

$$\left.\begin{aligned} G^{(0,\alpha_1)}(t_{m-}) = \mathbf{n}_{\partial\Omega_{\alpha_1\alpha_2}}^{\mathrm{T}} \cdot \mathbf{F}^{(\alpha_1)}(t_{m-}) < 0, \\ G^{(0,\alpha_2)}(t_{m-}) = \mathbf{n}_{\partial\Omega_{\alpha_1\alpha_2}}^{\mathrm{T}} \cdot \mathbf{F}^{(\alpha_2)}(t_{m-}) > 0, \end{aligned}\right\} \mathbf{n}_{\partial\Omega_{\alpha_1\alpha_2}} \to \Omega_{\alpha_1};$$
$$\left.\begin{aligned} G^{(0,\alpha_1)}(t_{m-}) = \mathbf{n}_{\partial\Omega_{\alpha_1\alpha_2}}^{\mathrm{T}} \cdot \mathbf{F}^{(\alpha_1)}(t_{m-}) > 0, \\ G^{(0,\alpha_2)}(t_{m-}) = \mathbf{n}_{\partial\Omega_{\alpha_1\alpha_2}}^{\mathrm{T}} \cdot \mathbf{F}^{(\alpha_2)}(t_{m-}) < 0, \end{aligned}\right\} \mathbf{n}_{\partial\Omega_{\alpha_1\alpha_2}} \to \Omega_{\alpha_2}.$$

$$(8.164)$$

黏合运动出现的解析条件为

$$\left.\begin{aligned} G^{(0,\alpha_1)}(t_{m-}) = \mathbf{n}_{\partial\Omega_{\alpha_1\alpha_2}}^{\mathrm{T}} \cdot \mathbf{F}^{(\alpha_1)}(t_{m-}) < 0, \\ G^{(0,\alpha_2)}(t_{m+}) = \mathbf{n}_{\partial\Omega_{\alpha_1\alpha_2}}^{\mathrm{T}} \cdot \mathbf{F}^{(\alpha_2)}(t_{m+}) = 0, \\ G^{(1,\alpha_2)}(t_{m-}) = \mathbf{n}_{\partial\Omega_{\alpha_1\alpha_2}}^{\mathrm{T}} \cdot D\mathbf{F}^{(\alpha_2)}(t_{m\pm}) < 0, \end{aligned}\right\} \mathbf{n}_{\partial\Omega_{\alpha_1\alpha_2}} \to \Omega_{\alpha_1};$$
$$\left.\begin{aligned} G^{(0,\alpha_1)}(t_{m-}) = \mathbf{n}_{\partial\Omega_{\alpha_1\alpha_2}}^{\mathrm{T}} \cdot \mathbf{F}^{(\alpha_1)}(t_{m-}) > 0, \\ G^{(0,\alpha_2)}(t_{m-}) = \mathbf{n}_{\partial\Omega_{\alpha_1\alpha_2}}^{\mathrm{T}} \cdot \mathbf{F}^{(\alpha_2)}(t_{m+}) = 0, \\ G^{(1,\alpha_2)}(t_{m-}) = \mathbf{n}_{\partial\Omega_{\alpha_1\alpha_2}}^{\mathrm{T}} \cdot D\mathbf{F}^{(\alpha_2)}(t_{m\pm}) > 0, \end{aligned}\right\} \mathbf{n}_{\partial\Omega_{\alpha_1\alpha_2}} \to \Omega_{\alpha_2}.$$

[601]

$$(8.165)$$

根据文献 Luo (2009), 黏合运动消失并进入域 Ω_{α_2} 的条件为

$$\left.\begin{aligned} G^{(0,\alpha_1)}(t_{m-}) = \mathbf{n}_{\partial\Omega_{\alpha_1\alpha_2}}^{\mathrm{T}} \cdot \mathbf{F}^{(\alpha_1)}(t_{m-}) < 0, \\ G^{(0,\alpha_2)}(t_{m\mp}) = \mathbf{n}_{\partial\Omega_{\alpha_1\alpha_2}}^{\mathrm{T}} \cdot \mathbf{F}^{(\alpha_2)}(t_{m\mp}) = 0, \\ G^{(1,\alpha_2)}(t_{m\mp}) = \mathbf{n}_{\partial\Omega_{\alpha_1\alpha_2}}^{\mathrm{T}} \cdot D\mathbf{F}^{(\alpha_2)}(t_{m\mp}) < 0, \end{aligned}\right\} \mathbf{n}_{\partial\Omega_{\alpha_1\alpha_2}} \to \Omega_{\alpha_1};$$
$$\left.\begin{aligned} G^{(0,\alpha_1)}(t_{m-}) = \mathbf{n}_{\partial\Omega_{\alpha_1\alpha_2}}^{\mathrm{T}} \cdot \mathbf{F}^{(\alpha_1)}(t_{m-}) > 0, \\ G^{(0,\alpha_2)}(t_{m\mp}) = \mathbf{n}_{\partial\Omega_{\alpha_1\alpha_2}}^{\mathrm{T}} \cdot \mathbf{F}^{(\alpha_2)}(t_{m\mp}) = 0, \\ G^{(1,\alpha_2)}(t_{m\mp}) = \mathbf{n}_{\partial\Omega_{\alpha_1\alpha_2}}^{\mathrm{T}} \cdot D\mathbf{F}^{(\alpha_2)}(t_{m\mp}) > 0, \end{aligned}\right\} \mathbf{n}_{\partial\Omega_{\alpha_1\alpha_2}} \to \Omega_{\alpha_2}.$$

$$(8.166)$$

黏合运动消失并进入域 Ω_{α_1} 的条件为

$$
\left.\begin{aligned}
G^{(0,\alpha_1)}(t_{m-}) &= \mathbf{n}_{\partial\Omega_{\alpha_1\alpha_2}}^{\mathrm{T}} \cdot \mathbf{F}^{(\alpha_1)}(t_{m-}) = 0, \\
G^{(0,\alpha_2)}(t_{m\mp}) &= \mathbf{n}_{\partial\Omega_{\alpha_1\alpha_2}}^{\mathrm{T}} \cdot \mathbf{F}^{(\alpha_2)}(t_{m\mp}) > 0, \\
G^{(1,\alpha_1)}(t_{m\mp}) &= \mathbf{n}_{\partial\Omega_{\alpha_1\alpha_2}}^{\mathrm{T}} \cdot D\mathbf{F}^{(\alpha_1)}(t_{m\mp}) > 0,
\end{aligned}\right\} \mathbf{n}_{\partial\Omega_{\alpha_1\alpha_2}} \to \Omega_{\alpha_1};
$$

$$
\left.\begin{aligned}
G^{(0,\alpha_1)}(t_{m-}) &= \mathbf{n}_{\partial\Omega_{\alpha_1\alpha_2}}^{\mathrm{T}} \cdot \mathbf{F}^{(\alpha_1)}(t_{m-}) = 0, \\
G^{(0,\alpha_2)}(t_{m\mp}) &= \mathbf{n}_{\partial\Omega_{\alpha_1\alpha_2}}^{\mathrm{T}} \cdot \mathbf{F}^{(\alpha_2)}(t_{m\mp}) < 0, \\
G^{(1,\alpha_1)}(t_{m\mp}) &= \mathbf{n}_{\partial\Omega_{\alpha_1\alpha_2}}^{\mathrm{T}} \cdot D\mathbf{F}^{(\alpha_1)}(t_{m\mp}) < 0,
\end{aligned}\right\} \mathbf{n}_{\partial\Omega_{\alpha_1\alpha_2}} \to \Omega_{\alpha_2}.
\tag{8.167}
$$

在域 Ω_{α_1} 内, 流在边界 $\partial\Omega_{\alpha_1\alpha_2}$ 上擦边运动的条件为

$$
\left.\begin{aligned}
G^{(0,\alpha_1)}(t_{m\pm}) &= \mathbf{n}_{\partial\Omega_{\alpha_1\alpha_2}}^{\mathrm{T}} \cdot \mathbf{F}^{(\alpha_1)}(t_{m\pm}) = 0, \\
G^{(1,\alpha_1)}(t_{m\pm}) &= \mathbf{n}_{\partial\Omega_{\alpha_1\alpha_2}}^{\mathrm{T}} \cdot D\mathbf{F}^{(\alpha_1)}(t_{m\pm}) > 0,
\end{aligned}\right\} \mathbf{n}_{\partial\Omega_{\alpha_1\alpha_2}} \to \Omega_{\alpha_1};
$$

$$
\left.\begin{aligned}
G^{(0,\alpha_1)}(t_{m\pm}) &= \mathbf{n}_{\partial\Omega_{\alpha_1\alpha_2}}^{\mathrm{T}} \cdot \mathbf{F}^{(\alpha_1)}(t_{m\pm}) = 0, \\
G^{(1,\alpha_1)}(t_{m\pm}) &= \mathbf{n}_{\partial\Omega_{\alpha_1\alpha_2}}^{\mathrm{T}} \cdot D\mathbf{F}^{(\alpha_1)}(t_{m\pm}) < 0,
\end{aligned}\right\} \mathbf{n}_{\partial\Omega_{\alpha_1\alpha_2}} \to \Omega_{\alpha_2}.
\tag{8.168}
$$

对于两维棱 $\angle\Omega_{\alpha_1\alpha_2\alpha_3}$ ($\alpha_i \in \{1,2,3,4\}$, $i = 1,2,3$; $\alpha_1 \neq \alpha_2 \neq \alpha_3$) 有

[602]
$$
\angle\Omega_{\alpha_1\alpha_2\alpha_3} = \partial\Omega_{\alpha_1\alpha_2} \cap \partial\Omega_{\alpha_2\alpha_3}.
\tag{8.169}
$$

对于两维棱上的相应运动条件, 需要由流在两个边界 $\partial\Omega_{\alpha_1\alpha_2}$ 和 $\partial\Omega_{\alpha_2\alpha_3}$ 上的运动条件综合得到. 换句话说, 存在四种状态: (i) 两个边界都为非黏合运动. (ii) 一个边界为黏合运动和另一个边界为非黏合运动 (两种情况). (iii) 两个边界都为黏合运动. 两维棱上擦边运动的三种关键情况, 包括边界上两个独立的擦边运动以及两个边界上的双擦边运动. 为了更好地理解上述条件, 图 8.21 和图 8.22 分别描述了边界上的非黏合运动与黏合运动. 在方程 (8.162) 和方程 (8.164) 中用 G-函数表示了相关的运动条件. 图 8.21 给出了边界上滑模运动时流的消失条件. 类似地, 也描述了边界上滑模运动的出现条件和擦边运动的存在条件.

根据方程 (8.153) 和方程 (8.163), 得到

$$
\mathbf{n}_{\partial\Omega_{23}} = \mathbf{n}_{\partial\Omega_{14}} = (0,1,0,0)^{\mathrm{T}}, \quad \mathbf{n}_{\partial\Omega_{12}} = \mathbf{n}_{\partial\Omega_{34}} = (0,0,0,1)^{\mathrm{T}}.
\tag{8.170}
$$

因此,

$$
\left.\begin{aligned}
\mathbf{n}_{\partial\Omega_{12}}^{\mathrm{T}} \cdot \mathbf{F}^{(\alpha)}(t) &= F_2^{(\alpha)}, \quad \alpha = 1,2, \\
\mathbf{n}_{\partial\Omega_{34}}^{\mathrm{T}} \cdot \mathbf{F}^{(\alpha)}(t) &= F_2^{(\alpha)}, \quad \alpha = 3,4, \\
\mathbf{n}_{\partial\Omega_{23}}^{\mathrm{T}} \cdot \mathbf{F}^{(\alpha)}(t) &= F_1^{(\alpha)}, \quad \alpha = 2,3, \\
\mathbf{n}_{\partial\Omega_{14}}^{\mathrm{T}} \cdot \mathbf{F}^{(\alpha)}(t) &= F_1^{(\alpha)}, \quad \alpha = 1,4,
\end{aligned}\right\}
\tag{8.171}
$$

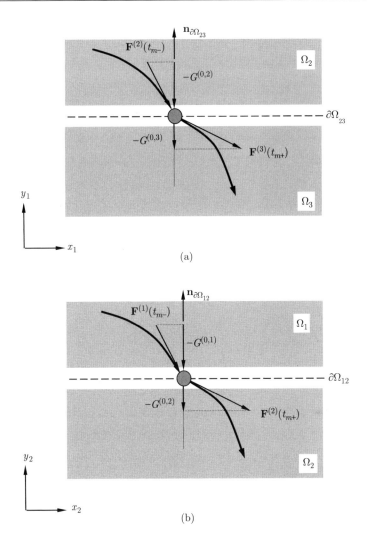

图 8.21 非黏合运动的向量场: (a) 第一个质量块 $(\partial\Omega_{23})$, (b) 第二个质量块 $(\partial\Omega_{12})$, (c) 第一个质量块 $(\partial\Omega_{14})$, (d) 第二个质量块 $(\partial\Omega_{34})$

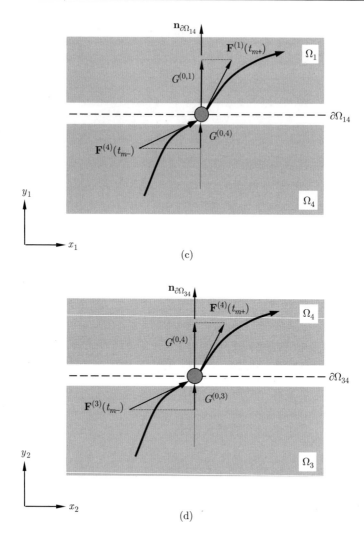

图 8.21 (续)　非黏合运动的向量场：(a) 第一个质量块 $(\partial\Omega_{23})$，(b) 第二个质量块 $(\partial\Omega_{12})$，(c) 第一个质量块 $(\partial\Omega_{14})$，(d) 第二个质量块 $(\partial\Omega_{34})$

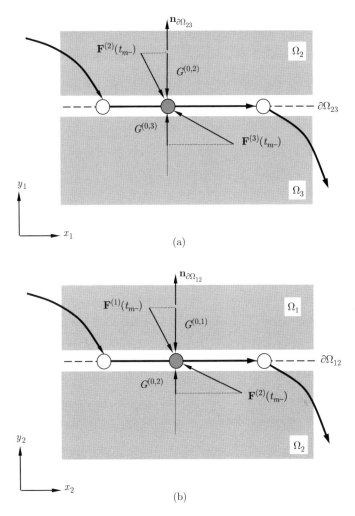

图 8.22　黏合运动的向量场: (a) 第一个质量块 ($\partial\Omega_{23}$), (b) 第二个质量块 ($\partial\Omega_{12}$), (c) 第一个质量块 ($\partial\Omega_{14}$), (d) 第二个质量块 ($\partial\Omega_{34}$)

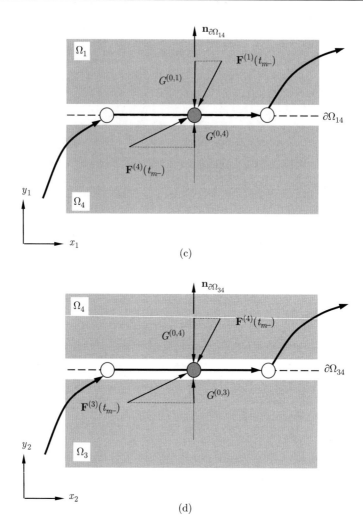

图 8.22 (续)　　黏合运动的向量场: (a) 第一个质量块 ($\partial\Omega_{23}$), (b) 第二个质量块 ($\partial\Omega_{12}$), (c) 第一个质量块 ($\partial\Omega_{14}$), (d) 第二个质量块 ($\partial\Omega_{34}$)

并且

$$\left.\begin{array}{ll} \mathbf{n}_{\partial\Omega_{12}}^{\mathrm{T}} \cdot D\mathbf{F}^{(\alpha)}(t) = DF_2^{(\alpha)}, & \alpha = 1, 2, \\ \mathbf{n}_{\partial\Omega_{34}}^{\mathrm{T}} \cdot D\mathbf{F}^{(\alpha)}(t) = DF_2^{(\alpha)}, & \alpha = 3, 4, \\ \mathbf{n}_{\partial\Omega_{23}}^{\mathrm{T}} \cdot D\mathbf{F}^{(\alpha)}(t) = DF_1^{(\alpha)}, & \alpha = 2, 3, \\ \mathbf{n}_{\partial\Omega_{14}}^{\mathrm{T}} \cdot D\mathbf{F}^{(\alpha)}(t) = DF_1^{(\alpha)}, & \alpha = 1, 4. \end{array}\right\} \tag{8.172}$$

其中

$$\begin{aligned} DF_1^{(1)} &= DF_1^{(2)} \\ &= -Q_1\Omega\sin\Omega t - d_1\dot{y}_1 - d_2(\dot{y}_1 - \dot{y}_2) - k_1 y_1 - k_2(y_1 - y_2), \\ DF_1^{(3)} &= DF_1^{(4)} \\ &= -Q_1\Omega\sin\Omega t - d_1\dot{y}_1 - d_2(\dot{y}_1 - \dot{y}_2) - k_1 y_1 - k_2(y_1 - y_2); \\ DF_2^{(1)} &= DF_2^{(4)} = -Q_2\Omega\sin\Omega t - d_2(\dot{y}_2 - \dot{y}_1) - k_2(y_2 - y_1), \\ DF_2^{(2)} &= DF_2^{(3)} = -Q_2\Omega\sin\Omega t - d_2(\dot{y}_2 - \dot{y}_1) - k_2(y_2 - y_1). \end{aligned} \tag{8.173}$$

[607]

对于黏合运动 $y_\alpha = V_\alpha(\alpha \in \{1, 2\})$, 可得 $\dot{y}_\alpha = 0$.

根据方程 (8.171), 那么方程 (8.162) 中的非黏合运动条件为

$$\begin{aligned} & F_2^{(2)}(t_{m-}) > 0 \text{ 和 } F_2^{(1)}(t_{m+}) > 0, \quad \Omega_2 \to \Omega_1, \\ & F_2^{(1)}(t_{m-}) < 0 \text{ 和 } F_2^{(2)}(t_{m+}) < 0, \quad \Omega_1 \to \Omega_2; \\ & F_2^{(3)}(t_{m-}) > 0 \text{ 和 } F_2^{(4)}(t_{m+}) > 0, \quad \Omega_3 \to \Omega_4, \\ & F_2^{(4)}(t_{m-}) < 0 \text{ 和 } F_2^{(3)}(t_{m+}) < 0, \quad \Omega_4 \to \Omega_3; \\ & F_1^{(4)}(t_{m-}) > 0 \text{ 和 } F_1^{(1)}(t_{m+}) > 0, \quad \Omega_4 \to \Omega_1, \\ & F_1^{(1)}(t_{m-}) < 0 \text{ 和 } F_1^{(4)}(t_{m+}) < 0, \quad \Omega_1 \to \Omega_4; \\ & F_1^{(2)}(t_{m-}) < 0 \text{ 和 } F_1^{(3)}(t_{m+}) < 0, \quad \Omega_2 \to \Omega_3, \\ & F_1^{(3)}(t_{m-}) > 0 \text{ 和 } F_1^{(2)}(t_{m+}) > 0, \quad \Omega_3 \to \Omega_2; \end{aligned} \tag{8.174}$$

方程 (8.164) 中的黏合运动条件为

$$\begin{aligned} & F_2^{(2)}(t_{m-}) > 0 \text{ 和 } F_2^{(1)}(t_{m-}) < 0, \text{ 在边界 } \partial\Omega_{12} \text{ 上,} \\ & F_2^{(3)}(t_{m-}) > 0 \text{ 和 } F_2^{(4)}(t_{m-}) < 0, \text{ 在边界 } \partial\Omega_{34} \text{ 上,} \\ & F_1^{(4)}(t_{m-}) > 0 \text{ 和 } F_1^{(1)}(t_{m-}) < 0, \text{ 在边界 } \partial\Omega_{14} \text{ 上,} \\ & F_1^{(2)}(t_{m-}) < 0 \text{ 和 } F_1^{(3)}(t_{m-}) > 0, \text{ 在边界 } \partial\Omega_{23} \text{ 上.} \end{aligned} \tag{8.175}$$

方程 (8.165) 和方程 (8.166) 中的黏合运动消失条件为:

[608]

$$
\left.\begin{aligned}
& F_2^{(2)}(t_{m-}) > 0 \text{ 和 } F_2^{(1)}(t_{m\mp}) = 0, \\
& DF_2^{(1)}(t_{m\mp}) > 0,
\end{aligned}\right\} \partial\Omega_{12} \to \Omega_1,
$$

$$
\left.\begin{aligned}
& F_2^{(2)}(t_{m\mp}) = 0 \text{ 和 } F_2^{(1)}(t_{m-}) < 0, \\
& DF_2^{(2)}(t_{m\mp}) < 0,
\end{aligned}\right\} \partial\Omega_{12} \to \Omega_2;
$$

$$
\left.\begin{aligned}
& F_2^{(3)}(t_{m-}) > 0 \text{ 和 } F_2^{(4)}(t_{m\mp}) = 0, \\
& DF_2^{(4)}(t_{m\mp}) > 0,
\end{aligned}\right\} \partial\Omega_{34} \to \Omega_4,
$$

$$
\left.\begin{aligned}
& F_2^{(3)}(t_{m\mp}) = 0 \text{ 和 } F_2^{(4)}(t_{m-}) < 0, \\
& DF_2^{(3)}(t_{m\mp}) < 0,
\end{aligned}\right\} \partial\Omega_{34} \to \Omega_3;
$$

$$
\left.\begin{aligned}
& F_1^{(4)}(t_{m-}) > 0 \text{ 和 } F_1^{(1)}(t_{m\mp}) = 0, \\
& DF_1^{(1)}(t_{m\mp}) > 0,
\end{aligned}\right\} \partial\Omega_{14} \to \Omega_1,
$$

$$
\left.\begin{aligned}
& F_1^{(4)}(t_{m\mp}) = 0 \text{ 和 } F_1^{(1)}(t_{m-}) < 0, \\
& DF_1^{(4)}(t_{m\mp}) < 0,
\end{aligned}\right\} \partial\Omega_{14} \to \Omega_4;
$$

$$
\left.\begin{aligned}
& F_1^{(3)}(t_{m-}) > 0 \text{ 和 } F_1^{(2)}(t_{m\mp}) = 0, \\
& DF_1^{(2)}(t_{m\mp}) > 0,
\end{aligned}\right\} \partial\Omega_{23} \to \Omega_2,
$$

$$
\left.\begin{aligned}
& F_1^{(3)}(t_{m\mp}) = 0 \text{ 和 } F_1^{(2)}(t_{m-}) < 0, \\
& DF_1^{(3)}(t_{m\mp}) < 0,
\end{aligned}\right\} \partial\Omega_{23} \to \Omega_3.
$$

(8.176)

在方程 (8.175) 中给出了黏合运动的存在条件. 擦边运动的条件为

$$
\begin{aligned}
& F_2^{(1)}(t_{m\pm}) = 0 \text{ 和 } DF_2^{(1)}(t_{m\pm}) > 0, \text{ 在边界 } \partial\Omega_{12} \text{上, 域 } \Omega_1 \text{ 内}, \\
& F_2^{(2)}(t_{m\pm}) = 0 \text{ 和 } DF_2^{(2)}(t_{m\pm}) < 0, \text{ 在边界 } \partial\Omega_{12} \text{ 上, 域 } \Omega_2 \text{ 内}; \\
& F_2^{(4)}(t_{m\pm}) = 0 \text{ 和 } DF_2^{(4)}(t_{m\pm}) > 0, \text{ 在边界 } \partial\Omega_{34} \text{ 上, 域 } \Omega_4 \text{ 内}, \\
& F_2^{(3)}(t_{m\pm}) = 0 \text{ 和 } DF_2^{(3)}(t_{m\pm}) < 0, \text{ 在边界 } \partial\Omega_{34} \text{ 上, 域 } \Omega_3 \text{ 内}; \\
& F_1^{(1)}(t_{m\pm}) = 0 \text{ 和 } DF_1^{(1)}(t_{m\pm}) > 0, \text{ 在边界 } \partial\Omega_{14} \text{ 上, 域 } \Omega_1 \text{ 内}, \\
& F_1^{(4)}(t_{m\pm}) = 0 \text{ 和 } DF_1^{(4)}(t_{m\pm}) < 0, \text{ 在边界 } \partial\Omega_{14} \text{ 上, 域 } \Omega_4 \text{ 内}; \\
& F_1^{(2)}(t_{m\pm}) = 0 \text{ 和 } DF_1^{(2)}(t_{m\pm}) > 0, \text{ 在边界 } \partial\Omega_{23} \text{ 上, 域 } \Omega_2 \text{ 内}, \\
& F_1^{(3)}(t_{m\pm}) = 0 \text{ 和 } DF_1^{(3)}(t_{m\pm}) < 0, \text{ 在边界 } \partial\Omega_{23} \text{ 内, 域 } \Omega_3 \text{ 内}.
\end{aligned}
$$

(8.177)

8.5.3 映射结构和数值演示

为了说明运动的复杂性, 下面将引出基本映射、切换集以及映射结构. 根据方程 (8.151) 中的边界 $\partial\Omega_{\alpha_1\alpha_2}$, 定义如下切换集

$$
\begin{aligned}
\Sigma_1^+ &= \left\{ (x_{1(k)}, y_{1(k)}, x_{2(k)}, y_{2(k)}, t_k) \big| y_{2(k)} = V_2^+, k \in \mathbf{N} \right\}, \\
\Sigma_1^0 &= \left\{ (x_{1(k)}, y_{1(k)}, x_{2(k)}, y_{2(k)}, t_k) \big| y_{2(k)} = V_2, k \in \mathbf{N} \right\}, \\
\Sigma_1^- &= \left\{ (x_{1(k)}, y_{1(k)}, x_{2(k)}, y_{2(k)}, t_k) \big| y_{2(k)} = V_2^-, k \in \mathbf{N} \right\},
\end{aligned}
\tag{8.178}
$$

并且

$$
\begin{aligned}
\Sigma_2^+ &= \left\{ (x_{1(k)}, y_{1(k)}, x_{2(k)}, y_{2(k)}, t_k) \big| y_{1(k)} = V_1^+, k \in \mathbf{N} \right\}, \\
\Sigma_2^0 &= \left\{ (x_{1(k)}, y_{1(k)}, x_{2(k)}, y_{2(k)}, t_k) \big| y_{1(k)} = V_1, k \in \mathbf{N} \right\}, \\
\Sigma_2^- &= \left\{ (x_{1(k)}, y_{1(k)}, x_{2(k)}, y_{2(k)}, t_k) \big| y_{1(k)} = V_1^-, k \in \mathbf{N} \right\},
\end{aligned}
\tag{8.179}
$$

其中

$$
V_\alpha^\pm = \lim_{\varepsilon \to 0} (V_\alpha \pm \varepsilon),
\tag{8.180}
$$

棱 $\angle\Omega_{\alpha_1\alpha_2\alpha_3}$ 上切换集定义为

$$
\Sigma_0^0 = \left\{ (x_{1(k)}, y_{1(k)}, x_{2(k)}, y_{2(k)}, t_k) \left| \begin{array}{l} y_{1(k)} = V_1, \\ y_{2(k)} = V_2, k \in \mathbf{N}. \end{array} \right. \right\}
\tag{8.181}
$$

根据切换集, 定义如下映射

$$
\begin{aligned}
&P_1 : \Sigma_1^+ \to \Sigma_1^+, P_2 : \Sigma_1^- \to \Sigma_1^-, P_3 : \Sigma_1^0 \to \Sigma_1^0, \\
&P_6 : \Sigma_2^+ \to \Sigma_2^+, P_7 : \Sigma_2^- \to \Sigma_2^-, P_8 : \Sigma_2^0 \to \Sigma_2^0; \\
&P_4 : \Sigma_2^+ \to \Sigma_1^+, P_5 : \Sigma_1^- \to \Sigma_2^-; \\
&P_4 : \Sigma_2^- \to \Sigma_1^-, P_5 : \Sigma_1^+ \to \Sigma_2^+; \\
&P_0 : \Sigma_0 \to \Sigma_0.
\end{aligned}
\tag{8.182}
$$

由于切换集 Σ_0 是切换集 Σ_1^0 与 Σ_2^0 的特例, 那么可以将映射 P_3 和 P_8 应用到 Σ_0 中, 即

$$
\begin{aligned}
&P_3 : \Sigma_0 \to \Sigma_1^0 \text{ 和 } P_3 : \Sigma_1^0 \to \Sigma_0; \\
&P_8 : \Sigma_0 \to \Sigma_2^0 \text{ 和 } P_8 : \Sigma_2^0 \to \Sigma_0.
\end{aligned}
\tag{8.183}
$$

在以上九个映射中, 当 $n = 0, 1, 2, 3, 6, 7, 8$ 时, P_n 为局部映射; 当 $n = 4, 5$ 时, P_n 为全局映射. 根据上述定义, 图 8.23 绘出了九种映射, 清晰地展示了全局和局部的映射结构. 在所有的映射结构中, 如果二自由度摩擦诱发振子至

[609]

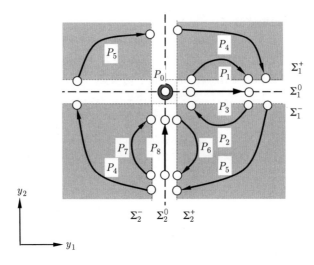

图 8.23　切换集及其映射

少在两个速度边界中的一个边界上运动, 那么该运动可以标出来. 根据映射的定义, 最终的切换点可由初始切换点映射而得到, 因此, 不必关心与边界不相交的流. 对于方程 (8.154) 中的动力系统, 如果映射 $P_n(n = 0, 1, 2, \cdots, 8)$ 存在, 那么将会有如下非线性代数方程组.

$$\mathbf{f}^{(n)}(\mathbf{x}_k, t_k, \mathbf{x}_{k+1}, t_{k+1}) = \mathbf{\Phi}(t_{k+1}, \mathbf{x}_k, t_k) - \mathbf{x}_{k+1} = 0, \tag{8.184}$$

其中

$$
\begin{aligned}
&\mathbf{x}_k = (x_{1(k)}, y_{1(k)}, x_{2(k)}, y_{2(k)})^{\mathrm{T}}, \\
&\mathbf{f}^{(n)} = (f_1^{(n)}, f_2^{(n)}, f_3^{(n)}, f_4^{(n)})^{\mathrm{T}}, \\
&y_{2(k)} = y_{2(k+1)} = V_2, n = 1, 2; \\
&y_{1(k)} = y_{1(k+1)} = V_1, n = 6, 7; \\
&y_{2(k)} = V_2, y_{2(k+1)} = V_1, n = 4; \\
&y_{1(k)} = V_1, y_{1(k+1)} = V_2, n = 5,
\end{aligned}
\tag{8.185}
$$

[610]

这体现了 $\mathbf{x}_k$ 和 $\mathbf{x}_{k+1}$ 受到来自边界的约束, 亦可表示为

$$
\begin{aligned}
&f_1^{(n)}(\mathbf{x}_k, t_k, \mathbf{x}_{k+1}, t_{k+1}) = 0, \\
&f_2^{(n)}(\mathbf{x}_k, t_k, \mathbf{x}_{k+1}, t_{k+1}) = 0, \\
&f_3^{(n)}(\mathbf{x}_k, t_k, \mathbf{x}_{k+1}, t_{k+1}) = 0, \\
&f_4^{(n)}(\mathbf{x}_k, t_k, \mathbf{x}_{k+1}, t_{k+1}) = 0.
\end{aligned}
\tag{8.186}
$$

$$
\left.\begin{aligned}
\mathbf{x}_k &= (x_{1(k)}, y_{1(k)}, x_{2(k)}, V_2)^{\mathrm{T}}, \\
\mathbf{x}_{k+1} &= (x_{1(k+1)}, y_{1(k+1)}, x_{2(k+1)}, V_2)^{\mathrm{T}},
\end{aligned}\right\} P_n(n=1,2,3);
$$

$$
\left.\begin{aligned}
\mathbf{x}_k &= (x_{1(k)}, V_1, x_{2(k)}, y_{2(k)})^{\mathrm{T}}, \\
\mathbf{x}_{k+1} &= (x_{1(k+1)}, V_1, x_{2(k+1)}, y_{2(k+1)})^{\mathrm{T}},
\end{aligned}\right\} P_n(n=6,7,8);
$$

$$
\left.\begin{aligned}
\mathbf{x}_k &= (x_{1(k)}, V_1, x_{2(k)}, y_{2(k)})^{\mathrm{T}}, \\
\mathbf{x}_{k+1} &= (x_{1(k+1)}, y_{1(k+1)}, x_{2(k+1)}, V_2)^{\mathrm{T}},
\end{aligned}\right\} P_4; \tag{8.187}
$$

$$
\left.\begin{aligned}
\mathbf{x}_k &= (x_{1(k)}, y_{1(k)}, x_{2(k)}, V_2)^{\mathrm{T}}, \\
\mathbf{x}_{k+1} &= (x_{1(k+1)}, V_1, x_{2(k+1)}, y_{2(k+1)})^{\mathrm{T}},
\end{aligned}\right\} P_5;
$$

$$
\left.\begin{aligned}
\mathbf{x}_k &= (x_{1(k)}, V_1, x_{2(k)}, V_2)^{\mathrm{T}}, \\
\mathbf{x}_{k+1} &= (x_{1(k+1)}, V_1, x_{2(k+1)}, V_2)^{\mathrm{T}},
\end{aligned}\right\} P_0.
$$

为了简要地说明含两个自由度的摩擦诱发振子的切换机理, 引出如下几个力的变量:

$$
\left.\begin{aligned}
F_{\alpha+} &= F_\alpha, y_\alpha > V_\alpha, \\
F_{\alpha-} &= F_\alpha, y_\alpha < V_\alpha,
\end{aligned}\right\} \alpha = 1, 2. \tag{8.188}
$$

[611]

考虑映射结构为 P_{4651} 的周期运动, 系统参数为

$$
\begin{aligned}
& m_1 = 4, m_2 = 1, d_1 = 0.05, d_2 = 0.5, k_1 = 4, k_2 = 1, \\
& \mu_k = 0.15, Q_1 = -15, Q_2 = 15, V_1 = V_2 = 2.
\end{aligned} \tag{8.189}
$$

图 8.24—图 8.26 表示了摩擦诱发振子的周期运动, 参数 $\Omega = 1.6$. 初始条件为 $\Omega t_0 \approx 5.5840$, $x_{10} \approx 3.1002$, $y_{10} \approx -1.5826$, $x_{20} \approx -7.1437$ 及 $y_{20} = 2.0$. 实线和虚线分别表示实响应和虚响应, 速度边界则用直线标出. 图 8.24(a) 和 (b) 分别给出了摩擦振子的速度平面和位移平面. 系统中的域和边界分别用阴影部分和虚线表示. 周期运动的映射结构 P_{4651} 由基本映射标记.

图 8.25 和图 8.26 分别表示了 P_{4651} 周期运动中的第二个质量块和第一个质量块的响应, 展示了速度—时间历程、单位质量块上力的时间历程、相平面、力—速度的关系曲线. 由于起始点位于第二个质量块的速度边界上, 因此下面先讨论第二个质量块. 在图 8.25(b) 和 (d) 中, 起始点处 $F_{2+} > 0$, $F_{2-} > 0$,

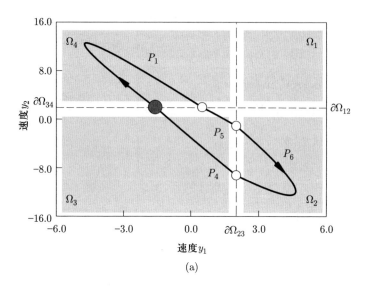

(a)

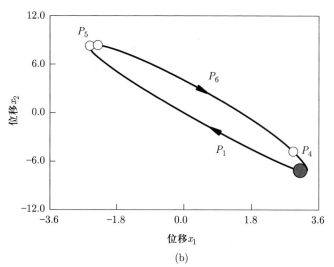

(b)

图 8.24　摩擦诱发振子的周期运动 P_{4651}: (a) 速度平面, (b) 位移平面 ($m_1 = 4$, $m_2 = 1$, $d_1 = 0.05$, $d_2 = 0.5$, $k_1 = 4$, $k_2 = 1$, $\mu_k = 0.15$, $Q_1 = -15$, $Q_2 = 15$, $V_1 = 2$, $V_2 = 2$, $\Omega = 1.6$). 初始值为 $\Omega t_0 \approx 5.5840$, $x_{10} \approx 3.1002$, $y_{10} \approx -1.5826$, $x_{20} \approx -7.1437$, $y_{20} = 2.0$

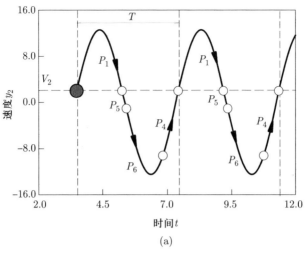

(a)

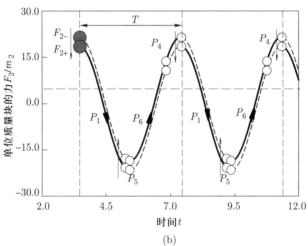

(b)

图 8.25 第二个质量块的周期响应 P_{4651}: (a) 速度—时间历程, (b) 单位质量块上力的时间历程, (c) 相平面, (d) 力—速度曲线 ($m_1 = 4$, $m_2 = 1$, $d_1 = 0.05$, $d_2 = 0.5$, $k_1 = 4$, $k_2 = 1$, $\mu_k = 0.15$, $Q_1 = -15$, $Q_2 = 15$, $V_1 = 2$, $V_2 = 2$, $\Omega = 1.6$). 初始值为 $\Omega t_0 \approx 5.5840$, $x_{10} \approx 3.1002$, $y_{10} \approx -1.5826$, $x_{20} \approx -7.1437$, $y_{20} = 2.0$

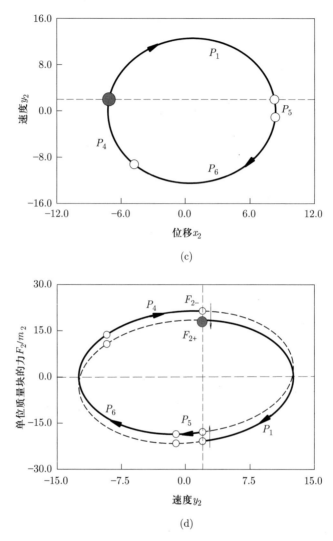

(c)

(d)

图 8.25 (续)　第二个质量块的周期响应 P_{4651}: (a) 速度—时间历程, (b) 单位质量块上的力的时间历程, (c) 相平面, (d) 力—速度曲线 ($m_1 = 4$, $m_2 = 1$, $d_1 = 0.05$, $d_2 = 0.5$, $k_1 = 4$, $k_2 = 1$, $\mu_k = 0.15$, $Q_1 = -15$, $Q_2 = 15$, $V_1 = 2$, $V_2 = 2$, $\Omega = 1.6$). 初始值为 $\Omega t_0 \approx 5.5840$, $x_{10} \approx 3.1002$, $y_{10} \approx -1.5826$, $x_{20} \approx -7.1437$, $y_{20} = 2.0$

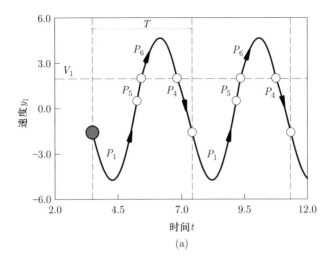

(a)

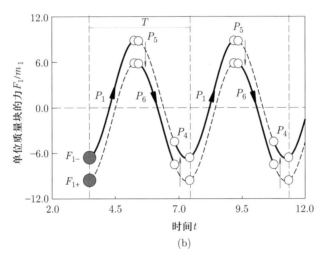

(b)

图 8.26 第一个质量块的周期响应 P_{4651}: (a) 速度—时间历程, (b) 单位质量块上的力的时间历程, (c) 相平面, (d) 力—速度曲线 ($m_1 = 4$, $m_2 = 1$, $d_1 = 0.05$, $d_2 = 0.5$, $k_1 = 4$, $k_2 = 1$, $\mu_k = 0.15$, $Q_1 = -15$, $Q_2 = 15$, $V_1 = 2$, $V_2 = 2$, $\Omega = 1.6$). 初始值为 $\Omega t_0 \approx 5.5840$, $x_{10} \approx 3.1002$, $y_{10} \approx -1.5826$, $x_{20} \approx -7.1437$, $y_{20} = 2.0$

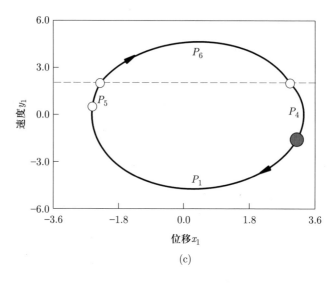

(c)

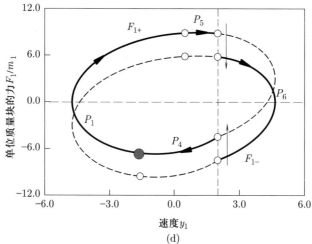

(d)

图 8.26 (续)　第一个质量块的周期响应 P_{4651}: (a) 速度—时间历程, (b) 单位质量块上的力的时间历程, (c) 相平面, (d) 力—速度曲线 ($m_1 = 4$, $m_2 = 1$, $d_1 = 0.05$, $d_2 = 0.5$, $k_1 = 4$, $k_2 = 1$, $\mu_k = 0.15$, $Q_1 = -15$, $Q_2 = 15$, $V_1 = 2$, $V_2 = 2$, $\Omega = 1.6$). 初始值为 $\Omega t_0 \approx 5.5840$, $x_{10} \approx 3.1002$, $y_{10} \approx -1.5826$, $x_{20} \approx -7.1437$, $y_{20} = 2.0$

在图中用黑色圆圈标志起始条件. 根据方程 (8.174) 中的解析条件, 流必须到达 $y_2 > V_2$ 的域内, 这就意味着, 系统由 $y_2 < V_2$ 的域切换到 $y_2 > V_2$ 的域内, 如图 8.25(a) 和 (c) 所示. 在域 $y_2 > V_2$ 内, 第二个质量块朝着其速度边界运动, 并且在该点有 $F_{2+} < 0$ 和 $F_{2-} < 0$. 根据方程 (8.174) 中的解析条件, 流必须运动到 $y_2 < V_2$ 的域内. 然而, 在这样的域内, 该运动到达第一个质量块的速度边界上 (即, $y_1 = V_1$), 如图 8.26(a) 和 (c) 所示. 在图 8.26(b) 和 (d) 中, 由于力 $F_{1+} > 0$ 和 $F_{1-} > 0$, 方程 (8.174) 中可穿越运动的条件表明流必将从域 $y_1 < V_1$ 进入域 $y_1 > V_1$ 内, 继而流又会回到速度边界 $y_1 = V_1$ 上. 根据方程 (8.174) 的解析条件, 在切换点处, 由于 $F_{1+} < 0$ 和 $F_{1-} < 0$, 那么流将流至域 $y_1 < V_1$. 进而, 运动将返回到起始点, 从而形成一个周期运动.

映射结构为 P_{3231} 的具有两个滑模部分的周期运动如图 8.27—图 8.29 所 [622] 示, 参数 $\Omega = 0.2$, 其余系统参数不变, 初始值为 $\Omega t_0 \approx 4.8627$, $x_{10} \approx 1.1953$, $y_{10} \approx -0.2665$, $x_{20} \approx 0.8086$, $y_{20} = 2.0$. 在图 8.27 中的速度平面上, 展示了周期运动的域、边界以及映射结构, 阴影部分和虚线分别表示了系统的域和边界. 周期运动的映射结构 P_{3231} 由基本映射标志, 初始条件位于速度边界 $y_2 = V_2$ 上. 图 8.28 和图 8.29 分别展示了第二和第一个质量块的周期响应. 对于第二个质量块, 速度和力的时间历程分别如图 8.28(a) 和 (b) 所示. 相平面和力随速度的变化如图 8.28(c) 和 (d) 所示. 在起始点时, 力满足条件 $F_{2+} = 0$, $F_{2-} > 0$ 且 $DF_{2+} > 0$. 根据方程 (8.176) 中的条件, 流将进入域 $y_2 > V_2$ 内. 当流到达边界 $y_2 = V_2$ 上时, 力满足 $F_{2+} < 0$, $F_{2-} > 0$. 根据方程 (8.175) 中的解析条件, 流将沿着速度边界 $y_2 = V_2$ 滑动. 其映射为 P_3. 如果满足方程 (8.176) 中的解析条件, 那么流将会从边界进入相应的域内. 从图 8.28(a) 可知, 力及其相应的关于时间的导数分别为 $F_{2-} = 0$ 和 $DF_{2-} < 0$, 流将从边界进入域 $y_2 < V_2$ 内. 映射结构 P_2 对应的流将返回到速度边界 $y_2 = V_2$ 上, 且在该点处力的条件为 $F_{2+} < 0$ 和 $F_{2-} > 0$. 根据方程 (8.175) 中的解析条件, 沿着速度边界滑动的流将再次形成, 且映射结构为 P_3. 一旦方程 (8.176) 中的条件合适, 使得两个力中的一个变为零, 边界上的滑模流将消失, 并进入到域 $y_2 > V_2$ 内, 同时该点也是其初始条件. 对于第一个质量块, 其周期运动不会与速度边界 $y_1 = V_1$ 发生作用, 周期流处于域 $y_1 < V_1$ 内, 这可以从图 8.29 看出. 更详细的结果, 可见 Luo 和 Faraji Mosadman (2013).

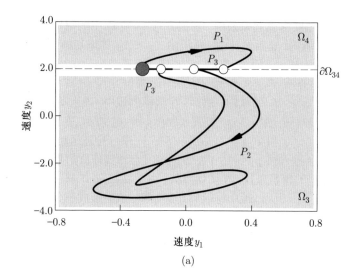

(a)

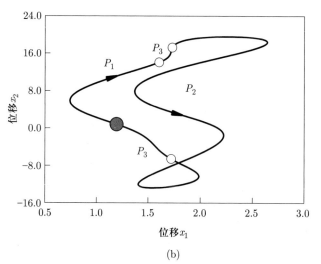

(b)

图 8.27　摩擦诱发振子的周期运动 P_{3231}: (a) 速度平面, (b) 位移平面. ($m_1 = 4$, $m_2 = 1$, $d_1 = 0.05$, $d_2 = 0.5$, $k_1 = 4$, $k_2 = 1$, $\mu_k = 0.15$, $Q_1 = -15$, $Q_2 = 15$, $V_1 = 2$, $V_2 = 2$, $\Omega = 0.2$). 初始条件为 $\Omega t_0 \approx 4.8627$, $x_{10} \approx 1.1953$, $y_{10} \approx -0.2665$, $x_{20} \approx 0.8086$, $y_{20} = 2.0$

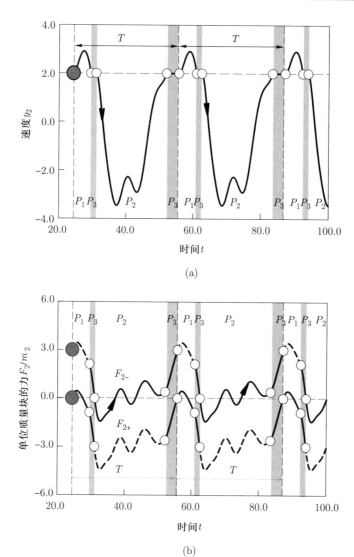

(a)

(b)

图 8.28　第二个质量块的响应 P_{3231}: (a) 速度—时间历程, (b) 单位质量块上的力的时间历程, (c) 相平面, (d) 力—速度曲线 ($m_1 = 4$, $m_2 = 1$, $d_1 = 0.05$, $d_2 = 0.5$, $k_1 = 4$, $k_2 = 1$, $\mu_k = 0.15$, $Q_1 = -15$, $Q_2 = 15$, $V_1 = 2$, $V_2 = 2$, $\Omega = 0.2$). 初始值为 $\Omega t_0 \approx 4.8627$, $x_{10} \approx 1.1953$, $y_{10} \approx -0.2665$, $x_{20} \approx 0.8086$, $y_{20} = 2.0$

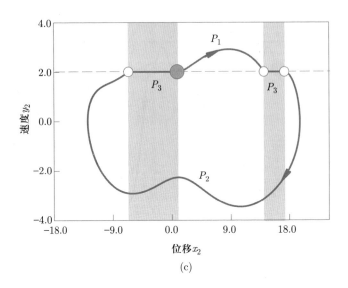

(c)

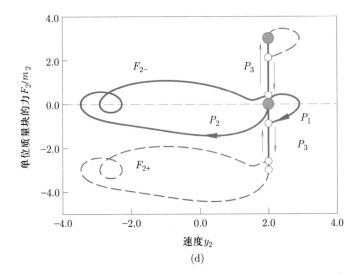

(d)

图 8.28 (续)　第二个质量块的响应 P_{3231}: (a) 速度—时间历程, (b) 单位质量块上的力的时间历程, (c) 相平面, (d) 力—速度曲线 ($m_1 = 4$, $m_2 = 1$, $d_1 = 0.05$, $d_2 = 0.5$, $k_1 = 4$, $k_2 = 1$, $\mu_k = 0.15$, $Q_1 = -15$, $Q_2 = 15$, $V_1 = 2$, $V_2 = 2$, $\Omega = 0.2$). 初始值为 $\Omega t_0 \approx 4.8627$, $x_{10} \approx 1.1953$, $y_{10} \approx -0.2665$, $x_{20} \approx 0.8086$, $y_{20} = 2.0$

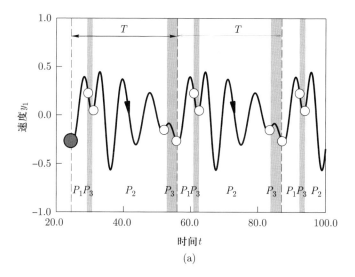

(a)

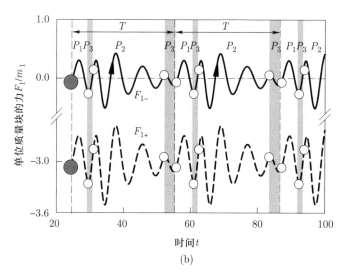

(b)

图 8.29 第一个质量块的响应 P_{3231}: (a) 速度—时间历程, (b) 单位质量块上的力的时间历程, (c) 相平面, (d) 力—速度曲线 ($m_1 = 4$, $m_2 = 1$, $d_1 = 0.05$, $d_2 = 0.5$, $k_1 = 4$, $k_2 = 1$, $\mu_k = 0.15$, $Q_1 = -15$, $Q_2 = 15$, $V_1 = 2$, $V_2 = 2$, $\Omega = 0.2$). 初始值为 $\Omega t_0 \approx 4.8627$, $x_{10} \approx 1.1953$, $y_{10} \approx -0.2665$, $x_{20} \approx 0.8086$, $y_{20} = 2.0$

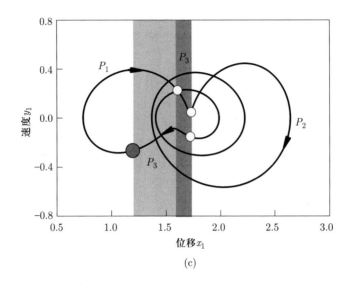

(c)

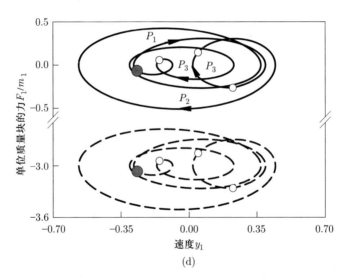

(d)

图 8.29 (续)　第一个质量块的响应 P_{3231}: (a) 速度—时间历程, (b) 单位质量块上的力的时间历程, (c) 相平面, (d) 力—速度曲线 ($m_1 = 4$, $m_2 = 1$, $d_1 = 0.05$, $d_2 = 0.5$, $k_1 = 4$, $k_2 = 1$, $\mu_k = 0.15$, $Q_1 = -15$, $Q_2 = 15$, $V_1 = 2$, $V_2 = 2$, $\Omega = 0.2$). 初始值为 $\Omega t_0 \approx 4.8627$, $x_{10} \approx 1.1953$, $y_{10} \approx -0.2665$, $x_{20} \approx 0.8086$, $y_{20} = 2.0$

参 考 文 献

Luo, A. C. J., 2008, Global Transversality, Resonance and Chaotic Dynamics, Singapore: World Scientific.

Luo, A. C. J., 2009, Discontinuous Dynamical Systems on Time-Varying Domains, Beijing: Higher Education Press.

Luo, A. C. J. and Mao, T. T., 2010, Analytical conditions for motion switchability in a 2-DOF friction-induced oscillator moving on two constant speed belts, Canadian Applied Mathematics Quarterly, **17**, 201-242.

Luo, A. C. J. and Faraji Mosadman, M. S. (2013), Singularity, switchability and bifurcations in a 2-DOF periodically forced, frictional oscillator, International Journal of Bifurcation and Chaos, **23**(3).

第九章 动力系统间的相互作用

本章将不连续动力系统理论应用到动力系统间的相互作用. 首先, 引入 [623] 了两个动力系统间相互作用的概念, 将其相互作用的条件看作是一个时变的分离边界. 也就是说, 两个动力系统中的一个系统的边界和域受到另一个系统的约束. 根据棱流对于棱的切换性和吸引性理论, 推导出系统间相互作用的条件. 最后, 将以上方法应用到两个不同动力系统之间的同步中.

9.1 系统间相互作用导引

下面介绍动力系统间相互作用的基本概念与其不连续性的描述.

9.1.1 系统间相互作用

定义 9.1 考虑如下两个动力系统

$$\dot{\mathbf{y}} = \mathbf{F}(\mathbf{y}, t, \mathbf{p}) \in \mathscr{R}^n \ \text{与} \ \dot{\mathbf{x}} = \boldsymbol{\mathscr{F}}(\mathbf{x}, t, \mathbf{q}) \in \mathscr{R}^m. \tag{9.1}$$

如果在方程 (9.1) 中, 两个系统的流 $\mathbf{x}(t)$ 和 $\mathbf{y}(t)$ 满足下式

$$\varphi(\mathbf{x}(t), \mathbf{y}(t), t, \boldsymbol{\lambda}) = 0, \boldsymbol{\lambda} \in \mathscr{R}^{n_0}, \tag{9.2}$$

那么称在 t 时刻两个系统相互作用 (或者相互约束).

由前面的定义可知, 方程 (9.1) 中的两个动力系统, 在方程 (9.2) 即 $\varphi(\mathbf{x}(t),$ [624] $\mathbf{y}(t), t, \boldsymbol{\lambda}) = 0$ 控制下发生相互作用或者相互约束, 该条件使得两个动力系统产生不连续性. 如果相互作用的条件是分离边界, 那么方程 (9.1) 中的第一个

动力系统的域和边界是时变的, 并且受到方程 (9.1) 中第二个动力系统的流的控制, 即受到 $\mathbf{x}(t)$ 的约束, 反之亦然. 假定两个系统的相互作用在 t 时刻出现. 对于时间 $t \pm \varepsilon$ $(\varepsilon > 0)$, 存在以下两个常数

$$\varphi(\mathbf{x}, \mathbf{y}, t \pm \varepsilon, \boldsymbol{\lambda}) = C_{\pm} \neq 0. \tag{9.3}$$

如果方程 (9.1) 中两个动力系统的流满足方程 (9.3), 那么其将不发生相互作用, 如图 9.1 所示. 实际上, 除了方程 (9.1) 外, 两个动力系统还在其他许多约束条件下相互作用.

定义 9.2　考虑 l 个线性独立的函数 $\varphi_j(\mathbf{x}(t), \mathbf{y}(t), t, \boldsymbol{\lambda}_j)$ $(j \in \mathcal{L}$ 和 $\mathcal{L} = \{1, 2, \cdots, l\})$. 如果方程 (9.1) 中两个系统的流 $\mathbf{x}(t)$ 和 $\mathbf{y}(t)$, 在 t 时刻满足如下关系式

$$\varphi_j(\mathbf{x}(t), \mathbf{y}(t), t, \boldsymbol{\lambda}_j) = 0, \boldsymbol{\lambda}_j \in \mathscr{R}^{n_j}, j \in \mathcal{L}, \tag{9.4}$$

那么称在 t 时刻方程 (9.1) 中两个系统在第 j 个条件下受到约束.

[625]　　　根据先前的定义, 方程 (9.1) 中的动力系统拥有 l 个相互作用或者相互约束的条件. 因此, l 个分离边界将两个动力系统的相空间分成许多子域, 并且这些子域会随着时间发生变化.

对于两个动力系统中的一个系统来说, 其由 l 个相互作用条件产生的子域和边界如图 9.2—图 9.5 所示. 由于两个动力系统相互作用, 在 l 个边界下方程 (9.1) 中的两个动力系统, 在一对域 $\mho \subset \mathscr{R}^n$ 和 $\underline{\mho} \subset \mathscr{R}^m$ 上会形成 $N+1$ 对子系统, 也就是说, 两个动力系统相空间的一对域, 被分成 N 对可接近子域

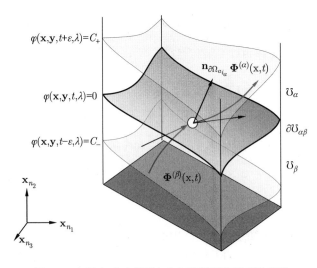

图 9.1　方程 (9.1) 中的两个动力系统间相互作用的表面

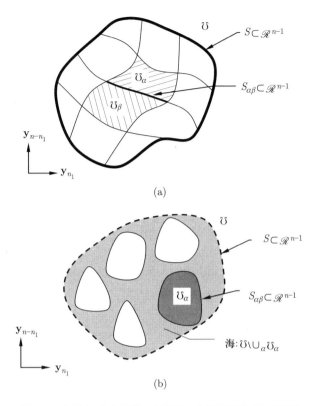

(a)

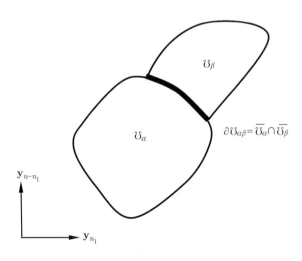

(b)

图 9.2 方程 (9.1) 中的第一个系统: (a) 可连通域, (b) 分离域

图 9.3 方程 (9.1) 第一个系统中的两个相邻域 $\mho_\alpha$ 和 $\mho_\beta$ 及其边界 $\partial\mho_{\alpha\beta}$

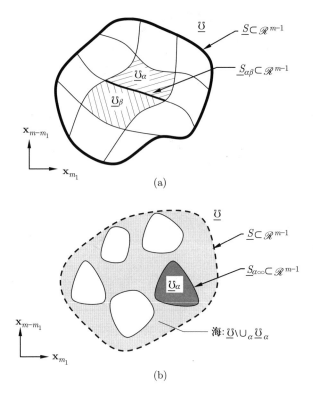

(a)

(b)

图 9.4　方程 (9.1) 中的第二个系统: (a) 可连通域, (b) 分离域

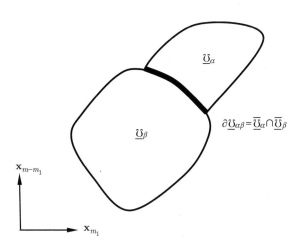

图 9.5　方程 (9.1) 第二个系统中的两个相邻域 $\underline{\mho}_\alpha$ 和 $\underline{\mho}_\beta$ 及其边界 $\partial\underline{\mho}_{\alpha\beta}$

$(\mho_\alpha, \underline{\mho}_\alpha)$ 和一对不可接近子域 $(\mho_0, \underline{\mho}_0)$. 在方程 (9.1) 的第一个动力系统中, 所有可接近子域的并集为 $\cup_{\alpha=1}^N \mho_\alpha$, 因此整个域定义为 $\mho = \cup_{\alpha=1}^N \mho_\alpha \cup \mho_0$. 然而, 对于方程 (9.1) 中的第二个动力系统, 所有可接近子域的并集为 $\cup_{\alpha=1}^N \underline{\mho}_\alpha$, 于是整个域定义为 $\underline{\mho} = \cup_{\alpha=1}^N \underline{\mho}_\alpha \cup \underline{\mho}_0$, 其中 $\mho_0$ 和 $\underline{\mho}_0$ 分别是两个系统不可接近域的并集, 也是可接近域的补集, 即 $\mho_0 = \mho \backslash \cup_{\alpha=1}^N \mho_\alpha$ 和 $\underline{\mho}_0 = \underline{\mho} \backslash \cup_{\alpha=1}^N \underline{\mho}_\alpha$. 根据第二章中可接近域与不可接近域的定义 (参见 Luo(2006)), 一个连续的动力系统可以定义在相空间中的一个可接近域内. 在相空间中的不可接近域内, 不能定义任何动力系统. 对于方程 (9.1) 中的第一个动力系统, 两个开子域 $\mho_\alpha$ 和 $\mho_\beta$ 的边界为 $\partial \mho_{\alpha\beta} = \overline{\mho}_\alpha \cap \overline{\mho}_\beta$. 对于方程 (9.1) 中的第二个动力系统, 其子域边界为 $\partial\underline{\mho}_{\alpha\beta} = \underline{\overline{\mho}}_\alpha \cap \underline{\overline{\mho}}_\beta$. 这些边界是由闭子域的交集形成的. 相互作用的边界是时变的, 且相应的子域随着时间而变化. 举例参见 Luo (2009b).

9.1.2 不连续性的描述

不失一般性, 为了减少由 l 个不相同条件引起的域和边界的复杂性, 这里仅考虑两个动力系统在第 j 个条件下的相互作用. 在方程 (9.4) 中的第 j 个条件决定其边界, 并且相空间中相应的域被分为域 $\mho_{(\alpha_j,j)}$ 和域 $\underline{\mho}_{(\alpha_j,j)}(\alpha_j = 1, 2)$. 因此, 在一个开子域 $\mho_{(\alpha_j,j)}$ 上, 存在连续系统 $C^{r_{\alpha_j}}(r_\alpha \geqslant 1)$,

$$\dot{\mathbf{y}}^{(\alpha_j,j)} = \mathbf{F}^{(\alpha_j,j)}(\mathbf{y}^{(\alpha_j,j)}, t, \mathbf{p}^{(\alpha_j,j)}) \in \mathscr{R}^n,$$
$$\mathbf{y}^{(\alpha_j,j)} = (y_1^{(\alpha_j,j)}, y_2^{(\alpha_j,j)}, \cdots, y_n^{(\alpha_j,j)})^{\mathrm{T}} \in \mho_{(\alpha_j,j)}. \tag{9.5}$$

[628]

在子域 $\mho_{(\alpha_j,j)}$ 内, 参数 $\mathbf{p}^{(\alpha_j,j)} = (p_1^{(\alpha_j,j)}, p_2^{(\alpha_j,j)}, \cdots, p_k^{(\alpha_j,j)})^{\mathrm{T}} \in \mathscr{R}^{k_j}$, 状态向量 $\mathbf{x}^{(\alpha_j,j)}$ 的向量场为 $\mathbf{F}^{(\alpha_j,j)}(\mathbf{y}^{(\alpha_j,j)}, t, \mathbf{p}^{(\alpha_j,j)})$, 其对时间 t 是 $C^{r_{\alpha_j}}(r_{\alpha_j} \geqslant 1)$ 连续的. 在方程 (9.1) 中第一个动力系统的连续流 $\mathbf{y}^{(\alpha_j,j)}(t) = \mathbf{\Phi}^{(\alpha_j,j)}(\mathbf{y}^{(\alpha_j,j)}(t_0), t, \mathbf{p}^{(\alpha_j,j)})$ 在 t 时刻为 $C^{r_{\alpha_j}+1}$ 连续的, 且初始条件为 $\mathbf{y}^{(\alpha_j,j)}(t_0) = \mathbf{\Phi}^{(\alpha_j,j)}(\mathbf{y}^{(\alpha_j,j)}(t_0), t_0, \mathbf{p}^{(\alpha_j,j)})$. 第二章中的假设 H2.1—H2.3 也适用此不连续系统.

对于第 j 个不相连的相互作用, 相应的边界定义如下.

定义 9.3 在方程 (9.4) 中第 j 个相互作用的条件下, 方程 (9.1) 中第一个动力系统的 n 维相空间中的相互作用边界定义为

$$S_{(\alpha_j\beta_j,j)} \equiv \partial \mho_{(\alpha_j\beta_j,j)} = \overline{\mho}_{(\alpha_j,j)} \cap \overline{\mho}_{(\beta_j,j)}$$

$$= \left\{ \mathbf{y}^{(0,j)} \left| \begin{array}{l} \varphi_j\left(\mathbf{x}^{(0,j)}, \mathbf{y}^{(0,j)}, t, \boldsymbol{\lambda}_j\right) = 0, \\ \varphi_j \text{ 是 } C^{r_j}\left(r_j \geqslant 1\right) \text{ 连续的} \end{array} \right. \right\} \subset \mathscr{R}^{n-1}. \tag{9.6}$$

　　类似地, 在方程 (9.4) 中的第 j 个相互作用条件下, 可以对方程 (9.1) 中的第二个系统进行重新描述. 在第 $\alpha_j\,(\alpha_j = 1,2)$ 个开子域 $\underline{\mathbb{U}}_{(\alpha_j,j)}$ 上, 存在一个 $C^{s_{\alpha_j}}(s_{\alpha_j} \geqslant 1)$ 连续的系统, 其形式为

$$
\begin{aligned}
\dot{\mathbf{x}}^{(\alpha_j,j)} &= \boldsymbol{\mathscr{F}}^{(\alpha_j,j)}(\mathbf{x}^{(\alpha_j,j)}, t, \mathbf{q}^{(\alpha_j,j)}) \in \mathscr{R}^m, \\
\mathbf{x}^{(\alpha_j,j)} &= (x_1^{(\alpha_j,j)}, x_2^{(\alpha_j,j)}, \cdots, x_m^{(\alpha_j,j)})^{\mathrm{T}} \in \underline{\mathbb{U}}_{(\alpha_j,j)}.
\end{aligned}
\tag{9.7}
$$

　　在子域 $\underline{\mathbb{U}}_{(\alpha_j,j)}$ 中, 参数集 $\mathbf{q}^{(\alpha_j,j)} = (q_1^{(\alpha_j,j)}, q_2^{(\alpha_j,j)}, \cdots, q_m^{(\alpha_j,j)})^{\mathrm{T}} \in \mathscr{R}^{k_j}$, 状态向量的 $\mathbf{x}^{(\alpha_j,j)}$ 的向量场为 $\boldsymbol{\mathscr{F}}^{(\alpha_j,j)}(\mathbf{x}^{(\alpha_j,j)}, t, \mathbf{q}^{(\alpha_j,j)})$, 对时间 t 是 $C^{s_{\alpha_j}}$ $(s_{\alpha_j} \geqslant 1)$ 连续的. 相应的连续流为 $\mathbf{x}^{(\alpha_j,j)}(t) = \underline{\boldsymbol{\Phi}}^{(\alpha_j,j)}(\mathbf{x}^{(\alpha_j,j)}(t_0), t, \mathbf{q}^{(\alpha_j,j)})$, 初始值为 $\mathbf{x}^{(\alpha_j,j)}(t_0) = \underline{\boldsymbol{\Phi}}^{(\alpha_j,j)}(\mathbf{x}^{(\alpha_j,j)}(t_0), t_0, \mathbf{q}^{(\alpha_j,j)})$, 对时间 t 是 $C^{s_{\alpha_j}+1}$ 连续的. 第二章中的假设 H2.1—H2.3 也适用此不连续系统. 方程 (9.1) 中的第二个动力系统中, 对于不相连的相互作用, 相应的边界定义如下.

[629]　　**定义 9.4**　对于方程 (9.1) 中的第二个动力系统, m 维相空间的边界定义为

$$
\begin{aligned}
\underline{S}_{(\alpha_j\beta_j,j)} &\equiv \partial\underline{\mathbb{U}}_{(\alpha_j\beta_j,j)} = \overline{\underline{\mathbb{U}}}_{(\alpha_j,j)} \cap \overline{\underline{\mathbb{U}}}_{(\beta_j,j)} \\
&= \left\{ \mathbf{x}^{(0,j)} \,\middle|\, \begin{array}{l} \varphi_j(\mathbf{x}^{(0,j)}, \mathbf{y}^{(0,j)}, t, \boldsymbol{\lambda}_j) = 0, \\ \varphi_j \text{ 是 } C^{r_j}(r_j \geqslant 1) \text{ 连续的} \end{array} \right\} \subset \mathscr{R}^{m-1}.
\end{aligned}
\tag{9.8}
$$

　　在边界 $\partial\mathbb{U}_{\alpha_j\beta_j}$ 和 $\partial\underline{\mathbb{U}}_{\alpha_j\beta_j}$ 上, 满足约束条件 $\varphi_j(\mathbf{x}^{(0,j)}, \mathbf{y}^{(0,j)}, t, \boldsymbol{\lambda}_j) = 0$. 于是动力系统变为

$$
\begin{aligned}
\dot{\mathbf{y}}^{(0,j)} &= \mathbf{F}^{(0,j)}(\mathbf{y}^{(0,j)}, t, \boldsymbol{\lambda}_j), \\
\dot{\mathbf{x}}^{(0,j)} &= \boldsymbol{\mathscr{F}}^{(0,j)}(\mathbf{x}^{(0,j)}, t, \boldsymbol{\lambda}_j),
\end{aligned}
\tag{9.9}
$$

其中 $\mathbf{y}^{(0,j)} = (y_1^{(0,j)}, y_2^{(0,j)}, \cdots, y_n^{(0,j)})^{\mathrm{T}}$ 和 $\mathbf{x}^{(0,j)} = (x_1^{(0,j)}, x_2^{(0,j)}, \cdots, \mathbf{x}_m^{(0,j)})^{\mathrm{T}}$. 对于初始值 $\mathbf{y}^{(0,j)}(t_0) = \boldsymbol{\Phi}^{(0,j)}(\mathbf{y}^{(0,j)}(t_0), t_0, \boldsymbol{\lambda}_j)$, 相应流 $\mathbf{y}^{(0,j)}$ 对时间 t 是 C^{r_j+1} 连续的. 同样, 对于初始值 $\mathbf{x}^{(0,j)}(t_0) = \underline{\boldsymbol{\Phi}}^{(0,j)}(\mathbf{x}^{(0,j)}(t_0), t_0, \boldsymbol{\lambda}_j)$, 相应的流 $\mathbf{x}^{(0,j)}$ 对时间 t 是 C^{r_j+1} 连续的.

9.1.3　合成动力系统

　　在前面的分析中, 利用两个不同的系统描述了其相互作用边界上的不连续性. 这里, 引入一个合成系统来描述两个动力系统之间的相互作用. 为此, 对于方程 (9.1) 中的动力系统, 引入一个新的状态向量

$$
\boldsymbol{\mathscr{X}} = (\mathbf{x}; \mathbf{y})^{\mathrm{T}} = (x_1, x_2, \cdots, x_m; y_1, y_2, \cdots, y_n)^{\mathrm{T}} \in \mathscr{R}^{m+n},
\tag{9.10}
$$

其中符号 $(\cdot; \cdot) \equiv (\cdot, \cdot)$ 表示两个动力系统状态向量的组合向量. 根据方程 (9.3) 或者 (9.4) 中的相互作用条件, 方程 (9.1) 中动力系统的相互作用, 可以通过一个不连续的合成动力系统来描述. 相空间中的域被相互作用的边界分成两个子域. 相互作用的域和边界定义如下.

定义 9.5 在方程 (9.3) 中相互作用条件下, 方程 (9.1) 中两个动力系统形成的 $n + m$ 维相空间中, 相互作用边界定义为

$$\partial\Omega_{12} = \overline{\Omega}_1 \cap \overline{\Omega}_2$$

$$= \left\{ \boldsymbol{\mathscr{X}}^{(0)} \middle| \begin{array}{l} \varphi(\boldsymbol{\mathscr{X}}^{(0)}, t, \boldsymbol{\lambda}) \equiv \varphi(\mathbf{x}^{(0)}(t), \mathbf{y}^{(0)}(t), t, \boldsymbol{\lambda}) = 0, \\ \varphi \text{ 是 } C^r(r \geqslant 1) \text{ 连续的} \end{array} \right\} \subset \mathscr{R}^{n+m-1};$$

$$(9.11)$$

并且合成系统的两个子域定义为

$$\Omega_1 = \left\{ \boldsymbol{\mathscr{X}}^{(1)} \middle| \begin{array}{l} \varphi(\boldsymbol{\mathscr{X}}^{(1)}, t, \boldsymbol{\lambda}) \equiv \varphi(\mathbf{x}^{(1)}(t), \mathbf{y}^{(1)}(t), t, \boldsymbol{\lambda}) > 0, \\ \varphi \text{ 是 } C^r(r \geqslant 1) \text{ 连续的} \end{array} \right\} \subset \mathscr{R}^{m+n};$$

$$\Omega_2 = \left\{ \boldsymbol{\mathscr{X}}^{(2)} \middle| \begin{array}{l} \varphi(\boldsymbol{\mathscr{X}}^{(2)}, t, \boldsymbol{\lambda}) \equiv \varphi(\mathbf{x}^{(2)}(t), \mathbf{y}^{(2)}(t), t, \boldsymbol{\lambda}) < 0, \\ \varphi \text{ 是 } C^r(r \geqslant 1) \text{ 连续的} \end{array} \right\} \subset \mathscr{R}^{m+n}.$$

$$(9.12)$$

根据前面的分析可知, 域和边界可以表示成两个分离系统域和边界的直积

$$\left. \begin{array}{l} \Omega_\alpha = \mho_\alpha \otimes \underline{\mho}_\alpha, \alpha \in \{1, 2\}, \\ \partial\Omega_{\alpha\beta} = \partial\mho_{\alpha\beta} \otimes \partial\underline{\mho}_{\alpha\beta}, \alpha, \beta \in \{1, 2\}. \end{array} \right\}$$

$$(9.13)$$

在两个域内, 由两个动力系统组成的合成系统在相互作用的边界上是不连续的, 定义为

$$\dot{\boldsymbol{\mathscr{X}}}^{(\alpha)} = \mathbb{F}^{(\alpha)}(\boldsymbol{\mathscr{X}}^{(\alpha)}, t, \boldsymbol{\pi}^{(\alpha)}), \text{ 在 } \Omega_\alpha \text{ 内 } (\alpha = 1, 2), \tag{9.14}$$

其中

$$\mathbb{F}^{(\alpha)} = (\boldsymbol{\mathscr{F}}^{(\alpha)}; \mathbf{F}^{(\alpha)})^{\mathrm{T}}$$

$$= (\mathscr{F}_1^{(\alpha)}, \mathscr{F}_2^{(\alpha)}, \cdots, \mathscr{F}_m^{(\alpha)}; F_1^{(\alpha)}, F_2^{(\alpha)} \cdots, F_n^{(\alpha)})^{\mathrm{T}}, \tag{9.15}$$

$$\boldsymbol{\pi}^{(\alpha)} = (\mathbf{q}_\alpha, \mathbf{p}_\alpha)^{\mathrm{T}}.$$

[630]

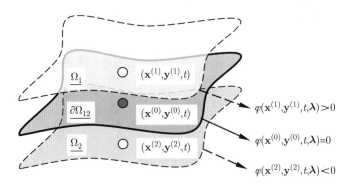

图 9.6　$m+n$ 维相空间中相互作用的边界和域

假定在相互作用的边界上, 存在向量场 $\mathbb{F}^{(0)}(\boldsymbol{\mathscr{X}}^{(0)}, t, \boldsymbol{\lambda})$ 且 $\varphi(\boldsymbol{\mathscr{X}}^{(0)}, t, \boldsymbol{\lambda}) = 0$, 那么边界上的动力系统表示为

$$\dot{\boldsymbol{\mathscr{X}}}^{(0)} = \mathbb{F}^{(0)}(\boldsymbol{\mathscr{X}}^{(0)}, t, \boldsymbol{\lambda}) \text{ 在 } \partial\Omega_{12} \text{ 上.} \tag{9.16}$$

[631] 如图 9.6 所示, 域 Ω_α $(\alpha = 1, 2)$ 被约束边界 $\partial\Omega_{12}$ 分割. 对于域内的点 $(\mathbf{x}^{(1)}; \mathbf{y}^{(1)}) \in \Omega_1$, 在 t 时刻满足 $\varphi(\mathbf{x}^{(1)}, \mathbf{y}^{(1)}, t, \boldsymbol{\lambda}) > 0$. 对于点 $(\mathbf{x}^{(2)}, \mathbf{y}^{(2)}) \in \Omega_2$, 在 t 时刻满足 $\varphi(\mathbf{x}^{(2)}, \mathbf{y}^{(2)}, t, \boldsymbol{\lambda}) < 0$. 然而, 边界上的点 $(\mathbf{x}^{(0)}, \mathbf{y}^{(0)}) \in \partial\Omega_{12}$, 在 t 时刻相互作用的条件为 $\varphi(\mathbf{x}^{(0)}, \mathbf{y}^{(0)}, t, \boldsymbol{\lambda}) = 0$. 如果相互作用的条件是时不变的, 那么由相互作用的条件确定的边界也是时不变的. 如果相互作用的条件是时变的, 那么相互作用条件确定的边界也是时变的, 并且合成系统的域也是时变的. 在方程 (9.4) 中, 两个动力系统包含许多相互作用的条件, 假定 t 时刻两个系统仅仅出现第 j 个相互作用的边界, 那么上面的定义可以进行相应的推广.

定义 9.6　方程 (9.1) 中发生相互作用的两个动力系统形成了 $n+m$ 维相空间, 在方程 (9.4) 中第 j 个相互作用的约束条件下, 第 j 个相互作用的边界定义为

$$\partial\Omega_{(\alpha_j\beta_j, j)} = \overline{\Omega}_{(\alpha_j, j)} \cap \overline{\Omega}_{(\beta_j, j)}$$

$$= \left\{ \boldsymbol{\mathscr{X}}^{(0,j)} \left| \begin{array}{l} \varphi_j(\boldsymbol{\mathscr{X}}^{(0,j)}, t, \boldsymbol{\lambda}_j) \\ \equiv \varphi_j(\mathbf{x}^{(0,j)}(t), \mathbf{y}^{(0,j)}(t), t, \boldsymbol{\lambda}_j) = 0, \\ \varphi_j \text{ 是 } C^{r_j} \text{ 连续的 } (r_j \geqslant 1) \end{array} \right. \right\} \subset \mathscr{R}^{m+n-1}; \tag{9.17}$$

以及对于方程 (9.1) 中的两个动力系统之合成系统, 对于第 j 个边界的两个子域定义为

$$
\Omega_{(1,j)} = \left\{ \boldsymbol{\mathscr{X}}^{(1,j)} \middle| \begin{array}{l} \varphi_j(\boldsymbol{\mathscr{X}}^{(1,j)}, t, \boldsymbol{\lambda}_j) \\ \equiv \varphi_j(\mathbf{x}^{(1,j)}(t), \mathbf{y}^{(1,j)}(t), t, \boldsymbol{\lambda}_j) > 0, \\ \varphi_j \ \text{是} \ C^{r_j} \ \text{连续的} \ (r_j \geqslant 1) \end{array} \right\} \subset \mathscr{R}^{m+n};
$$

$$
\Omega_{(2,j)} = \left\{ \boldsymbol{\mathscr{X}}^{(2,j)} \middle| \begin{array}{l} \varphi_j(\boldsymbol{\mathscr{X}}^{(2,j)}, t, \boldsymbol{\lambda}_j) \\ \equiv \varphi_j(\mathbf{x}^{(2,j)}(t), \mathbf{y}^{(2,j)}(t), t, \boldsymbol{\lambda}_j) < 0, \\ \varphi_j \ \text{是} \ C^{r_j} \ \text{连续的} \ (r_j \geqslant 1) \end{array} \right\} \subset \mathscr{R}^{m+n}.
$$

(9.18)

图 9.7 表示了第 j 个相互作用条件下的边界和域, 其可以分别由两个对应的边界或子域的直积来表示, 即

$$
\left. \begin{array}{l} \Omega_{(\alpha_j,j)} = \mho_{(\alpha_j,j)} \otimes \underline{\mho}_{(\alpha_j,j)}, \alpha_j \in \{1,2\}, \\ \partial\Omega_{(\alpha_j\beta_j,j)} = \partial\mho_{(\alpha_j\beta_j,j)} \otimes \partial\underline{\mho}_{(\alpha_j\beta_j,j)}, \alpha_j, \beta_j \in \{1,2\}. \end{array} \right\}
$$

(9.19)

在与第 j 个相互作用的边界相关的域内, 方程 (9.1) 中的两个动力系统的不连续合成系统定义为

$$
\dot{\boldsymbol{\mathscr{X}}}^{(\alpha_j,j)} = \mathbb{F}^{(\alpha_j,j)}(\boldsymbol{\mathscr{X}}^{(\alpha_j,j)}, t, \boldsymbol{\pi}_j^{(\alpha_j)}) \ \text{在} \ \Omega_{(\alpha_j,j)} \ \text{内}, \tag{9.20}
$$ [632]

其中 $\mathbb{F}^{(\alpha_j,j)} = (\boldsymbol{\mathscr{F}}^{(\alpha_j,j)}; \mathbf{F}^{(\alpha_j,j)})^{\mathrm{T}}$ 和 $\boldsymbol{\pi}_j^{(\alpha_j)} = (\mathbf{q}_j^{(\alpha_j)}, \mathbf{p}_j^{(\alpha_j)})^{\mathrm{T}}$. 假设在第 j 个相互作用的边界上, 存在一个向量场 $\mathbb{F}^{(0,j)}(\boldsymbol{\mathscr{X}}^{(0,j)}, t, \boldsymbol{\lambda}_j)$, 且 $\varphi_j(\boldsymbol{\mathscr{X}}^{(0,j)}, t, \boldsymbol{\lambda}_j) = 0$, 那么在第 j 个相互作用边界上的动力系统表示为

$$
\dot{\boldsymbol{\mathscr{X}}}^{(0,j)} = \mathbb{F}^{(0,j)}(\boldsymbol{\mathscr{X}}^{(0,j)}, t, \boldsymbol{\lambda}_j) \ \text{在} \ \partial\Omega_{(12,j)} \ \text{内}. \tag{9.21}
$$

基于不连续性的描述, 含有相互作用边界的两个不连续动力系统的运动, 可以利用第三章中的理论进行分析. 在 9.2 节中, 广义的相对坐标将被引入, 以用于讨论两个动力系统间的相互作用.

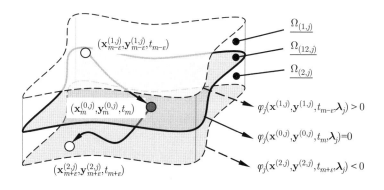

图 9.7 $m + n$ 维相空间中合成系统的第 j 个边界和域

9.2　基本相互作用

[633]　　本节将要讨论两个动力系统在相互作用边界邻域内的动力学行为. 在域 $\Omega_{(\alpha_j,j)}$ 内引入新的变量

$$z^{(\alpha_j,j)} = \phi_j(\mathbf{x}^{(\alpha_j,j)}(t), \mathbf{y}^{(\alpha_j,j)}(t), t, \boldsymbol{\lambda}_j), \quad j \in \mathcal{L}. \tag{9.22}$$

边界 $\partial\Omega_{(\alpha_j\beta_j,j)}$ 上的约束条件为

$$z^{(0,j)} = \varphi_j(\mathbf{x}^{(0,j)}(t), \mathbf{y}^{(0,j)}(t), t, \boldsymbol{\lambda}_j) = 0, \quad j \in \mathcal{L}. \tag{9.23}$$

　　如果两个系统不发生相互作用, 那么新变量 $z_j \neq 0, j \in \mathcal{L}$ 将不随时间而变化. 相应的时间变化率为

$$
\begin{aligned}
\dot{z}^{(\alpha_j,j)} &= D\varphi_j(\mathbf{x}^{(\alpha_j,j)}, \mathbf{y}^{(\alpha_j,j)}, t, \boldsymbol{\lambda}_j) \\
&= \frac{\partial\varphi_j}{\partial\mathbf{x}^{(\alpha_j,j)}}\dot{\mathbf{x}}^{(\alpha_j,j)} + \frac{\partial\varphi_j}{\partial\mathbf{y}^{(\alpha_j,j)}}\dot{\mathbf{y}}^{(\alpha_j,j)} + \frac{\partial\varphi_j}{\partial t} \\
&= \sum_{p=1}^{m}\frac{\partial\varphi_j}{\partial x_p^{(\alpha_j,j)}}\dot{x}_p^{(\alpha_j,j)} + \sum_{q=1}^{n}\frac{\partial\varphi_j}{\partial y_q^{(\alpha_j,j)}}\dot{y}_q^{(\alpha_j,j)} + \frac{\partial\varphi_j}{\partial t}.
\end{aligned}
\tag{9.24}
$$

将方程 (9.5) 和 (9.7) 代入方程 (9.24), 得到下式

$$
\begin{aligned}
\dot{z}^{(\alpha_j,j)} = &\sum_{p=1}^{m}\frac{\partial\varphi_j}{\partial x_p^{(\alpha_j,j)}}F_p^{(\alpha_j,j)}(\mathbf{x}^{(\alpha_j,j)}, t, \mathbf{p}^{(\alpha_j,j)}) \\
&+ \sum_{q=1}^{n}\frac{\partial\varphi_j}{\partial y_q^{(\alpha_j,j)}}F_q^{(\alpha_j,j)}(\mathbf{y}^{(\alpha_j,j)}, t, \mathbf{q}^{(\alpha_j,j)}) + \frac{\partial\varphi_j}{\partial t}.
\end{aligned}
\tag{9.25}
$$

定义两个新的法向量

$$
\begin{aligned}
\underline{\mathbf{n}}_{\varphi_j} &= \frac{\partial\varphi_j}{\partial\mathbf{x}^{(\alpha_j,j)}} = \left(\frac{\partial\varphi_j}{\partial x_1^{(\alpha_j,j)}}, \frac{\partial\varphi_j}{\partial x_2^{(\alpha_j,j)}}, \cdots, \frac{\partial\varphi_j}{\partial x_m^{(\alpha_j,j)}}\right)^{\mathrm{T}}, \\
\mathbf{n}_{\varphi_j} &= \frac{\partial\varphi_j}{\partial\mathbf{y}^{(\alpha_j,j)}} = \left(\frac{\partial\varphi_j}{\partial y_1^{(\alpha_j,j)}}, \frac{\partial\varphi_j}{\partial y_2^{(\alpha_j,j)}}, \cdots, \frac{\partial\varphi_j}{\partial y_n^{(\alpha_j,j)}}\right)^{\mathrm{T}}.
\end{aligned}
\tag{9.26}
$$

将方程 (9.26) 代入方程 (9.25), 可得

$$
\begin{aligned}
\dot{z}^{(\alpha_j,j)} = &\underline{\mathbf{n}}_{\varphi_j}^{\mathrm{T}} \cdot \boldsymbol{\mathscr{F}}^{(\alpha_j,j)}(\mathbf{x}^{(\alpha_j,j)}, t, \mathbf{p}^{(\alpha_j,j)}) \\
&+ \mathbf{n}_{\varphi_j}^{\mathrm{T}} \cdot \mathbf{F}^{(\alpha_j,j)}(\mathbf{y}^{(\alpha_j,j)}, t, \mathbf{q}^{(\alpha_j,j)}) + \frac{\partial\varphi_j}{\partial t}.
\end{aligned}
\tag{9.27}
$$

如果在不同域 $\Omega_{(\alpha_j,j)}(\alpha_j = 1, 2)$ 内的向量场不同, 那么 $\dot{z}^{(\alpha_j,j)}$ 不连续. 类似地, 在每个域 $\Omega_{(\alpha_j,j)}$ 上, 还可得 [634]

$$\ddot{z}^{(\alpha_j,j)} = \frac{D}{Dt}\left[\underline{\mathbf{n}}_{\varphi_j}^{\mathrm{T}} \cdot \mathbf{F}^{(\alpha_j,j)}(\mathbf{x}^{(\alpha_j,j)}, t, \mathbf{q}^{(\alpha_j,j)})\right.$$
$$\left. + \mathbf{n}_{\varphi_j}^{\mathrm{T}} \cdot \mathbf{F}^{(\alpha_j,j)}(\mathbf{y}^{(\alpha_j,j)}, t, \mathbf{p}^{(\alpha_j,j)}) + \frac{\partial \varphi_j}{\partial t}\right]. \tag{9.28}$$

方程 (9.24) 和 (9.28) 组成的动力系统相空间为 $(z, \dot{z})$, 即对于 $j \in \mathcal{L}$,

$$\dot{z}^{(\alpha_j,j)} = g_1^{(\alpha_j,j)}(\mathbf{z}^{(\alpha_j,j)}, t) \equiv \underline{\mathbf{n}}_{\varphi_j}^{\mathrm{T}} \cdot \mathbf{F}^{(\alpha_j,j)}(\mathbf{x}^{(\alpha_j,j)}, t, \mathbf{p}^{(\alpha_j,j)})$$
$$+ \mathbf{n}_{\varphi_j}^{\mathrm{T}} \cdot \mathbf{F}^{(\alpha_j,j)}(\mathbf{y}^{(\alpha_j,j)}, t, \mathbf{q}^{(\alpha_j,j)}) + \frac{\partial \varphi_j}{\partial t},$$
$$\ddot{z}^{(\alpha_j,j)} = g_2^{(\alpha_j,j)}(\mathbf{z}^{(\alpha_j,j)}, t) \equiv \frac{D}{Dt} g_1^{(\alpha_j,j)}(\mathbf{z}^{(\alpha_j,j)}, t)$$
$$= \frac{D}{Dt}\left[\underline{\mathbf{n}}_{\varphi_j}^{\mathrm{T}} \cdot \mathbf{F}^{(\alpha_j,j)}(\mathbf{x}^{(\alpha_j,j)}, t, \mathbf{p}^{(\alpha_j,j)})\right.$$
$$\left. + \mathbf{n}_{\varphi_j}^{\mathrm{T}} \cdot \mathbf{F}^{(\alpha_j,j)}(\mathbf{y}^{(\alpha_j,j)}, t, \mathbf{q}^{(\alpha_j,j)}) + \frac{\partial \varphi_j}{\partial t}\right], \tag{9.29}$$

其中 $\mathbf{z}^{(\alpha_j,j)} = (z^{(\alpha_j,j)}, \dot{z}^{(\alpha_j,j)})^{\mathrm{T}}$. 若令 $\mathbf{g}^{(\alpha_j,j)} = (g_1^{(\alpha_j,j)}, g_2^{(\alpha_j,j)})^{\mathrm{T}}$, 那么

$$\left.\begin{array}{l} \dot{\mathbf{z}}^{(\alpha_j,j)} = \mathbf{g}^{(\alpha_j,j)}(\mathbf{z}^{(\alpha_j,j)}, t), j \in \mathcal{L}, \\ \dot{\mathbf{x}}^{(\alpha_j,j)} = \mathbf{F}^{(\alpha_j,j)}\left(\mathbf{x}^{(\alpha_j,j)}, t, \mathbf{q}^{(\alpha_j,j)}\right) \in \mathscr{R}^m, \\ \dot{\mathbf{y}}^{(\alpha_j,j)} = \mathbf{F}^{(\alpha_j,j)}(\mathbf{y}^{(\alpha_j,j)}, t, \mathbf{p}^{(\alpha_j,j)}) \in \mathscr{R}^n. \end{array}\right\} \tag{9.30}$$

为了更好地理解不连续动力系统, 在相空间中分别定义如下的边界和域,

$$\partial \Xi_{(\alpha_j\beta_j,j)} = \overline{\Xi}_{(\alpha_j,j)} \cap \overline{\Xi}_{(\beta_j,j)}$$
$$= \{(z^{(0,j)}, \dot{z}^{(0,j)})|\psi_j(z^{(0,j)}, \dot{z}^{(0,j)}) = z^{(0,j)} = 0\} \subset \mathscr{R} \tag{9.31}$$

和

$$\Xi_{(1,j)} = \{(z^{(1,j)}, \dot{z}^{(1,j)})|z^{(1,j)} > 0\} \subset \mathscr{R}^2;$$
$$\Xi_{(2,j)} = \{(z^{(2,j)}, \dot{z}^{(2,j)})|z^{(2,j)} < 0\} \subset \mathscr{R}^2. \tag{9.32}$$

由于边界上 $\varphi_j(\mathbf{x}^{(0,j)}(t), \mathbf{y}^{(0,j)}(t), t, \boldsymbol{\lambda}_j) = 0$, 那么有 [635]

$$\frac{d^s z^{(0,j)}}{dt^s} = D^s \varphi_j(\mathbf{x}^{(0,j)}(t), \mathbf{y}^{(0,j)}(t), t, \boldsymbol{\lambda}_j) = 0, \quad s = 1, 2, \cdots. \tag{9.33}$$

因此, 边界上的约束条件为

$$
\left.
\begin{aligned}
z^{(0,j)} &= \varphi_j(\mathbf{x}^{(0,j)}, \mathbf{y}^{(0,j)}, t, \boldsymbol{\lambda}_j) = 0, \\
\dot{z}^{(0,j)} &= D\varphi_j(\mathbf{x}^{(0,j)}, \mathbf{y}^{(0,j)}, t, \boldsymbol{\lambda}_j) = 0, \\
\dot{\mathbf{x}}^{(0,j)} &= \mathbf{F}^{(0,j)}(\mathbf{x}^{(0,j)}, t, \boldsymbol{\lambda}_j) \in \mathscr{R}^m, \\
\dot{\mathbf{y}}^{(0,j)} &= \mathbf{F}^{(0,j)}(\mathbf{y}^{(0,j)}, t, \boldsymbol{\lambda}_j) \in \mathscr{R}^n.
\end{aligned}
\right\} j \in \mathcal{L}.
\tag{9.34}
$$

相空间 $(z^{(j)}, \dot{z}^{(j)})$ 中的域和边界如图 9.8 所示, 由于合成系统的向量场是不连续的, 即 $\dot{z}^{(\alpha_j,j)} \neq \dot{z}^{(\beta_j,j)} \neq \dot{z}^{(0,j)} = 0$, 那么相空间内的切换点也可能不连续, 即 $\mathbf{z}^{(\alpha_j,j)} \neq \mathbf{z}^{(\beta_j,j)} \neq \mathbf{z}^{(0,j)} = 0$, 而且其边界是独立于时间的. 对于方程 (9.5) 和 (9.7) 所表示的动力系统, 其相空间中的边界和域如图 9.9 所示, 其相互作用的边界是时变的, 相应流的切换点也是连续的, 即 $x^{(\alpha_j,j)}(t_m) = x^{(\beta_j,j)}(t_m) = x^{(0,j)}(t_m)$, 因此动力系统的响应完全由方程 (9.14) 决定. 然而, 这些流受到向量场 $\mathbf{g}^{(1,j)}(\mathbf{z}^{(1,j)}, t)$ 和 $\mathbf{g}^{(2,j)}(\mathbf{z}^{(2,j)}, t)$ 控制. 在相空间 $(z, \dot{z})$ 中, 动力系统归纳为

$$
\begin{aligned}
\dot{\mathbf{z}}^{(\Lambda_j,j)} &= \mathbf{g}^{(\Lambda_j,j)}(\mathbf{z}^{(\Lambda_j,j)}, t), \quad j \in \mathcal{L}, \Lambda_j = 0, \alpha_j, \\
\dot{\mathbf{x}}^{(\Lambda_j,j)} &= \mathbf{F}^{(\Lambda_j,j)}(\mathbf{x}^{(\Lambda_j,j)}, t, \boldsymbol{\lambda}_j) \in \mathscr{R}^m, \\
\dot{\mathbf{y}}^{(\Lambda_j,j)} &= \mathbf{F}^{(\Lambda_j,j)}(\mathbf{y}^{(\Lambda_j,j)}, t, \boldsymbol{\lambda}_j) \in \mathscr{R}^n.
\end{aligned}
\tag{9.35}
$$

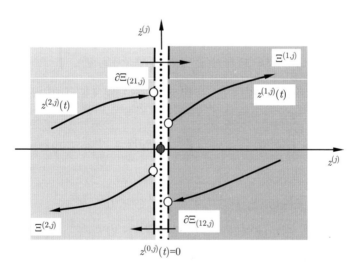

图 9.8　在 $(z, \dot{z})$ 平面上, 第 j 个相互作用之隔离边界的相空间, 两条虚线可无限接近于点画线表示的边界

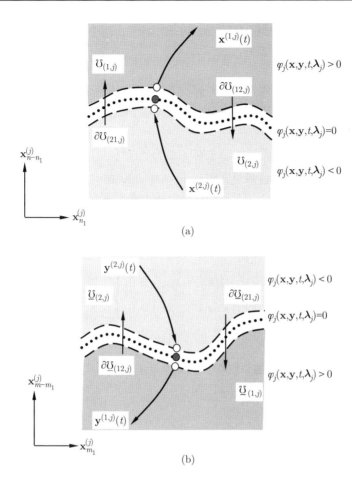

图 9.9　相空间隔离: (a) 第一个系统, (b) 第二个系统. 两条虚线可无限接近于点线表示的边界

其中

$$
\left.\begin{aligned}
&\mathbf{g}^{(\alpha_j,j)}(\mathbf{z}^{(\alpha_j,j)},t) = (g_1^{(\alpha_j,j)}(\mathbf{z}^{(\alpha_j,j)},t), g_2^{(\alpha_j,j)}(\mathbf{z}^{(\alpha_j,j)},t))^{\mathrm{T}}, \\
&\text{在 } \Xi_{\alpha_j}(\alpha_j \in \{1,2\}) \text{ 上;} \\
&\mathbf{g}^{(0,j)}(\mathbf{z}^{(\alpha_j,j)},t) \in [\mathbf{g}^{(\alpha_j,j)}(\mathbf{z}^{(\alpha_j,j)},t), \mathbf{g}^{(\beta_j,j)}(\mathbf{z}^{(\beta_j,j)},t)], \\
&\text{在 } \partial\Xi_{(\alpha_j\beta_j,j)} \text{ 上 (对非黏合的情况),} \\
&\mathbf{g}^{(0,j)}(\mathbf{z}^{(\alpha_j,j)},t) = (0,0)^{\mathrm{T}}, \text{ 在 } \partial\Xi_{(\alpha_j\beta_j,j)} \text{ 上 (对黏合的情况).}
\end{aligned}\right\} \tag{9.36}
$$

根据方程 (9.31), 计算出法向量 $\partial\Xi_{(\alpha_j\beta_j,j)}$ 为

$$
\mathbf{n}_{\partial\Xi_{(\alpha_j\beta_j,j)}} = (1,0)^{\mathrm{T}} \text{ 和 } D\mathbf{n}_{\partial\Xi_{(\alpha_j\beta_j,j)}} = (0,0)^{\mathrm{T}}, \tag{9.37}
$$

[637] 其中 $D(\cdot) = D(\cdot)/Dt$. 根据 Luo (2008a, b), 计算出两个 G-函数为

$$G^{(0,\alpha_j)}_{\partial\Xi_{(12,j)}}(\mathbf{z}^{(\alpha_j,j)}, t) = \mathbf{n}^{\mathrm{T}}_{\partial\Xi_{(12,j)}} \cdot \mathbf{g}^{(\alpha_j,j)}(\mathbf{z}^{(\alpha_j,j)}, t)$$
$$= g_1^{(\alpha_j,j)}(\mathbf{z}^{(\alpha_j,j)}, t),$$
$$G^{(1,\alpha_j)}_{\partial\Xi_{(12,j)}}(\mathbf{z}^{(\alpha_j,j)}, t) = \mathbf{n}^{\mathrm{T}}_{\partial\Xi_{(12,j)}} \cdot D\mathbf{g}^{(\alpha_j,j)}(\mathbf{z}^{(\alpha_j,j)}, t) \quad (9.38)$$
$$= g_2^{(\alpha_j,j)}(\mathbf{z}^{(\alpha_j,j)}, t).$$

根据第三章的理论 (或者参见文献 Luo 2005, 2006), 在边界 $\partial\Xi_{(12,j)}$ 上点 $(\mathbf{z}_m^{(0,j)}, t_m)$ 和 $(\mathbf{z}_m^{(\alpha_j,j)}, t_m)$ 处, 出现穿越流的充要条件为

$$\left.\begin{array}{l} G^{(0,1)}_{\partial\Xi_{(12,j)}}(\mathbf{z}_m^{(1,j)}, t_{m-}) = g_1^{(1,j)}(\mathbf{z}_m^{(1,j)}, t_{m-}) < 0, \\ G^{(0,2)}_{\partial\Xi_{(12,j)}}(\mathbf{z}_m^{(2,j)}, t_{m+}) = g_1^{(2,j)}(\mathbf{z}_m^{(2,j)}, t_{m+}) < 0, \end{array}\right\} \; \Xi_{(1,j)} \to \Xi_{(2,j)},$$
$$\left.\begin{array}{l} G^{(0,1)}_{\partial\Xi_{(12,j)}}(\mathbf{z}_m^{(1,j)}, t_{m+}) = g_1^{(1,j)}(\mathbf{z}_m^{(1,j)}, t_{m+}) > 0, \\ G^{(0,2)}_{\partial\Xi_{(12,j)}}(\mathbf{z}_m^{(2,j)}, t_{m-}) = g_1^{(2,j)}(\mathbf{z}_m^{(2,j)}, t_{m-}) > 0, \end{array}\right\} \; \Xi_{(2,j)} \to \Xi_{(1,j)}, \quad (9.39)$$

其中

$$g_1^{(\alpha_j,j)}(\mathbf{z}_m^{(\alpha_j,j)}, t_{m\pm}) = \overline{\mathbf{n}}^{\mathrm{T}}_{\varphi_j} \cdot \boldsymbol{\mathscr{F}}^{(\alpha_j,j)}(\mathbf{x}_m^{(\alpha_j,j)}, t_{m\pm}, \mathbf{q}^{(\alpha_j,j)})$$
$$+ \mathbf{n}^{\mathrm{T}}_{\varphi_j} \cdot \mathbf{F}^{(\alpha_j,j)}(\mathbf{y}_m^{(\alpha_j,j)}, t_{m\pm}, \mathbf{p}^{(\alpha_j,j)}) + \frac{\partial\varphi_j}{\partial t}. \quad (9.40)$$

前面给出了两个动力系统在第 j 个条件下相互作用的充要条件, 并且在该条件下发生状态切换. 此时, 边界上的流称为两个系统的瞬间相互作用.

根据第三章的理论 (或者参见文献 Luo 2005, 2006), 在边界 $\partial\Xi_{(\alpha_j\beta_j,j)}$ 上出现黏合流 (又称汇流) 的充要条件为

$$\left.\begin{array}{l} G^{(0,1)}_{\partial\Xi_{(12,j)}}(\mathbf{z}_m^{(1,j)}, t_{m-}) = g_1^{(1,j)}(\mathbf{z}_m^{(1,j)}, t_{m-}) < 0, \\ G^{(0,2)}_{\partial\Xi_{(12,j)}}(\mathbf{z}_m^{(2,j)}, t_{m-}) = g_1^{(2,j)}(\mathbf{z}_m^{(2,j)}, t_{m-}) > 0, \end{array}\right\} \text{ 在 } \partial\Xi_{(12,j)} \text{ 上.} \quad (9.41)$$

根据前面的条件, 两个系统在第 j 个条件下黏合在一起, 称为黏合相互作用.

同样, 根据第三章的理论 (或者参见文献 Luo 2005, 2006), 边界 $\partial\Xi_{(\alpha_j\beta_j,j)}$ 上出现源流的充要条件为

[638]
$$\left.\begin{array}{l} G^{(0,1)}_{\partial\Xi_{(12,j)}}(\mathbf{z}_m^{(1,j)}, t_{m+}) = g_1^{(1,j)}(\mathbf{z}_m^{(1,j)}, t_{m+}) > 0, \\ G^{(0,2)}_{\partial\Xi_{(12,j)}}(\mathbf{z}_m^{(2,j)}, t_{m+}) = g_1^{(2,j)}(\mathbf{z}_m^{(2,j)}, t_{m+}) < 0, \end{array}\right\} \text{ 在 } \partial\Xi_{(12,j)} \text{ 上.} \quad (9.42)$$

对于以上这种情况, 在边界 $\partial\Xi_{(\alpha_j\beta_j,j)}$ 上点 $(\mathbf{z}_m^{(0,j)}, t_m)$ 处, 两个动力系统在第 j 个条件下不发生相互作用, 这种现象称为源相互作用 (或者相互作用的

分离).

与第三章中一样, 这里也引入 L 函数来衡量上面三个相互作用的状态

$$L_{12}^{(j)}(t_{m\pm}) = G_{\partial\Xi_{(\alpha_j\beta_j,j)}}^{(0,\alpha_j)}(\mathbf{z}_m^{(\alpha_j,j)}, t_{m-}) \times G_{\partial\Xi_{(\alpha_j\beta_j,j)}}^{(0,\beta_j)}(\mathbf{z}_m^{(\beta_j,j)}, t_{m+})$$

$$= g_1^{(\alpha_j,j)}(\mathbf{z}_m^{(\alpha_j,j)}, t_{m-}) \times g_1^{(\beta_j,j)}(\mathbf{z}_m^{(\beta_j,j)}, t_{m+}),$$

$$L_{12}^{(j)}(t_{m-}) = G_{\partial\Xi_{(12,j)}}^{(0,1)}(\mathbf{z}_m^{(1,j)}, t_{m-}) \times G_{\partial\Xi_{(12,j)}}^{(0,2)}(\mathbf{z}_m^{(2,j)}, t_{m-})$$

$$= g_1^{(1,j)}(\mathbf{z}_m^{(1,j)}, t_{m-}) \times g_1^{(2,j)}(\mathbf{z}_m^{(2,j)}, t_{m-}), \tag{9.43}$$

$$L_{12}^{(j)}(t_{m+}) = G_{\partial\Xi_{(12,j)}}^{(0,1)}(\mathbf{z}_m^{(1,j)}, t_{m+}) \times G_{\partial\Xi_{(12,j)}}^{(0,2)}(\mathbf{z}_m^{(2,j)}, t_{m+})$$

$$= g_1^{(1,j)}(\mathbf{z}_m^{(1,j)}, t_{m+}) \times g_1^{(2,j)}(\mathbf{z}_m^{(2,j)}, t_{m+}).$$

当然无论存在什么样的相互作用, 都可以运用相同的 L 函数来衡量三个相互作用的状态, 该条件容易嵌入到计算机程序中, 参见文献 Luo 和 Gegg (2006a, b), 以及 Luo(2006). 根据方程 (9.43), 对于三个相互作用的状态, 方程 (9.39), (9.41) 和 (9.42) 分别产生了三个新的充要条件

$$L_{12}^{(j)}(t_{m\pm}) = g_1^{(\alpha_j,j)}(\mathbf{z}_m^{(\alpha_j,j)}, t_{m\mp}) \times g_1^{(\beta_j,j)}(\mathbf{z}_m^{(\beta_j,j)}, t_{m\pm}) > 0,$$

$$L_{12}^{(j)}(t_{m-}) = g_1^{(1,j)}(\mathbf{z}_m^{(1,j)}, t_{m-}) \times g_1^{(2,j)}(\mathbf{z}_m^{(2,j)}, t_{m-}) < 0, \tag{9.44}$$

$$L_{12}^{(j)}(t_{m+}) = g_1^{(1,j)}(\mathbf{z}_m^{(1,j)}, t_{m+}) \times g_1^{(2,j)}(\mathbf{z}_m^{(2,j)}, t_{m+}) < 0.$$

根据文献 Luo (2008a, b), 在方程 (9.4) 中表示的第 j 个相互作用的条件下, 可以确定两个动力系统的三个相互作用状态的出现和消失的条件, 而且三个状态之间会发生切换分岔.

(i) 从瞬间相互作用到黏合相互作用出现的充要条件为

$$(-1)^{\alpha_j} G_{\partial\Xi_{(\alpha_j\beta_j,j)}}^{(0,\alpha_j)}(\mathbf{z}_m^{(\alpha_j,j)}, t_{m-}) = (-1)^{\alpha_j} g_1^{(\alpha_j,j)}(\mathbf{z}_m^{(\alpha_j,j)}, t_{m-}) > 0,$$

$$G_{\partial\Xi_{(\alpha_j\beta_j,j)}}^{(0,\beta_j)}(\mathbf{z}_m^{(\beta_j,j)}, t_{m\pm}) = g_1^{(\beta_j,j)}(\mathbf{z}_m^{(\beta_j,j)}, t_{m\pm}) = 0, \tag{9.45}$$

$$(-1)^{\beta_j} G_{\partial\Xi_{(\alpha_j\beta_j,j)}}^{(1,\beta_j)}(\mathbf{z}_m^{(\beta_j,j)}, t_{m\pm}) = (-1)^{\beta_j} g_2^{(\beta_j,j)}(\mathbf{z}_m^{(\beta_j,j)}, t_{m\pm}) < 0.$$

在第 j 个相互作用的边界下, 黏合相互作用消失并变为瞬间相互作用的 [639] 充要条件为

$$(-1)^{\alpha_j} G_{\partial\Xi_{(\alpha_j\beta_j,j)}}^{(0,\alpha_j)}(\mathbf{z}_m^{(\alpha_j,j)}, t_{m-}) = (-1)^{\alpha_j} g_1^{(\alpha_j,j)}(\mathbf{z}_m^{(\alpha_j,j)}, t_{m-}) > 0,$$

$$G_{\partial\Xi_{(\alpha_j\beta_j,j)}}^{(0,\beta_j)}(\mathbf{z}_m^{(\beta_j,j)}, t_{m\mp}) = g_1^{(\beta_j,j)}(\mathbf{z}_m^{(\beta_j,j)}, t_{m\mp}) = 0, \tag{9.46}$$

$$(-1)^{\beta_j} G_{\partial\Xi_{(\alpha_j\beta_j,j)}}^{(1,\beta_j)}(\mathbf{z}_m^{(\beta_j,j)}, t_{m\mp}) = (-1)^{\beta_j} g_2^{(\beta_j,j)}(\mathbf{z}_m^{(\beta_j,j)}, t_{m\mp}) < 0.$$

方程 (9.45) 中表示的条件为对于瞬间相互作用的黏合作用出现和消失的条件, 也可分别为对于黏合作用的瞬间相互作用的消失和出现条件. 正如第三章的理论 (亦可参见文献 Luo, 2006, 2008a, b), 这些出现和消失条件使得两个动力系统在第 j 个条件下发生黏合与瞬间作用的切换分岔. 利用方程 (9.43) 中的 L 函数条件, 将方程 (9.45) 和 (9.46) 简化为

$$\left.\begin{aligned} &L_{12}^{(j)}(t_{m\pm}) = g_1^{(\alpha_j,j)}(\mathbf{z}_m^{(\alpha_j,j)}, t_{m\mp}) \times g_1^{(\beta_j,j)}(\mathbf{z}_m^{(\beta_j,j)}, t_{m\pm}) = 0, \\ &(-1)^{\beta_j} G_{\partial\Xi_{(\alpha_j\beta_j)}}^{(1,\beta_j)}(\mathbf{z}_m^{(\beta_j,j)}, t_{m\pm}) = (-1)^{\beta_j} g_2^{(\beta_j,j)}(\mathbf{z}_m^{(\beta_j,j)}, t_{m\pm}) < 0, \\ &(-1)^{\alpha_j} G_{\partial\Xi_{(\alpha_j\beta_j)}}^{(0,\alpha_j)}(\mathbf{z}_m^{(\alpha_j,j)}, t_{m-}) = (-1)^{\alpha_j} g_1^{(\alpha_j,j)}(\mathbf{z}_m^{(\alpha_j,j)}, t_{m-}) > 0. \end{aligned}\right\} \quad (9.47)$$

根据前面的方程, 切换分岔时 L 函数为零.

(ii) 根据第三章的理论 (参见文献 Luo, 2008a, b), 对于瞬间相互作用, 可以推导出源相互作用出现与消失的充要条件. 源相互作用的出现条件为

$$\begin{aligned} &(-1)^{\alpha_j} G_{\partial\Xi_{(\alpha_j\beta_j,j)}}^{(0,\alpha_j)}(\mathbf{z}_m^{(\alpha_j,j)}, t_{m+}) = (-1)^{\alpha_j} g_1^{(\alpha_j,j)}(\mathbf{z}_m^{(\alpha_j,j)}, t_{m+}) < 0, \\ &G_{\partial\Xi_{(\alpha_j\beta_j,j)}}^{(0,\beta_j)}(\mathbf{z}_m^{(\beta_j,j)}, t_{m\mp}) = g_1^{(\beta_j,j)}(\mathbf{z}_m^{(\beta_j,j)}, t_{m\mp}) = 0, \\ &(-1)^{\beta_j} G_{\partial\Xi_{(\alpha_j\beta_j,j)}}^{(1,\beta_j)}(\mathbf{z}_m^{(\beta_j,j)}, t_{m\mp}) = (-1)^{\beta_j} g_2^{(\beta_j,j)}(\mathbf{z}_m^{(\beta_j,j)}, t_{m\mp}) < 0. \end{aligned} \quad (9.48)$$

源相互作用的消失条件为

$$\begin{aligned} &(-1)^{\alpha_j} G_{\partial\Xi_{(\alpha_j\beta_j,j)}}^{(0,\alpha_j)}(\mathbf{z}_m^{(\alpha_j,j)}, t_{m+}) = (-1)^{\alpha_j} g_1^{(\alpha_j,j)}(\mathbf{z}_m^{(\alpha_j,j)}, t_{m+}) < 0, \\ &G_{\partial\Xi_{(\alpha_j\beta_j,j)}}^{(0,\beta_j)}(\mathbf{z}_m^{(\beta_j,j)}, t_{m\pm}) = g_1^{(\beta_j,j)}(\mathbf{z}_m^{(\beta_j,j)}, t_{m\pm}) = 0, \\ &(-1)^{\beta_j} G_{\partial\Xi_{(\alpha_j\beta_j,j)}}^{(1,\beta_j)}(\mathbf{z}_m^{(\beta_j,j)}, t_{m\pm}) = (-1)^{\beta_j} g_2^{(\beta_j,j)}(\mathbf{z}_m^{(\beta_j,j)}, t_{m\pm}) < 0. \end{aligned} \quad (9.49)$$

源相互作用与瞬间相互作用之间发生切换分岔, 其表达形式与方程 (9.47) 相似.

[640] 　　(iii) 根据第三章的理论 (参见文献 Luo, 2008a, b), 在第 j 个相互作用的边界上, 黏合运动和源相互作用之间发生切换时的充要条件为

$$\left.\begin{aligned} &G_{\partial\Xi_{(\alpha_j\beta_j,j)}}^{(0,\alpha_j)}(\mathbf{z}_m^{(\alpha_j,j)}, t_{m\mp}) = g_1^{(\alpha_j,j)}(\mathbf{z}_m^{(\alpha_j,j)}, t_{m\mp}) = 0, \\ &(-1)^{\alpha_j} G_{\partial\Xi_{(\alpha_j\beta_j,j)}}^{(1,\alpha_j)}(\mathbf{z}_m^{(\alpha_j,j)}, t_{m\mp}) = (-1)^{\alpha_j} g_2^{(\alpha_j,j)}(\mathbf{z}_m^{(\alpha_j,j)}, t_{m\mp}) < 0; \\ &G_{\partial\Xi_{(\alpha_j\beta_j,j)}}^{(0,\beta_j)}(\mathbf{z}_m^{(\beta_j,j)}, t_{m\mp}) = g_1^{(\beta_j,j)}(\mathbf{z}_m^{(\beta_j,j)}, t_{m\mp}) = 0, \\ &(-1)^{\beta_j} G_{\partial\Xi_{(\alpha_j\beta_j,j)}}^{(1,\beta_j)}(\mathbf{z}_m^{(\beta_j,j)}, t_{m\mp}) = (-1)^{\beta_j} g_2^{(\beta_j,j)}(\mathbf{z}_m^{(\beta_j,j)}, t_{m\mp}) < 0. \end{aligned}\right\} \quad (9.50)$$

同样, 在第 j 个相互作用的边界上, 两个瞬间相互作用之间发生切换时的充要条件为

$$
\left.\begin{aligned}
&G^{(0,\alpha_j)}_{\partial\Xi_{(\alpha_j\beta_j,j)}}(\mathbf{z}_m^{(\alpha_j,j)}, t_{m\mp}) = g_1^{(\alpha_j,j)}(\mathbf{z}_m^{(\alpha_j,j)}, t_{m\mp}) = 0, \alpha_j \in \{1,2\}; \\
&(-1)^{\alpha_j} G^{(1,\alpha_j)}_{\partial\Xi_{(\alpha_j\beta_j,j)}}(\mathbf{z}_m^{(\alpha_j,j)}, t_{m\mp}) = (-1)^{\alpha_j} g_2^{(\alpha_j,j)}(\mathbf{z}_m^{(\alpha_j,j)}, t_{m\mp}) < 0; \\
&G^{(0,\beta_j)}_{\partial\Xi_{(\alpha_j\beta_j,j)}}(\mathbf{z}_m^{(\beta_j,j)}, t_{m\pm}) = g_1^{(\beta_j,j)}(\mathbf{z}_m^{(\beta_j,j)}, t_{m\pm}) = 0, \beta_j \in \{1,2\}; \\
&(-1)^{\beta_j} G^{(1,\beta_j)}_{\partial\Xi_{(\alpha_j\beta_j,j)}}(\mathbf{z}_m^{(\beta_j,j)}, t_{m\pm}) = (-1)^{\beta_j} g_2^{(\beta_j,j)}(\mathbf{z}_m^{(\beta_j,j)}, t_{m\pm}) < 0.
\end{aligned}\right\} \tag{9.51}
$$

在上述方程中 $\alpha_j \neq \beta_j$, 两个零阶 G-函数应该都为零. 对于这两个相互作用, 方程 (9.47) 变为

$$
\left.\begin{aligned}
&L_{12}^{(j)}(t_{m\pm}) = g_1^{(\alpha_j,j)}(\mathbf{z}_m^{(\alpha_j,j)}, t_{m\mp}) \times g_1^{(\beta_j,j)}(\mathbf{z}_m^{(\beta_j,j)}, t_{m\pm}) = 0, \\
&(-1)^{\alpha_j} G^{(1,\alpha_j)}_{\partial\Xi_{(\alpha_j\beta_j,j)}}(\mathbf{z}_m^{(\alpha_j,j)}, t_{m\mp}) = (-1)^{\alpha_j} g_2^{(\alpha_j,j)}(\mathbf{z}_m^{(\alpha_j,j)}, t_{m\mp}) < 0; \\
&(-1)^{\beta_j} G^{(1,\beta_j)}_{\partial\Xi_{(\alpha_j\beta_j,j)}}(\mathbf{z}_m^{(\beta_j,j)}, t_{m\pm}) = (-1)^{\beta_j} g_2^{(\beta_j,j)}(\mathbf{z}_m^{(\beta_j,j)}, t_{m\pm}) < 0, \\
&\alpha_j, \beta_j = 1,2 \text{ 且 } \alpha_j \neq \beta_j.
\end{aligned}\right\} \tag{9.52}
$$

除了具有奇异的瞬间相互作用、黏合运动与源相互作用, 边界 $\partial\Xi_{(\alpha_j\beta_j,j)}$ 上的擦边流也是一种瞬间相互作用 (又称擦边相互作用), 相应的充要条件为

$$
\left.\begin{aligned}
&G^{(0,\alpha_j)}_{\partial\Xi_{(\alpha_j\beta_j,j)}}(\mathbf{z}_m^{(\alpha_j,j)}, t_{m\pm}) = g_1^{(\alpha_j,j)}(\mathbf{z}_m^{(\alpha_j,j)}, t_{m\pm}) = 0, \alpha_j \in \{1,2\}; \\
&(-1)^{\alpha_j} G^{(1,\alpha_j)}_{\partial\Xi_{(\alpha_j\beta_j,j)}}(\mathbf{z}_m^{(\alpha_j,j)}, t_{m\pm}) = (-1)^{\alpha_j} g_2^{(\alpha_j,j)}(\mathbf{z}_m^{(\alpha_j,j)}, t_{m\pm}) < 0.
\end{aligned}\right\} \tag{9.53}
$$

9.3 具有奇异性的相互作用

如果在边界 $\partial\Xi_{(\alpha_j\beta_j,j)}$ 上存在高阶奇异性, 则需要定义如下的高阶 G-函数 [641]

$$
G^{(k_{\alpha_j},\alpha_j)}_{\partial\Xi_{(\alpha_j\beta_j,j)}}(\mathbf{z}^{(\alpha_j,j)}, t) = \mathbf{n}_{\partial\Xi_{(\alpha_j\beta_j,j)}} \cdot D^{k_{\alpha_j}} \mathbf{g}^{(\alpha_j,j)}(\mathbf{z}^{(\alpha_j,j)}, t) = g_{k_{\alpha_j}+1}^{(\alpha_j,j)}(\mathbf{z}^{(\alpha_j,j)}, t), \tag{9.54}
$$

其中

$$
g_{k_{\alpha_j}+1}^{(\alpha_j,j)}(\mathbf{z}^{(\alpha_j,j)}, t) \equiv D^{k_{\alpha_j}} \varphi_j^{(\alpha_j,j)}(\mathbf{z}^{(\alpha_j,j)}, t). \tag{9.55}
$$

根据第三章的理论 (或者参见文献 Luo, 2006, 2008a, b), 利用高阶 G-函数, 可获得在边界 $\partial\Xi_{(\alpha_j\beta_j,j)}$ 上点 $(\mathbf{z}_m^{(0,j)}, t_m)$ 处 $(2k_{\alpha_j} : 2k_{\beta_j})$ 型瞬间相互作用的充要条件

$$G_{\partial\Xi_{(\alpha_j\beta_j,j)}}^{(s_{\alpha_j},\alpha_j)}(\mathbf{z}_m^{(\alpha_j,j)},t_{m-}) = g_{s_{\alpha_j}+1}^{(\alpha_j,j)}(\mathbf{z}_m^{(\alpha_j,j)},t_{m-}) = 0,$$

$$s_{\alpha_j} = 0,1,\cdots,2k_{\alpha_j}-1,$$

$$G_{\partial\Xi_{(\alpha_j\beta_j,j)}}^{(s_{\beta_j},\beta_j)}(\mathbf{z}_m^{(\beta_j,j)},t_{m+}) = g_{s_{\beta_j}+1}^{(\beta_j,j)}(\mathbf{z}_m^{(\beta_j,j)},t_{m+}) = 0,$$

$$s_{\beta_j} = 0,1,\cdots,2k_{\beta_j}-1, \tag{9.56}$$

$$(-1)^{\alpha_j}G_{\partial\Xi_{(\alpha_j\beta_j,j)}}^{(2k_{\alpha_j},\alpha_j)}(\mathbf{z}_m^{(\alpha_j,j)},t_{m-}) = (-1)^{\alpha_j}g_{2k_{\alpha_j}+1}^{(\alpha_j,j)}(\mathbf{z}_m^{(\alpha_j,j)},t_{m-}) > 0,$$

$$(-1)^{\beta_j}G_{\partial\Xi_{(\alpha_j\beta_j,j)}}^{(2k_{\beta_j},\beta_j)}(\mathbf{z}_m^{(\beta_j,j)},t_{m+}) = (-1)^{\beta_j}g_{2k_{\beta_j}+1}^{(\beta_j,j)}(\mathbf{z}_m^{(\beta_j,j)},t_{m+}) < 0,$$

$$\Xi_{(\alpha_j,j)} \to \Xi_{(\beta_j,j)}, \alpha_j,\beta_j \in \{1,2\}, \alpha_j \neq \beta_j.$$

同样, 在边界 $\partial\Xi_{(\alpha_j\beta_j,j)}$ 上点 $(\mathbf{z}_m^{(0,j)},t_m)$ 处, 出现 $(2k_{\alpha_j}:2k_{\beta_j})$ 型黏合相互作用时的充要条件为

$$G_{\partial\Xi_{(\alpha_j\beta_j,j)}}^{(s_{\alpha_j},\alpha_j)}(\mathbf{z}_m^{(\alpha_j,j)},t_{m-}) = g_{s_{\alpha_j}+1}^{(\alpha_j,j)}(\mathbf{z}_m^{(\alpha_j,j)},t_{m-}) = 0,$$

$$s_{\alpha_j} = 0,1,\cdots,2k_{\alpha_j}-1,$$

$$G_{\partial\Xi_{(\alpha_j\beta_j,j)}}^{(s_{\beta_j},\beta_j)}(\mathbf{z}_m^{(\beta_j,j)},t_{m-}) = g_{s_{\beta_j}+1}^{(\beta_j,j)}(\mathbf{z}_m^{(\beta_j,j)},t_{m-}) = 0,$$

$$s_{\beta_j} = 0,1,\cdots,2k_{\beta_j}-1,$$

$$(-1)^{\alpha_j}G_{\partial\Xi_{(\alpha_j\beta_j,j)}}^{(2k_{\alpha_j},\alpha_j)}(\mathbf{z}_m^{(\alpha_j,j)},t_{m-}) = (-1)^{\alpha_j}g_{2k_{\alpha_j}+1}^{(\alpha_j,j)}(\mathbf{z}_m^{(\alpha_j,j)},t_{m-}) > 0,$$

$$(-1)^{\beta_j}G_{\partial\Xi_{(\alpha_j\beta_j,j)}}^{(2k_{\beta_j},\beta_j)}(\mathbf{z}_m^{(\beta_j,j)},t_{m-}) = (-1)^{\beta_j}g_{2k_{\beta_j}+1}^{(\beta_j,j)}(\mathbf{z}_m^{(\beta_j,j)},t_{m-}) > 0,$$

$$\alpha_j,\beta_j \in \{1,2\}, \alpha_j \neq \beta_j. \tag{9.57}$$

[642]　　　　同样, 在相互作用的边界 $\partial\Xi_{(\alpha_j\beta_j,j)}$ 上点 $(\mathbf{z}_m^{(0,j)},t_m)$ 处, $(2k_{\alpha_j}:2k_{\beta_j})$ 型源相互作用的充要条件为

$$G_{\partial\Xi_{(\alpha_j\beta_j,j)}}^{(s_{\alpha_j},\alpha_j)}(\mathbf{z}_m^{(\alpha_j,j)},t_{m+}) = g_{s_{\alpha_j}+1}^{(\alpha_j,j)}(\mathbf{z}_m^{(\alpha_j,j)},t_{m+}) = 0,$$

$$s_{\alpha_j} = 0,1,\cdots,2k_{\alpha_j}-1,$$

$$G_{\partial\Xi_{(\alpha_j\beta_j,j)}}^{(s_{\beta_j},\beta_j)}(\mathbf{z}_m^{(\beta_j,j)},t_{m+}) = g_{s_{\beta_j}+1}^{(\beta_j,j)}(\mathbf{z}_m^{(\beta_j,j)},t_{m+}) = 0,$$

$$s_{\beta_j} = 0,1,\cdots,2k_{\beta_j}-1, \tag{9.58}$$

$$(-1)^{\alpha_j}G_{\partial\Xi_{(\alpha_j\beta_j,j)}}^{(2k_{\alpha_j},\alpha_j)}(\mathbf{z}_m^{(\alpha_j,j)},t_{m+}) = (-1)^{\alpha_j}g_{2k_{\alpha_j}+1}^{(\alpha_j,j)}(\mathbf{z}_m^{(\alpha_j,j)},t_{m+}) < 0,$$

$$(-1)^{\beta_j}G_{\partial\Xi_{(\alpha_j\beta_j,j)}}^{(2k_{\beta_j},\beta_j)}(\mathbf{z}_m^{(\beta_j,j)},t_{m+}) = (-1)^{\beta_j}g_{2k_{\beta_j}+1}^{(\beta_j,j)}(\mathbf{z}_m^{(\beta_j,j)},t_{m+}) < 0,$$

$$\alpha_j,\beta_j \in \{1,2\}, \alpha_j \neq \beta_j.$$

正如第三章中的讨论, 与方程 (9.43) 相似, $(2k_{\alpha_j} : 2k_{\beta_j})$ 型 L 函数定义为

$$
\left.
\begin{aligned}
L_{12}^{((2k_{\alpha_j}:2k_{\beta_j}),j)}(t_{m\pm}) &= G_{\partial\Xi_{(\alpha_j\beta_j,j)}}^{(2k_{\alpha_j},\alpha_j)}(\mathbf{z}_m^{(\alpha_j,j)}, t_{m-}) \times G_{\partial\Xi_{(\alpha_j\beta_j,j)}}^{(2k_{\beta_j},\beta_j)}(\mathbf{z}_m^{(\beta_j,j)}, t_{m+}), \\
L_{12}^{((2k_{\alpha_j}:2k_{\beta_j}),j)}(t_{m-}) &= G_{\partial\Xi_{(\alpha_j\beta_j,j)}}^{(2k_{\alpha_j},\alpha_j)}(\mathbf{z}_m^{(\alpha_j,j)}, t_{m-}) \times G_{\partial\Xi_{(\alpha_j\beta_j,j)}}^{(2k_{\beta_j},\beta_j)}(\mathbf{z}_m^{(\beta_j,j)}, t_{m-}), \\
L_{12}^{((2k_{\alpha_j}:2k_{\beta_j}),j)}(t_{m+}) &= G_{\partial\Xi_{(\alpha_j\beta_j,j)}}^{(2k_{\alpha_j},\alpha_j)}(\mathbf{z}_m^{(\alpha_j,j)}, t_{m+}) \times G_{\partial\Xi_{(\alpha_j\beta_j,j)}}^{(2k_{\beta_j},\beta_j)}(\mathbf{z}_m^{(\beta_j,j)}, t_{m+}).
\end{aligned}
\right\}
\tag{9.59}
$$

根据方程 (9.43) 中定义的 L 函数, 可得 $(2k_{\alpha_j} : 2k_{\beta_j})$ 型奇异的三种相互作用的充要条件为

$$
\left.
\begin{aligned}
L_{12}^{((2k_{\alpha_j}:2k_{\beta_j}),j)}(t_{m\pm}) &= g_{2k_{\alpha_j}+1}^{(\alpha_j,j)}(\mathbf{z}_m^{(\alpha_j,j)}, t_{m-}) \times g_{2k_{\beta_j}+1}^{(\beta_j,j)}(\mathbf{z}_m^{(\beta_j,j)}, t_{m+}) > 0, \\
L_{12}^{((2k_{\alpha_j}:2k_{\beta_j}),j)}(t_{m-}) &= g_{2k_{\alpha_j}+1}^{(\alpha_j,j)}(\mathbf{z}_m^{(\alpha_j,j)}, t_{m-}) \times g_{2k_{\beta_j}+1}^{(\beta_j,j)}(\mathbf{z}_m^{(\beta_j,j)}, t_{m-}) < 0, \\
L_{12}^{((2k_{\alpha_j}:2k_{\beta_j}),j)}(t_{m+}) &= g_{2k_{\alpha_j}+1}^{(\alpha_j,j)}(\mathbf{z}_m^{(\alpha_j,j)}, t_{m+}) \times g_{2k_{\beta_j}+1}^{(\beta_j,j)}(\mathbf{z}_m^{(\beta_j,j)}, t_{m+}) < 0.
\end{aligned}
\right\}
\tag{9.60}
$$

对于 $(2k_{\alpha_j} : 2k_{\beta_j})$ 型瞬间相互作用, $(2k_{\alpha_j} : 2k_{\beta_j})$ 型黏合相互作用的出现与消失条件分别为

$$
G_{\partial\Xi_{(\alpha_j\beta_j,j)}}^{(s_{\alpha_j},\alpha_j)}(\mathbf{z}_m^{(\alpha_j,j)}, t_{m-}) = g_{s_{\alpha_j}+1}^{(\alpha_j,j)}(\mathbf{z}_m^{(\alpha_j,j)}, t_{m-}) = 0,
$$

$$
s_{\alpha_j} = 0, 1, \cdots, 2k_{\alpha_j} - 1,
$$

$$
G_{\partial\Xi_{(\alpha_j\beta_j,j)}}^{(s_{\beta_j},\beta_j)}(\mathbf{z}_m^{(\beta_j,j)}, t_{m\pm}) = g_{s_{\beta_j}+1}^{(\beta_j,j)}(\mathbf{z}_m^{(\beta_j,j)}, t_{m\pm}) = 0,
$$

$$
s_{\beta_j} = 0, 1, \cdots, 2k_{\beta_j},
$$

$$
(-1)^{\alpha_j} G_{\partial\Xi_{(\alpha_j\beta_j,j)}}^{(2k_{\alpha_j},\alpha_j)}(\mathbf{z}_m^{(\alpha_j,j)}, t_{m-}) = (-1)^{\alpha_j} g_{2k_{\alpha_j}+1}^{(\alpha_j,j)}(\mathbf{z}_m^{(\alpha_j,j)}, t_{m-}) > 0, \qquad \text{[643]}
$$

$$
(-1)^{\beta_j} G_{\partial\Xi_{(\alpha_j\beta_j,j)}}^{(2k_{\beta_j}+1,\beta_j)}(\mathbf{z}_m^{(\beta_j,j)}, t_{m\pm}) = (-1)^{\beta_j} g_{2k_{\beta_j}+2}^{(\beta_j,j)}(\mathbf{z}_m^{(\beta_j,j)}, t_{m\pm}) < 0,
$$

$$
\alpha_j, \beta_j \in \{1, 2\}, \alpha_j \neq \beta_j
\tag{9.61}
$$

和

$$
G_{\partial\Xi_{(\alpha_j\beta_j,j)}}^{(s_{\alpha_j},\alpha_j)}(\mathbf{z}_m^{(\alpha_j,j)}, t_{m-}) = g_{s_{\alpha_j}+1}^{(\alpha_j,j)}(\mathbf{z}_m^{(\alpha_j,j)}, t_{m-}) = 0,
$$

$$
s_{\alpha_j} = 0, 1, \cdots, 2k_{\alpha_j} - 1,
$$

$$
G_{\partial\Xi_{(\alpha_j\beta_j,j)}}^{(s_{\beta_j},\beta_j)}(\mathbf{z}_m^{(\beta_j,j)}, t_{m\mp}) = g_{s_{\beta_j}+1}^{(\beta_j,j)}(\mathbf{z}_m^{(\beta_j,j)}, t_{m\mp}) = 0,
$$

$$
s_{\beta_j} = 0, 1, \cdots, 2k_{\beta_j},
$$

$$(-1)^{\alpha_j} G^{(2k_{\alpha_j},\alpha_j)}_{\partial\Xi_{(\alpha_j\beta_j,j)}}(\mathbf{z}^{(\alpha_j,j)}_m, t_{m-}) = (-1)^{\alpha_j} g^{(\alpha_j,j)}_{2k_{\alpha_j}+1}(\mathbf{z}^{(\alpha_j,j)}_m, t_{m-}) > 0,$$

$$(-1)^{\beta_j} G^{(2k_{\beta_j}+1,\beta_j)}_{\partial\Xi_{(\alpha_j\beta_j,j)}}(\mathbf{z}^{(\beta_j,j)}_m, t_{m\mp}) = (-1)^{\beta_j} g^{(\beta_j,j)}_{2k_{\beta_j}+2}(\mathbf{z}^{(\beta_j,j)}_m, t_{m\mp}) < 0,$$

$$\alpha_j, \beta_j \in \{1,2\}, \alpha_j \neq \beta_j. \tag{9.62}$$

上述两个方程中的条件也可表示为

$$L^{((2k_{\alpha_j}:2k_{\beta_j}),j)}_{12}(t_{m\pm}) = g^{(\alpha_j,j)}_{2k_{\alpha_j}+1}(\mathbf{z}^{(\alpha_j,j)}_m, t_{m-}) \times g^{(\beta_j,j)}_{2k_{\beta_j}+1}(\mathbf{z}^{(\beta_j,j)}_m, t_{m+}) = 0,$$

$$(-1)^{\alpha_j} G^{(2k_{\alpha_j},\alpha_j)}_{\partial\Xi_{(\alpha_j\beta_j,j)}}(\mathbf{z}^{(\alpha_j,j)}_m, t_{m-}) = (-1)^{\alpha_j} g^{(\alpha_j,j)}_{2k_{\alpha_j}+1}(\mathbf{z}^{(\alpha_j,j)}_m, t_{m-}) > 0,$$

$$(-1)^{\beta_j} G^{(2k_{\beta_j}+1,\beta_j)}_{\partial\Xi_{(\alpha_j\beta_j,j)}}(\mathbf{z}^{(\beta_j,j)}_m, t_{m\pm}) = (-1)^{\beta_j} g^{(\beta_j,j)}_{2k_{\beta_j}+2}(\mathbf{z}^{(\beta_j,j)}_m, t_{m\pm}) < 0. \tag{9.63}$$

同样, 对于 $(2k_{\alpha_j} : 2k_{\beta_j})$ 型瞬间相互作用, $(2k_{\alpha_j} : 2k_{\beta_j})$ 型源相互作用出现和消失的充要条件分别为

$$G^{(s_{\alpha_j},\alpha_j)}_{\partial\Xi_{(\alpha_j\beta_j,j)}}(\mathbf{z}^{(\alpha_j,j)}_m, t_{m+}) = g^{(\alpha_j,j)}_{s_{\alpha_j}+1}(\mathbf{z}^{(\alpha_j,j)}_m, t_{m+}) = 0,$$

$$s_{\alpha_j} = 0, 1, \cdots, 2k_{\alpha_j} - 1,$$

$$G^{(s_{\beta_j},\beta_j)}_{\partial\Xi_{(\alpha_j\beta_j,j)}}(\mathbf{z}^{(\beta_j,j)}_m, t_{m\mp}) = g^{(\beta_j,j)}_{s_{\beta_j}+1}(\mathbf{z}^{(\beta_j,j)}_m, t_{m\mp}) = 0,$$

$$s_{\beta_j} = 0, 1, \cdots, 2k_{\beta_j},$$

$$(-1)^{\alpha_j} G^{(2k_{\alpha_j},\alpha_j)}_{\partial\Xi_{(\alpha_j\beta_j,j)}}(\mathbf{z}^{(\alpha_j,j)}_m, t_{m+}) = (-1)^{\alpha_j} g^{(\alpha_j,j)}_{2k_{\alpha_j}+1}(\mathbf{z}^{(\alpha_j,j)}_m, t_{m+}) < 0,$$

$$(-1)^{\beta_j} G^{(2k_{\beta_j}+1,\beta_j)}_{\partial\Xi_{(\alpha_j\beta_j,j)}}(\mathbf{z}^{(\beta_j,j)}_m, t_{m\mp}) = (-1)^{\beta_j} g^{(\beta_j,j)}_{2k_{\beta_j}+2}(\mathbf{z}^{(\beta_j,j)}_m, t_{m\mp}) < 0,$$

$$\alpha_j, \beta_j \in \{1,2\}, \alpha_j \neq \beta_j \tag{9.64}$$

和

[644]

$$G^{(s_{\alpha_j},\alpha_j)}_{\partial\Xi_{(\alpha_j\beta_j,j)}}(\mathbf{z}^{(\alpha_j,j)}_m, t_{m+}) = g^{(\alpha_j,j)}_{s_{\alpha_j}+1}(\mathbf{z}^{(\alpha_j,j)}_m, t_{m+}) = 0,$$

$$s_{\alpha_j} = 0, 1, \cdots, 2k_{\alpha_j} - 1,$$

$$G^{(s_{\beta_j},\beta_j)}_{\partial\Xi_{(\alpha_j\beta_j,j)}}(\mathbf{z}^{(\beta_j,j)}_m, t_{m\pm}) = g^{(\beta_j,j)}_{s_{\beta_j}+1}(\mathbf{z}^{(\beta_j,j)}_m, t_{m\pm}) = 0,$$

$$s_{\beta_j} = 0, 1, \cdots, 2k_{\beta_j},$$

$$(-1)^{\alpha_j} G^{(2k_{\alpha_j},\alpha_j)}_{\partial\Xi_{(\alpha_j\beta_j,j)}}(\mathbf{z}^{(\alpha_j,j)}_m, t_{m+}) = (-1)^{\alpha_j} g^{(\alpha_j,j)}_{2k_{\alpha_j}+1}(\mathbf{z}^{(\alpha_j,j)}_m, t_{m+}) < 0,$$

$$(-1)^{\beta_j} G^{(2k_{\beta_j}+1,\beta_j)}_{\partial\Xi_{(\alpha_j\beta_j,j)}}(\mathbf{z}^{(\beta_j,j)}_m, t_{m\pm}) = (-1)^{\beta_j} g^{(\beta_j,j)}_{2k_{\beta_j}+2}(\mathbf{z}^{(\beta_j,j)}_m, t_{m\pm}) < 0,$$

$$\alpha_j, \beta_j \in \{1,2\}, \beta_j \neq \alpha_j. \tag{9.65}$$

在第 j 个相互作用边界上, $(2k_{\alpha_j} : 2k_{\beta_j})$ 型黏合运动与源相互作用之间切换的充要条件为

$$
\begin{aligned}
& G^{(s_{\alpha_j}, \alpha_j)}_{\partial \Xi_{(\alpha_j \beta_j, j)}}(\mathbf{z}_m^{(\alpha_j, j)}, t_{m\pm}) = g^{(\alpha_j, j)}_{s_{\alpha_j}+1}(\mathbf{z}_m^{(\alpha_j, j)}, t_{m\pm}) = 0, \\
& s_{\alpha_j} = 0, 1, \cdots, 2k_{\alpha_j}, \quad \alpha_j = 1, 2, \\
& (-1)^{\alpha_j} G^{(2k_{\alpha_j}+1, \alpha_j)}_{\partial \Xi_{(\alpha_j \beta_j, j)}}(\mathbf{z}_m^{(\alpha_j, j)}, t_{m\pm}) = (-1)^{\alpha_j} g^{(\alpha_j, j)}_{2k_{\alpha_j}+2}(\mathbf{z}_m^{(\alpha_j, j)}, t_{m\pm}) < 0.
\end{aligned}
\tag{9.66}
$$

类似地, 在第 j 个相互作用边界上, 两个 $(2k_{\alpha_j} : 2k_{\beta_j})$ 型瞬间相互作用之间切换的充要条件为

$$
\begin{aligned}
& G^{(s_{\alpha_j}, \alpha_j)}_{\partial \Xi_{(\alpha_j \beta_j, j)}}(\mathbf{z}_m^{(\alpha_j, j)}, t_{m\mp}) = g^{(\alpha_j, j)}_{s_{\alpha_j}+1}(\mathbf{z}_m^{(\alpha_j, j)}, t_{m\mp}) = 0, \\
& s_{\alpha_j} = 0, 1, \cdots, 2k_{\alpha_j}, \quad \alpha_j \in \{1, 2\}, \\
& (-1)^{\alpha_j} G^{(2k_{\alpha_j}+1, \alpha_j)}_{\partial \Xi_{(\alpha_j \beta_j, j)}}(\mathbf{z}_m^{(\alpha_j, j)}, t_{m\mp}) = (-1)^{\alpha_j} g^{(\alpha_j, j)}_{2k_{\alpha_j}+2}(\mathbf{z}_m^{(\alpha_j, j)}, t_{m\mp}) < 0; \\
& G^{(s_{\beta_j}, \beta_j)}_{\partial \Xi_{(\alpha_j \beta_j, j)}}(\mathbf{z}_m^{(\beta_j, j)}, t_{m\pm}) = g^{(\beta_j, j)}_{s_{\beta_j}+1}(\mathbf{z}_m^{(\beta_j, j)}, t_{m\pm}) = 0, \\
& s_{\beta_j} = 0, 1, \cdots, 2k_{\beta_j}, \quad \beta_j \in \{1, 2\} \text{ 且 } \alpha_j \neq \beta_j, \\
& (-1)^{\beta_j} G^{(2k_{\beta_j}+1, \beta_j)}_{\partial \Xi_{(\alpha_j \beta_j, j)}}(\mathbf{z}_m^{(\beta_j, j)}, t_{m\pm}) = (-1)^{\beta_j} g^{(\beta_j, j)}_{2k_{\beta_j}+2}(\mathbf{z}_m^{(\beta_j, j)}, t_{m\pm}) < 0.
\end{aligned}
\tag{9.67}
$$

当两个具有 $(2k_{\alpha_j} : 2k_{\beta_j})$ 型奇异性的 G-函数均为零时, 其中 $\alpha_j \neq \beta_j$, 那么有

$$
\begin{aligned}
& L^{((2k_{\alpha_j}:2k_{\beta_j}), j)}_{12}(t_{m\pm}) = g^{(\alpha_j, j)}_{2k_{\alpha_j}+1}(\mathbf{z}_m^{(\alpha_j, j)}, t_{m-}) \times g^{(\beta_j, j)}_{2k_{\beta_j}+1}(\mathbf{z}_m^{(\beta_j, j)}, t_{m+}) = 0, \\
& (-1)^{\alpha_j} G^{(2k_{\alpha_j}+1, \alpha_j)}_{\partial \Xi_{(\alpha_j \beta_j, j)}}(\mathbf{z}_m^{(\alpha_j, j)}, t_{m\mp}) = (-1)^{\alpha_j} g^{(\alpha_j, j)}_{2k_{\alpha_j}+2}(\mathbf{z}_m^{(\alpha_j, j)}, t_{m\mp}) < 0, \\
& (-1)^{\beta_j} G^{(2k_{\beta_j}+1, \beta_j)}_{\partial \Xi_{(\alpha_j \beta_j, j)}}(\mathbf{z}_m^{(\beta_j, j)}, t_{m\pm}) = (-1)^{\beta_j} g^{(\beta_j, j)}_{2k_{\beta_j}+2}(\mathbf{z}_m^{(\beta_j, j)}, t_{m\pm}) < 0.
\end{aligned}
\tag{9.68}
$$

当 $2k_{\alpha_j} + 1$ 阶流与边界 $\partial \Xi_{(\alpha_j \beta_j, j)}$ 相切时, 其相应的充要条件为

$$
\left.
\begin{aligned}
& G^{(s_{\alpha_j}, \alpha_j)}_{\partial \Xi_{(\alpha_j \beta_j, j)}}(\mathbf{z}_m^{(\alpha_j, j)}, t_{m\pm}) = g^{(\alpha_j, j)}_{s_{\alpha_j}+1}(\mathbf{z}_m^{(\alpha_j, j)}, t_{m\pm}) = 0, \\
& s_{\alpha_j} = 0, 1, \cdots, 2k_{\alpha_j} \text{ 且 } \alpha_j \in \{1, 2\}, \\
& (-1)^{\alpha_j} G^{(2k_{\alpha_j}+1, \alpha_j)}_{\partial \Xi_{(\alpha_j \beta_j, j)}}(\mathbf{z}_m^{(\alpha_j, j)}, t_{m\pm}) = (-1)^{\alpha_j} g^{(\alpha_j, j)}_{2k_{\alpha_j}+2}(\mathbf{z}_m^{(\alpha_j, j)}, t_{m\pm}) < 0.
\end{aligned}
\right\}
\tag{9.69}
$$

[645]

9.4　棱上相互作用

假定方程 (9.4) 中的 l 个相互作用的条件中有 s 个是线性独立的. 根据第六章的定义, 这 s 个线性独立的条件形成一个棱 (或为奇异棱). 对于这个棱, 下面提出的条件适用于 s 个相互作用的边界,

$$z^{(\alpha_j,j)} = \varphi_j(\mathbf{x}^{(\alpha_j,j)}, \mathbf{y}^{(\alpha_j,j)}, t, \boldsymbol{\lambda}_j), j \in \mathcal{L}. \tag{9.70}$$

在边界 $\partial\Omega_{(\alpha_j\beta_j,j)}$ 上, 满足

$$z^{(0,j)} = \varphi_j(\mathbf{x}^{(0,j)}, \mathbf{y}^{(0,j)}, t, \boldsymbol{\lambda}_j) = 0, j \in \mathcal{L}. \tag{9.71}$$

不失一般性, 对于 l 个线性独立的相互作用的约束条件形成一个棱, 而且存在 l_i 个相互作用条件下的三个子集 $\mathcal{L}_i \subseteq \mathcal{L}(i=1,2,3)$, 且满足 $l_1 + l_2 + l_3 = l$. 假设对 $j \in \mathcal{L}_i$, 存在 l_1 个黏合相互作用的条件、l_2 个不发生相互作用的条件和 l_3 个瞬间作用的条件.

定理 9.1　考虑方程 (9.1) 中的两个动力系统, 并在方程 (9.4) 的约束条件下发生相互作用. 设 $\mathcal{L}_i = \emptyset \cup \{k_1^{(i)}, k_2^{(i)}, \cdots, k_{l_i}^{(i)}\}(i=1,2,3), k_\kappa^{(i)} \in \mathcal{L}$ $(\kappa = 1, 2, \cdots, l_i)$, 且 $l_1 + l_2 + l_3 = l$. 令 $j \in \mathcal{L}_i \subseteq \mathcal{L}, \mathcal{L} = \cup_{i=1}^3 \mathcal{L}_i$, 有 $\boldsymbol{\mathscr{X}}_m^{(\alpha_j,j)} = (\mathbf{x}^{(\alpha_j,j)}, \mathbf{y}^{(\alpha_j,j)})^{\mathrm{T}} \in \Omega_{(\alpha_j,j)}$ (其中 $\alpha_j \in \mathcal{I}, \mathcal{I} = \{1,2\}$). 在 t_m 时刻, $\boldsymbol{\mathscr{X}}_m^{(0,j)} = (\mathbf{x}_m^{(0,j)}, \mathbf{y}_m^{(0,j)})^{\mathrm{T}} \in \partial\Omega_{(12,j)}$, 且 $\boldsymbol{\mathscr{X}}_m^{(\alpha_j,j)} = \boldsymbol{\mathscr{X}}_m^{(0,j)}$. 对于任意小的 $\varepsilon > 0$, 存在时间区间 $[t_{m-\varepsilon}, t_m)$ 或者 $(t_m, t_{m+\varepsilon}]$, 当 $x^{(\alpha_j,j)} \in \Omega_{(\alpha_j,j)}^{\pm\varepsilon}$ 时, $z^{(\alpha_j,j)}(t) = \varphi^{(\alpha_j,j)}(\boldsymbol{\mathscr{X}}^{(\alpha_j,j)}(t), t, \boldsymbol{\lambda}_j)$ 为 $C^{r_{\alpha_j}}$ 连续的, 且 $|D^{(r_{\alpha_j}+1)}z^{(\alpha_j,j)}(t)| < \infty$ $(r_{\alpha_j} \geqslant 3)$. 当 $x^{(\alpha_j,j)} \in \Omega_{(\alpha_j,j)}, x^{(0,j)} \in \partial\Omega_{(12,j)}$, 且 $x^{(\alpha_j,j)} = x^{(0,j)}$ 时, $\mathbb{F}^{(\alpha_j,j)}(x^{(\alpha_j,j)}, t, \boldsymbol{\pi}^{(\alpha_j,j)}) \neq \mathbb{F}^{(0,j)}(x^{(0,j)}, t, \boldsymbol{\lambda}_j)$. 方程 (9.1) 中的两个黏合动力系统对方程 (9.4) 中的顶点相互作用条件, 在 t_m 时刻存在 (l_1, l_2, l_3) 型的黏合作用、非黏合作用以及瞬间相互作用, 当且仅当

(i) 在 t_m 时刻, 对于所有 $j \in \mathcal{L}_1$ $(\alpha_j = 1, 2)$

$$\left.\begin{aligned}
&\boldsymbol{\mathscr{X}}_{m-}^{(\alpha_j,j)} = \boldsymbol{\mathscr{X}}_m^{(0,j)} (\text{或 } z_{m-}^{(\alpha_j,j)} = z_m^{(0,j)}), \\
&(-1)^{\alpha_j} G_{\partial\Xi_{(\alpha_j\beta_j,j)}}^{(0,j)}(\mathbf{z}_m^{(\alpha_j,j)}, t_{m-}) = (-1)^{\alpha_j} g_1^{(\alpha_j,j)}(\mathbf{z}_m^{(\alpha_j,j)}, t_{m-}) > 0.
\end{aligned}\right\} \tag{9.72}$$

(ii) 在 t_m 时刻, 对于所有 $j \in \mathcal{L}_2$ $(\alpha_j = 1, 2)$

$$\left.\begin{aligned}
&\boldsymbol{\mathscr{X}}_{m+}^{(\alpha_j,j)} = \boldsymbol{\mathscr{X}}_m^{(0,j)} (\text{或 } z_{m+}^{(\alpha_j,j)} = z_m^{(0,j)}), \\
&(-1)^{\alpha_j} G_{\partial\Xi_{(\alpha_j\beta_j,j)}}^{(0,j)}(\mathbf{z}_m^{(\alpha_j,j)}, t_{m+}) = (-1)^{\alpha_j} g_1^{(\alpha_j,j)}(\mathbf{z}_m^{(\alpha_j,j)}, t_{m+}) < 0.
\end{aligned}\right\} \tag{9.73}$$

(iii) 在 t_m 时刻, 对于所有 $j \in \mathcal{L}_3$ $(\alpha_j, \beta_j \in \{1, 2\}, \alpha_j \neq \beta_j)$

$$\left.\begin{aligned}
&\boldsymbol{\mathscr{X}}_{m-}^{(\alpha_j, j)} = \boldsymbol{\mathscr{X}}_m^{(0,j)} (\text{或 } z_{m-}^{(\alpha_j, j)} = z_m^{(0,j)}),\\
&(-1)^{\alpha_j} G_{\partial \Xi_{(\alpha_j \beta_j, j)}}^{(0,j)} (\mathbf{z}_m^{(\alpha_j, j)}, t_{m-}) = (-1)^{\alpha_j} g_1^{(\alpha_j, j)} (\mathbf{z}_m^{(\alpha_j, j)}, t_{m-}) > 0;\\
&\boldsymbol{\mathscr{X}}_{m+}^{(\beta_j, j)} = \boldsymbol{\mathscr{X}}_m^{(0,j)} (\text{或 } z_{m+}^{(\beta_j, j)} = z_m^{(0,j)}),\\
&(-1)^{\beta_j} G_{\partial \Xi_{(\alpha_j \beta_j, j)}}^{(0,j)} (\mathbf{z}_m^{(\beta_j, j)}, t_{m+}) = (-1)^{\beta_j} g_1^{(\beta_j, j)} (\mathbf{z}_m^{(\beta_j, j)}, t_{m+}) < 0.
\end{aligned}\right\} \quad (9.74)$$

(iv) 在 $t = t_m$ 时刻, 对于 $j \in \mathcal{L}_i$ $(i = 1, 2, 3, \alpha_j \in \{1, 2\})$, 前三种情况中的任何一种情况发生切换分岔的条件为

$$\left.\begin{aligned}
&\boldsymbol{\mathscr{X}}_{m\pm}^{(\alpha_j, j)} = \boldsymbol{\mathscr{X}}_m^{(0,j)} (\text{或 } z_{m\pm}^{(\alpha_j, j)} = z_m^{(0,j)}),\\
&G_{\partial \Xi_{(\alpha_j \beta_j, j)}}^{(0,j)} (\mathbf{z}_m^{(\alpha_j, j)}, t_{m\pm}) = g_1^{(\alpha_j, j)} (\mathbf{z}_m^{(\alpha_j, j)}, t_{m\pm}) = 0,\\
&(-1)^{\alpha_j} G_{\partial \Xi_{(\alpha_j \beta_j, j)}}^{(1,j)} (\mathbf{z}_m^{(\alpha_j, j)}, t_{m\pm}) = (-1)^{\alpha_j} g_2^{(\alpha_j, j)} (\mathbf{z}_m^{(\alpha_j, j)}, t_{m\pm}) < 0;
\end{aligned}\right\} \quad (9.75)$$

并且对于 $\beta_j \in \{1, 2\}$ $(\beta_j \neq \alpha_j)$

$$\left.\begin{aligned}
&\boldsymbol{\mathscr{X}}_{m\pm}^{(\beta_j, j)} = \boldsymbol{\mathscr{X}}_m^{(0,j)} (\text{或 } z_{m\pm}^{(\beta_j, j)} = z_m^{(0,j)}),\\
&G_{\partial \Xi_{(\alpha_j \beta_j, j)}}^{(0,j)} (\mathbf{z}_m^{(\beta_j, j)}, t_{m\pm}) = g_1^{(\beta_j, j)} (\mathbf{z}_m^{(\beta_j, j)}, t_{m\pm}) \neq 0,
\end{aligned}\right\} \quad (9.76)$$

或者

$$\left.\begin{aligned}
&\boldsymbol{\mathscr{X}}_{m\pm}^{(\beta_j, j)} = \boldsymbol{\mathscr{X}}_m^{(0,j)} (\text{或 } z_{m\pm}^{(\beta_j, j)} = z_m^{(0,j)}),\\
&G_{\partial \Xi_{(\alpha_j \beta_j, j)}}^{(0,j)} (\mathbf{z}_m^{(\beta_j, j)}, t_{m\pm}) = g_1^{(\beta_j, j)} (\mathbf{z}_m^{(\beta_j, j)}, t_{m\pm}) = 0;\\
&(-1)^{\beta_j} G_{\partial \Xi_{(\alpha_j \beta_j, j)}}^{(1,j)} (\mathbf{z}_m^{(\beta_j, j)}, t_{m\pm}) = (-1)^{\beta_j} g_2^{(\beta_j, j)} (\mathbf{z}_m^{(\beta_j, j)}, t_{m\pm}) < 0.
\end{aligned}\right\} \quad (9.77)$$

证明 参见文献 Luo (2008a, b). ∎ [647]

定理 9.2 考虑方程 (9.1) 中的两个动力系统, 并在方程 (9.4) 的约束条件下发生相互作用. 设 $\mathcal{L}_i = \emptyset \cup \{k_1^{(i)}, k_2^{(i)}, \cdots, k_{l_i}^{(i)}\}$ $(i = 1, 2, 3)$, $k_\kappa^{(i)} \in \mathcal{L}$ $(\kappa = 1, 2, \cdots, l_i)$ 且 $l_1 + l_2 + l_3 = l$. 令 $j \in \mathcal{L}_i \subseteq \mathcal{L}$, $\mathcal{L} = \cup_{i=1}^3 \mathcal{L}_i$, 有 $\boldsymbol{\mathscr{X}}_m^{(\alpha_j, j)} = (\mathbf{x}^{(\alpha_j, j)}, \mathbf{y}^{(\alpha_j, j)})^{\mathrm{T}} \in \Omega_{(\alpha_j, j)} (\alpha_j \in \mathcal{I}, \mathcal{I} = \{1, 2\})$. 在 t_m 时刻, $\boldsymbol{\mathscr{X}}_m^{(0,j)} = (\mathbf{x}_m^{(0,j)}, \mathbf{y}_m^{(0,j)})^{\mathrm{T}} \in \partial\Omega_{(12,j)}$, 且 $\boldsymbol{\mathscr{X}}_m^{(\alpha_j, j)} = \boldsymbol{\mathscr{X}}_m^{(0,j)}$. 对于任意小的 $\varepsilon > 0$, 存在时间区间 $[t_{m-\varepsilon}, t_m)$ 或者 $(t_m, t_{m+\varepsilon}]$. 当 $\boldsymbol{\mathscr{X}}^{(\alpha_j, j)} \in \Omega_{(\alpha_j, j)}^{\pm\varepsilon}$ 时, $z^{(\alpha_j, j)}(t) = \varphi^{(\alpha_j, j)}(\boldsymbol{\mathscr{X}}^{(\alpha_j, j)}(t), t, \boldsymbol{\lambda}_j)$ 为 $C^{r_{\alpha_j}}$ 连续的, 且 $|D^{(r_{\alpha_j}+1)} z^{(\alpha_j, j)}(t)| < \infty$ $(r_{\alpha_j} \geqslant 2k_{\alpha_j} + 2)$. 当 $x^{(\alpha_j, j)} = x^{(0,j)}$ 时, $\mathbb{F}^{(\alpha_j, j)}(\boldsymbol{\mathscr{X}}^{(\alpha_j, j)}, t, \boldsymbol{\pi}^{(\alpha_j, j)}) \neq \mathbb{F}^{(0,j)}(\boldsymbol{\mathscr{X}}^{(0,j)}, t, \boldsymbol{\lambda}_j)$.

在方程 (9.4) 中 l 个相互作用的棱条件下, 方程 (9.1) 中的两个动力系统在 t_m 时刻存在 (l_1, l_2, l_3) 型的黏合作用、非黏合作用以及瞬间相互作用, 当且仅当

(i) 在 t_m 时刻, 对于所有 $j \in \mathcal{L}_1$ $(\alpha_j = 1, 2)$

$$\left.\begin{aligned}
&\boldsymbol{\mathscr{X}}_{m-}^{(\alpha_j, j)} = \boldsymbol{\mathscr{X}}_m^{(0, j)} (\text{或 } z_{m-}^{(\alpha_j, j)} = z_m^{(0, j)}), \\
&G_{\partial \Xi_{(\alpha_j \beta_j, j)}}^{(s_{\alpha_j}, j)}(\mathbf{z}_m^{(\alpha_j, j)}, t_{m-}) = g_{s_{\alpha_j}+1}^{(\alpha_j, j)}(\mathbf{z}_m^{(\alpha_j, j)}, t_{m-}) = 0, \\
&s_{\alpha_j} = 0, 1, \cdots, 2k_{\alpha_j} - 1; \\
&(-1)^{\alpha_j} G_{\partial \Xi_{(\alpha_j \beta_j, j)}}^{(2k_{\alpha_j}, j)}(\mathbf{z}_m^{(\alpha_j, j)}, t_{m-}) = (-1)^{\alpha_j} g_{2k_{\alpha_j}+1}^{(\alpha_j, j)}(\mathbf{z}_m^{(\alpha_j, j)}, t_{m-}) > 0.
\end{aligned}\right\}$$
$$(9.78)$$

(ii) 在 t_m 时刻, 对于所有 $j \in \mathcal{L}_2$ $(\alpha_j = 1, 2)$

$$\left.\begin{aligned}
&\boldsymbol{\mathscr{X}}_{m+}^{(\alpha_j, j)} = \boldsymbol{\mathscr{X}}_m^{(0, j)} (\text{或 } z_{m+}^{(\alpha_j, j)} = z_m^{(0, j)}), \\
&G_{\partial \Xi_{(\alpha_j \beta_j, j)}}^{(s_{\alpha_j}, j)}(\mathbf{z}_m^{(\alpha_j, j)}, t_{m+}) = g_{s_{\alpha_j}+1}^{(\alpha_j, j)}(\mathbf{z}_m^{(\alpha_j, j)}, t_{m+}) = 0, \\
&s_{\alpha_j} = 0, 1, 2, \cdots, 2k_{\alpha_j} - 1; \\
&(-1)^{\alpha_j} G_{\partial \Xi_{(\alpha_j \beta_j, j)}}^{(2k_{\alpha_j}, j)}(\mathbf{z}_m^{(\alpha_j, j)}, t_{m+}) = (-1)^{\alpha_j} g_{2k_{\alpha_j}+1}^{(\alpha_j, j)}(\mathbf{z}_m^{(\alpha_j, j)}, t_{m+}) < 0.
\end{aligned}\right\}$$
$$(9.79)$$

(iii) 在 t_m 时刻, 对于所有 $j \in \mathcal{L}_3$ $(\alpha_j, \beta_j \in \{1, 2\}$ 且 $\alpha_j \neq \beta_j)$

[648]

$$\left.\begin{aligned}
&\boldsymbol{\mathscr{X}}_{m-}^{(\alpha_j, j)} = \boldsymbol{\mathscr{X}}_m^{(0, j)} (\text{或 } z_{m-}^{(\alpha_j, j)} = z_m^{(0, j)}), \\
&G_{\partial \Xi_{(\alpha_j \beta_j, j)}}^{(s_{\alpha_j}, j)}(\mathbf{z}_m^{(\alpha_j, j)}, t_{m-}) = g_{s_{\alpha_j}+1}^{(\alpha_j, j)}(\mathbf{z}_m^{(\alpha_j, j)}, t_{m-}) = 0, \\
&s_{\alpha_j} = 0, 1, 2, \cdots, 2k_{\alpha_j} - 1; \\
&(-1)^{\alpha_j} G_{\partial \Xi_{(\alpha_j \beta_j, j)}}^{(2k_{\alpha_j}, j)}(\mathbf{z}_m^{(\alpha_j, j)}, t_{m-}) = (-1)^{\alpha_j} g_{2k_{\alpha_j}+1}^{(\alpha_j, j)}(\mathbf{z}_m^{(\alpha_j, j)}, t_{m-}) > 0; \\
&\boldsymbol{\mathscr{X}}_{m+}^{(\beta_j, j)} = \boldsymbol{\mathscr{X}}_m^{(0, j)} (\text{或 } z_{m+}^{(\beta_j, j)} = z_m^{(0, j)}), \\
&G_{\partial \Xi_{(\alpha_j \beta_j, j)}}^{(s_{\beta_j}, j)}(\mathbf{z}_m^{(\beta_j, j)}, t_{m+}) = g_{s_{\beta_j}+1}^{(\beta_j, j)}(\mathbf{z}_m^{(\beta_j, j)}, t_{m+}) = 0, \\
&s_{\beta_j} = 0, 1, 2, \cdots, 2k_{\beta_j} - 1; \\
&(-1)^{\beta_j} G_{\partial \Xi_{(\alpha_j \beta_j, j)}}^{(2k_{\beta_j}, j)}(\mathbf{z}_m^{(\beta_j, j)}, t_{m+}) = (-1)^{\beta_j} g_{2k_{\beta_j}+1}^{(\beta_j, j)}(\mathbf{z}_m^{(\beta_j, j)}, t_{m+}) < 0.
\end{aligned}\right\}$$
$$(9.80)$$

(iv) 在 t_m 时刻, 对于 $j \in \mathcal{L}_i$ $(i = 1, 2, 3, \alpha_j \in \{1, 2\})$, 前三种情况中的任何一种情况发生切换分岔的条件为

$$
\left.
\begin{aligned}
&\boldsymbol{\mathscr{X}}_{m\pm}^{(\alpha_j,j)} = \boldsymbol{\mathscr{X}}_m^{(0,j)}(\text{或 } z_{m\pm}^{(\alpha_j,j)} = z_m^{(0,j)}), \\
&G_{\partial\Xi_{(\alpha_j\beta_j,j)}}^{(s_{\alpha_j},j)}(\mathbf{z}_m^{(\alpha_j,j)}, t_{m\pm}) = g_{s_{\alpha_j}+1}^{(\alpha_j,j)}(\mathbf{z}_m^{(\alpha_j,j)}, t_{m\pm}) = 0, \\
&s_{\alpha_j} = 0, 1, 2, \cdots, 2k_{\alpha_j}, \\
&(-1)^{\alpha_j} G_{\partial\Xi_{(\alpha_j\beta_j,j)}}^{(2k_{\alpha_j}+1,j)}(\mathbf{z}_m^{(\alpha_j,j)}, t_{m\pm}) = (-1)^{\alpha_j} g_{2k_{\alpha_j}+2}^{(\alpha_j,j)}(\mathbf{z}_m^{(\alpha_j,j)}, t_{m\pm}) < 0.
\end{aligned}
\right\}
\tag{9.81}
$$

并且对于 $\beta_j \in \{1,2\}$ $(\beta_j \neq \alpha_j)$,

$$
\left.
\begin{aligned}
&\boldsymbol{\mathscr{X}}_{m\pm}^{(\beta_j,j)} = \boldsymbol{\mathscr{X}}_m^{(0,j)}(\text{或 } z_{m\pm}^{(\beta_j,j)} = z_m^{(0,j)}), \\
&G_{\partial\Xi_{(\alpha_j\beta_j,j)}}^{(s_{\beta_j},j)}(\mathbf{z}_m^{(\beta_j,j)}, t_{m\pm}) = g_{s_{\beta_j}+1}^{(\beta_j,j)}(\mathbf{z}_m^{(\beta_j,j)}, t_{m\pm}) = 0, \\
&s_{\beta_j} = 0, 1, 2, \cdots, 2k_{\beta_j} - 1; \\
&G_{\partial\Xi_{(\alpha_j\beta_j,j)}}^{(2k_{\beta_j},j)}(\mathbf{z}_m^{(\beta_j,j)}, t_{m\pm}) = g_{2k_{\beta_j}+1}^{(\beta_j,j)}(\mathbf{z}_m^{(\beta_j,j)}, t_{m\pm}) \neq 0,
\end{aligned}
\right\}
\tag{9.82}
$$

或者

$$
\left.
\begin{aligned}
&\boldsymbol{\mathscr{X}}_{m\pm}^{(\beta_j,j)} = \boldsymbol{\mathscr{X}}_m^{(0,j)}(\text{或 } z_{m\pm}^{(\beta_j,j)} = z_m^{(0,j)}), \\
&G_{\partial\Xi_{(\alpha_j\beta_j,j)}}^{(s_{\beta_j},j)}(\mathbf{z}_m^{(\beta_j,j)}, t_{m\pm}) = g_{s_{\beta_j}+1}^{(\beta_j,j)}(\mathbf{z}_m^{(\beta_j,j)}, t_{m\pm}) = 0, \\
&s_{\beta_j} = 0, 1, 2, \cdots, 2k_{\beta_j}; \\
&(-1)^{\beta_j} G_{\partial\Xi_{(\alpha_j\beta_j,j)}}^{(2k_{\beta_j}+1,j)}(\mathbf{z}_m^{(\beta_j,j)}, t_{m\pm}) = (-1)^{\beta_j} g_{2k_{\beta_j}+2}^{(\beta_j,j)}(\mathbf{z}_m^{(\beta_j,j)}, t_{m\pm}) < 0.
\end{aligned}
\right\}
\tag{9.83}
$$

证明 参见文献 Luo (2008a, b). ■

当两个动力系统相互作用时, 若存在流障碍, 使得流不能穿越, 可以使用第五章中介绍的传输定律.

9.5 系统同步应用

两个动力系统的同步是一种单向相互作用, 而不是双向相互作用. 正如文献 Luo 和 Min (2011a, b), 将一种周期激励、含阻尼的杜芬振子作为主系统 [649]

$$
\ddot{x} + d\dot{x} - a_1 x + a_2 x^3 = A_0 \cos \omega t. \tag{9.84}
$$

周期性外力作用下的单摆作为从系统

$$
\ddot{y} + a_0 \sin y = Q_0 \cos \Omega t. \tag{9.85}
$$

众所周知, 杜芬振子存在周期运动和混沌运动. 为了使得具有混沌运动的单摆系统与杜芬振子发生同步, 需要设计合适的控制律. 在给出控制律之前,

对杜芬振子和单摆系统分别引入如下的状态变量

$$\mathbf{x} = (x_1, x_2)^{\mathrm{T}} \text{ 和 } \mathbf{y} = (y_1, y_2)^{\mathrm{T}} \tag{9.86}$$

和向量场

$$\boldsymbol{\mathscr{F}}(\mathbf{x}, t) = (x_2, \mathscr{F}(\mathbf{x}, t))^{\mathrm{T}}, \quad \mathbf{F}(\mathbf{y}, t) = (y_2, F(\mathbf{y}, t))^{\mathrm{T}}. \tag{9.87}$$

因此, 杜芬振子的状态空间描述为

$$\dot{\mathbf{x}} = \boldsymbol{\mathscr{F}}(\mathbf{x}, t), \tag{9.88}$$

其中

$$x_2 \equiv \dot{x}_1 \text{ 和 } \mathscr{F}(\mathbf{x}, t) = -d_1 x_2 + a_1 x_1 - a_2 x_1^3 + A_0 \cos \omega t. \tag{9.89}$$

受控单摆系统的状态空间描述为

$$\dot{\mathbf{y}} = \mathbf{F}(\mathbf{y}, t), \tag{9.90}$$

其中

$$y_2 \equiv \dot{y}_1 \text{ 和 } F(\mathbf{y}, t) = -a_0 \sin y_1 + Q_0 \cos \Omega t. \tag{9.91}$$

施加某一控制律时, 单摆系统的运动方程变为

$$\dot{\mathbf{y}} = \mathbf{F}(\mathbf{y}, t) - \mathbf{u}(\mathbf{x}, \mathbf{y}, t), \tag{9.92}$$

其中

$$\begin{aligned} &\mathbf{u}(\mathbf{x}, \mathbf{y}, t) = (u_1, u_2)^{\mathrm{T}}, \\ &u_1 = k_1 \operatorname{sgn}(y_1 - x_1) \text{ 和 } u_2 = k_2 \operatorname{sgn}(y_2 - x_2). \end{aligned} \tag{9.93}$$

[650] 因此, 杜芬振子与单摆系统相互作用的条件为 $\varphi_1 = y_1 - x_1 = 0$ 和 $\varphi_2 = y_2 - x_2 = 0$.

9.5.1 不连续性的描述

不论杜芬振子是处于周期运动还是混沌运动, 在控制器作用下的单摆系统都会与其同步. 此时, 受控的单摆系统变得不连续了. 两个控制律将方程 (9.92) 中受控的单摆系统分成四个域, 相应的向量场 $\mathbf{F} = (F_1, F_2)^{\mathrm{T}}$ 变为

(i) 当 $y_1 > x_1$ 和 $y_2 > x_2$ 时,

$$\begin{aligned} &F_1(\mathbf{y}, t) = y_2 - k_1, \\ &F_2(\mathbf{y}, t) = -a_0 \sin y_1 + Q_0 \cos \Omega t - k_2. \end{aligned} \tag{9.94}$$

(ii) 当 $y_1 > x_1$ 和 $y_2 < x_2$ 时,

$$F_1(\mathbf{y}, t) = y_2 - k_1,$$
$$F_2(\mathbf{y}, t) = -a_0 \sin y_1 + Q_0 \cos \Omega t + k_2. \tag{9.95}$$

(iii) 当 $y_1 < x_1$ 和 $y_2 < x_2$ 时,

$$F_1(\mathbf{y}, t) = y_2 + k_1,$$
$$F_2(\mathbf{y}, t) = -a_0 \sin y_1 + Q_0 \cos \Omega t + k_2. \tag{9.96}$$

(iv) 当 $y_1 < x_1$ 和 $y_2 > x_2$ 时,

$$F_1(\mathbf{y}, t) = y_2 + k_1,$$
$$F_2(\mathbf{y}, t) = -a_0 \sin y_1 + Q_0 \cos \Omega t - k_2. \tag{9.97}$$

对于上面四种情况, 在受控的单摆系统相空间中四个域定义为

$$\begin{aligned}
\Omega_1 &= \left\{ (y_1, y_2) \middle| y_1 - x_1(t) > 0, y_2 - x_2(t) > 0 \right\}, \\
\Omega_2 &= \left\{ (y_1, y_2) \middle| y_1 - x_1(t) > 0, y_2 - x_2(t) < 0 \right\}, \\
\Omega_3 &= \left\{ (y_1, y_2) \middle| y_1 - x_1(t) < 0, y_2 - x_2(t) < 0 \right\}, \\
\Omega_4 &= \left\{ (y_1, y_2) \middle| y_1 - x_1(t) < 0, y_2 - x_2(t) > 0 \right\}.
\end{aligned} \tag{9.98}$$

域对应的边界为

$$\begin{aligned}
\partial\Omega_{12} &= \left\{ (y_1, y_2) \middle| y_2 - x_2(t) = 0, y_1 - x_1(t) > 0 \right\}, \\
\partial\Omega_{23} &= \left\{ (y_1, y_2) \middle| y_1 - x_1(t) = 0, y_2 - x_2(t) < 0 \right\}, \\
\partial\Omega_{34} &= \left\{ (y_1, y_2) \middle| y_2 - x_2(t) = 0, y_1 - x_1(t) < 0 \right\}, \\
\partial\Omega_{14} &= \left\{ (y_1, y_2) \middle| y_1 - x_1(t) = 0, y_2 - x_2(t) > 0 \right\}.
\end{aligned} \tag{9.99}$$

[651]

根据以上定义, 图 9.10(a) 和 (b) 分别绘出了速度边界和位移边界. 其中虚线表示边界, 大的圆圈表示两个边界的交点, 它们都是随着时间而变化的. 根据前面的定义, 受控单摆系统在域 $\Omega_\alpha (\alpha = 1, 2, 3, 4)$ 中的运动方程为

$$\dot{\mathbf{y}}^{(\alpha)} = \mathbf{F}^{(\alpha)}(\mathbf{y}^{(\alpha)}, t), \tag{9.100}$$

其中

$$\begin{aligned}
F_1^{(\alpha)}(\mathbf{y}^{(\alpha)}, t) &= y_2^{(\alpha)} - k_1, \quad \alpha = 1, 2; \\
F_1^{(\alpha)}(\mathbf{y}^{(\alpha)}, t) &= y_2^{(\alpha)} + k_1, \quad \alpha = 3, 4; \\
F_2^{(\alpha)}(\mathbf{y}^{(\alpha)}, t) &= -a_0 \sin y_1^{(\alpha)} + Q_0 \cos \Omega t - k_2, \quad \alpha = 1, 4; \\
F_2^{(\alpha)}(\mathbf{y}^{(\alpha)}, t) &= -a_0 \sin y_1^{(\alpha)} + Q_0 \cos \Omega t + k_2, \quad \alpha = 2, 3.
\end{aligned} \tag{9.101}$$

根据文献 Luo (2008a, b), 可推导出边界上动力系统方程为

$$\dot{\mathbf{y}}^{(\alpha\beta)} = \mathbf{F}^{(\alpha\beta)}(\mathbf{y}^{(\alpha\beta)}, \ \mathbf{x}(t), t), \quad \dot{\mathbf{x}} = \mathscr{F}(\mathbf{x}, t), \tag{9.102}$$

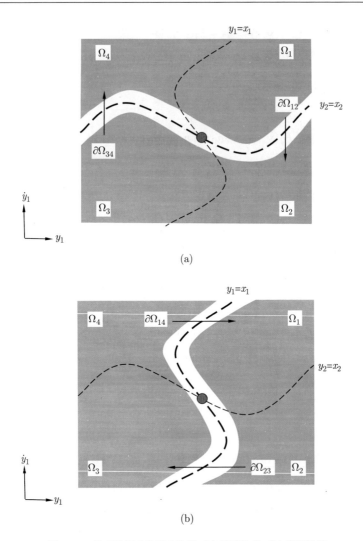

图 9.10　绝对坐标中的两个边界: (a) 速度边界, (b) 位移边界

其中

$$F_1^{(\alpha\beta)}(\mathbf{y}^{(\alpha\beta)},t) = y_2(t) = x_2(t) \text{ 和 } F_2^{(\alpha\beta)}(\mathbf{y}^{(\alpha\beta)},t) = \dot{x}_2(t) \qquad (9.103)$$

并且 (C 为常数, 下同)

$$\left.\begin{array}{l} y_1^{(\alpha\beta)} = x_1(t), y_2^{(\alpha\beta)} = x_2(t) \text{ 在边界 } \partial\Omega_{\alpha\beta} \text{ 上, } (\alpha,\beta) = (2,3),(1,4); \\[2mm] y_1^{(\alpha\beta)} = x_1(t) + C, y_2^{(\alpha\beta)} = x_2(t) \text{ 在边界 } \partial\Omega_{\alpha\beta} \text{ 上, } (\alpha,\beta) = (1,2),(3,4). \end{array}\right\}$$

$$(9.104)$$

边界流 $\mathbf{x}(t)$ 是受杜芬振子控制的, 而且是随着时间变化的. 对于这类时变边界, 很难获得受控单摆系统与杜芬振子同步的解析条件. 不失一般性, 引入如下的相对坐标

$$z_1 = y_1 - x_1 \text{ 和 } \dot{z}_1 \equiv z_2 = y_2 - x_2. \tag{9.105}$$

在相对坐标的空间, 域和边界变为

$$
\begin{aligned}
\Omega_1 &= \{(z_1, z_2) | z_1 > 0, z_2 > 0\}, \\
\Omega_2 &= \{(z_1, z_2) | z_1 > 0, z_2 < 0\}, \\
\Omega_3 &= \{(z_1, z_2) | z_1 < 0, z_2 < 0\}, \\
\Omega_4 &= \{(z_1, z_2) | z_1 < 0, z_2 > 0\}.
\end{aligned}
\tag{9.106}
$$

$$
\begin{aligned}
\partial\Omega_{12} &= \{(z_1, z_2) | z_2 = 0, z_1 > 0\}, \\
\partial\Omega_{23} &= \{(z_1, z_2) | z_1 = 0, z_2 < 0,\}, \\
\partial\Omega_{34} &= \{(z_1, z_2) | z_2 = 0, z_1 < 0\}, \\
\partial\Omega_{14} &= \{(z_1, z_2) | z_1 = 0, z_2 > 0,\}.
\end{aligned}
\tag{9.107}
$$

从图 9.11 可见, 在相对坐标中速度边界和位移边界都是常数. 受控的单摆系统在相对坐标的域 $\Omega_\alpha(\alpha = 1, 2, 3, 4)$ 内运动方程为

$$\dot{\mathbf{z}}^{(\alpha)} = \mathbf{g}^{(\alpha)}(\mathbf{z}^{(\alpha)}, \mathbf{x}, t), \dot{\mathbf{x}} = \boldsymbol{\mathscr{F}}(\mathbf{x}, t), \tag{9.108}$$ [654]

其中

$$
\begin{aligned}
\mathbf{g}^{(\alpha)}(\mathbf{z}^{(\alpha)}, \mathbf{x}, t) &= (g_1^{(\alpha)}, g_2^{(\alpha)})^{\mathrm{T}}; \\
g_1^{(\alpha)}(\mathbf{z}^{(\alpha)}, \mathbf{x}, t) &= z_2^{(\alpha)} - k_1, \quad \alpha = 1, 2; \\
g_1^{(\alpha)}(\mathbf{z}^{(\alpha)}, \mathbf{x}, t) &= z_2^{(\alpha)} + k_1, \quad \alpha = 3, 4; \\
g_2^{(\alpha)}(\mathbf{z}^{(\alpha)}, \mathbf{x}, t) &= \mathscr{G}(\mathbf{z}^{(\alpha)}, \mathbf{x}, t) - k_2, \quad \alpha = 1, 4; \\
g_2^{(\alpha)}(\mathbf{z}^{(\alpha)}, \mathbf{x}, t) &= \mathscr{G}(\mathbf{z}^{(\alpha)}, \mathbf{x}, t) + k_2, \quad \alpha = 2, 3
\end{aligned}
\tag{9.109}
$$

和

$$
\begin{aligned}
\mathscr{G}(\mathbf{z}^{(\alpha)}, \mathbf{x}, t) = {}&- a_0 \sin(z_1^{(\alpha)} + x_1) + Q_0 \cos\Omega t \\
&+ d_1 x_2 - a_1 x_1 + a_2 x_1^3 - A_0 \cos\omega t.
\end{aligned}
\tag{9.110}
$$

在相对坐标中, 边界上的运动方程变为

$$\dot{\mathbf{z}}^{(\alpha\beta)} = \mathbf{g}^{(\alpha\beta)}(\mathbf{z}^{(\alpha\beta)}, \mathbf{x}, t), \dot{\mathbf{x}} = \boldsymbol{\mathscr{F}}(\mathbf{x}, t), \tag{9.111}$$

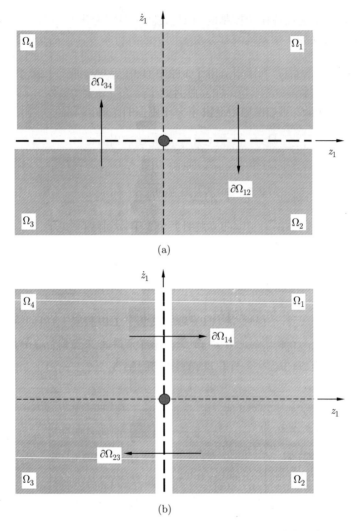

图 9.11　相对坐标中的两个边界: (a) 速度边界, (b) 位移边界

其中

$$g_1^{(\alpha\beta)}(\mathbf{z}^{(\alpha\beta)}, \mathbf{x}, t) = z_2 = 0, \quad g_2^{(\alpha\beta)}(\mathbf{z}^{(\alpha\beta)}, \mathbf{x}, t) = 0 \tag{9.112}$$

和

$$\begin{aligned}
&z_1^{(\alpha\beta)} = 0, z_2^{(\alpha\beta)} = 0, \text{ 在边界 } \partial\Omega_{\alpha\beta} \text{ 上 }, (\alpha, \beta) = (2, 3), (1, 4); \\
&z_1^{(\alpha\beta)} = C, z_2^{(\alpha\beta)} = 0, \text{ 在边界 } \partial\Omega_{\alpha\beta} \text{ 上 }, (\alpha, \beta) = (1, 2), (3, 4).
\end{aligned} \tag{9.113}$$

9.5.2 边界上流的切换性

根据文献 Luo (2009a), 为了使得受控单摆系统与杜芬振子发生同步, 需要在约束边界上出现滑模流, 也就是物理上的黏合运动. 无同步运动表示在边界上出现穿越流或者流在域内运动. 分离运动则是边界上呈现源流. 根据文献 Luo (2008b, 2009b) 中的不连续动力系统理论和文献 Luo (2009a) 中的两个动力系统同步理论, 将要推导出受控单摆系统与杜芬振子发生同步运动、无同步运动和分离运动的充要条件. 根据文献 Luo (2008b, 2009b), 引入相对相空间中的 G-函数为

$$G_{\partial\Omega_{ij}}^{(\alpha)}(\mathbf{z}_m, \mathbf{x}, t_{m\pm}) = \mathbf{n}_{\partial\Omega_{ij}}^{\mathrm{T}} \cdot [\mathbf{g}^{(\alpha)}(\mathbf{z}_m, \mathbf{x}, t_{m\pm}) - \mathbf{g}^{(ij)}(\mathbf{z}_m, \mathbf{x}, t_{m\pm})], \quad (9.114)$$ [655]

$$G_{\partial\Omega_{ij}}^{(1,\alpha)}(\mathbf{z}_m, \mathbf{x}, t_{m\pm}) = \mathbf{n}_{\partial\Omega_{ij}}^{\mathrm{T}} \cdot [D\mathbf{g}^{(\alpha)}(\mathbf{z}_m, \mathbf{x}, t_{m\pm}) - D\mathbf{g}^{(ij)}(\mathbf{z}_m, \mathbf{x}, t_{m\pm})], \tag{9.115}$$

其中 $\alpha = i, j$, $(i, j) \in \{(1,2),(2,3),(3,4),(1,4)\}$, 以及 $\mathbf{z}_m \in \partial\Omega_{ij}$, 时间 $t = t_m$.

由边界方程 (9.107), 计算出相对边界上的法向量

$$\mathbf{n}_{\partial\Omega_{12}} = \mathbf{n}_{\partial\Omega_{34}} = (0,1)^{\mathrm{T}}, \mathbf{n}_{\partial\Omega_{23}} = \mathbf{n}_{\partial\Omega_{14}} = (1,0)^{\mathrm{T}}. \tag{9.116}$$

根据方程 (9.108)—(9.113), 计算出边界上的 G-函数

$$\begin{aligned} G_{\partial\Omega_{12}}^{(\alpha)}(\mathbf{z}_m, \mathbf{x}, t_{m\pm}) = G_{\partial\Omega_{34}}^{(\alpha)}(\mathbf{z}_m, \mathbf{x}, t_{m\pm}) = g_2^{(\alpha)}(\mathbf{z}_m, \mathbf{x}, t_{m\pm}), \\ G_{\partial\Omega_{23}}^{(\alpha)}(\mathbf{z}_m, \mathbf{x}, t_{m\pm}) = G_{\partial\Omega_{14}}^{(\alpha)}(\mathbf{z}_m, \mathbf{x}, t_{m\pm}) = g_1^{(\alpha)}(\mathbf{z}_m, \mathbf{x}, t_{m\pm}); \end{aligned} \tag{9.117}$$

$$\begin{aligned} G_{\partial\Omega_{12}}^{(1,\alpha)}(\mathbf{z}_m, \mathbf{x}, t_{m\pm}) = G_{\partial\Omega_{34}}^{(1,\alpha)}(\mathbf{z}_m, \mathbf{x}, t_{m\pm}) = Dg_2^{(\alpha)}(\mathbf{z}_m, \mathbf{x}, t_{m\pm}), \\ G_{\partial\Omega_{23}}^{(1,\alpha)}(\mathbf{z}_m, \mathbf{x}, t_{m\pm}) = G_{\partial\Omega_{14}}^{(1,\alpha)}(\mathbf{z}_m, \mathbf{x}, t_{m\pm}) = Dg_1^{(\alpha)}(\mathbf{z}_m, \mathbf{x}, t_{m\pm}); \end{aligned} \tag{9.118}$$

其中

$$\begin{aligned} Dg_1^{(\alpha)}(\mathbf{z}^{(\alpha)}, \mathbf{x}, t) &= g_2^{(\alpha)}(\mathbf{z}^{(\alpha)}, \mathbf{x}, t), \quad \alpha = 1, 2, 3, 4; \\ Dg_2^{(\alpha)}(\mathbf{z}^{(\alpha)}, \mathbf{x}, t) &= D\mathscr{G}(\mathbf{z}^{(\alpha)}, \mathbf{x}, t) \\ &= -a_0(z_2^{(\alpha)} + x_2)\cos(z_1^{(\alpha)} + x_1) - Q_0\Omega\sin\Omega t \\ &\quad + d_1 F_2(\mathbf{x}, t) - a_1 x_2 + 3a_2 x_1^2 x_2 + \omega A_0 \sin\omega t, \\ &\quad \alpha = 1, 2, 3, 4. \end{aligned} \tag{9.119}$$

在域 $\Omega_\alpha(\alpha = 1, 2, 3, 4)$ 内, G-函数定义为,

$$\begin{aligned} G_{\partial\Omega_{12}}^{(\alpha)}(\mathbf{z}^{(\alpha)}, \mathbf{x}, t) = G_{\partial\Omega_{34}}^{(\alpha)}(\mathbf{z}^{(\alpha)}, \mathbf{x}, t) = g_2^{(\alpha)}(\mathbf{z}^{(\alpha)}, \mathbf{x}, t), \\ G_{\partial\Omega_{23}}^{(\alpha)}(\mathbf{z}^{(\alpha)}, \mathbf{x}, t) = G_{\partial\Omega_{14}}^{(\alpha)}(\mathbf{z}^{(\alpha)}, \mathbf{x}, t) = g_1^{(\alpha)}(\mathbf{z}^{(\alpha)}, \mathbf{x}, t). \end{aligned} \tag{9.120}$$

根据文献 Luo (2008b, 2009a, b), 在受控单摆系统的边界 $\partial\Omega_{12}$, $\partial\Omega_{34}$, $\partial\Omega_{23}$ 和 $\partial\Omega_{14}$ 上, 流发生滑模的解析条件为

$$\left.\begin{array}{l} G^{(1)}_{\partial\Omega_{12}}(\mathbf{z}_m, \mathbf{x}, t_{m-}) = g^{(1)}_2(\mathbf{z}_m, \mathbf{x}, t_{m-}) < 0, \\ G^{(2)}_{\partial\Omega_{12}}(\mathbf{z}_m, \mathbf{x}, t_{m-}) = g^{(2)}_2(\mathbf{z}_m, \mathbf{x}, t_{m-}) > 0, \end{array}\right\} \mathbf{z}_m \in \partial\Omega_{12};$$

$$\left.\begin{array}{l} G^{(3)}_{\partial\Omega_{34}}(\mathbf{z}_m, \mathbf{x}, t_{m-}) = g^{(3)}_2(\mathbf{z}_m, \mathbf{x}, t_{m-}) > 0, \\ G^{(4)}_{\partial\Omega_{34}}(\mathbf{z}_m, \mathbf{x}, t_{m-}) = g^{(4)}_2(\mathbf{z}_m, \mathbf{x}, t_{m-}) < 0, \end{array}\right\} \mathbf{z}_m \in \partial\Omega_{34}.$$

（9.121）

[656]

$$\left.\begin{array}{l} G^{(2)}_{\partial\Omega_{23}}(\mathbf{z}_m, \mathbf{x}, t_{m-}) = g^{(2)}_1(\mathbf{z}_m, \mathbf{x}, t_{m-}) < 0, \\ G^{(3)}_{\partial\Omega_{23}}(\mathbf{z}_m, \mathbf{x}, t_{m-}) = g^{(3)}_1(\mathbf{z}_m, \mathbf{x}, t_{m-}) > 0, \end{array}\right\} \mathbf{z}_m \in \partial\Omega_{23};$$

$$\left.\begin{array}{l} G^{(1)}_{\partial\Omega_{14}}(\mathbf{z}_m, \mathbf{x}, t_{m-}) = g^{(1)}_1(\mathbf{z}_m, \mathbf{x}, t_{m-}) > 0, \\ G^{(4)}_{\partial\Omega_{14}}(\mathbf{z}_m, \mathbf{x}, t_{m-}) = g^{(4)}_1(\mathbf{z}_m, \mathbf{x}, t_{m-}) < 0, \end{array}\right\} \mathbf{z}_m \in \partial\Omega_{14}.$$

（9.122）

根据文献 Luo (2008b, 2009a, b), 在受控单摆系统的边界 $\partial\Omega_{12}$, $\partial\Omega_{34}$, $\partial\Omega_{23}$ 和 $\partial\Omega_{14}$ 上, 流发生穿越的解析条件为

$$\left.\begin{array}{l} G^{(1)}_{\partial\Omega_{12}}(\mathbf{z}_m, \mathbf{x}, t_{m-}) = g^{(1)}_2(\mathbf{z}_m, \mathbf{x}, t_{m-}) < 0, \\ G^{(2)}_{\partial\Omega_{12}}(\mathbf{z}_m, \mathbf{x}, t_{m+}) = g^{(2)}_2(\mathbf{z}_m, \mathbf{x}, t_{m+}) < 0, \end{array}\right\} \mathbf{z}_m \in \partial\Omega_{12};$$

$$\left.\begin{array}{l} G^{(3)}_{\partial\Omega_{34}}(\mathbf{z}_m, \mathbf{x}, t_{m-}) = g^{(3)}_2(\mathbf{z}_m, \mathbf{x}, t_{m-}) > 0, \\ G^{(4)}_{\partial\Omega_{34}}(\mathbf{z}_m, \mathbf{x}, t_{m+}) = g^{(4)}_2(\mathbf{z}_m, \mathbf{x}, t_{m+}) > 0, \end{array}\right\} \mathbf{z}_m \in \partial\Omega_{34}.$$

（9.123）

$$\left.\begin{array}{l} G^{(2)}_{\partial\Omega_{23}}(\mathbf{z}_m, \mathbf{x}, t_{m-}) = g^{(2)}_1(\mathbf{z}_m, \mathbf{x}, t_{m-}) < 0, \\ G^{(3)}_{\partial\Omega_{23}}(\mathbf{z}_m, \mathbf{x}, t_{m+}) = g^{(3)}_1(\mathbf{z}_m, \mathbf{x}, t_{m+}) < 0, \end{array}\right\} \mathbf{z}_m \in \partial\Omega_{23};$$

$$\left.\begin{array}{l} G^{(1)}_{\partial\Omega_{14}}(\mathbf{z}_m, \mathbf{x}, t_{m-}) = g^{(1)}_1(\mathbf{z}_m, \mathbf{x}, t_{m-}) > 0, \\ G^{(4)}_{\partial\Omega_{14}}(\mathbf{z}_m, \mathbf{x}, t_{m+}) = g^{(4)}_1(\mathbf{z}_m, \mathbf{x}, t_{m+}) > 0, \end{array}\right\} \mathbf{z}_m \in \partial\Omega_{14}.$$

（9.124）

根据文献 Luo (2008b, 2009a, b), 在受控单摆系统的边界 $\partial\Omega_{12}$, $\partial\Omega_{34}$, $\partial\Omega_{23}$ 和 $\partial\Omega_{14}$ 上, 流发生擦边的解析条件为

$$\left.\begin{array}{l} G^{(0,\alpha)}_{\partial\Omega_{12}}(\mathbf{z}_m, \mathbf{x}, t_{m\pm}) = g^{(\alpha)}_2(\mathbf{z}_m, \mathbf{x}, t_{m\pm}) = 0, \\ (-1)^{\alpha} G^{(1,\alpha)}_{\partial\Omega_{12}}(\mathbf{z}_m, \mathbf{x}, t_{m\pm}) = (-1)^{\alpha} D g^{(\alpha)}_2(\mathbf{z}_m, \mathbf{x}, t_{m\pm}) < 0, \\ \mathbf{z}_m \in \partial\Omega_{12}, \text{ 在域 } \Omega_\alpha(\alpha \in \{1, 2\}) \text{ 内;} \end{array}\right\}$$

$$\left.\begin{array}{l} G^{(0,\alpha)}_{\partial\Omega_{34}}(\mathbf{z}_m, \mathbf{x}, t_{m\pm}) = g^{(\alpha)}_2(\mathbf{z}_m, \mathbf{x}, t_{m\pm}) = 0, \\ (-1)^{\alpha} G^{(1,\alpha)}_{\partial\Omega_{34}}(\mathbf{z}_m, \mathbf{x}, t_{m\pm}) = (-1)^{\alpha} D g^{(\alpha)}_2(\mathbf{z}_m, \mathbf{x}, t_{m\pm}) > 0, \\ \mathbf{z}_m \in \partial\Omega_{34}, \text{ 在域 } \Omega_\alpha(\alpha \in \{3, 4\}) \text{ 内;} \end{array}\right\}$$

（9.125）

$$
\left.
\begin{aligned}
&G_{\partial\Omega_{23}}^{(0,\alpha)}(\mathbf{z}_m, \mathbf{x}, t_{m\pm}) = g_1^{(\alpha)}(\mathbf{z}_m, \mathbf{x}, t_{m\pm}) = 0, \\
&(-1)^\alpha G_{\partial\Omega_{23}}^{(1,\alpha)}(\mathbf{z}_m, \mathbf{x}, t_{m\pm}) = (-1)^\alpha Dg_1^{(\alpha)}(\mathbf{z}_m, \mathbf{x}, t_{m\pm}) > 0,
\end{aligned}
\right\}
$$
$\mathbf{z}_m \in \partial\Omega_{23}$，在域 $\Omega_\alpha(\alpha \in \{2,3\})$ 内；
$$
\left.
\begin{aligned}
&G_{\partial\Omega_{14}}^{(0,\alpha)}(\mathbf{z}_m, \mathbf{x}, t_{m\pm}) = g_1^{(\alpha)}(\mathbf{z}_m, \mathbf{x}, t_{m\pm}) = 0, \\
&(-1)^\alpha G_{\partial\Omega_{14}}^{(1,\alpha)}(\mathbf{z}_m, \mathbf{x}, t_{m\pm}) = (-1)^\alpha Dg_1^{(\alpha)}(\mathbf{z}_m, \mathbf{x}, t_{m\pm}) < 0,
\end{aligned}
\right\}
\tag{9.126}
$$
$\mathbf{z}_m \in \partial\Omega_{14}$，在域 $\Omega_\alpha(\alpha \in \{1,4\})$ 内.

根据文献 Luo (2008b, 2009a, b)，在受控单摆系统的边界 $\partial\Omega_{12}$，$\partial\Omega_{34}$，$\partial\Omega_{23}$ 和 $\partial\Omega_{14}$ 上，滑模流出现的解析条件为

[657]

$$
\left.
\begin{aligned}
&G_{\partial\Omega_{12}}^{(0,1)}(\mathbf{z}_m, \mathbf{x}, t_{m-}) = g_2^{(1)}(\mathbf{z}_m, \mathbf{x}, t_{m-}) < 0, \\
&G_{\partial\Omega_{12}}^{(0,2)}(\mathbf{z}_m, \mathbf{x}, t_{m\pm}) = g_2^{(2)}(\mathbf{z}_m, \mathbf{x}, t_{m\pm}) = 0, \\
&G_{\partial\Omega_{12}}^{(1,2)}(\mathbf{z}_m, \mathbf{x}, t_{m\pm}) = Dg_2^{(2)}(\mathbf{z}_m, \mathbf{x}, t_{m\pm}) < 0,
\end{aligned}
\right\}
\text{从 } \Omega_1 \text{ 到 } \partial\Omega_{12};
$$
$$
\left.
\begin{aligned}
&G_{\partial\Omega_{34}}^{(0,3)}(\mathbf{z}_m, \mathbf{x}, t_{m-}) = g_2^{(3)}(\mathbf{z}_m, \mathbf{x}, t_{m-}) > 0, \\
&G_{\partial\Omega_{34}}^{(0,4)}(\mathbf{z}_m, \mathbf{x}, t_{m\pm}) = g_2^{(4)}(\mathbf{z}_m, \mathbf{x}, t_{m\pm}) = 0, \\
&G_{\partial\Omega_{34}}^{(1,4)}(\mathbf{z}_m, \mathbf{x}, t_{m\pm}) = Dg_2^{(4)}(\mathbf{z}_m, \mathbf{x}, t_{m\pm}) > 0,
\end{aligned}
\right\}
\text{从 } \Omega_3 \text{ 到 } \partial\Omega_{34}.
\tag{9.127}
$$

$$
\left.
\begin{aligned}
&G_{\partial\Omega_{23}}^{(0,2)}(\mathbf{z}_m, \mathbf{x}, t_{m-}) = g_1^{(2)}(\mathbf{z}_m, \mathbf{x}, t_{m-}) < 0, \\
&G_{\partial\Omega_{23}}^{(0,3)}(\mathbf{z}_m, \mathbf{x}, t_{m\pm}) = g_1^{(3)}(\mathbf{z}_m, \mathbf{x}, t_{m\pm}) = 0, \\
&G_{\partial\Omega_{23}}^{(1,3)}(\mathbf{z}_m, \mathbf{x}, t_{m\pm}) = Dg_1^{(3)}(\mathbf{z}_m, \mathbf{x}, t_{m\pm}) < 0,
\end{aligned}
\right\}
\text{从 } \Omega_2 \text{ 到 } \partial\Omega_{23};
$$
$$
\left.
\begin{aligned}
&G_{\partial\Omega_{14}}^{(0,4)}(\mathbf{z}_m, \mathbf{x}, t_{m-}) = g_1^{(4)}(\mathbf{z}_m, \mathbf{x}, t_{m-}) > 0, \\
&G_{\partial\Omega_{14}}^{(0,1)}(\mathbf{z}_m, \mathbf{x}, t_{m\pm}) = g_1^{(1)}(\mathbf{z}_m, \mathbf{x}, t_{m\pm}) = 0, \\
&G_{\partial\Omega_{14}}^{(1,1)}(\mathbf{z}_m, \mathbf{x}, t_{m\pm}) = Dg_1^{(1)}(\mathbf{z}_m, \mathbf{x}, t_{m\pm}) > 0,
\end{aligned}
\right\}
\text{从 } \Omega_4 \text{ 到 } \partial\Omega_{14}.
\tag{9.128}
$$

根据文献 Luo (2008b, 2009a, b)，在受控单摆系统中，滑模流从边界 $\partial\Omega_{12}$，$\partial\Omega_{34}$，$\partial\Omega_{23}$ 和 $\partial\Omega_{14}$ 上消失到域 $\Omega_\alpha(\alpha = 1, 2, 3, 4)$ 内，其解析条件为

$$
\left.
\begin{aligned}
&(-1)^\beta G_{\partial\Omega_{12}}^{(0,\beta)}(\mathbf{z}_m, \mathbf{x}, t_{m-}) = (-1)^\beta g_2^{(\beta)}(\mathbf{z}_m, \mathbf{x}, t_{m-}) > 0, \\
&G_{\partial\Omega_{12}}^{(0,\alpha)}(\mathbf{z}_m, \mathbf{x}, t_{m\mp}) = g_2^{(\alpha)}(\mathbf{z}_m, \mathbf{x}, t_{m\mp}) = 0, \\
&(-1)^\alpha G_{\partial\Omega_{12}}^{(1,\alpha)}(\mathbf{z}_m, \mathbf{x}, t_{m\mp}) = (-1)^\alpha Dg_2^{(\alpha)}(\mathbf{z}_m, \mathbf{x}, t_{m\mp}) < 0, \\
&\mathbf{z}_m \in \partial\Omega_{12}; \alpha, \beta \in \{1, 2\} \text{ 且 } \beta \neq \alpha,
\end{aligned}
\right\}
\text{从 } \partial\Omega_{12} \text{ 到 } \Omega_\alpha;
$$

$$\left.\begin{array}{l} (-1)^{\beta} G_{\partial\Omega_{34}}^{(0,\beta)}(\mathbf{z}_m, \mathbf{x}, t_{m-}) = (-1)^{\beta} g_2^{(\beta)}(\mathbf{z}_m, \mathbf{x}, t_{m-}) < 0, \\ G_{\partial\Omega_{34}}^{(0,\alpha)}(\mathbf{z}_m, \mathbf{x}, t_{m\mp}) = g_2^{(\alpha)}(\mathbf{z}_m, \mathbf{x}, t_{m\mp}) = 0, \\ (-1)^{\alpha} G_{\partial\Omega_{34}}^{(1,\alpha)}(\mathbf{z}_m, \mathbf{x}, t_{m\mp}) = (-1)^{\alpha} Dg_2^{(\alpha)}(\mathbf{z}_m, \mathbf{x}, t_{m\mp}) > 0, \\ \mathbf{z}_m \in \partial\Omega_{34}; \alpha, \beta \in \{3, 4\} \text{ 且 } \beta \neq \alpha, \end{array}\right\} \text{从 } \partial\Omega_{34} \text{ 到 } \Omega_{\alpha};$$

$$\tag{9.129}$$

$$\left.\begin{array}{l} (-1)^{\beta} G_{\partial\Omega_{23}}^{(0,\beta)}(\mathbf{z}_m, \mathbf{x}, t_{m-}) = (-1)^{\beta} g_1^{(\beta)}(\mathbf{z}_m, \mathbf{x}, t_{m-}) < 0, \\ G_{\partial\Omega_{23}}^{(0,\alpha)}(\mathbf{z}_m, \mathbf{x}, t_{m\mp}) = g_1^{(\alpha)}(\mathbf{z}_m, \mathbf{x}, t_{m\mp}) = 0, \\ (-1)^{\alpha} G_{\partial\Omega_{23}}^{(1,\alpha)}(\mathbf{z}_m, \mathbf{x}, t_{m\mp}) = (-1)^{\alpha} Dg_1^{(\alpha)}(\mathbf{z}_m, \mathbf{x}, t_{m\mp}) > 0, \\ \mathbf{z}_m \in \partial\Omega_{23}; \alpha, \beta \in \{2, 3\} \text{ 且 } \beta \neq \alpha, \end{array}\right\} \text{从 } \partial\Omega_{23} \text{ 到 } \Omega_{\alpha};$$

[658]
$$\left.\begin{array}{l} (-1)^{\beta} G_{\partial\Omega_{14}}^{(0,\beta)}(\mathbf{z}_m, \mathbf{x}, t_{m-}) = (-1)^{\beta} g_1^{(\beta)}(\mathbf{z}_m, \mathbf{x}, t_{m-}) > 0, \\ G_{\partial\Omega_{14}}^{(0,\alpha)}(\mathbf{z}_m, \mathbf{x}, t_{m\mp}) = g_1^{(\alpha)}(\mathbf{z}_m, \mathbf{x}, t_{m\mp}) = 0, \\ (-1)^{\alpha} G_{\partial\Omega_{14}}^{(1,\alpha)}(\mathbf{z}_m, \mathbf{x}, t_{m\mp}) = (-1)^{\alpha} Dg_1^{(\alpha)}(\mathbf{z}_m, \mathbf{x}, t_{m\mp}) < 0, \\ \mathbf{z}_m \in \partial\Omega_{14}; \alpha, \beta \in \{1, 4\} \text{ 且 } \beta \neq \alpha, \end{array}\right\} \text{从 } \partial\Omega_{14} \text{ 到 } \Omega_{\alpha}.$$

$$\tag{9.130}$$

9.5.3　同步不变集与同步机理

根据文献 Luo 和 Min (2011a), 受控的从系统与主系统同步出现在两个分离边界的交点 ($\mathbf{z}_m = \mathbf{0}$) 处, 相应的同步条件为

$$\left.\begin{array}{l} G_{\partial\Omega_{14}}^{(1)}(\mathbf{z}_m, \mathbf{x}, t_{m-}) = g_1^{(1)}(\mathbf{z}_m, \mathbf{x}, t_{m-}) < 0, \\ G_{\partial\Omega_{12}}^{(1)}(\mathbf{z}_m, \mathbf{x}, t_{m-}) = g_2^{(1)}(\mathbf{z}_m, \mathbf{x}, t_{m-}) < 0, \end{array}\right\} \mathbf{z}_m \in \partial\Omega_{12} \cap \partial\Omega_{14}, \text{ 在域 } \Omega_1 \text{ 内};$$

$$\left.\begin{array}{l} G_{\partial\Omega_{12}}^{(2)}(\mathbf{z}_m, \mathbf{x}, t_{m-}) = g_2^{(2)}(\mathbf{z}_m, \mathbf{x}, t_{m-}) > 0, \\ G_{\partial\Omega_{23}}^{(2)}(\mathbf{z}_m, \mathbf{x}, t_{m-}) = g_1^{(2)}(\mathbf{z}_m, \mathbf{x}, t_{m-}) < 0, \end{array}\right\} \mathbf{z}_m \in \partial\Omega_{12} \cap \partial\Omega_{23}, \text{ 在域 } \Omega_2 \text{ 内};$$

$$\left.\begin{array}{l} G_{\partial\Omega_{23}}^{(3)}(\mathbf{z}_m, \mathbf{x}, t_{m-}) = g_1^{(3)}(\mathbf{z}_m, \mathbf{x}, t_{m-}) > 0, \\ G_{\partial\Omega_{34}}^{(3)}(\mathbf{z}_m, \mathbf{x}, t_{m-}) = g_2^{(3)}(\mathbf{z}_m, \mathbf{x}, t_{m-}) > 0, \end{array}\right\} \mathbf{z}_m \in \partial\Omega_{23} \cap \partial\Omega_{34}, \text{ 在域 } \Omega_3 \text{ 内};$$

$$\left.\begin{array}{l} G_{\partial\Omega_{34}}^{(4)}(\mathbf{z}_m, \mathbf{x}, t_{m-}) = g_2^{(4)}(\mathbf{z}_m, \mathbf{x}, t_{m-}) < 0, \\ G_{\partial\Omega_{14}}^{(4)}(\mathbf{z}_m, \mathbf{x}, t_{m-}) = g_1^{(4)}(\mathbf{z}_m, \mathbf{x}, t_{m-}) > 0, \end{array}\right\} \mathbf{z}_m \in \partial\Omega_{34} \cap \partial\Omega_{14}, \text{ 在域 } \Omega_4 \text{ 内}.$$

$$\tag{9.131}$$

根据方程 (9.109), 引入四个基本函数

$$g_1(\mathbf{z}^{(\alpha)}, \mathbf{x}, t) \equiv g_1^{(\alpha)}(\mathbf{z}^{(\alpha)}, \mathbf{x}, t) = z_2^{(\alpha)} - k_1, \text{ 在域 } \Omega_\alpha \text{ 内}, \alpha = 1, 2;$$

$$g_2(\mathbf{z}^{(\alpha)}, \mathbf{x}, t) \equiv g_1^{(\alpha)}(\mathbf{z}^{(\alpha)}, \mathbf{x}, t) = z_2^{(\alpha)} + k_1, \text{ 在域 } \Omega_\alpha \text{ 内}, \alpha = 3, 4;$$

$$g_3(\mathbf{z}^{(\alpha)}, \mathbf{x}, t) \equiv g_2^{(\alpha)}(\mathbf{z}^{(\alpha)}, \mathbf{x}, t) = \mathscr{G}(\mathbf{z}^{(\alpha)}, \mathbf{x}, t) - k_2, \text{ 在域 } \Omega_\alpha \text{ 内}, \alpha = 1, 4;$$

$$g_4(\mathbf{z}^{(\alpha)}, \mathbf{x}, t) \equiv g_2^{(\alpha)}(\mathbf{z}^{(\alpha)}, \mathbf{x}, t) = \mathscr{G}(\mathbf{z}^{(\alpha)}, \mathbf{x}, t) + k_2, \text{ 在域 } \Omega_\alpha \text{ 内}, \alpha = 2, 3,$$

$$(9.132)$$

其中

$$\mathscr{G}(\mathbf{z}^{(\alpha)}, \mathbf{x}, t) = -a_0 \sin(z_1^{(\alpha)} + x_1) + Q_0 \cos \Omega t \\ + d_1 x_2 - a_1 x_1 + a_2 x_1^3 - A_0 \cos \omega t. \tag{9.133}$$

那么方程 (9.131) 中条件变为

$$\begin{aligned} g_1(\mathbf{z}_m, \mathbf{x}, t_{m-}) &= z_{2m} - k_1 < 0, \\ g_2(\mathbf{z}_m, \mathbf{x}, t_{m-}) &= z_{2m} + k_1 > 0, \\ g_3(\mathbf{z}_m, \mathbf{x}, t_{m-}) &= \mathscr{G}(\mathbf{z}_m, \mathbf{x}, t_{m-}) - k_2 < 0, \\ g_4(\mathbf{z}_m, \mathbf{x}, t_{m-}) &= \mathscr{G}(\mathbf{z}_m, \mathbf{x}, t_{m-}) + k_2 > 0. \end{aligned} \tag{9.134}$$

[659]

若 $\mathbf{z}_m = \mathbf{0}$, 受控单摆系统与杜芬振子的同步条件为

$$\begin{aligned} g_1(\mathbf{z}_m, \mathbf{x}, t_{m-}) &= -k_1 < 0, \\ g_2(\mathbf{z}_m, \mathbf{x}, t_{m-}) &= +k_1 > 0, \\ g_3(\mathbf{z}_m, \mathbf{x}, t_{m-}) &= \mathscr{G}(\mathbf{x}, t_{m-}) - k_2 < 0, \\ g_4(\mathbf{z}_m, \mathbf{x}, t_{m-}) &= \mathscr{G}(\mathbf{x}, t_{m-}) + k_2 > 0, \end{aligned} \tag{9.135}$$

其中

$$\mathscr{G}(\mathbf{x}, t) = -a_0 \sin x_1 + Q_0 \cos \Omega t + d_1 x_2 - a_1 x_1 + a_2 x_1^3 - A_0 \cos \omega t. \tag{9.136}$$

如果 $k_1 > 0$ 和 $k_2 > 0$, 那么方程 (9.135) 中的前两个条件自动满足, 第三个和第四个条件给出了如下的系统同步不变集

$$-k_2 < \mathscr{G}(\mathbf{x}, t_{m-}) < k_2. \tag{9.137}$$

在 $\mathbf{z}_m = \mathbf{0}$ 时同步的极小邻域内, 可给出 $|\mathbf{z} - \mathbf{z}_m| < \varepsilon$ 范围内的吸引条件为,

$$\begin{aligned} & 0 \leqslant z_2 < k_1, \mathscr{G}(\mathbf{z}, \mathbf{x}, t) < k_2, z_1 \in [0, \infty), \text{ 在域 } \Omega_1 \text{ 内}, \\ & 0 \leqslant z_2 < k_1, -k_2 < \mathscr{G}(\mathbf{z}, \mathbf{x}, t), z_1 \in [0, \infty), \text{ 在域 } \Omega_2 \text{ 内}, \\ & -k_1 < z_2 \leqslant 0, -k_2 < \mathscr{G}(\mathbf{z}, \mathbf{x}, t), z_1 \in (-\infty, 0], \text{ 在域 } \Omega_3 \text{ 内}, \\ & -k_1 < z_2 \leqslant 0, \mathscr{G}(\mathbf{z}, \mathbf{x}, t) < k_2, z_1 \in (-\infty, 0], \text{ 在域 } \Omega_4 \text{ 内}. \end{aligned} \tag{9.138}$$

由此, 从吸引域内选取 z_1^* 和 z_2^*, 那么受控单摆系统的初始条件由下面方程确定

$$y_1 = z_1^* + x_1 \text{ 和 } y_2 = z_2^* + x_2. \tag{9.139}$$

对于 $\mathbf{z}^{(\alpha)}(t_{m\mp}) = \mathbf{z}_m^{(\alpha)} = \mathbf{z}_m$, 当 $z_{m+\varepsilon} = y_1 - x_1 > 0$ 时, 同步消失的条件为

$$\left.\begin{aligned}
&g_1(\mathbf{z}_m^{(\alpha)}, \mathbf{x}, t_{m\mp}) = z_{2m}^{(\alpha)} - k_1 = 0, \\
&Dg_1(\mathbf{z}_m^{(\alpha)}, \mathbf{x}, t_{m\mp}) = D\mathscr{G}(\mathbf{z}_m^{(\alpha)}, \mathbf{x}, t_{m\mp}) > 0, \\
&g_2(\mathbf{z}_m^{(\beta)}, \mathbf{x}, t_{m-}) = z_{2m}^{(\beta)} + k_1 > 0,
\end{aligned}\right\} (\alpha, \beta) = \{(1,4), (2,3)\}. \tag{9.140}$$

当 $z_{m+\varepsilon} = y_1 - x_1 < 0$ 时, 同步消失的条件为

[660]
$$\left.\begin{aligned}
&g_1(\mathbf{z}_m^{(\alpha)}, \mathbf{x}, t_{m-}) = z_{2m}^{(\alpha)} - k_1 < 0, \\
&g_2(\mathbf{z}_m^{(\beta)}, \mathbf{x}, t_{m\mp}) = z_{2m}^{(\beta)} + k_1 = 0, \\
&Dg_2(\mathbf{z}_m^{(\beta)}, \mathbf{x}, t_{m\mp}) = D\mathscr{G}(\mathbf{z}_m^{(\beta)}, \mathbf{x}, t_{m\mp}) < 0,
\end{aligned}\right\} (\alpha, \beta) = \{(1,4), (2,3)\}. \tag{9.141}$$

对于 $\mathbf{z}^{(\alpha)}(t_{m\mp}) = \mathbf{z}_m^{(\alpha)} = \mathbf{z}_m$, 当 $\dot{z}_{m+\varepsilon} = y_2 - x_2 > 0$ 时, 同步消失的条件为

$$\left.\begin{aligned}
&g_3(\mathbf{z}_m^{(\alpha)}, \mathbf{x}, t_{m\mp}) = \mathscr{G}(\mathbf{z}_m^{(\alpha)}, \mathbf{x}, t_{m\mp}) - k_2 = 0, \\
&Dg_3(\mathbf{z}_m^{(\alpha)}, \mathbf{x}, t_{m\mp}) = D\mathscr{G}(\mathbf{z}_m^{(\alpha)}, \mathbf{x}, t_{m\mp}) > 0, \\
&g_4(\mathbf{z}_m^{(\beta)}, \mathbf{x}, t_{m-}) = \mathscr{G}(\mathbf{z}_m^{(\beta)}, \mathbf{x}, t_{m-}) + k_2 > 0,
\end{aligned}\right\} (\alpha, \beta) = \{(1,2), (4,3)\}. \tag{9.142}$$

当 $\dot{z}_{m+\varepsilon} = y_2 - x_2 < 0$ 时, 同步消失的条件为

$$\left.\begin{aligned}
&g_3(\mathbf{z}_m^{(\alpha)}, \mathbf{x}, t_{m-}) = \mathscr{G}(\mathbf{z}_m^{(\alpha)}, \mathbf{x}, t_{m-}) - k_2 < 0, \\
&g_4(\mathbf{z}_m^{(\beta)}, \mathbf{x}, t_{m\mp}) = \mathscr{G}(\mathbf{z}_m^{(\beta)}, \mathbf{x}, t_{m\mp}) + k_2 = 0, \\
&Dg_4(\mathbf{z}_m^{(\beta)}, \mathbf{x}, t_{m\mp}) = D\mathscr{G}(\mathbf{z}_m^{(\beta)}, \mathbf{x}, t_{m\mp}) < 0,
\end{aligned}\right\} (\alpha, \beta) = \{(1,2), (4,3)\}. \tag{9.143}$$

对于 $\mathbf{z}^{(\alpha)}(t_{m\pm}) = \mathbf{z}_m^{(\alpha)} = \mathbf{z}_m$, 当 $z_{m-\varepsilon} = y_1 - x_1 > 0$ 时, 同步出现的条件为

$$\left.\begin{aligned}
&g_1(\mathbf{z}_m^{(\alpha)}, \mathbf{x}, t_{m\pm}) = z_{2m}^{(\alpha)} - k_1 = 0, \\
&Dg_1(\mathbf{z}_m^{(\alpha)}, \mathbf{x}, t_{m\pm}) = D\mathscr{G}(\mathbf{z}_m^{(\alpha)}, \mathbf{x}, t_{m\pm}) > 0, \\
&g_2(\mathbf{z}_m^{(\beta)}, \mathbf{x}, t_{m-}) = z_{2m}^{(\beta)} + k_1 > 0,
\end{aligned}\right\} (\alpha, \beta) = \{(1,4), (2,3)\}. \tag{9.144}$$

当 $z_{m-\varepsilon} = y_1 - x_1 < 0$ 时, 同步出现的条件为

$$
\left.
\begin{aligned}
&g_1(\mathbf{z}_m^{(\alpha)}, \mathbf{x}, t_{m-}) = z_{2m}^{(\alpha)} - k_1 < 0, \\
&g_2(\mathbf{z}_m^{(\beta)}, \mathbf{x}, t_{m\pm}) = z_{2m}^{(\beta)} + k_1 = 0, \\
&Dg_2(\mathbf{z}_m^{(\beta)}, \mathbf{x}, t_{m\pm}) = D\mathscr{G}(\mathbf{z}_m^{(\beta)}, \mathbf{x}, t_{m\pm}) < 0,
\end{aligned}
\right\} (\alpha, \beta) = \{(1,4), (2,3)\}. \quad (9.145)
$$

对于 $\mathbf{z}^{(\alpha)}(t_{m\pm}) = \mathbf{z}_m^{(\alpha)} = \mathbf{z}_m$, 当 $\dot{z}_{m-\varepsilon} = y_2 - x_2 > 0$ 时, 同步出现的条 [661] 件为

$$
\left.
\begin{aligned}
&g_3(\mathbf{z}_m^{(\alpha)}, \mathbf{x}, t_{m\pm}) = \mathscr{G}(\mathbf{z}_m^{(\alpha)}, \mathbf{x}, t_{m\pm}) - k_2 = 0, \\
&Dg_3(\mathbf{z}_m^{(\alpha)}, \mathbf{x}, t_{m\pm}) = D\mathscr{G}(\mathbf{z}_m^{(\alpha)}, \mathbf{x}, t_{m\pm}) > 0, \\
&g_4(\mathbf{z}_m^{(\beta)}, \mathbf{x}, t_{m-}) = \mathscr{G}(\mathbf{z}_m^{(\beta)}, \mathbf{x}, t_{m-}) + k_2 > 0,
\end{aligned}
\right\} (\alpha, \beta) = \{(1,2), (4,3)\}.
$$

$$(9.146)$$

当 $\dot{z}_{m-\varepsilon} = y_2 - x_2 < 0$ 时, 同步出现的条件为

$$
\left.
\begin{aligned}
&g_3(\mathbf{z}_m^{(\alpha)}, \mathbf{x}, t_{m-}) = \mathscr{G}(\mathbf{z}_m^{(\alpha)}, \mathbf{x}, t_{m-}) - k_2 < 0, \\
&g_4(\mathbf{z}_m^{(\beta)}, \mathbf{x}, t_{m\pm}) = \mathscr{G}(\mathbf{z}_m^{(\beta)}, \mathbf{x}, t_{m\pm}) + k_2 = 0, \\
&Dg_4(\mathbf{z}_m^{(\beta)}, \mathbf{x}, t_{m\pm}) = D\mathscr{G}(\mathbf{z}_m^{(\beta)}, \mathbf{x}, t_{m\pm}) < 0,
\end{aligned}
\right\} (\alpha, \beta) = \{(1,2), (4,3)\}.
$$

$$(9.147)$$

9.5.4 同步现象的演示

这里以具有周期运动的杜芬振子作为主系统, 具有混沌运动的单摆作为从系统. 两组系统参数如下,

$$
\begin{aligned}
&\text{杜芬振子}: a_1 = a_2 = 1.0, d_1 = 0.25, \omega = 1.0; \\
&\text{单摆系统振子}: a_0 = 1.0, Q_0 = 0.275, \Omega = 2.18519.
\end{aligned}
\quad (9.148)
$$

为了准确地理解受控的单摆系统与杜芬振子的同步问题, 先给出控制参数 k_2 变化时的同步切换图, 如图 9.12 所示. 选取参数 $k_1 = 1, A_0 = 0.454$, 初始值为 $x_1 = y_1 \approx 0.3646916, x_2 = y_2 \approx 1.2598329$, 并设 $t_0 = 0$. 缩写字母 "FS" "PS" 和 "NS" 分别表示完全同步、部分同步和无同步. 字母 $\underline{A}$ 和 $\underline{V}$ 分别表示同步的出现和消失. 图 9.12(a) — (c) 分别绘制了受控单摆与具有周期运动的杜芬振子同步的切换位移、切换速度和切换相位. 图 9.12(d) 表示了在周期运动的相轨迹上同步出现与消失的分布情况. 由图 9.12 可见, 当控制参数 $k_2 \in (0.045, 2.775)$ 时, 受控单摆系统与周期运动的杜芬振子发生部分同步; 当 $k_2 \in (0, 0.045)$ 时, 没有同步出现. 当 $k_2 \in (2.775, \infty)$ 时, 受控的单摆系统与具有周期运动的杜芬振子发生完全同步.

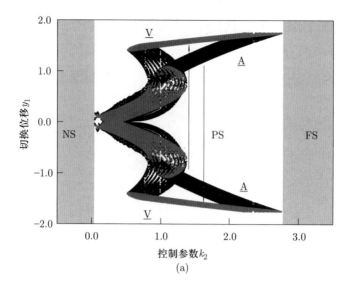

(a)

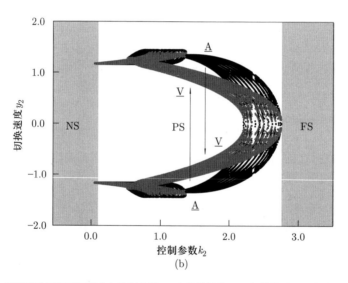

(b)

图 9.12 周期运动同步时切换点与控制参数 k_2 变化的情况: (a) 切换位移, (b) 切换速度, (c) 切换相位, (d) 同步周期轨道上的切换点 (控制参数. $k_1 = 1$. 杜芬振子: $a_1 = a_2 = 1.0$, $d_1 = 0.25$, $A_0 = 0.454$, $\omega = 1.0$. 单摆系统: $a_0 = 1.0$, $Q_0 = 0.275$, $\Omega = 2.18519$; 初始条件. $x_1 = y_1 \approx 0.3646916$ 和 $x_2 = y_2 \approx 1.2598329$; FS: 完全同步, PS: 部分同步, NS: 无同步; $\underline{A}$. 同步出现, $\underline{V}$. 同步消失)

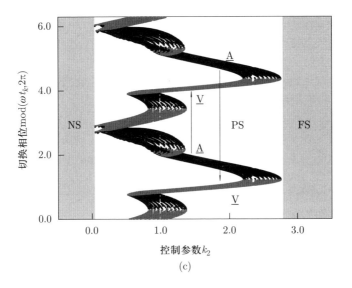

(c)

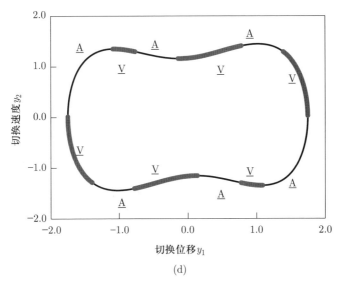

(d)

图 9.12 (续)　周期运动同步时切换点与控制参数 k_2 变化的情况: (a) 切换位移, (b) 切换速度, (c) 切换相位, (d) 同步周期轨道上的切换点 (控制参数. $k_1 = 1$. 杜芬振子: $a_1 = a_2 = 1.0, d_1 = 0.25, A_0 = 0.454, \omega = 1.0$. 单摆系统: $a_0 = 1.0, Q_0 = 0.275, \Omega = 2.18519$; 初始条件. $x_1 = y_1 \approx 0.3646916$ 和 $x_2 = y_2 \approx 1.2598329$; FS: 完全同步, PS: 部分同步, NS: 无同步; $\underline{A}$. 同步出现, $\underline{V}$. 同步消失)

[664]　　　　对于主系统为混沌运动的情况, 变化控制参数 k_2, 得到了受控单摆系统同步切换情况如图 9.13(a)—(f) 所示, 其中参数为 $k_1 = 1, A_0 = 0.265$, 其余参数与方程 (9.148) 中的一样, 初始条件为 $t_0 = 0$ 时刻 $x_1 = y_1 \approx -0.4180597$ 和 $x_2 = y_2 \approx 0.2394332$. 同样地, 缩写字母 "FS" "PS" 和 "NS" 分别表示完全同步、部分同步和无同步. 在图 9.13(a)—(c) 中, 分别表示了改变控制参数 k_2 时切换位移、切换速度和切换相位的同步出现点. 在图 9.13(d)—(f) 中, 分别表示了改变控制参数 k_2 时切换位移、切换速度和切换相位的同步消失点. 与周期运动的同步相比较, 混沌运动的同步切换点是混乱的. 此时, 当控制参数 $k_2 \in (0.126, 1.408)$ 时, 两个混沌系统的同步为部分同步; 当 $k_2 \in (0, 0.126)$ 时, 两个混沌系统之间无同步出现; 当 $k_2 \in (1.408, \infty)$ 时, 受控的单摆系统与具有混沌运动的杜芬振子发生完全同步.

　　　　当改变控制参数 k_1 和 k_2 时, 可得到受控单摆系统分别与具有周期运动和混沌运动的杜芬振子的同步参数 (k_1, k_2) 图, 如图 9.14 所示. 图中阴影区域为部分同步区域. 显然, 混沌运动的部分同步边界比周期运动的部分同步边界更粗糙. 参数映射图是通过改变作用于特定周期运动和混沌运动的控制参数而获得的. 为了考虑主系统中所有可能运动的同步, 需要变化主系统的参数. 正如文献 Luo (2008a,b), 当改变杜芬振子中的外加激励幅值和阻尼系数的大小时, 可以得到杜芬振子可能出现的所有周期运动和混沌运动. 为了清晰地说明系统同步情况, 固定控制参数 $k_1 = 1$. 变化控制参数 k_2, 使得从系统与主系统同步, 可得两个参数图 (A_0, k_2) 和 (d_1, k_2), 如图 9.15 所示. 显然, 从系统呈现周期运动时, 同步时参数图的边界是光滑的. 从系统呈现混沌运动时, 同步时参数图的边界是粗糙的. 阴影区域为两个系统的部分同步区域. 在图 9.15(a) 中, 表示增加和减少杜芬振子激励幅值时的同步范围不同. 该区域用斜线表示, 这是由杜芬振子的非线性性质引起的. 正如文献 Luo (2008a, b), 增大杜芬振子的激励幅值, 杜芬振子会经历内部含势阱的周期运动、接近分离层的周期运动和混沌运动以及外面含势阱的周期运动. 当控制参数 k_2 很小时, 由于激励作用下的单摆拥有哈密顿混沌运动, 此时同步不变集的边界也变得不光滑. 当参数 $d_1 = 0$ 时, 杜芬振子拥有哈密顿混沌运动, 因而, 当 $d_1 = 0$ 和 $d_1 \neq 0$ 时, 控制参数 k_2 的选择是不同的. 图 9.15(b) 表示了控制参数 k_2 与阻尼系数 d_1 对应的参数图.

[670]　　　　为了更好地理解两个动力系统的同步, 根据方程 (9.137) 可以得到系统的同步不变集. 比如: 当 $k_1 = 1$ 和 $k_2 = 1.5$ 时, 两个系统同步不变集如图 9.16 的阴影区域所示, 其他区域为无同步区域. 边界分别表示同步出现与消失的最大值与最小值. 对于受控的单摆系统与杜芬振子的同步, 其同步轨迹应该位于不变集内. 否则, 两个系统的同步不能形成. 在图 9.16(a) 中, 呈现了同步不变集的大范围区域, 其中速度能够趋于无穷. 一旦控制参数固定, 具有大轨道周期运动的杜芬振子与单摆系统的部分同步区域很容易得到. 图 9.16(b) 绘出了同步不变集的局部放大区域.

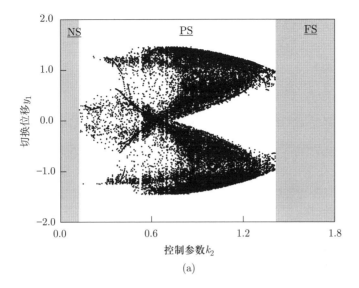

(a)

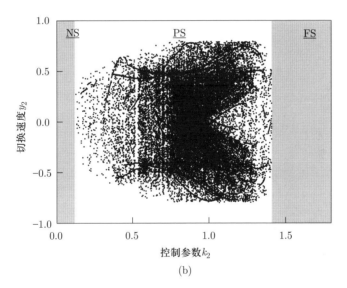

(b)

图 9.13　混沌运动同步时切换点与控制参数 k_2 变化的情况: (a) 切换位移的出现点, (b) 切换速度的出现点, (c) 切换相位的出现点, (d) 切换位移的消失点, (e) 切换速度的消失点, (f) 切换相位的消失点 (控制参数. $k_1 = 1$. 杜芬振子: $a_1 = a_2 = 1.0$, $d_1 = 0.25$, $A_0 = 0.265$, $\omega = 1.0$. 单摆系统: $a_0 = 1.0$, $Q_0 = 0.275$, $\Omega = 2.18519$; 初始条件 $x_1 = y_1 \approx -0.4180597$ 和 $x_2 = y_2 \approx 0.2394332$; FS: 完全同步, PS: 部分同步, NS: 无同步; <u>A</u>. 同步出现, <u>V</u>. 同步消失)

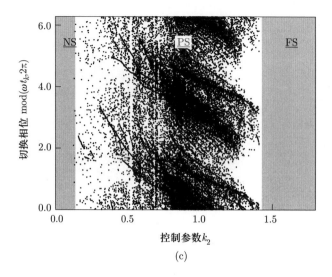

(c)

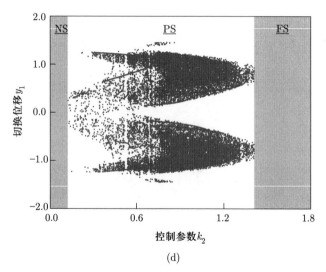

(d)

图 9.13 (续)　混沌运动同步时切换点与控制参数 k_2 变化的情况: (a) 切换位移的出现点, (b) 切换速度的出现点, (c) 切换相位的出现点, (d) 切换位移的消失点, (e) 切换速度的消失点, (f) 切换相位的消失点 (控制参数. $k_1 = 1$. 杜芬振子: $a_1 = a_2 = 1.0$, $d_1 = 0.25$, $A_0 = 0.265$, $\omega = 1.0$. 单摆系统: $a_0 = 1.0$, $Q_0 = 0.275$, $\Omega = 2.18519$; 初始条件 $x_1 = y_1 \approx -0.4180597$ 和 $x_2 = y_2 \approx 0.2394332$; FS: 完全同步, PS: 部分同步, NS: 无同步; A. 同步出现, V. 同步消失)

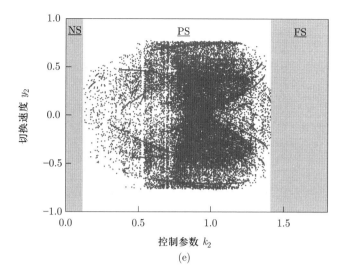

(e)

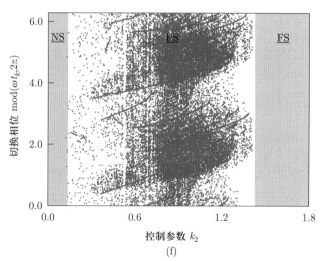

(f)

图 9.13 (续)　混沌运动同步时切换点与控制参数 k_2 变化的情况: (a) 切换位移的出现点, (b) 切换速度的出现点, (c) 切换相位的出现点, (d) 切换位移的消失点, (e) 切换速度的消失点, (f) 切换相位的消失点 (控制参数. $k_1 = 1$. 杜芬振子: $a_1 = a_2 = 1.0$, $d_1 = 0.25$, $A_0 = 0.265$, $\omega = 1.0$. 单摆系统: $a_0 = 1.0$, $Q_0 = 0.275$, $\Omega = 2.18519$; 初始条件 $x_1 = y_1 \approx -0.4180597$ 和 $x_2 = y_2 \approx 0.2394332$; FS: 完全同步, PS: 部分同步, NS: 无同步; A. 同步出现, V. 同步消失)

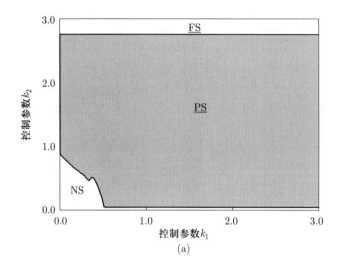

(a)

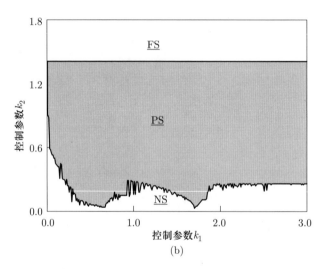

(b)

图 9.14　同步运动时的参数图 (k_1, k_2): (a) 周期运动 $(A_0 = 0.454)$, 初始条件为 $x_1 = y_1 \approx 0.3646916$ 和 $x_2 = y_2 \approx 1.2598329$; (b) 混沌运动 $(A_0 = 0.265)$, 初始条件为 $x_1 = y_1 \approx -0.4180597$ 和 $x_2 = y_2 \approx 0.2394332$. (杜芬振子的系统参数: $a_1 = a_2 = 1.0$, $d_1 = 0.25$, $\omega = 1.0$; 单摆系统的参数: $a_0 = 1.0$, $Q_0 = 0.275$, $\Omega = 2.18519$; FS: 完全同步, PS: 部分同步, NS: 无同步)

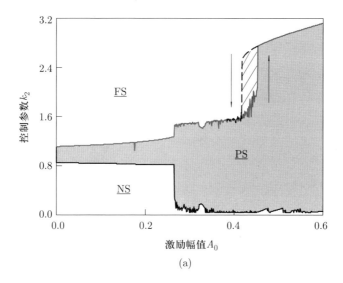

(a)

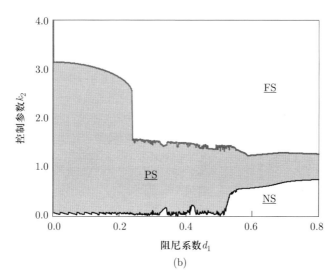

(b)

图 9.15 同步运动时的参数图 ($k_1 = 1$): (a) (A_0, k_2), $d_1 = 0.25$, (b) (d_1, k_2), $A_0 = 0.4$. (杜芬振子的系统参数: $a_1 = a_2 = 1.0$, $\omega = 1.0$; 单摆系统的参数: $a_0 = 1.0$, $Q_0 = 0.275$, $\Omega = 2.18519$; FS: 完全同步, PS: 部分同步, NS: 无同步)

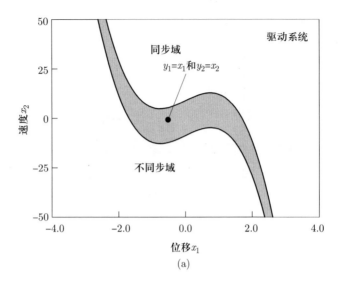

(a)

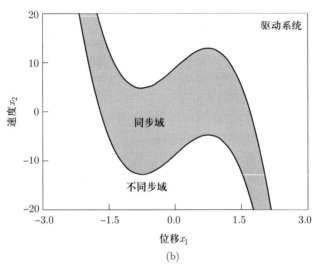

(b)

图 9.16 杜芬振子与单摆系统的同步不变集: (a) 大范围观测, (b) 局部放大 (控制参数: $k_1 = 1$ 和 $k_2 = 1.5$. 杜芬振子: $a_1 = a_2 = 1.0$, $d_1 = 0.25$, $A_0 = 0.454$, $\omega = 1.0$. 单摆系统: $a_0 = 1.0$, $Q_0 = 0.275$, $\Omega = 2.18519$)

根据以上分析, 对受控单摆系统与周期运动的杜芬振子的部分同步进行数值仿真, 如图 9.17 和图 9.18 所示. 在图 9.17(a) 中, 周期运动的杜芬振子的速度响应用实线表示, 受控单摆系统的速度响应用虚线表示. 相应的 G-函数如图 9.17(b) 所示. 阴影区域为同步范围. 其他区域无同步出现. 因此, 在无同步区, G-函数用虚线表示. 例如: 如果 g_4 函数为虚线, 那么受控单摆的运动位于 Ω_α $(\alpha = 1, 4)$ 内. 这表明单摆系统不能与周期运动的杜芬振子发生同步运动, 而且此时单摆系统的速度大于杜芬振子的运动速度. 如果 g_3 函数为虚线, 那么受控单摆的运动位于 Ω_α $(\alpha = 2, 3)$ 内. 这表明单摆系统不能与周期运动的杜芬振子发生同步运动, 而且此时单摆系统的速度小于杜芬振子的运动速度. 即使选取不同的初始条件, 同样可以观测到不同步区域. 为了进一步验证同步的相轨迹是否位于同步不变集内, 在图 9.17(c) 中将同步不变集嵌入到相平面中. 显然, 轨迹的同步区域的确位于不变集内. 但是, 也会有不同步的轨迹位于不变集内, 此时不满足方程 (9.139)—(9.147) 中的同步出现和消失的条件. 为了能够长时间观测同步的存在, 在图 9.17(d) 给出了在 10000 周期内单摆系统的同步出现与消失点. 此外, 为了更好地观测同步与非同步的特性, 在图 9.18(a)—(d) 中分别呈现了杜芬振子与单摆系统的相平面图、G-函数随位移的变化图. 至此, 周期运动部分同步的特性都详细地陈述了.

下面对周期运动的杜芬振子与单摆系统的完全同步进行数值仿真, 系统参数见式 (9.148). 当控制参数为 $k_1 = 1$ 和 $k_2 = 3$ 时, 根据 (k_1, k_2) 参数图, 可知周期运动的杜芬振子与单摆系统完全同步. 在图 9.19(a)—(d) 中, 分别呈现了速度和 G-函数的时间历程、同步不变集以及相轨迹. 图 9.19(a) 和 (d) 中的实线表示杜芬振子, 圈线表示单摆系统. 从图 9.19(b) 中, 可知发生完全同步时 G-函数满足方程 (9.135) 的条件. 同样, 在控制参数作用下, 给出了完全同步的不变集, 如图 9.19(c) 所示. 此时, 杜芬振子与单摆系统的周期运动相轨迹应该全部位于不变集内. 因而, 为了对其进行验证, 将同步不变集嵌入到相平面内, 如图 9.19(d) 所示, 两个系统同步的相轨迹全部位于不变集内.

如文献 Luo 和 Min (2011b), 下面讨论杜芬振子与单摆系统的混沌运动同步. 首先, 对两个系统的部分同步进行数值仿真. 控制参数为 $k_1 = 1$, $k_2 = 0.9$, 杜芬振子的激励幅值为 $A_0 = 0.265$, 其余系统参数见式 (9.148), 初始条件为 $x_1 = y_1 \approx -0.4180597$ 和 $x_2 = y_2 \approx 0.2394332$ (当 $t_0 = 0$ 时). 当受控单摆系统与混沌运动的杜芬振子发生部分同步时, 其速度时间历程、G-函数时间历程、相轨迹图、同步出现与消失的切换图分别如图 9.20(a)—(d) 所示. 在图 9.20(a) 中, 由于杜芬振子是混沌运动, 所以速度响应不再呈现周期性变化. 其中实线表示杜芬振子, 圈线表示受控系统. 在同步区域, G-函数满足条件 $g_1 < 0$, $g_2 > 0$, $g_3 < 0$, $g_4 > 0$. 对于非同步区域, 即使同步的初始条件位于不变集内, 但是至少有一个 G-函数不满足同步条件, 相应的 G-函数如图 9.20(b) 所示. 对于两个系统的相轨迹以及同步出现和消失的部分, 呈现于图 9.20(c) 中, 并且嵌入了同步不变集. 杜芬振子的相轨迹用实线表示, 虚线表示

[676]

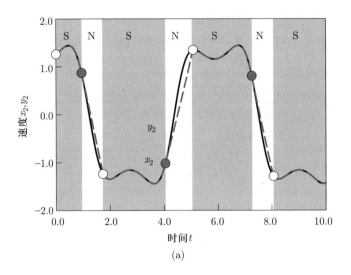

(a)

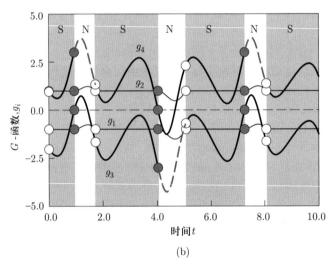

(b)

图 9.17　杜芬振子与单摆系统的部分同步: (a) 速度时间历程, (b) G-函数时间历程, (c) 相平面图和同步不变集, (d) 同步的出现与消失点 (控制参数: $k_1 = 1$ 和 $k_2 = 1.5$. 杜芬振子: $a_1 = a_2 = 1.0$, $d_1 = 0.25$, $A_0 = 0.454$, $\omega = 1.0$. 单摆系统: $a_0 = 1.0$, $Q_0 = 0.275$, $\Omega = 2.18519$; 初始条件: $x_1 = y_1 \approx 0.3646916$ 和 $x_2 = y_2 \approx 1.2598329$; S: 同步, N: 无同步). 空心圆圈与实心圆圈分别表示同步的出现 ($\underline{A}$) 与消失 ($\underline{V}$)

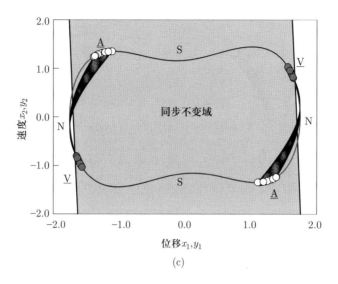

(c)

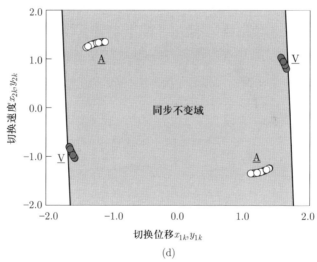

(d)

图 9.17 (续)　杜芬振子与单摆系统的部分同步: (a) 速度时间历程, (b) G-函数时间历程, (c) 相平面图和同步不变集, (d) 同步的出现与消失点 (控制参数: $k_1 = 1$ 和 $k_2 = 1.5$. 杜芬振子: $a_1 = a_2 = 1.0$, $d_1 = 0.25$, $A_0 = 0.454$, $\omega = 1.0$. 单摆系统: $a_0 = 1.0$, $Q_0 = 0.275$, $\Omega = 2.18519$; 初始条件: $x_1 = y_1 \approx 0.3646916$ 和 $x_2 = y_2 \approx 1.2598329$; S: 同步, N: 无同步). 空心圆圈与实心圆圈分别表示同步的出现 ($\underline{A}$) 与消失 ($\underline{V}$)

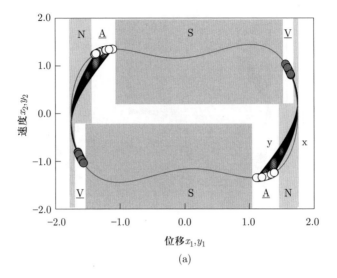

(a)

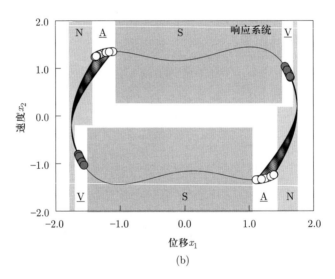

(b)

图 9.18　杜芬振子与受控单摆系统的部分同步. (a) 主系统与从系统的相轨迹; (b) 从系统的轨迹; (c) G-函数 ($g_{1,2}$) 与主系统位移的分布; (d) G-函数 ($g_{3,4}$) 与主系统位移的分布 (控制参数: $k_1 = 1$ 和 $k_2 = 3$. 杜芬振子: $a_1 = a_2 = 1.0$, $d_1 = 0.25$, $A_0 = 0.454$, $\omega = 1.0$. 单摆系统: $a_0 = 1.0$, $Q_0 = 0.275$, $\Omega = 2.18519$; 初始条件: $x_1 = y_1 \approx 0.3646916$ 和 $x_2 = y_2 \approx 1.2598329$; S: 同步, N: 无同步). 空心圆圈与实心圆圈分别表示同步的出现 ($\underline{A}$) 与消失 ($\underline{V}$)

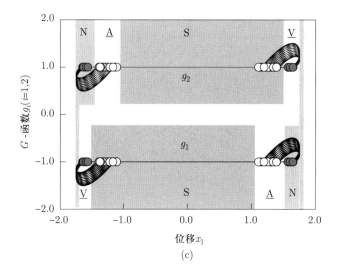

(c)

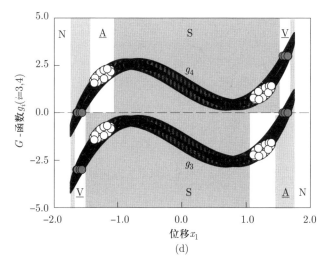

(d)

图 9.18 (续)　杜芬振子与受控单摆系统的部分同步. (a) 主系统与从系统的相轨迹; (b) 从系统的轨迹; (c) G-函数 ($g_{1,2}$) 与主系统位移的分布; (d) G-函数 ($g_{3,4}$) 与主系统位移的分布 (控制参数: $k_1 = 1$ 和 $k_2 = 3$. 杜芬振子: $a_1 = a_2 = 1.0$, $d_1 = 0.25$, $A_0 = 0.454$, $\omega = 1.0$. 单摆系统: $a_0 = 1.0$, $Q_0 = 0.275$, $\Omega = 2.18519$; 初始条件: $x_1 = y_1 \approx 0.3646916$ 和 $x_2 = y_2 \approx 1.2598329$; S: 同步, N: 无同步). 空心圆圈与实心圆圈分别表示同步的出现 ($\underline{\text{A}}$) 与消失 ($\underline{\text{V}}$)

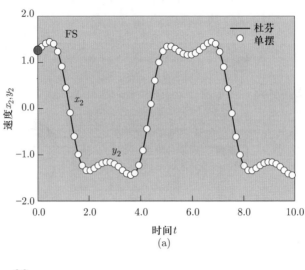

(a)

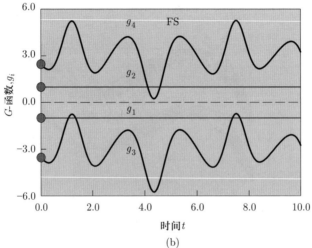

(b)

图 9.19　杜芬振子与单摆系统的完全同步: (a) 速度时间历程, (b) G-函数的时间历程, (c) 同步不变域, (d) 相平面中的轨迹 (控制参数: $k_1 = 1$ 和 $k_2 = 3$. 杜芬振子: $a_1 = a_2 = 1.0$, $d_1 = 0.25$, $A_0 = 0.454$, $\omega = 1.0$. 单摆系统: $a_0 = 1.0$, $Q_0 = 0.275$, $\Omega = 2.18519$; 初始条件. $x_1 = y_1 \approx 0.3646916$ 和 $x_2 = y_2 \approx 1.2598329$; FS: 完全同步)

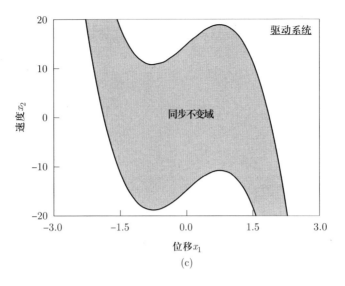

(c)

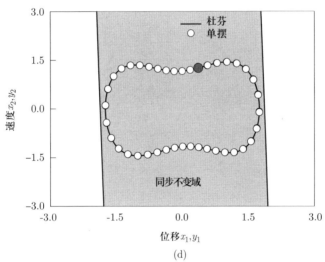

(d)

图 9.19 (续)　杜芬振子与单摆系统的完全同步: (a) 速度时间历程, (b) G-函数的时间历程, (c) 同步不变域, (d) 相平面中的轨迹 (控制参数: $k_1 = 1$ 和 $k_2 = 3$. 杜芬振子: $a_1 = a_2 = 1.0$, $d_1 = 0.25$, $A_0 = 0.454$, $\omega = 1.0$. 单摆系统: $a_0 = 1.0$, $Q_0 = 0.275$, $\Omega = 2.18519$; 初始条件. $x_1 = y_1 \approx 0.3646916$ 和 $x_2 = y_2 \approx 1.2598329$; FS: 完全同步)

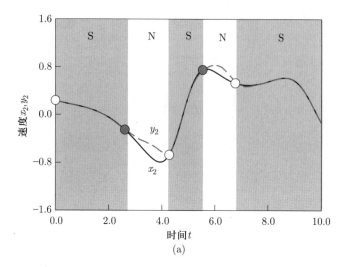

(a)

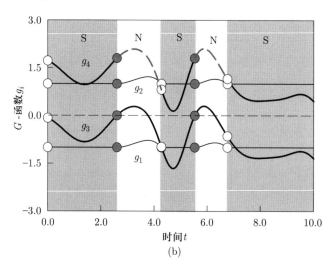

(b)

图 9.20   混沌运动的杜芬振子与单摆系统的部分同步: (a) 速度时间历程, (b) G-函数时间历程, (c) 相轨迹, (d) 切换点 (控制参数: $k_1 = 1$ 和 $k_2 = 0.9$. 杜芬振子 $a_1 = a_2 = 1.0$, $d_1 = 0.25$, $A_0 = 0.265$, $\omega = 1.0$. 单摆系统: $a_0 = 1.0$, $Q_0 = 0.275$, $\Omega = 2.18519$; 初始条件. $x_1 = y_1 \approx -0.4180597$ 和 $x_2 = y_2 \approx 0.2394332$; S: 同步, N: 无同步). 空心圆圈与实线圆圈分别表示同步的出现 (<u>A</u>) 与消失 (<u>V</u>)

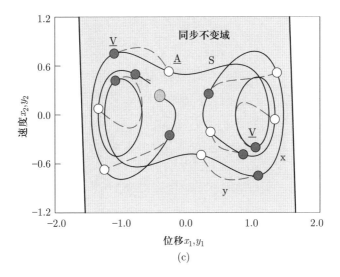

(c)

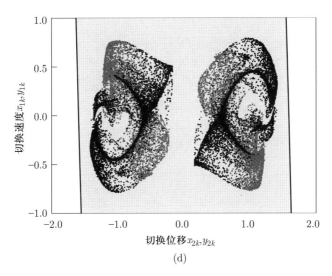

(d)

图 9.20 (续)　混沌运动的杜芬振子与单摆系统的部分同步: (a) 速度时间历程, (b) G-函数时间历程, (c) 相轨迹, (d) 切换点 (控制参数: $k_1 = 1$ 和 $k_2 = 0.9$. 杜芬振子 $a_1 = a_2 = 1.0$, $d_1 = 0.25$, $A_0 = 0.265$, $\omega = 1.0$. 单摆系统: $a_0 = 1.0$, $Q_0 = 0.275$, $\Omega = 2.18519$; 初始条件. $x_1 = y_1 \approx -0.4180597$ 和 $x_2 = y_2 \approx 0.2394332$; S: 同步, N: 无同步). 空心圆圈与实线圆圈分别表示同步的出现 ($\underline{\text{A}}$) 与消失 ($\underline{\text{V}}$)

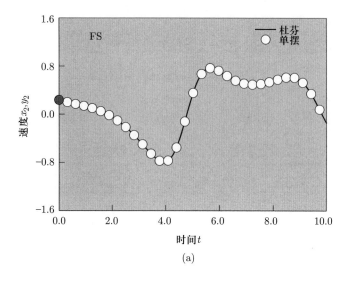

(a)

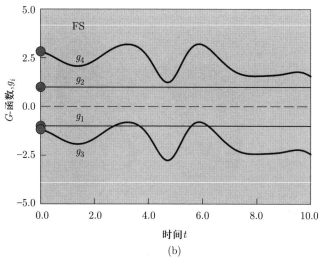

(b)

图 9.21　混沌运动的杜芬振子与单摆系统的完全同步: (a) 速度时间历程, (b) G-函数时间历程, (c) 相轨迹, (d) 庞加莱映射与不变集 (控制参数: $k_1 = 1$ 和 $k_2 = 2$, 杜芬振子: $a_1 = a_2 = 1.0$, $d_1 = 0.25$, $A_0 = 0.265$, $\omega = 1.0$. 单摆系统: $a_0 = 1.0$, $Q_0 = 0.275$, $\Omega = 2.18519$; 初始条件. $x_1 = y_1 \approx -0.4180597$ 和 $x_2 = y_2 \approx 0.2394332$; FS: 完全同步)

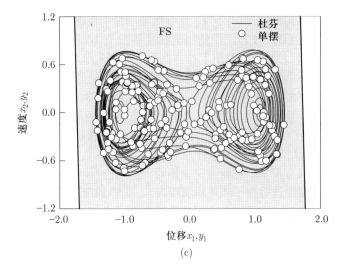

(c)

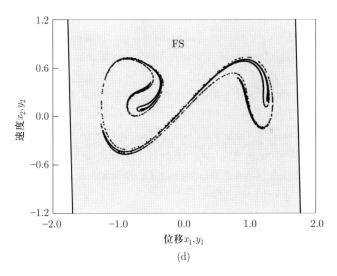

(d)

图 9.21 (续)　混沌运动的杜芬振子与单摆系统的完全同步: (a) 速度时间历程, (b) G-函数时间历程, (c) 相轨迹, (d) 庞加莱映射与不变集 (控制参数: $k_1 = 1$ 和 $k_2 = 2$, 杜芬振子: $a_1 = a_2 = 1.0$, $d_1 = 0.25$, $A_0 = 0.265$, $\omega = 1.0$. 单摆系统: $a_0 = 1.0$, $Q_0 = 0.275$, $\Omega = 2.18519$; 初始条件. $x_1 = y_1 \approx -0.4180597$ 和 $x_2 = y_2 \approx 0.2394332$; FS: 完全同步)

受控的单摆系统相轨迹. 此外, 为了详细地观测两个系统出现同步与无同步之间的切换情况, 在图 9.20(d) 中给出了在杜芬振子 10000 个周期内的部分同步的切换点, 并在相平面上给出了杜芬振子混沌同步出现与消失的切换点.

[683]   当选取控制参数 $k_1 = 1$ 和 $k_2 = 2$ 时, 混沌运动的杜芬振子与单摆系统发生完全同步, 如图 9.21 所示 (主、从系统的初始条件相同). 两个系统完全同步时的速度时间历程如图 9.21(a) 所示. 此时, 两个系统的响应完全一致, 实线表示杜芬振子, 圆圈表示受控的单摆系统. G-函数的时间历程如图 9.21(b) 所示, G-函数满足完全同步的条件, 即 $g_1 < 0$, $g_2 > 0$, $g_3 < 0$ 和 $g_4 > 0$. 受控单摆系统与杜芬振子的相轨迹完全相同, 而且完全位于同步不变集内, 如图 9.21(c) 所示, 其中杜芬振子轨迹用实线表示, 受控的单摆系统用圆圈表示. 此外, 在图 9.21(d) 中, 记录了两个混沌系统完全同步 10000 个周期的庞加莱映射图, 依然位于同步不变集内.

参 考 文 献

Luo, A. C. J., 2005, A theory for non-smooth dynamical systems on connectable domains, *Communication in Nonlinear Science and Numerical Simulation*, **10**, pp. 1–55.

Luo, A. C. J., 2006, *Singularity and Dynamics on Discontinuous Vector Fields*, Amsterdam: Elsevier.

Luo, A. C. J., 2008a, A theory for flow switchability in discontinuous dynamical systems, *Nonlinear Analysis. Hybrid Systems*, **2**(4), pp. 1030–1061.

Luo, A. C. J., 2008b, *Global Transversality, Resonance and Chaotic Dynamics*, Singapore: World Scientific.

Luo, A. C. J., 2009a, A theory for dynamical system synchronization, *Communications in Nonlinear Science and Numerical Simulation*, **14**, pp. 1901–1951.

Luo, A. C. J., 2009b, *Discontinuous Dynamical Systems on Time-Varying Domains*, Beijing: Higher Education Press-Springer.

Luo, A. C. J. and Min, F. H., 2011a, The mechanism of a controlled pendulum synchronizing with periodic motions in a periodically forced, damped Duffing oscillator, *International Journal of Bifurcation and Chaos*, **21**, pp. 1813–1829.

Luo, A. C. J. and Min, F. H., 2011b, Synchronization dynamics of two different dynamical systems, *Chaos, Solitons and Fractals*, **44**, pp. 362–380.

索　引

(索引页码为原著页码, 见书边栏)

NONLINEAR PHYSICAL SCIENCE

(Series Editors: Albert C.J. Luo, Dimitri Volchenkov)

ISBN 978-7-04-050615-0	43 Theory of Hybrid Systems: Deterministic and Stochastic (2019) by Mohamad S. Alwan, Xinzhi Liu
ISBN 978-7-04-050235-0	42 Rigid Body Dynamics: Hamiltonian Methods, Integrability, Chaos (2018) by A. V. Borisov, I. S. Mamaev
ISBN 978-7-04-048458-8	41 Galloping Instability to Chaos of Cables (2018) by Albert C. J. Luo, Bo Yu
ISBN 978-7-04-048004-7	40 Resonance and Bifurcation to Chaos in Pendulum (2017) by Albert C. J. Luo
ISBN 978-7-04-047940-9	39 Grammar of Complexity: From Mathematics to a Sustainable World (2017) by Dimitri Volchenkov
ISBN 978-7-04-047809-9	38 Type-2 Fuzzy Logic: Uncertain Systems' Modeling and Control (2017) by Rómulo Martins Antão, Alexandre Mota, R. Escadas Martins, J. Tenreiro Machado
ISBN 978-7-04-047450-3	37 Bifurcation in Autonomous and Nonautonomous Differential Equations with Discontinuities (2017) by Marat Akhmet, Ardak Kashkynbayev
ISBN 978-7-04-043231-2	36 离散和切换动力系统（中文版）(2015) 罗朝俊
ISBN 978-7-04-043102-5	35 Replication of Chaos in Neural Networks, Economics and Physics (2015) by Marat Akhmet, Mehmet Onur Fen
ISBN 978-7-04-042835-3	34 Discretization and Implicit Mapping Dynamics (2015) by Albert C.J.Luo
ISBN 978-7-04-042385-3	33 Tensors and Riemannian Geometry with Applications to Differential Equations (2015) by Nail Ibragimov
ISBN 978-7-04-042131-6	32 Introduction to Nonlinear Oscillations (2015) by Vladimir I. Nekorkin
ISBN 978-7-04-038891-6	31 Keller-Box Method and Its Application (2014) by K. Vajravelu, K.V. Prasad
ISBN 978-7-04-039179-4	30 Chaotic Signal Processing (2014) by Henry Leung
ISBN 978-7-04-037357-8	29 Advances in Analysis and Control of Time-Delayed Dynamical Systems (2013) by Jianqiao Sun, Qian Ding (Editors)

ISBN 978-7-04-036944-1	28 Lectures on the Theory of Group Properties of Differential Equations (2013) by L.V. Ovsyannikov (Author), Nail Ibragimov (Editor)
ISBN 978-7-04-036741-6	27 Transformation Groups and Lie Algebras (2013) by Nail Ibragimov
ISBN 978-7-04-030734-4	26 Fractional Derivatives for Physicists and Engineers Volume II. Applications (2013) by Vladimir V. Uchaikin
ISBN 978-7-04-032235-4	25 Fractional Derivatives for Physicists and Engineers Volume I. Background and Theory (2013) by Vladimir V. Uchaikin
ISBN 978-7-04-035449-2	24 Nonlinear Flow Phenomena and Homotopy Analysis: Fluid Flow and Heat Transfer (2012) by Kuppalapalle Vajravelu, Robert A.Van Gorder
ISBN 978-7-04-034819-4	23 Continuous Dynamical Systems (2012) by Albert C.J. Luo
ISBN 978-7-04-034821-7	22 Discrete and Switching Dynamical Systems (2012) by Albert C.J. Luo
ISBN 978-7-04-032279-8	21 Pseudo chaotic Kicked Oscillators: Renormalization, Symbolic Dynamics, and Transport (2012) by J.H. Lowenstein
ISBN 978-7-04-032298-9	20 Homotopy Analysis Method in Nonlinear Differential Equations (2011) by Shijun Liao
ISBN 978-7-04-031964-4	19 Hyperbolic Chaos: A Physicist's View (2011) by Sergey P. Kuznetsov
ISBN 978-7-04-032186-9	18 非线性变形体动力学 （中文版）(2011) 罗朝俊著，郭羽、黄健哲、闵富红译
ISBN 978-7-04-031954-5	17 Applications of Lie Group Analysis in Geophysical Fluid Dynamics (2011) by Ranis Ibragimov, Nail Ibragimov
ISBN 978-7-04-031957-6	16 Discontinuous Dynamical Systems (2011) by Albert C.J. Luo
ISBN 978-7-04-031694-0	15 Linear and Nonlinear Integral Equations: Methods and Applications (2011) by Abdul-Majid Wazwaz
ISBN 978-7-04-029710-2	14 Complex Systems: Fractionality, Time-delay and Synchronization (2011) by Albert C.J. Luo , Jianqiao Sun (Editors)